Naturrisiken und Sozialkatastrophen

Carsten Felgentreff und Thomas Glade (Hrsg.)

Naturrisiken und Sozialkatastrophen

Spektrum
AKADEMISCHER VERLAG

Anschriften der Herausgeber:

Dr. Carsten Felgentreff
Fachgebiet Geographie
Universität Osnabrück
Seminarstraße 19 a/b
49069 Osnabrück
e-mail: Carsten.Felgentreff@uni-osnabrueck.de

Prof. Dr. Thomas Glade
Universität Wien
Institut für Geographie und Regionalforschung
Universitätsstraße 7
A-1010 Wien, Österreich
e-mail: thomas.glade@univie.ac.at

Bibliografische Information der Deutschen Nationalbibliothek

Die Deutsche Nationalbibliothek verzeichnet diese Publikation in der Deutschen Nationalbibliografie; detaillierte bibliografische Daten sind im Internet über http://dnb.d-nb.de abrufbar.

Springer ist ein Unternehmen von Springer Science+Business Media
Springer.de

© Springer-Verlag Berlin Heidelberg 2008
Spektrum Akademischer Verlag ist ein Imprint von Springer

08 09 10 11 12   5 4 3 2 1

Planung und Lektorat: Merlet Behncke-Braunbeck, Jutta Liebau
Copy-Editing: Annette Heß
Herstellung: Detlef Mädje
Titelfoto: © Andreas Held, Naturfotografie
Umschlaggestaltung: SpieszDesign, Neu-Ulm
Layout/Satz: TypoStudio Tobias Schaedla, Heidelberg
Druck und Bindung: Krips b.v., Meppel

Printed in The Netherlands

ISBN 978-3-8274-1571-4

Anschriften der Autoren

Jörg Bendix
Universität Marburg
Fachbereich Geographie
Laboratory for Climatology and
Remote Sensing (LCRS)
Deutschhausstraße 10
35032 Marburg
Tel.: 06421 / 2824266
Fax: 06421 / 2828950
Email: bendix@staff.uni-marburg.de

Hans-Georg Bohle
Universität Bonn
Geographisches Institut
Meckenheimer Allee 166
53115 Bonn
Tel.: 0228 / 737232 oder 733847
Fax: 0228 / 739657
Email: bohle@giub.uni-bonn.de

Christina Bollin
Entwicklungspolitische Gutachterin
Verdistraße 1
14513 Teltow
Tel.: 03328 / 309312
Fax: 03328 / 309313
Email: c.bollin@t-online.de

Hans-Rudolf Bork
Christian-Albrechts-Universität zu Kiel
Ökologie-Zentrum
Olshausenstraße 40
24098 Kiel
Tel.: 0431 / 8803953
Fax: 0431 / 8804083
Email: hrbork@ecology.uni-kiel.de

Boris Braun
Universität zu Köln
Geographisches Institut
Albertus-Magnus-Platz
50923 Köln
Tel.:0221 / 4702261
Fax: 0221 / 4704917
Email: boris.braun@uni-koeln.de

Susan L. Cutter
University of South Carolina
Hazards & Vulnerability Research Institute
Department of Geography
Columbia, SC 29208, USA
Tel.: 001/803 7771590
Fax: 001/803 7774972
Email: scutter@sc.edu

Achim Daschkeit
Christian-Albrechts-Universität zu Kiel
Geographisches Institut
Ludewig-Meyn-Straße 14
24118 Kiel
Tel.: 0431 / 8803434
Fax: 0431 / 8804658
Email: daschkeit@geographie.uni-kiel.de

Richard Dikau
Universität Bonn
Geographisches Institut
Meckenheimer Allee 166
53115 Bonn
Tel.: 0228 / 737234
Fax: 0228 / 739099
Email: dikau@giub.uni-bonn.de

Andreas Dix
Otto-Friedrich-Universität Bamberg
Institut für Geographie
Am Kranen 12
96045 Bamberg
Tel.: 0951 / 8632363
Fax: 0951 / 8635363
Email: andreas.dix@ggeo.uni-bamberg.de

Wolf R. Dombrowsky
Christian-Albrechts-Universität zu Kiel
Institut für Gesellschaftswissenschaften
Katastrophenforschungsstelle
Westring 400
24098 Kiel
Tel.: 0431 / 8803465
Fax: 0431 / 8803467
Email: dombrowsky@soziologie.uni-kiel.de

Heike Egner
Johannes Gutenberg-Universität Mainz
Geographisches Institut
55099 Mainz
Tel.: 06131 / 320519
Fax: 06131 / 3924736
Email: h.egner@geo.uni-mainz.de

Bernhard Eitel
Universität Heidelberg
Geographisches Institut
Im Neuenheimer Feld 348
69120 Heidelberg
Tel.: 06221 / 544543
Fax: 06221 / 544997
Email: bernhard.eitel@geog.uni-heidelberg.de

Kirsten von Elverfeldt
Universität Wien
Institut für Geographie und Regionalforschung
Universitätsstraße 7
A-1010 Wien, Österreich
Tel.: 0043/1 427748653
Fax: 0043/1 42779486
Email: kirsten.von.elverfeldt@univie.ac.at

Carsten Felgentreff
Universität Osnabrück
Fachgebiet Geographie
Seminarstraße 19 a/b
49074 Osnabrück
Tel.: 0541 / 9694248 (Sekretariat 9694267)
Fax: 0541 / 9694333
Email: carsten.felgentreff@uni-osnabrueck.de

Melanie Gall
University of South Carolina
Department of Geography
Hazards Research Lab
Columbia, SC 29208, USA
Tel.: 001 803 7771699
Fax: 001 803 7774972
Email: melanie.gall@sc.edu

Elke M. Geenen
ISOKIA Institut für Sozioökonomische und Kulturelle
Internationale Analyse
Dorfstraße 10
24107 Ottendorf
Tel.: 0431 / 581243 AB 0431 / 582039
Fax: 0431 / 5836710
Email: geenen@isokia.de

Thomas Glade
Universität Wien
Institut für Geographie und Regionalforschung
Universitätsstraße 7
A-1010 Wien, Österreich
Tel.: 0043/1 427748650
Fax: 0043/1 42779486
Email: thomas.glade@univie.ac.at

Alexander Görke
Westfälische Wilhelms-Universität Münster
Institut für Kommunikationswissenschaft
Bispinghof 9-14
48143 Münster
Tel.: 0251 / 8321307
Fax: 0251 / 8328394
Email: agoerke@uni-muenster.de

Stefan Greiving
Universität Dortmund
Institut für Raumplanung
Fakultät Raumplanung
August-Schmidt-Straße 10
GB III, R. 115b
44221 Dortmund
Tel.: 0231 / 7552213
Fax: 0231 / 7554788
Email: stefan.greiving@uni-dortmund.de

Jürgen Herget
Universität Bonn
Geographisches Institut
Meckenheimer Allee 166
53115 Bonn
Tel.: 0228 / 735398
Fax: 0228 / 739099
Email: herget@giub.uni-bonn.de

Ria Hidajat
Deutsche Gesellschaft für Technische Zusammenarbeit
(GTZ) GmbH
Sektorvorhaben Katastrophenvorsorge in der
Entwicklungszusammenarbeit
Dag-Hammerskjöld-Weg 1-5
65760 Eschborn
Tel.: 06196 / 797430
Fax: 06196 / 79807430
Email: ria.hidajat@georisk.net

Klaus-G. Hinzen
Universität zu Köln
Abteilung Erdbebengeologie
Vinzenz-Palotti-Straße 26
51429 Bergisch Gladbach
Tel.: 02204 / 985211
Fax: 02204 / 985220
Email: hinzen@uni-koeln.de

Gunilla Kaiser
Christian-Albrechts-Universität zu Kiel
Geographisches Institut
Ludewig-Meyn-Straße 14
24118 Kiel
Tel.: 0431 / 8802165
Fax: 0431 / 8804658
Email: kaiser@geographie.uni-kiel.de

Christian Kuhlicke
Helmholtz-Zentrum für Umweltforschung GmbH - UFZ
Department Stadt- und Umweltsoziologie
Permoserstraße 15
04318 Leipzig
Tel.:0341 / 2353263
Fax: 0341 / 2352825
Email: christian.kuhlicke@ufz.de

Tina Kunz-Plapp
Ehem. Graduiertenkolleg „Naturkatastrophen",
Universität Karlsruhe (TH)
Auf dem Daubmann 6
75045 Walzbachtal
Email: tina.plapp@gmx.de

Hans-Jörg Markau
Christian-Albrechts-Universität zu Kiel
Geographisches Institut
Ludewig-Meyn-Straße 14
24098 Kiel
Tel.: 0431 / 8802164
Fax: 0431 / 8804658
Email: markau@ftz-west.uni-kiel.de

Julia Maintz
Universität Bonn
Geographisches Institut
Sozioökonomie des Raumes
Meckenheimer Allee 166
53115 Bonn
Tel.: 0228 / 734630
Fax: 0228 / 739731
Email: maintz@giub.uni-bonn.de

Detlef Müller-Mahn
Universität Bayreuth
Lehrstuhl Bevölkerungs- und Sozialgeographie
Universitätsstraße 30
95447 Bayreuth
Tel.: 0921 / 552278
Fax: 0921 / 552269
Email: muellermahn@uni-bayreuth.de

Thomas Nauss
Universität Marburg
Fachbereich Geographie
Laboratory for Climatology and
Remote Sensind (LCRS)
Deutschhausstraße 10
35032 Marburg
Tel.: 06421 / 2824252
Fax: 06421 / 2828950
Email: nauss@lcrs.de

Jürgen Pohl
Universität Bonn
Geographisches Institut
Bereich Sozioökonomie des Raumes
Meckenheimer Allee 166
53115 Bonn
Tel.: 0228 / 737382
Fax: 0228 / 735393
Email: pohl@giub.uni-bonn.de

Paul A. Raschky
Universität Innsbruck
Institut für Finanzwissenschaft
Universitätsstraße 15 / 4
A-6020 Innsbruck, Österreich
Tel.: 0043 512 5077160
Fax: 0043 512 5072970
Email: paul.raschky@uibk.ac.at

Stefan Reese
National Institute of Water and Atmospheric Research
Ltd (NIWA)
301 Evans Bay Parade,
Greta Point, Wellington, New Zealand
Tel.: 0064 4 3860564
Email: s.reese@niwa.co.nz

Ortwin Renn
Universität Stuttgart
Institut für Sozialwissenschaften
Abteilung für Technik- und Umweltsoziologie
Seidenstraße 36
70174 Stuttgart
Tel.: 0711 / 68583970 oder 68584295
Fax: 0711 / 68584295
Email: ortwin.renn@sowi.uni-stuttgart.de

Anja Scheffers
Universität Duisburg-Essen
Institut für Geographie
Universitätsstraße 15
45114 Essen
Tel.: 0201 / 1833158
Fax: 0201 / 1833741
Email: anja.scheffers@uni-due.de

Hans-Ulrich Schmincke
IFM-GEOMAR Leibniz-Institut für
Meereswissenschaften
Dynamik der Ozeankruste
Wischhofstraße 1-3
24148 Kiel
Tel.: 0431 / 6002652
Email: h-u.schmincke@t-online.de

Lothar Schrott
Universität Salzburg
Fachbereich Geographie und Geologie
Physische Geographie
Hellbrunnerstraße 34
A-5020 Salzburg, Österreich
Tel.: 0043/662 80445245
Fax: 0043/662 8044525
Email: lothar.schrott@sbg.ac.at

A.Z.M. Shoeb
Department of Geography and Environmental Studies
University of Rajshahi
6205 Rajshahi, Bangladesh
Email: azmshoeb@yahoo.com

Horst Sterr
Christian-Albrechts-Universität zu Kiel
Geographisches Institut
Ludewig-Meyn-Straße 14
24118 Kiel
Tel.: 0431 / 8802944
Fax: 0431 / 8804658
Email: sterr@geographie.uni-kiel.de

Johann Stötter
Leopold-Franzens-Universität
Institut für Geographie
Innrain 52
A-6010 Innsbruck, Österreich
Tel.: 0043/512 5075403
Fax: 0043/512 5072895
Email: hans.stoetter@uibk.ac.at

Hannelore Weck-Hannemann
Universität Innsbruck
Institut für Finanzwissenschaft
Universitätsstraße 15
A-6020 Innsbruck, Österreich
Tel.: 0043/512 5077153
Fax: 0043/512 5072970
Email: hannelore.weck@uibk.ac.at

Juergen Weichselgartner
Harvard University
Kennedy School of Government
Center for International Development
503 Rubenstein Building
79 JFK Street
Cambridge, MA 02138 USA
Tel.: 001/6173845737
Fax: 001/6174968753
Email: juergen_weichselgartner@ksg.harvard.edu

Andreas Zischg
Abenis AG
Quaderstraße 7
CH-7000 Chur, Schweiz
Tel.: 0041/81 2507902
Fax: 0041/81 2507901
Email: a.zischg@abenis.ch

Michael M. Zwick
Institut für Sozialwissenschaften
Abteilung für Technik- und Umweltsoziologie
Seidenstraße 36
70174 Stuttgart
Tel.: 0711 / 68583972
Fax: 0711 / 68582487
Email: michael.zwick@sowi.uni-stuttgart.de

Inhalt

Vorwort der Herausgeber

Die Problematik von Konsequenzen natürlicher Prozesse für Gesellschaften wird immer deutlicher. Obwohl die daraus resultierenden Herausforderungen eine übergreifende, vernetzte, ja sogar manchmal als „holistisch" bezeichnete Herangehensweise bei der Formulierung von Ursachen und Lösungen so genannter Naturkatastrophen erfordern, zeigt die Realität nach wie vor ein einander kaum zur Kenntnis nehmendes Nebeneinander der unterschiedlichen, stark disziplinorientierten Ansätze. Alle diese Ansätze haben ihre spezifischen Stärken, insgesamt aber gilt: Es gibt keinen Königsweg! Noch nicht?

Nicht zuletzt vor dem Hintergrund der seit Jahren vermehrt diskutierten globalen Veränderungen erschien es uns an der Zeit, einige unterschiedliche Ansätze und Herangehensweisen gerade in der Diversität ihrer Standpunkte, Fragestellungen und Forschungsperspektiven zusammenfassend zu präsentieren.

Und hier liegt nun das Ergebnis vor: Ein Lehrbuch, das nicht aus einer einzigen Blickrichtung verfasst ist, sondern ein möglichst breites Spektrum von sozial-, natur- und ingenieurwissenschaftlichen Zugängen widerspiegelt.

Für den Titel *Naturrisiken und Sozialkatastrophen* haben wir uns nach langer und intensiver Diskussion entschieden und die ihm innewohnenden Widersprüche bewusst in Kauf genommen. Beispielsweise müssen Naturrisiken nicht zwangsläufig an Sozialkatastrophen gekoppelt sein – oder umgekehrt. Vielmehr war uns wichtig, mit diesem Titel einerseits auf die disziplinäre Gegenüberstellung hinzuweisen – Naturrisiken als Gegenstand der Ingenieur- und Naturwissenschaft versus Sozialkatastrophen als Sujet der Sozial- und Geisteswissenschaft. Andererseits sollte aber auch die inhärente Abhängigkeit deutlich werden, z. B. gibt es keine Naturrisiken ohne Betroffene (sonst wären es nur einfache natürliche Prozessabläufe). Schwieriger ist es mit dem Begriff der Sozialkatastrophen. Natürlich treten eine Vielzahl von sozialen Katastrophen völlig unabhängig von natürlichen Prozessen auf. Konsequenterweise hätten wir also den populären Begriff der „Naturkatastrophe" nutzen sollen. Da die Natur jedoch keine „Katastrophe" kennt, sondern sich einfach nur entwickelt, wäre der Begriff der „Naturkatastrophe" eher irreführend. Es war Ziel,

deutlich hervorzuheben, dass es sich bei „Katastrophen" also immer um gesellschaftliche Konsequenzen handelt. Durch diese Titelwahl wollen wir die extrem starke Verflechtung und die damit verbundenen Abhängigkeiten zwischen der Natur und der Gesellschaft, wie sie ja nicht nur in der Geographie immer wieder postuliert wird, betonen.

Die Heterogenität der Beiträge ist indessen mit dem Hinweis auf die beiden einander gegenüberstehenden Hauptströmungen (einerseits Naturwissenschaften, andererseits Wissenschaften vom Menschen) und ihre jeweils unterschiedliche Nomenklatur nicht erschöpfend beschrieben. Noch nicht einmal der zu behandelnde Gegenstandsbereich ist einvernehmlich abgrenzbar: Zum einen geht es um bereits eingetretene Katastrophen, zugleich aber auch um das Erkennen und nach Möglichkeit Verhindern zukünftiger Katastrophen. Können wir – zum zweiten – überhaupt von Katastrophen sprechen, wenn Tod und Verderben in millionenfacher Zahl billigend in Kauf genommen werden – etwa beim Ausbau von Megastädten direkt auf tektonischen Verwerfungen? Wie verhält es sich mit dem Begriff „Naturrisiko"? In welchem Fall birgt die Natur ein Risiko? Gibt es auch eine Natur, die nicht risikobehaftet ist? Und wie erkennen wir den Unterschied? Oder geht es nicht auch bei den der Natur zugeschriebenen Risiken um Umstände, die Menschen einander vorgeben, etwa fehlendes Rettungsgerät, marode Deiche und Stadtgründungen an Orten, von denen wir wissen, dass sie potenziell hochgradig gefährdet sind?

Schließlich stehen sich ganz ähnlich wie in den Medien auch in akademischen Debatten „sozialkonstruktivistische" und „objektivistische" Ansätze gegenüber, ohne dass den Argumenten der Gegenseite überhaupt Gehör geschenkt wird, bzw. falls sie gehört werden, diese viel zu wenig in konkrete Handlungen umgesetzt werden. Das ist bedauerlich, denn vieles deutet darauf hin, dass unsere „Lösungen" in Gestalt von Katastrophenvorsorge daran kranken, dass sie der Komplexität der Problemlage nicht angemessen sind.

Wir können und wollen diese Differenzen nicht auflösen. Insofern darf der vorliegende Band nicht als Lehrbuch im herkömmlichen Sinne verstanden werden. Unumstößliche Wahrheiten und nicht hinterfragbare Tatsachen werden hier nicht vermittelt, dafür aber ein Einblick in die Vielfalt der Ansätze auf diesem derart fragmentierten und unübersichtlichen Feld, zu dem wohl beinahe jede institutionell verankerte akademische Disziplin Beiträge leisten kann.

Die einzelnen Kapitel beginnen mit einer Auswahl von Schlüsselwörtern, gefolgt von einem Einstieg in das jeweilige Themenfeld; beides ermöglicht der Leserschaft, einen raschen Überblick über die Inhalte des folgenden Beitrags zu erlangen. Vertiefende Informationen, veranschaulichende Beispiele, Begriffsbestimmungen und Ergänzungen sind den Texten in Kästen zur Seite gestellt. Am Ende der Kapitel finden sich dann zusätzlich zum zusammenfassenden Resümee noch Schlüsselsätze, die die Rekapitulation des Stoffes erleichtern. Viele der in den Literaturlisten an den Kapitelenden genannten Quellen stammen aus dem Internet; um das Abrufen dieser Seiten zu erleichtern, kann der Interessierte die entsprechenden Links als anklickbare Datei auf den Seiten des Verlags (http://www.spektrum-verlag.de) finden.

Als Herausgeber sind wir froh, nicht nur Kolleginnen und Kollegen aus der Physischen und Humangeographie zur Mitarbeit gewonnen zu haben, sondern auch Vertreterinnen und Vertreter der Soziologie, Finanzwissenschaft, Raumplanung, Kommunikationswissenschaft und Geologie. Grenzüberschreitungen sind auch in räumlicher Hinsicht zu konstatieren, wir freuen uns, auch Beiträge aus Österreich, der Schweiz und den Vereinigten Staaten von Amerika einbinden zu können. Die meisten Autoren sind an Universitäten tätig, doch stammen mehrere Beiträge aus der Feder von Praktikerinnen und Praktikern.

Wir möchten ganz besonders allen Autoren danken, die mit Ruhe und Verständnis auf die lange Entstehungszeit des Bands reagierten. Für die Unterstützung bei diesem Band sowie die stets konstruktive, verständnisvolle und motivierende Begleitung danken wir dem Spektrum Akademischen Verlag, und dort vor allem Merlet Behncke-Braunbeck, Jutta Liebau und Annette Heß. Auf Wunsch des Verlags wurde bei den Abbildungen auf Quellenangaben verzichtet, wenn es sich um einen eigenen Entwurf des Autors handelt.

In Osnabrück haben uns bei der Arbeit an den Manuskripten Karin Schumacher, Dr. Bettina Giese und Ulrike Moll tatkräftig unterstützt, bei der Erstellung und Überarbeitung verschiedener Abbildungen Dipl.-Ing. (FH) Christoph Reichel. In Wien waren besonders Katrin Sattler als Bearbeiterin von Manuskripten und Walter Lang für die kartographische Überarbeitung vieler Abbildungen tätig. All den Genannten wie auch den Ungenannten im Hintergrund (Dank für die Reviews!) möchten wir unseren herzlichen Dank aussprechen. Wir hoffen, dass Sie, liebe Leserinnen und Leser, mit dieser Lektüre zu einer erweiterten und zugleich vertieften Einsicht in die Komplexität unseres Untersuchungsgegenstands gelangen.

Carsten Felgentreff und Thomas Glade

Osnabrück und Wien im Juni 2007

1 Naturrisiken – Sozialkatastrophen: zum Geleit

Carsten Felgentreff und Thomas Glade

Begrifflichkeiten • Naturkatastrophen • Naturrisiko • Sozialkatastrophen

Der Ausbruch des Krakatau im August 1883 soll noch in einer Entfernung von 5000 km auf der Insel Rodriguez bei Mauritius zu hören gewesen sein. Gleichgültig, in welchem Winkel der Welt sich heute Katastrophales abspielt – die Chancen stehen gut, dass wir uns über Nachrichtensender und das Internet in Echtzeit informieren können, zumindest diesseits der *digital divide*. Neben Informationen zu Ursachen, Begleitumständen und Wirkungen bieten uns die Medien aber noch mehr. Kaum ein Fernsehsender verzichtet auf die Ausstrahlung von Katastrophenmärchen und Weltuntergangsinfotainment. Die neue Lust am Untergang?

Wahrscheinlich hat die Menschheit noch nie so viel über die Natur gewusst wie heute, war die Technik zu unserem Schutz vor Unbill und Gefahr derart ausgefeilt und deren Einsatz so weit verbreitet. Im Widerspruch hierzu steht ein Trend, auf den viele Statistiken verweisen: Weltweit betrachtet steigt das Ausmaß an Schäden im Zusammenhang mit Naturereignissen (Münchner Rück 2007, S. 47). Bei den reichen Staaten schlagen die zur Rede stehenden sogenannten **Naturkatastrophen** typischerweise mit exorbitanten Schadenssummen zu Buche (Abb. 1.1), wohingegen die ärmeren Nationen durch atemberaubende Verluste von Menschenleben hervortreten: Bei einem tragischen Erdbeben in der Islamischen Republik Iran starben Zehntausende von Menschen, bei einem wesentlich stärkeren Beben in Japan hingegen nur eine Person. Was ist daran natürlich?

1.1 Weshalb „Sozialkatastrophen"?

In den allermeisten Fällen trifft niemanden eine Schuld, was das Beben der Erde angeht – nach derzeitigem Stand von Wissenschaft und Technik ist es anerkannterweise „natürlich" und weder zeitlich nach menschlichen Maßstäben hinreichend exakt vorhersehbar noch technisch abwendbar. Die wenigsten Menschen sterben aber unmittelbar durch die bebende Erde, sondern weil sie sich in einstürzender Gebäuden befunden haben, weil überlebende Nachbarn sie mangels geeignetem Gerät nicht rechtzeitig aus den Trümmern bergen konnten, weil ihnen medizinische Hilfe versagt blieb oder weil Kurzschlüsse und geborstene Gasleitungen ein Feuer entfachten, dem sie nichts entgegenzusetzen hatten. Mögen diese Konsequenzen und Zusammenhänge noch so unausweichlich scheinen, „natürlich" sind sie nicht. Die Häuser wurden von Menschen erbaut, und auch der Verzicht auf weitergehende Vorsorge ist Resultat menschlicher Entscheidungen, nicht aber „der Natur" in die Schuhe zu schieben. Und wenn der Verzicht auf Unkenntnis oder fehlender Ressourcen beruhte – hätte nicht rechtzeitig dafür Sorge getragen werden können, dass Wissen und Mittel zur Verhinderung der Katastrophe bereitgestellt wurden? Weshalb unterblieb dies? Wer trägt, so könnte gefragt werden, für all dieses die Verantwortung?

Bei anderen Fällen sogenannter Naturkatastrophen können wir noch nicht einmal sicher sein, ob das fragliche Naturereignis, das als **Auslöser** der Katastrophe betrachtet wird, überhaupt „natürlich" gewesen sei – denken wir an die jüngsten Hochwas-

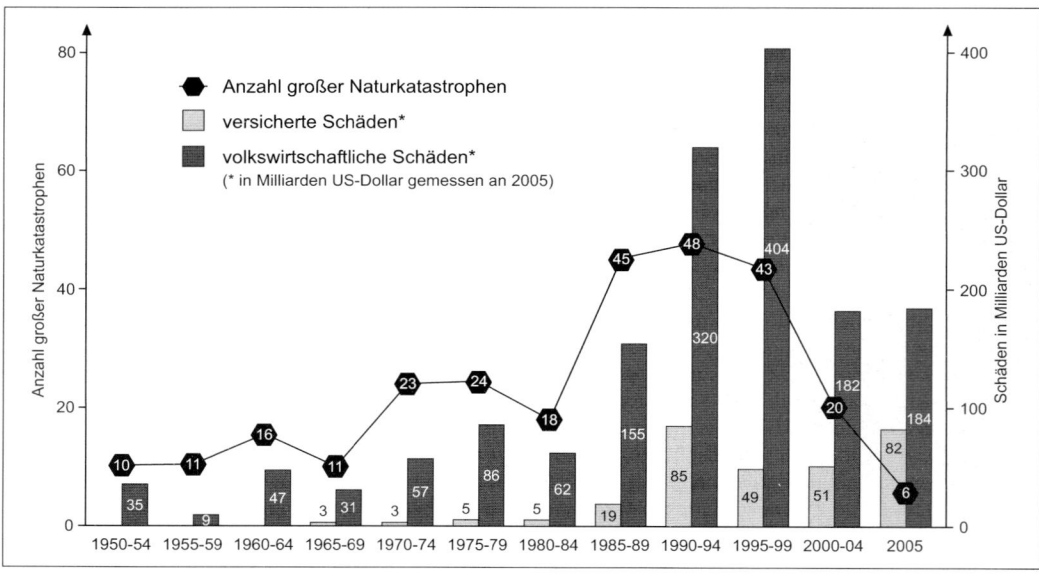

Abb. 1.1 Volkswirtschaftliche und versicherte Schäden sowie Anzahl „großer Naturkatastrophen" für den Zeitraum 1950–2005. Das Schaubild zeigt nur die monetären Schäden. Die Angaben für 2005 beziehen sich ausschließlich auf dieses eine Jahr (Münchener Rück 2007, S. 47; Grafik überarbeitet nach Weichselgartner 2006).

serkatastrophen in Deutschland oder an Hurrikan Katrina. Zwar fehlte in der öffentlichen Diskussion der Vorkommnisse selten der Verweis auf die Natur, aber die Debatte kreist heutzutage stets auch um menschliche Einflussnahme auf diese Natur (anthropogener Klimawandel, Flussbegradigungen, Abholzung, Flächenversiegelung, Bergbau etc.). Nach Jahrtausenden, in denen die bestmögliche Inwertsetzung der Natur immer weiter verfeinert und „optimiert" wurde, scheint mit dem Aufkommen der ökologischen Frage(n) in den letzten Dekaden eine teilweise breitenwirksame Reflexion eingesetzt zu haben, die manche als Reflexive Moderne bezeichnen (Peluso und Watts 2001, S. 24). Natur erscheint dabei nicht mehr nur als auszubeutende (oder: zu managende) Ressource (Abb. 1.2), sondern als geschundene Kreatur, die wir zu unserem eigenen Nutzen schützen und behüten sollten, die manchmal unberechenbar und gewalttätig ist (und deshalb gezähmt werden muss), andererseits aber auch geschont und vor unkluger Nutzung bewahrt werden muss. Dabei geht es keineswegs allein um die materielle Bedeutung von Natur, sondern auch um ihre symbolische Bedeutung.

Gerade dann, wenn bei sogenannten **Naturkatastrophen** gesellschaftliche Verantwortlichkeiten ausgeblendet werden, kommt dem im Begriff ent-

haltenen Naturverweis eine recht leicht durchschaubare Entlastungsfunktion zu. Es ist verdienstvoller und der eigenen Wiederwahl eher zuträglich, wenn sich Politiker in Gummistiefeln mit der tatkräftigen Abwehr der „von außen" über die Gesellschaft kommenden, rohen und gefährlichen Natur assoziieren lassen. Solcherart unterstrichene Entschlossenheit ist politisch deutlich attraktiver als Debatten über Versäumnisse der Vergangenheit, etwa auf dem Gebiet der Raumplanung, Mittelkürzungen im Katastrophenschutz und bei der Deichunterhaltung etc. Die Identifikation eines gemeinsamen „Feindes", der außerhalb der eigenen Gesellschaft steht, hat schon mehr als einmal geholfen, von anderen Problemen abzulenken und vereint und gestärkt aus der Situation hervorzugehen. Und manchem will es dabei scheinen, als habe die Natur einen „Kampf" begonnen …

Die Begriffsgeschichte des Terminus „Naturkatastrophe" reicht im Deutschen zeitlich nicht sehr weit zurück. Christian Pfister (2002, S. 15) weist auf den 1905 in Wien erschienenen Titel „Über rechtzeitige Warnungen vor Naturkatastrophen" des Autors Johann Friedrich Nowack hin. Dennoch hat der Begriff längst einen festen Platz in der deutschen Sprache. Nicht jedem, der damit operiert, soll Naivität oder die absichtsvolle Verschleierung sozialer, politischer,

Abb. 1.2 Landnutzungsänderungen als eine zentrale Voraussetzung für das Auftreten von gravitativen Massenbewegungen (Gisborne, Ostküste der Nordinsel Neuseeland). Während intensiver Niederschlag im Jahr 2002 im bewaldeten Gebiet keine Massenbewegungen auslöste, wurden im entwaldeten Farmland Tausende von flachgründigen Rutschungen initiiert (Foto: Michael Crozier).

ökonomischer und kultureller Ursachen von Katastrophen unterstellt werden. Mitunter stimmt allerdings nachdenklich, wie nahe der in akademischen Schriften verwendete Begriff von (Natur-)Katastrophe alltagsweltlichen Vorstellungen steht.

Es soll auch nicht behauptet werden, dass der hier stattdessen im Titel gewählte Begriff **Sozialkatastrophen** wissenschaftlich exakter sei oder ideologisch unbedenklicher. Als Herausgeber haben wir uns für diesen Begriff entschieden, um schon auf dem Bucheinband darauf aufmerksam zu machen, dass nach unserer Überzeugung Katastrophe eine zutiefst menschliche Kategorie ist, gleichgültig welche Kausalketten nachgewiesen oder vermutet werden. Das heißt nicht, dass es nicht auch (etwa erdgeschichtliche) Kontexte gibt, in denen mit dem Begriff Katastrophe auch ohne anthropozentrische Perspektive sinnvoll operiert werden könnte. Im Zusammenhang mit dem, was gemeinhin unter „Naturkatastrophe" subsumiert wird, geht es aber stets mehr oder weniger explizit um **menschliche Betroffenheit**. Die Unterscheidung von Naturkatastrophen versus **menschen-gemachte** versus **technische** versus **Verbundkatastrophen** u. Ä. ist in Bereichen wie der Rechtssprechung und dem Versicherungswesen von Belang. Zum Verständnis der Problemlage (was ist eine Katastrophe, welches sind ihre Ursachen(-bündel), welche Rolle spielt die Natur dabei, was ist daran natürlich, was hätte rückblickend zu ihrer Verhinderung unternommen werden sollen und was kann jetzt von wem unternommen werden, um zukünftige Katastrophen zu verhindern?) trägt sie unseres Erachtens nicht unbedingt bei. Wulf Schmidt-Wulffen war

wahrscheinlich einer der ersten deutschsprachigen Geographen, der vor 25 Jahren aus ähnlichen Erwägungen vorschlug, in Schulbüchern für das Fach Geographie besser von Sozial- statt von Naturkatastrophen zu sprechen:

»*Naturkatastrophen ereignen sich nicht in der Natur selbst, sondern stets in Bezug auf eine von einem Naturereignis betroffene Gesellschaft. Ob ein Naturereignis als Katastrophe bewertet wird, definiert sich über die Bedeutsamkeit der Folgen auf die Lebensverhältnisse der Betroffenen. Die Folgen lassen sich aber nun nicht aus der Naturgesetzen unterliegenden Kausalität eines Ereignisses (wie Überschwemmung, Erdbeben usw.) ableiten oder begründen, sondern sie spiegeln über den Umgang mit ihnen (Folgebewältigung, Katastrophenvorsorge usw.) die der jeweiligen Gesellschaft zugrunde liegenden Zustände und Qualitäten. Dazu kann … auch das Bewusstsein gesellschaftlicher Verantwortlichkeit für die Verursachung gehören. Der ex- oder implizite Verweis auf die Natur als Katastrophenverursacher legt – bei Nichtausblendung gesellschaftlicher Verantwortlichkeiten – nahe, statt von Natur-, von Sozialkatastrophen zu sprechen, um auf die ideologische Funktion des Naturverweises aufmerksam zu machen*« (Schmidt-Wulffen 1982, S. 139).

Die Wahl des Titels des vorliegenden Sammelbands kommt dieser Empfehlung nach. Zugleich wird mit dem Terminus „Sozialkatastrophe" (statt des für viele auch in jüngster Zeit noch nahe liegenderen Buchtitel-Begriffs „Naturkatastrophen", Groh et al. 2003, Plate und Merz 2001) jener Wandel des Leitbegriffs nachvollzogen, den die Vereinten Nationen unlängst vorexerziert haben: Waren die 1990er-Jahre noch als „Internationale Dekade für die Reduktion von Naturkatastrophen" (IDNDR) überschrieben, so folgen die Nachfolgeaktivitäten nun seit dem Jahr 2000 dem Motto „Internationale Strategie für die Reduzierung von Katastrophen" (ISDR) – und dies aus guten Gründen. Die Unangemessenheit der ausgeprägten natur- und ingenieurwissenschaftlichen Dominanz der ersten IDNDR-Aktivitäten wurde schon frühzeitig aus sozialwissenschaftlicher Perspektive kritisiert (Geipel 1992, S. 266–268), ohne dass sich hieran etwas Grundsätzliches geändert hätte. Und nach wie vor wird das Forschungsfeld von Einzelstudien bestimmt, die allenfalls organisatorisch miteinander verknüpft sind. Disziplinen übergreifende und im Sinne des Wortes integrative Initiativen sind selten. All dies spiegelt sich auch in dem vorliegenden Buch wider.

1.2 Was ist ein „Naturrisiko"?

Dass die in diesem Buch angesprochenen Probleme durchaus etwas mit **Natur** zu tun haben, soll der Begriff „Naturrisiken" im Titel anzeigen. Auch aus Sicht der Herausgeber hat ein Tsunami mit zahlreichen Toten eine andere Genese als etwa der von manchen befürchtete und schon vorab als „Sozialkatastrophe" bezeichnete Zusammenbruch des bundesrepublikanischen Systems der Altersvorsorge. In beiden Fällen, und darin liegt die bemerkenswerte Gemeinsamkeit, könnte der gedanklich vorweggenommene Katastropheneintritt durch rechtzeitiges Gegensteuern aber verhindert werden. Ganz allgemein gelten Katastrophen (und dies gilt gleichermaßen für die sogenannten Natur- wie für *man-made*-Katastrophen) in unserer Gesellschaft dann als verhinderbar, wenn erstens die **Bedingungen ihres Eintritts** bekannt sind sowie zweitens diese Bedingungen beeinflussbar sind. Ein auf die Erde zu rasender Meteor ist nach derzeitigem Stand von Wissenschaft und Technik in seiner Bahn nicht beeinflussbar, der Einschlag ist damit unabwendbar. Und darin liegt ein Unterschied zu anderen Prozessen der Natur, die durchaus für beeinflussbar gehalten werden, etwa Hochwasser bei Oberflächengewässern, wobei die Deiche nur hoch und stabil genug gebaut werden müssten, um „Sicherheit" zu produzieren (wie ja immer wieder behauptet und erhofft wird). In Abbildung 1.3 werden für den Prozessbereich der gravitativen Massenbewegungen für mehrere Beispiele aus Hongkong unterschiedliche Schutzmaßnahmen gezeigt, die alle eine Sicherheit

vermitteln. Grundsätzlich ist allerdings eine 100%ige Sicherheit eine Illusion, stets verbleibt ein Maß an Unsicherheit. Diese Unsicherheit bezieht sich auf die Frage, ob die Schutzmaßnahmen ausreichen oder ob die Schutzmaßnahmen im Ernstfall auch wie geplant funktionieren. Bauliche Schutzmaßnahmen an sich oder ihre Dimensionierung sind stets für bestimmte Bemessungsgrenzen dimensioniert, und dieser Sachverhalt wird häufig verschwiegen oder nicht zur Kenntnis genommen. Ein Deich, der für den Rückhalt eines hundertjährigen Hochwassers dimensioniert wurde, ist per Definition nicht für noch seltenere, größere Hochwasser ausgelegt; es ist unausweichlich, dass es dann zu Überflutungen kommt.

Ähnlich wie die beiden Begriffe Natur und Risiko selbst (Kapitel 6) ist das Kompositum **Naturrisiko** bemerkenswert uneindeutig. Für manche (auch der hier vertretenen Autoren) enthält bereits der Begriff der **Naturgefahr** eine quantitativ fassbare Eintrittswahrscheinlichkeit eines Schadens, etwa bei einer Sturmflut oder einem Erdbeben. Wenn dann zusätzlich auch noch die Schadenspotenziale ins Kalkül einfließen, dann ist bei Natur- und Ingenieurwissenschaftlern von Naturrisiko die Rede. Ein solches Begriffsverständnis liegt beispielsweise in den Kapiteln 10 (Vulkanismus und Erdbeben), 11 (Gravitative Massenbewegungen und Schneelawinen), 12 (Hochwasser), 13 (Tsunamis), 14 (Extreme Windereignisse), 15 (Bodenerosion), 23 (Risikomanagement im Alpenraum) und 26 (Küstenmanagement) vor.

Für andere (auch unter den Autoren dieses Bands) meint der Begriff Naturrisiko hingegen die mögliche Zurechnung von Schäden, die mit der Natur assoziiert sind, zu menschlichen Entscheidungen. Sind die Bedingungen des Eintritts von Schäden bekannt und beeinflussbar, dann besteht die Möglichkeit, diese Schäden Entscheidungen zuzurechnen (Pohl 1998). Wer in einem als erdbebengefährdet bekannten Gebiet wissentlich und ohne Not auf erdbebensichere Bauweise seines Hauses verzichtet, handelt aus Sicht von Beobachtern möglicherweise riskant. Kommt er zu Schaden, dann bewerten wir das anders als wenn er zu arm gewesen wäre, um die erforderlichen Mehrkosten zu tragen oder niemand hätte wissen können, dass der Baugrund erdbebengefährdet ist. Naturgefahr meint in diesem Sinne dann eher die latent vorhandene, vage (und nicht bereits quantitativ erfasste) Möglichkeit des Schadeneintritts, der man nicht entgehen kann. Einem Naturrisiko kann man hingegen ausweichen, man kann sich schützen (oder auf den Schutz verzichten), den Prozess selbst verhindern, mildern oder umlenken (oder ihn ignorieren und hoffen, dass es schon

Abb. 1.3 Bauliche Befestigungen von natürlichen Hängen und künstlichen Böschungen in Hongkong. Diese variieren von: a) Grün bemaltem Spritzbeton eines Murgerinnes. b) Betonierung ganzer Hangsegmente. c) Komplette Umgestaltung von Hängen (Fotos: Thomas Glade).

gut geht). Eine scharfe und eindeutige Trennlinie zwischen Naturrisiko und Naturgefahr in diesem Sinne ist nicht immer auszumachen. Eindeutig ist nur, dass es hierbei um Zuschreibungen (und nicht um Quantifizierungen oder andere, eher messtheoretische Probleme) geht (Luhmann 2003).

Der aufmerksamen Leserschaft wird nicht entgehen, dass die hier nur angedeutete begriffliche Vielfalt noch wesentlich weiter reicht: Wohl alle Hazard-, risiko- und katastrophenbezogenen Schlüsselbegriffe der folgenden Kapitel werden von den Autoren uneinheitlich verwendet. Dies geschieht nicht aus Unkenntnis der einschlägigen Glossare (Alexander 2000, Thywissen 2006, o. J., UNISDR o. J.), sondern folgt den verschiedenen fachlichen Traditionen und Paradigmen, für die die versammelten Autorinnen und Autoren stehen. Mehrere Beiträge gehen mehr oder weniger detailliert auf die Gründe dieser Vielfalt ein bzw. bemühen sich, hier Klarheit oder doch zumindest Transparenz zu schaffen (beispielsweise die Kapitel 2, 4–7, 17 und 18).

1.3 Zum Aufbau des Buches

Der erste, mit der Überschrift **Grundlagen und Konzepte** versehene Block, greift einige zentrale Begriffe und grundsätzliche Einsichten der akademischen Befassung mit „Naturkatastrophen" auf. Carsten Felgentreff und Wolf R. Dombrowsky geben einen einführenden Überblick über drei teilweise konkurrierende Zugänge mit jeweils spezifischen Traditionen und Stärken: die **Hazard-, Risiko-** und **Katastrophenforschung**. Dabei konzentrieren sich die Autoren auf die Darstellung geographischer und soziologischer Blickweisen. Von der Konzeption her spiegelbildlich befassen sich Kirsten von Elverfeldt, Thomas Glade und Richard Dikau im folgenden 3. Kapitel mit **naturwissenschaftlichen Zugängen**. Einen ideen- und forschungsgeschichtlichen Abriss der **geographischen Hazardforschung** hat Jürgen Pohl verfasst. Diesem 4. Kapitel ist mit dem fünften Aufsatz wieder ein komplementärer Beitrag zur Seite gestellt, in dem Wolf R. Dombrowsky die Entfaltung der **soziologischen Katastrophenforschung** vor allem in den USA und in Deutschland nachzeichnet. Beide Kapitel zeigen eindrücklich, wie stark die Hazard- und Katastrophenforschung in Geographie und Soziologie von Ideen und Konzepten beeinflusst sind, die Mitte des letzten Jahrhunderts in den Vereinigten Staaten von Amerika entstanden

sind und in der Zeit des kalten Kriegs aufschlussreiche Prägungen erfuhren. Mit der Vielschichtigkeit des **Risiko**begriffs befassen sich Michael Zwick und Ortwin Renn im 6. Kapitel, ohne dabei explizit auf die Idee des Naturrisikos einzugehen. Stets sind Risiken Konstrukte (die auf die Zukunft verweisen, denn noch ist kein Schaden eingetreten), sie stehen für das, was Menschen für bedrohlich halten. Während es sich bei dem Risiko um eine in der frühen Neuzeit entstandene Kategorie handelt, befassen sich Hans-Georg Bohle und Thomas Glade im 7. Kapitel mit einer jüngeren Idee, und zwar der **Verwundbarkeit** oder Vulnerabilität. In Natur- und Humanwissenschaften haben sich um diesen Begriff herum verschiedene Forschungsansätze entwickelt, die mit denselben Begrifflichkeiten operieren, jedoch auf sehr unterschiedliche Sachverhalte und Zusammenhänge abheben. Abgeschlossen wird dieser erste Abschnitt vom 8. Kapitel, in dem Alexander Görke aus kommunikationswissenschaftlicher Perspektive erhellt, was **Krisenkommunikation** auszeichnet. Dabei ist dem Autor an der Offenlegung der Operationsweise des Journalismus als sozialem System gelegen, wobei u. a. die spezifischen Selektionsmechanismen, mit denen Journalisten Krisen/Katastrophen konstruieren, thematisiert werden.

Der zweite Abschnitt ist überschrieben als **natürliche Ereignissysteme**. Hier spielen Gesellschaft oder Menschen und ihre Werte keine oder allenfalls indirekt eine Rolle. In jeweils sehr komprimierter Weise werden jene Prozesse des Reliefs und der Hydro- und Atmosphäre vorgestellt, die in der Öffentlichkeit als **Auslöser** – wenn nicht gar als **Ursache** – der Kalamitäten interpretiert werden. Zunächst befassen sich Lothar Schrott und Thomas Glade im 9. Kapitel mit der Auftretenswahrscheinlichkeit unterschiedlich großer Naturereignisse, wohinter sich ja bei Gefahren- und Risikoanalysen in der Regel besonders die Frage der schadenverursachenden Extremereignisse verbirgt. Hierbei geht es auch um die Frage der Stationarität von Frequenzen und Magnituden der natürlichen Ereignisse, die derzeit nicht zuletzt in den intensiven Diskussionen zum Klimawandel immer wieder angezweifelt wird. Sodann werden die einzelnen Prozesse von einschlägigen Autoren charakterisiert. Diese sind im 10. Kapitel Hans-Ulrich Schmincke und Klaus-G. Hinzen über **Vulkanismus** und **Erdbeben**, die neben einer grundlegenden Beschreibung der beiden geophysikalischen Prozesse besonders die unterschiedlichen Optionen eines Risikomanagements beschreiben. Neben den Prognosen und Vorhersagen als ein Teil der **Frühwarnung** betonen die Autoren die Bedeutung der erdbebengerechten Bauvorgaben und der seismischen Gefährdungsanalysen. Im 11. Kapitel von Thomas Glade und Johann Stötter über **gravitative Massenbewegungen** (also Bergstürze, Hangrutschungen, Muren u. Ä.) und **Schneelawinen** werden die beiden Prozessbereiche zuerst kurz einzeln charakterisiert und anschließend verglichen. Dieser Vergleich wird auch bezüglich der Schadenswirkung weitergeführt. Für das Risikomanagement werden besonders auf die prozessspezifischen technischen und raumplanerischen Maßnahmen eingegangen. Im 12. Kapitel über **Hochwasser** (inklusive Sturzfluten und Ausbruchswellen) betont Jürgen Herget, dass neben der unmittelbaren Einwirkung eines Hochwassers auch die Folgeschäden unbedingt zu beachten sind, da ihre monetäre Bedeutung die eigentliche Schadenswirkung der Überflutung übersteigen kann. Zudem sollten historische Hochwasser stärker berücksichtigt werden und organisatorische Maßnahmen auch über administrative Grenzen hinweg wirksam werden. Das 13. Kapitel von Anja Scheffers widmet sich einer kurzen Charakterisierung des Prozessablaufs von **Tsunamis** und stellt diese in direkte Verbindung mit den unterschiedlichen Schadenswirkungen. Sie stellt fest, dass diese Analysen trotz der Schwierigkeiten von Modellrechnungen extrem wichtig sind, um ein angepasstes Management durchführen zu können. Genauso wie Herget plädiert auch sie für die Einbeziehung von früheren Ereignissen, um genauere Szenarien berechnen zu können. Es reiche jedoch nicht, Tsunami-Warnsysteme zu etablieren, sondern diese müssten in einen übergeordneten Maßnahmenkatalog eingebettet sein (z. B. Vorkehrungen zur Minderung der Auswirkungen, Rettungspläne, Erhalt wichtiger Versorgungssysteme etc.). Mit **Stürmen**, darunter auch Hurrikans und Tornados, befassen sich Thomas Nauss und Jörg Bendix im 14. Kapitel. Sie stellen heraus, dass durch Stürme verursachte Schäden sowohl hinsichtlich der Häufigkeit als auch in der regionalen Ausbreitung bedeutende Naturgefahren sind, die große ökonomische Schäden verursachen. In ihrem Beitrag berücksichtigen sie neben den unmittelbar durch die Windlast hervorgerufenen Schäden auch die Folgen von Starkniederschlägen oder Sturmfluten. Abgeschlossen wird dieser Abschnitt der natürlichen Ereignissysteme mit den Themen **Bodenerosion** und **Desertifikation** im 15. Kapitel von Bernhard Eitel und Hans-Rudolf Bork. Die beiden Autoren betonen, dass gerade wegen der langsam ablaufenden Veränderung die eigentliche Gefahr häufig vollkommen verkannt wird. Und dies, obwohl die Folgen häufig verheerend sind. Denn der Schnee einer Schneelawine bildet sich jedes Jahr wieder – ein abgetragener Boden ist nachhaltig

erodiert und benötigt Jahrhunderte, wenn nicht gar Jahrtausende um sich wieder zu regenerieren. Die beiden Autoren konstatieren, dass trotz der dauerhaften Umweltveränderungen Maßnahmen zur Vermeidung oder wenigstens Reduktion der Auswirkungen nur unzureichend umgesetzt werden.

Diese Zusammenstellung und Auswahl folgt somit der traditionellen geowissenschaftlichen Perspektive, Biohazards bleiben hier außen vor (Pohl und Geipel 2002, S. 5). Abgesehen vom letzten Beitrag geht es um plötzlich einsetzende Prozesse; der den genannten Prozessen zugeschriebene „Überraschungseffekt" ist ja ein quasi unverzichtbares Merkmal des klassischen Hazardbegriffs (Kapitel 4).

Der dritte Abschnitt **Praxis-Bezüge: Bewältigung und Prävention** befasst sich dezidierter mit dem gesellschaftlichen Umgang mit solchen Prozessen, wie sie im vorangegangenen Abschnitt erläutert wurden. Die Autoren richten das Augenmerk dabei in unterschiedlicher Intensität auch auf Aspekte der Analyse der gesellschaftlichen Bewältigung von Krisen, die mit extremen Naturereignissen assoziiert sind: Andreas Dix gibt im 16. Kapitel einen Einblick in Themenfelder und Methoden der **historischen Forschung**. Während die sogenannten Geo- oder Landschaftsarchive bemerkenswerte Zeiträume abdecken können, ist der durch schriftliche oder vergleichbare Quellen abgedeckte Zeithorizont sehr kurz. Zudem gestaltet sich das zielgerichtete Aufspüren solcher Quellen in den Archiven als ausgesprochen schwierig (wenn nicht derzeit gar als unmöglich). Auf diesem noch vergleichsweise jungen und wenig bearbeiteten Feld der Hazard- bzw. Katastrophenforschung sind sicherlich hochinteressante Befunde zu erwarten – schlimmstenfalls womöglich der, dass in der Abfolge von „Schäden ersetzen – Gefährdung ignorieren – Vorsorge vernachlässigen – die Angelegenheit vergessen und weiter investieren – durch plötzliche Katastrophe überrascht werden" eine Art anthropologische Konstante schlummert.

Mit den mehr oder weniger erfolgreichen Bemühungen, verhinderbare Schäden durch entsprechende **Warnung** zu minimieren, indem Betroffene kurzfristig zum Selbstschutz, zur Evakuierung von Menschen und Sachgütern aufgefordert werden, befasst sich Tina Kunz-Plapp im 17. Kapitel. Im Sinne eines rechtzeitigen Gegensteuerns können solche Warnungen ja prinzipiell nicht zu früh formuliert werden, um allerdings Aussicht auf Befolgung zu haben, bedarf es zahlreicher begünstigender Umstände. Es geht dabei um mehr als die (auch in anderen Kontexten) ungelöste Frage, wie Handlungsaufforderungen kommuniziert werden müssen, damit Empfänger in der gewünschten Weise reagieren. Die im Zusammenhang mit bevorstehenden oder eingetretenen akuten Notlagen immer wieder festzustellenden Probleme mögen teilweise kulturspezifischer Art sein, doch finden sich weltweit frappierende Ähnlichkeiten, etwa bei den Argumenten, mit denen Evakuierungsaufrufe ignoriert werden (Kapitel 27 und 28).

Den Blick auf das Spannungsfeld von **Katastrophenvorsorge** und **Katastrophenmanagement** im Allgemeinen wie auch speziell in der Bundesrepublik Deutschland richtet Elke Geenen im 18. Kapitel. Traditionell klafft eine weite Lücke von Sprachlosigkeit und Nicht-zur-Kenntnisnahme zwischen operativem Katastrophenschutz (der von der Logik her reaktiv ist) und der eher langfristig orientierten Katastrophenvorsorge, die pro-aktiv, also vorausschauend, agieren sollte.

Ansatzpunkte zu einer in Deutschland erst in den Anfängen befindlichen Katastrophenprävention durch die **Raumplanung** erläutert Stefan Greiving im 19. Kapitel. So einfach und überzeugend die abstrakte Idee sein mag – auf Flächen, die bekannterweise mehr oder weniger regelmäßig von Überschwemmungen, Hangrutschungen etc. betroffen sind, sollen zukünftig keine weiteren Investitionen getätigt werden, sie sind freizuhalten – so schwierig ist die konkrete Umsetzung dieser Idee. Zwar wird immer häufiger (zumindest von nicht direkt betroffenen Beobachtern) angezweifelt, dass die Durchsetzung kurzfristiger Interessen trotz mittel- oder langfristig absehbarer Schädigung eine angemessene Entwicklungsstrategie sei, doch lässt die Aussicht auf steigende Einwohnerzahlen und Gewerbesteuereinnahmen im Zweifelsfall Einwände aus einer Hazardperspektive in den Hintergrund treten.

Welche Rolle dem **Staat** zukommen kann, darf oder soll und welche Verantwortung dem einzelnen **Bürger** obliegt, mit dieser Frage befasst sich Christina Bollin im 20. Kapitel. Vor dem Hintergrund der in der Entwicklungszusammenarbeit gewonnenen Erfahrungen plädiert die Autorin für eine weitgehende Einbeziehung der Bevölkerung, wobei eine Vielzahl von Rahmenbedingungen zu berücksichtigen sind.

Argumente für die rechtzeitige und effektive Vorsorge vor Schäden im Zusammenhang mit extremen Naturereignissen werden immer wieder auch ökonomisch unterfüttert. Katastrophenvorsorge kann sich dann nicht nur einer moralischen Legitimation erfreuen (weil sie Leben schützen und menschliches Leid verhindern will), sondern auch **ökonomische Vernunft** beanspruchen, wenn entsprechende Kalkulationen ergeben, dass frühzeitige Investitionen in Vorsorge langfristig weniger kosten als die andern-

falls eines Tages zu bewältigenden Schäden. Allerdings ist der Kreis der Nutznießer dieser Investitionen nicht deckungsgleich mit dem Kreis jener, die die Kosten zu tragen haben. Mit solchen und ähnlichen Fragen sowie den Vor- und Nachteilen verschiedener Anreizsysteme befassen sich Paul A. Raschky und Hannelore Weck-Hannemann im 21. Kapitel.

Den Abschluss des dritten Abschnitts bildet ein Beitrag von Carsten Felgentreff, der sich Problemen des **Wiederaufbaus** nach Katastrophen widmet. Dabei geht es um die Mechanismen, die den *hydro-illogical cycle* oder den „*Disaster-Damage-Repair-Disaster cycle*" in Gang halten. Der Autor stützt sich dabei auf eine Auswahl von in der Literatur beschriebenen Fällen, die den Schluss nahe legen, dass die Tendenzen zur Rückkehr zu den Zuständen vor der Katastrophe in der Regel obsiegen, womit auch vormalige Schadens- und Katastrophenanfälligkeiten reproduziert werden.

Der vierte Abschnitt widmet sich anhand einzelner **Fallbeispiele** ausführlicher ausgewählten Aspekten des Gesellschaft-Umwelt-Verhältnisses im Zusammenhang mit extremen Naturereignissen. Im 23. Kapitel befassen sich Johann Stötter und Andreas Zischg mit dem **Risikomanagement** im Alpenraum, wobei sie die Behandlung ihrer Beispiele auf eine grundlegende Erläuterung der Problematik stützen. Mit der Thematik der (selten versuchten und noch seltener erfolgreich vollzogenen) **Umsiedlung** einer ganzen Siedlung nach ihrer weitgehenden Zerstörung befasst sich Christian Kuhlicke am Beispiel der 1993er-Überschwemmung des Mississippi (24. Kapitel). Arbeiten an einem **Indikatorensystem** zur Bestimmung nicht allein von Risikozonen, von gesellschaftlichen Vulnerabilitäten in einem Küstenabschnitt Kantabriens (Spanien) stellt Juergen Weichselgartner im 25. Kapitel vor. Die Situation des **Küstenschutzes** in Norddeutschland ist Gegenstand des Artikels von Horst Sterr, Hans-Jörg Markau, Achim Daschkeit, Stefan Reese und Gunilla Kaiser im 26. Kapitel. Mit Konsequenzen unterlassener Vorsorge befassen sich Susan L. Cutter und Melanie Gall im Zusammenhang mit **Hurrikan Katrina** (27. Kapitel). Bei den letzten drei Beiträgen dieses Abschnitts handelt es sich um Studien, die in sogenannten **Entwicklungsländern** entstanden sind: Ria Hidajat berichtet über Erfahrungen, die in Indonesien im Zusammenhang mit der Schaffung einer **kommunalen Katastrophenvorsorge** gesammelt wurden (28. Kapitel), Boris Braun und A. Z. M. Shoeb zeigen sozio- bzw. politisch-ökonomische Ursachen von Katastrophen in einer *multi-hazard*-Umgebung wie Bangladesh auf (29. Kapitel). Detlef Müller-Mahn veranschaulicht anhand von Befunden und Einsichten aus Ostafrika, dass es weit mehr als ausbleibender Niederschläge bedarf, damit aus einer **Dürre** eine humanitäre Katastrophe wird (30. Kapitel).

Der fünfte und letzte Abschnitt liefert einen Ausblick auf **Herausforderungen: Aussichten auf die Risikowelt(en) von morgen.** Hier kommen verschiedene Desiderate vor allem für die Forschung zur Sprache. So weist Julia Maintz im 31. Kapitel auf die (von der deutschsprachigen Geographie bisher kaum beachteten und wenig erschlossenen) Potenziale des **Akteur-Netzwerk-Ansatzes** hin. Wenn Flüsse, Windböen und tote Materie zu Aktanten werden, weil sie in komplexer Interaktion von Netzwerken Effekte hervorzurufen vermögen und Menschen so zu Handlungen bewegen, dann liegt hier ein Angebot vor, die immer wieder beklagte Dichotomien von Geist und Materie, von Gesellschaft und Natur zu überbrücken. Den Rahmen der traditionellen geographischen Hazardforschung sprengt dieser Beitrag auch durch die Wahl eines bioterroristischen Szenarios als Fallbeispiel. Mit guten Argumenten haben andere Geographen vor ihr den Rahmen der sogenannten *natural hazards* überschritten (Hewitt 1997, um nur einen unter vielen zu nennen). Gleichzeitig ist dieser Beitrag in theoretischer Hinsicht innovativ.

Inspiriert durch die Theorie sozialer Systeme Luhmann'scher Prägung fragt Heike Egner im 32. Kapitel: „Warum konnte das nicht verhindert werden?". Hier findet die Leserschaft ein Theorieangebot, das eine Erklärung liefert für die empirisch immer wieder widerlegte Hoffnung, dass ein Mehr an Wissen über die Zusammenhänge in der Natur sowie über die Genese von sogenannten Naturkatastrophen dazu führt, dass Schäden seltener oder geringer würden (White et al. 2001). Auch dieser Beitrag bietet „*food for thought*" – im Kern eine **Gesellschaftstheorie**, doch zugleich ein Fundament für die Konzeption des Verhältnisses von Gesellschaft und ihrer (bzw. ihren) Umwelt(en) im Allgemeinen wie für die Frage der Steuerbarkeit von Systemen. Und nicht weniger als die Steuerung von recht komplexen Systemen hat sich ja die Praxis des Risiko- und Katastrophenmanagements auf die Fahnen geschrieben.

In ähnlicher Weise konzeptionell orientiert präsentiert Hans-Georg Bohle im 33. Kapitel Überlegungen zum Stichwort **Resilienz**. Hierbei handelt es sich quasi um die Kehrseite, um das Gegenteil der in diesem Band so häufig angesprochenen Vulnerabilität/Verwundbarkeit. Wenn nun immer offensiver auf den verschiedensten Agenden Katastrophenvorsorge und Nachhaltigkeit eingefordert wird, dann könnte sich etwas ankündigen, was auch die Herausgeber in ihrem Abschlusskapitel (34. Kapitel) vermissen: die öffentliche und breite Debatte über die Frage, wie das gute, richtige und möglichst krisenfreie Leben beschaffen und organisiert sein soll. Wogegen wollen wir zukünftig möglichst gut gerüstet sein, gegen Hochwasser, gegen Milzbrand, gegen Verkehrsunfälle, gegen Meteoriteneinschläge oder gegen alles, auch gegen bisher noch unbekannte/unerkannte Gefahren/Risiken? Wenn, wie es scheint, das Letztere gewünscht ist, wie wäre das zu bewerkstelligen? Eine solche **Zielbestimmungsdiskussion** steht noch aus, nicht nur gesamtgesellschaftlich, sondern auch in der akademischen *community*. Als Herausgeber würden wir uns freuen, mit dem vorliegenden Buch einen Stimulus für derartige Diskussionen zu liefern.

Schlüsselsätze

- Die Forschungen zu Hazards, Naturgefahren, Naturrisiken und Katastrophen sind ausgesprochen vielfältig und vielschichtig, das vorliegende Buch soll einen Überblick über die Breite der Ansätze und Verschiedenheit der Herangehensweisen in Geographie und Nachbarwissenschaften aufzeigen.
- Naturgefahren werden in den Natur- und Ingenieurwissenschaften unter einer Eintrittswahrscheinlichkeit eines potenziell schadenbringenden Ereignisses subsumiert. In einer Naturrisikoanalyse werden zusätzlich die gefährdeten Güter einbezogen und häufig quantifiziert.
- Katastrophen sind eine zutiefst menschliche Kategorie, gleichgültig welche Kausalketten als Ursache angesehen werden.
- Eine ganzheitliche Bearbeitung des Themenkomplexes Naturrisiken und Sozialkatastrophen legt die intensive Zusammenarbeit von Natur- und Sozialwissenschaften nahe.

Literatur

Alexander D (2000) Confronting Catastrophe. New perspectives on natural disasters. Oxford University Press, Oxford

Burton I, Kates RW, White GF (1993, erstmals 1978 erschienen) The environment as hazard. 2. Auflage, Guilford Press, New York

Geipel R (1992) Naturrisiken: Katastrophenbewältigung im sozialen Umfeld. Wissenschaftliche Buchgesellschaft Darmstadt, Darmstadt

Groh D, Kempe M, Mauelshagen F (Hrsg) (2003) Naturkatastrophen. Beiträge zu ihrer Deutung, Wahrnehmung und Darstellung in Text und Bild von der Antike bis ins 20. Jahrhundert. Narr, Tübingen

Hewitt K (1997) Regions of Risk. A geographical introduction to disasters. Harlow, Longman

Luhmann N (2003) Soziologie des Risikos. Unveränderter Neudruck der Ausgabe von 1991. de Gruyter, Berlin, New York

Münchener Rück (2007) Topics Geo Naturkatastrophen 2006. Analysen, Bewertungen, Positionen. Münchener Rück, München

Peluso NL, Watts M (2001) Violent Environments. In: Dies (Hrsg) Violent Environments. Cornell University Press, Ithaca. 3–38

Pfister C (2002) Naturkatastrophen und Naturgefahren in geschichtlicher Sicht. Ein Einstieg. In: Ders (Hrsg) Am Tag danach. Zur Bewältigung von Naturkatastrophen in der Schweiz 1500–2000. Paul Haupt, Bern. 11–25

Plate EJ, Merz B (Hrsg) (2001) Naturkatastrophen. Ursachen – Auswirkungen – Folgen. Schweizerbart'sche Verlagsbuchhandlung, Stuttgart

Pohl J (1998) Die Wahrnehmung von Naturrisiken in der „Risikogesellschaft". In: Heinritz G, Wiessner R, Winiger M (Hrsg) Europa in einer Welt im Wandel: 51. Deutscher Geographentag. Steiner, Bonn. 153–163

Pohl J, Geipel R (2002) Naturgefahren und Naturrisiken. Geographische Rundschau 54(1): 4–8

Schmidt-Wulffen W (1982) Katastrophen: Natur- und Sozialkatastrophen. In: Jander L, Schramke W, Wenzel HJ (Hrsg) Metzler Handbuch für den Geographieunterricht. Ein Leitfaden für Praxis und Ausbildung. Metzler'sche Verlagsbuchhandlung, Stuttgart. 137–143

Thywissen K (2006) Components of Risk – A comparative glossary. In: United Nations University – Institute for Environment and Human Security (UNU-EHS) (Hrsg) Studies of the University: Research, Counsel, Education. United Nations University, Bonn. 48

Thywissen K (o. J.) Core Terminology of Disaster Reduction. Bonn, United Nations University – Institute for Environment and Human Security (UNU-EHS) – http://www.ehs.unu.edu/moodle/mod/glossary/view.php?id=1

UNISDR (o. J.) Terminology: Basic terms of disaster risk reduction – http://www.unisdr.org/eng/library/lib-terminology-eng%20home.htm

Weichselgartner J (2006) Gesellschaftliche Verwundbarkeit und Wissen. Geographische Zeitschrift 94(1): 15–26

White GF, Kates RW, Burton I (2001) Knowing better and losing even more: the use of knowledge in hazards management. Environmental Hazards 3(3/4): 81–92

Internetadresse

http://www.unisdr.org – Die Seite der UN-Initiative International Strategy for Disaster Reduction

Teil I

Grundlagen und Konzepte

2 Hazard-, Risiko- und Katastrophenforschung

Carsten Felgentreff und Wolf R. Dombrowsky

Hazard • Katastrophe • Katastrophenbewältigung • Katastrophengenese • Natur • Naturereignis • Naturgefahr • Naturrisiko • Risikoforschung • Risikokultur • Ursache-Wirkungsbeziehungen • Vorsorge • Vulnerabilität • Wiederherstellungspotenzial

Ist von „Naturkatastrophen" die Rede, so bezieht sich der Fragehorizont auf jene Phänomene der Natur, die Effekte auf Menschen und ihre Gemeinwesen hatten oder zukünftig haben können, wobei der Fokus höchst unterschiedlich von den einen auf die Natur, von den anderen auf die Gesellschaft gelegt wird. Der Komplexität des Natur-Kultur-Zusammenhangs widmet sich inzwischen eine Vielzahl akademischer Disziplinen, doch nähern sie sich paradigmatisch aus unterschiedlicher Richtung: entweder von der Kultur und Gesellschaft hin zur Natur oder von der Natur aus hin zu deren Wirkungen auf Kulturen und Menschen. Gemeinsam aber ist beiden Blickrichtungen der Fragehorizont nach Entstehung, Ablauf, Schadensminderung und Verhinderung im Sinne von Prävention. Zentrale Begriffe wie **Katastrophe** und **Schaden**, (Natur-)**Gefahr** und (Natur-)**Risiko**, **extremes Naturereignis** und **Hazard**, werden überaus unterschiedlich gebraucht, wobei einzelnen Disziplinen keineswegs einheitliche Problemzugänge und Konzepte zuzuordnen sind. Anliegen dieses Kapitels ist es, zentrale Problem- und Forschungsfelder dieses Fragehorizonts aufzuzeigen. Im Mittelpunkt werden dabei die drei Begriffe Hazard, Risiko und Katastrophe sowie die hinter ihnen verborgenen, heterogenen paradigmatischen Orientierungen stehen.

2.1 Naturkatastrophen?

Das Seebeben vor Sumatra am 26. Dezember 2005, das an den Küsten des Indischen Ozeans mehr als hunderttausend Menschen den Tod brachte, erscheint der Öffentlichkeit als Naturkatastrophe – ebenso wie das Erdbeben in der iranischen Stadt Bam am 26. Dezember 2003, bei dem Zehntausende von den Trümmern einstürzender Gebäude erschlagen und verschüttet wurden. Die Hochwasser des Rheins 1993 und 1995, der Oder 1997 und der Elbe 2002 gelten gleichfalls als Naturkatastrophen. Auf den ersten Blick gibt es nur unschuldige Opfer, denen unsere Anteilnahme gilt, und eine **Natur**, die unberechenbar, übermächtig und zerstörerisch wirkte. Die „Phänomenologie des Alltags" wirkt so selbstverständlich, dass es gar keiner spektakulären Fernsehbilder bedurft hätte, um eine **Ursache-Wirkungsbeziehung** zwischen den Flutwellen und den Ertrunkenen herzustellen.

Plötzliche, massive Störungen mit als überdurchschnittlich groß empfundenen Verlusten werden gemeinhin als **Katastrophen** bezeichnet. Spricht man von „Natur"katastrophe, dann wird zugleich ein Erklärungsmuster angedeutet, indem wir mit der Zufügung „Natur" einen Verursacher oder zumindest einen kausalen Auslöser ansprechen. Das oftmals Unbegreifliche und Unfassbare der Katastrophe wird auf diese Weise einer „natürlichen" Erklärung zugänglich. Ein Terminus wie Naturkatastrophe macht aber nur Sinn, wenn es auch andere Katastrophen gibt. Im Englischen unterscheidet man zwischen *natural* und *man-made*, im deutschen Sprachgebrauch differenziert man bei den *man-made* Katastrophen häufig noch zwischen „technischem" und „menschlichem" Versagen. Ein dritter Erklärungsmodus, der das Geschehen dem Willen einer anderen (gesellschaftsexternen) Macht zuordnet, ist der säkularisierten Gesellschaft zwar seit der Europäischen Aufklärung weitgehend verschlossen, aber nicht gänzlich fremd. Mediale Kommentierungen wie „die Natur schlägt zurück" weisen in Richtung einer **Magisierung der Katastrophengenese**, wenn der Natur plötzlich Subjektcharakter zugeschrieben wird und die normalerweise moralisch neutrale Größe zum rachsüchtigen Handlungssubjekt mutiert. Zudem erinnert der Terminus **höhere Gewalt**, den Versicherungen noch immer benutzen, an quasi-religiöse Zuschreibungen hin auf übermenschliche Wirkkräfte.

Aus wissenschaftlicher Sicht ist die Frage nach der (besser: den) Ursache(n) einer Katastrophe jedoch komplizierter. Das wird deutlich, wenn man die vermutlich 30 000 Toten, die das nach Richterskala 6,8 starke Beben von Bam „forderte", mit den Verlusten vergleicht, die wenige Monate zuvor frühmorgens am 25. September 2003 bei einem deutlich stärkeren Beben (Stärke 8 auf der Richterskala) auf der Insel Hokkaido in Nordjapan zu beklagen waren: Dort trugen 388 Personen Verletzungen davon, eine starb. Erklären sich derart gravierende Unterschiede in den Folgen allein aus Tageszeit und Besiedlungsdichte? Oder erklären sie sich besser durch den Umstand, dass es unterschiedliche **Vorsorge-Kulturen** gibt, die zu einer unterschiedlichen Bereitschaft führen, erdbebensicher zu bauen und entsprechende Standards durchzusetzen, oder erklären sie sich aus unterschiedlich verteiltem Wohlstand und damit einhergehenden unterschiedlichen **Wiederherstellungspotenzialen**? Wie immer man erklärt, keiner dieser Faktoren ist der „Natur" geschuldet, sondern sozial hergestellt. Das Hochwasser der Elbe, das im dicht besiedelten Einzugsgebiet so große Schäden mit sich brachte, wäre andernorts, etwa in einem unbesiedelten Naturreservat, für Beobachter allenfalls ein spektakuläres Naturereignis, aber keine Katastrophe gewesen. Erhellend ist auch der Blick auf Katastrophen, die nicht als Katastrophen in landläufigem Sinne eintraten, obwohl es nicht am Potenzial des „natürlichen" Auslösers mangelte, etwa beim Ausbruch des Mount St. Helen. Vergegenwärtigt man sich solche Beispiele, dann werden sowohl Schuldzuweisung an „die Natur" als auch der implizite Kausalzusammenhang „durch" die Natur zweifelhaft. Ignorierte Warnungen, in Flussauen und an Vulkanhängen angelegte Siedlungen,

einsturzgefährdete Bauweisen von Wohn- und Gewerbegebäuden, Staudämme und Kernkraftwerke in Erdbebengebieten stellen ebenso **von Menschen vorgegebene Tatsachen** dar, wie versperrte Notausgänge und fehlende Rettungsboote bei Katastrophen, die wir als „menschengemacht" einstufen.

Solche Überlegungen lassen Zweifel aufkommen an der „**Natürlichkeit**" von „Naturkatastrophen". Ganz offensichtlich bedarf es mehr als nur der Natur zugeschriebener „Extremereignisse", damit es zu einer Katastrophe kommen kann. Die Auffassung, der zufolge die Natur als Auslöser fungiert, hat in akademischen Debatten massive Konkurrenz erfahren. Seit mehreren Jahrzehnten betonen immer mehr Autoren stattdessen die **Katastrophenanfälligkeit** auf Seiten der Gesellschaft. Und so mehren sich die Stimmen, die den Begriff **Naturkatastrophe** als Fehletikettierung bezeichnen, denn mittlerweile gelten vielen weder Katastrophen selbst noch die Bedingungen ihres Eintritts als unbestreitbar „natürlich" (Blaikie et al. 1994, S. 4; Clausen 1978; Dombrowsky 1998). Dieser Einwand gilt umso mehr, je offensiver Fragen der anthropogenen Verschärfung von Hochwassern (Flächenversiegelung, Rodungen, Verlust schadlos flutbarer Retentionsflächen durch Eindeichungen) oder von Prozessen in der Atmosphäre (Stichwort globaler Klimawandel) im Zusammenhang mit Schadensereignissen von der Öffentlichkeit diskutiert werden: »*The time is ripe for some form of precautionary planning which considers vulnerability of the population as the real cause of disaster – a vulnerability that is induced by socio-economic conditions that can be modified by man, and is not just an act of God. Precautionary planning must commence with the removal of concepts of naturalness from natural disasters*« (O'Keefe et al. 1976, S. 567).

2.2 Hazardforschung

2.2.1 Die Umwelt als Hazard

Der Hazardbegriff, zumal der des *natural hazards*, wird in der aktuellen Forschung vornehmlich von Natur- und Ingenieurwissenschaftlern verwandt. Stellvertretend für viele (ähnliche) Begriffsverständnisse sei hier die Definition der UN-Organisation *International Strategy for Disaster Reduction* wiedergegeben (Kasten 2.1).

Kasten 2.1

Hazard und *natural hazard* aus Sicht der International Strategy for Disaster Reduction/United Nations (UNISDR)

»**Natural hazards [:]** Natural processes or phenomena occurring in the biosphere that may constitute a damaging event.
Natural hazards can be classified by origin namely: geological, hydrometeorological or biological. Hazardous events can vary in magnitude or intensity, frequency, duration, area of extent, speed of onset, spatial dispersion and temporal spacing.«

»**Hazard [:]** A potentially damaging physical event, phenomenon or human activity that may cause the loss of life or injury, property damage, social and economic disruption or environmental degradation.
Hazards can include latent conditions that may represent future threats and can have different origins: natural (geological, hydrometeorological and biological) or induced by human processes (environmental degradation and technological hazards). Hazards can be single, sequential or combined in their origin and effects. Each hazard is characterised by its location, intensity, frequency and probability.«
(UNISDR o. J., Hervorh. im Original)

Erst durch solche Akzentuierungen des Begriffs werden exklusiv natur- oder ingenieurwissenschaftliche Herangehensweisen, wie die Messung sowie die qualitative und quantitative Modellierung und damit letztlich die Modifikation des Prozesses oder des Phänomens möglich. Im Mittelpunkt der Betrachtung steht dabei der Umweltprozess selbst – und nicht jene Entität, für die er schadenbringend sein kann. Wer sich in seiner wissenschaftlichen Arbeit einem verbesserten Verständnis der maßgeblichen Prozesse, die zu Hochwassern, Tsunamis oder Erdbeben führen, verschrieben hat, muss dies selbstverständlich anhand naturwissenschaftlicher Kategorien tun. Doch allein der Hinweis, dass die analysierten Phänomene gefährlich für Menschen und Sachwerte sein können, macht aus Umweltforschung noch keine Gesellschaft-Umwelt-Beziehungsforschung. Dass es dann bei Eintritt des „natürlichen Extremereignisses" auf Seiten der betroffenen Menschen zu Schäden oder einer Katastrophe kommt, ist aus dieser Sicht eine tendenziell „natürliche" Wirkung des Umweltprozesses. Damit ist die Gefahr der Natur zugeordnet, sie liegt außerhalb der Gesellschaft.

2.2.2 Hazard als Mensch-Umwelt-Interaktion

Die **Wurzeln der geographischen Hazardforschung** reichen in die Vereinigten Staaten der 1940er-Jahre zurück und knüpfen an Vorstellungen an, die im Rahmen der Sozial- bzw. Humanökologie in den 1920er-Jahren entwickelt wurden (Kapitel 4).

Ausgangspunkt der in diesem Sinne betriebenen Befassung mit *natural hazards* ist ein konkreter Ausschnitt der Erdoberfläche und die Frage, welche Hazards sich in diesem Raumausschnitt aus den Eigenschaften der konkreten Umwelt und den Zuständen des Systems Gesellschaft ergeben (White et al. 2001).

Zentraler Begriff ist auch in diesem Ansatz der des Hazards, der hier jedoch als Interaktion zwischen zwei Systemen definiert wird:
»Ein Hazard ist eine Interaktion zwischen zwei Systemen,
1. dem System Umwelt mit seinen Erscheinungsformen,
2. dem System Mensch oder Gesellschaft und seinen Belangen,
wobei die Interaktion solcherart ist, daß sie zum subjektiv wahrgenommenen Nachteil des Systems Mensch verläuft und wobei Systeme durch Gegenmaßnahmen des Menschen oder der Gesellschaft beeinflusst werden können« (Kates 1970, S. 14; zitiert nach Steuer 1979, S. 14).

Die Definition legt auf die Feststellung Wert, dass die Beurteilung (was ist negativ, was ist ein Schaden?) nicht außerhalb des Problems liegt, sondern Teil des Problems ist. Die Bewertung eines „subjektiv wahrgenommenen Nachteils" erfolgt nicht durch eine außerhalb stehende Instanz und auch nicht durch „die Natur", sondern durch **Beobachter**. Nur so ist nachvollziehbar, weshalb eine Überschwemmung der Kölner Altstadt als Schaden angesehen wird, während die Bauern am Ufer des Nils die ausbleibende Überschwemmung ihrer Felder als

2

Nachteil wahrnehmen, weil die Düngung ausbleibt. Immer wieder betonen Vertreter dieser Richtung, dass ein Erdbeben in menschenleerer Wüste schwerlich als Hazard anzusehen sei, der Hazard also nicht das physische Ereignis *per se* sei, sondern stets nur in Bezug auf eine Gesellschaft – denn eben dies ist mit besagter Interaktion gemeint. Insofern ist zweifelhaft, ob reine (hydrogeographische, geomorphologische etc.) Prozessforschung den Ansprüchen dieser Forschungstradition gerecht werden kann, wenn sie nicht gleichzeitig den gesellschaftlichen Umgang mit den analysierten Prozessen in den Blick nimmt. Gleiches gilt für rein sozialwissenschaftliche Zugänge, die sich konzeptionell zwar mit Natur- oder Umweltsemantiken befassen können, nicht aber mit einer „Natur, wie sie wirklich ist". Beide Hauptzweige der Geographie treffen sich hier im Objekt, wobei das Interesse der Physischen Geographie im Allgemeinen auf den physischen Prozess abzielt, das der Humangeographie hingegen vorrangig auf die negativen Effekte des Prozesses auf die Gesellschaft.

Die nicht zuletzt für empirische Arbeiten notwendige Operationalisierung des Hazards wird zusätzlich noch durch die im Begriff enthaltenen verschiedenen Zeitperspektiven erschwert. Einerseits ist der Hazard sinnlich wahrnehmbar, wenn die Interaktion zum subjektiv wahrgenommenen Nachteil der Gesellschaft verläuft, andererseits ist er nur eine Möglichkeit, die gedanklich vorweggenommen wird.

Das zugrunde gelegte Forschungsprogramm orientierte sich an fünf zentralen Leitfragen:

- Wie werden die gefährdeten Gebiete durch den Menschen genutzt?
- Welche Gegenmaßnahmen/Anpassungsstrategien sind theoretisch möglich?
- Wie wird der Hazard von den Betroffenen wahrgenommen?
- Welche der theoretisch sinnvollen Gegenmaßnahmen werden im jeweiligen sozialen Kontext akzeptiert?
- Welche Kombination von Maßnahmen ist in Hinblick auf die zu erwartenden sozialen Konsequenzen jeweils optimal? Was kann getan werden, damit eine konkrete menschliche Gruppe in einem konkreten ökologischen Milieu sicherer leben kann (Kates 1971, 1976, White 1974, Geipel 1992, Plapp 2004)?

Die erste Grundfrage lässt die Verankerung des Ansatzes im klassischen **Mensch-Umwelt-Paradigma der Geographie** erahnen und kann mit landeskundlichem Instrumentarium bearbeitet werden: Die Landschaft oder das „natürliche Dargebot" in

Gestalt von Relief, Boden, Wasserhaushalt und Vegetation ist einerseits Ressource, andererseits kann sie aber mitunter auch hazardträchtig sein für Nutzer und Nutzungen (Pohl und Geipel 2002). Die übrigen vier Leitfragen zielen auf die sogenannten *Adjustments*, also auf **Anpassungen** und **Gegenmaßnahmen** und damit – im weitesten Sinne – auf den Umgang einer konkreten menschlichen Gruppe mit einem konkreten ökologischen Milieu. Schon früh wurde der Stellenwert der Umwelt- bzw. **Hazardwahrnehmung** durch die Akteure thematisiert, und ebenso früh wurde erkannt, dass längst nicht alle theoretisch denkbaren und sinnvollen Mechanismen der Schadensverhinderung oder -minimierung in einem gegebenen sozialen Kontext akzeptabel erscheinen und durchsetzbar sind.

Nicht nur in Hinblick auf den konkreten **Anwendungsbezug** stellt die Idee der *Adjustments* ein zentrales Element im Hazardansatz dar. Gemeint sind sämtliche absichtsvoll oder zufällig praktizierten Formen der Gefahrenabwehr und Schadensminimierung, die kurz- oder mittelfristig wirksam sind (White und Haas 1975, S. 57). Eigentlich fallen alle Maßnahmen und Einrichtungen, die die Anfälligkeit gegenüber einem Hazard mindern, unter die Rubrik *Adjustments* (Geipel 1979, S. 164) – selbst der Verzicht auf entsprechende Maßnahmen (Kasten 2.2).

Vor allem die letztgenannte Grundfrage weist diesen Ansatz aus als anwendungsbezogen und motiviert durch die Idee, Verluste an Menschenleben und materiellen Werten effektiver minimieren zu können. Bereits 1937 hatte Gilbert White im Rahmen seiner Tätigkeit für das *National Resources Planning Board* festgestellt, dass Investitionen in Deiche mittelfristig zu einem **Anstieg der Schadenssummen** führen. Zwar sinkt die Eintrittswahrscheinlichkeit von Überschwemmungen solcherart geschützter Flächen durch den Deichbau, doch zieht das **Vertrauen in die Schutzwirkung des Deiches** Investitionen in der Aue nach sich, die ohne den Deich dort nicht getätigt worden wären. Versagt der Deich dann eines Tages, sind die Verluste hoch – höher als sie jemals ohne Deich hätten ausfallen können (Platt 1986, S. 31; Mustafa 1998, S. 290; Alexander 2000, S. 23–25). Hier sah White **eingeschränkte Rationalität** von Entscheidungen als Hauptübel, dem mit verbesserter Ressourcennutzung – vor allem raumordnerisch durch **Landnutzungszonierung**, aber auch durch **Vorwarnung** – abgeholfen werden könne. Die weltweit regelmäßig wachsende Schadenssumme deutet allerdings darauf hin, dass sich dieser Wunsch nicht bewahrheitet hat (White et al. 2001).

Kasten 2.2

Das Spektrum von *Adjustments*/Anpassungsmechanismen gegen Hazards

- Die Einflussnahme auf den als kritisch bewerteten natürlichen Vorgang, indem etwa bei Dürre Wolken mit Chemikalien zum Abregnen gebracht werden.
- Die Abwandlung des als kritisch bewerteten natürlichen Vorgangs, indem etwa gegen Überschwemmungen ein Deich errichtet wird.

- Die Verminderung von Verlusten, indem etwa Landnutzungen in Überschwemmungsgebieten auf Überschwemmungen abgestellt werden.
- Die Verteilung der Verluste, indem sich etwa Versicherer, die öffentliche Hand oder Spender an ihnen beteiligen.
- Der Verzicht auf geeignete *Adjustments* und Inkaufnahme von Verlusten.
  (Geipel 1992, S. 23)

Gerade vor dem Hintergrund der im letzten Jahrhundert vorherrschenden Konzeptionalisierung und praktischen Bewältigung von *natural hazards* als quasi rein natur- und ingenieurwissenschaftliches Problem (mit entsprechender Betonung technischer Abhilfe) gilt die im Ansatz erkennbare „Versozialwissenschaftlichung" der Materie als Verdienst des klassischen Hazardansatzes. Zudem kann die gedankliche Trennung von einerseits dem Naturereignis und andererseits Leid und Schaden auf Seiten der Gesellschaft als Fortschritt betrachtet werden: Aus dem einen muss nicht zwingend stets das andere erwachsen.

2.2.3 Kritik und Fortführungen des Hazardparadigmas

Der *natural hazard*-Ansatz der US-amerikanischen Geographen um Gilbert White hat durch zahllose Autoren auch jenseits der Geographie Kritik und Weiterentwicklungen erfahren. Bereits zu einer Zeit, als der Pluralismus von Forschungsansätzen und -richtungen zumindest im Vergleich zu heute noch überschaubar war, charakterisierte Eric Waddell die Hazardforschung als „ideologisches Schlachtfeld" (1983, S. 38).

Nicht nur, dass der Hazard im zuvor beschriebenen Sinne empirisch schwer operationalisierbar ist: Vielen Natur- und Ingenieurwissenschaftlern erscheint der Ansatz zu stark gesellschaftszentriert, wohingegen er aus soziologischer Sicht zu sehr im Materiellen verhaftet ist (Dombrowsky 2001). Bei genauerer Würdigung der Argumentationslinie wird deutlich, dass Natur oder Umwelt im *natural hazard*-Ansatz den Stellenwert einer Determinante erhält, wenn hazardbezogenes Verhalten maßgeblich als durch Frequenz und Magnitude natürlicher Prozesse induziert gedacht wird (Plapp 2004, S. 82). Die Vorstellung, Prozesse wie Hochwasser oder Erdbeben würden Menschen zu Anpassungen zwingen (!), ist empirisch unhaltbar – dann hätten wir es weltweit in Überschwemmungsgebieten ausschließlich mit hochwasserresistenten Nutzungen und in tektonisch problematischen Zonen nur mit erdbebensicheren Gebäuden zu tun – wobei noch zu klären wäre, wer mit welcher Legitimation anhand welcher Kriterien diese Zonen so zu definieren vermag, dass Zweifel jeder Grundlage entbehrten und allerorts entsprechende Vorsorge widerspruchslos praktiziert würde. Gewiss sind zur Erklärung von hazardbezogenen Handlungen andere (innergesellschaftliche wie soziale, kulturelle, politische, rechtliche, religiöse usw.) Einflussgrößen heranzuziehen, zumindest bedarf es einer gewissen „Übersetzungsarbeit" von Geofaktoren in handlungsrelevante Kategorien wie beispielsweise „ökonomisch unrentabel". Mittlerweile kann als Gemeinplatz angesehen werden, dass nicht eine „Natur, wie sie wirklich ist" handlungsrelevant für Menschen ist, sondern allenfalls deren jeweilige Vorstellungen, die diese von der Natur haben (Hard 1973). Unter Geistes- und Sozialwissenschaftlern weitgehend akzeptiert ist heute auch die Einsicht, dass die **Welt** (und damit auch Umwelt/Natur) **nicht objektiv gegeben ist** – zumindest ihre **Bedeutungen** sind kulturell produziert. Diese Sichtweise liegt allerdings quer zu alltagsweltlichen Vorstellungen und führt zwischen verschiedenen Fächern und Fachtraditionen regelmäßig zu Unverständnis:

»Eine konstruktivistische erkenntnistheoretische Position, welche die Wirklichkeit als gemeinsames Herstellungsprodukt der miteinander kommunizierenden

2

Menschen ansieht und die in der Humangeographie immer mehr an Boden gewinnt, ruft bei Naturwissenschaftlern vielfach Kopfschütteln hervor, sodass Kommunikationsprobleme entstehen« (Pohl und Geipel 2002, S. 4).

Insgesamt dürfte sich mittlerweile nur noch eine kleine Zahl von Geographen in ihrer eigenen Arbeit dem *natural hazard*-Paradigma mit dem klassischen Hazardkonzept verpflichtet fühlen. So ist heute vermehrt von *environmental* denn von *natural hazards* die Rede, und statt von einer Interaktion zwischen zwei Systemen wird zunehmend von **komplexeren Interaktionen von Menschen, Umwelten und Technologien** ausgegangen, die durch eine Vielzahl von Ursachen und Wirkungen charakterisiert sind (Mitchell 1990, S. 131):
»Since about fifteen years, however, a new perspective has emerged that views hazards as basic elements of environments and as constructed features of human systems rather than as extreme and unpredictable events, as they were traditionally perceived. When hazards and disasters are viewed as integral parts of environmental and human systems, they become a formidable test of societal adaptation and sustainability. In effect, if a society cannot withstand without major damage and disruption a predictable feature of its environment, that society has not developed in a sustainable way« (Oliver-Smith 1996, S. 304).

Was auf den ersten Blick als belanglose Erweiterung wirken mag geht einher mit der **Abkehr vom Mensch-Umwelt-Paradigma der klassischen Geographie**:
»Das einfache Mensch-Natur-Paradigma trägt nicht weit. Die Definition eines Hazards als Interaktion zwischen Mensch und Natur ist zu schlicht. „Der Mensch" ist eine hochgradig arbeitsteilige, funktional differenzierte und sozial und kommunikativ äußerst komplexe Seite in diesem System. Wir haben also zwei komplexe Teilprobleme vorliegen. Für das Teilsystem Mensch ist das andere Teilsystem Natur nur ein „irritierender Faktor". Aus dieser Binnenperspektive ist das Naturereignis ein externes Ereignis, das die gewohnten Routinen wie auch die Weiterentwicklung der Gesellschaft „irritiert"« (Pohl 1998, S. 155).

Statt der offensiven Betonung physischer, der Natur zugeschriebenen „Auslöser" von Katastrophen werden zunehmend jene Zustände in den Blick genommen, die Menschen zu verantworten haben und ohne die das Unheil nicht oder anders eingetreten wäre. Auch hier setzt sich ein nur vermeintlich einheitlicher Leitbegriff durch, der der

Vulnerabilität, auf Deutsch auch **Verwundbarkeit**, **Verletzbarkeit** oder **Anfälligkeit**. Wieder steht ein angelsächsischer Terminus für eine Vielzahl recht unterschiedlicher Konzepte. Ingenieure und viele Naturwissenschaftler verstehen darunter die relative Schadensanfälligkeit von Menschen und Sachwerten wie Gebäuden, Infrastruktur, sozialen und Umweltgütern, die anhand einer Skala zwischen 0 (schadenresistent) und 1 (hochgradig vulnerabel) charakterisiert wird (Plate 2001, S. 12; Glade und Dikau 2001, S. 43). Konzeptionell trägt man damit dem empirisch immer wieder beobachtbaren Umstand Rechnung, dass nicht jedes Naturereignis Totalschäden hinterlässt, dass manche Gebäude stärker erdbebengefährdet sind als andere, dass es einen Unterschied macht, ob Menschen rechtzeitig evakuiert werden oder nicht, ob das Hochwasser nur im Keller oder auch im Dachgeschoss steht usw. Aus sozialwissenschaftlicher Sicht stellen Analysen von sozialer Verwundbarkeit Fortentwicklungen der Armutsforschung dar, die vor allem im Kontext der sogenannten Entwicklungsländerforschung entstanden und politisch-ökonomischen bzw. politisch-ökologischen Ansätzen folgen (Kapitel 7). Hier meint Verwundbarkeit eher einen Prozess als einen Zustand, doch ist die Vielfalt der unterschiedlichen Verständnisse inzwischen kaum mehr überschaubar (Weichselgartner 2001).

Angesichts der Einsicht in die vielfältigen strukturellen Ähnlichkeiten wird in jüngeren Arbeiten auch immer häufiger Abstand genommen von der Beschränkung auf solche Hazards, die traditionell der Natur zugerechnet werden (wie Erdbeben, Hochwasser, Tsunamis, Vulkanausbrüche, Stürme, Lawinen usw.) – zugunsten der gleichberechtigten Befassung mit solchen Krisen und Katastrophen, die auch von der Öffentlichkeit unmittelbar menschlicher Verursachung zugerechnet werden (Mitchell 1999, Hewitt 1997, Alexander 2000).

Einem Trend der *Third World Political Ecology* folgend, wo inzwischen zunehmend mit poststrukturalistischen Ansätzen gearbeitet wird (Blaikie 1999), schlägt Mark Pelling vor, Hazards gleichermaßen als diskursives Konstrukt und als fühl- und messbares Phänomen zu begreifen: *»Hazards exist both as discursive constructs and as actually felt phenomena«* (Pelling 1999, S. 250).

Im deutschen Sprachraum wird statt mit dem Begriff Hazard häufig mit dem Begriff Naturgefahr bzw. dem Begriffspaar **Naturgefahr** und **Naturrisiko** operiert. Für Jürgen Pohl wird – aus sozialgeographischem Blickwinkel – aus einem Naturereignis dann eine Naturgefahr, wenn Menschen und ihre Werte davon betroffen sein können. Während (Natur-)Gefahr hier als eine mehr oder weniger vage Möglichkeit von Schäden im Zusammenhang mit einem Naturereignis gedacht wird (dem man ausgesetzt ist, das man nicht selbst zu verantworten hat), orientieren sich physische Geographen bevorzugt an ingenieurwissenschaftlichen Konzepten. So verstehen Thomas Glade und Richard Dikau unter einer Naturgefahr »... *die Auftretenswahrscheinlichkeit eines potenziell schadenbringenden Ereignisses in einer bestimmten Zeit und in einem definierten Raum*« (2001, S. 43). Auch in dieser Konzeption ist es erst die Anwesenheit von Menschen und Sachwerten, die aus einem Naturereignis eine Naturgefahr werden lässt, doch ist die Naturgefahr hier bereits eine über seine Auftretenswahrscheinlichkeit operationalisierte Größe. In beiden Varianten wird das, was jeweils als Naturgefahr gemeint ist, noch von ganz unterschiedlichen Vorstellungen von Naturrisiko abgegrenzt.

2.3 Risikoforschung

Ähnlich wie beim Begriff des Hazards existieren verschiedene Konzepte von Risiko, die sich u. a. darin unterscheiden, dass manche Autoren Risiken als beobachterunabhängig und „gegeben" ansehen, andere hingegen als zuvörderst sozial hergestellt, indem Gefahren oder Vorgänge zu Risiken erklärt werden (Kapitel 6). Während der Begriff in der Finanzwelt dem der **Chance** gegenübersteht, meint er aus Sicht eines Ingenieurs meist eine Minderung von **Sicherheit** (wobei „Risiko" alles zwischen 0 und 1 ist und 0 Sicherheit, 1 Schadenseintritt bedeuten).

Für den Ingenieursansatz ist „Risiko" eine Schadens- oder Scheiternswahrscheinlichkeit pro Wahrscheinlichkeitsraum (pro Jahr, pro Monat etc.) und damit nichts anderes als eine Häufigkeitsverteilung, die dann extrapoliert werden kann.

Der zweidimensionale Risikobegriff (**Risiko als Produkt von Eintrittswahrscheinlichkeit und erwarteter Schadenshöhe pro Zeiteinheit**), mit dem in der Versicherungswirtschaft erfolgreich gearbeitet wird, ist durch weitere Dimensionen ergänzt worden. Empirisch kann als gesichert gelten, dass die Risikoakzeptanz bei von anderen auferlegten Risiken im Allgemeinen wesentlich niedriger ist gegenüber selbst eingegangenen Risiken. Ebenso bewerten die meisten Bürger ihnen auferlegte Risiken besonders kritisch, wenn sie nicht auch zu den Nutznießern gehören.

Auch an dieser Stelle soll, stellvertretend für zahllose andere Fassungen des Begriffs Risiko, die Definition der *International Strategy for Disaster Reduction* der Vereinten Nationen (UNISDR o. J.) wiedergegeben werden (Kasten 2.3).

Die Begriffsklärung von Risiko seitens der UNISDR (o. J.) bemüht sich um die Berücksichtigung verschiedener Forschungstraditionen. Sie knüpft bei einem eher ingenieurwissenschaftlichen Verständnis an, dem zufolge Risiko das Produkt von Hazard und Vulnerabilität ist. Dieses Konzept wird auch von manchen physischen Geographen (für die die Eintrittswahrscheinlichkeit des schadenbringenden Naturereignisses bereits in der Naturgefahr enthalten ist, Kapitel 2.2.2) vertreten. »*Das Produkt aus der Naturgefahr und der Vulnerabilität bedrohter Risikoelemente ...*« (Glade und Dikau 2001, S. 43) wird dort als **Naturrisiko** bezeichnet. In diesem Zusammenhang handelt es sich bei den Risikoelementen um Menschen und Sachwerte, und unter Vulnerabi-

---

Kasten 2.3

Risiko aus Sicht der *International Strategy for Disaster Reduction* der Vereinten Nationen (UNISDR)

»**Risk [:]** The probability of harmful consequences, or expected losses (deaths, injuries, property, livelihoods, economic activity disrupted or environment damaged) resulting from interactions between natural or human-induced hazards and vulnerable conditions.

Conventionally risk is expressed by the notation Risk = Hazards x Vulnerability. Some disciplines also include the concept of exposure to refer particularly to the physical aspects of vulnerability.

Beyond expressing a possibility of physical harm, it is crucial to recognize that risks are inherent or can be created or exist within social systems. It is important to consider the social contexts in which risks occur and that people therefore do not necessarily share the same perceptions of risk and their underlying causes« (UNISDR o. J., Hervorh. im Original).

lität wird hier die Schadensanfälligkeit der gefährdeten Menschen und Risikoobjekte verstanden.

Weiterhin erwähnt die Begriffsklärung der UNISDR (o. J.) von Risiko, dass manche Disziplinen räumliche Differenzierungen in das Risikokonzept einführen – ein Umstand, der beispielsweise in der raumplanerischen Schadensvorsorge bedeutsam ist (Kapitel 19).

Abschließend erläutert die UNISDR (o. J.), dass Risiko aber auch auf rein innergesellschaftliche Zusammenhänge verweisen kann, dass die Angelegenheit stark vom jeweiligen sozialen Kontext abhängt und, dass Menschen nicht unbedingt gleiche Anund Einsichten zu diesem Thema vertreten.

Sei es den damaligen Entwicklungen der Großtechnologie, sei es dem zunehmenden Einfluss postmaterialistischer Werte geschuldet – spätestens in den 1970er-Jahren sind Risiko-Diskurse zu einem bestimmenden Element westlicher Gesellschaften geworden. Die öffentlichen und akademischen Debatten entzündeten sich damals zwar vor allem an Fragen der Technikfolgenabschätzung, etwa den Risiken der Kernspaltung, doch können auch sogenannte *environmental hazards* durch eine „Risiko-Brille" betrachtet werden. Die Frage „**wie sicher ist sicher genug, für wen?**" kann im Zusammenhang mit Grenzwerten von Schadstoffemissionen ebenso gestellt werden wie bei Investitionen in bauliche Schutzmaßnahmen gegen Gefahren, die wir der Umwelt zuschreiben, also etwa bezogen auf Deichhöhen. Allen Bemühungen um eine „objektive" Befassung mit befürchteten Schadensmöglichkeiten zum Trotz ist offensichtlich, dass die jeweilige Antwort maßgeblich auf Werturteilen basieren muss.

Aus sozialwissenschaftlicher Sicht wird der Umstand betont, dass Risiken in der Öffentlichkeit meist im Zusammenhang mit **Entscheidungen** diskutiert werden. Wenn heute in einem Land wie der Bundesrepublik Deutschland ein Deich überströmt wird oder bricht, dann werden mit sehr großer Wahrscheinlichkeit Stimmen unter den Betroffenen und Kommentatoren zu vernehmen sein, die das Deichversagen nicht (allein) dem Schicksal oder „der Natur" zurechnen, sondern mit unterlassener Pflege seitens der zuständigen Behörden, veralteten Standards des Deichbaus, Rodungen, Flächenversiegelung und Eindeichungen im oberen Einzugsgebiet u. Ä. in Verbindung bringen. Diese Sachverhalte sind aber nicht „natürlich", sondern werden menschlichen Entscheidungen zugeschrieben. Gleichgültig, ob es um tatsächliche oder um vermeintliche Entscheidungen geht, ob Entscheider identifizierbar sind oder nicht, von der Öffentlichkeit werden Entscheidungsspielräume vermutet und

in Zusammenhang mit dem Schaden gebracht. Spätestens dann, wenn ein großer Meteorit auf der Erde einzuschlagen droht, wird die Frage erörtert werden, weshalb nicht mehr in die Erforschung von Technologien zur Verhinderung von Meteoriteneinschlägen investiert worden ist. Damit wird dann auch diese **Schadensmöglichkeit als Risiko** thematisiert werden, wohingegen sie für frühere Generationen wohl eher eine Gefahr darstellte (der die gesamte Menschheit ausgesetzt war, weil Idee und Mittel der Verhinderung fehlten).

Solcherart verstandene Risiken sind also in Entscheidungen begründet. Aus diesem Grund sind sie schwerlich eliminierbar, sondern können allenfalls verlagert werden. Investiert der Bauherr in eine hochwasserresistente Bauweise, riskiert er nicht nur, dass dies vergeblich war, weil der befürchtete Schaden ausbleibt, vielleicht fehlen ihm auch die Mittel, seinen Kindern die gewünschte Ausbildung zu finanzieren. Und wer als politischer Entscheidungsträger versäumt, den Opfern der „Naturkatastrophe" seine uneingeschränkte Solidarität und großzügige Wiederaufbauhilfe zu versichern, riskiert unter Umständen seine Wiederwahl. Und so sind Deiche aus dieser Sicht eher geeignet, die Möglichkeit des Schadeneintritts zu verlagern denn zu eliminieren: Durch die Verringerung der Eintrittswahrscheinlichkeit verschieben sie das Problem einerseits auf der Zeitachse (bis zum nächsten, selteneren Fall der Überschreitung der Bemessungshöhe), andererseits räumlich an die Unterlieger. So betrachtet ist Risiko weder eine objektiv messbare Größe noch ein messtechnisches Problem, das vor allem einzelne Spezialisten angeht. Nicht zuletzt deshalb, weil es bei der Analyse aktueller **Risiko-Diskurse** auch im Kontext von „Naturkatastrophen" nicht vorrangig um individuelle Wahrnehmungen geht, könnte eine solche Risiko-Perspektive erhebliche Potenziale für zukünftige sozialwissenschaftliche und damit auch sozialgeographische Analysen bieten.

2.4 Katastrophenforschung

Unbeschadet ihrer historischen Anfänge befasst sich die Katastrophenforschung mit der Entstehung, dem Verlauf und den Folgen von Ereignissen, die im Alltag „Katastrophe" genannt werden. Es handelt sich somit zum einen um **Ursachen- und Prozessforschung**, zum anderen um **Evaluierungsforschung**, die in Erfahrung zu bringen sucht, welche Konsequenzen aus Katastrophen gezogen werden, also wie und durch welche Anpassungsleistungen Entstehung und Verlauf zukünftig so beeinflusst werden können, dass es nicht wieder zu einer Katastrophe kommen muss.

Dem liegt bereits eine weltanschauliche Annahme zugrunde, der der Begriff „Katastrophe" widerspricht. Im griechischen Bedeutungskontext war Katastrophe (von *katastrephein*) das von den Göttern geschickte, **unabwendbare Verhängnis**, eine Vorstellung, die sich mit dem Katastrophenverständnis christlicher Auffassung als Strafe Gottes (Sintflut, Sodom und Gomorrha, Apokalypse) partiell deckt. Nach wissenschaftlich säkularer Auffassung gilt das Gegenteil: **Katastrophen sind abwendbare Ereignisse, sofern die Bedingungen ihrer Entstehung erkannt und beseitigt werden können.** Genau diese Bedingungen galten und gelten im christlichen Glauben als blasphemische Selbstüberschätzung. Jede neuerliche Katastrophe beweist, dass Gottes Ratschlüsse unerfindlich und die Schöpfung nicht nach des Menschen Willen gestaltet werden kann.

Auch nach moderner Wissenschaftstheorie lässt sich das jedem Scheitern inhärente Widerlegungspotenzial nicht leugnen. Insbesondere das dramatische, übergroße Scheitern lässt immer von neuem und grundlegend zweifeln, ob die Bedingungen des Handelns zutreffend erkannt und die involvierten Handlungen hinreichend bedacht waren. Insofern stellt sich im säkularen, wissenschaftlichen Kontext die prinzipielle Frage nach der Erkennbarkeit der Handlungsbedingungen und zugleich die moralische Frage nach der Verantwortbarkeit von Handeln unter Ungewissheit und unvollständiger Information.

Anders als die Verfahren der **Risikoabschätzung**, die man als mathematisch-naturwissenschaftliche Verfahrensäquivalente zu religiösen Verfahren der Segnung bezeichnen könnte, stellt die Katastrophenforschung ein retrospektives Verfahren zur Produktion von Gewissheit dar: Indem eruiert wird, welches Element in einer Abfolge von Handlungen auf welche Weise dazu geführt haben könnte, dass der ursprünglich gewollte und geplante Handlungszweck nicht erreicht oder sogar gänzlich verfehlt wurde, entsteht eine kausale Abfolge und durch sie der Beweis, dass die Welt prinzipiell erkennbar und bei Beachtung des Erkannten auch gestaltbar ist. **Scheitern** reduziert sich damit bevorzugt auf fehlende Erkenntnis, sodass es weiterer Anstrengung bedarf, um die Lücken zu schließen oder, moralisch brisanter, auf menschliches Versagen, im Sinne nicht beachteter Erkenntnis.

Soweit Scheitern Schäden bewirkt, lässt sich kausale nicht von schuldhafter **Zurechenbarkeit** und den entsprechenden sozialen Mechanismen von Entschuldigung und Schadensersatz lösen. Menschliches Versagen, einfache und grobe Fahrlässigkeit oder gar Vorsatz verweisen auf die enge Verzahnung von rechtlicher und sachlicher Tatsachenwürdigung und damit auf den historischen Strang von Katastrophenforschung als Verfahren zur Klärung schuldhafter Zurechenbarkeit und von Schadensersatzansprüchen. Dem stehen vielfache Versuche gegenüber, Ersatzansprüche und Zurechenbarkeit abzuwehren, also nicht in **Verantwortung** eintreten zu müssen. Zahlreiche Risiken lassen sich nicht versichern, weil sie für grundsätzlich nicht zurechenbar definiert werden. Dazu zählen „höhere Gewalt", verschiedene Elementarschäden oder auch Terrorismus. Ebenso werden Ereignisse ausgeschlossen, die „nach menschlichem Ermessen" nicht absehbar waren oder unerwartet eintraten. In diesem Sinne eignen sich **Naturkräfte** besonders gut als nicht zurechenbare Verursachungen: Das Erdbeben, das San Francisco zerstört, kann nicht zur Rechenschaft gezogen werden, während fehlende Brandschutzwände, Gasleitungen ohne Sperrventile, nicht eingehaltene Bauvorschriften oder falsche Baumaterialien allesamt zurechenbare Ansprüche begründeten. Deswegen ist die Rede von einer personifizierten Natur, die Katastrophen bewirkt, die perfekte **Kausalitätsverdrehung** moralisch Entschuldungsbedürftiger.

Nähert man sich der Katastrophenforschung über die im Alltag vorherrschende »*intuitiv-komparative, operationale Weise*« des Definierens (Stegmüller 1969, S. 3), so eröffnen sich so viele Zugänge, wie es Definitionen gibt. Mittels Definitionen will der Definierende »*Vorstellungen und Urteile über Wirkliches oder für wirklich Gehaltenes*« zum Ausdruck bringen (Wagner 1973, S. 194) und damit jene „Um-Zu-Beziehungen" begreifbar machen (1973, S. 193), die sein Handeln und seine Absichten begründen. Dies gilt für die Akteure des Katastrophenschutzes, aber auch für die Katastrophenforscher, die sie untersuchen.

Wie sehr die **Definition von Katastrophe** von den operativen Interessen der Praxis geprägt ist, zeigt die Definition einer großen internationalen **Hilfsorganisation**:

»*Eine Katastrophe ist eine Ausnahmesituation, in der die täglichen Lebensgewohnheiten der Menschen plötzlich unterbrochen sind und die Betroffenen infolgedessen Schutz, Nahrung, Kleidung, Unterkunft, medizinische und soziale Fürsorge oder anderes Lebensnotwendige benötigen*« (K-Vorschrift 1988, S. 2).

Die Definition operationalisiert Katastrophe von den Mitteln ihrer Bewältigung her: Katastrophe ist, was die Ressourcen der Organisation erforderlich macht. **Versicherungsgesellschaften** definieren gleichermaßen „zweckzentriert". Für sie sind Katastrophen Personen- und Sachschäden jenseits einer bestimmten Größenordnung. Anders Wijkman und Lloyd Timerlake (1984, S. 18) haben diese Sichtweise frühzeitig kritisiert:

»Even the apparently concise definitions based on dollars and lives can be misleading. For instance, a tornado which destroys only a few homes may do over $1 million in damages in a wealthy US suburb, and thus be a „disaster". But a widespread typhoon might destroy hundreds of Third World huts without causing $1 million in damage, and thus not be a „disaster"«.

Die Kritik macht darauf aufmerksam, dass die operationale Komponente einer Definition mehr darüber aussagt, wie der Definierende seine Wirklichkeit sieht und wie er aufgrund dieser Sicht mit ihr umzugehen beabsichtigt, als dass sich darüber die Wirklichkeit selbst begreifen ließe: Weil die Hilfsorganisationen Decken, Kleidung, Lebensmittel, Medikamente und spezifisch ausgebildetes Personal vorhalten, **ist Katastrophe, was diese Mittel erfordert**. Weil die Versicherer erst jenseits bestimmter Größenordnungen leistungspflichtig werden, ist die Überschreitung dieser Größenordnung und damit die Inanspruchnahme von Leistungspflicht Katastrophe. Die Überspitzung des Arguments macht den kontraproduktiven Kern zweckzentrierten Definierens kenntlich: Es geht nicht um die Bestimmung dessen, was Katastrophe als solche sein könnte, sondern um die geeignete Transformation eines empirischen Sachverhalts in ein Problem, auf das die Lösung, die man hat, passt. Dies gilt ganz besonders für die Transformation durch die Katastrophenschutzgesetze:

»Katastrophe im Sinne dieses Gesetzes ist eine insbesondere durch Naturereignis oder schwere Unglücksfälle verursachte Störung oder Gefährdung der öffentlichen Sicherheit oder Ordnung, die so erheblich ist, dass ihre Bekämpfung einheitlich gelenkte Maßnahmen unter Einsatz von besonderen Einheiten und Einrichtungen erfordert ...« (LKatSG SH §1, Abs. 2).

Dem Gesetz nach spezifizieren „Naturereignis" oder „Unglücksfälle" keineswegs „Katastrophe". Katastrophe ist vielmehr die Störung oder Gefährdung der öffentlichen Sicherheit oder Ordnung, oder genauer, nicht einmal eine Störung als solche, sondern nur eine spezifisch erhebliche. Die Erheblichkeit der Störung bemisst, ob einheitlich gelenkte Einheiten und Einrichtungen für erforderlich gehal-

ten werden. „Katastrophe" ist somit nichts anderes als ein rechtssystematischer Schlüsselreiz für die Auslösung eines für spezifische Störungen der öffentlichen Sicherheit und Ordnung bereitgehaltenen Interventionsinstruments. Dem Prinzip nach sind auch Kriege, Revolutionen, Revolten, Terrorismus oder kriminelle Handlungen Störungen der **öffentlichen Sicherheit und Ordnung**; sie aber wären mit dem Instrumentarium des Katastrophenschutzes nicht zu bearbeiten, wie umgekehrt die spezifischen Störungen durch eine Katastrophe nicht (oder nur mit Einschränkungen) von anderen Behörden und Einrichtungen abgearbeitet werden könnten. Die Feststellung spezifischer Auslöseereignisse erscheint somit nur notwendig, um die Art der Störung klassifizieren und das entsprechende, verfassungsrechtlich konforme Instrumentarium zum Einsatz bringen zu können. Die Bemessung der Erheblichkeit wiederum ist notwendig, um die Verteilung von Kompetenzen regulieren zu können. Ist nämlich eine Störung oder Gefährdung nicht mehr aus eigener Kraft zu beseitigen, dann sind übergeordnete Kräfte, eben die Einheiten und Einrichtungen des Katastrophenschutzes, erforderlich. Mithin bedeutet Katastrophe das Eingeständnis, nicht mehr Herr der Lage zu sein und der **Hilfe Dritter** zu bedürfen. Die Bemessung der Erheblichkeit einer Störung ist somit nicht einem willkürlichen behördlichen Ermessen überlassen, sondern an die Fähigkeit zur Beseitigung einer Störung gekoppelt: Wer nicht mehr in der Lage ist, Störungen der öffentlichen Sicherheit oder Ordnung selbst zu beseitigen, verliert seine Souveränität an übergeordnete Organe.

Vor allem die **nordamerikanische Katastrophenforschung** hat sehr lange ihren Gegenstandsbereich mit Definitionen konstituiert und konzeptionalisiert, die der Praxis entstammten. Sie übernahm damit, oftmals ohne es zu reflektieren, die Sichtweisen von Akteuren, die spezifische operative, rechtliche oder ökonomische Absichten verfolgten, aber niemals das Ziel, „Katastrophe" im wissenschaftlichen Sinne kausal zurechenbar zu machen. Am deutlichsten wird die Übernahme alltagspraktischer Handlungskonzepte anhand der Phasenmodelle und Katastrophentypologien der 1950er- und 1960er-Jahre (Kasten 2.4).

Was aber war mit derartigen **Phasenmodellen** und **Typologien** gewonnen? Im besten Fall führten sie zu idealtypischen Abläufen, die im Vergleich mit den empirischen Einsatzverläufen geeignet waren, Abweichungen und Unterschiede zu erkennen und so zu verbesserten Einsatzprozeduren und Ausbildungsunterlagen beizutragen. Tatsächlich erbrachten die zahlreichen Fallstudien, die sich der Differenzanalyse von Soll- und Ist-Ständen widmeten,

Kasten 2.4

Phasenmodelle von Katastrophen

Die ganz simplen Phasenmodelle unterschieden nur vorher, während und danach, die ganz simplen Typologien nur *natural* und *man-made disasters* oder Naturkatastrophen, technische und menschengemachte Katastrophen. Russell Dynes (1976) differenzierte später zwischen geophysikalischer Umwelt, biologischer Umwelt, soziotechnischer Umwelt und soziosystemischer Umwelt, innerhalb derer verschiedene Katastrophenarten entstehen können. Die differenzierteren Phasenmodelle (Powell und Rayner 1952) umfassten Warnung, Bedrohung, Ereigniseintritt (*impact*), Bestandsaufnahme (*inventory*), Rettung, Hilfe und Wiederaufbau – und spiegelten damit die Erfahrungen des Kriegs wider, aber auch die Praxeologie von Einsatzkräften. Insbesondere die sogenannten Raum-Zeit-Modelle (Wallace 1953) übernahmen Vorstellungen, die Katastrophe analog zu Bombeneinschlägen oder Explosionen als *concentrated in time and space* definierten.

---

vielfältige Einsichten und praktische Verbesserungen. Eine Theorie der Katastrophe ermöglichten sie jedoch nicht (Kapitel 22).

Wozu bedarf es überhaupt einer Katastrophentheorie? Auch diese Frage wurde frühzeitig diskutiert (Quarantelli 1978), wobei anhand der Diskussionsbeiträge deutlich wird, dass Theoriebildung über tradierte soziologische, psychologische, natur- und ingenieurwissenschaftliche und medizinische Paradigmen erfolgte, also Theorie importiert und adaptiert, statt aus dem originären Gegenstandsbereich selbst entwickelt wurde. Man erfasste „Katastrophe" als Ergebnis von überproportionalem Stress (Dynes 1978), von kommunaler Verfasstheit (Wenger 1978), von Organisation und Desorganisation (Stallings 1978), von Familie (Bolin und Trainer 1978), von Kultur und Subkultur (Hannigan und Kueneman 1978) oder, wie spätere Veröffentlichungen zeigen, von Kombinationen aus diesen Ansätzen. Bis in jüngste Zeit (Quarantelli 1998, Perry und Quarantelli 2005) ist die Frage „What is a Disaster?" umstritten und nur teilweise beantwortet.

Die schärfste Kontroverse besteht noch immer zwischen **Soziologie** und **Geowissenschaften**. Während man sich mit Ansätzen in der Tradition der Humanökologie (Gilbert White) noch am ehesten befreunden kann, erscheinen alle Ansätze eines **Naturzwangs** vollkommen inakzeptabel. Sie sind nicht nur unhistorisch, sondern auch von wissenschaftstheoretischer Naivität geprägt (fundierte Kritik von Blaikie et al. 1994). Nicht nur in der Praxis sind Katastrophen Kalküle, wie den Versicherungen oder den „optimierenden" Ansätzen der Wirtschaftswissenschaften oder Managementlehre, die „Katastrophe" als Verhältnis zwischen Schadensumfang und Ressourcenbedarf sehen. Auch an der Nahtstelle zwischen Risiko-, Krisen- und Kommunikationsforschung wird mit einem ähnlichen Konzept gearbeitet, wenn es etwa bei Ortwin Renn (2001, S. 56) heißt: »*Katastrophen sind solche Ereignisse, bei denen als groß empfundene Verluste einhergehen mit einer mangelnden Kapazität sozialer Systeme zur Krisenbewältigung*«.

Interessant ist an diesen Ansätzen, dass sie den Versuch unternehmen, „objektive" und „subjektive" Aspekte zu verbinden. Neben „gefühlte" Risiken treten „empfundene" Verluste, doch bleibt fraglich, wie die jeweils subjektiven Beimessungen mit messbaren Kapazitäten (z. B. Bettenkapazität oder zeitlich definierten Hilfsfristen) in Beziehung gesetzt werden können. So richtig der Versuch ist, subjektive Maßstäbe zu berücksichtigen, so konfliktuell dürfte eine daran orientierte Verteilung von Hilfsressourcen empfunden werden: Bekommt dann die schnellste und beste Hilfe, wer den größten Verlust empfindet?

Aber auch andere wissenschaftliche Relationalbeziehungen werfen Probleme auf. So definierte Barry Turner (1978) „Katastrophe" als »*wrong amount of energy at the wrong time and wrong place*«, wodurch er über eine naturwissenschaftliche Anleihe den Gedanken von Paracelsus variierte, nach dem alles Gift werden kann, wenn man es falsch dosiert. Insofern ließe sich aufs Äußerste zugespitzt formulieren, dass es keinen generell objektiven Maßstab für „Katastrophe" gibt, sondern nur unterschiedlich kalkulierte Relationalbeziehungen zwischen subjektiv selektierten Wirkfaktoren.

Die Katastrophenforschung hat diese **Relationalbeziehungen** seit beinahe einem halben Jahrhundert systematisch untersucht. Als katastrophengenerierend erwiesen sich dabei Besiedelung, Bodennutzung, Sozialstruktur, Bildungsniveau, Güter- und Verkehrsströme, Wirtschaftsstruktur, Ressourcenverfügbarkeit etc., aber auch Erfahrung im Umgang mit Risiken und Schadensfällen, Vorbereitung und Übung sowie Normen und Werte, wenn man so will, das Maß sozialer Kohäsion in einer Gesellschaft sowie deren Verfügbarkeit über Warnung und Schutzvorkehrung. Alles zusammen ergibt die sogenannte **Katastrophenkultur**, die Fertigkeit, mit Scheitern kompetent umgehen zu können.

Wenn die Definition von Katastrophe nicht von objektiven Maßstäben, sondern vom Standard der durchschnittlich verfügbaren Katastrophenkultur einer Gesellschaft abhängt, dann treten Katastrophen nur auf, wenn die verfügbare Katastrophenkultur inadäquat ist, d. h. wenn das reale Schädigungspotenzial umgekehrt proportional zur Qualität der Katastrophenkultur ist. Dies führt zu der Schlussfolgerung, dass ein Ereignis nur dann als Katastrophe definiert wird, wenn man es aufgrund der bestehenden Standards dafür hält, und man hält es desto schneller für eine Katastrophe, je schlechter die Standards sind. Das aber führt zu einem Katastrophenverständnis zurück, wie es L. J. Carr bereits 1932 skizziert hatte: »*Not every windstorm, earth-tremor, or rush of water is a catastrophy. A catastrophy is known by its works; that is to say, by the occurence of disaster. So long as the ship rides out the storm, so long as the city resists the earth-shocks, so long as the levees hold, there is no disaster. It is the collapse of the cultural protections that constitutes the disaster proper*« (Carr 1938, S. 211).

Carr stieß radikal auf die Tatsache, dass man so lange nicht von Katastrophe sprechen könne, wie die **menschlichen Artefakte** und **kulturellen Schutzvorkehrungen** den Herausforderungen der Naturkräfte standhalten. Eine Katastrophe, so sein Schluss, besteht allein im Versagen dieser Kulturkräfte gegenüber ihren Herausforderungen, nicht in einer beliebigen Anzahl von Opfern oder Zerstörungen. Die logische Schlussfolgerung ist kaum mehr gewagt, obgleich in ihrer Konsequenz schwer erträglich: Es gibt gar keine Katastrophen, schon gar keine Natur- oder technischen Katastrophen (Clausen 1978, S. 130), sondern nur das **Unvermögen, dem Ungewollten und Ungeplanten mit kulturellen Gegenmaßnahmen Herr werden zu können**.

Die Konsequenz dieses Ansatzes ist beängstigend. Wo ausschließlich der Mensch für die Tiefe seiner Einsichten in seine Handlungsbedingungen und die Güte seiner Handlungen verantwortlich ist, stellt Scheitern nicht nur die Frage nach Verantwortung und Schuld radikal, sondern auch die nach **Einsichtsfähigkeit** und **-willigkeit**. Anders als das Scheitern eines Laborversuchs, das die Ver-

suchsanordnung und damit die ihr zugrunde liegenden Hypothesen über die modellhaft repräsentierte Wirklichkeit zwar widerlegt, zugleich aber auch die Möglichkeit zur revidierten Wiederholung eröffnet, widerlegen sogenannte Katastrophen die Wirklichkeit ohne Wiederholungschance. Die **Real-Falsifikation** „Katastrophe" ist menschliches Scheitern jenseits der Labore und damit Erkenntnisgewinn unmittelbar auf Kosten menschlicher Existenzchancen (Knorr-Cetina 1984).

Darüber offenbart sich auch die Schädlichkeit gut gemeinten Zugreifens vor Ort: Wenn die Zugreifenden nicht begriffen haben, dass Katastrophen nichts mit der Natur und absolut nichts mit den Phantasmagorien vom „plötzlich und unerwartet hereinbrechenden Ereignis" zu tun haben, sondern ausschließlich mit dem Unvermögen, Probleme adäquat, d. h. so zu lösen, dass die bei allem Handeln möglichen kontraproduktiven Effekte steuerbar bleiben, muss **Katastrophenhilfe** notwendig Fiktion und langfristig selbst zu einem katastrophenproduzierenden Faktor werden.

Dass das Gewollte und Geplante beständig von Ungewolltem und Ungeplantem durchkreuzt wird, ist eine Trivialität und noch lange keine Katastrophe. Zur Katastrophe wird die Kollision des Gewollten und Geplanten mit dem Ungewollten und Ungeplanten erst, wenn die Resultante dieses Wirkungsgefüges unkontrollierbar wird und eine zerstörende Qualität gewinnt. Die Abweisung des Begriffs „Katastrophe" gewinnt von hier aus Kontur. Im Anschluss an L. J. Carr lässt sich „Katastrophe" als **Endpunkt eines mehr oder weniger schnell, mehr oder weniger gründlich fehlverlaufenden Interaktionsprozesses** fassen, in dem Akteure versuchen, das Geplante/Gewollte gegen das Ungeplante/Ungewollte im eigenen Sinne durchzusetzen. Erst wenn alle Interventionsmöglichkeiten ausgeschöpft sind, den Akteuren keine weiteren mehr einfallen oder aber die, die einfallen, nicht mehr rechtzeitig wirksam werden, entkoppelt sich die Interaktion, laufen die Dinge „aus dem Ruder". Sehr abstrakt formuliert, ist **Scheitern** nichts anderes als **zu spät erfolgte Korrektur**. Aus diesem Blickwinkel ließe sich jede menschliche Aktivität als kontinuierliche Abwehr von Scheitern verstehen, wenn es dem menschlichen Ego nicht so viel mehr schmeichelte, sich auf dem Weg zum Erfolg zu wähnen. Tatsächlich aber ist jede Aktivität riskant, weil ambivalent. Sie kann Baustein auf dem Weg zum Erfolg, aber auch zum Scheitern werden. In jedem Fall bedarf sie permanenter Korrektur. Die Korrektur ist der „Input", mit dem Scheitern vermieden oder der Erfolg erzielt werden kann.

War der Input gut, bedarf es keiner oder nur einer geringen Folgekorrektur, war der Input schlecht, muss stärker korrigiert werden.

Die Umschreibung menschlichen Handelns als fortwährender Prozess kontrolliert abgewehrten Scheiterns mag wenig schmeichelhaft und daher wenig attraktiv erscheinen. Auch die Vorstellung, dass sich menschliches Gelingen nur durch fortwährende Korrektur einstellt, ansonsten aber Scheitern das eigentliche Ergebnis jeden Handelns ist, birgt etwas Beleidigendes, weil es so radikal von der beliebten Vorstellung eines plötzlichen, unerwarteten und unabwendbaren Schlags aus heiterem Himmel weg- und zu unserem eigenen Zutun hinlenkt. Dennoch eröffnet ein solches Verständnis die Chance, das Riskante unserer Existenz und unseres Handelns diesseits eines ansonsten nur **probabilistischen, objektiven Risikokonzepts** wahrnehmen zu können: Wir sind fortwährend der Möglichkeit des Scheiterns ausgesetzt, weil all unsere Aktivitäten komplexe, auf Kommunikation basierende Korrekturvorgänge sind, durch die Scheitern und Gelingen gerade nicht dichotomisiert (wie es unser Alltagsdenken so gerne nahe legt), sondern in einem Schlinger- und Trimm-Kurs zu einer Kette von bezugnehmenden Input-Output-Input-Abfolgen verschweißt werden.

Was tun nun Menschen, wenn sich nach dem Verlust der Korrekturchance jene so bezeichnete „Katastrophe" einstellt? Im Allgemeinen beginnen sie eine irgendwie geartete Kommunikation entlang von Leitlinien, die für derartige Fälle entwickelt, implementiert und – mehr oder weniger – eingeübt wurden. Anhand empirischer Katastrophenforschung (Dombrowsky und Streitz 2003) erkennt man dann unschwer die unterschiedlichen Akteure, deren unterschiedliche Interessen und Bedürfnisse, die unterschiedlichen Qualitäten von Leitlinien und Notfallplänen, die höchst unterschiedlichen Ausbildungs- und Ausrüstungsstände aller Beteiligten, die weitgehende Nichtbeteiligung der potenziell betroffenen Bevölkerung(en) und die außerordentlich unterschiedlichen Zugangsmöglichkeiten zu Ressourcen, Entscheidungen und Kommunikation.

Die Hauptfrage, ob Menschen unter diesen Bedingungen überhaupt in der Lage sind, den **Verlust ihrer Korrekturfähigkeit** überwinden und so an die entstandene (Schadens-)Lage anschließen zu können, dass die Vorherrschaft des Ungewollten/Ungeplanten beendet und als neuerlich beherrschbare Störgröße dem eigentlich Gewollten/Geplanten wieder nachgeordnet werden kann, stellt sich in den meisten Fällen gar nicht. Um in einer Situation sozialen Kontrollverlustes neuerlich korrektur- und anschlussfähig zu werden, müssten die von der Situation Betroffenen nicht nur generell zur Korrektur befähigt werden, sondern auch zur Synchronisation ihrer Korrekturfähigkeit mit der Verlaufsgeschwindigkeit der Störeinflüsse. Nur wenn die Korrektur schneller ist als der Verlauf in Richtung Scheitern ist überhaupt Anschlussfähigkeit möglich. Gerade hier belegen die Einsätze des **Katastrophenschutzes**, dass es nicht darum geht, den Betroffenen Anschlussfähigkeit zu ermöglichen und ihre vorhandenen Korrekturfähigkeiten auf ein synchronisationsfähiges Niveau zu bringen. Vielmehr werden **Interventionen** bevorzugt, bei denen geschlossene Systeme (komplett ausgerüstete, weitgehend autarke Einheiten) Teilkomponenten des gerade gescheiterten Systems vollkommen übernehmen und dadurch die residualen Korrekturkapazitäten mindern oder gar zerstören (Clausen und Dombrowsky 1987). Insofern generieren Katastrophen Katastrophen und Katastrophenschutz die Laiisierung der Bevölkerung und damit eine weitere Verschlechterung von Katastrophenkultur.

2.5 Ausblick

Zunehmend wird des Menschen „In-der-Welt-Sein" zu einem praktischen statt philosophischen Problem. Der „blaue Planet" ist endlich und seine Transformation in kulturelle Artefakte zeigt Wirkungen, die die Interaktion zwischen dem, was als „Natur" oder „Umwelt" auf der einen und als „Kultur" oder „Zivilisation" auf der anderen Seite bezeichnet wird, immer krisenhafter werden lassen. „Hazard" und „Katastrophe" benennen auf je spezifische Weise und mit unterschiedlichen Denktraditionen die Endpunkte dieser Krisen. Zugleich repräsentieren diese Begriffe noch einen dimensionalen Aspekt: Beide erschienen bisher eher als Ausnahmen, als zu bändigende „Ausrutscher" auf dem Weg in den Fortschritt. Langsam aber wird bewusst, dass dem ein verkehrtes Verständnis zugrunde liegt, ein wissenschaftstheoretischer „blinder Fleck", der nicht wahrnehmen lässt, dass der Ausrutscher das Folgerichtige eines verkehrten Natur-Kultur-Austausches ist. Was im 19. Jahrhundert die „soziale Frage" war, ist seit dem 20. Jahrhundert die **„ökologische Frage"**. Von ihrer Beantwortung wird es abhängen, ob der Mensch Teil einer ökologischen Lösung wird oder das Problem bleibt. Auch zukünftig werden soziozentrische und naturalistische Ansätze und

Problemverständnisse bei der Beantwortung koexistieren – allein schon deshalb, weil die akademische Tradition der beteiligten Fächer dies nahe legt. Naturwissenschaftler und Ingenieure werden weiterhin verstimmt zur Kenntnis nehmen müssen, dass ihre Gefahren- und Risikoanalysen die relevanten gesellschaftlichen Akteure kaum zu einem Handeln zu bewegen vermögen, das sie für „rational" halten. Und Sozialwissenschaftler, die seit Emile Durkheim Soziales nur durch Soziales erklären wollen, werden ebenso verstimmt zur Kenntnis nehmen müssen, dass Öffentlichkeit und politische Entscheidungsträger Katastrophen bevorzugt als „Naturkatastrophen" wahrnehmen. Zwar erscheint allen die Feststellung banal, dass die Existenz von Gesellschaften materieller Grundlagen bedarf, doch unterbleibt zumeist ein gar nicht banaler Blick auf die innere Gestehung. Sie ist buchstäblich Stoffwechsel, Transformation von Naturmaterial in kulturelle Artefakte mittels materieller Artefakte. Schon deswegen sollten beide Positionen, **Geodeterminismus** – also die Vorstellung des „Naturzwangs" – und **geographischer Possibilismus**, dem zufolge menschliche Gestaltungsspielräume allein durch seinen Willen und technische Möglichkeiten begrenzt seien, überwunden werden, zumal beide als empirisch widerlegt anzusehen sind. Bleibt der latente oder diffuse Geodeterminismus als intellektuelles Residuum zurück, das stets ins Spiel gebracht wird, wenn beide Klassen von Variablen (Natur/Umwelt und Kultur/Zivilisation) als „kausal" erscheinen sollen. Es bedurfte des gesamten letzten Jahrhunderts, um unserem Denken und Erleben eine derart starke Natur-Kultur-Dichotomie einzubrennen, dass sie als Ontologie erscheint. Dabei ist nur die Tatsache ontologisch, dass der Mensch als Naturform über die Natur sinnt, während er sie umformt – und darüber beständig neue Vorstellungen über „Natur" hervorbringt.

Bemühungen um eine Überwindung der Natur-Kultur-Dichotomie finden sich in Human- und Kulturökologie, in der Politischen Ökologie wie in der Umweltsoziologie, der Akteur-Netzwerk-Theorie u. a. Sie sind nicht unwidersprochen geblieben. Die Anforderungen an eine theoretisch angemessene Konzeptualisierung des Natur-Mensch-Verhältnisses sind zweifellos schwierig. Zweifelhaft ist allerdings, ob dies von einer Disziplin allein bewerkstelligt werden kann. Interdisziplinarität erscheint jedoch noch schwieriger, weil sie sozial ist. Zu ihrem Gelingen trägt nicht disziplinäre Überlegenheit bei, sondern dass sich die beteiligten Fächer ihrer eigenen „blinden Flecken" bewusst werden und erkennen, was sie bisher nicht sahen, nicht sehen konnten und nicht sehen wollten.

Zusammenfassung

Seit dem Erdbeben von Lissabon 1775 ist die Moderne mit dem Problem ihres Scheiterns beschäftigt und damit mit dem grundlegenden Problem der Selbstbegründung von Erkenntnis: Wie können wir richtig im Sinne von „zutreffend" entscheiden, wenn die Folgen nicht absehbar sind? Erkenntnistheoretisch steckt darin die Aporie, dass Entdeckung nicht ohne Abenteuer zu haben ist und sich das Ganze letztlich nur über die richtige Zusammenfügung der Teile ergibt. Ganz zutreffend stellt daher „Risiko" die Schlüsselkategorie der Moderne dar, als rationalisiertes, säkulares Verfahren des Umgangs mit Ungewissheit. Nirgendwo zeigt sich dies schärfer als im menschlichen Umgang mit Natur: Von Anbeginn interagiert der Mensch mit „Natur", ohne eine empirische Vorstellung von ihrem „Ganzen" haben zu können. Um dennoch mit Ungewissheit und Unsicherheit umgehen zu können, wurde die empirische Unwissenheit durch „theoretische" Weltbilder kompensiert, durch „Ganzheitsphantasmen", die bis heute teils unversöhnlich gegeneinander stehen. Viele Phantasmen waren und sind die Annahmen, auf denen auch die modernen Wissenschaften aufsetzen. Am quasikausalen Konzept der „Natur"katastrophe ist dies thematisiert und diskutiert worden. Viele zentrale Kategorien tragen die vorwissenschaftlichen Wurzeln unverändert in sich, wie z. B. „Katastrophe" (Antike, christliche Apokalyptik). Andere, wie „Risiko", entstammen völlig heterogenen Bereichen (Schifffahrt, Glücksspiel, Versicherungsmathematik). Insofern argumentiert der Beitrag mehrspurig, indem etymologische, historische und wissenschaftstheoretische Erwägungen in den Blick genommen und disziplinäre Entwicklungen verglichen wurden. Immer deutlicher drängt zu Bewusstsein, dass unter den sich verschärfenden Knappheitsbedingungen einer rapide wachsenden Weltpopulation das Natur-Mensch-Verhältnis neu geordnet werden muss. Dazu bedarf es auch angemessener, zutreffender Konzeptualisierungen. Wie Natur gesehen wird, entscheidet mit darüber, wie man mit ihr umgeht. Deswegen ist es so wichtig, ob man sie als Hazard, als Katastrophe, als „widerspenstig" oder gar „rachsüchtig" ansieht. Bislang haben sich weder einheitliche Definitionen noch konsensuale Konzepte oder gar Theorien durchgesetzt. Der Beitrag versucht, die Differenzen zu markieren und Vorschläge zu entwickeln.

Schlüsselsätze

- Mit Katastrophen, die im Zusammenhang mit Naturereignissen stehen und deshalb von vielen als „Naturkatastrophen" bezeichnet werden, befassen sich eine Vielzahl von akademischen Disziplinen aus sehr verschiedenen Blickwinkeln. Bisher stand dabei eher der Anwendungsbezug im Vordergrund und weniger die theoretische Fundierung.
- Mit Natur assoziierte Katastrophen sind keineswegs natürlich, aus einem Naturereignis wird nicht unbedingt zwangsläufig eine Katastrophe auf Seiten der Gesellschaft; vielen erscheinen Katastrophen als verhinderbar, wenn die Bedingungen ihrer Entstehung bekannt und beseitigbar sind.
- Auch in der Geographie gewinnen sozialkonstruktivistische Ansätze an Bedeutung, die eher Verwundbarkeiten auf Seiten der Gesellschaft als physische, der Umwelt zugerechnete Prozesse in den Mittelpunkt der Betrachtung stellen.
- Ein umfassenderes Verständnis der „ökologischen Frage" könnte eine Voraussetzung für Lösungen sein; angesichts der Komplexität der Problemlage erscheinen interdisziplinäre Zugänge angemessen.

Literatur

Alexander D (1997) The study of natural disasters. *Disasters* 21: 284–304

Alexander D (2000) Confronting Catastrophe. New perspectives on natural disasters. Oxford University Press, Oxford

Blaikie P (1999) A Review of Political Ecology. *Zeitschrift für Wirtschaftsgeographie* 43: 131–147

Blaikie P, Cannon T, Davis I, Wisner B (1994) At risk. Natural hazards, people's vulnerability, and disasters. Routledge, New York

Bolin R, Trainer, P (1978) Modes of Family Recovery Following Disaster: A Cross-National Study. In: Quarantelli EL (Hrsg): Disasters. Theory and Research. Sage, London, 233–247

Burton I, Kates R, White G (1993) The environment as Hazard. Guildford Press, London (1st publ. 1978)

Carr LT (1932) Disaster and the Sequence-Pattern Concept of Social Change. *America Journal of Sociology* 38: 207–218

Clausen L (1978) Tausch. Entwürfe zu einer soziologischen Theorie. Kösel, München

Clausen L, Dombrowsky WR (1983) Einführung in die Soziologie der Katastrophen. (Zivilschutzforschung Bd. 14, Schriftenreihe der Schutzkommission beim Bundesminister des Innern, hrsg. v. Bundesamt für Zivilschutz). Osang, Bonn-Bad Godesberg

Clauser L, Dombrowsky WR (1987) „Katastrophen". In: Noh en D, Waldmann P (Hrsg) Pipers Wörterbuch zur Politik, Bd. 6 „Dritte Welt". Piper, München. 264–270

Crozier M, Friedberg E (1979) Macht und Organisation. Die Zwänge kollektiven Handelns. (Sozialwissenschaft und Praxis Bd.3 Buchreihe des Wissenschaftszentrums Berlin) Athenäum, Königstein/Ts.

Dikau R, Weichselgartner J (2005) Der unruhige Planet. Der Mensch und die Naturgewalten. Wissenschaftliche Buchgesellschaft, Darmstadt

Dombrowsky WR (1989) Katastrophe und Katastrophenschutz. DVU, Wiesbaden

Dombrowsky WR (1998) Again and again: Is a disaster what we call a „disaster"? In: Quarantelli EL (Hrsg) What Is A Disaster? Perspectives On The Question. Routledge, London. 19–30

Dombrowsky WR (2001) Katastrophenvorsorge als gesellschaftliche Aufgabe – die globale Dimension von Katastrophen. In: Plate EJ, Merz B (Hrsg) Naturkatastrophen. Ursachen Auswirkungen Vorsorge. Schweizerbart, Stuttgart. 229–246

Dombrowsky WR (2005) Not Every Move Is A Step Foreward: A Critique Of David Alexander, Susan L. Cutter, Rohit Jigyasu And Neil Britton. In: Perry RW, Quarantelli EL (Hrsg) What Is A Disaster? New Answers To Old Questions. Xlibris Corp., Xlibris. 79–96

Dombrowsky WR, Streitz W (2003) Die Analyse der Katastrophenabwehr als Netzwerk und als Kommunikation. In: Hochwasservorsorge in Deutschland. Lernen aus der Katastrophe 2002 im Elbegebiet. Lessons Learned. Schriftenreihe des DKKV Bd. 29. DKKV, Bonn. 100–119

Dynes RR (1976) Definitions and Disasters: Initial Considerations. DRC, Columbus, Ohio

Dynes RR (1978) Interorganizational Relations in Communities Under Stress. In: Quarantelli EL (Hrsg) Disasters. Theory and Research. Sage, London. 49–64

Fach W (1982) Ernstfälle und Unfälle. Die Katastrophe im konservativen Kalkül – eine Montage. *Leviathan* 10(2): 254–272

Geipel R (1979) Nachwort des Herausgebers. Steuer M Wahrnehmung und Bewertung von Naturrisiken am Beispiel ausgewählter Gemeinschaftsfraktionen im Friaul (Münchener Geographische Hefte 43). Lassleben, Kallmünz/Regensburg. 162–174

Geipel R (1992) Naturrisiken: Katastrophenbewältigung im sozialen Umfeld. Wissenschaftliche Buchgesellschaft Darmstadt, Darmstadt

Glade T, Dikau R (2001) Gravitative Massenbewegungen – vom Naturereignis zur Naturkatastrophe. *Petermanns Geographische Mitteilungen* 145(6): 42–53

Groh D, Kempe M, Mauelshagen F (Hrsg) (2003) Naturkatastrophen. Beiträge zu ihrer Deutung, Wahrnehmung und Darstellung in Text und Bild von der

Antike bis ins 20. Jahrhundert (Literatur und Anthropologie 13). Gunter Narr, Tübingen

Hannigan JA, Kueneman RM 1978: Anticipating Flood Emergencies: A Case Study of a Canadian Subculture. In: Quarantelli EL (Hrsg) Disasters. Theory and Research. Sage, London. 129–146

Hard G (1973) Die Geographie. de Gruyter, Berlin, New York

Hewitt K (Hrsg) (1983) Interpretations of Calamity from the viewpoint of human ecology. Allen & Unwin, Boston, London, Sydney

Hewitt K (1997) Regions of Risk: A Geographical Introduction to Disasters. Longman, Harlow, Essex

Kates RW (1971) Natural Hazard in Human Ecological Perspective: Hypothesis and Models. *Economic Geography* 47: 438–451

Kates RW (1976) Experiencing the environment as hazard. In: Wapner S, Cohen SB, Kaplan B (Hrsg) Experiencing the environment. Plenum Press, New York. 133–156

Knorr-Cetina K (1984) Die Fabrikation von Erkenntnis. Suhrkamp, Frankfurt/M.

K-Vorschrift (1988) Vorschrift über die Tätigkeit des Deutschen Roten Kreuzes e. V. in der Bundesrepublik Deutschland bei Katastrophen und anderen Notständen sowie über seine Mitwirkung im Zivil- und Katastrophenschutz, beschlossen durch Präsidium und Präsidialrat des DRK am 13.10.1988. DRK-GS, Bonn

LKatSG, Gesetz über den Katastrophenschutz in Schleswig-Holstein vom 09. Dezember 1974 (GVO-Bl. Schl.-H. 446)

Luhmann N (2003) Soziologie des Risikos. Unveränderter Neudruck der Ausgabe von 1991. de Gruyter, Berlin, New York

Mitchell JK (1990) Human Dimensions of Environmental Hazards: Complexity, Disparity, and the Search for Guidance. In: Kirby A (Hrsg) Nothing to fear. University of Arizona, Tucson. 131–173

Mitchell JK (Hrsg) (1999) Crucibles of hazard: Megacities and disasters in transition. United Nations University Press, Tokyo, New York, Paris

Mustafa D (1998) Structural Causes of Vulnerability to Flood Hazard in Pakistan. *Economic Geography* 74(3): 289–305

O'Keefe P, Westgate K, Wisner B (1976) Taking the naturalness out of natural disasters. *Nature* 260: 566–567

Oliver-Smith A (1996) Anthropological research on Hazards and Disasters. *Annual Review of Anthropology* 25: 303–328

Pelling M (1999) The political ecology of flood hazard in urban Guyana. *GeoForum* 30(3): 249–261

Pelling M (2003) Natural Disasters? In: Castree N, Braun B (Hrsg) Social Nature. Theory, Practice, and Politics. Blackwell, Malden MA u. a. 179–188

Perry RW, Quarantelli EL (Hrsg) (2005) What Is A Disaster? New Answers To Old Questions. Xlibris Corp., Xlibris

Plapp T (2004) Wahrnehmung von Risiken aus Naturkatastrophen. Eine empirische Untersuchung in sechs gefährdeten Gebieten Süd- und Westdeutschlands. Verlag Versicherungswirtschaft, Karlsruhe

Plate EJ (2001) Definitionen zum Katastrophenmanagement. In: Plate EJ, Merz B (Hrsg) Naturkatastrophen: Ursachen, Auswirkungen und Vorsorge. Schweizerbart, Stuttgart. 12

Plate EJ, Merz B (Hrsg) (2001) Naturkatastrophen: Ursachen, Auswirkungen und Vorsorge. Schweizerbart, Stuttgart

Platt RH (1986) Floods and man: A geographers agenda. In: Kates RW, Burton I (Hrsg) Geography, resources, and environment Vol. 2: Themes from the work of Gilbert F. White. University of Chicago Press, Chicago

Pohl J (1998) Die Wahrnehmung von Naturrisiken in der „Risikogesellschaft". In: Heinritz G, Wiessner R, Winiger M (Hrsg) Europa in einer Welt im Wandel: 51. Deutscher Geographentag. Steiner, Bonn. 153–163

Pohl J, Geipel R (2002) Naturgefahren und Naturrisiken. *Geographische Rundschau* 54(1): 4–8

Powell JW, Rayner J (1952) Progress Notes: Disaster Investigation 1951–1952. Army Medical Center, Edgewood, MD

Quarantelli EL (Hrsg) (1978) Disasters. Theory and Research. Sage, London

Quarantelli EL (Hrsg) (1998) What Is A Disaster? Perspectives On The Question. Routledge, London

Renn O (2001) Zur Soziologie von Katastrophen: Bewusstsein, Organisation und Verarbeitung von Naturrisiken. In: Deutsches Komitee für Katastrophenvorsorge (Hrsg) Tagungsprogramm und Abstracts – Zweites Forum Katastrophenvorsorge „Extreme Naturereignisse – Folgen, Vorsorge, Werkzeuge". DKKV, Leipzig. 56

Smith K (1996) Environmental hazards. Assessing risk and reducing disaster. 2nd ed. Routledge, London, New York

Stallings RA (1978) The Structural Patterns of Four Types of Organizations in Disaster. In: Quarantelli EL (Hrsg) Disasters. Theory and Research. Sage, London. 87–103

Stegmüller W (1969) Probleme und Resultate der Wissenschaftstheorie und Analytischen Philosophie. Bd. 1 Wissenschaftliche Erklärung und Begründung. Springer, Berlin, Heidelberg, New York

Steuer M (1979) Wahrnehmung und Bewertung von Naturrisiken am Beispiel ausgewählter Gemeinschaftsfraktionen im Friaul. Mit einem Nachwort von Robert Geipel. (Münchener Geographische Hefte 43). Lassleben, Kallmünz/Regensburg

Turner BA (1978) Man-made Disasters. Wykeham, London

Waddell E (1983) Coping with Frosts, Government and Disaster Experts: Some Reflections based on a New Guinea Experience and a Persual of the relevant Literature. In: Hewitt K (Hrsg) Interpretations of Calamity from the viewpoint of human ecology. Allen & Unwinn, Boston. 33–42

Wagner H (1973) Begriff. In: Krings H, Baumgartner H, Baumgartner HM, Wild C (Hrsg) Handbuch philosophischer Grundbegriffe Bd. 1 Das Absolute – Denken. Kösel, München. 191–209

Wallace AFC (1953) Tornado in Worcester: An Explanatory Study of Indicidual and Community Behavior in an Extreme Situation. National Research Council, Washington, DC

Weichselgartner J (2001) Disaster mitigation: the concept of vulnerability revisited. *Disaster Prevention and Management* 10(2): 85–94

Wenger DE (1978) Community Response to Disaster: Functional and Structural Alterations. In: Quarantelli EL (Hrsg) Disasters. Theory and Research. Sage, London. 17–47

White G (Hrsg) (1974) Natural Hazards – Local, National, Global. Oxford University Press, New York, London, Toronto

White GF, Haas JE (1975) Assessment of Research on Natural Hazards. MIT Press, Cambridge, Massachusetts, London

White GF, Kates RW, Burton I (2001) Knowing better and losing even more: the use of knowledge in hazards management. *Environmental Hazards* 3(3/4): 81–92

Wijkmar A, Timberlake L (1984) Natural disasters. Acts of God or acts of Man? With Preface by Prince Sadruddin Aga Khan. Earthscan, London, Washington, DC

Internetadresse

http://www.unisdr.org/eng/library/lib-terminology-eng%20home.htm – UNISDR (o. J.) Terminology: Basic terms of disaster risk reduction

3 Naturwissenschaftliche Gefahren- und Risikoanalyse

Kirsten v. Elverfeldt, Thomas Glade und Richard Dikau

Naturgefahr • Naturrisiko • Naturgefahrenanalyse • Naturrisikoanalyse • Naturwissenschaftliche Risikoanalyse • Risikoforschung • Risikomanagement • Risikogleichung

Die naturwissenschaftliche Risikoforschung beruht zu weiten Teilen auf dem ingenieurtechnischen Ansatz der Risikoanalyse und wird seit den 1990er-Jahren in Richtung des Risiken-Managements von Naturgefahren weiterentwickelt, d. h. auf das Mensch-Umwelt-System ausgedehnt. Es gibt verschiedenste Methoden, um Risiken qualitativ und quantitativ zu analysieren. Die Naturrisikoanalyse trägt dazu bei, potenzielle Schadenereignisse und ihre Auswirkungen zu ermitteln und mögliche Schadensgebiete auszuweisen. An diesen Lokalitäten können im Rahmen eines Risikomanagements über vorbeugende Maßnahmen die Auswirkungen gefährlicher Prozesse reduziert oder verhindert werden.

3.1 Einführung

Die **Naturrisikoanalyse** beinhaltet die Untersuchung des Geosystems und der Vulnerabilität des Menschen und seines Lebensumfelds gegenüber der Naturgefahr. Dabei wird angenommen, dass Naturgefahren aus den Wechselwirkungen der natürlichen Umwelt mit dem Menschen und seinen Belangen hervorgehen. Diese Wechselwirkungen erfordern zum einen multidisziplinäre Theorien und Methoden der Sozial- und Naturwissenschaften, zum anderen transdisziplinären Praxisbezug, um Lösungsstrategien der Risikoverminderung oder -vermeidung entwickeln zu können. Da die sozialen und natürlichen Systeme

in Wechselwirkung stehen, hängen auch die Auswirkungen eines natürlichen Prozesses nicht nur von deren Frequenz und Magnitude, sondern auch vom Grad der Vorbereitung der betroffenen Gesellschaft ab (Dikau und Weichselgartner 2005).

Aus der Vielfalt wissenschaftlicher Disziplinen, die sich mit (Natur-)Gefahren und (Natur-)Risiken befassen, geht eine Vielfalt an Ansätzen, Sichtweisen und **Begrifflichkeiten** hervor. Im Folgenden sollen naturwissenschaftlich orientierte Zugänge zur Gefahren- und Risikoforschung thematisiert werden.

Natürliche Prozesse wie Erdbeben, Vulkanausbrüche, Schneelawinen, Muren oder Steinschläge werden als **Naturereignis** angesehen, wenn sie keine Bedrohung für den Menschen oder ihr Eigentum darstellen. Stellen sie eine Bedrohung für Gesellschaftssysteme dar, werden sie als **Naturgefahren** bezeichnet. Gefahr im naturwissenschaftlichen Sinn ist als Eintretenswahrscheinlichkeit eines potenziell schadenbringenden Ereignisses in einem bestimmten Raum, einer bestimmten Zeit und mit einer bestimmten Magnitude definiert (Varnes 1984). Unter **Risiko** wird die Funktion aus der Gefahr und ihrer möglichen Konsequenzen verstanden.

Eine **Naturkatastrophe** bezeichnet einen tatsächlich eingetretenen natürlichen Prozess bzw. eine realisierte Gefahr, bei der derartig hohe Verluste an Menschenleben oder materiellen Werten entstehen, dass die betroffene Gesellschaft akute Nothilfe und Hilfe beim Wiederaufbau benötigt (UNDRO 1991). Die Münchener Rückversicherung teilt Naturkatastrophen in sieben Klassen ein, die von keinerlei Schäden (Naturereignis) bis zu verheerenden Schäden (große Naturkatastrophe) reicht (Tab. 3.1). Die Risikoforschung kann in die Bereiche **Risikoanalyse**, die

Tab. 3.1 Einteilung von Naturkatastrophen in sieben Katastrophenklassen (Münchner Rückversicherungs-gesellschaft – www.munichre.com).

0 Naturereignis	keine Schäden (z. B. Waldbrand ohne Gebäudeschäden)			
1 Kleinstschaden-ereignis	1–9 Tote und/oder kaum Schäden			
2 mittleres Schadenereignis	10–19 Tote und/oder Gebäude- und sonstige Schäden			
			2000–2005	1990er	1980er
3 mittelschwere Katastrophe	ab 20 Tote Gesamtschaden	> 50 Mio.	> 40 Mio.	> 25 Mio. US$
4 schwere Katastrophe	ab 100 Tote Gesamtschaden	> 200 Mio.	> 160 Mio.	> 85 Mio. US$
5 verheerende Katastrophe	ab 500 Tote Gesamtschaden	> 500 Mio.	> 400 Mio.	> 275 Mio. US$
6 große Natur-katastrophe	tausende Tote, Volkswirtschaft schwer betroffen, extreme, versicherte Schäden (Definition der Vereinten Nationen)			

die **Gefahrenanalyse** einschließt, Risikobewertung und Risikomanagement bzw. Risikosteuerung (*risk governance*) klassifiziert werden. Dabei folgt die Risikoanalyse oftmals naturwissenschaftlichen Ansätzen, wohingegen Risikobewertung und -management auf sozial- und wirtschaftswissenschaftlichen Ansätzen basieren (Dikau und Weichselgartner 2005).

3.2 Historische Entwicklung der naturwissenschaftlichen Ansätze

Durch Naturkatastrophen verursachte Schäden gibt es nicht erst in den letzten Jahrzehnten oder Jahrhunderten, sondern sie zwangen menschliche Gesellschaften seit jeher zu angepassten Verhaltensstrategien. Neben passiven Anpassungen, wie Meidung als gefährlich wahrgenommener Regionen, gab es bereits in der Frühzeit der Menschheit aktive **Schutzmaßnahmen**, beispielsweise der Bau von Häusern, die gegen Erdbeben Schutz gewähren sollten (Zebrowski 1999). Als weitere Beispiele können das planvoll angelegte Hochwasserschutzsystem von Kanälen, Dämmen und Schleusen in Vorderasien und die Nilüberschwemmungen angeführt werden (Akademie für Raumforschung und Landesplanung 1995). Waren die damaligen Katastrophen jedoch meist lokal oder regional in ihren Auswirkungen, er-

reichen sie heutzutage durch die starke Vernetzung der Gesellschaften oftmals globale Dimensionen.

Platos Bericht über den Untergang Atlantis ist Zeugnis dafür, dass die Bedrohung durch Naturkatastrophen die Wissenschaft seit der Antike beschäftigt. Durch fortschreitende wissenschaftliche Erkenntnisse änderte sich die Wahrnehmung von Naturgefahren in der Moderne schließlich allmählich dahingehend, dass sie weniger als ein Akt oder als eine Strafe Gottes gesehen wurden, sondern als ein mehr oder weniger verstandenes naturwissenschaftliches Phänomen, das somit in seinen Auswirkungen auch kontrollierbar erschien.

In den 1920er-Jahren wurde in der amerikanischen geographischen Forschung postuliert, dass die menschlichen Gesellschaften in manchen Regionen der Erde nicht den natürlichen Gegebenheiten entsprechend agierten bzw. verstärkt in bisher gering oder nicht besiedelte Regionen vorstießen, was Anpassungsstrategien an die natürliche Umwelt erforderlich machte (Barrows 1923). Auch die Entwicklungsmöglichkeiten von ländlichen und städtischen Gesellschaften wurden als von den sie umgebenden natürlichen Bedingungen abhängig gesehen. Nach den Ansätzen von Barrows (1923) entwickelte sich ein Bewusstsein dafür, dass die natürliche Umwelt nicht als Konstante gesehen werden kann, sondern sich die natürlichen Bedingungen sehr schnell und plötzlich ändern können, sei es durch physikalische Kräfte oder durch Einwirkungen des Menschen.

Die wissenschaftliche Erforschung der aus diesen Wechselwirkungen der sozialen und natürlichen Systeme hervorgehenden Naturrisiken begann schließlich mit einer Arbeit von White (1945), in der er die Auswirkungen von Hochwasserschutzmaßnahmen auf die Schadenssumme in Überflutungsgebieten untersucht hat. Diese Untersuchungen wurden in der Folge auf andere Naturgefahren ausgedehnt, der Forschungsschwerpunkt verblieb jedoch bis in die 1970er-Jahre hinein bei den Naturprozessen, d. h. dass die **Naturgefahrenforschung** im Wesentlichen auf die Gefahrenerkennung und die räumliche Verteilung – und später die Modellierung – von Naturgefahren ausgerichtet war (Cutter et al. 2000). Zu dieser Zeit stellten Kritiker insbesondere die Sichtweise infrage, dass die Auswirkungen der Schadensereignisse allein den natürlichen Prozessen zuzuschreiben seien und die Gesellschaften keine Verantwortung trügen.

Seit den 1980er-Jahren erfuhr das Verständnis der Ursachen von Risiken und des Grades der Auswirkungen von Naturgefahren schließlich eine weitere wesentliche Veränderung. Die prozessorientierten, reaktiven Ansätze wichen der Erkenntnis, dass Gesellschaften im Sinne sozialer Systeme bestimmte und bestimmbare Verwundbarkeiten (**Vulnerabilitäten**) besitzen, die von ihren Strukturen (Legislative, Infrastruktur, Netzwerke, Notfallplanung, etc.) abhängig sind. Heute wird davon ausgegangen, dass der aus einer Naturgefahr resultierende Schaden ebenso sehr über die Widerstandsfähigkeit (**Resilienz**) einer Gesellschaft, wie über die Magnitude und Art des natürlichen Prozesses erklärt werden muss (Hewitt 1983, Hollenstein 1995, Tobin und Montz 1997, Smith 2001). Das bedeutet, dass mit der Reduzierung des Gefahrenpotenzials nicht zwingend ein geringeres Risiko verbunden sein muss.

Die moderne **Sicherheitswissenschaft**, auf der die naturwissenschaftliche Risikoforschung zu großen Teilen beruht, entstand in den 1950er-Jahren u.a. im Zusammenhang mit den Luft- und Raumfahrtprogrammen. Diese brachten neue Problemstellungen mit sich, da es sich um sehr teure Technologien handelte, die zugleich ein hohes Gefahrenpotenzial aufwiesen. Sie sind weiterhin dadurch charakterisiert, dass Gefahren im Vorfeld erkannt werden müssen, da in der Regel während des Betriebs nur schwer regulierend eingegriffen werden kann. Seit Ende der 1960er-Jahre kam im Rahmen der zivilen Nutzung der Atomenergie der Aspekt hinzu, dass Unfälle inakzeptabel sind, d. h. alle denkbaren Maßnahmen ergriffen werden müssen, um sie so unwahrscheinlich wie möglich zu machen. Zudem handelt es sich bei der Atomenergie um ein hochgradig kompliziertes System, also ein System, in dem vielfältige Ursache-Wirkungsgefüge und Wechselwirkungen zwischen einzelnen Komponenten vorhanden sind. In den 1970er- und 1980er-Jahren kam es schließlich zu einer Übertragung und Anpassung der **Risikoanalyse** in der chemischen Industrie, der marinen Öl- und Gasindustrie sowie der Informationstechnologie. Zur gleichen Zeit begann innerhalb der Ingenieurwissenschaften die Diskussion darüber, inwiefern der deterministische Ansatz mit seiner zugrunde liegenden Annahme, dass sich gefährliche Prozesse vorhersagen lassen, tatsächlich zur Risikominderung beitragen kann (Hollenstein 1995, 1997). Als neue Lösungsansätze wurde die Risikoanalyse einschließlich der Gefahren- und Schadenpotenzialanalyse mit dem daraus resultierenden „objektiven" Risiko entwickelt (Heinimann 1995, Vinnem 1998).

Seit den 1990er-Jahren wird dieser ingenieurtechnische Ansatz auch in der Naturgefahrenforschung genutzt und in Richtung des **Risikomanagements** weiterentwickelt, d. h. auf das Mensch-Umwelt-System ausgedehnt (Hollenstein 1995, 1997, Dikau und Weichselgartner 2005). Die betroffene Bevölkerung wurde über die Risikobewertung, d. h. die Entscheidung, welches Risiko noch tolerierbar ist, in die Sicherheitsbetrachtung einbezogen, um damit die Basis einer „Risikokultur" zu schaffen (Greiving 2002, Dikau und Weichselgartner 2005).

Zusammenfassend lässt sich festhalten, dass der Umgang mit Naturgefahren einen Wandel von der Reaktion auf Ereignisse über punktuell vorausschauende Maßnahmenplanungen bei erkannten Gefahren zu einer systematisch vorausschauenden Gefahrenbeurteilung mittels Gefahrenkarten hin zu einer risikobasierten Schutzplanung durchlaufen hat. Es ist zu vermuten, dass sich diese Entwicklung hin zu einer konsequenten Risikobeurteilung und Maßnahmenplanung fortsetzen wird. Die Entwicklung wird auf methodischen Ansätzen des **Risikokonzepts** basieren (*action follows strategy* statt *action follows catastrophy*).

Die gegenwärtigen **Forschungsbereiche** konzentrieren sich auf drei wesentliche Aspekte. Grundlagen- und Prozessforschung wird besonders intensiv in den Natur- und Ingenieurwissenschaften verfolgt. Entsprechende Arbeiten untersuchen beispielsweise die Ausbreitungscharakteristika von Erdbebenwellen und ihre Effekte auf unterschiedliche Baumaterialien (Schweier et al. 2004), die numerische Modellierung von Überflutungsflächen von Hochwasser (Kutija 2003) oder die Berechnungen von Hanginstabilitäten in lokalen oder regionalen Skalen unter Einbeziehung exponierter Güter und Werte (Bell und Glade 2004). Ein zweiter Bereich stützt sich auf optimierte regionale Ansätze. Zentrales Ziel dieser Regional-

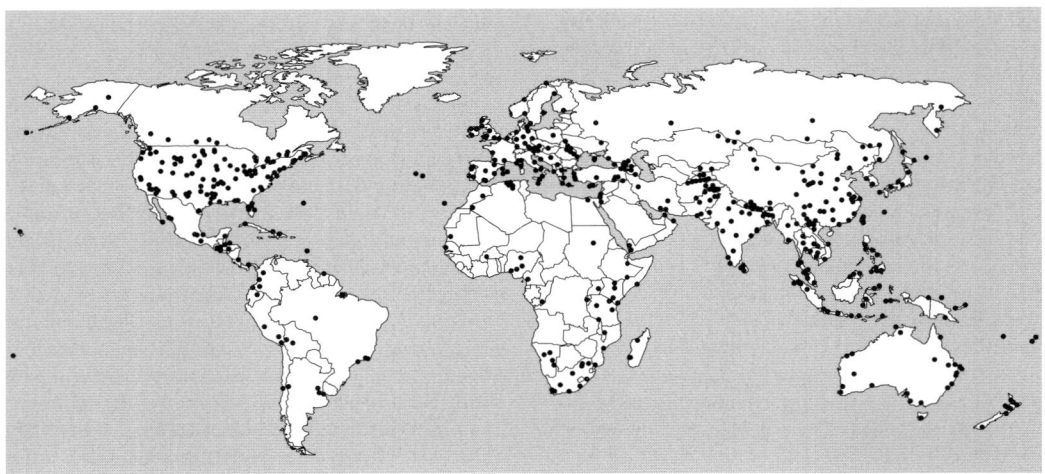

Abb. 3.1 Weltkarte der Naturkatastrophen 2006 zur Identifizierung globaler *hot spots* (verändert nach Münchener Rückversicherungs-Gesellschaft 2007).

studien ist es, die für die betroffene Lokalität oder Region am besten angepassten Verfahren zu entwickeln, z. B. die Risikoanalyse der von der Tsunamikatastrophe im Indischen Ozean betroffenen Regionen (Kapitel 13). Ein dritter Schwerpunkt liegt in globalen Vergleichsanalysen von Risikoverteilungen und Katastrophenhäufigkeiten (Abb. 3.1). Hierbei wird beabsichtigt, globale *hot spots* zu identifizieren, um entsprechende Maßnahmen einleiten zu können, zu denen beispielsweise die Einrichtung spezieller Hilfsfonds der World Bank gehören (Dilley et al. 2005).

3.3 Grundlegende Konzepte der Gefahren- und Risikoforschung

In der **Gefahren- und Risikoforschung** existieren zahlreiche Ansätze und Konzepte, z. B. in der Hydrologie (Merz 2006), in der Seismologie (Mulagia und Geller 2005), in der Vulkanologie (Baxter et al. 1998) oder in der Küstenforschung (Sterr et al. 2004). Solche Ansätze lassen sich nach Weichselgartner (2002) in vier grundlegende Denkrichtungen der Risikoforschung einteilen:
* formal-normativer Ansatz,
* psychologisch-kognitiver Ansatz,
* kulturell-soziologischer Ansatz,
* geographisch-naturräumlicher Ansatz.

Diese Ansätze unterteilen sich wiederum in weitere, diesen Denkrichtungen zuzuordnende Forschungsrichtungen.

Besonders die ersten Jahrzehnte der modernen Risikoforschung waren von einem **formal-normativen Ansatz** dominiert. Ziel dieses Ansatzes ist es, verschiedene Risikotypen über ein universell gültiges Risikomaß vergleichbar zu machen, um ein rational bestimmtes, objektives Risiko und darüber ein akzeptiertes Risiko zu bestimmen. Die (quantitativ) zu beantwortende Leitfrage dieses Ansatzes lautet: „Wie sicher ist sicher genug?". Das zentrale Untersuchungsobjekt ist der Grad der Wahrscheinlichkeit sowie die Schadenserwartung. Im Rahmen der Risikoakzeptanzforschung hat sich jedoch gezeigt, dass das formal bestimmte akzeptierte Risiko nicht der Risikowahrnehmung der Bevölkerung entspricht (Greiving 2002, Weichselgartner 2002).

Der **psychologisch-kognitive** Ansatz geht von der soeben beschriebenen Diskrepanz zwischen subjektivem und objektivem Risiko aus. Das Entscheidungsverhalten von Individuen oder bestimmten Gruppen in Risikosituationen soll empirisch bestimmt werden; zentral sind also die Risikowahrnehmung, die Risikobewertung und die Risikoakzeptanz (Greiving 2002, Weichselgartner 2002).

Innerhalb der **kulturell-soziologischen** Risikoforschung soll die Frage beantwortet werden, wieso bestimmte Meinungen sich innerhalb definierter sozialer Gruppen durchsetzen. Risiko wird als soziales Konstrukt verstanden. Es wird versucht, die Entstehung des Konstrukts in verschiedenen so-

3

zialen Systemen nachzuvollziehen (Greiving 2002, Weichselgartner 2002).

Durch den **geographisch-naturräumlichen** Ansatz sollen die Interaktionen zwischen natürlichen und sozialen Systemen identifiziert und analysiert werden. Da dieser Ansatz auch die gegenseitigen Auswirkungen in den beiden genannten Systemen und den gesellschaftlichen Gesamtkontext betrachtet, ist er interdisziplinär angelegt. Innerhalb der geographischen Naturgefahrenforschung werden zudem Ansätze der anderen Denkrichtungen genutzt und gegebenenfalls an die jeweiligen Forschungsfragen angepasst (Weichselgartner 2002).

Die Untersuchung eines Naturrisikos gliedert sich in die naturwissenschaftliche Risikoanalyse, die sozial- und wirtschaftswissenschaftliche Risikobewertung und das angestrebte nachhaltige Risikomanagement. Diese Vorgehensweise sollte in einem holistischen Gesamtkonzept der Naturrisikobetrachtung integriert sein, das einen effektiven und allen Seiten gerecht werdenden Umgang mit dem Naturrisiko gewährleistet. Dieses Ziel wird im **Konzept des (integralen) Risikomanagements** verfolgt (Kienholz 2005).

3.3.1 Naturwissenschaftliche Risikoanalyse

Der aus der Ingenieurwissenschaft in die geographische Naturgefahrenforschung übertragene **Risikoansatz**, in dem eine Analyse von Systemschwachstellen vorgenommen wird, resultiert in einer »*einheitlichen, nach demselben Prozedere gewonnenen Darstellung aller betrachteten Risiken*« (Hollenstein 1995, S. 693), d. h. er folgt systematischen Kategorien.

Leitlinien stellen folgende Fragestellungen dar: „Was könnte passieren?", „Was könnte wo und/oder wann und wie häufig passieren?" (Kienholz 1977, Leroi 1996). Die Ergebnisse derartiger Analysen, z. B. die räumliche Verteilung und Ausdehnung von Naturgefahren, werden kartographisch dargestellt.

Erst seit wenigen Jahren wird die Naturgefahrenanalyse durch die **Naturrisikoanalyse** erweitert. Neben Fragen zum Prozessverlauf des natürlichen Ereignisses sind Informationen zu seinen Auswirkungen integriert worden. Die klassischen Risikoelemente wie Gebäude, Industrieanlagen, Verkehrswege und Versorgungsleitungen sind einfach zu verorten und grundsätzlich auch einfach zu monetarisieren. Bedeutend schwieriger wird es, den Menschen in seinen sozialen Beziehungen und Netzwerken einzubeziehen. Deshalb wird in der naturwissenschaftlichen Analyse der „Faktor Mensch" bestenfalls nur

über das Risiko einer generellen Betroffenheit, einer Verletzung mit unterschiedlichen Graden oder dem Todesfall einbezogen.

Eine weitere Problematik der Übertragung technischer Risikoansätze auf Naturgefahren und -risiken liegt darin, dass die natürlichen Prozesse in den meisten Fällen dauerhaft vorhanden sind und dass sie erst durch das Überschreiten einer bestimmten Toleranzgrenze der Intensität (Frequenz und Magnitude) zu einer Gefahr werden. Des Weiteren sind Naturgefahren das Resultat einer raum-zeitlichen Entwicklung, sodass nicht immer eine eindeutig zuweisbare und damit beeinflussbare bzw. kontrollierbare Quelle identifiziert werden kann. Betrachtet man die betroffene soziale System als eigenes (Sub-)System gegenüber einem (quasi-)natürlichen System, so ist die Naturgefahr eine Immission, technische Gefahren hingegen werden als Emissionen behandelt. Im Gegensatz zu technischen Systemen, die einer bestimmten Konstruktion folgen, sind die Elemente nicht technischer Systeme einzigartig und Analogieschlüsse somit kritisch zu hinterfragen (Hollenstein 1997). Dies verdeutlicht die Limitationen dieses Ansatzes, der trotz dieser Annahmen in seiner Wichtigkeit und Bedeutung nicht unterschätzt werden darf.

Obwohl die räumliche Risikoanalyse im nationalen (> 1:500 000), regionalen (1:10 000–1:500 000) und lokalen Maßstab (< 1:10 000) durchgeführt werden kann, finden besonders die regionalen und lokalen Untersuchungen eine breitere Anwendung, vor allem jedoch Untersuchungen am Einzelobjekt (Glade 2006). Der zu wählende Maßstab hängt vom Ziel der Untersuchung ab und wird durch die Größe des Untersuchungsgebiets, der Datenverfügbarkeit sowie die zeitlichen und finanziellen Limitationen bestimmt. Eine Auswahl von Gefahren- und Risikoanalysen geben die Veröffentlichungen von Cruden und Fell (1997), Dikau et al. (2001), Glade und Dikau (2001), Guzzetti (2000, 2002), Keylock et al. (1999), Leroi (1996), Plate und Merz (2001) sowie *World Meteorological Organization* (1999).

Es gibt gegenwärtig verschiedenste Methoden, um Risiken qualitativ oder quantitativ zu analysieren. **Qualitative Methoden** wie das Checklistenverfahren stellen risikorelevante Ereignisketten innerhalb eines Systems dar und erlauben die Abschätzung der Relevanz der Risiken.

Methoden mit eingeschränkten Quantifizierungsmöglichkeiten, beispielsweise die *Failure Mode and Effect Analysis* (FMEA), bewerten Risiken anhand einer festgelegten Skala und weisen quantitative Risikoindices zu. Diese Ansätze werden auch als **semi-quantitativ** bezeichnet. In **quantitativen Ansätzen** wie der Fehlerbaumanalyse kann, bei ausreichender Datenlage, das Systemverhalten abgebildet werden (Hollenstein 1997, Vinnem 1998).

Die naturwissenschaftliche Risikoanalyse ist in **Systemabgrenzung** und -beschreibung, **Gefahrenanalyse**, **Expositions**- und **Folgenanalyse** unterteilt (Heinimann et al. 1998, Kienholz 2005). Nur die ganzheitliche Bearbeitung aller Kompartimente erlaubt dezidierte Aussagen zum Naturrisiko. Da diese Teilbereiche eine zentrale Stellung einnehmen, werden sie einzeln im Folgenden kurz charakterisiert.

Systemabgrenzung

Sämtlichen Gefahren- bzw. Risikoanalysen muss eine Systemabgrenzung vorausgehen. Hierzu gehört die Festlegung der zu betrachtenden räumlichen und zeitlichen Skalen und der entsprechenden relevanten Variablen. Die Systemabgrenzung hat die Erfassung relevanter Komponenten und Interaktionen zum Ziel. Durch diesen Arbeitsschritt werden die grundlegenden Informationen bereitgestellt, auf denen sämtliche weitere Arbeiten aufbauen. Ist die Systemabgrenzung inkorrekt oder unvollständig, paust sich das auf alle weiteren Analyseschritte und letztendlich auf die Endresultate durch.

Naturgefahrenanalyse

Die Naturgefahrenanalyse soll die Fragen nach dem Ort und dem Zeitpunkt bzw. der Häufigkeit eines Ereignisses mit einer bestimmten Magnitude beantworten (Kapitel 9). Sie setzt sich somit aus der Gefährdungsanalyse und der Abschätzung der Eintrittswahrscheinlichkeit von Ereignissen einer bestimmten Magnitude zusammen.

Der Frage nach dem Ort des Ereignisses kann auf unterschiedlichen **Betrachtungsmaßstäben** nachgegangen werden, was jeweils spezifische Untersuchungsmethoden erfordert (van Westen et al. 2006). Qualitative Methoden wie die Erstellung von Inventaren und heuristische Analysen sind auf allen Maßstäben möglich und geben Auskunft über die räumliche Verteilung der betrachteten Prozesse. Inventare können auf Kartierungen, Luftbildern, hochaufgelösten digitalen Höhenmodellen und/ oder auf Satellitendaten basieren (Guzzetti et al. 2000). Unter heuristischen Analysen werden Experteneinschätzungen verstanden. Der Nachteil dieser Analysemethode besteht in der schwierigen Nachvollziehbarkeit der Ergebnisse.

Bei gravitativen Massenbewegungen kann die Abschätzung der **Eintrittswahrscheinlichkeit** einzelner Prozesse auf Basis von historischen Zeitreihen, Experteneinschätzungen, Hangstabilitätsmodellierungen und Frequenz-Magnitude-Analysen vorgenommen werden (Crozier 1984, Ibsen und Brunsden 1996, Bell 2002, Guzzetti et al. 2003, Lee und Jones 2004). Eine weitere Möglichkeit ist die Bestimmung der Wiederkehrintervalle der auslösenden Ereignisse, beispielsweise anhand von Niederschlägen einer bestimmten Magnitude als Auslöser von u. a. Hochwasser, Muren oder Hangrutschungen. So muss bei Muren die Voraussetzung der Sedimentverfügbarkeit erfüllt sein: Sind etwa die Sedimentspeicher durch ein Ereignis ausgeräumt, wird die Eintrittswahrscheinlichkeit eines folgenden Mur-Ereignisses verringert, da dieses nicht nur von den Wiederkehrintervallen der Niederschläge abhängt. Die Auffüllrate der Speicher durch Prozesse wie Solifluktion und Hangrückverwitterung, aber auch andere Faktoren, die die Disposition und die Sedimentverfügbarkeit beeinflussen, müssen somit gegebenenfalls berücksichtigt werden (Crozier und Preston 1999, Hungr und Evans 2004, Glade 2005). Quantitative Methoden wie statistische Analysen oder Berechnungen mit **Modellen** sind vor allem auf großen Maßstäben sinnvoll. In statistischen Analysen werden kartierte Massenbewegungen je nach regionalen Begebenheiten mit Faktoren wie Geologie oder Vegetation überlagert, woraus Anfälligkeitswahrscheinlichkeiten berechnet werden. Auf der lokalen Skala werden Modellierungen der zu untersuchenden Prozesse genutzt, wobei für die Einzelbewertung von gefährlichen Prozessen im Raum statistische oder prozessbasierte Modelle zur Verfügung stehen. Beispielsweise lassen sich bei gravitativen Massenbewegungen mit **Prozessmodellen** die potenziellen Wirkungsbereiche als Start- (Anrissgebiet), Transport- (Bewegungsbahn) und Akkumulationsbereich (Ablagerungsgebiet) darstellen.

Neben den gravitativen Massenbewegungen sind auch für andere Prozesse zusätzlich zur kinetischen Energie, zur Geschwindigkeit und zum Volumen besonders die Parameter Reichweite und Auslaufstrecke für die Naturgefahrenanalyse und letztlich für die abschließende Risikoberechnung oder -abschätzung entscheidend (McClung 2000, 2001, Fuchs et al. 2001, Jóhannesson et al. 2002). Bei prozessbasierten Modellen werden numerische Ansätze verfolgt, **Dispositionsmodelle** weisen durch Parameterkombinationen die gefährdeten Bereiche über Extrapolation aus (Stötter et al. 1999). Je detaillierter die Modelle einen Prozess potenziell nachbilden können, desto mehr Eingangsdaten benötigen sie, die jedoch oft nicht oder nur in unzureichender Güte vorhanden sind.

Eine qualitative Einschätzung der Anwendungsmöglichkeiten der verschiedenen methodischen

Tab. 3.2 Qualitative Einschätzung der Anwendungsmöglichkeiten unterschiedlicher methodischer Ansätze in der Naturgefahrenanalyse gravitativer Massenbewegungen (basierend auf van Westen und Terlien 1996, erweitert durch Glade und Crozier 2005).

Maßstab	Qualitative Methoden		Quantitative Methoden	
	Inventar	heuristische Analysen	statistische (probabilistische) Analysen	prozessbasierte und numerische Analysen
< 1:10 000	ja	ja	ja	ja
1:10 000–1:100 000	ja	ja	ja	möglich
1:125 000–1:500 000	ja	ja	möglich	nein
> 1:500 000	ja	ja	nein	nein

Ansätze ist am Beispiel der gravitativen Massenbewegungen in Tabelle 3.2 zusammengefasst.

Die am Beispiel der gravitativen Massenbewegungen getroffenen Aussagen können auch auf andere Prozessbereiche übertragen werden. Während **lokale Ansätze** somit auf detaillierten, geländespezifischen Untersuchungen aufbauen und meist auf den in Prozessmodellen kalkulierten Ergebnissen basieren, liefern **regionale Ansätze** generalisierende, qualitative oder statistisch gestützte Aussagen. Trotz der größeren Unsicherheiten ist der regionale Überblick für die Raumplanung und für Raumordnungsverfahren von übergeordneter Bedeutung, da identifizierte kritische Gebiete bei Bedarf detaillierter untersucht werden können.

Die über die in der Gefährdungsanalyse und die Berechnung der Eintrittswahrscheinlichkeit gewonnenen Ergebnisse können in Gefahrenklassen eingeteilt werden, die in Gefahrenkarten als einzelne Zonen dargestellt werden. In den einzelnen Zonen gelten jeweils bestimmte Nutzungsvorschriften (Petrascheck und Kienholz 2003).

Ein Vorteil der Erstellung dieser **Gefahrenzonenpläne** auf der Basis prozessbasierter Modellierungen gegenüber expertenbasierten Kartierungen liegt in der Transparenz, Nachvollziehbarkeit und Überprüfbarkeit der Gefahrenanalyse (Stötter et al. 1999). Die Modellierungen dienen somit einer objektivierten Gefahrenbewertung.

Expositions- und Folgenanalyse

Das Ergebnis der auf die Gefahrenanalyse folgenden Expositionsanalyse ist die Erfassung und Ausweisung potenzieller Schadenobjekte sowie ihres Verhaltens in Raum und Zeit. Die Folgenanalyse bildet über die Berechnung oder Abschätzung des Risikos

den Abschluss der Risikoanalyse (Hollenstein 1995, Kienholz 2005). Die qualitative Abschätzung des Risikos ist eine nicht mathematische Beschreibung des Systems. Beispiele für **qualitative Risikoanalysen** sind die *Risk Assessment Matrix* (RAM) und die *Hazard Consequence Matrix* (Anbalagan und Singh 1996, Flentje und Chowdhury 2000).

Wird das Risiko quantitativ bestimmt (vgl. Chung und Fabbri 2005), geschieht dies über eine Wahrscheinlichkeitsrechnung für bestimmte Ereignisse und einer daraus resultierenden Berechnung des Risikos. Die quantitative Bestimmung des Risikos ist jedoch bisher häufig nur auf der lokalen Skale möglich bzw. sinnvoll. Das Risiko wird generell nach folgender Gleichung berechnet:

$R = f(H, C)$, mit

R = **Risiko**, das sich auf zu erwartende Todesfälle und Verletzte bezieht, sowie auf monetäre Einbußen durch bauliche Schäden oder durch Unterbrechungen der ökonomischen Produktivität.

H = **Naturgefahr**, definiert als die Wahrscheinlichkeit des Auftretens eines potenziell schadenbringenden Ereignisses zu einer spezifischen Zeit, an einem bestimmten Ort und mit einer vorgegebene Stärke.

C = **Konsequenzen**, die sich aus dem Schadenpotenzial der betroffenen Risikoelemente (z. B. ihr maximaler ökonomischer Wert) sowie deren **Vulnerabilität** zusammensetzen. Unter Vulnerabilität wird im naturwissenschaftlichen Sinne die von der Magnitude des Ereignisses abhängige **Wahrscheinlichkeit** verstanden, dass das **Risikoelement** komplett zerstört wird, ausgedrückt auf einer Skala von 0 (kein Schaden) bis 1 (komplette Zerstörung).

Die **Vulnerabilität** ist somit sowohl von den Eigenschaften der Risikoelemente als auch von dem betrachteten Prozess und seiner Magnitude abhängig. Die Vulnerabilität eines definierten Risikoelements (z. B. ein Haus, eine Person) lässt sich beispielsweise gegenüber Hochwasser noch relativ einfach als eine Funktion von Überflutungshöhe und -dauer sowie Fließgeschwindigkeit bestimmen, während die Vulnerabilität gegenüber gravitativen Massenbewegungen von einer Vielzahl von Faktoren abhängig ist, z. B. dem Prozesstyp, der Geschwindigkeit, der Magnitude und der Dauer, aber auch der Lokalität des Risikoelements relativ zur sich bewegenden Masse oder seiner Mobilität (z. B. eine Person, ein Fahrzeug oder ein Haus) (Dikau et al. 2001). Des Weiteren weisen unterschiedliche Risikoelemente unterschiedliche Vulnerabilitäten auf (Fell 1994, Kapitel 7). Zur Vereinfachung wird deshalb oftmals von der schlimmsten Annahme ausgegangen, dass das Risikoelement durch den jeweiligen Prozess vollständig zerstört wird (Glade 2003).

Bei der Ermittlung des Schadenpotenzials wird zumeist zwischen Personen und Sachwerten sowie direktem und indirektem **Schadenpotenzial** unterschieden, wobei aufgrund der Komplexität der Analyse der Schwerpunkt auf der Abschätzung des direkten Schadenpotenzials liegt (Heinimann et al. 1998). Ein weiterer wesentlicher Aspekt ist die Veränderung des Schadenpotenzials in der Zeit (Fuchs et al. 2004, Keiler 2004), da dies die Basis für Untersuchungen über die zeitliche Entwicklung des Risikos bilden kann (Hufschmidt et al. 2005).

Das aus obiger Formel berechnete Risiko wird entweder in Todesfallwahrscheinlichkeit pro Jahr oder in einem Geldwert pro Jahr ausgedrückt. Die **Risikogleichung** hat die relativ leichte Berechenbarkeit des Risikos zum Vorteil (Abb. 3.2), der Nachteil ist jedoch, dass die Verantwortlichkeit des sozialen Systems für das resultierende Risiko außer Acht gelassen wird (Tobin und Montz 1997, Dikau und Weichselgartner 2005). Aus dieser Limitierung resultiert aber auch die bisher zumeist praktizierte Vorgehensweise, technische Maßnahmen zu propagieren, um Einfluss auf das physikalische System zu nehmen, nicht aber auf das soziale (Kasten 3.1).

═══ Kasten 3.1 ═══

Hongkong

In Hongkong leben heute auf einer Fläche von rund 1 090 km^2 etwa 6,9 Millionen Menschen, was einem Anstieg um rund 5 Millionen seit 1948 entspricht. Daraus resultiert eine hohe Bebauungsdichte auf Hongkong Island, der Halbinsel Kowloon sowie in den neu entstandenen Städten der *New Territories*. Diese starke Bebauung war ohne immer tiefere Eingriffe in die Hänge nicht möglich, so dass in Hongkong mittlerweile etwa 60 000 Böschungen (künstlich geschaffene Hänge) im bis zu 100 m tiefen Saprolith existieren (Abb. 3.3). Diese Böschungen sind u. a. deshalb äußerst anfällig für Massenbewegungen, da rund zwei Drittel von ihnen ohne Fachkenntnis abgegraben wurden. Auslöser der Massenbewegungen sind häufig Niederschläge. Im Durchschnitt treten im Stadtgebiet 200 bis 300 Rutschungen im Jahr auf. Allein zwischen 1950 und 1997 forderten einzelne Rutschungen insgesamt mehr als 470 Menschenleben.

Infolge etlicher Hangrutschungen mit zum Teil katastrophalen Folgen in den 1970er-Jahren wurde 1977 das *Geotechnichal Engineering Office* (GEO) gegründet. Dessen Aufgabenbereiche sind vor allem in die Bereiche der Vorbeugung und Vorbereitung einzuordnen und umfassen:

- Stabilitätsuntersuchungen an Gebäuden und Böschungen,
- Planung und Durchführung von Präventionsmaßnahmen,
- Empfehlungen von Schutzmaßnahmen an Privateigentümer,
- Entwicklung von Sicherheitsstandards,
- Entwerfen und Anlegen neuer Oberflächen,
- Bau von Stützmauern, Auffangbecken, Schutzwällen und Drainagen,
- Evakuierung der Slumgebiete,
- Frühwarnung ab bestimmten Niederschlagsmengen,
- Forschung.

Für diese von GEO angeordneten bzw. durchgeführten Maßnahmen wurden zwischen den 1970er- und 1990er-Jahren rund 3 Milliarden HK-Dollar ausgegeben. Allein im Jahr 1999 mussten ca. 800 Millionen HK-Dollar aufgebracht werden. Seit Ende der 1990er-Jahre wurden diese weitgehend technischen Ansätze und Maßnahmen durch Modellierungen, quantitative Risikoanalyse, Risikobewertung und Erhöhung der Risikowahrnehmung durch Information und Schulung in Richtung eines Risikomanagements erweitert.

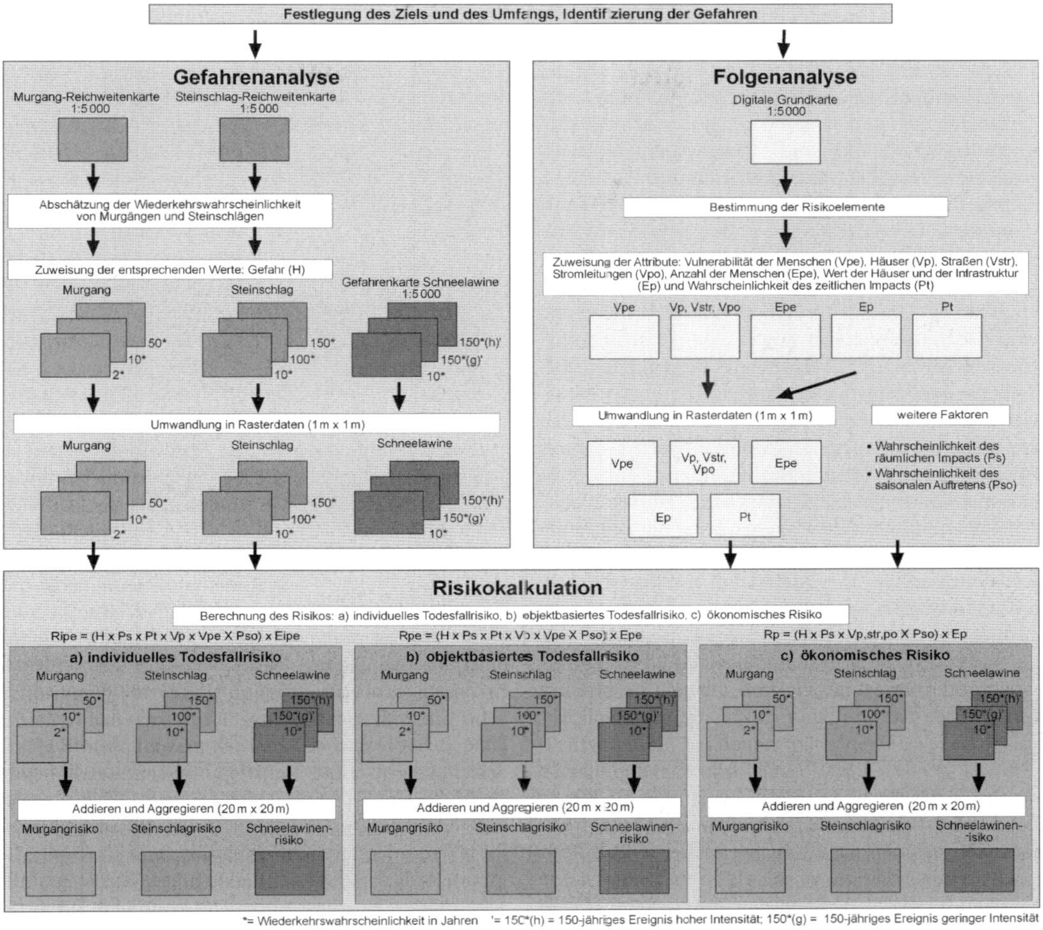

Festlegung des Ziels und des Umfangs, Identifizierung der Gefahren

Gefahrenanalyse

Murgang-Reichweitenkarte 1:5 000 — Steinschlag-Reichweitenkarte 1:5 000

Abschätzung der Wiederkehrwahrscheinlichkeit von Murgängen und Steinschlägen

Zuweisung der entsprechenden Werte: Gefahr (H)

Murgang — Steinschlag — Gefahrenkarte Schneelawine 1:5 000

50* / 10* / 2*   150* / 100* / 10*   150*(h)' / 150*(g)' / 10*

Umwandlung in Rasterdaten (1 m x 1 m)

Murgang — Steinschlag — Schneelawine

50* / 10* / 2*   150* / 100* / 10*   150*(h)' / 150*(g)' / 10*

Folgenanalyse

Digitale Grundkarte 1:5 000

Bestimmung der Risikoelemente

Zuweisung der Attribute: Vulnerabilität der Menschen (Vpe), Häuser (Vp), Straßen (Vstr), Stromleitungen (Vpo), Anzahl der Menschen (Epe), Wert der Häuser und der Infrastruktur (Ep) und Wahrscheinlichkeit des zeitlichen Impacts (Pt)

Vpe | Vp, Vstr, Vpo | Epe | Ep | Pt

Umwandlung in Rasterdaten (1 m x 1 m)   weitere Faktoren

Vpe | Vp, Vstr, Vpo | Epe

Ep | Pt

- Wahrscheinlichkeit des räumlichen Impacts (Ps)
- Wahrscheinlichkeit des saisonalen Auftretens (Pso)

Risikokalkulation

Berechnung des Risikos: a) individuelles Todesfallrisiko, b) objektbasiertes Todesfallrisiko, c) ökonomisches Risiko

$$Ripe = (H \times Ps \times Pt \times Vp \times Vpe \times Pso) \times Eipe$$
$$Rpe = (H \times Ps \times Pt \times V \times Vpe \times Pso) \times Epe$$
$$Rp = (H \times Ps \times Vp,str,po \times Pso) \times Ep$$

a) individuelles Todesfallrisiko

Murgang — Steinschlag — Schneelawine

50* / 10* / 2*   150* / 100* / 10*   150*(h)' / 150*(g)' / 10*

Addieren und Aggregieren (20 m x 20 m)

Murgangrisiko — Steinschlagrisiko — Schneelawinenrisiko

b) objektbasiertes Todesfallrisiko

Murgang — Steinschlag — Schneelawine

50* / 10* / 2*   150* / 100* / 10*   150*(h)' / 150*(g)' / 10*

Addieren und Aggregieren (20 m x 20 m)

Murgangrisiko — Steinschlagrisiko — Schneelawinenrisiko

c) ökonomisches Risiko

Murgang — Steinschlag — Schneelawine

50* / 10* / 2*   150* / 100* / 10*   150*(h)' / 150*(g)' / 10*

Addieren und Aggregieren (20 m x 20 m)

Murgangrisiko — Steinschlagrisiko — Schneelawinenrisiko

= Wiederkehrwahrscheinlichkeit in Jahren '= 150(h) = 150-jähriges Ereignis hoher Intensität; 150*(g) = 150-jähriges Ereignis geringer Intensität

Abb. 3.2 Schematisches Beispiel einer Risikoberechnung für die Prozessbereiche Muren, Steinschlag und Schneelawinen (Bell und Glade 2004).

Abb. 3.3 Betonierte Böschung in Hongkong (Foto: Thomas Glade).

Laut Weichselgartner (2001) sind exakt quantifizierte Risiken nicht nötig. Dies setzt allerdings die Akzeptanz voraus, dass

* vollständige Prävention von Naturgefahren nicht möglich ist,
* interne Strukturen und Prozesse eines sozialen Systems beachtet werden müssen und
* die Reduktion von Vulnerabilität ein konstanter Prozess ist, der beständig überprüft, bewertet und modifiziert werden muss.

Qualitative Ansätze im Sinne der Identifizierung von Gefahrenbereichen sowie von verschiedenen Gefahrentypen und deren potenzielle Schäden sind diesem Gedanken zufolge ausreichend, um die notwendigen Maßnahmen zur Reduzierung zukünftiger Schäden einleiten zu können (Weichselgartner 2001). Die Entscheidung, ob ein quantitativer oder ein qualitativer Ansatz verfolgt wird, ist des Weiteren von der gewünschten Genauigkeit der Ergebnisse, der räumlichen Skale, der Problemstellung und von der Qualität und Quantität der zur Verfügung stehenden Daten abhängig (Dai et al. 2002).

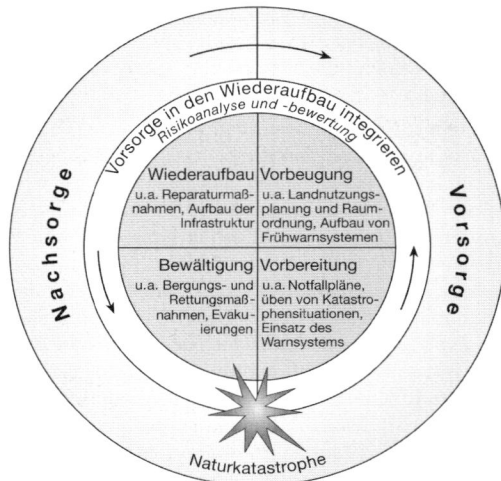

Abb. 3.4   Kreislauf des Risikomanagements (verändert nach Dikau und Weichselgartner 2005).

3.4 Management von Naturrisiken

Die Naturrisikoanalyse im Rahmen des **Risikomanagements** (Abb. 3.4) trägt dazu bei, potenzielle Schadensereignisse und ihre Auswirkungen zu ermitteln und mögliche Schadensgebiete auszuweisen. An diesen Lokalitäten können über vorbeugende Maßnahmen entweder aktiv (z. B. durch Schutzbauten) oder passiv (z. B. durch die Ausweisung und Meidung von Gefahrenzonen) die Auswirkungen gefährlicher Prozesse reduziert oder verhindert werden (Tab. 3.3). Das übergeordnete Ziel ist der Schutz von Menschenleben und Sachwerten. Smith (2001, S. 55) betont jedoch: »*Risk management means reducing the threats posed by known hazards, whilst simultaneously accepting unmanageable risks, and maximising any related benefits*«.

Da die Anfänge der Risikoforschung jedoch auf technisch-naturwissenschaftliche Ansätze zurückgehen und die dort gewonnenen Erkenntnisse auch zunächst auf die Naturgefahrenproblematik übertragen wurden, lag in der Konsequenz der Schwerpunkt auf **technischen Lösungsansätzen**. Diesen liegen statistisch-deterministisch gewonnene Bemessungsgrößen zugrunde (Heinimann 1995). Inzwischen wird vermehrt dazu übergegangen, **präventiv-raumplaneri-**

sche Ansätze dem bisherigen Maßnahmenkatalog hinzuzufügen (Schaller 2003, Kasten 3.1 und 3.2).

Weiterhin sind sowohl in der Risikoforschung als auch bezüglich der Umsetzung der wissenschaftlichen Erkenntnisse in die Praxis die Forschungsbereiche bzw. die Verantwortlichkeiten für die diversen Handlungsmöglichkeiten auf zahlreiche Akteure verteilt (Abb. 3.4), wodurch ein beträchtlicher Erkenntnis- und Effizienzverlust entstehen kann. Dies gilt vor allem für kleinskalige Ansätze, denn zumeist besteht nur auf lokaler Ebene die nötige Bündelung der Kompetenzen in der Praxis und eine befriedigende Datenlage für die Forschung (Greiving 2002, Fleischhauer et al. 2006).

Die Schweizer Nationale Plattform Naturgefahren (PLANAT) legt in ihrer Strategie zur Sicherheit vor Naturgefahren einen Schwerpunkt auf das **integrale Risikomanagement** (PLANAT 2004). Innerhalb dieses holistisch ausgerichteten Ansatzes werden die Risiken, die aus Naturgefahren hervorgehen, in einen „Gesamtkontext aller Risiken (einschließlich technische, ökologische, wirtschaftliche, gesellschaftliche)" gestellt (PLANAT 2004, S. 7; Kapitel 23). Auch die gegenwärtigen gesellschaftlichen Herausforderungen der Nachhaltigkeit, der Zunahme und räumlichen Konzentration der Weltbevölkerung und der damit verbundenen zunehmenden Siedlungsfläche sowie der zunehmenden Verwundbarkeit von Gesellschaften durch die starke Vernetzung ihrer Komponenten, z. B. der Wirtschaft und der Kommunikation, werden berücksichtigt. Dabei muss ein akzeptiertes

Tab. 3.3 Vergleich verschiedener natürlicher Prozessbereiche und einer Auswahl entsprechender Ansätze des Risikomanagements. Im Idealfall kommen die jeweiligen Einzelmaßnahmen kombiniert zur Anwendung (nach Dikau und Weichselgartner 2005). Im Feld Prozessübergreifende Risikomanagementoptionen können auf alle Prozessbereiche angewendet werden.

Prozessbereich	Risikomanagement
Prozessübergreifend	• Naturgefahren- und Naturrisikoarten • Geotechnische Maßnahmen • Raumplanerische Maßnahmen • Frühwarnung mit Kommunikationsketten • Definition der Handlungsoptionen und Festlegung der Verantwortlichen • Aus- und Weiterbildung, Schulungen, Informationsveranstaltungen
Dürren	• Frühwarnung anhand von Dürreindikatoren • Naturgefahrenzonierungen und Risikobewertung zur Ausweisung gefährdeter Regionen und Bevölkerungsgruppen • Weitere Vorsorgemaßnahmen, z. B. Vorratshaltung, Katastrophenpläne
Erdbeben	• Naturgefahrenkarten • Raumplanung und Bauvorschriften • Katastrophenpläne • Frühwarnung, beispielsweise probabilistische und deterministische • Erdbebenvorhersage
Gravitative Massenbewegungen	• Naturgefahrenkarten, beispielsweise auf Basis rekonstruierter historischer Ereignisse und/oder Modellierungen • Raumplanerische Maßnahmen, beispielsweise Bebauungsverbote und Bauvorschriften • Frühwarnung, beispielsweise durch Kombination von Gefahrenhinweiskarten mit Niederschlagsvorhersage oder durch Monitoring • Geotechnischer Verbau, beispielsweise Schutzdämme, Schutzmauern und Entwässerungssysteme
Tsunamis	• Naturgefahrenkarten, beispielsweise auf Basis möglicher Tsunami-Auslöser (Erdbeben etc.), Auftretenswahrscheinlichkeit, historische Zeugnisse und/oder Modellierungen • Frühwarnung auf Basis verschiedenster Messverfahren • Raumplanerische Maßnahmen, beispielsweise Bebauungsverbote oder Bauvorschriften • Schutzbauten und Küstenschutzmaßnahmen (z. B. Schutzmauern) • Schutz von Mangrovenwäldern und Korallenriffen
Vulkanausbrüche	• Naturgefahrenkarten auf Basis von Expertenwissen und Analyse vergangener Ereignisse; Art, Ablagerungshöhen und Reichweiten der Auswurfprodukte • Raumplanerische Maßnahmen, beispielsweise Nutzungsverbote und Bauvorschriften • Frühwarnung, vor allem anhand von Vulkanüberwachung

3

Kasten 3.2

Beispiel gravitative Massenbewegungen

Der Umgang mit Naturgefahren durch **Massenbewegungen** (z. B. Steinschläge, Hangrutschungen, Muren) ist weitgehend geprägt durch bauliche Maßnahmen, die die potenziell gefährdeten Objekte durch entweder strukturelle Verbesserungen (beispielsweise verstärkte Fundamente) oder andere **geotechnische Maßnahmen**, wie Auffangbecken oder Verankerungen im Untergrund, schützen sollen. Ein weiteres Instrument der Risikovorsorge bei gravitativen Massenbewegungen sind aktive **Frühwarnsysteme**, die über das direkte Monitoring geschehen, beispielsweise mittels Inklinometer oder Drahtextensometer. **Präventive Maßnahmen**, wie die Aufklärung der Betroffenen, sind ebenfalls bedeutsam (Glade und Dikau 2001). Für **Vorsorgemaßnahmen** bestehen somit zwar die methodischen und technischen Möglichkeiten, sie finden aber in der Praxis oftmals nicht die Anwendung, die wünschenswert wäre (Dikau et al. 2001).

In den Alpenländern kam bereits Mitte des letzten Jahrhunderts aufgrund mehrerer Großereignisse Zweifel auf, ob mit ingenieurtechnisch ausgerichteten Maßnahmen auf Dauer ein ausreichender Schutz gewährleistet werden kann, vor allem auch hinsichtlich der Kosten für den Bau und die Unterhaltung dieser geotechnischen Maßnahmen. Daher wurden in alpinen Gebieten seit den 1970er Jahren passive Maßnahmen in Form von **Gefahrenzonenplänen** gesetzlich verordnet, welche heute innerhalb der **Raum-**

planung eine immer bedeutendere Rolle spielen. Deren Ziel ist es, eine Nutzung bzw. Erschließung der Zonen gesetzlich zu reglementieren.

Auch internationale Appelle verfolgen dieses Ziel. Die 1990er-Jahre wurden durch die Vereinten Nationen zur „International Decade for Natural Disaster Reduction *(IDNDR)*" ausgerufen, in der es ein erklärtes Ziel war, die Gefährdung durch natürliche Extremereignisse abzuschätzen und in Form von **Gefahrenzonenplänen** darzustellen (Dikau et al. 2001). Dieses Ziel wird nach wie vor von der UN-Nachfolgeinitiative *„International Strategy for Disaster Reduction* (ISDR)" in den Vordergrund der Bemühungen gestellt. In diesem Zusammenhang ist festzustellen, dass derzeit ein Umdenkprozess stattfindet, der unter den Stichworten „Von der Reaktion zur Prävention" von Kofi Annan zusammengefasst wurde und die Forderung nach präventiven Maßnahmen verstärkt, deren Umsetzung jedoch nur begrenzt erfolgt. Zwar wurde in der Schweiz auf der Ebene der Legislative ein solcher Ansatz vorbildlich ausgearbeitet (Heinimann 1999a, b), jedoch findet eine Umsetzung momentan nur in einigen Schweizer Kantonen statt (Bollinger et al. 2000; Geisseler 2003; Rohner 2003). Auch in Österreich und Südtirol bestehen entsprechende präventive Maßnahmen (Stötter et al. 1999; Fuchs et al. 2001). In beiden Fällen gestaltet sich jedoch die praktische Umsetzung aufgrund der vielfältigen Nutzungsinteressen als sehr konfliktträchtig.

Sicherheitsniveau nach einheitlichen Kriterien gewährleistet sein, vorhandene Risiken vermindert und weitere Risiken vermieden werden sowie die zur Verfügung stehenden Mittel zur Risikoreduktion effektiv und effizient eingesetzt werden. Das integrale Risikomanagement strebt somit an, Risiken mit einer optimalen Kombination aus technisch, ökonomisch, gesellschaftlich und ökologisch vertretbaren Schutzmassnahmen zu reduzieren (Kasten 3.2).

3.5 Zukünftige Forschungsfelder

Die zukünftigen Forschungsfelder in der Naturgefahren- und Naturrisikoanalyse sind vielschichtig. In den vorherigen Ausführungen ist bereits verdeut-

licht worden, dass eine alleinige Bearbeitung der „Naturgefahr" und des „Naturrisikos" nicht mehr ausreichend ist. Deshalb bieten sich neue Konzepte an, die neben der Analyse des „Naturrisikos" eine noch stärkere holistische Ausrichtung verlangen und besonders die Einbindung der sogenannten *stakeholders* vom Beginn des Bearbeitungsprozesses der Naturrisiken integrieren. Ein solches Konzept stellt der **Ansatz der Risikosteuerung** (*risk governance*) dar. Die Risikosteuerung erfordert, mittels einer Präsentation des „Experten"-Wissens und einer Vorgabe von klaren Managementmöglichkeiten unterschiedliche Optionen gemeinsam zu entwickeln und somit ein nachhaltiges Konzept zu entwickeln und tragfähig umzusetzen, das speziell an die jeweiligen Bedürfnisse angepasst ist.

Ein weiteres wichtiges Forschungsfeld basiert auf der Feststellung, dass natürliche und soziale Systeme kontinuierlichen Veränderungen unterliegen. Dies ist jedoch meist in den durchgeführten Kalkulationen und Modellierungen nicht darstellbar. Solche Änderungen des natürlichen Systems sind beispielsweise veränderte Niederschlagscharakteristika, Landnutzungsänderungen oder langsame Veränderungen der Bodeneigenschaften durch fortschreitende Verwitterung. Das soziale System verändert sich u. a. durch den Bau neuer Versorgungsleitungen, Ausbau der Industriegebiete, Neuausweisungen von Wohngebieten oder bessere Ausbildung. Diese seit neuestem unter dem Begriff der **Risikoevolution** verstandenen Veränderungen finden nicht nur gleichzeitig statt, sondern sie verändern sich mit unterschiedlichen Raten in bestimmten Zeiträumen und – noch weiter erschwerend – beeinflussen sich auch gegenseitig. Dieser Sachverhalt ist bisher weder grundsätzlich konzeptionell noch – bis auf wenige Ausnahmen – empirisch bearbeitet worden und stellt somit eine große Herausforderung dar.

Besonders die letzten großen Naturkatastrophen wie Hurrikan Katrina haben zudem verdeutlicht, dass Schadenereignisse nicht nur vereinzelt, sondern häufig in Kombination auftreten. Daraus folgt, dass sich auf einen Prozess fokussierende Ansätze nicht mehr ausreichend sind, so wie die ausschließliche Betrachtung von Überschwemmungen. Beispielsweise müssen hierbei genauso die Sedimentbelastungen mitberücksichtigt werden, die sich wiederum durch den Materialeintrag von gravitativen Massenbewegungen extrem erhöhen können. Dadurch kann eine Überschwemmung gegebenenfalls ganz andere Charakteristika erhalten, da die Fluten durch das mitgeführte Sediment oder Treibgut (z. B. entwurzelte Bäume) viel zerstörerischer wirken können. Folglich muss dahingehend gearbeitet werden, neben den Einzelprozessen auch die Wechselwirkungen zwischen den Einzelprozessen stärker in den Vordergrund zu stellen. Um bei dem vorigen Beispiel zu bleiben, sollten folglich in entsprechend disponierten Gebieten neben den Überschwemmungen auch die durch die gleichen Starkniederschläge ausgelösten gravitativen Massenbewegungen betrachtet werden. Nur eine solche ganzheitliche Betrachtung führt zu einer zukunftsorientierten und nachhaltigen Lösungsstrategie, da ein Problem der bisherigen Herangehensweise darin liegt, Naturgefahren sektoral bzw. disziplinär zu untersuchen. Es stellt sich die Frage, inwiefern diese Herangehensweise eine Notwendigkeit ist, um vorhandene Systemkomplexität zu reduzieren, oder ob Alternativen vorhanden sind bzw. entwickelt werden können. Hierzu zählen die neuen Multi-Hazard- und Multi-Risk-Ansätze.

Erschwerend kommt zu allen bisher identifizierten Forschungsfeldern hinzu, dass das häufig als gegeben angenommene Leitprinzip *„the past is the key to the future"* in der angenommenen Uneingeschränktheit nicht mehr gültig ist. Es ist fraglich, ob frühere, rekonstruierte Zusammenhänge heute bzw. zukünftig noch eine Gültigkeit besitzen, da sich die zugrunde liegenden Parameter massiv geändert haben können. Es stellt sich des Weiteren die grundlegende Frage, ob mit moderner Technik in jüngerer Zeit erhobene Daten und analysierte Zusammenhänge, die somit eine vergleichsweise kurze Zeitspanne repräsentieren, in die Zukunft bzw. auf lange Zeiträume extrapoliert werden dürfen, da sie nicht unbedingt repräsentativ für das langfristige Systemverhalten sind. Vielmehr muss neben den die Risikoanalyse leitenden Fragen, was wann wo passieren kann, auch die Frage gestellt werden, was passieren kann, wenn sich bestimmte Faktoren direkt oder indirekt verändern oder verändert werden. In anderen Worten: Ändert sich das zeitliche und räumliche Auftreten und die Magnitude der Naturgefahr und des Naturrisikos? Diese Frage sollte noch stärker als bisher in die aktuelle Risikoforschung eingebunden werden.

Zusammenfassung

Die naturwissenschaftliche Risikoforschung beruht zu weiten Teilen auf dem ingenieurtechnischen Ansatz der Risikoanalyse und wird seit den 1990er-Jahren in Richtung des Risikomanagements weiterentwickelt, d. h. auf das Mensch-Umwelt-System ausgedehnt. Naturgefahren und -risiken im engeren Sinne, wie es die Begriffe suggerieren, existieren demnach nicht, da sie das Resultat von Wechselwirkungen zwischen sozialen und physikalischen Systemen sind.

Es gibt verschiedenste Methoden, um Risiken qualitativ und quantitativ zu analysieren, die jeweils auf verschiedenen räumlichen Skalen ihre Anwendung finden. Wird das Risiko quantitativ bestimmt, geschieht dies über eine Wahrscheinlichkeitsrechnung für bestimmte Ereignisse und einer daraus resultierenden Berechnung des Risikos. Die quantitative Bestimmung des Risikos ist jedoch bisher zumeist nur auf der lokalen Skale möglich bzw. sinnvoll. Das Risiko wird im Allgemeinen nach der Gleichung $R = f(H, C)$ berechnet. Das aus dieser Formel berechnete Risiko wird entweder in Todesfallwahrscheinlichkeit pro Jahr oder in einem Geldwert pro Jahr ausgedrückt.

Die Naturrisikoanalyse trägt dazu bei, potenzielle Schadensereignisse und ihre Auswirkungen zu ermitteln und mögliche Schadensgebiete auszuweisen. An diesen Lokalitäten können im Rahmen eines Risikomanagements über vorbeugende Maßnahmen die Auswirkungen gefährlicher Prozesse reduziert oder verhindert werden. Da die Anfänge der Risikoforschung auf die Ingenieurtechnik zurückgehen, lag in der Konsequenz auch in der praktischen Umsetzung der Schwerpunkt auf technischen Lösungsansätzen. Inzwischen wird vermehrt dazu übergegangen, präventiv-raumplanerische Ansätze dem bisherigen Maßnahmenkatalog hinzuzufügen.

Schlüsselsätze

- Der geographisch-naturräumliche Ansatz ist interdisziplinär angelegt, da er Naturgefahren als Resultat von Wechselwirkungen der natürlichen Umwelt mit dem Menschen und seinen Belangen ansieht und die jeweiligen Auswirkungen in den beiden Systemen sowie den gesellschaftlichen Gesamtkontext betrachtet.
- Mittels Risikoformeln lässt sich das Risiko relativ leicht berechnen, doch wird die Verantwortlichkeit des sozialen Systems für das resultierende Risiko außer Acht gelassen. Aus dieser Limitierung resultiert auch die bisher zumeist praktizierte Vorgehensweise, technische Maßnahmen zu propagieren, um Einfluss auf das physikalische System zu nehmen, nicht aber auf das soziale.
- Naturgefahr im engeren Sinne, wie es das Wort suggeriert, existiert nicht, da erst die Wechselwirkungen zwischen sozialen und physikalischen Systemen in einer Gefahr resultieren.

Literatur

Akademie für Raumforschung und Landesplanung (Hrsg) (1995) Handwörterbuch der Raumordnung. Akademie für Raumforschung und Landschaftsplanung. Hannover

Anbalagan R, Singh B (1996) Landslide hazard and risk assessment mapping of mountainous terrains – a case study from Kumaun Himalaya, India. *Engineering Geology* 43: 237–246

Barrows HH (1923) Geography as Human Ecology. *Annals of the Association of American Geographers* 13(1): 1–14

Baxter PJ, Neri A, Todesco M (1998) Physical Modelling and Human Survival in Pyroclastic Flows. *Natural Hazards* 17(2): 163–176

Bell R (2002) Landslide and snow avalanche risk analysis – methodology and its application in Bíldudalur, NW Iceland. Dep. of Geography. Rheinische-Friedrich-Wilhelms-Universität, Bonn

Bell R, Glade T (2004) Quantitative risk analysis for landslides – Examples from Bíldudalur, NW-Iceland. *Natural Hazard and Earth System Science* 4(1): 117–131

Bollinger D, Buri H, Della Valle G, Hegg Ch, Keusen HR, Kienholz H, Krummenacher B, Mani P, Roth H (2000) Gefahrenhinweiskarte des Kanton Bern. Internationales Symposion INTERPRAEVENT 2000, Villach, Bd. 2, 189–200

Chung, CJF, Fabbri AG (2005) Systematic procedures of landslide hazard mapping for risk assessment using spatial prediction models. In: Glade T, Anderson M, Crozier MJ (Hrsg) Landslide hazard and Risk. John Wiley & Sons Ltd., Chichester, 139–174

Crozier M, Preston N (1999) Modelling changes in terrain resistance as a component of landform evolution in unstable hill country. *Lecture Notes in Earth Sciences* 78: 267–284

Crozier, MJ (1984) Field assessment of slope instability. In: Brunsden D, Prior DB (Hrsg) Slope Instability. John Wiley & Sons Ltd, London, 103–142

Cruden DM, Fell R (Hrsg) (1997) Landslide risk assessment – Proceedings of the Workshop on Landslide Risk Assessment, Honolulu, Hawaii, USA, 19–21 February 1997. A.A. Balkema, Rotterdam & Brookfield

Cutter SL, Mitchell JT, Scott MS (2000) Revealing the Vulnerability of People and Places: A Case Study of Georgetown County, South Carolina. *Annals of the Association of American Geographers* 90(4): 713–737

Dai FC, Lee CF, Ngai YY (2002) Landslide risk assessment and management: an overview. *Engineering Geology* 64(1): 65–87

Dikau R, Stötter J, Wellmer FW, Dehn M (2001) Massenbewegungen. In: Plate EJ, Merz B (Hrsg) Naturkatastrophen – Ursachen, Auswirkungen, Vorsorge. Stuttgart, 115–138

Dikau R, Weichselgartner J (2005) Der unruhige Planet. Wissenschaftliche Buchgesellschaft, Darmstadt

Dilley M, Chen RS, Deichmann U, Lerner-Lam AL, Arnold M (2005) Natural Disaster Hotspots: A global Risk Analysis, World Bank, Washington

Fell R (1994) Landslide risk assessment and acceptable risk. *Canadian Geotechnical Journal* 31(2): 261–272

Fleischhauer M, Greiving S, Wanczura S (Hrsg) (2006) Natural Hazards and Spatial Planning in Europe, Dortmunder Vertrieb für Bau- und Planungsliteratur, Dortmund

Flentje P, Chowdhury R (2000) Slope instability, hazard and risk associated with a rainstorm event – a case study. Landslides in research, theory and practice, Proceedings of the 8th International Symposium on Landslides, 26–30 June 2000, Cardiff

Fuchs S, Bründl M, Stötter J (2004) Development of avalanche risk between 1950 and 2000 in the Municipality of Davos, Switzerland. *Natural Hazard and Earth System Science* 4: 263–275

Fuchs S, Keiler M, Zischg A (2001) Risikoanalyse Oberes Suldental, Vinschgau, Konzepte und Methoden zur Erstellung eines Naturgefahrenhinweis-Informationssystems. Selbstverlag des Instituts für Geographie der Universität Innsbruck, Innsbruck

Geisseler Z (2003) Wenn der Berg kommt und der Rheinpegel steigt – Gefahrenkarten. Schaffhausener Nachrichten, Ausgabe 10.01.2003, Schaffhausen

Glade T (2003) Vulnerability assessment in landslide risk analysis. *Die Erde* 134: 121–138

Glade T (2005) Linking debris-flow hazard assessments with geomorphology. *Geomorphology* 66(1-4): 189–213

Glade T (2006) Regionale Modellierungsmethoden gravitativer Massenbewegungen in der Gefahren- und Risikoforschung. In: Forschungsstelle Rutschungen: Rutschungen in W- und SW-Deutschland. 29.–30. Juni 2006, Mainz, Deutschland

Glade T, Crozier MJ (2005) A review of scale dependency in landslide hazard and risk analysis. In: Glade T, Anderson M, Crozier MJ (Hrsg) Landslide hazard and Risk. John Wiley & Sons Ltd., Chichester, 75–138

Glade T, Dikau R (2001) Gravitative Massenbewegungen – vom Naturereignis zur Naturkatastrophe *Petermanns Geographische Mitteilungen* 145(6): 42–55

Greiving S (2002) Räumliche Planung und Risiko. Gerling Akademie Verlag, München

Guzzetti F (2000) Landslide fatalities and the evaluation of landslide risk in Italy. *Engineering Geology* 58(2): 89–107

Guzzetti F (2002) Landslide hazard assessment and risk evaluation: limits and prospectives. Mediterranean Storms – 4th EGS Plinius Conference, October 2002, Mallorca

Guzzetti F, Cardinali M, Reichenbach P, Carrara A (2000) Comparing landslide maps: A case study in the Upper Tiber River basin, central Italy. *Environmental Management* 25(3): 247–263

Guzzetti F, Reichenbach P, Wieczorek GF (2003) Rockfall hazard and risk assessment in the Yosemite Valley, California, USA. *Natural Hazard and Earth System Science* 3: 491–503

Heinimann HR (1995) Naturgefahren aus forstlicher Sicht - Vergangenheit, Gegenwart, Zukunft. *Schweizerische Zeitschrift für Forstwesen* 146(9): 675–686

Heinimann HR (1999a) Risikoanalyse bei gravitativen Naturgefahren – Methode. Umwelt-Materialien 107/I, Bundesamt für Umwelt, Wald und Landschaft (BUWAL), Bern

Heinimann HR (1999b) Risikoanalyse bei gravitativen Naturgefahren – Fallbeispiele und Daten. Umwelt-Materialien 107/II, Bundesamt für Umwelt, Wald und Landschaft (BUWAL), Bern

Heinimann HR, Hollenstein K, Kienholz H, Krummenacher B, Mani P (1998) Methoden zur Analyse und Bewertung von Naturgefahren. Umwelt-Materialien 85, Bundesamt für Umwelt, Wald und Landschaft (BUWAL), Bern

Hewitt K (1983) Interpretations of calamity from the viewpoint of human ecology. The Risk and Hazards Series 1, Unwin Hyman, London

Hollenstein K (1995) Analyse und Bewertung von Risiko und Sicherheit bei Naturgefahren. *Schweizerische Zeitschrift für Forstwesen* 146(9): 687–700

Hollenstein K (1997) Analyse, Bewertung und Management von Naturrisiken. vdf Hochschulverlag AG, ETH Zürich, Zürich.

Hufschmidt G, Crozier MJ, Glade T (2005) Evolution of natural risk: research framework and perspectives. *Natural Hazards and Earth System Science* 5: 375–387

Hungr O, Evans SG (2004) Entrainment of debris in rock avalanches: An analysis of a long run-out mechanism. *Geological Society of America Bulletin* 116(9-10): 1240–1252

Ibsen ML, Brunsden D (1996) The nature, use and problems of historical archives for the temporal occurrence of landslides, with specific reference to the south coast of Britain, Ventnor, Isle of Wight. *Geomorphology* 15(3-4): 241–258

Jóhannesson T, Arnalds P, Tracy L (2002) Results of the 2D avalanche model SAMOS for Ísafjördur and Hnífsdalur. Vedurstofa Íslands, Reykjavík

Keiler M (2004) Development of the damage potential resulting from avalanche risk in the period 1950–2000, case study Galtur. *Natural Hazards and Earth System Sciences* 4(2): 249–256

Keylock CJ, McClung DM, Magnusson MM (1999) Avalanche risk mapping by simulation. *Journal of Glaciology* 45(150): 303–314

Kienholz H (1977) Kombinierte geomorphologische Gefahrenkarte 1:10000 von Grindelwald. Geographica Bernensia. G4, Arbeitsgemeinschaft Geographica Bernensia, Bern

Kienholz H (2005) Analyse und Bewertung alpiner Naturgefahren – eine Daueraufgabe im Rahmen des integralen Risikomanagements. *Geographica Helvetica* 1: 3–15

Kutija V (2003) Hydraulic modelling of floods. In: Thorndycraft VR, Benito G, Llasat MC, Barriendos M (Hrsg) Paleofloods, historical data & climatic variability: applications in flood risk assessment (Proceedings of the PHEFRA Workshop, Barcelona, 16th –19th October 2002), 63–170

Lee EM, Jones DKC (2004) Landslide risk assessment. Thomas Telford, London

Leroi E (1996) HYCOSI Impact of hydrometeorological changes on slope instability. In: Casale R (Hrsg) Hydrological and hydrogeological risks. EUR 16799, European Community, Brussel, 285–322

McClung DM (2000) Extreme avalanche runout in space and time. *Canadian Geotechnical Journal* 37(1): 161–170

McClung DM (2001) Extreme avalanche runout: a comparison of empirical models. *Canadian Geotechnical Journal* 38(6): 1254–1265

Merz B (2006) Hochwasserrisiken – Grenzen und Möglichkeiten der Risikoabschätzung. Schweizerbart'sche Verlagsbuchhandlung, Stuttgart

Mulargia F, Geller RJ (Hrsg) (2005) Earthquake science and seismic risk reduction. Kluwer Academic Publishers, Dordrecht, Boston, London

Münchener Rückversicherungs-Gesellschaft (2007) Naturkatastrophen 2006. Analysen, Bewertungen, Positionen. München

Petrascheck A, Kienholz H (2003) Hazard assessment and mapping of mountain risks in Switzerland. Debris-flow hazards mitigation: mechanics, prediction, and assessment, 10–12 September 2003, Davos, Switzerland

PLANAT (Hrsg) (2004) Sicherheit vor Naturgefahren. Vision und Strategie. PLANAT Reihe

Plate EJ, Merz B (Hrsg) (2001) Naturkatastrophen: Ursachen, Auswirkungen, Vorsorge. Schweizerbart'sche Verlagsbuchhandlung, Stuttgart

Rohner M (2003) Es ist ein Dilemma zwischen Schutz und Gefahr. Schaffhausener Nachrichten. Ausgabe 10.01.2003, Schaffhausen

Schaller K (2003) Raumplanung und Naturgefahrenprävention in der Schweiz. Raumplanung in der Naturgefahren- und Risikoforschung. Institut für Geographie der Universität Potsdam, Potsdam, 59–69

Schweier C, Markus M, Steinle E (2004) Simulation of earthquake caused building damages for the development of fast reconnaissance techniques. *Natural Hazards and Earth System Sciences* 4(2): 285–293

Smith K (2001) Environmental hazards: Assessing risk and reducing disaster. Routledge, London

Sterr H, Markau HJ, Reese S (2004) Risiken eines Klimawandels an den Küsten Schleswig-Holstein. Schadenpotentiale und Vulnerabilität. In: Gönnert G, Graßl H, Kelletat D, Kunz H, Probst P, Storch H, Sündermann J (Hrsg) Klimaänderung und Küstenschutz. Proceedings der HTG-Tagung 29.–30.11.2004, 291–300

Stötter J, Belitz K, Frisch U, Geist T, Maier M, Maukisch M (1999) Konzeptvorschlag zum Umgang mit Naturgefahren in der Gefahrenzonenplanung. Herausforderung an Praxis und Wissenschaft zur interdisziplinären Zusammenarbeit. Jahresbericht 1997/98. Innsbrucker Geographische Gesellschaft. Innsbruck, 30–59

Tobin GA, Montz BE (1997) Natural Hazards – Explanation and Integration. The Guilford Press, New York

UNDRO (1991) Mitigation natural disasters. Phenomena, Effects and options. United Nations Disaster Relief, New York

van Westen CJ, Terlien MTJ (1996) An approach towards deterministic landslide hazard analysis in GIS. A case study from Manizales (Colombia). *Earth Surface Processes and Landforms* 21: 853–868

van Westen CJ, Van Asch TWJ, Soeters R (2006) Landslide hazard and risk zonation – why is it still so difficult? *Bulletin of Engineering Geology and the Environment* 65(2): 1–18

Varnes DJ (1984) Landslides hazard zonation: a review of principles and practice. Natural Hazards 3, UNESCO, Paris

Vinnem J (1998) Introduction to risk analysis. In: Soares CG (Hrsg) Risk and Reliability in Marine Technology. A.A. Balkema, Rotterdam, 3–18

Vinnem J (1998). Risk analysis methodology. In: Soares CG (Hrsg) Risk and Reliability in Marine Technology. A.A. Balkema, Rotterdam, 19–34

Weichselgartner J (2001) Disaster mitigation: the concept of vulnerability revisited. *Disaster Prevention and Management* 10(2): 85–94

Weichselgartner J (2002) Naturgefahren als soziale Konstruktion. Eine geographische Beobachtung der gesellschaftlichen Auseinandersetzung mit Naturrisiken, Shaker Verlag, Aachen

White GF (1945) Human adjustments to floods. Department of Geography Research Paper No. 29, The University of Chicago, Chicago

World Meteorological Organization (1999) Comprehensive risk assessment for natural hazards. World Meteorological Organization, Geneva

Zebrowski E (1999) Perils of a restless planet – Scientific perspectives on natural disasters. Cambridge University Press, Cambridge

4 Die Entstehung der geographischen Hazardforschung*

Jürgen Pohl

Adjustment • *Adaptation* • Entscheidungsverhalten • Hazardforschung • Hazardmanagement • Humanökologie • Mensch-Umwelt-Paradigma • Multihazard-Raum • Naturrisiko • physisch-geographische Naturgefahrenforschung • Prozessforschung • sozialgeographische Hazardforschung • Vulnerabilität • Wahrnehmungsgeographie • White, Gilbert

Naturgefahren haben schon immer zum menschlichen Leben auf der Erde gehört. Neben den „kleinen" Naturgefahren, wie Krankheiten, wilden Tieren, Hunger, Frost oder Feuer, denen der Einzelne oder die Kleingruppe ausgesetzt war, gab es die Risiken, die aus dem Überlebenskampf resultierten. Hier spielten insbesondere feindliche Attacken fremder Stämme und Staaten, die oft ebenfalls wie eine Naturgewalt über die Menschen hereinbrachen, eine große Rolle. Ohne die technischen Hilfsmittel und die modernen Organisationsformen von heute war das Alltagsleben in der Vergangenheit grundsätzlich prekärer und risikoträchtiger.

Größere Naturgefahren sind ebenfalls altbekannt, gewöhnlich wird die Sintflut als Prototyp der „großen" Naturkatastrophen angesehen. Ob nun die Ursache dafür ein Meteoriteneinschlag, ein Supertsunami oder der Bruch des Bosporusdamms (der das Mittelmeer vom tiefer gelegenen, süßwasserhaltigen Schwarzen Meer trennte) war oder ob es sich nur um ergiebige Niederschläge und eine darauf folgende Überschwemmung an Euphrat und Tigris handelte: Die Schutz- und Rettungsmöglichkeiten waren gering, und das Ereignis wurde als Strafe des Himmels empfunden. Immer wieder haben sich in der Geschichte größere Naturkatastrophen ereignet, die oft ganze Völker und Kulturen ins Verderben stürzten. Ob es der Ausbruch eines Vulkans (wie des The-

ravulkans auf Santorin, der ca. 1650 v. Chr. die minoische Kultur vernichtete), eine große Sturmflut (wie die „große Manndrenke" an der Nordsee im Jahr 1362), ein Erdbeben bzw. Tsunami (z. B. von Lissabon im Jahr 1755) oder ein anderes Großereignis war: Den großen Naturereignissen waren die Menschen stets mehr oder weniger hilflos ausgeliefert. Sie forderten oft mehrere Tausende von Toten und wurden bei aller Trauer oft auch als Strafe für Fehlverhalten gedeutet. Dass sich die Bedrohung durch die Natur nicht grundlegend geändert hat, zeigen die großen Naturkatastrophen des Jahres 2005: Der Tsunami im Indischen Ozean, das Erdbeben in Kaschmir und der Hurrikan Katrina in den US-amerikanischen Südstaaten. Obwohl sich die möglichen Gegenmaßnahmen vor allem in technischer Hinsicht stark verbessert haben, ist gleichzeitig auch die Verwundbarkeit enorm gewachsen.

Gegenüber jenen Naturrisiken, an deren Entstehung die Menschen selbst einen gewissen Anteil tragen, ist man etwas besser gerüstet. Das Feuer war in den früheren Großstädten der ärgste Feind, einerlei ob es durch feindliche Angriffe oder Unachtsamkeit der Bewohner entstanden ist. Hier gab es auch die frühesten Vorsorge- und Nothilfemaßnahmen. In Rom existierten bereits zur Zeit der Republik Feuerwehren, die Pumpen und Spritzen verwendeten, die von den Griechen entwickelt

---

* Robert Geipel gewidmet

4

worden waren. Dagegen gab es in den Städten des Mittelalters eher primitive vorsorgende Maßnahmen. Löschordnungen und das Amt des Feuerbeschauers waren schon immer bekannt, im 17. Jahrhundert kamen die ersten Feuerversicherungen auf und es gab feuerpolizeiliche Bauordnungen (Pieper 1978).

Vor anderen Gefahren konnte man sich kaum schützen. Lediglich beim Hochwasser und gegenüber Sturmfluten hatten Deiche und Dämme eine gewisse, wenngleich auch häufig nur lokal begrenzte Bedeutung. Bei größeren Wassermassen waren Deiche jedoch aufgrund der begrenzten technischen Ressourcen wirkungslos, sodass meist nur eine passive Bekämpfung des Wassers in Form der Flucht blieb und auch diese war oft genug ausweglos und vergebens. Den Menschen blieb meist nichts anderes übrig, als riskante Gebiete zu meiden oder einen hohen Zins zu zahlen, wenn sie risikoträchtige Gebiete um der damit verbundenen Vorteile willen trotzdem nutzen wollten.

Naturgefahrenbewältigung und -vorsorge waren meist „aus der Erfahrung geboren", eine systematische Erforschung gab es nicht. Bekannt ist allerdings, dass beispielsweise in China schon vor Christi Geburt Erdbebenmessgeräte entwickelt worden waren, während im Abendland das theologische Weltbild, welches Naturkatastrophen als Strafgericht Gottes ansah, kaum einen systematischen Ansatz zuließ (Pieper 1978, S. 19). Erst mit der Aufklärung begann auch in Europa die Suche nach wissenschaftlichen Erklärungen und die systematische Entwicklung von Vorsorgemaßnahmen. In der Aufklärung begann ein rationaler Umgang mit Naturgefahren, der nicht zuletzt durch die Diskussion über das Erdbeben (bzw. den Tsunami) von Lissabon ausgelöst wurde. Bald darauf, zu Beginn des 19. Jahrhunderts, drückte der Ingenieur Tulla dem Rhein seinen Stempel auf: Großräumig und in großem Stil wurde die Hochwassergefahr bekämpft, wurden die Sümpfe trockengelegt und so der Malaria Einhalt geboten sowie Hindernisse für die Schifffahrt beseitigt. Seither ist der (männliche) Ingenieur, der an der Front gegen die Tücken der Natur kämpft, die Leitfigur der Hazardforschung. Erst in jüngster Zeit ist ein Umdenken in Richtung eines angepassteren und sanfteren – dem Leitbild der Nachhaltigkeit verpflichteten – Umgangs mit extremen Naturereignissen zu beobachten.

4.1 Die Entstehung der modernen Hazardforschung am Beispiel der Hochwassergefährdung am Mississippi

Die Überschwemmung von New Orleans infolge des Hurrikans Katrina im Jahr 2005 hat die Notwendigkeit und das Scheitern der **Hazardforschung** zugleich bewiesen: Sie hat deren Notwendigkeit dargelegt, weil es offensichtlich wurde, dass das Naturrisiko der Überschwemmungen nicht genügend beachtet worden und deswegen eine weltbekannte Stadt an den Rand des Untergangs gebracht worden ist. Sie hat aber auch das Scheitern dokumentiert, weil kein anderes Risikophänomen als das Hochwasserrisiko am Mississippi in den Vereinigten Staaten auf eine so lange und systematische Forschungtradition zurückblicken kann. Sieht man Katrina als deren Bewährungsprobe an, so kann man nur ihr Versagen konstatieren. Immerhin hatte schon vor mehr als 50 Jahren im Jahr 1954 der Wirtschaftsgeograph (und spätere französische Staatspräsident) Jacques Chirac festgestellt, dass der Standort von New Orleans für eine Siedlung aufgrund der Hochwassergefährdung und der absoluten Abhängigkeit von den umgebenden Deichen denkbar ungeeignet sei (Willms 2005). Und bereits 60 Jahre vor Katrina war die Dissertation von Gilbert Fowler White mit dem Titel: *„Human Adjustment to Floods. A Geographical Approach to the Flood Problem in the United States"* als *Research Paper* Nr. 29 an der Universität Chicago erschienen. Sie wird oftmals als das einflussreichste Werk, das ein nordamerikanischer Geograph je schrieb, bezeichnet. Der Geograph White »*ist international als der Vater der Naturgefahrenforschung und des -managements bekannt*« (Mileti 1999, S. 19; Kasten 4.1). Schon in seiner Dissertation wandte sich White, nicht zuletzt aufgrund seiner praktischen Erfahrungen im *Mississippi Valley Committee*, gegen eine allzu technisch ausgerichtete Vorsorge.

Wie sah in der ersten Hälfte des 20. Jahrhunderts der Kampf gegen das Naturrisiko aus? Nachdem sich die lokalen Schutzmaßnahmen in Form von örtlichen Deichen angesichts des Hochwassers von 1916 als unzureichend erwiesen hatten, begann die amerikanische Bundesregierung gezielt Geld für die Sicherungsmaßnahmen auszugeben. Waren es im Jahr 1917 noch 6 Millionen Dollar, so steigerten sich die Aufwendungen im Mississippibereich in

Kasten 4.1

Der „Stammvater" der Hazardforschung Gilbert F. White

Gilbert Fowler White (geboren am 26.11.1911, gestorben am 5.10.2006) studierte Geographie an der Universität von Chicago. Von 1934 bis 1940 arbeitete er am *New Deal*-Projekt von Präsident Roosevelt mit, dem gigantischen Keynesianischen Konjunkturprogramm zur Behebung der Weltwirtschaftskrise von 1929. Er war u. a. Sekretär des *Mississippi Valley Committees* und des *National Ressources Planning Boards*, später arbeitete er im Exekutivbüro des Präsidenten. Im Zweiten Weltkrieg war er als Flüchtlingshelfer in Frankreich tätig (er war als überzeugter Quäker Kriegsdienst-

verweigerer) und dann in Deutschland interniert. Von 1946 an leitete er ein College, ehe er 1955 als Lehrstuhlinhaber des *Departments of Geography* nach Chicago zurückkehrte. 1969 verließ er Chicago und ging an die *University of Colorado*, Boulder. 1976 gründete er dort das *Natural Hazards Research and Applications Information Center*.

Er leitete das *Institute of Behavioral Sciences* und das *Natural Hazards Research and Applications Information Center* an der *University of Colorado*, Boulder bis 1992, damals also bereits 80 Jahre alt. (http://www.colorado.edu/hazards/)

Kasten 4.2

Das *Natural Hazards Research and Applications Information Center* an der Universität von Colorado in Boulder

Das *Natural Hazards Research and Applications Information Center* an der Universität von Colorado in Boulder (NHRAIC) wurde im Jahr 1976 gegründet und ist wohl bis heute das international wichtigste Zentrum zur Erforschung von Naturgefahren und -risiken. Es versteht sich als nationales und internationales Forum zum Austausch sozialwissenschaftlicher und politischer Aspekte von Katastrophen. Wahrnehmung und Vorbereitung, Reaktionen, Wiederaufbau und Vorsorgemaßnahmen extremer Ereignisse stehen im Zentrum der Arbeit, wobei der Aspekt der Nachhaltigkeit immer stärkeres Gewicht gewonnen hat.

Das Zentrum wird finanziell u. a. von der FEMA (*Federal Emergency Management Agency*), der *National Science Foundation*, dem *U.S. Geological Survey*, der NASA (*National Aeronautics and Space Administration*), dem *U.S. Army Corps of Engineers* und der *Environmental Protection Agency* getragen.

Die Aktivitäten des Zentrums sind u. a.:
- Die Herausgabe des zweimonatlich erscheinenden Newsletters *Natural Hazards Observer* und des zweiwöchentlich erscheinenden elektronischen Newsletters *Disaster Research*.
- Die Herausgabe der Schriftenreihe *Natural Hazards Informer*, in der für die Hazardforscher wichtige Themen behandelt werden.
- Die Unterhaltung einer Website zur Hazardforschung und Hazardinformation.
- Die Pflege der wohl weltweit größten Bibliothek mit Veröffentlichungen zu Naturrisiken und Notfallplanung sowie einer Literaturdatenbank (HazLit).
- Die Abhaltung von Workshops mit geladenen Gästen.
- Die Verwaltung des *Quick Response Research Program*, das es Forschern ermöglicht „unbürokratisch" schnell an Katastrophenschauplätze zu reisen.
(http://www.colorado.edu/hazards/)

den 30er-Jahren auf zeitweise 40 Millionen Dollar pro Jahr (White 1945). Nach weiteren zerstörerischen Überschwemmungen wurde 1936 der *Flood Control Act* in Kraft gesetzt, der den Beginn einer landesweiten, umfassenden **Hochwasserpräventionspolitik** bedeutete (White 1945, S. 11). Neben den Bundesaktivitäten unternahmen auch zahlreiche Einzelstaaten, von New York bis Kalifornien und von Minnesota bis Texas, gewaltige Anstrengungen für den **Hochwasserschutz**.

White hat seine – zunächst auf die Überschwemmungen in Flussniederungen konzentrierten – Untersuchungen im Laufe der Zeit ausgeweitet. Ihren Höhepunkt erreichten die Forschungen in den Werken *Assessment of Research on Natural Hazards* von 1975 (Hrsg: White und Haas) und 1978 *The Environment as Hazard* (Burton et al. 1978, wiederaufgelegt 1993). In diese Zeit fällt auch die Errichtung des Forschungszentrums an der Universität Boulder, Colorado im Jahr 1976 (Kasten 4.2).

4

Das Institut und das Hazard Center ist heute nicht mehr in der Hand der Geographie, sondern ihm steht eine Soziologin (Kathleen Tierney) vor, die sich schwerpunktmäßig mit dem *man made hazard* 9/11 (das Flugzeug-Attentat am 11. September 2001) beschäftigt. Geographie ist heute am Hazard Center in Boulder eine von vielen Disziplinen. Obwohl dies auch als Zeichen der engen Verbundenheit der Disziplinen gesehen werden kann, ist der Führungswechsel auch ein Ausdruck der immer stärkeren theoretischen Aufladung der Hazardforschung, wie auch der Erkenntnis, dass das gesellschaftliche Handeln der zentrale Parameter ist.

Wie schon erwähnt, hatte sich White zunächst besonders mit der Überschwemmungsgefährdung am Mississippi beschäftigt. Vor allem faszinierte ihn das Phänomen, dass die Schäden umso größer wurden, je mehr Geld für Schutzmaßnahmen ausgegeben wurde.

»*By providing plans and all or at least half of the cost of protective works, the Federal government, under the policy established in 1936 and 1938, reduces the flood hazard for the present occupants and stimulates new occupants to venture into some flood plains that otherwise might have remained unsettled or sparsely settled. Even though no protection is provided or planned, the Federal forecasting system tends to encourage continued use of flood plains by reducing the expectancy of loss and discomfort from flood disasters*« (White 1945, S. 33, 206).

Standen anfangs mehr technische und administrative Aspekte im Mittelpunkt, so wurden mit der Zeit **sozialwissenschaftliche Sachverhalte** immer wichtiger (White 1964). Ihren Höhepunkt erreichte die Hazardforschung in der zweiten Hälfte der 1960er- und in der ersten Hälfte der 1970er-Jahre. Ihre Zentren waren Chicago, Boulder und Toronto. Zum einen wurden in dieser Zeit die US-amerikanische und die kanadische Hazardforschung gebündelt und durch nationale Forschungsprogramme unterstützt, zum anderen gab es eine rührige Kommission der Internationalen Geographischen Vereinigung IGU (*Commission on Man and Environment*), die Forscher aus aller Welt (Burton et al. 1993, S. 264f.) aktivierte und deren Ergebnisse zusammenführte. Die Resultate sind vor allem in den Werken von White und Haas 1975 sowie Burton, Kates und White 1978 veröffentlicht worden. Wichtige Einzelbeiträge aus verschiedenen nationalen Kontexten sind in dem Sammelwerk *Natural Hazards* (White 1974) zu finden.

Am Anfang des Buches von White und Haas (1975) heißt es: »*Although our nation is becoming increasingly vulnerable to natural hazards, disaster-caused losses are rising and Federal assistance programs expanding, the preponderant Federal investment in natural hazards research is in studies which enforce rather than reduce the likelihood of catastrophe … Research concentrates largely on technologically oriented solutions to problems of natural hazards, instead of focusing equally on the social, economic and political factors which lead to nonadaptation of technological findings, or which indicate that proposed steps would not work or would only tend to perpetuate and increase the problem*« (White und Haas 1975, S. 1).

Damit werden die Eckpunkte und die **Leitfragen der heutigen Hazardforschung** schon mehr oder weniger deutlich benannt (White und Haas 1975, S. 4; Kates 1976, S. 134; Geipel 1992, S. 3):

- Wiegt der mögliche Gewinn, der mit der Nutzung verbunden ist, die Risiken auf?
- Wie kann man sich vor Naturgefahren schützen?
- Wie werden die Risiken von Betroffenen wahrgenommen und bewertet?
- Warum werden bestimmte Maßnahmen bevorzugt und andere vernachlässigt?
- Wem nutzen die Schutzmaßnahmen und wer trägt die Kosten für diese?
- Werden durch die Maßnahmen Schäden tatsächlich vermieden oder wenigstens verringert?

4.2 Der paradigmatische Hintergrund

Auch wenn das Hochwasser am Mississippi der Auslöser für umfangreiche Forschungsaktivitäten war, so blieben diese keineswegs auf den Hazardtyp „Hochwasser" beschränkt. Man konstatierte, dass gerade die USA, obwohl doch *God's Own Country*, besonders den Naturgefahren ausgesetzt war: Die Überschwemmungen konzentrieren sich in der Mitte der USA, es gibt Dürreperioden im Mittelwesten, Hurrikans im Südosten, Erdbeben im Westen und Nordwesten, Vulkanismus im Nordwesten. Hinzu kommen lokale bis regionale Ereignisse, die hierzulande wenig Aufmerksamkeit erregen, wie Blizzards (Schnee- und Eisstürme), Hangrutschungen, Küstenerosion, Waldbrände und Tornados (wobei letztere sogar für mehr als die Hälfte der Naturgefahrentoten verantwortlich sind; Caviedes 1992, S. 281). Dies waren und sind aus einer nationalen Perspektive doch recht häufig zu konstatierende Phänomene, und die volkswirtschaftlichen Schäden summieren sich. So konnte die wissenschaftliche Lobby vermitteln, dass sich vorbeugende Maßnahmen grundsätzlich auszahlen würden.

Die Gründe für die Ausbildung der geographischen Hazardforschung liegen auch im soziokulturellen Umfeld des wissenschaftlichen Arbeitens. Stärker als in anderen Kulturen ist das US-amerikanische Denken von einer vergleichsweise aggressiven Haltung der Gesellschaft gegenüber der Natur geprägt. Während in vielen Teilen der Erde aufgrund langer historischer Erfahrungen oder religiöser Werte eine eher vorsichtige bis fatalistische Einstellung gegenüber Natur- (und anderen) Risiken vorherrscht, ist die amerikanische Kultur anders geprägt: eine Wissenschafts- und Machbarkeitsgläubigkeit, ein vom spezifischen protestantischen „Eroberungsauftrag" getragener Gestaltungswille der als „wild, noch ungezähmt" angesehenen Natur sowie schlichtweg die Unerfahrenheit mit den ökologischen Bedingungen in der „Neuen Welt" haben sowohl den Katastrophen als auch ihrer massiven wissenschaftlichen Bekämpfung – in Form der Hazardforschung – den Boden bereitet. Solche Maßnahmen bedurften wissenschaftlicher **Grundlagenforschung**, um sie auch theoretisch zu legitimieren. Das hatte zur Folge, dass sich die Hazarardforschung recht bald aus der *spotlight*-Perspektive der jeweiligen Katastrophe und ihrer Bewältigung herauslöste. Sie versuchte verstärkt durch komparative Studien zwischen verschiedenen Hazardereignissen derselben Art, durch den globalen Vergleich und schließlich durch stärkere theoretische Durchdringung übergreifende strukturelle Gemeinsamkeiten der Naturgefahren und Naturrisiken zu finden. Je stärker die theoretische Durchdringung des Phänomens war, desto mehr erkannte man, dass das Verhältnis von Naturgewalt zu Zivilisation und Gesellschaft grundlegender behandelt werden musste, als durch bloße Verwaltungsreaktionen und die Anwendung spezifischer technischer Mittel, die nur auf die jeweilige Störung vor Ort bezogen waren.

White und die von ihm begründete Schule gingen davon aus »*that natural hazards are the result of interacting natural and social forces and that hazards and their impacts can be reduced through individual and social adjustment*« (Mileti 1999, S. 19).

Die von Gilbert White angestoßene Hazardforschung hat eine stark utilitaristische Stoßrichtung, in welcher die Betonung darauf liegt, die Zahl der Toten, die Verluste und die sonstigen Schäden vor Ort zu minimieren bzw. eine optimale Balance zwischen Schutzaufwand und Nutzen anzustreben. Sie ist aber nicht nur „ökonomistisch", sondern durchaus in eine breitere Forschungstradition eingebettet, die als **Humanökologie** bezeichnet wird. Allerdings darf diese (traditionelle) Humanökologie wiederum nicht ohne weiteres mit dem neoholistischen Ansatz, wie er in den 1980er-Jahren entstanden ist, gleichgesetzt werden, denn diese moderne Humanökologie versucht die Leib-Seele- bzw. Subjekt-Objekt-Spaltung zu überwinden und Mensch und Natur als Einheit zu fassen (Fischer-Kowalski und Weisz 1999, Meusburger und Schwan 2003). Demgegenüber ist die „ältere Humanökologie" sehr viel stärker der Gegenüberstellung von Mensch und Natur verpflichtet. Disziplinärer Hintergrund ist die Naturphilosophie von Johann Gottfried von Herder. Sein Diktum von der „Erde als Erziehungs- und Wohnhaus des Menschen" stand bekanntlich für ein zentrales geographisches Paradigma Pate. Aus diesem leitet sich auch die klassische Humanökologie her. Sie betont stets die Tatsache, dass die Menschheit in einer natürlichen Umwelt existiert, die unvermeidlich riskant ist, was zu Unsicherheit führt. Die Wissenschaft dient dabei – ebenso wie die Philosophie oder die Religion – als absolute Wahrheitsinstanz, welche die als bedrohlich empfundene Unsicherheit mindern soll (Mileti 1999, S. 18). Dabei ist diese Beziehung keine einseitige – von der Natur auf den Menschen hin – sondern sie wird vielmehr als ein beziehungsreiches Wechselsystem gesehen. Die Naturgefahren werden durch menschliche Handlungen definiert, begrenzt und verändert. Es ist ein dialektischer, im Grunde nie aufhörender Prozess der wechselseitigen Einflussnahme. Einer der Theoretiker der Humanökologie, John Dewey, formulierte, dass »*environmental problems stimulate inquiry and action, which transform the environment, engendering further problems, inquiries, actions, and consequences in a potentially endless chain*« (Dewey 1938, S. 28; zitiert nach Mileti 1999, S. 19).

In der *Chicago School of Natural Hazards* von Burton, Saarinen, White und anderen wurde die Humanökologie der extremen Naturereignisse von der Geographie in praxisrelevanter Weise aufgegriffen. Während die klassischen naturwissenschaftlichen Disziplinen den Menschen eher als Störfaktor in der Analyse natürlicher Prozesse ansehen, ist es gerade das Spezifikum der Geographie, die Interaktion „Natur-Mensch" in den Mittelpunkt zu rücken. Je enger natürliche Prozesse und menschliches Handeln verknüpft sind, umso geographischer erscheint das Thema.

Die Geographen, die dem **Mensch-Umwelt-Paradigma** angehörten, haben in die Betrachtung des dialektischen Spannungsverhältnisses „Mensch-Natur" immer schon auch die Gefahren und die Katastrophen einbezogen. Der Historiker und Geograph Herodot hat sich als erster (schriftlich nachweis-

4

bar) der Auseinandersetzung des Menschen mit der (feindlichen) Natur gewidmet. Dasselbe Thema hat der Geograph Karl August Wittfogel, der in den 1920er-Jahren Mitglied der berühmten Frankfurter Schule war, in seiner Gesellschaftstheorie aufgegriffen (1957). Er hat den Begriff der „Hydraulischen Gesellschaft" geprägt und geht davon aus, dass die Beherrschung und Nutzung des Hochwassers für die Staatenbildung und die Gesellschaftsverfassung im Orient maßgeblich war, was sich auch heute noch „durchpaust". Zumeist aber wurde das „Mensch-Natur"-Verhältnis sehr viel einfacher als *Stimulus-response-Modell* gesehen, wonach ein mehr oder weniger unerwartetes Extremereignis der Natur zu Zerstörungen und Schäden in der betroffenen Region führt, dem man begegnen muss.

Die Hazardforschung ist aber nicht nur im übergreifenden Mensch-Umwelt-Paradigma verankert, sondern es lassen sich darüber hinaus auch Bezüge zum **länderkundlichen Paradigma** herstellen (Geipel 1992, S. 2). Den einzelnen Elementen, wie der Erdoberfläche, dem Klima, dem Wasser usw. können bestimmte Konstellationen zugeordnet werden, deren gewohnte Struktur durch ein Hazardereignis schleichend oder plötzlich verändert wird. Der normale Gang der Dinge, die in diesem Raum gewohnten Strukturen und üblichen Prozesse, können so vorübergehend oder dauerhaft verändert werden. Im Konzept des „Multihazard-Raums" taucht das Thema des Zusammenwirkens der verschiedenen Geofaktoren in einem gegebenen Raumausschnitt („der Risikolandschaft") neuerdings wieder auf.

Der Bezug zur Länderkunde ist aber vor allem dadurch gegeben, dass in der Schulerdkunde die Naturgefahren und Naturrisiken direkt als Thema (wie Taifune, Dürre, Erdbeben usw.) aufgegriffen oder in anderen Themen indirekt mitbehandelt werden (z. B. Monsunregen in Indien, Sturmfluten an der Nordsee) (Schmidt-Wulffen 1982, S. 137f.). Durch die Länderkunde bzw. die Schulerdkunde hat die geo-

graphische Hazardforschung eine Breitenwirkung in der Öffentlichkeit, was ihre Position zwischen den vielen Spezialdisziplinen, die sich den Naturrisiken widmen, sicher nicht negativ beeinflusst hat.

4.3 Fragestellungen und Ansätze der Hazardforschung

Die geographische Hazardforschung ist – wie bereits gesagt – utilitaristisch ausgerichtet, d. h. sie ist grundsätzlich auf der Mikroebene des **Homo oeconomicus** angesiedelt. Der Mensch nutzt die Ressourcen, die ihm sein Lebensraum zur Verfügung stellt, aber er kann dies nicht unbegrenzt und ohne Risiko tun. Küsten, Flusstäler, Vulkanhänge usw. bieten günstige Voraussetzungen, Nahrungsmittel zu gewinnen, Gebäude zu errichten oder Verkehrswege zu schaffen. Diese Nutzung, Ausbeutung, Umwandlung – oder in welcher Form auch immer diese Aneignung von Natur geschieht – beinhaltet allerdings auch Risiken, die der Mensch um der Vorteile willen auf sich nimmt und in gewissem Sinne als Zins an die Natur zu zahlen bereit ist, solange sie ein gewisses Maß nicht übersteigen. Die Abbildung 4.1 veranschaulicht dieses individuelle Risikoverhalten.

Die humangeographische Hazardforschung ist also nicht nur mikroökonomisch, sondern auch behavioristisch ausgerichtet und neigt der verhaltensorientierten Psychologie des *Stimulus-response*-Schemas zu. In diesem Sinne ist sie Teil der **Wahrnehmungsgeographie**. Man kann sogar noch weiter gehen und behaupten, dass die Wahrnehmungsgeographie, der ja oft etwas Spielerisches und Praxisfernes – etwa in der *mental map*-Forschung – nachge-

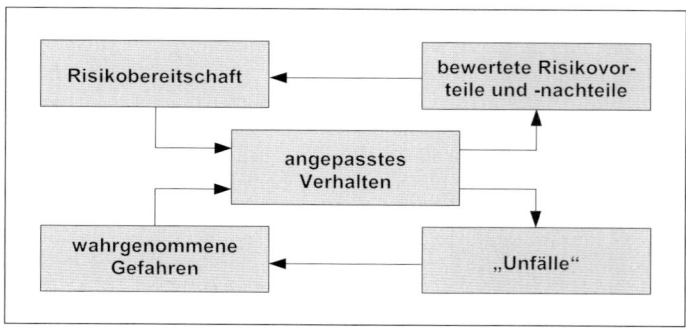

Abb. 4.1   „Risikothermostat"
(nach Pfeil 2000, S. 11).

sagt wird, hier ihre stärkste Ausprägung gewonnen hat. In der Hazardforschung hat sie nicht nur eigenständige empirische Forschung durchgeführt und wichtige Ergebnisse geliefert, sondern gleichzeitig die gesellschaftliche Relevanz des Fachs unter Beweis gestellt.

Die behavioristische Wahrnehmungsgeographie ist tendenziell auf der Suche nach allgemeinen Verhaltensgesetzen. Die geographische Hazardforschung ist dabei eher pragmatisch und durch ihre Verbundenheit mit den konkreten Problemen bei einer Katastrophe und von den Unterschieden und Widersprüchlichkeiten im Verhalten gegenüber den Naturgefahren fasziniert. Dadurch kommen auch kulturelle (idiographische) Aspekte ins Blickfeld. Doch beschränkt sich diese Praxis auf einen eher pseudo- oder quasi-ethnologisch zu nennenden Kulturvergleich, eine systematische Erforschung kulturspezifischer Verhaltensweisen seitens der Geographie ist kaum zu verzeichnen.

Obwohl die geographische Hazardforschung sich auf der Suche nach Erklärungen für bestimmte Strukturen, Muster und Verhaltensweisen immer stärker auf die Mikroebene begeben hat, ist sie von ihrem Grundanliegen her eher auf einer höheren Maßstabsebene angesiedelt. Es geht häufig um die Aufgaben des Staates, wenn größere Kollektive schwerwiegende Schäden erleiden oder übergreifende Abwehr- und Vorsorgemaßnahmen notwendig sind. Auf der höheren Aggregatebene wird also eher das praktische Staatshandeln betrachtet, das vor allem unter Managementaspekten gesehen wird.

Die **praktische Hazardforschung** hat eine Vielzahl von Studien erbracht, die sich auf unterschiedliche Hazardtypen, Wirkungs- und Handlungsdimensionen, Raumkonstellationen und Maßstabsebenen beziehen. Sucht man nach den übergreifenden Kennzeichen der humangeographischen Hazardforschung, so lassen sich folgende Schwerpunkte identifizieren:

- Es werden unterschiedliche Maßnahmenbündel (*coping strategies*) miteinander verglichen. Dies geschieht sowohl zwischen verschiedenen Hazardtypen als auch zwischen unterschiedlichen Einzelereignissen desselben Hazardtyps.
- Im Mittelpunkt steht die Suche nach den effizientesten (oder kostengünstigsten) Maßnahmen.
- Es wird nach typischen bzw. wiederkehrenden Fehlern im Management gesucht und es werden entsprechende Verbesserungsvorschläge gemacht.
- Es wird nach Gesetzmäßigkeiten im Vorsorgeverhalten, in der Wahrnehmung, in den Reaktionen sowie im Wiederaufbauverhalten gesucht.
- Die Wahrnehmungs-, Bewertungs- und Reaktionsmuster der Individuen werden ermittelt, typisiert und verglichen.
- Dem Individualverhalten wird die Reaktion der Gesellschaft als Kollektiv, vor allem aber der staatlichen Organe gegenübergestellt.

4.3.1 Die zentralen Konzepte

Grundsätzlich geht die geographische Hazardforschung, entsprechend dem Mensch-Umwelt-Paradigma, von einem dialektischen Verhältnis zwischen dem natürlichen Ökosystem auf der einen Seite und dem System der Land- und Naturnutzung auf Seiten der Gesellschaft aus (Abb. 4.2).

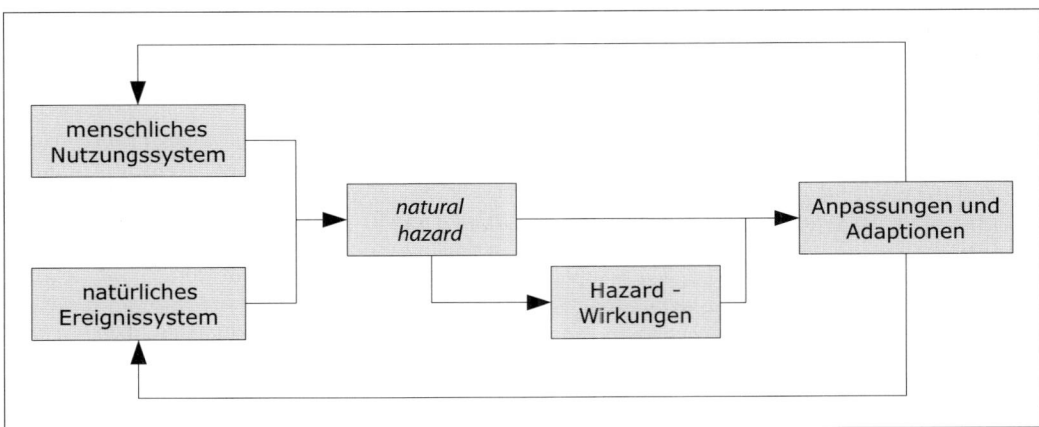

Abb. 4.2 Hazard in der Mensch-Umwelt-Interaktion (nach Geipel 1992, S. 4).

4

Daraus kann unter bestimmten Randbedingungen ein Hazardereignis werden, wobei sich die Naturgefahr für den Menschen als Naturrisiko entpuppt. Entweder in Reaktion darauf oder besser noch zeitlich schon vor dem Hazardereignis werden vom Menschen entsprechende Anpassungsmaßnahmen ergriffen.

Adjustment

Das zentrale Konzept der geographischen Hazardforschung heißt *Adjustment*. Burton, Kates und White haben es im Gefolge des bereits mehrfach erwähnten, 1967 begonnenen großen Forschungsvorhabens ausgearbeitet (White und Haas 1975, Burton et al. 1978).

Adjustments, die man zwar mit **Anpassungsmaßnahmen** übersetzen könnte, für die man aber auch im Deutschen häufig den englischen Ausdruck verwendet, sind in der Regel rationale und zielgerichtete, manchmal aber auch zufällig oder nebenbei entwickelte (Gegen-)Maßnahmen, die in einem relativ engen Zeitfenster entstehen. Solche Anpassungsmaßnahmen sind insbesondere die Arten der Landnutzung, Schutzbauten und Bauvorschriften.

Adaptations

Adjustments werden ergänzt durch so genannte *Adaptations*, die einen langen Zeithorizont aufweisen. Es sind kulturelle oder gar biologische Mechanismen, die den Umgang mit Naturgefahren steuern. Sie sind in der Regel nicht Produkt rationaler Planung, sondern im Laufe langjähriger Erfahrungen über das kollektive Gedächtnis transportierte Anpassungen der (lokalen) Gesellschaft an die Naturgefahren. Dies kann der Anbau „dürreresistenter" Produkte ebenso sein, wie eine kellerlose Baukultur in hochwassergefährdeten Gebieten.

Aufgrund ihrer problembezogenen Ausrichtung hat in der geographischen Hazardforschung grundsätzlich die Betrachtung der *Adjustments* überwogen, auf die naturgemäß sehr viel schneller zugegriffen werden kann und die außerdem Zielgrößen des politischen und technischen Handelns sind. Die **kulturellen Anpassungen** wurden eher der Psychologie und der Ethnologie überlassen.

Entscheidungsverhalten

Diese oder jene Vorsorge- oder Gegenmaßnahme zu ergreifen, erfordert eine Auswahl aus unterschiedlichen möglichen Mitteln. Wie aber kann man eine solche Entscheidung über das „bestmögliche" Mittel treffen? Burton et al. haben ein so genanntes „vereinfachtes **Entscheidungsmodell**" zusammengestellt (Abb. 4.3).

Die Wahl der Anpassungsmaßnahmen ist letztlich abhängig von dem Wissensstand und der Einschätzung der möglichen Extremereignisse hinsichtlich ihrer Auftretenswahrscheinlichkeit, Stärke und Wirkungen. Im Grunde handelt es sich um eine Kosten-Wirksamkeitsanalyse, wie es in der zweiten

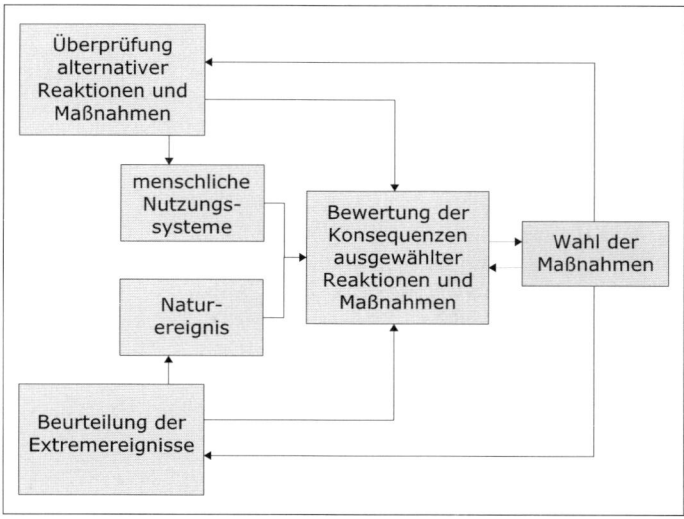

Abb. 4.3 Reaktionsschema auf ein Hazardereignis (nach Burton et al. 1993, S. 101).

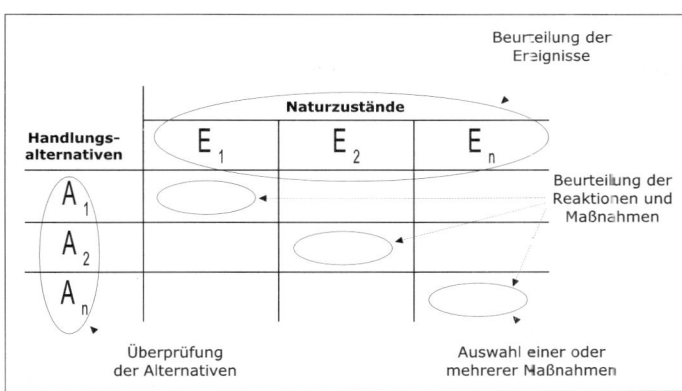

Abb. 4.4 *Adjustments* als Teil einer Kosten-Wirksamkeitsanalyse (nach Burton et al. 1993, S. 100).

Schematisierung von Burton et al. (1993) sichtbar wird (Abb. 4.4).

In der Hazardforschung insgesamt gibt es, je nach fachlicher Herkunft und behandeltem Problem, eine ganze Reihe weiterer wichtiger Konzepte. Allerdings ist die recht pragmatische geographische Hazardforschung eher anwendungsorientiert, theoretische Erklärungen spielen eine nachgeordnete Rolle. Selbst so elementare Begriffe wie „Gefahr", „Risiko" und „Sicherheit" werden als eher unproblematisch angesehen. Das operative Schema von der Abfolge der Leitfragen der praktischen Hazardforschung verdeutlicht die problemorientierte Ausrichtung (Abb. 4.5).

4.3.2 Die Bezüge zur Hazardforschung in den Nachbarwissenschaften

Auch wenn die moderne und systematische Hazardforschung dank der charismatischen Figur Gilbert Whites in der Geographie ihren Ursprung hatte und dort auch – paradigmatisch gesehen – sinnvoll verankert ist, so hat sie doch enge Bezüge zu den Nachbardisziplinen. Im Verhältnis zu diesen kann man zwei unterschiedliche Tendenzen ausmachen: Je stärker der Anwendungsbezug ist, umso mehr kommt das *civil engineering* ins Spiel. Je mehr es in die abstrakte Grundlagenforschung geht, umso mehr kommen allgemeine sozialwissenschaftliche und naturwissenschaftliche Aspekte zum Tragen.

Ähnlich wie in der Entwicklungsforschung und in der Entwicklungshilfe kommt der Geographie auch in der Umweltpolitik und im Hazardmanage-

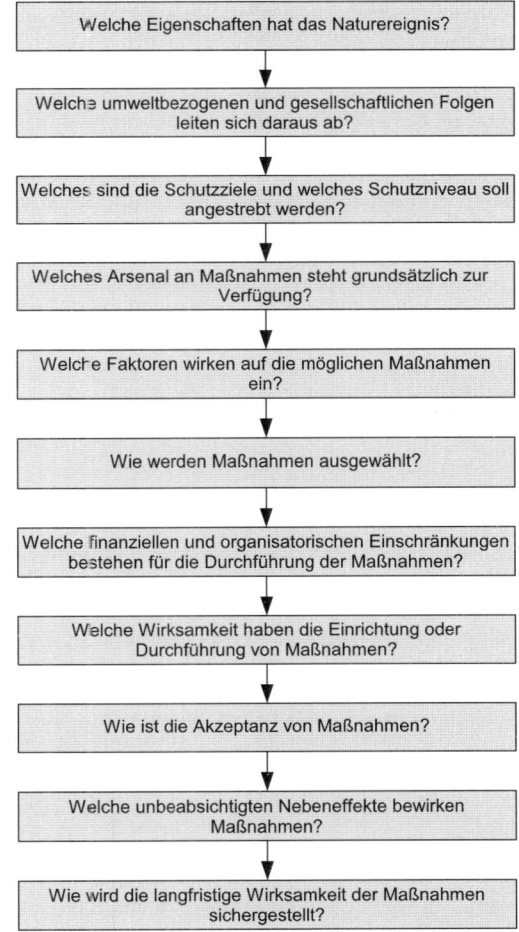

Abb. 4.5 Abfolge der Leitfragen der praktischen Hazardforschung.

4

ment eine Zwischenstellung zu. Sie stellt einerseits das Scharnier zwischen der Ebene des politischen Handelns und der Umsetzung in konkrete technische Maßnahmen dar, bildet andererseits aber auch das Bindeglied zur wissenschaftlichen Grundlagenforschung, sei es zur Geophysik, zur Umweltpsychologie oder anderen Spezialdisziplinen.

Eine strikte Trennung zwischen der geographischen Hazardforschung und der benachbarten sozialwissenschaftlichen Forschung gab es und gibt es daher nicht. Am deutlichsten drückt sich dies in der Kooperation des Geographen Gilbert White und des Soziologen Eugene Haas aus. Das bereits zitierte Werk von 1975 (White und Haas 1975) war ein Resultat der von den beiden initiierten disziplinübergreifenden und nordamerikaweiten Bündelung der bedeutendsten Forschungsaktivitäten, die ihr jeweiliges Fachwissen in die Hazardforschung einbrachten.

In der geographischen Hazardforschung bildet das Handeln des Einzelnen, der sich dem Risiko aussetzt, der von der Naturgewalt betroffen ist, der Gegenmaßnahmen ergreift usw. das (vermeintlich) selbstverständliche Zentrum des Interesses. Sie ist damit grundsätzlich individualistisch ausgerichtet. Auch die soziologische Hazardforschung nahm ihren Ausgangspunkt in der kulturökologischen Frage nach den Mensch-Natur-Anpassungsvorgängen. Allerdings stand – getreu der Grundfragestellung der Soziologie nach den Bedingungen und Mechanismen des gesellschaftlichen Miteinanders – stets ein wenig mehr die Funktionsfähigkeit der Gesellschaft im Mittelpunkt. Diese Funktionsfähigkeit wird durch Naturkatastrophen nachhaltig gestört. Die Art der Störungen sowie die Hindernisse auf dem Weg zur Normalität interessieren die Sozio-

logie, die natürlichen Bedingungen liegen normalerweise außerhalb des soziologischen Blickfelds (Kapitel 5).

Von der soziologischen Perspektive der Funktionsfähigkeit der Gesellschaft ist es nur ein kurzer Schritt zur Frage nach den Möglichkeiten des gesellschaftlichen Fortschritts unter den besonderen Bedingungen der Bedrohung und Beeinflussung durch Naturrisiken. Insbesondere die Gruppen und lokalen Gemeinschaften der Länder der Südhemisphäre leiden unter den unterschiedlichsten Naturgefahren wie Erdbeben, Tsunamis oder Taifunen. Der Übergang von den **Naturgefahren**, denen man im Grunde ausgesetzt ist und den **Naturrisiken**, an deren Entstehung – nicht nur hinsichtlich der Auswirkungen – der Mensch einen gewissen Anteil hat, ist fließend. Insbesondere Hochwasser, Hangrutschungen oder Dürre sind oft schon eher als Naturrisiken denn als Naturgefahren anzusprechen, weil hier eine erhebliche Einflussnahme seitens der Betroffenen und der Gesellschaft grundsätzlich möglich ist. Aber auch hier ist im Fall des Falles das Reaktionsarsenal sehr beschränkt und die grundlegenden Voraussetzungen für einen Wiederaufbau, geschweige denn für eine wirksame Vorsorge, sind oft nicht gegeben.

Das Konzept der **Vulnerabilität** rückt die Gesellschaft im Allgemeinen und besonders betroffene soziale Gruppen in den Mittelpunkt der Hazardforschung (Blaikie et al. 2004). Zwar wird unter Vulnerabilität oder Verwundbarkeit auf Seiten der Ingenieure auch z. B. die Standfestigkeit von Gebäuden oder von Ökonomen das (monetäre) Schadenspotenzial verstanden, doch hat sich in der Hazardforschung eine vorrangig sozial begriffene Bedeutung durchgesetzt (Abb. 4.6).

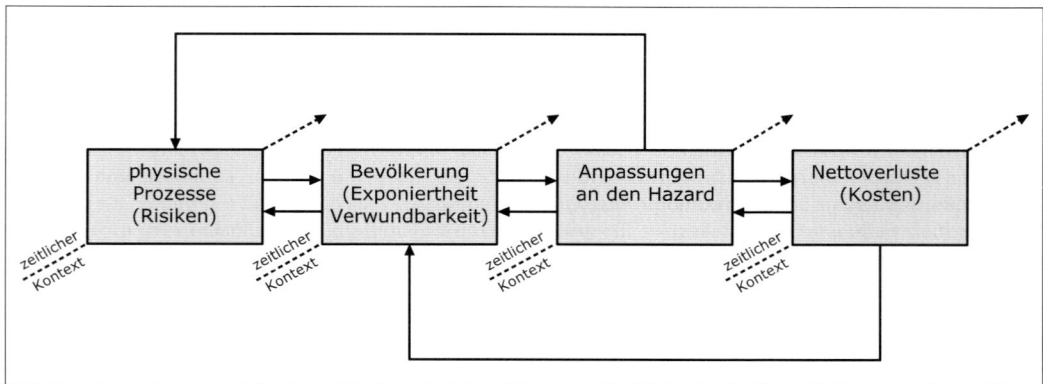

Abb. 4.6 Die Integration der Verwundbarkeit in das klassische Hazardschema (verändert nach Geipel 1992, S. 7).

4.4 Die deutschsprachige Hazardforschung

Die Hazardforschung im deutschsprachigen Raum kann in folgende drei Gruppen differenziert werden: Erstens in die **wahrnehmungs- und sozialgeographische Hazardforschung**, zweitens in **physisch-geographische, prozessorientierte Naturgefahrenforschung** und schließlich in das anwendungs- und planungsorientierte **Naturrisikomanagement**. Trotz Arbeitsteilung, Schnittstellen und Kooperation zwischen der wahrnehmungsgeographischen und der physisch-geographischen Hazardforschung gibt es durch die unterschiedliche erkenntnistheoretische Verankerung der Teildisziplinen auch große Unterschiede, beispielsweise hinsichtlich der historischen Tiefenschärfe, des Stellenwerts des Extremereignisses selbst oder des Risikobegriffs. Die physisch-geographische Richtung legt Wert auf lange Messreihen, für sie steht das Ereignis selbst im Mittelpunkt und als Risiko gilt die Eintrittswahrscheinlichkeit (in Verbindung mit dem Schadenspotenzial). Die Humangeographie ist mehr an dem jüngsten oder demnächst zu erwartenden Ereignis als Auslöser für gesellschaftliche Turbulenzen interessiert, wobei es relativ egal ist, um welche natürlichen Prozesse es sich handelt. Sie untersucht die Rolle von Akteuren und Institutionen bei der Herstellung des Naturrisikos und hat besonders die Vulnerabilität und die Resilienz, also grob gesagt die Fähigkeit Störungen abfedern zu können, im Visier.

4.4.1 Wahrnehmungs- und sozialgeographische Ansätze

Die deutschsprachige Erforschung der Naturrisiken in der Geographie ist vorrangig mit dem Namen von Robert Geipel verknüpft. Er sah in der in den 1970er-Jahren blühenden US-amerikanischen Hazardforschung einen viel versprechenden Ansatz, um der allmählich stagnierenden Sozialgeographie neuen Schwung zu verleihen. Die ursprünglich ja ebenfalls stark humanökologisch geprägte Sozialgeographie Wolfgang Hartkes legte ihren Fokus in der „**Münchener Schule**" auf die verorteten Daseinsgrundfunktionen und die sozialstatistischen Gruppen und war stark auf die Raumplanung ausgerichtet. Innovativ war damals die verhaltensorientierte Mikrogeographie, die sich bemühte, die Werte und Entschei-

dungen von Individuen zu erklären. Damit war eine Orientierung auf die behavioristische Psychologie verknüpft, was gleichsam von selbst eine Brücke zur Hazardforschung schlug. Denn wie bereits erläutert, war die amerikanische Hazardforschung aus dem Bemühen heraus, die Wirkungslosigkeit scheinbar nahe liegender und unmittelbar einsichtiger Maßnahmen zu untersuchen und den vermeintlichen Anomalien im Umgang mit Naturgefahren seitens der Betroffenen auf den Grund zu gehen, auf die behavioristische Psychologie gestoßen. Neuerdings finden auch **systemtheoretische Ansätze** stärkere Beachtung (Weichselgartner 2002).

Allerdings mangelt es der deutschen Hazardforschung an Naturkatastrophen im eigenen Land. In den Alpenländern gibt es zumindest Hazardereignisse, die als größere Unfälle angesprochen werden können (vor allem Lawinen oder Murgänge, Fuchs et al. 2004). In Deutschland tritt lediglich Hochwasser relativ häufig auf und wird deswegen thematisiert (Felgentreff 2000, Pohl 2002, Verfondern 1982). Realisierte, großflächig und tief in die Gesellschaft eingreifende Katastrophen aber gibt es, sieht man von der Hamburger Sturmflut 1962 mit über 300 Toten ab, nicht. Daher werden auch eher ausländische Objekte wie Erdbeben (Friaul, Geipel 1977, Steuer 1979) oder Vulkanausbrüche (Mount St. Helens, Geipel 1981; Montserrat, Possekel 1997; Merapi, Hidajat 2002) untersucht. Auch andere Naturkatastrophen, wie die Dürre im Sahel, wurden aufgegriffen (Mensching 1980), ohne aber eindeutig der Hazardforschung zurechenbar zu sein.

4.4.2 Die physisch-geographische Naturgefahrenforschung

Die Physische Geographie stellt heute zweifellos das Gros derjenigen deutschsprachigen geographischen Forscher, die sich mit Naturgefahren und Naturrisiken beschäftigen. Dies ist eine neuere Entwicklung, die mit dem Wandel des Selbstverständnisses dieser Teildisziplin zu tun hat. Die Physische Geographie in Deutschland war aus historischen Gründen – die Namen Richthofen, Penck, Büdel und Troll seien hier zur Illustration genannt – ein Jahrhundert lang stark an der Landschaftsphysiognomie und -genese ausgerichtet. Erst in den letzten Jahren ist eine stärkere Orientierung zur **Prozessforschung** hin zu beobachten. Diese aber ist wichtig für die naturwissenschaftliche Erklärung und Prognose für die Entstehung von Hazardereignissen. Erst seit ca. zwei Jahrzehnten sind Geogra-

4

phieprofessoren nicht mehr ursprünglich zum Leh-rer ausgebildete Generalisten, sondern naturwis-senschaftlich geschulte Spezialisten, deren Fokus auf der Forschung, der Analyse, der Prognose und der Formulierung technologischer Anweisungen liegt. Mit dem Aufbau eines prozessorientierten Forschungsprogramms wird auf der einen Seite die Frage nach den Verwertungsmöglichkeiten, auf der anderen Seite aber auch nach der Abgren-zung gegenüber benachbarten Spezialdisziplinen gestellt, sodass von daher ein verstärktes Interesse an den Naturgefahren zu verzeichnen ist. Da sich sowohl naturwissenschaftliche Spezialdisziplinen (z. B. die Geophysik in der Erdbebenforschung oder die Meteorologie mit Stürmen) als auch die Ingenieurwissenschaften (z. B. die Hydrologie mit Überschwemmungen) ebenfalls mit Naturgefahren beschäftigen, liegt eine gewisse Konzentration auf die traditionell im Fach angelegten Massenbewe-gungen (Damm 2002, Dikau und Glade 2002) so-wie Tsunamis (Kelletat und Schellmann 2001) und Hochwasser (Bendix 1997) nahe.

1980, Pohl 2003), es kann sich jedoch auch um Ana-lysen der regionalwirtschaftlichen Entwicklung im Gefolge von Zerstörung und Wiederaufbau handeln (Loda 1990).

Neben der wissenschaftlichen Arbeit, die sich in Veröffentlichungen niederschlägt, gibt es auch anwendungsorientierte Arbeit in nationalen und internationalen Gremien. Hierzu zählen beispiels-weise das Deutsche Komitee Katastrophenvorsorge (DKKV), die Akademie für Raumforschung und Landesplanung (ARL), UNESCO-Organisationen wie die *United Nations University – Environmental Health and Security* (UNU-EHS), Entwicklungshil-feorganisationen wie die Gesellschaft für Technische Zusammenarbeit (GTZ) oder sporadische Konfe-renzen, wie die Flussgebietskonferenzen der Bun-desregierung. Dabei handelt es sich zwar nicht pri-mär um Forschung, aber die Anregungen von dort und die Wirkmöglichkeiten geographischer Hazard-forschung dort hinein sind ein wichtiges Bindeglied von der Wissenschaft zur Gesellschaft.

4.4.3 Die anwendungs- und planungsorientierte Forschung

Die physisch-geographische Hazardforschung ist in der Prozessanalyse verankert, die sozialgeographi-sche in der Wahrnehmungsgeographie. Beide ver-suchen jedoch über die wissenschaftliche Grundla-genforschung hinaus in die Praxis hineinzuwirken. Erstere gibt den mit der Katastrophenvorbeugung beschäftigten Planern und Politikern gesicherte Messergebnisse über die Entstehung, die Wahr-scheinlichkeit und die Sekundäreffekte von Ereig-nissen an die Hand, beispielsweise durch Gefah-ren- und Risikokarten (Möller et al. 2001) sowie durch objektzentrierte Gutachten. Die sozialwissen-schaftliche Geographie hat zunächst ebenfalls das **Risikomanagement** im Visier und versucht einen Beitrag zur Verbesserung der Vorsorge zu leisten, beispielsweise durch die Lehren, die aus der Ex-Post-Analyse von Katastrophen gewonnen werden. Dies reicht von maßnahmenzentrierten Aussagen (z. B. Deichrückverlegungen, Kuhlicke und Drünk-ler 2005) über Verhaltensmaßnahmen im Katastro-phenfall (Pfeil 2000), Regeln beim Wiederaufbau (Geipel et al. 1988) bis hin zu Entwicklungskon-zepten (Possekel 1999). Naturgemäß fungiert auch die Regionalforschung als Anwendungsfeld der an-wendungsorientierten Geographie. Dies kann zum einen mehr die planerische Dimension sein (Dobler

4.5 Jüngere Entwicklungen

Schon die Einleitung dieses Kapitels sollte verdeut-lichen, dass die Perspektive und die Einordnung der Hazardforschung auch dem Zeitgeist unterliegt. Bis vor relativ kurzer Zeit wurden die Naturrisiken in ein dem Grunde nach optimistisches teleologi-sches Entwicklungsschema eingeordnet. Demzufol-ge waren die Menschen früher – in „primitiveren Kulturstufen" – bzw. heute noch in bislang unter-entwickelten Gebieten der „Dritten Welt" mit ihrer Subsistenzwirtschaft den örtlichen Naturgefahren hilflos ausgesetzt. Aber es wurde auch das Bild ver-mittelt, dass mit zunehmender Entwicklung (Mo-dernisierung) den Risiken wirkungsvoller begegnet werden könne. Mit den technischen Möglichkeiten sah man die Chance, der Naturgefahren Herr zu werden und auch Zivilisationsschäden überkom-pensieren zu können.

Gerne auch akzeptierten Geographen sehr ver-kürzte Schlussfolgerungen im Bezug auf Natur-risiken, beispielsweise wenn man (lokalen) Ge-sellschaften unangepasstes Verhalten nachweisen konnte, wie z. B. Überweidung oder unbedachtes Abholzen von Regenwäldern. Dies passt einfach zu gut zum latent stets vorhandenen Geodetermi-nismus des Fachs Geographie, als dass man nicht darauf zurückgreifen würde. Strukturelle Ursachen jenseits des unmittelbaren „Mensch-Umwelt-Schemas" wurden gerne ausgeblendet. Beispiele dafür sind: soziokulturelle Hintergründe wie die *zero tolerance policy* gegenüber den – wie man heute weiß – feuerökologisch wertvollen kleinen Waldbränden in Kalifornien, historisch-politische Gründe, wie das aus britischen Kolonialzeiten stammende Bewässerungssystem in Indien, das die heutigen Dürrekrisen mit verursacht hat oder wirtschaftliche Gründe, wie die Kanalisierung des Rheins zu einer gigantischen Industriegasse, mit entsprechenden Schäden bei Hochwassern.

Je stärker allerdings der Fortschrittsglaube der westlichen Rationalität infrage gestellt wurde, umso stärker wuchsen auch die **Vorbehalte gegenüber technischen Lösungen**. Dieser Vorbehalt hat vor allem drei Beweggründe:

Der erste hat mit der zunehmenden Sensibilität für die Rückwirkungen von Eingriffen in das ökologische Gleichgewicht zu tun. Die neomalthusianische Debatte um die „Grenzen des Wachstums" sensibilisierte dafür, dass die Natur nicht länger der schier übermächtige Gegenspieler des Menschen ist, mit dem man in einer Art Kampf um Ressourcen ringt und bei dem die Natur mit roher Gewalt (mit Erschütterungen, pyroklastischen Strömen, Wassermassen oder allzu lange andauerndem strahlend blauem Himmel), der Mensch aber wie David mit der Steinschleuder mit begrenzten technischen Hilfsmitteln kämpft. Vielmehr hat sich das Bewusstsein durchgesetzt, dass es oft unvorhergesehene Nebenwirkungen und zeitverzögerte Rückwirkungen gibt und die Natur keineswegs so robust ist, wie man lange annahm.

Der zweite rührt aus dem Umstand, dass Lösungen für die Reduktion von Naturrisiken oft von außen kommen. Klassische Probleme sind Nahrungsmittelsoforthilfen bei Naturkatastrophen, die vorhandene Strukturen wie die des Nahrungsmittelanbaus oder des Handels stören oder gar zerstören. Aber auch unangepasste technische Vorsorgemaßnahmen, wie Staudämme und komplizierte Bewässerungssysteme, fallen in diese Kategorie. Diese oft nur vermeintliche Hilfe von außen gibt es aber nicht nur in „Ländern des Südens", sondern auch hierzulande, wenn etwa die Schaffung von Retentionsräumen und Poldern als Fremdbestimmung aufgefasst wird.

Der dritte Beweggrund besteht in der Erkenntnis, dass der Einsatz technischer Mittel begrenzt ist. Zum einen weil er Ressourcen bindet, d.h. Geld kostet, das für andere Zwecke nicht mehr zur Verfügung steht, zum anderen weil er entsprechende Organisations- und Verhaltensformen erfordert. Der Hurrikan Katrina hat für die Begrenztheit der Möglichkeiten auch im Land der unbegrenzten Möglichkeiten den Beweis geliefert.

Mit dem Tsunami im Indischen Ozean wurde schließlich auch auf dem Hazardfeld, jenseits des Standardthemas der globalen Klimaerwärmung, eine neue Form von Globalisierung sichtbar. Der Tsunami kann als die größte Katastrophe für Deutschland seit dem Ende des Zweiten Weltkriegs angesehen werden, wenn man die Zahl der toten deutschen Staatsangehörigen – in den asiatischen Touristenressorts – als Maßstab verwendet. So wurde der Tsunami zum doppelten Beleg der Globalisierung: Naturrisiken passieren nicht nur im Iran oder im Golf von Mexiko und bleiben dort, sondern haben Fernwirkungen (z. B. auf die Energieversorgung hierzulande) und Naturrisiken können sich, fast ebenso schnell wie für Finanzmärkte relevante Informationen, auf dem Globus ausbreiten und den modernen mobilen Menschen überall erreichen.

Burton et al. haben – wohl nicht ohne Bedenken – einer Neuauflage ihres Standardwerks aus den 70er-Jahren, das den seinerzeitigen *state of the art* darstellte, zugestimmt (*The Environment as Hazard*, Burton et al. 1993, erstmals 1978). Sie haben dieser Neuauflage aus den 1990er-Jahren ein weiteres Kapitel hinzugefügt, das den Wandel der Hazardforschung in der Zwischenzeit treffend zusammenfasst. Darin wird klar gemacht, dass die Hazardforschung sich von der Fixierung auf die plötzlich auftretenden Urgewalten entfernt hat und zwei Aspekte stärker in den Vordergrund gerückt sind: Zum einen betrachtet man vermehrt die defizitären Strukturen der Gesellschaft selbst, die Vulnerabilität der Menschen und der betroffenen Gesellschaft sowie sonstige prekäre Verhältnisse, die von *bad governance* über Mangel an technischen Hilfsmitteln bis zu gesellschaftlicher Anomie reichen. Hochwasser, Hangrutschungen oder Dürre, aber auch (die Folgen von) Erdbeben und Tsunamis werden in ihren Wirkungen zu einem großen Teil von Menschen gemacht angesehen. Zum anderen wird der gesamtökologische Kontext, der im Leitbild der *sustainable development* in den 1990er-Jahren seinen Ausdruck gefunden hat, in den Vordergrund gerückt. Ähnlich wie die Friedens- und Konfliktforschung sich von der Perspektive des „Schweigens der Waffen" hin zu langfristigen Aspekten wie „struktureller Gewalt" und „Ungleichheit" orientiert hat, so nahm auch die Hazardforschung immer mehr Abstand von der *spotlight*-Perspektive. Sie **orientierte sich zunehmend an strukturellen Fragen wie** Verwundbarkeit und Resilienz oder allgemeiner: Sie untersuchte die Herstellung von Naturrisiken. Politisch fand diese

Umorientierung Ausdruck in dem zum geflügelten Wort gewordenen Slogan des UN-Generalsekretärs Kofi Annan, es sei notwendig eine *culture of prevention* zu entwickeln.

Durch die Ereignisse vom 11. September 2001 hat sich die Perspektive aber auf ungeahnte Weise wieder stärker auf die Dichotomie von Gefahr einerseits und Sicherheit andererseits verlagert. „Unwetter, Erdbeben, Tornados und Terroristen" sind die Gefahren, vor denen man sich hüten soll, welche nun alle in die Kategorien „Bedrohung" und „Notwehr" gepackt werden, und für die in den USA das *Department for Homeland Security* (www.ready. gov/) und in Deutschland u. a. das Bundesamt für Bevölkerungs- und Katastrophenschutz (www.bbk. bund.de) zuständig sind. In welchem Maße dies auch die geographische Hazardforschung berührt, ist noch nicht endgültig geklärt, einige Überlegungen dazu folgen im abschließenden Abschnitt.

4.6 Stellenwert der Hazardforschung im Fach Geographie

Die Hazardforschung steht mit ihrer Verankerung im Mensch-Umwelt-Paradigma in einer alten Tradition der Geographie (Pohl 1998). Ausgangspunkt für ihr Thema war die Beobachtung und die Beschreibung der Versuche des Menschen, der Natur etwas zu entreißen, sich Ressourcen zu sichern bzw. von dem Überfluss, der in der Natur herrscht, etwas für sich abzuzweigen. Die Hazardforschung speist sich darüber hinaus aus einem Überbauphänomen der Geographie, nämlich aus dem dialektischen Verhältnis von **Geodeterminismus** und **Possibilismus**. Auf der einen Seite gibt es das geodeterministische Moment: Die Natur schlägt zu und zwingt den Menschen unter ihr Joch. Auf der anderen steht das possibilistische Moment: Der Mensch versucht die Natur zu überlisten, ihr etwas abzutrotzen. Der Ausgang des Ringens ist strukturell ungewiss. Die Hazardforschung ist somit auf der einen Seite sehr archaisch, auf der anderen Seite aber auch durchaus modern. Erst die Möglichkeiten der modernen Zivilisation, die Werkzeuge des Menschen, die hohe Arbeitsteilung u. a. m. machen es möglich, der Natur sehr viel mehr abzutrotzen. Genau aus diesem Grund sind allerdings die Folgen, falls doch mal was passiert, umso schwerwiegender. Die Hazardforschung bringt also das Kunststück fertig, zutiefst im geographischen Mensch-Umwelt-

Paradigma verankert, und gleichzeitig eine aktuelle, planungsrelevante Wissenschaft zu sein.

Die scheinbar sichere doppelte Verankerung birgt aber ihrerseits Risiken. Die einst übermächtige Natur ist heute mehr oder weniger die geschundene Kreatur und die wirklichen Probleme stecken eher im Risiko, das die menschlichen Werkzeuge beinhalten – auch im Bereich der vermeintlichen Naturrisiken. Das reicht von den technischen Eingriffen in die Natur über die Organisation der Rettungsmaßnahmen nach der Katastrophe bis hin zur Verwendung der Natur als Waffe.

Die Hazardforschung berücksichtigt im Prinzip die Faktoren Mensch und Technik. So wird oft gebetsmühlenartig dargelegt, dass z. B. ein Lawinenabgang in Nordalaska nur ein Naturereignis, ein Lawinenabgang im Stubaital aber eine menschliche und wirtschaftliche Katastrophe sei. Im Prinzip erkennt man also den Unterschied zwischen Naturereignis und Verletzbarkeit (der Gesellschaft) sehr wohl. Solange man mehr oder weniger physikalische Prozesse betrachtet, die sich zu einem Zeitpunkt an einem bestimmten Ort oder Bereich ereignen, kann man von einem *natural hazard* sprechen, was aber nichts über den *impact* sagt. **Sobald man die Wirkung auf den Menschen einbezieht, muss man sich aber auf die gesellschaftlich hergestellte Realität einlassen.** Die Perspektive des klassischen Hazardforschers, dass ein Ereignis in der Natur eine anthropogene Komponente beinhaltet, da es Schäden, Furcht usw. verursacht, muss dann verlassen werden. Vor allem ist ein Hazardereignis etwas, das die Gesellschaft heftig erschüttert, die Normalität unterbricht oder gar zerstört. Ein Erdbeben liegt damit aus der gesellschaftlichen Perspektive auf der gleichen Linie wie ein Kernkraftunfall oder eine terroristische Attacke. Will man sich ernsthaft mit Risiken der Natur beschäftigen, so muss also der Akzent mehr auf „Risiko" gelegt werden. Genauso wie es in der Untersuchung von Esskultur oder Wohnkultur in erster Linie um Kultur und nicht um das „Essen" oder „Wohnen" geht, muss in der Naturrisikoforschung oder Technikrisikoforschung vorrangig das Risiko im Vordergrund stehen. Die Natur oder Technik kommt als spezifizierendes Moment nur noch dazu. Das Teilsystem Natur ist für das autonome – oder in der Terminologie der Systemtheorie autopoietische – soziale System nur ein „irritierender Faktor". Aus dessen Binnenperspektive ist das Naturereignis ein externes Ereignis, das die gewohnten Routinen wie auch die Weiterentwicklung der Gesellschaft zwar beeinflusst, aber aufs Ganze gesehen nicht in kausaler Art und Weise, sondern nur durch spezifische Wahrnehmungen und Bewertungen innerhalb der Gesellschaft.

Zusammenfassung

Naturgefahren sind in der Geschichte des Menschen allgegenwärtig. Die Wissenschaft, welche sich vorrangig mit diesem Thema beschäftigt, entstand in der ersten Hälfte des 20. Jahrhunderts. Ihr Gründervater, Gilbert White, trug maßgeblich zur Entwicklung dieser modernen Hazardforschung bei. Die ursprünglich technische Ausrichtung wandelte sich im Laufe der Zeit hin zu eher sozialwissenschaftlichen Orientierungen, die punktuelle Grundlagenforschung wurde durch Untersuchungen des Verhältnisses von Naturgewalt zu Zivilisation und Gesellschaft ergänzt. Auf Basis dreier grundlegender geographischer Paradigmen – Humanökologie, Mensch-Umwelt-Paradigma und Länderkunde – entwickelten sich die für die verschiedenen Bereiche der Hazardforschung charakteristischen Fragestellungen. Bei deren Beantwortung werden u. a. Ansätze aus der Mikroökonomie, dem Behaviourismus und der Wahrnehmungsgeographie genutzt; *Adjustment*, *Adaptations* und Entscheidungsverhalten stellen hierbei zentrale Konzepte dar, um die Widersprüchlichkeiten von natürlichen Ökosystemen und Landnutzung zu beschreiben.

Schlüsselsätze
- Die beschriebene Arbeitsweise bedingt enge Verbindungen zu Nachbardisziplinen wie Sozial- und Naturwissenschaften und dem Ingenieurwesen. Innerhalb der deutschsprachigen Hazardforschung lassen sich drei Bereiche unterscheiden: sozialgeographische Hazardforschung, physisch-geographische Naturgefahrenforschung und anwendungsorientiertes Naturrisikomanagement.
- Der momentane Wandel des Bereichs ist darin begründet, dass gesamtökologische Perspektiven und globale Betrachtungsweisen wie z. B. die Konzepte der Vulnerabilität und der Resilienz den ursprünglichen Machbarkeitsglauben ersetzen. Trotz dieser Entwicklungen bleibt die Hazardforschung tief im kulturökologischen Paradigma der Geographie verankert, während sie gleichzeitig eine aktuelle, planungsrelevante Wissenschaft darstellt.

Literatur

4

Bendix J (1997) Natürliche und anthropogene Einflüsse auf den Hochwasserabfluss des Rheins. *Erdkunde* 51(4): 292–308

Blaikie P, Cannon T, Davis I, Wisner B (2004) At Risk. Natural Hazards, People's Vulnerability and Disasters. 2. Aufl. Routledge, London

Burton I, Kates RW, White GF (1993, erstmals 1978 erschienen) The environment as hazard. 2. Aufl. Guilford Press, New York

Caviedes CN (1992) Naturkatastrophenforschung in Nordamerika. *Geographische Rundschau* 44(6): 380–386

Damm B (2002) Hangrutschungen im Mittelgebirgsraum – Verdrängte „Naturgefahr"? *Standort – Zeitschrift für Angewandte Geographie* 24(4): 27–34

Dewey J (1938) Logic: The theory of inquiry. Holt, Rinehart and Winston, New York

Dikau R, Glade T (2002) Gefahren und Risiken durch Massenbewegungen. *Geographische Rundschau* 54(1): 38–45

Dobler R (1980) Regionale Entwicklungschancen nach einer Katastrophe. Münchener Geographische Hefte 45. Verlag Michael Laßleben, Kallmünz

Felgentreff C (2000) Impact of the 1997 Odra flood on flood protection in Brandenburg (FRG): The dyke broke, but the local people's trust in technical solutions remained unbroken. In: Bronstert, A et al. (Hrsg) European Advances in Flood Research – Proceedings (PIK-Report 65). Potsdam Institute for Climate Impact Research, Potsdam. 614–627

Fischer-Kowalski M, Weisz H (1999) Society as a Hybrid between Material and Symbolic Realms. Towards a Theoretical Framework of Society-Nature Interaction. *Advances in Human Ecology* 8: 215–251

Fuchs S, Bründl M, Stötter J (2004) Development of avalanche risk between 1950 and 2000 in the Municipality of Davos, Switzerland. *Natural Hazards Earth Syst. Sci.* 4: 263–275

Geipel R (1977) Sozialgeographische Aspekte einer Erdbebenkatastrophe. Münchener Geographische Hefte 40. Verlag Michael Laßleben, Kallmünz

Geipel R (1981) Mount St. Helens. *Geographische Rundschau* 33(6): 222–233

Geipel R (1992) Naturrisiken. Katastrophenbewältigung im sozialen Umfeld. Wissenschaftliche Buchgesellschaft, Darmstadt

Geipel R, Pohl J, Stagl R (1988) Chancen, Probleme und Konsequenzen des Wiederaufbaus nach einer Katastrophe. Münchener Geographische Hefte 59. Verlag Michael Laßleben, Kallmünz.

Hidajat R (2002) Risikowahrnehmung und Katastrophenvorbeugung am Merapi-Vulkan (Indonesien). *Geographische Rundschau* 54(1): 24–29

Kates RW (1976) Experiencing the Environment as Hazard. In: Wapner S, Cohen B, Kaplan B (Hrsg) Experiencing the Environment. Plenum Press, New York, London. 133–156

Kelletat D, Schellmann G (2001) Sedimentologische und geomorphologische Belege starker Tsunami-Ereignisse jung-historischer Zeitstellung im Westen und Südosten Zyperns. *Essener Geographische Arbeiten* 32: 1–74

Kuhlicke C, Drünkler D (2005) Wenn Deiche weichen – umsiedeln? Warum Umsiedlungen in Deutschland kaum möglich sind. *Gaia* 14(4): 307–313

Loda M (1990) Erdbeben, Wiederaufbau und industrielle Entwicklung im Friaul. Münchener Geographische Hefte 56. Verlag Michael Laßleben, Kallmünz

Mensching H (1980) Desertifikation – ein komplexes Phänomen der Degradierung und Zerstörung des Marginaltropischen Ökosystems in der Sahelzone Afrikas. *Geomethodica* 5: 17–41

Meusburger P, Schwan T (Hrsg) (2003) Humanökologie. Ansätze zu einer Überwindung der Natur-Kultur-Dichothomie. Erdkundliches Wissen 135. Steiner Verlag, Stuttgart

Mileti D (1999) Disasters by Design. A Reassessment of Natural Hazards in the United States. The Joseph Henry Press, Washington DC

Möller R, Glade T, Dikau R (2001) Determing and applying soil-mechanical response units in regional landslide hazard assessments. *Zeitschrift für Geomorphologie*. Supplementband 125: 139–151

Pfeil J (2000) Maßnahmen des Katastrophenschutzes und Reaktionen der Bürger in Hochwassergebieten am Beispiel von Bonn und Köln. Deutsches Komitee für Katastrophenvorsorge e.V. (DKKV), Bonn

Pieper H (1978) Mit der Sintflut fing alles an. Katastrophen von der Antike bis zur Neuzeit und was die Menschen aus ihnen lernten. *ZS-Magazin* 5: 26–31

Pohl J (1998) Die Wahrnehmung von Naturrisiken in der Risikogesellschaft. In: Heinritz G, Wiessner R, Winiger M (Hrsg) Nachhaltigkeit als Leitbild der Umwelt- und Raumentwicklung in Europa. 51. Deutscher Geographentag Bonn 1997. Steiner Verlag, Stuttgart. 153–163

Pohl J (2002) Hochwasser und Hochwassermanagement am Rhein. *Geographische Rundschau* 54(1): 30–36

Pohl J (2003) Risikomanagement in Stromtälern. In: Karl H, Pohl J (Hrsg) Raumorientiertes Risikomanagement in Technik und Umwelt. Katastrophenvorsorge durch Raumplanung. Forschungs- und Sitzungsberichte der Akademie für Raumforschung und Landesplanung 220. Verlag der ARL, Hannover. 196–218

Possekel AK (1997) Die andere Seite des Paradieses. Naturkatastrophen in der Karibik. In: Geographische Rundschau 49(11): 656–661

Possekel AK (1999) Living with the Unexpected. Linking Disaster Recovery to Sustainable Development. Springer, New York

Schmidt-Wulffen W (1982) Katastrophen: Natur- und Sozialkatastrophen. In: Jander L, Schramke W, Wenzel H-J (Hrsg) Metzler-Handbuch für den Geographieunterricht. Ein Leitfaden für Praxis und Ausbildung. Metzler, Stuttgart. 137–143

Steuer M (1979) Wahrnehmung und Bewertung von Naturrisiken am Beispiel zweier ausgewählter Gemeindefraktionen im Friaul. Münchener Geographische Hefte 43. Verlag Michael Laßleben, Kallmünz.

Verfondern M (1982) Muß Passau mit dem Hochwasser leben? *Der Erdkundeunterricht* 22: 47–60.

Weichselgartner J (2002) Naturgefahren als soziale Konstruktion. Eine geographische Beobachtung der gesellschaftlichen Auseinandersetzung mit Naturrisiken. Dissertation Universität Bonn. Shaker-Verlag, Aachen

Willms J (2005) Chirac als Kassandra. Der französische Präsident wusste es schon 1954. „Der Standort von New Orleans eignet sich nicht für eine Stadt". *Süddeutsche Zeitung* Nr. 210 (12.09.2005)

Wittfogel KA (1957) Oriental Despotism. A Comparative Study of Total Power. Yale University Press, New Haven, Connecticut

White GF (1945) Human adjustment to floods. A geographical approach to the flood problem in the United States. Department of Geography Research Paper No 29. The University of Chicago Press, Chicago

White GF (1964) Choice of Adjustments to Floods. Department of Geography Research Paper No 93. The University of Chicago Press, Chicago

White GF (1974) Natural hazards – local, national, global. Oxford University Press, New York

White GF, Haas JE (1975) Assessment of research on natural hazards. The MIT Press, Cambridge

Internetadressen

http://www.colorado.edu/hazards/ – das *National Hazards Center* der Universität von Colorado in Boulder

http://www.ready.gov/ – eine Kampagne des U.S. *Department of Homeland Security* (Washington, DC)

http://www.bbk.bund.de – die Seite des Bundesamts für Bevölkerungsschutz und Katastrophenhilfe (Bonn)

5 Zur Entstehung der soziologischen Katastrophenforschung – eine wissenshistorische und -soziologische Reflexion

Wolf R. Dombrowsky

Deutungsmuster • *disaster reduction* • *disaster research* • Falsifikation • Geographie • Hazardforschung • IDNDR • Katastrophenbegriff • Katastrophenforschung • Katastrophenschutzgesetzgebung • Kulturkatastrophen • Nachhaltigkeit • Paradigmenwechsel • Prävention • Scheitern • Soziologie • Stoffwechsel • Vorbeugung • Wissenschaftsgeschichte

Ganz im Gegensatz zum häufig bevorzugten Geschichtsmodell als Abfolge großer Taten, wagemutiger Entdeckungen und genialer Erfindungen ebenso attribuierter Männer soll anhand der Entstehung der Katastrophenforschung ein Verlauf skizziert werden, der den tatsächlichen Bedingungen intellektueller wie wissenschaftlicher Entwicklung näher kommt. Ohne die individuellen Leistungen zu schmälern, soll gezeigt werden, dass es zu solchen Leistungen nur kommen kann, wenn es ihrer bedarf und zudem ein soziales Klima vorherrscht, in dem dieser Bedarf drängend, die Lösungsangebote angemessen und akzeptabel erscheinen und alle Beteiligten zu deren Anwendung bereit sind. Dies gilt in besonderem Maße für den Umgang mit Risiko. Wenn im Scheiternsfall hoher Schaden droht, erscheint Wagemut eher als Waghalsigkeit, sofern nicht davon überzeugt werden kann, dass die Chancen lohnen und die Risiken wohl bedacht wurden. Große Taten, Entdeckungen und Erfindungen kommen gar nicht erst zustande, wenn es eines solchen interaktiven sozialen Wirkgrunds ermangelt. Die Entstehung der Katastrophenforschung belegt diese Interdependenz trefflich: Je größer die Notlage, desto drängender bedarf es Lösungen, desto offener ist Gesellschaft auch für grundlegende Innovationen – und manchmal auch für besonders radikale Veränderungen. Desto höher ist auch der Anreiz, innovativ und gründlich nachzudenken, was im Nachhinein als Stunde genialer Erfinder erscheint; tatsächlich aber setzte sich aus der Menge aller Lösungen nur eine durch, ohne dass deswegen alle anderen als wirkungslos verschwanden. Die Geschichte der Katastrophenforschung ist in diesem Sinne Abfolge von Erklärungs- und Lösungsangeboten, von denen sich einige als durchsetzungsfähiger erweisen als andere.

5

5.1 Die Anfänge der US-amerikanischen Katastrophenforschung

In der nordamerikanischen Katastrophensoziologie gilt die Analyse der Explosion des Munitionsfrachters „Mont Blanc" am 06.12.1917 in der Hafenausfahrt von Halifax durch Samuel Henry Prince (1920) seit Jahrzehnten als ihr Beginn (Chapman 1962, S. 4; Anderson 1978, S. 20; Mileti 1999, S. 20). Mit Norbert Elias (1983, S. 188) könnte man diese Zurechnung jedoch auch für einen „Entstehungsmythos" halten, der sich in dieser Eindeutigkeit gar nicht bestätigen lässt. Nicht nur andere Fachdisziplinen kommen zu anderen Anfängen, sondern auch einige Vertreter der Katastrophensoziologie selbst. Jay Bonansinga (2004) zeigte am Beispiel des in Vergessenheit geratenen Untergangs der „Eastland" am 24.07.1915 im Chicago River, dass es auch schon vor der „Mont Blanc" Schiffsunglücke gab, die systematisch untersucht wurden und zu weitreichenden Konsequenzen führten. Bruce B. Clary (1985, S. 20) und Cary C. Buford (1949) wiesen am Beispiel der Feuersbrunst von Portsmouth, New Hampshire, im Jahr 1803 und anhand zahlreicher Eisenbahnunglücke während der 1880er-Jahre im Mittelwesten der USA nach, dass diese Ereignisse letztlich die US-amerikanische **Katastrophenschutzgesetzgebung** begründeten. Insbesondere die Verwaltungswissenschaften widmeten sich diesem Zusammenhang und belegten, dass Staat und Politik zumeist erst reagieren, wenn besondere öffentliche Besorgnisse erregt werden (Godschalk et al. 1999). So wurde die einschlägige Gesetzgebung immer dann erweitert und fortentwickelt, wenn die öffentliche Sicherheit und Ordnung und die Existenz größerer Populationen gefährdet erschienen. Neben Bränden und Unfällen bewirkten dies vor allem Gefährdungen der Ernährungslage (Sivakumar et al. 2005) durch die schweren Dürren während der 1930er-Jahre (*The Great Dust Bowl* – Bonnifield 1978, Egan und Lawlor 2006) und die dadurch ausgelösten massiven Folgen des sozialen Wandels (Singleton 2000).

Andere halten den Zweiten Weltkrieg für die Entstehungsgrundlage der Katastrophensoziologie und die *U.S. Strategic Bombing Surveys* (1944–1947) für die wissenschaftliche Urschrift. Ab 1944 untersuchten mehr als 1 000 Experten aus Wissenschaft, privatem und öffentlichem Sektor, Militär und Nachrichtendiensten die gesellschaftliche Verfasstheit der Kriegsgegner und ihrer Verbündeten, um deren Potenziale, Schlagkraft, Durchhaltefähigkeit und Verletzbarkeit in Erfahrung zu bringen, lange bevor Termini wie *Vulnerability* oder *Resilience* Mode wurden. Ein Kernbereich im *Survey Europe* untersuchte erstmals auf breiter empirischer Grundlage die Bedingungen für sozialen Zusammenhalt und normative Bindekraft, um die Wirkung von Massenbombardements beurteilen zu können.

Aber auch innenpolitisch lässt sich die Bedeutung des Zweiten Weltkriegs für die Entstehung der Katastrophenforschung heranziehen: Um die kriegsbedingten „Ausdünnungs- und Mangellagen" zu mildern, riefen die *Federal Housing Administration* (FHA) und die *Veterans Administration* (VA) Unterstützungsprogramme für junge Familien sowie Kreditprogramme zur Existenzgründung (insbesondere im ländlichen Raum – *urban sprawl*), zur Stadterneuerung (*Urban Renewal Program* einschließlich *Slum Clearance*) und zur Verkehrsinfrastrukturentwicklung (*Interstate Highway System*) ins Leben. Allerdings bewirkten diese Programme schwerwiegende Folgeprobleme. Immer mehr Unerfahrene und Ungebildete erschlossen, bebauten und bewirtschafteten dafür immer weniger geeignete Gebiete, sodass sich Umfang und Häufigkeit von Katastrophen sprunghaft erhöhten (Platt 1999, S. 11). Der Kongress reagierte darauf mit weiteren, spezifischen Hilfsprogrammen und einschlägigen Gesetzen, allen voran dem *Disaster Relief Act* von 1950. Initiator dieser Gesetzgebung war der Abgeordnete Harold Hagen aus Minnesota, dessen Wählerschaft durch Überflutungen des Red River in ihrer wirtschaftlichen Existenz gefährdet war (Platt 1999, S. 12). Hagen konnte nicht nur auf die Gesetzgebungsgeschichte seit 1803 und die Erfahrungen der „Dust Bowl"-Krise zurückgreifen, sondern auch auf die Erkenntnisse und mehr noch die Fachpersonale der *Strategic Bombing Surveys*. Tatsächlich bildeten Wissenschaftler der *Surveys* die Kristallisationskerne der akademischen Katastrophenforschung. Der *Brain Pool* des interdisziplinären Forschungsprojekts betrieb sehr erfolgreich in Eigeninitiative, was dem ähnlich organisierten, interdisziplinären *Manhattan-Project* nur mit massiver politischer Unterstützung durch das Programm *Atoms for Peace* (Eisenhower 1953) gelungen war: die Transformation in den Frieden.

Es verwundert daher nicht, wenn ein wesentlicher Strang der Entstehungsgeschichte der Katastrophenforschung diese Netzwerke und die Gründung von Instituten und „Schulen" zum Ausgangspunkt nimmt (Smith und Smith 2000). Charles E. Fritz, Vertreter der *Chicago School of Sociology*, gehörte dem *Survey-Europe* an, ebenso der Ökonom John Kenneth Galbraith und Paul H. Nitze, später Lei-

Kasten 5.1

Das *Disaster Research Center* als Sprössling des Kalten Kriegs

Tatsächlich lässt sich die Entstehung der akademischen Katastrophenforschung in den USA nicht ohne kriegsbedingte Netzwerke erklären: Nach dem Ende der Kriegsfronten in Europa und im Pazifik fanden sich, lange vor Kennedy's „*New Frontier Policy*", „*post war recovery*"-Fronten in der Heimat und alsbald auch die Konfrontation des Kalten Kriegs. Henry L. Quarantelli, neben Russell R. Dynes und Eugene Haas, Mitbegründer des *Disaster Research Centers* (DRC) an der Ohio State University, Columbus, Ohio, resümierte: »*the establishment of DRC in 1963 owes as much if not more so to major cold war happenings such as the Soviet blockade of Berlin and the Cuban missile crisis, than it does to the initial research proposal written by the three faculty members at Ohio State University (OSU), that eventually led to the formation of the Center*« (Quarantelli 2005, S. 3).

ter der Politikplanung im US-Außenministerium (1950–1953) und Marineminister. Das 1952 vom *National Research Council* der *National Academy of Sciences* gegründete *Committee on Disaster Studies*, dem Fritz als Gründungsmitglied angehörte, erfreute sich hoher offizieller Unterstützung: Im Inneren bedurfte es der „*Survey*-Kompetenzen", um die Folgen des Kriegs und fehlverlaufende *Recovery*-Programme zu überwinden, und im Äußeren bedurfte es unverdächtiger Experten für Wirtschaftshilfe- und Entwicklungsprogramme. Gilbert F. White, ebenfalls Absolvent der University of Chicago, passte perfekt in diese Auslandshilfe-Programme des Außenministeriums. Er verfügte als ehemaliger Mitarbeiter der *New Deal*-Verwaltung von Präsident Franklin Roosevelt über Verwaltungserfahrung und er hatte im Zweiten Weltkrieg mit dem *American Friends Committee* (AFSC) in Frankreich Hilfseinsätze geleitet und dem Militär als *Conscientious objector* gedient, bis er 1943 in Deutschland interniert wurde. Die Pioniere der Katastrophenforschung entstammten somit im weitesten Sinne dem „*Intelligence*"-Bereich, die meisten hatten unmittelbare Kriegserfahrung (Lewis Killian, Enrico L. Quarantelli, Fred Bates, Harry Williams) und sie kannten sich entweder durch ihre akademische Entwicklung oder ihre gemeinsame Verwendung während des Kriegs.

Das größte nationale Katastrophen-Forschungsprogramm, das NORC-Projekt, verdankte sich dieser spezifischen Nachkriegskonstellation: Unter Leitung von Charles E. Fritz führte das *National Opinion Research Center* (NORC) der University of Chicago zwischen 1950 und 1954 Hunderte von kommunalen Feldstudien in ganz USA durch, um die Gefährdungen durch und die Auswirkungen von friedenszeitlichen Katastrophen zu analysieren und zu vergleichen (Fritz und Marks 1954). Nicht zuletzt wegen dieses bis heute unübertroffenen Fundus vergleichender und vergleichbarer Studien gilt vielen das NORC-Projekt als der eigentliche Anfang der US-amerikanischen Katastrophenforschung.

So unterschiedlich und widerstreitend die Ansprüche auf „Erstgeburtsrechte" auch begründet werden mögen, so unbestritten gelten die USA als „Geburtsort" der Katastrophenforschung. Gleichwohl konkurriert eine Art „europäische Perspektive" um beide Ansprüche, die sogar innerhalb der neueren wissenschaftstheoretischen Diskussion in den USA an Zustimmung gewinnt (Dynes 1997, 2000, Zebrowski 1997). Der als **Erdbeben von Lissabon** überlieferte **Tsunami**, der am 1. November 1775 Portugal heimsuchte, lässt sich durchaus als der am besten geeignete „Anfang" aller Katastrophenforschung interpretieren. Angemessen erschiene dieser Gegenentwurf zu den amerikanischen Anfangsmythen deswegen, weil die zeitgenössische Kontroverse zwischen religiöser Offenbarungslehre und Aufklärung (Kendrick 1957, Weinrich 1971), wie sie der Erste Minister des portugiesischen Königs, Maquis de Pombal, auslöste (Dombrowsky 2005), der modernen, wissenschaftlichen Weltauffassung im Allgemeinen und der Katastrophenforschung im Besonderen erstmals den Weg bahnte. Der Paradigmenwechsel von 1775 war eine so erschütternde weltanschauliche Revolution, dass bis heute intellektuelle Nachbeben und „konterrevolutionäre" Gegenwehr (Kuhn 1976) stattfinden. Lowell Juilliard Carr wurde als Theoretiker bis 1981 (Dombrowsky 1981) nicht rezipiert; die Dekade der Vereinten Nationen zur Reduktion von Naturkatastrophen (sic!) (IDNDR) brauchte mehr als zehn Jahre, bis im Abschlussprotokoll von Yokohama 1994 der Paradigmenwechsel von 1775 nachvollzogen und Katastrophen als Ergebnis von menschlicher Fehlanpassung, falscher Ressourcennutzung, Armut und Ungerechtigkeit und nicht länger als Wirkakte der Natur am Menschen verstanden wurden (Dombrowsky 2001). Gleichwohl wird noch immer und immer wieder

5

vor den Paradigmenwechsel von 1775 zurückgefallen und alle wissenschaftstheoretische Erkenntnis ignoriert – nicht nur in der angelsächsisch dominierten Katastrophenforschung, sondern auch in der europäischen. Dies stellt jedoch nicht mehr die Frage nach dem Anfang spezifischer Reflexion, sondern nach den Bedingungen des Reflektierens selbst, vor allem nach seinen fesselnden oder befreienden gesellschaftlichen Reflexionsmöglichkeiten.

5.2 Der Anfang in Deutschland

Nach dem Zweiten Weltkrieg wurde die **Katastrophenforschung** als akademisch etablierte Fachdisziplin in alle Welt exportiert, zu einem Großteil auch von vielen Ländern begierig importiert. Letzteres gilt vor allem für Japan, Singapur und Hongkong, Australien und Neuseeland sowie die meisten Länder Mittel- und Südamerikas. Unter den dort obwaltenden naturräumlichen Bedingungen und den vorherrschenden **Denkgewohnheiten** verbanden sich Häufigkeit und Schwere von „Natur"katastrophen umstandslos mit *natural hazard*-Ansätzen der nordamerikanischen Katastrophenforschung. Dies gilt in gewisser Weise auch für eine Reihe europäischer Staaten, insbesondere des Mittelmeer- und Alpenraums. Frankreich und Deutschland hingegen fallen, wenn auch aus sehr unterschiedlichen Gründen, aus dieser Kolonialisierung heraus, ebenso natürlich alle unter sowjetischem Einfluss stehenden Länder (Porfiriev 1998).

    Während in **Frankreich** versucht wurde, sich dem übermächtigen Einfluss der amerikanischen Welt- und Lebensauffassung zu entziehen und wissenschaftlich an die eigenen Vorkriegstraditionen anzuknüpfen (Erbès 1991), fand sich in **Westdeutschland** eher eine Überidentifizierung mit der Siegermacht USA (während spiegelbildlich in der DDR das neue Siegen von der Sowjetunion gelernt wurde). Die Geschwister Entnazifizierung und Überidentifizierung waren vom Wunsch getrieben, so schnell wie möglich alle Kulturbestände hinter sich lassen zu können, die im Dritten Reich okkupiert und missbraucht worden waren. Anders als in Frankreich orientierte sich der gesamte Wissenschaftsbereich an den USA, was bis zur Studentenbewegung in besonderem Maße für die Geisteswissenschaften galt. Vollkommen ausnehmen muss man davon jedoch die Katastrophenforschung; ihre Existenz wurde in der Bundesrepublik gar nicht

wahrgenommen – und zwar nicht deswegen, weil Westdeutschland gegenüber anderen Weltregionen geographisch und klimatisch weit weniger gefährdet ist und kaum von „Katastrophen" heimgesucht wird, sondern weil der **Katastrophenbegriff** grundlegend anders konnotiert war (Dombrowsky 1989, S. 36–40, 126) und weil die in allen anderen Ländern übliche Verbindung von Katastrophen- und Zivilschutz in Deutschland zu einem politischen und ideologischen Tabu geworden war: Unter dem Damoklesschwert des Kalten Kriegs und einer permanenten Bedrohtheitsstimmung – vom Koreakrieg über die Kuba- und Berlinkrise bis zum „Fulda Gap" und der völligen nuklearen Annihilation galt das Nachdenken über Katastrophenschutz den einen ausschließlich als neuerliche Kriegsvorbereitung an der Heimatfront und den anderen zur Begründung für Westintegration und Wiederbewaffnung (Dombrowsky 1995).

    Dies änderte sich erst mit der Sturmflut 1962. Erstmals in der Geschichte der Bundesrepublik trat eine **nationale Notlage** aus einem anderen Reflexionswinkel ins Bewusstsein der Öffentlichkeit. Zwar hatte auch schon die Überschwemmungskatastrophe in den Niederlanden 1953 (Rodewald 1954) große Betroffenheit ausgelöst und grenzüberschreitende Hilfe bewirkt, doch war dies vornehmlich zum Argument jener geworden, die den zivilen Bevölkerungsschutz und das Technische Hilfswerk wieder errichten wollten. Knapp zehn Jahre später hieß die Bevölkerung die Bundeswehr im Katastrophengebiet willkommen, begann sich „Katastrophenschutz" aus seiner ideologischen Vereinnahmung durch Krieg und Zivilschutz langsam zu lösen.

    Zeitgleich war 1962 eine hochbrisante Denkschrift der „**Schutzkommission** beim Bundesminister des Innern" erschienen: „Zivil-Bevölkerungsschutz heute". Ihr lagen bis dahin verschlossene Einsichten in die militärischen Atomkriegsplanungen und die kerntechnischen Erkenntnisse der USA zugrunde und sie offenbarte, dass weder dem Schutz der Bevölkerung Rechnung getragen worden war, noch den Einflüssen menschlichen Verhaltens generell. Dies deckte sich mit den Erfahrungen aus der Sturmflut, sodass es ratsam erschien, die Kommission um entsprechende Fachkompetenz zu erweitern. Allerdings dauerte es, nicht zuletzt wegen der innenpolitischen Kontroversen um eine mögliche Atombewaffnung und die Notstandgesetzgebung, bis 1970 die Schutzkommission um den Ausschuss „Psychobiologie" erweitert wurde.

    In den Ausschuss wurden der Psychiater Hanns Hippius, der Verhaltensforscher Detlev Ploog und

1971 der Soziologe Lars Clausen berufen; Ziel des Ausschusses sollte die wissenschaftliche Klärung menschlichen Verhaltens unter extremen Belastungsbedingungen sein, auch das Verhalten vor, während und nach Katastrophen. Anders als in den USA findet sich somit für die Bundesrepublik Deutschland ein eindeutig fixierbares Datum. Mit der Vergabe des Forschungsauftrags „Soziales Verhalten unter Katastrophenbedingungen" an Lars Clausen im April 1972 nahm die akademische Katastrophenforschung in Deutschland ihren Anfang. Durchgeführt wurde das Projekt von Wieland Jäger (1977) und Paul Conlon (1978), die die amerikanische Katastrophenforschung gleichermaßen harsch als funktionalistisch und systemerhaltend kritisierten, wodurch nicht nur eine differenzierte Rezeption im Keim erstickt, sondern, weit folgenschwerer, die Chance vertan worden ist, die thematische Unbesetztheit der ersten Stunde für zukünftige Weichenstellungen zu nutzen. Tatsächlich bot das Gremium „Schutzkommission" besser als vergleichbare Wissenschafts- und Beratungsgremien diese Chance durch ihre interdisziplinäre Zusammensetzung, durch die Verbindung von Wissenschaft, Politik und Administration und eine sehr freie, selbstbestimmte Arbeitsweise, durch die es möglich gewesen wäre, die vielfältigen Erfahrungen anderer Erfahrungswelten und anderer Länder, vor allem der multidisziplinären Katastrophenforschung der USA, frühzeitig fruchtbar zu machen.

Natürlich sind die Gründe vielfältiger als sie in der Fokussierung auf die unmittelbare Initialphase durch die Schutzkommission zum Ausdruck kommen. Ob und welche Prägechancen dem Anfang tatsächlich innewohnten, ist zudem eher retrospektive Vermutung, die sich zuvörderst auf allgemeine Lebenserfahrung stützt und danach erst auf die Tatsache, dass es einige Jahre dauerte, bis die Verschüttungen und Verärgerungen anfänglicher ideologischer Vereinseitigung und Außerachtlassung von Empirie überwunden waren und eine Internationalisierung auf wissenschaftlichem Stand beginnen konnte (Clausen und Dombrowsky 1983).

Der Weg von der Gründung hin zur internationalen Etablierung offenbart allerdings, dass der Katastrophenforschung national eine ganz einseitige Nachfrage zugrunde lag. Dem Ausschuss „Psychobiologie" der Schutzkommission gelang es nicht, aus den solitären Disziplinen ihrer Mitglieder ein inter- und transdisziplinäres Interessenfeld gemeinsamer **Grundlagen- und angewandter Forschung** zu schmieden. Hinter den scheinbar beziehungslosen Ereignissen, einer Sturmflut und einer Denkschrift, wurde ganz offensichtlich nicht die Nachfragesitu-

ation erkannt, die zur Gründung des neuen Ausschusses bewogen hatte: Auf dem Weg intensiven Mühens, sich der Erbschaften des Dritten Reichs zu entledigen, hatte man den Kopf verloren. Dies war, sehr verfremdet formuliert, die Lehre, die die Führungseliten in Politik, Militär und Wirtschaft aus dem Eisberg zogen, dessen zwei Spitzen seit 1962 immer dramatischer herausragten.

Unter den Ereignisspitzen erkannte man eklatante Mängel in allen Belangen des „menschlichen Faktors", vor allem von Führung, Disziplin und Verlässlichkeit. Innenpolitisch hatten „neue soziale Bewegungen" den Konsens des Wiederaufbaus zersprengt. Unversöhnlich und bedrohlich standen sich auch politische Positionen gegenüber, die nicht nur die beginnende Studentenbewegung, die Ostermarschbewegung und die Wiederbewaffnungsgegner markierten, sondern auch Gewerkschaften und Kirchen. In der Bevölkerung wuchs die Beunruhigung durch die erste Nachkriegsrezession, aber mehr noch durch eine zunehmend bewusstere militärische Bedrohung. Mit der „antiautoritären Erziehung" wurde eine Werte- und Normenkrise thematisiert, die sich vom Konflikt der Generationen zu einem Herrschaftskonflikt aufschaukelte, wie er in den Notstandsgesetzen zutage trat. Außenpolitisch zeigten sich weit beunruhigendere Auflösungserscheinungen: Die Suezkrise markierte das Ende des britischen Empire und des französischen Kolonialismus, die Debakel von Indochina und Vietnam folgten – kurz: Die so fest gefügten Nachkriegsverhältnisse gerieten in Bewegung, ohne dass die Entscheidungsträger über Kenntnisse verfügten, wie sich die Bevölkerungen verhalten würden, wie man sie lenken und wer auf welche Weise Führung übernehmen und darin Anerkennung finden könnte.

Die Hoffnung, durch die systematische Erforschung des **Verhaltens bei Katastrophen** auf verhaltensbeeinflussende Maßnahmen für anders geartete Extremsituationen rückschließen zu können, stellte die eigentliche Nachfragesituation im Gefolge der Hamburger Sturmflut dar. Es ging nicht um die Begründung einer deutschen Katastrophenforschung, sondern eher um den Versuch, eine Miniaturvariante der *Strategic Bombing Surveys* für den deutschen Zivilschutz ins Leben zu rufen. Da sich die einen nicht klar zu fragen trauten, was sie eigentlich wissen wollten, und die anderen Antworten gaben, die so gar nicht zu gebrauchen waren, lässt sich die Geschichte des Ausschusses „Psychobiologie" auch als Langer Marsch der Frustrationen interpretieren. Der Marsch der universitären Institutionalisierung repräsentiert hingegen eher ein weiteres Exempel Kuhn'scher „Normalwissenschaft", in der zu Wissenschaft erst wird, wenn die etablierten Statthalter es nicht länger verhindern können.

Ganz anders in den USA; dort war, ebenfalls vom Staat, eine Expertise zur Lösung drängender Probleme organisiert und genutzt worden, hatten sich danach Teile dieses Anwendungswissens professionalisiert und akademisiert und war daraus eine Katastrophenforschung erwachsen, die bereits in den 1960er-Jahren disziplinär wie interdisziplinär, national wie international vertreten und akzeptiert wurde (Quarantelli 1960). Die historische Vernetzung von Personen und Funktionen hatte in „*Disaster Research*" Soziologie, Geographie, Psychologie, Psychiatrie, Medizin und Ingenieurwissenschaften zusammengebracht, was sich auch daran zeigte, dass die Thematik seit den 1970er-Jahren nicht nur innerhalb der verschiedenen *Research Committees* (*Collective Behavior, Community, Social Change, Urbanization*) der *International Sociological Association* einen respektierten Platz einnahm und die Querverbindungen auch nicht abrissen, nachdem sich 1986 ein *Research Committee* (RC39) „*Disaster Sociology*" etablierte. In der Bundesrepublik Deutschland dagegen scheiterten vergleichbare Versuche. Weder gelang es, die soziologische Katastrophenforschung über *ad-hoc*-Gruppen im Rahmen der Deutschen Soziologentage (ab Bremen 1980) zu positionieren, noch konnte ein entsprechendes Studienfach etabliert werden. Die Katastrophenforschung stieß, von wenigen Ausnahmen abgesehen, im Fach auf keinerlei Interesse – selbst dann nicht, als zum 21. und 23. Soziologentag erstmals Vertreter anderer Wissenschaften und aus der Wirtschaft Vorträge hielten oder als zum 26. Soziologentag in Düsseldorf Henry Quarantelli, Joe Scanlon (Kanada) und Claude Gilbert (Frankreich) die internationale Bedeutung von Katastrophenforschung repräsentierten. Gleichwohl existierte Katastrophenforschung im Fächer übergreifenden Sinne von „*Disaster Research*" innerhalb sehr verschiedener Disziplinen und Institutionen. So wurde, um nur wenige prominente Vertreter der 1980er-Jahre herauszugreifen, an der Gesamthochschule Wuppertal technische Sicherheitsforschung betrieben, an der Universität Bremen Belastungsforschung, an der TU Hamburg-Harburg arbeitswissenschaftliche Sicherheitsforschung, vom TÜV Rheinland Risiko- und Sicherheitsforschung, an der Universität München sozialgeographische Erdbebenforschung, an der Medizinischen Hochschule Lübeck Einsatzforschung im Rettungsdienst, von der Universität Kiel Vulkanologie, Küstenzonenmanagement und Hochwasserschutz und von den Versicherungskonzernen Gerling und Münchener Rück Risikomanagement. Zu keiner Zeit jedoch fand sich ein Interesse, die gemeinsamen Schnittmengen zu bündeln und daraus eine systemische Katastrophenforschung entstehen zu lassen. Der Sache nach wäre sie seit langem notwendig, doch zeigt die raue Wirklichkeit, dass die wissenschaftliche und institutionelle Konkurrenz um Forschungsmittel und um disziplinäre Bedeutung wichtiger sind.

Ein Wahrnehmungsumschlag fand erst durch Ulrich Becks **Risikogesellschaft** (1986) statt, ein *mind catcher*, der sowohl massenmediale wie massenhafte Aufmerksamkeit auf die Themen „Risiko" und „Katastrophe" lenkte. Ohne in Risiko- oder gar Katastrophenforschung auf wissenschaftlichem Stand zu sein (Dombrowsky 1994), lieferte Beck für die Problemlagen der Zeit eine perfekte Überschrift (Esser 1987, Wagner 1988). Sie fasste eine neue gesellschaftliche Unbehaglichkeit mit einem Begriff, der zitabel war und Wissenschaftlichkeit verlieh. Insofern fungierte „Risikogesellschaft" als Begriffs- und Bannungszauber, hinter dem sich das Beunruhigende massiv veränderter Umwelt- und Ressourcenbedingungen, der heraufziehenden „Klimakatastrophe" und einschneidende Scheiternsfälle wie Seveso (1976), Three Mile Island (1979), Bhopal (1984) und Tschernobyl (1986) ebenso verbergen ließ, wie eine verängstigende Kontroverse mit den ärmsten und armen Ländern der Welt über *Terms of Trade*, Migration, Ungleichheit und Umverteilung.

In diesen Kontexten gewann die sozialwissenschaftliche Katastrophenforschung zunehmend an Bedeutung; sie rechtfertigte sogar den Begriff „Neuanfang". Ins Zentrum aller Reflexion rückte der „menschliche Faktor". **Risiko** wurde zur variablen Größe aus Wahrnehmungen und Bewertungen, die in Akzeptanz oder Aversion münden können, mithin Gegenstand von Risikokommunikation, um „*stakeholder*" zu einem gemeinsamen Risikomanagement zu bringen, bei dem nunmehr Risikovorsorge und Schadensvermeidung sowie Instrumente und Techniken im Vordergrund stehen, durch die **Verletzlichkeit** (*vulnerability*) gesenkt und **Widerstandkraft** (*resilience*) gestärkt werden können. Folgerichtig gewinnen auch vorausschauende Kapazitäten in Form von Gefährdungsanalysen, Frühwarnung und schneller Intervention (*Task Forces*) an Bedeutung, nicht nur in den ehemals klassischen Feldern von Katastrophen- und humanitärer Hilfe, sondern auch von Entwicklungspolitik, wirtschaftlicher Zusammenarbeit, Armutsbekämpfung und Sicherheitspolitik (Dams 2001, Plate et al. 2001).

Insbesondere die Sicherheitspolitik gewinnt angesichts schwindender Ressourcen (vor allem Wasser, Energie und Ackerboden), wachsendem Bevölkerungsdruck, moralisch nicht mehr zu rechtfertigender Armut und Ungleichheit (Ziegler 2005, Miegel 2005) und einem globalen Verfall rechtsstaatlich bezähmter Gewaltverwendung (Hoffmann-Riem 2006) eine neue, globale Qualität: Die nachindustrielle Moderne ist strukturell auf **Funktionssicherheit** weit über rein technische Ausfallssicherheit hinaus angewiesen. Die Austauschsysteme für Waren, Dienste, Information und Kapital sind selbst prozessierendes Wissen in technisch-organisatorischer Formgebung (z. B. als Software und Datenbanksysteme für intermodale Logistik, Prozesssteuerung und Produktion). Die Asymmetrie physischer, insbesondere waffentechnischer Gewalt (Münkler 2006) ist inzwischen auch diesem Wissen und seinen Anwendungen inhärent, sodass die Steuerung und Kontrolle globaler Prozesse einen hohen Aufwand erfordert, um Funktionssicherheit zu erhalten, aber nur minimale Interventionen, um sie stören oder sogar zerstören zu können (Castells 2004, Beniger 1986). Die Moderne wird sukzessive ein Integral aus vorbeugender Störungsvermeidung in sämtlichen Zusammenhängen menschlicher Reproduktion auf der Basis globaler Stofffluss- und Lebenszyklusanalysen aller Reproduktionsprozesse. Katastrophenforschung gewinnt innerhalb dieses Integrals eine zentrale Funktion, weil exakt diese vorausschauende Steuerungsplanung seit dem Wiederaufbau Lissabons durch Pombal die eigentliche Zielstellung war: **Aus Scheitern so zu lernen, dass es zukünftig vermieden werden kann.**

5.3 Von Katastrophen-forschung zu *Eco-Development*

Der Schutzkommission fehlte die visionäre Kraft, um aus der anfänglichen Nachfrage nach Lösungsintegration eine national integrierte Katastrophenforschung werden zu lassen; das deutsche Wissenschaftssystem vermochte dies trotz vielfältiger partialer katastrophenforscherischer Ansätze wegen seiner vormodernen Strukturen und Eitelkeiten ebenso wenig. Erst die Vereinten Nationen formten aufgrund ihres globalen Überblicks und eines immer deutlicheren Nachfragesogs ein Gesamtprojekt: **IDNDR**. Die „Internationale Dekade zur Reduzierung von Naturkatastrophen" integrierte jedoch nicht auf tatsächlicher Problemhöhe und möglicher Lösungskompetenz, sondern lediglich auf politisch kompromissfähiger Verhandlungshöhe und finan-

ziell durchsetzbarem Lösungsangebot. Tatsächlich war die IDNDR der inhaltliche Ausweg aus einer politisch festgefahrenen Konfliktlage. Die grundlegenden Entwicklungsprobleme der Länder des Südens, die Wachstums- und Verbrauchsprobleme der Industriestaaten des Nordens und der damit einhergehende Prozess der **Umweltzerstörung** wurden bereits 1972 von den Vereinten Nationen im Zuge der *UN-Conference on Human Environment* in Stockholm aufgegriffen und als gemeinsame globale Aufgabe zukünftiger politischer Veränderung formuliert. Im gleichen Jahr wurde das *United Nations Environmental Programme* (UNEP) ins Leben gerufen, das „Nachhaltigkeit" konzeptionell zu fassen suchte: Man strebte eine globale ökologische Entwicklung, ein *Eco-Development*, mit dem Ziel an, alle regionalspezifischen Potenziale so zu nutzen, dass sowohl die ökologischen Systeme erhalten als auch die Grundbedürfnisse aller Menschen befriedigt werden könnten.

Der politischen Brisanz eines solchen globalen Entwicklungsziels war man sich von Anbeginn bewusst. Allerdings verschärften sich im Zuge weiterer Debatten die Positionen. Dabei wurde die Frage, ob die Grundbedürfnisse aller Menschen erfüllt werden können, ohne die „äußeren Grenzen" zu überschreiten (Harborth 1991, S. 28), sofort als Ressourcen- und Verteilungsproblematik erkannt. Die entsprechend handfesten Positionen fanden sich in der „Erklärung von Cocoyok", die dann von einer von UNEP und UNCTAD (*United Nations Conference on Trade and Development*) gemeinsam veranstalteten Tagung in Mexiko 1974 formuliert wurden und die die reichen Industrieländer als „fehl- bzw. überentwickelt" bezeichneten. Die „Habenichtse" forderten die Industrieländer folgerichtig auf, ihren „Überkonsum" einzustellen und einen Lebensstil „einschließlich bescheidener Konsumstrukturen" zu bewirken, der „für das globale ökologische Gleichgewicht" nicht länger schädlich sei.

Die Industrieländer verwahrten sich gegen die Formulierungen, mehr noch gegen die Forderungen nach einer neuen internationalen Wirtschaftsordnung, nach gerechten *Terms of Trade* und einem Mitspracherecht bei der Festlegung von Minimum- und Maximumstandards des Konsums (*floors and ceilings of consumption*). Erst der 1987 von der Weltkommission für Umwelt und Entwicklung vorgelegte, auf Konsens angelegte Report „*Our Common Future*" (**Brundtland-Bericht**) eröffnete durch neue Formulierungen, neue Begrifflichkeiten und neue Zielprojektionen den Weg zurück an den Verhandlungstisch. Ins Zentrum rückte „nachhaltige Entwicklung" als ein Prozess, »... *dessen Ziel* *darin besteht, die Ausbeutung der Ressourcen, den Investitionsfluss, die Ausrichtung der technologischen Entwicklung und die institutionellen Veränderungen mit künftigen und gegenwärtigen Bedürfnissen in Einklang zu bringen«* (Hauff 1987, S. 10).

Ausdrücklich wurde **nachhaltige Entwicklung** nicht nur auf den Erhalt einer intakten Umwelt bezogen, sondern auch auf die generelle Sicherung der Lebensgrundlagen aller Menschen, womit die Stabilisierung der wirtschaftlichen, sozialen, politischen und kulturellen Entwicklung gleichermaßen gemeint war. Instabilität, so die Weltkommission, führe zu Desintegration und darüber zu weiterer Destabilisierung. Folglich schaffe erst die Stabilisierung und Integration der Teilbereiche Umwelt, Wirtschaft, Technik und Gesellschaft die Voraussetzungen für eine „nachhaltige Entwicklung" und für die Möglichkeit, „wirtschaftliche, gesellschaftliche und Umweltkatastrophen abwenden" zu können (Hauff 1987, S. 92). Damit waren erstmals Nachhaltigkeit, Stabilisierung und die Abwendung von Katastrophen (*disaster reduction*) in einen entwicklungspolitischen Zusammenhang gebracht worden.

Die dann weltweit beachtete „Konferenz über Umwelt und Entwicklung der Vereinten Nationen" (UNCED) 1992 in Rio de Janeiro war maßgeblich durch das 1991 auf dem *The Hague Symposium* in Den Haag verabschiedete Leitkonzept „*The Hague Report: Sustainable Development: From Concept to Action*" vorbereitet worden. Die darin formulierten „umsetzungsfähigen Handlungsanleitungen" hatten bereits das Wiederauftauchen der bekannten Globalplanung angekündigt, aber aufgrund der umweltpolitischen und humanitären Akzentuierung klug kaschiert.

Die Rolle und die Bedeutung der **IDNDR** als Scharnier- und Testfunktion wird in dieser überaus komplexen und schwierigen Übergangsphase in die Welt des 21. Jahrhunderts sichtbar. Die IDNDR rückte die Katastrophenproblematik in der Verkleidung zur „Natur"katastrophe in den Mittelpunkt, weil dies das tradierte Selbstverständnis der reichen Länder als Geberländer und Förderer einer zurückgebliebenen „Dritten Welt" unangetastet ließ und zugleich einen „Gegner" konstituierte, der gleichermaßen aller Feind ist: Katastrophe. Daran lässt sich unbeschadet aller Verteilungs-, Ressourcen- und entwicklungspolitischer Probleme arbeiten, sogar zusammenarbeiten. Der List Gewinn erwuchs dem daraus folgenden **Lernprozess**, der die naive Sicht von „Natur"katastrophe in ein aufgeklärtes Bewusstsein über die Bedingungen transformierte, durch die Stoffwechsel- und Interaktionsprozesse in Katastrophen münden. Dieser Transformationsprozess

führte zwar die wirkmächtigeren Themen wie Weltwirtschaftsordnung, Schuldenproblematik, Wachstum und Ressourcenverteilung durch die Hintertür wieder ein, milderte sie aber angesichts eines neuen Bewusstseins von der Interdependenz einer zusammenwachsenden Welt und ihrer zugehörigen Stabilitätserfordernisse. Der Nachhaltigkeitsgesichtspunkt rückte dabei den Aspekt der ökologischen Modernisierung in den Mittelpunkt, während das Ziel der **Katastrophenvorbeugung** bewusst die humanitären Aspekte von Entwicklungspolitik ganz im tradierten Sinne der Geberländer betonte, sodass die Aspekte der Umsetzung, insbesondere als präventive Planung, Maßnahmenkontrolle, gemeinsame Ressourcenbewirtschaftung und politische Gesellschaftssteuerung nicht ins Auge stachen. Im Kern aber formulierten die Handlungsanleitungen des Haager Reports bereits die Grundzüge einer neuen politischen und ökonomischen Weltordnung, die in letzter Konsequenz sowohl die Nationalstaaten traditioneller Prägung als auch die nationalstaatlich begrenzten Volkswirtschaften nachrangig und eine globale Planung mit Verbrauchs- und Verteilungssteuerung vorrangig werden. Eine solche Entwicklungsperspektive, so utopisch (oder dystopisch) sie anmuten mag, löst extreme Befürchtungen aus. Aus Sicht der Katastrophenforschung führt daran jedoch kein Weg vorbei: Schadensvermeidung ist unlösbar mit der Entscheidung verbunden, welche Risiken eingegangen, welche **Schutzziele** verfolgt und nach welchen Gesichtspunkten die dafür erforderlichen Ressourcen verteilt werden sollen. Nur wenn man all dies nicht rational zu klären und zu entscheiden wagt, muss man auf den Eintritt von Schäden warten und von ihnen beantworten lassen, wozu Mut und Durchsetzungsvermögen fehlen.

5.4 Anfang versus Entstehung

Norbert Elias hatte sich über das menschliche Bedürfnis nach einem absoluten Anfang lustig gemacht, aber zugleich anerkannt, dass „anfangsloses Geschehen" die meisten Menschen emotional wie intellektuell überfordern. Dennoch ist „Anfangslosigkeit" das Wesen von Entstehungsprozessen. Die Ereignisschar aller Geschehnisse oszilliert um ihre Durchschnitte – so zumindest könnte man historische Verteilungen interpretieren, wie sie Bruce B. Clary (1985) für Brände, Cary C. Buford (1949) für Eisenbahnunglücke oder Adam Groves (2006) für Bergwerkunfälle untersucht haben. Immer handelte es sich um spezifische Ereignisklassen, die als solche wahrgenommen und behandelt wurden und die innerhalb gewisser Verteilungen von **Häufigkeit** und **Schwere** als „normal" erscheinen. Noch immer ist dabei die Frage nicht ganz geklärt, unter welchen Bedingungen diese Verteilungen nicht mehr als normal erscheinen und nicht mehr hingenommen werden (Birkland 2002). Historisch besehen lässt sich durchaus belegen, dass sämtliche Schadensereignisse mit den Mitteln und Verfahren ihrer Zeit „systematisch" untersucht wurden, um sowohl zukünftiges Scheitern als auch Rache und Vergeltung vermeiden zu können (Kelsen 1982, Topitsch 1958, Dewey 1998). Auch wenn vormoderne Systematiken nicht der des abendländischen Wissenschaftsmodells entsprechen, war und ist dennoch allen die praktische Absicht gemein, durch gezielte Maßnahmen versöhnend zu wirken. Die Beteiligten sollten entweder dazu gebracht werden, die alte Verteilung von Häufigkeit und Schwere neuerlich als normal zu akzeptieren, oder einer als „anders" zugesagten Verteilung Vertrauen zu schenken. Im ersten Fall wird das Schadensereignis als so unerwartet und außergewöhnlich dargestellt, dass die „normale" Verteilung unberührt bleiben kann; im zweiten Fall wird durch symbolische Akte und/oder reale Konsequenzen, wie Lars Clausen (1983, S. 56f.) formulierte, „Frieden gestiftet". Beide Strategien finden sich bis heute, wie Jeremiah Hensley (2006) und Marvin Olasky (2006) am Wirbelsturm Katrina nachwiesen.

Ganz offensichtlich bedarf es zu allen Zeiten und in allen Sozialformationen einer spezifischen Abweichung von der als normal angesehenen Verteilung schädigender Ereignisse, um dieses „Normalmaß" spontan oder dauerhaft zu kündigen. Derartige Momente erscheinen als markante Zäsuren, manchmal sogar als Wendemarken, wie beispielsweise der Untergang der Titanic am 15.04.1912 oder die Explosion der Hindenburg in Lakehurst am 06.05.1937, die den Geschehensfluss – und mit ihm dessen Verteilung von Ereignissen – durch ein widerspenstiges „so darf es nicht weitergehen" unterbrechen. Die Datierung dieser Unterbrechung setzt ein „Vorher" und „Nachher" und damit einen für die Nachwelt evidenten „Anfang". In diesem Sinne lässt sich der Feuersturm von Portsmouth von 1803 als „Anfang"-setzende Zäsur interpretieren: Dieser eine (aber nicht einzige) Feuersturm fiel als singuläres Ereignis aus der Verteilung aller Brände eines Betrachtungszeitraums so stark heraus, dass er nicht mehr Brand unter Bränden war und Brände nicht länger als „normal" hingenommen wurden.

Die Bevölkerung von Portsmouth und ganz New Hampshire weigerte sich, die bisherige Häufigkeit und Schwere von Bränden länger hinzunehmen. Erst unter dieser „Kündigungsbedingung" ergab sich ein so starker Lösungs- und Veränderungsdruck, dass nicht mehr „wie gehabt" weitergemacht werden konnte. Der politische Friedensschluss von 1803 bestand folglich in der Verabschiedung einer Gesetzgebung mit einschneidenden Konsequenzen.

Ganz gleichartige Prozesse fanden sich auch in Deutschland: Pulverexplosion von Oppau 1921, Zechenunglück auf „Minister Stein" 1925, Chemnitzer Eisenbahnunglück 1925, Gasexplosion Hamburg-Wilhelmsburg 1928 – ihnen allen waren Tausende von kleineren Ereignissen vorausgegangen. Die zunehmende Häufigkeit und Schwere von gewerblichen und industriellen Unfällen führte insgesamt zu kollektiven Reaktionen – auch zu sanitätsdienstlichen Selbsthilfeorganisationen der Arbeiterschaft (Arbeiter-Samariterbund) und nachdrücklichen Forderungen nach einer Arbeits- und Unfallschutzgesetzgebung. Und zusammen mit wachsendem öffentlichem Druck führte die zunehmende Häufigkeit und Schwere von Kesselexplosionen, Bergbau- und Eisenbahnunglücken zur Einrichtung der staatlichen Gewerbeaufsicht, zu Verfahren der Materialprüfung und Normung und zu technischen Prüfvereinen, aus denen später der TÜV hervorging (Krankenhagen und Laube 1983).

Gleichwohl muss gefragt werden, warum die öffentliche Betroffenheit und Erregung 1803 in New Hampshire nicht auf den Bundesstaat begrenzt blieb, sondern zu einer **nationalen Gesetzgebung** und dieser legislative Friedensschluss statt zu einem „*Firefighting*"- zu einem „*Disaster*"-Act führte. Ein Blick in die historische Forschungslage bringt einer Antwort näher: So lange singuläre Ereignisse unter lokalen Blickwinkeln von interessierten Einzelpersonen dargestellt werden, ergibt sich kein Blick auf Verteilungen. Dies gilt auch für die Pionierarbeiten von Samuel Henry Prince (1920), Pitirim Sorokin (1942) oder Daniel Defoe (1722), die sowohl analytisch wie methodisch weit über Chroniken oder Historiographien ihrer Zeit hinausgingen. Im Alltag jedoch führten vor den koordinierten empirischen Projekten der *Strategic Bombing Surveys* und NORC ausschließlich „unwissenschaftliche" Untersuchungen, wie sie Polizei, Ingenieure, Rechtsanwälte und Unfallkommissionen überall im Land vornahmen, zu verallgemeinerungsfähigen Lage- und Stimmungsbildern. Neben Zeitungsberichten und Zeitschriften erfuhr die Bevölkerung über Jahrbücher und Kalender sowie über populäre Medien, insbesondere Postkarten, Sammelbilder und seit etwa

5

1905 durch „*documentaries*" in Kinos („Nickelodeon") etwas über erschütternde, „überdurchschnittliche" Ereignisse und konnte sich so eine Vorstellung von einer „normalen" Verteilung machen. Trotzdem führt weder eine individuelle noch eine kollektiv geteilte Hinnehmbarkeit von bestimmten Gefährdungen wie Bränden, Zug- oder Bergwerksunglücken zu einer neuen, abstrakten Kategorie. Bis zum ersten *Disaster act* wurden vielmehr alle Ereignisse kategorial isoliert betrachtet und vergleichend kumuliert: So erzählte man sich vom „New Madrid"-Erdbeben von 1811, das schlimmer war als das von 1812, aber nicht halb so schlimm wie das „Charleston"-Erdbeben von 1886, während die „Johnstown"-Flut von 1889 unter allen Überflutungen bis heute als die schlimmste der amerikanischen Geschichte angesehen wird (McGough 2002, McCullough 1968).

Der Sprung von nebeneinander stehenden Begriffsklassen hin zu einer gemeinsamen Abstraktionsklasse hängt somit nicht vom Maß der Abweichung von der durchschnittlichen Verteilung ab, sondern vielmehr von der wechselseitigen Durchdringung der verschiedenen Verteilungen zu einer neuen, gemeinsamen Qualität. Zugunglücke erschienen „normal", vor allem bei dem rasanten Wachstum des Streckennetzes. Als Furcht einflößend aber erschien, dass durch das gleiche Wachstum immer mehr Fabriken und Häuser in den Funkenflug der Lokomotiven gerieten, sich Schiene und Straßen kreuzten und Güter transportiert wurden, die die brennbaren und explosiven Inventare vergrößerten. Die begriffliche Abstraktion *disaster* bildete somit eine neue gesellschaftliche Qualität, eine Veränderung und Umverteilung von Gefährdung, auf die auf entsprechend „abstrakterem" Niveau, also national statt bundesstaatlich, mit entsprechend verallgemeinerten Maßnahmen und neuen operativen und technischen Möglichkeiten reagiert werden musste. Von daher führt auch Clary in die Irre, wenn er den Anfang der amerikanischen Katastrophenschutzgesetzgebung auf die Feuersbrunst von Portsmouth zurückführt; Portsmouth war vielmehr nur der berühmte Tropfen, der das Fass zum Überlaufen brachte, der emotionale Kristallisationskern, der als politischer Auslöser fungierte und der Nachwelt ein plausibles Datum hinterließ.

Aus dieser Perspektive lässt sich durchaus eine Entstehungsgeschichte der Katastrophenforschung herleiten, jedoch kein Anfang. Die Katastrophenforschung ist das Ergebnis einer **neuen gesellschaftlichen Gefährdungsqualität**, die sich aus dem Zusammenwachsen spezifischer Einzelgefährdungen ergeben hat. Dem liegt die These zugrunde, dass soziale Realitäten erst dann Gegenstand systematischer Reflexion, auch und erst recht von wissenschaftlicher Reflexion werden, wenn sie vor ungelöste Probleme stellen, die grundlegend neue Lösung erheischen. In diesem Sinne bekümmerte sich Prince nicht um „Katastrophe", sondern um *social change*. Sozialer Wandel galt seiner Zeit als „das" gesellschaftliche Problem, ihn untersuchte er am Beispiel einer markanten exogenen, sozialen Wandel extrem beschleunigenden Einwirkung (Scanlon 1997). Er zog damit alten Wein (*social change*) auf einen neuen Schlauch (Explosionskatastrophe), während der Stadtbrand in Portsmouth, New Hampshire, in der konkreten Analyse weit über die kategoriale Singularität „Brand" hinaus auf eine sich rasant verändernde Wirklichkeit hinwies, auf die anders als nur mit Feuerschutz reagiert werden musste. Bevölkerungswachstum und Urbanisierung verdichteten Menschen, Material und Energie derart, dass neben der Problemlage „Brand" weitere Problemlagen entstanden waren, die einen breiten, politisch wirksamen Lösungsdruck erzeugten. Der amerikanische Kongress hätte auf die Feuersbrunst von Portsmouth nicht mit einer Bundesgesetzgebung reagiert, wäre dieser Brand wirklich singulär gewesen.

Auf gleiche Weise war auch das schlimmste Erdbeben der USA, San Francisco 1906, aus katastrophensoziologischer Sicht kein Erdbeben, sondern jene neue Qualität verdichteter, integrierter Gefährdungen, die einer neuen, **abstrakteren Begrifflichkeit** bedurften. Ob allerdings der historisch vollkommen bedeutungskontaminierte Begriff „Katastrophe" für diese neue Begrifflichkeit taugt (Dombrowsky 1989, 1998), ist zunehmend umstritten (Quarantelli 1998, Perry und Quarantelli 2005). Tatsächlich brannte San Francisco nieder (Fradkin 2005, Morris 1906), als Folge falscher Bauweise, ungeeigneter Materialien und schwerer Mängel in der Gas-, Elektrizitäts- und Wasserversorgung (Palm und Hodgson 1992, Tobriner 2006, Kapitel 2) – allesamt zivilisatorische Summations- und Dominoeffekte, die heute wie neue Erkenntnisse gefeiert und modisch „**kritische Infrastruktur**" genannt werden, aber schon 1775 von Marquis de Pombal auf gleiche Weise formuliert worden waren. San Francisco 1906 war somit weder Erdbeben noch Brand, sondern etwas qualitativ Neues, ein systemischer Interaktionsschaden kultureller Artefakte und Verhaltensweisen.

Mit dieser Sichtweise, die Lars Clausen (1978, S. 133) darauf zuspitzte, dass es keine Natur-, sondern nur „**Kulturkatastrophen**" gebe, stand die Katastrophensoziologie lange Zeit allein. Ihre historische Schwester, die „Hazard"-Forschung, wehrt sich noch immer gegen ihren Nestor **Gilbert White**, der bereits 1942 mit seiner Doktorarbeit (publiziert 1945) den auf *natural hazards* beschränkten Blick der physischen Geographie grundlegend beendete und auf die **Beziehungen des Menschen mit der Natur** abhob. Seine Projektarbeit während und nach dem Zweiten Weltkrieg und seine Erfahrung aus der *Mississippi Valley Commission* hatten ihn schon früh gelehrt, dass die Geographie nicht die Natur zum Gegenstand hat, sondern die menschliche Interaktion mit dem, was Menschen für die Natur halten. Zwar ging er nie so weit wie Noel Castree und Bruce Braun (2001), die der **Geographie** die Natur grundsätzlich als originären Objektbereich absprachen, doch war ihm sehr früh bewusst, dass man die Blickrichtung ändern müsse: Nicht von *natural hazards* aus sei auf den Menschen zu blicken, sondern vom Menschen aus auf dessen Berücksichtigung der naturräumlichen Gegebenheiten.

Für die Entstehungsgeschichte der Katastrophenforschung ist aber letztlich diese Blickrichtung irrelevant, selbst wenn sie mit disziplinär einschneidenden **Paradigmenwechseln** verbunden ist. Von Bedeutung ist vielmehr die Frage, unter welchen Bedingungen aus nebeneinander stehenden Disziplinen, die sich mit ihren abgegrenzten Gegenstands- oder Objektbereichen befassen, neue integrierte Disziplinen werden, die sich einem gemeinsamen neuen, höher integrierten Objektbereich widmen. Dies wäre die angemessene institutionelle Antwort auf den Prozess der Realität, in dem aus singulären Schadensarten Wechselwirkungen höherer Ordnung wurden, die man „Katastrophen" nannte.

Aus dieser Perspektive erscheinen alle Ansätze, die heute noch „Katastrophen" als singuläres Phänomen fassen, als unterkomplex, vielfach sogar borniert. „Katrina" war kein Wirbelsturm, schon gar keiner, der New Orleans oder Beloxi zerstörte. Dass ein ganzer Kulturraum, um Carr (1932) zu paraphrasieren, den Herausforderungen der Natur nicht standhielt, war selbst wiederum Ergebnis einer rund 200-jährigen Kulturgeschichte menschlicher Wechselwirkungen mit naturräumlichen Gegebenheiten, die nur ein einziges Mal gegeben waren. Mit dem ersten gefällten Baum, dem ersten Drainagekanal, dem ersten Damm wurde eine Transformation in Gang gesetzt, die aus der naturräumlichen Gegebenheit eine kulturräumliche Wirkdynamik machte. Die Eindeichung des Mississippi ließ sein Flussbett immer höher und die Trockenlegung des Hinterlands die Senke der Stadt immer tiefer werden. Angesichts solcher **Interaktionseffekte** von der Abstraktionsklasse „Natur"katastrophe, gar von der Konkretionsklasse „Hurrikan" zu sprechen, zeigt, dass man weder die neue Problemqualität theore-

tisch zu fassen vermag, geschweige denn angemessene Lösungen herleiten kann (Monmonier 1997, Grossi und Kunreuther 2005).

Daraus ergibt sich umgekehrt die Frage, ob dazu die bestehende Katastrophenforschung in der Lage ist. Ob sie die bislang entstandenen und zukünftig entstehenden Problemlagen zutreffend zu erkennen und theoretisch angemessen abzubilden und sodann daraus wirksames Anwendungswissen, kurz: **erfolgreiche Lösungen,** herzuleiten vermag. Die Diskussionen innerhalb der Katastrophenforschung geben Grund zum Optimismus (Quarantelli 1998, Stallings 2002, Perry und Quarantelli 2005): Die im Fach erreichte Selbstreflexion zeigt, dass man sich der Anfänge und ihrer konzeptionellen Ausgangsbedingungen sehr bewusst ist, auch der Tatsache, dass die Katastrophenforschung als eine von vielen, auf vielfältige Weise gegebene Antwort ähnlich entstanden ist, wie das zu lösende Problem selbst – als kumulatives Verwachsen und Zusammenwirken anfänglich vereinzelter Einzelprobleme mit vereinzelten Einzellösungen, dann als Problemgeflecht mit generalisierter, systematisch organisierter Antwort.

Angesichts abermals zu neuer Qualität verdichteter Problemlagen (Blaikie et al. 1994) bedarf es folgerichtig auch neuer, entsprechend höher integrierter Bearbeitungskapazitäten und Lösungskonzepte (Smith und Smith 2000). Der ersten Abstraktionsstufe hin auf „Katastrophe" muss die nächste Abstraktion hin auf systemischen Stoffwechsel folgen (Burby 1998). Längst zeigen die empirischen Verteilungsmuster von Schäden und Risiken (Pelling 2003, Wisner 2003, Dilley et al. 2005), dass sich auch die „Organisation des wissenschaftlichen Blicks" neuerlich ändern muss. So wie die frühe Geographie die Welt danach beurteilte, ob sie für eine europäische Inbesitznahme geeignete Lebensbedingungen bot (Arnold 1999), so bildete die mit „Entwicklung" und Auslandskatastrophenhilfe befasste Katastrophenforschung einen ähnlich „postkolonialen" Blick aus, der Entwicklungschancen daran bemaß, wie bereitwillig westliche Standards übernommen wurden (Bankoff 2003). Inzwischen bedarf es eines Blicks, der von der **Angemessenheit menschlichen Naturgebrauchs** auszugehen hätte und die Menschheit als Risiko für die noch verbliebenen Ressourcen analysiert. Dazu bedürfte es eines globalen Forschungsprogramms „*Strategic Consumption Survey*", um „*floors and ceilings of nature's limits*" zu erkunden, und eines politischen Umsetzungsprogramms der Vereinten Nationen IDHDR (*International Decade for the Reduction of Human Disasters*). Das wäre dann nach der Entstehung der wirkliche Anfang.

5 | Zusammenfassung

Aus einer wissenschaftshistorischen und -soziologischen Perspektive lässt sich zeigen, dass die Katastrophenforschung nicht als fachspezifische Ausdifferenzierung entstand, sondern als ein verschränkter Integrationsprozess zwischen spezifischem Problemdruck und Lösungsbemühungen, der selbst wiederum einem realen Verdichtungsmuster folgte. Aus verschiedenen spezifischen Schäden wie Bränden, Kesselexplosionen oder Erdbeben wurden Gesamtschäden komplexer Wechselwirkungen, die einer allgemeineren Bezeichnung bedurften, und die sich auf umfassendere Zusammenhänge bis hin zu Gesetzgebungen und Maßnahmestrategien ausweiteten. Insofern repräsentiert die Bewegung von der Brandbekämpfung zum Katastrophenschutz und weiter zu globalen Strategien von Klimaschutz bis *Eco-Development* die generelle Tendenz zur theoretischen wie anwendungspraktischen Integration aller beteiligten Komponenten. „Scheitern", wie immer man es bezeichnet, ob Unfall, Unglück, Katastrophe oder Fehler, ist somit immer eine reale Falsifikation, die Aufschluss darüber vermittelt, warum das Intentierte nicht erreicht werden konnte.

Schlüsselsätze

- Katastrophenforschung ist der Versuch, mit wissenschaftlichen Methoden die Wirkgefüge aufzuklären, die zu systemarem Scheitern führen.
- Als „Katastrophen" werden die Ergebnisse systemaren Scheiterns bezeichnet, wobei sich dieses Scheitern als Schaden manifestiert, der die Bewältigungskapazität des Einzelnen in jedem Falle, größerer Kollektive sehr häufig und im Extremfall sogar ganzer Gesellschaften übersteigt.
- Die Etymologie von „Katastrophe" birgt Bedeutungsbeimischungen aus Mythologie, Religion und vormoderner Entwicklung, die zunehmend kontraproduktiv wirken. Versucht man, „Katastrophe" ohne externe Verursachung zu denken, muss man nach Wirkkräften suchen, die von den gewollten und geplanten Zielstellungen so stark abweichen lassen, dass ein „Scheitern" unvermeidbar wird, selbst wenn zusätzliche Mittel zur Zielerreichung mobilisiert werden.

Literatur

Anderson WA (1978) Social Science Disaster Research in the United States, Paper presented at the World Congress of Sociology. Uppsala, Sweden

Arnold D (1999) Hunger in the Garden of Plenty: The Bengal Famine of 1770. In: Johns A (Hrsg) Dreadful Visitations. Confronting Natural Catastrophe in the Age of Enlightenment. Routledge, London. 81–112

Baker GW, Chapman DW (Hrsg) (1962) Man and Society in Disaster. Basic Books, New York

Bankoff G (2003) Cultures of Disasters. Society and natural hazard in the Philippines. Routledge, London

Beck U (1986) Risikogesellschaft. Auf dem Weg in eine andere Moderne. Suhrkamp, Frankfurt aM

Beniger JR (1986) The Control Revolution. Technological and Economic Origins of the Information Society. Harvard University Press, Cambridge Mass.

Birkland TA (2002) After Disaster. Agenda Setting, Public Policy, and Focusing Events. Georgetown University Press, Washington DC

Blaikie P, Cannon T, Davis I, Wisner B (1994) At Risk. Natural hazards, people's vulnerability, and disasters. Routledge, London

Bonansinga J (2004) The Sinking of the Eastland. America's Forgotten Tragedy. Citadel Press/Kensington Books, New York

Bonnifield P (1978) The Dust Bowl. Men, Dirt and Depression. University of New Mexico Press, Albuquerque, New Mexico

Buford CC (1949) The Chatsworth Wreck: a Saga of Excursion Train Travel in the American Midwest in the 1880s. Blade Pub. Co., Fairbury, Ill.

Burby RJ (1998) Cooperating with Nature: Confronting Natural Hazards with Land-Use Planning for Sustainable Communities. Joseph Henry Press, Washington DC

Carr LJ (1932) Disaster and the Sequence-Pattern Concept of Social Change. *American Journal of Sociology* 38(2): 207–218

Castells M (2004) Der Aufstieg der Netzwerkgesellschaft. Das Informationszeitalter. Leske + Budrich, Opladen

Castree N, Braun B (Hrsg) (2001) Social Nature. Theory, Practice, and Politics. Blackwell Publ., Malden, Mass, Oxford

Chapman DW (1962) A Brief Introduction to Contemporary Disaster Research. In: Baker GW, Chapman DW (Hrsg) Man and Society in Disaster. Basic Books, New York

Clary BB (1985) The Evolution an Structure of Natural Hazard Policies. *Public Administration Review* 45, Special Issue: Emergency Management: A Challenge for Public Administration: 20–28

Clausen L (1978) Tausch. Entwürfe zu einer soziologischen Theorie. Kösel, München

Clausen L (1983) Übergang zum Untergang. Skizze eines makrosoziologischen Prozessmodells der Katastrophe. In: Clausen L, Dombrowsky WR Einführung in die Soziologie der Katastrophen. Zivilschutzforschung Bd. 14, Schriftenreihe der Schutzkommission beim Bundesminister des Innern. Osang, Bonn. 41–79

Clausen L, Dombrowsky W (1983) Einführung in die Soziologie der Katastrophen. Zivilschutzforschung Bd. 14, Schriftenreihe der Schutzkommission beim Bundesminister des Innern. Osang, Bonn

Conlon P (1978) Das Bild von den Massen in der Sozialwissenschaft und sein ideologischer Stellenwert. *SIFKU-Informationen* 1(1): 21–34

Dams T (2001) Die entwicklungspolitische Dimension der Katastrophenvorbeugung. In: Plate E, Merz B (Hrsg) Naturkatastrophen. Ursachen – Auswirkungen – Vorsorge. Schweizerbarthsche Verlagsbuchhandlung, Stuttgart. 247–272

Defoe D (1722) A Journal of the Plague Year. Dover Thrift Editions, London. Reprint Oxford University Press, New York 1969

Dewey J (1998) Die Suche nach Gewissheit. Suhrkamp, Frankfurt aM. (The Quest for Certainty. A Study on the Relation of Knowledge and Action. Minton, Balch & Comp, New York 1929)

Dilley M, Chen R, Deichmann U (2005) Natural Disaster Hotspots: A Global Risk Analysis. World Bank Publications, New York

Dombrowsky WR (1981) Another Step Toward a Social Theory of Disaster, Disaster Research Center Publication No. 70, Columbus, Ohio

Dombrowsky WR (1983) Vom 'Stage-Model' zum 'Copability-Profile'. Katastrophensoziologische Modellbildung in praktischer Absicht. In: Clausen L, Dombrowsky WR Einführung in die Soziologie der Katastrophen, Zivilschutzforschung Bd. 14, Schriftenreihe der Schutzkommission beim Bundesminister des Innern. Osang, Bonn. 81–102

Dombrowsky WR (1989) Katastrophe und Katastrophenschutz. Eine soziologische Analyse. DVU, Wiesbaden

Dombrowsky WR (1994) Risiko – Ideologem oder Theorem moderner Schadenszumutung? Eine Polemik. *Teoria Sociologica* (Mailand) 4: 77–90

Dombrowsky WR (1995) Zum Teufel mit dem Bindestrich. Zur Begründung der Katastrophen(-)Soziologie in Deutschland durch Lars Clausen. In: Dombrowsky WR, Pasero U (Hrsg) Wissenschaft, Literatur, Katastrophe. Festschrift zum sechzigsten Geburtstag von Lars Clausen. Westdt. Verlag, Wiesbaden. 108–122

Dombrowsky WR (1998) Again and again: Is a disaster what we call a „disaster"? In: Quarantelli EL (Hrsg) What Is A Disaster? Perspectives On The Question. Routledge, London, New York. 19–30

Dombrowsky WR (2001) Die globale Dimension von Katastrophen. In: Plate E, Merz B (Hrsg) Naturkatastrophen. Ursachen – Auswirkungen – Vorsorge. Schweizerbarthsche Verlagsbuchhandlung, Stuttgart. 229–246

Dombrowsky WR (2005) Naturgewalten, Unglücke und Erklärungsnotstände. Über die Katastrophe der Lernunwilligkeit. *Neue Zürcher Zeitung* (NZZ) 253 (29./30.10.2005): 61–62

Dynes RR (1997) The Lisbon Earthquake in 1755: The First Modern Disaster. Disaster Research Center, Preliminary Paper No. 255. Del.: Disaster Research Center, Newark, Del

Dynes RR (2000) The Dialogue Between Voltaire and Rousseau on the Lisbon Earthquake: The Emergence of a Social Science View. *International Journal of Mass Emergencies and Disasters* 18(1): 97–115

Egan T, Lawlor PG (2006) The Worst Hard Time: The untold story of those who survived the Great American Dust Bowl (Audio CD)

Eisenhower DD (1953) Atoms for Peace. Adress to the 470th Plenary Meeting of the United Nations General Assembly, Tuesday, 8 December 1953, 2:45 p.m. New York

Elias N (1983) Fragment I. In: Ders. Engagement und Distanzierung. Arbeiten zur Wissenssoziologie I, hrsg. und übersetzt v. Michael Schröter. Suhrkamp, Frankfurt aM. 187–213

Esser, H (1987) Rezension von Ulrich Beck: Risikogesellschaft. *Kölner Zeitschrift für Soziologie und Sozialpsychologie* 4: 806–811

Erbès JM (Hrsg) (1991) Les Cahiers de la Securité Interieure. La gestion de crise. Institut des Hautes Études de la Sécurité Intérieure. La Documentation Française, Paris

Fradkin PL (2005) The Great Eartquake and Firestorms of 1906. How San Francisco nearly destroyed itself. Ca.: University of California Press, Berkeley, Los Angeles

Fritz CE, Marks EA (1954) The NORC Studies of Human Behavior in Disaster. *Journal of Social Issues* 10: 26–41

Fritz CE, Williams HB (Jan., 1957) The Human Being in Disasters: A Research Perspective. Annals of the American Academy of Political and Social Science, Vol. 309, Disasters and Disaster Relief, 42–51

Godschalk DR, Beatley T, Berke P, Brower DJ, Kaiser EJ (1999) Natural Hazard Mitigation. Recasting Disaster Policy and Planning. Island Press, Washington, DC

Grossi F, Kunreuther H (Hrsg) (2005) Catastrophe Modelling: A New Approach To Managing Risk. Springer Science + Business Media, New York

Groves A (2006) Cherry, Ill., Mine Disaster – November 13, 1909. Chicago, Ill.: Illinois Fire Service Institute, University of Illinois 2006

Harborth HJ (1991) Dauerhafte Entwicklung statt globaler Selbstzerstörung: Eine Einführung in das Konzept „Sustainable Development". edition sigma, Berlin

Hauff V (Hrsg) (1987) Unsere gemeinsame Zukunft: Bericht der Weltkommission für Umwelt und Entwicklung (Dt. Fassung) Eggenkamp Verlag, Greven

Hensley J (2006) Louisiana's Katrina Recovery Fiasco: Who's really getting the money? Parallel View Publishing

Hoffmann-Riem W (2006) Freiheit und Sicherheit im Angesicht terroristischer Anschläge. In: Müller E, Schneider P (Hrsg) Die Europäische Union im Kampf gegen den Terrorismus: Sicherheit vs. Freiheit? Nomos, Baden-Baden. 33–42

Jäger W (1977) Katastrophe und Gesellschaft. Darmstadt, Luchterhand, Neuwied

Kendrick TD (1957) The Lisbon Earthquake. J.D. Lippincott Comp., Philadelphia, New York

Kelsen H (1982) Vergeltung und Kausalität. Mit einer Einleitung von Ernst Topitsch. Hermann Böhlau, Wien, Köln, Graz

Krankenhagen G, Laube H (1983) Werkstoffprüfung. Von Explosionen, Brüchen und Prüfungen. Rowohlt, Reinbek bei Hamburg

Kuhn TS (1976) Die Struktur wissenschaftlicher Revolutionen. 2. Aufl. Suhrkamp, Frankfurt aM. Original (1962) The Structure of Scientific Revolutions. University of Chicago Press, Chicago

McCullough D (1968) Johnstown Flood. Simon & Schuster/Touchstone, New York

McGough MR (2002) The 1889 Flood – Johnstown, Pennsylvania. Thomas Publications, Gettysburg, PA

Miegel M (2005) Epochenwende. Gewinnt der Westen die Zukunft? Propyläen, Berlin

Mileti DS (1999) Disasters by Design. A Reassessment of Natural Hazards in the United States. National Academy Press, Washington DC

Monmonier M (1997) Cartographies of Danger: Mapping Hazards in America. University of Chicago Press, Chicago

Morris C (Hrsg) (1906) The San Francisco Calamity by Earthquake and Fire. World Bible House, Philadelphia, Pennsylvania

Münkler H (2006) Der Wandel des Krieges von der Symmetrie zur Asymmetrie. Velbrück Verlag, Weilerswist

Olasky M (2006) The Politics of Disaster: Katrina, Big Government, and a New Strategy for Future Crisis. W Publishing, Nashville, TN

Palm R, Hodgson ME (1992) After a California Earthquake. Attitude and Behavior Change. The University of Chicago Press, Chicago

Pelling M (Hrsg) (2003) Natural Disaster and Development in a Globalizing World. Routledge, London

Perry RW, Quarantelli EL (Hrsg) (2005) What Is A Disaster? New Answers To Old Questions. Xlibris, o. O.

Plate E, Merz B (Hrsg) (2001) Naturkatastrophen. Ursachen – Auswirkungen – Vorsorge. Schweizerbarthsche Verlagsbuchhandlung, Stuttgart

Plate E, Merz B, Eickenberg C (2001) Naturkatastrophen: Herausforderung an Wissenschaft und Gesellschaft. In: Plate E, Merz B (Hrsg) Naturkatastrophen. Ursachen – Auswirkungen – Vorsorge. Schweizerbarthsche Verlagsbuchhandlung, Stuttgart. 1–46

Platt RH (Hrsg) (1999) Disasters and Democracy. The politics of extreme natural events. Island Press, Washington, DC

Porfiriev B (1998) Disaster Policy and Emergency Management in Russia. Nova Science Publishers, Commack, NY

Prince SH (1920) Catastrophe and Social Change Based on a Sociological Study of the Halifax Disaster. Columbia University Press, New York

Quarantelli E („Henry") L (1960) A Note on the Protective Function of the Family in Disasters. *Marriage and Family Living* 22(3): 263–264

Quarantelli EL (Hrsg) (1998) What Is A Disaster? Perspectives On The Question. Routledge, London, New York

Quarantelli EL (2005) The Earliest Interest in Disasters and the Earliest Social Science Studies of Disasters: A Sociology of Knowledge Approach (DRAFT 6/29/05). Disaster Research Center, Newark, Del

Rodewald M (1954) Der große Nordsee-Sturm vom 31. Januar und 1. Februar 1953. *Naturwissenschaften* 41(1): 1–10 (Springer, Berlin, Heidelberg)

Scanlon TJ (1997) Rewriting a living legend: researching the 1917 Halifax explosion. *International Journal of Mass Emergencies and Disasters* 15(1): 147–78

Singleton J (2000) The American Dole: Unemployment Relief and the Welfare State in the Great Depression. Greenwood Press, Westport, London

Sivakumar M, Motha RP, Das HP (Hrsg) (2005) Natural Disasters and Extreme Events in Agriculture. Springer, Berlin, Heidelberg, New York

Smith K, Smith K (2000) Environmental Hazard: Assessing Risk and Reducing Disaster. Routledge, London

Sorokin PA (1942) Man and Society in Calamity. Dutton, New York

Stallings RA (Hrsg) (2002) Methods of Disaster Research. Elibris Corp., Xlibris, o. O.

Tobriner S (2006) Bracing for Disaster. Earthquake-Resistant Architecture and Engineering in San Francisco 1838–1933. Heyday Books, Berkeley, Ca

Topitsch E (1958) Vom Ursprung und Ende der Metaphysik. Springer Verlag, Wien

Wagner P (1988) Sind Risiko und Unsicherheit neu oder kehren sie wieder? *Leviathan* 2: 288–296

Weinrich H (1971) Literaturgeschichte eines Weltereignisses: Das Erdbeben von Lissabon. In: Ders. Literatur für Leser. Essays und Aufsätze zur Literaturwissenschaft. Kohlhammer, Stuttgart. 64–76

White G (1945) Human Adjustments To Floods. The University of Chicago Press, Chicago, Ill.

Wisner B (2003) Changes in capitalism and global shifts in the distribution of hazard and vulnerability. In: Pelling M (Hrsg) Natural Disaster and Development in a Globalzing World. Routledge, London. 43–56

Zebrowski E Jr (1997) Perils of a Restless Planet. Scientific Perspectives on Natural Disasters. Cambridge University Press, Cambridge

Ziegler J (2005) Das Imperium der Schande. C. Bertelsmann Verlag, München

6 Risikokonzepte jenseits von Eintrittswahrscheinlichkeit und Schadenserwartung

Michael M. Zwick und Ortwin Renn

Bürgerbeteiligung • Eintrittswahrscheinlichkeit • gesellschaftliche Modernisierung • Institutionenvertrauen • Konstruktivismus • psychometrisches Paradigma • qualitative Risikomerkmale • Realismus • Risiko • Risikoakzeptanz • Risikobewertung • Risikomanagement • Risikopolitik • Risikowahrnehmung • Schadensausmaß • semantische Risikoklassen • stigmatisierte Risiken

Für Experten wie für die Laienöffentlichkeit stellen Risiken **Konstrukte** dar, anhand derer zukünftige Ereignisse mit negativen Konsequenzen für wertgeschätzte „Objekte" - Leben, Gesundheit, Vermögen – abgeschätzt und in entsprechende Handlungsstrategien umgesetzt werden können. Anders als die Experten, die nach einer möglichst realistischen Perspektive und präzisen stochastischen Modellierung der zu erwartenden Schäden streben, etwa als Produkt der **Eintrittswahrscheinlichkeit mal Schadensausmaß** bzw. Verlusterwartung pro Zeiteinheit (Nowitzki 1993, S. 126), bedienen sich Laien vorwissenschaftlicher Heuristiken zur Bewertung drohender Verlustereignisse und der Akzeptabilität von Schadensquellen. Für keine der beiden Parteien fällt Risiko mit „objektiv" möglichen Schadensereignissen zusammen, sondern bleibt ein Konstrukt, um drohende Schadenspotenziale in einer unsicheren, ergebnisoffenen Zukunft handhabbar zu machen. Von Beginn an war mit der Einführung des Risikokonzepts die Absicht verbunden, zukünftige Ereignisse erkennbar, kalkulierbar und kontrollierbar zu machen. Risikoanalysen können zu rationalen individuellen oder politischen Entscheidungen führen, die Nutzen maximieren, Schäden vermeiden bzw. minimieren helfen, oder die Kompensation von eingetretenen Schäden ermöglichen. Seit seiner Entstehung war mit dem Risikokonzept die Idee der Versicherbarkeit möglicher Schäden verbunden (Ewald 1989, S. 389; Luhmann 2003, S. 18).

Aus der subjektiven Risikowahrnehmung (Kasten 6.1) ergeben sich zwei wichtige Implikationen. Erstens: Anders als im Expertenkonzept, das neben der präzisen Definition von Risiko die präzise Operationalisierung von Eintrittswahrscheinlichkeit und Schadenspotenzialen und eindeutige Kriterien der kausalen Zurechnung von Schäden zu bestimmten Ereignissen sowie adäquate Verfahren der monetären Bewertung von Schäden voraussetzt und somit ein kontextunabhängiges, spezifisches Risikoverständnis darstellt, nehmen Laien Risiken anhand qualitativer und kontextueller Merkmale wahr. Außerdem ziehen sie, verglichen mit Experten, zumeist ein weitaus größeres Spektrum von Schäden in Betracht, das sowohl über die raumzeitliche Nähe und eindeutige kausale Zurechenbarkeit zum Schadensereignis hinaus reichen kann als auch solche Schäden mit einbezieht, die sich, wie etwa psychosoziale oder kulturelle Schäden, einer einfachen Monetarisierung entziehen (Renn und Zwick 1997, S. 88–89).

Zweitens wird kein „objektives" Schadenskonzept verwendet. Was für Risikolaien als Schaden betrachtet wird und wie hoch dieser veranschlagt wird, ist von den Werten und dem Standort des Betrachters abhängig – *egos* Schaden kann für *alter* einen Nutzen darstellen. Die Bewertung von Risiken hängt ferner von den jeweiligen Umständen des Schadenseintritts ab, etwa wie lieb und teuer ein zu Schaden gekommener Gegenstand einer Person ist, ob dieser zum Zeitpunkt des Schadenseintritts versichert war oder nicht, etc. Kurz: Risiken drücken individuelle Präferenzen aus. Aus den genannten Gründen ist für Beck (1993, S. 305) das „Rationalitätsmonopol der wissenschaftlichen Risikodefinition" grundsätzlich infrage zu stellen. Wegen der jeweiligen Stärken und Beschränkungen der Sichtweisen von Experten und Laien ist mit Japp (1993, S. 394–395) zu konstatieren, dass formalistische und qualitative Risikokonzepte wohl nur in einem komplementären Zusammenspiel einen vernünftigen Sinn ergeben.

In den nachfolgenden Kapiteln werden zunächst die kontextuellen Umstände et-

was genauer betrachtet, unter denen Risiken wahrgenommen werden. Sodann werden qualitative Risikomerkmale vorgestellt, von denen die empirische Wahrnehmungsforschung eine maßgebliche Beeinflussung der Risikobewertung nachgewiesen hat. Risiken, die spezifische Bündel von Eigenschaften zugeschrieben bekommen, lassen sich zu diskreten Risikosemantiken zusammenfassen, deren prominenteste Vertreter hier vorgestellt werden. Schließlich wenden wir uns der zentralen Frage zu, was, ausgehend von unseren Überlegungen zur **Risikowahrnehmung** und **-bewertung**, Risiken in den Augen der Öffentlichkeit akzeptabel macht, um in einem abschließenden Kapitel zu diskutieren, welche Beiträge von Risikoexperten und Laien in den **Risikodiskurs** und die politische Entscheidungsfindung eingebracht werden können.

Kasten 6.1

Das Thomas-Theorem

Menschen leben in einer komplexen, symbolischen Welt, die Max Weber einmal als einen »unermesslichen, sich dahinwälzenden Strom des Geschehens« beschrieben hat (1984, S. 184). Um darin Orientierungssicherheit und Handlungsfähigkeit zu erlangen, erweist sich das sogenannte Thomas-Theorem (Thomas und Thomas 1928, S. 572) – hier in der von Reinhard Bendix erweiterten Fassung zitiert – als zentral: *»As long as men live by what they believe to be so, their beliefs are real in their consequences«* (Helle 1977, S. 61). Für die Menschen fußt das Verständnis von Welt auf einer fortgesetzten Aufschichtung selektiver, subjektiver Erfahrungen. Dies gilt umstandslos auch für Risiken: In der

Laienperspektive gründen Risiken auf der subjektiven, selektiven Wahrnehmung von Bedrohungspotenzialen. Anders ausgedrückt: Risiko ist das, was die Menschen für bedrohlich halten. Insofern Menschen ihren subjektiven Überzeugungen gemäß handeln, geraten die so wahrgenommenen Risiken für sie zur Entscheidungs- und Handlungsgrundlage und zwar ungeachtet dessen, ob die entsprechenden Befürchtungen von Experten als begründet oder unbegründet eingestuft werden. Nicht zufällig erweist sich deshalb in der empirischen Risikoforschung „Wissen" über Risiken regelmäßig als schlechter Prädiktor für die Einschätzung und Bewertung von Gefahren (Wildavsky 1993, S. 194).

6.1 Was macht Risiken zu einem gesellschaftlichen Thema?

Gesellschaftliche **Modernisierungsprozesse** haben den Umgang mit Risiken in mehrfacher Weise beeinflusst: Die sich entwickelnden Naturwissenschaften spielen hierbei eine zentrale Rolle, zum einen, weil

sie die Grundlage zur Erfindung und Produktion vieler potenziell gefährlicher Stoffe legten – etwa von Chemikalien. Zum anderen, weil sie durch immer feinere Analysemethoden immer mehr – zuvor unbekannte – Gefährdungen hinsichtlich ihrer Auswirkungen auf Mensch und Umwelt analysierten und in bekannte, potenziell handhabbare Risiken transformierten. Über die Erfindung von Massentransport- und Massenkommunikationsmitteln legten sie auch den Grundstein für die fortschreitende Globalisierung der Welt. Für die öffentliche Risikowahrnehmung ist diese Horizonterweiterung insofern von Belang, als sich im Verlauf der letzten 100 Jahre die Kenntnis von Risiken immer mehr von der primären Erfahrung aus dem sozialen Nahraum abgelöst hat. Der Großteil von Risiken auf der gegenwärtigen gesellschaftlichen Agenda repräsentiert sinnlich nicht wahrnehmbare Gefährdungen (Beck 1986, S. 28) – beispielsweise Nahrungsmittel- und Strahlenbelastungen oder Risiken durch Chemikalien oder Luftschadstoffe –, die zuerst der wissenschaftlichen Analyse und massenmedialen **Kommunikation** bedürfen, um ins öffentliche Bewusstsein zu gelangen. Gleiches gilt für jene globalisierten Risiken – wie etwa das Ozonloch oder östrogenäquivalente Stoffe in der Umwelt –, die dem beschränkten Erfahrungsraum der Menschen entzogen sind.

Die Auffassung, man müsse der Öffentlichkeit nur nacktes Zahlenmaterial präsentieren, um eine verzerrte Wahrnehmung von Risiko zu unterlaufen, ist gescheitert (Fischhoff 1995). Die Forschung zum sogenannten *Social Amplification of Risk Framework* (SARF) hat vielfältige kulturelle, historische, soziale und psychologische Mechanismen aufgedeckt, die die Risikowahrnehmung und damit verbundene Besorgnisse verstärken oder abschwächen, sich auf das Risikoverhalten niederschlagen und institutionelle Konsequenzen für das **Risikomanagement** nach sich ziehen (Renn et al. 1992, Pidgeon et al. 2003). Vor allem aber empirisch wenig erforschte institutionelle Faktoren stehen im Verdacht, die gesellschaftliche Definition und „Konstruktion" von Risiko – und in der Folge die öffentliche Risikowahrnehmung – massiv zu beeinflussen. William Freudenburg (2003) erkennt hierin wichtige, wenn nicht die entscheidenden Faktoren für die Wahrnehmung und Bewertung von Risiken aus soziotechnischen Risikoquellen, und zwar sowohl durch jene Institutionen, die mit der Erforschung und Regulierung „objektiver" Risiken betraut sind, als auch durch die Medien. Es ist plausibel, anzunehmen, dass bei der Selektion, Mobilisierung und Politisierung von Risiken die Chance der institutionellen Ressourcenerschließung eine gewisse Rolle spielt. Risiken etwa, von denen man Themenkonjunktur und politisches Interesse erwartet, könnten in besonderer Weise geeignet sein, Ressourcen zu erschließen. James Flynn (2003) beklagt, dass institutionelles Handeln und die Bedeutung von Organisationen selbst nicht in „objektive" Risikoanalysen einbezogen werden, obgleich er ihren Anteil für die Entstehung von Risiken als erheblich einschätzt. Einen weiteren wichtigen, von den Wissenschaften ausgehenden Effekt auf die gesellschaftliche Karriere von Risiken stellt das sogenannte Expertendilemma dar (Nennen und Garbe 1996). Ulrich Beck (1991, S. 141) zufolge »ist die Eindeutigkeit wissenschaftlicher Aussagen ... der Einsicht in deren Entscheidungsbedingtheit, Methodenabhängigkeit (und) Kontextgebundenheit gewichen«. Sich bei der Risikobewertung partiell oder gänzlich widersprechende Experten tragen zur Verunsicherung der Öffentlichkeit bei (Wiedemann et al. 2003) und – wegen der selektiven Wahrnehmung von Studien – zur Perpetuierung gesellschaftlicher Konflikte um Risiken. Aber auch Regierungs- oder Oppositionsparteien können verschiedene Strategien im Umgang mit Risiken einschlagen. Je nach den erwartbaren Auswirkungen auf die eigene Legitimität können Risiken entweder dramatisiert oder heruntergespielt werden. In der Vergangenheit haben sich – etwa im Bereich ökologischer Gefährdungen – vor allem Oppositionsparteien, Nichtregierungsorganisationen (NGOs) und Moralunternehmer als teilweise starke Unterstützergruppen Risiken angenommen und bei ihrer „Entdeckung", Kommunikation und Mobilisierung die Meinungsführerschaft übernommen. Risiken werden dadurch als ein gesellschaftliches Problem gleichermaßen institutionalisiert und perpetuiert. Im Einzelfall kann die institutionelle Deutung und Anerkennung sozialer Sachverhalte als „Risiko" gesellschaftliche Ängste auslösen und hohe Kosten nach sich ziehen und zwar relativ unabhängig vom Bedrohungspotenzial des fraglichen Sachverhalts.

6.2 Der Einfluss qualitativer Risikomerkmale auf die Risikobewertung

6.2.1 Das psychometrische Paradigma

Interessanterweise war es ein Ingenieur, Chauncey Starr (1969), der Ende der 1960er-Jahre der sozialwissenschaftlichen Forschung zur Risikowahrnehmung den ersten Impuls gegeben hatte. Ausgehend vom Paradigma rational entscheidender Akteure suchte er nach einer einfachen Formel, anhand derer sich die **Akzeptanz für Risiken** rechnerisch ermitteln lässt. Seine Arbeit stützte sich im Wesentlichen auf zwei Faktoren: Die Bilanz der monetär bewerteten statistischen Todesfallwahrscheinlichkeit und den entgegenstehenden erwarteten Nutzen. Seine Befunde: Erstens schien ihm die Akzeptanzschwelle für ein Risiko etwa bei der dritten Potenz des wahrgenommenen Nutzens gegenüber den – gleichfalls monetär bewerteten – erwarteten Todesfällen zu liegen (Fischhoff et al. 2000, S. 81). Zweitens seien Akteure vor allem bei freiwillig übernommenen Risiken bereit, Risiken hinzunehmen, deren Todesfallwahrscheinlichkeit rund 1 000-mal höher liegt als im Falle zugemuteter Risiken (Fischhoff et al. 2000, S. 81).

Starrs Forschung wurde kontrovers diskutiert (Krohn und Krücken 1993, S. 27–28), ihr Wert für die sich entwickelnde **empirische Risikowahrnehmungsforschung** war jedoch enorm. Von Starr ausgehend entwickelte das Team um Paul Slovic das sogenannte „psychometrische Paradigma" der Risikowahrnehmungsforschung. Auf den ersten Blick suggeriert „Psychometrie" eine individualpsychologische Bestimmung von Persönlichkeitseigenschaften, doch Slovic gibt seinem Ansatz eine andere Wendung: »*Borrowing from personality theory, we ... asked people to characterize the 'personality of hazards' by rating them on various qualities or characteristics (e. g. voluntariness, catastrophic potential, controllability, dread) that had been hypothesized to influence risk perception and acceptance ... We have referred to this general approach and the theoretical framework in which it is embedded as the psychometric paradigm*« (Slovic 1992, S. 119). Damit ist eine konstruktivistische Richtung eingeschlagen, denn die Charakteristika von Risiken »*are not considered as 'objective' properties inherent in the source of danger, but a consequence of social perception and ascribing processes*« (Slovic 1992, S. 119).

Neben den psychometrischen Verfahren haben Analysen von Heuristiken erhellt, wie **Risikoinformationen** in der Öffentlichkeit intuitiv bewertet und verallgemeinert werden (Kahneman und Tversky 1979). In den folgenden Dekaden hat die auf das psychometrische Paradigma gegründete empirische Forschung Dutzende von Eigenschaften ermittelt, die Risiken zugeschrieben werden und den Kern der subjektiven Risikoheuristiken der Laienöffentlichkeit bilden (Rohrmann und Renn 2000, S. 21; Slovic et al. 2000b, S. 145). Als besonders einflussreich für die Risikobewertung erwiesen sich wiederholt die in Tabelle 6.1 aufgelisteten Risikomerkmale, wobei die empirische Forschung erkennen lässt, dass die

Tab. 6.1 Ausgewählte psychometrische Risikomerkmale und Risikobewertung

Qualitative Risikomerkmale	Erhöhung/Verringerung des wahrgenommenen Risikos
Katastrophenpotenzial eines Schadenfalls	groß/gering
Wahrscheinlichkeit des Schadenseintritts	hoch/gering
Schrecklichkeit der Folgen	groß/gering
Freiwilligkeit der Risikoübernahme	unfreiwillig/freiwillig
persönlicher/gesellschaftlicher Nutzen	gering/hoch
Verteilung von Nutzen und Risiko	ungerecht/ausgewogen
subjektive Kontrollüberzeugung	gering/hoch
persönliche Betroffenheit	betroffen/nicht betroffen
Beherrschbarkeit	nicht beherrschbar/beherrschbar
Natürlichkeit der Risikoquelle	von Menschen verursacht/Naturereignis
Bekanntheitsgrad	unbekannt/bekannt
Unsicherheit	Risiko ist wissenschaftlich unbekannt/bekannt
Zeitpunkt des erwarteten Schadenseintritts	in Kürze/verzögert
moralische Bedeutsamkeit des Risikos	moralisch bedeutsames/unbedeutsames Risiko
Auswirkung auf Kinder	spezielles Risiko/kein spezielles Risiko für Kinder
Auswirkung auf künftige Generationen	Risiko/kein Risiko für künftige Generationen

---

Kasten 6.2

Implikationen des psychometrischen Ansatzes

- Das Verständnis von „Risiko" als ein subjektives Konzept, nicht als objektive Entität.
- Die Einbeziehung von technischen bzw. physischen ebenso wie sozialen und psychologischen Aspekten in die Wahrnehmungsforschung.
- Die Akzeptanz von gesellschaftlichen Meinungen bzw. „der breiten Öffentlichkeit" (d. h.

Laien, im Gegensatz zu Fachleuten) als Gegenstand des Interesses.
- Die Analyse kognitiver Strukturen von Urteilen über Risiko, gewöhnlich unter Verwendung multivariater statistischer Verfahren wie Faktorenanalyse, mehrdimensionale Skalierung oder multiple Regression.
(Rohrmann und Renn 2000, S. 17)

Laienöffentlichkeit dazu neigt, anhand der wahrgenommenen Risikoeigenschaften zu bilanzierenden Urteilen über den Grad der Akzeptabilität von Risiken zu gelangen – im Unterschied zu „Risikoexperten" jedoch nicht auf quantitativer, sondern auf der Grundlage eines qualitativen Abgleichs von Risiko- und Schadensaspekten bzw. deren gesellschaftlicher Verteilung und Regulierung.

Mit diesen und ähnlichen zugeschriebenen Risikomerkmalen liefert das psychometrische Paradigma einen empirisch außerordentlich erklärungskräftigen Prädiktor für die Bereitschaft, Risiken hinzunehmen (Zwick 2002b, S. 94).

Anhand einiger Risikomerkmale lassen sich sogenannte **Risikosemantiken** errichten. Bevor wir die Frage nach der Akzeptabilität von Risiken vertiefen, sei noch ein Blick auf die wichtigsten dieser Risikoklassen geworfen, die Ortwin Renn (1993, S. 70ff.) und später in einer erweiterten Fassung zusammen mit Andreas Klinke (Klinke und Renn 1999) in Anlehnung an Figuren der griechischen Mythologie eingeführt hat.

6.2.2 Semantische Risikoklassen

Semantische Risikoklassen stellen griffige Verdichtungen komplexer Vorstellungsgehalte dar, die dazu beitragen, die Diskussion über Risiken zu vereinfachen. Da im Laufe der Zeit die Zahl dieser Typen anwuchs, sollen nachfolgend nur die prägnantesten Semantiken dargestellt werden, die auf sehr unterschiedliche Gefährdungen verweisen, sich leicht unterscheiden lassen und Risiken repräsentieren, die in der gegenwärtigen gesellschaftlichen Debatte präsent sind.

Risiko als **Damoklesschwert** wird mit drohenden Gefahren assoziiert, die als zugemutet, schwer vermeidbar und nicht selbst kontrollierbar erlebt

werden, denen hohes Schadenspotenzial bei zufälliger und sehr geringer Eintrittswahrscheinlichkeit zugeschrieben wird, deren Schadenseintritt gleichwohl jederzeit für möglich erachtet wird. Bei Risiken vom Typ Damokles, für das die Kernkraft paradigmatisch ist, wiegt deshalb für das Laienurteil die Eintrittswahrscheinlichkeit weit weniger als das katastrophale Schadensausmaß. Nach Renn (1993, S. 70) ist »dieses Risikokonzept unvereinbar mit dem Risikoverständnis der Risikoexperten, die Wahrscheinlichkeit und Ausmaß der Konsequenzen gleich gewichten«.

Risiken vom Typ **Büchse der Pandora** stehen für schleichende Gefahren ohne diskreten Schadenseintritt, die als anthropogen verursacht gelten, sinnlich nicht wahrnehmbar sind und als unzureichend erforscht angesehen werden. In diese Gruppe fallen beispielsweise Lebensmittelzusätze oder Umweltschadstoffe, die zu schleichenden Vergiftungen führen können. Die Öffentlichkeit neigt auch dazu, schwer erklärbare Krankheitsbilder – etwa das Entstehen von Krebs – auf derartige Ursachen zurückzuführen. Auch bei dieser Risikosemantik ist kaum Konsens zwischen Laien- und Expertenurteilen zu erwarten.

Im Gegensatz dazu verweisen Risiken vom Typ **Kassandra** auf wissenschaftlich gut erforschte und gesellschaftlich hinlänglich bekannte Gefahren, denen hohe Eintrittswahrscheinlichkeit und hohe Schadenspotenziale zugeschrieben werden. Dass, allen frühen und eindringlichen Warnungen zum Trotz, Risiken vom Typ Kassandra mäßige bis gute Akzeptanzwerte erzielen, mag daran liegen, dass der Schadenseintritt erst in ferner Zukunft erwartet wird. Am Paradebeispiel für Risiken vom Typ Kassandra, dem globalen Klimawandel, lässt sich außerdem zeigen, dass dieser als globale und daher kaum vermeidbare Gefahr gesehen wird und sein hohes wahrgenommenes Katastrophenpotenzial durch gegenwärtige persönliche und gesellschaftliche Nutzenaspekte mehr als kompensiert wird (Zwick 2002a, S. 28).

Im Gegensatz hierzu repräsentiert die Gefahrenklasse **Herkules** freiwillig übernommene Risiken, waghalsige Unternehmungen, die als persönliche Herausforderungen vornehmlich deshalb durchgeführt werden, um sich selbst etwas zu beweisen oder anderen zu imponieren (Rohrmann und Renn 2000, S. 27). Die Eintrittswahrscheinlichkeit von Unfällen und zumeist auch das Schadensausmaß gelten Experten als außerordentlich hoch, wenngleich die Schadensexposition häufig auf den jeweiligen Abenteurer begrenzt bleibt. Wegen des aus seiner Sicht entgegenstehenden hohen individuellen Nutzens und der gleichfalls hohen subjektiven Kontrollüberzeugung sind diese Akteure oftmals bereit, Risiken freiwillig zu übernehmen, die um Zehnerpotenzen höher liegen als der Grenzwert zugemuteter Risiken, die für sie noch akzeptabel erscheinen.

6.3 Was macht Risiken für die Öffentlichkeit akzeptabel?

Von Beginn an war die Risikowahrnehmungsforschung der Frage gewidmet, was – vor allem technologische – Risiken für die Öffentlichkeit akzeptabel macht (Starr 1969). Freilich haben sich im Verlauf der Dekaden Art und Richtung der Fragestellung grundlegend geändert. Zum einen erwies sich die Hoffnung als unbegründet, jenseits psychologischer und empirischer Forschung eine griffige Formel zur Bestimmung der Bereitschaft zu finden, neue Technologien und ihre Risiken hinzunehmen (Krohn und Krücken 1993, S. 26–27). Zum anderen sah man sich im Laufe der Zeit beim Thema Risiko mit einem Paradigmenwechsel im Verhältnis zwischen Industrie, Politik und Öffentlichkeit konfrontiert, der die Perspektive von der Risikoakzeptanz – verstanden als Obergrenze dessen, was der Öffentlichkeit gerade noch zumutbar scheint – hin zur **Frage, unter welchen Bedingungen ein Risiko für die Öffentlichkeit akzeptabel ist**, verlagerte. Für diesen Perspektivenwechsel finden sich Parallelen in der sukzessiven Veränderung der politischen Kultur der Bundesrepublik – von einem obrigkeitsstaatlichen Durchsetzungs- zu einem eher diskursiven und partizipativen Verständnis, mit der eine Aufwertung der Öffentlichkeit, ihrer Bedürfnisse und Besorgnisse einherging. Auf der institutionellen Ebene wurden diese Veränderungen flankiert durch die Studentenunruhen der späten 1960er-Jahre und die

Entstehung der neuen sozialen Bewegungen, aus denen schließlich die Grüne Partei hervorging.

Die gestiegene Deutungs- und Gestaltungsmacht dieser alternativen Kräfte verlieh auch risikobezogenen Themen eine neue Wendung: Eine forcierte Thematisierung von ökologischen Risiken, Technokratiekritik und Vorbehalte gegenüber Risiken aus großtechnischen Anlagen – »*Weg von Öl und Atom!*« (Grüne 2005, S. 22) – aber auch eine Weichenstellung zugunsten weicher, regenerativer Energien und des Vorrangs einer ausgeprägten „Sicherheitskultur" vor ökonomischen Zielen sind Folgen dieses Wandels: »*Ohne den Schutz der natürlichen Lebensgrundlagen gibt es keine Freiheit und keine Lebensperspektiven. Gesundes Leben, gesunde Ernährung und Arbeit ohne krankmachenden Lärm, Gift und Schadstoffe darf keine Frage des Geldbeutels sein*« (Grüne 2005, S. 22).

Auf Seiten der empirischen Risikowahrnehmungsforschung wurde im selben Zeitraum eine wachsende und schließlich kaum noch übersehbare Zahl an Prädiktoren zur Bestimmung der Akzeptabilität unterschiedlichster Risiken diskutiert und empirisch überprüft. Nachfolgend sollen fünf prominente Gruppen von **Prädiktoren für die Akzeptabilität von Risiken** vorgestellt und ihre Erklärungskraft für verschiedene Risiken diskutiert werden: das bereits vorgestellte psychometrische Paradigma, die Stigmatisierung von Risiken, Institutionenvertrauen bzw. die Beurteilung der institutionellen Performanz beim Risikomanagement, Wertorientierungen und die Frage der Sensibilisierung gegenüber bestimmten Risiken sowie ausgewählte soziodemografische Charakteristika, die auf besonders risikotolerante bzw. -aversive Personengruppen verweisen.

Als empirische Grundlage zur Abschätzung der Erklärungskraft dieser Prädiktorgruppen für die Risikoakzeptanz wird der Risikosurvey Baden-Württemberg herangezogen, eine Repräsentativerhebung von 1508 Personen, die im Frühjahr 2001 mit dem Ziel durchgeführt wurde, die oben beschriebenen fünf theoretischen Konzepte in einer gemeinsamen Studie hinsichtlich ihrer Wirkung auf die Risikowahrnehmung, -bewertung und -akzeptanz zu überprüfen (Zwick und Renn 2002).

6.3.1 Psychometrische Risikomerkmale

Eine erste Gruppe von Prädiktoren für die Bereitschaft, Risiken hinzunehmen – die wahrgenommenen bzw. zugeschriebenen Risikomerkmale – wurde bereits unter dem Thema „Risikobewertung" einge-führt (Kapitel 6.2). Die empirische Risikoforschung hat gezeigt, dass diese psychometrischen Charak-teristika besonders hohe Erklärungskraft für die Risikoakzeptanz annehmen. Entgegen allen Erwar-tungen spielt dabei jedoch weniger der Grad der persönlichen Bedrohtheit die entscheidende Rolle, sondern vermutete gesellschaftliche Schadensas-pekte. Von keiner anderen Einzelvariable war in unserem **Risikosurvey** die Akzeptabilität eines Ri-sikos so stark abhängig wie vom vermuteten Ka-tastrophenpotenzial. Die Korrelationen zwischen der Risikoakzeptanz und dem wahrgenommenen Katastrophenpotenzial rangieren für die in Ab-bildung 6.1 dargestellten Risikoquellen zwischen $r = 0,40$ und $r = 0,62$. Die Analysen zeigen aber auch, dass die Laienöffentlichkeit die qualitativen Risikomerkmale oftmals zu einem bilanzierenden Urteil zusammenfügt und davon die Akzeptabilität eines Risikos abhängig macht. Bei extern zugemute-ten, z. B. technischen oder zivilisatorischen Risiken

spielen dabei neben dem Schadensausmaß bzw. Ka-tastrophenpotenzial die erwarteten Nutzenpotenzi-ale eine besondere Rolle. Solche Bilanzurteile haben zur Folge, dass Risiken, die in der Wahrnehmung der Öffentlichkeit hohe Schadenspotenziale oder gar ein hohes Katastrophenpotenzial bergen, nicht notwendigerweise verworfen werden. Entscheidend ist vielmehr, ob diesen Schadenspotenzialen kon-krete Nutzenerwartungen gegengerechnet werden oder nicht.

Ein Beispiel für das Zusammenspiel verschie-dener Risikomerkmale zu empirischen Risiko-semantiken sehen wir in Abbildung 6.1. In den Risikosurvey Baden-Württemberg fanden neben verschiedenartigen Risikoquellen – Genfood, Mas-sentierhaltung mit inhärentem BSE-Risiko, moto-risierter Individualverkehr als Mitverursacher des Klimawandels, Kernenergie und Mobilfunk – auch eine Reihe psychometrischer Risikomerkmale Ein-gang. Abbildung 6.1 zeigt das Ergebnis einer Kor-respondenzanalyse, bei dem die genannten Risiken

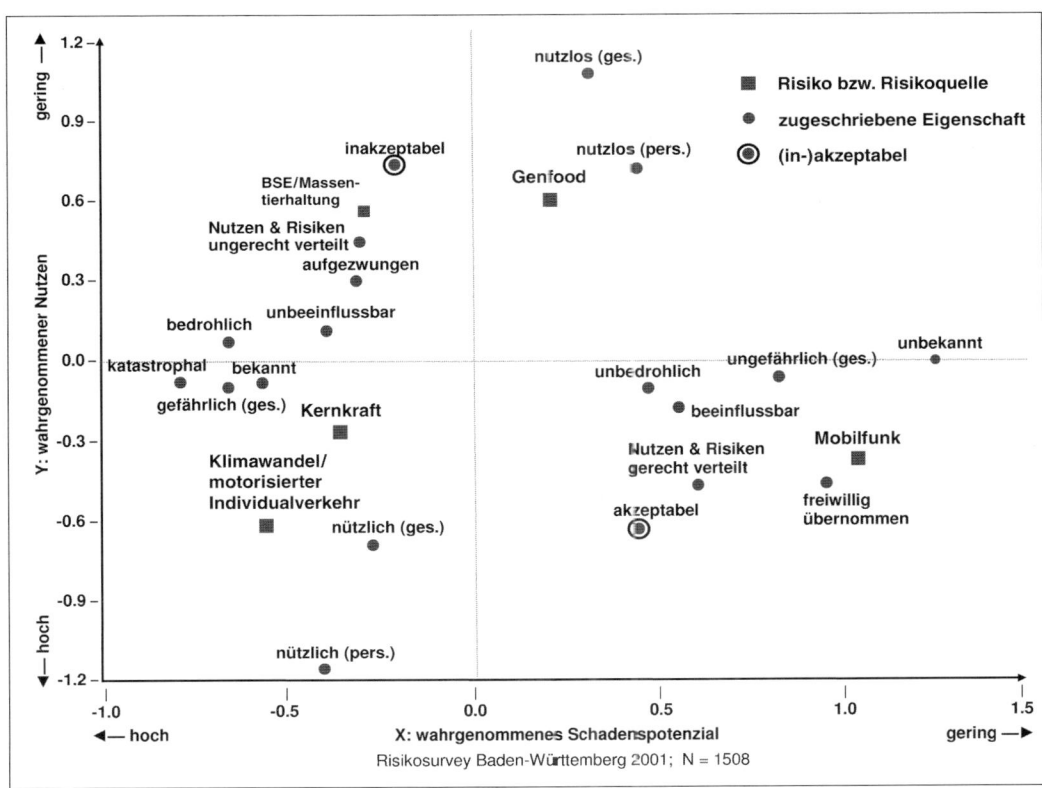

Abb. 6.1 Risikosemantik – eine Korrespondenzanalyse.

6

im kartesischen Raum zusammen mit den korrespondierenden psychometrischen Charakteristika dargestellt sind: Je näher eine Eigenschaft an einer Risikoquelle platziert ist, desto stärker wird die betreffende Risikoquelle mit der jeweiligen Eigenschaft assoziiert. Die Abszisse repräsentiert die „Magnitude", also das Ausmaß möglicher Schäden. Risiken mit großem Schadenspotenzial, allen voran Kernkraft und der globale Klimawandel, finden sich auf der linken Seite, die Mobilfunkrisiken auf der rechten. Die Ordinate ist hingegen besonders stark mit dem erwarteten Nutzen assoziiert, wobei jene Risikoquellen, bei denen die Öffentlichkeit besonders große Nutzenpotenziale sieht – etwa in der Energieversorgung mittels Kernkraft oder im motorisierten Individualverkehr, einem der Mitverursacher des globalen Klimawandels – im unteren Teil der Grafik zu finden sind. Genfood und die mit dem BSE-Risiko verbundene Massentierhaltung werden hingegen als weitgehend nutz- und sinnlos wahrgenommen und im oberen Teil der Grafik platziert.

Das auf den ersten Blick etwas unübersichtliche Bild lässt sich bei genauer Betrachtung einfach interpretieren: Zunächst das „gute Risiko" Mobilfunk: Er wird als persönlich wenig bedrohlich und hinsichtlich seiner gesellschaftlichen Auswirkungen als weitgehend ungefährliches und freiwillig übernommenes, beeinflussbares Risiko wahrgenommen, dessen Nutzen- und Schadenspotenziale als weitgehend gerecht verteilt erlebt werden, über dessen Gefährdungspotenziale aber Unsicherheit herrscht. Unter den in Abbildung 6.1 aufgeführten Risikoquellen erscheint der Mobilfunk den Befragten als besonders akzeptabel.

In ein weitaus ungünstigeres Licht werden hingegen die Massentierhaltung mit dem assoziierten BSE-Risiko und Genfood gerückt. Mit beiden verbinden die Befragten geringe persönliche und gesellschaftliche Nutzenerwartungen. Die Nutzen- und Riskopotenziale werden in beiden Fällen, vor allem aber bei der Massentierhaltung als ungerecht verteilt und aufgezwungen wahrgenommen, woraus trotz vergleichsweise moderater Schadenspotenziale eine besonders geringe Risikoakzeptanz resultiert.

Anders verhält es sich mit den beiden verbleibenden Risiken Klimawandel und Kernenergie. Hier treffen hohe Nutzen- und Bedrohungspotenziale zusammen. Beide Risiken werden als altbekannt und für Mensch und Gesellschaft gleichermaßen nützlich wie bedrohlich angesehen, mit der Folge einer moderaten Risikoakzeptanz.

Die Korrespondenzanalyse demonstriert eindrucksvoll, wie facettenreich sich die Risikowahr-nehmung in der Öffentlichkeit gestaltet, aber auch, auf welch komplexen Bilanzierungsprozessen die Risikoakzeptanz fußt. Die Wahrnehmung geringer Schadenspotenziale darf, wie am Beispiel von BSE oder Genfood ersichtlich, nicht als Freibrief missverstanden werden. Unter sonst negativ eingeschätzten Begleitumständen – etwa geringen Nutzenerwartungen und problematischer gesellschaftlicher Allokation von Nutzen und Risiken – kann es gleichwohl zu ausgeprägten Ressentiments gegenüber einer Risikoquelle kommen. Umgekehrt zeigt sich an den Risiken des globalen Klimawandels und der Kernenergienutzung, dass hohe Schadenspotenziale kein Verdikt sein müssen. Vor allem dann, wenn diesen hohe Nutzenpotenziale entgegengehalten werden, steigt die Bereitschaft in der Öffentlichkeit, ein Risiko hinzunehmen.

In den nachfolgenden Abschnitten werden die wichtigsten „Schulen" der Risikowahrnehmungsforschung vorgestellt und die daraus hervorgegangenen Prädiktoren hinsichtlich ihrer Erklärungskraft für die Akzeptabilität von Risiken diskutiert.

6.3.2 Soziodemographische Charakteristika

Der Versuch, die Akzeptabilität von Risiken anhand soziodemographischer Merkmale zu erklären, knüpft an die Vorstellung des *Homo sociologicus* an, die auf Ralf Dahrendorf (1958) zurückgeht. In ihren Orientierungen und ihrem Handeln folgen die Menschen nach Dahrendorf im Wesentlichen erlernten Vorgaben – **Normen, Werten und Rollenerwartungen** aus der sie umgebenden Gesellschaft und ihren Institutionen. Eine adäquate Sozialisation vorausgesetzt, seien die Akteure um norm- und rollenkonformes Verhalten bemüht. Dieses Modell des *Homo sociologicus* stellt die Grundlage für die sogenannte Variablen-Soziologie dar. Dabei verweisen Variablen wie Alter, Geschlecht, Bildung, konfessionelle Zugehörigkeit, Familienstand, Kinderzahl, Berufsgruppe und -prestige, Einkommen etc. auf die Affinität zu bzw. Mitgliedschaft in gesellschaftlichen (Groß-)Gruppen. Dies erklärt die Tendenz, institutionelle Interessen, Normen und Werte zu übernehmen und zur Grundlage eigenen Entscheidens und Handelns zu machen. Unter der Bedingung, dass »*diese sozialen Kontexte tatsächlich bruchlos auf das Handeln einwirken, ... reicht ... die valide Erhebung solcher Variablen, um das Handeln der Menschen vorhersagen und die „Varianz" ihres Handelns „erklären" zu können*« (Esser 1999, S. 233).

Kasten 6.3

Zur Erklärungskraft soziodemographischer Merkmale

In den 1960er- und 1970er-Jahren erwies sich die Variablen-Soziologie noch als durchaus erklärungskräftig, wenn es galt, verschiedenste Attitüden aus soziodemographischen Variablen abzuleiten. Damals besaßen gesellschaftliche Großgruppen wie beispielsweise Parteien, Gewerkschaften, die „Arbeiterklasse" oder die beiden Amtskirchen infolge ihrer Mitgliederstärke und Deutungsmacht maßgebliche Orientierungskraft. Dementsprechend waren seinerzeit allein mithilfe soziodemographischer Merkmale durchaus 10 % oder mehr Varianzaufklärung für individuelle Einstellungen zu erzielen.

Doch die Zeiten haben sich grundlegend gewandelt. Gesellschaftliche Modernisierungs- und vor allem die von Ulrich Beck (1986) beschriebenen **Individualisierungs- und Enttraditionalisierungsprozesse** haben viele dieser Großgruppen, aber auch jene Institutionen, die vielen als „tragende Säulen der bürgerlichen Gesellschaft" gelten, in die Krise getrieben, zu teilweise massivem Mitgliederschwund und zur Schwächung ihrer gesellschaftlichen Deutungsmacht geführt (Zwick 1998, S. 3). Mit dem Verlust kollektiv verbindlicher Orientierungen sind stattdessen die individuellen Handlungs- und Gestaltungsspielräume der Menschen angewachsen. Aufgrund der »Modernisierung der Gesellschaft werden einfache Erklärungen des Handelns als bloße Befolgungen von Normen oder sozial geprägten Einstellungen immer schwieriger. Das von ... Normen und ... Einstellungen abweichende Verhalten ist eher der Normalfall als eine Ausnahme oder Anomalie« (Esser 1999, S. 233–234).

Aus den genannten Gründen entfalten soziodemographische Merkmale in jüngeren Studien zur Wahrnehmung und Akzeptanz von Technologien und ihren Risiken nur noch (sehr) schwache Erklärungskraft (Scheuch 1990, S. 113–114). Allenfalls Geschlecht – Männer zeigen sich im Allgemeinen etwas toleranter gegenüber Technik und (ihren) Risiken als Frauen – und Region – aufgrund des Wunsches nach nachholender Modernisierung zeigt man sich im Osten der Republik etwas aufgeschlossener gegenüber Technik und (ihren) Risiken als im Westen – erzielen eine, wenn auch schwache, Varianzaufklärung, die in der Größenordnung von etwa 3 % liegt (Renn und Zwick 1997, S. 45). Auch im Risikosurvey erwiesen sich die überprüften soziodemographischen Variablen als zu schwach, um sich in multivariaten Modellen bei der Erklärung der Risikoakzeptanz gegen konkurrierende Prädiktoren durchsetzen zu können. Lediglich beim BSE-Risiko zeigte sich – möglicherweise aus Gründen der eigenen Interessenslage, vielleicht aber auch infolge einer gewissen „Betriebsblindheit" – die Gruppe der Landwirte als geringfügig risikotoleranter als andere Befragte (Zwick 2002b, S. 94).

Dieter Fuchs, der zu Beginn der 1990er-Jahre zu ähnlich enttäuschenden Befunden gelangte, sieht infolge der beschriebenen Desinstitutionalisierungsprozesse auch eine Verschiebung der dominanten gesellschaftlichen Konfliktlinie und folgert: »Die neue politische Konfliktlinie gründet nicht in gleicher Weise wie die alte in sozialstrukturell verankerten Gruppenkonflikten, sondern vor allem in Wertkonflikten. Sie wird deshalb als ein Wertcleavage bezeichnet« (Fuchs 1991, S. 6). Ob sich persönliche Wertorientierungen für die Bereitschaft zur Hinnahme von Risiken tatsächlich als erklärungskräftiger erweisen als soziodemographische Variablen, soll im nächsten Abschnitt untersucht werden.

6.3.3 Normative Konzepte

Um die offensichtlichen Defizite der sogenannten Variablen-Soziologie und ihre Erklärungsschwäche auszugleichen, ist ein konkurrierendes Denkmodell eingeführt worden, bei dem kulturelle Prototypen zur Steuerung des Risikowahrnehmungsprozesses entwickelt wurden. Die Risikowahrnehmungsforschung hat verschiedene solcher normative Konzepte aufgegriffen und bezüglich ihres Einflusses auf die Bereitschaft, Risiken zu tolerieren, getestet. Nachfolgend werden drei dieser Ansätze vorgestellt, wobei auf theoretische und technische Details aus Raumgründen verzichtet werden muss.

Die *Cultural Theory*

Eine der ersten, einflussreichsten und bis heute viel zitierten Studien geht auf die Sozialanthropologin Mary Douglas (1966) zurück. Ausgehend von ihren Beobachtungen zur Risikowahrnehmung und zum risikobezogenen Verhalten in afrikanischen Kulturen, formulierte sie in den 1960er-Jahren eine funktionalistische Theorie über den Einfluss gesellschaftlich dominanter Strukturen auf Weltbilder. In den 1980er-Jahren entwickelte sie diesen Ansatz zusammen mit Aaron Wildavsky weiter zur sogenannten „Kulturtheorie des Risikos".

Für Mary Douglas und Aaron Wildavsky ging es darum, das ethnologische Material zu systematisieren und daraus Archetypen mit je charakteristischer Risikowahrnehmung zu gewinnen (Kasten 6.4). Den Autoren schien es plausibel, die aus den beiden Dimensionen *Grid* und *Group* aufgespannte Vier-Felder-Tafel mit je einem universellen kulturellen Muster zu füllen, wobei unter *Grid* die Rigidität der sozialen Ordnung und die damit korrespondierenden Restriktionen der Handlungsfreiheit zu verstehen sind und unter *Group* das Maß der Sozialintegration. Geringe Handlungsrestriktionen (*Grid*) und geringe Sozialintegration (*Group*) korrespondieren mit dem kulturellen Kontext des **Marktindividualismus**. Rayner (1992) zufolge ist der Marktindividualismus das für moderne westliche Gesellschaften prägende kulturelle Modell. Es dreht sich um wirtschaftsliberal motivierte Freiheiten autonomer Individuen, die im Zustand steter Konkurrenzbeziehungen als rationale Akteure an ihrer Nutzenmaximierung orientiert sind. »*Risiken sind in diesem Modell vor allem Chancen, nichtintendierte Nebenfolgen des individuellen Handeln durch wissenschaftlich-technischen Fortschritt behebbar*« (Kropp 2002, S. 80).

Hohe *Grid-* und *Group-Scores* markieren den zweiten, mit westlichen Gesellschaften hochgradig assoziierten Typus, nämlich **Hierarchie**. Das organisatorische Pendant zu hierarchisch geprägten Kulturen sind Bürokratien, von welchen in einem universellen Ausmaß die Gestaltung und Regulierung des privaten und öffentlichen Lebens erwartet wird. Angefangen von der Sozialisierung und Einpassung der Individuen in die gesellschaftlichen Erfordernisse über die Herstellung gemeinsam geteilter Werte und sozialer Integration, die gerechte Allokation von Gütern bis hin zur Regulierung und Kontrolle von Risiken. Da in derartigen Kontexten auch die Verantwortung für Risiken als administrative Aufgabe verstanden wird, kann die Aufgabe des Risikomanagements an Experten delegiert werden, deren Autorität unangefochten ist (Kropp 2002, S. 80).

Kulturen, für die niedrige *Grid-* und hohe *Group-*Werte charakteristisch sind, werden in der *Cultural Theory* als egalitär bezeichnet. Da **egalitäre Orientierungen** in den gegenwärtigen Industriegesellschaften eine eher randständige Rolle spielen, sind entsprechende Gruppierungen und Moralunternehmer – etwa neue soziale Bewegungen, Umweltgruppen, Anti-Kernkraft- oder Friedensaktivisten, grüne Parteien, NGOs etc. – einem erhöhten Druck zur Integration ihrer Mitglieder ausgesetzt. Diesem wird der *Cultural Theory* zufolge mit der Dramatisierung von Risiken und Angstkommunikation begegnet, wobei vor allem Risiken der sozialen Sicherung, anthropogen verursachte Umweltrisiken und Gefährdungen durch großtechnische Anlagen mobilisiert werden. In sozialen Feldern mit egalitärem Gepräge

---

━━ **Kasten 6.4** ━━

Wovor sollen wir Angst haben?

Die **Kulturtheorie des Risikos** basiert auf der Grundannahme, dass Konflikte um Risiken weder primär vom Wissen über „objektive" Gefährdungen noch vom technischen Wissen über Risikoquellen abhängen, sondern auf die Selektion verfügbarer, soziokulturell geprägter Deutungsmuster zurückzuführen seien. Aufgrund welcher Deutungsmuster es zur Sensibilisierung gegenüber welchen Risiken kommt, hänge von der jeweils vorherrschenden Sozialstruktur und ihren Bestandsinteressen ab. Die forschungsleitende Prämisse lautet, »*dass jede Gesellschaftsform ihre eigene Sichtweise der natürlichen Umwelt hervorbringt, ... die ihre Auswahl aufmerksamkeitsrelevanter Gefahren*

beeinflusst ... Jede Form des sozialen Lebens hat ihre eigene typische Risikostruktur. Gemeinsame Werte führen zu gemeinsamen Ängsten ... Diese kulturelle Voreingenommenheit ist ein integraler Bestandteil jeder sozialen Organisation« (Douglas und Wildavsky 1993, S. 120–121). **Risiken werden hier als kollektive soziale Konstrukte** eingeführt: »*Die Art der Gesellschaft erzeugt die ... Besorgnis auf einzelne Gefahren*« (Douglas und Wildavsky 1993, S. 119). Die kulturelle Prägung bewirkt, dass Menschen dazu tendieren, sich vor solchen Dingen zu fürchten, die hinsichtlich der Aufrechterhaltung ihres Lebensstils bzw. ihrer Kultur prekär sind (Wildavsky 1993, S. 195).

wird meist ein prägnanter Natur-Kultur-Gegensatz vertreten, wobei die gute, unschuldige Natur, aber auch die „kleinen Leute" durch die Auswüchse einer wachstumsorientierten Wirtschaft in ihrer Existenz bedroht werden. Infolge eines tiefen Misstrauens gegenüber konventionellen politischen und ökonomischen Institutionen wird als Ausweg eine partizipatorische Neuorientierung von Politik proklamiert, die auf eine konsensuelle Regulierung jener prekären Markt-, Technik- und Naturverhältnisse abzielt.

Bleiben Kulturen mit fatalistischem Gepräge: **Fatalistische Kulturen** sind durch hohe *Grid*- und niedrige *Group*-Werte charakterisiert. Dieses für westliche Gesellschaften gleichfalls randständige Deutungsmuster sieht sich – bar jedes institutionellen Vertrauens und eigener Gestaltungsmöglichkeiten – Risiken gegenüber weitgehend hilflos ausgeliefert. Schadensereignisse werden dementsprechend als weder vorhersehbare noch vermeidbare Schicksalsschläge erlebt.

Entsprechend ihrer ethnologischen und anthropologischen Forschungstradition, hat die *Cultural Theory* **Risikowahrnehmung nicht als individuelles, sondern als kollektives Konstrukt** zum Gegenstand. »*Methodological individualism that extrapolates from individual behavior to social action has no place in cultural analysis*« (Rayner 1992, S. 86). Entsprechend der Überzeugung, dass Einstellungen und Handeln durch die gruppenspezifische Geltung von Normen und Werten beeinflusst werden – hierfür wird der Terminus *cultural bias* verwendet – favorisiert die *Cultural Theory* Aggregatdatenanalysen, die an andere Konzepte der Risikowahrnehmungsforschung allerdings nicht anschlussfähig sind.

Es ist das Verdienst von Karl Dake (1992), die Kulturtheorie operationalisiert und sie so für den Einsatz in Umfragen verwendbar gemacht zu haben. In den Risikosurvey fand eine sieben Items umfassende Fragebatterie Eingang, die zwischen drei Typen diskriminiert: *Egalitarians*, *Individualists* und *Hierarchists* (Zwick 2002b, S. 63).

Aus der Beschreibung der Typen lässt sich ableiten, dass Egalitaristen aufgrund ihres Misstrauens gegenüber Experten, Anlagenbetreibern und Institutionen des Risikomanagements vor allem gegenüber Risiken aus technischen Anlagen sensibilisiert und zurückweisend reagieren werden. Von Hierarchisten wird eine deutlich moderatere Risikoakzeptanz erwartet, und zwar vor allem bei solchen Risiken, die als institutionell ausreichend kontrolliert gelten. Entsprechend dem Motto „*no risk, no gain*" erwarten wir das höchste Maß an Akzeptanz gegenüber technischen Risiken unter den Marktindividualisten.

Ingleharts postmaterialistisches Wertwandeltheorem

Die zweite, gleichfalls sehr prominent gewordene Typologie geht auf den amerikanischen Politologen Ronald Inglehart (1977) zurück. Sein Verdienst war es, als erster eine plausible Erklärung für die Studentenunruhen der späten 1960er-Jahre angeboten zu haben. Seiner Ansicht nach sind die Studentenunruhen einem postmaterialistischen **Wertewandel** geschuldet, der in den meisten westlichen Industrienationen zu einer *silent revolution* geführt habe: Die junge, im Nachkriegswirtschaftswunder aufgewachsene Generation habe seinerzeit Politik, Wirtschaft und Gesellschaft an neuen, postmaterialistischen Werten gemessen und sei – allen ökonomischen und sozialpolitischen Errungenschaften des Wirtschaftswunders zum Trotz – zu einem vernichtenden Urteil gelangt. Ingleharts Ansatz fußt auf vier Hypothesen:

(1) Werte werden – entsprechend dem aus der Ökonomie bekannten Grenznutzentheorem – über knappe Güter definiert.

(2) Mithilfe der sogenannten Sozialisationshypothese geht Inglehart davon aus, dass Menschen in verschiedenen Lebensphasen unterschiedlich sensibel sind für die Übernahme von Werten. Für die von ihm untersuchten politischen Werthaltungen vermutet Inglehart die Phase der Adoleszenz als besonders prägende Zeit. Er bezeichnet den Lebensabschnitt, der etwa vom 14. bis zum 20. Lebensjahr reicht, als *formative years*. Zum Wert erhoben wird – so will es die Theorie – was in der Adoleszenz als knapp erlebt wurde. Diese Werte werden nach Inglehart ein Leben lang beibehalten.

(3) Unter Rückgriff auf den Psychologen Abraham Maslow geht Inglehart davon aus, dass es eine „natürliche" Abfolge von Werten gibt, wobei er Maslows Bedürfnishierarchie als Abfolge von Werten umdeutet: Nur diejenigen Personen, bei welchen die Befriedigung der basalen materiellen und Sicherheitsbedürfnisse auf hohem Niveau sichergestellt ist, werden „höherwertige", partizipative, intellektuell-ästhetische, an Lebensqualität und Selbstverwirklichung orientierte Werte verinnerlichen. Inglehart bezeichnet diese als „postmaterialistisch". Die Werte spiegeln auf diese Weise die zur Zeit der Adoleszenz vorherrschenden sozioökonomischen Bedingungen wider.

(4) Schließlich integriert Inglehart die Generationsfolge-These von Karl Mannheim in seine Theorie. Diese geht von der Existenz verschie-

dener Alterskohorten in der Gesellschaft aus, die durch unterschiedliche „kollektive historische Erfahrungen" geprägt sind. Durch das sukzessive „Absterben" der Kriegsgeneration, also Menschen, die aufgrund der spezifischen Sozialisationsbedingungen in ihrer Adoleszenz materialistische Werte übernommen haben, und dem kontinuierlichen Nachrücken von Alterskohorten, die in der Wohlstandsphase der Nachkriegsepoche sozialisiert wurden, kommt es zu einem schleichenden, in seiner Konsequenz jedoch radikalen Austausch von materialistischen durch postmaterialistische Werte.

Das theoretische Konzept Ingleharts, seine Engführung auf politische Werte, vor allem aber seine Operationalisierung haben zu heftiger Kritik und bis heute andauernden Kontroversen Anlass gegeben (Alheit et al. 1994, 4.1), die der Beliebtheit des Konzepts aber keinen Abbruch getan haben.

Die Wertorientierungsmuster von Zwick

Die Unzufriedenheit mit den Konzepten von Douglas bzw. Dake und Inglehart – beide erwiesen sich empirisch für die „Erklärung" der Bereitschaft, Risiken hinzunehmen als nicht brauchbar – motivierte zur Konstruktion neuer Skalen für Wertorientierungen. Anders als Inglehart wählte Zwick (1997) für die Skalenkonstruktion ein induktives Vorgehen entsprechend den Vorgaben gegenstandsbezogener Theoriebildung (Strauss und Corbin 1998).

Mit einem *Sample* von 48 heterogen zusammengesetzten Personen wurden Leitfadeninterviews durchgeführt. Die Auswertung des Datenmaterials zielte auf normative Dispositionen positiver Valenz: Was empfinden die Gesprächspartner als wünschenswert, schön, wertvoll, erstrebenswert; was wird von ihnen als positiv oder wichtig wahrgenommen? Auf welchen Lebensbereich – Arbeit, Freizeit, Familie, Genusserleben etc. – sich die Werte erstrecken, wurde im Gegensatz zu Inglehart dabei bewusst offen gehalten.

Bei der Sichtung des Datenmaterials wurde klar, dass Wertorientierungen in aller Regel mehrdimensional angelegt sind. Es fanden sich wiederholt Konfigurationen von miteinander auftretenden Werten – etwa wirtschaftsliberale, aufstiegsorientierte und technokratische Orientierungen – die sich im qualitativen Material über wiederkehrende Motive identifizieren ließen. Die Typologie umfasst insgesamt sechs Skalen für Wertorientierungen (Zwick 1999):

- technokratisch-liberale Aufstiegsorientierte (TECH),
- die Protagonisten eines asketisch-konservativen, gehobenen Lebensstils (ASKO),
- die Gruppe der lebensfrohen, pragmatischen Realisten (REAL),
- Menschen mit konventionell-bürgerlichen Orientierungen (KOBU),
- die Gruppe der modernisierten, genussorientierten Individualisten (INGE),
- Menschen mit modernisierungsskeptischem, kulturpessimistisch-alternativem Weltbild (KALT).

Nachfolgend sollen nur jene beiden Typen ausführlicher dargestellt werden, die aus theoretischer und empirischer Sicht eine prononcierte Haltung gegenüber Risiken einnehmen: TECH und KALT.

Technokratisch-liberalen Aufstiegsorientierten geht es um Erfolg, sozialen Aufstieg und Macht. Ihre Protagonisten geben sich progressiv und zukunftsoptimistisch. Sie vertreten eine klar positive Orientierung gegenüber Technologien, die sie zur Problemlösung instrumentalisieren. Aber auch Risiken werden für diesen Personenkreis, in dem sich viele Marktindividualisten verbergen, als ein geeignetes Mittel zur Zielerreichung angesehen. Schließlich kann erwartet werden, dass sie mit dem politischen und ökonomischen System der bundesdeutschen Gegenwartsgesellschaft konform gehen, deren marktwirtschaftliche Grundprinzipien ihnen zur Zielerreichung adäquat erscheinen. Die TECH-Skala umfasst die vier Dimensionen „liberalistische Aufstiegsorientierung", „meritokratische Erfolgs- und Genussorientierung", „Fortschrittsoptimismus" und „technokratischer Mitteleinsatz" (Zwick 2002b, S. 59–60).

Hinter den **modernisierungsskeptischen, kulturpessimistischen Alternativen** verbirgt sich ein Teil des atheistisch eingestellten, vorwiegend in Humandienstleistungsberufen beschäftigten, urbanen Bildungsbürgertums. Man erstrebt eine postmaterialistische Selbstverwirklichung und pflegt egalitäre, emanzipatorische und partizipative Werte. Inhaltlich geht es um Modernisierungskritik, moralischen Skeptizismus und um Sicherheit. Der Schutz von Natur, Gesundheit und Leben, aber auch sozialpolitische Sicherheiten genießen einen hohen Stellenwert. Häufig wird eine pointierte Wachstums- und Technokratiekritik vorgetragen, Verzichtsethik und ein radikales politisches Umdenken propagiert. Die besonders charakteristischen Dimensionen „kosmopolitischer Idealismus", „Kulturpessimismus", „multikultureller Egalitarismus" und „ökologische Konsumkritik" bilden das Fundament der Skala.

6

Kasten 6.5

Wertorientierungen und Technikakzeptanz

Als Repräsentanten sogenannter „distaler" Prädiktoren mit erheblicher semantischer Ferne zur Risikobewertung und -akzeptanz, haben es normative Konzepte wie kulturelle Biases, Wertorientierungen und Lebensstilmuster naturgemäß schwer, nennenswerte Erklärungskraft zu entfalten. Lediglich solche Personen, die eine besondere Affinität zu technokratischen, wirtschaftsliberalen und aufstiegsorientierten Werten zeigen, erweisen sich als besonders risikotolerant, wohingegen Protagonisten mit kulturpessimistischem, technokratiekritischem und alternativem Weltbild gegenüber all jenen Risiken Ressentiments äußern, die im Brennpunkt öffentlicher Debatten stehen und dabei mit gesellschaftlichen Werten „aufgeladen" werden.

Erwartungsgemäß sind es diese beiden Likert-Skalen, die moderat mit der Risikoakzeptanz assoziiert sind, und zwar TECH mit positivem und, noch stärker, KALT mit negativem Vorzeichen: Vor allem für die Akzeptanz extern zugemuteter Risiken, die politisiert und gesellschaftlich debattiert werden – Mobilfunk, Atomkraft, Genfood und Klimawandel – zeigt KALT Korrelationen zwischen r = –0,25 und –0,32.

6.3.4 Institutionenvertrauen

Als weiterer wichtiger Prädiktor für die Bewertung von Risiken wurde Vertrauen in die wirtschaftliche und politische, teilweise auch in die wissenschaftliche Elite identifiziert (Earle und Cvetkovich 1995, Slovic 2000a, b). Die Annahme scheint plausibel, dass vor allem dort, wo Gefährdungen als extern zugemutet wahrgenommen werden, nach Akteuren und Institutionen gesucht wird, die für die Sicherheit, Regulierung und Kontrolle von Risiken verantwortlich gemacht werden können. Bei Risiken, über die in der Öffentlichkeit große Unsicherheit und Verunsicherung herrscht, wird zu erwarten sein, dass auch die mit der Risikoexpertise und -kommunikation betrauten Institutionen – Wissenschaftler, Experten, Medien – in die Verantwortung genommen werden. Vertrauen ist an Verantwortlichkeit bzw. Verantwortungszuschreibung geknüpft.

Eine Funktion von Vertrauen ist, **Handlungs-** und **Orientierungssicherheit** auch dort zu gewährleisten, wo Situationen komplex und unübersichtlich sind. Auf diesen Gesichtspunkt der Komplexitätsreduktion durch Vertrauen hat Niklas Luhmann (2000) hingewiesen. Doch was ist Vertrauen, wie wird es erworben und verspielt? *»Die zahlreichen Publikationen zu Vertrauen machen ... deutlich, dass es keine einheitliche Sichtweise gibt. Nicht nur zwischen den Disziplinen, sondern auch innerhalb eines Forschungsfeldes existieren verschiedene Konzeptualisierungen von Vertrauen«* (Siegrist 2001, S. 3).

Die Psychologie definiert Vertrauen als ein Persönlichkeitsmerkmal. Dabei wird Vertrauen als *Confidence* bzw. generalisiertes Zutrauen verstanden: *»Gewisse Personen zeigen eine stärkere Neigung, Vertrauen zu schenken als andere Personen«* (Siegrist 2001, S. 28). Diese Vertrauensvorschüsse sind weitgehend voraussetzungslos, also kaum durch soziale Erfahrungen gedeckt. Im vorliegenden Datensatz wurde *Confidence* folgendermaßen operationalisiert: „Es gibt Menschen, die geben sehr viel Vertrauensvorschuss, andere sind sehr misstrauisch. Wie ist das bei Ihnen?" Die Befragten konnten ihre Meinung auf einer 7-stufigen Skala ausdrücken. Erwartungsgemäß variiert *Confidence* nur in sehr geringem Ausmaß mit der Bereitschaft, Risiken zu tolerieren (Zwick 2002b, S. 52).

Im Gegensatz dazu stellt sich »*„aktives Vertrauen" nur mit erheblichem Aufwand ein und muss wach gehalten werden«* (Giddens 1996, S. 319). Als „soziales Vertrauen" beruht es auf fortgesetzten Erfahrungen, die sich durch bestimmte Qualitäten auszeichnen – z. B. Glaubwürdigkeit, Ehrlichkeit, Zuverlässigkeit, Redlichkeit, Verantwortungsbewusstsein etc. (Giddens 1995, S. 48–49). Paul Slovic zufolge ist soziales Vertrauen stark asymmetrisch strukturiert: Es ist schwer und nur langfristig zu erwerben und kann schon bei einmaliger Enttäuschung nachhaltig zerstört werden.

Einen für die Risikowahrnehmungsforschung bedeutungsvollen Spezialfall aktiven Vertrauens stellt das spezifische Institutionenvertrauen dar. Zum einen deshalb, weil *»uns in manchen Zusammenhängen ... keine andere Entscheidung [bleibt], als uns zu entscheiden und uns dabei auf Expertenwissen zu stützen, das wir ganz unterschiedlichen Quellen entnommen haben«* (Giddens 1996, S. 321). Bei vielen neuen anthropogenen Risikoquellen, die zumeist sinnlich nicht wahrnehmbar sind, herrscht Unsicherheit vor. Die Öffentlichkeit ist dann in besonderer Weise auf wissenschaftliche Expertise, aber auch auf die Sorgfalt und das Verantwortungsbewusstsein von Konstrukteuren und Betreibern von Anlagen und schließlich auf Professionalität und Gewissenhaftigkeit von Akteuren im politisch-administrativen Sektor bei der Regulierung und Kontrolle von Risiken angewiesen. Zum anderen ist die Form der gesellschaftlichen Risikokommunikation asymmetrisch: Verglichen mit interpersonalen Sozialbeziehungen, vollzieht sich der Informationsaustausch zwischen Personen und Institutionen nach einem anderen Schema. Akteure werden oft nur sporadisch über Verlautbarungen oder medienvermittelt wahrgenommen oder bleiben gänzlich im Dunkeln. Wie also kann sich institutionelles Vertrauen entwickeln?

Institutionenvertrauen basiert auf einem mehrstufigen Prozess.

- Am Beginn steht die Frage, ob ein bestimmtes Risiko überhaupt einer institutionellen Regelung bedarf bzw. ob es von der Öffentlichkeit als von Institutionen überhaupt regulierbar angesehen wird. Bei freiwillig übernommenen und persönlich kontrollierbaren – z. B. Motorrad fahren –, vollständig kontingenten – z. B. Meteoriteneinschläge – oder globalen Risiken – z. B. Klimawandel – sind diese Bedingungen nur eingeschränkt oder gar nicht erfüllt.
- Die zweite Frage ist, welche Institutionen für das Risikomanagement verantwortlich gemacht werden. Der Risikosurvey bot diesbezüglich eine breite Auswahl, die von der Industrie über den Staat, die Wissenschaft, Medien und Umweltverbände bis zu „jedem selbst" und „niemandem" reichte. Für Risiken aus externen Technologien oder technischen Produkten werden in erster Linie die Industrie und in zweiter Linie die Politik als Hauptverantwortliche ausgemacht. Im Falle des Mobilfunks und der Gentechnik wird infolge der vorherrschenden Verunsicherung der Öffentlichkeit auch die Wissenschaft in den Kreis der Verantwortlichen einbezogen (Zwick 2002a, S. 24).
- Als aktives Vertrauen verstanden, basiert spezifisches Institutionenvertrauen auf der Wahrnehmung und Beurteilung der institutionellen Performanz bei Risikokommunikation und Risikomanagement. Institutionenvertrauen steht synonym für wahrgenommene Zufriedenheit. Performanz ist in diesem Modell kein objektives Leistungsmerkmal einer Institution, sondern ein soziales Konstrukt, das auf einem subjektiven Wahrnehmungs- und Zuschreibungsprozess fußt.

Nicht risikospezifisches oder technisches Detailwissen, sondern die subjektive Einschätzung der Leistungsfähigkeit von Institutionen entscheidet darüber, wie Risiken eingeschätzt werden.

- Mit Blick auf das Risikomanagement gilt es sodann festzulegen, welche spezifischen Aufgaben von den einzelnen Institutionen erwartet werden und wie die institutionelle Performanz gemessen wird.
- Schließlich kann das Ausmaß an Vertrauen gegenüber den als verantwortlich erachteten Institutionen über den Grad der Zufriedenheit mit der Erfüllung dieser spezifischen Aufgaben ermittelt werden.

Aus empirischer Sicht offenbaren sich erhebliche Glaubwürdigkeits- (Zwick und Renn 1998, S. 47) und Vertrauensdefizite gegenüber den beiden hauptverantwortlichen Institutionen Industrie und Politik (Zwick 2002a, S. 25).

Vor allem bei den beiden Risiken, über die in der Öffentlichkeit große Unsicherheit und **Verunsicherung** besteht – Genfood und Mobilfunk – zeigen sich erhebliche Einflüsse des Institutionenvertrauens auf die Risikoakzeptanz. Die Varianzerklärung der Akzeptanz rangiert bei diesen beiden Risiken zwischen 14 % und 24 %. Beim Klimawandel, dessen Regulierung durch nationale Institutionen kaum erwartet wird, und für BSE, einem bereits als reguliert wahrgenommenen Risiko, beläuft sich die Erklärungskraft des Institutionenvertrauens für die Risikoakzeptanz auf 5,5 bis etwa 8,5 %. Neben den psychometrischen Risikomerkmalen stellt Institutionenvertrauen damit die zweitbeste Gruppe von Prädiktoren dar.

Michael Siegrist (2001) hat darauf hingewiesen, dass die besondere Wirkungsweise von Institutionenvertrauen darin besteht, dass sich Vertrauen als intervenierende Variable zwischen die wahrgenommenen Schadenspotenziale und die Risikoakzeptanz schiebt: Unter der Bedingung hohen Vertrauens in das Risikomanagement müssen hohe Schadenspotenziale kein Verdikt für die Risikoakzeptanz darstellen. Bei einem Vergleich der öffentlichen Wahrnehmung der Kernenergienutzung in Frankreich und den USA haben Paul Slovic und seine Arbeitsgruppe empirisch nachgewiesen, dass Kernkraftwerke in beiden Ländern als nahezu gleich gefährlich wahrgenommen werden. Gleichwohl fällt die Akzeptanz der Kernenergie in Frankreich bedeutend höher aus als in den USA, ein Umstand, den die Wissenschaftler vor allem dem Betrieb der französischen Kernkraftwerke unter staatlicher Regie und einer spezifischen „paternalistischen" po-

6

litischen Kultur zuschreiben. Im Gegensatz zu den USA sei diese Gemengelage dem institutionellen Vertrauen förderlich und wirke positiv auf die Akzeptanz französischer Kernkraftwerke zurück (Slovic et al. 2000a, S. 98–99).

6.3.5 Die Stigmatisierung von Risiken

In der Literatur ist wiederholt auf die Bedeutung von Emotionen für die Risikobewertung und -akzeptanz hingewiesen worden (Slovic 2000b, Slovic et al. 2003). Ein mögliches theoretisches Konzept zur Einbindung von **Emotionen** in die Risikowahrnehmung ist die Stigmatheorie des Risikos (Satterfield et al. 1998, Flynn et al. 2001).

Zu Stigmatisierungsprozessen kann es kommen, wenn Technologien, Produkte oder Orte durch bestimmte Eigenschaften als übermäßig gefährlich, als Ekel erregend oder abscheulich angesehen werden. Die zuletzt genannten Attribute sind deshalb von besonderer Bedeutung, weil sie helfen können, Diskrepanzen der Risikobewertung zwischen **Laien** und **Experten** zu erklären, die bei stigmatisierten Risiken in aller Regel besonders ausgeprägt sind. Dazu ein Beispiel: In Deutschland kam es in der zweiten Jahreshälfte 2000 durch Tiermehlverfütterung zur sogenannten BSE-Krise. Auch wenn nach Expertenmeinung das Risiko, durch BSE-Fleisch an der neuen Variante der Creutzfeldt-Jakob-Krankheit (vCJD) zu erkranken, in Deutschland ausgesprochen gering ist – bis heute ist, trotz bundesweiter

Meldepflicht, kein einziger derartiger vCJD-Fall bekannt geworden (Robert Koch Institut 2005); Experten rechnen mit »*maximal sechs Fällen von vCJD bis 2040*« (Bhakdi und Bohl 2002) – löste BSE heftige gesellschaftliche Reaktionen aus. Im Verlauf der BSE-Krise brach der Rindfleischkonsum zeitweise auf 20 % ein (Generalanzeiger 2001), was nicht nur auf die Schrecklichkeit des Risikos zurückgeführt werden kann, sondern auch auf die als Ekel erregend empfundene Vorstellung der Verfütterung von Tierkadavern, auf die massenmediale Moralisierung und die Skandalisierung des Themas.

Das Beispiel BSE eignet sich sehr gut, um den breiten Kontext zu veranschaulichen, in den eine Risikoquelle eingebunden werden kann: Die Neigung zur Stigmatisierung variiert zunächst mit der wahrgenommenen **Schrecklichkeit** des Risikos, wenn also beispielsweise hohe Schadens- oder Katastrophenpotenziale vermutet werden, die starke Ängste auslösen: »*The source of the stigma is a hazard with characteristics, such as dread consequences and involuntary exposure, that typically contribute to high perceptions of risk*« (Gregory et al. 1995, S. 221–222). Aber auch Ereignisse im Umfeld von Risikoquellen – Störfälle, Skandale, misslungene Risikokommunikation oder Risikomanagement – können als Auslöser von Stigmatisierungsprozessen in Betracht kommen: »*This initial event sends a strong signal of abnormal risk ... Stigma is the outcome of widespread fears and perceptions of risk, lack of trust in management of technological hazards and concerns about the equitable distribution of the benefits and costs of technology*« (Gregory et al. 1995, S. 222). Schließlich werden Stigmatisierungsprozesse begünstigt, wenn

---

━━━ **Kasten 6.6** ━━━

Stigmatisierte Risiken

Bereits seit der Antike gilt Stigma als Ausdruck einer einseitig zugespitzten negativen Etikettierung aufgrund eines oder mehrerer sach- oder personenbezogener Merkmale. Dabei handelt es sich beim Prozess der Stigmatisierung in aller Regel nicht um ein Resultat von Bilanzierungsprozessen mit dem Ziel einer sachlich abgewogenen Urteilsfindung, sondern vielmehr um eine „kurzschlüssige", abwertende Generalisierung (Goffman 1975). Stigma ist das Resultat symbolischer Wahrnehmungs- und Bewertungsprozesse. Findet ein solcher Zuschreibungsprozess statt, dann hat dies weitreichende Folgen für den Umgang mit den je-

weiligen Merkmalsträgern. Stigmatisierung meint Deprivilegierung, Meidung und Ausgrenzung.

In den vergangenen beiden Jahrzehnten sind stigmatheoretische Ansätze auch verstärkt in der Risiko- und Techniksoziologie eingesetzt worden, etwa um die Frage zu beantworten, unter welchen Bedingungen technische Anlagen (etwa kerntechnische Anlagen), bestimmte Produkte (etwa Rindfleisch während der BSE-Krise) oder Orte (beispielsweise Siedlungen auf Sondermülldeponien) übermäßig negativ beurteilt werden, drastisch an Wert verlieren und gemieden werden (Gregory et al. 1995).

6

positive Erwartungen in Enttäuschung umschlagen bzw. sich das erwartete Nutzen-Risiko-Verhältnis drastisch verschlechtert. So demonstriert etwa eine Studie von Flynn, wie eine misslungene Image-kampagne für ein nukleares Endlager in Nevada zur Stigmatisierung des Projekts führte und weit reichende Folgen für seine Akzeptabilität in der Öffentlichkeit nach sich zog (Flynn 1992).

Stigmatisierungsprozessen geht hohes emotionales Engagement voraus. Im Gegensatz zu abgewogenen Bilanzurteilen gleichen Stigmatisierungsprozesse einem binären Codierungsschema: Entweder Person X stigmatisiert Objekt Y oder nicht. Es ist zu erwarten, dass es Personen gibt, die – aufgrund welcher Dispositionen auch immer – eher dazu neigen, affektiv zu reagieren und zu stigmatisieren, wohingegen furchtlose Naturen auch angesichts drastischer Skandale, Störfälle und Schäden eine nüchterne Risikowahrnehmung beibehalten.

Da in der modernen Welt viele Risiken sinnlich nicht wahrnehmbar sind, wird das emotionale Engagement, das Stigmatisierungsprozesse begleitet, zumeist durch **Medienberichterstattung** hervorgerufen. Schadensberichterstattung, Betroffenheits- und Katastrophenjournalismus können entsprechende emotionale Reaktionen in der Öffentlichkeit ebenso begünstigen, wie der Versuch, Vorgänge um Risiken zu moralisieren und zu skandalisieren. Dies macht die Stigmatheorie anschlussfähig zum Konzept der *Social Amplification of Risk* (Kasperson et al. 1988, Pidgeon et al. 2003).

Die massenmediale Themenkonjunktur erklärt auch die hohe Volatilität und die methodischen Probleme bei der empirischen Erforschung stigmatisierter Risiken. Die Durchführung von Surveys zur Risikowahrnehmung macht eine längerfristige Zeitplanung erforderlich, weswegen das Zusammenfallen der Feldarbeit mit der Phase der Stigmatisierung eines Risikos eher zufällig geschieht. Auch in unserem Survey erwies sich, trotz des Einsatzes verschiedener Operationalisierungen (Zwick 2002b, S. 42ff.), keines der untersuchten Risiken als stigmatisiert. Die Feldarbeit des Risikosurvey Baden-Württemberg fand im Frühjahr 2001 statt, und es zeigte sich, dass das BSE-Risiko zu diesem Zeitpunkt nicht mehr von Stigmatisierungsprozessen betroffen war (Generalanzeiger 2001).

Ungeachtet dieser Ergebnisse halten wir es für hoch plausibel, dass sich unter spezifischen Kontextbedingungen die Stigmatheorie sehr gut dazu eignen kann, die zeitweise oder dauerhafte Akzeptanzverweigerung von Risiko zu erklären. Für die Erforschung von Stigmatisierungsprozessen halten wir allerdings eher kleine und flexible Instrumente

für geeignet, wie etwa Befragungen, die bei Bedarf zeitnah und lokal durchgeführt werden können, oder aber qualitative Verfahren, die etwa am Meidungsverhalten von Orten, Produkten oder Anlagen ansetzen. Nicht zuletzt bliebe zu erklären, welche Faktoren dafür entscheidend sind, dass bestimmte Risikothemen in nur kurzer Zeit die gesellschaftliche Arena betreten, die Themenagenda der öffentlichen Debatte beherrschen und manchmal unverhofft wieder verschwinden.

6.3.6 Was macht Risiken akzeptabel? – Eine Zusammenfassung

Mit Blick auf den Risikosurvey Baden-Württemberg 2001 (ausführlicher Zwick 2002b, S. 94f.) kann festgehalten werden, dass sich aus empirischer Sicht die wahrgenommenen psychometrischen Risikomerkmale als erklärungskräftigste Prädiktoren für die Risikoakzeptanz erweisen. Multivariat ließen sich anhand psychometrischer Merkmale zwischen 13 % und 42 % der Varianz der Risikoakzeptanz erklären. Zwei Einschränkungen sind jedoch zu machen:

Erstens gilt die hohe Erklärungskraft des psychometrischen Paradigmas vor allem für **zugemutete Risiken**. Für die Akzeptabilität des freiwillig übernommenen Risikos des Rauchens hingegen fällt der Löwenanteil der Erklärungskraft auf eine „Persönlichkeitsdisposition": Dieses Risiko ist vor allem den Rauchern selbst akzeptabel. Es ist plausibel anzunehmen, dass auch die Akzeptanz anderer freiwillig übernommener Risiken – etwa Risikosportarten, Genuss- und Suchtmittelkonsum – stark von Persönlichkeitsdispositionen abhängt, weil Konsumenten, Nutzer und Anwender subjektiven Nutzen und hohe Kontrollüberzeugungen über die ihnen vertrauten Risikoquellen haben.

Zweitens lässt sich mit proximalen Prädiktoren wegen ihrer konzeptionellen und semantischen Nähe zur abhängigen Variable fast immer hohe empirische Erklärungskraft erzielen (Sjöberg 1997, S. 114). Auch im vorliegenden Fall dürfte das Verständnis von Risiko für die meisten Menschen synonym mit großen zu erwartenden Schäden bzw. großem Katastrophenpotenzial sein. Wegen dieser semantischen Nähe einiger psychometrischer Risikomerkmale zur abhängigen Variable, der Bereitschaft, Risiken zu tolerieren, darf hinter den hohen Korrelationen eine partielle Tautologie vermutet werden. Die hohe empirische „Erklärungskraft" des psychometrischen Paradigmas steht deshalb in eigentümlichem Gegensatz zu seiner theoretischen Potenz – wobei dieser Ansatz eher als Kaleidoskop vielfältiger Eigenschaften, die Risiken zugeschrieben werden können, denn als Theorie im engeren Sinne verstanden werden sollte.

Den zweitbesten Prädiktor für die Bereitschaft, zugemutete Risiken hinzunehmen, bietet das Institutionenvertrauen. In unserem Survey rangiert seine Erklärungskraft zwischen 1 % und 29 %. Das **Institutionenvertrauen** – hier verstanden als Zufriedenheit mit der institutionellen Performanz bei Risikokommunikation und -management – erweist sich allerdings nur dort als erklärungskräftig, wo aktueller Regelungsbedarf erkannt und wo Institutionen von der Öffentlichkeit in der Verantwortung gesehen werden. Im vorliegenden Datensatz beträgt die Varianzaufklärung der Risikoakzeptanz im Falle Genfood 29 % und beim Mobilfunkrisiko 13 %. Bei Risiken, bei denen kein Regelungsbedarf (mehr) gesehen wird – in unserem Fall BSE – oder die durch nationale Institutionen als nicht regulierbar angesehen werden – z. B. der globale Klimawandel – aber auch bei Risiken, bei denen keine institutionelle Verantwortung gesehen wird – bei freiwillig übernommenen Risiken wie z. B. dem Rauchen – ist das Institutionenvertrauen für die Risikoakzeptanz praktisch ohne Belang.

Als theoretisch ähnlich instruktiv wie das Institutionenvertrauen, aber mit den üblichen Problemen distaler Prädiktoren behaftet, präsentieren sich die **Wertorientierungen.** Sie stellten mit 5 % bis 8 % erklärter Varianz den drittbesten Prädiktor der Risikoakzeptanz, allerdings nur bei solchen Risiken, die durch Mobilisierungs- und Politisierungsprozesse „normativ aufgeladen" werden – zivile Kernkraftnutzung, Mobilfunk und die Risiken des globalen Klimawandels.

Hingegen haben **soziodemographische Merkmale** – sie stehen für die prägende Kraft gesellschaftlicher Großgruppen – infolge gesellschaftlicher Modernisierungs- und Individualisierungsprozesse nahezu ihre gesamte Erklärungskraft für die Risikowahrnehmung und -bewertung eingebüßt.

Da zum Zeitpunkt der Erhebung kein Risiko im Brennpunkt des Medieninteresses stand, kann das Versagen der **Stigmatheorie** bei der empirischen Erklärung der Risikoakzeptanz nicht als Beleg gegen dieses theoretische Konzept gewertet werden. Es ist plausibel anzunehmen, dass Phasen hoher institutioneller und vor allem massenmedialer Dramatisierung von Risiken die Wahrnehmung, Bewertung und das risikobezogene Handeln massiv beeinflussen (Kapitel 8). Akzeptanzverweigerungen, Meidungsstrategien und sogar Panikreaktionen können als Begleiterscheinungen von Stigmatisierungsprozessen mittels flexibler, vor allem qualitativer Verfahren erforscht werden.

6.4 Die Integration „objektiver" und „wahrgenommener" Risiken

Welche praktische Relevanz haben empirische Studien zur Risikowahrnehmung? Normalerweise wird unterstellt, öffentliches Wissen sei dem systematisch erworbenen Wissen der Experten unterlegen, und Risikomanager sollten sich so wenig wie möglich von den angeblich emotionalen oder auf Ignoranz beruhenden Bewertungen der Betroffenen in ihrem Entscheidungsprozess beeinflussen lassen (etwas höflicher formuliert bei Breyer 1993). Mehrere Jahrzehnte Partizipationsforschung und deren kritische Reflexion haben indes gezeigt, dass eine solch simple Sicht der Aufteilung in wissende **Experten** und unwissende **Laien** weder in der praktischen Politik funktioniert noch dem komplexen Verhältnis von intuitiven Wahrnehmungen und wissenschaftlichen Beurteilungen gerecht wird (Wynne 1989, Jasanoff 1993).

In vielen entscheidungsrelevanten Zusammenhängen ist anekdotisches Wissen so wichtig wie das systematische Wissen der Fachleute. Beide Arten von **Wissen** können wertvolle Beiträge für die Bewertung von Optionen bereitstellen. Eine Integration beider Wissenstypen ist daher sinnvoll und angemessen. Daraus ergibt sich die Forderung, dass zum einen Risikoexpertisen, die anerkannten methodischen Standards genügen, als notwendige Grundlage für Risikoentscheidungen akzeptiert und zum anderen, dass die Wertpräferenzen der von Risikoentscheidungen betroffenen Bevölkerung berücksichtigt werden müssen (Kunreuther und Slovic 1996). Die beiden Kriterien **Wahrheit** und **Repräsentativität** sind weder gegeneinander austauschbar noch kann die eine durch die andere ersetzt werden. Alle kollektiv bindenden Entscheidungen müssen beide Kriterien erfüllen. Da dies bei Konflikten um Risiken nicht einfach realisierbar ist, benötigen demokratische Gesellschaften integrative Konfliktlösungsstrategien.

Diese Ausgangsposition macht deutlich, dass sich Entscheidungsträger bei der Regulierung und dem Management von Risiken weder allein auf Experti-

6

sen noch ausschließlich auf die Risikowahrnehmungen der Laien verlassen sollten. Die Wahrnehmung und Bewertung von Risiken in der Öffentlichkeit beruhen zu einem Teil auf unzureichendem Wissen, kognitiven Vorurteilen, Verzerrungen und nicht generalisierbaren anekdotischen Vorfällen (Okrent 1998). Gleichzeitig können Risikoexperten zwar in engerem Sinne valide Daten über die Höhe der Risiken erbringen, sie sind jedoch genauso wenig und genauso viel wie jeder andere Bürger dazu legitimiert, jene **Werturteile** bereitzustellen, die für politische Entscheidungen erforderlich sind. Jede politische Entscheidung, die über Risiken getroffen wird, basiert grundsätzlich auf Werturteilen, die sich auf drei Ebenen ausdrücken:

- Werte fließen in die Definition und Ermittlung von Risiken ein, wenn es z. B. um die Frage geht, was geschützt werden soll, was als Schaden anzusehen ist und welche Schadensabläufe betrachtet werden sollen.
- Zum Zweiten sind Werturteile gefragt, wenn bei der Wahl von Handlungsoptionen unterschiedliche risikobehaftete Konsequenzen zu erwarten sind, die gegeneinander aufgewogen werden müssen (etwa ökologische Schäden gegen Gesundheitsschäden).
- Schließlich bedarf es Werturteilen bei der Frage, wie mit verbleibenden Unsicherheiten umgegangen werden soll. Sollte eine Gesellschaft mehr auf Wagnis setzen oder auf Vorsorge (Renn 1998)?

Für alle drei Ebenen der bewertenden Einflussnahme können die Ergebnisse der Wahrnehmungsstudien wichtige Impulse und Erkenntnisse vermitteln. Die empirische Risikowahrnehmungsforschung und ihre politische Berücksichtigung stellen dabei die Resultate von Risikoexpertisen keineswegs infrage,

sie verhält sich vielmehr komplementär zu diesen. Sie stellt sicher, dass die Präferenzen der Öffentlichkeit in allen drei genannten Wertebenen einfließen können. Die Einbeziehung der Öffentlichkeit ist ein grundlegender Beitrag zur Bestimmung der Ziele einer Risikopolitik.

Beim **Risikomanagement** geht es nicht vorrangig darum, wer berechtigt ist, Entscheidungen zu treffen, sondern darum, welche Struktur der Abwägung vorliegen sollte, nach der Menschen Risiken zugemutet und Entscheidungen mit weit reichenden Folgen auf der Grundlage von Unsicherheit getroffen werden können (Webler und Renn 1995). Sich ein umfangreicheres Wissen über Risikowahrnehmung anzueignen, kommt den Risikomanagern unmittelbar zugute, weil es authentische Auskunft gibt über die legitimen Besorgnisse und Dimensionen, die der Einzelne mit unterschiedlichen Quellen von Risiken verbindet (Webler 1995). Erkenntnisse zur Risikowahrnehmung können auch potenzielle Kompromisslinien zutage fördern, die betroffene Gruppen und Individuen aufgrund einer bestimmten Präferenzstruktur empfehlen oder tolerieren würden. Die Befunde zur Risikowahrnehmung sind nicht geeignet, wissenschaftliche Beurteilungen über die Wahrscheinlichkeit und Folgenschwere menschlicher Aktionen zu ersetzen. Ebenso wenig können sie die politische Verantwortlichkeit der gewählten Volksvertreter aufheben, die Zumutbarkeit von Risiken zu bestimmen. Zur Lösung von Risikokonflikten ist daher eine Integration von Wissen, öffentlichen Präferenzen und politischer Verantwortlichkeit erforderlich. Die Erforschung der Risikowahrnehmung und die Weiterentwicklung und Anwendung innovativer Kommunikations- und Partizipationsverfahren sind wichtige Schritte in Richtung dieser Integration.

Kasten 6.7

Öffentlichkeit und Risikodiskurse

Die Notwendigkeit, Risikoentscheidungen auf der Basis eines pluralen Wertdiskurses zu treffen, wurde in einem Bericht der amerikanischen Nationalen Akademie der Wissenschaften (Stern und Fineberg 1996) deutlich herausgestellt. Die Autoren plädieren dafür, den Risikobewertungsprozess analytisch-deliberativ zu gestalten, bei dem technisches Fachwissen und öffentliche Werte zu einem ausgewogenen Urteil integriert werden. Demokratische Werte können diesen Dialog legitimieren, wissenschaftliche Expertisen können diesen Prozess mit dem notwendigen Folgewissen versorgen und sozialwissenschaftlich entwickelte, innovative Beteiligungskonzepte können mit dazu beitragen, dass jede Gruppe ihre eigenen Interessen und Werte in den Bewertungsprozess einbringen kann, um ein gemeinsames Verständnis des Problems und der möglichen Lösungen zu erreichen (Fiorino 1989).

Zusammenfassung

Der Begriff „Risiko" verweist auf die Wahrnehmung möglicher zukünftiger Schadensereignisse mit dem Ziel die Zukunft gestaltbar, Schadenspotenziale vergleichbar und drohende Schäden beherrschbar zu machen. Dabei erweisen sich Laien- und Expertenkonzepte der Risikobestimmung in der Praxis als inkompatibel. Während Experten Risiken wissenschaftlich als Eintrittswahrscheinlichkeit mal Schadensausmaß kalkulieren, entwickeln Laien komplexe Heuristiken zur Beurteilung von Risiken. Neben der Bilanz von Nutzen- und Schadensaspekten entscheiden der Kontext der Risikowahrnehmung, vorherrschende Wertorientierungen, häufig aber auch die Wahrnehmung und Bewertung der institutionellen Performanz beim Risikomanagement darüber, welche Risiken wem akzeptabel sind. Nicht zuletzt infolge der Standortgebundenheit von Nutzen- und Schadensaspekten sind Risiken stets mit Präferenzen verbunden. Die Frage, welche Risiken für wen zumutbar sein sollen, ist der wissenschaftlichen Entscheidung entzogen. Für eine moderne, demokratische Risikopolitik empfiehlt sich deshalb die Integration von rationalem Expertenwissen und den Präferenzen der Laienöffentlichkeit – eine politische Herausforderung, die den Einsatz innovativer Kommunikations- und Partizipationsverfahren nahelegt. Diese Strategien eröffnen die Chance einer gleichermaßen effizienten wie legitimen Risikopolitik.

Schlüsselsätze
- Als Konzept einer rationalen Gestaltung von Zukunft ist das Risikokalkül untrennbar mit der Modernisierung von Gesellschaft verbunden.
- „Risiko" markiert nichts weniger als einen epochalen Bruch mit der religiösen Deutung des Schicksals als Folge von „Gottes ewigem Ratschluss". Nur dort, wo sich die moderne Auffassung des Geschicks als das Wirken des „blinden Zufalls" durchsetzte, konnte die Transformation von Ungewissheit in stochastisch kalkulierbare Unsicherheit gelingen und das Tor zu aktivem Risikomanagement und einer bewussten Planung und Gestaltung von Zukunft aufgestoßen werden.
- Eine gleichermaßen verantwortliche und legitime Risikopolitik beruht auf der Fähigkeit, in ihren Entscheidungen wissenschaftliche Expertise und gesellschaftliche Präferenzen zu integrieren.

Literatur

Alheit P, Völker S, Westermann B, Zwick MM (1994) Die Kehrseite der „Erlebnisgesellschaft". Eine explorative Studie. Universität Bremen

Beck U (1986) Risikogesellschaft. Auf dem Weg in eine andere Moderne. Suhrkamp, Frankfurt aM

Beck U (1991) Wissenschaft und Sicherheit. In: Beck U (Hrsg) Politik in der Risikogesellschaft. Suhrkamp, Frankfurt aM. 140–146

Beck U (1993) Politische Wissenstheorie der Risikogesellschaft. In: Bechmann G (Hrsg) Risiko und Gesellschaft. Grundlagen und Ergebnisse interdisziplinärer Risikoforschung. Westdeutscher Verlag, Opladen. 305–326

Ehakdi S, Bohl J (2002) Prionen-Krankheiten. Eine kritische Analyse des BSE-Wahnsinns. Pharmazeutische Zeitung 12/2002. www.animal.health-online. de/drms/rinder/bse5.htm

Breyer S (1993) Breaking the Vicious Circle. Toward Effective Risk Regulation. Harvard University, Cambridge

Dahrendorf R (1977, zuerst 1958) Homo sociologicus. Westdeutscher Verlag, Opladen

Dake K (1992) Myths of nature: Culture and the social construction of risk. Journal of Social issues 48: 21–37

Douglas M (1966) Purity and Danger An Analysis of Concepts of Pollution and Taboo. Routhledge & Kegan Paul, London

Douglas M, Wildavsky A (1993) Risiko und Kultur. In: Krohn W, Krüken G (Hrsg) Riskante Technologien: Reflexion und Regulation. Suhrkamp, Frankfurt aM. 113–137

Earle TC, Cvetkovich G (1995) Social Trust: Toward a Cosmopolitan Society. Praeger, Westport

Esser H (1999) Soziologie, Allgemeine Grundlagen. Campus Fachbuch, Frankfurt aM

Ewald F (1989) Die Versicherungs-Gesellschaft. Kritische Justiz 22: 385–393

Fiorino DJ (1989) Technical and Democratic Values in Risk Analysis. Risk Analysis 9(3): 293–299

Fischhoff B (1995) Risk perception and risk communication unplugged: twenty years of process. Risk Analysis 15(2): 137–145

Fischhoff B, Slovic P, Lichtenstein S, Read S, Combs B (2000) How Safe is Safe Enough? A Psychometric Study of Attitudes Toward Technological Risks and Benefits. In: Slovic P (Hrsg) The Perception of Risk. Earthscan Press, London. 80–103

Flynn J (1992) How not to sell a nuclear waste dump. Wallstreet Journal 15. April: A20

Flynn J (2003) Nuclear stigma. In: Pidgeon N, Kasperson RE, Slovic P (Hrsg) The social amplification of risk. Cambridge University Press, Cambridge. 326–354

Flynn J, Slovic P, Kunreuther H (2001) (Hrsg) Risk, Media and Stigma. Understanding Public Challenges to

6

Modern Science and Technology. Earthscan Publications Ltd., London

Freudenburg WR (2003) Institutional failure and the organizational amplification of risks: the need for a closer look. In: Pidgeon N, Kasperson RE, Slovic P (Hrsg) The social amplification of risk. Cambridge University Press, Cambridge. 102–122

Fuchs D (1991) Die Einstellung zur Kernenergie im Vergleich zu anderen Energiesystemen. Arbeiten zur Risiko-Kommunikation, Heft 19. Arbeitsgruppe MUT, Jülich

Generalanzeiger (2001) Rindfleischkonsum steigt wieder. Ausgabe vom 21.02., Bonn

Giddens A (1995) Konsequenzen der Moderne. Suhrkamp, Frankfurt aM

Giddens A (1996) Risiko, Vertrauen und Reflexivität. In: Beck U, Giddens A, Lash S (Hrsg) Reflexive Modernisierung. Suhrkamp, Frankfurt aM. 316–337

Goffman E (1975) Stigma. Über Techniken der Bewältigung beschädigter Identität. Suhrkamp, Frankfurt aM

Gregory R, Flynn J, Slovic P (1995) Technological stigma. *American Scientist* 83: 220–223

Grüne (2005) Wahlprogramm zur Bundestagswahl. Berlin

Helle HJ (1977) Verstehende Soziologie und Theorie der symbolischen Interaktion. Teubner, Stuttgart

Inglehart R (1977) The Silent Revolution. Changing Values among Western Publics. Princeton U.P., Princeton

Japp KP (1993) Risiken der Technisierung und die neuen sozialen Bewegungen. In: Bechmann G (Hrsg) Risiko und Gesellschaft. Grundlagen und Ergebnisse interdisziplinärer Risikoforschung. Westdt. Verlag, Opladen. 375–402

Jasanoff S (1993) Bridging the Two Cultures of Risk Analysis. *Risk Analysis* 13(2): 123–129

Kahneman D, Tversky A (1979) Prospect Theory: An Analysis of Decision Under Risk. *Econometrica* 47(2): 263–291

Kasperson R, Renn O, Slovic P, Brown H, Emel J, Goble R, Kasperson JX, Ratick S (1988) The Social Amplification of Risk. A Conceptual Framework. *Risk Analysis* 8(2): 177–187

Klinke A, Renn O (1999) Prometheus Unbound. Challenges of Risk Evaluation, and Risk Management. Akademie für Technikfolgenabschätzung in Baden-Württemberg (Hrsg) Arbeitsbericht 153, Stuttgart

Krohn W, Krücken G (1993) Risiko als Konstruktion und Wirklichkeit. In: Krohn W, Krücken G (Hrsg) Riskante Technologien – Reflexion und Regulation. Einführung in die sozialwissenschaftliche Risikoforschung. Suhrkamp, Frankfurt aM. 9–44

Kropp C (2002) Natur. Soziologische Konzepte, politische Konsequenzen. Leske + Budrich, Opladen.

Kunreuther H, Slovic P (1996) Science, Values, and Risk. In: *Annals of the American Academy of Political and Social Science*, Special Issue. Kunreuther H,

Slovic P (Hrsg) Challenges in Risk Assessment and Risk Management. SAGE Publications, Thousand Oaks. 116–125

Luhmann N (2000) Vertrauen. Ein Mechanismus der Reduktion sozialer Komplexität. UTB, Stuttgart

Luhmann N (2003) Soziologie des Risikos. Gruyter, Berlin

Nennen HU, Garbe D (1996) Das Expertendilemma. Akademie für Technikfolgenabschätzung in Baden-Württemberg (Hrsg). Springer, Berlin

Nowitzki KD (1993) Konzepte zur Risiko-Abschätzung und -bewertung. In: Bechmann G (Hrsg) Risiko und Gesellschaft. Grundlagen und Ergebnisse interdisziplinärer Risikoforschung, Westdt. Verlag, Opladen. 125–144

Okrent D (1998) Risk Perception and Risk Management: On Knowledge, Resource Allocation and Equity. *Reliability Engineering & Systems Safety* 59: 17–25

Pidgeon N, Kasperson RE, Slovic P (Hrsg) (2003) The social amplification of risk. Cambridge University Press, Cambridge

Rayner S (1992) Cultural theory and risk analysis. In: Krimsky S, Golding D (Hrsg) Social theories of risk. Praeger, Westport. 83–115

Renn O (1993) Technik und gesellschaftliche Akzeptanz: Herausforderungen der Technikfolgenabschätzung. *GAIA. Ecological Perspectives in Science, Humanities and Economies* 2(2): 67–83

Renn O (1998) The Role of Risk Communication and Public Dialogue for Improving Risk Management. *Risk Decision and Policy* 3(1): 5–30

Renn O, Burns W, Kasperson RE, Kasperson JX, Slovic P (1992) The Social Amplification of Risk: Theoretical Foundations and Empirical Application. *Social Issues* 48(4): 137–160

Renn O, Zwick MM (1997) Risiko- und Technikakzeptanz. Enquete-Kommission „Schutz des Menschen und der Umwelt" des Deutschen Bundestages (Hrsg). Springer, Berlin

Robert Koch Institut (2005) Zur Situation bei wichtigen Infektionskrankheiten in Deutschland. Creutzfeldt-Jakob-Krankheit in den Jahren 2003 und 2004. *Epidemiologisches Bulletin* 44: 405–408

Rohrmann B, Renn O (2000) Risk Perception Research. In: Renn O, Rohrmann B (Hrsg) Cross-Cultural Risk Perception. Springer US, Dordrecht. 11–53

Satterfield T, Slovic P, Gregory R, Flynn J, Mertz CK (1998) Risk Lived, Stigma Experienced. Earthscan Press, Vancouver

Scheuch EK (1990) Bestimmungsgründe für Technik-Akzeptanz. In: Kistler E, Jaufmann D (Hrsg) Mensch-Gesellschaft-Technik. Orientierungspunkte in der Technikakzeptanzdebatte. Lesk + Budrich, Opladen. 101–140

Siegrist M (2001) Die Bedeutung von Vertrauen bei der Wahrnehmung und Bewertung von Risiken. Arbeitsbericht Nr. 197 der Akademie für Technikfolgenabschätzung in Baden-Württemberg. Stuttgart

Sjöberg L (1997) Explaining risk perception: an empirical evaluation of cultural theory. *Risk Decision and Policy* 2(2):113–130

Slovic P (1992) Perception of Risk: Reflections on the Psychometric Paradigm. In: Krimsky S, Golding D (Hrsg) Social Theories of Risk. Praeger, London. 117–152

Slovic P (2000a) Perceived Risk, Trust and Democracy. In: Slovic P (Hrsg) The Perception of Risk. Earthscan Press, London. 316–326

Slovic P (2000b) Trust, Emotion, Sex, Politics and Science: Surveying the Risk-assessment Battlefield. In: Slovic P (Hrsg) The Perception of Risk. SAGE Publications, London. 390–412

Slovic P, Flynn J, Mertz CK, Poumadère M, Mays C (2000a) Nuclear Power and the Public: A Comparative Study of Risk Perception in France and the United States. In: Renn O, Rohrmann B (2000b) (Hrsg) Cross-Cultural Risk Perception. A Survey of Empirical Studies. Kluwer, Dordrecht. 55–102

Slovic P, Finucane M, Peters E, MacGregor D (2003) Risk Analysis and Risk as Feelings: Some Thoughts about Affect, Reason, Risk, and Rationality. Ms., Eugene

Slovic, P, Fischhoff, B, Lichtenstein, S (2000b) Facts and Fears: Understanding Perceived Risk. In: Slovic P (Hrsg) The Perception of Risk. SAGE Publications, London. 137–153

Starr C (1969) Social benefit versus technological risk. *Science* 165: 1232–1238

Stern PC, Fineberg V (1996) Understanding Risk: Informing Decisions in a Democratic Society. National Research Council. Committee on Risk Characterization. National Academy Press, Washington, DC

Strauss A, Corbin J (1998) Basics of Qualitative Research. Techniques and Procedures for Developing Grounded Theory. Sage Publications,Thousand Oaks

Thomas WI, Thomas DS (1928) The Child in America. A. A. Knopf, New York

Weber M (1984) Die „Objektivität" sozialwissenschaftlicher und sozialpolitischer Erkenntnis. In: Ders: Gesammelte Aufsätze zur Wissenschaftslehre. Mohr, Tübingen. 146–214

Webler T (1995) 'Right' Discourse in Citizen Participation. An Evaluative Yardstick. In: Renn O, Webler T, Wiedemann PM (Hrsg) Fairness and Competence in Citizen Participation. Evaluating New Models for Environmental Discourse. Kluwer Academic Publishers, Dordrecht. 35–86

Webler T, Renn O A (1995) Brief Primer on Participation: Philosophy and Practice. In: Renn O, Webler T, Wiedemann PM (Hrsg) Fairness and Competence in Citizen Participation. Evaluating New Models for Environmental Discourse. Kluwer Academic, Dordrecht. 17–34

Wiedemann PM, Schütz H, Thalmann AT (2003) Mobilfunk und Gesundheit. Risikobewertung im wissenschaftlichen Dialog. Forschungszentrum Jülich

Wildavsky A (1993) Vergleichende Untersuchung zur Risikowahrnehmung. Ein Anfang. In: Bayerische Rück (Hrsg) Risiko ist ein Konstrukt. Knesebeck und Schuler, München. 191–211

Wynne E (1989) Sheepfarming after Chernobyl. *Environment* 31: 11–15, 33–39

Zwick MM (1997) Wahrnehmung und Bewertung von Technik in der deutschen Öffentlichkeit am Beispiel der Gentechnik. In: Pinkau K, Stahlberg C (Hrsg) Deutsche Naturphilosophie und Technikverständnis. Hirzel, Stuttgart. 89–146

Zwick MM (1998) Wertorientierungen und Technikeinstellungen im Prozess gesellschaftlicher Modernisierung. Das Beispiel Gentechnik. Arbeitsbericht 106. Akademie für Technikfolgenabschätzung in Baden-Württemberg (Hrsg). Stuttgart

Zwick MM (1999) Gentechnik im Verständnis der Öffentlichkeit – Intimus oder Mysterium? In: Hampel J, Renn O (Hrsg) Gentechnik in der Öffentlichkeit. Wahrnehmung und Bewertung einer umstrittenen Technologie. Campus, Frankfurt aM. 98–132

Zwick MM (2002a) Deskriptive Befunde des Risikosurvey Baden-Württemberg 2001. In: Zwick MM, Renn O (Hrsg) Wahrnehmung und Bewertung von Risiken. Ergebnisse des „Risikosurvey Baden-Württemberg 2001". TA-Akademie, Stuttgart. 9–34

Zwick MM (2002b) Was lässt Risiken akzeptabel erscheinen? Ein empirischer Vergleich von fünf theoretischen Ansätzen. In: Zwick MM, Renn O (Hrsg) Wahrnehmung und Bewertung von Risiken. Ergebnisse des „Risikosurvey Baden-Württemberg 2001". TA-Akademie, Stuttgart. 35–98

Zwick MM, Renn O (1998) Wahrnehmung und Bewertung von Technik in Baden-Württemberg. Akademie für Technikfolgenabschätzung in Baden-Württemberg, Stuttgart

Zwick MM, Renn O (Hrsg) (2002) Wahrnehmung und Bewertung von Risiken. Ergebnisse des „Risikosurvey Baden-Württemberg 2001". TA-Akademie, Stuttgart

7 Vulnerabilitätskonzepte in Sozial- und Naturwissenschaften

Hans-Georg Bohle und Thomas Glade

Empfindlichkeit von Risikoelementen • globale Risikogesellschaft • Hungerkrisen • Schadenswirkung • Verwundbarkeit • Vulnerabilität

In den Sozial- und Naturwissenschaften wird die Vulnerabilität ganz unterschiedlich bearbeitet. Während in den Sozialwissenschaften die Vulnerabilität oder Verwundbarkeit auf rein gesellschaftliche Bedingungen bezogen ist, wird sie in den Naturwissenschaften generell als eine Empfindlichkeit vorher definierter Risikoelemente gegenüber einer Naturgefahr beschrieben. Dem Fokus auf die ganzheitlichen Gesellschaftssysteme steht der Fokus auf die quantifizierbaren Konsequenzen gegenüber. Nach einer Einordnung der Naturgefahren und Verwundbarkeiten in der globalen Risikogesellschaft wird detailliert auf die Verwundbarkeitsforschung u. a. auch im Hungerkrisenkontext eingegangen. Weiterhin werden naturwissenschaftliche Vulnerabilitätskonzepte vorgestellt und anhand von Beispielen verdeutlicht. Abschließend werden wissenschaftliche und praktische Herausforderungen identifiziert.

7.1 Naturgefahren und Verwundbarkeiten in der globalen Risikogesellschaft

Die Gefahren- und Risikoforschung im Kontext von Naturkatastrophen bearbeitet einerseits das räumliche, zeitliche und nach Prozessintensitäten differenzierte Auftreten von physischen Phänomen. Andererseits sind auch die Bedingungen in den betroffenen Gesellschaften einzubeziehen, die oft erst über die sozialen Wirkungen und Folgen von physischen Ereignissen entscheiden und die darüber bestimmen, ob Naturereignisse und Naturgefahren zu Katastrophen werden oder nicht. Insofern sind alle Naturkatastrophen letztlich auch Sozialkatastrophen, wie es der Titel des Lehrbuches postuliert. Eine zentrale Herausforderung der Gefahren- und Risikoforschung besteht darin, den jeweiligen Stellenwert von Naturgefahren und Naturrisiken einerseits und sozialen Konstellationen andererseits präventiv vor dem und reaktiv im Katastrophenfall zu bestimmen und das Zusammenwirken beider Verursachungszusammenhänge zu ergründen.

Die gesellschaftlichen Bedingungen, die das Eintreten von Naturkatastrophen beeinflussen und diese letztlich erst zu Sozialkatastrophen werden lassen, können in einer ersten Annäherung mit dem Begriff der **sozialen Vulnerabilität** umschrieben werden. Es geht dabei um die sozialen Strukturen und Prozesse, die das Auftreten von Katastrophen begünstigen oder diese, wenn Gesellschaften resilient sind, auch verhindern. Dieser Teil der Gefahrenforschung war lange Zeit allein den Sozialwissenschaften überlassen, die z. B. nach den Ursachen und Bedingungen für die Fragilität und Anfälligkeit von Gesellschaften gegenüber natürlichen Extremereignissen fragten. Auf diese Weise versuchten die Sozialwissenschaften, den Mangel an **Widerstandskraft** oder das Vorhandensein von **Resilienz** zu verstehen und damit das gesellschaftliche Risiko in katastrophenträchtigen Gebieten abzuschätzen. Die Naturgefahren selbst verschwinden in der Regel aus dem Blickfeld der sozialwissenschaftlichen Verwundbarkeitsforschung. Naturwissenschaftliche Analysen richteten sich dagegen auf die Naturgefahren selbst, auf die Vulnerabilitäten in der Umwelt mit ihren Verursachungsmechanismen und Regelhaftigkeiten, auf die Eintrittswahrscheinlichkeiten der jeweiligen Prozesstypen und auf Merkmale wie Dauer, Intensität und Häufigkeit potenziell **schadenbringender Ereignisse**, definiert als Naturgefahren. Von besonderer Bedeutung ist hierbei die Festlegung von Schwellenwerten, bei der sich ein natürliches System ändert und ein Potenzial für eine Naturkatastrophe darstellt. Beispielsweise ist ein Niederschlag von mehr als 100 mm pro Tag in einem Einzugsgebiet notwendig, um die Flüsse über die Ufer treten zu lassen und die Auen zu überschwemmen. Naturkatastrophen sind jedoch grundsätzlich erst in der Verknüpfung von Umwelt und Gesellschaft denkbar, ihr Auftreten in Form von Sozialkatastrophen ist stets das Ergebnis von sozial erzeugtem Risiko im Naturgefahrenkontext (IADB 2005, S. 1). Vor diesem Hintergrund ist die Einsicht gewachsen, dass beide Zugänge – der sozialwissenschaftliche und der naturwissenschaftliche – nicht länger getrennt bleiben können (Weichselgartner 2001). Die naturwissenschaftliche Gefahren- und Risikoforschung öffnete sich daher der Verwundbarkeitsforschung und begann, Vulnerabilitätsbewertungen in die Naturrisikoanalyse zu integrieren. Meist bezogen sich Naturwissenschaftler dabei jedoch auf Ansätze der technologischen Risikoforschung (Glade 2003, S. 123; Douglas 2007) und verengten den Blick auf das Naturgeschehen selbst (Birkmann 2005, S. 1).

Die Herausforderung dieses Kapitels besteht also darin, eine Brücke zwischen naturwissenschaftlich ausgerichteter und sozialwissenschaftlich orientierter Verwundbarkeitsforschung zu schlagen und den Fokus auf katastrophenträchtige **Gesellschaft-Umwelt-Systeme** zu richten. Diesem Ziel nähert sich das Kapitel in drei Schritten an. In einem ersten Abschnitt werden zunächst Entstehungsbedingungen und Verwendungszusammenhänge des Verwundbarkeitskonzepts in zentralen gesellschaftlichen Problembereichen wie Armut und Hunger, globalem Umweltwandel und Naturkatastrophen geklärt. Danach werden naturwissenschaftliche und technologische Konzepte zur Vulnerabilitätsforschung anhand zweier Beispiele dargelegt. Die These von der globalen „Risikogesellschaft" (Beck 1986) bzw. „Weltrisikogesellschaft (Beck 2007) dient dabei als Ausgangspunkt für die Forderung nach einer stärkeren Integration zwischen sozialwissenschaftlicher und naturwissenschaftlicher Verwundbarkeitsforschung. In einem zweiten Abschnitt richtet sich die Betrachtung auf Definitionen und Operationalisierungen in der Verwundbarkeitsforschung, und es werden die konzeptionellen und

theoretischen Grundannahmen herausgearbeitet, auf deren Grundlage sich sozial- und naturwissenschaftliche Verwundbarkeitsansätze möglicherweise verknüpfen lassen. Hierzu werden Überlegungen über die Verwundbarkeit gekoppelter sozioökologischer Systeme im Katastrophenkontext angestellt. In einem dritten Abschnitt geht es schließlich gezielt um Ansätze der **Verwundbarkeitsanalyse** in der geographischen Gefahren- und Risikoforschung. Hier werden zunächst eher quantitative und qualitative Zugänge einander gegenübergestellt, wobei sich die Frage nach Skalierung, Indikatorensystemen und Maßeinheiten für Verwundbarkeit stellt. Für eine integrierte geographische Verwundbarkeitsforschung ist das Erstellen von Risiko- und Verwundbarkeitskarten zweifellos eine besondere Herausforderung. Zum Schluss des Kapitels werden noch einmal die wissenschaftlichen und praktischen Herausforderungen einer integrierten geographischen Verwundbarkeitsforschung für Gefahren- und Risikoanalysen im Katastrophenkontext zusammengefasst.

Dieses Kapitel geht von der These aus, dass der Nutzen von Verwundbarkeitsforschung sich letztlich erst zeigt, wenn sie dazu beitragen kann, die Kapazitäten von Menschen zu erhöhen, konstruktiv mit Risiken umzugehen (Vogel und O'Brien 2004), ihre soziale Verwundbarkeit zu mindern, ihre Widerstandskraft zu stärken und letztlich die menschliche Sicherheit derjenigen zu erhöhen, die mit Risiko leben müssen (Van Ginkel und Bogardi 2005). „Living with Risk" – so der Titel einer weit beachteten Publikation der International Strategy for Disaster Reduction (ISDR 2004) – kann daher als Motto für eine anwendungsorientierte geographische Risiko- und Verwundbarkeitsforschung dienen. Eine solche Forschung fühlt sich dem Ziel verpflichtet, gesellschaftliche Verwundbarkeiten gegenüber Naturrisiken abzubauen und Wege aufzuzeigen, wie katastrophenträchtige Gesellschaften widerstandsfähiger und sicherer mit Risiko leben können. Es wird auch betont, dass Gesellschaften nie in einer vollkommenen Sicherheit leben, d. h. der Weg muss weg vom Sicherheitsdenken hin zu einer Risikokultur führen.

Dieses Ziel wird mehr und mehr auch eine globale Herausforderung, wenn wir uns Beck's (1986; 2007) These anschließen, dass sich die globalisierte Welt unaufhaltsam auf dem Weg weg von einer Industriegesellschaft hin zu einer Risikogesellschaft befindet. Wohlstand und übermäßiger Konsum in den reichen Ländern, hochriskante Technologien sowie ein technokratischer Umgang mit wachsenden Umweltrisiken (Beck 1988) lassen in der Risikogesellschaft ganz neue Formen von gesellschaftlichen Verwundbarkeiten entstehen, von denen wachsende Risiken gegenüber Naturkatastrophen nur ein kleiner, wenn auch bedeutsamer Teil sein werden. Gleichzeitig beeinflusst der Mensch auch signifikant die natürliche Umwelt. Am augenfälligsten sind hierbei neben dem Globalen Klimawandel die großen Tagebaugruben mit den Abraumhalden, die Neulandgewinnung, die weiträumigen Modifizierungen von Flussauen, aber auch die Verursachung von Subsidenz und Erdbeben durch Bergbautätigkeit. Die natürlichen Prozesse laufen nach wie vor nach physikalischen Grundprinzipien ab, aber die Rahmenbedingungen werden vom Menschen fundamental verändert. Um das nur an einem Beispiel zu verdeutlichen: Der Mensch lagert inzwischen in den USA mehr Sediment um als die fluvialen Prozesse (Hooke 1994, 2000). Dies zeigt die Gesellschaft nicht nur in der Rolle der Betroffenen, sondern auch als maßgeblicher Verursacher von irreversiblen Veränderungen im Umweltsystem. Insofern ist die Diskussion über Verwundbarkeit in diesem Kapitel immer auch in den größeren Kontext der globalen Umweltveränderungen und der Risikogesellschaft einzuordnen.

7.2 Entstehung und Verwendungszusammenhänge des Verwundbarkeitskonzepts in Sozial- und Naturwissenschaften

7.2.1 Soziale Verwundbarkeitsforschung im Hungerkrisenkontext – verfügungsrechtliche Ansätze als Grundlagen der Verwundbarkeitsforschung

Die frühe Verwundbarkeitsforschung in den Sozialwissenschaften richtete sich ausdrücklich auf Sozialkatastrophen, speziell auf Dürrekrisen und damit verbundene Hungerkatastrophen (Bohle 1994). Unter dem Eindruck der verheerenden Hungerkatastrophen im Sahel in den 1970er- und 1980er-Jahren entwickelte sich eine Debatte um ihre Ursachen, wobei sich die Diskussion allmählich auf zwei konträre Positionen zuspitzte: die sogenannte „food availibity decline"-These (FAD) und die „food

entitlement decline"-These (FED). FAD-Ansätze beziehen sich eindeutig auf neodarwinistische Positionen und leiten Hunger und Hungertod aus dem physischen Fehlen von Nahrungsmitteln infolge von Missernten bei gleichzeitigem Bevölkerungsdruck und Ressourcendegradation ab. Der spätere Nobelpreisträger A. Sen konnte jedoch mithilfe seiner **entitlement-Theorie** für das Beispiel der großen Hungersnot von Bengalen (1943) eindrücklich belegen, dass die verheerende Hungersnot nicht etwa durch den Mangel an Nahrungsmitteln verursacht war (FAD), sondern dass Millionen Menschen in Bengalen verhungerten, obwohl insgesamt mehr Nahrungsmittel erzeugt wurden als in den Jahren zuvor (Sen 1981). Die kritische Schwachstelle zwischen Produktion und Konsum ergab sich vielmehr aus einer Verschlechterung der Austauschbedingungen (*exchange entitlements*) für zahlreiche ländliche Armutsgruppen. Tiefgreifende gesellschaftliche Umwälzungen in der bengalischen Kriegsökonomie des Zweiten Weltkriegs und kaufkräftige Nachfrage in der boomenden Kriegsmetropole Kalkutta ließen die Nahrungsmittelpreise rasch ansteigen, womit die Kaufkraft marginaler Bevölkerungsgruppen auf dem Lande nicht mithalten konnte. Da Nahrungsmittel in der kolonialen Ökonomie Indiens zu einer Handelsware geworden waren und gleichzeitig der Zusammenbruch der „*moral economy*" (Scott 1976) von gegenseitiger Hilfe die traditionellen Sicherungssysteme geschwächt hatte, waren Millionen Menschen trotz voller Getreidespeicher dem Hungertod ausgeliefert. Die Ursachen der Hungersnot lagen also im Verfall der Verfügungsrechte (FED).

Die *entitlement*-Theorie kann seitdem als Grundlage der sozialwissenschaftlichen Verwundbarkeitsdiskussion betrachtet werden, die sich zunächst in der Entwicklungsforschung konzentrierte und auf die Problembereiche von Hunger und Armut gerichtet war. Sehr einflussreich war in diesem Zusammenhang das *Institute of Development Studies* (IDS) in Sussex, da dies nicht nur eines der renommiertesten britischen Entwicklungsforschungsinstitute darstellte, sondern gleichzeitig als „*think tank*" für die englische Entwicklungspraxis diente. Wegweisend war ein Themenheft des IDS-Bulletin von 1989, in dem der langjährige Direktor des IDS, Robert Chambers, einen grundlegenden Beitrag über „*Vulnerability, Coping and Policy*" verfasste (Chambers 1989). Auf der Grundlage umfassender empirischer Sozialforschung über die Ärmsten der Armen in Peripherregionen von Entwicklungsländern stellte Chambers zunächst klar, dass die Verwundbarsten im Umgang mit Risiko ihre ganz eigenen Strategien und Prinzipien entwickeln, dass diese komplex, dynamisch und divers sind und dass das Handeln von Menschen im gesellschaftlichen Kontext letztlich den Grad ihrer Verwundbarkeit gegenüber Risiken bestimmt. Vor diesem Hintergrund definierte Chambers Verwundbarkeit als ein Spannungsfeld zwischen **äußerer Bedrohung** und **internen Bewältigungsmechanismen** (Kasten 7.1).

Daraus hat Bohle (2001) das Konzept der **doppelten Struktur von Verwundbarkeit** entwickelt (Abb. 7.1). Als Forderung an die entwicklungspoli-

tische Praxis stellte Chambers u. a. heraus, dass die eigenen Bemühungen der Verwundbaren in den Bereichen Diversifizierung, Sicherheit und Risikobewältigung systematisch unterstützt werden müssen und dass dazu Beobachtungs- und Indikatorensysteme für Verwundbarkeit, Bewältigung und Lebenserhaltungssysteme zu entwickeln sind. Hier sind bereits die Grundlagen der späteren *livelihood*-Forschung gelegt.

Kasten 7.1

Definition der Verwundbarkeit nach Chambers (1989)

»Vulnerability here refers to exposure to contingencies and stress, and difficulty in coping with them. Vulnerability has thus two sides: an external side of risks, shocks and stress to which an individual or household is subject; and an internal side which is defencelessness, meaning a lack of means to cope without damaging loss« (Chambers 1989, S. 1).

7.2.2 Theoretische und konzeptionelle Erweiterung der Verwundbarkeitsforschung im Katastrophenkontext – Ursachenstrukturen und Dynamik von Verwundbarkeit gegenüber Hungerkrisen

Weitergehende Versuche, die theoretischen und konzeptionellen Grundlagen der sozialwissenschaftlichen Verwundbarkeitsforschung zu vertiefen, finden sich zunächst ebenfalls im Kontext von Dürrekrisen und Hungerkatastrophen. So haben Watts und Bohle (1993) versucht, die Ursachenstruktur von Verwundbarkeit in einem sozialen Feld zu positionieren, das eine Art Koordinatensystem aus sozial-ökologischen, verfügungsrechtlichen und politisch-ökonomischen Theorieansätzen bildet, in dem sich die spezifische Verwundbarkeit von Individuen und gesellschaftlichen Gruppen in Form einer sozialen Karte (*„space of vulnerability"*) verorten lässt. Zwei Merkmale von Verwundbarkeit, die in der sozialwissenschaftlichen und entwicklungsgeographischen Diskussion aktuell eine besondere Rolle spielen, wurden dabei bereits herausgestellt: der relationale bzw. positionale Charakter von sozialer Verwundbarkeit sowie ihre Dynamik. Verwundbarkeit, so eine zentrale These von Watts und Bohle (1993), ist durch die spezifische Position von Individuen und Gruppen im Netz der sozialen Beziehungen, speziell der Machtbeziehungen und der verfügungsrechtlichen Beziehungen, bestimmt (Abb. 7.2). Die Handlungen von Akteuren zur Lebenssicherung unter Katastrophenrisiko können insofern nur aus der Logik der gesellschaftlichen Bedingungen und Prozesse erschlossen werden, in die die Handelnden eingebettet sind. Abhängigkeiten und Machtverhältnisse sind dabei keine Randbedingungen, sondern sie sind zentral, um die gesellschaftliche Praxis des „Lebens mit Risiko" zu verstehen. Hier ergeben

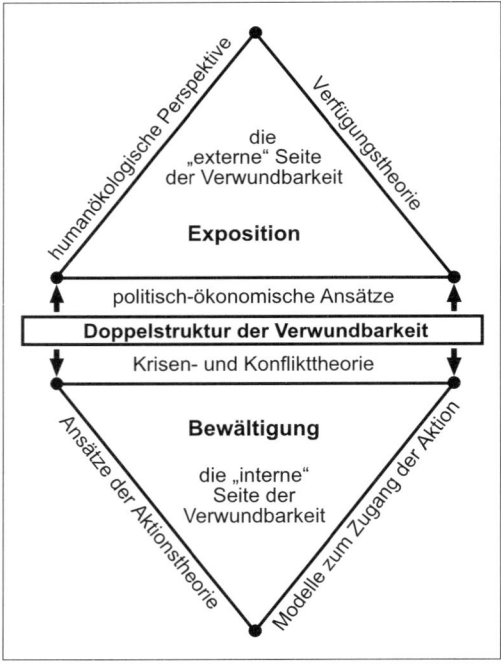

Abb. 7.1 Die Doppelstruktur von Verwundbarkeit (nach Bohle 2001).

sich deutliche Parallelen zu jüngeren Versuchen einer Neuorientierung der Geographischen Entwicklungsforschung (Dörfler et al. 2003, S. 18).

Da die sozialen Beziehungen und Aktivitäten verwundbarer Gruppen, die gesellschaftlichen Prozesse, in die sie eingebettet sind, und auch die Naturgefahren, denen sie ausgesetzt sind, von hoher Dynamik

sind, ist Verwundbarkeit stets als ein dynamisches Konzept zu begreifen. Watts und Bohle (1993) haben daher versucht, den prozesshaften Charakter von Verwundbarkeit im Dürre- und Hungerkrisenkontext darzulegen und haben dafür die Konzepte der Grundanfälligkeit (*baseline vulnerability*) und akuten Anfälligkeit (*current vulnerability*) verwendet (Abb. 7.3). Dabei gilt es, die oft unheilvolle Verknüpfung zwischen katastrophenauslösenden Prozessen („*triggers*", „*concatenations*") und den dynamischen gesellschaftlichen Grundstrukturen von Verwundbarkeit herauszustellen. Wie Sen (1981) für Bengalen, Watts (1983) für Nigeria und De Waal (1987) für den Sudan gezeigt haben, sind Hungerkatastrophen in der Regel Prozesse, die sich meist lange vor Eintritt der eigentlichen Katastrophe in der politischen Ökonomie der Gesellschaft ankündigen und jahrelang nachwirken, etwa in Form erhöhter Sterblichkeit. Eine entscheidende Frage ist daher die nach den gesellschaftlichen Bedingungen von Verwundbarkeit nach dem Ende der Katastrophe: Hat sich die Grundanfälligkeit einer Gesellschaft tendenziell erhöht, oder ist sie eher zurückgegangen? Für welche gesellschaftlichen Gruppen hat sich die relative Position im Verwundbarkeitskontext gebessert oder verschlechtert? Welche Ressourcensysteme sind positiv

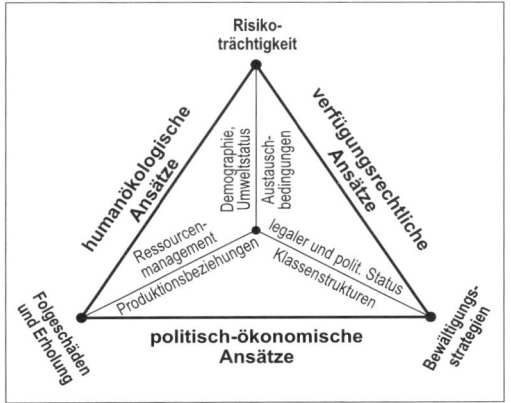

Abb. 7.2 Der soziale Raum von Verwundbarkeit (nach Watts und Bohle 1993).

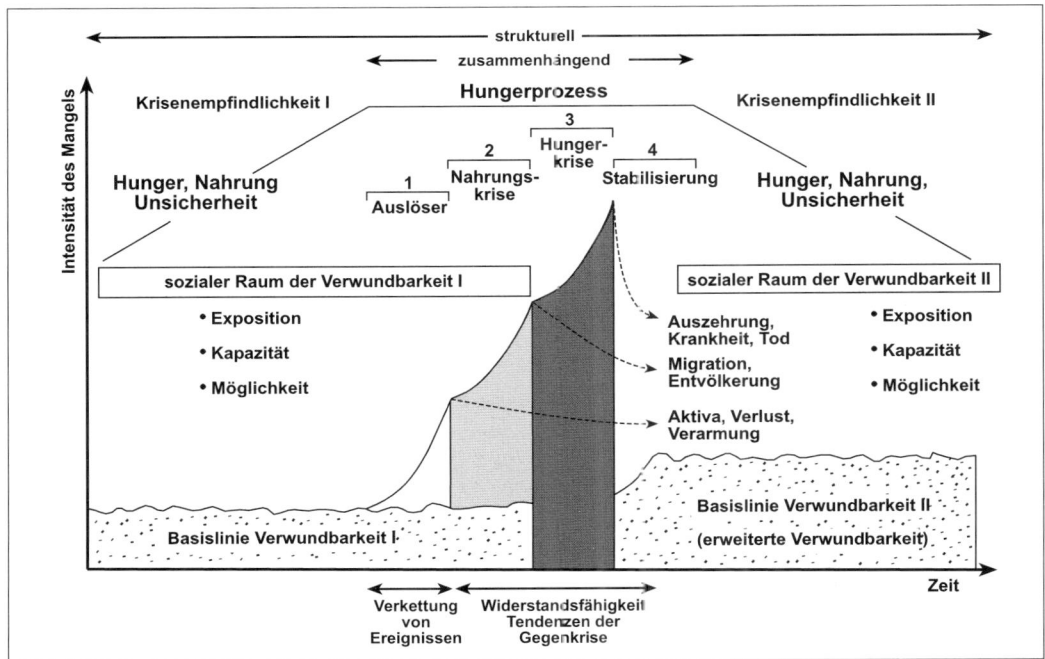

Abb. 7.3 Dynamisches Verwundbarkeitsmodell einer Hungerkrise (nach Watts und Bohle 1993).

oder negativ betroffen? Damit ist bereits ein drittes grundlegendes Merkmal von sozialer Verwundbarkeit angesprochen: die gesellschaftlich und räumlich ungleiche, differenzierte und von Gruppe zu Gruppe sowie von Region zu Region unterschiedliche Exposition und Anfälligkeit gegenüber Risiken.

7.2.3 Einbindung des Verwundbarkeitskonzepts in die Entwicklungspraxis – der *Sustainable Livelihoods Framework* von DFID

Im IDS von Sussex wurde in den späten 1990er-Jahren auf der Grundlage der frühen Überlegungen von Robert Chambers (1989) über Aktiva, Lebenssicherungsstrategien und Bewältigungsmechanismen die *Livelihood*-Forschung entwickelt (Scoones 1998), die von der staatlichen britischen Entwicklungsbehörde DFID alsbald für die entwicklungspolitische Praxis übernommen wurde (DFID 1999). Der **Sustainable Livelihoods Framework** (SLF, Abb. 7.4) ist im Kern eine für Praktiker operationalisierte Verwundbarkeitsanalyse, die sich auf Marginalgruppen in Entwicklungsländern bezieht. Der Analyserahmen geht von der Bestimmung des Verwundbarkeitskontextes aus und konzentriert sich dann auf die Aktiva (*as-*

sets) wie Naturkapital, physisches Kapital, Finanzkapital, Humankapital oder Sozialkapital, die den Armutsgruppen zur Sicherung ihres Lebensunterhaltes zur Verfügung stehen oder auch nicht. Politische und institutionelle Strukturen und Prozesse beeinflussen die Verteilung dieser Ressourcen innerhalb einer Gesellschaft, die dann von den Akteuren gezielt in Lebenssicherungsstrategien umgesetzt werden können, falls diese Zugang zu den Aktiva haben. Qualität und Quantität der verfügbaren Ressourcen und speziell die jeweilige Mischung der Aktivposten zu einem risikoangepassten Portfolio bestimmen darüber, wie erfolgreich und wie nachhaltig die Sicherung des Lebensunterhaltes gelingen kann oder auch nicht.

Der große Erfolg des SLF darf allerdings nicht über seine Schwachpunkte hinwegtäuschen. Die Kritik betrifft insbesondere die eher mechanistische und statische Betrachtung von Lebenssicherungssystemen, die ahistorische Perspektive und den fehlenden Bezug auf die eigentlichen Ursachen von gesellschaftlicher Verwundbarkeit (Dörfer et al. 2003, S. 13f.). Bemängelt wird auch, dass das Handeln der Akteure nicht handlungstheoretisch fundiert beleuchtet und dass Machtverhältnisse weitgehend ausgeblendet werden (De Haan und Zoomers 2005). Vor diesem Hintergrund ist der **Livelihood-Ansatz** in der **Geographischen Entwicklungsforschung** inzwischen weiterentwickelt worden, z. B. im Zusammenhang mit konflikt- und gewaltorientierter Risikoforschung (Bohle 2007, Bohle und Fünfgeld 2007). Für die

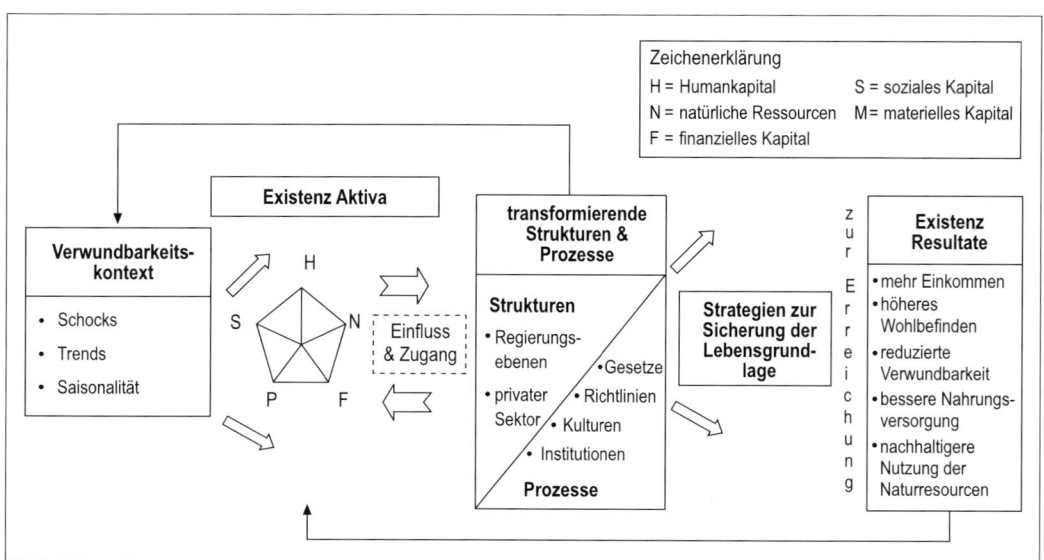

Abb. 7.4 Der *Sustainable Livelihoods Framework* (SLF) von DFID (Scoones 1998).

geographische Gefahren- und Risikoforschung steht eine solche Weiterentwicklung jedoch noch aus.

7.3 Gesellschaftswissenschaftliche Verwundbarkeitsforschung im Kontext von Naturkatastrophen – Risikoanalysen an der Schnittstelle zwischen Naturgefahr und sozialer Verwundbarkeit

Die geographische Hazardforschung (Mitchell et al. 1989, Hewitt 1983) ist einer der Bereiche, in dem schon früh versucht wurde, Gesellschaft-Umwelt-Beziehungen in Form von Verwundbarkeitsanalysen zu thematisieren. Wegweisend hierfür steht das Buch „At Risk" von Blaikie et al. (1994), das kürzlich in erweiterter Form neu aufgelegt wurde (Wisner et al. 2004). Verwundbarkeit wird hier als Risiko aufgefasst, das an der Schnittstelle zwischen Ökosystem und Gesellschaftssystem auftritt und Aufschluss über den Zusammenhang zwischen Naturgefahr einerseits und gesellschaftlicher Verwundbarkeit an-

dererseits gibt (Abb. 7.5). „At Risk" belässt es bei einer Aufzählung von Naturgefahren, schlüsselt aber die soziale Verwundbarkeit als einen fortschreitenden Prozess weiter auf. Tiefere Ursachen von Verwundbarkeit (root causes) wie Machtstrukturen oder Wirtschaftssysteme führen zu risikoträchtigen gesellschaftlichen Prozessen (dynamic pressures), die sich ihrerseits in physische, ökonomische, soziale und institutionelle Unsicherheiten (unsafe conditions) für die Bevölkerung in katastrophenträchtigen Gebieten niederschlagen. Verwundbarkeit wird damit definiert als die »kontextabhängigen Merkmale sozialer Einheiten, die ihr aktives Verhältnis gegenüber einer Naturgefahr bestimmen und so über die gesellschaftlichen Risiken und die gesellschaftlichen Auswirkungen der Naturgefahr entscheiden« (Wisner et al. 2004, S. 11, Kasten 7.2).

Kasten 7.2

Definition von Verwundbarkeit im Naturkatastrophenkontext

»By vulnerability we mean the characteristics of a person or group and their situation that influence their capacity to anticipate, cope with, resist and recover from the impact of a natural hazard (an extreme natural event or process)« (Wisner et al. 2004, S. 11).

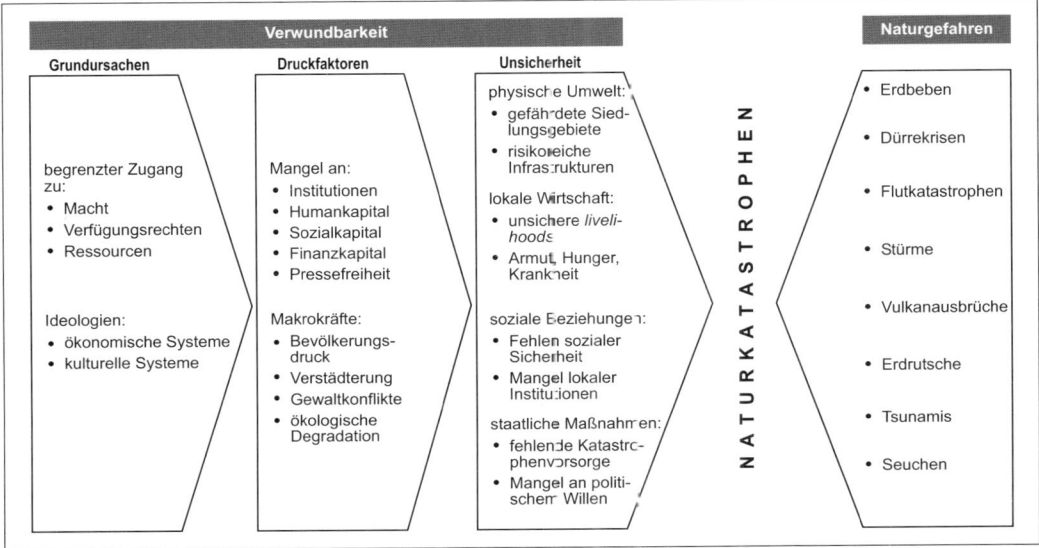

Abb. 7.5 Das *Pressure-and-Release*-Modell und die Progression von Verwundbarkeit (Wisner et al. 2004).

7.4 Naturwissenschaftliche Vulnerabilitätsforschung im Kontext von Naturkatastrophen – Risikoanalysen an der Schnittstelle zwischen Naturgefahr und potenziellen Schadenswirkungen

Die ingenieur- und naturwissenschaftliche Vulnerabilitätsforschung fokussiert sich auf die Umsetzung von vulnerabilitätsbestimmenden Faktoren mit den jeweiligen Abhängigkeiten in mathematische Ansätze. Dieses Ansinnen ist verständlich, versucht doch die technisch orientierte Forschung die „objektiven" Vulnerabilitäten einzelner Risikoelemente in numerische Werte zu überführen, die dann allen weiterführenden Handlungsoptionen zur Unterscheidungsunterstützung zur Verfügung stehen. Grundlegendes Ziel ist die Berechnung der Konsequenzen eines potenziell schadenbringenden Naturereignisses (Douglas 2007). Die kalkulierten Werte sind besonders entscheidend im Hinblick auf die – gesellschaftlich bestimmten – Grenzwerte. Diese Grenzwerte sind Festlegungen, bis zu welcher Schwelle eine Gesellschaft eine Naturgefahr und ein Naturrisiko toleriert und ab wann Gegenmaßnahmen getroffen werden müssen. Gegenmaßnahmen können entweder präventive, meist planerische Instrumente nutzen oder direkte Eingriffe über strukturelle Maßnahmen wie Deiche, Lawinenverbauung etc. beinhalten. Die Dimensionierung der „Schutzbauten" ist wiederum abhängig von Kosten-Nutzen-Analysen und besonders von der gesellschaftlichen Akzeptanz, welches Restrisiko nach dem Bau der Schutzvorrichtung verbleiben darf.

Die Vulnerabilität wird im Kontext der Risikoanalyse in folgender, ganz allgemein gehaltener **Risikofunktion** berücksichtigt:

Risiko = f (Gefahr, Risikoelemente, Vulnerabilität),

wobei die Risikoelemente kombiniert mit den Vulnerabilitäten häufig als **Konsequenzen** bezeichnet werden. Für eine detaillierte Diskussion unterschiedlicher Ansätze und mathematischer Gleichungen zur Kalkulation des entsprechenden Risikos sei auf Hollenstein et al. (2002) verwiesen. Im Kasten 7.3 sind zwei grundlegende Formeln für eine Risikofunktion dargestellt.

Kasten 7.3

Mathematische Darstellung der Risikofunktion

Die grundlegende Annahme ist, dass das Risiko einer Naturgefahr durch die Kombination des quantifizierten Naturgefahrenprozesses und dessen quantifizierte Konsequenzen mahematisch beschrieben werden kann. Nach Hollenstein et al. (2002) ist die entsprechende, leicht veränderte Gleichung:

$$R(E_i) = \pi(E_i) \otimes [c_1(M_1 \mid E_i)\, c_2(M_2 \mid E_i),...,c_k(M_k \mid E_i),...],$$

mit R = quantifiziertes Risiko, E_i = ein spezifisches Auftreten einer Naturgefahr, π = eine Wahrscheinlichkeit, $\otimes$ = erweiterte unscharfe Operatoren, c_k = Wirkung eines Ereignisses auf ein Systemmerkmal, M_k = spezifisches Systemmerkmal, beschrieben entweder über die direkte Einwirkung eines Naturereignisses oder über die Modellierung des Prozesses. Jedem Merkmal eines Systems kann somit ein spezifisches Auftreten zugeordnet werden.

In einem weiteren Schritt fassten Hollenstein et al. (2002) die Konsequenzen in folgender Form zusammen:

$$R(E_i) = \pi(E_i) \otimes [f(C_1 \mid E_i)\, f(C_2 \mid E_i),...,f(C_k \mid E_i),...],$$

wobei C_k die Menge der Konsequenzen für das Merkmal M_k und f das Maß für den Zustand eines Systemmerkmals hinsichtlich einer spezifischen Konsequenz ist.

Diese Gleichungen können auf alle Naturgefahren zur Quantifizierung des Risikos angewandt werden.

Wichtig bei der Betrachtung der einzelnen Merkmale ist die Beachtung der **Werteverteilungen** (Hollenstein et al. 2002). Der Werteraum weist im Allgemeinen eine scharfe (Abb. 7.6a), eine statische (Abb. 7.6b) oder eine unscharfe (*fuzzy*) Struktur (Abb. 7.6c) der einzelnen Parameter auf, die für die Bestimmung der Verletzlichkeit herangezogen werden. Die aus diesen Werten abgeleiteten Verletzlichkeiten weisen somit bei Verwendung der Parameter mit scharfen und statischen Strukturen eine klassische Verteilung auf (Abb. 7.6d) und ergeben bei der Anwendung von Parametern mit unscharfen Strukturen eine sogenannte *fuzzy*-Verteilung (Abb. 7.6e). Dies hat große Implikationen bei der Berechnung der Verletzlichkeiten und den entsprechenden Risikowerten. Es muss folglich immer vor den Risikoberechnungen geprüft werden, wie die Strukturen der Parameter sind, bzw. welche

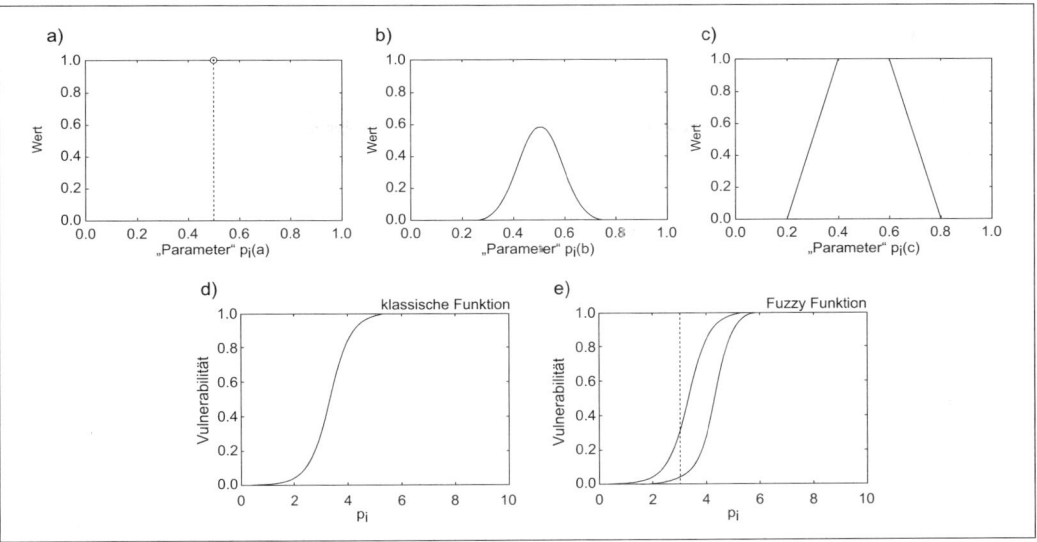

Abb. 7.6 Unterschiedliche Strukturen der einzelnenen Parameter a, b und c in den jeweiligen Werteräumen. a) Scharfe Struktur. b) Statische Struktur. c) Unscharfe (*fuzzy*) Struktur. d) Klassische Verletzlichkeitsfunktion eines Systemmerkmals. e) *Fuzzy*-Verletzlichkeitsfunktion eines Systemmerkmals (verändert nach Hollenstein et al. 2002).

Werteverteilungen vorliegen. Denn falls die Parameterwerte breite Streuungen aufweisen und diese nicht in den Folgerechnungen korrekt berücksichtigt werden, können große Fehlinterpretationen der Ergebnisse auftreten, die es zu vermeiden gilt.

Bei der Betrachtung der Konsequenzen ist wie bereits ausgeführt die Vulnerabilität der potenziell betroffenen Risikoobjekte zentral. Die im naturwissenschaftlichen Sinne definierte Vulnerabilität steht in direktem Zusammenhang mit der Stärke oder Magnitude eines schadenbringenden Naturereignisses, also einer Naturgefahr (Douglas 2007). In Abbildung 7.7 ist eine lineare Beziehung zwischen der Vulnerabilität und der Ereignismagnitude dargestellt. Die Vulnerabilität kann einen Wert zwischen 0 und 1 annehmen. Unterhalb einer bestimmten Ereignismagniude (x_{min}) sind keine Konsequenzen zu erwarten, während oberhalb einer Ereignismagnitude (x_{min}) ein Totalschaden zu verzeichnen ist. Die Häufigkeit des Auftretens ist schematisch in der mit $f_x(x)$ bezeichneten Kurve (dicke Linie) abgebildet.

Solche **Vulnerabilitätskurven** kommen in mathematischen Berechnungen zur Anwendung. Kritisch ist hierbei der Verlauf der Vulnerabilitätskurve. Denn in den wenigsten Fällen besteht ein linearer Zusammenhang zwischen der Ereignismagnitude und den Konsequenzen – wie exemplarisch in Abbildung 7.7 dargestellt (siehe auch Abb. 7.6d). Bei-

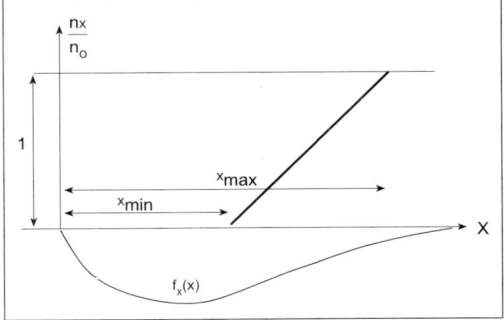

Abb. 7.7 Idealisierte Darstellung einer Vulnerabilitätsfunktion in Abhängigkeit von der Ereignismagnitude x (dicke Linie). Die Vulnerabilität ist hierbei definiert als der Quotient zwischen n_x und n_o, wobei n_x z. B. die Anzahl der betroffenen Gebäude nach einem Ereignis x darstellt und sich n_o auf die Gesamtanzahl der bedrohten Gebäude bezieht (nach Melching 1999).

spielsweise steigt die Vulnerabilität bei Gebäuden sprunghaft an, wenn der Wasserstand der Überschwemmung die Fensterhöhe erreicht hat oder die durch ein Erdbeben ausgelösten Schwingungen den Eigenschwingungen der Gebäude entsprechen. Solche Effekte sind zwar thematisiert, werden aber bisher nur ansatzweise in die mathematische Risikoberechnung eingebunden. Aufgrund fehlender Informationen muss häufig sogar angenommen werden, dass im Falle des Einwirkens eines Ereignisses – unabhängig von der Intensität des Auftretens – auf ein Gebäude das Objekt sofort vollständig zerstört ist. Dies sei an einem Beispiel erläutert. Die Vulnerabilität eines Risikoelements ist beispielsweise außerhalb einer Rutschung gleich 0 (= nicht empfindlich), während sie gleich 1 ist (= vollkommen zerstört), wenn das Risikoelement sich innerhalb einer Rutschung befindet (Glade 2003). Trotz des Bewusstseins, dass dies sehr einschränkende Annahmen sind, müssen aufgrund fehlender Datengrundlagen häufig solche Vereinfachungen angenommen werden, um die Risikoanalyse durchführen zu können. Es ist evident, dass solche Annahmen die Unsicherheiten der Analyseergebnisse sehr vergrößern.

Zusammenfassend ist zu konstatieren, dass bei der naturwissenschaftlichen Quantifizierung mehrere Aspekte zu beachten sind. Auf einzelne Punkte wird in späteren Kapiteln weiter eingegangen.

- Häufig werden die Risikoanalysen zu einem bestimmten Zeitpunkt durchgeführt. Somit sind die Berechnungen auch nur für den gewählten Zeitpunkt gültig. Falls Aussagen über zukünftige Magnituden getroffen werden, müssen die Gültigkeitsbereiche eindeutig und explizit angegeben werden – z. B. die vorgelegte Gefahrenzonierung ist nur gültig für Naturgefahren mit einem Wiederkehrintervall von max. 50 Jahren.

- Die Berechnung der Vulnerabilitäten ist extrem von den Werteverteilungen der Parameter abhängig.
- In der mathematischen Risikoberechnung sind Unsicherheiten unvermeidbar.
- Die untersuchten Systeme (Naturraum und Gesellschaft) sind laufend Veränderungen unterworfen.
- Vulnerabilitäten von Risikoelementen sind aufgrund fehlender oder unzureichender Daten meist nicht bekannt und müssen deshalb häufig abgeschätzt werden.

7.5 Koppelung der natur- und sozialwissenschaftlichen Ansätze

David Alexander (2004) hat in einer schematischen Darstellung die Koppelung der naturwissenschaftlichen mit den sozialwissenschaftlichen Ansätzen vorgeschlagen (Abb. 7.8). Dabei räumt Alexander ein, dass die gesellschaftliche Verwundbarkeit in vielen Fällen die Katastrophenschäden stärker beeinflussen kann als die Naturgefahr selbst, und dass das relative Katastrophenpotenzial einer Gesellschaft weitgehend von der Dynamik und der sozialen wie räumli-

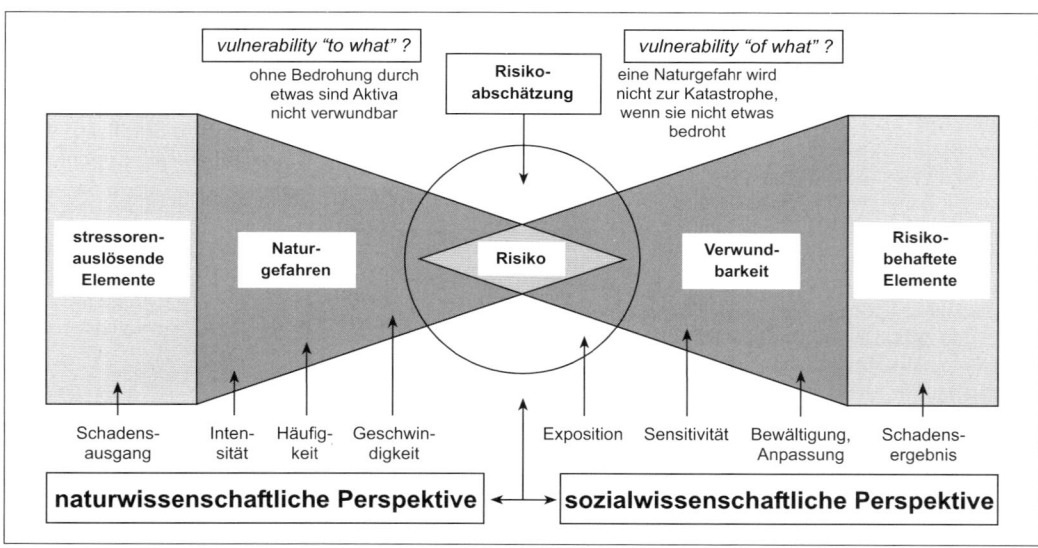

Abb. 7.8 Natur- und sozialwissenschaftliche Perspektiven der Risikoabschätzung im Kontext von Naturkatastrophen (Entwurf: H.-G. Bohle, nach Alexander 2004).

chen Differenziertheit gesellschaftlicher Verhältnisse bestimmt ist (Alexander 2004, S. 175). Auch weist Alexander (2004, S. 177) auf die dynamische Dualität von gesellschaftlicher Verwundbarkeit hin, indem er das permanente Spannungsfeld zwischen menschlichen Aktivitäten, die Risiken erzeugen, und menschlichen Anstrengungen, die Risiken zu vermeiden suchen, aufzeigt. Mit diesem Konzept ist die Brücke zwischen einer handlungs- und akteursorientierten sozialwissenschaftlichen Verwundbarkeitsforschung und einer auf Risiko bezogenen naturwissenschaftlichen Gefahrenforschung geschlagen. Allerdings steht noch die Operationalisierung des Verwundbarkeitskonzepts im Kontext von **gekoppelten sozialökologischen Systemen** aus, speziell in Hinsicht auf die im Katastrophenkontext wirksam werdenden Kopplungs- und Rückkopplungseffekte. Hierzu wird im nächsten Abschnitt des Kapitels auf Ansätze der Operationalisierung von Verwundbarkeit in gekoppelten Gesellschaft-Umwelt-Systemen eingegangen.

7.6 Verwundbarkeiten in gekoppelten sozioökologischen Systemen – Ansätze für eine interdisziplinäre und integrative Gefahren- und Risikoforschung

Die aktuelle wissenschaftliche Diskussion über Verwundbarkeit und Versuche der Operationalisierung des Verwundbarkeitskonzepts haben inzwischen zu dem Ergebnis geführt, dass sich in der umweltwissenschaftlichen ebenso wie in der wirtschafts- und sozialwissenschaftlichen Verwundbarkeitsforschung eine Reihe von strukturellen Grundkomponenten von Verwundbarkeit ergeben haben. In der integrierten Mensch-Umwelt-Forschung zu Verwundbarkeit wird meist von drei oder vier solcher Grundelemente ausgegangen, die sich in der Regel auch in den gängigen Definitionen von Verwundbarkeit wieder finden. Die wohl elementarste Bestimmung fasst Verwundbarkeit beispielsweise als den „Grad an Wahrscheinlichkeit der Beschädigung eines Systems infolge von Stress" (Turner et al. 2003, Kasten 7.4) auf. Diese höchst komprimierte Definition spiegelt bereits die folgenden Grundkomponenten von Verwundbarkeit wider: ein (gesellschaftliches, natürliches, technologisches) System als Expositionseinheit; ein Stressor bzw. mul-

tiple Stressoren, die auf das System einwirken; die Eigenschaften und das Verhalten des Systems, die über die Wahrscheinlichkeit und das Ausmaß seiner Beschädigung infolge von Stress entscheiden; und schließlich die Ergebnisse des Einwirkens von Stress in Form von Störungen oder Beschädigungen des Systems. Im *Third Assessment Report des Intergovernmental Panel on Climate Change* (IPCC 2001) wird Verwundbarkeit gegenüber Klimawandel noch deutlicher in vier Grundkomponenten aufgegliedert, die sich als Schadensanfälligkeit (*susceptibility*), als Sensitivität (*sensitivity*), als Adaptivität (*adaptive capacity*) und als Exposition (*exposure*) darstellen (Kasten 7.4). Eine Studie der *Social Protection Unit* der Weltbank (Alwang et al. 2001) hat Verwundbarkeit schließlich in die Komponenten Risikoereignis (*risky event*), Risikoreaktion (*risk response*) und Risikoergebnis (*risk outcome*) unterteilt (Kasten 7.4).

Die Studie der *Social Protection Unit* der Weltbank (Alwang et al. 2001) hat auch untersucht, wie unterschiedliche wissenschaftliche Disziplinen Verwundbarkeit definieren und messen. Sie kommt zu

── Kasten 7.4 ──

Verwundbarkeitsdefinitionen für gekoppelte Mensch-Umwelt-Systeme

»The degree to which a system is likely to experience harm due to exposure to a hazard, either an exogenous perturbation or an endogenous stress or stressor« (Turner et al. 2003).

»Vulnerability is defined as the extent to which a natural or a social system is susceptible to sustaining damage from climate change. Vulnerability is a function of the sensitivity of a system to changes in climate (the degree to which a system will respond to a given change in climate, including beneficial and harmful effects), adaptive capacity (the degree to which adjustments in practices, processes, or structures can moderate or offset the potential for damage or take advantage of opportunities created by a given change in climate), and the degree of exposure of the system to climate hazards« (IPCC 2001).

»As an organizing framework, vulnerability is decomposed into several components: a) the risk or risky events, b) the options for managing risk, or the risk responses, and c) the outcome in terms of welfare loss« (Alwang et al. 2001, S. 1).

Tab. 7.1 Disziplinäre Zugänge der Verwundbarkeitsanalyse (nach Alwang et al. 2001, S. 24f.).

Literatur zum Thema Vulnerabilität	Behandlung von		
	Risiko	Reaktion	Folgen
Dynamik der Armut	0	0	++
vermögensorientierte Ansätze	0	++	0
nachhaltige Lebensgrundlagen	+	++	0
Sicherung der Nahrungsmittelversorgung	+	+	++
Katastrophenmanagement	+	+	++
ökologische Ansätze	++	0	++
soziologische/anthropologische Ansätze	0	++	+
Gesundheit/Ernährung	0	0	++

++ Fokus der Analyse, + berücksichtigt, 0 nicht berücksichtigt

dem Ergebnis, dass einzelne Disziplinen sich jeweils auf unterschiedliche Komponenten von Verwundbarkeit konzentrieren und in ihren Analysen in der Regel entweder die Risiken selbst betrachten oder auf die Bedingungen und Ergebnisse von Risiko fokussieren (Tab. 7.1). Selbst einfache soziale Systeme, wie z. B. ein Haushalt, sind einfach zu komplex, um alle Variablen von Verwundbarkeit wirklich erfassen zu können, und so konzentrieren sich beispielsweise die Umweltwissenschaften auf das Risiko selbst, während sich etwa die Armutsforschung, die Ernährungssicherungsforschung oder die Naturkatastrophenforschung eher mit den Risikoergebnissen befassen. Dazwischen stehen Disziplinen wie die Soziologie oder die *Livelihood*-Forschung, die stärker auf die Bewältigung von Risiken fokussieren (Abb. 7.4).

Für die katastrophenbezogene Verwundbarkeitsforschung in gekoppelten Mensch-Umwelt-Systemen kann gefolgert werden, dass es sich hier um Systeme höchster Komplexität handelt und dass es sich daher anbietet, bewusst zunächst in disziplinären Zugängen einzelne Komponenten von Verwundbarkeit zu erforschen. Bezogen auf intradisziplinäre Verwundbarkeitsanalysen der Geographie bedeutet dies, dass für die Geoökologie und die Physische Geographie z. B. eine vorläufige Fokussierung auf Forschungen zur Risikoexposition infrage käme, dass sich die sozial- und kulturgeographische Verwundbarkeitsforschung auf die Anpassungs- und Bewältigungsmechanismen konzentriert und dass sich die Wirtschaftsgeographie beispielsweise mit den ökonomischen Auswirkungen von Verwundbarkeit auseinandersetzt. Der entscheidende Schritt hin zu einer umfassenden Verwundbarkeitsforschung ist dann die Integration

der Einzelbetrachtungen. Die Integration erfolgt vorzugsweise über eine systematische Analyse der Koppelungs- und Rückkoppelungseffekte, und zwar solchen, die zwischen den einzelnen Komponenten des gekoppelten sozioökologischen Systems erfolgen und solchen, die zwischen den verschiedenen Ebenen von Verwundbarkeit (lokal bis global) ablaufen.

Die These einer zunächst disziplinär spezialisierten, dann aber integrierten und interdisziplinären Verwundbarkeitsforschung im Katastrophenkontext lässt sich an dem wohl bekanntesten Verwundbarkeitsmodell für gekoppelte Mensch-Umwelt-Systeme von Turner et al. (2003) konkretisieren (Abb. 7.9). Auch dieses Modell strukturiert sich nach den genannten Grundkomponenten von Verwundbarkeit, nämlich *drivers/stressors*, *exposure*, *sensitivity* und *response* sowie *impact*. Zusätzlich ist eine Mehrebenenanalyse mit einer dynamischen Komponente in das Modell integriert. Verwundbarkeit selbst wird als Funktion von Exposition, Sensitivität und Resilienz aufgefasst und operationalisiert. Die eingezeichneten Koppelungsmechanismen zwischen den einzelnen Komponenten von Verwundbarkeit, zwischen den natürlichen (unterer Teil des Modells) und den gesellschaftlichen (oberer Teil) Sphären des Systems sowie den verschiedenen räumlichen Ebenen sind eher als Arbeitshypothesen für eine integrierte empirische Analyse des Mensch-Umwelt-Systems aufzufassen. Für die geographische Gefahren- und Risikoforschung im Katastrophenkontext bietet das vorliegende, auf globalen Umweltwandel fokussierte Modell – so eine zentrale These dieses Buchkapitels – eine erste Grundlage für integrierte sozial- und naturwissenschaftliche Verwundbarkeitsforschung.

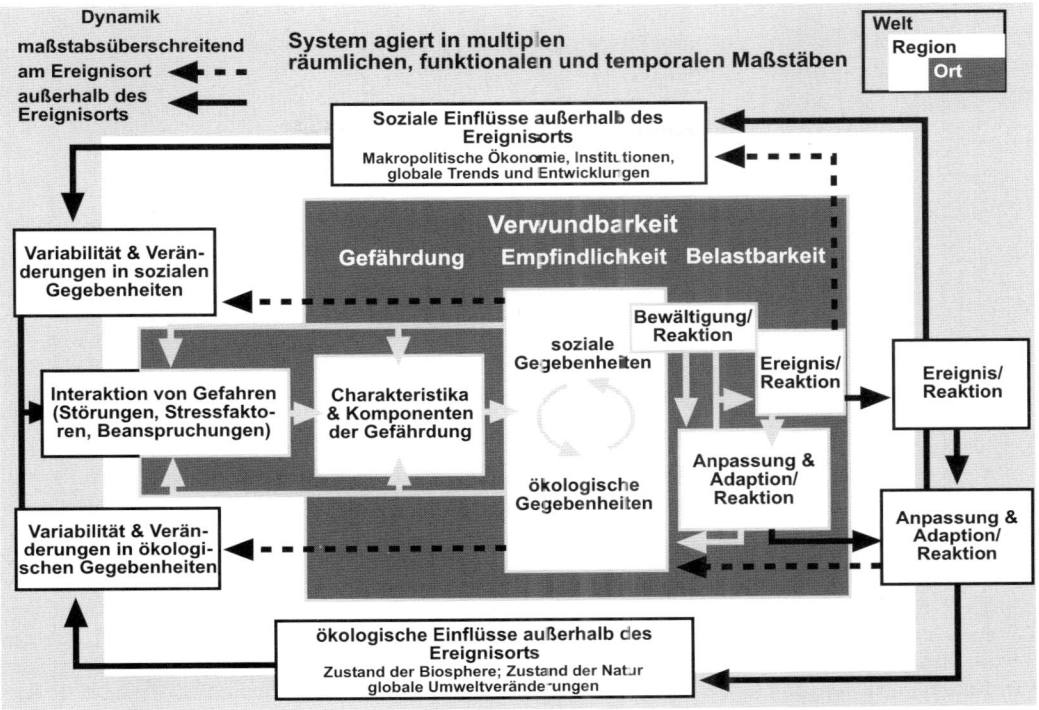

Abb. 7.9 Verwundbarkeitsmodell für gekoppelte Mensch-Umwelt-Systeme (nach Turner et al. 2003).

7.7 Messen und Kartieren von Verwundbarkeit gegenüber Naturgefahren – Herausforderungen an eine integrative Verwundbarkeitsforschung

7.7.1 Grundprobleme beim Messen von gesellschaftlicher Verwundbarkeit – das Beispiel der *Livelihood*-Analysen

Was für die Analyse von Verwundbarkeiten in gekoppelten sozioökologischen Systemen gilt, trifft auch für das Messen von Verwundbarkeit zu: Die hohe Komplexität selbst der einfachsten Systeme legt es nahe, zunächst die Komponenten von verwundbaren Einheiten getrennt zu betrachten und sich auf solche zu konzentrieren, die für die jeweilige Fragestellung und Zielsetzung am Bedeutsamsten erscheinen. Hierfür lassen sich dann Indikatoren, Maßeinheiten oder Indices von Verwundbarkeit entwickeln. Will man die Verwundbarkeit von gesellschaftlichen Systemen gegenüber Naturkatastrophen bestimmen, so gibt es noch spezielle Herausforderungen, die vor allem die zuvor genannten relationalen, dynamischen und differenzierten Eigenschaften von Sozialsystemen betreffen. Bei der Verwundbarkeitsabschätzung von sozialen Systemen liegt die besondere Problematik darin, die sozial differenzierte Verwundbarkeit von handelnden Akteuren in ihrem sozialen Feld zu erfassen, die sozialen Beziehungen zwischen den Akteuren zu bestimmen und die Rolle von Machtverhältnissen und politischer Ökonomie zu operationalisieren. Insofern haben sich Risikoabschätzungen für die Verwundbarkeit gesellschaftlicher Systeme bislang meist auf qualitative Ansätze beschränkt.

Am Beispiel von **Lebenshaltungssystemen** (*livelihood systems*, Abb. 7.4) können die Probleme beim Messen von Verwundbarkeit in katastrophenträchtigen Sozialsystemen verdeutlicht werden. Zunächst lassen sich auch bei der Verwundbarkeitsanalyse von Lebenssicherungssystemen die oben angegebenen Grundkomponenten von Verwundbarkeit ansatzweise wieder finden (Abb. 7.4). Der Verwundbarkeitskontext beispielsweise bezieht sich im weiteren Sinne auf Fragen von Exposition, die Dimensionen von Schadensanfälligkeit und Sensitivität sind im Schnittfeld von Aktiva und institutionellem Kontext angesiedelt, Mechanismen der Adaptivität werden unter *livelihood strategies* angesprochen, und die *livelihood outcomes* betreffen die (negativen und positiven) Folgen des gesellschaftlichen Umgangs mit Risiko.

In der sozialwissenschaftlichen **Livelihood-Analyse** konzentriert sich das Erkenntnisinteresse schwerpunktmäßig auf die Bereiche der Aktiva zur Lebenssicherung sowie die Lebenssicherungsstrategien verwundbarer Menschen. Betrachtet man zunächst nur die Aktiva, die von verwundbaren Gruppen zur Lebenssicherung genutzt werden, so stehen allein die folgenden acht Merkmale der Aktiva-Konzeption einer Quantifizierung dieser Komponente von Verwundbarkeit gegenüber:

(1) Einzelne Aktiva sind kaum quantitativ zu bemessen, z. B. Sozialkapital.

(2) Aktiva werden von verwundbaren Menschen zu Portfolios zusammengefasst. Wie können die einzelnen Aktivposten skaliert und vergleichbar gemacht werden (z. B. Vergleich zwischen Naturkapital und Sozialkapital)?

(3) Aktiva können substituiert und konvertiert werden (aus Sozialkapital kann z. B. Finanzkapital gewonnen werden, etwa mithilfe informeller Spargruppen).

(4) Portfolios von Aktiva werden dynamisch an Risikosituationen angepasst und immer wieder neu konfiguriert und umstrukturiert – wie können Zeitskalen in Messverfahren integriert werden?

(5) Die Aktiva selbst eines einzelnen Haushalts können sich über unterschiedliche Raumskalen erstrecken, z. B. bei der Nutzung von natürlichen Ressourcensystemen (Naturkapital) oder bei der Ausdehnung sozialer Netzwerke (Sozialkapital); wie lässt sich dies quantifizieren?

(6) Der Zugang zu Aktiva und die gesellschaftliche Kontrolle über Aktiva, z. B. Gemeinschaftsressourcen, sind stark von institutionellen Regelungen und Machtverhältnissen beeinflusst und können äußerst konfliktreich sein. Wie lassen sich gesellschaftliche Auseinandersetzungen um Aktiva quantitativ fassen?

(7) Aktiva werden von verwundbaren Menschen unterschiedlich wahrgenommen, präferiert und im Zusammenhang mit gesellschaftlichem Risiko differenziert bewertet – wie können kulturelle Dimensionen von Verwundbarkeit in Messverfahren Eingang finden?

(8) Die Umsetzung von Aktiva zu Lebenssicherungsstrategien in katastrophenträchtigen Kontexten betrifft die Logiken, Prozesse und Strukturen des gesellschaftlichen Handelns von verwundbaren Akteuren – auch hier stoßen Messverfahren von Verwundbarkeit schnell an ihre Grenzen.

Insofern zeigt das Beispiel der Verwundbarkeitsanalyse von *Livelihood*-Systemen, dass Risikoabschätzungen in diesem Zusammenhang überwiegend qualitativ zu erfolgen haben. Besonders bewährt haben sich dabei Methoden der partizipativen Feldforschung, die es ermöglichen, die Perzeptionen, Bewertungen, Präferenzen, Bedürfnisse und Handlungslogiken verwundbarer gesellschaftlicher Gruppen aus deren eigener Perspektive zu erfassen und den politisch-ökonomischen Kontext, in dem Lebenssicherung sich abspielt, aus der Sicht der verwundbaren Menschen selbst zu bestimmen. Die beiden letztgenannten Bereiche – die Forderung nach handlungstheoretisch fundierten Analysen von Handeln unter Risiko sowie eine politisch-ökonomisch ausgerichtete Analyse von Handlungszwängen und Handlungsspielräumen – haben in jüngster Zeit auch eine kritische Neubewertung des oft als allzu mechanistisch, statisch, als unpolitisch und ahistorisch angesehenen *Livelihood*-Konzepts hervorgebracht (Dörfler et al. 2003, De Haan und Zoomers 2005).

Dennoch liegen auch für die sozialwissenschaftliche Verwundbarkeitsforschung erste Ansätze von **Indikatorensystemen** für den Katastrophenkontext vor, die allerdings die oben genannten Probleme bei der Bemessung von Verwundbarkeit nicht ausräumen können. Ein aktuelles Beispiel bietet die Interamerikanische Entwicklungsbank (IADB 2005, S. 12–16) mit dem **Prevalent Vulnerability Index** (PVI), der speziell für die Risikoabschätzung für katastrophenträchtige Länder in Lateinamerika entwickelt wurde. Dies ist unseres Wissens der bislang erste Index, der sich direkt auf die oben angegebenen Grundkomponenten von Verwundbarkeit bezieht und drei getrennte Indikatorensysteme für die Bereiche „*exposure and susceptibility*", „*fragility*" und „*(lack of) resilience*" vorschlägt (Tab. 7.2).

Tab. 7.2 Der *Prevalent Vulnerability Index* (PVI) – ein Indikatorensystem für Verwundbarkeit gegenüber Naturgefahren (IADB 2005).

Indikatoren	Index	Beschreibung
Exposition und Empfindlichkeit	ES1	Bevölkerungswachstum, durchschnittliche jährliche Rate
	ES2	urbanes Wachstum, durchschnittliche jährliche Rate (%)
	ES3	Bevölkerungsdichte (Personen pro 5 km^2)
	ES4	Armut, Bevölkerung mit weniger als 1 US$ pro Tag PPP
	ES5	Grundkapital in Millionen US$ pro 1 000 km^2
	ES6	Import und Export von Waren und Dienstleistungen als % des GDP
	ES7	festgeschriebenes Bruttoinlandsinvestment als % des GDB
	ES8	landwirtschaftlich nutzbares Land und permanenter Ertrag als % des Gebiets
sozioökonomische Fragilität	SF1	Armutsindex, HPI-1
	SF2	Abhängige als Anteil an der arbeitenden Bevölkerung
	SF3	Ungleichheit gemessen mit dem Gini-Koeffizient
	SF4	Arbeitslosigkeit als % der gesamten Arbeitskraft
	SF5	jährliche Zunahme der Nahrungspreise (%)
	SF6	Anteil der Agrarwirtschaft an der gesamten GDP-Zunahme (jährliche %)
	SF7	Schuldendienst als % des GDP
	SF8	Bodendegradation als Ergebnis der menschlichen Aktivität (GLASOD)
(Fehlen der) Resilience	LR1	Index des menschlichen Entwicklungsstands, HDI [Inv]
	LR2	Geschlechtsspezifischer Entwicklungsindex, GDI [Inv]
	LR3	Sozialausgaben für Pensionen, Gesundheit und Ausbildung als % des GDP [Inv]
	LR4	Steuerungsindex (Kaufmann) [Inv]
	LR5	Infrastruktur und Hausversicherung als % des GDP [Inv]
	LR6	Fernsehanlagen pro 1 000 Menschen [Inv]
	LR7	Krankenhausbetten pro 1 000 Menschen [Inv]
	LR8	Umweltverträglichkeitsindex, ES [Inv]

Die drei mal acht Indikatoren drücken Situationen, Ursachen, Auffälligkeiten, Schwächen oder Defizite in den einzelnen Ländern aus, die sich auf Länderebene auch statistisch-quantitativ belegen lassen. Während die Indikatoren zur Exposition und Risikoanfälligkeit die Grundverwundbarkeit von Gesellschaften gegenüber Naturgefahren anzeigen (Abb. 7.3), sind es bei den Indikatoren für Fragilität die Prädispositionen von Gesellschaften im Kontext potenziell gefährlicher Naturphänomene. Die Indikatoren, die sich auf (Mangel an) Resilienz beziehen, greifen schließlich Kennzeichen von Gesellschaften auf, die Defizite in den Bereichen menschliche Entwicklung, menschliche Sicherheit, gute Regierungsführung oder Umweltstabilität anzeigen.

7.7.2 Grundprobleme beim Messen von umweltbezogener Vulnerabilität – das Beispiel von Überschwemmungen

Quantifizierung des Risikos in der Zeit

Es ist aus den naturwissenschaftlichen Ansätzen evident, dass bei einer Quantifizierung des Risikos meist von einem stationären Zustand ausgegangen wird (Abb. 7.10a). Aufgrund der hochdynami-

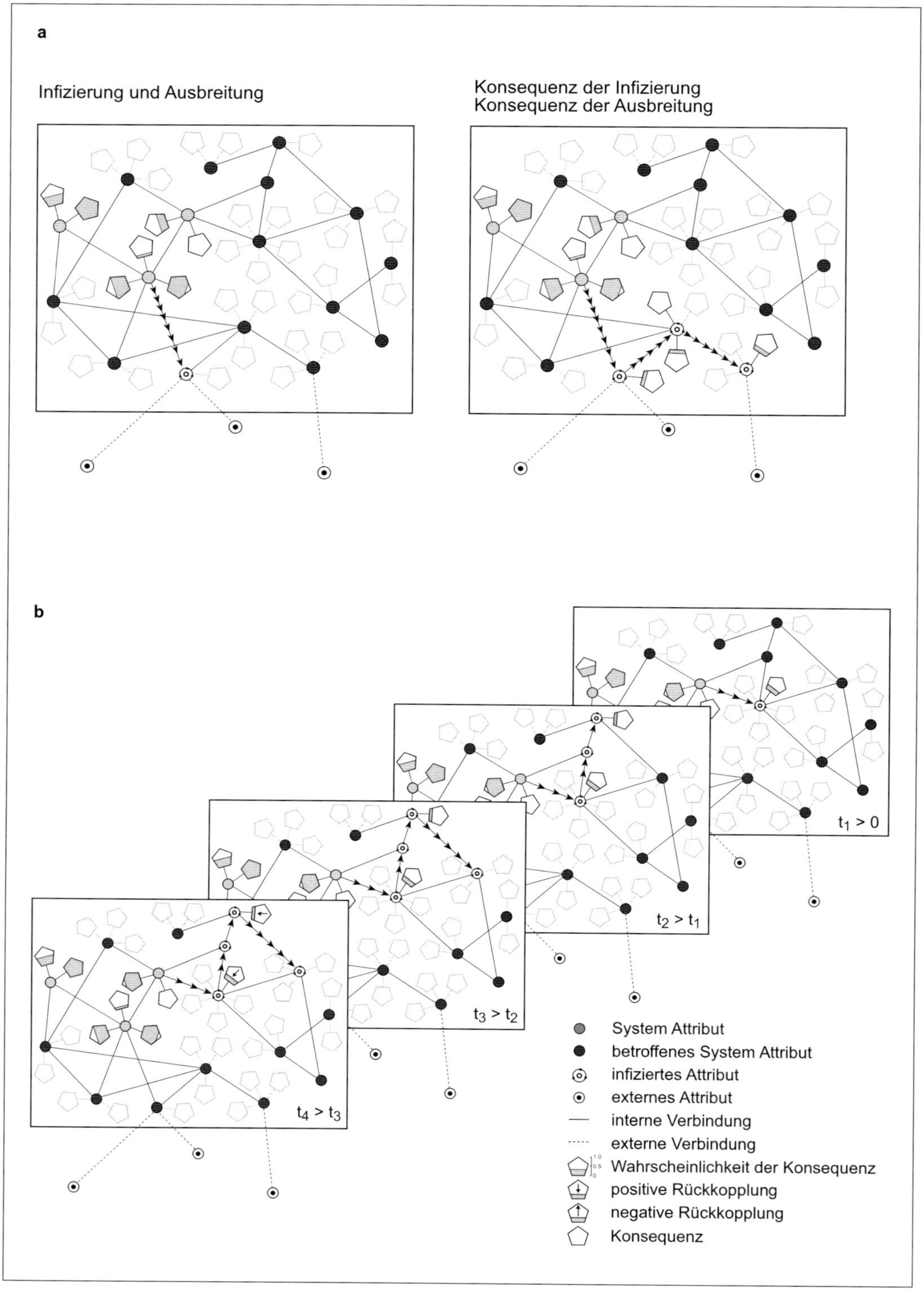

a

Infizierung und Ausbreitung

Konsequenz der Infizierung
Konsequenz der Ausbreitung

b

$t_1 > 0$

$t_2 > t_1$

$t_3 > t_2$

$t_4 > t_3$

⬤ (grau)	System Attribut
⬤ (schwarz)	betroffenes System Attribut
⊙	infiziertes Attribut
⊙	externes Attribut
—	interne Verbindung
⋯⋯	externe Verbindung
⬠	Wahrscheinlichkeit der Konsequenz
⬠	positive Rückkopplung
⬠	negative Rückkopplung
⬠	Konsequenz

schen Entwicklung der Systemeigenschaften muss eine solche stationäre Annahme eigentlich abgelehnt werden (Hufschmidt et al. 2005), besonders im Hinblick auf eine langjährige Ausrichtung der zukünftigen Maßnahmen basierend auf eine Risikokalkulation. Solche Entwicklungen von Systemeigenschaften sind schematisch in Abbildung 7.10b dargestellt. Diese Entwicklungen können natürliche Veränderungen betreffen, z. B. Entwaldung im Einzugsgebiet und somit geänderter Wasserführung bei Flüssen, oder sich auf anthropogene Veränderungen beziehen, z. B. neue Besiedelung bisher unbewohnter Räume oder Bau von Infrastrukturen wie Straßen, Versorgungsleitungen etc. Diese kontinuierlichen Veränderungen in den beiden Sozial- und Geosystemen sollten auch in der quantifizierten Risikoanalyse abgebildet sein, z. B. durch regelmäßige Neuevaluierung bestimmter Gebiete. In der Praxis ist jedoch die Forderung einer regelmäßigen Neuevaluierung nur begrenzt umgesetzt bzw. auch umsetzbar. Gründe sind u. a. die hohen, mit jeder Neuerhebung verbundenen Kosten, aber auch die Bestandssicherheit ausgewiesener Gebiete bzw. die Dauer der Implementierung.

Die Risikoelemente mit ihren spezifischen Merkmalen sind alle potenziell gefährdete Menschen und Objekte. Von den anfänglichen Versuchen der aus der Versicherungswirtschaft stammenden Konzepte zur Monetarisierung von Menschenleben und Verletzungen unterschiedlichen Grades und der konsequenten Gleichsetzung mit monetären Verlusten von strukturellen Risikoelementen etc. (Melching 1999) wird inzwischen aus ethischen und moralischen Gründen Abstand genommen. Risiken werden folg-

lich als Risiko für den Menschen mit den Klassen des Todesfallrisikos über mittlere Verletzungen bis zur Unversehrtheit berechnet. Die Grenzziehungen sind hierbei jedoch auch extrem schwierig. Entsprechende Daten, die beispielsweise tatsächlich den Grad der Verletzung den Intensitäten der verursachenden Prozesse gegenüberstellen, existieren letztendlich nicht. Wie in Kasten 7.3 exemplarisch dargelegt, werden ökonomische Risiken dagegen als monetäre Kosten dargestellt. Jedem Risikoelement, wie z. B. Häuser, Infrastrukturen, Industrieanlagen etc., werden maximale Schadenspotenziale zugeordnet, wobei sich diese Summen entweder nach der Neuerrichtung zum heutigen Zeitpunkt oder nach dem momentanen Wert richten, der möglicherweise erheblich niedriger ist als ein Neubau. In einem zweiten Schritt werden anschließend jedem spezifischen Typ eines Risikoelements (z. B. Risikoelement „Haus" mit den Typen „Mehrfamilienhaus", „Betonhaus", „Steinhaus", „Holzhaus" usw.) Empfindlichkeiten (Vulnerabilitäten) gegenüber einer Naturgefahr mit unterschiedlichen Intensitäten zugeordnet. Diese Kurven basieren meist auf Daten der Versicherungen, wobei extreme, bisher noch nicht gemessene oder aufgetretene Ereignisse heuristisch abgeschätzt werden.

Unsicherheiten in der Risikoanalyse

Zentral bei der naturwissenschaftlichen Bearbeitung der Vulnerabilitäten und des Risikos ist auch die dezidierte Betrachtung der **Unsicherheit**. In jedem Analyseschritt existieren Unsicherheiten. Auch wenn nur ein Wert nach einer Risikoanalyse genannt wird, kalkulierte Angaben sind nie eineindeutig, d. h. es existieren immer Unsicherheiten. Für die Kalkulation von Überschwemmungen und den daraus berechneten Schadenswirkungen sind diese Unsicherheiten schematisch in Abbildung 7.11 über die jeweiligen Werteverteilungen dargestellt. Die realen, objektiven Unsicherheiten können nie vollständig berechnet werden – deshalb wäre ein Anspruch der vollständigen Eliminierung von Unsicherheiten unrealistisch. Je nach Ressourcen (Budget, Datengrundlage, Bearbeitungszeit etc.), schwanken die Unsicherheitsbereiche signifikant. Das ist nicht zu vermeiden, jedoch ist es entscheidend, die Unsicherheiten offen zu kommunizieren. Denn häufig werden aufgrund der Berechnungen und Ergebnisse nachhaltige Maßnahmen ergriffen, die unter Einbezug der Unsicherheiten vielleicht nochmals kritisch beleuchtet werden müssten.

Für viele Naturgefahren existieren leider keine detaillierten Angaben, um Unsicherheiten genau

Abb. 7.10 Schematische Darstellungen des Zusammenhangs zwischen einzelnen Attributen mit bestimmten Merkmalen und deren Zusammenhänge (nach Hollenstein et al. 2002). a) „Infizierung" eines Attributes und Verbreitung zwischen anderen Attributen (z. B. Steinschlag blockiert ein Gerinne, ein Fluss staut sich und führt nach dem Durchbruch der Barriere zu einer Überschwemmung mit entsprechenden Schäden). b) Dynamischer Aspekt bei Systembetrachtungen in Zeitscheiben. Die Systemattribute haben in einzelnen Zeitpunkten unterschiedliche Eigenschaften (betroffen, nicht betroffen, extern), stehen miteinander intern und extern in Beziehung, weisen eine Wahrscheinlichkeit auf, dass sie von einer bestimmten Ereignisstärke betroffen werden und geben Auskunft, ob die Wirkung des Attributes eine positive oder negative Rückkopplung auf das Gesamtsystem hat.

7

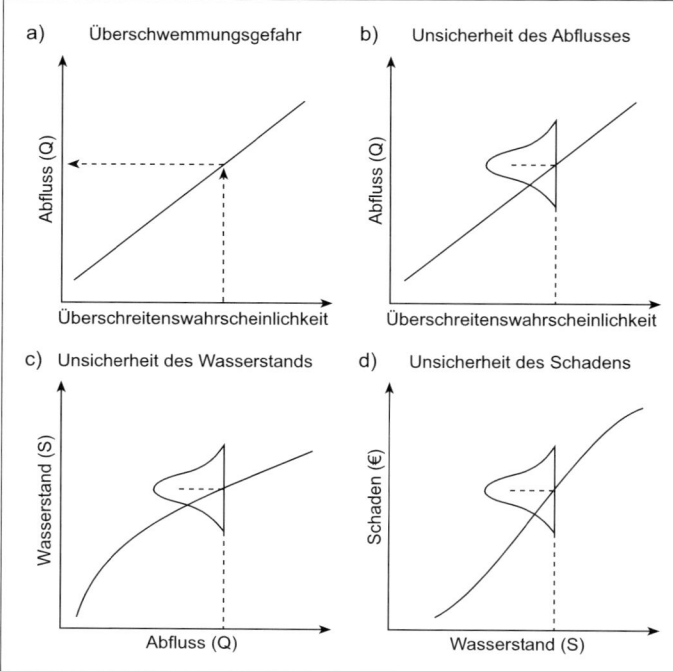

Abb. 7.11 Vereinfachte Darstellung von Unsicherheiten bei der Berechnung der Schadenswirkung am Beispiel von Überschwemmungen (nach Tseng et al. 1993).

berechnen zu können. In diesen Fällen müssen die Vulnerabilitäten einzelner Risikoelementen aufgrund von Schätzungen bestimmt werden, wie dies beispielsweise Glade (2003) exemplarisch für gravitative Massenbewegungen vorgenommen hat.

7.7.3 Herausforderungen und Möglichkeiten bei der Erstellung von Verwundbarkeitskarten im Katastrophenkontext

Für den Versuch, Gefahren-, Risiko- oder Verwundbarkeitskarten im Katastrophenkontext zu entwerfen, gelten im Prinzip die gleichen Vorbehalte wie für die Entwicklung von Messverfahren oder Indikatorensystemen von Verwundbarkeit. Auch bei der Erstellung von Risikokarten ist zunächst die Frage nach dem Erkenntnisinteresse und den Zielsetzungen von Risikokartierung entscheidend. Insofern haben sich z. B. Hilfsorganisationen, die die Verwundbarkeit marginaler Bevölkerungsgruppen gegenüber Dürrekrisen und Hungerkatastrophen in

Afrika ins Auge gefasst haben, stark auf qualitative empirische Verfahren der Datengewinnung zur Herstellung von *risk maps* gestützt, diese aber in der Regel mit Fernerkundungsdaten ergänzt. Ein Beispiel hierfür sind die Verwundbarkeitskarten des *Famine Early Warning System* (FEWS) für Äthiopien, die die chronischen und die akuten Verwundbarkeiten gegenüber Hungerkrisen anzeigen. Diese Karten richten sich vor allem auf eine zielgerichtete Identifizierung der besonders verwundbaren Gruppen in den kritischsten Regionen, die dann für Entwicklungs- und Hilfsmaßnahmen infrage kommen. Die Karten dienen aber auch der kurzen und präzisen Information von potenziellen Geldgebern für Entwicklungs- und Nothilfe. Die Karten von FEWS wurden z. B. regelmäßig für das *„briefing"* des amerikanischen Präsidenten zur Notsituation in Afrika eingesetzt; auf ihrer Grundlage wurde über finanzielle Zusagen entschieden.

Weichselgartner (2001) schlägt alternativ zu den Risikokarten die Einführung von Vulnerabilitätskarten vor. Diese Karten zeigen die soziale und naturwissenschaftliche Dimension der Vulnerabilität auf. Ein signifikanter Nachteil dieses Ansatzes ist es jedoch, dass solche Vulnerabilitätskarten prozessbezogen sind, d. h. eine Erstellung einer Karte mit verschiedenen kombinierten Gefahren und respektiven Vulnerabilitäten ist nur schwer möglich (Weichselgartner 2001). Andere Beispiele für Risikokarten sind in diesem Buch im Teil II für unterschiedliche natürliche Ereignissysteme und im Teil IV anhand verschiedener Fallbeispiele dargestellt. Die grundsätzlichen Schwierigkeiten dieser naturwissenschaftlichen Risikokarten wurden in diesem Beitrag bereits vertiefend erläutert.

7.8 Verwundbarkeitskonzepte in Sozial- und Naturwissenschaften – wissenschaftliche und praktische Herausforderungen

Die bisherigen Ausführungen zeigen die fundamental unterschiedliche Herangehensweise der Sozial- und Naturwissenschaften an Verwundbarkeitskonzepte. Während in den Sozialwissenschaften die Gesellschaftssysteme in ihrer vielschichtigen, häufig unvorhergesehenen Vernetztheit die Verwundbarkeit einzelner Personen oder von Akteursgruppen bestimmen und stark beeinflussen, liegt in den Naturwissenschaften der Fokus auf einer Quantifizierung der Vulnerabilität einzelner Risikoelemente gegenüber einer Ereignismagnitude. Diese unterschiedlichsten Zugänge erschweren es immens, eine tatsächliche Verknüpfung beider Zugänge herzustellen. Beispielsweise können einige sozialwissenschaftliche Kriterien einer Verwundbarkeit nur qualitativ auf einem bestimmten Maßstab erfasst werden. Gleichzeitig basieren naturwissenschaftliche Ergebnisse auf quantitativen Angaben, die jedoch meist eine große Streuung aufweisen. Es ist häufig sehr schwer zu kommunizieren, dass trotz der Streuung bzw. der inhärenten Unsicherheiten die Ergebnisse der Risikoanalysen in gesellschaftlichen Entscheidungsprozessen nutzbar sind. In der tatsächlichen Umsetzung in Form eines umfassenden Risikomanagements werden solche Risikokarten bereits mancherorts eingesetzt. Entscheidend bei der Erstellung und der Kommunikation der Ergebnisse ist der Umgang mit den Unsicherheiten. Unsicherheiten zu verschweigen, etwa um die Betroffenen nicht zu beunruhigen, wäre fatal. Es muss vermittelt werden, dass es nie

eine 100%ige Sicherheit geben wird. Ein Restrisiko, und sei es noch so klein, wird immer vorhanden sein und darf nicht mit „schlechter" Analytik verbunden werden. Dies müssen auch die Akteure akzeptieren, auch wenn Unschärfen gesellschaftlich nur schwer zu vermitteln sind.

In Bezug auf die Vulnerabilitäten verbleiben noch wichtige Herausforderungen. Neben dem in den vorherigen Kapiteln bereits angesprochenen Umgang mit der Verwundbarkeit aus ganz unterschiedlicher Sicht müssen Überlegungen einer tatsächlichen Integration der Ansätze angestellt werden. Für solch ein integratives Vulnerabilitätskonzept stellt Weichselgartner (2001) folgende Forderungen:

* Vulnerabilitätsanalysen müssen sozial- und naturwissenschaftliche Aspekte gleich berücksichtigen.
* Diese Ansätze sollten möglichst präventiv vor der kommenden Katastrophe, und nicht reaktiv auf eine bereits stattgefundene Katastrophe entwickelt und implementiert werden.
* Die Reduzierung der Verletzlichkeit muss ein integraler Bestandteil einer zukunftsorientierten Politik und entsprechender Programme sein.
* Die getroffenen Maßnahmen müssen kontinuierlich überprüft, evaluiert und modifiziert werden – gerade im Hinblick auf die schnell ablaufenden und in ihren Wirkungen extremen globalen Veränderungen.

Wissenschaftliche und praktische Herausforderungen liegen darin, die unterschiedlichen Ansätze noch stärker zusammenzuführen, die momentanen Konzepte gegenseitig in der jeweiligen Wichtigkeit und Bedeutung anzuerkennen und die entsprechenden notwendigen Maßnahmen in einer partizipativen Entscheidungsfindung herbeizuführen. Perspektivisch muss grundsätzlich noch an der stärkeren Koppelung und Verzahnung der Verwundbarkeitskonzepte der Sozial- und Naturwissenschaften gearbeitet werden, um einen zukunftsorientierten Umgang mit Naturrisiken und Sozialkatastrophen zu gewährleisten.

Zusammenfassung

Die Vulnerabilitätskonzepte in den Sozial- und Naturwissenschaften differieren stark. In den Naturwissenschaften bezieht sich die Vulnerabilität auf die Empfindlichkeit vorher bestimmter

Risikoelemente gegenüber bestimmten Ereignisintensitäten. Es werden die Konsequenzen eines auftretenden schadenbringenden Naturereignisses meist monetär quantifiziert. In den Sozialwissenschaften wird die Vulnerabilität oder Verwundbarkeit auf rein gesellschaftliche Bedingungen bezogen. Zentral ist hierbei der Mangel an Widerstandskraft oder das Vorhandensein von Resilienz der Akteure. In der sozialwissenschaftlichen Verwundbarkeitsforschung spielen verfügungsrechtliche Ansätze (z. B. *entitlement*-Theorie) eine wichtige Rolle. Es wird auf die besondere Bedeutung der doppelten Struktur der Verwundbarkeit und auf ein dynamisches Verwundbarkeitsmodell mit Grundanfälligkeit und der akuten Anfälligkeit eingegangen.

In einem weiteren Abschnitt werden gekoppelte Mensch-Umwelt-Systeme erläutert. Es wird dezidiert auf Grundprobleme beim Messen von gesellschaftlicher Vulnerabilität am Beispiel der Livelihood-Analysen und beim Messen von naturwissenschaftlicher Vulnerabilität am Beispiel von Überschwemmungen dargelegt. Abschließend wird auf wissenschaftliche und praktische Herausforderungen bei Verwundbarkeitskonzepten in Sozial- und Naturwissenschaften hingewiesen.

Schlüsselsätze

- Die Verwundbarkeitsforschung wird dazu beitragen, die Kapazitäten von Menschen zu erhöhen, mit Naturrisiken umzugehen.
- Das Konzept der doppelten Struktur von Verwundbarkeit hilft in der entwicklungspolitischen Praxis.
- Das *Sustainable Livelihood Framework* (SLF) eignet sich ausgezeichnet für eine operationalisierte Verwundbarkeitsanalyse.
- Die naturwissenschaftliche Vulnerabilitätsforschung bezieht sich auf die mathematische Quantifizierung eines Naturrisikos.
- Die tatsächliche Vulnerabilität einzelner Risikoelemente gegenüber einzelnen Ereignismagnituden sind meistens nicht bekannt und müssen abgeschätzt werden.
- Die naturwissenschaftlichen Risikoanalysen müssen mit den inhärenten Unsicherheiten vermittelt werden.
- Gekoppelte Verwundbarkeitsanalysen der Sozial- und Naturwissenschaften müssen in der Forschung und der Praxis intensiviert werden.

Literatur

Alexander D (2004) Crises intervention and risk reduction. In: Ammann WJ, Dannenmann S, Vulliet L (Hrsg) Risk 21 – Coping with risks due to natural hazards in the 21st century, 51–56

Alwang J, Siegel PB, Jorgensen SL (2001) Vulnerability: A view from different disciplines. Social Protection Discussion Paper Series, June 2001, Social Protection Unit, Human Development Network. The World Bank, New York

Beck U (1986) Risikogesellschaft. Suhrkamp, Frankfurt

Beck U (1988) Gegengifte: Die organisierte Unverantwortlichkeit. Suhrkamp, Frankfurt

Beck U (2007) Weltrisikogesellschaft. Auf der Suche nach der verlorenen Sicherheit. Suhrkamp, Frankfurt

Birkmann J (2005) Danger need not spell disaster. But how vulnerable are we? UNU-EHS Research Brief No. 1. United Nations University, Bonn

Blaikie P, Cannon T, Davis I, Wisner B (1994) At risk – Natural hazards, people's vulnerability, and disasters. London, Routledge

Bohle HG (1994) Dürrekatastrophen und Hungerkrisen. Sozialwissenschaftliche Perspektiven geographischer Risikoforschung. *Geographische Rundschau* 46: 400–407

Bohle HG (2001) Vulnerability and criticality: perspectives from social geography. IHDP-Update 2: 1–5

Bohle HG (2007) Geographies of Violence and Vulnerability. An Actor-Oriented Analysis of the Civil War in Eastern Sri Lanka. Erdkunde 61(2): 129–146

Bohle HG, Fünfgeld H (2007) The Political Ecology of Violence. Contested Entitlements and Politicised Livelihoods in Eastern Sri Lanka In: Development and Change (im Druck)

Brklacich M, Bohle HG (2006) Assessing Human Vulnerability to Global Climatic Change. In: Ehlers E, Krafft T (Hrsg) Earth System Science in the Anthropocene. Emerging Issues and Problems. Springer, Berlin, New York, Heidelberg: 51–61

Chambers R (1989) Editorial Introduction: Vulnerability, Coping and Policy. IDS Bulletin 20 (2): 1–7

De Haan L, Zoomers A (2005) Exploring the Frontier of Livelihood Research. *Development and Change* 36 (1): 27–47

De Waal A (1987) Famine that kills: Darfur 1984-5. Save the Children Fund, London

DFID (1999) Sustainable Livelihoods Guidance Sheets. Department for International Development, London

Dörfler T, Graefe O, Müller-Mahn D (2003) Habitus und Feld. Anregungen für eine Neuorientierung der geographischen Entwicklungsforschung auf der Grundlage von Bourdieu's ‚Theorie der Praxis'. *Geographica Helvetica* 58 (1): 11–23

Douglas J (2007) Physical vulnerability modelling in natural hazard risk assessment. *Natural Hazards and Earth System Sciences* 7: 283–288

Glade T (2003) Vulnerability Assessment in Landslide Risk Analysis. *Die Erde* 134 (2): 123–146

Hewitt K (Hrsg) (1983) Interpretations of Calamity: From the Viewpoint of Human Ecology. Allen & Unwin, Boston

Hollenstein K, Bieri O, Stückelberger J (2002) Modellierung der Vulnerability von Schadenobjekten gegenüber Naturgefahrenprozessen. BUWAL/Eidgenössische Forstdirektion, Schutzwald und Naturgefahren

Hooke RL (1994) On the Efficacy of Humans as Geomorphic Agents. *GSA Today* 4: 217, 224–225

Hooke RL (2000) On the history of humans as geomorphic agents. *Geology* 28: 843–846

Hufschmidt G, Crozier M, Glade T (2006) Evolution of natural risk: research framework and perspectives. *Natural Hazards and Earth System Sciences* 5: 375–387

IADB (2005) Indication for Disaster Risk and Risk Management. Summary Report for World Conference on Disaster Reduction. IADB (Inter-American Development Bank) Public Documents on Internet; IDB-UNC/IDEA, January 2005

IPCC (Intergovernmental Panel on Climage Change) (2001) Climate Change 2001, Third Assessment Report. 3 Volumes, Cambridge University Press, Cambridge

ISDR (2004) Living with Risk: a global review of disaster reduction initiatives. United Nations/International Strategy for Disaster Reduction, Genf

Lewis J (1999) Development in disaster-prone places – Studies of vulnerability. London, Intermediate Technology Publications Ltd.

Melching CS (1999) Economic aspects of vulnerability. In: World Metereological Organization (Hrsg) Comprehensive risk assessment for natural hazards, WMO/TD 955: Geneva, 66–76

Mitchell JK, Von Devine N, Jaeger K (1989) A contextual Model of Natural Hazards. *Geographical Review* 79: 391–409

Scoones I (1998) Sustainable rural livelihoods: A framework for analysis. IDS Working Paper 72, IDS, Brighton

Scott JC (1976) The Moral Economy of the Peasant – Rebellion and Subsistence in Southeast Asia. Yale University Press, London

Sen A (1981) Poverty and Famines. An Essay on Entitlement and Deprivation. Clarendon Press, Oxford

Tseng M⁻, Eiker EE, Davis DW (1993) Risk and uncetainty in flood damage reduction project design. In: Shen H-W, Su S-T, Wen F (Hrsg) Hydraulic Engineering '93, American Society of Civil Engineers. 2104–2109

Turner B., Kasperson RE, Matsone PA, McCarthy JJ, Corellg RW, Christensene L, Eckleyg N, Kasperson JX, Luerse A, Martellog ML, Polskya C, Pulsipher A, Schiller A (2003) A framework for vulnerability analysis in sustainability science. *Proceedings of the National Academy of Sciences (USA)* 100(14): 8074–8079

Van Ginkel H, Bogardi J (2005) Facing the onslaught on human security: risk reduction needs in the 21st century. In: Rose T (Hrsg) Know Risk: 87–88

Vogel C, O'Brien K (2004) Vulnerability and Global Change: Rhetoric and Reality. In: AVISO, Bulletin on Global Environmental Change and Human Security No. 13 (March 2004): 1–8

Watts MJ (1983) Silent violence: food, famine and peasantry in Northern Nigeria. University of California Press, Berkeley

Watts MJ. Bohle HG (1993) The space of vulnerability: the causal structure of hunger and famine. *Progress in Human Geography* 17: 43–67

Weichselgartner J (2001) Disaster mitigation: the concept of vulnerability revisited. *Disaster Prevention and Management* 10: 85–94

Wisner B, Blaikie PM, Cannon T, Davis I (2004) At risk. Routledge, London

8 Medien-Katastrophen – ein Beitrag zur journalistischen Krisenkommunikation

Alexander Görke

Ablaufschema • Aktualität • Journalismus • Katastrophenkommunikation • Konstruktivismus • Kommunikation • Krieg • Krisenkommunikation • Nachrichtenwert • Systemtheorie

Was die Öffentlichkeit über Naturrisiken und Sozialkatastrophen weiß, erfährt sie in der Regel nicht aufgrund direkter Erfahrung. Sie nimmt diese vielmehr medienvermittelt – über **Nachrichten** in Presse, Rundfunk oder im Internet – wahr. Konflikte, Kriege und Katastrophen gehören zum journalistischen Kerngeschäft. Damit werden regelmäßig Fragen nach der Operationsweise und Leistungsfähigkeit vor allem der modernen Nachrichtenmedien, ihren Funktionen und Dysfunktionen für die Gesellschaft aufgeworfen, womit nicht selten (normative) Erwartungen verknüpft werden. Eine sachliche, unaufgeregte, ausgewogene journalistische Katastrophenberichterstattung könne, so die Annahme, einerseits wesentlich zur Koordinierung von Hilfsmaßnahmen und andererseits zur Abwehr von Folgeschäden bzw. zur Prävention künftiger Katastrophen beitragen (Peters 2002, S. 2f.; Brauner 2000). Die Kommunikationswissenschaft analysiert diese Fragestellungen unter dem Begriff der **Krisenkommunikation**. Damit wird impliziert, dass der Begriff der Krise tauglicher als andere ist, um die journalistische Berichterstattung über Ereignisse wie Bhopal, den Hurrikan Katrina oder aber die Tsunami-Katastrophe in Südostasien analytisch zu fassen.

Im vorliegenden Beitrag wird zunächst auf diese fachgeschichtliche Sichtweise eingegangen werden, indem die (journalistische) Kommunikation über Katastrophen als Krisenkommunikation beschrieben wird. Hierbei wird unter Krisenkommunikation vor allem (journalistische) Kommunikation über Krisen verstanden, nicht aber ein institutionalisierter Konflikt bewältigender Kommunikationsprozess, der sich das Ziel eines sozialverträglichen Interessensausgleichs setzt (Dombrowsky 1991, S. 17; Löffelholz 2004). Ausgeblendet bleibt hierbei auch, wie andere Formen öffentlicher Kommunikation (beispielsweise PR und Unterhaltung) sich der Katastrophenproblematik bemächtigen. Im Folgenden soll dann die Operationsweise des sozialen Systems Journalismus beschrieben werden. Im Fokus wird hierbei die Frage stehen, mit welchen systemischen Selektionsmechanismen Journalismus Katastrophen konstruiert. Das Schlusskapitel unternimmt es schließlich, die Folgen zu skizzieren, die mit der journalistischen Krisenkommunikation (über Katastrophen) für die Gesellschaft und ihre Teilsysteme verbunden sind.

8.1 Konflikte, Kriege und Katastrophen als Krisen

Konflikte, Kriege und Katastrophen sind keine Naturgegebenheiten, die sich – realitätsgewiss – sachlich, sozial und zeitlich eindeutig fixieren lassen, sondern sie lassen sich beschreiben als das Ergebnis von komplexen und voraussetzungsreichen sozialen Konstruktionsprozessen (Molotch

8

und Lester 1975, S. 235f.; Kohring et al. 1996, S. 284). Das heißt, sie existieren nicht unabhängig von der Wahrnehmung eines Beobachters. Konflikte, Kriege und Katastrophen stellen in diesem Verständnis Beobachterdispositionen dar, die (Welt-) Geschehen strukturieren, indem unterscheidbare Ereignisse konstruiert werden. Diese schon sehr voraussetzungsreichen, selektiven **Konstrukte** werden dadurch verstärkt, dass sie als Krise bezeichnet werden – oder eben nicht. **Krisen** bezeichnen in diesem Verständnis beobachterabhängige Zuschreibungen, die als solche kontingent, d. h. auch anders möglich sind. Die Frage lautet infolgedessen nicht, was eine Krise ist, sondern was dazu führt, dass ein (bereits durch Beobachtung vorstrukturiertes) Ereignis (z. B. vom Journalismus) als Krise bezeichnet wird. In diesem Sinne kann eine Krise als eine Beobachtung von Ereignissen definiert werden, die normalen Kontinuitätserwartungen zuwiderlaufen, für zumindest hypothetisch existenzrelevant gehalten und zudem (in der Regel) negativ bewertet werden (Görke 2004): *»Krisen sind unerwartete, thematisch nicht vorbereitete Bedrohungen nicht nur einzelner Werte, sondern des Systemzustands mit seinem eingelebten Anspruchsniveau. Sie stimulieren und sammeln Aufmerksamkeit dadurch, dass sie den Erfüllungsstand zahlreicher Werte diffus, unbestimmt und unter Zeitdruck gefährden. Darauf beruht ihr Integrationseffekt«* (Luhmann 1971, S. 16). In diesem Sinne steht der Begriff der Krise – als eine prägnante semantische Umschreibung – für die besonders hohe Aktualität eines Ereignisses (Merten 1973), dem sowohl ein hoher Informationswert als auch große soziale Relevanz bescheinigt werden. Der Terminus der Krise fungiert demnach als eine Art Sammel- bzw. Oberkategorie für eine Reihe unterschiedlicher Ereignisse bzw. Ereignisketten (Kohring et al. 1996).

Von einem **Konflikt** kann ganz basal immer dann gesprochen werden, wenn einer **Kommunikation** widersprochen wird: *»Ein Konflikt ist die operative Verselbstständigung eines Widerspruchs durch Widerspruch«* (Luhmann 1988, S. 530). Konflikte sind demnach weder außergewöhnlich noch *per se* dysfunktional (Hug 1997). Im Gegenteil: Folgt man dieser Definition von **Konflikt**, *»so ist das individuelle menschliche Leben wie auch das von sozialen Systemen (Organisationen, Nationen, Firmen, Banden, Gruppen usw.) eine Sequenz durchlebter Konflikte«* (Simon 2001, S. 25). **Kriege** können dagegen als Eskalation von Konflikten verstanden werden. Diese Eskalation tritt ein, sobald die Kommunikation von Widersprüchen mit der Anwendung von (organisierter, extremer, physi-

scher) Gewalt verbunden wird (Prätorius 1996, Gantzel 1996). Konflikt und Krieg unterscheiden sich beobachtertheoretisch darin, was hierbei jeweils riskiert wird. In Konflikten folgt Kommunikation auf Kommunikation, die beteiligten (psychischen und sozialen) Systeme riskieren weiteren Widerspruch, den Verlust gemeinsamer Werte oder eine drastische Veränderung des (jeweiligen) Systemzustands. Krieg dagegen zielt darauf ab, dem anderen die Möglichkeit zur Kommunikation zu nehmen, wobei auch das eigene Überleben aufs Spiel gesetzt wird (Simon 2001). Mit dem Verweis auf Widerspruch (Konflikt) und sogenannte Überlebenseinheiten (Krieg) werden zudem jene Zurechnungsadressen benannt, die konflikthaftes bzw. kriegerisches Handeln dingfest machen: Je nach dem Grad der Beteiligung verschiedener Akteure oder Systemtypen (Gruppen, Organisationen, Staaten) lassen sich so etwa verschiedene Zwischenformen (z. B. Blutrache, Bürgerkrieg) unterscheiden. Je nach Ressourcenverbrauch, der limitiert oder erschöpfend betrieben wird, kann ergänzend zwischen verschiedenen Intensitätsgraden von Gruppen-, Organisations- und Staatskonflikten differenziert werden (z. B. Kriegsdrohungen, Ritualisierung, kalter Krieg). Mit Blick auf den dritten Begriff, der unter Krisenkommunikation subsumiert wird, nämlich den der Katastrophe, fällt dies indes vergleichsweise schwer.

Verschiedene – durchaus interdisziplinäre – Versuche, den Begriff der **Katastrophe** zu definieren, scheinen geradezu zwingend an der Frage zu scheitern, ob auch Katastrophen eine ähnliche Zurechnungsstruktur (auf soziale Akteure, Personen, Organisationen) zugrunde liegt (Kasten 8.1).

Andere Autoren beziehen den Begriff Katastrophe auf die risikosoziologische Unterscheidung von **Risiko** und **Gefahr**: *»Wenn ... etwaige Schäden als Folge der eigenen Entscheidung gesehen und auf diese Entscheidung zugerechnet werden, handelt es sich um Risiken, gleichgültig, ob und mit welchen Vorstellungen von Rationalität Risiken gegen Chancen verrechnet worden sind ... Von Gefahren spricht man dagegen, wenn und soweit man die etwaigen Schäden auf Ursachen außerhalb der eigenen Kontrolle zurechnet«* (Luhmann 1990a, S. 149; Görke 2005). Dies wiederum funktioniert (nur) so lange reibungslos, wie man Kultur- und Naturkatastrophen für identisch hält. Ist dies nicht der Fall, müsste man zusätzlich entscheidungsabhängige (Kultur) von entscheidungsunabhängigen (Natur) Anlässen der Risiko- und Krisenwahrnehmung unterscheiden lernen (Hiller 1994). Angesichts wechselnder Risiko- und Gefahrprofile und einer zunehmend

8

Kasten 8.1

Dimensionen des Begriffs Katastrophe

Geradezu klassisch sind in diesem Sinne Versuche, den Begriff der Katastrophe nicht nur auf massive Gefährdungen von Gemeinschaften oder Gesellschaften von außen (durch die Natur) zu beschränken, sondern ihn auf das (interne) Selbstgefährdungspotenzial der modernen Katastrophengesellschaft auszudehnen (Beck 1986, S. 105; Perrow 1988; Sloterdijk 1989, S. 102ff.). In diesem Sinne urteilen Clausen und Jäger bereits 1975 (S. 23) strikt: *»Es gibt gar keine Naturkatastrophe – nur Kulturkatastrophen«*. Gemeinsam ist den verschiedenen Perspektiven hierbei jeweils,

dass sie das Schädigungspotenzial als Kriterium der Definition von Katastrophen heranziehen, wohl auch um solche Phänomene gegen strukturähnliche private Unglücks- bzw. Notfälle abgrenzen zu können (Quarantelli 1981). In diesem Sinne stellt etwa bei Dombrowsky (1989) ein globaler, ganze Sozialsysteme vernichtender Charakter ein zentrales Merkmal von Katastrophen dar. Zweifelhaft indes bleibt, ob eine derartige Setzung eines Schadensschwellenwerts theoretisch angemessen oder auch nur gehaltvoll sein kann. Öffentlichkeitstheoretisch spricht vieles dagegen (Kapitel 8.3).

stärkeren Zurechnung sogenannter Naturkatastrophen auf (wenigstens teilweise) zivilisatorische Ursachen (z. B. Flächenversiegelung, anthropogen induzierter Klimawandel) liegt in der Tat eine derartige Ergänzung des Unterscheidungsrepertoires nahe (Peters und Heinrichs 2005). Dementsprechend lassen sich **Katastrophen** definieren als eine Bedrohung des Überlebens und/oder der Vernichtung von Individuen, Organisationen oder größeren Sozialsystemen (z. B. Staaten), die entscheidungsunabhängigen (will sagen: natürlichen) Ursachen zugerechnet wird.

Weder intendiert noch erreichbar dürfte hierbei eine Standardisierung und Vereinheitlichung dieser **Zurechnungsprozesse** sein. Der Clou – aber eben auch die Krux – der **Beobachterabhängigkeit** von Risiko- und Krisenkonstruktion besteht vielmehr darin, dass ein und dasselbe Ereignis von unterschiedlichen Beobachtern ganz verschieden wahrgenommen werden kann. **Soziale Gestalt gewinnen Krisenbeobachtungen dadurch, dass sie kommuniziert werden.** Erst indem nämlich aus dem unspezifischen Umweltreiz ein Kommunikationsereignis geworden ist, werden Krisen am gesellschaftlichen Horizont sichtbar. Das heißt zum einen, dass nicht jede individuelle Krisenwahrnehmung auch kommunikabel ist, und bedeutet zum anderen, dass nicht jede kommunizierte Krisenwahrnehmung die Chance hat, systemübergreifend Aufmerksamkeit zu erlangen. In diesem Sinne ist es eines, dass in der Gesellschaft die unterschiedlichsten Krisenbeobachtungen angestellt werden, und etwas anderes, wie es dazu kommt, dass es nur bestimmte Krisen auf die öffentliche Agenda schaffen.

8.2 Gesellschaftliche Krisen und journalistische Krisenkonstruktion

Die moderne Gesellschaft kann als **funktional ausdifferenziert** beschrieben werden. Das bedeutet: Politik, Wirtschaft oder Wissenschaft als Subsysteme der modernen, arbeitsteilig organisierten Gesellschaft nehmen exklusiv eine bestimmte soziale Funktion wahr. Sie sichern ihren Fortbestand durch je spezifische Kommunikationen mit einem je eigenen Sinn. Gesellschaftliche Sinnmedien – wie Macht, Wahrheit, Geld oder Liebe – (Luhmann 1997) verdichten die Verweisungsstruktur eines jeden Sinns zu spezifischen Erwartungen, die anzeigen, was eine gegebene Sinnlage (nicht) in Aussicht stellt. Auf diese Weise etablieren die Funktionssysteme gesellschaftliche Sinnprovinzen, die jeweils Wirklichkeiten *sui generis* konstruieren. Dies bleibt nicht ohne Folgen für **die gesellschaftliche Konstruktion und Kommunikation von Krisenbeobachtungen.** Wurde zuvor darauf hingewiesen, dass Krisen stets als Indikatoren für soziale Relevanz, Neuigkeits- und Informationswert gelten können, muss diese Beobachtung nun unter den Vorbehalt der Systemrelativität gestellt werden (Görke 2004). Krisen im Medium Liebe unterscheiden sich von solchen in den Sinnmedien Wahrheit oder Macht. Die moderne Gesellschaft ist somit zum einen besonders gut gerüstet, gleichzeitig die verschiedensten Krisen zu beobachten und diese Beobachtungen in funktionale Komplexitätsgewinne umzumünzen. Sie bleibt zum anderen in einem sehr zentralen

8

Punkt krisenanfällig. **Funktionale Differenzierung** steigert einerseits Interdependenzen und damit die Integration des Gesamtsystems, da jedes Funktionssystem voraussetzen muss, dass andere Funktionen anderswo erfüllt werden. Andererseits besteht das Risiko des Redundanzverzichts gerade darin (Luhmann 1990b, S. 341), dass eine Beeinträchtigung der Funktionsweise eines gesellschaftlichen Teilsystems, die durch Krisenbeobachtungen indiziert wird, aufgrund hoher Interdependenz nicht nur die betreffende Sinnprovinz, sondern das Gesamtsystem gefährdet. Dies gilt umso mehr für jenen Typus gesellschaftlicher Krisen, die wie Katastrophen das Gesamtsystem nicht kommunikativ selbst gefährden, sondern gleichsam das kommunikative Prozessieren der Gesellschaft und ihrer Subsysteme radikal (aus der Gesellschaftsumwelt) infrage stellen (Kasten 8.2).

Öffentlichkeit erfüllt eine Synchronisationsfunktion, indem sie – wenngleich nur momenthaft – die Selbstbeobachtung der Gesellschaft ermöglicht (Görke 1999, S. 287–301). Den von Öffentlichkeit fremdbeobachteten Funktionssystemen werden auf diese Weise neue, überraschende, außerplanmäßige und gerade deshalb oft kreative Möglichkeiten der systeminternen Anschlusskommunikation eröffnet und zugemutet. **Journalismus** bezeichnet in diesem Verständnis das dominante Leistungssystem im Funktionssystem Öffentlichkeit (Görke 1999, 2002, Hug 1997, Kohring 2005). Durch die Ausdifferenzierung eines Leistungssystems Journalismus wird öffentliche Kommunikation zunächst auf Dauer gestellt und somit die Wahrscheinlichkeit entscheidend erhöht, dass die Komplexitätsgewinne, die sich durch öffentliches Beobachten erzielen lassen, über den Tag hinaus Anschlusskommunikation motivieren können. Der gesellschaftliche Synchronisationsbedarf findet damit in der journalistischen Aktualitätskonstruktion seine professionelle Entsprechung. Es ist in diesem Sinne nicht zufällig, dass der Begriff Aktualität mit der Ausdifferenzierung des Leistungssystems Journalismus zusammenfällt (Merten 1994, 1973). Indem Journalismus Aktualität konstruiert, synchronisiert er (Welt-)Gesellschaft – sachlich und sozial, vor allem aber temporal.

Journalismus operiert hierbei als autonomer Beobachter von Weltgeschehen, d. h. nach Kriterien, die der Journalismus selbst entwickelt, erhält und evolutiv fortschreibt. Innerhalb des Leistungssystems Journalismus können sich wiederum weitere Systeme ausdifferenzieren: Bei journalistischen Organisationen (Redaktionen, Ressorts) handelt es sich um **Systeme**, die Entscheidungen über die Selektion von Informationen und deren Mitteilung treffen. Journalistische Organisationen fungieren als Formgeber im Medium der Aktualität, sie geben dem generalisierten Kommunikationsmedium seine konkrete thematische Form (Görke 2002, S. 78ff.). Die Pluralität unterschiedlicher Organisationen, die sich im Leistungssystem Journalismus ausdifferenzieren mögen, ermöglicht letztlich die Entwicklung differenter organisatorischer Entscheidungsprogramme, die dann etwa zu unterschiedlichen journalistischen **Krisenbeobachtungen** führen können. In diesem Sinne kann der Krisenjournalismus einer Wochenzeitung (z. B. Die Zeit) etwa die jüngste Flutkata-

---

═══ Kasten 8.2 ═══

Die Beobachtung von Beobachtung

Hinter der Art und Weise, wie die moderne Gesellschaft Krisen beobachtet und konstruiert, verbirgt sich also ein beträchtliches Problempotenzial. Wer es beispielsweise unternehmen wollte, sämtliche Krisenbeobachtungen und Krisenkommunikationen aller Funktionsbereiche der Weltgesellschaft aufzuzeichnen, hätte nicht nur sehr lange zu tun. Er hätte sich auch zu vergegenwärtigen, dass die Sisyphus-Aufgabe kaum, dass sie begonnen hat, ihm auch schon wieder entgleitet, weil neue Krisenkommunikationen an die Stelle der alten treten und alte, die der Lös(ch)ung entgehen, ihre Form wandeln (z. B. durch die Eskalation von Konflikten). Die Krisenbeobachtungen, die in der funktional differenzierten Gesellschaft angestellt werden, lassen sich daher allenfalls analytisch fassen: als multiperspektivisch, heterarchisch und hyperkomplex (Fuchs 1992). Vergleichsweise weniger aufwändig ist es dagegen, zu einem bestimmten Zeitpunkt oder in einem spezifischen Zeitraum jene Krisenphänomene zu beschreiben, die es auf die öffentliche Agenda geschafft haben. Warum ist dem so? Die Lösung liegt darin, dass das zentrale Bezugsproblem öffentlicher und hier vor allem journalistischer Kommunikation in der Ermöglichung der Beobachtung von Beobachtung folgenreicher gesellschaftlicher Grenzziehungen liegt, wie sie von den Funktionssystemen der Gesellschaft operativ umgesetzt werden.

strophe in Deutschland auf Überschwemmungen als Folge von Flussbegradigungen zurückführen, während Boulevardmedien (z. B. Bild) die Überschwemmungsopfer und ihre Verluste in den Fokus der Krisenberichterstattung stellen.

Journalismus ist wie kaum ein anderes Teilsystem der Gesellschaft auf Krisenbeobachtungen spezialisiert. Krisenkommunikationen anderer Systeme werden vom Journalismus vor allem deswegen beobachtet, weil Journalismus in ihnen nichts Dysfunktionales sieht. Was er sieht, ist eine spezifische, wenn auch different geformte Ausprägung von Ereignissen, denen systemintern ein hoher Informationswert und eine hohe Relevanz zugeschrieben werden (Kohring et al. 1996, S. 285). Journalismus selegiert und synchronisiert nun diese Krisenbeobachtungen und ermöglicht es so der Gesellschaft, Neuigkeiten und Unsicherheiten sinnvoll zu verarbeiten. Fremde Krisenbeobachtungen werden vom Journalismus hierbei jedoch in der Regel nicht einfach kopiert und weiter verbreitet. Journalistische Krisenkommunikation findet vielmehr statt im Medium der Aktualität (Görke 1999, S. 310–319). Journalistische Organisationen selegieren mit anderen Worten solche Krisen, die dadurch zum Ereignis im Öffentlichkeitssystem werden, dass sie sich als aktuell beobachten lassen (Kasten 8.3).

Ob Ereignisse als relevante Krisen eingestuft werden (oder weitgehend unbeobachtet bleiben), hängt u. a. von der Veränderung von **Quantitäten** (Opferzahlen, Schadensausmaß, Rüstungsausgaben), vom Grad der **Betroffenheit** (des eigenen Landes und/oder ausgewählter Bürger dieses Landes), der Möglichkeit zur **Personalisierung** des Geschehens (Entscheider, Betroffene, Verantwortliche), der Beteiligung von Elitenationen (westliche Industrienationen versus Dritte Welt), dem Ausmaß, mit dem gegen geltendes **Recht** (Völkerrecht, Kriegsrecht) oder ethische Werte (Menschenwürde) verstoßen wird, dem Grad der **Visualisierbarkeit** des Geschehens, der **Überraschung** und der religiösen, politischen und ökonomischen **Distanz** ab (Görke und Kollbeck 1996, S. 271ff.; Löffelholz 1995, S. 174f.; Saxer 1995, S. 204ff.; Görke 2004).

Aus journalistischer Perspektive kommt es hierbei entscheidend darauf an, dass sich Krisen unterschiedlichen Funktionskontexten und Systemebenen zuschreiben lassen. In diesem Sinne präferiert Journalismus die Kommunikation über Mehrsystemkrisen gegenüber singulären, d. h. nur einem Funktionskontext oder gar nur einem Individuum zuschreibbaren Krisen. Eine **Mehrsystemkrise** wie der Hurrikan Katrina bedroht in diesem Sinne nicht nur den Bestand einer einzelnen Stadt oder Region, sie lässt sich gleichzeitig als Krise des Wirtschaftssystems (Folge des Anstiegs von Verschuldung und steigenden Ölpreisen) auffassen, hinterfragt das nationale (Versagen der Bundesregierung, des zentralen wie örtlichen Katastrophenschutzes) wie transnationale System des politischen Krisenma-

---

Kasten 8.3

Auswahlentscheidungen im Journalismus

Der **Code** des Systems Journalismus (± Aktualität) allein besagt noch nicht viel darüber, wie das System operiert, selegiert und diese Selektionen relationiert. Codewerte müssen auf der Programmebene des Systems spezifiziert werden. Im Einzelnen kann zwischen Selektionsprogrammen und Darstellungsprogrammen unterschieden werden (Görke 2002, S. 74–78; Blöbaum 2004, S. 209ff.). **Selektionsprogramme** regeln das Was und Wie der Informationsselektion im Journalismus. Zum Selektionsprogramm zählen jene Unterscheidungen, die für gewöhnlich als Nachrichtenwerte beschrieben werden (Schulz 1990, Galtung und Ruge 1965). Diese sind nicht als Eigenschaften von Ereignissen, sondern als Zuschreibungen aufzufassen, die vom Leistungssystem Journalismus getroffen werden. **Darstellungsprogramme** umfassen Programmelemente, die im Journalismus an der Mitteilungsselektion ansetzen. Mit Darstellungsprogrammen sind zunächst die „technologischen Imperative" des Journalismus angesprochen (Weischenberg 1995, S. 13ff.). Hierbei handelt es sich um optionale Auswahlentscheidungen, die insofern an der Mitteilungsselektion ansetzen, als sich journalistische Kommunikation technischer Verbreitungsmedien (z. B. Druck, Hörfunk, Fernsehen) bedient. Gleichfalls diesem Programmtypus zuzuordnen sind eine Reihe von Darstellungsmustern, die als Medienschemata bezeichnet werden können (Schmidt und Weischenberg 1994). Konflikte, Kriege und Katastrophen, die Journalismus als Krisen beobachtet, erfüllen eine ganze Reihe von Auswahlkriterien, die sich als Nachrichtenwerte in die Selektionsprogramme des Leistungssystems eingeschrieben haben.

nagements von **Umweltproblemen** (Klimawandel, Kyoto-Protokoll). Sie strapaziert ferner das eingelebte Anspruchsniveau der betroffenen Bürger (mit Blick auf staatliche Maßnahmen der **Katastrophenbewältigung** und **Katastrophenprävention**), wirft ein (kritisches) Schlaglicht auf längst stillgestellte gesellschaftliche Probleme (Trennung in reich und arm, Rassenproblematik) sowie auf die bilateralen (politischen) Beziehungen zwischen den Vereinigten Staaten und andere Nationen (mangelnde Solidarität im Nachklang des Irakkriegs). Die Mehrsystemkrise, wenn sie denn als solche beobachtet und spezifischen sozialen Akteuren (Politik der US-Regierung) zugeschrieben wird, mag aus journalistischer Sicht schließlich auch geeignet sein, das gegenwärtige Krisenmanagement jenes Entscheiders, dem maßgeblich Verantwortung zugeschrieben wird, vor dem Hintergrund ähnlicher Krisensituationen in der Vergangenheit zu betrachten.

So gesehen stimulieren und sammeln Mehrsystemkrisen Aufmerksamkeit dadurch, dass die Gültigkeit zahlreicher Werte verschiedener Systeme diffus, ergebnisoffen und unter Zeitdruck gefährdet scheint. Hierbei wird zweierlei deutlich: Auf den ersten Blick durchaus ähnliche (Natur-)Ereignisse wie der Hurrikan Katrina, die Tsunami-Katastrophe in Südostasien oder das Erdbeben in Pakistan (2005) können sich aus journalistischer Perspektive als hoch different erweisen, je nachdem, ob sich eine eher eindimensionale (Erdbeben) oder eine eher polykontexturale journalistische Krisenoptik (Katrina) durchsetzt. **Katastrophen lassen sich aus journalistischer Sicht eben nicht eindeutig und ausschließlich als Katastrophe beobachten.** Vielmehr sind eine Vielzahl von Krisenkommunikationen, die sich durchaus auch vehement widersprechen können, denkbar und vor dem Hintergrund der Operationsweise des Systems Journalismus nicht nur erklärbar, sondern geradezu darauf angelegt.

In diesem Sinne liegen gerade in der dynamischen Auswahl und Verknüpfung, in einer differenten Handhabung von Kopie und Varianz verschiedener Programmelemente sowie in der daran anschließenden Ausbildung von Routinen und Schemata **Innovationschancen** begründet, die verschiedene Organisationen nutzen können, um das Thema (unterschiedlich) fortzuschreiben und sich durch eine je eigene (redaktionsspezifische) Perspektive auf das Geschehen von Mitkonkurrenten abzusetzen. Das Gesamtbild journalistischer Krisenkommunikation wird damit zweifelsohne vielschichtiger, unter Umständen auch zunehmend kontingent, womit nicht alle, die journalistische Krisenkommunikation nutzen, gleich gut klarkommen (Görke 1993). Krisen-

journalismus steht damit auch permanent vor dem Problem, dass sich **Aktualität** immer auch anders konstruieren lässt und unter Umständen sogar auf eine Weise, die sich vorteilhaft auf die Konkurrenz der Medienorganisationen um die Publikumsgunst auswirkt, aber sich eben auch der Fremdbeobachtung durch das Publikum und der Selbstbeobachtung des Systems Journalismus aussetzt (Malik 2004). Krisenjournalismus beobachtet in diesem Sinne nicht nur andere Funktionssysteme, sondern auch sich selbst im Kontext anderer Systeme (Kohring et al. 1996). Bezogen auf Krisenjournalismus ermöglicht Selbstbeobachtung die Reflexion der Bedingungen journalistischer Krisenbeobachtungen. Krisenjournalistische Selbstbeobachtung erweist sich somit zum einen als wichtigste Bedingung der Transparenz- und Vertrauensgenerierung gegenüber den (nicht selten überzogenen) Orientierungserwartungen verschiedener Teilpublika (Kohring 2004, Görke 1993, S. 136ff.). Zum anderen kann krisenjournalistische Selbstbeobachtung als relevantes Instrument der systeminternen Qualitätssicherung beschrieben werden.

Die Operationsweise des Systems Krisenjournalismus (auf der Mesoebene journalistischer Organisationen) hat auch Konsequenzen für die öffentliche Themenkarriere im Zeitverlauf. Als Makrophänomen lässt sich anhand ganz unterschiedlicher und vom Journalismus als aktuell ausgewiesener Konflikte, Kriege und Katastrophen beobachten, dass krisenjournalistische Kommunikation oft einem durchgängigen, aber variablen **Ablaufschema** folgt. In Erweiterung einer Systematik von Löffelholz (2003) lassen sich fünf Phasen beobachten: Die Phase der Monopolisierung ist demnach durch den Live-Charakter der Berichterstattung, viele externe Experten, Rundum-die-Uhr-Berichterstattung geprägt. In der Phase der Dominierung werden zunehmend auch andere Themen wieder auf die öffentliche Agenda gesetzt und die Sendezeit, die für Krisenberichterstattung zur Verfügung gestellt wird, ist deutlich reduziert. Die Phasen der Normalisierung und Marginalisierung markieren gleichsam das (journalistische) Ende des Ausnahmezustands und die Rückkehr zu eingespielten Nachrichtenroutinen. In Abhängigkeit von neuen Aspekten, die sich als Krise beobachten lassen, oder auch ganz einfach aufgrund des zeitlichen Abstands (z. B. der Jahrestag einer Katastrophe) kann die unmittelbare Krisensituation in einer Phase der Reaktualisierung nach- und aufgearbeitet werden. Bei diesem Ablaufschema handelt es sich indes eher um eine praxistaugliche Heuristik. Eine empirische Überprüfung anhand einer komparativen Analyse verschiedener journalistischer Krisenkommunikationen in unterschiedlichen Ländern steht noch aus.

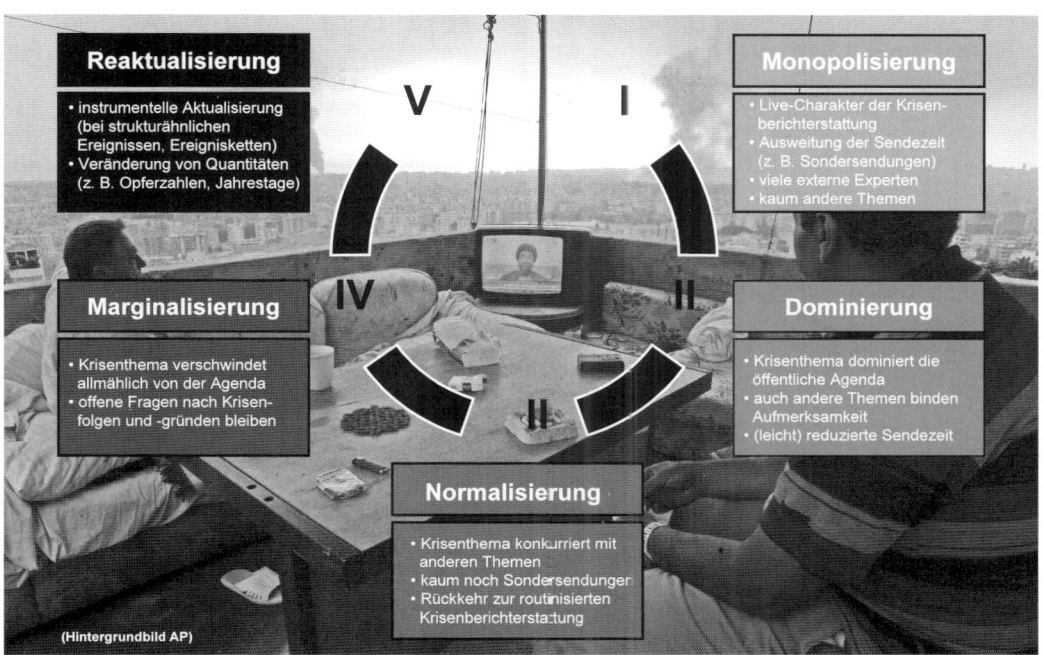

Abb. 8.1 Ablaufschema krisenjournalistischer Kommunikation (Hintergrundbild AP).

8.3 Medien-Katastrophen und ihre Folgen

Es gibt wohl kaum einen Beobachterstandpunkt, von dem aus der Umgang des Journalismus mit Krisen nicht mindestens als problematisch und ambivalent, zuweilen sogar als katastrophal eingestuft wird: Es lässt sich denken, dass es etwa **Politiker** und **Unternehmer** nicht kalt lässt, wenn in der Öffentlichkeit wirtschaftliche oder politische Krisen nach journalistischen Selektionskriterien verhandelt werden und sie hierbei als personalisierte Verantwortlichkeitsadressen den Kopf für systembedingte Zwänge hinhalten müssen. Dass die krisenjournalistische Transformation von Katastrophen in politische Mehrsystemkrisen, wie im Beispiel Katrina, die US-Regierung in viel stärkerem Maße unter Zugzwang setzt, als dies der Fall gewesen wäre, wenn der Krisenjournalismus sich strikt auf die Darstellung der Naturkatastrophe konzentriert hätte, mag man bedauern oder auch nicht. Wie aber steht es mit den Leistungen des Krisenjournalismus für diejenigen, die selbst unmittelbar von Kata-

strophen betroffen sind? Am **Katastrophenschutz** beteiligte Organisationen, denen es zunächst um die **Katastrophenbewältigung**, weiter gefasst aber auch um die **Katastrophenprävention** geht, messen die Medien daran, ob und inwiefern sie etwas zur Aufklärung der betroffenen Bevölkerung, zur Etablierung eines Risikobewusstseins oder aber zur Mobilisierung von Hilfe (etwa durch Sach- und Geldspenden) beitragen oder eben nicht (Kapitel 17). Vor diesem Hintergrund muss ein Krisenjournalismus, der sachlich, sozial und temporal hochselektiv operiert, eher als Störenfried denn als Helfer erscheinen (Brauner 2000, kritisch: Görke 1999). Die strikte Ereignisorientierung des Krisenjournalismus, die ihn – überspitzt formuliert – heute diese, morgen jene Krisen verfolgen lässt, diese zudem einem medialen Ablaufschema unterwirft, das die öffentliche Aufmerksamkeit bereits zurückfährt, wenn die Katastrophe längst noch nicht bewältigt und die Katastrophenprävention längst noch nicht implementiert ist, setzt den Krisenjournalismus regelmäßig dem Vorwurf mangelnder Nachhaltigkeit aus. Und wie verhält es sich mit den Risikoexperten aus Wissenschaft und Forschung? Sollten diese nicht viel stärker in der journalistischen Krisenkommu-

8

nikation Berücksichtigung finden als Laien, Betroffene, Bürgermeister, politische Hinterbänkler und Autoverkäufer?

Vorhaltungen und Fehlerdiagnosen dieser Art sind mindestens so nachvollziehbar wie die Versuche zahlreich, dem Krisenjournalismus Verhaltensregeln und (vermeintliche) **Qualitätskriterien** für eine bessere, ausgewogene, nachhaltige, sachliche, objektive, kulturell unvoreingenommene Krisenberichterstattung anzudienen (kritisch: Görke 1999). Sie haben jedoch in der Regel alle den einen entscheidenden Nachteil, dass sie an der Wirklichkeit des Journalismus, an seiner eigensinnigen Operationsweise vorbeigehen. In der Regel wird hierbei der Krisenjournalismus an Kriterien gemessen und bewertet, die nur in einem sehr spezifischen Systemkontext – sei dies nun die Wissenschaft, die Politik oder die Wirtschaft – Sinn machen und spätestens im Übertrag auf einen anderen Funktionskontext problematisch werden. Wenn also Politik nicht nach wissenschaftlichen Wahrheitskriterien funktioniert, warum sollte dies dann für Krisenjournalismus gelten?

Spätestens auf den zweiten Blick zeigt sich also, dass sich mit derartigen Selbstbehauptungsstrategien (Ruhrmann 2000, S. 20) die Probleme der **Beobachterabhängigkeit und Systemrelativität von Krisenkonstruktionen** nicht lösen lassen. Gerade weil die gesellschaftlichen Funktionsbereiche (Politik, Wirtschaft, Recht, Wissenschaft) jeweils (Krisen-)Wirklichkeit *sui generis* konstruieren und dies im Übrigen auch nur können, weil sie eigenrational operieren und für einander wechselseitig intransparent bleiben, entsteht der Bedarf, diese getrennten Perspektiven – momenthaft – zu integrieren. Auf diesen durch funktionale Differenzierung aufgeworfenen Synchronisationsbedarf reagiert die Gesellschaft durch die Ausdifferenzierung eines weiteren – wiederum eigenrationalen – Systems, dessen Funktion sich exklusiv auf diesen Problembereich bezieht. Für die moderne Gesellschaft, die durch funktionale Differenzierung auch auf **Redundanzverzicht** setzen muss, ist dies überlebenswichtig, da Krisen eines Systems potenziell immer auch das Gesamtsystem bedrohen können. Das Leistungssystem Journalismus fungiert so gesehen als Metronom der Gesellschaft, es synchronisiert Krisenbeobachtungen und ermöglicht es so der Gesellschaft, Neuigkeiten und Unsicherheiten sinnvoll zu verarbeiten. Krisenjournalismus kann hierbei kaum umhin, die von ihm beobachteten Systeme auch mit der Kontingenz der jeweils eigenen Rationalität zu konfrontieren. Dies muss den Betroffenen nicht gefallen. Gemessen daran, was auf dem Spiel steht, ist dies jedoch ein relativ geringer Preis.

Zusammenfassung

Was die Öffentlichkeit über Naturrisiken und Sozialkatastrophen weiß, erfährt sie in der Regel nicht aufgrund direkter Erfahrung, sondern über Nachrichten in Presse, Rundfunk oder im Internet. Konflikte, Kriege und Katastrophen gehören zum journalistischen Kerngeschäft. Die Beobachtung journalistischer Krisenkommunikation wirft regelmäßig Fragen nach der Operationsweise und Leistungsfähigkeit vor allem der modernen Nachrichtenmedien, ihren Funktionen und Dysfunktionen für die Gesellschaft auf, womit nicht selten (normative) Erwartungen verknüpft werden. Hierbei werden in der Regel Sonderinteressen einzelner Sozialbereiche an die Nachrichtenmedien adressiert und (vorschnell) verabsolutiert. Einer funktionalen Analyse kommt es dagegen darauf an, zunächst die Eigenlogik und Eigenwerte journalistischer Kommunikation herauszuarbeiten, um zu analysieren, wie Journalisten Krisen beobachten und nach eigenen Regeln, Routinen und Ablaufschemata konstruieren und wie diese Krisenkonstruktionen regelmäßig mit den Krisenbeobachtungen anderer Sozialbereiche konfligieren müssen, um für die Gesellschaft nützlich zu sein.

Schlüsselsätze

- Krisen, über die in den Medien berichtet wird, kommen maßgeblich aufgrund der gesellschaftlichen Funktion und der Strukturen des journalistischen Systems zustande. In diesem Sinne steht der Begriff der Krise für die besonders hohe Aktualität eines Ereignisses, dem sowohl ein hoher Informationswert als auch große soziale Relevanz zugeschrieben werden. Vom Journalismus beobachtete Krisen erfüllen eine ganze Reihe von Auswahlkriterien, die sich als Nachrichtenwerte in die Selektionsprogramme des Leistungssystems eingeschrieben haben. Differente organisatorische Entscheidungsprogramme führen in der Folge zu unterschiedlichen journalistischen Krisenbeobachtungen. Als Makrophänomen lässt sich beobachten, dass krisenjournalistische Kommunikationen oft einem durchgängigen, aber variablen Ablaufschema folgen.

Literatur

Beck U (1986) Risikogesellschaft. Auf dem Weg in eine andere Moderne. Suhrkamp, Frankfurt aM

Blöbaum B (2004) Organisationen, Programme und Rollen. Die Struktur des Journalismus. In: Löffelholz M (Hrsg) Theorien des Journalismus. Ein diskursives Handbuch. 2., vollständig überarbeitete und erweiterte Auflage. Verlag Sozialwissenschaften, Wiesbaden. 201–215

Brauner C (2000) Helfer und Störenfried: Die ambivalente Rolle der Medien bei Naturkatastrophen. In: Peters HP, Reiff S (Hrsg) Naturkatastrophen und die Medien. Herausforderungen an die öffentliche Risiko- und Krisenkommunikation. Dokumentation des IDNDR-Expertenworkshops vom 3.–4. Dezember 1998 in Königswinter. Schriftenreihe des DKKV 21, Bonn. 10–17

Clausen L, Jäger W (1975) Zur soziologischen Katastrophenanalyse. *Zivilverteidigung* Nr. 1 (1975): 20–25

Dombrowsky WR (1989) Katastrophe und Katastrophenschutz. Eine soziologische Analyse. DUV, Wiesbaden

Dombrowsky WR (1991) Krisenkommunikation. Problemstand, Fallstudien und Empfehlungen. Forschungszentrum Jülich, Jülich

Fuchs P (1992) Die Erreichbarkeit der Gesellschaft. Zur Konstruktion und Imagination gesellschaftlicher Einheit. Suhrkamp, Frankfurt aM

Galtung J, Ruge MH (1965) The Structure of Foreign News: The Presentation of the Congo, Cuba and Cyprus Crises in Four Norwegian Newspapers. *Journal of Peace Research* 2 (1965): 64–91

Gantzel KJ (1996) Krieg. In: Nohlen D (Hrsg): Wörterbuch Staat und Politik. Pieper, München. 372–374

Görke A (1993) Den Medien vertrauen? Glaubwürdigkeitskonzepte in der Krise. In: Löffelholz M (Hrsg) Krieg als Medienereignis. Grundlagen und Perspektiven der Krisenkommunikation. Westdeutscher Verlag, Opladen. 127–144

Görke A (1999) Risikojournalismus und Risikogesellschaft. Sondierung und Theorieentwurf. Westdeutscher Verlag, Opladen

Görke A (2002) Journalismus und Öffentlichkeit als Funktionssystem. In: Scholl A (Hrsg) Systemtheorie und Konstruktivismus in der Kommunikationswissenschaft. UVK, Konstanz. 69–90

Görke A (2004) Strukturen und Funktion journalistischer Krisenkommunikation. In: Löffelholz M (Hrsg) Krieg als Medienereignis II. Krisenkommunikation im 21. Jahrhundert. Verlag für Sozialwissenschaften, Wiesbaden. 121–144

Görke A (2005) Risikokommunikation. In: Weischenberg S, Kleinsteuber H, Pörksen B (Hrsg) Handbuch Journalismus und Medien. UVK, Konstanz. 411–415

Görke A, Kollbeck J (1996) (Welt)Gesellschaft und Mediensystem. Zur Funktion und Evolution internatio-

naler Medienkommunikation. In: Meckel M, Kriener M (Hrsg) Internationale Kommunikation. Eine Einführung. Westdeutscher Verlag, Opladen. 263–281

Hiller P (1994) Risiko und Verwaltung. In: Dammann K, Grunow D, Japp KP (Hrsg) Die Verwaltung des politischen Systems. Neue systemtheoretische Zugriffe auf ein altes Thema. Westdeutscher Verlag, Opladen. 108–125

Hug DM (1997) Konflikte und Öffentlichkeit. Zur Rolle des Journalismus in sozialen Konflikten. Westdeutscher Verlag, Opladen

Kohring M (2004) Vertrauen in Journalismus. Theorie und Empirie. UVK, Konstanz

Kohring M (2005) Die Funktion des Wissenschaftsjournalismus. Ein systemtheoretischer Entwurf. 2. überarbeitete und erweiterte Auflage. UVK, Konstanz

Kohring M, Görke A, Ruhrmann G (1996) Konflikte, Kriege, Katastrophen. Zur Funktion internationaler Krisenkommunikation. In: Meckel M, Kriener M (Hrsg) Internationale Kommunikation. Eine Einführung. Westdeutscher Verlag, Opladen. 283–298

Löffelholz M (1995): Beobachtung ohne Reflexion? Strukturen und Konzepte der Selbstbeobachtung des modernen Krisenjournalismus. In: Imhof K, Schulz P (Hrsg) Medien und Krieg – Krieg in den Medien. Seismo, Zürich. 171–191

Löffelholz M (2003) Distanz in Gefahr. *Journalist* 53(5): 10–13

Löffelholz M (2004) Krisen- und Kriegskommunikation als Forschungsfeld. Trends, Themen und Theorien eines noch relevanten, aber gering systematisierten Teilgebietes der Kommunikationswissenschaft. In: Löffelholz M (Hrsg) Krieg als Medienereignis II. Krisenkommunikation im 21. Jahrhundert. Verlag für Sozialwissenschaften, Wiesbaden. 13–55

Luhmann N (1971) Öffentliche Meinung. In: Luhmann N, Politische Planung. Westdeutscher Verlag, Opladen. 9–34

Luhmann N (1988) Soziale Systeme. Grundriss einer allgemeinen Theorie. 2. Aufl. Suhrkamp, Frankfurt aM

Luhmann N (1990a): Risiko und Gefahr. In: Luhmann N, Soziologische Aufklärung 5. Konstruktivistische Perspektiven. Westdeutscher Verlag, Opladen. 131–169

Luhmann N (1990b): Die Wissenschaft der Gesellschaft. Suhrkamp, Frankfurt aM

Luhmann N (1997) Die Gesellschaft der Gesellschaft. Suhrkamp, Frankfurt aM

Malik M (2004) Journalismusjournalismus. Funktion, Strukturen und Strategien der journalistischen Selbstthematisierung. Vs Verlag, Wiesbaden

Merten K (1973) Aktualität und Publizität: Zur Kritik der Publizistikwissenschaft, *Publizistik* 18(2): 216–235

Merten K (1994) Evolution der Kommunikation. In: Merten K, Schmidt SJ, Weischenberg S (Hrsg): Die Wirklichkeit der Medien. Eine Einführung in die Kommunikationswissenschaft. Westdeutscher Verlag, Opladen. 141–162

Molotch HL, Lester M (1975) Accidental news: the great oil spill as local occurence and national event. *American Journal of Sociology* 81(2): 235–260

Perrow C (1988) Normale Katastrophen. Die unvermeidlichen Risiken der Großtechnik. 2. Aufl. Campus, Frankfurt, New York

Peters HP (2002) Gesellschaftlicher Umgang mit Katastrophenwarnungen: die Rolle der Medien. In: Peters HP, Glass W (Hrsg) Gesellschaftlicher Umgang mit Katastrophenwarnungen: die Rolle der Medien. Dokumentation des DKKV-Expertenworkshops vom 6.–7. Dezember 2001 in Ehreshoven. Schriftenreihe des DKKV 26, Bonn. 2–4

Peters HP, Heinrichs H (2005) Öffentliche Kommunikation über Klimawandel und Sturmflutrisiken. Schriften des Forschungszentrums Jülich, Jülich

Prätorius, R (1996) Konflikt/Konflikttheorie. In: Nohlen D (Hrsg): Wörterbuch Staat und Politik. Pieper, München. 337–340

Quarantelli EL (1981) The command post point of view in local mass communications systems. *Communications* 7(1): 57–73

Ruhrmann G (2000) Umgang der Medien mit Naturkatastrophen. In: Peters HP, Reiff S (Hrsg) Naturkatastrophen und die Medien. Herausforderungen an die öffentliche Risiko- und Krisenkommunikation. Dokumentation des IDNDR-Expertenworkshops vom 3.–4. Dezember 1998 in Königswinter. Schriftenreihe des DKKV 21, Bonn. 18–26.

Saxer U (1995): Bedingungen optimaler Kriegskommunikation. In: Imhof K, Schulz P (Hrsg) Medien und Krieg – Krieg in den Medien. Seismo, Zürich. 203–219

Schmidt SJ, Weischenberg S (1994) Mediengattungen, Berichterstattungsmuster, Darstellungsformen. In: Merten K, Schmidt SJ, Weischenberg, S (Hrsg) Die Wirklichkeit der Medien. Eine Einführung in die Kommunikationswissenschaft. Westdeutscher Verlag, Opladen. 212–236

Schulz W (1990) Die Konstruktion von Realität in den Nachrichtenmedien. Analyse der aktuellen Berichterstattung. 2. Aufl. Alber, Freiburg, München

Simon FB (2001) Tödliche Konflikte. Zur Selbstorganisation privater und öffentlicher Kriege. Auer, Heidelberg

Sloterdijk P (1989) Eurotaoismus. Zur Kritik der politischen Kinetik. Suhrkamp, Frankfurt aM

Weischenberg S (1995) Journalistik. Theorie und Praxis aktueller Medienkommunikation. Band 2: Medientechnik, Medienfunktionen, Medienakteure. Westdeutscher Verlag, Opladen

Teil II
Natürliche Ereignissysteme

9 Frequenz und Magnitude natürlicher Prozesse

Lothar Schrott und Thomas Glade

Emergenz • Frequenz • Magnitude • Naturgefahrenanalyse • Nichtlinearität • Schwellenwerte

In diesem konzeptionellen Kapitel werden die Grundlagen der Frequenz und Magnituden natürlicher Prozesse erläutert und in Bezug zu Anwendungen in den Erdwissenschaften und der Naturgefahrenforschung gestellt. Ein besonderer Fokus liegt auf der Darstellung der Datengrundlage und der daraus resultierenden Problematik in der Anwendbarkeit dieses Ansatzes. Es werden unterschiedliche Skalen des Auftretens von Prozessen dargelegt und in der Bedeutung für das Risikomanagement (z. B. seltenes Auftreten von Extremereignissen) erläutert. Themenkomplexe beinhalten auch die Auswirkungen der Nichtlinearität und Komplexität auf Berechnungen der Frequenz und Magnitude natürlicher Prozesse.

9.1 Einführung

In der Geographie und in den Geowissenschaften ist das **Frequenz-Magnituden-Konzept** seit dem klassischen Aufsatz von Wolman und Miller (1960) etabliert und wird immer wieder zur Erklärung von Prozessmustern, geomorphologischer Effektivität im Sinne der Veränderung von Reliefformen, oder auch in konzeptionellen Vorstellungen zur Reliefentwicklung herangezogen (Crozier und Mäusbacher 1999). Der ursprüngliche Gedanke von Wolman und Miller (1960) bestand darin, die tatsächlich geleistete geomorphologische Effektivität (Produkt aus transportiertem Material und der Veränderung der Oberflächenform) für fluviale Systeme mithilfe der Frequenz-Magnituden-Beziehung zu bestimmen. Interessanterweise zeigte die Auswertung vieler Studien, dass weder die hochfrequenten und mit

geringer Magnitude auftretenden Ereignisse noch die Prozesse mit hoher Magnitude und geringer Frequenz geomorphologisch effektiv sind, sondern die höchste Effektivität im Wesentlichen auf die Abflussereignisse mittlerer Frequenz und Magnitude zurückzuführen ist (Abb. 9.1).

Generell wird unter der Frequenz eines Ereignisses eine bestimmte Wiederholungsperiode verstanden, die mit der durchschnittlichen Länge zwischen zwei Ereignissen einer bestimmten Magnitude (Intensität) berechnet werden kann (Abb. 9.2). Hierbei gilt:

$$T = n + 1/m$$

mit T = Wiederholungsintervall, n = Anzahl der Aufzeichnungsjahre zwischen zwei Ereignissen und m = Magnitude des Ereignisses.

Der Frequenz-Magnituden-Ansatz hat die **geomorphologische Forschung** der letzten Jahrzehnte nachhaltig beeinflusst. Folgende Gründe sind hierbei anzuführen:

(1) Relative kurze Messreihen wurden mit diesem Ansatz für längere Zeiträume in die Vergangenheit und in die Zukunft extrapoliert.

(2) Die geomorphologische Effektivität im Sinne von Wolman und Miller (1960) kann mit der Frequenz-Magnituden-Beziehung identifiziert werden.

(3) Angewandte Studien profitieren in der Planung und in der technischen Ausgestaltung von möglichen Größenordnungen und Dimensionen geomorphologischer Prozesse durch die Berechnung von Szenarien der potenziellen Magnituden und Frequenzen.

Trotz dieser breiten Anwendbarkeit unterliegt dieser Ansatz einer wichtigen Einschränkung durch episodische Prozesse und Nichtlinearitäten in natürlichen Systemen, die im weiteren Verlauf vor allem in Kapitel 9.3 aufgeführt wird.

9

Katastrophen-
schwellenwert

Frequenz und
Magnitude

Magnitude

Energieaufwand zum
Zeitpunkt des
Katastrophenschwellenwerts

Zeitrate des
Energieaufwands

Energieaufwand

Frequenz

Zeit (Wiederkehrsintervall)

Abb. 9.1 Schematische Darstellung der Frequenz-Magnituden-Beziehung für geomorphologische Systeme (nach Wolman und Miller 1960).

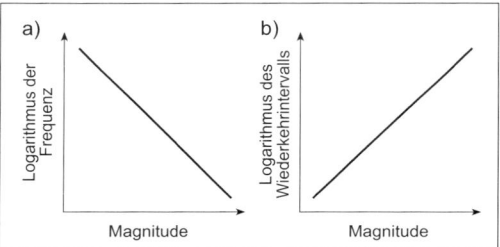

a)

Logarithmus der
Frequenz

Magnitude

b)

Logarithmus des
Wiederkehrintervalls

Magnitude

Abb. 9.2 a) Die Frequenz-Magnituden-Beziehung. b) Die Beziehung zwischen Wiederholungsintervall von potenziell schadenverursachenden Ereignissen (Naturgefahren) und der Magnitude des Ereignisses (nach Smith 2004).

9.2 Zur Verwendung von Frequenz-Magnituden-Beziehungen in den Geowissenschaften und der Naturgefahrenforschung

Der Frequenz-Magnituden-Ansatz wird zwischenzeitlich in einem weit größeren Kontext verwendet und ist in vielen Wissenschaftsbereichen (z. B. Meteorologie, Geophysik) zu finden. In der Naturgefahrenforschung und besonders bei der **Gefahrenbeurteilung** sind diese beiden Variablen von grundlegender Bedeutung (Glade 2005a, b). Auch

in der auf die Gefahrenanalyse aufbauenden Risikoanalyse spielt die Intensität oder Magnitude und die Häufigkeit bzw. Eintretenswahrscheinlichkeit eines potenziell gefährlichen Prozesses eine zentrale Rolle. Eine Gefahr, d. h. ein potenziell schadenbringendes Ereignis, ist umso größer einzuschätzen, je stärker die Intensität eines Einzelereignisses ist und je häufiger bzw. je wahrscheinlicher solch ein Ereignis vorkommt.

Die Differenzierung der **Naturgefahrenklassen** weist explizit die beiden Parameter Frequenz und Magnitude aus (Dikau und Weichselgartner 2006). Wichtige Informationen sind hierbei die räumliche Ausdehnung und Verteilung, die Geschwindigkeit und die Dauer der betrachteten Naturgefahr. Für viele geomorphologische Prozesse sind jedoch die vorliegenden Kenntnisse über Frequenz und Magnitude hinsichtlich einer Gefahreneinschätzung als gering bis mittel einzustufen (Tab. 9.1).

Das **Auftreten** von Naturgefahren ist bezüglich der Geschwindigkeit und der Vorwarnungen sehr unterschiedlich und kann auch für ein und denselben Naturgefahrentyp variieren. Lawinen, Erdbeben oder Felsstürze erfolgen in der Regel plötzlich, schnell und unerwartet. Gleichzeitig können bei den genannten Prozessen aber auch Vorwarnungen wie kritische Schneezusammensetzung kombiniert mit Warmwetterfronten, zunehmende kleine Erdbeben oder sich langsam öffnende Spalten das Auftreten ankündigen. Andere Naturgefahren wie Überschwemmungen oder Stürme „kündigen" sich im Vorfeld eindeutig durch Starkregen oder Entwicklungen entsprechender Windfelder und Drucksys-

Tab. 9.1 Spezifische geomorphologische Prozesse (erosiv und akkumulativ) und die qualitative Bewertung für eine Naturgefahrenanalyse (Glade 2006, verändert nach Gares et al. 1994, aus Dikau 2004).

Parameter	Boden-erosion	gravitative Massenbe-wegungen	Küsten-prozesse	Fluviale Prozesse	äolische Prozesse	glaziale und periglaziale Prozesse	vulkani-sche Prozesse
Frequenz	mittel-hoch	mittel-hoch	mittel-hoch	mittel-hoch	mittel	mittel-hoch	gering
Magnitude	klein-mittel	gering-mittel	gering-mittel	gering-hoch	gering-mittel	mittel-hoch	mittel-hoch
Dauer	mittel-lang	kurz-mittel	mittel-lang	mittel-lang	mittel-lang	mittel-lang	mittel-lang
räumliche Ausdehnung	mittel-groß	begrenzt-mittel	mittel-groß	mittel-groß	begrenzt-mittel	begrenzt-mittel	begrenzt-mittel
Geschwin-digkeit	langsam-mittel	mittel-schnell	langsam	langsam-mittel	langsam-schnell	langsam-mittel	langsam-schnell
räumliche Verteilung	linear-diffus	punktuell-diffus	punktuell-diffus, linear-diffus	linear-diffus	linear-diffus	punktuell-diffus	linear-diffus
zeitliches Auftreten	zyklisch	episodisch	zyklisch	zyklisch-episodisch	zyklisch	zyklisch-episodisch	zyklisch-episodisch

teme an und erlauben damit gewisse Vorkehrungen. Obwohl vielfach eine vage, in manchen Fällen auch eine durchaus konkrete Vorstellung darüber besteht, ob ein bestimmtes Ereignis an einem bestimmten Ort in der Vergangenheit einmal aufgetreten ist – oder darüber berichtet wurde, dass in bestimmten zeitlichen Abständen mit Ereignissen (z. B. einem Vulkanausbruch) zu rechnen ist – sind exakte Angaben zur **Frequenz**, d. h. zum Wiederholungszeitraum von solchen Prozessen noch immer eher die Ausnahme als die Regel. Dies gilt insbesondere für Aussagen über Szenarien des Prozessverhaltens. Für viele Prozesse ist es bislang nicht möglich, ein bestimmtes Wiederholungsintervall für unterschiedliche Magnituden zu definieren und diese damit vorherzusagen.

Probleme ganz anderer Art ergeben sich bei der Bestimmung der Intensität bzw. **Magnitude** einer Naturgefahr. Viele Naturgefahren lassen sich anhand von Intensitäten objektiv einstufen. So werden Erdbeben nach der Richter-Skala, Tornados nach der Fujita-Skale und Wirbelstürme nach der Saffir-Simpson-Skale eingestuft. Doch was besagen diese Skalen, wenn es um die Bewertung von Naturkatastrophen geht? Damit werden zunächst nur bestimmte Intensitäten (z. B. Erschütterung, Windge-

schwindigkeiten etc.) klassifiziert. Ein Vulkanausbruch mit ähnlicher Stärke tritt beispielsweise rund alle 2 000 Jahre auf, verursacht jedoch aufgrund der veränderten Bedingungen im Umland, z. B. durch zwischenzeitlich stark besiedelte Hänge am Fuße des Vulkans, ein völlig anderes Schadensausmaß, d. h. Naturereignisse mit nahezu identischen Energien treffen auf unterschiedliche Resilienzen oder Pufferungskapazitäten der Ökosysteme bzw. auf unterschiedliche Verletzbarkeiten in der Gesellschaft und ergeben somit ein völlig andersartiges Risiko. Weiter erschwerend kommt hinzu, dass es teilweise trotz abnehmender Intensitäten von Naturereignissen (z. B. weniger Starkniederschläge) zu einer Zunahme von Risiken kommen kann, weil das Schadensausmaß drastisch zunimmt. Die kombinierte Betrachtung dieser beiden Variablen, Frequenz und Magnitude, ist deshalb bei der Risikoanalyse zentral und unabdingbar an die Analyse der gesellschaftlichen Konsequenzen gebunden.

Erkenntnisse über die Frequenz und Magnitude bestimmter Ereignisse tragen dazu bei, unterschiedliche „Natur"-Prozesse besser einzuschätzen und zu bewerten. Damit kann ein besser abgestimmtes **Risikomanagement** erfolgen. Ist beispielsweise bekannt, dass ein Fluss regelmäßig eine bestimm-

9

te Hochwassermarke erreicht, so können konkrete Hochwasserschutzmaßnahmen (z. B. Höhe von Dämmen, Größe von Rückhaltebecken) dimensioniert werden. Häufig unbeachtet bleibt dabei jedoch, dass sich die Aussagen über bestimmte Relationen von Magnitude und Frequenz immer nur auf den Zeitpunkt der Erhebung beziehen. Es ist global festzustellen, dass sich die naturräumlichen Charakteristika der Einzugsgebiete genauso wie die menschlichen Aktivitäten in Regionen kontinuierlich ändern. Beispielsweise werden Wälder gerodet, landwirtschaftliche Nutzungen ändern sich oder die Gesellschaft breitet sich immer stärker im Raum aus, z. B. durch expandierende Siedlungen. Somit werden die Berechnungsgrundlagen der Frequenz-Magnituden-Analysen verändert, weshalb konsequenterweise auch die damaligen Analysen oder

heutigen Berechnungen mit „alten" und somit oft überholten Daten für heutige Aussagen nicht mehr zutreffend sind. Diese Tatsache des kontinuierlichen Wandels des Geosystems und des sozialen Systems verkompliziert den Sachverhalt einer robusten Berechnung einer Frequenz-Magnituden-Berechnung außerordentlich. Hufschmidt et al. (2005) spricht deshalb von einer kontinuierlich voranschreitenden Risikoevolution und fordert, das Geosystem und das soziale System ganzheitlich und andauernd zu analysieren.

Weiterhin sind auch systemtheoretische Überlegungen wichtig für die Frequenz-Magnituden-Betrachtungen. Die grundlegende Annahme in diesen Betrachtungen ist häufig, dass sich die geomorphologischen Systeme in der Zeit nicht ändern. Wie im vorherigen Absatz ausgeführt, werden bereits

---

Kasten 9.1

Schwellenwerte

Die Frequenz-Magnituden-Beziehung ist eng mit den sehr unterschiedlichen räumlichen und zeitlichen Dimensionen geomorphologischer Prozesse verknüpft. Sehr langsame oder kleinräumige Prozessabläufe sind meist kaum wahrnehmbar oder messbar – wohingegen Extremereignisse mit hohem Energie- und Massenumsatz deutliche Spuren in der Landschaft hinterlassen und oft im Zusammenhang mit Naturkatastrophen auftreten. Doch wann kommt es zu diesem „scheinbar" abrupten Übergang von prozessmorphologischer Inaktivität oder Ruhe zu hochaktiven Großereignissen? Warum bleiben steile Hänge zunächst trotz hoher Niederschläge scheinbar stabil, zeigen aber nach einer bestimmten „Belastungszeit" (z. B. einer bestimmten Niederschlagsintensität während 24 Stunden) plötzlich instabiles Verhalten, in dessen Folge Hangrutschungen oder Felsgleitungen auftreten? Eine Antwort darauf kann – zumindest teilweise – das in der Geomorphologie verwendete Konzept des Schwellenwerts geben (Schumm 1973, Schulte 2007). Bei vielen Prozessen wird beobachtet, dass externe (z. B. Niederschlag) und systeminterne (z. B. Veränderung der Verwitterungsintensität oder Scherspannung) Schwellenwerte – teilweise in enger Wechselwirkung – die Belastbarkeit eines Systems kennzeichnen. Empirisch-statistische Ansätze zu Schwellenwerten tragen dazu bei, rechtzeitige Vorsorgemaßnahmen zu treffen. So sind Schwel-

lenwerte bei gravitativen Massenbewegungen für bestimmte, räumlich definierte Regionen aus Niederschlagsintensitäten und -raten abgeleitet worden. Sie besagen, dass ab einem gewissen Schwellenwert von z. B. 200 mm Niederschlag in 24 Stunden mit großflächigen Rutschungen gerechnet werden muss. Diese Aussage stützt sich auf empirisch-statistische Daten vergangener Ereignisse und wird teilweise für die Abschätzung zukünftiger Ereignisse herangezogen.

Die Verwendung von fixen Schwellenwerten für die Prognostik hat jedoch nur eine eingeschränkte Aussagekraft, weil eine systeminterne Veränderung meist nicht berücksichtigt wird. Hinzu kommt, dass auch Systemstörungen mit verhältnismäßig kleiner Magnitude zu großen Systemreaktionen und -veränderungen führen können. Nach Überschreitung eines Schwellenwerts kommt es zudem häufig zu einem Wechsel in der gesamten Systemdynamik (z. B. Bereiche mit vorwiegender Akkumulation werden nun zu Erosionsräumen und *vice versa*). Schwellenwerte sind daher charakteristisch für nicht lineare Systeme, können jedoch trotz aller Einschränkungen dazu beitragen, Ereignisse besser zu charakterisieren und zu differenzieren. Das Überschreiten bestimmter Schwellenwerte wird auch teilweise für die Auslösung von Frühwarnsystemen verwendet (z. B. Niederschlagsintensitäten bei großen Rutschungen).

langsame Änderungen meist nicht in den Untersuchungen berücksichtigt. Aber noch viel weniger werden **emergente Strukturen** beachtet bzw. in die Untersuchungen mit einbezogen. Emergente Strukturen sind dadurch gekennzeichnet, dass sich mit dem Überschreiten eines Schwellenwerts oder Grenzwerts, der vorher bekannt oder (meistens!) unbekannt ist, das ganze bisher bekannte Systemverhalten verändert (Dikau 2006). Daraus resultiert, dass sich natürliche Systeme immer nur bis zu gewissen Grenzwerten „vorhersagbar" verhalten, nach dem Überschreiten aber vollkommen neu und somit unberechenbar operieren.

Diese Nichtlinearität und Emergenz sei an einem Beispiel verdeutlicht. Angenommen in einem Einzugsgebiet liegen über mehrere Dekaden Messungen zu Abflüssen des Vorfluters und der Niederschlagsmengen vor. In klassischen Frequenz-Magnituden-Ansätzen wird der Zusammenhang zwischen Abfluss und Niederschlagsmenge analysiert. Die berechnete Beziehung dieser beiden Variablen wird dann auf größere Magnituden mit geringerer Frequenz extrapoliert. Falls jedoch ein extrem starkes und lang anhaltendes Niederschlagsereignis eintritt, kann dies zu einer massiven Bodenwassersättigung führen. Dadurch werden ganze Hangbereiche auch mit geringen Hangneigungen instabil und versagen, extrem große Sedimentmengen gelangen in den Vorfluter, verändern das Flussbett und die angrenzenden Auen innerhalb kürzester Zeit und beeinflussen somit das Fließverhalten nachhaltig. Es entsteht folglich eine vollkommen neue Situation, die über die Extrapolation der bisherigen Frequenz-Magnituden-Berechnung nicht vorausgesagt werden konnte, da sich das Systemverhalten grundlegend änderte. Diese Emergenz, die für die meisten natürlichen Systeme vermutet werden kann (Harrison 2001), erschwert die Verwendung des Frequenz-Magnituden-Ansatzes in der Naturgefahrenanalyse und Risikobetrachtung ungemein.

Innerhalb gewisser Systemgrenzen können Kenntnisse über **Schwellenwerte** in diesem Kontext trotzdem dazu beitragen, Gefahrenhinweise abzuleiten oder zu konkretisieren. Ein Forschungsansatz bei der Ermittlung des Risikos potenzieller gravitativer Massenbewegungen, verwendet beispielsweise bestimmte Hangneigungsklassen als Schwellenwert. Bei der Ermittlung von Gefahrenhinweisklassen werden die Grenzen von Hangneigungsklassen (Schwellenwerte) mit der Lithologie kombiniert, um damit indirekt die Sensitivität eines Systems zu bewerten (Dikau und Glade 2003).

Trotz dieser Einschränkungen tragen Frequenz-Magnituden-Konzepte zur Entwicklung bestimmter

Werkzeuge im Bereich des Risikomanagements bei. Die Kenntnisse über Magnituden eines 5-jährigen, 10-jährigen, 25-jährigen oder 100-jährigen Hochwassers beeinflussen nachhaltig die erforderlichen ingenieurbaulichen Maßnahmen oder die Ausweisung von Gefahrenzonen (Glade 2005b).

Ebenso ist beispielsweise ein Hausbesitzer daran interessiert, welche Wahrscheinlichkeit besteht, dass während des Zeitraums seiner Hypothek von 30 Jahren ein Hochwasserereignis größerer Magnitude eintritt.

Wie aus Abbildung 9.3 hervorgeht, liegt die Wahrscheinlichkeit des Eintretens eines 100-jährigen Ereignisses bei rund 25 %. Dies hat auch weiter reichende Konsequenzen was die Höhe von Versicherungspolicen anbelangt.

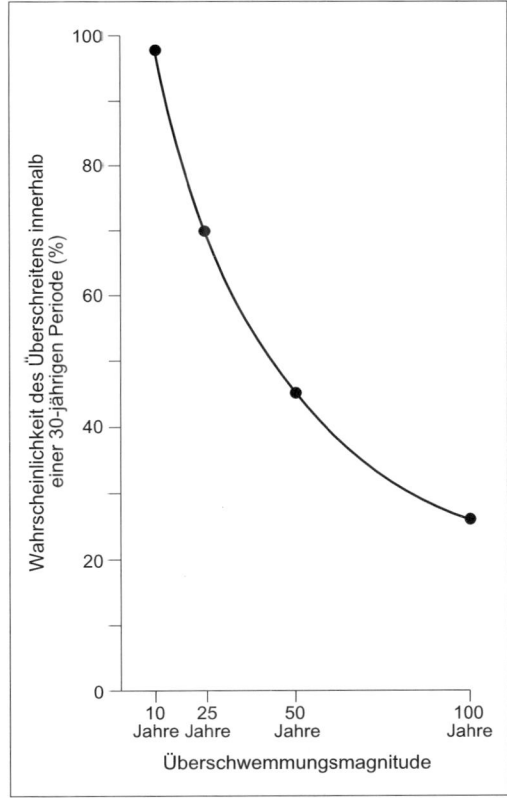

Abb. 9.3 Die Wahrscheinlichkeit des Auftretens von Überschwemmungen unterschiedlicher Magnitude während einer Periode von 30 Jahren; dies entspricht der Zeitdauer einer Standardhypothek von Hauseigentum (nach Smith 2004).

9

9.3 Datengrundlage und Anwendbarkeit von Frequenz-Magnituden-Beziehungen

Wichtige Informationen zur Frequenz und Magnitude von hydrologischen, glaziologischen, geologischen und geomorphologischen Prozessen können durch eine Vielzahl von Quellen und Proxydaten gewonnen werden. Folgende **Methoden** und Modelle können dazu beitragen, genauere Kenntnisse über das Frequenz-Magnituden-Verhältnis zu erlangen:

Geomorphologische Kartierung
Hierbei sind Aussagen zur Größe, d. h. flächenhafte Ausdehnung, Mächtigkeit und/oder Volumina der Ablagerung oder des Abtrags eines Prozesses (z. B. Felssturz) und eine qualitative Differenzierung einzelner Ereignisse (z. B. anhand der Hochflutsedimente) mit einer Abschätzung des Aktivitätsgrades möglich.

Altersdatierung
Absolute (^{14}C, Dendrochronologie) und relative Datierungen (Sediment-, Biostratigraphie) tragen dazu bei, einzelne Ereignisse zeitlich zu differenzieren und Zeitreihen (Chronologien) aufzustellen. Das heißt stratigraphische (älter, gleich alt oder jünger) und chronometrische (messbare Zeitspanne in Jah-

ren) Informationen sind notwendig, um die Zeitintervalle vergangener Ereignisse zu erhalten.

Modellierungen
In vielen Fällen liegen keine genauen oder nur ungenügende Informationen zu historischen oder älteren Ereignissen vor (Glaser und Stangl 2003). Doch selbst wenn eine gute Datenbasis vorliegt, ist eine einfache statistische Ableitung von Wiederholungsintervallen äußerst fragwürdig oder gar unmöglich, denn Prozesse weisen häufig ein nicht lineares Muster auf und sind nur begrenzt in ihrem zukünftigen Verhalten abzuschätzen (Philips 2003). Erdbeben lassen sich beispielsweise bis heute nicht zuverlässig vorhersagen. Auf der Grundlage umfangreicher Datenbanken können nur besonders sensitive und „überfällige" Regionen (z. B. San Andreas-Transformstörung) ausgewiesen werden. Trotz dieser Unsicherheiten können Modelle (empirisch-statistisch, statistisch oder physikalisch basierte) helfen, das Auftreten und das Ausmaß von bestimmten Prozessen (z. B. Murgang) abzuschätzen und bestimmte Entwicklungen zu simulieren. So werden bei vielen Szenarien zu gravitativen Massenbewegungen (z. B. Felssturz, Murgang) maximale Transportdistanzen berechnet und potenziell gefährdete Gebiete ausgewiesen. Eine wichtige Eingangsgröße bei den hierbei verwendeten physikalischen Modellen ist bei einem Murgang u. a. die maximale Größe der transportierten Blöcke.

Es sei nochmals betont, dass das Frequenz-Magnituden-Konzept mit den Parametern Häufigkeit oder Frequenz und Intensität oder Größe nur teil-

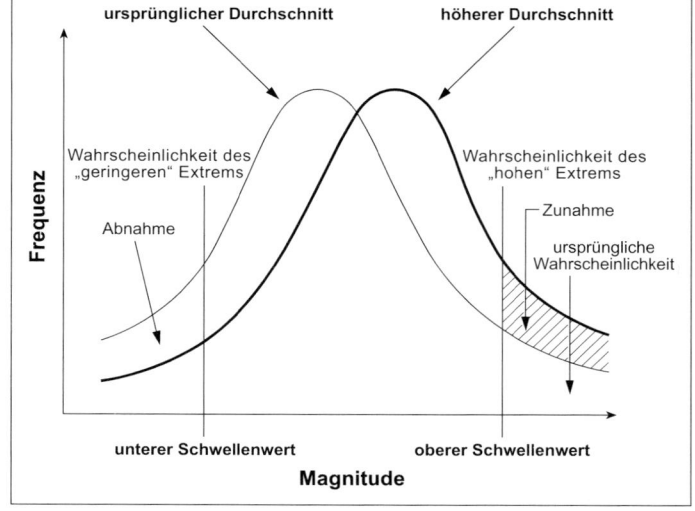

Abb. 9.4 Die Auswirkungen von einer zunehmenden mittleren Verteilung extremer Ereignisse. Die Verlagerung zu einem höheren Wert (hoher Intensität) resultiert in einer zunehmenden Häufigkeit von Naturkatastrophen mit hoher Magnitude/Intensität und einer Abnahme von Ereignissen niedrigerer Intensität (nach Smith 2004).

Abb. 9.5 In diesem Hochgebirgstal (Reintal, Bayerische Alpen) sind hochfrequente Ereignisse kleiner Intensität räumlich nebeneinander oder gar verzahnt mit Ereignissen großer Magnitude und geringer Frequenz zu beobachten. Nach jedem Starkregen verändert sich der Verlauf des Bachbetts und hinterlässt durch die hellere Färbung des transportierten Kalkgesteins deutliche Spuren. Die Gesteinsablagerung im Zentrum des Bildes ist dagegen das Ergebnis eines einzigen (niederfrequenten) Felssturzes mit entsprechend großer Magnitude bezüglich des Energie- und Massentranfers. Die Felssturzablagerung wirkt als natürliche Barriere und veränderte nachhaltig die Systembedingungen (Foto: Lothar Schrott, 2005).

weise zur Erklärung von episodischen Prozessen herangezogen werden kann. Für Detailstudien solcher Prozesse bedarf es einer Ergänzung durch beeinflussende Parameter, wie auslösende oder beendende Grenzwerte bzw. Schwellenwerte, Dauer der Ereignisse, räumliche Ausdehnung sowie gegenseitigen Beeinflussungen (Crozier 1999, Abb. 9.5). Die Verlässlichkeit einer Frequenz-Magnituden-Beziehung ist folglich von anderen veränderlichen **Systemeigenschaften** abhängig und kann daher nicht als statisch angesehen werden (Philips 2003). Eine Änderung der Häufigkeit oder Magnitude eines Prozesses (Abb. 9.4) kann jedoch auch auf bestimmte Umweltveränderungen hindeuten (z. B. Erosionsanfälligkeit oder Stabilisierung eines Hangs durch menschliche oder externe Einflüsse). Hieraus resultieren komplexe Reaktionen, die eine genaue Berechnung von möglichen zukünftigen Ereignissen auf Basis einer Frequenz-Magnituden-Berechnung erschweren. Gerade deshalb gilt es in der Geomorphologie die Prozess-Magnituden-Zusammenhänge für unterschiedliche Zeiträume noch intensiver zu analysieren. Denn diese Informationen sind gerade in der Naturgefahren- und Naturrisikoanalyse eine der zentralen Herausforderungen, die eine übergeordnete gesellschaftliche Relevanz aufweisen.

Zusammenfassung

In den Geowissenschaften ist das Frequenz-Magnituden-Konzept seit den 1960er-Jahren etabliert und wird häufig zur Klärung von Prozessmustern und Veränderungen von Reliefformen herangezogen. In den letzten Jahren wird dieser Ansatz auch speziell in der Naturgefahrenforschung angewandt, weil besonders bei der Gefahrenbeurteilung diese beiden Variablen von grundlegender Bedeutung sind. Bei der Differenzierung der Naturgefahrenklassen werden neben der räumlichen Ausdehnung, Geschwindigkeit und Dauer der betrachteten Naturgefahr auch die Frequenz (Wiederkehrintervall) und Magnitude (Intensität) mit einbezogen. Gemessene Intensitäten, wie Windgeschwindigkeiten, Erdbebenstärke oder Hochwassermarken sind jedoch ohne Einbezug weiterer Faktoren und Bedingungen nur eingeschränkt für die Risikoanalyse verwertbar, weil identische oder ähnliche Intensitäten eines Ereignisses auf sehr unterschiedliche Resilienzen in der Landschaft oder auf veränderte Verwundbarkeiten in der Gesellschaft treffen und somit ein andersartiges Risiko ergeben. Erkenntnisse über die

9

Frequenz und Magnitude von Ereignissen tragen dazu bei, Prozesse genauer einzuschätzen und zu bewerten. Damit kann ein besser abgestimmtes Risikomanagement erfolgen. Trotz vielfach nicht linearer Prozesse in der Natur kann dieser Ansatz besonders in Kombination mit Schwellenwerten und unter Berücksichtigung von Systemveränderungen wertvolle Dienste leisten.

Schlüsselsätze
- In der Gefahrenanalyse kommt der Intensität oder Magnitude und der Häufigkeit bzw. Eintretenswahrscheinlichkeit eines gefährlichen Prozesses eine besondere Bedeutung zu, weil die Gefahr, d. h. ein potenziell schadenbringendes Ereignis, mit steigender Wiederkehrhäufigkeit und Intensität zunimmt.
- Eine Vielzahl von Quellen, Proxydaten und Methoden (z. B. Kartierung, Altersdatierungen, statistische Verfahren) können dazu beitragen, Informationen zur Frequenz und Magnitude von geologischen, geomorphologischen, hydrologischen oder meteorologischen Ereignissen abzuleiten.
- Kenntnisse über Magnituden eines 5-jährigen, 10-jährigen oder 100-jährigen natürlichen Prozesses (z. B. Hochwasser, Felssturz) sind eine wichtige Voraussetzung, um nachhaltige und erforderliche ingenieurbauliche Maßnahmen oder die Ausweisung von Gefahrenzonen durchzuführen.
- Naturereignisse oder Naturgefahren mit ähnlichen Frequenz-Magnituden-Beziehungen können auf völlig unterschiedliche gesellschaftliche Resilienzen oder Pufferungskapazitäten treffen und ergeben somit auch ein verändertes Risiko.

Literatur

Crozier MJ, Mäusbacher R (Hrsg) (1999) Magnitude and frequency in Geomorphology. *Zeitschrift für Geomorphologie* Suppl.-Bd. 115. Gebrüder Bornträger, Berlin, Stuttgart

Crozier MJ (1999) The frequency and magnitude of geomorphic processes and landform behaviour. *Zeitschrift für Geomorphologie* Suppl.-Bd. 115: 35–50

Dikau R (2004) Die Bewertung von Naturgefahren als Aufgabenfeld der Angewandten Geomorphologie. *Zeitschrift für Geomorphologie* N.F. Suppl.-Bd. 136: 179–191

Dikau R (2006) Nichtlineare Systeme. In: Gebhardt H, Glaser R, Radtke U, Reuber P (Hrsg) Geographie, Elsevier, Heidelberg 286

Dikau R, Glade T (2003) Gefahren und Risiken durch Massenbewegungen. *Geographische Rundschau* 54(1): 38–45

Dikau R, Weichselgartner J (2006) Der unruhige Planet. Der Mensch und die Naturgewalten. Wissenschaftliche Verlagsgesellschaft, Darmstadt

Gares PA, Sherman DJ, Nordstrom KF (1994) Geomorphology and natural hazards. *Geomorphology* 10: 1–18

Glade T (2005a) Stand, Aufgaben und Probleme der Naturrisikoforschung aus physisch-geographischer Sicht. In: Wardenga U, Müller-Mahn D (Hrsg) Möglichkeiten und Grenzen integrativer Forschungsansätze in Physischer Geographie und Humangeographie. forum ifl. Leibniz-Institut für Länderkunde, Leipzig. 79–90

Glade T (2005b) Herausforderungen bei der Abgrenzung von Gefährdungsstufen und der Festlegung gefährdeter Zonen von Naturgefahren, 55. Deutscher Geographentag. Deutsche Gesellschaft für Geographie, Trier. 453–462

Glade T (2006) Die Modellierung von Naturgefahren. *Zeitschrift für Geomorphologie* Suppl.-Bd. 148: 90–94

Glaser PH, Stangl H (2003) Historical floods in the Dutch Rhine Delta. *Natural Hazard and Earth System Science* 3: 605–613

Harrison S (2001) On reductionism and emergence in geomorphology. *Transactions of the Institute of British Geographers* 26(3): 327–339

Hufschmidt G, Crozier MJ (2007) Evolution of natural risk: Analysing changing landslide hazard in Wellington, Aotearoa/New Zealand. *Natural Hazards* (Spec. vol., in press)

Hufschmidt G, Crozier M, Glade T (2005) Evolution of natural risk: research framework and perspectives. *Natural Hazards and Earth System Sciences* 5: 375–387.

Phillips JD (2003) Sources of nonlinearity and complexity in geomorphic systems. *Progress in Physical Geography* 27(1): 1–23

Schumm SA (1973) Geomorphic thresholds and complex response of drainage systems. In: Morisawa (Hrsg) Fluvial geomorphology, Binghampton, New York. 299–309

Schulte A (2007) Schwellenwerte in der Geomorphologie. *Zeitschrift f. Geomorphologie* Suppl.-Bd. 148: 71–77

Smith K (2004) Environmental hazards. Assessing risk and reducing disaster (4. Ausgabe). Routledge, London

Wolman MG, Miller JP (1960) Magnitude and frequency of forces on geomorphic processes. *Journal of Geology* 68(1): 54–74

10 Vulkanismus und Erdbeben

Hans-Ulrich Schmincke und Klaus-G. Hinzen

Erdbebengefährdung • Monitoring • Prognose • Vorhersage • Vorsorge • Vulkangefahren

Vulkaneruptionen und Erdbeben sind Ausdruck plötzlicher Entladung von Energie in Erdkruste und Erdmantel – und sind vermutlich häufiger miteinander „dynamisch vernetzt" als bisher angenommen. Das große Erdbeben (M = 7,3) in Landers (Kalifornien) im Juni 1992 beispielsweise hat noch in Entfernungen bis 1 250 km Erdbebenschwärme in 17 Vulkankomplexen in den westlichen USA ausgelöst.

Die vom Vulkanismus ausgehenden Gefahren beinhalten die eigenliche Eruption, häufig begleitet von Kollapsen ganzer Vulkanflanken, mit Laharen, mit Asche- und Gesteinsregen sowie mit Glutlawinen. Prognosen und Vorhersagen als ein Teil der Frühwarnungen basieren meist auf den vier wesentlichen Veränderungen: den vulkanischen Erdbeben, der Ausdehnung der Erdkruste über Magmakammern, der verstärkten Entgasung und der Aufheizung.

Erdbeben treten in der Regel plötzlich, ohne erkennbare Vorwarnungen auf und stellen deshalb eine besondere Gefahr für die Gesellschaft dar. Die Erdbebenvorsorge beinhaltet die seismische Gefährdungsanalyse und die konsequente Anwendung erdbebengerechter Bautechniken.

10.1 Vulkanismus

Pro Jahr eruptieren ungefähr 60 der etwa 550 aktiven Vulkane. Insgesamt sind seit 1700 über 260 000 Menschen bei **Vulkanausbrüchen** umgekommen (Tilling und Lipman 1993). Für den Menschen gefährliche Vulkaneruptionen zeichnen sich durch extrem schnelle und vielfältige Ereignisse und Auswirkungen aus: Hoch- und Niedrigtemperatur, mannigfaltige Massenbewegungen, atmosphärischer Transport von Aschen über Hunderte von Kilometern und stratosphärischer Eintrag von Gasen bei Großeruptionen, deren Aerosole globale Auswirkungen auf Klima und Ozonschicht haben. Viele dieser Phänomene treten gleichzeitig oder kurz hintereinander auf. Wechselwirkungen zwischen aufsteigendem Magma mit Grund- oder Oberflächenwasser sowie zwischen pyroklastischen Strömen oder *surges* (materialarme, aber heiße, turbulente Bodenwolken) mit Gletschern sind besonders gefährlich. In der Vergangenheit sind bei Vulkaneruptionen die meisten Menschen durch pyroklastische Ströme, *surges*, Lahare und vulkanogene Tsunamis umgekommen.

Große Vulkaneruptionen unterscheiden sich von allen anderen Naturgefahren dadurch, dass sie sich oft Monate bis Jahre vorher ankündigen. Vulkane als Punktquellen können darüber hinaus gezielt untersucht und überwacht werden; potenziell betroffene Gebiete können relativ gut ausgewiesen werden. Durch rechtzeitige Schutzmaßnahmen können Schäden deutlich vermindert werden. Für Gebiete in größerer Entfernung existieren Vorwarnzeiten nach Beginn einer Eruption von bis zu mehreren Stunden. Menschen können daher an gut überwachten Vulkanen rechtzeitig evakuiert werden.

Da die meisten aktiven Vulkane in Ländern der Dritten Welt liegen, denen häufig die wissenschaftliche Infrastruktur und die finanziellen Ressourcen fehlen, sind die mangelhafte Untersuchung der Vorgeschichte von Vulkanen und ihre instrumentelle **Überwachung** nicht nur ein wissenschaftliches Problem. Der Druck der wachsenden Bevölkerung, gekoppelt mit den fruchtbaren Böden auf den Hängen aktiver Vulkane (z. B. Indonesien, Philippinen und Lateinamerika), machen es schwer, akut gefährdete Gebiete von der Besiedlung freizuhalten.

Die **Gefährdung** durch Vulkaneruptionen wird weiter zunehmen:

(1) Die fruchtbaren vulkanischen Böden sind für eine intensive Landnutzung prädestiniert.

(2) Die höchste Gefährdung von Vulkanausbrüchen geht von Laharen aus und wirkt sich daher bevorzugt in besiedelten und landwirtschaftlich genutzten Tälern aus.

(3) Angesichts der starken Vernetzung der Infrastruktur moderner Gesellschaften sind heute Kommunikationslinien, Stromleitungen, Pipelines usw. bei Vulkanausbrüchen stark gefährdet. Land-, Luft- und Seeverkehrsverbindungen können durch Aschewolken, Aschebedeckung, Überflutung und Blockade beeinträchtigt oder völlig zerstört werden.

10.1.1 Magmenzusammensetzung und tektonisches Umfeld

Die **Explosivität** einer Eruption wird von der chemischen Zusammensetzung des Magmas und damit vom Gasgehalt und seiner Zähflüssigkeit (Viskosität) gesteuert. Je höher der SiO_2-Gehalt in einem Magma, desto explosiver ist meist die entsprechende Eruption. SiO_2-reiche andesitische, dazitische und rhyolithische Magmen werden vor allem von Vulkanen entlang von Subduktionszonen gefördert. Daher sind Entwicklungsländer am stärksten von den Auswirkungen von Vulkaneruptionen betroffen, so Lateinamerika samt Karibik und der Südwestpazifik, insbesondere Indonesien und die Philippinen. Der Kilauea auf Hawaii – abgesehen vom Stromboli – der aktivste Vulkan der Erde, ist eine touristische Großattraktion. Er ist das ideale Studienobjekt für Wissenschaftler, weil die dünnflüssigen basaltischen Laven zwar sehr heiß, aber die Ausbrüche meist nicht explosiv sind.

10.1.2 Vulkangefahren

Häufig werden die Größe bzw. das Volumen der bei einer Vulkaneruption eruptierten Laven und/oder Tephra (Tephra = jedwede Art und Größe von Partikeln, die bei explosiven Eruptionen entstehen) mit Gefährdung oder Schaden gleichgesetzt, d. h. je größer die Masse, desto stärker die Gefährdung – eine Korrelation, die jedoch fast nie zutrifft. Andere Faktoren sind meist wichtiger.

Die Eruption mit dem absolut größten eruptierten Magmavolumen ($13 \ km^3$) im 20. Jahrhundert

(Katmai 1912), beispielsweise, hat kaum Schaden angerichtet, weil sie in einem praktisch unbewohnten Gebiet Alaskas stattfand. Bei der gewaltigen Eruption des Mount St. Helens (1980, Magmavolumen $< 1 \ km^3$) kamen nicht nur wegen der rechtzeitigen und großräumigen Absperrung potenziell betroffener Gebiete vergleichsweise wenige Menschen ums Leben, sondern auch, weil es im Umkreis keine größeren Ansiedlungen gibt. **Bevölkerungs**reiche und expandierende Städte wie Tokio in der Nähe des Fujisan (Japan), Quito (Ekuador), auf prähistorischen Lahars des Cotopaxi erbaut, Mexiko City (Mexiko) in Sichtweite des Popocatepetl, Managua (Nicaragua), von holozänen Ablagerungen aktiver explosiver Vulkane (Masaya, Nejapa) unterlagert, Yogyakarta (Indonesien) am Fuß des extrem aktiven Merapi oder Neapel (Italien) am Fuß des Vesuvs sind dagegen stark gefährdet.

In der Umgebung aktiver Vulkane sind in erster Linie die für Vulkane typischen – und naturgemäß am stärksten besiedelten – radial verlaufenden Täler bedroht, durch die häufig mit großer Geschwindigkeit pyroklastische Ströme unterschiedlicher Art und die aus ihnen entstehenden wasserreichen Schuttströme (**Lahare**) fließen. Lahare können Zerstörungen bis mehrere Zehnerkilometer weit ins Vorland tragen und noch viele Jahre nach einer großen Vulkaneruption immer wieder mobilisiert werden. Pyroklastische Ströme erzeugen häufig *surges*, die den materialreichen Bodenströmen voraneilen und sich auch über Bodenschwellen und Talhänge ausbreiten. Die Hauptverluste an Menschenleben und die größten ökonomischen Schäden traten im vergangenen Jahrhundert bei geringvolumigen Vulkaneruptionen auf, bei denen pyroklastische Ströme, heiße *surges* und/oder Lahars entstanden: z. B. Mt. Pelée (Martinique, 1902, 29 000 Tote) und Nevado del Ruiz (Kolumbien, 1985, 23 000 Tote).

Der Kollaps ganzer **Vulkanflanken**, häufig im Zusammenhang mit Eruptionen/Intrusionen oder anhaltenden Starkregen, kann große Zerstörungen zur Folge haben. Über 1500 Menschen fanden den Tod, als 1998 eine Flanke des Vulkans Casitas in Nicaragua kollabierte. Beim Eintritt von vulkanischen Schuttlawinen (*debris avalanches*) und Schuttströmen ins Meer, sowie bei den (submarinen) Hangrutschungen auf Hawaii oder den Kanaren, können Tsunamis (Flutwellen) entstehen, ein großes Gefährdungspotenzial für die häufig dicht besiedelten Küstenregionen. Die verheerenden Tsunamis (über 36 000 Tote) beim Ausbruch des Krakatau (1883) waren vermutlich durch den Eintritt von voluminösen pyroklastischen Strömen ins Meer bedingt. **Umweltfaktoren**, wie die Eruption in einem gletscherbedeckten Vulkan (Cotopaxi, Nevado del Ruiz (Kasten 10.1), Grimsvötn u. a.), Eruptionen in einem See (Taal-Vulkan, Philippinen), oder das zeitliche Zusammentreffen einer Vulkaneruption und eines Taifuns (z. B. Pinatubo, 1991, Philippinen) sind häufig entscheidender für die Auswirkungen einer Eruption, d. h. Verlust von Menschenleben und Zerstörungen im Umland, als das eruptierte Magmavolumen und seine chemische Zusammensetzung.

Seit der drastischen Zunahme des **Flugverkehrs** ist die Gefahr von Flugzeugkollisionen mit vulkanischen Aschewolken, die bei starken Eruptionen über 20 km hoch aufsteigen können, erheblich gestiegen. Das Hauptproblem ist die Verstopfung der Turbinen durch bei der hohen Temperatur geschmolzene glasige Tephrapartikel. Bisher sind vor allem die Turbinen von über 80 Flugzeugen beim Durchfliegen von Aschewolken stark beschädigt worden. Es war reines Glück, dass es bisher keine größere Katastrophe gegeben hat, da es den Piloten der betroffenen Maschinen jeweils im letzten Augenblick gelang, die ausgefallenen Turbinen wieder zu starten und sicher zu landen.

Asche- und Gesteinsregen sind meist nur in geringer Entfernung von Vulkanen für Menschen direkt gefährlich. Indirekt ist *tephra fallout* allerdings auch in größerer Entfernung von ausbrechenden Vulkanen riskant, da Dächer unter der Last von Tephramassen zusammenbrechen können. Tephra kann in Landwirtschaft und Industrie große Schäden verursachen. Maschinen und Motoren können durch Asche verstopft bzw. blockiert werden.

Die größten Gefahren gehen häufig von Vulkanen aus, bei denen Ausbrüche durch lange **Ruhepausen** voneinander getrennt sind. Denn die Menschen im Umkreis eines vermeintlich erloschenen Vulkans wiegen sich häufig in Sicherheit; potenziell gefährdete Gebiete im Umkreis ruhender Vulkane werden bei der Besiedlung selten ausgewiesen.

10.1.3 Können Vulkankatastrophen verhindert werden?

Ein Vulkanausbruch ist das Resultat einer Vielzahl von Faktoren und die Ereignisgeschichte ist eine wichtige Grundlage zur Beurteilung von **Vulkangefahren**. Um Eruptionen vorhersagen zu können, d. h. nach Möglichkeit die Art einer Eruption, den Ort, Kraterbereich bzw. die Flanke eines Vulkans und den Zeitpunkt abschätzen zu können, bedarf es zunächst einer gründlichen Analyse der Entwicklung eines Vulkans in der Vergangenheit. Die Vorhersage aufgrund einer statistischen Analyse vergangener Eruptionen ist zu ungenau, um Eruptionen direkt und kurzfristig (Monate, Wochen, Tage) vorhersagen zu können. Neben der Analyse der Ereignisgeschichte ist das Monitoring zentral, um nach Möglichkeit nicht nur den Zeitpunkt, sondern auch die Art der Eruption und den Ort vorhersagen zu können. Die bevorzugten Transportwege, d. h. die Täler, können bei potenziell gefährlichen Vulkanen frühzeitig ausgewiesen werden.

Man unterscheidet nach Swanson et al. (1983) zwei Arten von Vorhersagen voneinander: Die **Prognose** (*forecast*) ist die vage Ankündigung, dass ein Vulkan in der nächsten Zeit (Monate, Jahre, Jahrzehnte) vermutlich eruptieren wird, sei es aufgrund der Analyse seiner bisherigen Tätigkeit oder qualitativer Anzeichen durch „Unruhe" (siehe unten). Als **Vorhersage** (*prediction*) wird die relativ präzise Aussage bezeichnet, mit welcher der vermutlich eruptierende Teil des Vulkans, der Zeitpunkt der Eruption (beim Mt. St. Helens z. B. wenige Wochen bis wenige Stunden vorher) und die voraussichtliche Art einer Eruption vorhergesagt werden. Nur wenn diese Vorhersagen durch die vulkanischen Ereignisse hinreichend bestätigt werden, können die Glaubwürdigkeit hergestellt und Vorsorgemaßnahmen ergriffen werden.

Die vier wichtigsten **Veränderungen**, die in einem Vulkan vor einer Eruption hervorgerufen werden und die mit Monitoring-Systemen erfasst werden können, sind:
(1) vulkanische Erdbeben,
(2) Ausdehnung der Erdkruste über Magmakammern bzw. aufsteigendem Magma,
(3) verstärkte Entgasung und
(4) Aufheizung.

Die genauesten, zurzeit verfügbaren Methoden, die in Einzelfällen auf wenige Tage genaue Vorhersagen ermöglichen, sind die Analyse von Erdbeben und Aufbeulungen (Deformationen) der Erdkruste (Scarpa und Tilling 1996).

Vulkanische Erdbeben sind solche, die in und in der Nähe von Vulkanen auftreten – generell in einer Entfernung von bis zu 10 km von einem Vulkan – oder die durch vulkanische Prozesse entstehen. Praktisch alle dokumentierten Vulkaneruptionen wurden Jahre, Monate, Tage oder Stunden vor einem Ausbruch von verstärkter Erdbebenaktivität angekündigt bzw. begleitet. Zurzeit werden auf der Erde ungefähr 200 Vulkane seismisch überwacht. Die heute erreichbare Präzision gestattet es, Erdbebenherde mit einer Genauigkeit bis etwa 50 bis 100 m horizontal und 100 bis 130 m vertikal zu lokalisieren. Spezifisch vulkanische Beben, die

10

durch relativ konstante Amplituden und Frequenzen gekennzeichnet sind und vielleicht durch die turbulenten Bewegungen der an die Oberfläche steigenden Magmen verursacht werden, nennt man vulkanischer Tremor oder harmonische Beben. Um beurteilen zu können, ob im Umkreis eines Vulkans registrierte Erdbeben eine baldige Eruption ankündigen oder nicht, ist es wichtig die Seismizität in einem Vulkangebiet über viele Jahre zu registrieren.

Die mit modernen geodätischen Geräten sehr genau messbare Ausdehnung an der Oberfläche eines Vulkans (*tilt*) ist ein Anzeichen für einen relativ langsamen, vielen Vulkaneruptionen vorangehenden **Magmenaufstieg** in eine Magmakammer oder von dieser in die Oberkruste. Menge und/oder Zusammensetzung der aus einem Vulkan austretenden **Gase** ändern sich generell vor einer Eruption; eine häufig drastische Zunahme der SO_2-Emission ist heute auch durch Satelliten gut messbar.

Die heutigen Entwicklungen in der Fernerkundung durch Satelliten haben die Überwachung von Vulkanen wesentlich erweitert. **Fernüberwachung** ist häufig die einzige Möglichkeit, schnell Daten über Vorläuferphänomene und mögliche nachfolgende Eruptionen zu gewinnen. Dabei wird mit einem Sensor elektromagnetische Strahlung gemessen, die von der Oberfläche eines Vulkans oder von Aschewolken, die aus einem Vulkan aufsteigen, ausgestrahlt wird. Die satellitengestützte Vulkanüberwachung betrifft vor allem den Nachweis von Eruptionen, Überwachung der Bodendeformation durch Radar-Interferometrie, Infrarotmessungen thermischer Veränderungen sowie der Eruptionssäulen. Radarsatelliten erlauben die Datengewinnung bei jedem Wetter. Bei aktiven Eruptionen gibt es allerdings immer eine Verzögerung, um von einem Satelliten spezielle Signale an einer bestimmten Stelle aussenden lassen zu können. Vulkane müssen daher über längere Zeit überwacht werden, um signifikante Änderungen vom Normalzustand zu erkennen.

Vulkane, die als erloschen galten, haben durch ihr unvorhergesehenes **Wiedererwachen** häufig Katastrophen verursacht. Vulkane und Vulkangebiete können über Millionen von Jahren tätig sein, wobei häufig relativ kurze Perioden vulkanischer Aktivität mit längeren Ruhepausen abwechseln, die Hunderttausende oder Millionen von Jahren dauern können. Konventionell werden alle Vulkane, die in den vergangenen 10 000 Jahren eruptiert sind, als aktiv bezeichnet. Die wichtigsten Kriterien, um beurteilen zu können, ob ein Vulkan erloschen ist, sind die Gesamtlebenszeit eines Vulkankomplexes und die Häufigkeit von Einzeleruptionen während der Gesamtaktivitätszeit.

10.1.4 Maßnahmen zur Folgenbegrenzung von Vulkaneruptionen

Vulkaneruptionen werden von Vorgängen gesteuert, die im tiefen Erdmantel beginnen und bis in die Stratosphäre reichen – globale Prozesse, auf die der Mensch keinen Einfluss hat. **Vulkankatastrophen** entstehen dann, wenn der Mensch sich nicht rechtzeitig vor Vulkangefahren schützt. Man sollte daher besser von gesellschaftlichen statt von Natur- bzw. Vulkankatastrophen sprechen. Die jüngste große Katastrophe (Nevado del Ruiz, 1985, Kolumbien) hätte beispielsweise vermieden werden können, wenn die politischen und administrativen Instanzen die Warnungen der Wissenschaftler ernst genommen hätten (Kasten 10.1). Eine Schadensbegrenzung von Vulkaneruptionen ist heute realisierbar. Wenn es z. B. vor der Eruption des Pinatubo am 15.06.1991 – die sich seit Anfang April 1991 ankündigte (siehe unten) – keinen massiven Einsatz von Wissenschaftlern und äußerst umfangreichen Vorsorgemaßnahmen gegeben hätte, hätten bei dieser Eruption möglicherweise über 10 000 Menschen den Tod gefunden.

Die mit Abstand wichtigste Maßnahme zur **Risikominderung** ist die Ausweisung gefährdeter Gebiete, die auf einer gründlichen Analyse der Vorgeschichte eines Vulkans basiert, sowie einer hinreichenden Abschätzung der möglichen Gefahren, die von einem bestimmten Vulkan ausgehen, und des potenziellen Risikos. Jeder Vulkan verhält sich anders, sodass die örtlichen Faktoren jeweils sorgfältig evaluiert werden müssen. Die potenziell von gefährlichen Vulkaneruptionen betroffenen Gebiete können relativ gut vorherbestimmt werden, sodass rechtzeitig Schutzmaßnahmen ergriffen und damit Schäden wesentlich vermindert werden können. Während einer Eruption bilden sich häufig temporäre instabile Stauseen durch schnelle Akkumulation von großen Mengen von Tephra. So bildete sich ein großer Stausee während der Eruption des Laacher-See-Vulkans vor 12900 Jahren. Der bis zu einer Tiefe von über 20 m aufgestaute See entleerte sich plötzlich beim Kollaps des Tephradamms; Flutwellenablagerungen lassen sich über 50 km weit bis nördlich von Bonn nachweisen (Schmincke 2000).

Die **Aufklärung** der Öffentlichkeit über die Ergebnisse der Vulkanuntersuchungen und -überwachung sowie über mögliche Gefahren ist eine zentrale Aufgabe, auf die Wissenschaftler häufig nicht ausreichend vorbereitet sind. Die lokalen Behörden und die Bevölkerung eines gefährdeten Gebiets müssen rechtzeitig und effektiv in Broschüren, durch die

Medien und in Vorträgen und Kursen informiert werden. Pläne für die Evakuierung der Bevölkerung im Falle unmittelbarer Bedrohung müssen frühzeitig ausgearbeitet und der Bevölkerung mitgeteilt werden (Kasten 10.1). Sinnvoll sind Katastrophenschutzübungen, wie sie beispielsweise in Japan am ständig aktiven Vulkan Sakurajima regelmäßig durchgeführt werden. Die *International Association of Volcanology* begann nach der Katastrophe von Armero ein Video zu produzieren, in dem Vulkangefahren anschaulich dargestellt werden. Als der Pinatubo im April 1991 Anzeichen einer bevorstehenden Eruption erkennen ließ, wurde das Anfang 1991 fertiggestellte Video vielfach kopiert und mit großem Erfolg in den Ortschaften am Fuß des Vulkans gezeigt (Kasten 10.1). Möglicherweise wurden etwa 10 000 Menschenleben vor allem deshalb gerettet, weil die Bereitschaft zur Evakuierung sprunghaft angestiegen war.

── Kasten 10.1 ──

Lehren aus großen Vulkankatastrophen

Zwei bedeutende Vulkaneruptionen in den vergangenen zwei Jahrzehnten, über die jeweils ausführlich in den Medien berichtet wurde, zeigen drastisch, wie viele und warum in einem Fall Katastrophen entstehen (Nevado del Ruiz) und wie eine Katastrophe bei einer anderen Eruption rechtzeitig abgewendet werden konnte (Pinatubo).

Der vom eruptierten Magmavolumen her extrem unbedeutende Ausbruch des gelegentlich aktiven, 5 390 m hohen und vergletscherten Nevado del Ruiz (Kolumbien) am 13.11.1985 zerstörte die etwa 60 km entfernte Stadt Armero vollständig; etwa 23 000 Menschen fanden den Tod. Geologen hatten vor einem Ausbruch des Monate vorher unruhig gewordenen Vulkans gewarnt und eine Gefahrenkarte veröffentlicht. Durch lokales Schmelzen des Gletschers und starken Regen entstand im Rio Lagunillas ein heißer Schlammstrom, der die Stadt ausradierte. Vorgeschichte und Ursache der Katastrophe: Schon 1595 und 1845 waren die Vorläuferstädte von Armero durch ähnliche, aber noch stärkere Lahars vom Nevado del Ruiz zerstört worden; die moderne Stadt Armero hätte also nie an dieser Stelle gebaut werden dürfen. Darüber hinaus hatte die Stadtverwaltung die Warnungen der Geologen in den Wind geschlagen und den Ort nicht evakuiert. Nach der Katastrophe wurde das ehemalige Stadtgebiet zum nationalen Friedhof erklärt (Abb.10.1).

Der nicht als aktiv bekannte (!), vor der Eruption 1 745 m (nach der Eruption 1 485 m) hohe Pinatubo (Philippinen) brach in einer vom Volumen und der Explosivität her (ca. 40 km hohe Eruptionssäule, viele Glutlawinen) gewaltigen Eruption am 15.06.1991 aus. Durch die rechtzeitige Evakuierung von über 10 000 des mit über 500 000 Menschen dicht besiedelten Gebiets im Umkreis kamen „nur" etwa 350 Menschen zu Tode. Allerdings wurden weite Landstriche völlig verwüstet. Die Remobilisierung der gewaltigen Aschemassen (über 6 km^3 eruptiertes Magmavolumen) geht auch heutzutage mit enormen ökonomischen Konsequenzen für das betroffene Gebiet weiter. Eine Katastrophe wurde deshalb vermieden, weil nach Beginn der starken Erdbebentätigkeit im April 1991 das Gesamtsystem von einer sehr kompetenten *Task Force* des *US Geological Survey* detailliert untersucht wurde. Eine Gefahrenkarte wurde rechtzeitig fertiggestellt und der Zeitpunkt der Haupteruption einige Tage vorher angekündigt.

Abb. 10.1 Ablagerung des mit Hunderten von Kreuzen bedeckten destruktiven Lahars, der die Stadt Armero (Kolumbien) am 13.11.1985 zerstörte. Das Gebiet darf nicht wieder besiedelt werden und wurde zum nationalen Friedhof erklärt.

10

10.2 Erdbeben

Erdbeben unterscheiden sich von den meisten anderen Naturgefahren dadurch, dass sie auf der einen Seite plötzlich, ohne erkennbare Vorwarnungen auftreten, andererseits selbst keine große unmittelbare Gefahr für Leib und Leben darstellen. Anders als bei Vulkanausbrüchen oder Hochwasserereignissen werden Erdbeben erst mittelbar durch die Einwirkung auf Bauwerke und Lebenslinien zur Gefahr für Menschen. Da die verlässliche Vorhersage bis heute ein ungelöstes Problem ist, kommt der Vorsorge bei Erdbeben eine besonders wichtige Stellung im Rahmen der Risikominderung zu.

10.2.1 Verbreitung und Häufigkeit

Erdbeben sind ein Beweis dafür, dass die Erde ein sehr dynamischer Planet ist. Die äußere feste Schale der Erde, die Lithosphäre, hat im Mittel eine Mächtigkeit von ca. 100 km, was nur knapp 1,6 % des Erdradius entspricht – vergleichbar etwa mit der Dicke einer Apfelschale im Verhältnis zur Größe der Frucht. Diese Lithosphäre ist in ca. 20 größere Plattenstücke gegliedert. Diese **Lithosphärenplatten** sind keineswegs ortsfest, sondern bewegen sich sowohl absolut, in Bezug auf das Koordinatengitter der Erde, als auch relativ zueinander. Die Geschwindigkeiten liegen zwischen 1–2 cm und 1–2 dm pro Jahr.

Der weitaus überwiegende Teil der Erdbeben findet an den Rändern der heute existierenden Platten statt. Am häufigsten und stärksten sind Erdbeben in den Kollisionszonen der Platten, den konvergenten **Plattenrändern**. Ein Blick auf die Erdbebenverteilung zeigt, dass viele der großen quasi-bebenfreien Gebiete (Sahara, Amazonasbecken, Sibirien usw.) keine größere Siedlungsdichte zulassen; viele der ausgesprochenen Erdbebenzonen (Japan, Kalifornien, Indonesien, Mittelmeerraum usw.) sehr dicht besiedelt sind. Die Menschheit ist in Anbetracht der steigenden Bevölkerungszahlen auf das Siedeln auch in den Erdbebenzonen der Erde angewiesen.

10.2.2 Herdprozess, Wellenausbreitung und Standorteffekte

Die **Wirkungskette** seismischer Phänomene besteht aus drei Gliedern, dem Entstehungsort seismischer Wellen, dem Ausbreitungsmedium und dem Einwirkort. Jedes der drei Glieder der Kette prägt den zeitlichen Verlauf und die Stärke der Erschütterungen, die letztendlich Bauwerke dynamisch belasten. Ähnlich wie bei den Vulkankatastrophen ist nicht die Stärke des Naturereignisses die einzig bestimmende Größe im Hinblick auf Verlustzahlen an Menschenleben und Sachwerten. Lokale Untergrundverhältnisse und die Siedlungsstrukturen sind oft ausschlaggebend. Abgesehen von dem Sumatra-Erdbeben von 2004, das bei einer Magnitude von 9,4 eine verheerende Flutwelle (Tsunami) erzeugte, waren die verlustreichsten Beben in den letzten 100 Jahren nicht die stärksten.

Erdbeben, zumindest die schadenverursachenden Krustenbeben, entstehen durch die plötzliche **Freisetzung mechanischer Energie**, die über lange Zeiträume (viele Jahrzehnte bis zu Tausenden von Jahren) akkumulierte. Der langsame Aufbau der Spannungen ist eine wesentlicher Grund für das nach wie vor ungelöste Problem einer verlässlichen Erdbebenvorhersage. Überschreiten die mechanischen Spannungen die Gesteinsfestigkeit, so kommt es zur Bruchausbreitung in der Erdkruste. Die Größe der Bruchfläche, die Verschiebung der benachbarten Blöcke entlang der Bruchfläche und die Gesteinsfestigkeit in der Herdregion, die in der Kruste quasi als konstante Größe angesehen werden kann, bestimmen die **Stärke** eines Bebens, das seismische Moment. Bei Magnituden um 7 sind die Bruchflächen mehrere Zehnerkilometer lang und die Verschiebungsbeträge können einige Meter betragen.

Aufgrund der großen Kräfte im Nahfeld der Herdfläche kommt es hier zu nicht elastischer **Deformation** des Untergrunds mit bleibenden Verformungen. In größerer Entfernung breiten sich die Erschütterungen in Form elastischer Wellen aus. Bei ungünstigen geologischen Verhältnissen kann es aber in der Nähe der Erdoberfläche durchaus auch jenseits des Nahfelds wieder zu starken nicht elastischen Deformationen kommen. Die **elastischen Wellen**, die Erschütterungsenergie transportieren, kann man in Raum- und Oberflächenwellen gruppieren. Die longitudinalen und transversalen Raumwellen breiten sich im gesamten Erdkörper aus, Oberflächenwellen entlang der Erdoberfläche. Die größten Bodenbewegungen treten in der Regel bei den transversalen Raumwellen und den Oberflächenwellen auf und sind der Teil eines Seismogramms, der die Dauer der starken Bodenbewegung bestimmt, die ihrerseits schadensbestimmend für die meisten Bauwerke ist.

Die obersten Schichten in der Nähe der Erdoberfläche zeigen meist deutlich geringere seismische Wellengeschwindigkeiten als der tiefere Untergrund.

Insbesondere im Bereich der oft ausgedehnten Sedimentbecken und den Lockersedimentfüllungen in Tälern, aber auch bei Verwitterungsschichten über Festgestein, findet sich an der Unterseite ein deutlich ausgeprägter Wechsel der **Ausbreitungsbedingungen** hinsichtlich der seismischen Geschwindigkeit und der Dichte. Dieser Unterschied führt dazu, dass Wellenenergie in der Lockergesteinsschicht mehrfach hin und her reflektiert wird. Dadurch kann es zu signifikanten Amplitudenüberhöhungen an der Erdoberfläche kommen. Die Grundresonanzfrequenz der Sedimentpakete und deren Oberschwingungen sind neben den Wellenausbreitungsgeschwindigkeiten von der Sedimentmächtigkeit abhängig. Der bauwerksrelevante Frequenzbereich zwischen etwa 0,5 Hz und 15 Hz ist bei Sedimenttiefen von wenigen Metern bis wenigen hundert Metern betroffen. In solchen Regionen ist die Erdbebenvorsorge auf die bei einem Beben zu erwartenden Standorteffekte abzustimmen.

Bodenverstärkungseffekte werden manchmal auch als Mexiko City-Effekt bezeichnet. Der Zentralteil der Stadt ist auf den Resten eines verlandeten Sees gegründet. Die Resonanzfrequenz korreliert mit der Eigenfrequenz von mehr als fünfstöckigen Bauwerken und Verstärkungsfaktoren können hier im Extremfall über 15 liegen.

10.2.3 Primäre und sekundäre Gefahren

Neben **direkten Erschütterungsschäden** an Bauwerken, die beim Zusammenbrechen die Hauptgefahr für menschliches Leben darstellen, können auch **sekundäre Effekte** zu erheblichen Schäden führen, die bei vielen Erdbeben die direkten Erschütterungsschäden bei weitem übertroffen haben. Dazu zählen Bodenverflüssigung, Hangrutschungen und Flutwellen. Eine weitere wichtige sekundäre Gefahr geht von Bränden aus.

Die primäre Gefahr bei Erdbeben besteht darin, dass die **dynamischen Belastungen** von Bauwerken die Festigkeit von Bauteilen oder ganzen Gebäuden überschreitet und es dadurch zu teilweisem oder totalem Zusammenbruch kommt. Unangepasste Baustrukturen führen besonders in Entwicklungsländern häufig zum totalen Versagen der Gebäude. Ein häufiger Fehler sind zu schwach ausgelegte Wände bei Decken, die oft aus Gründen der Wärmeisolation zu massiv für dynamische Belastungen sind. Auch Bauwerke mit kompliziertem Grundriss und inhomogener Höhenstruktur sind besonders anfällig für Erschütterungsschäden. Bei schwächeren Erdbeben geht die Hauptgefahr für Leib und Leben meist von zu Boden fallenden, abgebrochenen Kaminen, Dachpfannen u. Ä. aus.

Erschütterungen durch Erdbeben sind eine häufige Ursache für die Auslösung von Hangrutschungen und das Auftreten von Bodenverflüssigungseffekten. Wassergesättigte Lockersedimente, die zur Erdoberfläche hin hydraulisch abgedichtet sind, neigen bei starken Erschütterungen zur **Bodenverflüssigung**. Insbesondere in der Nähe von Fluss- und Seeufern, verlandeten Seen und im Bereich künstlicher Aufschüttungen kann es zum Bodenversagen und damit dem Verlust der Tragfähigkeit kommen. Selbst bei schwacher Geländeneigung kann ein Bodenfließen (*lateral spreading*) einsetzen, das zu schweren Gebäudeschäden, meist dem Totalverlust, führt.

Je nach Art der Bebauung stellen **Brände** nach Erdbeben eine besondere Gefährdung dar. Werden bei einem Beben wichtige Lebenslinien zerstört, so können insbesondere geborstene Gasleitungen zu extremer Brand- und Explosionsgefahr führen. Hinzu kommt, dass zerstörte Wasserleitungen oder mangels Stromversorgung ausgefallene Pumpen zu Engpässen in der Wasserversorgung und damit der Löschwasserbereitstellung führen können.

Ein Negativbeispiel ist das Beben von San Francisco von 1906, bei dem die Zerstörungen durch den tagelang anhaltenden Brand die durch die Erschütterungen hervorgerufenen Schäden bei weitem übertrafen. Großzisternen waren hier nach dem Anschluss der Stadt an großkalibrige Wasserleitungen aufgegeben worden. Da die zwei wichtigsten Hauptleitungen bei dem Beben zerstört wurden, fehlte das Löschwasser. Auch bei dem Kobe-Erdbeben von 1995 haben Brände, in einem aus traditionellen japanischen Häusern bestehenden Wohnviertel, ohne ausreichende Rettungswege zu katastrophalen sekundären Brandfolgen geführt.

Tsunamis sind Gravitationswellen. Sie können durch große vertikale Bodenbewegungen im Herdgebiet eines Erdbebens, Massenbewegungen infolge von Vulkanausbrüchen und Hangrutschungen an der Küste oder am Meeresboden ausgelöst werden. Anders als bei Wellen des normalen atmosphärisch angeregten Seegangs sind bei Tsunamis nicht nur die oberen Wasserschichten in Bewegung, sondern die gesamte Wassersäule bis zum Meeresboden (Kapitel 13). Die Geschwindigkeit dieser Wellen ist abhängig von der Wassertiefe, liegt in tiefen Ozeanbecken bei mehreren hundert Kilometern pro Stunde und nimmt in Flachwasserbereichen auf Radfahrergeschwindigkeit ab. Gleichzeitig nimmt aber hier die Wellenamplitude zu, woraus die große Gefährdung von flachen Küstenregionen resultiert.

10.2.4 Vorsorge und Frühwarnung

Die wichtigste und effektivste Methode der Schadensminderung bei Erdbeben ist eine sachgerechte **Erdbebenvorsorge**. Deren zentraler Punkt ist ein erdbebengerechter Baustil und die dynamische Auslegung von Industriebauten und Lebenslinien, wie Pipelines, Ver- und Entsorgungsleitungen.

Im akuten Katastrophenfall kann ein Frühwarnsystem die Folgen mildern und vor allem Entscheidungsträger und Rettungsdienste schnell mit den erforderlichen Informationen versorgen. Da ein erheblicher Teil des besiedelbaren Landes erdbebengefährdet ist und die eigentliche Gefährdung während eines Erdbebens von Bauwerken und anderen anthropogenen Einrichtungen ausgeht, ist die Gefahrenanalyse kombiniert mit erdbebensicherem Bauen die wichtigste und effektivste Vorsorgemaßnahme.

Die Basis aller Vorsorgemaßnahmen ist die **seismische Gefährdungsanalyse**. Gefährdungsanalysen werden heute in der Regel probabilistisch durchgeführt; deterministische Analysen kommen seltener zur Anwendung. Datengrundlage bilden die **Erdbebenkataloge** der zu bewertenden Region. Neben instrumentell aufgezeichneten Beben werden auch historische, also in schriftlicher Form überlieferte Beben und Paläoerdbeben, also solche, die heute noch nachweisbare bleibende Veränderungen an der Erdoberfläche und/oder den obersten Bodenschichten hervorgerufen haben, berücksichtigt. Die Vollständigkeitszeiträume der Kataloge sind sehr vom Kulturkreis (historisch), den geologisch-tektonischen Verhältnissen und der Untersuchungsdichte der Region abhängig. Die für das Untersuchungsgebiet relevanten Erdbeben werden in Quellen zusammengefasst, die als Punkt-, Linien-, Flächen- und Volumenquellen modelliert werden. Innerhalb der Quellen wird die zeitliche und räumliche Verteilung der Beben meist als homogen angenommen. Häufigkeits-Stärkebeziehungen werden für die Quellen ermittelt, und über meist empirisch bestimmte Amplituden-Entfernungsbeziehungen wird die Bodenbewegung an interessierenden Standorten modelliert. Die Gefährdung wird in Form von **Gefährdungskarten** eines bestimmten Gefährdungsniveaus dargestellt. Für übliche Hochbauten verwenden die meisten Regelwerke eine Eintretens- oder Überschreitenswahrscheinlichkeit eines bestimmten Bodenbewegungsparameters von 10 % in 50 Jahren. Dem entspricht eine mittlere Eintretens- bzw. Überschreitensrate von einmal in 475 Jahren. Für Bauwerke und Anlagen, von denen ein erhöhtes

Sekundärrisiko ausgeht (Chemieanlagen, Staudämme, Kerntechnische Anlagen), werden Bodenbewegungen mit geringerer Eintretensrate (z. B. einmal in 2 000–10 000 Jahren) zugrunde gelegt. Die am häufigsten verwendeten Bodenbewegungsparameter sind die seismische Intensität, maximale Bodenbeschleunigung, -geschwindigkeit oder -verschiebung und Antwortspektren.

Bedingt durch den starken Einfluss der oberen Zehnermeter des Baugrunds auf die Bodenbewegungen während eines Erdbebens ist in dicht besiedelten erdbebengefährdeten Gebieten eine detaillierte Bestimmung der ortsabhängigen **Bodenverstärkung** erforderlich. Diese Ermittlung der ingenieurseismologischen Parameter der Bodenschichten und die Modellierung der Verstärkungseigenschaften, die möglicherweise auch nicht linear, also in Abhängigkeit von der Anregungsstärke, betrachtet werden müssen, wird als **Mikrozonierung** bezeichnet. Neben flachgründigen Erkundungsbohrungen und standardisierten Rammsondierungen kommen zerstörungsfreie geophysikalische Verfahren zum Einsatz. Passive seismische Verfahren ermitteln die Grundresonanzfrequenzen der Lockersedimente aus Messungen der vorhandenen natürlichen und anthropogenen Bodenunruhe mit Einzelstationen oder Arrays. Aktive Verfahren zur Bestimmung der Verteilung der seismischen Wellengeschwindigkeiten im Untergrund sind aufwändiger und vor allem in urbanen Gegenden problematischer in der Durchführung. Die räumliche Auflösung richtet sich nach der Fragestellung und kann bis Häuserblock-Niveau reichen.

Die erdbebengerechte Bemessung von **Bauwerken** ist der zentrale Punkt einer sachgerechten Erdbebenvorsorge. Während es die Aufgabe der Geowissenschaften ist, mit geeigneten Modellen die zu einem festgelegten Gefährdungsniveau gehörenden Bodenbewegungen zu bestimmen, muss das Erdbebenbauingenieurwesen Verfahren beisteuern, die eine erdbebengerechte Bemessung der Bauten gestatten. Weltweite, regionale und nationale Erdbebengefährdungskarten geben Anhaltswerte über die wichtigsten Bodenbewegungsparameter. Nationale Erdbebenbaunormen regeln die zugrunde zu legenden Belastungsgrößen und schreiben teilweise Bemessungsverfahren vor.

Das **Erdbebenrisiko** ergibt sich aus der Kombination der Erdbebengefährdung und der Anfälligkeit von Bauwerken (Vulnerabilität) gegen die Erschütterungen. Da die Gefährdung nicht beeinflussbar ist, kann das Risiko nur durch die gezielte Verringerung der **Vulnerabilität** erreicht werden. Der erste Schritt besteht hier in einer Bestandsanalyse, in der die Widerstandsfähigkeit der Bauwerke analysiert wird.

10

Die nachträgliche Ertüchtigung von Bauwerken (*retrofitting*) ist durchaus möglich, aber in der Regel aufwändiger und teurer als die Umsetzung von entsprechenden Maßnahmen während der Erstellung.

Die Entfernung zwischen einem Quellgebiet und einem betroffenen Standort ist der wichtigste Parameter im Hinblick auf die Möglichkeiten eines **Frühwarnsystems**. Frühwarnung basiert im Wesentlichen darauf, dass die Longitudinalwellen mit deutlich höheren Geschwindigkeiten laufen als die Transversal- und Oberflächenwellen. Die größten Bodenbewegungsamplituden sind meistens an die Letztgenannten gekoppelt. Die Zeit zwischen dem Eintreffen der ersten Longitudinalwelle und den Transversal- und Oberflächenwellen wächst mit zunehmendem Abstand von der Quelle. Die eigentliche Frühwarnzeit ist aber geringer, da das Beben erst als solches detektiert werden und eine möglichst verlässliche Abschätzung der Stärke erfolgen muss. Die hierfür erforderliche Rechenzeit verringert die Frühwarnzeit entsprechend. Die relativ geringen Zeiten, die oft unter einer Minute liegen, zeigen, dass diese Art der Frühwarnung im Wesentlichen nur für die automatische Einleitung technischer Vorgänge, wie Abschaltung von Anlagen mit hohem Sekundärgefährdungspotenzial, Zwangsbremsung von Verkehrssystemen (Hochgeschwindigkeitszügen) und geregeltes Anhalten von Aufzügen etc. geeignet ist.

Ein wichtiger Aspekt der Frühwarnung ist die schnelle Dissipation von verlässlichen Angaben über Art, Stärke und Lage des Erdbebenherds und der Abschätzung der Folgen. Selbst bei kleineren Beben, die unterhalb der Schadensschwelle liegen, kommt es in Regionen mit relativ geringer Seismizität zur Beunruhigung der Bevölkerung. Zahllose Anrufe der Notrufnummern können diese blockieren und zu Problemen führen. Im Falle von Schadensbeben ist es wichtig, den betroffenen Bereich und die gebäudespezifische Schwere der Schäden abzuschätzen. Diese Information muss Katastrophenschutzeinrichtungen, Feuerwehr und Ordnungskräften schnellstens zur Verfügung stehen. Die Befahrbarkeit von Verkehrswegen ist zu prognostizieren.

Sogenannte *shake maps* repräsentieren die **Bodenerschütterung**, die ein Beben hervorruft. Sie werden z. B. vom USGS für mehrere Regionen in den USA und auch für weltweite Beben produziert. Die Modelle, die den Karten zugrunde liegen, berücksichtigen den Einfluss der Wellenwege und der Standorte auf die Erschütterungen und sind daher für die Katastrophenbewältigung wesentlich informativer als die Angabe einer Magnitude und eines Epizentrums. Die Karten werden Minuten nach einem Beben automatisch generiert und basieren auf den verfügbaren Messungen, ergänzt um modellierte Werte in Bereichen mit geringer Stationsdichte.

Kasten 10.2

Das Beben von Bam (Iran) am 25.12.2003

Das Bam-Erdbeben im Iran vom 25.12.2003 hat, leider muss man sagen wieder einmal, deutlich gemacht, dass verheerende Erdbebenfolgen als Baukatastrophen, und nicht als Naturkatastrophen betrachtet werden müssen. Das Beben mit einer Magnitude von (nur) 6,5 war weder in Bezug auf die Stärke noch auf den Ort eine Überraschung. Die aktive Bam-Verwerfung verläuft in unmittelbarer Nähe der Stadt. Die auf ihr stattfindenden Horizontalverschiebungen von ca. 3 cm im Jahr sind die Folge der Wechselwirkung der Eurasischen und der Arabischen Platte. Das Beben hatte mit 8 km eine geringe Herdtiefe. Erdbebengefährdungskarten zeigten (auch schon vor dem Beben), dass hier in einem Zeitraum von 500 Jahren mindestens einmal mit einem zerstörerischen Beben zu rechnen ist. Das Beben traf die Stadt am frühen Morgen, sodass viele Bewohner im Schlaf überrascht wurden. 70 % der Häuser in der Stadt stürzten ganz oder teilweise ein. Hier mischten sich die räumliche Nähe der Verwerfung, die geringe Herdtiefe und der Zeitpunkt des Bebens mit einer schlechten und nicht bebengerechten Bausubstanz zu einer tödlichen Falle für mehr als 40 000 Menschen, verletzt wurden mehr als 30 000 Menschen und ca. 100 000 Menschen wurden obdachlos. Die traditionelle Bauweise verwendet hier häufig Lehmziegelwände, auf denen oft viel zu schwere Decken ruhen. Im statischen Zustand sind die Bauwerke stabil und die Decken geben eine ausreichende Wärmeisolierung. Im Falle einer dynamischen Belastung durch ein Erdbeben aber, zerfallen die Lehmziegel geradezu zu Staub und zwischen den Decken bleiben kaum Hohlräume. Die sehr bekannte Festungsanlage von Bam die fast völlig zerstört wurde, zeigt zwar zum einen, dass in der Region in den letzten 2 000 Jahren kein stärkeres Beben passiert ist, aber dass dieses nur eine scheinbare Sicherheit suggeriert, die laut Gefährdungskarten nicht gegeben ist.

10 | Zusammenfassung

Vulkanausbrüche und Erdbeben sind Ausdruck der auch in Zukunft nicht nachlassenden Dynamik des Erdinneren. Ihre Energie und Häufigkeit bleibt daher vom Menschen unbeeinflussbar. Katastrophen sind damit in einer ständig stärker vernetzten Gesellschaft mit weiter zunehmender Verdichtung der Besiedelung gerade in den tektonisch aktiven Küstenzonen der Erde oberhalb von Subduktionszonen mit häufiger Erdbebentätigkeit und vielen aktiven Vulkanen nicht zu vermeiden. Allerdings lassen sich die Risiken wesentlich reduzieren, die Strategien sind dabei für Vulkansysteme und Erdbeben sehr unterschiedlich. Vulkane sind Punktquellen und lassen sich daher vom Boden und mit Satelliten gut überwachen. Aufbauend auf einer detaillierten Analyse der Vorgeschichte eines Vulkans lassen sich nicht nur Gefahren- und Risikokarten erstellen, bei rigoroser Landplanung können gefährdete Gebiete frühzeitig ausgewiesen und im Notfall potenziell betroffene Gebiete rechtzeitig evakuiert werden. Angesichts der technischen Entwicklung in den Monitoringmethoden lassen sich bei politisch optimalen Randbedingungen größere Katstrophen in Zukunft vermeiden. Aktive Erdbebengebiete dagegen sind viel diffuser über der Erde verteilt und eindeutige Vorläuferphänomene wie bei Vulkanausbrüchen sind in der Regel nicht beobachtbar. Eine präzise Vorhersage mit Angabe von Ort, Zeit und Stärke eines bevorstehenden Bebens ist nicht möglich. Daher ist eine Gefährdungsanalyse zur Prognose von zu erwartenden Bodenbewegungen an konkreten Standorten kombiniert mit der konsequenten Anwendung von Verfahren zum erdbebensicheren Bauen nach dem Stand von Wissenschaft und Technik die effektivste Methode der Erdbebenvorsorge.

Schlüsselsätze
- Die Risiken von Vulkanausbrüchen lassen sich bei konsequenter Anwendung von Monitoringmethoden und rigoroser Landplanung deutlich verringern.
- Die entscheidenden Elemente zur Minderung des Erdbebenrisikos bestehen in der Prognose der zu erwartenden Bodenbewegungen und der zwingenden Anwendung erdbebensicherer Bautechniken.
- Die sprunghaft steigende Bevölkerungsdichte in gefährdeten Regionen erfordert in der Zukunft deutlich stärkere Anstrengungen zur Verringerung dieser Gefahren als in der Vergangenheit.

| Literatur

Aki K, Richards P (1980) Quantitative seismology: Theory and methods. Vol. 1, Freeman, San Francisco

Grünthal G (2000) Die Weltkarte der Erdbebengefährdung – Ergebnis des globalen Forschungsprogramms zur Abschätzung der seismischen Gefährdung (GSHAP). Zweijahresbericht GeoForschungsZentrum Potsdam 1998/1999, Potsdam

Kramer SL (1996) Geotechnical earthquake engineering. Prentice Hall, New York

Lay T, Wallace TC (1995) Modern global seismology. Academic Press, San Diego

Lee WHK, Kanamori K, Jennings PC, Kislinger C (Hrsg) (2002, 2003) International handbook of earthquake and engineering seismology, Part A and B. Academic Press, Amsterdam

Meskouris K, Hinzen K-G (2003) Bauwerke und Erdbeben, Viehweg Verlag, Wiesbaden

Press F, Siever R, Grotzinger J, Jordan TH (2003) Understanding Earth. Freeman and Co., New York

MunichRe (2006) Weltkarte der Naturgefahren. http://www.munichre.com/

Reiter L (1990) Earthquake hazard analysis – issues and insights. Columbia University Press, New York

Scarpa R, Tilling RI (1996) Monitoring and mitigation of volcano hazards. Springer, Heidelberg

Schmincke H-U (2000) Vulkanismus. Wissenschaftliche Buchgesellschaft, Darmstadt

Schmincke H-U (2004) Volcanism. Springer, Berlin, Heidelberg, New York

Swanson DA, Casadevall DJ, Dzurisin D, Malone SD, Newhall CG, Weaver CS (1983) Predicting eruptions at Mount St. Helens, June 1980 through December 1982. *Science* 221: 1369–1376

Tilling RI, Lipman PW (1993) Lessons in reducing volcano risk. *Nature* 364: 277–280

USGS (2006). Shake maps. http://earthquake.usgs.gov/eqcenter/shakemap/

11 Gravitative Massenbewegungen und Schneelawinen

Thomas Glade und Johann Stötter

Gravitative Massenbewegungen • Risiko • Risikomanagement • Schadenswirkung • Schneelawinen • Typen des Auftretens

Gravitative Massenbewegungen und Schnee-lawinen unterscheiden sich signifikant hin-sichtlich des bewegten Materials. Die Fließ- und Gleitbewegungen gravitativer Massenbe-wegungen sind bezüglich des Prozessablaufs den Schneelawinen sehr ähnlich. Im ersten Teil des Beitrags werden die verschiedenen Aspekte und Charakteristika der beiden Pro-zessbereiche im Überblick gegenübergestellt. Besonderer Fokus ist anschließend in der Dar-stellung der Schadenswirkung beider Prozess-bereiche. Das Risikomanagement der Prozes-se wird dargelegt und vergleichend bewertet. Abschließend werden Perspektiven für eine nachhaltige Katastrophenvorsorge auch im Sinne einer Prävention für gravitative Massen-bewegungen und Schneelawinen diskutiert. Es wird verdeutlicht, dass für einige Typen gravitativer Massenbewegungen ganz ähnli-che präventive Maßnahmen getroffen werden können wie für Schneelawinen.

11.1 Aspekte für Risiken und Katastrophen

Die beiden Prozessbereiche gravitative Massenbe-wegungen und Schneelawinen haben zwar viele Ähnlichkeiten bezüglich des Prozessverlaufs und der Schadenswirkungen, unterscheiden sich in Teil-bereichen jedoch signifikant. Zur Darstellung die-ser Unterschiede werden die beiden Prozesse kurz eigenständig charakterisiert und anschließend in einem Überblick verglichen. Dies ermöglicht, Aus-sagen über gleiche und unterschiedliche Schadens-wirkungen und Optionen eines Managements zu treffen und in den Kontext einer Katastrophenvor-sorge und Prävention zu stellen.

11.1.1 Gravitative Massen-bewegungen

Gravitative Massenbewegungen sind hangabwärts gerichtete, der Schwerkraft folgende Verlagerungen von Fels, Schutt und Feinsubstrat. Die Verlagerungs-prozesse beinhalten das Kippen, Fallen, Rutschen, Fließen und die kombinierte, komplexe Bewegung (Dikau et al. 1996, Cruden und Varnes 1996). Lei-der existiert im deutschen Sprachraum noch kei-ne einheitliche Sprachregelung zur Definition der **gravitativen Massenbewegungen** (*landslides*). Eine Diskussion zu dieser Thematik wird in Glade und Dikau (2001) geführt. Die in diesem Beitrag ver-wendeten Begriffe beziehen sich auf die dort dar-gelegten Definitionen. In Abbildung 11.1 sind sche-matisch die unterschiedlichen gravitativen Massen-bewegung dargestellt. Detailliertere Beschreibungen und Darstellungen der einzelnen Typen finden sich bei Dikau et al. (1996).

Das bewegte Volumen des einzelnen Objekts kann zwischen einigen Kubikmetern und mehreren Kubikkilometern betragen. Die für die Schadenswir-kung besonders wichtige Geschwindigkeit variiert,

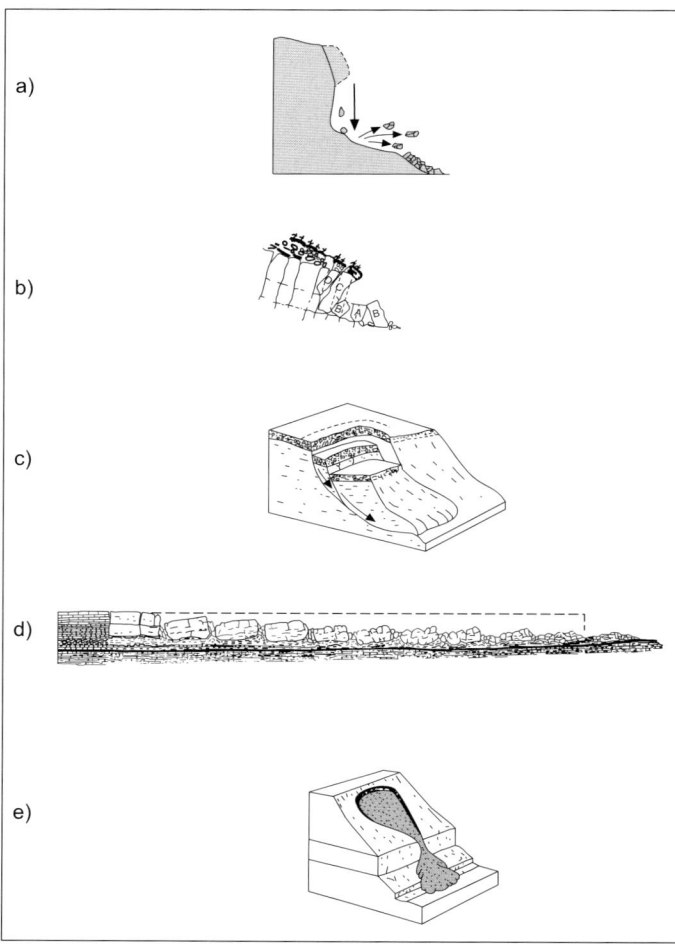

Abb. 11.1 Schematische Darstellung unterschiedlicher Typen gravitativer Massenbewegungen. a) Fallen/Stürzen. b) Kippen. c) Rotierend rutschend. d) Flach gleitend. e) Fließen. (Einteilung basierend auf Cruden und Varnes 1996.)

unabhängig von dem Volumen der Bewegung, zwischen Millimetern oder Zentimetern pro Jahr bis zu mehreren Metern pro Sekunde. Die betroffenen Ursprungsgebiete weisen eine Grunddisposition (z. B. Hanggeometrie, Materialeigenschaften des Substrats, Vegetationsbedeckung) gegenüber den gravitativen Massenbewegungen auf. Diese Grunddisposition und deren Änderung (z. B. Entwaldung) ist ein vorbereitender Faktor, d. h. die Stabilität eines Hangs wird zwar beeinflusst, aber die eigentliche Bewegung findet noch nicht statt.

Neben den anthropogenen Auslösern durch Sprengungen oder künstliche Hanganschnitte sind die natürlichen Auslöser meist Erdbeben (z. B. Northridge-Erdbeben 1994 in Kalifornien oder in Pakistan 2005) und Niederschläge mit entweder extremen Intensitäten (z. B. Extremniederschläge an der Kapiti Coast, Neuseeland 2004) oder lang anhaltenden Feuchteperioden. Solche Perioden beziehen sich nicht nur auf lang andauernde Niederschläge, sondern können auch mit schmelzenden Schneedecken in Verbindung stehen (z. B. Rheinhessen 1981/82). Zu beobachten ist, dass sich diese Auslöser oft gegenseitig beeinflussen. Beispielsweise führt eine Schneeschmelze zum flächenhaften Aufbau eines positiven Porenwasserdrucks, ohne dass eine Initiierung einer Hangbewegung stattfindet. Die eigentliche Auslösung findet erst in dem direkt folgenden Niederschlagsereignis statt. Unter „normalen" Umständen wäre in diesem Fall möglicherweise keine Bewegung ausgelöst worden, da das Hangsystem die Auswirkungen des Niederschlags noch hätte puf-

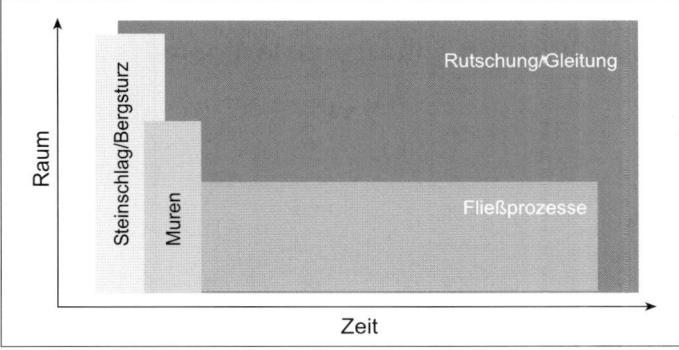

Abb. 11.2 Raum-Zeit-Aspekte bei unterschiedlichen Typen gravitativer Massenbewegungen.

fern können. Diese Komplexität zwischen internen, im oberflächennahen Untergrund vorhandenen Konditionen und externen, von außen wirkenden Kräften erschwert eine genaue Differenzierung nach Ursache, Wirkung und Auslöser sehr.

Für die Beurteilung der **Schadenswirkungen** und der resultierenden Risiken ist es bedeutend, die Frequenz und die Magnitude der jeweiligen Prozesse zu untersuchen (Kapitel 9). Gravitative Massenbewegungen decken eine ganze Spannbreite von Möglichkeiten des Auftretens ab (Abb. 11.2). Sie können diskret und einzeln an einem Hang auftreten (Glade et al. 2001) oder zu Zehntausenden ein Gebiet betreffen (Guzzetti et al. 2004). Ein ganz wesentlicher Aspekt ist hierbei die **Geschwindigkeit** der Materialverlagerung unterschiedlicher Typen von gravitativen Massenbewegungen. Kriechende Bewegungen mit Zentimetern pro Jahr bewegen sich kontinuierlich oder schubweise und dauern über Jahre, Jahrzehnte und mancherorts sogar über Jahrhunderte an (z. B. Rutschung). Im Gegensatz dazu dauern extrem schnelle Bewegungen nur wenige Sekunden bis Minuten (z. B. Felssturz, Abb. 11.2).

Gerade im Hinblick auf ein Schadenspotenzial ist neben der Geschwindigkeit die Tiefe der Bewegung, bzw. das **Volumen** der Massenbewegungen wichtig. Mancherorts wird nur die Grasnarbe mit den obersten Bodenhorizonten verlagert, während in anderen Lokalitäten die bewegte Masse mehrere Zehnermeter mächtig ist. In diesem Zusammenhang muss auch unbedingt die Materialverfügbarkeit beachtet werden (Zimmermann et al. 1997, Glade 2005). In manchen Regionen wird durch das Auftreten des Prozesses das gesamte Material abtransportiert und somit kann der kommende Auslöser trotz möglicher identischer Stärke keine Bewegung mehr auslösen. An anderen Stellen sind entweder die Sedimentquellen groß genug, um im-

mer zu bewegendes Material bereitzustellen (z. B. aus Moränen) oder die Sedimentquellen werden kontinuierlich nachgefüllt (z. B. Schutthalden durch Steinschlag). Diese Voraussetzungen sind besonders wichtig bei der Betrachtung von Muren und bei reaktivierten Massenbewegungen. Während in einigen Regionen die erste Initialbewegung das Material nur um einen bestimmten Betrag versetzt (abhängig von der Lokalität zwischen Millimetern und mehreren Metern) findet an anderen Lokalitäten eine vollkommene Ausräumung des Materials statt. Daraus resultiert, dass die Region nach dem Auftreten der Massenbewegung „sicherer" ist, da alles zu bewegende Material entfernt wurde. Die jeweilige Situation hat große Implikationen für das Risikomanagement betroffener Gebiete.

11.1.2 Schneelawinen

Der Begriff Lawine lässt sich höchstwahrscheinlich auf das lateinische Wort *labi*, d. h. gleiten oder schlüpfen, zurückführen (Diskussion zur Etymologie in Schild 1972). Diesem sprachgeschichtlichen Verständnis folgend können Lawinen als Schneemassen verstanden werden, »*die bei raschem Absturz auf steilen Hängen, Gräben u. Ä., infolge der kinetischen Energie oder der von ihnen verursachten Luftdruckwelle oder durch ihre Ablagerung Gefahren oder Schäden verursachen können*« (Forstgesetz 1975, S. 99). Dabei ist die Lawine der gesamte Bewegungsvorgang, beginnend mit dem Anbruch des abgelagerten Schnees im Anbruchgebiet, bei dem ein Gemisch von mehr oder weniger Luft mit vorwiegend körnigen Schneeteilchen in der Sturzbahn zu Tal rutscht, fließt, kollert, stiebt oder fällt und durch das Zusammenspiel von Masse und

Tab. 11.1 Begriffliche Klassifizierung von Lawinen nach ihrer Auslauflänge, ihrem Volumen sowie Schadenspotenzial (SLF).

Begriff		Reichweiten-Klassifikation	Schadenspotenzial-Klassifikation	quantitative Klassifikation
Größe 1	„Rutsch"	Schneeumlagerung mit sehr geringer Verschüttungsgefahr, jedoch Absturzgefahr	relativ harmlos für Personen	Lauflänge < 50 m, Volumen < 100 m^3
Größe 2	kleine Lawine	kommt im Steilhangbereich zum Stillstand	kann eine Person verschütten, verletzen oder töten	Lauflänge < 100 m, Volumen < 1 000 m^3
Größe 3	mittlere Lawine	erreicht den Hangfuß von Steilhängen	kann Pkws verschütten und zerstören, schwere Lkws beschädigen, kann kleine Gebäude zerstören und einzelne Bäume brechen	Lauflänge < 1 000 m, Volumen < 10 000 m^3
Größe 4	große Lawine	überwindet flachere Geländeteile (deutlich unter 30°) über eine Distanz von mehr als 50 m, kann den Talboden erreichen	kann schwere Lkws und Schienenfahrzeuge verschütten und zerstören, kann größere Gebäude und Waldareale zerstören	Lauflänge > 1 000 m, Volumen > 10 000 m^3

Geschwindigkeit seine Zerstörungskraft erreicht. In einer ersten Klassifikation lassen sich Lawinen nach Auslauflänge, Volumen und Schadenspotenzial differenzieren (Tab. 11.1).

Hinsichtlich der Entstehung von **Schneelawinen** ist zwischen der Disposition und der Auslösung zu unterscheiden. Die generelle Voraussetzung für die Bildung von Lawinen wird durch komplexe Wechselwirkungen von Geländeparametern und klimatischen Einflussgrößen gesteuert. Hinsichtlich der Topographie haben Hangneigung, Exposition und Rauhigkeit des Geländes die größte Bedeutung. So weisen Lawinenhänge in der Regel Neigungen zwischen 25° und 45° auf (Land Tirol 2000). Unter außergewöhnlichen Verhältnissen wurden jedoch Anrisse bereits bei Hangneigungen von 17° beobachtet. Im sehr steilen Gelände bleibt Schnee kaum liegen und verlagert sich spontan noch während des Niederschlagsereignisses.

Generell kann die **Auslösung** von Lawinen durch eine ungünstige Veränderung des Stabilitätsverhältnisses ausgedrückt werden, das durch das Verhältnis zwischen Festigkeit und Spannung innerhalb der Schneedecke beziehungsweise in einzelnen Schneeschichten bestimmt ist. Speziell spielen dabei der **Schneedeckenaufbau** sowie witterungsbedingte Größen, wie die Neuschneemenge (Tab. 11.2), die Windverfrachtung, die Temperatur und Strahlungs-

verhältnisse sowie daraus resultierend die **Schneemetamorphose,** eine entscheidende Rolle, die entweder die Festigkeit reduzieren oder die Spannungen erhöhen. Neben diesen als Selbstauslösung bezeichneten Einflüssen kommen auch externe Störungen, wie Wildwechsel oder der Mensch (unbewusste Auslösung als Skifahrer, gezielte Auslösung als Sicherungsmaßnahme) als Auslösefaktoren infrage.

Während infolge der abbauenden Metamorphose der Schneekristalle (Abb. 11.3a) mit der Erhöhung der Schneedichte eine Zunahme der Festigkeit einhergeht, bewirken die Prozesse der aufbauenden Metamorphose eine Abnahme der Festigkeit. Durch Verlagerung in der gasförmigen Zustandsstufe werden die Schneekristalle immer größer, und es entstehen kantige Kristalle und becherartige Hohlformen (Abb. 11.3b). Zu einem ähnlichen Verlust der Festigkeit kommt es, wenn infolge von Zufuhr advektiver Wärme bei positiven Lufttemperaturen Körner zusammenwachsen oder wenn Oberflächenreif eingeschneit wird.

Die Dynamik der Lawine wird durch topographische Faktoren, wie Hangneigung und Bodenreibung, sowie innere Einflussgrößen, speziell der Zusammensetzung des Schnees und der inneren Reibung, bestimmt. Nach Ablösung eines Schneebretts tritt zu Beginn eine gleitende, dann eine fließende Bewegung auf, wobei es ab einer Geschwindigkeit

Tab. 11.2 Abhängigkeit der Lawinensituation vom Neuschneezuwachs.

Neuschneezuwachs in 24 Stunden	Lawinensituation
< 30 cm	kaum Gefährdung
30–50 cm	vereinzelte Objekte und Verbindungswege unter ungünstigen Umständen gefährdet
50–80 cm	einzelne Lawinen bis in die Talsohle möglich, einzelne Objekte und Verbindungswege gefährdet
80–120 cm	mehrfach große Lawinen bis in die Talsohlen sind zu erwarten, vereinzelte Objekte, Verbindungswege und einzelne exponierte Teile von Ortschaften sind gefährdet
> 120 cm	Katastrophensituation, auch seltene oder bisher nicht beachtete große Lawinen bis in die Talsohle sind möglich, höchste Gefahr für Siedlungen und Verbindungswege

Tab. 11.3 Zusammenhang zwischen Lawinentyp, Geschwindigkeit und Dichte (Land Tirol 2000).

Lawinentyp	Geschwindigkeiten		Dichte bei Abgang
nasse Fließlawine	10–20 m/s	36–72 km/h	300–400 kg/m^3
trockene Fließlawine	20–40 m/s	72–144 km/h	50–300 kg/m^3
Staublawine	30–70 m/s	144–252 km/h	2–15 kg/m^3

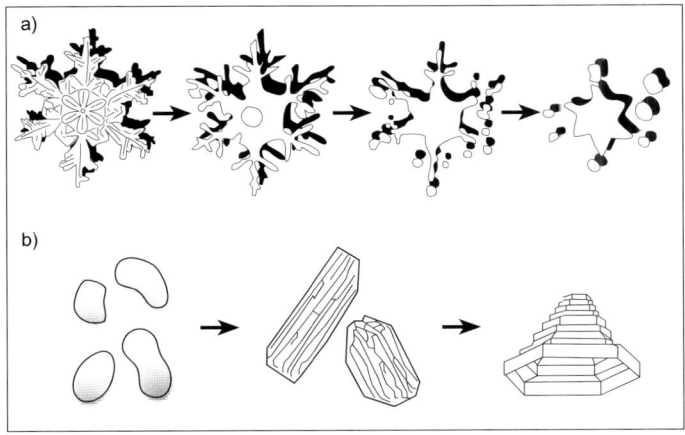

Abb. 11.3 a) Abbauende Metamorphose vom Schneestern zum körnigen Schnee (verändert nach SLF bzw. LaChappelle 1969). b) Aufbauende Schneemetamorphose von runden zu eckigen Kornformen sowie zu Becherkristallen (verändert nach SLF).

von etwa 10 m/s zur Abhebung eines Staubanteils kommen kann. Bei der Bewegung lässt sich generell ein Zusammenhang zwischen Dichte und Geschwindigkeit beobachten (Tab. 11.3). Während die Dichte des bewegten Schnees bis ca. 400 kg/m^3 reicht, kann abgelagerter Lawinenschnee eine Dichte von 500–800 kg/m^3 aufweisen.

Eine zusammenfassende Differenzierung der Lawinen ist auf Grundlage der seit etwa 20 Jahren international anerkannten **Lawinenklassifikation** möglich (Tab. 11.4). Diese Klassifikation wurde ursprünglich vom Eidgenössischen Institut für Schnee- und Lawinenforschung entwickelt (de Quervain 1973).

Tab. 11.4 Internationale Lawinenklassifikation (SLF).

Internationale Lawinenklassifikation		
Form des Anrisses	linienförmig, scharfkantig → **Schneebrett**	punktförmig → **Lockerschneelawine**
Form der Bewegung	vorwiegend fließend → **Fließlawine**	vorwiegend stiebend → **Staublawine**
Lage der Gleitfläche	innerhalb der Schneedecke → **Oberlawine**	auf dem Boden → **Bodenlawine**
Form der Bahn	flächig	runsenförmig (kanalisiert)
Feuchtigkeit des abgleitenden Schnees	trocken → **Trockenschneelawine**	nass → **Nassschneelawine**
Länge der Bahn	vom Berg ins Tal → **Tallawine**	am Hangfuß zum Stillstand kommend → **Hanglawine**
Art des Schadens	Heimstätte, Hab und Gut, Verkehr, Wald → **Katastrophen- oder Schadenlawine**	Skifahrer und Bergsteiger im freien Skigelände → **Touristen- oder Skifahrerlawine**
Art des anbrechenden Materials	Schnee → **Schneelawine**	(Gletscher-)Eis → **Eislawine (Gletscherabbruch)**

11.1.3 Gegenüberstellung

Die Unterscheidung der beiden Prozessbereiche ist offensichtlich. Während Schneelawinen an den Winter gebunden sind, können gravitative Massenbewegungen mit variierenden Wahrscheinlichkeiten ganzjährig auftreten – zwar eine triviale Feststellung, die aber signifikante Auswirkungen auf das Gefahren- und Risikomanagement hat. Weiterhin treten Schneelawinen zwingend nur in Regionen mit großem Höhenunterschied auf. Im Gegensatz dazu können Rutschungen und Fließungen zusätzlich auf Flächen vorkommen, die nur wenige Grade geneigt sind. Neben den Gebirgsräumen sind folglich auch die Mittelgebirgsräume oder Steilküsten von den gravitativen Massenbewegungen betroffen.

Zentral ist auch die in den vorherigen Teilkapiteln bereits angesprochene **Materialverfügbarkeit**. Während sich der Schnee immer wieder neu bildet und somit auch die gleichen Stellen immer wieder von Schneelawinen betroffen sind, ist bei den gravitativen Massenbewegungen das zu transportierende Material häufig der limitierende Faktor. Wenn folglich eine Massenbewegung stattgefunden hat und das gesamte Material aus dem Quellgebiet transportiert wurde, ist diese Region nach einem Ereignis viel sicherer und stabiler, da einfach kein Material mehr zum Abtransport verfügbar ist. Diese damit zusammenhängende Bedeutung der zeitlichen Dimension wird leider häufig in Gefahren- und Risikoanalyse nicht berücksichtigt.

Trotzdem ist deutlich, dass die beiden Prozessbereiche gravitative Massenbewegungen und Schneelawinen ähnliche Eigenschaften im Auslaufbereich haben. Besonders die Muren und die flachgründigen Translationsrutschungen können im Transport- und Auslaufbereich ähnliche Schadenswirkungen wie Schneelawinen aufzeigen. Auf diese Gemeinsamkeiten wird im Folgenden näher eingegangen.

11.2 Schadenswirkungen

Während sich bei gravitativen Massenbewegungen häufig der komplette Untergrund teilweise inklusive der sich darauf befindlichen Risikoobjekte bewegt, beschränken sich die Schadenswirkungen durch

Tab. 11.5 Zusammenhang zwischen Intensität und Schadenswirkung bei gravitativen Massenbewegungen. Einteilungskriterium ist bei den Sturzprozessen E (= kinetische Energie), bei Rutschungen V (= Bewegungsgeschwindigkeit) und bei Muren M (= Höhe der Ablagerung) (nach Lateltin 1997).

Intensität	Sturz-prozesse (E)	Rutschung (V)	Mure (M)	potenzielle Schadenswirkung
gering	< 30 kJ	≤ 2 cm/Jahr	< 0,5 m	Fenster gehen ggf. zu Bruch, Bauwerke werden leicht beschädigt, Menschen sind innerhalb von Gebäuden kaum gefährdet
mittel	30–300 kJ	> 2 bis mehrere dm/Jahr	0,5–2 m	Bauwerke werden stark beschädigt, Menschen sind innerhalb und außerhalb von Gebäuden gefährdet
stark	> 300 kJ	> 0,1 m/Tag (flachgründige Rutschungen) > 1 m/Ereignis starke Differenzialbewegungen	> 2 m	Betonkonstruktionen werden extrem beschädigt oder zerstört, Menschen sind innerhalb und besonders außerhalb von Gebäuden stark gefährdet

Tab. 11.6 Zusammenhang zwischen Kraft und Schadenswirkung bei Schneelawinen.

Kraft	Kraft	Schadenswirkung
1 kN/m^2	(100 kg/m^2)	Fenster gehen zu Bruch
5 kN/m^2	(500 kg/m^2)	Türen werden eingedrückt
30 kN/m^2	(3 000 kg/m^2)	Holzgebäude und gemauerte Gebäude werden beschädigt oder zerstört
100 kN/m^2	(10 000 kg/m^2)	Bäume werden entwurzelt
1 000 kN/m^2	(100 000 kg/m^2)	Betonkonstruktionen werden beschädigt oder zerstört

Schneelawinen meist auf Effekte, die seitlich auf Risikoobjekte einwirken. Bei Feuchtschneelawinen ist die Wirkung im Auslaufbereich ähnlich wie bei Muren oder flachgründigen Translationsrutschungen.

Die **Schadenswirkung** bei gravitativen Massenbewegungen ist für die drei wesentlichen Prozesse Steinschlag und Bergsturz, Rutschung und Mure von der jeweiligen Intensität abhängig. Es existiert keine allgemeingültige Einteilung der Prozessintensität. Die Schweizer Bundesämter für Raumplanung BRP, für Wasserwirtschaft BWW und für Umwelt, Wald und Landschaft BUWAL (BUWAL fusionierte 2006 mit großen Teilen des Bundesamtes für Wasser und Geologie (BWG) zum Bundesamt für Umwelt BAFU) schlugen bereits 1997 eine diesbezügliche Klassifikation vor (Lateltin 1997). Die Kriterien zur

Intensitätseinteilung sind für jeden Massenbewegungstyp vielfältig und werden in Tabelle 11.5 nur exemplarisch für eine Variable pro Prozesstyp dargestellt. Es ist evident, dass weitere Kriterien, wie beispielsweise Sprunghöhe oder Rotation der Steine, bei den Sturzprozessen berücksichtigt werden können.

Trotz der relativ geringen Dichte der bewegten Masse weisen Lawinen in Abhängigkeit von Schneedichte und Geschwindigkeit sowie der Form der Lawinenbahn und der Art der Hindernisse hohe **Druckkräfte** auf, aus denen große Schäden resultieren können (Tab. 11.6). Da erst in jüngster Zeit eine messtechnische Erfassung der Kräfte möglich ist (Rammer 2000, Dufour et al. 2006), wird oft anhand der Schäden auf die Kräfte rückgeschlossen.

11

Entscheidend ist wie bei anderen Prozessen auch die Differenzierung in direkte Folgen und indirekte **Auswirkungen**. Direkte Folgen sind in diesem Zusammenhang beispielsweise die zerstörten Häuser oder der Verlust von Menschenleben. Indirekte Folgen resultieren aus der Unterbrechung der Verkehrswege, können aber auch so weitreichend sein, dass Touristen nicht mehr in dem früher betroffenen Ort ihren Urlaub verbringen möchten, mit den entsprechenden Auswirkungen auf die betroffenen Familien und Gemeinden.

Zentral ist folglich die Identifikation der Risikoelemente. Generell werden die Risikoelemente klassifiziert in Gebäude, Infrastrukturen und betroffene Menschen. In der traditionellen Risikoanalyse werden für jedes Risikoelement die potenziellen Konsequenzen bestimmt, wobei sich diese zusammensetzen einerseits aus dem maximal möglichen Schadenspotenzial und andererseits aus den Vulnerabilitäten der bestimmten Risikoelemente gegenüber der jeweiligen Prozessmagnitude (Heinimann 1999). Die Definition und Bestimmung der unterschiedlichen Typen der Vulnerabilitäten werden in Kapitel 7 ausführlich diskutiert.

11.3 Bedeutung des Risikomanagements

Grundsätzlich lassen sich bei gravitativen Massenbewegungen und Lawinen permanente und temporäre **Schutzmaßnahmen** unterscheiden. Unter die permanenten Maßnahmen, von denen eine mittlere Lebens- und Funktionsdauer von etwa 50 Jahren angenommen wird, fallen technische und forstlich-biologische Maßnahmen. Weiterführende Mittel der Prävention sind besonders raumplanerische Maßnahmen. Grundsätzlich müssen bei allen Maßnahmen die Quell- oder Ursprungsgebiete, die Transportwege und die Ablagerungsgebiete berücksichtigt werden.

11.3.1 Geotechnische Maßnahmen

Technische Maßnahmen beinhalten bei gravitativen Massenbewegungen je nach Prozesstyp u. a. Vernagelungen des Untergrunds, Bau von Stützbauwerken oder Auffangkonstruktionen, Betonierung der gefährdeten Hangbereiche und Bedeckung der mög-

lichen Quellgebiete mit Stahlnetzen. In allen Fällen ist die Sicherstellung einer ungehinderten Hangdrainage sehr wichtig. Bei Schneelawinen beziehen sich **technische Maßnahmen** im Anbruchgebiet besonders auf Stützverbauungen, die das Anbrechen der Schneelawine verhindern. Diese sind heute vorwiegend als Stahlschneebrücken ausgeführt (Eidgenössisches Institut für Schnee- und Lawinenforschung 2000). Daneben sollen Verwehungsverbauten wie Schneezäune ungewollte Akkumulationen im erweiterten Anrissbereich verhindern.

In den Transportzonen wird versucht, die gravitativen Massenbewegungen sowie die Schneelawinen durch Ablenkdämme in eine Richtung zu steuern. Es ist klar, dass die Beeinflussung des Transportwegs nur für einige gravitative Massenbewegungen (z. B. Muren und Steinschlag) möglich ist.

Im Auslaufbereich wird versucht, potenziell gefährdete Objekte dadurch zu schützen, dass die Energie der gravitativen Massenbewegungen und der Lawinen durch Ablenkdämme, Auffangbecken sowie Bremshöcker umgelenkt bzw. reduziert wird. Als spezielle Schutzmaßnahme für Verkehrsachsen kommen Galerien oder Rohrbrücken zum Einsatz.

Trotz unterschiedlicher Wirkungen sind auch **forstlich-biologische Maßnahmen** für beide Prozessbereiche sehr wichtig. Wiederum sind hinsichtlich der Wirkungen bei den gravitativen Massenbewegungen zwischen unterschiedlichen Prozesstypen und besonders verschiedenen Magnituden zu unterscheiden. Waldbestand kann Hanglagen so weit stabilisieren, dass kleinere gravitative Massenbewegungen nicht ausgelöst bzw. stattfindende Prozesse abgebremst werden. Beispielsweise kann ein dichter Waldbestand Sturzprozesse oder Muren verlangsamen bzw. ganz zum Stillstand bringen. Ab einem bestimmten Volumen des verlagerten Materials ist der Waldbestand für den Bewegungsablauf jedoch begünstigend (z. B. halten Wurzeln größere Volumen zusammen), ab einer bestimmten Größe der bewegten Masse ist er aber nicht mehr von Bedeutung (z. B. Bergstürze oder große Rotationsrutschungen).

Für Schneelawinen ist bis zur Obergrenze der subalpinen Höhenstufe ein mehrstufiger und geschlossener Waldbestand der beste Schutz vor Lawinenanbrüchen. Hieraus leitet sich schon seit Beginn der Tätigkeit staatlicher Fachbehörden im Schutz vor Lawinen in der zweiten Hälfte des 19. Jahrhunderts die Forderung nach einer den Standortseigenschaften gerechten Aufforstung waldfreier Gebiete ab. Vor allem in Hochlagen werden diese forstlich biologischen Maßnahmen oftmals mit temporären Stützverbauung im Aufforstungsbereich bzw. permanenten Schneebrücken oberhalb der Waldgrenze

Abb. 11.4 a) Lawinenverbau-
ungen. b) Steinnetze als Beispiele
direkter Schutzmaßnahmen
(Fotos: alpS).

verbunden. Auch bei den Schneelawinen gilt jedoch, dass ab einer bestimmten Magnitude ein Waldbestand nur noch eine untergeordnete Bedeutung für den Bewegungsablauf hat. Wichtig ist hierbei zu berücksichtigen, dass sich die Schadenswirkung einer Schneelawine aufgrund der mitgeführten Bäume verändern kann.

11.3.2 Monitoring

Das Monitoring von gravitativen Massenbewegungen und Schneelawinen unterliegt zur Gänze unterschiedlichen Rahmenbedingungen und folglich unterscheiden sich auch die eingesetzten Verfahren.

Gemeinsam ist aber beiden eine gewisse Diskrepanz zwischen flächig wirksamen Prozessen und der daraus resultierenden Forderung einer zwei- oder, wenn man die Tiefe mit berücksichtigt, dreidimensionalen Erfassung und den traditionell eindimensionalen Punktmessungen zur Überwachung.

Zur **kontinuierlichen Beobachtung** gravitativer Massenbewegungen wird eine Vielfalt von Messverfahren eingesetzt, von denen hier nur exemplarisch einige aufgeführt werden. Hinsichtlich der Erfassung der Bewegung sind Methoden, die die Geschwindigkeit an der Oberfläche messen, von denen zu unterscheiden, deren Ziel es ist, entlang von Tiefenprofilen die Deformation des bewegten Körpers zu quantifizieren und den Bewegungsablauf zu beobachten. Der Schritt von der Punktmessung

11

zur flächenhaften Erfassung der Bewegung wird durch den Einsatz von Fernerkundungstechnologie ermöglicht. Hierzu wird zum einen Radarinterferometrie verwendet, deren Sensoren entweder von Satelliten oder Flugzeugen getragen werden und die es erlaubt, aufgrund der Phasenverschiebung zwischen zwei Messungen auch sehr kleine Veränderungen hochgenau zu registrieren (Rott und Nagler 2006). Zum anderen bietet die Laserscanning-Technologie die Möglichkeit, hochauflösend und hochgenau durch Koordinatenmessung von Millionen von Einzelpunkten große Flächen aufzunehmen und durch multitemporalen Vergleich die Veränderung der Oberfläche festzustellen. Bei Einsatz eines terrestrischen Laserscanners lässt sich mittels einer Punktdichte von mehr als 100 Punkten/m² eine quasi flächige Beschreibung der beobachteten Körper erzielen. Bei beiden Methoden sind im optimalen Fall Differenzen im Subzentimeterbereich ableitbar.

Intensive **Monitoring-Programme** beinhalten bei gravitativen Massenbewegung einerseits Messungen bestimmter Charakteristika des Untergrunds, z. B. Porenwasserdruck, Grundwasserstand etc., sowie Aufweitungen von Klüften und Spalten durch Extensiometer. Andererseits werden aber auch automatisierte Videoüberwachungen (z. B. für Sturzprozesse und Rutschungen) oder Geophone im Untergrund (z. B. für Muren) eingesetzt, um vor herannahenden Massenbewegungen warnen zu können. Auch eine Vorwarnzeit von einigen Sekunden reicht aus, um beispielsweise Gasventile an Häusern automatisch zu schließen, Strom rechtzeitig abzuschalten oder Zufahrtswege über Ampelschaltungen zu sperren und somit Schadenswirkungen zu minimieren.

Im Hinblick auf die Entstehung von Lawinen bedeutet Monitoring, dass die Entwicklung der Schneedecke durch regelmäßige standardisierte Beobachtung registriert und interpretiert wird. Als klassische Methode wird hierzu die Aufnahme von Schneeprofilen eingesetzt, bei der in einem standardisierten Verfahren in definierten Schneemessfeldern die Parameter Schneehöhe, Stratigraphie der Schneedecke, Korngröße und -form sowie Feuchte, Festigkeit und Dichte der jeweiligen Schichten aufgenommen wird. Daneben kommen in zunehmendem Maße automatische Messstationen zum Einsatz, die kontinuierlich die Entwicklung der Schneedecke aufzeichnen. Zusammen mit der Entwicklung der Großwetterlagen und der Witterung vor Ort benutzen die Lawinenkommissionen diese Daten zur Schneedecke, um die Lawinensituation beurteilen und die Öffentlichkeit entsprechend informieren zu können.

11.3.3 Raumplanung und Expertenkommissionen

Neben den klassischen ingenieurtechnischen und -biologischen Methoden sind es vor allem **raumplanerische Maßnahmen**, mit denen man heute versucht, die Auswirkungen von gravitativen Massenbewegungen und Schneelawinen im intensiv genutzten Raum zu reduzieren.

Infolge der Lawinenkatastrophen von denen zu Beginn der 1950er-Jahre weite Teile der Alpen betroffen waren, wurde 1954 in der Schweizer Gemeinde Gadmen der erste Lawinenzonenplan erlassen, wodurch erstmals ein alpiner Naturgefahrenprozess offiziell in der Raumplanung Berücksichtigung fand (Stötter et al. 1999). Seit den 1970er-Jahren gibt es in fast allen Alpenstaaten gesetzlich abgesicherte Konzepte zur Gefahrenzonenplanung (Kapitel 23), durch die je nach Gefährdung einer Fläche Verbote oder Gebote hinsichtlich der Nutzung erlassen werden können. Dabei muss jedoch einschränkend festgestellt werden, dass mit Ausnahme des Fürstentum Liechtenstein die Gefahrenzonenpläne keine direkte Rechtswirksamkeit haben. In der Regel besitzen sie den Charakter eines Fachplans oder Fachgutachtens, das auf der Ebene der gemeindlichen Raumplanung berücksichtigt werden soll.

In Österreich, wo seit 1975 offiziell Gefahrenzonenpläne ausgewiesen werden, sind „rote Lawinenzonen" dadurch charakterisiert, dass »ihre ständige Benutzung für Siedlungs- und Verkehrszwecke wegen der voraussichtlichen Schadenswirkung des Bemessungsereignisses nicht oder nur mit unverhältnismäßig hohem Aufwand möglich ist« (ForstG 1975). Dagegen umfasst die „gelbe Lawinenzone" alle Flächen, »deren ständige Benutzung für Siedlungs- und Verkehrszwecke beeinträchtigt ist« (ForstG 1975), wobei man versucht durch gezielte Bauauflagen mögliche Gebäudeschäden gering zu halten. Als wichtigstes Abgrenzungskriterium wird die durch Lawinen wirksame Kraft herangezogen, wobei bei über 10 kN/m² eine Fläche als rote, bei 1 kN/m² bis 10 kN/m² als gelbe Zone bezeichnet wird.

Während Lawinen in allen Konzepten enthalten sind, werden gravitative Massenbewegungen erst seit kürzerer Zeit z. B. in den neueren Konzepten in der Schweiz als Prozess analysiert und bewertet (Lateltin 1997, Heinimann 1999). Dies liegt sicher auch in der Tatsache begründet, dass aufgrund der saisonalen Regelhaftigkeit und des häufigen Auftretens Lawinen in Zeitreihen relativ gut dokumentiert sind, wogegen gravitative Massenbewegungen durch

11

ihr eher episodisches Vorkommen statistisch sehr schlecht auswertbar sind.

Ein zentraler Beitrag zur Sicherung des Siedlungs-, Verkehrs- und intensiv genutzten Freizeitraums wird aber auch durch die Arbeit der **Lawinenkommissionen** in den Gemeinden geliefert. Ihre Aufgabe ist es, die Lawinenlage, d. h. Ort und Ausmaß der Lawinengefahr zu beurteilen und den Bürgermeister hinsichtlich angepasster Maßnah-

men, wie z. B. Sperrungen, Evakuierungen oder auch künstliche Auslösung von Lawinen, zu beraten. Auf regionalen und überregionalen Ebenen kommen zu diesen Maßnahmen die Informationen der Lawinenwarndienste, die durch ihre Bulletins während des ganzen Winters die Lawinensituation großräumig anhand einer inzwischen alpenweit harmonisierten Skala einer breiten Öffentlichkeit zugänglich machen (Kasten 11.1)

Kasten 11.1

Internationale Lawinengefahrenskala

Gefahren-stufe	• Schneedeckenstabilität • Lawinen-Auslösewahrscheinlichkeit • Auswirkungen für Verkehrswege und Siedlungen/Empfehlungen • Hinweise für Personen außerhalb gesicherter Zonen/Empfehlungen
1 **gering** **(hellgrün)**	• die Schneedecke ist allgemein gut verfestigt und stabil • Auslösung ist allgemein nur bei großer Zusatzbelastung an sehr wenigen, extremen Steilhängen möglich; spontan sind nur Rutsche und kleine Lawinen möglich • keine Gefährdung • allgemein sichere Verhältnisse
2 **mäßig** **(gelb)**	• die Schneedecke ist an einigen Steilhängen nur mäßig verfestigt, ansonsten allgemein gut verfestigt • Auslösung ist insbesondere bei großer Zusatzbelastung, vor allem an den angegebenen Steilhängen möglich; große spontane Lawinen sind nicht zu erwarten • kaum Gefährdung durch spontane Lawinen • mehrheitlich günstige Verhältnisse; vorsichtige Routenwahl, vor allem an Steilhängen der angegebenen Exposition und Höhenlage
3 **erheblich** **(orange)**	• die Schneedecke ist an vielen Steilhängen nur mäßig bis schwach verfestigt • Auslösung ist bereits bei geringer Zusatzbelastung, vor allem an den angegebenen Steilhängen möglich; fallweise sind spontan einige mittlere, vereinzelt aber auch große Lawinen möglich • exponierte Teile vereinzelt gefährdet, dort sind teilweise Sicherheitsmaßnahmen zu empfehlen • teilweise ungünstige Verhältnisse; Erfahrung in der Lawinenbeurteilung erforderlich; Steilhänge der angegebenen Exposition und Höhenlage möglichst meiden
4 **groß** **(rot)**	• die Schneedecke ist an den meisten Steilhängen schwach verfestigt • Auslösung ist bereits bei geringer Zusatzbelastung an zahlreichen Steilhängen warscheinlich; fallweise sind spontan viele mittlere, mehrfach auch große Lawinen zu erwarten • exponierte Teile mehrheitlich gefährdet, dort sind Sicherheitsmaßnahmen zu empfehlen • ungünstige Verhältnisse; viel Erfahrung in der Lawinenbeurteilung erforderlich; Beschränkung auf mäßig steiles Gelände/Lawinenauslaufbereiche beachten
5 **sehr groß** **(dunkelrot)**	• die Schneedecke ist allgemein schwach verfestigt und weitgehend instabil • spontan sind viele große Lawinen, auch in mäßig steilem Gelände zu erwarten • akute Gefährdung, umfangreiche Sicherheitsmaßnahmen • sehr ungünstige Verhältnisse; Verzicht empfohlen

11.4 Perspektiven zur Katastrophenvorsorge

Aufgrund ihrer unterschiedlichen Genese können Frequenz und Magnitude von gravitativen Massenbewegungen und Lawinen mit sehr unterschiedlicher **räumlicher und zeitlicher Wahrscheinlichkeit** vorhergesagt werden. Bei gravitativen Massenbewegungen lässt sich zwar prinzipiell die Grunddisposition bei entsprechenden Untersuchungen gut erkennen (z. B. Kombination der Hanggeometrie, Bodensubstraten und Vegetation), aufgrund der eher als spontan zu bezeichnenden Auslösemechanismen ist aber die zeitliche Festlegung, wann es zum Ereignis kommt, nur sehr schwer vorhersehbar. Weiterhin ist eine Verortung zukünftiger Massenbewegungen nur begrenzt möglich. Zukünftig neu aktivierte Hangbereiche und heute noch nicht als aktiv gekennzeichnete Gebiete sind äußerst schwer vorhersehbar, aber auch für „fossile" und rezent ruhende Rutschungen können nur sehr eingeschränkte Aussagen zur Stabilität bzw. Instabilität getätigt werden. Dies gilt zumal dann, wenn der Impuls für den Massenbewegungsprozess von einem Erdbeben ausgeht.

Aufgrund ihrer Saisonalität und der Vorgeschichte der Witterungssituation und/oder der Veränderungen in der Schneedecke ist die Entwicklung einer ungünstigen Lawinensituation oftmals recht gut beobachtbar. Wenngleich auch der exakte Zeitpunkt des Abgangs nicht voraussehbar sein kann, lässt sich die prinzipielle Gefährdung relativ gut abschätzen. Entscheidend ist hierbei, dass die potenziellen Lawinenbahnen bereits vorher bekannt sind und Maßnahmen zur Verhinderung von Katastrophen rechtzeitig eingeleitet werden können.

Perspektivisch muss bei den gravitativen Massenbewegungen und den Schneelawinen noch weiter an einer Auswahl von Bereichen weitergearbeitet werden. Dies betrifft besonders die folgenden Bereiche:

- Trennung der Grunddisposition, dem auslösenden Ereignis und den prozesskontrollierenden Faktoren.
- Stärkere Einbindung der zeitlichen und räumlichen Variabilität dieser Faktoren.
- Vertieftes Verständnis des Ablaufs des jeweiligen Prozesses.
- Monitoring-Programme für besonders gefährdete Gebiete.
- Detaillierte räumliche Darstellungen der Wahrscheinlichkeiten des Auftretens.
- Bessere Verknüpfung der eher natur- und ingenieurwissenschaftlichen Analysen in den gesellschaftlichen Entscheidungsprozess.

Zusammenfassung

Beide Prozessbereiche der gravitativen Massenbewegungen und Schneelawinen haben zwar einige Ähnlichkeiten beim Prozessverlauf, unterscheiden sich in Detailbereichen jedoch signifikant. Hierbei ist besonders die Verfügbarkeit des zu bewegenden Materials, Fels, Schutt oder Lockersubstrate versus Schnee für das Gefahren- und Risikomanagement zentral. Während bei gravitativen Massenbewegungen einerseits das Material durch die Bewegung entweder vollkommen entfernt oder über bestimmte Strecken verlagert wird, findet andererseits bei Schneelawinen eine Ausräumung der Schneedecke aus den Anrissgebieten mit dem Auftreten statt. Jedoch besteht im Gegensatz zu den gravitativen Massenbewegungen die Möglichkeit, dass sich wieder an der gleichen Stelle eine Schneedecke aufbaut, entweder noch in der gleichen Saison oder in den Wintermonaten der darauf folgenden Jahre. Dies hat signifikanten Einfluss auf das entsprechende langjährige Gefahren- und Risikopotenzial mit dem entsprechenden Risikomanagement. Nach einer Kurzcharakterisierung der beiden Prozessbereiche werden die zentralen Aspekte für die Risiken und Katastrophen getrennt erläutert und besonders hinsichtlich der Schadenswirkung dargestellt. Für das Risikomanagement werden für beide Prozessbereiche geotechnische Maßnahmen, Monitoring, Raumplanungen und Expertenkommissionen erläutert. In der Perspektive wird nochmals auf die kontinuierlichen Änderungen des Geosystems hingewiesen und die Notwendigkeit, diese Änderungen auch bei den unterschiedlichen Maßnahmen zu berücksichtigen, betont.

Schlüsselsätze
- Gravitative Massenbewegungen und Schneelawinen sind natürliche geomorphologische Prozesse, die in Hochgebirgen in Abhängigkeit von den herrschenden Rahmenbedingungen häufig vorkommen können.
- Im Gegensatz zu Schneelawinen beeinflussen gravitative Massenbewegungen auch ausgedehnte Bereiche in Mittelgebirgen und weitere Gebiete, z. B. Steilküsten.
- Aufgrund der bewegten Masse und der Kräfte geht von beiden Prozessen eine große Schadenswirkung aus, die zur Zerstörung von Einzelobjekten bis hin zu ganzen Siedlungen

sowie einer extremen Gefährdung von Menschenleben führen kann.
- Im Umgang mit der Gefährdung kommen geotechnische und raumplanerische Maßnahmen zur Anwendung, um permanent die Risikosituation zu vermindern. Daneben bilden Methoden, die das Monitoring der potenziell schadenbringenden Entwicklungen erlauben, die Grundlage für temporäre Maßnahmen.

Literatur

Cruden DM, Varnes DJ (1996) Landslide types and processes. In: Turner AK, Schuster RL (Hrsg) Landslides: investigation and mitigation. National Academey Press, 36–75

De Quervain M (1973) Eine Internationale Lawinenklassifikation. *Zeitschrift für Gletscherkunde und Glazialgeologie* IX,1-2: 189–206

Dikau R, Brunsden D, Schrott L, Ibsen M (Hrsg) (1996) Landslide Recognition. Identification, movement and causes. Wiley, New York

Dufour F, Sovilla B, Bartelt P, Ottmer B, Badoux A (2006) Lawinenforschung im Vallée de la Sionne (VS). *tec* 21(8): 4–7

Eidgenössisches Institut für Schnee- und Lawinenforschung (Hrsg) (2000) Der Lawinenwinter 1999. Ereignisanalyse. Davos

ForstG, Bundesgesetz, mit dem das Forstwesen geregelt wird, BGBl 1975/440

Glade T (2005) Linking debris-flow hazard assessments with geomorphology. *Geomorphology* 66: 189–213

Glade T, Dikau R (2001) Gravitative Massenbewegungen – vom Naturereignis zur Naturkatastrophe. *Petermanns Geographische Mitteilungen* 145: 42–55

Glade T, Kadereit A, Dikau R (2001) Landslides at the Tertiary escarpement of Rheinhessen, Southwest Germany. *Zeitschrift für Geomorphologie*, Suppl.-Band 25: 65–92

Guzzetti F, Cardinali M, Reichenbach P, Cipolla F, Sebastiani C, Galli M, Salvati P (2004) Landslides triggered by the 23 November 2000 rainfall event in the Imperia Province, Western Liguria, Italy. *Engineering Geology* 73: 229–245

Heinimann HR (1999) Risikoanalyse bei gravitativen Naturgefahren – Methode: Bundesamt für Umwelt, Wald und Landschaft BUWAL. Bern

LaChappelle ER (1969) Field Guide to Snow Crystals. Washington

Land Tirol (Hrsg) (2000) Lawinenhandbuch. Innsbruck

Lateltin OJ (1997) Berücksichtigung der Massenbewegungsgefahren bei raumwirksamen Tätigkeiten. Bundesamt für Umwelt, Wald und Landschaft BUWAL

Rammer L (2000) Lawinendynamische Messanalge „Großer Gröben" Lawine vom 21. Feb. 2000. International Workshop Hazard Mapping in Avalanching Areas, 2 to 7 April 2000. St. Christoph/St. Anton – Tyrol – Austria. Proceedings, Salzburg. 211–223

Rott H, Nagler T (2006) The contribution of radar interferometry to the assessment of landslide hazards. *Advances in Space Research* 37: 710–719

Schild M (1972) Lawinen. Zürich

Stötter J, Belitz K, Frisch U, Geist T, Maier M, Maukisch M (1999) Konzeptvorschlag zum Umgang mit Naturgefahren in der Gefahrenzonenplanung – Herausforderung an Praxis und Wissenschaft zur interdisziplinären Zusammenarbeit. Innsbrucker Geographische Gesellschaft, Jahresbericht. 30–59

Verordnung des Bundesministers für Land- und Forstwirtschaft vom 30. Juli 1976 über die Gefahrenzonenpläne, BGBl 1976/436

Zimmermann M, Mani P, Romang H (1997) Magnitude-frequency aspects of alpine debris flows. *Eclogae Geologicae Helvetiae* 90: 415–420

12 Hochwasser, Sturzfluten und Ausbruchsflutwellen

Jürgen Herget

Ausbruchsflutwelle • Folgeschäden • historische Hochwasser • menschliche Eingriffe • Risikomanagement • Schadensreduzierung • Ursache

Hochwasser müssen hinsichtlich ihrer Ursache differenziert betrachtet werden, da nur so sinnvolle Schutz- und Vorsorgemaßnahmen getroffen werden können. Neben der unmittelbaren Einwirkung eines Hochwassers sind auch Folgeschäden von Bedeutung, da ihre monetäre Bedeutung die Schadenswirkung des Wassers selbst übersteigen kann. Für eine sinnvolle Vorsorge sollten auch historische Hochwasser berücksichtigt werden und die Maßnahmen über organisatorische administrative Grenzen hinweg koordiniert werden.

12.1 Grundlegende Charakteristika

Situationen außergewöhnlichen oder überdurchschnittlichen Wasserstands in Fließgewässern müssen, um Prognosen zu erstellen, potenzielle Schadenswirkungen abzuschätzen und Katastrophenvorsorge nachhaltig zu betreiben, hinsichtlich ihrer Ursache unterschieden werden.

Unter **Hochwasser** versteht man das vorübergehende Ansteigen des Wasserstands über einen festzulegenden Schwellenwert; häufig wird hierfür der mittlere Wasserstand als Referenzwert herangezogen. Diese allgemeine Definition wird bei der Differenzierung von Sturzfluten und Ausbruchsflutwellen weiter untergliedert. Unter **Sturzfluten** versteht man ein in kleinen Einzugsgebieten zu beobachtendes abruptes Ansteigen des Abflusses in Folge konvektiver Niederschläge, die typischerwei-se bei Gewittern auftreten. Sie werden vor allem in Regionen mit mediterranem, semiaridem und aridem Klima verzeichnet und prägen das dortige Gewässernetz durch die Bildung von Arroyos, Torrenten bzw. Wadis, was praktisch synonyme Begriffe für entsprechende episodisch durchströmte Gerinne in unterschiedlichen Regionen sind. **Ausbruchsflutwellen** entstehen beim Bruch von künstlichen oder natürlichen Stauseen, wobei kurzfristig extrem große Wassermengen freigesetzt werden können. Hochwasser und Sturmfluten an Meeresküsten werden hier nicht näher betrachtet (Kapitel 13).

Die Bedeutung dieser Differenzierung wird bei Betrachtung der hier für die Hochwassererklärung umgestellten allgemeinen **Wasserhaushaltsgleichung** deutlich: A = N − ET ± S, wobei A für Abfluss, N für Niederschlag, ET für Evapotranspiration und S für (Zwischen-)Speicher stehen. Während die Evapotranspiration für die Hochwasserentstehung praktisch vernachlässigt werden kann, kommt den Elementen Niederschlag und Zwischenspeicher sowie ihrer möglichen Koppelung besondere Bedeutung zu. Die unmittelbare Auswirkung erhöhten Niederschlags auf den Abfluss ist offensichtlich. Entsprechendes gilt für die Reduktion des Abflusses durch Zwischenspeicherung des Niederschlags in winterlichen Schneedecken oder Gletschern sowie natürlichen und künstlichen Seen. Werden diese Speicher geleert, kann es je nach Geschwindigkeit der Freisetzung durch Schneeschmelze, Gletscherschmelze, Vulkanausbruch, kontrollierten Seeablass oder Staudammbruch zu erhöhtem Abfluss ohne Niederschlagsereignisse kommen. Ferner lassen sich Überlagerungen von Niederschlag und Speicherleerung beobachten, etwa durch einen Warmlufteinbruch mit Regenfall, der eine Schneedecke

12

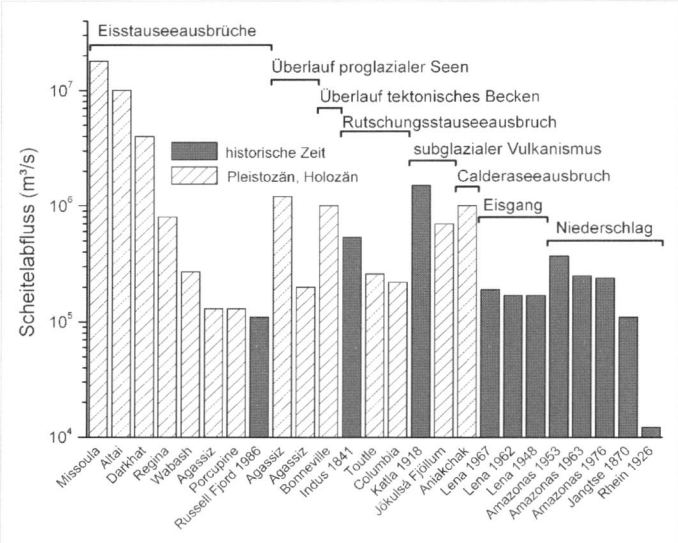

Abb. 12.1 Extreme Hochwasser seit dem Pleistozän differenziert nach ihren Ursachen.

schmelzen lässt oder einen Dammbruch, der durch Überlaufen eines Stausees verursacht wurde. Weitere Einflussfaktoren wie Grundwasserstand oder Eisgänge verkomplizieren das Bild bei näherer Betrachtung, worauf nachfolgend bei der Übersicht der Einzelprozesse eingegangen wird.

Bei einer Zusammenstellung der größten jemals beobachteten Hochwasser auf der Erde seit dem Pleistozän (Abb. 12.1) fällt auf, dass die **Ausbrüche aus natürlichen Stauseen** die durch die Blockade von Flussläufen durch Gletscher während der letzten Eiszeit niederschlagsbedingten Hochwasser in historischer Zeit um mehrere Größenordnungen überstiegen haben. Das in historischer Zeit abflussreichste Hochwasser am Niederrhein von 1926 mit einem Scheitelabfluss von 12 200 m³/s ist zum Vergleich der Größenordnungen ergänzt.

Die in Abbildung 12.1 aufgeführten Hochwasser stellen Superlative aus der Erdgeschichte dar, die sich teilweise so heute nicht ereignen können, weil die aktuellen Umweltbedingungen beispielsweise keine Bildung von Eisstauseen kontinentaler Ausdehnung wie den Lake Agassiz, der am Ende der letzten Eiszeit weite Teile Kanadas bedeckte, zulassen. Eine länderspezifische tabellarische Zusammenstellung der größten an Pegeln gemessenen Hochwasserabflüsse des letzten Jahrhunderts bietet Herschy (2003), eine entsprechende Übersicht für Pegel in Deutschland enthalten die Deutschen Gewässerkundlichen Jahrbücher.

12.2 Einzelprozesse

Zu **Oberflächenabfluss** und damit möglicherweise zu einem Hochwasser kann es kommen, wenn die Niederschlagsintensität größer als die Infiltrationskapazität des Untergrunds ist. Ist die Oberfläche großräumig künstlich (z. B. durch Überbauung oder Asphaltierung) oder natürlich (Festgestein, Bodengefrornis, Krustenbildung in Trockengebieten) versiegelt, wird der Anteil des natürlicherweise versickernden Niederschlags verringert und so dessen abflusswirksamer Anteil erhöht. Entsprechendes gilt bei einem oberflächennahen Grundwasserstand bzw. fehlender Vegetationsbedeckung, die den abflusswirksamen Niederschlag durch Interzeption (Rückhalt auf Blattoberflächen) reduziert. Ohne entsprechende begünstigende Rahmenbedingungen sind Niederschläge großer Intensität (z. B. Starkregen bei Gewitter) nicht oder allenfalls lokal bzw. in kleineren Einzugsgebieten (< 1 000 km²) Ursache erhöhter Abflussmengen, die auch in Form von Sturzfluten im oben genannten Sinne auftreten können.

Überregional wirksame Hochwasser entstehen in **Mitteleuropa** typischerweise durch Niederschläge mittlerer Intensität, die aber über einen längeren Zeitraum andauern. Hierbei kommt es zunächst zu einer Sättigung des Bodenwasserhaushalts, sodass nachfolgend der größte Teil des Niederschlags abflusswirksam wird. Bei entsprechenden Groß-wetterlagen, wie beispielsweise einer sogenannten V-b-Wetterlage, die beispielsweise für das Hoch-wasser der Elbe 2002 verantwortlich war, oder beim Stau vor Gebirgszügen kann es zu andauernden, intensiven und weiträumigen Niederschlägen mit resultierendem Hochwasser kommen. In anderen Klimazonen müssen spezielle Klimaphänomene Berücksichtigung finden, beispielhaft sei hier der Monsun erwähnt (Kale 1998, McMahon et al. 1992, Hofer 1998). Eine Verstärkung kann ein Hochwasser durch die bereits erwähnte **Überlagerung** der Kom-ponenten der Wasserhaushaltsgleichung erfahren, beispielsweise wenn der Niederschlag großräumig beiträgt, eine Schneedecke zu schmelzen. Ferner ist die Form und Geometrie des betroffenen Einzugs-gebiets bzw. Gewässernetzes von Bedeutung, da bei gleicher Laufzeit der Hochwasserwellen in Teilein-zugsgebieten oder Zug des Niederschlagsgebiets mit der Fliessrichtung im Einzugsgebiet diese sich an Mündungen kumulierend überlagern können. Bei deutlich unterschiedlich großen Teileinzugsgebie-ten können die jeweiligen Hochwasserdurchgänge an Mündungen nacheinander erfolgen und so zu einem vergleichsweise geringeren Abfluss, jedoch einer längeren Dauer höheren Wasserstands führen (Abb. 12.2).

Menschliche Eingriffe ins Gewässernetz in Form von Mäanderdurchstichen, Entzug von Retentions-raum durch Eindeichungen und Kanalisierungen haben in vielen Einzugsgebieten zu einer erhöhten Geschwindigkeit von Hochwasserwellen und der Erhöhung der Scheitelabflüsse geführt und damit die natürliche Dynamik verändert.

Bei einem möglichen **Eisgang** innerhalb eines Flusslaufs kann die Hochwasserdynamik weiter ver-ändert werden. Ein winterlich zugefrorener Fluss – durch die künstliche Erwärmung des Wassers durch Industrie und insbesondere Kraftwerke heute in Mitteleuropa eher die Ausnahme – bildet beim Auftauen zahlreiche Eisschollen, die in Form eines Eisgangs flussab geführt werden. Insbesondere vor Engstellen, Brückenpfeilern, aber auch auf freier Strecke können die Treibeisschollen sich verkeilen, senkrecht stellen und so für einen Rückstau sorgen (Wundt 1953). Während dabei der Abfluss sinkt, steigt gleichzeitig der Wasserstand und kann zu Überflutungen führen. Parallel steigt der Druck auf die schmelzende Eisbarriere, die plötzlich nachge-ben kann und dabei das rückgestaute Wasser abrupt in Form einer Hochwasserwelle, die die ursprüngli-che Hochwasserwelle übersteigt, freigibt.

Eine weitere, anders geartete Ursache von Hoch-wassern sind Ausbrüche von künstlichen und na-

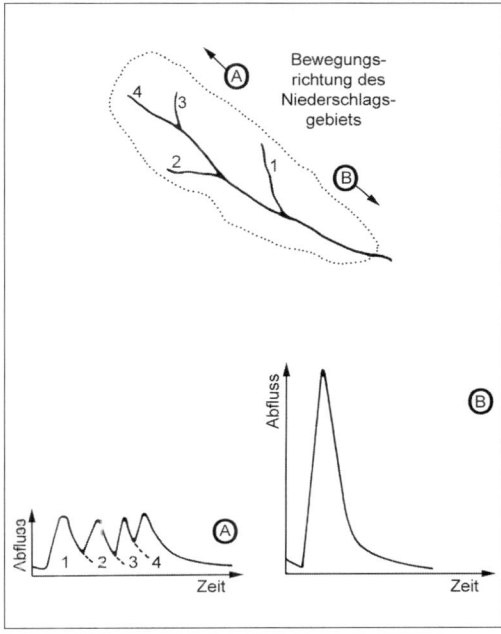

Abb. 12.2 Hochwasserganglinien in Abhängigkeit des Zuges eines Niederschlagsgebiets über ein Einzugsge-biet.

türlichen **Stauseen**. Bei Versagen der Staumauer bzw. des Damms werden unabhängig von der ak-tuellen Witterung abrupt große Mengen Wasser freigesetzt.

Auslöser hierfür können Fehlkonstruktionen bei künstlichen Stauanlagen, falsche Steuerung von Hochwasserentlastungseinrichtungen oder mut-willige Zerstörung sowie natürliche Einwirkungen wie Erdbeben oder gravitative Massenbewegun-gen sein. Natürliche Stauseen, die durch Rückstau durch Rutschungen bzw. Bergstürze, Lavazungen, massive Einwehungen in Form von Dünen, Glet-scher, Verfüllung glazialer Zungenbecken oder Vul-kanausbrüche unter Gletschern entstehen können, sind weiter verbreitet als erwartet und haben durch Dammbruch bzw. allmähliche Verlandung natür-licherweise eine begrenzte Lebensdauer. Je nach Beschaffenheit des Damms kann dessen Versagen durch mechanischen Bruch in Folge des Drucks des rückgestauten Wassers, Durchströmung durch Po-renzwischenräume bei Rutschungen bzw. Bergstür-zen oder bei Gletschern durch Aufschwimmen bzw. Unter- oder Durchströmung mit erosiver Selbstver-stärkung des Effekts verursacht werden (Costa und Schuster 1988, Herget 2003).

12.3 Mögliche Schadenswirkungen

Hier ist zunächst die **Wirkung der Hochwasserwelle** selbst zu nennen. Die mechanische Kraft der aufprallenden Hochwasserwelle, aber auch der Druck des fließenden Wassers selbst kann Hindernisse wie Gebäude, Bahntrassen oder Vegetation im Hochwasserbett zerstören oder gar gänzlich abtragen. Entsprechendes gilt für die Flussufer, namentlich bei Eisgang, wo durch Erosion weite Abschnitte abgetragen und Flussrinnen erweitert werden können.

Ungeachtet der mechanischen Kraft des fließenden Wassers verursacht allein ein erhöhter Wasserstand direkt Schaden an der Umwelt und Infrastruktur, indem Gebäude nicht mehr nutzbar und Verkehrswege unpassierbar werden. Stromverbindungen werden durch Kurzschluss unterbrochen und die Abwasserableitung versagt. Hiervon können auch Gebiete außerhalb des eigentlichen Überflutungsbereiches betroffen werden, etwa durch Rückstau in der Kanalisation, wobei Wasser durch die Abwasserrohrleitungen in Gebäude eindringen kann. Durch den hohen Wasserstand im Vorfluter steigt der Grundwasserstand. Dabei entsteht Druck auf die Wände und den Boden von Gebäuden (Abb. 12.3). Sofern das Gewicht des Gebäudes nicht deutlich größer ist als dieser Druck, der sich aus dem Gewicht des Wassers und dementsprechend dem Grundwasserstand außerhalb des gefluteten Kellers ableiten lässt, kann es zu Aufschwimmtendenzen des gesamten Gebäudes kommen. Namentlich bei großflächigen Flachbauten mit Kellergeschoss kann dies sowie der stark erhöhte Druck auf die sich eventuell aufwölbende Gebäudesohle ein Problem darstellen, sodass hier die Flutung des Untergeschosses im Interesse der Standsicherheit des gesamten Gebäudes empfehlenswert sein kann.

Das in ein Gebäude eingedrungene Wasser kann **Schaden** an der Ausstattung und dem Inventar ausüben. So sind Ausgestaltungen mit den Baustoffen Papier (Tapeten), Gips (Putz) und Holz (Parkett) ausgesprochen empfindlich gegenüber Feuchtigkeit. Entsprechendes gilt für Inventar, bei dem unter Umständen schon eine deutliche Erhöhung der Luftfeuchtigkeit reicht, um Schäden wie beispielsweise bei Lebensmitteln zu verursachen. Bei ausreichend lange andauerndem Hochwasserstand kann ein kapillarer Aufstieg durch einzelne Baumaterialien erfolgen und dabei zu schadenverursachender Feuchtigkeit (Schimmelbildung) auch in Bereichen

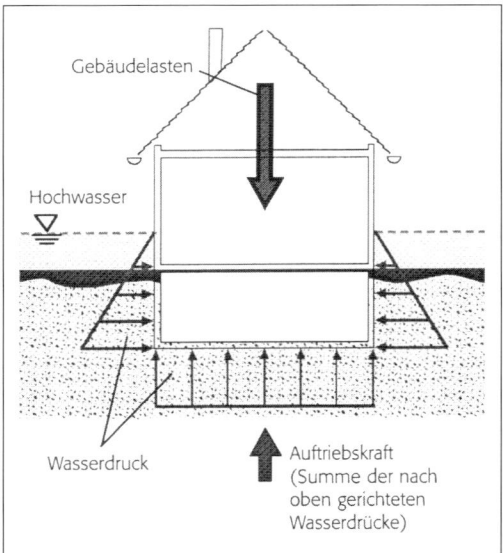

Abb. 12.3 Auftriebskraft und Wasserdruck an einem Gebäude bei Wasseranstieg über die Gründungssohle hinaus (BmVBW 2003).

oberhalb des Wasserspiegels führen. Lange Zeit wurde die Problematik aufschwimmender Öltanks unterschätzt, da teilentleerte Tanks bei Überflutung starken Auftrieb erfahren, sich aus der Verankerung lösen und aus den dabei brechenden Verbindungsleitungen Öl freisetzen können, das weiteren Schaden anrichten kann. Das Schadenspotenzial durch Hochwasser ist enorm (BmVBW 2003). So werden allein im Einzugsgebiet des Rheins potenziell gefährdete Vermögenswerte auf 1,5 Billionen Euro geschätzt (Pohl 2003).

Aber auch außerhalb besiedelter Flächen kann eindringendes Hochwasser ernsthafte Schäden verursachen. So können landwirtschaftliche Nutzflächen durch die Ablagerung und Überdeckung der Pflanzen durch mitgeführte Sedimente überschüttet werden und so Ernte- oder Nutzungsausfälle bedingen. Derartige **indirekte Folgeschäden** treten durch Produktionsausfälle beispielsweise infolge unterbrochener Verkehrswege auch in Gewerbe und Industrie auf, sodass sich ein Hochwasser auch lange Zeit nach dem Abklingen nachteilig auswirken kann. Der so entstandene volkswirtschaftliche Schaden kann durch das Ausbrechen von Seuchen durch die Verbreitung von Krankheitserregern unter der Bevölkerung im schlimmsten Fall noch erhöht werden.

12.4 Risikomanagement und Katastrophenvorsorge

Die vorstehend geschilderten möglichen Ursachen und das enorme Schadenspotenzial machen einen **Schutz** und eine **Vorsorge** vor Hochwassern erforderlich. Vereinfacht lassen sich die entsprechenden **Maßnahmen** in Abschätzung und Eindämmung von Hochwassern, Katastrophenschutz und Schadensreduzierung sowie das weniger objektzentrierte Risikomanagement gliedern. Bei räumlicher Betrachtung kann man vor Ort Lösungen beim Objektschutz und Managementmaßnahmen, die ganze Einzugsgebiete betreffen können, unterscheiden.

Flussniederungen stellen durch die gesicherte Wasserversorgung seit jeher bevorzugte Siedlungsgebiete dar. Da aber zugleich die Hochwassergefährdung ein altbekanntes Problem bildet, sind ausgehend von lokalen Erfahrungswerten aus der Beobachtung vor Ort zahlreiche Verfahren zur Abschätzung zukünftig möglicher Hochwasser als initiale Vorsorgemaßnahme entwickelt worden. Etabliert ist u. a. die Auswertung von an Pegeln gemessenen Hochwassern durch die statistische Analyse und Extrapolation der Daten in Hinsicht auf Wasserstände, Scheitelabflüsse und Wiederkehrintervalle, umgangssprachlich bekannt geworden als Jahrhunderthochwasser. Extreme niederschlagsbedingte Hochwasser lassen sich in einem *worst-case*-Ansatz aus maximalen Gebietsniederschlägen ableiten, die modellhaft einem Einzugsgebiet zugeordnet werden, und das dabei entstehende Hochwasser wird unter Berücksichtigung der relevanten Eigenschaften der Region errechnet. In Mitteleuropa wenig etabliert ist die quantitative Berücksichtigung historischer Hochwasser, deren überlieferte Wasserstände bei qualifizierter Interpretation und Übertragung in die heutige Beschaffenheit der Einzugsgebiete eine wichtige Ergänzung zu den aktuellen Messwerten liefern können (Kasten 12.1). Schutz vor einem Hochwasser können Flussdeiche oder Polderflächen, in denen wie in Talsperren ein Teilvolumen des Hochwassers zur Verringerung des Scheitelabflusses zwischengespeichert wird, bieten (Patt 2001). Der Bedarf an nutzbarer Fläche in den natürlichen Überschwemmungsgebieten von Flüssen hat vielerorts dazu geführt, dass Deiche zu dicht an den Flusslauf gebaut wurden, sodass Retentionsraum verloren ging und das Hochwasser künstlich verstärkt worden ist. Ähnliche Folgen zeigen Flussbegradigungen, die zwar lokal die Fließgeschwindigkeit erhöhen und damit den Durchgang einer Hochwasserwelle beschleunigen bzw. den Scheitelabfluss verringern können, jedoch stromabwärts aufgrund der dortigen, durch das Gefälle bedingten langsameren Fließgeschwindigkeit für eine Verstärkung des Hochwassers sorgen. Gerade in großen Stromgebieten ist dieses Problem von Bedeutung (Immendorf 1997), und es wurden erste überregionale Maßnahmen wie das Integrierte Rheinprogramm am Oberrhein ergriffen.

Kasten 12.1

„Aus Schaden wird man klug"

Dem bekannten Sprichwort nach sollte eigentlich erwartet werden können, dass bei der Abschätzung möglicher Hochwasser auch Ereignisse berücksichtigt werden, die sich in historischer Zeit an einzelnen Orten ereignet haben (Abb. 12.4). Dies ist jedoch nur selten der Fall, da zuforderst die statistische Analyse von gemessenen Hochwassern durchgeführt wird und historische Hochwasserstände wegen der erfolgten Veränderungen der Flussrinnen und dem fehlenden Know-how nicht berücksichtigt werden. Dabei sind zahlreiche Pegel erst eingerichtet worden, nachdem sich außergewöhnliche starke Hochwasser ereignet haben. Die zur Auswertung herangezogenen Datensätze können daher das zugrunde liegende Ereignis folglich gar nicht enthalten. Auch wird die Berücksichtigung früherer Hochwasserereignisse mit Verweis auf die historischen Klimaänderungen oder veränderte Hochwasserursachen hingewiesen. Die offensichtliche Instationarität des Datensatzes wirft methodische Probleme auf, die vor dem Hintergrund der laufenden Klimaänderung neu bewertet werden müssen (Baker 1994). In Form von Dokumentationen historischer Hochwasserereignisse liegt ein Datenschatz vor, dessen Existenz bekannt ist (Glaser 2001), der jedoch der quantitativen Auswertung noch harrt, während das methodische Rüstzeug vorliegt und andernorts gute Erfahrungen mit se ner Berücksichtigung gemacht wurden (Snorasson et al. 2002, Gregory und Benito 2003, Thorndycraft et al. 2003).

12

Abb. 12.4 Hochwassermarken aus historischer und heutiger Zeit in Wertheim/Main.

Katastrophenschutz und **Schadensreduzierung** ist für einzelne Objekte durch entsprechende Anlage (u. a. höher gelegte Eingänge und Fenster) und Ausgestaltung (u. a. wasserunempfindliche Baumaterialien im Keller) durchaus möglich (BmVBW 2003). Eine differenzierte Einrichtung innerhalb eines hochwassergefährdeten Gebäudes durch die Verwendung ausschließlich beweglichen Inventars im Untergeschoss oder die Reduzierung der Bestände in Lagerhäusern, die entsprechend der Vorwarnzeit vor dem Einsetzen eines Hochwassers geräumt werden können, können helfen, den Schaden zu reduzieren (Abb. 12.5).

Weniger objektzentriert sind vorsorgende Planungen des **Risikomanagements,** die Elemente des Katastrophen-, Hazard- und Sicherheitsmanagements berücksichtigen (Pohl 2003). Dabei geht es u. a. um die vorbereitende Koordinierung von Einsatzkräften und Hilfsmitteln im konkreten Katastrophenfall bis zur vorausschauenden Schadensreduzierung durch raumplanerische Maßnahmen (Bebauung von Flussauen, Verkehrsumleitungen im Hochwasserfall, Ausweisung von Polderflächen im Oberlauf). Neuere Ansätze lösen sich vom etablierten naturwissenschaftlichen Fokus auf Hochwasser und stellen die sich wandelnden Gesellschaftsstrukturen mit ihren Problemen (gestiegene Vulnerabilität) und Konflikten (bauliche Flächennutzung versus Ökologie und Hochwasserschutz) in den Mittelpunkt der Betrachtungen (Weichselgartner 2000).

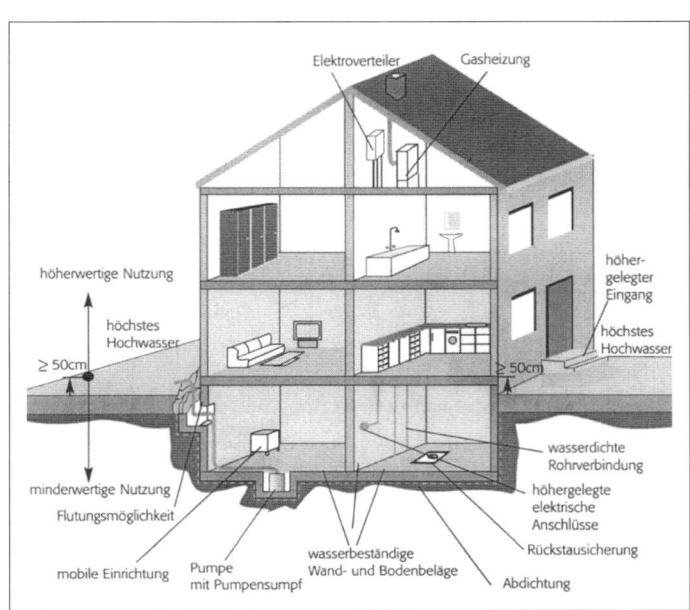

Abb. 12.5 Mögliche Maßnahmen zum Schutz vor Hochwasser bzw. der Schadensminimierung an einem Wohngebäude (Quelle: Bundesministerium für Verkehr, Bau- und Wohnungswesen 2003/ Reprosatz Neumann Remscheid).

Zusammenfassung

Perspektiven für **nachhaltigen Hochwasser-schutz** sind offensichtlich, in der Praxis jedoch nicht immer leicht umsetzbar. Zweifellos ist die Intensivierung der Integration existierender Ansätze zum Hochwasserschutz über die Grenzen administrativer Einheiten – seien sie organisatorischer oder politischer Natur einschließlich der Landesgrenzen – hinweg notwendig, da Hochwasser sich nicht um Zuständigkeiten und Nationen kümmern. Die im Zusammenhang mit der Klimaänderung prophezeite erhöhte Variabilität der atmosphärisch-hydrologischen Dynamik in Mitteleuropa stellt eine weitere verkomplizierende Größe dar, da Erfahrungswerte der jüngeren Zeit nur mehr bedingt Gültigkeit haben. Hier bietet sich ein Lernen aus der Vergangenheit an, da sich aus den historisch überlieferten Schwankungen der letzten Jahrhunderte mit Gunst- und Ungunstphasen eine realistische Spannweite möglicher Entwicklungen, einschließlich potenzieller Folgen unter Berücksichtigung der sozioökonomischen Weiterentwicklungen, in Szenarien abschätzen lässt.

Schlüsselsätze

- Hochwasser sind im allgemeinen Bewusstsein hinsichtlich ihres Katastrophenpotenzials – nicht zuletzt vor den aktuellen Ereignissen an der Oder und Donau – fest verankert.
- Im Detail zeigt sich, dass für einen nachhaltigen Umgang mit Hochwasser eine ursachenbezogene Differenzierung sinnvoll ist, denn Hochwasser, die durch Stauseeausbrüche verursacht sind, sind anders zu beurteilen, als die häufigen niederschlagsbedingten Ereignisse.
- Vorsorge und Risikomanagement müssen entsprechend den Ursachen angepasst werden.

Literatur

Baker VR (1994) Geomorphological understanding of floods. *Geomorphology* 10: 139–156

Baumgartner A, Liebscher H-J (1996) Allgemeine Hydrologie – quantitative Hydrologie. 2. Aufl. Bornträger, Berlin

EmVBW-Bundesministerium für Verkehr, Bau und Wohnungswesen (Hrsg) (2003) Hochwasserschutzfibel. 4. Auf. Bundesministerium für Verkehr, Bau und Wohnungswesen, Berlin

Bundesministerium für Verkehr, Bau- und Wohnungswesen (Hrsg) (2003) Planen und Bauen von Gebäuden in hochwassergefährdeten Gebieten. Eigenverlag, Berlin

Costa JE, Schuster RL (1988) The formation and failure of natural dams. *Geological Society of America Bulletin* 100: 1054–1068

Glaser R (2001) Klimageschichte Mitteleuropas – 1 000 Jahre Wetter, Klima, Katastrophen. Wissenschaftliche Buchgesellschaft, Darmstadt

Gregory KJ, Benito G (Hrsg) (2003) Palaeohydrology – understanding global change. Wiley, Chichester

Herget J (2003) Eisstausee-Ausbrüche – eine Quelle katastrophaler Hochwasser. *Geographische Rundschau* 3/2003: 14–20

Herget J (2005) Reconstruction of ice-dammed lake outburst floods in the Altai-Mountains, Siberia. *Geological Society of America Special Paper* 386

Herschy R (2003) World catalogue of maximum observed floods. *International Association of Hydrological Sciences Publication* 284

Hofer T (1998) Floods in Bangladesh – a highland-lowland interaction? Geographica Bernensia G 48

Immendorf R (Hrsg) (1997) Hochwasser – Natur im Überfluss? Müller, Heidelberg

Kale VS (Hrsg) (1998) Flood studies in India. *Geological Society of India Memoir* 41

McMahon TA, Finlayson BL, Haines AT, Srikanthan R (1992) Global runoff – continental comparisons of annual flows and peak discharges. *Catena*, Cremlingen

O'Connor JE, Grant GE, Costa JE (2002) The geology and geography of floods. In: House PK, Webb RH, Baker VR, Levish DR (Hrsg) Ancient floods, modern hazards – principles and applications of paleoflood hydrology. American Geophysical Union, Washington. 359–385

Patt H (Hrsg) (2001) Hochwasser-Handbuch – Auswirkungen und Schutz. Springer, Berlin

Pohl J (2003) Risikomanagement in Stromtälern. In: Karl H, Pohl J (Hrsg) Raumorientiertes Risikomanagement in Technik und Umwelt – Katastrophenvorsorge durch Raumplanung. *Akademie für Raumforschung und Landesplanung Forschungs- und Sitzungsberichte* 220: 196–218

Snorasson Á, Finnsdóttir HP, Moss ME (Hrsg) (2002) The extremes of the extremes – extraordinary floods. *International Association of Hydrological Sciences Publication* 271

12

12

Thorndycraft V, Benito G, Llasat M-C, Barriendos M (Hrsg) (2003) Palaeofloods, historical data & climatic variability – applications in flood risk assessment. Consejo Superior de Investigaciones Científicas, Madrid

Weichselgartner J (2000) Hochwasser als soziales Ereignis – gesellschaftliche Faktoren einer Naturgefahr. *Hydrologie und Wasserbewirtschaftung* 44(3): 122–131

Wundt W (1953) Gewässerkunde. Springer, Berlin

13 Tsunami

Anja Scheffers

inundation • Katastrophenvorsorge • Meteoriteneinschläge • Risikomanagement • *run up* • Schutzmaßnahmen • Seebeben • submarine Rutschungen • Verbreitung • Warnsysteme • Wellenwirkung • Wiederholungsgefahr

Tsunamis als Naturgefahr und Katastrophe für die Menschen sind erst durch das Ereignis vom 26. Dezember 2004 in Südostasien in das Bewusstsein der Weltbevölkerung gerückt, weil damals unter den weit mehr als 200 000 Opfern Menschen aus über 50 Nationen waren. Tsunamis gehören mit ihrer Ozeane überspannenden Reichweite und Fernwirkung zu den größten Naturkatastrophen. Verschiedene Auslösemechanismen wie Seebeben, submarine Rutschungen, Vulkankollapse oder Meteoriteneinschläge führen dazu, dass nahezu alle Küsten der Erde betroffen sein können. Dieses ist jedoch erst eine junge Erkenntnis der Paläotsunami-Forschung, während man noch gegen Ende des letzten Jahrhunderts lediglich seismisch instabile Regionen als Gefahrengebiete ansah. Die schwierige Vorhersage des Ablaufs und damit der Gefahrenstufe (z. B. der Wellenhöhe – *run up* – und landwärtigen Reichweite – *inundation*) ist u. a. verantwortlich für die noch mangelnde Katastrophenvorsorge, obwohl Modellrechnungen hier konkrete Hilfestellung geben. Der erste Schritt müssen Tsunami-Warnsysteme für alle größeren Meeresgebiete sein, aber auch an Land sind Vorkehrungen für eine Gefahrenminderung, Rettung der Bevölkerung und Erhalt lebenswichtiger Versorgungssysteme für den unmittelbaren Katastrophenzeitpunkt zu gewährleisten.

13.1 Einführung

Tsunami (japanisch) ist aus den Begriffen *tsu* (für Hafen) und *nami* (für Welle) zusammengesetzt und verdeutlicht, dass diese Art von Wellen nicht auf dem offenen Ozean, sondern an der Küste (= im Hafen) gefährlich ist.

Wichtigste **tsunamiauslösende Vorgänge** sind Seebeben (Erdbeben am bzw. unter dem Meeresboden) und Massenbewegungen an Unterwasserhängen, wie den Kontinentalrändern und vor allem vulkanischen Inseln im tiefen Ozean. Solche Massenbewegungen können auch ohne Erschütterung nur bei Überschreiten kritischer Hangwinkel stattfinden (Bryant 2001, Whelan und Kelletat 2003). Neuerdings denkt man auch an Gashydratausbrüche als auslösende Faktoren für Massenbewegungen. Ihre Masse kann viele tausend Kubikkilometer betragen, was eine entsprechend große Wasserverdrängung zur Folge hat. Fels- und Eisstürze an Steilküsten können ebenso (meist lokale) Tsunamis auslösen wie untermeerische Vulkanausbrüche, Vulkankollapse oder Calderabildung im Ozean (Krakatau 1883 oder Santorin 1628 v. Chr.). Schließlich zählen auch Meteoriten- und Kometeneinschläge in die Ozeane zu Tsunamiauslösern, die jedoch nur dann extreme Ausmaße erreichen, wenn die Objekte bis auf den Meeresboden durchschlagen und auch diesen noch deformieren. Obwohl es im Pleistozän eher Hunderte und im Holozän wohl noch ein Dutzend solcher Impakte gegeben hat, wissen wir über die zugehörigen Tsunamis immer noch nahezu nichts.

13

Im Gegensatz zu Windwellen, die nur eine oberflächliche Wasserschicht bewegen, umfasst der Impuls bei einem Tsunami die gesamte Wassersäule. Die **Wellen** breiten sich mit von der Wassertiefe abhängiger Geschwindigkeit (bei 4 000 m bereits 713 km/h, bei extremen Ozeantiefen auch gegen 1 000 km/h) nach allen Richtungen aus, wobei abseits des Zentrums nur Wellenhöhen von einigen Dezimetern bis ca. 1 m erreicht werden. Diese können aber mehr als 200 km lang sein und daher eine gewaltige Wassermasse darstellen, die neben der Geschwindigkeit die Hauptgefahr eines Tsunami ausmacht. Beim Übertritt in flacheres Wasser (z. B. an der Schelfkante und vor allem im näheren *foreshore*-Bereich) wird der Tsunami vorne stark abgebremst, während von See her eine riesige Wassermasse mit hoher Geschwindigkeit nachschiebt. Daraus resultiert das „Aufbäumen" des Tsunami an der Küste und ein *run up*, der gewöhnlich 10–20-mal höher als die Welle auf dem Ozean ist und an deutlich geböschten Küsten auch 50 oder 100 m über den Meeresspiegel reichen kann. In flachen Küstenlandschaften dringen die Wassermassen weit landwärts vor, sodass diese *inundation* mehrere Kilometer betragen kann. Viele der großen Tsunamis kommen in mehreren Wellen mit Abständen von einigen Minuten bis zu mehr als zwei Stunden. Nicht immer ist die erste Welle die stärkste und höchste, und die Gefahr späterer und niedrigerer Wellen kann sogar größer sein als die der früheren und höheren, weil letztere gewöhnlich sehr viel Treibgut mit sich führen. Ähnliche Gefahren gehen vom sogenannten *backwash* aus, dem vom Land seewärts abfließenden Tsunamiwasser. Im Gegensatz zu der verbreiteten Vorstellung, dass Tsunamis von katastrophaler Auswirkung auf tektonisch aktive **Ozeanränder** beschränkt sind, zeigen die Ereignisse des 20. und beginnenden 21. Jahrhunderts sowie die Paläotsunami-Forschung der letzten Jahre klar, dass potenziell alle Küsten der Erde tsunamigefährdet sind (Abb. 13.1). Die Eigenart von starken Tsunamis ist ja gerade ihre extrem weite Wirkung, die über viele tausend Kilometer und ganze Ozeane reichen kann.

Tsunamis gelten als sogenannte *high magnitude – low frequency events*. Aufgrund mangelnder direkter Erfahrung bei den Anrainern des Atlantischen Ozeans handelt es sich aber dabei um eine Fehleinschätzung. Wie Abbildung 13.2 verdeutlicht, sind sie nicht nur in der geologischen **Zeitdimension**, sondern auch nach Menschenjahren gemessen durchaus häufig. An Pegeln werden pro Jahr mindestens zehn Tsunamis gemessen, die meisten jedoch mit nur wenigen Zentimetern Höhe. Solche mit *run ups* von

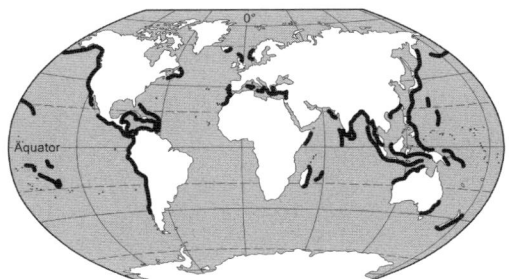

Abb. 13.1 Weltkarte der Tsunamiereignisse im Holozän (ergänzt nach Scheffers und Kelletat 2003).

einigen Metern, die gewöhnlich schon Menschenleben fordern und Millionenschäden anrichten, treten im Abstand nur weniger Jahre auf, und innerhalb eines Jahrhunderts ist einige Male mit *run ups* von über 20 m, meist sogar über 50 m zu rechnen.

Grundlegende, für Risiken und Katastrophen relevante **Charakteristika von Tsunamis** sind zunächst die verdrängte Wassermasse und die Geschwindigkeit, mit der diese Dislozierung erfolgt, sowie die daraus resultierende Höhe des *run up* und die Weite der *inundation*. Diese wiederum hängen in starkem Maße ab von der Wassertiefe, in der der Tsunami ausgelöst wird, weil diese seine Geschwindigkeit bestimmt, des Weiteren vom Bremseffekt durch flacher werdende Unterwassertopographie mit Annäherung an die Küste, von der Küstengestalt selbst, welche Divergenz oder Konvergenz der Wellenfronten beeinflusst, dazu von möglicherweise vorhandenen küstennahen Hindernissen wie Korallenriffen als Wellenbrecher oder Mangrovensäume als Reibungshindernisse für starke Abbremsung eines Tsunami. Entscheidend für die Reichweite der *inundation* ist selbstverständlich das küstennahe Festlandsrelief, und Werte von mehreren hundert Metern bis zu einigen Kilometern kommen nur in ganz flachen Küstengebieten vor, z. B. beim Andaman-Sumatra-Tsunami vom 26. Dezember 2004. Auch die Verfügbarkeit grober oder feiner Sedimente, welche der Tsunami aufnehmen und an der Küste als „Werkzeug" benutzen kann, spielt eine Rolle für den Grad möglicher Zerstörungen. Für den Wissenschaftler hinterlässt er (möglicherweise) Indizien für den Vorgang in Form entsprechender feiner oder grober Ablagerungen bis zu Blöcken von vielen hundert Tonnen Gewicht (Mastronuzzi und Sanso 2000, Nott 1997, 2003, Scheffers 2002). Zur Katastrophe aber wird ein Tsunami, der zunächst nichts weiter als ein spektakuläres und seltenes Naturereignis außerordentlicher Stärke ist, erst durch

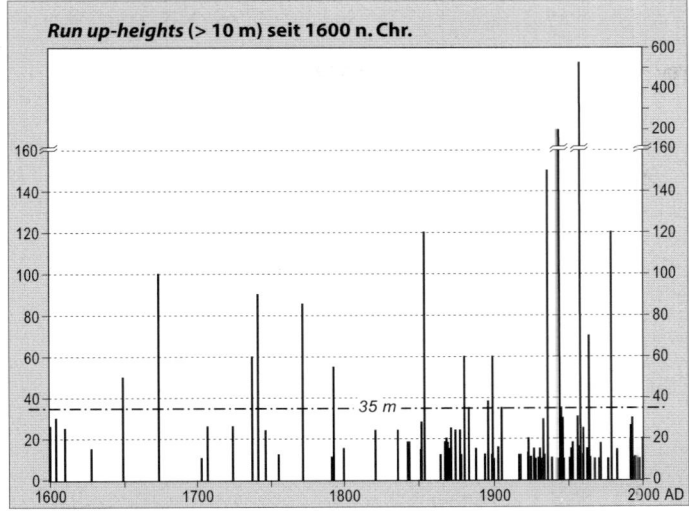

Abb. 13.2 Maximale *Run up*-Höhen von Tsunamis der letzten 400 Jahre (nach NGDC 2001).

das Vorhandensein von Menschen und Infrastruktur in betroffenen Küstenregionen. Dabei gibt es für Anwohner eine unumstößliche und sichere Tatsache: Zieht sich das Meer plötzlich ungewöhnlich weit und tief zurück und legt sonst nie sichtbaren Meeresboden frei, und dauert dieser Zustand länger (viele Minuten, gelegentlich bis zu einer halben Stunde) an, so steht ein katastrophaler Tsunami-Impakt unmittelbar bevor. Die allgemeine Kenntnis dieser Gesetzmäßigkeit hätte auch beim Tsunami in Südostasien 2004 sehr viele Menschenleben retten können. Unter allen Naturereignissen stehen Tsunamis nach der Zahl der Menschenopfer an vorderer Stelle, nur übertroffen von Erdbeben, Überschwemmungen und Vulkanausbrüchen.

Die häufigste **Klassifizierung** von Schadensereignissen geschieht nach dem Geldwert der zerstörten Objekte und dem Versicherungswert derselben, einschließlich der Lebensversicherungen und Genesungskosten der betroffenen Bevölkerung. Diese Maßstäbe sind jedoch völlig ungeeignet für einen längerfristigen und weltweiten Vergleich, da in vielen Ländern, in denen aufgrund mangelnder Vorsorgemöglichkeit oder technisch geringerer Entwicklung und schwacher Finanzkraft ohnehin Küstenschutz meist unterentwickelt ist, etliche Risiken entweder nicht versicherbar sind oder die Bevölkerung sich solche Versicherung nicht leisten kann. So ergab der größte Tsunami der Menschheitsgeschichte, nämlich der Sumatra-Andaman-Tsunami vom 26.12.2004 mit wahrscheinlich etwa 228 000 Toten (laut Katastrophenbericht des Internationalen Roten Kreuzes für 2004) und Zerstörungen an vielen tausend Ki-

lometern Küstenstrecke nur einen Versicherungsschaden in der Größenordnung von 5 Milliarden Dollar. Das ist nur ein Bruchteil des Schadens von ca. 200 Milliarden Dollar, den der Hurrikan Katrina im September 2005 im Süden der USA anrichtete. Im Vergleich über längere Zeit ist zu beobachten, dass – mit seltenen Ausnahmen nahezu globaler Katastrophen – die Zahl der Menschenopfer abnimmt, während die Summe der Versicherungswerte steigt. Hierin kommt der ständig steigende Wert aufwändiger Infrastruktur gerade im immer dichter besiedelten Küstenraum zum Ausdruck.

13.2 Mögliche Schadenswirkungen durch Tsunamis

Ein Tsunami wirkt in erster Linie schädigend durch die an der Küste eintreffenden, unvorhergesehenen und extremen Wellen. Diese sind (bei einem großen Tsunami) nicht nur viel schneller als bei einem Sturm (über 70 km/h bis gegen 100 km/h wurden bereits ermittelt), sondern ihre Masse kann das 100- bis über 1 000fache erreichen, und die Dauer ihrer Einwirkung (für jede einzelne Welle) ist mit meist einigen Minuten bis etwa einer halben Stunde ebenfalls mehrere hundert Mal so groß wie bei einer extremen Sturmwelle. Daher können bereits Wasserhöhen von weniger als 1 m zu großen Schäden führen und viele Menschenopfer fordern, während erheblich größere Mächtigkeiten vor al-

13

lem wegen der daraus folgenden weiten *inundation* und dem höheren *run up* einen wiederum extrem viel größeren Küstenraum betreffen als Sturmwellen. Selbst schwerste Sturmfluten sind zudem langsam beginnende Ereignisse, bei denen es mehrere Chancen der Vorsorge oder doch Flucht gibt. Die **mechanische Wirkung** einer Tsunamiwellenfront – abhängig von Mächtigkeit und Geschwindigkeit sowie Suspensionsfracht – liegt in erster Linie in der Zerstörung von Gebäuden und Küstenschutzeinrichtungen und der Vernichtung selbst dichter Vegetation (auf den Andamanen im Dezember 2004 bis zu mehrere hundert Meter breite Mangrovensäume), einhergehend mit dem Ertrinken von Menschen (oft in Gebäuden überrascht und gefangen) und Nutztieren sowie der Beschädigung oder Ausschaltung von Kommunikationssystemen wie Straßen, Eisenbahnen, Flugplätzen, Telefonleitungen, Stromverbindungen oder Gasleitungen und Ölpipelines (Abb. 13.3). Gleichzeitig werden küstennahe und tiefliegende Landwirtschaftsflächen zumindest vorübergehend unbrauchbar, während andere Arbeitsstätten völlig vernichtet werden können. Hinzu kommen **nicht materielle Schäden** wie Überflutung von religiösen Stätten, Friedhöfen o. Ä., deren Stellenwert je nach Gesellschaftssystem sehr unterschiedlich ist. Bewegliche Güter (Autos, Maschinen, Boote, Lagergut und Vorräte etc.) können ebenfalls erheblich zur Schadenssumme beitragen. In vielen Ländern, vor allem im asiatischen Raum, gibt es zudem meist erhebliche Investitionen in Aquafarmen (für Fische, Krebse, Langusten, Muscheln und Austern oder Algen etc.), die wegen ihrer sehr tiefen

Lage zu den am meisten gefährdeten Objekten gehören. Erste Satellitenaufnahmen aus dem Bereich des Südostasien-Tsunami vom Dezember 2004 zeigen gerade diese Strukturen stark beschädigt, teilweise völlig ausradiert. Der Tierbestand ist meist völlig vernichtet, während die Anlagen selbst zumindest teilweise erhalten bleiben und wieder hergerichtet werden können, sofern die Küstenlinie sich nicht zu stark verändert hat.

Neben den bisher erwähnten vernichteten oder beschädigten Objekten gibt es jedoch eine ganze Reihe weiterer Tsunamifolgen, die meist unerwähnt bleiben und deren Wert nur schwer zu bemessen ist, zumal er eher in langfristigen Folgen liegen kann. Zum einen sind es **Veränderungen im Naturraum Küste** selbst. Dazu gehört die Beschädigung oder Vernichtung von Mangrovensäumen und damit das Auslöschen wichtiger Habitate für viele marine Organismen oder die Zerstörung von Korallenriffen, die ebenfalls einen (auch für die Menschen an der Küste) wichtigen Lebensraum für nutzbare Organismen darstellen. Untersuchungen in der Karibik haben gezeigt, dass durch Tsunamis ehemals existierende Saumriffe so stark zerstört sein können, dass auch nach vielen Jahrhunderten oder einigen Jahrtausenden keine Regeneration möglich war (Scheffers et al. 2006). Oft ist dieses jedoch nicht der Fall und der mechanische Schaden hält sich in Grenzen und ist nur lokal stark wie beim Südostasien-Tsunami (Kelletat et al. 2007). Die Schäden können – im Gegensatz zu Sturmeinwirkungen – gerade in tieferem Wasser oder in geschützteren Riffabschnitten groß sein, weil hier fragilere Koral-

Abb. 13.3 Verwüstungen von Touristensiedlungen in Khao Lak, Thailand. Aufgenommen fünf Wochen nach dem Tsunami vom 26.12.2004 (Foto: Scheffers).

lenarten wachsen, die außer starken Tsunamis keine mechanischen Einflüsse erleben. Eine nachhaltigere Schädigung der Korallenriffe kann durch Feinsedimente erfolgen, die sich als Suspension auf den Polypen absetzen und diese ersticken. Solche Substanzen werden von den Korallen auch selbst in starken Stresssituationen, wie sie ein Tsunami zweifellos darstellt, abgegeben. Da Tsunamiwellen in erheblich tieferem Wasser starke Bodenwirbel aufbauen, wird dort das Benthos zumindest verändert. Dieses hat – wie die Schädigung von Mangroven und Korallenriffen – meist negativen Einfluss auf die Lebewesen und damit direkt auf Teile der Gesellschaft, die von Fischerei bzw. allgemein aus dem Meer leben. Das gilt selbst für bereits zum Tourismus übergegangene Wirtschaftssysteme, etwa mit Bootsvermietung und Tauchunternehmungen.

Küstenformen werden selbst von extremen Tsunamis nur selten nachhaltig verändert (Dawson 1994, 1996, Dawson und Shi 2000, Südostasien-Tsunami vom 26. Dezember 2004: Richmond et al. 2006, Keating et al. 2005, Krüger und Ohrnberger 2005, Lay et al. 2005, Lavigne et al. 2006). Nehrungen und Küstendünen können durchbrochen werden mit der Ausbildung von binnenwärts gerichteten *overwash fans*. Flussmündungen oder Gezeitenrinnen können geweitet und ein wenig vertieft werden, das Strandmaterial selbst umgelagert, Strandprofile versteilt, Material seewärts oder landwärts entfernt oder seine Korngröße gegen weniger gewünschtes unsortiertes und gröberes Material ausgetauscht sein. Algenbestände – in etlichen Ländern ebenfalls ein nutzbares Gut – leiden wenigstens für Wochen oder Monate. Selten nur wird eine Lockermaterialküste definitiv verschoben. Abrasionsbeträge liegen nur lokal bei mehr als einigen Metern. Dagegen können Sand- und Schlickbänke völlig verschwinden oder ehemals freie Fahrrinnen verfüllt werden. An Felsküsten beschränkt sich die Wirkungsweise selbst stärkster Tsunamis auf das lokale Ausbrechen von Blöcken aus dem Kliff. Diese werden seewärts in tieferes Wasser verfrachtet oder finden sich als Blockstreu oder gar kilometerlange Grobmaterialwälle und -rampen oberhalb des normalen Brandungssaums wieder. In Regionen, wo dieses Material nahezu vollständig aus reinem Korallenkalk besteht, ist es zu einem wertvollen Wirtschaftsgut geworden und wird in großen Mengen abgebaut (Scheffers 2002). Als dichter und bis zu einigen Metern hoher Wall kann aber auch eine Tsunamiablagerung vor folgenden Tsunamis schützen und sollte deshalb nicht ohne Bedenken abgetragen werden.

Eine nachhaltig negative Wirkung kann ein Tsunami auf die Frischwasserversorgung und Ab-

wasserentsorgung dicht besiedelter Küstenregionen haben, wie es jetzt in Südostasien vielfach zu beobachten ist. Salzwasserintrusionen machen Brunnen unbrauchbar, Wasseraufbereitungsanlagen sind beschädigt oder zerstört, Abwasser, Erdöl, Chemikalien etc. sind weiträumig verteilt und haben große Bereiche verschmutzt. Hinzu kommen Seuchengefahren durch nicht geborgene Menschen- und Tierleichen. Dies hat selbstverständlich auch Folgen für die Qualität des Wassers an den Badestränden und damit für die Gesundheit der Bevölkerung und weiter reichende für den Fischbestand und die Regeneration von Korallenriffen.

13.3 Risikomanagement und Katastrophenvorsorge

Tsunamis sind Naturereignisse, gegen die aktiver **Schutz** kaum möglich ist. Zwar wurden in Japan stellenweise bis zu 16 m hohe Betonwälle errichtet, doch haben sie ihre Bewährungsprobe noch nicht bestanden. Senkrechte Küstenschutzmauern, wie man sie in vielen Erdregionen findet, können nur die Gewalt von schwächeren Tsunamis mit einigen Metern Höhe brechen, Überflutungen des Hinterlandes aber nicht verhindern. Dichte Mangrovensäume und Baumanpflanzungen verringern ebenfalls die Wellenenergie beträchtlich, und Korallenriffe führen zumindest zum Brechen der Wellen vor der Küste und damit zu einer erheblichen Reduzierung der Wellenenergie. Diese Lehren lassen sich aus nahezu jedem Tsunami ziehen, der entsprechend ausgestattete Küsten betroffen hat. Dennoch geht die Zerstörung von Korallenriffen (z. B. durch Kalkabbau wie in Sri Lanka) und die Abholzung von Mangroven für *aquafarming* wie in Thailand, Indonesien, Vietnam und vielen anderen Ländern (Uthoff 1998) nahezu ungehindert weiter.

Der wichtigste Schritt für eine **Katastrophenvorsorge** aber wäre zunächst die Unterrichtung der Bevölkerung über die Vorgänge bei einem Tsunami und seine Warnzeichen. Dafür herrschen nach dem per Fernsehen und Internet in alle Welt verbreiteten Mega-Tsunami in Südostasien am 26. Dezember 2004, als Menschen aus mehr als 50 Nationen unter den Opfern waren, die besten Voraussetzungen. Gleichzeitig ist die Erforschung des wirklichen Tsunamirisikos notwendig. Dieses muss gleichzeitig mit einer Auswertung historischer Quellen über mögliche Tsunamis der Vergangenheit und durch Feldarbeiten an Paläotsunami-Relikten geschehen, wozu auch absolute Datierungen gehören. Die apparative Erfassung und genaue Beobachtung sowie Messung von Tsunamis erfolgte nämlich bisher über einen viel zu kurzen Zeitraum, um auch nur annähernd realistisch das Tsunamirisiko abschätzen zu können. Die **Paläotsunami-Forschung** der letzten zehn Jahre hat gezeigt, dass sogar innerhalb des letzten Jahrtausends erheblich weitere Gebiete betroffen waren und dass Tsunamis von extremer Stärke und Reichweite auch (meist mehrfach) in Regionen aufgetreten sind, die bisher als ungefährdet durch Tsunamis galten. Der Südostasien-Tsunami von 2004 ist hierfür ein gutes Beispiel, ebenso wie die Ergebnisse aus Zypern (Kelletat und Schellmann 2001, 2002), Mallorca, dem atlantischen Südspanien (Whelan und Kelletat 2005) oder vielen Karibikinseln einschließlich der Bahamas (Kelletat et al. 2005).

Eine wesentliche **Maßnahme** ist die systematische Anlage von Überflutungskarten mit Kennzeichnung der besonders gefährdeten Gebiete. Diese können aber nur dann einigermaßen realitätsnah sein, wenn man die Tsunamigeschichte einer langen Zeitspanne kennt. Und dennoch kann der nächste Tsunami nach Stärke und Höhe ganz andere Dimensionen erreichen, weshalb diese Maßnahme eher zur Beruhigung der Verantwortlichen als zum wirklichen Schutz geeignet ist. In Kenntnis möglicher Tsunamigefahren aber werden direkte Schutzmaßnahmen, zu denen z. B. in flachen Küstenregionen Fluchttürme gehören könnten, immer erst an zweiter Stelle stehen und ihre Funktion nur dann erfüllen können, wenn ein guter Tsunami-Warndienst eingerichtet ist, wie er erfolgreich seit einigen Jahrzehnten im Pazifik betrieben wird. Nach dem Ereignis in Südostasien gibt es verstärkt Pläne, in möglichst vielen Seeregionen ein solches Warnsystem zu installieren.

Ein gutes und nahezu 100%ig sicheres **Tsunami-Warnsystem** besteht zunächst aus Drucksensoren am Meeresboden, die die für Tsunamis charakteristische Wasserbewegung (eine extrem schnell fortschreitende sehr lange Welle mit sehr geringer Höhe) erkennen. Mehrere Sensoren können die Richtung und Stärke einer solchen Welle ermitteln und die Daten über eine vermittelnde Boje und Satellit an eine zentrale Rechenstation senden. Dort werden sie mit den Kenntnissen über die Gestalt des Meeresbodens, die Wassertiefe und die Küstenkonfiguration verbunden, und es wird errechnet, wann und wo mit welcher Tsunamihöhe zu rechnen ist. Aufgrund dieser Daten wird entschieden, ob eine Tsunamiwarnung an die Bevölkerung gegeben wird oder nicht. Oft gibt es zunächst eine Vorwarnung per Radio, TV, Internet und – am wichtigsten – über Sirenen in den gefährdeten Küstengebieten. Die darauf

geschulte Bevölkerung – z. B. in Japan oder den USA werden in den Schulklassen regelmäßig realistische Übungen durchgeführt – weiß, welche Fluchtrouten und Sammelplätze zu benutzen sind. Man muss sich dabei dessen bewusst sein, dass eine Evakuierung eine sehr kostspielige Maßnahme ist (für die tiefliegenden Teile von Honolulu (Hawaii) werden die Kosten auf rund 60 Millionen Dollar geschätzt) und dass erhebliche Gefahren für den Nutzen der Warnsysteme in Fehlalarmen bestehen, weil dann künftige Warnungen möglicherweise nicht mehr ernst genommen werden. Verglichen mit den Kosten eines stärkeren Tsunami oder einer Evakuierung größerer dicht besiedelter Gebiete sind Warnsysteme selbst in ausgedehnten Meeresgebieten sehr kostengünstig. So kann man für den nördlichen Teil des Indischen Ozeans mit weniger als 50 Millionen Euro rechnen. Wegen der großen Geschwindigkeit, mit der sich Tsunamiwellen fortbewegen, sind diese Warnsysteme nur dann wirksam genug, wenn die Vorwarnzeit eine Flucht ermöglicht. Das bedeutet, dass vor einem Tsunami, der durch ein Beben in unmittelbarer Küstennähe ausgelöst wird, nicht gewarnt werden kann. Da die heutigen Systeme aber in der Lage sind, eine realistische Berechnung der Tsunamigefahr bereits in etwa 10 bis 15 Minuten herzustellen – das ist eine Zeitspanne, in der eine Tsunamiwelle in tiefem Wasser von etwa 4 000 m ca. 150 km zurücklegt – könnten zumindest alle Regionen in etwa 200 km Entfernung von einem Tsunamizentrum eine reelle Chance für Fluchtmaßnahmen haben.

Die Warnung vor Tsunamis aber ist nicht das Ende der **notwendigen Vorsorgemaßnahmen** oder des Risikomanagements. Dazu gehörten auch die Sicherung von Kommunikationsstrukturen im Katastrophenfall, die Sicherstellung der Versorgung der Bevölkerung mit Wasser, Lebensmitteln, medizinischer Hilfe und vieles andere mehr. Dieses, die Unterhaltung der Warnsysteme und ihre ständige Verbesserung sowie die Schulung der Bevölkerung, verursacht natürlich laufende Kosten, doch stehen diese in keinem Verhältnis zu den materiellen Verlusten, die selbst ein Tsunami geringer Stärke hervorruft.

Tsunamis sind die einzige relativ häufig auftretende Naturgefahr, welche gleichzeitig viele Nationen und Gesellschaftssysteme ohne Vorwarnung treffen kann. Ihre räumliche Ausdehnung kann erheblich über die Schadensgebiete eines starken Hurrikans hinausgehen. Tsunamis erfordern daher über sonstige Katastrophenvorsorge hinausgehende Maßnahmen, zu denen vor allem eine Intensivierung der **Forschung** über die wirklichen Tsunamirisiken an den Küsten der Erde gehört (Paläotsunami-Forschung). Bessere Kenntnisse über das Tsunamirisiko

13

(wenigstens innerhalb des kurzen Zeitraums des jüngeren Holozäns mit hohem Meeresspiegel, also etwa der letzten 6 000 Jahre) kann dann zu den notwendigen, aber auch angemessenen Schutzmaßnahmen führen. Zu nennen sind – neben der üblichen Vorsorge wie bei anderen großen Naturkatastrophen auch – vor allem die Installierung von Warnsystemen und die Schulung der Bevölkerung (nicht nur derjenigen an möglicherweise betroffenen Küsten, sondern auch der temporären Besucher, eben der Touristen). Gleichzeitig und ebenso wichtig ist die Erhaltung und Wiederherstellung **natürlicher Küstenschutz**-Ökosysteme, wie sie Korallenriffe und Mangrovenwälder darstellen. Eine gute Vorsorgemaßnahme wäre das Zurücknehmen der Bebauung in zu großer Küstennähe, also ein Bebauungsverbot an Flachküsten, etwa in einem 300 m breiten Küstenstreifen und zusätzlich die Ausführung aktiver **technischer Schutzmaßnahmen**, wie sie Strandmauern oder wellenbremsende Konstruktionen im Flachwasser oder an Land darstellen. Die großen Warnsysteme aber können nur überregional und international angelegt und betrieben werden. Für den Schutz natürlicher und tsunamibremsender Ökosysteme müsste in weniger entwickelten Ländern ein Ausgleich für die von und aus diesen Systemen lebende Bevölkerung geschaffen werden, und das technische Know-how aktiver Strukturen müsste allen betroffenen Nationen zur Verfügung gestellt werden. Wenn der durch den Südostasien-Tsunami erfolgte Schock völlig abgeklungen ist und neue Katastrophennachrichten die Welt bewegen, wird ein wichtiger Zeitpunkt für wirklich nachhaltige Maßnahmen verpasst sein.

wälder darstellen. Eine gute Vorsorgemaßnahme wäre das Zurücknehmen der Bebauung, d. h. ein Bebauungsverbot an Flachküsten in einem 300 m breiten Streifen und zusätzlich die Ausführung aktiver technischer Schutzmaßnahmen wie Strandmauern oder wellenbremsende Konstruktionen. Dafür müsste das technische Know-how allen betroffenen Nationen zur Verfügung gestellt werden. Wenn der durch den Südostasien-Tsunami erfolgte Schock völlig abgeklungen ist und neue Katastrophennachrichten die Welt bewegen, wird ein wichtiger Zeitpunkt für wirklich nachhaltige Maßnahmen verpasst sein.

Schlüsselsätze

- Das Tsunamirisiko an den Küsten der Erde kann erst durch Forschungen in allen potenziell gefährdeten Regionen erkannt werden.
- Frühwarnsystem und Aufklärung über das Verhalten bei potenzieller Tsunamigefahr sind die wirksamsten Schutzmaßnahmen.
- Natürlicher Küstenschutz wie Korallenriffe und Mangrovensäume sowie aktive Schutzkonstruktionen bleiben gegen starke Tsunamis praktisch wirkungslos.
- Eine Anpassung der Infrastruktur an die möglichen Gefahren, z. B. in der Sicherung von Kommunikationssystemen oder Energie-, Wasser- und Abwasseranlagen sollte selbstverständlich sein.

Zusammenfassung

Tsunamis sind die einzige häufig auftretende Naturgefahr, welche gleichzeitig viele Nationen und Gesellschaftssysteme ohne Vorwarnung treffen kann. Tsunamis erfordern daher über sonstige Katastrophenvorsorge hinausgehende Maßnahmen, zu denen vor allem eine Intensivierung der Forschung über die wirklichen Tsunamirisiken an den Küsten der Erde gehört (Paläotsunami-Forschung). Bessere Kenntnisse über das Tsunamirisiko kann dann zu den notwendigen Schutzmaßnahmen führen. Zu nennen sind vor allem die Installierung von Warnsystemen und Schulung der Bevölkerung. Ebenso wichtig ist die Erhaltung und Wiederherstellung natürlicher Küsten-Ökosysteme, wie sie Korallenriffe und Mangroven-

Literatur

Bryant E (2001) Tsunami – The Underrated Hazard. Oakleigh, Victoria, Cambridge University Press

Dawson AG (1994) Geomorphological effects of tsunami runup and backwash. *Geomorphology* 10: 83–94

Dawson AG (1996) The geological significance of tsunami. *Zeitschrift für Geomorphologie* NF Suppl.-Bd. 102: 199–210

Dawson AG, Shi SZ (2000) Tsunami deposits. *Pure and Applied Geophysics* 157(6–8): 875–897

Richmond, BM, Jaffe, BE, Gelfenbaum, G, Morton, RA (2006) Geologic Impacts of the 2004 Indian Ocean Tsunami on Indonesia, Sri Lanka, and thh Maledives. *Zeitschrift für Geomorphologie* NF Suppl.-Bd. 146: 235–251

Keating B, Helsley C, Wafreed Z, Dominey-Howes D (2005) 2004 Indian Ocean Tsunami on the Maldives Islands: Initial Observations. *Science of Tsunami Hazards* 23(2): 19–70

Kelletat D, Schellmann G (2001) Sedimentologische und geomorphologische Belege starker Tsunami-Ereignisse jung-historischer Zeitstellung im Westen und Südosten Zyperns. *Essener Geographische Arbeiten* 32: 1–74

Kelletat D, Schellmann G (2002) Tsunami on Cyprus – Field Evidences and ^{14}C Dating Results. *Zeitschrift für Geomorphologie* NF 46(1): 19–34

Kelletat D, Scheffers A, Scheffers S (2005) Holocene tsunami deposits on the Bahaman islands of Long Island and Eleuthera. *Zeitschrift für Geomorphologie* NF 48 (4): 519–540

Kelletat D, Scheffers A, Scheffers S (2007) Field Signatures of the SE-Asian Mega-Tsunami along the West Coast of Thailand compared to Holocene Paleo-Tsunami from the Atlantic Region. *Pure and Applied Geophysics* 164(2/3): 1–19

Krüger F, Ohrnberger M (2005) Tracking rupture of the Mw=9.3 Sumatra earthquake over 1,150 km at teleseismic distance. *Nature* 435(16): 937–939

Lavigne F, Paris R, Wassmer P, Gomez C, Brunstein D, Grancher D, Vautier F, Sartohadi J, Setiawan A, Syahnan TG, Fachrizal BW, Mardiatno D, Widagdo A, Cahyadi R, Lespinasse N, Mahieu L (2006) Learning from a Major Disaster (Banda Aceh, December 26th, 2004): A Methodology to Calibrate Simulation Codes for Tsunami Inundation Models. *Zeitschrift für Geomorphologie* NF Suppl.-Bd. 146, 253–265

Lay T, Kanamori H, Ammon CJ, Nettles M, Ward StN, Aster RC, Beck AL, Bilek SL, Brudzinski MR, Butler R, DeShon HR, Ekström G, Satake K, Sipkin S (2005) The Great Sumatra-Andaman Earthquake of 26 December 2004. *Science* 308: 1127–1133

Mastronuzzi G, Sansò P (2000) Boulders transport by catastrophic waves along the Ionian coast of Apulia (Southern Italy). *Marine Geology* 170: 93–103

NGDC (2001) Tsunami Data at National Geophysical Data Center (NGDC). http://www.ngdc.noaa.gov/seg/hazard/tsu.shtml

Nott J (1997) Extremely high-energy wave deposits inside the Great Barrier Reef, Australia: determining the cause – tsunami or tropical cyclone. *Marine Geology* 141(1–4): 193–207

Nott J (2003) Waves, coastal boulder deposits and the importance of the pre-transport setting. *Earth and Planetary Science Letters* 210: 269–276

Scheffers A (2002) Paleotsunamis in the Caribbean – Field Evidences and Datings from Aruba, Curacao and Bonaire. *Essener Geographische Arbeiten* 33: 135 S.

Scheffers A, Kelletat D (2003) Sedimentologic and Geomorphologic Tsunami Imprints Worldwide – A Review. *Earth Science Reviews* 63(1/2): 83–92

Scheffers A, Scheffers S, Kelletat D, Radtke U, Bak, RPM (2006) Tsunami trigger long-lasting phase-shifts in Coral Reef Ecosystem. *Zeitschrift für Geomorphologie* NF Suppl. Bd. 146: 59–79

Uthoff D (1998) From Traditional Use to Total Destruction – Forms and Extent of Economic Utilization in the Southeast Asian Mangroves. In: Kelletat D (Hrsg) German Geographical Coastal Research – The Last Decade. Institute for Scientific Cooperation, Tübingen. 341–380

Whelan F und Kelletat D (2003) Submarine slides on volcanic islands – a source for mega-tsunamis in the Quaternary. *Progress in Physical Geography* 27 (2): 198–216

Whelan F und Kelletat D (2005) Boulder Deposits on the Southern Spanish Atlantic Coast: Possible Evidence for the 1755 AD Lisbon Tsunami? *Science of Tsunami Hazards* 23 (3): 25–38

Internetadresse

http://www.ngdc.noaa.gov/seg/hazard/tsu.shtml – Tsunami Data at National Geophysical Data Center, NGDC (2001)

14 Extreme Windereignisse – Tornados, Hurrikans, Stürme

Thomas Nauss und Jörg Bendix

Klimawandel • Niederschlag • Orkantief • Sturmflut • Tornado • tropischer Wirbelsturm • Westwind-Zyklone • Windlast • Wintersturm

Stürme führen zu den am höchsten versicherten Schäden und gelten sowohl gemessen an der Häufigkeit der Schadensereignisse als auch hinsichtlich der Gesamtfläche der betroffenen Gebiete als eine bedeutende Naturgefahr. Dabei sind neben den unmittelbar durch die Windlast hervorgerufenen Schäden auch die Folgen von (Stark-)Niederschlägen oder Sturmfluten (Kapitel 12, 13) zu berücksichtigen. Mit Ausnahme von nur sehr kleinräumig wirkenden Tornados stehen extreme Windereignisse meist im Zusammenhang mit tropischen Wirbelstürmen und außertropischen (Westwind-)Zyklonen.

14.1 Tornados

Als **Tornado** werden schnell rotierende, kompakte Luftsäulen von maximal wenigen hundert Metern Durchmesser bezeichnet, die sowohl mit der Wolkenunterseite als auch mit der Erdoberfläche in Kontakt stehen. Es handelt sich um lokal-skalige Wirbel, die von synoptisch-skaligen Wirbeln (z. B. tropische Wirbelstürme) unterschieden werden müssen. Sichtbar werden sie, wenn Kondensationsprozesse zur Bildung von Wolken innerhalb der Luftsäule führen und/oder vom Boden aufgewirbelter Staub oder Trümmerteile in die Atmosphäre gelangen.

14.1.1 Entstehung

Tornados entstehen meist im Zusammenhang mit mesoskaligen Gewitterzellen, können aber auch als Begleiterscheinung tropischer Wirbelstürme auftreten. Die genaue Entstehung von Tornados ist bis heute nicht geklärt (vgl. Ergebnisse des VORTEX-Programms, http://www.stormresearch.com/vortex/). Es steht jedoch fest, dass

(1) die Atmosphäre (potenziell) instabil geschichtet sein muss, damit sich überhaupt Gewitterzellen bilden können,
(2) die Erdoberfläche ausreichend erwärmt sein muss, um starke Konvektionsprozesse auslösen zu können, und
(3) eine starke vertikale Windscherung vorhanden sein sollte.

Die hohe Rotationsenergie ist die Folge der Kreuzung von horizontal rotierenden Luftteilchen aufgrund vertikaler Windscherung entlang bodennaher Kaltluftgrenzen mit den starken Aufwinden in Gewitterzellen, die zum vertikalen Aufstellen der Rotationsachse führen. Durch das Aufstellen wird der Durchmesser des Aufwindschlauchs deutlich verkleinert, sodass bei gleichbleibender Rotationsenergie extreme Rotationsgeschwindigkeiten mit hohem Schadenspotenzial erreicht werden können.

14

14.1.2 Globale Verteilung

Tornados können prinzipiell überall vorkommen und führten auch in Deutschland bereits zu Personen- und Sachschäden. So führte beispielsweise ein Tornado in Pforzheim am 10.07.1968 zu zwei Todesopfern und einem volkswirtschaftlichen Schaden von 64 Millionen Euro (Münchener Rück 1999). Daten zu Tornados in Deutschland sammelt das Kompetenzzentrum für lokale Unwetter (TorDACH, www.tordach.org) und sind bei Glade (2006) für alle gemeldeten Tornados publiziert.

Hauptsächlich treten Tornados jedoch im Mittleren Westen der USA im Frühjahr und Frühsommer, typischerweise am späten Nachmittag auf. Die Ursache hierfür liegt in dem Zusammenströmen warm-feuchter Luftmassen aus dem Golf von Mexiko in der unteren Troposphäre und feucht-kalter Höhenströmungen aus den Rocky Mountains. Oft bilden von Mexiko kommende, trockene Südwestwinde der mittleren Troposphäre noch zusätzlich eine Inversionsschicht für die feucht-warmen, bodennahen Luftmassen, die erst am späten Nachmittag durch einen ausreichend großen Energieeintrag von der Erdoberfläche her durchbrochen werden kann und zu einer explosionsartigen Gewitterentwicklung führt.

Tornados werden darüber hinaus im Zusammenhang mit fast allen angelandeten oder küstennahen tropischen Wirbelstürmen etwa 75 bis 300 km vom Zentrum entfernt beobachtet (Hagemeyer 1997). Die für die Bildung von Tornados notwendige starke vertikale Windscherung, die in ungestörten tropischen Wirbelstürmen nicht gegeben sein darf, wird durch die erhöhte Reibung über den Landflächen verursacht. Die bodennächsten Luftschichten werden hierdurch stärker abgebremst als die darüber liegenden, sodass sich vor allem im Sektor mit den höchsten Windgeschwindigkeiten eine starke Windscherung in den untersten hundert bis tausend Metern der Atmosphäre entwickelt (Novlan und Gray 1974).

14.1.3 Gefährdungspotenzial

Das **Schadenspotenzial** von Tornados ergibt sich aus der Windlast sowie der sogartigen Wirkung plötzlicher Druckschwankungen, die dazu führt, dass lose Gegenstände (z. T. ganze Eisenbahnwaggons oder Hütten) in die Luft gerissen werden und damit zu gefährlichen Geschossen werden. Bei dicht versiegelten Fenstern (z. B. in Bürogebäuden) kann die plötzliche Druckschwankung zu einem Überdruck im Gebäude und damit zum „Platzen" der Fenster führen. Die Stärke von Tornados wird anhand der Fujita-Skala angegeben (Tab. 14.1). Sie basiert nicht auf aktuellen Windmessungen, die für Tornados in der Regel nicht vorliegen, sondern auf den Schadensauswirkungen, denen dann Schätzungen des 3-Sekunden-Böenmittels zugewiesen werden.

14.2 Tropische Wirbelstürme

Tropische Wirbelstürme sind rotierende Tiefdruckwirbel von in der Regel mehreren hundert Kilometern Durchmesser, die sich über den tropischen Ozeanen bilden. Charakteristisch ist neben Windgeschwindigkeiten von (deutlich) über 119 km/h die Ausbildung eines wolkenfreien Bereichs im Zentrum des Wirbels – das sogenannte Auge. Die wahrscheinlich am besten bekannte, jedoch regional unterschiedliche Bezeichnung für derartige Systeme ist Hurrikan.

Tab. 14.1 Fujita-Skala für Windgeschwindigkeitsklassen, bei denen Gebäudeschäden zu erwarten sind. Gebäudeschäden sind angegeben in S = Schadenssumme/Neuwert x 100 für (europäische) Leicht- (S_{Leicht}) und Massivbauweise (S_{Massiv}) (nach Dotzek et al. 2000).

Fujita	F0		F1		F2		F3		F4		F5	
v (m/s)	17–25	25–33	33–42	42–51	51–61	61–71	71–82	82–93	93–105	105–117	117–130	130–143
S_{Leicht} (%)	0,05	0,10	0,25	0,80	3,00	10,0	30,0	90,0	100	100	100	100
S_{Massiv} (%)	0,01	0,05	0,10	0,25	0,80	3,0	10,0	30,0	60,0	80,0	90,0	95,0

14.2.1 Entstehung

Tropische Wirbelstürme entstehen üblicherweise aus bereits existierenden und zu einem gewissen Grad organisierten Konvektions-Clustern (ca. 200 bis 600 km Durchmesser) in Regionen mit warmen Ozeanoberflächen von typischerweise über 26,5 °C. Zudem zeigt sich, dass 85 % der Kategorie 3 bis 5-Hurrikans im Atlantik und wahrscheinlich fast alle Wirbelstürme im Ostpazifik auf die westlich von Afrika entstehenden *easterly waves*, einer Ostwind-Strömung in der unteren bis mittleren Troposphäre, zurückzuführen sind (Landsea 1993, Avila und Pasch 1995). Die divergenten Strömungen in der oberen Troposphäre führen in den Konvektionsgebieten zu einem Druckabfall am Boden und damit zu einem konvergenten Einströmen von Luftmassen in der unteren Troposphäre. Der durch die Rotation der Erde ausgelöste Coriolis-Effekt (*planetare Vorticity*) führt dabei dazu, dass ab etwa 500 km nördlich bzw. südlich des Äquators die einströmende Luft nicht mehr geradlinig zum Zentrum des Bodentiefs fließen kann, sondern rotierend in Richtung Zentrum strömt. Auf ihrem Weg zum Tiefdruckzentrum nehmen die großräumig einströmenden Luftmassen sowohl latente Energie (Wasserdampf) als auch fühlbare Wärme von den Ozeanflächen auf und transportieren diese durch den Aufstieg im Konvektionszentrum von der unteren in die obere Troposphäre, sodass Wirbelstürme von Riehl (1948) auch als Wärmekraftmaschinen bezeichnet wurden. Durch die derartige Kopplung der unteren mit der oberen Atmosphäre muss für die Ausbildung eines solchen Systems neben den bereits genannten Faktoren (warme Wasserflächen, instabile und feuchte Atmosphäre, Abstand zum Äquator) die vertikale Windscherung gering sein, da sonst kein geschlossener Wirbel entstehen kann.

Steigt die Windgeschwindigkeit in einem solchen System auf über 65 km/h an, spricht man von einem tropischen Sturm, ab Geschwindigkeiten über 119 km/h von einem tropischen Wirbelsturm. Kennzeichnend für tropische Wirbelstürme ist die Ausbildung eines wolkenfreien Auges im Zentrum (*eye*), dass von einer maximale horizontale und vertikale Windgeschwindigkeiten aufweisenden *eye wall* aus hochreichenden Konvektionswolken umgeben ist. Die Ursache hierfür ist nicht abschließend geklärt, es ist jedoch wahrscheinlich, dass zum einen aufgrund der schnellen Rotation des Systems Zentrifugalkräfte auftreten, die Luftmassen aus dem Auge in die *eye wall* verschieben. Zum anderen führt die maximale Boden- bzw. Höhendivergenz in den spiralförmigen Wolken der *eye wall* zu extremer Konvektion, sodass absteigende Ausgleichsströmungen zu beiden Seiten der Wolkenbänder stattfinden müssen, die sich auf der Innenseite der Spirale immer weiter konzentrieren. Während des Abstiegs kommt es zur Erwärmung der Luft und folglich zur Wolkenauflösung im Auge des Wirbelsturms.

Zur Auflösung tropischer Wirbelstürme kommt es, wenn sie in Regionen mit kalten Wasserflächen oder über Land kommen. Hier kann der beim Einströmen in Bodennähe durch Ausdehnung der Luft entstehende Temperaturabfall nicht mehr durch eine warme Unterlage kompensiert werden, sodass sich keine Warmluft mehr im Zentrum des Sturms befindet und die Wärmekraftmaschine deshalb nicht mehr funktioniert. Aber auch über warmen Wasserflächen kann es zur Auflösung der tropischen Wirbelstürme z. B. durch veränderte atmosphärische Rahmenbedingungen mit starken vertikalen Windscherungen kommen.

14.2.2 Globale Verteilung

Tropische Wirbelstürme sind nur in bestimmten Regionen zu erwarten und zeitlich häufig an den Spätsommer der jeweiligen Hemisphäre gekoppelt. Dann ist das Oberflächenwasser der Ozeane ausreichend erwärmt und die mittleren atmosphärischen Bedingungen (Windscherung, Labilität) fördern deren Entwicklung. Zudem begünstigen großräumige Zirkulationen wie der Monsun oder die *easterly waves* die Entstehung. Neben der raumzeitlich unterschiedlichen Verteilung werden die Wirbelstürme im Nordatlantik und Ostpazifik Hurrikans, im Nordwestpazifik Taifune und in den übrigen Regionen meist als tropische Zyklonen bezeichnet.

Die **Zugbahnen** tropischer Wirbelstürme ähneln einer nach Osten offenen Parabel, wobei sich der Wirbelsturm im Osten der äquatorialen Bahn entwickelt, auf seinem Weg nach Westen häufig verstärkt und sich nach seiner Umkehr (Scheitel) auf den polaren Ast unter bestimmten Voraussetzungen in eine außertropische Westwind-Zyklone wandelt (Abb. 14.1).

Die während des Verlaufs erreichte Windgeschwindigkeit hängt vom **Entwicklungsstadium** und der räumlichen Ausdehnung des Sturms ab (Abb. 14.1b). In Satellitenbildern kann das Entwicklungsstadium (X-Kats) visuell bestimmt werden. X-Kat 1 entspricht einem noch wenig geordneten spiralen Wolkenband ohne erkennbares Zentrum,

14

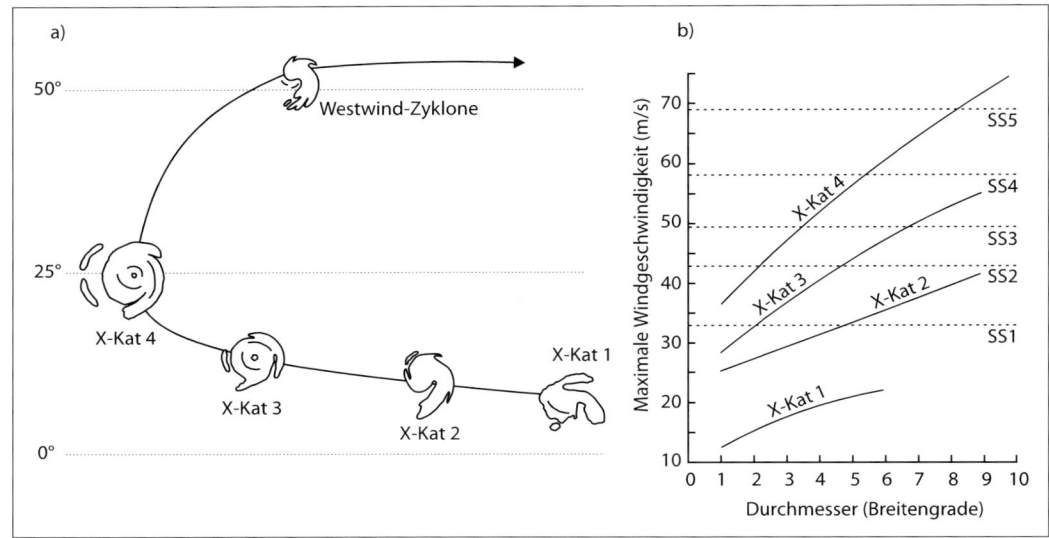

Abb. 14.1 a) Idealisierte Zugbahn eines tropischen Wirbelsturms (Nordhalbkugel) und erwartete Windgeschwindigkeit in Abhängigkeit von Ausdehnung und Entwicklungsstadium (X-Kat). b) Die gestrichelten Linien zeigen die minimale Windgeschwindigkeit der jeweiligen Saffir-Simpson-Skala (SS) (verändert/ergänzt nach Anderson und Velitschev 1973).

X-Kat 2 zeigt ein besser organisiertes Gebilde, in X-Kat 3 wird ein mäßiger Grad der Konzentrizität mit einem unregelmäßig geformten Auge erreicht und X-Kat 4 steht für einen optimal entwickelten Wirbelsturm mit einem runden Auge nahe dem Zentrum der zentralen Wolkenmasse.

14.2.3 Gefährdungspotenzial

Tropische Wirbelstürme bergen ein hohes **Gefährdungspotenzial** über Landflächen und Ozeanen. Über den Ozeanen führen der extreme Seegang, die ständig wechselnden Windrichtungen und die auftretenden Spitzenböen immer wieder zu Schäden an Schiffen und vor allem an vorgelagerten Bohrinseln. So verursachte beispielsweise Hurrikan Ivan 2004 einen versicherten Schaden an *off shore*-Anlagen von 2,5 bis 3 Milliarden US-Dollar. Hinsichtlich der Küstenregionen lassen sich vier Hauptgefahren identifizieren: Sturmfluten, Windlast, Niederschläge und Tornados.

Sturmfluten entstehen dabei, im Gegensatz zu der immer wieder geäußerten Ansicht, nicht durch den niedrigen Kerndruck eines Wirbelsturms, der wie ein Saugrüssel den Meeresspiegel anhebt. Viel-

mehr sind die Starkwindsektoren des Sturms dafür verantwortlich, indem sie die Wassermassen vor sich herschieben.

Während Sturmfluten auf den unmittelbaren Küstenraum beschränkt sind und selten mehr als wenige Zehnerkilometer ins Landesinnere vordringen, sind Sturmschäden entlang der gesamten Zugbahn zu erwarten. Für die Einteilung von tropischen Wirbelstürmen sind verschiedene Skalen in Verwendung, wobei die 5-stufige Saffir-Simpson-Skala (SS) die gängigste Methode darstellt und auf der mittleren maximalen Windgeschwindigkeit beruht (Tab. 14.2, Abb. 14.1b). Die dabei zu erwartenden Spitzenböen sind stark vom jeweiligen Gelände abhängig, steigen jedoch in der Regel mit zunehmender Rauigkeit an und liegen für Weideflächen ca. ein Drittel, für bebaute Gebiete ca. zwei Drittel über den mittleren Windgeschwindigkeiten.

Sowohl die auftretende Windlast als auch das **Schadenspotenzial** von Stürmen verhält sich exponentiell zur Windgeschwindigkeit. Ein Wirbelsturm der Kategorie 4, welcher etwa doppelt so hohe Windgeschwindigkeiten wie ein Kategorie 1-Sturm aufweist, verursacht eine ca. 9-mal größere Windlast und – auf Basis von Daten für die USA – einen 250-mal so großen Schaden (Pielke und Landsea 1998). Tabelle 14.2 zeigt eine Übersicht der zu erwartenden

Tab. 14.2 Schadenspotenzial von tropischen Wirbelstürmen (1925–1995). Das Schadenspotenzial ist ein Anhaltspunkt und bezieht sich auf die eintretenden Schäden bei einem Hurrikan der Kategorie 1 auf der Saffir-Simpson-Skala (SS 1) (verändert/ergänzt nach Pielke und Landsea 1998).

Intensität	Windge-schwindigkeit [km/h]	Fälle	mittlerer Schaden [US$]	Schadens-potenzial	auftretende Schäden
Trop. Sturm	< 119	118	< 1 000 000	0	kaum Schäden
SS 1	119–153	45	33 000 000	1	minimale Schäden an Bäumen etc.
SS 2	154–177	29	336 000 000	10	Bäume entwurzelt, Häuser beschädigt, Küstenstraßen überflutet
SS 3	178–209	40	1 412 000 000	50	mobile Häuser zerstört, Wind drückt Fenster ein, deckt Dächer ab
SS 4	210–249	10	8 224 000 000	250	mobile Häuser komplett weggeweht, tiefer liegende Gebiete überflutet
SS 5	> 249	2	15 973 000 000	500	Zerstörungen katastrophal, schwere Überschwemmungen, Häuser zerstört

Schäden in Abhängigkeit von der Sturmintensität nach der Saffir-Simpson-Skala.

Ebenso wie die Windschäden sind extreme Niederschläge nicht auf die unmittelbaren Küstenbereiche beschränkt. Gleiches gilt für die damit verbundenen Folgeerscheinungen wie Hochwasser, Schlammlawinen etc. Besonders hohe Niederschlagsraten sind im Bereich von Küstengebirgen zu erwarten, an denen es zu erzwungenen Hebungsvorgängen der anströmenden Luftmassen kommt.

14.3 Westwind-Zyklone

Als **Westwind-Zyklonen** bezeichnet man synoptisch-skalierte, Luftmassenfronten ausbildende Tiefdrucksysteme, die sich aufgrund von Temperaturgegensätzen zwischen subtropischer Warm- und polarer Kaltluft bilden. Als Teil der planetaren Westwindzone werden die Tiefdruckgebiete durch die Strömungen in der mittleren und hohen Atmosphäre gesteuert. Die Windgeschwindigkeit der Stürme ist proportional zu den Temperaturunterschieden entlang der Frontalzone. Da im Herbst bzw. Winter der Temperaturkontrast zwischen den noch warmen Ozeanregionen und der schon sehr kalten Polarluft am größten ist, kommt es in diesem Zeitraum zum Auftreten der stärksten Stürme. Die Windgeschwindigkeiten sind in der Regel deutlich geringer als die von tropischen Wirbelstürmen, können aber durchaus 140 bis 200 km/h, in Spitzenböen auch 250 km/h erreichen Darüber hinaus sind die Ausdehnungen der bis zu 2 000 km breiten Sturmfelder größer. Bei Winden in Orkanstärke (> 118 km/h), die mit sehr niedrigen Kerndrücken der Zyklonen einhergehen, wird von Orkantiefs gesprochen.

Das **Gefährdungspotenzial** der Winterstürme beruht vor allem auf der Windlast mit den entsprechenden Schäden an Gebäuden und Vegetation. Da es im Verlauf der Sturmereignisse häufig zu Niederschlägen kommt, können diese zu sekundären Schäden führen (z. B. bei bereits abgedeckten Hausdächern). An den Küsten können zudem Sturmfluten verursacht werden.

Das stärkste **Orkantief** des letzten Jahrhunderts – Anatol (02.–04.12.1999) – mit Spitzenböen von 184 km/h an der Station Sylt hatte eine nördliche Zugbahn über England, Dänemark und Schweden mit besonders hohen Schäden und Menschenopfern in Dänemark (Lefebvre 1999). Kurz darauf zog das Orkantief Lothar (26.12.1999) auf einer südlicheren Bahn von Nordfrankreich nach Deutschland. Die stärksten Winde traten hinter der durchschwenkenden Okklusionsfront mit Böenspitzen von 212 km/h am Feldberg (Schwarzwald) bzw. 259 km/h am Wendelstein auf. Starke Schäden wurden in Frank-

14

reich, Süddeutschland und der Schweiz verzeichnet (Müller-Westermeier 1999).

Eine Sonderform der Winterstürme sind die regelmäßig in den USA und Kanada auftretenden **Blizzards**. So verursachten derartige Schnee- bzw. Eisstürme im Januar 1998 einen Schaden von über 1 Milliarden Euro (Münchener Rück 1998) im Osten Kanadas und Nordosten der USA.

14.4 Schadenspotenzial extremer Sturmereignisse

14.4.1 Die teuersten Sturmkatastrophen bis 2005

Stürme führen weltweit zu großen **Schäden**, wobei versicherte und volkswirtschaftliche Schäden unterschieden werden müssen. Tabelle 14.3 zeigt eine Übersicht der teuersten Sturmkatastrophen bis Ende der Hurrikan-Saison 2005. Hinsichtlich sowohl der volkswirtschaftlichen (EL) als auch der versicherten (IL) Schäden stellt Hurrikan Katrina mit 123 Milliarden US-Dollar EL und 45 Milliarden US-Dollar IL die teuerste Naturkatastrophe aller Zeiten dar und übertrifft damit erstmals den Schaden des Erdbebens von Kobe 1995 (100 Milliarden US-Dollar EL, 3 Milliarden US-Dollar IL). Katrina setzt damit eine neue Messlatte für tropische Wirbelstürme und liegt noch über den von Pielke und Landsea (1998) hochgerechneten maximalen Schadenserwartungen historischer Hurrikans.

Die Übersicht in Tabelle 14.3 zeigt, dass die großen Sturmkatastrophen vor allem durch tropische Wirbelstürme ausgelöst werden, wobei von den 13 Ereignissen zehn auf Hurrikans im westlichen Nordatlantik (USA, Karibik) zurückzuführen sind. In Europa führte der Wintersturm Lothar zu den bisher größten Schäden von 11,5 Milliarden US-Dollar. Rechnet man die Orkane Anatol (03./04.12.1999, EL 2,9 Milliarden Euro, IL 2,25 Milliarden Euro) und Martin (27./28.12.1999, EL 4 Milliarden Euro, IL 2,5 Milliarden Euro) mit ein, so ergibt sich für den Dezember 1999 ein volkswirtschaftlicher Gesamtschaden von 18,4 Milliarden Euro (Umrechnungskurs US-Dollar zu Euro 1:1). Der versicherte Gesamtschaden lag bei 10,65 Milliarden Euro. Im Verhältnis dazu lagen die versicherten Schäden der Sturmserie von Ende Januar bis Ende Februar 1990 (Daria, Herta, Vivian, Wiebke; EL 12,8 Milliarden

Euro, 272 Todesopfer) bei damals 8,51 Milliarden Euro, wobei hochgerechnet auf die Sturmhaftungen 1999 ein Betrag von ca. 16 Milliarden Euro anzusetzen wäre (Schadensangaben nach Münchener Rück 2001, 2004a, b, 2005).

Die bis heute höchsten Schadenssummen (EL 4 Milliarden US-Dollar) und die höchste Auftrittsfrequenz von Tornados wurden im Mittleren Westen der USA zwischen dem 4. und 10. Mai 2003 verzeichnet. Innerhalb dieser Zeitspanne kam es zu 393 Tornados in insgesamt 19 Bundesstaaten, die mit zusätzlichen Hagelunwettern einhergingen. Der Rekord hinsichtlich der Auftrittsfrequenz lag bis zu diesem Zeitpunkt bei 245 Tornados zwischen dem 30. März und 5. April 1974.

14.4.2 Sturmbedingte Katastrophen und Klimawandel

Extreme Sturmereignisse sind, wie andere Wetterphänomene auch, von einer Vielzahl atmosphärischer Bedingungen abhängig, die wiederum im Wechselspiel mit Prozessen an den Landoberflächen bzw. in den Ozeanen stehen. So führt beispielsweise das Auftreten einer *El Niño/Southern Oscillation* (ENSO)-Warmphase zu einer Verstärkung der vertikalen Windscherung (Gray 1984) und einer trockeneren Atmosphäre über dem Atlantik (Tang und Neelin 2004), wodurch es zu einem Rückgang der Hurrikan-Aktivität im Atlantik kommt. Während der ENSO-Kaltphase (*La Niña*) ist eine gegenteilige Tendenz zu verzeichnen, wobei dieser Zusammenhang nicht in allen Regionen gegeben ist. So treten im südwestlichen Pazifik zwar ebenfalls weniger, im nordöstlichen und südöstlichen Pazifik hingegen mehr tropische Wirbelstürme während einer ENSO-Warmphase auf (Revell und Goulter 1986, Dong 1988, Nicholls 1992). Im Nordwestpazifik hingegen führt ENSO zu keiner Verschiebung in der Wirbelsturm-Frequenz, jedoch verschieben sich die Entstehungsgebiete während der Warmphase etwas nach Osten (Chan 1985, Lander 1994).

Die Auswirkungen natürlicher Klimaschwankungen wie ENSO legen nahe, dass ein anthropogen bedingter **Klimawandel** ebenfalls Auswirkungen auf die **Häufigkeit** und/oder die **Intensität** tropischer Wirbelstürme hat. Global gesehen hat jedoch weder die Häufigkeit noch die Intensität von Wirbelstürmen zugenommen (Lander und Guard 1998, Elsner und Kocher 2000). Im Bereich des Atlantiks zeigt sich jedoch ein Aktivitätsanstieg seit 1995, dem aber zwischen 1991 und 1994 die ruhigsten Jahre

Tab. 14.3 Schäden durch Sturmereignisse in Millionen US-Dollar (Umrechnungskurs US-Dollar zu Euro 1:1) (ergänzt nach Münchener Rück 2001, 2004a, b, 2005).

Zeitpunkt	Region	Ereignis	Tote	EL	IL
08/2005	USA	Hurrikan Katrina	1 300	125 000	45 000
08/1992	USA, Florida	Hurrikan Andrew	62	26 500	17 000
08/2004	USA, Karibik	Hurrikan Charley	32	21 300	7 600
09/2004	USA, Karibik	Hurrikan Ivan	125	20 000	11 700
10/2005	USA, Mexiko, Karibik	Hurrikan Wilma	42	16 000	10 000
09/2005	USA	Hurrikan Rita	10	15 000	10 000
12/1999	Frankreich, Deutschland, Schweiz	Wintersturm Lothar	110	11 500	5 900
09/1998	USA, Karibik	Hurrikan Georges	4 000	10 000	4 000
09/1991	Japan	Taifun Mireille	62	10 000	5 400
09/1989	USA, Karibik	Hurrikan Hugo	86	9 000	4 500
09/2004	USA, Karibik	Hurrikan Frances	39	8 440	4 700
01/1990	Europa	Wintersturm Daria	94	6 800	5 100
09/2004	USA, Karibik	Hurrikan Jeanne	2 000	6 600	4 500
09/2004	Japan, Südkorea	Taifun Songda	41	6 000	3 000
06/2001	USA, Texas	Tropensturm Allison	25	6 000	3 500
01/2005	West-, Nord-, Osteuropa	Wintersturm Erwin/Gudrun	18	5 800	2 500
09/1999	Japan	Taifun Bart	29	5 000	3 500
05/2003	USA	Tornados	44	4 000	3 200
10/1987	Frankreich, Großbritannien, Spanien	Wintersturm	17	3 700	3 100

vorausgegangen sind, sodass sich kein langfristiger, signifikanter Trend ergibt. Es lassen sich jedoch mehrere Jahrzehnte andauernde Zyklen verstärkter bzw. abgeschwächter Aktivität identifizieren. Ursächlich für diese Oszillation ist die Veränderung der Meeresoberflächentemperatur (*sea surface temperature*, SST) im Atlantik, die in den 1920er- bis 1960er-Jahren wärmer, von 1970 bis 1995 kälter und seit 1995 wieder wärmer als der Durchschnitt ist (Gray et al. 1997). Die erhöhte Aktivität von Hurrikans in den letzten Jahren, die zudem durch einen Rückgang der vertikalen Windscherung verstärkt wurde (Goldenberg et al. 2001) deutet daher zunächst nicht auf anthropogene Ursachen hin, son-dern zeigt wahrscheinlich den Beginn der nächsten Warmphase. Dies bedeutet natürlich nicht, dass sowohl im privaten und öffentlichen Sektor als auch in der Versicherungswirtschaft keine Anpassungen an die wahrscheinlich die nächsten 20 Jahre dauernden veränderten Rahmenbedingungen notwendig werden.

Prinzipiell ist der Wissensstand bezüglich tropischer Wirbelstürme für die atlantischen Hurrikans am größten. Für die übrigen Regionen lassen sich nur vage Aussagen treffen. Im Nordwestpazifik zeigt sich ein Anstieg in der Aktivität tropischer Zyklonen seit 1980, wobei ein gegenläufiger Trend in den Jahren zwischen 1960 und 1980 zu verzeichnen

14

war (Chan und Shi 1996). Der Nordostpazifik weist ebenfalls einen ansteigenden Trend auf, wohingegen sich im Indischen Ozean ein Rückgang der Aktivität zeigt (Landsea o. J.). Einen Rückgang vor allem der stärkeren Zyklonen zeigt sich seit Mitte der 1980er-Jahre für den australischen Raum, der nach Nicholls et al. (1998) vor allem auf die häufigeren ENSO-Warmphasen in den 1980er- und 1990er-Jahren zurückzuführen ist.

Die sich über mehrere Jahrzehnte ziehenden, natürlichen Klimavariabilitäten machen es folglich zum aktuellen Zeitpunkt schwer, Anhaltspunkte für einen bereits bestehenden anthropogenen Einfluss auf die Häufigkeit tropischer Wirbelstürme zu finden, da es zumindest bisher so scheint, als folge alles dem gewohnten Gang. Hinsichtlich der Intensität zeichnet sich jedoch seit der Mitte des vergangenen Jahrhunderts zumindest für die Hurrikans ein zunehmender Trend ab, wenngleich Intensitätsmessungen aufgrund der verfügbaren Datenbasis kritisch bewertet werden müssen. Die Untersuchungen von Emanuel (2005) zeigen, dass der verwendete *power dissipation index* (PDI) in den letzten 30 Jahren um 100 % zugenommen hat. Der PDI berechnet sich aus der dritten Potenz der maximalen Windgeschwindigkeit in 10 m über Grund integriert über die Lebenszeit eines Hurrikans. Vergleicht man die Veränderungen des PDI mit den mittleren SSTs im Atlantik und Ostpazifik zwischen 30° nördlicher und südlicher Breite, so ergibt sich ein Quadrat des Korrelationskoeffizienten von 0,69, wobei der absolute SST-Anstieg von etwa 0,5 K einen Anstieg der Spitzengeschwindigkeit von 2,5 % verursachen kann (Emanuel 1987) und folglich für weniger als 10 % des Anstiegs des PDI verantwortlich ist. Selbst zusammen mit einer zumindest aus der Datenbasis hervorgehenden Zunahme der über das Jahr integrierten Sturmdauer um ca. 50 % seit 1950 kann damit lediglich eine Erhöhung des PDI um maximal 12 % erklärt werden. Für die Zunahme der Intensität müssen folglich noch andere Faktoren ausschlaggebend sein. Eine Möglichkeit wäre z. B. eine Temperaturzunahme nicht nur der Ozeanoberfläche, sondern auch der tieferen Wasserschichten, die die negative Rückkopplung zwischen tropischen Wirbelstürmen und unter ihnen befindlichen Wasserkörpern abschwächen könnte (Levitus et al. 2000).

Es ist festzuhalten, dass die starken Hurrikans der Saison 2004 und 2005 (noch) keinen Rückschluss auf ein sich anthropogen bedingt änderndes **Tropenklima** zulassen. Zwar prognostizieren aktuelle Klimamodellrechnungen einen Anstieg der Windgeschwindigkeit von Hurrikans um 5 % bis 2080 (Kntuson und Tuleya 2004), die heute dann

bereits zu erwartenden Veränderungen (Anstieg der Windgeschwindigkeit um ca. 3 km/h) würden jedoch alle im Bereich der Messungenauigkeit (> 9 km/h) liegen. Darüber hinaus wären derartige Veränderungen deutlich geringer, als sie durch die bisherigen SST-Oszillationen im Atlantik verursacht worden sind.

Die einzelnen Schadensereignisse durch europäische Winterstürme der letzten Jahre (Lothar, Erwin/Gudrun) lassen analog zu den tropischen Wirbelstürmen ebenfalls keinen unmittelbaren Rückschluss auf sich abzeichnende, anthropogen bedingte Klimaveränderungen zu. Vergleichbar dem ENSO-Phänomen finden auch im Atlantik natürliche Klimaschwankungen mit einer Periode zwischen 5 und 25 Jahren statt – die **Nordatlantische Oszillation** (NAO). Die NAO ist sowohl für den Verlauf als auch die Intensität der (Winter-)Stürme von entscheidender Bedeutung und kann durch den NAO-Index, der auf der Druckdifferenz zwischen Azorenhoch und Islandtief basiert, bewertet werden. Ein positiver NAO-Index weist auf eine ausgeprägte Entwicklung des Islandtiefs hin, was eine Intensivierung der Sturmaktivität zur Folge hat, die weit nach Europa hinein vordringen kann. Negative Indexwerte hingegen repräsentieren ein nur schwach ausgeprägtes Islandtief. Dies hat zur Folge, dass zum einen die Windgeschwindigkeiten geringer sind, zum anderen kontinentale Kaltluftmassen die Witterung in Europa bestimmen und blockierend bzw. ablenkend auf die von Westen heranziehenden Tiefs wirken, sodass die europäischen Winter insgesamt windärmer, dafür aber auch kälter sind.

Während bis in die 1960er-Jahre negative Index-Werte die NAO charakterisierten, werden zusammen mit einer zu verzeichnenden Erhöhung der SSTs die Werte zunehmend positiver. Untersuchungen der nordhemisphärischen Sturmaktivität seit 1959 zeigen dementsprechend auch eine signifikante Zunahme der Intensität von Westwind-Zyklonen. Gleichzeitig ist die Auftrittsfrequenz der Stürme in den mittleren Breiten rückläufig, in höheren Breiten hingegen zunehmend. Zusammen mit den beobachteten Veränderungen der Wintertemperaturen in der Nordhemisphäre könnte dies auf eine durch den Klimawandel bedingte, polwärtige Verschiebung der Sturmzugbahnen schließen lassen (McCabe et al. 2001).

Zusammenfassend bleibt festzuhalten, dass derzeit keine gesicherten Aussagen über eine veränderte Sturmaktivität durch einen anthropogenen oder auch natürlichen, nicht periodischen Klimawandel getroffen werden können. Hinsichtlich der Sturmschäden wird jedoch auch weiterhin die Zugbahn

14

und nicht die Stärke an sich einen größeren Einfluss auf die entstehenden volks- und versicherungswirtschaftlichen Schäden haben (Schweizer Rück 2000). Ein signifikant zunehmendes Schadenspotenzial könnte deshalb dann zu verzeichnen sein, wenn eine Klimaänderung die Zugbahnen derart verlagert, dass vermehrt Gebiete mit hohen Wertekonzentrationen betroffen sind. Angesichts der infrage kommenden Risikoregionen zeigen sich jedoch keine signifikanten Unterschiede in der großräumigen Siedlungs- und Wertekonzentration (Küste Floridas und US-Golfküste, West- und Mitteleuropa etc.), sodass eine reine Verlagerung ohne eine gleichzeitige Verbreiterung der Zugbahnen zunächst die bisherigen Schadensgebiete entlasten und neue belasten würde, ohne dass ein signifikanter Anstieg in der Gesamtsumme der Schäden zu verzeichnen sein müsste.

Zusammenfassung

Stürme gelten aufgrund ihrer Häufigkeit und ihrer Gesamtfläche als die weltweit bedeutenste Naturgefahr und sind verantwortlich für die höchsten versicherten Schäden. Neben der unmittelbaren Windlast verstärken vor allem Niederschläge, in Küstenregionen auch Sturmfluten zusätzlich das Schadenspotenzial.

Hinsichtlich der räumlichen Verteilung sind die subtropischen Regionen Nord- und Mittelamerikas, Australiens sowie Ost- und Südostasiens durch tropische Wirbelstürme gefährdet. Da diese Systeme ihre Energie aus den warmen Ozeanen gewinnen, führen sie vor allem in Küstenbereichen zu Schäden. In den mittleren und höheren Breiten haben außertropische Sturmtiefs, deren stärkste Ausprägung häufig im Winter auftritt und die dann als Wintersturm bezeichnet werden, das größte Schadenspotenzial. Im Unterschied zu den tropischen Wirbelstürmen beziehen diese Tiefdrucksysteme ihre Energie aus den Temperaturgegensätzen polarer Kalt- und subtropischer Warmluft, sodass die Schadensregionen nicht auf die Küstenabschnitte beschränkt sind. Unabhängig von dieser groben Zonierung der Erde hinsichtlich der großen Sturmsysteme, können Tornados prinzipiell überall im Zusammenhang mit Gewitterzellen auftreten.

Wie genau sich der (anthropogene) Klimawandel auf die Häufigkeit und Intensität der Strurmereignisse auswirken wird, ist derzeit noch nicht eindeutig zu prognostizieren, da natürlich-perio-

dische Klimaschwankungen die gegebenenfalls schon stattfindenen Veränderungen maskieren. Aber selbst für die durch periodische Schwankungen hervorgerufenen Veränderungen der Sturmaktivität sind vor dem Hintergrund einer zunehmenden Anfälligkeit moderner Lebens- und Wirtschaftsformen flexible Anpassungsmaßnahmen seitens der Volks- und Versicherungswirtschaften unumgänglich, um die Folgen der Schadensereignisse so gering wie möglich zu halten.

Schlüsselsätze
- Stürme gelten aufgrund ihrer Häufigkeit und ihrer Gesamtfläche als eine bedeutende Naturgefahr. Stürme sind verantwortlich für die höchsten versicherten Schäden.
- Neben der unmittelbaren Windlast verstärken vor allem Niederschläge und Sturmfluten zusätzlich das Schadenspotenzial.
- Wie genau sich der (anthropogene) Klimawandel auf die Häufigkeit und Intensität der Strurmereignisse auswirken wird, ist derzeit noch nicht eindeutig zu prognostizieren.
- Für die durch periodische Schwankungen hervorgerufenen Veränderungen der Sturmaktivität sind vor dem Hintergrund einer zunehmenden Anfälligkeit moderner Lebers- und Wirtschaftsformen flexible Anpassungsmaßnahmen seitens der Volks- und Versicherungswirtschaften unumgänglich.

Literatur

Anderson RK, Veltischev NF (1973) The use of satellite pictures in weather analysis and forecasting. *World meteorological Office technical Note* 124. Genf

Avila LA, Pasch RJ (1995) Atlantic tropical systems of 1993. Monthly Weather Review 123: 887–896

Chan JCL (1985) Tropical cyclone activity in the Northwest Pacific in relation to the El Nino/Southern Oscillation phenomenon. Monthly Weather Review 113: 599–606

Chan JCL, Shi J (1996) Long-term trends in interannual variability in tropical cyclone activity over the western North Pacific. *Geophysical Research Letters* 23: 2765–2767

Dong K (1988) El Nino and tropical cyclone frequency in the Australian region and the Northwest Pacific. *Australian Meteorological Magazine* 36: 219–225

Dotzek N, Berz G, Rauch E, Peterson RE (2000) Die Bedeutung von Johannes P. Letzmanns „Richtlinien zur Erforschung von Tromben, Tornados, Wasserhosen und Kleintromben für die heutige Tornadoforschung. *Meteorologische Zeitschrift* 9: 165–174

Elsner JB, Kocher B (2000): Global tropical cyclone activity: A link to the North Atlantic Oscillation. *Geophys. Res. Lett.* 27: 129–132

Emanuel KA (1987) The dependence of hurricane intensity on climate. *Nature* 326: 483–485

Emanuel KA (2005) Increasing destructiveness of tropical cyclones over the past 30 years. *Nature* 436: 686–688

Glade T (2006) Naturgefahren, Naturrisiken und Naturkatastrophen. In: Glaser R, Boldt K, Schulte A (Hrsg) Physische Geographie von Deutschland. Wissenschaftliche Buchhandlung, Darmstadt

Goldenberg SB, Landsea CW, Mestas-Nuñez AM, Gray WM (2001) The recent increase in Atlantic hurricane activity: Causes and implications. *Science* 293: 474–479

Gray WM (1984) Atlantic seasonal hurricane frequency. Part I: El Niño and 30 mb quasi-biennial oscillation influences. Monthly Weather Review 112: 1649–1668

Gray WM, Sheaffer JD, Landsea CW (1997) Climate trends associated with multidecadal variability of Atlantic hurricane activity. In: Diaz HF, Pulwarty RS Hurricanes: Climate and Socioeconomic Impacts. Springer, New York. 15–53

Hagemeyer BC (1997) Peninsular Florida Tornado outbreaks. *Weather Forecasting* 12: 399–427

Knutson TR, Tuleya RE (2004) Impact of CO2-Induced Warming on Simulated Hurricane Intensity and Precipitation: Sensitivity to the Choice of Climate Model and Convective Parameterization. *Journal of Climatology* 17: 3477–3495

Lander M (1994) An exploratory analysis of the relationship between tropical storm formation in the Western North Pacific and ENSO. Monthly Weather Review 122: 636–651

Lander MA, Guard CP (1998) A look at global tropical cyclone activity during 1995: Contrasting high Atlantic activity with low activity in other basins. Monthly Weather Review 126: 1163–1173

Landsea CW (1993) A climatology of intense (or major) Atlantic hurricanes. Monthly Weather Review 121: 1703–1713

Landsea (ohne Jahr) Hurricane FAQ. http://www.aoml.noaa.gov/hrd/tcfaq/tcfaqHED.html

Lefebvre C (1999) Orkantief Anatol vom 3./4. Dezember 1999. http://www.dwd.de/de/FundE/Klima/KLIS/prod/KSB/ksb99/anatol.pdf

Levitus S, Antonov JI, Boyer TP, Stephens C (2000): Warming of the world ocean. *Science* 287, 2225–2229

McCabe GJ, Clark MP, Serreze MC (2001) Trends in Northern Hemisphere Surface Cyclone Frequency and Intensity. *Journal of Climatology* 14: 2763–2768

Müller-Westermeier G (1999) Orkantief „Lothar" vom 26.12.1999. http://www.dwd.de/de/FundE/Klima/KLIS/prod/KSB/ksb99/lothar.pdf

Münchener Rück (1998) Weltkarte der Naturgefahren. Münchener Rückversicherungs-Gesellschaft, München

Münchener Rück (1999) Naturkatastrophen in Deutschland. Schadenserfahrungen und Schadenspotenziale. Münchener Rückversicherungs-Gesellschaft, München

Münchener Rück (2001) Winterstürme in Europa (II). Schadenanalyse 1999 – Schadenpotenziale. Münchener Rückversicherungs-Gesellschaft, München

Münchener Rück (2004a) Die 10 größten Naturkatastrophen 2004. Pressemitteilung vom 28.12.2004. Münchener Rückversicherungs-Gesellschaft, München. http://www.munichre.com/assets/pdf/press/pr/2004_12_28_press_release_200_app_01_de.pdf

Münchener Rück (2004b) Die teuersten Sturmkatastrophen der Versicherungsgeschichte. Pressemitteilung vom 28.12.2004. Münchener Rückversicherungs-Gesellschaft, München. http://www.munichre.com/assets/pdf/press/pr/2004_12_28_press_release_200_app_03_de.pdf

Münchener Rück (2005) Die 5 größten Naturkatastrophen 2005. Pressemitteilung vom 29.12.2005. Münchener Rückversicherungs-Gesellschaft, München. http://www.munichre.com/assets/pdf/press/2005_12_29_app1_de.pdf

Nicholls N (1992) Recent performance of a method for forecasting Australian seasonal tropical cyclone activity. *Australian Meteorological Magazine* 40: 105–110

Nicholls N, Landsea CW, Gill J (1998) Recent trends in Australian tropical cyclone activity. *Meteorology and Atmopheric Physics* 65: 197–205

Novlan DJ, Gray WM (1974) Hurricane-spawned Tornadoes. Monthly Weather Review 102: 476–488

Pielke Jr. RA, Landsea CW (1998) Normalized Atlantic hurricane damage 1925–1995. *Weather Forecasting* 13: 621–631

Revell CG, Goulter SW (1986) South Pacific tropical cyclones and the Southern Oscillation. Monthly Weather Review 114: 1138–1145

Riehl H (1948) On the formation of typhoons. *Journal of Meteorology* 5: 247–264

Schweizer Rück (2000) Sturm über Europa. Ein unterschätztes Risiko. Schweizerische Rückversicherungs-Gesellschaft, Zürich

Tang BH, Neelin JD (2004) ENSO Influence on Atlantic hurricanes via tropospheric warming. *Geophysical Research Letters* 31: L24204

15 Bodenerosion und Desertifikation

Bernhard Eitel und Hans-Rudolf Bork

Bodenerosion · Bodenfruchtbarkeit · Bodenschutz · Desertifikation · Erosionsmessung · Landnutzung · Oberflächenabfluss · Schluchtenreißen · Vegetationszerstörung · Wassererosion · Winderosion

Mit Anbeginn der agrarischen Landnutzung treten Bodenerosion und Desertifikation auf. Von Bodenerosion betroffen sind sämtliche genutzte Räume der Erde, von Desertifikation insbesondere die semiariden und semihumiden Klimate. In früh besiedelten Landschaften ging der überwiegende Teil der Böden bereits vor Jahrtausenden verloren. Da Erosions- und Desertifikationsprozesse oftmals sehr langsam verlaufen, wird ihre Bedeutung bis heute meist verkannt. Bodenerosion und Desertifikation reduzieren die Fruchtbarkeit und die Nutzbarkeit der Böden langfristig dramatisch. Seltene extreme Witterungsereignisse wirken stark beschleunigend. Bodenerosion und Desertifikation gehören zu den gravierendsten, von Menschen herbeigeführten, dauerhaften Umweltveränderungen. Maßnahmen zu ihrer Vermeidung werden unzureichend eingesetzt.

15.1 Einführung

Von Menschen erst ermöglicht, können Bodenerosion und Desertifikation verheerend auf die Nutzbarkeit wirken. Zunächst sind meist lediglich einzelne Standorte und damit wenige Landnutzer betroffen. Später bestimmen Bodenerosion und Desertifikation oftmals die Nutzbarkeit ausgedehnter Regionen.

Die meisten Böden entstehen über Zeiträume von Jahrtausenden. Weitaus schneller wirken Bodenerosion und Desertifikation. Sie können landwirtschaftlich nutzbare Böden schleichend, also von den Landnutzern unbemerkt, im Verlauf von einigen Jahrzehnten oder wenigen Jahrhunderten vollständig zerstören. Oder sie treten abrupt auf. Während eines Sturms führen sie fruchtbare Böden für immer fort.

15.2 Bodenerosion

15.2.1 Definition

Früher wurde unter Bodenerosion der gegenüber der natürlichen Abtragung beschleunigte, anthropogene Bodenverlust verstanden. Agrarwissenschaftler gingen davon aus, dass Bodenerosion in dem Umfang tolerierbar war, in dem sich zeitgleich Böden neu bildeten.

Die Forschungsarbeiten der vergangenen Jahrzehnte belegen jedoch zweifelsfrei, dass es in den meisten von dichter natürlicher Vegetation, also von Wäldern und Steppen bedeckten Landschaften der Erde während der Nacheiszeit keine relevante natürliche Erosion gab (Bork 2006). Bodenerosion wird dort erst durch anthropogene Vegetationszerstörung und die nachfolgende Landnutzung ermöglicht. Lediglich in den semiariden oder ariden Gebieten der Erde, wo natürlich Erosion auftritt, tritt anthropogen ermöglichte Bodenerosion in unterschiedlichem Ausmaß als zweite Komponente hinzu.

So verstehen wir heute unter **Bodenerosion** die von Menschen durch die Beseitigung der den Boden schützenden Vegetation ermöglichte und von Ober-

15

flächenabfluss oder Wind direkt ausgelösten Prozesse der Erosion, des Transports und der Ablagerung von Boden- oder Gesteinspartikeln.

15.2.2 Prozesse der Wind- und Wassererosion

Löst starker Wind Bodenpartikel ab, sprechen wir von äolischer Erosion oder **Winderosion**. Größere Partikel wie Sandkörner oder kleine Bodenaggregate werden während eines Sturms meist nur über kurze Distanzen bodennah transportiert; feine Schluffkörner können hingegen im Verlauf eines einzelnen Ereignisses über Distanzen von Hunderten oder gar Tausenden von Kilometern in Höhen von mehreren Kilometern über der Geländeoberfläche bewegt werden.

Auf kaum vegetationsbedeckte Oberflächen aufschlagende Regentropfen sprengen Boden- und Gesteinspartikel ab, **Splasherosion** oder Regentropfenerosion entsteht, die Oberfläche verschlämmt. Die Transportwege sind jedoch gering. Ein Regentropfen vermag Bodenpartikel kaum weiter als 1 m zu schleudern.

Reißt während starker Niederschläge auftretender Abfluss auf der Geländeoberfläche Boden- oder Gesteinspartikel fort, so tritt **Wassererosion** auf. Im Abfluss mitgeführte gröbere Partikel werden während kurzer Starkniederschläge vorwiegend nur bis zum Hangfuß transportiert. Feinste Partikel wie Tonminerale können, ausgelöst durch ein einziges Niederschlagsereignis, über die Vorfluter mehrere tausend Kilometer bis in das Meer verfrachtet werden. Heute sind viele Flüsse mit Staudämmen versehen, sodass die feinen Bodenpartikel in den Stauseen sedimentieren und diese allmählich auffüllen. Kleine Staubecken füllen sich nicht selten innerhalb weniger Jahre vollständig und werden so nutzlos.

15.2.3 Von Bodenerosion geschaffene Strukturen

Oberflächenverdichtung

Regentropfen, die auf eine nicht durch Vegetation geschützte Geländeoberfläche auftreffen, zerschlagen Bodenaggregate und verdichten die obersten Millimeter des Bodens, fortgeschleuderte Bodenpartikel verstopfen größere Poren. Die Oberfläche wird im Verlauf eines Starkniederschlags sichtbar geglättet. Trocknet die Oberfläche nach einem Niederschlag ab, entsteht eine dünne feste Kruste an der Geländeoberfläche. Diese besitzt eine weitaus geringere Wasserleitfähigkeit. Messungen ergaben, dass das Wasseraufnahmevermögen eines Bodens um mehr als 90 % durch eine derartige Oberflächenverdichtung gemindert werden kann (Bork 1988).

Denudation

Entsteht während eines mäßig ergiebigen Starkniederschlags auf einer verdichteten, ackerbaulich genutzten und vorübergehend vegetationsfreien Hangoberfläche Abfluss, bewegt sich dieser zunächst flächenhaft hangabwärts. Nach Fließstrecken von einigen Dezimetern bewirkt die Oberflächenrauigkeit eine Konzentration des dünnen Abflussfilms in einzelne Bahnen. Bei ausreichender Fließgeschwindigkeit werden Bodenpartikel aus der Oberflächenkruste herausgebrochen; einige Zentimeter schmale und wenige Millimeter tiefe Rinnensysteme reißen ein. Weitere sommerliche Starkniederschläge oder Schneeschmelzen im Frühjahr vertiefen und verbreitern die Rinnensysteme. Die nächste Bodenbearbeitung beseitigt die Rinnen und die zwischen ihnen liegenden Reste der Oberflächenverdichtung. Die beschriebenen Prozesse wiederholen sich Jahr für Jahr. Die Bodenbearbeitungen bewirken zusammen mit der Rinnenerosion eine flächenhafte Tieferlegung der Oberfläche oder Denudation.

Schluchtenreißen

Treten innerhalb weniger Wochen oder Monate mehrere mäßig ergiebige Starkniederschläge auf, wandeln sich die Rinnen zu kleinen Schluchten. Werden diese jährlich durch Bodenbearbeitung beseitigt, sprechen wir von ephemeren Schluchten (*ephemeral gullies*). Falls die Beseitigung der Rinnen durch Bodenbearbeitung ausbleibt, können im Verlauf einiger Jahre oder Jahrzehnte ausgedehnte, tiefe und dauerhafte Schluchtensysteme entstehen. Jedoch kann auch während eines kurzen, sehr seltenen und extrem ergiebigen, 100- oder 1 000-jährigen Niederschlags ein tiefes Schluchtensystem einreißen.

Winderosion

Von starkem Wind auf vegetationsfreien Oberflächen mit einheitlicher Körnung abgelöste Partikel sedimentieren in kleinen Hohlformen, die Oberfläche wird geglättet. Auf der Luvseite eines Höhenzugs wird stärker erodiert, auf der Leeseite sedimentiert. Wenn Pflanzen auf der Oberfläche wachsen oder dort Steine liegen, lagern sich die vom Wind herantransportierten Sandpartikel im Lee ab. Staub wird bis in große Höhe getragen, in Suspension transportiert und erst mit dem Niederschlag oder bei Windstille abgelagert.

15.2.4 Ist Bodenerosion tolerierbar?

Die Bildungsraten von Böden sind sehr viel geringer als die Raten von Bodenerosion in von Menschen genutzten Räumen. Bodenneubildung kann Bodenerosion an einem agrarisch genutzten Hang nicht kompensieren. Das von Agrarwissenschaftlern entwickelte **Konzept der Tolerierbarkeit von Bodenerosion** berücksichtigt lediglich die Abtragungs- und nicht die Ablagerungsstandorte. So vollziehen sich entscheidende, unerwünschte Wirkungen von Bodenerosion zumeist außerhalb der von Abtragung betroffenen Äcker. Schwebstoffe lagern sich auf Unterhängen und in Auen ab, bedecken dort Wege, setzen sich in Kellern ab, füllen Gräben, bedingen die Verlagerung von Vorflutern und verändern zuvor häufig nährstoffarme und damit artenreiche Feuchtstandorte. Bodenerosion ist daher grundsätzlich zu vermeiden und nicht tolerierbar.

15.2.5 Zeitliche und räumliche Variabilität von Bodenerosion

Bodenerosion tritt zeitlich befristet vor allem während **extremer Witterungsereignisse** mit hohen Windgeschwindigkeiten oder Niederschlagsintensitäten auf. Zumeist dauert ein Extremereignis nur einige Minuten, gelegentlich einige Stunden und sehr selten wenige Tage. Ereignisse, deren Intensität einmal im Monat auftritt, erodieren nur schwach. Summiert über ein Jahrzehnt oder ein Jahrhundert, verändern sie die Oberfläche kaum. Ein 100- oder ein 1 000-jähriges Ereignis kann hingegen erhebliche Bodenmengen verlagern. Vom 19. bis zum 25. Juli des Jahres 1342 führte eine Vb-Zugbahn feuchte Luftmassen aus dem östlichen Mediterranraum in das westliche Mitteleuropa. Der resultierende Niederschlag bewirkte die stärkste Bodenerosion der vergangenen eineinhalb Jahrtausende in Mitteleuropa. Etwa ein Drittel des gesamten Abtrags der

vergangenen 1 500 Jahre vollzog sich in jener Woche. Die Resultate dieses verheerenden Ereignisses sind in den Landschaften Deutschlands noch heute verborgen (Bork 2006).

Starkniederschläge und Stürme wirken in verschieden großen Räumen. Manche Gewitterregen erodieren nur auf einem einzigen Acker Bodenmaterial, andere auf zahlreichen Schlägen entlang einer mehrere Zehnerkilometer langen Zugbahn. Der 1 000-jährige Niederschlag des Jahres 1342 verheerte landwirtschaftlich genutzte Flächen von der Eider bis zur Donau sowie vom Rhein bis zur Donau.

15.2.6 Messung und Modellierung von Bodenerosion

Ist das Ausmaß von Bodenerosion messbar?

Bodenerosion durch Oberflächenabfluss wurde in den vergangenen Jahrzehnten an vielen Standorten der Erde auf kleinen, wenige Quadratmeter oder Zehnerquadratmeter umfassenden Parzellen gemessen. Der auf den meist mit Blechen begrenzten Parzellen auftretende Oberflächenabfluss wurde mitsamt dem mitgeführten, erodierten Material am Parzellenende aufgefangen und quantifiziert. Bodenerosion unterliegt jedoch einer starken räumlichen Variabilität. Erst über Fließstrecken, die die Parzellenlängen meist weit übertreffen, bildet sich in erheblichem Maße Oberflächenabfluss und Wassererosion. Auf den Parzellen aufgetretene Ablagerungen blieben unberücksichtigt. Schließlich förderten die **Messeinrichtungen** nicht selten das Ausmaß der Bodenerosion. Kleine Messparzellen sind daher nicht zur Identifizierung des tatsächlichen Ausmaßes der Bodenerosion auf Hängen oder in Wassereinzugsgebieten verwendbar. Winderosion ist bis heute nicht in ausreichender Genauigkeit messbar. Jedoch gelingt häufig indirekt die quantitative Rekonstruktion des Ausmaßes früherer Bodenerosion durch Abfluss und Wind durch die Analyse von Geoarchiven, also über eine detaillierte Untersuchung der Resultate der Bodenerosion in der Vergangenheit.

Ist das Ausmaß von Bodenerosion mit Modellen berechenbar?

Da wir die komplexen, räumlich und zeitlich sehr stark differenzierten Prozesse der Bodenerosion

15

nicht ausreichend verstanden haben, gelingt bis heute keine befriedigende **Simulation der Bodenverlagerung** für größere Räume mit Modellsystemen. Zwar existieren zahlreiche empirische Modelle, mit denen versucht wird, das Ausmaß von Bodenerosion in Abhängigkeit von Witterungs-, Relief-, Boden- und Landnutzungsdaten zu berechnen. Jedoch ist kein empirisches Modell uneingeschränkt übertragbar. Daher sind die bekannte *„Universal Soil Loss Equation"* (ein für Teile der USA erstelltes Regressionsmodell) und ihre Adaptionen nicht verwendbar. Einige viel versprechende physikalisch basierte Modelle besitzen den Nachteil, dass die zu ihrer Anwendung benötigten Daten nur an sehr wenigen Standorten zur Verfügung stehen (Bork und Schröder 1996).

15.2.7 Das Ausmaß von Bodenerosion

Mit der Etablierung von Acker- und Gartenbau sowie Tierhaltung und der resultierenden Auflichtung oder Zerstörung der Vegetation setzte Bodenerosion ein. Böden und Relief entwickelten sich unter dem Einfluss der **Landnutzung** völlig andersartig als in natürlichen, von Menschen nicht beeinflussten Räumen. In einigen Regionen Chinas und Vorderasiens, Süd- und Mitteleuropas existieren heute keine Standorte mehr, die nicht durch Bodenerosion und Sedimentation verändert wurden. So ist in Deutschland außerhalb der höheren Lagen der

Alpen kein Hangstandort bekannt, der nicht im Verlauf von Urgeschichte, Mittelalter oder Neuzeit zeitweise genutzt worden wurde.

Im zentralen und im östlichen Lössplateau Nordchinas wurden die fruchtbaren Böden bereits vor mehr als vier Jahrtausenden fast vollständig flächenhaft abgetragen und die Unterhänge zerschluchtet (Abb. 15.1). Erst seitdem prägt kalkhaltiger Löss dort wieder die Oberfläche. Auch in Mitteleuropa verloren einige Standorte schon im Verlauf von Neolithikum, Bronze- oder Eisenzeit ihre damals meist humosen, geringmächtigen und fruchtbaren Böden vollständig. Extensivierungen oder Aufgabe der Nutzung waren die Folge. In den Mittelgebirgen Deutschlands wurden geringmächtige Böden während Mittelalter und Neuzeit, zu einem erheblichen Teil im 14. Jahrhundert, auf den Ober- und Mittelhängen häufig vollständig erodiert. In mitteleuropäischen Lösslandschaften wurden die holozänen Böden vollständig auf vielen steilen Mittel- und Oberhängen während des Mittelalters und der Neuzeit abgetragen. Das Schluchtenreißen verheerte Lösslandschaften besonders im 14. und 18. Jahrhundert. Seltene extreme Witterungsereignisse bedingten den weit überwiegenden Teil dieses Bodenverlustes. Die durch Nutzung ermöglichte holozäne Bodenerosion führte zu einer Jahrhunderte oder Jahrtausende währenden Minderung der Bodenfruchtbarkeit.

Grundlegende Veränderungen der Nutzungssysteme und -intensitäten durch Landnahme, Kolonisierung, Expansion, Technisierung und politische Umbrüche bewirkten im 20. Jahrhundert eine Vervielfachung der Bodenerosionsraten in vielen Land-

Abb. 15.1 Bodenerosion im nordchinesischen Lössplateau (Foto: Hans-Rudolf Bork).

schaften der Erde. Im Palouse (Washington, USA) ermöglichte der Ersatz von Zugtieren durch Zugmaschinen in den 1930er-Jahren eine dramatische Erhöhung der bis dahin sehr geringen Bodenerosionsraten. Mit der Etablierung von Volkskommunen im Jahr 1958 veränderte sich der Landbau in China dramatisch. Auf bis dahin über Jahrtausende nachhaltig genutzten Standorten im Lössplateau Nordchinas explodierten die Bodenerosionsraten von etwa einer Tonne pro Hektar und Jahr auf mehrere hundert Tonnen pro Hektar und Jahr. In Westdeutschland bewirkten die in den 1950er-, 1960er- und 1970er-Jahren durchgeführten Flurbereinigungsmaßnahmen im Mittel eine Verdreifachung der Bodenerosionsraten. Die annährend zeitgleiche Kollektivierung im Osten Deutschlands besaß vergleichbare Wirkungen. In einigen stärker reliefierten mitteleuropäischen Lösslandschaften treten heute Bodenerosionsraten von mehreren Zehnertonnen pro Hektar und Jahr auf.

Der explosionsartige Anstieg der **Bodenzerstörung** in den vergangenen Jahrzehnten in vielen Regionen der Erde hat seine Ursache bislang nicht in häufigeren oder intensiveren Starkniederschlägen und Stürmen. Von Menschen geschaffene ungünstige Vegetations- und Landschaftsstrukturen, die unsachgemäße Anlage von Infrastruktur, die Intensivierung der Landwirtschaft (Abb. 15.2), technische Entwicklungen, abrupte Modifikationen der politischen und sozialen Gegebenheiten sowie das andersartige Verhalten der Bevölkerung im ländlichen Raum bedingten die dramatischen Veränderungen der Böden (Bork 2006).

15.2.8 Wie schützen wir die Böden der Erde vor Bodenerosion?

Da Bodenerosion in den semihumiden und humiden Räumen der Erde mit der Beseitigung der natürlichen Vegetation einsetzte, besteht der effektivste und nachhaltigste Schutz noch vorhandener Böden in der Etablierung von nicht genutzten Wäldern oder von extensiv genutztem Dauergrünland. Der Zwang zur Erzeugung von Nahrungsmitteln verhindert jedoch eine flächendeckende Etablierung dieser Nutzungsformen in den meisten humiden und besiedelten Regionen der Erde. Lediglich an wenigen besonders erosionsgefährdeten Standorten kann die agrarische Nutzung beendet werden. Zumeist ist es erforderlich, Landnutzungstechniken anzuwenden, die einerseits eine starke Verdichtung der Oberböden und damit ein vermindertes Wasseraufnahmevermögen verhindern und die andererseits eine annährend ganzjährige Bedeckung der Oberfläche mit lebender oder toter Vegetation gewährleisten. So verhindert der Anbau von Zwischenfrüchten längere Phasen ohne Vegetationsschutz besonders in den Wintermonaten. Bleiben nach der Ernte Stoppeln stehen und weitere Pflanzenreste in erheblichem Maße auf der Oberfläche liegen, so ist der Boden zumindest bei schwächeren Starkniederschlägen weitgehend geschützt. Diese **Mulchungstechnik** bewirkt weiterhin eine hohe Oberflächenrauigkeit und damit eine Minderung der Geschwindigkeit lokal auftretenden

Abb. 15.2 Desertifikation im Osten der Osterinsel. Während einer Phase intensiver Schafhaltung und jährlicher Brände im 20. Jahrhundert wurden die fruchtbaren Böden vollständig erodiert (Foto: Hans-Rudolf Bork).

15

Oberflächenabflusses. Diese Beispiele belegen, dass individuelle, lokale Lösungen beim Bodenschutz anzustreben sind. Bodenschutzdienste bieten heute in einigen Staaten mit dem dort verfügbaren Expertenwissen und Entscheidungshilfesystemen den Landnutzern lokal angepasste Lösungen zur Bewahrung ihrer Böden und damit ihrer Existenzgrundlage an. In weiten Teilen der von starker Bodenerosion betroffenen Subtropen und Tropen fehlt dieser Service jedoch vollkommen.

15.3 Desertifikation

15.3.1 Definition

Einige klimatisch hochsensitive Gebiete reagieren sehr viel schneller und besonders intensiv auf natürliche oder anthropogen ausgelöste bzw. verstärkte Umweltveränderungen. Neben den subarktischen Regionen und den Hochgebirgslandschaften sind vor allem die Trockengebiete der Erde hiervon betroffen. Etwa 70 % der dürrebedingten Katastrophentoten (Dikau und Weichselgartner 2005) wurden in den semiariden Gebieten der Erde verzeichnet – häufig direkt oder indirekt verbunden mit **Desertifikation** und Bodenerosion. Ursächlich sind einerseits die natürlichen Sediment-, Boden-, Relief-, Klima- und Vegetationseigenschaften, andererseits aber auch der große Bevölkerungsdruck, der häufig besonders starke Eingriffe in die natürlichen Landschaftsökosysteme mit sich bringt. Dies kann nicht nur in den Trockengebieten bis zur Desertifikation, der katastrophalen, anthropogen verursachten Verwüstung (lat.: *desertus facere* = Wüste machen), führen (Mensching 1998). Ohne schnelle Gegenmaßnahmen werden durch Desertifikationsprozesse ganze Landschaften irreversibel umgestaltet.

15.3.2 Ursachen und Prozesse der Desertifikation

Einige **natürliche Ursachen** machen Trockengebiete besonders anfällig gegenüber Desertifikationsprozessen. Nach längerer Trockenphase, wenn die angebauten Pflanzen geerntet oder die natürliche Vegetationsdecke durch Beweidung stark ausgedünnt

ist, sind auch die Bodenporen mit Luft gefüllt. Der Regen, der in den Subtropen und Tropen meist konvektiv und mit großer Intensität (große Niederschlagsmenge in geringer Zeitspanne) fällt, kann daher nur schwer infiltrieren (Benetzungswiderstand) und fließt großflächig auf der Landoberfläche ab. Wasser, das im Boden gespeichert und den Pflanzen verfügbar gemacht werden sollte, geht in erheblichem Umfang verloren. Der Oberflächenabfluss erodiert zunächst besonders die feinen Korngrößen, die als Nährstoffadsorbenten eine große Bedeutung für die Bodenfruchtbarkeit haben. Mit zurückgehender Bodenfruchtbarkeit und intensivem Nutzungsdruck setzen **Degradationsprozesse** ein, die in der Pflanzendecke entweder zu einem Wechsel von mehrjährigen zu annuellen Gräsern oder, besonders in Trocken- und Dornstrauchsavannen, zu einer starken Verbuschung führen (Walter und Breckle 1999). In beiden Fällen vermindert sich die Wurzelmasse (Rhizosphäre), was zu Humusverlust und zur weiteren Destabilisierung der Oberböden führt. Unterstützt durch Viehtritt oder landwirtschaftliche Nutzung ist der Boden durch Deflation bzw. Abspülung zunehmend gefährdet. Ungebremst beschleunigt sich der Nährstoffverlust und der Bodenabtrag vor allem in feinkörnigen Substraten bis hin zum Schluchtenreißen, der *gully erosion*. Im Extremfall entsteht eine höchst labile Landoberfläche, deren Böden völlig verloren gegangen sind, auf der sich Pflanzen nicht mehr ansiedeln, die also durch falsche Nutzung „verwüstet" wurde. Da in diesen Vorgang nicht nur die Böden, sondern auch die substratbildenden Lockersedimente einbezogen werden, ist eine fortgeschrittene Desertifikation nicht nur in menschlichen, sondern selbst in pedogenetischen Zeiträumen irreversibel.

Die Ablagerung der feinen Bodenpartikel begünstigt in Beckenlagen die **Verschlämmung** der Böden. Die Durchwurzelung wird behindert. Zugleich unterliegen diese Standorte einer starken **Versalzung**sgefahr, da das hier verdunstende Wasser die mitgeführten Mineralsalze in Oberflächennähe hinterlässt. Deren Ausblasung kann dann wiederum größere Flächen in Mitleidenschaft ziehen.

Bewässerungsmaßnahmen können ebenfalls Desertifikationsprozesse einleiten. Wird nicht beachtet, dass nur so viel Wasser zur Bewässerung verwendet werden kann, dass die gelösten Mineralsalze nicht zur Ausfällung kommen, so entstehen große Probleme. Der Auswaschungsbedarf erfordert stets, auch die Entwässerung mit in die landwirtschaftliche Infrastruktur einzubeziehen, um das hochgradig salzige Restwasser aus den Nutzflächen wieder abzuleiten (Besler 1992).

15.3.3 Typisierung der Desertifikationsprozesse

Desertifikationsprozesse führen zu wachsenden Veränderungen in einer Landschaft, die sie gegenüber kurzfristigen anthropogenen Eingriffen höchst labil macht. Schleichender Nährstoff-, Boden- und Substratverlust kann vorübergehend durch technische Innovationen oder veränderte Nutzungsweisen kaschiert werden. Unmerklich erreicht die Degradation jedoch **kritische Schwellenwerte**, die bei einem Überschreiten sehr schnell geomorphodynamische Prozessketten in Gang setzt, die katastrophale Auswirkungen nach sich ziehen. Das Überschreiten dieser kritischen Schwellen kann systemimmanent sein oder durch ein plötzliches externes Ereignis ausgelöst werden (z. B. Witterungsereignis, Klimawandel, Nutzungsänderung, Bevölkerungswachstum).

Katastrophen können die Menschen und ihre Agrarsysteme aber auch plötzlich treffen. Sehr seltene Extremereignisse wie außergewöhnliche Dürren oder Starkniederschläge sind aber im Gegensatz zu langfristigen Veränderungen nur äußerst selten in der Lage, Kulturbrüche zu verursachen und menschliche Gesellschaften im Kern zu treffen.

Zusammenfassung

Die Ausdehnung der agrarischen Landnutzung im 19. und 20. Jahrhundert hat gemeinsam mit der Technisierung der Landwirtschaft und der Einführung neuer, die Erosion begünstigender Feldfrüchte bewirkt, dass Bodenerosion und Desertifikation heute dramatische und vorrangig zu lösende globale Probleme sind. Ihr beständiges Wachstum mindert stetig die Anbaufläche der Erde. Bis heute existiert keine wirksame globale Initiative zur Eindämmung der voranschreitenden Bodenzerstörung. Dem Verlust der Ernährungsgrundlage der Menschheit wird in einigen Industriestaaten lokal erfolgreich entgegengewirkt. Jedoch sind auch in der Europäischen Union und in Nordamerika die Bodenschutzmaßnahmen völlig unzureichend. Hier sind staatliche Zahlungen an Landwirte unmittelbar mit effektiven Maßnahmen zum Bodenschutz zu koppeln. Stark erosions- und desertifikationsgefährdete Standorte sind aus der agrarischen Nutzung zu nehmen, soweit diese Maßnahme sozial und ökonomisch verträglich ist. In Staaten ohne Bodenschutzgesetzgebung sind geeignete Schutzmaßnahmen partizipativ gemeinsam mit den betroffenen Landnutzern zu entwickeln. Die Umsetzung und die Einhaltung der Maßnahmen sind regelmäßig von lokalen Institutionen zu kontrollieren. Bodenschutz und die Vermeidung von Desertifikation sind vorrangige Staatsaufgaben.

Ein Schutz vor den verheerenden Wirkungen extrem seltener Witterungsereignisse ist hingegen kaum möglich. So ist in den meisten Regionen der Erde eine Implementierung von Bodenschutzmaßnahmen für 1 000-jährige oder seltenere Starkniederschläge ökonomisch nicht vertretbar. Die Schäden derartiger Ereignisse sind grundsätzlich nicht versicherbar.

Schlüsselsätze

- Da Bodenerosions- und Desertifikationsprozesse sehr langsam ablaufen wird ihre Bedeutung als Naturgefahr und Naturrisiko meist verkannt.
- Bodenerosion und Desertifikation gehören zu den gravierendsten und dauerhaftesten Umweltveränderungen.
- Mögliche Bodenschutzmaßnahmen werden nur unzureichend eingesetzt.

Literatur

Besler H (1992) Geomorphologie der ariden Gebiete. Wissenschaftliche Buchgesellschaft, Darmstadt

Bork HR (1988) Bodenerosion und Umwelt. Landschaftsgenese und Landschaftsökologie 13, Braunschweig

Bork HR (2006) Landschaften der Erde unter dem Einfluss des Menschen. Primus-Verlag, Darmstadt

Bork HR, Schröder A (1996) Quantifizierung des Bodenabtrages anhand von Modellen. Handbuch für Bodenkunde, 2. Aufl. 1–44

Dikau R, Weichselgartner J (2005) Der unruhige Planet. Primus-Verlag, Darmstadt

Mensching H (1998) Desertifikation. Wissenschaftliche Buchgesellschaft, Darmstadt

Walter H, Breckle S (1999) Vegetation und Klimazonen. UTB, Stuttgart

Teil III

Praxis-Bezüge –
Bewältigung und Prävention

16 Historische Ansätze in der Hazard- und Risikoanalyse

Andreas Dix

Archivalien • Archive • Aufklärung • Ereigniskataloge • Lange Reihen • Rekonstruktion • Risikokulturen • Vulnerabilität

Es sind einerseits die großen singulären Naturkatastrophen, andererseits die langfristigen Klimaänderungen, die den Bedarf nach einer historischen Perspektive in der Hazard- und Risikoanalyse besonders in den letzten Jahren deutlich gemacht haben (Dikau und Weichselgartner 2005, S. 87–94). Verfolgt man beispielsweise die Diskussion in den Phasen kurz nach Großereignissen, so werden immer wieder Fragen aufgeworfen, die sich eigentlich nur vor dem Hintergrund einer längeren zeitlichen Perspektive beantworten lassen:

- Hat es bereits früher in der betroffenen Region katastrophale Ereignisse gleichen Typs und gleicher **Magnitude** gegeben?
- Hätte man dieses Ereignis vorhersagen und sich ausreichend davor schützen können?
- Wie hoch ist die **Eintrittswahrscheinlichkeit** eines ähnlich großen Ereignisses in der Zukunft auf der Basis der historischen Zeitreihe?
- Nimmt die Eintrittswahrscheinlichkeit zu und wenn ja warum?

Gerade die unerwartet großen oder an einem unerwarteten Ort auftretenden Ereignisse lösen Diskussionen über diese Fragen aus und führen zu einem Interesse an historischen Referenzinformationen.

Am Beispiel des Tsunamis in Süd- und Südostasien vom 26. Dezember 2004 lassen sich die vielfältigen Verknüpfungen der Diskussion aktueller mit historischen Ereignissen gut belegen. Neben der Tsunamigeschichte der betroffenen Region wurden nun auch eine Vielzahl früherer Tsunamis wieder ins Gedächtnis zurückgerufen, besonders wurde aber die Frage diskutiert, ob es bisher noch nicht bekannte Gebiete mit einem Tsunamirisiko gibt. Diskutiert wurden beispielsweise Auswirkungen eines möglichen Hangrutsches auf der Kanareninsel La Palma, im Bosporus oder in norwegischen Fjorden. Dementsprechend erlebten laufende aktuelle Forschungen zu Paläotsunamis erhöhte Aufmerksamkeit (Alpar et al. 2003, Kelletat und Scheffers 2003, Scheffers et al. 2005). Neben der naturwissenschaftlichen Forschung, die neue Daten zu Paläotsunamis erhebt, wurden in der letzten Zeit auch die verfügbaren und bereits gedruckt vorliegenden Daten zu historischen Tsunamiereignissen in Datenbanken zusammengefasst und zugänglich gemacht. Diese reichen immerhin im Fall der *Global Tsunami Database* des *National Geophysical Data Center* (http://www.ngdc.noaa.gov/seg/hazard/tsu_db.shtml, 10.08.2006) bis ins 11. Jahrhundert zurück, wenngleich die gedruckte Überlieferung sehr zufällig ist. Diese langfristigen Datensammlungen und Forschungen stehen neben der großen Aufmerksamkeit, die das menschliche Leid, die Diskussion um die Verbesserung von Schutzmaßnahmen und der Wiederaufbau für sich beanspruchen. Die hohe Opferzahl und die durch den Tourismus bedingte weltweite direkte Betroffenheit hat nach dem Tsunami zu einer intensiven öffentlichen Diskussion um alle relevanten Felder, wie der Frage nach der unterschiedlichen **Vulnerabilität** der betroffenen Gebiete,

16

die Organisation von Ersthilfe und die Wahl eines wirksamen Frühwarnsystems geführt. So gab es einen Wettlauf um die höchsten Hilfszahlungen weltweit, intensiv wurden die sozialen, politischen und sogar strategischen Aspekte dieses Ereignisses erörtert und eingeordnet (Krieg 2005, Schwelien 2005). Vor diesem Hintergrund rückte nun auch die in der europäischen Geschichte wohl berühmteste und folgenschwerste Naturkatastrophe, das Erdbeben von Lissabon wieder in den Vordergrund, indem erstmals der durch das Erdbeben ausgelöste Tsunami ausführlicher untersucht wurde (Gutscher 2006). Die durch ihn verursachten Schäden waren bisher gegenüber den Schäden des Erdbebens und der nachfolgenden Feuersbrünste nur wenig beachtet worden. Auch hier zeigt sich die Stärke der historischen Analyse, ermöglicht sie doch die **Reevaluation** vergangener Ereignisse im Licht rezenter Erfahrungen. Datenreihen, die zumindest einen bestimmten historischen Zeitraum abdecken, vermögen die Konturen einer ansatzweise räumlich und zeitlich differenzierten Verteilung von Naturrisiken und Naturkatastrophen auch auf globaler Ebene nachzuzeichnen. Sie geben auch erste Antworten auf die zentrale Frage, ob sich tatsächlich die Zahl bestimmter Naturereignisse oder ob sich nur die Vulnerabilität gegenüber diesen Ereignissen geändert hat (Feldbrügge und Braun 2002, Dilley et al. 2005).

Die Datenreihen sind generell seit dem Beginn instrumenteller Aufzeichnungen (z. B. in Form von Wetter-, Erdbeben- und Seewarten, Pegelstationen usw.) und naturwissenschaftlicher Forschung dichter. Sie reichen aber in der Regel nicht weiter als bis in die zweite Hälfte des 18. Jahrhunderts zurück. Davor muss man sich mit aufgezeichneten Beobachtungen oder **Proxydaten** behelfen, die aus den Überlieferungen anderer Zusammenhänge herauszufiltern sind. Dazu gehören beispielsweise Erntedaten, Reparaturkosten für Schäden, die durch Naturkatastrophen verursacht wurden, Organisation von Bitt- oder Dankgottesdiensten usw. Im Hinblick auf witterungsbedingte Extremereignisse kann man so für die letzten 500 Jahre in Europa bereits auf einer sehr guten räumlich und zeitlich differenzierten Rekonstruktion von extremen Witterungsereignissen aufbauen (Glaser 2001, Pfister 1998, 1999).

16.1 Quellen zu historischen Ereignissen und ihre Auswertung

Die Rekonstruktion historischer Ereignisse und Risiken kann sich auf ein breites Spektrum sowohl naturwissenschaftlicher Daten als auch **schriftlicher Überlieferung** in den Archiven stützen. Die Daten aus **Geoarchiven** reichen dabei naturgemäß viel weiter zurück. Ihre Überlieferung folgt anderen Gesetzen und sagt meistens wenig über die Auswirkungen auf menschliche Gesellschaften aus. Ihre Auswertung ist methodisch und systematisch bereits sehr viel weiter fortgeschritten als die systematische Auswertung von archivalischen Quellen. Bisherige historische Kataloge einzelner Typen von Naturkatastrophen stützen sich auf publizierte Quellen, die aber bei genauerer Betrachtung nur eine sehr zufällige Auswahl der Grundgesamtheit aller Ereignisse darstellen. Werden Großereignisse besonders mit Personenschäden noch relativ zuverlässig überliefert, so gilt dies nicht für Ereignisse mit höherer Frequenz und geringerer Magnitude.

Die klassische archivalische Überlieferung ist an Formen der Schriftlichkeit gebunden und reicht demgegenüber regional unterschiedlich oft nur wenige hundert Jahre oder in Gebieten alter Hochkulturen bis maximal ins 4. Jahrtausend v. Chr. zurück. In Europa wird man erst mit dem Spätmittelalter, also ab dem 13./14. Jahrhundert n. Chr. mit einer dichter werdenden schriftlichen Überlieferung rechnen können, bedingt auch durch technische Innovationen wie die Einführung des Papiers, das sich in Deutschland ab dem Ende des 14. Jahrhunderts durchsetzte, und das Aufkommen des Buchdrucks ab der Mitte des 15. Jahrhunderts. Die entstehenden europäischen Territorialstaaten der Frühen Neuzeit entwickelten effiziente Verwaltungen, deren Papierhunger kontinuierlich stieg. Obwohl in den Archiven im Schnitt immer nur bis zu 10 % des jemals produzierten Schriftgutes überhaupt aufbewahrt werden, haben sich die Bestände in den Archiven zu einem wahrhaften Papiergebirge aufgetürmt. Allein in den Staatsarchiven der deutschen Bundesländer und im Bundesarchiv wurden im Jahr 2004 rund 1 560 Regalkilometer Akten aufbewahrt (Statistisches Jahrbuch 2005 für die Bundesrepublik Deutschland). Dies ist nur die Hinterlassenschaft der staatlichen Verwaltung, dazu müssen noch die Bestände der vielen Kommunalarchive, Kirchenarchive, Wirtschaftsarchive, Familienarchive, Parlaments-, Partei- und Verbandsarchive und eine große Zahl weiterer Spezialarchive hinzugerechnet werden, sodass der Umfang noch weitaus höher anzusetzen ist. Für den deutschsprachigen Raum wird die Zahl der Archive insgesamt auf ca. 8 000 geschätzt (Franz 2004). In dieser Flut der Überlieferung sind vielfältige Hinweise auf Naturkatastrophen und Naturrisiken zu finden. Allerdings tauchen diese Hinweise oft in ganz anderen Zusammenhängen auf als vermutet. Dies lässt sich am Beispiel der Suche nach Hangrutschungen an der Schwäbischen Alb verdeutlichen. So gab es nachweislich der Findbuchauszüge in einigen Archiven eigene Aktenfaszikel zu Naturkatastrophen. Diese wurden aber oft früher vernichtet (kassiert), weil man die darin enthaltenen Informationen für unwichtig hielt. Trotzdem sind Hangrutschungen überliefert, z. B. im Zusammenhang mit Überschwemmungen oder mit Stiftungen und Wohltätigkeitsvereinen. Schon allein die Frage, wie man vor 300 Jahren Hangrutschungen im regionalen Kontext benannt hat, erfordert einen größeren Forschungsaufwand, der für die entsprechenden Untersuchungen eine wichtige Voraussetzung darstellt.

Angesichts der Masse ist die Frage, was und besonders warum etwas im Archiv überliefert wird, entscheidend. Viele Faktoren spielen dabei eine Rolle, wie etwa die Besitzverhältnisse am Archiv, das Interesse, ob Daten und Fakten überhaupt überliefert werden sollen und natürlich die Tatsache, dass Kriege und Katastrophen, besonders Stadtbrände und Hochwasser, bis heute Bestände dezimieren oder verschwinden lassen. Wichtig ist, immer die Perspektive im Auge zu behalten, aus der heraus die Überlieferung entstanden ist. Man darf nicht vergessen, dass der überwiegende Teil der Überlieferung gerade in öffentlichen Archiven eine obrigkeitliche Perspektive widerspiegelt (Menne-Haritz 2000, Franz 2004).

Der Papiermassen Herr zu werden, bedurfte es immer eines strukturierenden Zugriffs. Nach funktionalen Kriterien lassen sich zunächst **Urkunden**, **Akten** und **Amtsbücher** unterscheiden. Während Urkunden die eigentlichen Schriftstücke zur Rechtssicherung sind und bestimmte formale Vorgaben erfüllen müssen, sind die Akten meistens Konvolute von Schriftstücken, die zu einem bestimmten Vorgang zusammengefasst werden. In Amtsbüchern schließlich, wie Steuerlisten oder Grundbüchern, werden regelhafte Verwaltungsvorgänge, wie Steuererhebung oder Besitzeintragung notiert. Diese seriellen Quellen können für die Rekonstruktion von wiederkehrenden Naturereignissen und den durch sie ausgelösten Schäden von zentralem Interesse sein. Die Überlieferung in den Archiven ist aber noch weitaus vielfältiger und umfasst für die Geographie so wichtige Quellen wie Bilder (Jäger 2000, Schwartz 2003) und Karten (Matschenz 2004, Schneider 2004, Dipper und Schneider

2006). Die erfolgreiche Erschließung archivalischer Quellen erfordert zwei Voraussetzungen. Zum einen ist das Wissen um Überlieferungszusammenhänge und die daraus resultierende Reichweite von Aussagen von Interesse, zum anderen bedarf es bestimmter Arbeitshilfen und Techniken, um die Quellen zum Sprechen bringen zu können. Dazu gehört die Transkription alter Schriften (Boeselager 2004, Dülfer und Korn 2004), die Auflösung von Abkürzungen und Formeln (Dülfer und Korn 2000), die Umrechnung alter Maße und Münzeinheiten (Trapp 1992, 1999), die Datierung nach den vorherrschenden Chronologien (Grotefend 1991). Ob aber bestimmte Fragen überhaupt gestellt werden können, hängt ganz von der Überlieferungssituation ab. Der Vorteil archivalischer Quellen ist in diesem Zusammenhang, dass sie generell Aussagen über Bewertungen und Intentionen der handelnden Personen zulassen. So können nicht nur Ereignisse und Entwicklungen rekonstruiert, quantifiziert und oft auch verortet werden, vielmehr lassen sich so oft auch Aussagen zur zeitgenössischen Wahrnehmung und subjektiven Bewertung treffen, deren Veränderung sich gerade über einen längeren Zeitraum gut fassen lässt. Das wachsende Interesse am Konstruktionscharakter von Raumbildern und ihren Zuschreibungen kann so auch in die Vergangenheit zurückverfolgt werden. Archivalische Quellen ermöglichen so das Erkennen zeitgenössischer Logiken von Prozessen. Sie bewahren davor, die Vergangenheit nur durch die Brille heutiger Normen und Sichtweisen zu sehen. Generell kann aber für die historische Katastrophenforschung konstatiert werden, dass die **systematische Auswertung** von Archivalien bisher noch viel zu wenig betrieben wird, was wohl auch daran liegt, dass die Sachlogiken historischer und naturwissenschaftlicher Forschung oft unterschiedlich sind.

Die ersten Schritte des Findens und der notwendigen Transkription der Quellen sind allerdings nur die notwendigen ersten Schritte, die das Rohmaterial für die weitere Auswertung liefert. Die weitere Auswertung kann dann mit ganz unterschiedlicher Gewichtung erfolgen. So können aus den zumeist qualitativen Beschreibungen der Ereignisse die Orte des Geschehens, der Prozessablauf, die Magnitude und auch die Schäden in Datenbanken überführt, für ein GIS nutzbar und auch statistisch zumindest ansatzweise ausgewertet werden. Um die gesellschaftlichen Reaktionen, die Prozesse der Anpassung und des Wiederaufbaus aber auch mitzuerfassen, ist es günstig, nicht nur die reinen Daten zu erfassen, sondern auch die weitere Überlieferung, was natürlich einen erheblich größeren Aufwand in der Auswertung bedeutet.

16

— **Kasten 16.1** —

Methodische Ansätze zur archivalischen Erschließung historischer Naturgefahren und Naturkatastrophen

Die sehr disparate und von tausend Zufälligkeiten abhängige Überlieferung in den Archiven lässt es sinnvoll erscheinen, von vorneherein verschiedene Suchstrategien zu überlegen. Jede dieser Suchstrategien hat ihre Begrenzungen.

- **Regionaler Zugang:** Die Untersuchung von Risiken und Katastrophen in einer bestimmten abgegrenzten Region ist besonders für Planungsfragen wichtig. Das zentrale methodische Problem besteht hier darin, dass man zu einem vorgegebenen Raum die Quellen suchen muss. Da sich Territorialgrenzen und damit auch Verwaltungszuständigkeiten über die Jahrhunderte ständig ändern, sind auch heute die entsprechenden Archivalien oft über eine größere Zahl von Archiven verstreut. Dieses Problem ist besonders in Deutschland virulent, in Ländern mit einer älteren nationalstaatlichen und stärker zentralistisch orientierten Tradition wie Frankreich oder Schweden ist das Problem geringer.

- **Zeitlicher Zugang:** Grundsätzlich gilt, dass möglichst vollständige und möglichst lang zurückreichende Zeitreihen auch den größtmöglichen Nutzen, besonders für eine angewandte Forchung ermöglichen. Da aber der Aufwand der Auswertung archivalischer Quellen mit ihrem steigenden Alter sprunghaft zunimmt, ist eine Beschränkung des zu untersuchenden Zeitintervalls sehr sinnvoll. Meistens wird es darauf hinauslaufen, dass man im Wesentlichen Daten der letzten 200 bis 250 Jahre auswerten kann.

- **Ereignisorientierter Zugang:** Besonders lohnenswert ist vor allem für den Anfang der Zugang über ein bereits dokumentiertes und wenn möglich größeres Ereignis. Man kann immer davon ausgehen, dass größere Ereignisse auch besser archivalisch überliefert sind. Zumeist gibt es bereits auch gedruckte Literatur dazu, mit deren Hilfe man schon eine weitgehende Rekonstruktion betreiben kann. Am Beispiel eines solchen Ereignisses kann man dann gewissermaßen trainieren, wie es archivalisch für gewöhnlich überliefert wurde und kann dann entsprechend im Archiv weitersuchen.

- **Sektoraler Zugang:** Die Beschränkung auf bestimmte Gefahren- und Katastrophentypen schränkt bereits die zu berücksichtigende Masse der Quellen ein und erleichtert die strukturierte Suche. Es kommen für bestimmte Prozesse und Ereignisse eben nur bestimmte Überlieferungen infrage.

- **Institutioneller Zugang:** Die archivalische Überlieferung hängt zumeist an einer bestimmten Institutionenordnung und an Verwaltungsstrukturen aller Art. Da besonders in der vorindustriellen Zeit Verfügungsrechte über Land verhältnismäßig wenigen Grundherren zustanden und diese Grundherren (z. B. Klöster) über eine lange Zeit ortsstabil sind, ist manchmal eine institutionelle Perspektive günstig, zumal wenn die Überlieferungslage günstig ist.

- **Quellenorientierter Zugang:** Ein grundsätzliches Problem der historischen Analyse besteht darin, dass man zu einer gesetzten Fragestellung erst nachträglich die entsprechenden Quellen suchen muss. Manchmal kann es effektiver sein, mit bestimmten Quellenbeständen zu beginnen, von denen man schon weiß, dass sie relevante Informationen enthalten.

16.2 Rekonstruktion der Magnitude und Frequenz von Naturkatastrophen

In der Katastrophenforschung hat die Frage nach der raum-zeitlichen Verteilung von Einzelereignissen schon immer eine wichtige Rolle gespielt, dennoch gibt es bisher nur wenige Arbeiten, die sich grundsätzlich und quellenkritisch mit dem Problem der **Rekonstruktion** und **Auswertung** auch für physisch-geographische Fragestellungen beschäftigen (Hooke und Kain 1982, Trimble 1998). Seit einigen Jahren ist ein wachsendes Interesse an der Untersuchung historischer Naturkatastrophen in unterschiedlichen wissenschaftlichen Zusammenhängen zu konstatieren (dazu im Überblick aus physisch-geographischer Sicht Glade et al. 2002, aus geschichtswissenschaftlicher Sicht Pfister 2002). Die Rekonstruktion langer zeitlicher Reihen und Bestimmung ihrer räumlichen Verteilung dient insbesondere dazu, auslösende Faktoren und damit die Eintrittswahrscheinlichkeit, den Ablauf und die

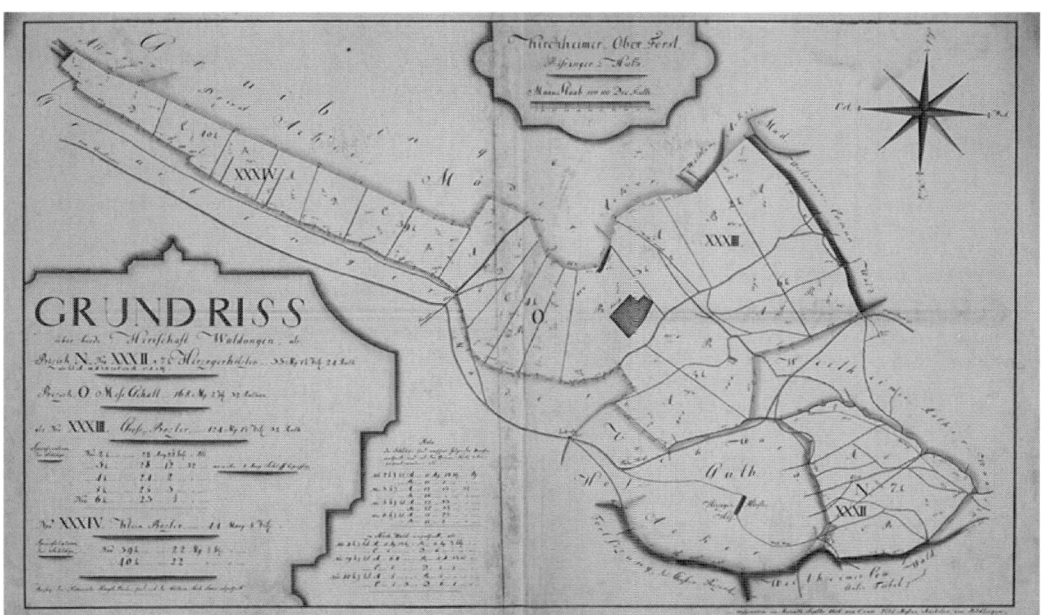

Abb. 16.1 Forstkarte des Kirchheimer Forstes 1816 (Kirchheim unter Teck bei Stuttgart) mit eingezeichnetem Hangrutsch (Schliff) (Hauptstaatsarchiv Stuttgart).

Ausdehnung zukünftiger Schadensereignisse besser bestimmen zu können (Schenk 1999).

Besonders weit fortgeschritten ist die Methodik in der **Historischen Klimatologie** (Pfister 1999, Glaser 2001). Die besondere Herausforderung für die Klimaforschung liegt darin, aus archivalisch überlieferten Proxydaten über geeignete Verfahren der Quellenkritik und der Statistik konsistente Klimareihen zu rekonstruieren. Dies ist mittlerweile über die zurückliegenden 500 Jahre in hoher Auflösung möglich, für weitere 500 Jahre zuvor mit größeren Lücken (Glaser et al. 1999, Pfister 1999, Glaser 2001). Mit den historischen Klimadatenbanken HISKLID und EUROCLIMHIST liegen mittlerweile große aufbereitete Datenbestände vor.

Aus diesen Klimareihen lassen sich Daten über katastrophale, durch das Klima gesteuerte Ereignisse wie Starkregen, Stürme oder Hochwasser ableiten, die für das Verständnis von Naturkatastrophen und Naturrisiken von großem Interesse sind (Glaser und Hagedorn 1990, Glaser 1998). Besonders **Hochwasserkatastrophen** waren bisher ein bevorzugtes Objekt historischer Rekonstruktion (Glaser und Hagedorn 1990, Pörtge und Deutsch 2000). Als Großprojekt wegweisend war die raum-zeitliche Rekonstruktion von Witterungsanomalien und Naturkatastrophen (insbesondere Hochwasser) in der Schweiz in den

letzten 500 Jahren, die in den 1990er-Jahren von Pfister durchgeführt wurde (Pfister 1998). Ausgelöst durch das große Elbehochwasser im Jahr 2002 beschäftigt man sich in letzter Zeit auch mit der Frage, inwieweit verschüttete historische Kenntnisse der hydraulischen Situation an der Elbe größere Schäden hätten verhindern können. Diese Untersuchungen schreiten mittlerweile nicht nur an der Elbe, sondern an fast allen großen mitteleuropäischen Flüssen voran (Brázdil et al. 1999, Glaser und Stangl 2003).

Es ist immer wieder überraschend, wie stark unterschätzt die großen **Dürre**perioden und ihre Folgewirkungen sind. Sie können als Beispiel für länger anhaltende Ereignisse gelten, die oft nicht so im Fokus der Überlieferung stehen wie die spektakuläre Großkatastrophe. Seit einigen Jahren gibt es eine umfangreiche Forschung, die sich mit den Folgen des **El Niño**-Phänomens beschäftigt (Davis 2001, Caviedes 2005). Zu den gut untersuchten Dürreereignissen gehört auch die sogenannte „*Dust Bowl*" in den 1930er-Jahren in den USA (Worster 2004, Schubert et al. 2004). Auch hier wird der Zusammenhang zwischen Wetteranomalie und sozialen wie wirtschaftlichen Folgen evident.

Unter den verschiedenen Typen von Naturkatastrophen sind die historischen **Erdbeben** aufgrund ihrer Singularität und ihres hohen Schadensausmaßes

Abb. 16.2 Hochwassermarken am Hochzeitshaus in Bamberg als Zeugnisse von Hochwasserständen der Regnitz (Foto: Andreas Dix).

am besten rekonstruiert. Auch für frühe Ereignisse ist die Quellenüberlieferung oft so gut, dass sich Erdbeben detailliert analysieren lassen. Für den Stand der Forschung im Hinblick auf die Rekonstruktion ist auf den Band von Glade et al. (2002) zu verweisen. Am Beispiel der Rekonstruktion des Erdbebens von 1590 in Niederösterreich haben Gutdeutsch et al. bereits 1987 die methodischen Möglichkeiten und Probleme der Auswertung archivalischer Quellen vorgeführt (Gutdeutsch et al. 1987).

Sogar in ihren globalen Auswirkungen ähnlich gut überliefert sind die großen **Vulkanausbrüche** in historischer Zeit, hier vor allem die des Tambora 1815 (Oppenheimer 2003) oder die des Krakatau 1883 (Simkin und Fiske 1983).

Massenbewegungen sind von der historischen Forschung bisher weniger berücksichtigt worden; sie sind oft kleinräumiger und unspektakulärer, richten jedoch in der Summe ebenfalls großen Schaden an. Neben einem sehr frühen auf die Auswertung von Literatur gestützten Inventar von Špůrek (1972) liegen nur wenige methodische Arbeiten zu einer nicht punktbezogenen, sondern flächendeckenden oder regionalen Rekonstruktion von Massenbewe-

gungen vor (Cato 1986, Guzzetti et al. 1994, Desplat 1996, Pavsek 2000, Alger und Brabb 2002, Glade et al. 2002, Calcaterra und Parise 2002). Es überwiegen Lokalstudien, die sich mit einzelnen historischen Hangrutschungs- und Bergsturzereignissen beschäftigen (Scaramellini et al. 1995, Warth 1993, Glaser und Sponholz 1993, Whitworth et al. 2000).

16.3 Risikokulturen

Neben der Rekonstruktion historischer Katastrophen und der Erstellung „Langer Reihen" von Ereignissen ist die **Perzeption** dieser Katastrophen und der **Umgang** von Gesellschaften mit ihnen erforscht worden (Borst 1981, Hinton 1992, Bennassar 1996, Jakubowski-Tiessen 1992, Lehner 1995, Löffler 1999, Favier und Granet-Abisset 2000, Pfister 2002, Groh et al. 2003, Pfister und Summermatter 2004). Fast vollständig abgekoppelt von diesem naturwissenschaftlich ausgerichteten Strang der Forschung hat sich auch in den Geschichtswissenschaften seit einigen Jahren ein Interesse an Naturkatastrophen entwickelt (Hinton 1992). Themen sind die gesellschaftliche Wahrnehmung von Naturkatastrophen, die Entwicklung von **Deutungsmustern** („Strafe Gottes" u. a.) und ihrer gesellschaftlichen Vermittlung. In der Reaktion auf die Katastrophe bündeln sich zeitgenössische Mentalitäten wie in einem Brennglas, gleichzeitig führten sie in ihrer elementaren Wucht zu gesellschaftlichen Erschütterungen. Besonders große, als einschneidend empfundene Naturkatastrophen fanden auch in dieser Hinsicht einen dichten Niederschlag in den Archiven.

Eine Pionierstudie ist Arno Borsts quellengestützte Analyse der Folgen des großen Erdbebens von 1348 in Österreich und Südtirol. Borst hat erstmalig die Reaktion einer mittelalterlichen Gesellschaft (Wahrnehmung, Erklärung, Schadensbeseitigung) auf eine außergewöhnlich heftige Naturkatastrophe untersucht und die großen Unterschiede zur Rezeption eines solchen Ereignisses in einer modernen Gesellschaft herausgestellt (Borst 1981, zu diesem Erdbeben, Hammerl 1992). Zum Mittelalter insgesamt und übergreifend liegen auch erste Studien vor (Bennassar 1996).

Löffler hat dann die **geistigen Erschütterungen** der Gesellschaft untersucht, die von dem Erdbeben ausgelöst wurden, das 1755 die Stadt Lissabon völlig zerstörte. Dieses historische Erdbeben ist insofern von besonderem Interesse für die Forschung, weil es ein zentrales Ereignis in der Geistes- und Kulturgeschichte des frühneuzeitlichen Europas war. Es markiert einen säkularen Wendepunkt in der Wahrnehmung von Naturkatastrophen, weil ältere Deutungen von Katastrophen wie „Strafe Gottes", „Aufruf zur Buße und zur Umkehr" ab diesem Zeitpunkt immer mehr durch naturwissenschaftlich determinierte Erklärungsansätze verdrängt wurden (Breidert 1994, Günther 1994, Löffler 1999). Ausgehend von Borst untersucht Rohr die Wahrnehmungen und Reaktionen spätmittelalterlicher Gesellschaften auf Naturkatastrophen im Ostalpenraum (Rohr 2001).

Den Vergleich der Wahrnehmung von Katastrophen in unterschiedlichen Epochen nimmt Lehner in ihrer Geschichte der Naturkatastrophen in Österreich vor (Lehner 1995).

Weitere Publikationen beschäftigen sich mit der Wahrnehmung anderer herausragender Einzelereignisse, wie die katastrophalen Sturmflut an der Nordseeküste 1717 (Jakubowski-Tiessen 1992). Gut repräsentiert sind in diesen Studien die „klassischen" Naturkatastrophen wie Hochwasser und Erdbeben.

Eine methodisch wichtige Arbeit liegt mit dem Buch von Schmidt vor, der die kulturelle Vermittlung von Naturkatastrophen von der Mitte des 18.

bis zur Mitte des 19. Jahrhunderts untersucht und dafür die unterschiedlichsten zeitgenössischen Publikationen (so die populäre Zeitschrift *Pfennigmagazin*) ausgewertet hat (Schmidt 1995).

Die Untersuchung von gesellschaftlichen Reaktionen auf historische Massenbewegungen blieben bisher auch eher auf spektakuläre Einzelereignisse beschränkt, wie z. B. Bergstürze in alpinen Regionen (Zehnder 1988, Pfister 2002, Granet-Abisset und Brugnot 2000). Untersuchungen zu Hangrutschungen in Mittelgebirgslagen über einen größeren Raum und eine längere Zeitskala hinweg sind bisher nicht bekannt.

Mit dem Ausbau der technischen Infrastruktur (Eisenbahn, Straßen) ab der Mitte des 19. Jahrhunderts wurden die Hangrutschungen zu einem neuen spezifischen Problem (Tiefenbacher 1880), das auch an entsprechenden Stellen an der Schwäbischen Alb aufgetreten ist. Die Entwicklung von Techniken des Erdbaus und der Ingenieurgeologie ermöglichten neue Risikoabschätzungen, die zu einem neuen Umgang mit spezifischen Naturrisiken führten (Bernstein 2004).

Die meisten Untersuchungen folgen einem **sektoralen Ansatz,** der meistens nur eine bestimmte Art von Naturkatastrophen untersucht. Die Realität in bestimmten Regionen ist aber oft von der Exposition gegenüber mehreren Naturgefahrentypen geprägt. Dementsprechend ist es besonders wichtig, auch eine Untersuchungsperspektive zu verfolgen, die quasi das komplette **Naturgefahreninventar** einer Gegend untersucht. Für historische Zeiten liegt hierzu als Beispiel eine mustergültige Studie von Hagel zum Stuttgarter Raum vor (Hagel 1998). Für die Philippinen hat Greg Bankoff untersucht, wie die Gesellschaften dort gegenüber einer ausgesprochenen *multi-risk*-Landschaft eigene Strategien der Bewältigung entwickeln, die er *cultures of disaster* oder **Risikokulturen** nennt (Bankoff 2003, 2004, Walter et al. 2006). Im Rahmen ihrer Analyse spielt die Geschichte und die zeitliche Gebundenheit von Wahrnehmungen immer eine zentrale Rolle.

Für Europa lassen sich verschiedene Perioden der Perzeption von Naturgefahren und daraus folgender Strategien der *adaptations* (der Anpassungsstrategien) und *adjustments* (der vorbeugenden Maßnahmen) unterscheiden. In der vorindustriellen Zeit werden Katastrophen und auch Gefahren lokal, allenfalls regional wahrgenommen. Lokales Wissen spielt im Zusammenhang mit einer Anpassung eine wichtige Rolle. So lassen sich die Anlage von Bannwäldern, Deichen und bestimmten Nutzungszonierungen feststellen, deren Anlage, Pflege und Sinnhaftigkeit im **kollektiven Gedächtnis** der betrof-

16

fenen Gesellschaften gespeichert ist. Neben diesen technischen Maßnahmen begegnet man aber auch einer Vielzahl religiöser und durchaus auch magischer Praktiken, die es Gesellschaften ermöglichten, sich über Naturkatastrophen und ihre Folgen zu verständigen. Im Falle von Katastrophen gibt es erste Formen von Almosensammlungen und Spenden. Im Wesentlichen ist man aber bei der Beseitigung der Schäden auf die Nachbarschaftshilfe angewiesen. Mit dem Beginn der Aufklärung, der Ausprägung von Vorformen der heutigen naturwissenschaftlichen Forschung kommen neue Akteure ins Spiel: Intellektuelle, wie z. B. Pfarrer und Universitätsprofessoren, die sich systematisierend mit der Natur beschäftigen, interessierten sich auch für Katastrophen. Religiöse Deutungsmuster und lokales Erfahrungswissen werden in den Hintergrund gedrängt (Jakubowski-Tiessen und Lehmann 2003). Besonders durch die publizierte Literatur gewinnen neue Deutungsmuster die Überhand und werden zunehmend Bestandteil des kollektiven Gedächtnisses. Mit der Industrialisierung und dem Aufstieg der Naturwissenschaften übernehmen deren neue Erklärungsmuster endgültig die Deutungshoheit. Gleichzeitig wird durch die sprunghaft gestiegene Zahl neuer Materialien und technischer Verfahren auch die Möglichkeit des Schutzes vor Naturgefahren größer. Die Möglichkeiten der Schadensbegrenzung und des Wiederaufbaus werden durch den Aufbau kollektiver Sicherungssysteme wie **Versicherungen** ebenso erweitert. Erst nach dem Zweiten Weltkrieg werden Zweifel an technischen Machbarkeiten wieder lauter geäußert. Und in jüngster Zeit wird die Bedeutung von lokalem Wissen und von Anpassungsstrategien im Sinne eines „Lebens mit der Naturgefahr" stärker diskutiert.

Eine Analyse historisch jüngerer Ereignisse zeigt, dass aber auch in modernen Gesellschaften die öffentliche Kommunikation über Katastrophen immer noch sehr viel soziale und politische Veränderungen widerspiegelt und auch befördert (Engels 2003).

16.4 Fazit

Die Analyse und Rekonstruktion historischer Katastrophenereignisse und ihrer Folgen kommt im Zusammenhang einer notwendigerweise auf rezente und zukünftige Entwicklungen ausgerichteten Hazard- und Risikoforschung in zweierlei Hinsicht eine größere Bedeutung zu. Zum einen bedarf es für ein besseres Prozessverständnis und eine bessere Einschätzung der räumlichen und zeitlichen Verteilung von eintretenden katastrophalen Ereignissen einer Datengrundlage, die über einen möglichst langen Zeitraum möglichst lückenlos alle eingetretenen Ereignisse, ihre Ursache, den Ablauf und die Folgen dokumentiert. Zum anderen sind auch die Informationen über frühere gesellschaftliche Wahrnehmungen von Naturgefahren und -risiken und die Bewältigungsstrategien früherer Gesellschaften von Interesse, da die heutigen Rahmenbedingungen im Umgang mit Naturkatastrophen ohne ihre historischen Wurzeln nicht nachvollziehbar sind. In der *Ex-post*-Analyse gerade jüngerer Ereignisse lässt sich nachvollziehen, warum und wie sich die Vulnerabilität von Regionen und Gesellschaften im Laufe der Zeit verändern.

Generell kann die historische Perspektive in der Wirkungsbeziehung Naturkatastrophe-Gesellschaft auch den Blick auf die jeweilige Zeitbedingtheit und mithin die Grenzen jeglicher Anpassungs- und Vorsorgemaßnahmen schärfen.

Die historische Naturkatastrophenforschung ist regional und sektoral überaus unterschiedlich entwickelt. Auf dem Gebiet bestimmter geogener Risiken, wie Erdbeben und Vulkane, und witterungsbedingter Extremereignisse sind in den letzten 20 Jahren erhebliche Fortschritte, besonders auf dem Gebiet der Rekonstruktion und Datensammlung, erzielt worden. Dennoch ist die historische Datenbasis in vielen Fällen noch überaus lückenhaft und reicht zeitlich nicht weit zurück.

Zusammenfassung

An aktuellen **Naturkatastrophen** kann gezeigt werden, wie wichtig deren zeitliche Einordnung im Hinblick auf ihre Frequenz und Magnitude und die jeweiligen gesellschaftlichen Reaktionen sind. Nur durch eine möglichst lückenlose und möglichst weit zurückreichende diachrone Ereignisreihe kann eine einigermaßen realistische Bewertung rezenter Einzelereignisse erfolgen. Dies gilt gleichermaßen für das Prozessverständnis, die Prognose zukünftiger Ereignisse sowie eine Abschätzung der gesellschaftlichen Reaktionen. Während im Hinblick auf die naturwissenschaftliche Erforschung höher auflösender Geoarchive bereits erhebliche Fortschritte erzielt wurden, steht eine auch nur ansatzweise Auswertung der in den großen Papiermassen gespeicherten Informationen noch aus. Am konkreten Beispiel der Hangrutschungen im Bereich der Schwäbischen Alb kann gezeigt werden, wie wenig präzise die bisherigen Kenntnisse über die raum-zeitliche

16

Verteilung der Hangrutschungen noch sind. Bisherige historische Kataloge stützen sich ganz überwiegend auf die in den publizierten Quellen bereits genannten Ereignisse und geben damit ein von den Quellen nur ungenügend abgesichertes und zudem lückenhaftes Bild des Geschehens. Bisher zu wenig in Zusammenhang gebracht wird die Rekonstruktion der konkreten Ereignisse mit den Reaktionen der zeitgenössischen Gesellschaften. Bewertungswandel, Vorsorgemaßnahmen und Schädenbeseitigung nach einem Ereignis beeinflussen nicht nur die Überlieferung, sondern können auch wichtige Hinweise zu einem Verständnis des heutigen Umgangs mit dem entsprechenden Naturrisiko bieten. Allerdings sollte immer auf die präzise Auswertung und Bewertung der Quellen geachtet werden. Der Aufwand zu deren Auswertung nimmt mit wachsendem Alter zu. Angesichts der typischen Überlieferungslage in europäischen Archiven ist eine einigermaßen befriedigende räumliche und zeitliche Auflösung bis in die Zeit des Späten Mittelalters (13. bis 15. Jahrhundert) hinein möglich. Abgesehen von wenigen Projekten ist bisher aber eine Verknüpfung aktueller mit historischer Forschung noch zu wenig versucht worden.

Schlüsselsätze
- Die Rekonstruktion historischer Naturkatastrophen und ihrer raum-zeitlichen Verteilung vermag wichtige Einsichten in das Prozessgeschehen und die gesellschaftlichen Auswirkungen zu geben. Die in reichem Umfang vorhandene archivalische Überlieferung ist bisher noch nicht ansatzweise systematisch daraufhin untersucht worden. Diese Auswertung erfordert aber spezifische geschichtswissenschaftliche Kenntnisse und Techniken.

Literatur

Alger CS, Brabb EE (2002) Development and application of a historical bibliography to assess landslide hazard in the United States. In: Glade T, Albini P, Frances F (Hrsg) The Use of Historical Data in Natural Hazard Assessements (Advances in Natural and Technological Hazard Research). Kluwer, Dordrecht. 185–199

Alpar B, Altınok Y, Gazioğlu C, Yücel ZY (2003) Tsunami hazard assessment in Istanbul. *Turkish Journal of Marine Sciences* 9: 3–29

Bankoff G (2003) Cultures of disaster. Society and natura hazard in the Philippines. Routledge, Curzon, London, New York

Bankoff G (2004) The Historical Geography of disaster. 'Vulnerability' and 'local knowledge' in Western discourse. In: Bankoff G, Frerks G, Hilhorst D (Hrsg) Mapping vulnerability. Disasters, development and people Earthscan, London. 25–36

Bennassar B (Hrsg) (1996) Les catastrophes naturelles dans l'Europe médiévale et moderne. Actes des XVes Journées Internationales d'Histoire de l'Abbaye de Flaran 10, 11 et 12 septembre 1993. Presses Universitaires du Mirail, Toulouse

Bernstein PL (2004) Wider die Götter – Die Geschichte der modernen Risikogesellschaft. Murmann, 4. überarb. dt. Aufl. Murmann, Hamburg

Boeselager E Frfr v (2004) Schriftkunde. Basiswissen. Verlag Hahnsche Buchhandlung, Hannover

Borst A (1981) Das Erdbeben von 1348. Ein historischer Beitrag zur Katastrophenforschung. *Historische Zeitschrift* 233: 529–569

Brázdil R, Glaser R, Pfister C, Dobrovolný P, Antoine J-M, Barriendos M, Camuffo D, Deutsch M, Enzi S, Guidoboni E, Kotyza O, Rodrigo FS (1999) Flood events of selected European rivers in the sixteenth century. *Climatic change* 43: 239–285

Breidert W (1994) (Hrsg) Die Erschütterung der vollkommenen Welt. Die Wirkung des Erdbebens von Lissabon im Spiegel europäischer Zeitgenossen. Wissenschaftliche Buchgesellschaft, Darmstadt

Calcaterra D, Parise M (2002) The contribution of historical information in the assessment of landslide hazard. In: Glade T, Albini P, Frances F (Hrsg) The Use of Historical Data in Natural Hazard Assessments (Advances in Natural and Technological Hazard Research). Kluwer, Dordrecht. 201–216

Cato S (1986) Inventaire des documents concernant les ravirements et les mouvements de terrain dans les Pyrénées Orientales. La Celle-Saint-Cloud

Caviedes C (2005) El Niño. Klima macht Geschichte. Wissenschaftliche Buchgesellschaft, Darmstadt

Davis M (2001) Late Victorian Holocausts. El Niño famines and the Making of the third world. Verso, London

Desplat C (1996) Pour une histoire des risques naturels dans les pyrénées occidentales françaises sous l'ancien régime. In: Bennassar B (Hrsg) Les catastrophes naturelles dans l'Europe médiévale et moderne. Actes des XVes Journées Internationales d'Histoire de l'Abbaye de Flaran 10, 11 et 12 septembre 1993. Presses Universitaires du Mirail, Toulouse. 115–163

Dikau R, Weichselgartner J (2005) Der unruhige Planet. Der Mensch und die Naturgewalten. Wissenschaftliche Buchgesellschaft, Darmstadt

Dilley M, Chen RS, Deichmann U, Lerner-Lam LA, Arnold M (2005) Natural disaster hotspots. A global risk analysis (Disaster Risk Management Series 5). The Hazard Management Unit, Washington

Dipper C, Schneider U (Hrsg) (2006) Kartenwelten. Der Raum und seine Repräsentation in der Neuzeit. Primus, Darmstadt

Dülfer K, Korn HE (2000) Gebräuchliche Abkürzungen des 16.–20. Jahrhunderts. 8. Aufl. Archivschule Marburg, Marburg

Dülfer K, Korn HE (2004) Schrifttafeln zur deutschen Paläographie des 16.–20. Jahrhunderts. 11. Aufl. Archivschule Marburg, Marburg

Engels JI (2003) Vom Subjekt zum Objekt. Naturbild und Naturkatastrophen in der Geschichte der Bundesrepublik Deutschland. In: Groh D et al. (Hrsg) Naturkatastrophen. Zu ihrer Wahrnehmung, Deutung und Darstellung der Antike bis ins 20. Jahrhundert. Gunter Narr, Tübingen. 119–142

Favier E, Granet-Abisset AM (Hrsg) (2000) Histoire et mémoire des risques naturels. CNRS – Maison des Sciences de l'Homme – Alpes, Grenoble

Feldbrügge T, Braun J v (2002) Is the world becoming a more risky place? Trends in disasters and vulnerability to them (ZEF – Discussion Papers on Development Policy 46). Zentrum für Entwicklungsforschung, Bonn

Franz E (2004) Einführung in die Archivkunde. 6. Aufl. Wissenschaftliche Buchgesellschaft, Darmstadt

Glade T, Albini P, Frances F (Hrsg) (2002) The use of historical data in natural hazard assessements. Kluwer, Dordrecht (Advances in Natural and Technological Hazard Research)

Glaser R (1998) Historische Hochwässer im Maingebiet – Möglichkeiten und Perspektiven auf der Basis der Historischen Klimadatenbank Deutschland (HISKLID). In: Pörtge KH, Deutsch M (Hrsg) Aktuelle und historische Hochwasserereignisse. (Erfurter Geographische Studien 7) Geographisches Institut der Universität Erfurt. 109–128.

Glaser R (2001) Klimageschichte Mitteleuropas. 1000 Jahre Wetter, Klima, Katastrophen. Wissenschaftliche Buchgesellschaft, Darmstadt

Glaser R, Hagedorn H (1990) Die Überschwemmungskatastrophe von 1784 im Maintal. *Die Erde* 121: 1–14

Glaser R, Sponholz B (1993) Erste Untersuchungen von Hangrutschungen an der Frankenhöhe. In: Glaser R, Sponholz B (Hrsg) Geowissenschaftliche Beiträge zu Forschung, Lehre und Praxis. Festschrift für Horst Hagedorn (Würzburger Geographische Arbeiten 87). Geographisches Institut der Universität Würzburg, Würzburg. 339–353

Glaser R, Beyer U, Beck C (1999) Die Temperaturentwicklung in Mitteleuropa seit dem Jahr 1000 auf der Grundlage quantifizierter historischer Quellentexte. In: Schenk W (Hrsg) Aufbau und Auswertung „Langer Reihen" zur Erforschung von historischen Waldzuständen und Waldentwicklungen. Ergebnisse eines Symposiums in Blaubeuren vom 26.–28.2.1998 (Tübinger Geographische Studien 125). Geographisches Institut der Universität Tübingen. 23–46

Glaser R, Stangl H (2003) Historical floods in the Dutch Rhine Delta. *Natural Hazards and Earth System Sciences* 3: 1–9

Granet-Abisset AM, Brugnot G (2000) (Hrsg) Avalanches et risques. Regards croisés d'historiens et d'ingénieurs. CNRS – Maison des Sciences de l'Homme – Alpes, Grenoble

Groh D, Kempe M, Mauelshagen F (2003) (Hrsg) Naturkatastrophen. Zu ihrer Wahrnehmung, Deutung und Darstellung der Antike bis ins 20. Jahrhundert. Gunter Narr, Tübingen

Grotefend H (1991) Taschenbuch der Zeitrechnung des deutschen Mittelalters und der Neuzeit. 13. Aufl. Verlag Hahnsche Buchhandlung, Hannover

Günther H (1994) Das Erdbeben von Lissabon erschüttert die Meinungen und setzt das Denken in Bewegung. Wagenbach, Berlin

Gutdeutsch R, Hammerl C, Mayer I, Vocelka K (1987) Erdbeben als historisches Ereignis. Die Rekonstruktion des Bebens von 1590 in Niederösterreich. Springer, Berlin

Gutscher MA (2006) The great Lisbon earthquake and tsunami of 1755. Lessons from the recent Sumatra earthquakes and possible link to Plato's Atlantis. *European Review* 14: 181–191

Guzzetti F, Cardinali M, Reichenbach P (1994) The AVI Project: A bibliographical and archive inventory of landslides and floods in Italy. *Environmental Management* 18(4): 623–633

Hagel J (1998) Naturkatastrophen im Stuttgarter Raum. Eine Studie zur örtlichen Katastrophengeschichte in systematischem Ansatz. *Zeitschrift für württembergische Landesgeschichte* 57: 65–107

Hammerl C (1992) Das Erdbeben vom 25. Jänner 1348. Rekonstruktion des Naturereignisses. Wien, Univ. Diss.

Hinton P (1992) (Hrsg) Disasters. Image and context (Sydney studies in society and culture 7). Sidney Association for Studies in Society and Culture, Sydney

Hooke JM, Kain RJ (1982) Historical change in the physical environment: a guide to sources and techniques (Studies in Physical Geography). Butterworth, London

Jäger J (2000) Photographie. Bilder der Neuzeit. Einführung in die historische Bildforschung. edition diskord, Tübingen

Jakubowski-Tiessen M (1992) Sturmflut 1717. Die Bewältigung einer Naturkatastrophe in der Frühen Neuzeit (Ancien Régime. Aufklärung und Revolution 24). Oldenbourg, München

Jakubowski-Tiessen M, Lehmann H (2003) Um Himmels Willen. Religion in Katastrophenzeiten. Vandenhoeck & Ruprecht, Göttingen

Kelletat D, Scheffers A (2003) Sedimentologische und geomorphologische Tsunamispuren an den Küsten der Erde. *HGG-Journal* 18: 11–20

Krieg S (2005) *Ts*unami. Der Tod aus dem Meer, 26. Dezember 2004. Gruner und Jahr, Hamburg

Lehner M (1995) „Und das Unglück ist von Gott gemacht ..." Geschichte der Naturkatastrophen in Österreich. Edition Praesens, Wien

Löffler U (1999) Lissabons Fall – Europas Schrecken. Die Deutung des Erdbebens von Lissabon im deutschsprachigen Protestantismus des 18. Jahrhunderts (Arbeiten zur Kirchengeschichte 70). de Gruyter, Berlin

Matschenz A (2004) Karten und Pläne. In: Beck F, Henning E (Hrsg) Die archivalischen Quellen. Mit einer Einführung in die Historischen Hilfswissenschaften. Böhlau-Verlag, Köln. 128–139

Menne-Haritz A (2000) Schlüsselbegriffe der Archivterminologie. 3. Aufl. Archivschule Marburg, Marburg

Oppenheimer C (2003) Climatic, environmental and human consequences of the largest known historical eruption. Tambora (Indonesia) 1815. *Progress in Physical Geography* 27: 230–259

Pavsek M (2000) Les avalanches dans les Alpes slovènes. La leçon à tirer des précédents historiques. In: Favier R, Granet-Abisset AM (Hrsg) Histoire et mémoire des risques naturels. CNRS – Maison Sciences de l'Homme-Alpes, Grenoble. 149–163

Pfister C (1998) Raum-zeitliche Rekonstruktion von Witterungsanomalien und Naturkatastrophen 1496-1995 (Schlussbericht NFP 31). vdf, Zürich

Pfister C (1999) Wetternachhersage. 500 Jahre Klimavariationen und Naturkatastrophen (1496–1995). Haupt, Bern

Pfister C (2002) Am Tag danach. Zur Bewältigung von Naturkatastrophen in der Schweiz 1500-2000. Haupt, Bern

Pfister C, Summermatter S (2004) (Hrsg) Katastrophen und ihre Bewältigung. Perspektiven und Positionen. Haupt, Bern

Pörtge KH, Deutsch M (2000) Hochwasser in Vergangenheit und Gegenwart. In: Bayerische Akademie der Wissenschaften (Hrsg) Entwicklung der Umwelt seit der letzten Eiszeit (Bayerische Akademie der Wissenschaften, Rundgespräche der Kommission für Ökologie 18). Pfeil, München. 139–151

Rohr C (2001) Mensch und Naturkatastrophe. Tendenzen und Probleme einer mentalitätsbezogenen Umweltgeschichte des Mittelalters. In: Hahn S, Reith R (2001) (Hrsg) Umwelt-Geschichte. Arbeitsfelder, Forschungsansätze, Perspektiven. Wien, München. 13–31

Scaramellini G, Kahl G, Falappi GP (1995) La frana di Piuro del 1618. Storia e immagini di una rovina. Associacione Italo-Svizzera per gli Scavi di Piuro, 2. Aufl. Piuro

Scheffers A, Scheffers S, Kelletat D (2005) Palaeo-Tsunami Relics on the Southern and Central Antillean Island Arc. *Journal of Coastal Research* 21: 263–273

Schenk W (Hrsg) (1999) Aufbau und Auswertung „Langer Reihen" zur Erforschung von historischen Waldzuständen und Waldentwicklungen. Ergebnisse eines Symposiums in Blaubeuren vom 26.–28.2.1998 (Tübinger Geographische Studien 125). Geographisches Institut der Universität Tübingen, Tübingen 1999

Schmidt A (1995) „Wolken krachen, Berge zittern, und die ganze Erde weint ..." Zur kulturellen Vermittlung von Naturkatastrophen in Deutschland 1755 bis 1855. Waxmann, Münster

Schneider U (2004) Die Macht der Karten. Eine Geschichte der Kartographie vom Mittelalter bis heute. Primus, Darmstadt

Schubert SD, Suarez MJ, Pegion PJ, Koster RD, Bacmeister JT (2004) On the cause of the 1930s Dust Bowl. *Science* 303: 1855–1859

Schwartz JM (Hrsg) (2003) Picturing Place. Photography and the geographical imagination. Tauris, London

Schwelien M (2005) Tsunami – die Schicksalsflut. Die Katastrophe und die Folgen. Fischer Taschenbuch Verlag, Fankfurt aM

Simkin T, Fiske R (1983) Krakatau 1883. The volcanic eruption and its effects. Smithsonian Institute, Washington DC

Špůrek M (1972) Historical Catalogue of Slide Phenomena (Studia Geographica 19). Geografický Ústav CSAV, Brünn

Statistisches Jahrbuch 2005 für die Bundesrepublik Deutschland. Statistisches Bundesamt (Hrsg). Metzler-Poeschel, Stuttgart

Tiefenbacher LE (1880) Die Rutschungen. Ihre Ursachen, Wirkungen und Behebungen. Lehmann & Wentze , Wien

Trapp W (1992) Kleines Handbuch der Maße, Zahlen und Gewichte. Reclam, Stuttgart

Trapp W (1999) Kleines Handbuch der Münzkunde und des Geldwesens in Deutschland. Reclam, Stuttgart

Trimble S (1998) Dating fluvial processes from historical data and artifacts. Catena 31: 283–304

Walter F, Fantini B, Delvaux D (2006) (Hrsg) Les cultures du risque (XVIᵉ-XXIᵉ siècle). Presses d'histoire Suisse, Genf

Warth M (1993) Ein Bericht vom Hausener Erdrutsch aus dem Jahr 1807. *Blätter des Schwäbischen Albvereins* 99: 17–18

Whitworth M, Murphy M, Gilles D, Petley D (2000) Historical constraints on slope movement age: a case study at Broadway, United Kingdom. *The Geographical Journal* 166(2): 139–155

Worster D (2004) Dust Bowl. The southern plains in the 1930s. Oxford University Press, New York

Zehnder JN (1988) Der Goldauer Bergsturz. Seine Zeit und sein Niederschlag 3. stark. erw. Aufl. Stiftung Bergsturzmuseum, Goldau

Internetadresse

http://www.ngdc.noaa.gov/seg/hazard/tsu_db.shtml – Global Tsunami Database des *National Geophysical Data Center*

17 Vorwarnung, Vorhersage und Frühwarnung

Tina Kunz-Plapp

Early Warning Systems (Frühwarnsysteme) • Kooperationen verschiedener Akteure • Risikokommunikation • Vorhersage von Extremereignissen • Warnungen

Warnungen vor drohenden, mit Gefahr für Leben und Eigentum verbundenen Ereignissen sind ein wichtiger Bestandteil der Katastrophenvorsorge und -bewältigung (Gruntfest 1987). Mittels Warnungen der betroffenen Bevölkerung können Folgen von Extremereignissen und damit der Verlust an Menschenleben und Eigentum gemindert werden.

In der sozial- und kommunikationswissenschaftlichen Literatur zum Thema Kommunikation von drohenden extremen Naturereignissen oder von technischen Katastrophen lassen sich zwei Formen von Kommunikation unterscheiden: die eher auf langfristige Wirkung zielende **Risikokommunikation** und die auf kurzfristige Wirkung gerichtete **Krisenkommunikation**, wenn ein Schadensereignis unmittelbar zu erwarten ist bzw. bereits eingetreten ist (Handmer 2000, Ruhrmann und Kohring 1996, Clausen und Dombrowsky 1990). Die beiden Formen basieren auf unterschiedlichen **Kommunikationsmodellen** mit verschiedenen Arten von sozialen Beziehungen. Dementsprechend werden auch verschiedene Kommunikationsmittel verwendet. Die verschiedenen Formen von Kommunikation sind in Tabelle 17.1 aufgeführt. In diesem Kapitel geht es in erster Linie um die kurzfristige Form der Krisenkommunikation.

Im akuten Krisen- oder Katastrophenfall sollen mittels **Warnungen** kurzfristig zwei Ziele erreicht werden. Erstens müssen die verschiedenen Gruppierungen des Zivil- und Katastrophenschutzes informiert werden, damit mit deren Einsatz die Bewältigung des Ereignisses rechtzeitig eingeleitet werden kann. Zweitens soll die betroffene Bevölkerung durch Warnungen über die drohende Gefahr informiert und dazu motiviert werden, sofort bzw. innerhalb kürzester Zeit **Maßnahmen zum Selbstschutz** zu ergreifen. Hierzu werden meist mithilfe von Massenmedien und/oder Alarmierungssystemen Warnungen in der betroffenen Bevölkerung verbreitet (Handmer 2000).

Nach Ruhrmann und Kohring (1996) folgen Warnungen einem hierarchischen Kommunikationsmodell: Ein Sender übermittelt Information über mindestens einen Kanal (Massenmedien, Alarmierungssysteme) an einen Empfänger, wobei die übertragene Information vom Empfänger verstanden und befolgt werden soll. Der Prozess besteht daher in **einseitiger Information**. Sender sind in der Regel staatlich autorisierte Einrichtungen, der Empfänger ist die Bevölkerung. Da Katastrophenschutz eine staatliche Aufgabe ist, ist aus soziologischer Sicht in diesem Informationsprozess im Kern das Verhältnis zwischen Staat und Bürger berührt (Clausen und Dombrowsky 1990).

17

Tab. 17.1 Kommunikation drohender Schadensereignisse in verschiedenen Zeithorizonten (verändert nach Handmer 2000, Ruhrmann und Kohring 1996).

Zeithorizont	kurzfristig	langfristig	
Ziel	sofort handeln	Katastrophenvorsorge und Vorbereitung	Erzielen von Konsens über kontroverse Fragen, Akzeptanz vorsorgender Maßnahmen
Kommunikations-modell	einseitige Informa-tion, Hierarchie	Dialog gleichberechtigter Partner mit Anerkennung unterschiedlicher Formen von Rationalität	
Mittel	Warnungen	Informationen, Kampagnen, Aktionstage etc.	Partizipation

17.1 Der Warnprozess – Bestandteile und soziales System

17.1.1 Frühwarnung, Warnsystem, Warnbotschaft

Bei der Auseinandersetzung mit dem Warnprozess muss zwischen verschiedenen Ebenen unterschieden werden: dem **Warnsystem**, durch das die Warnung erstellt und verbreitet wird, und der **Warnbotschaft** als solcher. Unter einer Warnbotschaft wird eine kommunizierte, d. h. übermittelte Botschaft verstanden, dass eine Gefahr für einen bestimmten Teil der Gesellschaft auftreten kann (Nigg 1995). Der Fokus des vorliegenden Kapitels liegt auf Warnbotschaften und Warnsystemen mit einer kurzen Vorlaufzeit von wenigen Stunden bis ca. einem Tag, bis das Ereignis eintritt, vor dem gewarnt wird. Etliche mit Risiken behaftete Prozesse entwickeln sich jedoch langsam oder schleichend. Dementsprechend länger kann die Vorlaufzeit der Warnung sein, z. B. bis zu Jahren im Fall von durch den Klimawandel beeinflussten Prozessen. Daher wird häufig auch von **Frühwarnungen** gesprochen. Wo eine sinnvolle Grenze zwischen Warnung und Frühwarnung zu ziehen ist oder ob sich überhaupt eine allgemein gültige Trennung ziehen lässt, spielt für dieses Kapitel keine Rolle. Warnsysteme sind unabhängig von der Vorlaufzeit der Warnungen vom Prinzip her gleich aufgebaut, und sie erfüllen die gleichen Funktionen, die im Kasten 17.1 definiert und beschrieben sind.

Sozialwissenschaftlich betrachtet setzen sich Warnsysteme aus **Organisationen unterschiedlichen Typs** zusammen: behördliche bzw. staatliche Einrichtungen, teils wissenschaftsnahe Institutionen, sowie Medien und Alarmierungssysteme als Mittel zur Verbreitung der Warnbotschaft. Die verschiedenen am Warnprozess beteiligten Einrichtungen haben verschiedene Organisations- und Arbeitsstrukturen. Abgesehen von der Zusammenarbeit im Warnprozess haben sie in der Regel noch weitere Aufgaben und dementsprechend unterschiedliche Prioritätensetzungen und eigene interne Handlungsabläufe. Trotz der unterschiedlichen Zielsetzungen der Beteiligten besteht letztlich der Hauptzweck dieser organisatorischen Kette darin, den Gefährdeten zu dienen; hieran sollte sie auch ausgerichtet sein (Handmer 2000).

Damit die Kette der verschiedenen am Warnsystem Beteiligten funktioniert, müssen diese Akteure in einem interaktiven Prozess miteinander verbunden sein. Warnungen und der Warnprozess werden daher in der Literatur als ein soziales System verschiedener Akteure beschrieben, die in einem Prozess interagieren (Mileti 1999, Handmer 2000, Nigg 1995, Parker 1987). Warnungen vor extremen Ereignissen sind daher ein Produkt sozialer Organisation (Parker und Handmer 1998). Da die Vorhersage eines drohenden Ereignisses außerdem immer Ungewissheit enthält, beschreiben die Soziologen Lars Clausen und Wolf Dombrowsky Warnsysteme auch als »*soziales Handeln unter Ungewissheit, mit dem versucht werden soll, auf drohende Gefahren bestandsichernde offensive und defensive Antworten zu finden*« (Clausen und Dombrowsky 1984, S. 294).

Kasten 17.1

Definition (Früh-)Warnsysteme

Gemäß der Terminologie der Internationalen Strategie der Vereinten Nationen zur Katastrophenminderung (*International Strategy for Disaster Reduction*, UN ISDR) besteht ein **Frühwarnsystem** in:

»... der rechtzeitigen Bereitstellung aktueller Informationen durch festgelegte, dafür bestimmte Institutionen, die den einer Gefährdung ausgesetzten Personen Verhaltensweisen vorgeben, das Risiko zu meiden oder zu verringern und sich auf eine effektive Bewältigung vorzubereiten.

Frühwarnungssysteme bestehen aus einer Kette von Aufgaben:

- Erkennen und räumliches Eingrenzen von Gefährdungen,
- Beobachten und Vorhersage bevorstehender Ereignisse,
- Erstellen und Verbreiten verständlicher Warnungen an relevante Stellen und an die Bevölkerung und
- Ergreifen von geeigneten und rechtzeitigen Maßnahmen« (ISDR 2006, Übersetzung).

Diese Definition für Frühwarnsysteme gilt mit den gleichen Grundelementen ebenso für **Warnsysteme mit kurzen Vorlaufzeiten**. In der Studie des Deutschen Komitees Katastrophenvorsorge (DKKV) e. V. zum Elbehochwasser im August 2002 in Deutschland wird ein Hochwasserwarn- und Frühwarnsystem folgendermaßen skizziert: »Zunächst gilt es, ein bevorstehendes Ereignis zu erkennen und dieses nach Art, Größe, Ort und Zeitpunkt vorherzusagen, d. h. die meteorologische und hydrologische Situation zu erfassen und die Entwicklung der meteorologischen Situation mit geeigneten Modellen zu simulieren. Aufbauend auf den meteorologischen Vorhersagen und aktuellen Daten sowie den Wasserständen in den Flüssen erfolgen die hydrologischen Vorhersagen.

Zeitgleich gilt es, diese meteorologischen und hydrologischen Vorhersagen in Warnungen umzusetzen, d. h. in Abhängigkeit von der Sicherheit der Vorhersage und dem Ausmaß des Ereignisses sind entsprechende Wetter- und Unwetterwarnungen und Hochwassermeldestufen auszugeben und Handlungsempfehlungen zu formulieren. Diese Warnungen sind in geeigneter Form, möglichst schnell, an einen festgelegten Empfängerkreis zu senden, wobei eine Wertung des Ereignisses enthalten sein sollte« (Schümberg und Grünewald 2003, S. 84).

17.1.2 Der Warnprozess als Übersetzungsleistung einer Vorhersage in Schutzhandeln

Wie oben dargestellt, müssen Warnsysteme drei Grundfunktionen erfüllen: die Abschätzung bzw. Vorhersage möglicher, mit Schaden verbundener Ereignisse, die Verbreitung der Warnung und das Ergreifen geeigneter Maßnahmen. Über die verbreitete Warnbotschaft wird die der Gefährdung ausgesetzte Bevölkerung informiert und ihr werden Handlungsanweisungen gegeben, wie man sich schützen kann. In sozialwissenschaftlicher Sichtweise setzt damit die Warnbotschaft die auf physikalischen Gesetzmäßigkeiten basierende Vorhersage in eine **Handlungsaufforderung** um (Handmer 2000). Die Warnbotschaft leistet daher eine Übersetzung zwischen den die Vorhersagen generierenden „Experten" und den gewarnten „Laien". Der **Warnprozess** mit den daran beteiligten Akteuren ist schematisch in der Abbildung 17.1 dargestellt. Der Warnprozess wird im Folgenden erläutert und im Kasten 17.2 anhand der Warnpraxis des Deutschen Wetterdienstes (DWD) illustriert.

Per Gesetzesauftrag bestimmte Behörden erstellen mithilfe von Beobachtungen und Vorhersagemodellen und deren Interpretation auf physikalischen Gesetzmäßigkeiten basierende Vorhersagen. Wenn bestimmte, definierte Kriterien erfüllt sind, d. h. Ereignisse bestimmter Intensität oder Charakteristik zu erwarten sind, geben diese Behörden Warnungen vor möglichen Schadensereignissen heraus, wobei diese „Warnung" nicht unbedingt identisch mit der Warnbotschaft sein muss, die an die Bevölkerung ausgegeben wird. Die Vorhersage oder Feststellung einer möglichen Gefahr markiert gleichzeitig den Beginn des **Verbreitungsprozesses** (Nigg 1995). Vorhersagen möglicher Schadensereignisse stehen häufig am Ende einer oft komplexen Kette von Organisationen und Gruppen, die mit den Vorhersagen betraut sind.

Welche Information sollte in diesen Warnungen enthalten sein? In der Literatur zu Warnsyste-

17

men wird auf verschiedene Fragen verwiesen, die mithilfe der auf wissenschaftlichen Erkenntnissen basierenden Vorhersage beantwortet werden sollen (Glantz 2004, Nigg 1995, Gruntfest 1987):

- Welches Ereignis steht bevor?
- Wie sicher ist die Vorhersage bzw. wie wahrscheinlich ist das Auftreten des Ereignisses?

- Wann tritt das Ereignis ein?
- Welche Dauer wird es haben?
- Welche Intensität wird das bevorstehende Ereignis haben?
- Wo wird das Ereignis auftreten: Welche Orte/Regionen werden am meisten betroffen sein?
- Welche Folgen kann das Ereignis haben?

Kasten 17.2

Warnpraxis des Deuschen Wetterdienstes (DWD)

In Deutschland ist der **DWD** per Gesetz – neben der permanenten Wetterüberwachung – zur Herausgabe von Warnungen über Wettererscheinungen beauftragt, »die zu einer Gefahr für die öffentliche Sicherheit und Ordnung führen können« (DWD 2006a). Das Warnkonzept des DWD basiert auf der Mittelfrist- und der Kurzfristvorhersage. Die Vorhersagen stützen sich auf Modellrechnungen der atmosphärischen Prozesse. Hierbei kommen verschiedene numerische Prognoseverfahren zum Einsatz. Die Modellergebnisse werden durch manuelle Analysen und verschiedene Diagnoseverfahren der Wettersituation ergänzt und interpretiert. Für die Ausgaben der Warnungen vor extremen Wetterereignissen sind die sechs regionalen Vorhersagezentralen (Regionalzentralen) in ihrem Gebiet zuständig (DWD 2006b, Klimmek 2002).

Der DWD hat ein dreistufiges Warnkonzept:

Sieben bis zwei Tage vor dem zu erwartenden Ereignis wird eine Frühwarn-Information ausgegeben, die auf der Mittelfristvorhersage basiert. Etwa 12–48 Stunden vor Eintreten des Ereignisses wird eine Vorwarn-Information ausgegeben, die auf der Kurzfristvorhersage beruht. Die **Vorwarnung** dient dazu, »der Polizei, den Katastrophenstäben, der Feuerwehr oder dem Technischen Hilfswerk eine ausreichende Vorlaufzeit für die Einleitung und Durchführung von Vorsorgemaßnahmen zu ermöglichen« (Klimmek 2002, S. 32; DWD 2006d). 2–12 Stunden vor dem Eintreten des Ereignisses werden, unterschieden nach verschiedenen Schwellenwerten, Wetter- oder Unwetterwarnungen ausgerufen; sofern die mit der Vorwarn-Information herausgegebene Prognose durch das tatsächliche Wettergeschehen nicht bestätigt wird, wird die Vorwarnung aufgehoben (Klimmek 2002, Niedek 2002, DWD 2006d, 2006e, 2006f).

Die Wetter- und Unwetterwarnungen des DWD enthalten die Bezeichnung der Art des meteorologischen Ereignisses, den Gültigkeitszeitraum (alle Zeitangaben in Ortszeit), den eigentlichen Warntext, d. h. die Beschreibung der erwarteten meteorologischen Ereignisse und einen Zusatz – für die Medien – zur Dauer der Verbreitung (Bock 2002). Als Beispiel ist in Kasten 17.3 eine Unwetterwarnung vom 09.05.2004 aufgeführt, wobei hier die Zusätze für die Medien fehlen.

Seit Sommer 2003 sind die Warnungen des DWD mit Anweisungen über geeignete Schutzmaßnahmen gekoppelt, obwohl dies nicht in die Kompetenz des Wetterdienstes fällt. Davor waren in den Warnungen keine Handlungsempfehlungen enthalten. Da jedoch gerade die Vermittlung von geeigneten Handlungsanweisungen einer der wichtigsten Bestandteile der Warnbotschaft an die Bevölkerung ist, bezieht der DWD mittlerweile Handlungsempfehlungen mit ein. Zudem sind im Internet allgemein gehaltene Beschreibungen zu Auswirkungen von Wetterereignissen und empfohlenen Verhaltensweisen verfügbar (DWD 2006c). Als Beispiel ist in Kasten 17.4 die Beschreibung zu Hagel aufgeführt.

Der DWD gibt die Warnungen an relevante Behörden und die Öffentlichkeit weiter. „Öffentlichkeit" sind dabei für den DWD in erster Linie die öffentlich-rechtlichen Hörfunk- und Fernsehanbieter. Die Unwetterwarnungen gehen jedoch auch an die privaten Hörfunk- und Fernsehanbieter. Weiterhin erhalten bestimmte öffentliche Dienststellen sowie private Kunden die Warnungen, die mit dem DWD eine vertragliche Vereinbarung getroffen haben. Die Warnungen werden außerdem an das Lagezentrum im Bundesministerium des Innern sowie an die Lagezentren der Länder-Innenministerien zur Information und Weiterverteilung weitergegeben. Übermittelt werden die Warnungen des DWD an den Verteiler per Fax (Bearbeitungszeit je nach Verteilerliste 15 bis 20 min) und als E-Mail. Die Warnungen sind ebenfalls auf den Internetseiten des DWD und diverser anderer Online-Anbieter abrufbar (Bock 2002).

17

── Kasten 17.3 ──

Beispiel einer Wetterwarnung des DWD (Unwetterwarnung)

Unwetterwarnung vor schwerem Gewitter
für: Stadt Dresden
gültig von: Montag, 10.05.04, 19:30 Uhr
bis: Montag, 10.05.04, 24:00 Uhr
ausgegeben vom Deutschen Wetterdienst
am: Montag, 10.05.04, 19:10 Uhr

Von Norden aufkommende teils kräftige Gewitter. Dabei ergiebiger Regen um 25 Liter pro Quadratmeter in kurzer Zeit. Örtlich auch Böen 50 bis 70 km/h (Stärke 7 bis 8) und Hagel.

Der Deutsche Wetterdienst weist darauf hin, dass Schäden durch Überflutung, umstürzende Bäume und herabfallende Gegenstände, Hagelschlag und Blitzschlag möglich sind.

Halten Sie sich in geschlossenen Räumen auf und schließen Sie Fenster und Türen. Nehmen Sie elektrische Geräte vom Netz. Wenn Sie im Freien unterwegs sein müssen, meiden Sie die Nähe von Gebäuden, Bäumen, Gerüsten und Hochspannungsleitungen.
(http://www.dwd.de, 09.05.2004)

── Kasten 17.4 ──

Beschreibung der Auswirkung von Wetterereignissen am Beispiel Hagel

Hagel ist ein häufiger Begleiter sommerlicher Starkgewitter. Dabei richtet der Hagel umso mehr Schäden an, je größer die Hagelkörner sind. Neben Sachschäden sowie Schäden an landwirtschaftlichen Kulturen können Hagelkörner auch bei Menschen erhebliche Verletzungen hervorrufen.

Vermeiden Sie deshalb bei Hagel jeden Aufenthalt im Freien. Schließen Sie alle Fenster, Türen und Dachluken. Stellen Sie Fahrzeuge unter (in Garagen, unter Brücken u. Ä.). Schäden am Fahrzeug lassen sich dadurch verringern, dass Sie es

im Freien mit einer Decke oder Plane abdecken (diese muss natürlich ordentlich gegen Wegfliegen gesichert sein). Sind Sie bei Hagel mit dem Auto unterwegs und können dieses nicht vorübergehend unterstellen, richten Sie sich auf jeden Fall auf winterliche Straßenverhältnisse ein (auch im Sommer!), da die Hagelkörner je nach Größe einige Zeit zum Wegtauen benötigen. Verringern Sie die Geschwindigkeit und vergrößern Sie den Abstand zum Vorausfahrenden. Schalten Sie das Licht ein!
(DWD 2006c)

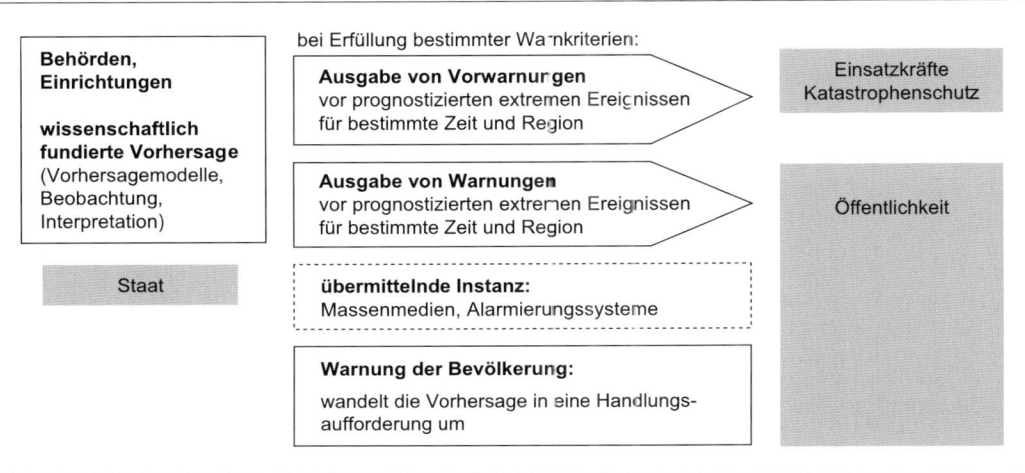

Abb. 17.1 Der Warnprozess

17

Wie werden die erstellten Warnungen im Warnprozess weiterverbreitet? Hierbei sind verschiedene Zielgruppen für die Warnbotschaften zu beachten. Einerseits gehen Warnungen direkt an alle relevanten Behörden und an die Einrichtungen des Katastrophenschutzes. Andererseits müssen dafür geeignete Warnbotschaften in der Öffentlichkeit, also in der betroffenen Bevölkerung, verbreitet werden. Die vermittelnde Instanz für die Warnung der Bevölkerung sind die **Massenmedien** (TV, Radio, Internet), möglicherweise unterstützt durch **Alarmierungssysteme** wie Sirenen und Mobilfunk. Außer den Massenmedien können auch die Polizei und Feuerwehr mittels Lautsprecherwagen sowie Haus-zu-Haus-Boten örtlicher Behörden zur Verbreitung der Warnbotschaft eingesetzt werden. Die Rolle der Medien im Warnprozess ist es, die Verbindung zwischen den offiziellen Stellen, die eine Warnung ausgeben, und der Öffentlichkeit herzustellen (Nigg 1995).

17.2 Anforderungen und Probleme im Warnprozess

17.2.1 Anforderungen und „goldene Regeln"

Wie oben erläutert, muss die Warnung der Bevölkerung mit ihrer Warnbotschaft die operationelle Vorhersage in eine **Handlungsaufforderung** umwandeln. Was ist nun unter der „Übersetzung" oder Umwandlung der Vorhersage in eine Handlungsaufforderung zu verstehen? Damit Warnungen in der Bevölkerung verstanden werden, bei der Zielgruppe ankommen und in Schutzhandeln umgesetzt werden können, müssen sie bestimmten Anforderungen genügen. Eine nach wissenschaftlichen Erkenntnissen und Kriterien formulierte Vorhersage wird bei den Betroffenen kaum ein angemessenes Schutzhandeln bewirken, weil technische oder in Wahrscheinlichkeiten formulierte Informationen enthalten sind, die Nicht-Wissenschaftler nicht interpretieren können und die daher zu Verwirrung führen können. Zudem ist in den nach wissenschaftlichen Erkenntnissen und Kriterien formulierten Vorhersage meist keine Handlungsempfehlung enthalten (Nigg 1995). Warnbotschaften müssen so gestaltet sein, dass sie die Betroffenen bzw. die Zielgruppe in ihrem Lebenskontext verstehen können und die Warnung

eine konkrete Bedeutung für sie erhält. Insofern ist „Übersetzung" nicht nur sprachlich gemeint, etwa in der Gestalt, dass keine Fachbegriffe enthalten sein sollten und die in ihr enthaltene Information entsprechend der Zielgruppe „codiert" sein sollte; mit „Übersetzung" ist hier auch gemeint, dass eine innerhalb eines bestimmten sozialen Kontextes getroffene Aussage (den Kontext der Institution, die nach wissenschaftlichen Grundsätzen eine Vorhersage erstellt) in einen anderen sozialen Kontext (den der gewarnten Bevölkerung) übermittelt wird, in dem andere Handlungs- und Bedeutungslogiken vorherrschen.

Die Anforderungen an Warnungen als Übersetzung von einem Kontext in den anderen werden im Kasten 17.5 als die „vier goldenen Regeln" für Warnungen aufgeführt. Sie wurden aus der Literatur abgeleitet (Handmer 2000, Nigg 1995, Gruntfest 1987) und sind bewusst einfach gehalten. Sie stellen Schlüsselkomponenten von Warnungen dar, mit deren Hilfe eine Warnung effektiv sein kann, d. h. dass die Wahrscheinlichkeit erhöht wird, dass die Gewarnten geeignete Schutzmaßnahmen ergreifen und damit ein möglicher Schaden gemindert werden kann.

17.2.2 Grenzen von Warnungen

Trotz verbesserter wissenschaftlicher Vorhersagen wird dem Warnprozess aus Warnsystem und Warnbotschaft immer wieder mangelnde Effizienz oder sogar „Versagen" vorgeworfen. Gründe hierfür sind u. a. steigende Erwartungen, denen der Warnprozess angesichts verschiedener Entwicklungen ausgesetzt ist, wie der wachsenden Besorgnis über Auswirkungen des Klimawandels auf das Auftreten von Extremereignissen, dem anwachsenden Risikopotenzial vieler Gesellschaften und steigenden Erwartungen an neue Informationstechnologien auch im Warnwesen (Handmer 2000). Im Abschnitt 17.1.1 wurde der Warnprozess als ein System mit unterschiedlichen Akteuren beschrieben, die in einer kettenförmigen Abfolge die verschiedenen Grundfunktionen des Warnsystems sicherstellen müssen. Warnbotschaften können an beliebigen Schwachstellen innerhalb und zwischen den „Kettengliedern" zum Scheitern gebracht werden (Kasten 17.6).

In zahlreichen sozialwissenschaftlichen Studien, vornehmlich in englischsprachigen Ländern, wurden Effekte und Probleme von Warnungen vor und während Katastrophen und extremen Naturereignissen

Kasten 17.5

Vier goldene Regeln für Warnungen

(1) Die Warnbotschaft muss glaubhaft sein und auf seriöser Quelle beruhen.
Die Grundlage der Warnung muss glaubhaft sein, auch wenn wissenschaftliche Exaktheit nicht notwendig ist. Die Quelle, d. h. die staatliche oder wissenschaftsnahe Einrichtung, die die Warnung ausgestellt hat, sollte benannt sein, um die Seriosität und damit die Glaubwürdigkeit der Warnbotschaft zu unterstreichen. Außerdem müssen Warnbotschaften aktualisiert werden, wenn sich die Gefahrenlage ändert.

(2) Die Warnbotschaft muss klar und allgemein verständlich formuliert sein.
Die Warnung sollte in der Beschreibung der Gefahr keine wissenschaftlichen Fachbegriffe enthalten, aber die Verbindung zu einer Institution aufzeigen, welche die Vorhersagen erstellt. Die Warnbotschaft sollte in allgemein verständlicher Sprache formuliert sein, die auf gemeinsam geteilten Bedeutungen beruht. Komplexe Formulierungen, z. B. Wahrscheinlichkeiten oder wissenschaftliche Begriffe, wie die Jährlichkeit eines Hochwassers, sollten nicht verwendet werden, da solche Begriffe in der Öffentlichkeit meist anders interpretiert werden.

(3) Die Warnbotschaft muss das Ausmaß der Gefährdung für die Region so beschreiben, dass sie im Kontext der Zielgruppe der Warnung zu begreifen ist.

Die Warnbotschaft muss den Grad der Gefährdung erklären, dem eine bestimmte Region oder Gruppe der Bevölkerung ausgesetzt ist. In diese Erklärung sollten auch die Konsequenzen des Ereignisses für die möglichen Betroffenen in ihrem eigenen Kontext benannt werden: die Höhe von Hochwasser an einem bestimmten Ort oder die Art und Weise, wie die erwartete Windstärke Bauten oder Einrichtungen beschädigen könnte. Bei der Übertragung in den Kontext der Gewarnten muss also das Risiko in gewissem Maße personalisiert werden.

(4) Die Warnbotschaft muss Handlungsanweisungen enthalten, was jeder tun kann, um sich zu schützen und Schäden zu vermeiden.
Eine der größten Herausforderungen für Warnsysteme besteht darin, die Warnbotschaft so zu formulieren, dass sie zum Ergreifen von Schutzmaßnahmen motiviert, die ohne die Warnung nicht ergriffen würden. Den Gewarnten muss daher mitgeteilt werden, was sie tun können, um ihr Risiko zu vermindern. Dies ist ein äußerst wichtiger Teil der Warnbotschaft. Außerdem sollte der Öffentlichkeit mitgeteilt werden, welche Maßnahmen Behörden und die Regierung ergreifen, da dies signalisiert, dass die Reaktion auf die Warnung ein gemeinsamer, kollektiver Prozess ist und dass auch andere die Warnung ernst nehmen.

Kasten 17.6

Wann gilt eine Warnung als erfolgreich und effektiv und damit als den Erwartungen entsprechend?

Hierüber existieren verschiedene Auffassungen:

(1) Wenn die Warnung rechtzeitig war (Clausen und Dombrowsky 1984).

(2) Wenn die wissenschaftliche Vorhersage korrekt war (Ort, Zeit, Intensität des Ereignisses).

(3) Wenn mit dem Warnsystem, durch das die Warnbotschaft erstellt und verbreitet wurde,

ein bestimmter Prozentsatz der Bevölkerung erreicht wurde.

(4) Wenn die Betroffenen rechtzeitig und in geeigneter Weise gehandelt haben.

(5) Wenn das Warnsystem traditionellen Kosten-Nutzen-Analysen gerecht geworden ist (Handmer 2000, Glantz 2004).

auf die betroffene Bevölkerung untersucht (Sorensen 2000, Bandy et al. 2004). Die dabei offen gelegten Problemstellen des Warnprozesses lassen sich zwei Bereichen zuordnen: **Problemen im Warnprozess** selbst sowie Problemen, die sich aus **dessen Einbettung in die sonstigen Kommunikationsstrukturen in der Gesellschaft** ergeben; ausgewählte Probleme und Grenzen des Warnprozesses werden im Folgenden aufgeführt.

Probleme im Warnprozess selbst

- Probleme bei der Vorhersage, z. B. durch ungenügende Vorsagen aufgrund von Grenzen in der Vorhersagbarkeit bestimmter Extremereignisse, oder Probleme durch falsche Vorhersagen aufgrund von Fehlern in der Informationsweitergabe bei der Erstellung der Vorhersage (Klimmek 2002, von Kirchbach et al. 2002).
- Probleme in der Kooperation der am Warnprozess beteiligten Einrichtungen und Behörden und bei der Weitergabe der Warnung in der „Informationskette" des Warnprozesses (Wetterdienste, Hochwasserzentralen, Katastrophenschutz, Massenmedien, Alarmierungssysteme) (Nigg 1995, von Kirchbach et al. 2002).
- Probleme in der Verbreitung der Warnbotschaft durch Ausfall eines Kanals bei ungenügender Redundanz von Kanälen, d. h. Absicherung durch mehrere Verbreitungskanäle. Die Kanäle sollten selbst auch möglichst wenig anfällig sein, sodass sie nicht selbst durch das drohende Ereignis in ihrer Funktion gefährdet sind (Nigg 1995).
- Lücken in vertraglichen Bestimmungen mit den Massenmedien zum Senden der Warnungen sowie Restriktionen in der Sendezeit und medieninterne Gesetzmäßigkeiten können dazu führen, dass Warnungen nicht oder nur verkürzt wiedergegeben werden (Niedek 2002).
- Kompetenzfragen: Für die Erstellung eines Warntextes, der den oben umrissenen „goldenen Regeln" entspricht, muss die Vorhersage mit der kontextgerechten Beschreibung der Gefährdung und mit Handlungsempfehlungen versehen werden. Wer genau ist aber hierfür zuständig und wer hat die Kompetenz dazu?
- Erreichbarkeit der Bevölkerung: Welche Medien oder Kommunikationskanäle oder Alarmierungssysteme müssen von den „Warnungsgebern" genutzt werden, damit die Warnung möglichst viele Betroffene („Warnungsnehmer") auch erreicht (Handmer 2000, Held 2001)?

- Eigenschaften der Bevölkerung, die dazu führen, dass Warnungen nicht in der beabsichtigten Weise befolgt werden: Sozialstruktur (Altersaufbau, Gesundheit), verschiedene Einstellungen wie Ablehnung staatlicher Autorität und damit Ablehnung staatlicher Information (Clausen und Dombrowsky 1990, 1984) oder sozialstaatliche Erwartungshaltungen (Geipel 1993), eigene Erfahrungen, subjektive Risikowahrnehmung sowie andere Prioritätensetzung im Handeln, Orientierung am Verhalten anderer (Nigg 1995, Sorensen 2000).
- Eigenschaften der Warnung selbst, die nicht zu ihrem Erfolg beitragen, z. B. ihre Formulierung oder ihre Glaubwürdigkeit etwa durch widersprüchliche Warnungen verschiedener Institutionen, durch „falschen Alarm" in der Vergangenheit (Nigg 1995, Handmer 2000, Berznitz 1984) oder durch die Abwesenheit sensorisch wahrnehmbarer Signale einer drohenden Gefahr (Parker und Handmer 1998).

Probleme in der Einbettung des Warnprozesses in den gesellschaftlichen Kontext sowie in Risikokommunikation und Katastrophenvorsorge

Tendenziell besteht bei den Institutionen, die Warnungen ausgeben, die Vorstellung einer **passiven Öffentlichkeit**, die eine einzelne, monolithische und homogene Gesamtheit darstellt, die die mit der Warnung übermittelte Botschaft so wie beabsichtigt entschlüsselt und befolgt (Nigg 1995, Ruhrmann und Kohring 1996). Das dem Warnprozess unterliegende technische Kommunikationsmodell unterstellt, dass die vom Sender codierte und über einen Kanal verschickte Information vom Empfänger decodiert und befolgt wird. Dabei werden jedoch mehrere Dinge außer Acht gelassen:

- Erstens treffen die übermittelten Informationen in der gesellschaftlichen Wirklichkeit auf aktive, eigenständige Rekonstruktionen der übermittelten Information durch die Rezipienten. Daher ist die Interpretation der Warnungsempfänger nicht unbedingt identisch mit der durch den Kommunikator übertragenen Information (Ruhrmann und Kohring 1996) und dementsprechend auch nicht die aus der Interpretation resultierenden Handlungen.
- Zweitens besteht die Öffentlichkeit aus sehr vielen verschiedenen Öffentlichkeiten mit entspre-

chend diversen sozialen Kontexten, Sprachen und unterschiedlich ausgeprägten Fähigkeiten, Warnungen verstehen und nachvollziehen zu können. Der starke Individualisierungs- und Atomisierungsprozess vieler Gesellschaften in den letzten zwei Dekaden verschärft die Frage nach gemeinsam geteilten Bedeutungen zunehmend (Handmer 2000). Um gemäß den „goldenen Regeln" die Gefährdung innerhalb des sozialen Kontextes zu beschreiben und damit bedeutsam zu machen, wären also bei stärker individualisierter Gesellschaft mehrere Warnbotschaften für verschiedene Zielgruppen notwendig, um der Differenziertheit der Öffentlichkeit gerecht zu werden. Dementsprechend sollte auch auf solche Techniken bzw. Kanäle zur Verbreitung zurückgegriffen werden, die flexibel genug sind, um selektiv Warnungen aussprechen und sich verschiedenen Kontexten anpassen zu können. Mittel hierzu sind Lautsprecherwagen oder Haus-zu-Haus-Boten, Mobilfunk (SMS) und Bereitstellung von Information im Internet.

- Hinzu kommt noch als dritter Aspekt, dass Warnbotschaften bei weitem nicht nur durch offizielle Kanäle wie Fernsehen und Rundfunk weitergegeben werden, sondern auch informell in sozialen Kontakten und Netzwerken der Gewarnten (Nigg 1995). Informelle Kommunikationsnetzwerke können dabei sehr unterschiedliche Effekte auf Warnungen und die Reaktion darauf hervorbringen: Sie können Warnungen verstärken, davon ablenken oder sie unterwandern. Die Bedeutung **informeller Kommunikation von Warnbotschaften** (Parker und Handmer 1998) wird in Warnsystemen und der Forschung dazu tendenziell eher selten berücksichtigt.

Um die möglichen Fallstricke, aber auch die möglichen Potenziale im Warnprozess der Bevölkerung einschätzen zu können, ist es daher wichtig, Warnungen als einen sozialen Prozess zu betrachten, der durch verschiedene soziale Kontexte bestimmt ist. So wie die wissenschaftlich fundierte Vorhersage und die Verbreitung der Warnbotschaft mit all ihren Problemen durch den jeweiligen **Kontext** bestimmt ist, so ist auch das Handeln oder Nicht-Handeln der Gewarnten als Reaktion auf die Warnbotschaft und damit letztlich deren Akzeptanz oder Ablehnung, durch ihren jeweiligen individuellen sozialen Kontext bestimmt. Warnungen vollziehen sich »innerhalb gesellschaftlich konstituierter, aber individuell vollzogener Definitionsprozesse«, wozu eben auch die

Bewertung der Gefährdung gehört (Clausen und Dombrowsky 1984, S. 299). Das tendenziell an einem Reiz-Reaktionsschema orientierte Bild einer passiven Öffentlichkeit, das bei einigen offiziellen Stellen vorherrscht, entspricht daher nur bedingt der gesellschaftlichen Wirklichkeit (Parker 1987, Nigg 1995).

Eingangs wurden Warnungen als Krisenkommunikation mit Risikokommunikation in Verbindung gebracht und dadurch in den Kontext von **Katastrophenvorsorge** gesetzt. Diese Verknüpfung ist notwendig, um Warnungen einen höheren Durchdringungsgrad zu verschaffen. (Natur-)Katastrophen sind der Gesellschaft inhärente Prozesse, die durch den Umgang mit der Natur und die Art und Weise der Funktion der Zivilisation bedingt sind. Katastrophen werden daher auch als Indikatoren für »fehlverlaufende zivilisatorische Interaktionen und Stoffwechselprozesse mit der Natur« betrachtet (Dombrowsky 2001, S. 243). Werden Katastrophen auf diese Weise (und nicht als singuläre Ereignisse) betrachtet, dann lassen sich auch die im Katastrophenfall nötigen Warnungen der betroffenen Bevölkerung als Teil des gesellschaftlichen Kommunikationsprozesses verstehen, der in ein breiteres Konzept zur Risikokommunikation eingebettet sein sollte. Dies kann z. B. dadurch erfolgen, dass Warnungen als Teil einer Katastrophenvorsorge begriffen werden, der zumindest in gewissem Rahmen geübt werden kann und auch geübt werden muss, damit er im Ernstfall funktioniert.

Eine umfangreiche Literaturstudie zum Thema Risikokommunikation (Ruhrmann und Kohring 1996) zeigt eindrücklich, dass die Akzeptanz bzw. Nicht-Akzeptanz staatlicher Kommunikation in Katastrophensituationen und damit auch die Effizienz von Warnungen, ein Produkt der Kommunikation vor der Katastrophensituation ist. Die Effizienz von Warnungen sollte daher als Produkt langfristig angelegter Kommunikationsprozesse betrachtet werden, da Akzeptanz und Vertrauen in die Glaubwürdigkeit nur durch Kommunikationsprozesse erreicht werden, die als Dialog zwischen Staat und Bevölkerung angelegt sind und die Möglichkeiten zu Partizipation bieten (Dombrowsky 1992). Auf diese Weise könnten soziale Beziehungen zwischen Bürgern und Staat hergestellt werden, die ein gegenseitiges Vertrauensverhältnis begünstigen. Der Schwerpunkt staatlicher Kommunikation müsste sich dementsprechend von der Kommunikation in Katastrophen (Krisenkommunikation) auf die Kommunikation vor Katastrophen (Risikokommunikation) verschieben (Ruhrmann und Kohring 1996).

17

Zusammenfassung

Dieses Kapitel ordnet Warnungen zunächst in ein allgemeines Modell von Risiko- und Krisenkommunikation ein. Anschließend wird der Warnprozess mit den Bestandteilen der Vorhersage, der Vorwarnung und der Frühwarnung erläutert und anhand des Deutschen Wetterdienstes illustriert. Es werden die Anforderungen an erfolgreiche Warnungen als „goldene Regeln" zusammengefasst und Probleme und Grenzen des Warnprozesses aus sozialwissenschaftlicher Perspektive beschrieben. Hierbei werden Probleme im Warnprozess selbst von Problemen unterschieden, die duch die Einbettung des Warnprozesses in den Kontext gesellschaftlicher Kommunikation verursacht werden.

Schlüsselsätze

- Warnungen dienen dazu, im akuten Katastrophenfall die durch das bevorstehende Ereignis möglicherweise betroffene Bevölkerung zu Selbstschutzmaßnahmen zu motivieren und den verschieden Akteuren des Zivilschutzes zu ermöglichen, rechtzeitig Maßnahmen zur Bewältigung des Ereignisses einzuleiten.
- Da Warnsysteme ein soziales System verschiedener Akteure darstellen, sind Warnungen als ein Produkt sozialer Organisation zu verstehen.
- In Warnungen wird eine Vorhersage, die mithilfe wissenschaftlicher Modelle erstellt wurde, in eine Anweisung zu Schutzhandeln „übersetzt".
- Damit Warnungen eine schadenmindernde Wirkung haben können, sollten bei ihrer Formulierung bestimmte Aspekte beachtet werden. Zudem sollten Warnungen in die allgemeinen sozialen Kommunikationsstrukturen und den gesellschaftlichen Kontext sowie in den Prozess der Katastrophenvorsorge und Risikokommunikation eingebettet sein.

Literatur

Bandy R, Johnson A, Peek L, Sutton J (2004) Public Hazards Communication Annotated Bibliography. Natural Hazards Center, Colorado. http://www.colorado.edu/hazards/informer/pubhazbibann.pdf

Berznitz S (1984) Cry Wolf: The Psychology of False Alarms. Lawrence Erlbaum Ass., Hillsdale, NJ

Bock KH (2002) Die Informationen und Warnungen des Deutschen Wetterdienstes (II). In: Peters HPP, Glass W (Hrsg) Gesellschaftlicher Umgang mit Katastrophenwarnungen: die Rolle der Medien. Schriftenreihe des DKKV Nr. 26. Bonn. 36–38

Clausen L, Dombrowsky WR (1984) Warnpraxis und Warnlogik. *Zeitschrift für Soziologie* 13: 293–307

Clausen L, Dombrowsky WR (1990) Zur Akzeptanz staatlicher Informationspolitik bei technischen Großunfällen und Katastrophen. Zivilschutzforschung, Schriftenreihe der Schutzkommission beim Bundesminister des Innern, herausgegeben vom Bundesamt für Zivilschutz. Neue Folge Bd. 1. Bonn.

Dombrowsky WR (1992) Bürgerkonzeptionierter Zivil- und Katastrophenschutz. Zivilschutzforschung, Schriftenreihe der Schutzkommission beim Bundesminister des Innern, herausgegeben vom Bundesamt für Zivilschutz. Neue Folge Bd. 10. Bonn

Dombrowsky WR (2001) Katastrophenvorsorge als gesellschaftliche Aufgabe: Die globale Dimension von Katastrophen. In: Plate EJ, Merz B (Hrsg) Naturkatastrophen – Ursachen, Auswirkungen, Vorsorge. Schweizerbart, Stuttgart. 229–246

DWD (2006a) (Deutscher Wetterdienst) Warnprozess – Gesetzliche Grundlage. http://www.dwd.de/de/WundK/Warnungen/info/Warnprozess/Grundlage_Warnprozess.htm

DWD (2006b) Erläuterungen und Kriterien – Das Warnsystem des DWD. http://www.dwd.de/de/WundK/Warnungen/info/index.htm

DWD (2006c) Auswirkungen von Wetterereignissen. http://www.dwd.de/de/WundK/Warnungen/Auswirkungen/index.htm

DWD (2006d) Vorwarnungen zur Unwetterwarnung. http://www.dwd.de/de/WundK/Warnungen/info/Vorwarnungen.htm

DWD (2006e) Sonstige Warnungen: Kriterien für Wetterwarnungen des DWD unterhalb der Unwettergrenze – hhttp://www.dwd.de/de/WundK/Warnungen/info/Warnkriterien.htm

DWD (2006f) Erläuterungen und Kriterien zu Unwetterwarnungen. http://www.dwd.de/de/WundK/Warnungen/info/Unwetterkriterien.htm

Geipel R (1993) The River Danube Flood of 27 March 1988 In: Nemec J, Nigg JM, Siccardi F (Hrsg) Prediction and Perception of Natural Hazards. Kluwer, Dordrecht, Boston, London. 111–118

Glantz MH (2004) Usable Science 8: Early Warning Systems. Do's and Don'ts in Early Warning. http://www.ccb.ucar.edu/warning/report.pdf

Gruntfest E (1987) Warning Dissemination and Response With Short Lead Times. In: Handmer J (Hrsg) Flood Hazard Management. British and International Perspectives. Geoabstracts, Norwich. 191–202

Handmer J (2000) Are flood warnings futile? Risk Communication in Emergencies. *Australasian Journal of Disaster and Trauma Studies* 2000-2. http://www.

massey.ac.nz/~trauma/issues/2000-2/handmer. htm

Held V (2001) Technologische Möglichkeiten einer möglichst frühzeitigen Warnung der Bevölkerung (Kurzfassung). Zivilschutz-Forschung, Schriftenreihe der Schutzkommission beim Bundesminister des Innern, herausgegeben vom Bundesverwaltungsamt – Zentralstelle für Zivilschutz – im Auftrag des Bundesministerium des Innern. Neue Folge Bd. 45. Bonn

ISDR (International Strategy for Disaster Reduction) (2006) Terminology: Basic Terms of Disaster Reduction. http://www.unisdr.org/eng/library/lib-terminology-eng%20home.htm

Klimmek H (2002) Die Informationen und Warnungen des Deutschen Wetterdienstes (I) In: Peters HPP, Glass W (Hrsg) Gesellschaftlicher Umgang mit Katastrophenwarnungen: die Rolle der Medien. Schriftenreihe des DKKV Nr. 26. Bonn. 30–35

Mileti D (1999) Disasters by Design. A reassessment of Natural Hazards in the United States. Joseph Henry Press, Washington D.C.

Niedek I (2002) Verbesserungsmöglichkeiten zwischen Behörden, Wetterdienst und Medien. In: Peters HPP, Glass W (Hrsg) Gesellschaftlicher Umgang mit Katastrophenwarnungen: die Rolle der Medien. Schriftenreihe des DKKV Nr. 26. Bonn. 39–45

Nigg J (1995) Risk communication and warning systems. In: Horlick-Jones T, Amendola A, Casale R (Hrsg) Natural Risk and Civil Protection. Spon, London. 369–382

Parker D (1987) Flood Warning Dissemination: the British Experience. In: Handmer J (Hrsg) Flood Hazard Management. British and International Perspectives. Geoabstracts, Norwich. 169–190

Parker DJ, Handmer JW (1998) The Role of Unofficial Flood Warning Systems. *Journal of Contingencies and Crisis Management* 6: 45–60

Fuhrmann G, Kohring M (1996) Staatliche Risikokommunikation bei Katastrophen. Informationspolitik und Akzeptanz. Zivilschutzforschung, Schriftenreihe der Schutzkommission beim Bundesminister des Innern, herausgegeben vom Bundesamt für Zivilschutz. Neue Folge Bd. 27. Bonn

Schümberg S, Grünewald U (2003) Hochwasserwarn- und Frühwarnsysteme als Elemente der Informationsvorsorge. In: DKKV (Hrsg) Hochwasservorsorge in Deutschland. Lernen aus der Katastrophe 2002 im Elbegebiet. Lessons Learned. Schriftenreihe des DKKV Nr. 29. Bonn. 84–99

Sorensen JH (2000) Hazard warning systems: Review of 20 years of progress. *Natural Hazards Review* 1: 119–125

von Kirchbach HP, Franke H, Biele H, Minnich I, Epple M, Schäfer F, Unnasch F, Schuster M (2002) Bericht der Unabhängigen Kommission der Sächsischen Staatsregierung Flutkatastrophe 2002. Dresden

18 Katastrophenvorsorge – Katastrophenmanagement

Elke M. Geenen

Gefahrenabwehr • Gefahrenmanagement • Institutionen • Katastrophe (Definition) • Katastrophenbewältigung • Katastrophenforschung • Katastrophenmanagement • Katastrophenschutz • Katastrophenschutzgesetz • Katastrophensoziologie • Katastrophenvorsorge • Krisenmanagement • *mitigation* • *preparedness* • *reconstruction* • *recovery* • *response* • Risikoanalyse • Warnung

Das Katastrophenmanagement umfasst Politik, administrative Entscheidungen und operative Aktivitäten. Es richtet sich darauf, Katastrophen durch vorsorgende Maßnahmen zu verhindern (Katastrophenvorsorge), die Bevölkerung vor Katastrophen durch geeignete Planung, Prävention und – wenn es zu einem Ereignis mit entsprechendem Gefahren- oder Zerstörungspotenzial gekommen ist – abwehrende Maßnahmen (Katastrophenabwehr) zu schützen. Schließlich umfasst das Katastrophenmanagement auch die Katastrophennachsorge mit gegebenenfalls notwendigem Wiederaufbau. Um Fragestellungen und Aufgaben, die sich für unterschiedliche Akteure in den einzelnen Phasen des Katastrophenmanagements stellen, zu verstehen, ist es notwendig, sich unterschiedliche Zugänge zur Katastrophe zu vergegenwärtigen. Katastrophenvorsorge ist eine gesamtgesellschaftliche, in der Bundesrepublik Deutschland bei verschiedenen politischen Ressorts angesiedelte Aufgabe. In der institutionellen Entwicklung zeigt sich seit Gründung der Bundesrepublik ein Wandel von einer Zentrierung auf Katastrophenschutz zu übergreifenden katastrophenmanagementorientierten Anstrengungen, bei denen der Katastrophenvorsorge vermehrt Bedeutung beigemessen wird. Die Qualität der Katastrophenvorsorge entscheidet darüber, wie günstig die Ausgangsbedin-gungen einer Gesellschaft vor einem Ereignis, das in eine Sozialkatastrophe münden könnte, sind. In Deutschland fehlt es jedoch bis heute an einer organisierten flächendeckenden Katastrophenvorsorge.

18.1 Definitorische Annäherungen an die Katastrophe

Will man umschreiben, welche Fragen und Aufgaben unter Katastrophenmanagement und Katastrophenvorsorge als dessen integralen Bestandteil fallen, ist zunächst zu klären, was eigentlich der Gegenstand ist, für den vorgesorgt oder der gemanagt werden soll. Was also ist eine **Katastrophe**? Zahlreiche definitorische Annäherungen hat es bis heute gegeben. Dabei können prinzipiell vier Richtungen unterschieden werden:

* Eine analytische Annäherung, wie sie sich in den katastrophensoziologischen Diskursen reflektiert (Kapitel 18.1.1),
* eine Annäherung, die auf Schaden und Bewältigungsfähigkeit durch die betroffene Gemeinschaft und Gesellschaft abzielt (Kapitel 18.1.2),
* eine, die sich nach der qualitativ und quantitativ einzuschätzenden Schadenshöhe richtet (Kapitel 18.1.3) und

18

eine, die an Operationalisierung orientiert ist, d. h. das politische und administrative Handeln im Blick hat. Diese Katastrophendefinition kann bereits auf die Wege der Intervention durch staatliche und kommunale Organisationen, Feuerwehren und freiwillige Hilfsorganisationen gerichtet sein (Kapitel 18.1.4).

18.1.1 Katastrophendefinition in analytischer Annäherung – Sozialkatastrophe

Katastrophen sind – anders als konflikthafte **Krisen** – von keiner Gesellschaft je so gewollt. Dennoch haben sie eine soziale Genese (Clausen 2003, Geenen 1995). Sie resultieren aus sozialem Handeln (Fehlentscheidungen, Nachlässigkeit, Gewinnsucht, unzureichenden Vorschriften oder deren Missachtung, unzureichenden Materialien, unsachgemäßer Verwendung von Materialien, fehlender Überwachung von Prozessabläufen etc.), das sich

- in der sozialen Ordnung (z. B. Katastrophenschutzrecht, unzureichenden Vorkehrungen, Ungleichheit in den Schutzmöglichkeiten, unterschiedlichen Verletzlichkeiten),
- in der materialen Kultur einer Gesellschaft (ihren Gebäuden, ihrer Infrastruktur, ihren Fabriken und sonstigen Anlagen),
- in der räumlichen Ordnung, die in die „Natur" gesetzt wurde, sowie
- in ihrem Naturverhältnis (z. B. im Glauben an die Beherrschbarkeit der Natur) und
- in ihren unzureichenden Vorkehrungen für (natürliche) Ereignisse (Katastrophenvorsorge einschließlich Warnprozeduren) manifestiert.

Mithin sind alle Katastrophen **Kulturkatastrophen** und damit auch **Sozialkatastrophen**. Denn: In den gesellschaftlichen Phasen, in denen auf makro-, meso- und mikrosozialer Ebene (zu den Begriffen Kapitel 18.4.2) die Tragfähigkeit systemischen, organisationellen und individuellen Handelns immer wieder hätte erprobt und verbessert werden können, fand ein alltäglich nicht sanktioniertes Scheitern statt, welches in der Katastrophe schlagend offensichtlich wird (Geenen 2003, S. 15f.). Der Katastropheneintritt selbst ist dadurch gekennzeichnet, dass ein interventionsorientiertes Handeln wirkungslos bleibt. Das heißt, für eine kurze Phase (z. B. während eines Erdbebens, Vulkanausbruchs oder Hurrikans) laufen die Prozesse nahezu deterministisch ab. Es kommt zu einer extremen Verknappung von Ent-

scheidungsalternativen, sodass maximal ein Handeln im Nahbereich möglich ist. Hinter der Bezeichnung „Naturkatastrophen" bei Ereignissen mit natürlichen Auslösern (z. B. Erdbeben, Hurrikan, Hochwasser, Vulkanausbruch) steht daher auch der Versuch einer Selbstentlastung gegenüber der gesellschaftlichen Verantwortung für die Katastrophe (Dombrowsky 2004, S. 178). Der soziale und kulturelle Charakter von natürlich ausgelösten Katastrophen wird u. a. daran erkennbar, dass in ihnen die Ärmsten in der Regel am stärksten betroffen sind, da sie zumeist in den am meisten gefährdeten Gebieten siedeln und dort die am wenigsten resistenten Gebäude bewohnen. Ihre **Vulnerabilität** (Verletzlichkeit) ist zumeist besonders hoch (Schmidt et al. 2005). Der Begriff **Naturkatastrophe** findet sich, auch wenn er durch internationale katastrophensoziologische Forschung längst überholt ist, noch in diversen wissenschaftlichen Publikationen sowie in Rechtsvorschriften (z. B. in Art. 35 [Rechts- und Amtshilfe; Katastrophenhilfe] Abs. 1 und 2 des Grundgesetzes; Kapitel 18.3).

18.1.2 Katastrophendefinition auf der Grundlage des Grades der Betroffenheit und Bewältigungsfähigkeit

Aus der amerikanischen Katastrophenforschung resultiert eine Begriffsbildung, die zwischen *„disaster"* und *„catastrophe"* unterscheidet. Sie richtet sich insbesondere auf Gemeinden als diejenigen Einheiten, in denen Katastrophen zumeist geschehen (Quarantelli 2003, S. 25ff.), und orientiert sich auf vier Ebenen am **Grad der Betroffenheit**. Für eine *„catastrophe"* ist bezeichnend:

(1) Die Bewohner befinden sich (fast) alle in einer ähnlichen Situation (obdachlos).

(2) Die meisten Einrichtungen und operationellen Basen der Katastrophenschutz- und Notfallorganisation sind selbst ausgefallen.

(3) Lokale Behörden sind unfähig, ihre üblichen Aufgaben auszuführen, nicht nur in der SAR-Phase (*search and rescue*) unmittelbar nach dem Ereignis, sondern auch im Verlauf der Wiederherstellung bzw. des Wiederaufbaus.

(4) Die meisten Alltagsfunktionen der Gemeinde sind gleichzeitig und scharf unterbrochen (Geenen 2003, S. 13).

Ausgehend von den Bewältigungsmöglichkeiten (nicht jedoch von den Entstehungszusammenhängen des Ereignisses) handelt es sich, anders als bei Krisen durch Konflikte, um Ereignisse konsensuellen Typs, bei denen in der Folge des Ereignisses keine oder kaum Kräfte wirksam werden, die darauf gerichtet sind, die Katastrophensituation zu verlängern oder gar zu verschlimmern (Quarantelli 2003, S. 26). Insbesondere das Vakuum, welches sich aus dem Ausfall regionaler Behörden und operationeller Basen des Katastrophenschutzes ergibt, kann kurzfristig einen Verlust der Handlungssouveränität bedeuten, sodass externe Hilfsorganisationen den Aktionsraum besetzen. Die hier aufgezeigte Begriffsbildung ist ein relatives Maß, das sich in Abhängigkeit von der Größe und Ausstattung der betroffenen Einheit (kleine Gemeinde oder Megacity) unterschiedlich darstellt.

18.1.3 Katastrophendefinition basierend auf der Schadenshöhe

Einstufungen von Ereignissen als **Großschadenslagen** beziehen sich auf die quantitative Größenordnung des Schadens. Zudem ist diese Einstufung rechtlich verankert (Kapitel 18.1.4). Weiter reichend sind Vorschläge, auf den alltagssprachlichen Katastrophenbegriff zu verzichten und analog zu Skalen wie der geophysikalischen Richter-Skala oder der meteorologischen Beaufort-Skala eine nach oben offene Katastrophenskala zu entwickeln, der Schäden entsprechend ihres qualitativen und quantitativen Schweregrades – auch Verletzung, Tod und Leiden berücksichtigend – zugeordnet werden könnten (Dombrowsky 2004, S. 179). Es handelt sich dabei um ein absolutes Maß in dem Sinne, dass die Bestimmung der Größenordnung von der Größe der durch die Katastrophe betroffenen Einheit weitgehend unabhängig ist.

18.1.4 Katastrophendefinition basierend auf Operationalisierungsaspekten

Insbesondere Katastrophenschutzgesetze von Landesbehörden sind an Operationalisierung orientiert. Das heißt, an die Bestimmung eines Ereignisses als Katastrophe knüpfen sich Konzepte über das politische und administrative Handeln. So wird z. B. im Landeskatastrophenschutzgesetz von Schleswig-Holstein ein Ereignis »*im Sinne von § 1 Landeskatastrophenschutzgesetz*« als **Katastrophe** bezeichnet, »*welches das Leben, oder die Gesundheit, oder die*

lebensnotwendige Versorgung zahlreicher Menschen, oder bedeutende Sachgüter, oder in erheblicher Weise die Umwelt in so außergewöhnlichem Maße gefährdet oder schädigt, dass für die Bewältigung der Schadenslage eine spezielle Organisation notwendig wird«. Bei Schadensfällen unterhalb dieser Schwelle handelt es sich um »sogenannte „Normale Lagen"«, die »*im Regelfall durch Feuerwehr, Rettungsdienst, Polizei und – je nach Bedarf – andere Hilfeleistungs-Organisationen (Technisches Hilfswerk, Deutsches Rotes Kreuz, Deutsche Lebens-Rettungs-Gesellschaft u. a.) im Rahmen ihrer alltäglichen Zuständigkeiten und in gewohnten Strukturen abgearbeitet*« (Amt für Katastrophenschutz – Landesregierung Schleswig-Holstein 2006, S. 1) werden können, oder um Großschadenslagen. In den Katastrophenschutzgesetzen einiger Länder wird zwischen einer Katastrophe und einer Großschadenslage unterschieden. Unter einer **Großschadenslage** wird im Gesetzentwurf der Regierung des Saarlandes ein Ereignis verstanden, »*das Leben oder Gesundheit einer großen Anzahl von Menschen, die lebensnotwendige Unterkunft oder Versorgung der Bevölkerung, erhebliche Sachwerte oder die Umwelt gefährdet oder beeinträchtigt und zu dessen wirksamer Bekämpfung die Kräfte und Mittel der Träger des örtlichen Brandschutzes und des Rettungsdienstes nicht ausreichen und deshalb überörtliche oder zentrale Führung und Einsatzmittel erforderlich sind*«. Demgegenüber ist für die Bestimmung als **Katastrophe** entscheidend, dass die Gefährdung von Bevölkerung, Sachwerten oder Umwelt durch das Ereignis »*in außergewöhnlichem Umfang*« besteht »*und zu dessen wirksamer Bekämpfung die zuständigen Behörden und Dienststellen mit der Feuerwehr und dem Rettungsdienst sowie den Einheiten und Einrichtungen des Katastrophenschutzes unter einheitlicher Leitung der Katastrophenschutzbehörde*« des Landes zusammenwirken müssen (Landtag des Saarlandes 2006, § 16 Großschadenslage und Katastrophe), damit Hilfe und Schutz in wirkungsvoller Weise gewährt werden können. Dabei wird die Einsatzleitung von einem Führungsstab übernommen. Die behördliche Zuständigkeit für die Katastrophenabwehr ist in Abhängigkeit vom Ausmaß des Ereignisses geregelt. Ist die Auswirkung der Katastrophenlage nur »*auf das Gebiet eines Kreises oder einer kreisfreien Stadt*« begrenzt, wird z. B. in Schleswig-Holstein der Führungsstab »*bei der unteren Katastrophenschutzbehörde gebildet. Ist allerdings mehr als ein Kreis oder eine kreisfreie Stadt betroffen, also z. B. ein ganzer Landstrich, dann tritt die oberste Katastrophenschutzbehörde [des Landes], das Innenministerium mit seinem Amt für Katastrophenschutz, in Aktion*« (Amt für Katastrophenschutz – Landesregierung Schleswig-Holstein 2006, S. 1). Die Landes-

18

┌─── **Kasten 18.1** ───────────────────────────────

Katastrophendefinitionen

Die analytische Definition von Katastrophe (1) weist den Weg dahin, wie **Vorsorge** und **Management** aufzufassen sind und was es bei ihnen zu beachten gilt. Die Verwendung der Definitionen (2) und (3) lassen bei der Einstufung eines Ereignisses jeweils die Größenordnung erkennen, in der soziales Handeln falsifiziert wurde und damit zugleich die Größenordnung notwendigen sozialen Lernens sowie reflektiert gesteuerter Wandlungsprozesse in der Vorlaufphase zu einem neuen Ereignis. Ebenso wenig wie die Klassifizie-

rung eines Erdbebens auf der nach oben offenen Richter-Skala etwas über die geophysikalischen Prozesse aussagt, erlaubt eine klassenbezogene Einstufung von Schäden Aussagen über die gesellschaftlichen Bedingungen, durch die es zu einer Katastrophe kam oder kommen kann. Für politische und administrative Zwecke (4) werden zwischen normalen Lagen, Großschadenslagen und Katastrophen differenzierende Begriffe verwendet, die weitgehend an operativen Belangen orientiert sind.

───

katastrophenschutzgesetze enthalten darüber hinaus auch Bestimmungen darüber, wann Katastrophenvoralarm (z. B. bei Hochwasser) ausgerufen werden soll (Verordnung des Sächsischen Staatsministeriums des Innern über den Katastrophenschutz im Freistaat Sachsen 2005, § 9).

Begriffe sind notwendig und zweckmäßig. Sie ermöglichen Erkenntnis und erleichtern zielorientiertes Handeln. In Kasten 18.1 werden Zweck und Verwendung der vier Katastrophendefinitionen charakterisiert.

Definitionen von Katastrophe sind nicht beliebig. Sie sollten dem wissenschaftlichen Erkenntnisstand und praxisnahen Erfordernissen gerecht werden, wollen sie auch von Praktikern ernst genommen werden. Da sich jedoch die Fragestellungen, mit denen sich Wissenschaftler, Praktiker und sonstige Akteure, z. B. Bundes- und Landesbehörden, Hilfsorganisationen oder die Versicherer und Rückversicherer der Thematik zuwenden, erheblich unterscheiden können, werden die vier aufgezeigten, prinzipiell unterschiedlichen Definitionen von Katastrophe auch künftig ihre Berechtigung behalten.

18.2 Definitorische Überlegungen und Abgrenzungen

Unter **Katastrophenschutz** werden im Wesentlichen der reaktive Bereich der Abwehr von Gefahren, Großschadenslagen und Katastrophen sowie die Vorbereitung auf sie verstanden. Er gehört zu den Aufgaben von Ländern, Kreisen und Kommunen. Die näheren Bestimmungen finden sich in

den Katastrophenschutzgesetzen der Länder. Dass sich die Funktionsfähigkeit des abwehrenden Katastrophenschutzes im internationalen Vergleich in Deutschland insgesamt auf hohem Niveau befindet, liegt u. a. daran, dass mehr als 1,5 Millionen ehrenamtliche Helferinnen und Helfer bei Feuerwehren, freiwilligen Hilfsorganisationen und dem Technischen Hilfswerk mitarbeiten.

Demgegenüber ist der Begriff des **Katastrophenmanagements** sehr viel weitreichender. Er umfasst Katastrophenvorsorge, Katastrophenschutz und Katastrophennachsorge und sieht alle drei Bereiche bzw. Phasen als Teile eines Prozesses. Partiell werden auch die Begriffe Krisenmanagement, Gefahrenmanagement oder ziviles Sicherheitsmanagement (Geier 2003, S. 11) verwendet oder vorgeschlagen, insbesondere wenn beim Bevölkerungsschutz zwischen den Auslösern der Gefahr (zivil- bzw. katastrophenbezogenen Schutzfragen) nicht unterschieden wird.

Der Begriff Katastrophenmanagement kam erst in den letzten Jahren verstärkt auf. Er entspricht weitgehend dem in der US-amerikanischen Katastrophenforschung und dem im *United Nations Disaster Management Training Programme* (DMTP) verwendeten Begriff *disaster management* und ist wie folgt definiert:

»*Disaster management is the body of policy, administrative decisions and operational activities required to prepare for, mitigate, respond to, and repair the effects of natural or man-made disasters*« (U. S. National Library of Medicine 2003).

Katastrophenmanagement lässt sich in vier Phasen gliedern (Kasten 18.2).

In allen vier Phasen des Katastrophenmanagements ist ein vernetztes und komplexes Denken und Handeln auf allen gesellschaftlichen Ebenen erforderlich. Zu allen vier Phasen gehört auch die Information und Vorbereitung der Bevölkerung. Wichtig ist

--- **Kasten 18.2** ---

4-Phasen-Konzept des Katastrophenmanagements

Katastrophenmanagement bezieht sich konzeptionell und zeitlich auf vier Phasen. Dabei gehören die Phasen I und II zur Katastrophenvorsorge. In den Phasen III und IV geht es um Katastrophenbewältigung bzw. Katastrophenhilfe:

- Phase I, antizipierend: auf sämtliche Prozesse, die dazu geeignet sein können, eine Katastrophe zu verhindern bzw. ein künftiges Ereignis in seinen Auswirkungen auf Gesellschaften und ihre materiale Kultur (Gebäude, Infrastruktur) zu reduzieren (*mitigation* – Vorbeugung).
- Phase II, Notfallplanung: die Vorbereitung auf Notfälle und Katastrophen, die ungeachtet von vorbeugenden Maßnahmen eintreten können (*preparedness*).
- Phase III, Einsatz (*response*) während und unmittelbar nach einem Ereignis: koordiniertes Ergreifen der notwendigen Maßnahmen (*relief*).
- Phase IV, nach einem Ereignis: alle notwendigen Maßnahmen zur Hilfe für die betroffene

Bevölkerung und zur Wiederherstellung des gesellschaftlichen Lebens (Erholung – *recovery*) und der gesellschaftlichen Funktionssysteme sowie zum Wiederaufbau (*reconstruction*).

Auch das Lernen aus der Katastrophe oder dem bewältigten Großschadensfall sollte zu den angezielten und umgesetzten Konsequenzen gehören. Dabei geht es nicht um eine Wiederherstellung des alten Zustands, sondern darum, im Prozess des Wiederaufbaus und der Wiederherstellung die Vulnerabilitäten (Verletzlichkeiten) der betroffenen Region, gegebenenfalls auch der Gesamtgesellschaft, zu reduzieren und die Resilienz der Bewohner, der Infrastruktur und der privaten und öffentlichen gesellschaftlichen Organisationen und Institutionen so zu verbessern, dass die Gesellschaft gegenüber Katastrophenrisiken insgesamt an Widerstandskraft gewinnt (Kapitel 20).

---

die Entwicklung ihrer Fähigkeiten zum Selbstschutz und zur Selbsthilfe. Zum Bevölkerungsschutz gehört – ebenfalls in allen vier Phasen – ein frühzeitiges Gewarntsein der Bevölkerung, sodass sie in die Lage versetzt wird, Maßnahmen zur Selbsthilfe und zum Selbstschutz zu ergreifen (Geenen 2006). Der Selbstschutz der Bevölkerung wurde lange Zeit vernachlässigt, nicht zuletzt sichtbar an der Auflösung des Bundesverbands für den Selbstschutz (Kapitel 18.3). Seitens der Bevölkerung wurden Katastrophenschutzfragen weitestgehend Experten überlassen, sodass es auch hierdurch zu einer Reduktion des Gefahrenbewusstseins kam und die Bevölkerung Deutschlands inzwischen als weitgehend ungewarnt eingeschätzt werden muss. Im Rahmen eines sich verstärkenden Bedeutungszuwachses von Katastrophenvorsorge gewinnt die Frage des Selbstschutzes der Bevölkerung und ihrer frühzeitigen Warnung an Bedeutung.

Katastrophenvorsorge (Kasten 18.3) ist eine gesamtgesellschaftliche Angelegenheit. Das heißt, sie kann auf der Ebene von Staaten, öffentlichen und privaten Organisationen und von Privatpersonen betrieben werden (DKKV 2000, S. 49f.). Katastrophenvorsorge im privaten Bereich (von Einzelpersonen und Haushalten) wird auch als **Selbstschutz** bezeichnet. Zu den Hauptaufgaben der Katastrophenvorsorge gehört die systematische und kontinuierliche Konzeption, Durchführung und Wei-

--- **Kasten 18.3** ---

Katastrophenvorsorge

Katastrophenvorsorge bezeichnet alle Maßnahmen, die vor Eintreten einer Katastrophe ergriffen werden können. Sie dienen der Reduktion von Katastrophenrisiken, der Bewältigung von Katastrophen und der Abschwächung von Katastrophenfolgen.

---

terentwicklung von Gefahren- und Risikoanalysen. Da alle Katastrophen auch einen räumlichen Bezug haben, sind Raumordnung und Raumplanung wichtige Bestandteile der Katastrophenvorsorge. Wie die Empfehlungen der Ministerkonferenz für Raumordnung vom 14. Juni 2000 zeigen, gilt dies z. B. beim vorbeugenden Hochwasserschutz (Bundesministerium für Verkehr, Bau- und Wohnungswesen 2002).

Katastrophenvorsorge und Katastrophenmanagement sind auch Gegenstand wissenschaftlicher Forschung. Diese **Forschung** erfolgt zunehmend in interdisziplinären Zusammenhängen. Nicht nur bei technischen, sondern auch bei Naturrisiken ist eine Berücksichtigung aller im Zusammenhang mit Katastrophenrisiken relevanten Fragestellungen nur als interdisziplinäre, gar interfakultative Aufgabe denkbar. An ihr sind je nach Fragestellung Naturwissenschaftler, Ingenieure, Kulturwissenschaftler, Mediziner, Soziologen, Psychologen, Juristen, Geographen und Wirtschaftswissenschaftler beteiligt.

Das Verständnis, das dem Begriff Katastrophenvorsorge zugrunde liegt, zeigt – zumindest in der Theorie –, dass Katastrophen inzwischen als Prozesse verstanden werden, die durch sich langsam herausbildende soziale Figurationen und soziales Handeln hervorgebracht werden (Clausen 2003, S. 59f.) und sich daher auch mittels gesellschaftlicher Steuerungsprozesse verhindern, zumindest jedoch in ihren Auswirkungen reduzieren lassen. Dementsprechend wäre auch zu erwarten, dass Ressourcen vornehmlich in die Katastrophenvorsorge fließen. Bisher wird jedoch immer noch ein Vielfaches dessen, was in die Vorsorge investiert wird, für reaktiven Katastrophenschutz und Wiederaufbau aufgewendet. Dies gilt verstärkt für Schwellenländer und Länder der Dritten Welt (DKKV 2002).

Insbesondere die Medien – partiell auch die Bundes- und Landespolitik – sind nach einem Ereignis darauf zentriert, wie effektiv der Katastrophenschutz organisiert ist, bzw. darauf, zu demonstrieren, dass die Gefahrenlage unter Kontrolle gebracht wurde. Demgegenüber rückt die Katastrophenvorsorge in den Hintergrund und ihre Bedeutung verliert, wenn ein Ereignis bewältigt zu sein scheint, auch die mediale Aufmerksamkeit. Die Folgen einer Vernachlässigung von Katastrophenvorsorge werden im Kasten 18.4 verdeutlicht.

Erkennbar wird ein Handeln, das Risiken partiell negiert, auch an den Zuwachsraten der bei Versicherern und Rückversicherern als Schäden wirksam werdenden katastrophenbezogenen Kosten. Jedoch bahnt sich seit der *International Decade for Natural Disaster Reduction* (IDNDR 1990–2000) (Andrews o. J.) ein Umdenken an, mehr Mittel in die Katastrophenvorsorge zu investieren. Indes sind die Resultate der in der Vergangenheit verfolgten Strategien in Investitionen, Bauten, Infrastruktur und Regeln festgelegt und lassen sich nicht kurzfristig in großem Stil ändern. Daher kann zurzeit nur eine Doppelstrategie, die an Katastrophenvorsorge wie auch an Katastrophenbewältigung orientiert ist, verfolgt werden. Auch wenn sich Katastrophen nicht vollständig vermeiden lassen, sollte aus den aufgezeigten Gründen und zur Vermeidung von Leid das Gewicht im Einsatz von Menschen und materiellen Ressourcen langfristig in den Bereich der Katastrophenvorsorge verlagert werden. Die derzeitige Orientierung im deutschen und internationalen Katastrophenmanagement und die mit ihm korrespondierenden Konzeptionen weisen in diese Richtung, z. B. das *United Nations Disas-*

Kasten 18.4

Bedeutung von Katastrophenvorsorge

Katastrophenvorsorge ist derjenige Bereich, der darüber entscheidet, wie günstig die Ausgangssituation einer Gesellschaft vor einem (neuen) Ereignis ist. Wird sie vernachlässigt, wirkt sich dies auf alle späteren Phasen nachteilig aus. Denn bei unzureichender Vorsorge kommen auf den abwehrenden Katastrophenschutz umso mehr Aufgaben zu, für die er wegen fehlender Katastrophenvorsorge (z. B. unzureichender Abschätzung von Gefahren, unzulänglicher Informations- und Kommunikationsstrukturen) nicht gerüstet ist. Wirtschaftlich bedeutet unzureichende Vorsorge eine Verschiebung risikobezogener Kosten in die Zukunft.

---

ter Management Training Program (DMTP) oder in Deutschland die Darstellung der eigenen Aufgaben durch das 2004 gegründete Amt für Bevölkerungsschutz und Katastrophenhilfe (Kap. 18.3).

18.3 Institutionelle Entwicklung von Katastrophen- und Zivilschutz, Katastrophenvorsorge und -management in Deutschland

Katastrophenvorsorge als gesamtgesellschaftliche Aufgabe gehört zum Gegenstandsbereich verschiedener Politikfelder und wird in der Bundesrepublik Deutschland als **Querschnittaufgabe** wahrgenommen.

Die Katastrophenvorsorge ist zum einen sektoral, zum anderen föderal aufgeteilt. Sektoral ist sie bei verschiedenen politischen Ressorts angesiedelt, wie der Innenpolitik, dem Umweltschutz, dem Bauwesen, bei grenzüberschreitenden Fragen auch der Außenpolitik. Sie ist zudem in die verschiedenen Bereiche der Daseinsvorsorge einbezogen.

Bereits 1951 wurde die Schutzkommission beim Bundesminister des Innern gegründet. Ihre Aufgabe besteht in der Warnung vor und Beratung bei Katastrophengefahren in Krieg und Frieden und bei länderübergreifenden Großschadenslagen. Die interdisziplinär zusammengesetzte, jedoch vornehmlich aus Naturwissenschaftlern bestehende Kommission publiziert die Schriftenreihe *Zivilschutz-Forschung* und bringt in unregelmäßigen Zeitabständen eigene Gefahrenberichte heraus, zuletzt den Dritten Gefahrenbericht 2006 (Schutzkommission beim Bundesminister des Innern 2006). In den Gefahrenberichten werden neben der Analyse drohender Gefahrenpotenziale Wege der Gefahrenreduktion aufgezeigt und Lücken in der Katastrophenvorsorge benannt.

Mit Beendigung des Besatzungsregimes auf der Grundlage der Verträge von Bonn und Paris erhielt der Bund durch Änderung des Grundgesetzes (GG) vom 26.03.1954 die alleinige Zuständigkeit für die Wehrverfassung. Art. 73 Nr. 1 GG (Grundgesetz für die Bundesrepublik Deutschland – GG 2006) wurde um den Passus der Zuständigkeit des Bundes für die Verteidigung einschließlich des Schutzes der Zivilbevölkerung ergänzt. Der Schutz der Zivilbevölkerung bezieht sich auf kriegsbedingte Gefahren und nicht auf Katastrophen. Damit war die Basis für die zweigleisige Entwicklung von Katastrophen- und Zivilschutz gelegt. Die Gesetzgebungskompetenz für den Zivilschutz liegt seither beim **Bund**, demgegenüber liegen Zuständigkeit und Gesetzgebungskompetenz für den Katastrophenschutz im Wesentlichen in der Zuständigkeit der **Bundesländer**. Daraus resultiert, dass inzwischen für jedes Bundesland eigenständige – und sich voneinander zum Teil sogar in der Definition von Katastrophe unterscheidende – Katastrophenschutzgesetze vorliegen (also insgesamt 16 unterschiedliche Katastrophenschutzgesetze). Da jedoch Ereignisse (z. B. Hochwasser) nicht an den Grenzen von Bundesländern Halt machen, wurde in Art. 35 GG [Rechts- und Amtshilfe; Katastrophenhilfe] eine föderale Beistandspflicht festgelegt. Sie besagt: »(1) Alle Behörden des Bundes und der Länder leisten sich gegenseitig Rechts- und Amtshilfe«. In Abs. 2 ist u. a. geregelt: »... *Zur Hilfe bei einer Naturkatastrophe oder bei einem besonders schweren Unglücksfall kann ein Land Polizeikräfte anderer Länder, Kräfte und Einrichtungen anderer Verwaltungen sowie des Bundesgrenzschutzes und der Streitkräfte anfordern«* (Grundgesetz für die Bundesrepublik Deutschland – GG 2006, § 35 Abs. 1 und 2). Absatz 2 wird vom Bund »als Krücke für materielle Planungen für Einsätze im Katastrophenschutz, also in der Zuständigkeit der Länder herangezogen« (Rosen 2005, S. 2), obwohl es sich bei Art. 35 GG nur um eine reine Verfahrensnorm handelt, die keine materielle Kompetenz eröffnet. Demgegenüber wurde von dem Absatz 3, der dem Bund ein Weisungsrecht gegenüber Bundesländern einräumt, bis heute kein Gebrauch gemacht: »(3)

Gefährdet die Naturkatastrophe oder der Unglücksfall das Gebiet mehr als eines Landes, so kann die Bundesregierung, soweit es zur wirksamen Bekämpfung erforderlich ist, den Landesregierungen die Weisung erteilen, Polizeikräfte anderen Ländern zur Verfügung zu stellen, sowie Einheiten des Bundesgrenzschutzes und der Streitkräfte zur Unterstützung der Polizeikräfte einzusetzen. Maßnahmen der Bundesregierung nach Satz 1 sind jederzeit auf Verlangen des Bundesrates, im übrigen unverzüglich nach Beseitigung der Gefahr aufzuheben« (Grundgesetz für die Bundesrepublik Deutschland – GG 2006, Art. 35 Abs. 3).

Die Trennung in der Zuständigkeit für den **Bevölkerungsschutz** (Katastrophen- und Zivilschutz) wurde seit der Verabschiedung des Gesetzes über die Erweiterung des Katastrophenschutzes (vom 09.07.1968) durch den Bund schrittweise aufgeweicht. Mittels dieses Gesetzes wurde für Zivilschutzzwecke auf Ressourcen von Ländern, Kommunen und Hilfsorganisationen zurückgegriffen, die für den Katastrophenschutz vorgesehen waren. Jedoch hatten die Länder zuvor kaum Gebrauch von ihrer Zuständigkeit für den Katastrophenschutz gemacht. Im Wesentlichen lag der Katastrophenschutz bis 1968 bei Gemeinden und ihren Feuerwehren.

Ein weiterer Ausstieg des Bundes aus Zivilschutzaufgaben und ihre Übertragung an die Länder ist vor dem Hintergrund der veränderten Sicherheitslage durch das Ende des Kalten Kriegs zu sehen und manifestierte sich in dem Zivilschutzneuordnungsgesetz (ZSNeuOG) vom 25.03.1997. In der Folge wurden die meisten zentralen Zivilschutzstrukturen des Bundes (u. a. der Bundesverband für den Selbstschutz) aufgelöst oder an die Länder abgegeben (Rosen 2005, S. 3). Schließlich wurde am 01.01.2000 auch das mit den beim Bund verbliebenen Zivilschutzaufgaben befasste Bundesamt für Zivilschutz aufgelöst. Der erhebliche Zuwachs an Verantwortung für den Katastrophen- und Zivilschutz bei den Bundesländern fand zwar seinen Niederschlag in ergänzenden zivilschutzbezogenen Konzepten in den Bundesländern, jedoch wurden weder überzeugende **Sicherheitskonzepte** entwickelt, noch eine für länderübergreifende Risiken und Katastrophen notwendige **Kooperation zwischen Bundesländern** systematisch angegangen (Kasten 18.5).

Zu den **Defiziten im Bevölkerungsschutz** gehört bis heute, dass es an einer Katastrophenvorsorge im Sinne organisierter flächendeckender **Prävention** fehlt und dass sich in den Katastrophenschutzgesetzen der Bundesländer nach wie vor länderspezifische Interessen und Bedingungen reflektieren. Zudem ist die Abstimmung und Abgrenzung der Zuständigkeiten zwischen Bund und Ländern sowie der

18

Kasten 18.5

Die Ständige Konferenz für Katastrophenvorsorge und Katastrophenschutz (SKK)

Als ein Versuch, tragfähige Sicherheitskonzepte zu entwickeln, kann die Gründung der Ständigen Konferenz für Katastrophenvorsorge und Katastrophenschutz (SKK) am 29.09.1997 nach Inkrafttreten des Zivilschutzneuordnungsgesetzes (ZSNeuOG) nach dem Muster der Ständigen Konferenz für den Rettungsdienst (StK Rettungsdienst) angesehen werden. Sie versteht sich als integratives Gremium der interdisziplinären Zusammenarbeit aller am Katastrophen- und Zivilschutz Beteiligten. Ihr gehören folgende Organisationen an: Arbeiter-Samariter-Bund (ASB), Deutsches Rotes Kreuz (DRK), Johanniter-Unfall-Hilfe (JUH), Malteser-Hilfsdienst (MHD), Deutsche Lebensrettungs-Gesellschaft (DLRG), THW-Helfervereinigung, Technisches Hilfswerk (THW), Deutscher Feuerwehrverband (DFV), Verband der Arbeitsgemeinschaften der Helfer in den Regierungseinheiten e. V. (ARKAT), StK Rettungsdienst, Deutsches Komitee für Katastrophenvorsorge e. V. (DKKV) als nationale Plattform zur Katastrophenvorsorge in Deutschland (vormals IDNDR-Komitee),

Deutsche Gesellschaft für Katastrophenmedizin (DGKM), Versicherungswirtschaft, Bürgerselbsthilfegruppen, kommunale Spitzenverbände, Bundesministerien (BMI, BMVg, BMGS), Bundesamt für Bevölkerungsschutz und Katastrophenhilfe (BBK), Akademie für Krisenmanagement, Notfallplanung und Zivilschutz (AKNZ) und die Katastrophenforschungsstelle der Universität Kiel (KFS).

Da das ZSNeuOG, wie oben dargestellt, zu einer weiteren Verlagerung des Bevölkerungsschutzes in den Verantwortungsbereich der Länder führte, soll die SKK die Heterogenität in der Wahrnehmung von Katastrophenvorsorge und Katastrophenschutz durch ein konzentriertes Vorgehen der am Zivil- und Katastrophenschutz Beteiligten fördern. Die Mitwirkung an der SKK ist jedoch freiwillig und mit ihren Empfehlungen und Rahmenkonzeptionen kann sie nicht in die Kompetenzen von Verbänden, Organisationen und staatlichen Einrichtungen eingreifen. Sie verfügt daher nicht über verbindliche Instrumente (Ständige Konferenz für Katastrophenvorsorge und Katastrophenschutz 2005).

Bundesländer untereinander in der Praxis weiterhin kompliziert und daher auch anfällig für Fehler. Oft genug erweist sich bereits der Datenaustausch zwischen Bundesländern als äußerst schwerfällig.

In der Folge der Anschläge auf das World Trade Center und das Pentagon vom 11.09.2001 und des Elbe-Hochwassers von 2002 kam es zu einer veränderten Gefahreneinschätzung bei Bund und Ländern und einer seither verstärkten Kooperation. Um die Zweigliedrigkeit des Zivilschutz- und Katastrophenvorsorgesystems in Deutschland, welches sich als unzureichend bei Gefahren- und Katastrophenlagen erwiesen hatte, zu überwinden, wurde zwischen Bund und Ländern im Beschluss der Ständigen Konferenz der Innenminister und Senatoren der Länder (IMK) vom 06.06.2002 ein Rahmenkonzept mit einer neuen Strategie zum Schutz der Bevölkerung in Deutschland vereinbart, mittels dessen u. a. Defizite im Bevölkerungsschutz sowie Kommunikationsprobleme zwischen Bund und Ländern reduziert werden sollen (Kasten 18.5). Wesentliche Ziele sind: erstens eine »bessere Verzahnung der vorhandenen Hilfspotenziale des Bundes (insbesondere des THW) und in den Ländern (Feuerwehren und Hilfsorganisationen)«; zweitens die Entwicklung »neuer Koordinierungsinstrumentarien für ein effizienteres Zusam-

menwirken des Bundes und der Länder, insbesondere im Bereich des Informationsmanagements und beim Nachweis von Engpass-Ressourcen«; und drittens das »Entwickeln, Einüben und Praktizieren eines gemeinsamen Führungsverständnisses« (Bundesministerium des Innern 2006, S. 1).

Zur Verbesserung der Informations- und Koordinierungsinstrumente wurde seitens des BBK (Kasten 18.6) inzwischen mit dem Aufbau von **deNIS** (Deutsches Notfallvorsorge-Informationssystem; www.denis.bund.de) begonnen. Zudem wurde 2002 eine gemeinsame Koordinierungsstelle für großflächige Gefahrenlagen (KOST) eingerichtet. Die KOST ist in der Zentralstelle für Zivilschutz (ZfZ) in Bonn angesiedelt und befindet sich in kontinuierlichem Aufbau. Die ZfZ wurde inzwischen dem Bundesamt für Bevölkerungsschutz und Katastrophenhilfe (BBK) zugeordnet (Geier 2003, S. 9). Als ein Bestandteil der KOST wurde als Koordinierungsstelle ein Gemeinsames Melde- und Lagezentrum (GMLZ) von Bund und Ländern eingerichtet, das vom Zentrum für Krisenmanagement und Katastrophenhilfe des BBK betrieben wird. Durch das GMLZ soll ein länder- und organisationsübergreifendes Informations-, Krisen- und Ressourcenmanagement bei großflächigen Schadenslagen oder sonstigen Lagen

---

Kasten 18.6

Das Bundesamt für Bevölkerungsschutz und Katastrophenhilfe (BBK)

Die gewachsene Bedeutung zivil- und katastrophenschutzorientierter Belange manifestiert sich u. a. im Aufbau des dem Bundesinnenministerium zugeordneten Bundesamts für Bevölkerungsschutz und Katastrophenhilfe (BBK), das am 01.05.2004 gegründet wurde. Das BBK soll als neue Fachbehörde des Bundes für Behörden aller Verwaltungsebenen, Länder, Kreise und Kommunen, am Bevölkerungsschutz mitwirkende Organisationen sowie Bürgerinnen und Bürger im Bereich der katastrophenbezogenen und zivilen Sicherheitsvorsorge dienen und an dem Aufbau eines wirksamen Schutzsystems für die Bevölkerung mitarbeiten. Zudem soll das Krisenmanagement der Länder bei großflächigen Gefahrenlagen durch Üben des Krisenmanagements sowie durch Information, Koordination und Management von

Engpass-Ressourcen unterstützt werden. Zum BBK gehört die Akademie für Krisenmanagement, Notfallplanung und Zivilschutz (AKNZ) – vormals die bei der Zentralstelle für Zivilschutz (ZfZ) bzw. dem Bundesverwaltungsamt angesiedelte Akademie für Notfallplanung und Zivilschutz (AkNZ). Die AKNZ wurde gegenüber der AkNZ personell und materiell deutlich ausgebaut. Die Akademie dient der Qualifizierung von Führungs- und Lehrkräften des Zivil- und Katastrophenschutzes und der Auswertung von Katastrophen und Großschadenslagen sowie der Durchführung und Auswertung von Forschungsprojekten, Studien und Übungen. Sie soll zu einem Kompetenzzentrum für das gemeinsame Krisenmanagement von Bund und Ländern ausgebaut werden (Bundesministerium des Innern 2006).

Kasten 18.7

Internationale Zusammenarbeit im Katastrophenschutz

Der Einsicht, dass Katastrophen nicht an Staatsgrenzen Halt machen, tragen verschiedene Kooperationsbemühungen Rechnung. Hierzu gehören:

- Das EU-Gemeinschaftsverfahren zur Förderung einer verstärkten Zusammenarbeit bei Katastrophenschutzeinsätzen in schweren Notfällen (in Kraft seit dem 01.01.2002);
- das CBRN-Programm zur Verbesserung der Zusammenarbeit in der EU in der Prävention und der Begrenzung der Folgen chemischer, biologischer, radiologischer oder nuklearer

terroristischer Bedrohungen (in Kraft seit dem 20.12.2002);

- im NATO-Rahmen wurde mit Gründung des Euro-Atlantischen-Katastrophenschutz-Koordinierungszentrums (EADRCC) eine gemeinsame Einrichtung geschaffen, mittels dessen die Mitgliedstaaten des Euro-Atlantischen Partnerschaftsrates durch nationale Hilfsangebote an der internationalen Katastrophenhilfe mitwirken können (Bundesministerium des Innern 2006).

---

von nationaler Bedeutung für Bund, Länder und Organisationen sichergestellt werden. Dazu gehört ein ständig erreichbarer Meldekopf bei großflächigen Gefahrenlagen und Ereignissen von nationaler Bedeutung, die Generierung aktueller Lagebilder der zivilen Sicherheitslage, das Erstellen qualifizierter Gefahren- und Schadensprognosen sowie die Vermittlung von Engpassressourcen zur Gefahrenabwehr an (inter)nationale Bedarfsträger. Zudem soll das GMLZ auch im Rahmen des Gemeinschaftsverfahrens der Europäischen Union bei internationalen Katastrophenschutzeinsätzen tätig werden (Bundesamt für Bevölkerungsschutz und Katastrophenhilfe 2005).

Einen wesentlichen Anteil am **Katastrophenschutz als reaktive Gefahrenabwehr** in Deutsch-

land haben die mehr als 1,2 Millionen ehrenamtlich Tätigen in freiwilligen Feuerwehren. Hinzu kommen ca. 500 000 ehrenamtliche Mitarbeiterinnen und Mitarbeiter in den fünf Freiwilligenorganisationen Deutsches Rotes Kreuz, Arbeiter-Samariter-Bund, Deutsche Lebensrettungs-Gesellschaft, Johanniter-Unfall-Hilfe und Malteser Hilfsdienst sowie weitere 80 000 Freiwillige über die Bundesanstalt Technisches Hilfswerk (THW). Allein das THW verfügt über mehr als 8 000 Fahrzeuge und Spezialgeräte für die unmittelbare Katastrophenhilfe im In- und Ausland.

Auf **internationaler Ebene** kommt es zu einer zunehmenden Verzahnung von Initiativen, vornehmlich im Bereich des Bevölkerungsschutzes als reaktive Gefahrenabwehr (Kasten 18.7).

18

18.4 Katastrophenmanagement – Ziele, Bedingungen und Komponenten

Relevante Komponenten des Katastrophenmanagements und der Katastrophenvorsorge als integraler Bestandteil werden im Folgenden näher beleuchtet (zu den Definitionen Kapitel 18.1).

18.4.1 Ziele und Bedingungen von Katastrophenvorsorge

Notwendige Bedingung für Katastrophenvorsorge ist die Kenntnis derjenigen Gefahren und Risiken, die – bleiben sie unbeachtet – in Katastrophen münden können.

Ziel der Katastrophenvorsorge ist es, soziale und gegebenenfalls auch natürliche Prozesse so zu steuern und zu kontrollieren, dass Katastrophen vermieden werden können.

Da sich die gesellschaftlichen Bedingungen für Katastrophen – auch für schnell ablaufende wie Erdbeben, Vulkanausbrüche und wetterbedingte Ereignisse – schleichend im Hintergrund des Alltags aufbauen, ist es notwendig, mit der Katastrophenvorsorge viele Jahre oder Jahrzehnte vor dem Eintritt eines Ereignisses zu beginnen. Ja, es bedarf der stetigen **Aufmerksamkeit** (*risk awareness*) und **Vorbereitung** (*mitigation* und *preparedness*) auf allen gesellschaftlichen Ebenen.

Damit sich Gesellschaften angemessen vorbereiten können, müssen zunächst die spezifischen Risiken und Gefahren, die der jeweiligen Gesellschaft drohen, analysiert werden (Risikoanalyse).

18.4.2 Risikoanalyse und Risikovorsorge

Um Katastrophenvorsorge betreiben zu können, müssen Risiken bekannt – und sofern möglich – in ihrer Größenordnung abschätzbar sein. Wesentlicher Bestandteil der **Risikoanalyse** ist dabei zunächst **Wissen darüber, wie sich (natürliche) Ereignisse und soziale Katastrophen aufbauen und wie sie ablaufen.** Hierfür ist die Analyse vergangener Ereignisse und der ihnen vorausgelaufenen Prozesse von entscheidender Relevanz. Aber es kommt auch zum Aufbau neuer Gefahren- und Risikopotenziale, deren Entstehung und Entwicklung erkannt und fortlaufend beobachtet werden muss (**Monitoring**). Zudem sind – bezogen auf künftige Ereignisse – Versagensszenarien zu durchdenken und mögliche *worst case*-Fälle, auch für seltene Ereignisse (z. B. für mögliche Deichbrüche), zu analysieren (DKKV 2003, S. 16).

Die dabei zu berücksichtigenden Fragen reichen von den **naturwissenschaftlich** relevanten Zusammenhängen im Vorlauf von Ereignissen (Wie baut sich ein Hurrikan auf? Welche Prozesse laufen einem Erdbeben aus geophysikalischer Sicht voraus und wie sind die seismischen Prozesse während eines Erdbebens? Wie entwickeln sich die Druckverhältnisse in aktiven Vulkanen?) über **ingenieurwissenschaftliche** Fragen, die das „Verhalten" der materialen Kultur (Bauwerke, Infrastruktur) angesichts der Einwirkung natürlicher Kräfte betreffen, bis zu den **sozialen Prozessen** auf allen gesellschaftlichen Ebenen im Vorlauf, während und nach natürlichen Ereignissen bzw. Katastrophen. So sind institutionelle, sozioökonomische und kulturelle **Anfälligkeitsfaktoren** in die Risikoanalyse einzubeziehen, z. B. die Gefährdung von Menschenleben, von Sachwerten oder mögliche Folgeschäden der Umwelt, aber auch Ausfälle von Betriebsstätten und Infrastruktur. Zu berücksichtigen sind zudem die Auswirkungen des globalen Wandels auf die Katastrophenanfälligkeit.

Da Katastrophen immer auch einen räumlichen Bezug haben, ist die Nutzung **geographischer Informationssysteme** (GIS) in Verbindung mit Satellitenaufnahmen zu einem wichtigen Bestandteil von Risikoanalysen (z. B. im Hochwasserschutz oder bei der Mikrozonierung der Bausubstanz in Erdbebengebieten) geworden. Über computergestützte Rechenmodelle lassen sich inzwischen Prognosen erarbeiten, die die Katastrophenvorsorge unterstützen können.

Jedoch geht die Vorstellung, alle relevanten sozialen Prozesse im Vorlauf von Katastrophen ließen sich steuern, von problematischen Voraussetzungen aus. Zunächst der Annahme, bei der Gesellschaft handele es sich um ein soziales System und die Randbedingungen der Entwicklung müssten nur kontrolliert werden, um auch die Kontrolle über das System selbst zu erhalten.

Bleiben wir in der systemtheoretischen Perspektive, so bestehen Gesellschaften nicht nur aus komplexen Funktionssystemen, sondern auch aus personalen Systemen (Individuen) und Kleingruppen (**Mikroebene**, Abb. 18.1). Selbst wenn sich alle Prozesse in den Funktionssystemen unter Berücksichtigung von Fragen des Vorbereitetseins auf Katastrophen angemessen steuern ließen, so entziehen sich die personalen Systeme in einer pluralen Gesellschaft weitgehend jeglicher Versuche, sie zu steuern. Die Alltagsentscheidungen von Individuen sind nur partiell durch rationales (vernünftiges im Sinne von Immanuel Kant) Verhalten geprägt. Daneben spielen traditionales, habitualisiertes und in einer massenmedial geprägten Gesellschaft auch Moden unterworfenes Handeln eine entscheidende Rolle. Es bedarf daher langfristiger gesellschaftlicher Anstrengungen, um in der Bevölkerung ein **Gefahren- und Risikobewusstsein**, ein Gewarntsein vor Risiken und Bemühungen um Selbstschutz und Selbsthilfe hervorzubringen und aufrechtzuerhalten.

Aber auch auf der **Mesoebene** (Organisationen) und **Makroebene** (Gesamtgesellschaft; in Deutschland z. B. auch das Zusammenwirken von Bundesländern bei Ereignissen, die die Grenzen zwischen Bundesländern überschreiten, oder auch hinsichtlich des Zusammenwirkens der Bundesrepublik mit Nachbarstaaten oder von einzelnen Bundesländern mit Nachbarstaaten) sind Steuerungspotenziale im Kontext der Katastrophenvorsorge erst in Ansätzen erkennbar (Abb. 18.1).

Auch müssen sich Gesellschaftsmitglieder darüber Gedanken machen, welches **Risikoniveau** als akzeptabel hingenommen werden kann. In diese Richtung weisen Debatten, in denen ein Umdenken von der bisherigen Gefahrenabwehr in Richtung einer **Risikokultur** gefordert werden (PLANAT 1998). Moderne hochkomplexe Gesellschaften bedürfen für effiziente Funktionsabläufe eines Hintergrundvertrauens, welches nur dann aufrechtzuerhalten ist, wenn sich die Menschen im Alltag darauf verlassen können, dass die Funktionssysteme reibungsarm und damit – bei allen notwendigen Kosten-Nutzen-Abwägungen – verlässlich sind (Gee-

nen 2004). Dazu bedarf es jedoch einer „Risikokultur" auf hohem Niveau. Zugleich ist zu sehen, dass Risiken aufgrund unterschiedlicher Interessen, Präferenzen und Wertorientierungen von Menschen unterschiedlich bewertet werden. Eine Möglichkeit des Umgangs mit diesem Problem ist die Angabe der Ziele und Präferenzen der Beteiligten bei der Risikobewertung (WBGU 1999; DKKV 2003, S. 17).

18.4.3 Informations- und Verhaltensvorsorge

Um bei der Bevölkerung (private Haushalte und Unternehmen) Risikovorsorge anzuregen, ist es notwendig, möglichst genau und umfassend über die ihr in der jeweiligen Region potenziell drohenden Risiken zu informieren und zugleich Möglichkeiten der **privaten Schadensvorsorge**, des **Selbstschutzes** und der **Selbsthilfe** in individueller und gemeinschaftlicher Form aufzuzeigen. **Informationen über Risiken** und das Aufzeigen von Möglichkeiten der Schadensvorsorge reduzieren die Kluft zwischen Experten und Laien und fördern die Mitverantwortung von Bürgerinnen und Bürgern. Dazu kann auch die Förderung einer vorsorgebezogenen Kultur in Nahräumen (z. B. Förderung entsprechender Bürgerinitiativen oder engagierter Unternehmen) beitragen. Wichtig ist, dass Informationen wiederholt an die Bevölkerung vermittelt werden (Kapitel 17). So zeigen Untersuchungen zur Hochwasservorsorge, dass ein Hochwasserereignis bereits nach sieben Jahren vergessen ist (DKKV 2003, S. 58), ähnlich sind die Befunde für Erdbebengebiete (Geenen 1995).

18.4.4 Vorsorge für die materiale Kultur (Flächenvorsorge, Bauvorsorge)

Ein wesentlicher Bestandteil der Katastrophenvorsorge besteht in der Bau- und Flächenvorsorge.

Die Flächenvorsorge ist wichtig, weil alle Katastrophen einen starken Raumbezug aufweisen. Zwei Strategien sind prinzipiell möglich. Die eine besteht in der **Begrenzung des Schadenspotenzials** (d. h. der Summe der Werte, die sich auf der gefährdeten Fläche befinden, wie Gebäude und Infrastruktur), die zweite besteht in der **Verminderung der Schadensanfälligkeit**. Darunter ist zu verstehen, dass Gebäude und Infrastruktur an die jeweils bestehende Katastrophengefahr angepasst werden.

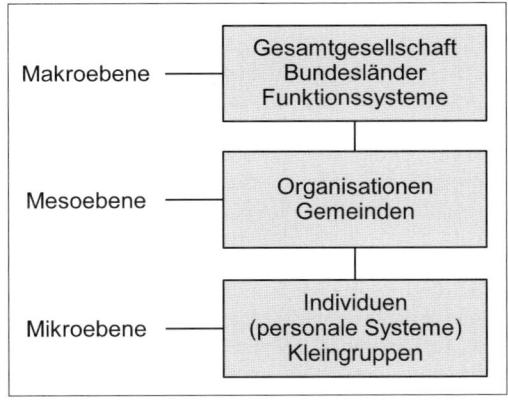

Abb. 18.1 Gesellschaftliche Ebenen.

18

Ein wichtiger Bestandteil der Bauvorsorge besteht darin, besonders gefährdete Gebiete zu vermeiden (dies gilt z. B. für die Gefahren von Hochwasser, Hangrutschung, Erdbeben). Sofern bereits in gefährdeten Gebieten gebaut wurde, besteht die Bauvorsorge in einer entsprechenden Verstärkung der Bausubstanz (in Erdbebengebieten) oder der Qualitätskontrolle entstehender Bausubstanz hinsichtlich Erdbebenresistenz oder etwa in hochwassergefährdeten Regionen in verschiedenen Strategien nachträglicher Sicherung von Gebäuden (Verstärkung der Fundamente, Schutz vor Kontamination oder Abschirmung der Gebäude) (DKKV 2003, Abschnitt 3.2). Sowohl für eine ausweichende Strategie – entsprechend der gefährdete Flächen für Siedlungszwecke nicht genutzt werden – als auch für nachträgliche Sicherungsstrategien bedarf es präziser **Risikoanalysen**.

18.4.5 Frühwarnung und Alarmierung von Gesellschaften

Zu einem effektiven Vorbereitetsein auf Risiken gehört auch die Frühwarnung von Gesellschaften. Darunter wird verstanden, dass zu einem möglichst frühen Zeitpunkt umfassende Informationen gewonnen werden können, um Gesellschaften rechtzeitig warnen zu können. Ein vollständiges **Frühwarnsystem** besteht aus vier Elementen:
(1) Kenntnis der Risiken, mit denen Gemeinden konfrontiert sind,
(2) Technisches Monitoring und Warndienste vor diesen Risiken,
(3) Herausgabe verständlicher Warnungen an diejenigen, die mit den Risiken konfrontiert sind und
(4) Wissen und Vorbereitetsein auf Handeln (ISDR 2006).

Nicht vor jeder Gefahr kann früh gewarnt werden, z. B. nicht vor Erdbeben. Bezogen auf Tsunamirisiken können inzwischen – zumindest partiell – Echtzeitwarnungen herausgebracht werden. Jede Warnung oder Alarmierung bedarf jedoch auch der entsprechenden sozialen und technischen „Infrastruktur". So können Warnungen oder Alarmierungen nur dann von der Bevölkerung verstanden werden, wenn sie zuvor entsprechend informiert wurde. Die Herausgabe einer Warnung erfordert eine Entscheidung unter Unsicherheit. Es bedarf daher der gesellschaftlichen Bearbeitung des Umgangs mit der Unsicherheit von Warnungen (Geenen 2006). Warnungen, die aus einem technischen Monitoring resultieren, erfordern institutionalisierte

Wege, über die ihre Verbreitung sichergestellt wird. Dafür bedarf es eines entsprechenden *Capacity Buildings* (Kapitel 18.4.6).

18.4.6 Vorbereitung auf den Katastrophenfall

Ein wesentlicher Bestandteil von Katastrophenvorsorge und -bewältigung ist das **Capacity Building**. Darunter sind Prozesse zu verstehen, die die Entwicklung eines Problembewusstseins über Risiken und die Fähigkeit des Umgangs mit Risiken und Katastrophen fördern. Dies kann über Informations- und Schulungsangebote für Bürgerinnen und Bürger aller Altersgruppen sowie für die in staatlichen und privaten Organisationen Tätigen erfolgen. *Capacity Building* sollte auf allen gesellschaftlichen Ebenen – von der politischen über die Organisationsebene bis zur Ebene von Haushalten und Individuen – erfolgen. Zum *Capacity Building* gehört auch, dass risikobezogene Erkenntnisse und Informationen zugänglich gemacht werden. Ziel von *Capacity Building* ist die Nachhaltigkeit und damit Kontinuität der Anstrengungen zur Verbesserung von Kompetenzen (Kasten 18.8). Von Bedeutung ist auch das Erlernen vernetzten und komplexen Denkens sowie die kontinuierliche Entwicklung von Kompetenzen in den Bereichen Planung, Monitoring und Evaluation.

18.5 Ziele und Bedingungen von Katastrophenbewältigung

Bahnt sich eine Katastrophe an (z. B. bei einem Hochwasser, dessen Auswirkungen bereits erkennbar sind) oder hat sich eine Katastrophe ereignet (z. B. Erdbeben, Überflutung, Hangrutschung, Orkan), erfolgt der Einsatz von Kräften zur **Katastrophenabwehr** in der betroffenen Region. Das politische und administrative Vorgehen ist in Deutschland durch entsprechende **Katastrophenschutzgesetze** der Länder (Kapitel 18.3) festgelegt. Der Einsatz selbst wird durch **Organe des Katastrophenschutzes** (Stäbe) geregelt. Falls möglich, sollen die Auswirkungen des Ereignisses auf Menschen und Umwelt durch entsprechende Maßnahmen reduziert werden. Dazu gehört neben dem Schutz von Menschenleben und Sachwerten auch die Abwehr

Kasten 18.8

Vorbereitung *(preparedness)*

Zur Vorbereitung auf eine mögliche Katastrophensituation gehört die Schaffung von Hilfsstrukturen. Dazu zählen u. a.:

(1) Vorratsbildung von Lebensmitteln, Zelten und sonstigem Bedarf für die Bevölkerung; Vorhaltung von Notunterkünften; Bereithalten von Materialien und Geräten sowie Maschinen für die SAR-Phase *(search and rescue)* während einer Katastrophe; Bevorratung von Behelfskrankenhäusern, Impfstoffen und Medikamenten.

(2) Aufbau und Weiterentwicklung von Informationssystemen zur schnellen Abschätzung von Hilfsbedarf.

(3) Schulungen der im Bereich der Katastrophenvorsorge und -bewältigung Tätigen einschließlich der freiwilligen Helferinnen und Helfer sowie Durchführung von Übungen.

(4) Weiterentwicklung von Koordinierungsprozessen zwischen den Hilfsorganisationen und den politischen Entscheidungsträgern auf allen Ebenen.

(5) Effizientes und nachhaltiges Umwelt- und Ressourcenmanagement.

(6) Soweit möglich sollte die Bevölkerung in die Vorbereitung und in Entscheidungsprozesse einbezogen werden. Selbsthilfegruppen und Bürgerinitiativen sollten in die Vorbereitung eingebunden werden. Dafür sind sie entsprechend mit Informationsmaterial und Qualifizierungsangeboten zu versorgen (DKKV 2002, Abschnitt 3.1).

(7) Fortlaufende Schwachstellenanalyse im Bereich der Vorbereitung auf einen Katastrophenfall. Die getroffenen Vorbereitungen sind daraufhin zu prüfen, ob sie den jeweiligen potenziellen Katastrophenrisiken auch entsprechen. Für die **Schwachstellenanalyse** ist daher eine Risikoanalyse erforderlich, die auch *worst case*-Szenarien einschließt. Dadurch lassen sich Überraschungseffekte während des Einsatzes im Verlauf eines Ereignisses gering halten und eine Katastrophe kann durch gute Vorbereitung in ihrem Ausmaß möglicherweise noch begrenzt werden.

---

von Schäden durch Beeinflussung schadenverursachender Ereignisse (z. B. bei Explosionsgefahr). Die Katastrophenschutzbehörden der Bundesländer verfügen über Lagezentren, in die von verschiedener Seite Meldungen über den Verlauf des Ereignisses und die Wirkungen getroffener Maßnahmen eintreffen. Die **Melde- und Lagezentren** koordinieren jeweils den Einsatz und sorgen für die Alarmierung weiterer Dienststellen (z. B. Polizei, Feuerwehr, Notärzte und Ambulanzen) und Hilfsorganisationen sowie für Information und Alarmierung der betroffenen Bevölkerung. Für Ereignisse, die den Rahmen eines einzelnen Bundeslandes sprengen, wurde inzwischen auf Bundesebene ein Gemeinsames Melde- und Lagezentrum (GMLZ) von Bund und Ländern eingerichtet (Kapitel 18.3). Zu den ersten Maßnahmen gehören neben der Rettung Gefährdeter im Katastrophengebiet (SAR), die medizinische Notfallvorsorge sowie eventuell notwendige Evakuierungsmaßnahmen (**humanitäre Soforthilfe**).

Ist diese erste Hilfsphase abgeschlossen, schließt sich eine längerfristige Phase an, in der den Katastrophenopfern Nothilfe geleistet wird. Dazu kann die Versorgung der Bevölkerung mit Notunterkünften, Lebensmitteln, Brennstoffen etc. gehören. Zu-

dem muss die Infrastruktur der betroffenen Region – zunächst provisorisch – wieder aufgebaut werden.

18.6 Wiederaufbau

In der Phase des Wiederaufbaus geht es um die Wiederherstellung der Infrastruktur in der von der Katastrophe betroffenen Region sowie um den Wiederaufbau von Wohnhäusern, Betrieben und Infrastruktur. Spätestens diese Phase – besser noch der Zeitraum vor dieser Phase – kann genutzt werden, um **Lehren aus der Katastrophe** zu ziehen. Werden keine Folgerungen aus der Katastrophe, ihrer Größenordnung und den anhand der Wirkungen sichtbar gewordenen **Verletzlichkeiten** der Gesellschaft gezogen, besteht das Risiko unvermindert fort. Ja, es kann sogar erhöht sein, da die Bausubstanz einschließlich der Schutzanlagen (z. B. Deiche) vorgeschädigt sein kann. Vor dem Wiederaufbau ist daher eine Risikoanalyse geboten. Der Wiederaufbau bildet einen Knotenpunkt: Einerseits ist mit seiner Vollendung die letzte Phase der Katastrophenbewäl-

18

tigung abgeschlossen. Andererseits sollte die **Katastrophenvorsorge** spätestens mit einem überlegten Wiederaufbau beginnen.

Zusammenfassung

Grundlegend für Katastrophenmanagement ist ein Verständnis dafür, wie Katastrophe von verschiedenen Akteuren definiert wird (Kapitel 18.1) und welche Konzepte über Verursachungs- und Wechselwirkungsprozesse mit den Begriffen verbunden werden. Inzwischen hat sich weitgehend durchgesetzt, dass Katastrophen in ihrer Genese sozial höchst voraussetzungsreich sind und Menschen durch ihr Tun und Lassen wesentlich zu ihrer Entstehung oder Verhinderung beitragen können. Dies reflektiert sich auch in den Definitionen von Katastrophenmanagement und Katastrophenvorsorge (Kapitel 18.2).

Der lange Zeit dominierende Begriff des Katastrophenschutzes bezieht sich vornehmlich auf die reaktive Gefahrenabwehr und war zunächst eng mit der Vorstellung der Bekämpfung von Ereignissen verbunden, die außerhalb der Gesellschaft (z. B. von der Natur) hervorgebracht worden sind. Wie an der institutionellen Entwicklung (Kapitel 18.3) erkennbar ist, wird der Katastrophenschutz zunehmend zu einem integralen Bestandteil eines komplexeren Katastrophenmanagement-Konzepts, das der Frage der Katastrophenvorsorge vermehrt Aufmerksamkeit schenkt. Schwachstellen liegen in Deutschland insbesondere im Bereich der Einbeziehung der Bevölkerung in die Vorsorge (Frühwarnung und Förderung von Selbstschutz) und in der Kooperation zwischen den Bundesländern und zwischen Bund und Ländern. In den letzten Jahren zeichnen sich jedoch – auch durch Schaffung entsprechender institutioneller Voraussetzungen – Verbesserungen im Bereich des Zugangs zu Informationen und der Integration und Koordination ab. Katastrophenvorsorge als Teil eines umfassenden Katastrophenmanagements gewinnt in Deutschland zunehmend an Bedeutung.

Das **Katastrophenmanagement** umfasst als **Katastrophenvorsorge** (*mitigation* und *preparedness*) die Phasen I und II, die **Katastrophenbewältigung** umfasst in Phase III den **Einsatz** *(response)* mit **unmittelbarer Nothilfe** und in Phase IV **Erholung** *(recovery)* und **Wiederaufbau** *(reconstruction)*. Der Wiederaufbau ist dabei als ein Knotenpunkt zu betrachten, an dem

sich entscheidet, ob Risikoanalysen (Abschnitt 18.4.2) und vorsorgeorientiertes Denken und Handeln bei der Rekonstruktion von Gebäuden, Infrastruktur und Umwelt so eingebracht werden können, dass die Wahrscheinlichkeit, dass es erneut zu einer Katastrophe und damit zu den Phasen III und IV kommen muss, reduziert wird. Im Prinzip kann Katastrophenvorsorge in jeder der vier Phasen betrieben werden.

Schlüsselsätze

- Katastrophenmanagement umfasst Katastrophenvorsorge, Katastrophenschutz und Katastrophennachsorge und sieht alle drei Bereiche bzw. Phasen als Teile eines Prozesses.
- Katastrophenvorsorge bezeichnet alle Maßnahmen, die vor Eintreten einer Katastrophe ergriffen werden können. Sie dienen der Reduktion von Katastrophenrisiken, der Bewältigung von Katastrophen und der Abschwächung von Katastrophenfolgen.
- Da sich die gesellschaftlichen Bedingungen für Katastrophen schleichend im Hintergrund des Alltags aufbauen, ist es notwendig, mit der Katastrophenvorsorge viele Jahre oder Jahrzehnte vor dem Eintritt eines Ereignisses zu beginnen. Es bedarf stetiger Aufmerksamkeit (*risk awareness*) und Vorbereitung (*mitigation* und *preparedness*) auf allen gesellschaftlichen Ebenen.
- Umfang und Qualität durchdacht praktizierter Katastrophenvorsorge sind dafür entscheidend, wie günstig die Ausgangssituation einer Gesellschaft vor einem Ereignis ist.

Literatur

Amt für Katastrophenschutz – Landesregierung Schleswig-Holstein (2006) Information: Was ist Katastrophenschutz? Was ist eine Katastrophe? http://www.landesregierung.schleswig-holstein.de

Andrews E (o.J.) Bevölkerungsschutzpolitik im Nord-Süd-Dialog: IDNDR 1990–2000. International Decade for Natural Disaster Reduction. Herausgegeben vom Bundesverband für den Selbstschutz als Diskussionsbeitrag zu der vom Auswärtigen Amt und Bundesministerium des Innern geförderten Internationalen Dekade für Katastrophenvorbeugung (IDNDR), BVS, Bonn

Bundesamt für Bevölkerungsschutz und Katastrophenhilfe (2005) Das Gemeinsame Melde- und Lagezentrum (GMLZ). http://www.bbk.bund.de

Bundesministerium des Innern (BMI) (2006) Thema: Bevölkerungsschutz und Katastrophenhilfe. http://www.bmi.bund.de

Bundesministerium für Verkehr, Bau- und Wohnungswesen (2002) Handlungsempfehlungen der Ministerkonferenz für die Raumordnung zum vorbeugenden Hochwasserschutz vom 14. Juni 2000 Vorbeugender Hochwasserschutz durch die Raumordnung, (18. Juli 2000, GMBI: 514). http://www.uba.de/rup/hochwasser-workshop/präsentationen

Clausen L (2003) Reale Gefahren und katastrophensoziologische Theorie. Soziologischer Rat bei FAKKEL-Licht. In: Clausen L, Macamo E, Geenen EM (Hrsg) Entsetzliche soziale Prozesse. Theorie und Empirie der Katastrophen. LIT, Münster. 51–76

DKKV (2000) Journalisten-Handbuch zum Katastrophenmanagement 2000. Verfasst von C Eikenberg. Erläuterungen und Auswahl fachlicher Ansprechpartner zu Ursachen, Vorsorge und Hilfe bei Naturkatastrophen, überarbeitete und ergänzte 6. Aufl., herausgegeben. von Deutsches Komitee für Katastrophenvorsorge e. V., Bonn

DKKV (2002) Journalisten-Handbuch zum Katastrophenmanagement 2002. Erläuterungen und Auswahl fachlicher Ansprechpartner zu Ursachen, Vorsorge und Hilfe bei Naturkatastrophen, überarbeitete und ergänzte 7. Aufl., herausgegeben von Deutsches Komitee für Katastrophenvorsorge e. V., Bonn

DKKV (2003) Deutsches Komitee für Katastrophenvorsorge e. V., Hochwasservorsorge in Deutschland. Lernen aus der Katastrophe 2002 im Elbegebiet, Bonn

Dombrowsky WR (2004) Entstehung, Ablauf und Bewältigung von Katastrophen. Anmerkungen zum kollektiven Lernen. In: Pfister C, Summermatter S (Hrsg) Katastrophen und ihre Bewältigung. Perspektiven und Positionen. Referate einer Vorlesungsreihe des Collegium Generale der Universität Bern im Sommersemester 2003. Haupt Verlag, Bern, Stuttgart, Wien. 165–186

Geenen EM (1995) Soziologie der Prognose von Erdbeben. Katastrophensoziologisches Technology Assessment am Beispiel der Türkei. Duncker & Humblot, Berlin

Geenen EM (2003) Kollektive Krisen, Katastrophe, Terror, Revolution – Gemeinsamkeiten und Unterschiede. In: Clausen L, Macamo E, Geenen EM (Hrsg) Entsetzliche soziale Prozesse. Theorie und Empirie der Katastrophen. LIT, Münster. 5–23

Geenen EM (2004) Social Structure, Trust and Public Debate on Risk. In: Malzahn D, Plapp T (Hrsg) Disasters and Society – From Hazard Assessment to Risk Reduction. Proceedings of the International Conference. Universität Karlsruhe (TH) Germany, July 26–27, 2004, Logos, Berlin. 251–255

Geenen EM (2006) Warnung der Bevölkerung, unpublished report zum Dritten Gefahrenbericht der Schutzkommission beim Bundesminister des Innern, Ms., 23 S.

Geier W (2003) Ist der Katastrophenschutz in Deutschland für Naturkatastrophen größeren Ausmaßes gerüstet? – Vortrag anlässlich des internationalen DKKV-Workshops „Orkane über Europa – Katastrophenvorsorge in grenzüberschreitender Perspektive" an der AKNZ, Bad Neuenahr-Ahrweiler, Ms., 12 S. http://209.85.135.104/search?q=cache:DmYPGrrgQ_4J:www.dkkv.org/

Grundgesetz für die Bundesrepublik Deutschland (2006). http://www.bundestag.de/parlament/funktion/gesetze/grundgesetz/

ISDR (2006) Platform for the Promotion of Early Warning. Thema: What's early warning. Basics of early warning. The Four Elements of Effective Early Warning Systems. http://unisdr.unbonn.org/ewpp/

Landtag des Saarlandes (2006) Gesetzentwurf der Regierung des Saarlandes; betr.: Gesetz zur Neuordnung des Brand- und Katastrophenschutzrechts im Saarland. 13. Wahlperiode. Drucksache 13/918, 17.05.2006. http://www.landtag-saar.de/dms13/Gs0918.pdf

FLANAT (1998) Von der Gefahrenabwehr zur Risikokultur. Broschüre zur nationalen Plattform Naturgefahren., c/o Landeshydrologie und -geologie, Bern

Quarantelli EL (2003) Auf Desaster bezogenes soziales Verhalten. Eine Zusammenfassung der Forschungsbefunde von fünfzig Jahren. In: Clausen L, Macamo E, Geenen EM (Hrsg) Entsetzliche soziale Prozesse. Theorie und Empirie der Katastrophen. LIT, Münster. 25–33

Rosen KH (2005) Regelungsbedarf für den Zivil- und Katastrophenschutz nach dem Scheitern der Verfassungsreform. Vortrag auf der 65. Jahrestagung der Schutzkommission am 6. Mai 2005. http://www.schutzkommission.de

Schmidt A, Bloemertz L, Macamo, E (2005) Linking Poverty Reduction and Disaster Risk Management. GTZ, Eschborn

Schutzkommission beim Bundesminister des Innern (2006) Zusammenfassung zum 3. Gefahrenbericht (deutsch). 2. Gefahrenbericht. http://www.schutzkommission.de

Ständige Konferenz für Katastrophenvorsorge und Katastrophenschutz (2005) Köln. http://www.katastrophenvorsorge.de

L. S. National Library of Medicine (2003) Disaster Management. Definition. http://www.nlm.nih.gov/tsd/acquisitions/cdm/subjects28.html

Verordnung des Sächsischen Staatsministeriums des Innern über den Katastrophenschutz im Freistaat Sachsen (2005) (Sächsische Katastrophenschutzverordnung – SächsKatSVO) vom 19. Dezember 2005. In: Sächsisches Gesetz- und Verordnungsblatt Nr. 11 vom 30. Dezember 2005. http://www.sachsen.de/de/bf/staatsregierung/ministerien/smi/smi/upload/SaechsKatSVOmitAnlagen1bis7.pdf

WBGU (1999) Wissenschaftlicher Beirat Globale Umweltveränderungen, Welt im Wandel. Strategien zur Bewältigung globaler Umweltrisiken, Jahresgutachten. Springer-Verlag, Berlin

19 Katastrophenprävention durch Raumplanung

Stefan Greiving

Baugesetzbuch • Bauleitplanung • Bauvorsorge • Fachplanung • Flächennutzungsplanung • Hochwasser • Katastrophenprävention • Raumordnung • Raumordnungsgesetz • Raumplanung • Retentionsräume • Risikovorsorge • Schadenspotenzial • Siedlungsflächen • Vorbehaltsgebiet • Vorranggebiet

Der Begriff **Raumplanung** ist nicht einheitlich definiert, kann aber als Teilmenge der raumbedeutsamen Planungen, die Raum in Anspruch nehmen oder seine Entwicklung beeinflussen, aufgefasst werden. Diese bestehen aus der überfachlichen, unterschiedliche Ansprüche an den Raum koordinierenden Raumplanung im engeren Sinne sowie den raumbedeutsamen Fachplanungen, die einen sektoralen Gestaltungsauftrag nach Maßgabe fachlicher Gesichtspunkte besitzen (z. B. Wasserwirtschaftliche Fachplanung, Verkehrsplanung, Landschaftsplanung usw.).

Katastrophen entstehen, wenn die Folgen von Naturereignissen sich in einem Raum manifestieren, der anthropogen genutzt wird. Für die Steuerung der Raumnutzung sind die Akteure der Raumplanung zuständig. Deshalb liegt hier auch eine Verantwortung, bestehende oder künftig mögliche Gefährdungen bei Raumnutzungsentscheidungen so zu berücksichtigen, dass im Ereignisfall möglichst keine Schäden auftreten, damit Katastrophen vermieden werden.

19.1 Das System der Raumplanung in Deutschland

Im Folgenden wird in aller Kürze ein Überblick über das System der **Raumplanung** in Deutschland, die relevanten Akteure und die zur Verfügung stehenden Instrumente geboten. Dabei beschränkt sich die Auseinandersetzung auf Raumplanung im engeren Sinne, d. h. auf die drei überfachlichen Planungsebenen **Bundesraumordnung**, Raumordnung in den Ländern (= **Landesplanung** + **Regionalplanung**) sowie örtliche **Bauleitplanung**. Die Tabelle 19.1 bietet hier einen Überblick.

19.1.1 Raumordnung

Raumordnung ist die zusammenfassende, überörtliche und übergeordnete Planung zur Ordnung und Entwicklung des Raums. „Zusammenfassend" kennzeichnet die Koordinierungsaufgabe der **Raumordnung, Fachplanungen** hinsichtlich ihrer raumbedeutsamen Planungen und Maßnahmen aufeinander abzustimmen. „Überörtlich" bedeutet, dass die Raumordnung räumlich und sachlich über den Wirkungsbereich des einzelnen „Orts", also der einzelnen Kommunen hinausgeht. „Übergeordnet" bezieht sich auf die umfassende Planungshoheit des Staates, die aus seiner Gebietshoheit folgt. Danach sind alle öffentlichen Planungsträger der Staatsgewalt und damit auch der raumordnerischen Planung des betreffenden Landes untergeordnet. Raumordnung umfasst alle raumbedeutsamen Bereiche, geht damit über den rein boden- bzw. grundstücksbezogenen Ansatz der Bauleitplanung hinaus. Raumordnung ist auf Bundesebene lediglich Gegenstand rahmensetzender Vorschriften (Raumordnungsgesetz – ROG) und damit im Wesentlichen Aufgabe der Länder bzw. ihrer Landesplanungsgesetze (ARL 2005, Kasten 19.1).

Tab. 19.1 Das System der Raumplanung in Deutschland.

Staats-aufbau	Planungs-ebenen	rechtliche Grundlagen	Planungsinstrumente		materielle Inhalte
Bund	Raumordnung	Raumordnungs-gesetz (ROG)	–		Grundsätze der Raumordnung
			Leitbilder der räumlichen Entwicklung		
Länder	Raumordnung in den Ländern (Landes-planung)	Raumord-nungsgesetz und Landespla-nungsgesetze	zusammen-fassende, übergeord-nete Pläne	• **Raumord-nungsplan** • räumliche und sachliche Teil-pläne	Ziele der Raum-ordnung
	Regional-planung			• **Regionalplan** • regionaler Flächen-nutzungsplan	
Gemeinden	Bauleit-planung	Baugesetzbuch (BauGB)	Bauleit-pläne	• **Flächen-nutzungsplan**	Darstellung der Art der Boden-nutzung
				• **Bebauungsplan**	Festsetzung für die städte-bauliche Ordnung

---

Kasten 19.1

Aufgabe und Leitvorstellung der Raumordnung

Abs. 1 des § 1 ROG lautet: »*Der Gesamtraum der Bundesrepublik Deutschland und seine Teilräume sind durch zusammenfassende, übergeordnete Raumordnungspläne und durch Abstimmung raumbedeutsamer Planungen und Maßnahmen zu entwickeln, zu ordnen und zu sichern*« (§ 1 Abs. 1 ROG).

Leitvorstellung ist dabei eine »*nachhaltige Raumentwicklung, die die sozialen und wirtschaftlichen Ansprüche an den Raum mit seinen ökologischen Funktionen in Einklang bringt und sie zu einer dauerhaften, großräumig ausgewogenen Ordnung führt*« (§ 1 Abs. 2 ROG).

Soweit sie sich jedoch auf die städtebauliche Entwicklung und Ordnung des Bodens bezieht, wird Raumordnung über die örtliche Bauleitplanung wirksam, die an die räumlich und sachlich konkreten Ziele der Raumordnung gebunden ist. Derart konkrete Ziele werden in der Regel erst im Rahmen

der Raumordnung in Planungsregionen (= Regionalplanung) festgelegt. **Regionalplanung** ist Teil der **Landesplanung**. Ihr wichtigstes Instrument, der **Regionalplan**, überträgt die Ziele aus den Landesraumordnungsplänen, konkretisiert sie räumlich und wird somit zur wichtigsten Vorgabe für die **Bauleitplanung** (in der Regel 1:50 000 bis 1:100 000). Träger der Regionalplanung sind in der Regel Verbände oder Versammlungen, deren Mitglieder sich aus den Städten und Gemeinden einer Planungsregion zusammensetzen (in NRW und Hessen ist die ausführende Stelle Teil der Landesverwaltung, während die Entscheidungsgremien kommunal besetzt sind), die Landesplanung ist dagegen in einem fachlich zuständigen Landesministerium ressortiert und mithin eine rein staatliche Aufgabe.

19.1.2 Bauleitplanung

Mit dem Baugesetzbuch (BauGB) regelt der Bund im Rahmen seiner Kompetenzen umfassend und abschließend die Einschränkungen der sogenannten „Baufreiheit" sowie die Trägerschaft der Bauleitplanung. Damit hat die Vorbereitung und Leitung

---

Kasten 19.2

Aufgabe und Instrumente der Bauleitplanung

Grundsätzlich stellt die Bauleitplanung eine umfassende Angebotsplanung für die bauliche und sonstige Nutzung des Bodens aus am Allgemeinwohl orientierten städtebaulichen Gründen im Rahmen der eigenverantwortlichen Regelung der Bedürfnisse der örtlichen Gemeinschaft dar.

Wesentliche Instrumente sind der vorbereitende, für das gesamte Gemeindegebiet aufzustellende Flächennutzungsplan (in der Regel 1:5 000 bis 1:50 000), der lediglich eine behördeninterne Bindung entfaltet sowie der rechtsverbindliche Bebauungsplan zur Schaffung von Baurecht für kleine Teilausschnitte des Gemeindegebiets (in der Regel 1:500 bis 1:2 000).

---

der städtebaulichen Entwicklung und Ordnung ausschließlich nach Maßgabe des Baugesetzbuches mithilfe der dort vorgesehenen Instrumente und Verfahren zu erfolgen (Kasten 19.2).

Träger der Bauleitplanung als dem örtlichen Teil der städtebaulichen Planung sind die Gemeinden als Selbstverwaltungskörperschaften im Rahmen der sogenannten „Planungshoheit" (Art. 28 Abs. 2 Satz 1 Grundgesetz). Mit dem Recht auf örtliche Planung ist grundsätzlich ein Spielraum an Planungsermessen bzw. eine Gestaltungsfreiheit im Rahmen der durch das Baugesetzbuch vorgesehenen Planungsaufgaben und innerhalb konkreter Planungen verbunden.

Aufgrund der Tatsache, dass innerhalb des föderalen Staatsaufbaus Deutschlands und infolge der Dekonzentration staatlicher Aufgaben auf die Kreis- und Gemeindeverwaltungen deren Leitungen nicht ernannt, sondern lokal gewählt werden, ist die Erfüllung staatlicher Aufgaben immer in einem kommunalpolitischen Kontext zu sehen und werden auf Bundesrecht beruhende Gesetze innerhalb der Gestaltungsfreiheit nach Maßgabe kommunalpolitischer Vorstellungen verwirklicht. Dies macht häufig eine angemessene Auseinandersetzung mit bestehenden Gefährdungen im Widerstreit mit ökonomischen Interessen schwierig.

19.1.3 Das Verhältnis zu den raumrelevanten Fachplanungen

Der Raum ist nicht nur Gegenstand der **Raumplanung**, sondern auch raumbedeutsamer Planungen

und Maßnahmen verschiedener **Fachplanungen**. Diese Fachplanungen werden als staatliche Aufgaben von der Landesverwaltung bzw. nachgeordneten Behörden wahrgenommen.

Raumordnung geht mit ihrem übergeordneten, koordinierenden Anspruch den Fachplanungen in der Regel vor (siehe § 4 Abs. 1 ROG); d. h., diese sind an die Ziele der Raumordnung gebunden (sogenannte „Raumordnungsklausel"). Die in den Raumordnungsplänen ausgewiesenen Ziele sind Ergebnis einer planerischen Abwägung unter Berücksichtigung der von den Fachplanungsträgern gegenüber der **Landes**- bzw. **Regionalplanung** artikulierten fachplanerischen Belange.

Ferner steht mit § 15 ROG das Instrument des Raumordnungsverfahrens (ROV) zur Verfügung, mit dem einzelne Fachplanungen und ihre Maßnahmen unter den Gesichtspunkten der Raumordnung materiell aufeinander abzustimmen sind und bestimmte raumrelevante Verfahren auf ihre Vereinbarkeit mit den Erfordernissen der Raumordnung überprüft werden müssen. Dabei werden die Ziele der **Raumordnung** von der Landesplanungsbehörde interpretiert und konkretisiert.

Auf kommunaler Ebene besteht zwischen Fachplanungen und **Bauleitplanung** ein komplexes Geflecht gegenseitiger Abhängigkeiten, Beachtungs- und Beteiligungsregelungen. Im Grundsatz kann jedoch festgestellt werden, dass Bauleitplanung gegenüber den Fachplanungen eine eher schwache Stellung besitzt. Dies ist vor allem auf die Regelung des § 38 Baugesetzbuch zurückzuführen. Demnach sind fachplanerische Vorhaben mit überörtlicher Bedeutung (trifft regelmäßig etwa für wasserbauliche Vorhaben wie etwa den Deichbau oder die Schaffung von Poldern zu), die im Rahmen eines sogenannten „Planfeststellungsverfahrens" zugelassen werden, von den Bindungen eines Bebauungsplans sowie anderer örtlicher Bauvorschriften befreit.

19.2 Die Rolle der Raumplanung bei der Katastrophenprävention

Raumplanung trifft Entscheidungen für die Gesellschaft darüber, ob und wie bestimmte Räume, d. h. Flächen oder konkrete Standorte, genutzt werden dürfen. Diese Entscheidungen haben aufgrund der mit ihnen in der Regel verbundenen konkreten Bodennutzungsentscheidungen, die sich in baulichen

19

Anlagen manifestieren, langfristige Auswirkungen und sind oftmals sogar irreversibel. Von der Natur der Sache her ist mit jeder Entscheidung ein Risiko verbunden. Daher sollte Planung auch das Vorwegdenken der Konsequenzen von Handlungen bzw. Raumnutzungen beinhalten. Dabei ist natürlich auch die Auseinandersetzung darüber, welche Risiken mit diesen Nutzungen verbunden sein könnten, raumbezogen.

Raum wird dabei als die Bezugsgröße definiert, in der sich Menschen bzw. ihre Artefakte gemeinsam Risiken aus einer räumlich relevanten Gefahr ausgesetzt sehen und auf diese im Rahmen gesellschaftlicher Interaktions- und Handlungsstrukturen innerhalb eines institutionalisierten und normierten Regulierungssystems reagieren (Greiving 2002).

Eine originär für den Umgang mit Naturgefahren zuständige Organisation, wie sie etwa die *Federal Emergency Management Agency* (FEMA) in den USA darstellt, existiert in Deutschland nicht. Deshalb ist Raumplanung eigentlich die für diese Aufgabe prä-destinierte Instanz, die aufgrund ihres Raumbezugs den sogenannten „Multi-Hazard-Ansatz" verfolgen sollte, während sich die Fachplanungen von der Natur der Sache her auf die ihnen obliegenden sektoralen Aufgaben konzentrieren. Gleichwohl wird dieser Anspruch gegenwärtig kaum erfüllt. Raumplanerisches Handeln konzentriert sich fast ausschließlich auf die Gefahrenquelle **Hochwasser**.

Katastrophen, resultierend aus Naturgefahren, sind nur deshalb ein Thema für die Gesellschaft, weil mit ihnen Schäden verbunden sind bzw. eine Gesellschaft und ihre Systeme verwundbar sind gegenüber in der Regel plötzlich auftretenden Naturereignissen. Zur **Verwundbarkeit** gehört zusätzlich zu den Schadenspotenzialen (Schutzgüter, ökonomische Werte, die Umwelt, der Mensch) auch das Reaktionspotenzial, d. h. die Fähigkeit einer Gesellschaft, auf ein Ereignis reagieren zu können (Katastrophenschutz, Feuerwehr etc.), um negative Auswirkungen auf die Schutzgüter möglichst zu vermeiden oder zumindest zu verringern (Kasten 19.3).

┌─── Kasten 19.3 ───

Funktionen der Raumplanung im Kontext der Schadenvermeidung und Katastrophenvorsorge

- Dokumentation der räumlichen Ausbreitung von Risiken (Raumbeobachtung).
- Erfassung des Gesamtrisikos eines Raums.
- Räumliche Separierung von Schutzgütern einerseits und Risikopotenzialen anderseits im Rahmen der Standortfindung für raumbedeutsame Anlagen.
- Freihaltung von Flächen im Vorsorgeinteresse (Beeinflussung des Schadenspotenzials).

Der bedeutsamste Beitrag, den raumplanerisches Handeln zu leisten vermag, besteht darin, Schäden von vornherein zu vermeiden bzw. die Widerstandsfähigkeit gegenüber Naturereignissen zu verbessern. Dazu gibt es zwei voneinander abzugrenzende Rahmenziele der Risikominderung:

- Durch Verringerung der Eintrittswahrscheinlichkeit eines Schadensereignisses (etwa durch Schaffung von Retentionsräumen, Ausweisung von Bannwäldern) werden die gefährlichen Einwirkungen durch ein Naturereignis auf die Schutzgüter reduziert.
- Durch Verminderung des Schadenspotenzials wird die Exposition der Schutzgüter vermindert. Damit sollen die gefährlichen Prozesse ausgesetzten Nutzungen bezüglich ihrer räumlichen Lage und Bauausführung sowie des Verhaltens ihrer Nutzer an mögliche Schäden angepasst werden. Bei diesem Rahmenziel wird nicht der Prozess der Gefährdung, sondern sollen die als negativ empfundenen Konsequenzen dadurch verhindert werden, dass im potenziellen Einwirkungsbereich keine Schadenspotenziale entstehen. Zu unterscheiden ist dabei noch zwischen einer dauerhaften Verringerung der Exposition der Schutzgüter durch Begrenzung bzw. Rücknahme der Nutzungsintensität (**Flächenvorsorge**) und temporärer Reduktion der Exposition durch Evakuierungen und andere Maßnahmen (**Verhaltensvorsorge** bzw. Verbesserung des Reaktionspotenzials).

Daneben besteht auch die Möglichkeit, die Verwundbarkeit bestehender Nutzungen zu reduzieren (**Bauvorsorge**).

Schließlich kann das (monetäre) Schadenspotenzial für die Betroffenen auch dadurch verringert werden, dass die Kosten z. B. mittels Abschluss einer erweiterten Elementarschadenversicherung externalisiert werden (**Risikovorsorge**) (Egli 1996).

Zur Verwirklichung dieser Ziele (**Risikomanagement**) können die eingangs erläuterten Instrumente der Raumplanung beitragen. Dabei kommen den einzelnen Planungsebenen unterschiedliche Aufgaben zu. Die Informationen über bestehende Gefährdungen werden in der Regel von den zuständigen Fachplanungen beigebracht.

19.2.1 Der Beitrag der Raumordung zur Katastrophenprävention

§ 2 des Raumordnungsgesetzes (ROG) normiert Grundsätze der Raumordnung, die die inhaltlichen Vorgaben für die Planung auf Bundes- wie Landesebene darstellen. Dazu gehört auch der Grundsatz: *»Natur und Landschaft einschließlich Gewässer und Wald sind zu schützen, zu pflegen und zu entwickeln. ... Für den vorbeugenden Hochwasserschutz ist an der Küste und im Binnenland zu sorgen, im Binnenland vor allem durch die Sicherung oder Rückgewinnung von Auen, Rückhalteflächen und überschwemmungsgefährdeter Bereiche«.* Dieser Grundsatz ist außerordentlich bemerkenswert, weil er im Gegensatz zu anderen Grundsätzen praktisch bereits Ziele und sogar Maßnahmen nennt, während es eigentlich an dieser Stelle eher um die grundsätzliche Rolle von Raumordnung bei der Katastrophenprävention gehen sollte. Zudem werden Freiräume zur Gewährleistung des **vorbeugenden Hochwasserschutzes** explizit als Teil der anzustrebenden Freiraumstruktur benannt und die raumbedeutsamen Erfordernisse und Maßnahmen des vorbeugenden Hochwasserschutzes sind explizit in die Raumordnungspläne aufzunehmen. Weitere Naturgefahren werden dagegen überhaupt nicht angesprochen. Andererseits entspricht diese Fokussierung auf Hochwasser der gesellschaftlichen und planerischen Realität, denn Raumordnung widmet fast ausschließlich der Naturgefahr Hochwasser Aufmerksamkeit, während andere Naturgefahren wie Erdbeben, Massenbewegungen oder Waldbrände ausgeblendet sind. In Einzelfällen erfolgen Aussagen zu alpinen Naturgefahren (Bayern).

Zu den bestehenden Instrumenten der Raumordnung, die im ROG einheitlich für alle Bundesländer vorgegeben sind, gehören u. a. die sogenannten Raumordnungsgebiete, die unterteilt werden in Vorranggebiete, Vorbehaltsgebiete und Eignungsgebiete (Kasten 19.4).

Diese Raumordnungsgebiete werden in der Landes- und Regionalplanung genutzt, konkrete Räume für bestimmte Nutzungen oder Funktionen vorzusehen; dazu gehören auch von Naturgefahren bedrohte Räume, die von solchen Nutzungen freigehalten werden, die im Falle eines Schadensereignisses geschädigt werden können. Stattdessen genießen Nutzungen Vorrang, die der Verringerung der Eintrittswahrscheinlichkeit des Ereignisses zuträglich sind (Retentionsräume, die dem Hochwasserrückhalt vorbehalten sind, oder solche, die etwa für Bannwälder dienen, um Lawinenabgänge zu verhüten, die besiedelte Flächen bedrohen können – ausgewiesen z. B. im Regionalplan Allgäu).

Kasten 19.4

Vorrang- und Vorbehaltsgebiete gemäß Raumordnungsgesetz

Vorranggebiete auf der Grundlage von § 7 Abs. 4 Nr. 1 ROG *»sind Gebiete, die für bestimmte, raumbedeutsame Funktionen oder Nutzungen vorgesehen sind und andere raumbedeutsame Nutzungen in diesem Gebiet ausschließen, soweit diese mit den vorrangigen Funktionen, Nutzungen oder Zielen der Raumordnung nicht vereinbar sind«.* Vorranggebiete sind als Ziele der Raumordnung der Abwägung anderer Planungsträger, seien es Fachplanungen oder die Bauleitplanung, nicht mehr zugänglich und gehen dieser vor, müssen also strikt beachtet werden. Voraussetzung dafür ist eine räumlich (in der Regel zeichnerisch) und sachlich (d. h. textlich) konkrete Festlegung.

Vorbehaltsgebiete gemäß § 7 Abs. 4 Nr. 2 ROG verleihen bestimmten raumbedeutsamen Funktionen oder Nutzungen dagegen lediglich ein besonderes Gewicht in der Abwägung anderer Planungsträger. Demzufolge hat hier noch keine regionalplanerische Letztentscheidung stattgefunden.

Eignungsgebiete gemäß § 7 Abs. 4 Nr. 3 ROG sind Gebiete, *»die für bestimmte, raumbedeutsame Maßnahmen geeignet sind, die städtebaulich nach § 35 des Baugesetzbuches zu beurteilen sind und an anderer Stelle im Planungsraum ausgeschlossen werden«.*

Dabei stehen an den Küsten die Gefahr von Sturmfluten im Mittelpunkt, in Bayern alpine Naturgefahren, während bundesweit Flussüberschwemmungen im Fokus sind. Der **Küstenschutz** ist eine fachplanerische Aufgabe; die Ziele des Küstenschutzes sind allerdings zugleich Ziele der Raumordnung (vgl. etwa den Regionalplan Schleswig-Holstein Nord). Die durch Sturmfluten gefährdeten Gebiete haben die Qualität eines Vorbehaltsgebiets. Einschränkungen der Siedlungstätigkeiten hinter Deichen bestehen allerdings nicht. Der Fokus liegt weiterhin auf technischen Schutzmaßnahmen, deren Umsetzung Vorrang in der Abwägung gegenüber anderen Belangen hat.

In Bayern besteht seit 1972 ein sogenannter **Alpenplan**, der Teil des Landesentwicklungsprogramms (Landesraumordnungsplan) ist, das zuletzt 2006 fortgeschrieben wurde (Bayerisches Staatsministerium für Landesentwicklung und Umweltfragen 2006). Dabei sollen »*die alpinen Gefahrenpotenziale minimiert werden*« (Ziel A II 3.5). Ein Bezug zum Risiko bzw. den Schadenspotenzialen wird bei dieser Zielsetzung nicht hergestellt. Allerdings ist der bayerische Alpenraum im Alpenplan in drei Zonen eingeteilt, die als Ziele der Landesplanung Verbindlichkeit genießen.

Während in Zone A sämtliche Entwicklungen erlaubt sind, unterliegen diese in Zone B einer Abwägung mit den Schutzzielen im Einzelfall und sind in Zone C mit der Ausnahme der Erschließung land- und forstwirtschaftlicher Flächen grundsätzlich untersagt. In den einschlägigen Karten des Alpenplans sind diese Zonen gelb, grün und rot markiert. Dies dient, obwohl ursprünglich nur der touristischen Übernutzung Grenzen setzen wollend, auch der Katastrophenprävention, weil so Bannwälder erhalten bleiben und die Entstehung weiterer Schadenspotenziale im hochalpinen Raum vermieden wird.

Im Regelfall setzt sich Raumordnung jedoch ausschließlich mit Hochwasserschutzfragen auseinander, die deshalb im Mittelpunkt der weiteren Betrachtung stehen, wenngleich das oben genannte Instrumentarium prinzipiell für alle Gefahren eingesetzt werden kann, die sich in bestimmten Räumen manifestieren können oder die zur Entstehung eines Schadenspotenzials beitragen.

Die Abbildung 19.1 verdeutlicht die Unterscheidung in Vorrang- und Vorbehaltsgebiete sowie die Abgrenzung von raumordnerischer und wasserwirtschaftlicher Terminologie.

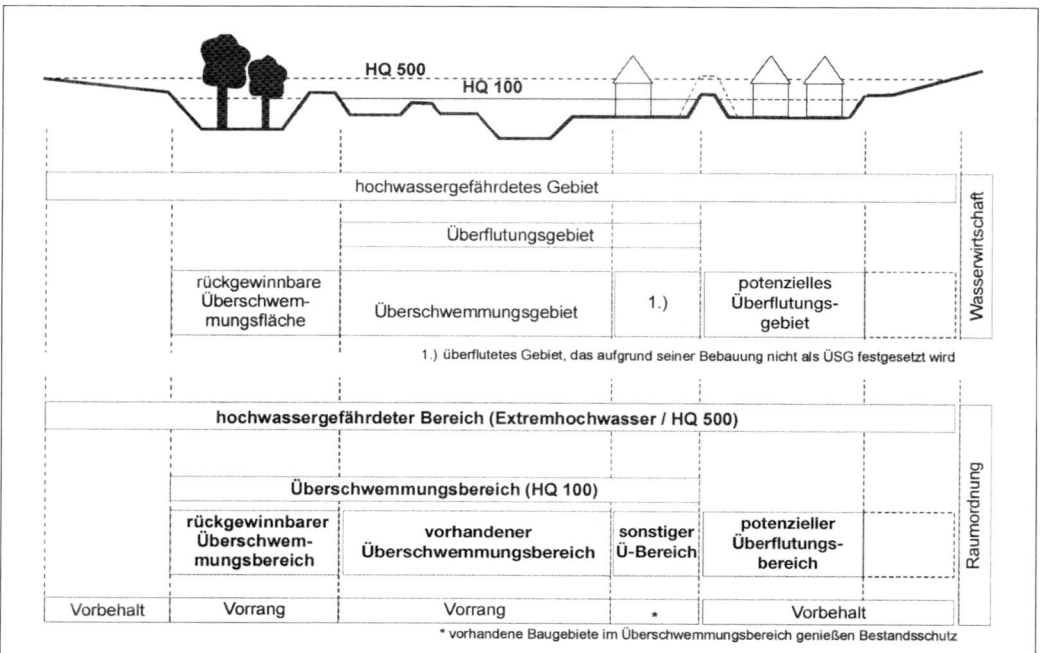

Abb. 19.1 Terminologie des Hochwasserschutzes in Wasserwirtschaft und Raumordnung (Ministerkonferenz für Raumordnung 2000, S. 514).

Deutlich wird dabei, dass die Raumordnung im Gegensatz zur Wasserwirtschaft die Möglichkeit besitzt, bestehenden Risiken in bebauten Gebieten, Bereichen hinter Deichen sowie von Extremereignissen betroffenen Flächen mit adäquaten Festlegungen zu begegnen.

Die Festlegung entsprechender Vorrang- und Vorbehaltsgebiete als Maßnahme des Risikomanagements erfolgt regelmäßig auf der Grundlage von Informationen, die durch die zuständige Fachplanung (z. B. Wasserwirtschaft für Hochwasser) beigebracht werden (**Risikoabschätzung**). Die Raumordnung selbst ist weder fachlich in der Lage, eine Risikoabschätzung vorzunehmen, noch dafür zuständig. Sie ist als ein Nutzer dieser Informationen unter mehreren zu verstehen (ein anderer Nutzer ist etwa der Katastrophenschutz, ein weiterer die Versicherungswirtschaft).

Wie die räumliche Umsetzung des bis hier beschriebenen Konzepts aussehen kann, veranschaulicht die schematische Darstellung in Abbildung 19.2. Deutlich wird vor allem, dass die bestehenden Siedlungen das eigentliche Problem darstellen. Zudem können im Zusammenhang bebaute Bereiche nicht Gegenstand eines Vorrangebiets für den Hochwas-

serschutz sein, da dieser Vorrang im Widerspruch zu der dort rechtmäßig ausgeübten Siedlungsfunktion stehen würde. Nur im Außenbereich, der prinzipiell keine Siedlungsfunktion erfüllt, sind Vorrangfestlegungen möglich; auch für einzelne Splittersiedlungen, die von ihrer Größe her nicht das Gewicht eines Ortsteils besitzen.

Auf ähnliche Weise erfolgt die Auseinandersetzung mit dem Thema Hochwasser im Rahmen des sachlichen Teilabschnitts „Vorbeugender Hochwasserschutz" des Gebietsentwicklungsplans für den Regierungsbezirk Köln (Bezirksregierung Köln 2004), der insofern als gutes Beispiel dienen kann. Ziele der Raumordnung sind dabei von allen Planungsträgern (Fachplanungen, Bauleitplanung) strikt zu beachten, Grundsätze in der Abwägung zu berücksichtigen (Kasten 19.5).

Was in diesem Beispiel wie überhaupt in der deutschen Planungspraxis unterbleibt, ist eine Berücksichtigung der Schadenspotenziale, d. h. die Festlegungen erfolgen allein aufgrund der Gefährdung, unabhängig davon, welche Schutzgüter (Mensch, Sachgüter, Umwelt) betroffen sein könnten. Hier wäre eine differenzierte Herangehensweise, wie sie etwa in der Schweiz praktiziert wird, angebracht. Ein **Schutzziel** sollte

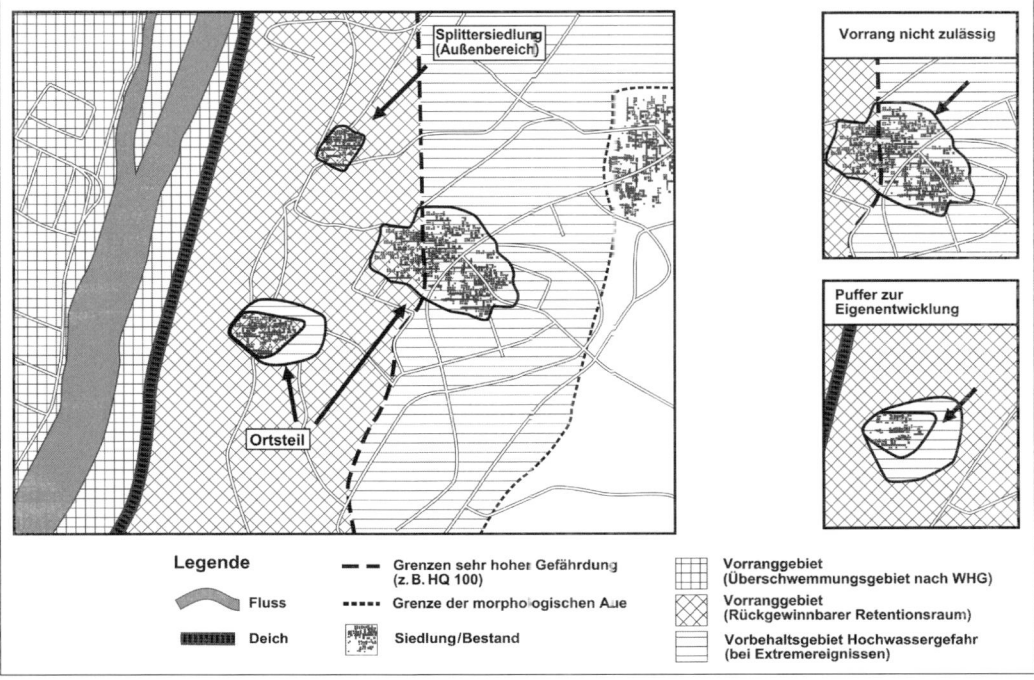

Abb. 19.2 Vorbeugender Hochwasserschutz in der Regionalplanung (verändert nach Heiland 2002, S. 299).

19

---- **Kasten 19.5** ----

Ausschnitt aus dem Gebietsentwicklungsplan der Stadt Köln, der dem Thema Hochwasserschutz und Schadenminimierung gewidmet ist

Auszug aus der Begründung (Zitat):
»Kapitel 2 Freiraumgliederung, -entwicklung und -funktionen

2.4.1 Oberflächengewässer, Hochwasserschutz

Ziel 3
Die Überschwemmungsbereiche der Fließgewässer sind Vorranggebiete für den vorbeugenden Hochwasserschutz und als solche für den Abfluss und die Retention von Hochwasser zu erhalten und zu entwickeln. Überschwemmungsbereiche sind – soweit sie bei 100-jährlichem Hochwasser überschwemmt werden – von entgegenstehenden Nutzungen, insbesondere von zusätzlicher Bebauung freizuhalten. Bei Aufgabe einer baulichen Siedlungsnutzung ist eine Umnutzung möglich, sofern das Retentionsvolumen erhalten bleibt oder nach Möglichkeit vergrößert wird.
Bauliche Anlagen, die zwangsläufig oder aus überwiegenden Gründen des Wohls der Allgemeinheit in Überschwemmungsbereichen angesiedelt werden müssen (z. B. Hafenanlagen), sind zulässig. In solchen Fällen müssen – vornehmlich durch kompensatorische Maßnahmen – das Retentionsvermögen und der schadlose Hochwasserabfluss auch nach der Baumaßnahme gesichert sein. Durch Baumaßnahmen dürfen keine neuen Gefährdungspotenziale entstehen. Das zusätzliche Schadenspotenzial soll minimiert werden.
Die in Überschwemmungsbereichen in Flächennutzungsplänen dargestellten Siedlungsflächen, die noch nicht in Anspruch genommen sind, insbesondere durch rechtskräftige verbindliche Bebauungspläne, Satzungen oder im

Zusammenhang bebaute Ortsteile gemäß § 34 BauGB, sollen nicht für Siedlungszwecke in Anspruch genommen, sondern stattdessen wieder dem Retentionsraum zugeführt werden.

Ziel 4
Zur Vergrößerung des Rückhaltevermögens sind an ausgebauten und eingedeichten Gewässern hierfür geeignete Bereiche vorsorgend zu sichern und durch entsprechende Planungen und Maßnahmen (Deichrückverlegungen/Einrichtung gesteuerter Rückhalteräume/Gewässerrenaturierungen) als Retentionsraum zurückzugewinnen, so z. B. die vorgesehenen neuen Rückhalteräume „Köln-Worringer Bruch" und „Köln-Langel/Niederkassel" am Rhein und „Siegburg-Kaldauen" an der Sieg.

Ziel 5
Die Kommunen sollen die Grenzen der Vorrang- und Vorbehaltsgebiete für den vorbeugenden Hochwasserschutz in den Bauleitplänen gemäß § 5 Abs. 3 Nr. 1 bzw. § 9 Abs. 5 Nr. 1 BauGB kennzeichnen, um das Risikobewusstsein zu schärfen und eine angepasste Gestaltung und Nutzung von Gebäuden zu initiieren.

Grundsätze
(1) Potenzielle Überflutungsbereiche sowie der Extremhochwasser-Bereich des Rheins, soweit er über den 100-jährlichen Überschwemmungsbereich hinausgeht, sind Vorbehaltsgebiete für den vorbeugenden Hochwasserschutz. In ihnen soll bei der weiteren räumlichen Nutzung dem Risiko einer Überflutung ein besonderes Gewicht beigemessen werden.«

---

immer in Abhängigkeit von den Schutzgütern festgelegt werden; besondere gefährliche (z. B. Klärwerke, industrielle Anlagen) oder gefährdete Nutzungen (z. B. Krankenhäuser, Altenheime, Feuerwehrstationen) sollten nicht genauso behandelt werden, wie „normale" Wohngebiete und diese nicht wie landwirtschaftliche Nutzfläche. Zudem ist eine besondere Aussage auch für Räume denkbar, wo Gefährdungen ursächlich entstehen (z. B. sogenannte „Hochwasserentstehungsgebiete"). Hier werden mittlerweile vereinzelt (etwa in der Sächsischen Landesplanung) dezidierte Aussagen zum Rückhalt des Niederschlags in der Fläche bzw. dem Verbot von Versiegelungen oder Bodenverdichtungen getroffen.

19.2.2 Der Beitrag der Bauleitplanung zur Katastrophenprävention

Katastrophenprävention kann in der **Bauleitplanung** natürlich nur ein Planungsziel neben vielen anderen sein, doch im Zusammenhang mit dem bestehenden Leitbild der nachhaltigen städtebaulichen Entwicklung (§ 1 Baugesetzbuch) trägt eigentlich jedes Ziel und jede Maßnahme, das damit im Einklang steht, zumindest indirekt zur Verringerung der **Vulnerabilität des Gemeinwesens** gegenüber Gefährdungen bei oder aber vermindert die Ein-

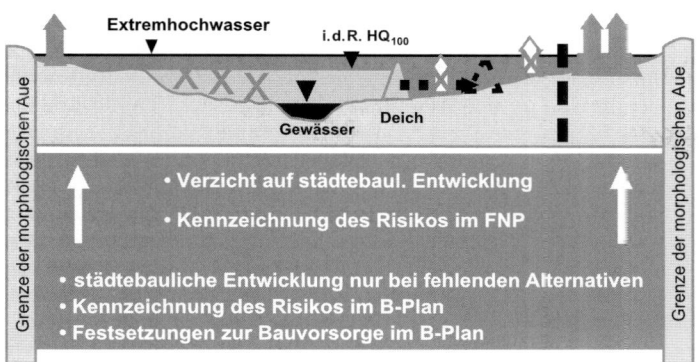

Abb. 19.3 Vorbeugender Hochwasserschutz in der Bauleitplanung (verändert nach Heiland 2002, S. 299).

trittswahrscheinlichkeit eben dieser Gefährdungen. So stärkt die Verminderung von Versiegelungen auch das Potenzial des Bodens als Speichermedium für Wasser oder kräftigt eine intakte Nachbarschaft, die im Rahmen einer Stadtteilinitiative entstanden ist, die Fähigkeit, sich im Katastrophenfall gegenseitig zu helfen. Gleichwohl bestehen auch explizitere Möglichkeiten, im Rahmen der Bauleitplanung Katastrophenprävention zu betreiben. Die Abbildung 19.3 verdeutlicht dies schematisch für den hochwassergefährdeten Raum einer Gemeinde.

So ist es Aufgabe des für das gesamte Gemeindegebiet aufzustellenden **Flächennutzungsplans** (FNP), bei einem 100-jährlichen Hochwasser gefährdete Bereiche von Bebauung freizuhalten bzw., wo bereits Bebauung besteht, die Gefährdungen zu kennzeichnen. Dies ist besonders bedeutsam für Naturgefahren wie Hangrutschungen oder Lawinen, bei denen nicht wie bei Hochwasser fachplanerisch unter Schutz stehende (Überschwemmungs-)Gebiete ausgewiesen sind, da diese ohnehin nachrichtlich in den FNP zu übernehmen sind. Aber selbst für diese Fälle verbleibt dem FNP ein Spielraum, da, wie bereits erläutert, etwa Bereiche hinter Deichen nicht Gegenstand der Überschwemmungsgebiete sind. Gleichwohl gilt es auch auf lokaler Ebene, verstärkt Intensität und Eintrittswahrscheinlichkeit der Gefährdung sowie die Verwundbarkeit unterschiedlicher Nutzungsformen in Beziehung zueinander zu setzen. So sollte etwa bei der Allokation von Standorten für die kommunale Infrastruktur im FNP (Schulen, Ver- und Entsorgungseinrichtungen, Krankenhäuser usw.) die bestehende Gefährdung besonders berücksichtigt werden und gegebenenfalls eine Verlagerung angestrebt werden. Demgegenüber ist nicht einzusehen, warum wenig sensible Nutzungen wie Parkplätze oder Grünanlagen nicht auch in Gefährdungszonen geplant und betrieben werden sollten. In der Praxis herrscht leider, sowohl in den

Verwaltungen als auch der Kommunalpolitik, immer noch der Wunsch nach einer klaren „Linie" vor: Vor der Linie ist alles verboten, hinter der Linie alles erlaubt. Diese Linie kann durch einen Deich/eine Lawinenverbauung o. Ä. oder durch die bloße Abgrenzung einer fachgesetzlich unter Schutz stehenden Fläche in einer Verordnung gebildet werden.

Auf der Ebene der Bebauungsplanung ist die Grundentscheidung über die bauliche Nutzung eines potenziell gefährdeten Areals bereits getroffen. Im Bebauungsplan geht es in erster Linie darum, über Bauvorsorge (Stellung baulicher Anlagen, Festlegung von Mindesthöhen über Gelände, Reservierung von Flächen für Schutzbauten, Ausschluss von Kellergeschossen usw.) das Schadenspotenzial zu verringern. Zudem sollte zusätzlich auch für von Extremereignissen betroffene Gebiete eine detaillierte Kennzeichnung der Gefährdung erfolgen.

Ähnlich wie für die Raumordnung gilt auch für die Bauleitplanung, dass die Informationen über die Gefährdung von den Fachplanungen im Rahmen des Planaufstellungsverfahrens beigebracht werden. Der explizite Rahmen für eine Abprüfung bestehender Gefährdungen wird durch die sogenannte „**Umweltprüfung**" gesetzt, die gemäß § 2 Abs. 4 BauGB für alle Bauleitpläne vorgeschrieben ist. Hier sind mögliche Beeinträchtigungen der Schutzgüter, darunter auch Mensch und Sachgüter, durch eine Planung zu ermitteln, darzustellen und zu bewerten. Dazu gehören auch die Auswirkungen von Naturereignissen.

Gerade auf kommunaler Ebene wirken aber **politische und wirtschaftliche Interessen**, die im Konflikt zur Prävention von Katastrophen stehen: Gemeinden wollen Siedlungsflächen erweitern, um Wohnraum und Gewerbeflächen anbieten zu können, Unternehmen ihre Betriebsstandorte erweitern. Deshalb wird häufig von dem zur Verfügung stehenden Instrumentarium bewusst kein Gebrauch gemacht. Dies verstärkt sich noch, wenn in der näheren Vergangenheit keine Erfahrungen mit Katastrophen gemacht worden sind. Deshalb sind hier die eingangs erläuterten verbindlichen Vorgaben der Raumordnung von eminenter Bedeutung, da diese die kommunale Bauleitplanung binden. Dies kann, wie das Kölner Beispiel zeigt, bis hin zur Rücknahme bereits im Flächennutzungsplan dargestellter Bauflächen führen. Freilich werden den Städten und Gemeinden, denen für eine nachweislich erforderliche weitere Siedlungsentwicklung keine alternativen Flächen außerhalb gefährdeter Bereiche zur Verfügung stehen, Entwicklungsspielräume zugestanden werden müssen. Hier ist dann aber besonders auf eine der spezifischen Gefährdung angepasste Bebauung zu achten, wofür die Ebene der Baugenehmigung bedeutsam ist.

19.2.3 Der Beitrag der Baugenehmigung zur Katastrophenprävention

Die Baugenehmigung ist die auf ein einzelnes Objekt bezogene Prüfung, ob planungsrechtliche (d. h. aus der Bauleitplanung kommende) sowie bauordnungsrechtliche und sonstige öffentlich-rechtliche Vorschriften (z. B. fachplanerische Unterschutzstellungen) erfüllt sind.

Zuständig für die Erteilung von Baugenehmigungen sind teilweise die Städte und Gemeinden selbst, so ihnen diese Aufgabe übertragen worden ist, für die originär die Bundesländer zuständig sind (gilt für kreisfreie Städte und größere kreisangehörige Städte und Gemeinden). Ansonsten ist der Landkreis verantwortlich.

Im Rahmen der Baugenehmigung kann grundsätzlich über entsprechende **Auflagen** Sorge dafür getragen werden, dass ein Objekt möglichst gut gegen ein Naturereignis geschützt ist. Im Unterschied zu den flächenbezogenen, bereits beim Bebauungsplan diskutierten Ansätzen greift die Baugenehmigung auch außerhalb der durch einen Bebauungsplan überplanten Bereiche. Es ist nämlich so, dass in der Regel nur planmäßige Siedlungsflächenerweiterungen tatsächlich durch einen Bebauungsplan abgesichert werden. Der überwiegende Teil der Siedlungsflächen ist jedoch historisch gewachsen. Hier wird nach Maßgabe § 34 BauGB neu hinzukommender Bebauung in der Baugenehmigung das zugestanden, was sich in die vorhandene Bebauung prägt. Ein Vorhaben muss sich in die nähere Umgebung „einfügen", was bedeutet, dass auch auf gefährdeten Flächen **Baugenehmigungen** erteilt werden können, da im Zusammenhang bebaute Bereiche aus den fachgesetzlich festgelegten

Überschwemmungsgebieten und auch raumordnerischen Vorranggebieten (Abb. 19.2.) ausgeklammert werden. Demgegenüber werden im Außenbereich (§ 35 BauGB) Baugenehmigungen allenfalls für „privilegierte" Vorhaben wie landwirtschaftliche Hofstellen erteilt. Hier greifen zudem fachgesetzliche Unterschutzstellung und raumordnerischer Vorrang.

Im Bezug auf andere Naturgefahren stellt die Baugenehmigung sogar die bedeutsamste Steuerungsebene dar. So findet Katastrophenvorsorge gegen Erdbeben in Deutschland praktisch nur über die in der DIN 4149 normierten bautechnischen Anforderungen an die erdbebengerechte Errichtung von Gebäuden in den definierten Erdbebenzonen 0–3 (höchste Gefährdungsklasse) statt. Die Einhaltung der Anforderungen wird im Rahmen der Baugenehmigung überprüft.

Zudem kann – und sollte – auch von den Eigentümern bestehender Gebäude in Eigeninitiative **Bauvorsorge** betrieben werden. Insbesondere im Bereich der Naturgefahr Hochwasser existiert eine Reihe von Ratgebern, herausgegeben von zuständigen Bundes- und Landesministerien, die eine Fülle von Vorschlägen für technische Maßnahmen, aber auch für eine angemessene Vorbereitung auf bzw. das Verhalten während des Katastrophenfalls enthalten. Die Abbildung 12.5 veranschaulicht eine Reihe Empfehlungen von baulichen Maßnahmen zur Vermeidung von Schäden durch Hochwasser (Bundesministerium für Verkehr, Bau- und Wohnungswesen 2003).

19.3 Potenziale und Grenzen raumplanerischer Handlungsfähigkeit

Raumplanung und raumplanerische Instrumente können einen erheblichen Beitrag beim Risikomanagement leisten – insbesondere bei der Information über Risikobelastungen und der Beeinflussung des Schadenspotenzials. Dafür wäre aber eine deutlichere Klarstellung dieses Auftrags, der auch dem Konzept des Raumordnungsgesetzes zur Formulierung allgemeiner Leitvorstellungen und Grundsätze entsprechen würde, wünschenswert. „Die Katastrophenresistenz der Gesellschaft ist zu erhalten und zu steigern." Ein eigener Grundsatz der Raumordnung (einzufügen in § 2 Abs. 2 ROG) könnte dann wie folgt lauten: „Der Gesamtraum der Bundesrepublik Deutschland ist so zu entwickeln, dass natürliche und anthropogene Systeme in ihrer Widerstandsfähigkeit gegen Katastrophen gestärkt werden. Dabei haben bestimmte Teilräume entsprechend ihrer Eignung besondere Aufgaben für die Katastrophenvorbeugung zu übernehmen." (Greiving 2002, S. 273).

Es sollte aber nicht verhehlt werden, dass allen instrumentellen Möglichkeiten, die der Raumplanung zur Verfügung stehen oder zukünftig im oben genannten Sinne zur Verfügung gestellt werden könnten, eine Reihe von Problemen systemimmanent sind. Dies bezieht sich zuvorderst auf die begrenzte Steuerungswirkung hoheitlicher Entscheidungen. Raumordnung wie Bauleitplanung können nur die **zukünftige Raumnutzung** beeinflussen, nicht aber Fehlentwicklungen umkehren, die in der Vergangenheit etwa mit der Besiedlung von stark gefährdeten Gebieten eingeleitet worden sind. Zudem werden autonom handelnde Akteure (Haushalte, Unternehmen) nicht oder nur kaum erreicht. Zwar können hoheitlich Duldungs- oder Unterlassungspflichten auferlegt, doch ein Verhalten, das aktiv eine gewünschte Raumentwicklung unterstützt, nicht erzwungen werden. Zudem kann Raumplanung auf bestehende Raumnutzungen kaum Einfluss nehmen. Hier ist der Einfluss der **Versicherungswirtschaft** als bedeutend größer einzustufen, da diese über ihr Zonierungssystem „Überschwemmung, Rückstau und Starkregen" (ZÜRS) Deutschland in vier Risikoklassen eingeteilt hat. Für bestimmte Gebäude in den Zonen drei und vier (hohe bzw. sehr hohe Überschwemmungsgefahr) ist dabei keine oder nur eine sehr eingeschränkte Versicherbarkeit (hohe Selbstbehalte) gegeben. Dies motiviert naturgemäß enorm zur Eigenvorsorge. Leider ist nicht geplant, dieses System auf andere Naturgefahren, wie Hangrutschungen, auszudehnen; gegen Sturmfluten kann man sich ohnehin nicht versichern.

Zudem besitzt Raumplanung nur geringe Einflussmöglichkeiten auf die *driving forces* von Katastrophen, wie etwa den Klimawandel (Fleischhauer 2004). Raumplanung ist wenig umsetzungsorientiert und verfügt im Gegensatz zu den **Fachplanungen** kaum über die investen Mittel, ihre Entwicklungsvorstellungen auch umzusetzen. Wesentliche Entscheidungen und deren Umsetzung gerade im Bereich struktureller Vorsorgemaßnahmen (z. B. Deich- und Polderbau) vollziehen sich innerhalb der Fachplanungen.

Eine Lösung kann darin bestehen, im Rahmen kooperativer Prozesse Fachplanungen wie auch autonome Akteure (Unternehmen, Verbände) mit ins Boot zu holen und gemeinsame Ziele zu formulieren, die dann über die Selbstbindung der Beteiligten umgesetzt werden. Raumplaner können dabei ihre Erfahrungen in der Moderation von räumlichen Nutzungskonflikten einbringen. Daher sollte das Thema **Katastrophenprävention** verstärkt in bestehende **regionale Entwicklungskonzepte** eingebracht werden, weil hier bereits etablierte und größtenteils funktionierende regionale Kooperationen als Plattform für eine regionale Verständigung im Umgang mit raumrelevanten Risiken genutzt werden können (Greiving 2002, Heiland 2002).

Ein Ausgleich von Kosten und Nutzen bzw. Risiken und Chancen in einem gefährdeten Raum ist dabei für die Herstellung eines regionalen Konsenses unerlässlich. Dies betrifft sowohl einen Ausgleich für Siedlungseinschränkungen als auch die Allokation von Schutzbauten (Heiland 2002). Derartige Regelungen können nur außerhalb der institutionalisierten Raumplanung etwa auf vertraglicher Basis geschaffen werden. Anreize können über Fördergelder, aber auch über Zugeständnisse der Raumordnung geschaffen werden. Wenn Gemeinden unter sich eine Einigung erzielen, die insgesamt das bestehende Risiko verringert (z. B. über die Rücknahme bestimmter im FNP dargestellter Bauflächen), könnten, die notwendige Bauvorsorge vorausgesetzt, in Einzelfällen Entwicklungen in gefährdeten Gebieten zugelassen werden, die etwa die Aktivierung wirtschaftlicher Entwicklungspotenziale ermöglichen, von denen alle profitieren.

Katastrophenprävention durch Raumplanung stellt mithin im Idealfall eine Kombination aus hoheitlichem Handeln, das auf Unterlassungen ausgerichtet ist, freiwilliger Kooperation in der Region, dem Ausgleich von Lasten dienend, sowie lokaler Bauvorsorge dar.

Zusammenfassung

Raumplanung ist der Oberbegriff für die drei überfachlichen Planungsebenen Bundesraumordnung, Raumordnung in den Ländern (= Landesplanung + Regionalplanung) sowie örtliche Bauleitplanung. Raumplanung trifft Entscheidungen für die Gesellschaft darüber, ob und wie bestimmte Räume, d. h. Flächen oder konkrete Standorte, genutzt werden dürfen. Deshalb liegt hier auch eine Verantwortung, Gefährdungen so zu berücksichtigen, dass im Ereignisfall möglichst keine Schäden auftreten, damit Katastrophen vermieden werden. In der Praxis liegt der Schwerpunkt raumplanerischer Katastrophenprävention auf dem vorbeugenden Hochwasserschutz, während andere Naturgefahren kaum thematisiert werden. Ebenso wenig erfolgt eine systematische Multi-Hazard-Be-

19

trachtung. Die Informationen über die Gefährdung bezieht die Raumplanung von den zuständigen Fachplanungen wie z. B. der Wasserwirtschaft. Der wesentliche Ansatz zur Katastrophenprävention in der Raumplanung besteht dann in der Freihaltung gefährdeter Flächen von weiterer Siedlungsentwicklung, um keine neuen Schadenspotenziale entstehen zu lassen. Hier agiert primär die Regionalplanung über die Festlegung sogenannter Vorrang- und Vorbehaltsgebiete, die Nutzungen ausschließen bzw. erschweren, die mit dem Hochwasserschutz in Konflikt geraten können. In der örtlichen Bauleitplanung, die an die Ziele der Regionalplanung gebunden ist, wird auf die weitere Entwicklung von Baugebieten in hochgefährdeten Gebieten verzichtet. Darüber hinaus wird Bauvorsorge betrieben, um Gebäude und Infrastruktur widerstandsfähiger zu machen. Eine wichtige Rolle nimmt auch die Baugenehmigung ein, über die auch Bauvorhaben gesteuert werden, die sich außerhalb der mithilfe von Bebauungsplänen überplanten Bereiche befinden. Die Steuerungswirkung der Raumplanung ist begrenzt, da primär auf zukünftige Nutzungen, aber nicht auf den baulichen Bestand eingewirkt wird. Zudem können zwar unerwünschte Entwicklungen verhindert, erwünschte aber gerade auf regionaler Ebene kaum umgesetzt werden, da Regionalplanung im Gegensatz zu den Fachplanungen über keine investiven Mittel verfügt. Ebenso wenig wirkt Raumplanung in den Bereich der Vorbereitung und Reaktion auf ein Ereignis. Von erheblicher Bedeutung ist ein regionaler Ausgleich der Lasten, die sich aus der Katastrophenprävention ergeben.

Schlüsselsätze
- Raumplanung und raumplanerische Instrumente können einen erheblichen Beitrag zum Risikomanagement leisten, sowohl hinsichtlich der Information über Risikobelastungen als auch hinsichtlich der Beeinflussung der Schadenspotenziale.
- Gleichwohl ist Raumplanung nur ein Akteur unter vielen und mit der Koordination aller staatlichen Aktivitäten der Risikosteuerung überfordert.
- Entgegen der gängigen Praxis sollten Schutzziele in Abhängigkeit der jeweiligen Sachgüter festgelegt werden – so könnten Deiche, die landwirtschaftliche Nutzflächen schützen, niedriger sein als Deiche um Siedlungen.

Literatur

ARL – Akademie für Raumforschung und Landesplanung (Hrsg) (2005) Handwörterbuch der Raumordnung. Eigenverlag, Hannover

Baugesetzbuch (BauGB) Stand: Neugefasst durch Bek. v. 23.09.2004 I 2414; zuletzt geändert durch Art. 3 G v. 05.09.2006 I 2098

Bayerisches Staatsministerium für Landesentwicklung und Umweltfragen (2006) Landesentwicklungsprogramm Bayern 2006. Teilabschnitt Alpenplan. Eigenverlag, München

Bezirksregierung Köln (2004) Gebietsentwicklungsplan für den Regierungsbezirk Köln. Sachlicher Teilabschnitt Vorbeugender Hochwasserschutz. Eigenverlag, Köln

Bundesministerium für Verkehr, Bau- und Wohnungswesen (Hrsg) (2003) Planen und Bauen von Gebäuden in hochwassergefährdeten Gebieten. Eigenverlag, Berlin

Egli T (1996) Schutz vor Naturgefahren mit Instrumenten der Raumplanung – dargestellt am Beispiel von Hochwasser und Murgängen. Institut für Orts-, Regional- und Landesplanung. Berichte 100/1996. Vdf Hochschulverlag, Zürich

Fleichhauer M (2004) Klimawandel, Naturgefahren und Raumplanung. Dortmunder Vertrieb für Bau- und Planungsliteratur, Dortmund

Greiving S (2002) Räumliche Planung und Risiko. Gerling Akademie Verlag, München

Grundgesetz (GG) Stand: Zuletzt geändert durch G v. 28.08.2006 I 2034

Heiland P (2002) Vorsorgender Hochwasserschutz durch Raumordnung, interregionale Kooperation und ökonomischen Lastenausgleich. WAR Schriftenreihe Band 143. Eigenverlag des Instituts WAR, Darmstadt

Ministerkonferenz für Raumordnung (2000) Handlungsempfehlungen der Ministerkonferenz für Raumordnung zum vorbeugenden Hochwasserschutz. GMBl. 2000 Nr. 27: 514

Ministerium für ländliche Räume, Landesplanung, Landwirtschaft und Tourismus (2002) Regionalplan für den Planungsraum V (Schleswig Holstein-Nord). Eigenverlag, Kiel

Raumordnungsgesetz (ROG) Stand: Zuletzt geändert durch Art. 2b G v. 25.06.2005 I 1746

20 Staatliche Verantwortung und Bürgerbeteiligung – Voraussetzungen für effektive Katastrophenvorsorge

Christina Bollin

Armut • Bürgerbeteiligung • Entwicklungsländer • Katastrophenmanagement • Verantwortung • Vorsorge • Vulnerabilität

Ob Überschwemmungen in Rumänien, Hangrutschungen in Guatemala oder Erdbeben in Pakistan: Weltweit sind die Menschen bei extremen Naturereignissen immer wieder auf sich selbst angewiesen und völlig unvorbereitet. Dies gilt insbesondere für arme Länder und dort für die ländlichen Regionen, in die Hilfe vom staatlichen Katastrophenschutz erst nach wertvollen Stunden oder Tagen und für viele zu spät kommt. Nach wie vor achtet in vielen Entwicklungsländern auch niemand darauf, dass neue Risiken vermieden werden. So erhöhen Landwirte durch Übernutzung von Böden weiterhin das Risiko von Hangrutschen und Überschwemmungen, die Erdbebengefahr wird beim Bau neuer Privathäuser und öffentlicher Infrastruktur nicht berücksichtigt. Doch **wer trägt die Verantwortung dafür, derartige Risiken zu reduzieren**? Diese Frage wird nicht nur in Entwicklungsländern diskutiert, sondern auch in Deutschland, etwa nach den Überschwemmungen an Oder und Elbe und in den USA nach den Verwüstungen durch Wirbelsturm Katrina: Was muss und **was kann der Staat zur Vorbeugung und im Katastrophenmanagement leisten**? Und welche Beiträge können von den Bürgern selbst eingebracht werden? Wie viel **Eigenverantwortung** kann von ihnen verlangt werden?

Das Katastrophenmanagement, d. h. die Organisation der Hilfeleistung im Notfall, liegt weltweit in staatlicher Verantwortung. In vielen Ländern basiert es auf hauptamtlichen und zumeist zentralisierten Strukturen ohne Bürgerbeteiligung, die den Menschen in Not oft nicht rechtzeitig helfen können. Effektiver sind Systeme, die sich auf eine gut vorbereitete Bevölkerung und ehrenamtliche Mitarbeit stützen, unabhängig davon, ob diese in zentral gesteuerte Hierarchien eingebunden oder in dezentral organisierte Strukturen integriert sind. Die zunehmend erfolgreiche Deichstärkung an Oder und Elbe ist nur in enger Zusammenarbeit zwischen Verantwortlichen sowie Helfern aus Militär und Bevölkerung möglich; ebenso war die Evakuierung von einer halben Million Menschen aus New Orleans vor Eintreffen des Wirbelsturms Katrina im Sommer 2005 nur in Kooperation von staatlichen mit individuellen und ehrenamtlichen Initiativen denkbar. Eine Öffnung für nicht staatliche Akteure erfordert auch die in vielen Ländern erst in den letzten Jahren erfolgte Berücksichtigung präventiver Maßnahmen. Viele Beispiele zeigen, dass die staatlichen Strukturen auf die Unterstützung durch Freiwillige in Vorbeugung und Katastrophenschutz sowie die Eigenverantwortung der Bürger, z. B. beim Bau von Privatgebäuden, angewiesen sind.

20

Umgekehrt haben auch Eigeninitiativen engagierter Bürger, die in den letzten Jahren vielerorts entstanden sind, zunehmend eine enge Zusammenarbeit mit staatlichen Strukturen gesucht, da ihnen die rechtlichen Möglichkeiten und die finanziellen und fachlichen Kapazitäten fehlen, um ihr Risiko lokal nachhaltig und umfassend zu reduzieren: Nur staatliche Stellen können die Besiedlung gefährdeter Gebiete verhindern und die Qualitätskriterien beim Schul- und Brückenbau festlegen sowie ihre Anwendung kontrollieren. Die Entscheidung zur Evakuierung liegt vielerorts bei den Bürgermeistern, die auch die Kommunikation mit dem nationalen Katastrophenschutz für den Notfall sicherstellen müssen.

In der Forschung ist es mittlerweile unumstritten, dass es zu einer **Naturkatastrophe** nur kommen kann, wenn Naturgefahren auf anfällige Gesellschaften treffen (Dikau und Weichselgartner 2005, BMZ 2004). Die Faktoren, aus denen sich diese Anfälligkeit

(**Vulnerabilität**) zusammensetzt, beziehen sich sowohl auf Schwächen, die nur von den staatlichen Strukturen behoben werden können (z. B. in der Baugesetzgebung), als auch auf Verhaltensweisen der Bürger und Privatwirtschaft (Abb. 20.1).

Die **Anfälligkeitsfaktoren** verdeutlichen die Notwendigkeit, für eine wirksame Katastrophenreduzierung staatliche Verantwortung mit Bürgerbeteiligung zu verbinden. Doch wie viel Staat und wie viel Bürgerbeteiligung ist jeweils nötig? Welche staatlichen Strukturen sollen welche Rolle spielen? Und wie kann die Bürgerbeteiligung aussehen? Gibt es Ideallösungen oder muss die Kombination für jedes Land neu ermittelt werden? Im folgenden Kapitel geht es zunächst um die staatliche Verantwortung und ihre Ausgestaltung. Anschließend werden Möglichkeiten und Grenzen der Bürgerbeteiligung aufgezeigt, bevor übergreifende Schlussfolgerungen für das Zusammenwirken gezogen werden.

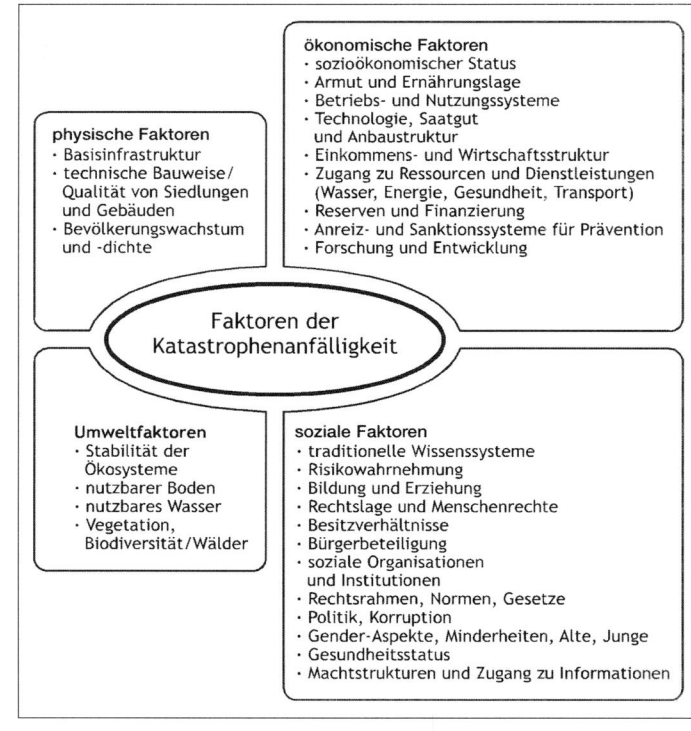

Abb. 20.1 Klassifizierung der Anfälligkeitsfaktoren (verändert nach Bundesministerium für wirtschaftliche Zusammenarbeit und Entwicklung (BMZ) 2004, S. 11).

20.1 Staatliche Verantwortung für Katastrophenvorsorge

»*Each country bears the primary responsibility for protecting its people, infrastructure, and other national assets from the impact of natural disasters*« (United Nations 1994, principle 10).

Der Schutz seiner Bürger ist eine Kernaufgabe des Staates. Dies gilt auch für den Schutz vor jenen Katastrophen, die gemeinhin als Naturkatastrophen bezeichnet werden. Nicht zuletzt aus diesem Grund ist das Katastrophenmanagement weltweit staatlich organisiert. Die Qualität des Katastrophenmanagements variiert dabei erheblich, ebenso die Organisationsform; traditionell häufig Teil militärischer Strukturen wird das **Katastrophenmanagement** zunehmend ziviler Verantwortung übergeben. Obwohl es sich in den meisten Ländern um eine stark zentralisierte Aufgabe handelt, werden verstärkt auch regionale und lokale Kapazitäten geschaffen, um im Notfall schneller Hilfe vor Ort leisten zu können. In föderal organisierten Ländern wie Deutschland oder der Schweiz steht dagegen auf der nationalen Ebene die Frage im Vordergrund, wie eine möglichst gute Abstimmung zwischen dezentralen Managementstrukturen erzielt werden kann. Auch hinsichtlich der **Bürgerbeteiligung** gibt es große Unterschiede. Vor allem die Einbindung ehrenamtlicher Helfer für den Notfall wird immer häufiger gewünscht und gefördert.

Die Zunahme von Naturkatastrophen, die erhöhte Aufmerksamkeit für das Leiden der Menschen besonders auch in Entwicklungsländern sowie die Erkenntnis, dass die gesellschaftliche Entwicklung mit Bevölkerungswachstum, Verstädterung und Übernutzung der natürlichen Ressourcen erheblich zu den Risiken und Katastrophen beitragen, haben Ende des letzten Jahrhunderts den Ruf nach mehr **Vorsorge als Ergänzung zum klassischen reaktiven Katastrophenmanagement** lauter werden lassen. Verstärkt wurde dieser Ruf durch die internationale Diskussion um eine nachhaltige Entwicklung: So haben die Regierungen zunächst 1992 in Rio de Janeiro (*World Conference for Sustainable Development*) und 1994 in Yokohama (*World Conference on Natural Disaster Reduction*) anerkannt, dass Naturkatastrophen die nachhaltige Entwicklung ihrer Länder unterbrechen und präventive Maßnahmen notwendig und möglich sind. In Yokohama wurde 1994 ein **Aktionsplan** zu verbesserter Katastrophenvorsorge für eine nachhaltige Entwicklung verabschiedet, der 2005 bei der Zweiten Weltkonferenz für Katastrophen-

reduzierung (*Second World Conference on Disaster Reduction*, WCDR) in Kobe, Japan, evaluiert und in einem neuen *Framework for Action* aktualisiert wurde. Dieser Aktionsplan beschreibt die Aufgaben der verschiedenen Akteure. Deutlich wird dabei, dass der Staat die Pflicht hat, die notwendige langfristige Perspektive für das Gemeinwohl zu berücksichtigen, die über kurzfristige Eigeninteressen (z. B. der Privatwirtschaft) hinausgeht. Katastrophenvorsorge als integralen Bestandteil einer nachhaltigen Entwicklung zu verankern, ist auch der Auftrag der VN-Strategie für Katastrophenreduzierung (*International Strategy for Disaster Reduction*, ISDR, www.unisdr.org), die im Jahr 2000 durch die Generalversammlung der Vereinten Nationen gegründet wurde. Mit der Gründung der Strategie und eines koordinierenden Sekretariats in Genf wurde die Notwendigkeit anerkannt, die Länder und Regierungen über die 1990er-Jahre hinaus (1990–1999 *International Decade for Natural Disaster Reduction*, IDNDR) dauerhaft bei der Verankerung von Katastrophenvorsorge zu unterstützen.

Während in vielen Industrieländern Elemente der Katastrophenvorsorge bereits historisch gewachsen sind (z. B. Hochwasserschutz im Rahmen von Flussmanagement und Umweltschutz, Frühwarnsysteme und Versicherungen am Rhein, erdbebensicheres Bauen in Kalifornien oder Hang- und Lawinenmonitoring in der Schweiz), ist der von Kofi Annan 1999 geforderte Paradigmenwechsel zu mehr Prävention („*Culture of Prevention*", Annan 1999) für die meisten Entwicklungsländer eine neue und ohne Hilfe kaum zu bewältigende Herausforderung. Er bedeutet die Auseinandersetzung mit neuen Konzepten, die Zusammenarbeit neuer Akteure sowie eine institutionelle Neuausrichtung. Verschiedene Länder haben, teilweise mit internationaler Unterstützung, unterschiedliche Wege beschritten: Sie sind noch lange nicht am Ziel einer effektiven Katastrophenvorsorge, ihre Erfahrungen erlauben jedoch erste Aussagen zu notwendigen und wirkungsvollen Ansätzen.

20.1.1 Handlungsfelder und institutionelle Konsequenzen der staatlichen Verantwortung

Handlungsfelder der Katastrophenvorsorge

Übernimmt der Staat aktiv die Verantwortung für eine effektive Katastrophenvorsorge als Beitrag zu einem möglichst guten Schutz seiner Bevölkerung

20

und einer nachhaltigen Entwicklung der Gesellschaft, dann bedeutet dies in einem ersten Schritt, die bestehenden **Risiken** ernst zu nehmen und zu erfassen. Dies erfordert die Untersuchung der Naturgefahren sowie die **Analyse der Anfälligkeitsfaktoren** (Abb. 20.1). Dabei müssen künftige Entwicklungen berücksichtigt werden (Siedlungstendenzen, Klimawandel etc.). Die staatlichen Entscheidungsträger müssen über verlässliche Informationen zum Risiko verfügen, um auf dieser Grundlage sinnvolle **Maßnahmen zur Katastrophenvorsorge** einleiten oder fördern zu können. Dies gilt für vorbeugende Ansätze ebenso wie für eine möglichst effektive Vorbereitung auf den Notfall. Unerlässlich ist ein gutes **Monitoringsystem**, um die Umsetzung und Wirksamkeit vereinbarter Maßnahmen überprüfen, Veränderungen im Risiko erkennen und die Aktivitäten anpassen zu können (Abb. 20.2).

Multisektorale Zusammenarbeit

Welche staatlichen Stellen übernehmen in der Konsequenz nationaler Regierungsverpflichtungen die praktische **Verantwortung für Katastrophenvorsorge**? Und wer setzt sie um? Maßnahmen der Katastrophenvorsorge sind nicht nur einem einzelnen Ministerium oder einer Behörde zuzuordnen. Gefragt ist ein multisektoraler Ansatz, der viele verschiedene Akteure und Kräfte bündelt: Forschungseinrichtungen und statistische Ämter werden für die Risikoerfassung benötigt; Raumplanungsbehörden müssen die Risiken bei der Siedlungsplanung berücksichtigen. Das Bauministerium erarbeitet Baunormen und kontrolliert ihre Anwendung, Umwelt- und Verkehrsministerium sowie die Wasserbehörden müssen bei ihren Aktivitäten positive und negative Folgen für die Erdrutsch-, Überschwem-

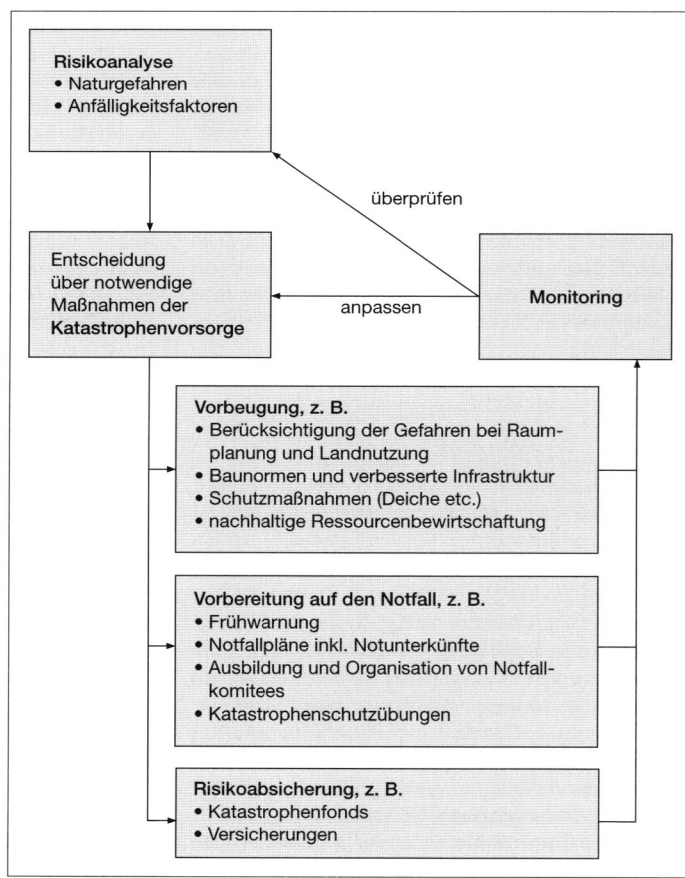

Abb. 20.2 Handlungsfelder der Katastrophenvorsorge.

20

mungs- oder Dürregefahr im Blick behalten. Naturrisiken müssen in Genehmigungs- und Finanzierungsverfahren für Infrastrukturmaßnahmen abgefragt und berücksichtigt werden. Über Schulen, Berufsausbildung und Universitäten können das Risikobewusstsein gefördert, das richtige Verhalten im Notfall eingeübt sowie Fachkenntnis vermittelt werden. Der Gesundheitssektor, die Polizei, das Militär und die Feuerwehr sind in der Regel bereits in die Katastrophenschutzstrukturen eingebunden. Wer tatsächlich in einem Land beteiligt werden muss und wird, hängt von den politisch-institutionellen Rahmenbedingungen (vor allem Ressortzuschnitt) ab sowie vom konkreten Risiko. Erdbeben erfordern andere Maßnahmen und Beteiligte als Dürren, Vulkanausbrüche andere als Wirbelstürme. Je vielfältiger die Risikosituation, desto komplexer werden die notwendigen institutionellen Strukturen. Für Länder wie Indonesien oder Regionen wie Zentralamerika, deren Bevölkerung einer Vielzahl von Naturgefahren ausgesetzt ist und die nicht über gewachsene Vorsorgestrukturen verfügen, ist dies besonders schwer.

Während Staaten wie die USA, Deutschland oder Frankreich sich bemühen, Prävention und Katastrophenmanagement durch Anpassung ihrer bestehenden Strukturen zu verbessern, gilt es für die meisten Entwicklungsländer, katastrophenpräventive Elemente erst neu in allen wichtigen Sektoren zu verankern und zugleich effektive Koordinationsstrukturen für diese Vielzahl von Akteuren zu schaffen. Fortgeschrittene Beispiele sind die Systeme in Kolumbien, Nicaragua und Bangladesch. In anderen Ländern, wie beispielsweise Mosambik und Indonesien (Kapitel 28), wird noch nach institutionellen Lösungen gesucht.

Es ist nicht pauschal zu beurteilen, ob es besser ist, für die Katastrophenvorsorge eine neue, sektorübergreifende Struktur zu schaffen, in der die verschiedenen Ministerien und Behörden zusammenwirken, oder ob es günstiger ist, den Aufgabenbereich einer bestehenden Institution (zumeist des Katastrophenmanagements) um die Koordinationsfunktion und Gesamtverantwortung zu erweitern. Beides birgt Vor- und Nachteile, die für das jeweilige Land abgewogen werden müssen. Ausschlaggebend sind dafür konzeptionelle Aspekte, das Niveau interinstitutioneller Rivalitäten bzw. Kooperationsbereitschaft im Rahmen eines neuen Aufgabenfelds sowie die mögliche Durchsetzungsfähigkeit des für das Gesamtsystem verantwortlichen Akteurs. Neu geschaffene übersektorale Strukturen können mit einem klaren konzeptionellen Auftrag entstehen und eine relativ neutrale Position zwischen den beteiligten Institutionen einnehmen. Von ihrer Durchsetzungskraft (d. h. vor allem ihren Entscheidungs- und Monitoringkompetenzen sowie den dafür notwendigen Ressourcen) hängt jedoch ab, ob sie eine wirksame Katastrophenvorsorge gestalten können oder ob sie zu einem „Papiertiger" verkommen. Auch wenn bestehende Behörden die Koordinationsfunktion für Katastrophenvorsorge erhalten, müssen sie mit der entscheidenden Durchsetzungskraft ausgestattet werden. Dies kann aufgrund der bestehenden Kapazitäten einfacher sein. Problematisch ist jedoch häufig die Kooperationsbereitschaft anderer Ministerien im Rahmen institutioneller Rivalitäten. Hinzu kommt, dass insbesondere dann, wenn das bisherige

---

Kasten 20.1

Institutionalisierung der Katastrophenvorsorge in Nicaragua und Peru

In Nicaragua wurde im Jahr 2000 das Nationale System für Katastrophenreduzierung (*Sistema Nacional para la Prevención, Mitigación y Atención a Desastres*, SNPMAD, heute SINAPRED, www.sinapred.gob.ni) als übergeordnete Einheit mit einem eigenen Exekutivsekretariat gegründet. Es wurde dem Präsidenten zugeordnet und soll die verschiedenen Ministerien und Institute im Sinne effektiver Katastrophenreduzierung koordinieren. Problematisch ist bis heute die mangelnde Durchsetzungskraft des Exekutivsekretariats aufgrund unzureichender Ressourcen und einem unkonkreten Mandat. Trotzdem hat der Mechanismus die Koordination und Qualität der Katastrophenvorsorgemaßnahmen im Land bereits verbessert (z. B. eine verbesserte Datengrundlage).

In Peru wurde das Mandat des Zivilschutzes (*Instituto Nacional de Defensa Civil*, INDECI) um Prävention und Mitigation erweitert. INDECI wurde die Koordination mit den anderen Akteuren der Katastrophenvorsorge im Rahmen eines nationalen Systems (SINADECI, www.indeci.gob.pe) übertragen. Der konzeptionelle Wandel und die neuen Anforderungen an INDECI wurden jedoch bislang nicht in die Praxis umgesetzt. Eine Abstimmung mit den anderen Ministerien und den einzelnen Sektoren findet kaum statt.

20

Katastrophenmanagement mit der Vorsorge betraut wird, das verantwortliche Personal den konzeptionellen Wandel noch lange nicht mitträgt.

Verschiedene Länder suchen unter dem Stichwort einer „nationalen Plattform" nach einem Mittelweg. Dieses Modell einer Plattform, in der alle wichtigen staatlichen, aber auch nicht staatlichen Akteure in **freiwilliger Kooperation die Katastrophenvorsorge** im Land verbessern, wird vom VN-Sekretariat der Internationalen Strategie für Katastrophenreduzierung unterstützt (ISDR 2005a). In Lateinamerika bestehen bereits solche Plattformen, beispielsweise in Kolumbien, Costa Rica und Ecuador. In Asien sind die nationalen Plattformen ein zentrales Thema des vom *Asian Disaster Preparedness Center* (ADPC) koordinierten regionalen Austausches zur Verankerung von Katastrophenreduzierung.

Dezentrale Strukturen

Eine weitere zentrale Herausforderung für die staatliche Katastrophenvorsorge stellt eine angemessene Verteilung von Verantwortung, Know-how und finanziellen Ressourcen sowie eine reibungslose Kommunikation zwischen den Entscheidungsträgern auf nationaler, regionaler und lokaler Ebene dar. Ziel ist es, im Rahmen der Vorbeugung auf konkrete lokale Risiken und Bedürfnisse eingehen sowie im Notfall schnell und gut die notwendige Hilfe leisten zu können. International wird deshalb immer wieder die Stärkung dezentraler Kapazitäten für die Katastrophenvorsorge gefordert (z. B. bei der *World Conference on Disaster Reduction*, WCDR, im Januar 2005). Wie Effektivität durch die Verknüpfung nationaler und dezentraler Akteure erreicht werden kann, hängt entscheidend von den politisch-institutionellen Rahmenbedingungen des Staatswesens ab, insbesondere vom Grad der Dezentralisierung und von der Verankerung demokratischer Strukturen.

In den meisten demokratischen Staaten mit etablierten Katastrophenvorsorgestrukturen sind die Kompetenzen und Kapazitäten zwischen den verschiedenen Ebenen aufgeteilt. Bei diesen Staaten steht die kontinuierliche Verbesserung des Systems im Vordergrund. So hat Deutschland nach der Elbeflut einerseits das dezentrale Hochwassermanagement (Hochwasserschutzgesetz von 2002, DKKV 2003) reformiert und andererseits im Jahr 2004 mit dem Bundesamt für Bevölkerungsschutz und Katastrophenhilfe (BBK) eine neue nationale Behörde geschaffen, um die Kooperation zwischen Bund und Ländern zu verbessern (www.bbk.bund.de).

Im Rahmen der Föderalismusdiskussion ist, nach den Überschwemmungen vom Frühjahr 2006, die Zuordnung von Kompetenzen zwischen Bund und Ländern erneut ein Thema. Auch in den USA wird nach Katrina über Verbesserungsvorschläge diskutiert und insbesondere den Naturgefahren wieder mehr Aufmerksamkeit zuteil. Als Schwachstellen der Systeme erweisen sich immer wieder Unklarheiten und Rivalitäten um die **Entscheidungskompetenz** im Notfall sowie mangelnde Effizienz in der Kommunikation. Außerdem fällt es den lokalen oder regionalen Entscheidungsträgern in föderalen Staaten häufig schwer, sich beispielsweise im Flussgebietsmanagement gegen das direkte Eigeninteresse (z. B. Besiedlung am Oberlauf) und zugunsten von Maßnahmen zum Wohle der Nachbarn (z. B. Überschwemmungsgebiet zum Schutz der Menschen am unteren Flusslauf) zu entscheiden.

Die Notwendigkeit dezentraler Vorsorgestrukturen zur Vermeidung von Katastrophen wird immer wieder angezweifelt. Zum einen wird auf die auch in Ländern mit weit entwickeltem Katastrophenmanagement immer wieder zu beobachtenden Schwierigkeiten hingewiesen, zum anderen auf diesbezügliche Erfolge im zentralistisch organisierten Kuba. Diese liegen jedoch vor allem im **Katastrophenschutz** und werden durch das straffe Gesellschaftssystem erleichtert. Letzteres entspricht nicht den politischen Rahmenbedingungen in den meisten von Naturgefahren bedrohten Ländern. Die meisten Länder Lateinamerikas, Afrikas, Asiens und auch Mittel- und Osteuropas, die sich um eine verbesserte Katastrophenvorsorge bemühen müssen, verfügen zunehmend über demokratisch legitimierte dezentrale Strukturen (Regional-, Distriktoder Gemeindeverwaltungen) mit eigenem Budget und Entscheidungsspielraum z. B. für die Raumplanung, für Investitionen in öffentliche Infrastruktur oder für Evakuierungen im Notfall. Wenn in diesen Staaten das **Katastrophenmanagement** verbessert und Vorsorge eingeführt wird, reichen zentralistische Ansätze nicht aus. Insbesondere die Gemeinde- (oder Distrikt-)Verwaltungen müssen eingebunden werden. Kuba stellt durchaus ein Vorbild hinsichtlich seines effizienten Rettungswesens und der gut vorbereiteten Bevölkerung dar. Dies ist jedoch kein Argument für eine grundsätzliche Zentralisierung der Katastrophenvorsorge. Der Fall Nordkorea zeigt, dass Zentralismus keine Garantie für gute Katastrophenvorsorge ist.

Viele Entwicklungsländer haben dem Bedarf stärkerer dezentraler Strukturen folgend den lokalen Regierungen mittlerweile gesetzlich Kompetenzen in der Vorsorge und im Management von

Naturkatastrophen zugeteilt. Problematisch bleibt in den meisten Fällen jedoch, dass den lokalen Strukturen damit zwar **Verantwortung** übertragen wird, ihnen aber die fachlichen Kapazitäten sowie die personellen und finanziellen **Ressourcen** fehlen, um Katastrophenvorsorge konsequent in ihre Arbeit einzubinden und von den gesellschaftlichen Akteuren einzufordern. Deshalb können sie in der Regel ihrer gesetzlich übertragenen Verantwortung nicht gerecht werden. Auch eine effiziente **Kommunikation** und **Koordination** zwischen den Ebenen ist in der Praxis nicht existent.

Die internationale Gemeinschaft setzt in vielen Ländern an diesem Punkt an: Sie unterstützt die lokalen Akteure dabei, die notwendigen Fähigkeiten zu stärken und ihre personellen und finanziellen Spielräume zu nutzen bzw. zu erweitern. Die Kommunikation zwischen den Ebenen wird standardisiert und eingeübt.

Aus den Erfahrungen der letzten Jahre können dabei folgende grundlegende Erkenntnisse abgeleitet werden: Die dezentrale Verteilung von Kompetenzen für die Katastrophenvorsorge sollte an die grundsätzlich bestehenden Entscheidungsprozesse

Kasten 20.2

Dezentralisierung der Katastrophenvorsorge in Mosambik

Seit 15 Jahren befindet sich Mosambik in einem Dezentralisierungsprozess, in dessen Rahmen im Jahr 2003 – nach den schweren Fluten von 2001 – den lokalen Distriktregierungen die Verantwortung für Prävention und Katastrophenmanagement übertragen wurde. Sie können diesen Aufgaben aber mangels Kapazitäten und Ressourcen nicht gerecht werden, den meisten fehlt eine grundlegende Vorstellung, was und wie etwas zur Vorsorge getan werden kann. Es gibt Projekte verschiedener nationaler und internationaler Organisationen, die Katastrophenvorsorge in gefährdeten Distrikten einführen. Dank des grundsätzlich hohen Interesses am Thema in Mosambik können diese Erfahrungen (z. B. unterstützt von BMZ/GTZ und Münchner Rück-Stiftung im Búzi-Distrikt in der Provinz Sofala) gut verbreitet werden. Mindestens genauso wichtig sind die aktuellen deutschen Bemühungen, die lokalen Vorsorgekapazitäten im Rahmen des Mosambikanischen Programms zur dezentralen Planung und Finanzierung in allen bedrohten Distrikten einzuführen. Die Erfahrungen im Búzi-Distrikt, in dem Katastrophenvorsorge mit der Förderung einer Distriktentwicklungsplanung verknüpft wurde, haben gezeigt, dass lokale Katastrophenvorsorge nicht nur funktionierender dezentraler Strukturen bedarf, sondern dass sie umgekehrt auch ein geeignetes Thema ist, um dezentrale Planungs- und Kommunikationsmechanismen einzuüben.

Abb. 20.3 Die ländliche Bevölkerung Mosambiks ist häufig zugleich dürre- und überschwemmungsgefährdet (Foto: Christina Bollin).

20

angelehnt sein bzw. sich einfügen (z. B. als Kriterium in Genehmigungsverfahren für öffentliche Investitionen). Entscheidend ist, dass sich die nationalen und dezentralen Kompetenzen anhand der jeweiligen Stärken und im Sinne größter Effizienz ergänzen. So notwendig beispielsweise ein schlagkräftiges nationales Katastrophenmanagement für große Katastrophen wie den Tsunami im Indischen Ozean oder das Erdbeben in Pakistan ist, ebenso dringend sind gut vorbereitete Strukturen auf der lokalen Ebene, die als erste reagieren und mit den kleineren Notsituationen vor Ort allein zurechtkommen müssen. Für Raum- und Finanzplanungsverfahren müssen nationale Vorgaben Hand in Hand mit lokaler Entscheidungshoheit für die Umsetzung gehen. Bei der Dezentralisierung von Kompetenzen darf darüber hinaus nicht vernachlässigt werden, den lokalen Strukturen auch die für die Wahrnehmung ihrer Aufgaben notwendigen Kapazitäten und Ressourcen zur Verfügung zu stellen.

Good governance

Internationale Beratung erhalten insbesondere Entwicklungsländer nicht nur bei der Stärkung ihrer **lokalen Kapazitäten** für die Katastrophenvorsorge, sondern auch bei der Gestaltung ihrer **nationalen Systeme zur Katastrophenreduzierung**. Mit dieser nationalen Strategie, die oft durch ein nationales Gesetz untermauert wird, wird eine **Klärung der staatlichen Verantwortung für Katastrophenreduzierung im Sinne einer nachhaltigen Entwicklung** verfolgt. Denn trotz der Bekenntnisse zur Katastrophenvorsorge, die von vielen Regierungen international geleistet werden, beschränken sich die Aktivitäten nach wie vor in erster Linie auf Nothilfe im Katastrophenfall, also rein auf reaktive Maßnahmen. Die Gründe liegen einerseits in der vergleichsweise schlechten Sichtbarkeit von Vorsorgemaßnahmen, während geleistete Nothilfe dankbar wahrgenommen und mit dem Geber assoziiert wird. Andererseits ist bei Naturgefahren selten klar prognostizierbar, wann und inwieweit sich Vorsorgeinvestitionen lohnen werden. Angesichts einer Vielzahl von anderen wichtigen Bedürfnissen ist Katastrophenreduzierung für politische Entscheidungsträger häufig nachrangig. Im Sinne einer Guten Regierungsführung, die den nachhaltigen Schutz ihrer Bürger vor Naturkatastrophen ernsthaft verfolgt, muss diese Verantwortung inhaltlich klar bestimmt und institutionell zugeordnet werden. Ob für die multisektorale oder die dezentrale Kooperation, entscheidend ist in diesem Kontext eine **eindeutige und transparente**

Zuweisung von Funktionen und Verantwortungen für jeden beteiligten Akteur. Nur so können Rivalitäten im Zaum gehalten und Lücken vermieden werden. Auf dieser Basis kann das System im Laufe der Zeit aktualisiert und verbessert werden. Entscheidend für die Wirksamkeit sind dabei neben der klaren Rollenverteilung auch die anderen Prinzipien von *good governance*, vor allem Transparenz und Rechenschaftspflicht, Rechtstaatlichkeit, Partizipation und Gleichheit. Gute Regierungsführung ist damit eine Grundvoraussetzung für effektive Katastrophenvorsorge (UNDP 2004).

20.1.2 Bürgerbeteiligung im Interesse des Staates

Welche Rolle spielt nun die Bürgerbeteiligung im Rahmen dieser Verantwortung des Staates für die Katastrophenvorsorge? Aus staatlicher Sicht lassen sich drei Gründe für das aktive Einbinden der Menschen in die Katastrophenvorsorge nennen: **Effektivität, Entlastung** und **Qualitätssicherung**.

Streben die Verantwortlichen eine größtmögliche Wirksamkeit der Katastrophenvorsorge einschließlich des Katastrophenmanagements an, so sind sie auf die Mitwirkung der Gesellschaft angewiesen. Das Know-how von Forschungseinrichtungen, Firmen und Privatpersonen ist wichtig für die Risikoerkennung und die Entwicklung von Standards und Methoden zur Risikoreduzierung. Die ehrenamtliche Mitarbeit sowohl in lokalen Gestaltungsprozessen (Bürgerinitiativen, Parteien, Engagement z. B. im Umweltschutz) als auch im Notfall (als ausgebildete oder spontane Helfer) erweitert die staatlichen Kapazitäten erheblich. Bürgerbeteiligung ist unter Effektivitätsgesichtspunkten daher eine Notwendigkeit aus Sicht des Staates.

Darüber hinaus kann die staatliche Verantwortung zum Schutz der Bürger vor Naturgefahren immer nur eingeschränkt sein, wenn das Schutzversprechen realistisch und finanzierbar bleiben soll. Jeder Bürger muss auch **Eigenverantwortung** übernehmen und das Risiko für sich selbst kennen und reduzieren. In Deutschland und vielen anderen reichen Länder dreht sich diese Diskussion um die Versicherungspflicht von Haushalten. In Entwicklungsländern mit weniger verankerter Katastrophenvorsorge wird z. B. nach Anreizen gesucht, um auch arme Menschen von der Anwendung einfacher erdbebensicherer Bauweisen beim Hausbau zu überzeugen. Und es wird die Notwendigkeit diskutiert, beispielsweise bei der privaten Erschließung von

Siedlungsgebiet in Hanglagen eigenverantwortlich auf die erhöhte Hangrutschgefahr zu reagieren. **Die Möglichkeiten des Staates in der Katastrophenvorsorge sind begrenzt.** Die Eigenverantwortung der Bürger ist eine notwendige Ergänzung und zudem ein Vorsorgeelement, wenn dadurch Anreize zur Vermeidung neuer Risiken entstehen.

Schließlich ist Bürgerbeteiligung im Rahmen von Guter Regierungsführung auch ein Instrument der **Qualitätssicherung** durch das Einbringen von Anregungen und Kritik. Gerade in Ländern, in denen demokratische Regeln noch jung oder nur oberflächlich verankert sind, wird jedoch eine breite Mitwirkung und öffentliche Kritik als unerwünschte Kontrolle empfunden und daher eher gemieden als gefördert. Besonders dort, wo Prävention und Katastrophenmanagement ineffektiv und Korruption (vor allem im Bausektor) allgegenwärtig ist, stehen einem offiziell bekundeten Interesse an breiter Partizipation in der Praxis unzugängliche Strukturen gegenüber. Hinzu kommen besonders in Ländern mit großen armen Bevölkerungsteilen die Unwissenheit der Bevölkerung und ihre Unerfahrenheit, sich in übergeordnete gesellschaftliche Prozesse einzubringen.

20.2 Möglichkeiten und Grenzen der Bürgerbeteiligung

Die Bürgerbeteiligung wird sowohl von den meisten Regierungen als auch von Fachleuten der Katastrophenvorsorge aus Wissenschaft und Praxis als Notwendigkeit dargestellt. Wer sind aber diese Bürger, die sich beteiligen sollen? Was halten sie selbst davon und auf welchem Wege können und sollen sie sich einbringen? Drei Gruppen können unterschieden werden:
(1) die katastrophenanfällige Bevölkerung und ehrenamtlichen Mitarbeiter auf der lokalen Ebene,
(2) Privatwirtschaft und Medien sowie
(3) Nichtregierungsorganisationen und wissenschaftliche Einrichtungen.

20.2.1 Anfällige Bevölkerung und ehrenamtliche Helfer

Die Selbsthilfemöglichkeiten der betroffenen Bevölkerung und die Unterstützung durch ehrenamtliche Helfer im Notfall stehen hinsichtlich der Bürgerbeteiligung im Zentrum der Aufmerksamkeit, da ihre Rolle bei konkreten Katastrophen oder Notsituationen besonders augenfällig ist. Hier ist jedoch zu unterscheiden zwischen den Selbsthilfekapazitäten im Notfall und der Mitwirkung an Vorsorgemaßnahmen. Dort, wo staatliche Kräfte geschult und vor Ort sind, können Bevölkerung und Helfer in Notsituationen schnell in Hilfsmaßnahmen integriert werden. Idealerweise sind sie durch Erfahrungen beim Roten Kreuz oder in der Freiwilligen Feuerwehr oder dank Katastrophenschutzübungen auf solche Situationen vorbereitet. Ansonsten ist es wichtig, die freiwilligen Helfer schnell in Hilfeleistungen nach Bedarf einzubinden, um das Potenzial zu nutzen und mögliche Behinderungen zu vermeiden. Letztere werden immer wieder von professionellen Helfern beklagt, insbesondere wenn Freiwillige extra aus anderen Orten anreisen und mehr Betreuungsaufwand verursachen als tatsächliche Hilfe leisten. Staatliche Strukturen sollten deshalb für Notfälle immer auch Ansprechpartner benennen, die das freiwillige Engagement vor Ort möglichst wirkungsvoll koordinieren. In vielen Entwicklungsländern ist sich die betroffene Bevölkerung im Notfall jedoch oft lange selbst überlassen bis professionelle Hilfe kommt, vor allem in den ländlichen Regionen. Selbst wenn es lokale Katastrophenschutzkomitees gibt, sind diese von der Situation schnell überfordert und auf das Engagement Freiwilliger angewiesen. Der bereits oben erwähnte Ansatz, die lokalen Kapazitäten zu stärken, bezieht deshalb hier auch die gefährdete Bevölkerung und ehrenamtliche Mitarbeiter ein. Die inhaltlichen Schwerpunkte liegen in der Stärkung des Risikobewusstseins, der Vorbereitung auf den Notfall (z. B. Mitwirkung an oder Interpretation von Frühwarnung, Evakuierung, Erste Hilfe, Schadenserfassung) sowie der Organisationsfähigkeit.

Genauso wichtig wie die flexible Mithilfe der Menschen für und im Notfall ist ihre langfristige Unterstützung bei der Risikoreduzierung. Ob bei der Wahl des Wohnortes, beim Häuserbau oder als aufmerksame Beobachter von Infrastruktur- oder Umweltentwicklungen, sollten sich die Menschen idealerweise möglicher Risiken bewusst sein, für sich Vorsorgemaßnahmen treffen (z. B. sicherere Bauweise, Versicherung) und gegebenenfalls auf gesellschaftliche Prozesse einwirken (über Bürgerinitiativen etc.). Die Rahmenbedingungen und praktischen Möglichkeiten für diese Bürgerbeteiligung unterscheiden sich von Land zu Land erheblich, wenn man z. B. einen Rhein-Anwohner mit Versicherungsoption und Frühwarninformationen mit einem ebenfalls überschwemmungsgefährde-

20

Kasten 20.3

Stärkung lokaler Katastrophenvorsorge-Kapazitäten in Honduras

An der häufig von Wirbelstürmen und Überschwemmungen betroffenen Karibikküste von Honduras hat die deutsche Bundesregierung über die GTZ seit 1999 lokale Katastrophenvorsorgekapazitäten gestärkt (Projekt PROMAMUCA). Heute gibt es ein funktionierendes Frühwarnsystem (PROMSAT) für Dörfer des Departements Atlántida und die Katastrophenvorsorge ist Teil der Entwicklungsplanung der im Gemeindeverband MAMUCA zusammengeschlossenen Orte. Dafür findet eine enge Zusammenarbeit mit dem nationalen Katastrophenschutz (COPECO) und seinen dezentralen Komitees auf Gemeinde- (CODEM) und lokaler Ebene (CODEL) statt, außerdem mit anderen staatlichen Institutionen und der Bevölkerung (Abb. 20.4, Kasten 20.4).

Kasten 20.4

Akteure und ihre jeweiligen Beiträge zum Frühwarnsystem in Honduras

COPECO: stellt Radiofrequenz bereit, bildet Katastrophengruppen aus, unterhält vier regionale Vertretungen, von denen eine in La Ceiba im Norden von Honduras angesiedelt ist
MAMUCA: bildet die Plattform für Koordination, Organisation, Aus-/Fortbildung, Inbetriebnahme des SAT
Bürgermeister: unterstützen Initiativen und geben politischen Rückhalt, promovieren Ziele des Zweckverbands zur Akquisition finanzieller und technischer Unterstützung
CODEM/PROMSAT: werten technische Daten und Wetterprognosen regelmäßig aus, trainieren lokale Gruppen und führen dauerhaft Katastrophenmanagement durch
CODEL: führen Wasserstandsmessungen durch, organisieren die Dorfgemeinschaft
Mitarbeiter der Gemeindeverwaltungen: bereiten Aus- und Fortbildungsveranstaltungen vor u. a.
Angesehene Persönlichkeiten (*líderes comunitarios*): stellen ihre lokalen Kenntnisse hinsichtlich Katastrophenanfälligkeit zur Verfügung und koordinieren lokale Aktivitäten
Dorfgemeinschaften: tragen mit ihrer Arbeitskraft zu Maßnahmen bei und unterhalten das Frühwarnsystem (GTZ 2005a, S. 14).

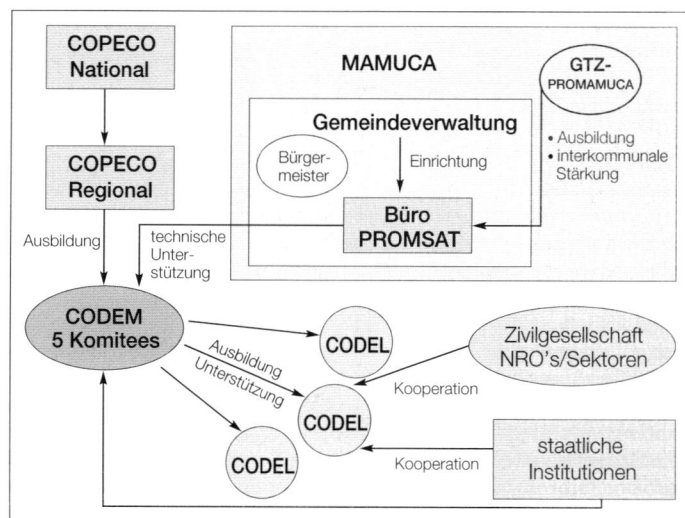

Abb. 20.4 Stärkung lokaler Kooperationsstrukturen am Beispiel Honduras (GTZ 2005a, S. 15).

ten Bauern am Rio Grande in Bolivien vergleicht. Nichtsdestotrotz besteht überall der Bedarf, den Menschen ihr Risiko bewusst zu machen und mit ihnen individuelle oder gemeinschaftliche Vorsorgemaßnahmen zu bestimmen und umzusetzen. Wichtig ist die Mitwirkung der Bevölkerung an der Identifizierung der konkreten Gefährdungen und lokalen Anfälligkeitsfaktoren. Dies gilt in besonderem Maße für jene Kontexte, in denen die Informationsgrundlage für die Risikoanalyse fehlt oder unzureichend ist. Relativ einfach sind die Menschen für die Mitwirkung an lokalen Frühwarnsystemen für Überschwemmungen zu gewinnen, insbesondere wenn diese häufig auftreten. Bei diesen Systemen sind die positiven Folgen der eigenen Aktivitäten (z. B. das Messen von Niederschlag oder Pegelständen) direkt nachvollziehbar und die Mitwirkun-

gen häufig auch mit sozialem Prestige (vor allem Übertragung von Verantwortung) oder praktischen Vorteilen (Kommunikation über Funksprechgerät) verbunden. Deutlich schwieriger ist es, die Menschen besonders in armen Ländern für langfristig wirkende Investitionen zu gewinnen. Dies gilt für die Verbesserung des privaten Häuserbaus in erdbebengefährdeten Gebieten ebenso wie für Siedlungsentscheidungen z. B. in Hanglagen oder an Vulkanen. wenn das Auftreten von Hangrutschungen oder Vulkanausbrüchen als weit entfernt oder unwahrscheinlich eingestuft wird.

Gerade in Entwicklungsländern steht die Katastrophenvorsorge häufig nicht ganz oben auf der Prioritätenliste der armen Bevölkerung und ihrer Verwaltungen. Um ihre Bereitschaft zur Mitarbeit zu erhöhen, ist es notwendig, ihr den konkreten

Kasten 20.5

Eigenverantwortliche Bauvorsorge in Arequipa/Peru

Im Juni 2001 wurde der Süden Perus, vor allem die Stadt und das Departement Arequipa, von einem Erdbeben erschüttert, das über 25 000 Lehmhäuser der armen Bergbevölkerung und öffentliche Gebäude zerstörte und weitere 40 000 Gebäude beschädigte (Abb. 20.5). Im Zuge des Wiederaufbaus wurden Häuser mit einfachen Methoden der Erdbebensicherung verstärkt, in der Hoffnung, dass sich diese kostengünstigen Praktiken durch eine Sensibilisierung der Bevölkerung und eine entsprechende Ausbildung der Handwerker und interessierter Bürger verbreiten würde. Für die arme Bevölkerung sind aber bereits geringe Zusatzkos-

ten, wie für eine bessere Deckenverankerung, ein entscheidender Hinderungsgrund, die präventiven Techniken anzuwenden. Der verbesserte Schutz gegenüber Naturereignissen hat für die Bevölkerung nur eine geringe Bedeutung. Stattdessen investieren sie ihre wenigen Mittel eher in produktive Maßnahmen, wie z. B. den Ankauf von Saatgut. Die deutsche Entwicklungszusammenarbeit sucht deshalb jetzt – zusammen mit ihren peruanischen Partnern – nach weiteren Anreizen zur Übernahme der entwickelten Methoden und forciert eine breite Kenntnisvermittlung und Sensibilisierung der Bevölkerung und Gemeinden.

Abb. 20.5 Bei dem Erdbeben 2001 im Süden Perus zerstörte Lehmhäuser (Foto: GTZ – Deutsche Gesellschaft für Technische Zusammenarbeit GmbH, Eschborn).

20

Nutzen deutlich zu machen sowie klare Handlungsoptionen und gegebenenfalls Strukturen aufzuzeigen. Hilfreich ist dafür die Einbindung anerkannter traditioneller oder religiöser Führungspersönlichkeiten sowie die Nutzung lokaler Medien (vor allem kommunale Radiosender). Vielerorts haben auch in Entwicklungsländern in den letzten Jahren engagierte Bürger die fehlenden Ressourcen und Kenntnisse der anfälligen Bevölkerung nach Katastrophen zum Anlass genommen, sich selbst in Nichtregierungsorganisationen oder in der lokalen Politik in deren Sinne einzubringen. Besonders gut zu beobachten war dies in Zentralamerika nach den Verwüstungen durch den Wirbelsturm Mitch im Jahr 1998. Aus einigen dieser Freiwilligen sind später Bürgermeister geworden (z. B. in San Juan de Limay, Nicaragua), eine Reihe von Nichtregierungsorganisationen haben mittlerweile breite Erfahrungen mit lokalen Katastrophenvorsorgeinitiativen. Gerade in ländlichen Regionen lässt sich beobachten, dass Lehrer Verantwortung übernehmen.

Die Grenzen der Beteiligung von gefährdeter Bevölkerung und freiwilligen Helfern liegen auf verschiedenen Ebenen: Erstens fehlt häufig das Risikobewusstsein, besonders bei selten und unregelmäßig auftretenden Naturereignissen. Bewusstseinsbildung muss in diesen Fällen dauerhaft institutionalisiert sein (z. B. über die Schulen) und kann doch nur begrenzt motivieren. In diesen Fällen spielen staatliche Normen (vor allem in der Raumplanung und im Bauwesen) und finanzielle Anreize (z. B. Reduzierung der Versicherungsprämien) eine noch wichtigere Rolle als an Orten, an denen die Gefahren durch häufige Wiederkehr in den Köpfen verankert sind. Zweitens begrenzen fehlende finanzielle Ressourcen die Möglichkeit vor allem armer Menschen, Eigenverantwortung zu übernehmen und sich selbst vor den Folgen von Naturereignissen zu schützen. **Armut** ist ein wesentlicher Faktor der Katastrophenanfälligkeit, wenn Menschen aus finanziellen Gründen z. B. in gefährdete Gebiete ziehen, ohne entsprechende Vorsorge treffen zu können. Sie nehmen aus finanziellen Gründen ein höheres Risiko in Kauf. Um hier die Übernahme von mehr Eigenverantwortung zu fördern, bedarf es wiederum neben Normen auch finanzieller Anreize oder Unterstützung. Eine weitere Grenze der Bürgerbeteiligung ist ihre begrenzte Verlässlichkeit und Eignung. Hierzu muss im konkreten Fall abgewogen werden, wie viel Bürgerbeteiligung sinnvoll ist. So muss sich beispielsweise eine durch ein Frühwarnsystem geschützte überschwemmungsgefährdete Bevölkerung auf die Qualität der Messdaten zu Niederschlägen und Pegelständen sowie deren Auswertung verlas-

sen. Von der Deutschen Gesellschaft für Technische Zusammenarbeit (GTZ) im Auftrag der deutschen Bundesregierung, der Europäischen Union und der Münchner Rück-Stiftung eingeführte Frühwarnsysteme in Zentralamerika, Peru und Mosambik, machen die unterschiedlichen Konsequenzen deutlich: In Zentralamerika wurden mangels übergreifender Systeme lokal eigenständige Frühwarnsysteme an kleinen Flussläufen eingerichtet. Sie werden von den Gemeindeverwaltungen und freiwilligen Bürgern mit Einfachtechnologie selbst gesteuert. Die Verlässlichkeit und Qualität wird eigenständig kontrolliert und durch ein enges soziales Gefüge ermöglicht. Durch die häufige Wiederkehr der Überschwemmungen wird das Interesse an einem funktionierenden System aufrechterhalten. Das Einzugsgebiet des Buzi-Flusses in Zentralmosambik ist deutlich größer, ein direkter sozialer Zusammenhalt zwischen denen, die am Oberlauf den Niederschlag messen und der gefährdeten Bevölkerung flussabwärts besteht hier nicht. Zwar existiert ein nationales Frühwarnsystem, das jedoch so fehlerhaft ist, dass es für den Buzi-Fluss die Mithilfe der Freiwilligen für die Niederschlagsmessung benötigt. Die Wasserstandspegel werden von der regionalen Wasserbehörde gemessen. Das Meteorologische Institut vergleicht die von den Bürgern gemessenen Niederschlagsmengen regelmäßig mit nationalen Daten, um die Qualität zu kontrollieren und bildet die Freiwilligen aus. Darüber hinaus ist geplant, diese ehrenamtlichen Mitarbeiter durch eine engere Einbindung in die Gemeindestrukturen der vier beteiligten Distrikte verstärkt zu motivieren. Im Norden von Peru schließlich wurde auf Bürgerbeteiligung bei der Erfassung von Niederschlägen und Wasserständen ganz verzichtet: Aufgrund der Größe des Flusseinzugsgebiets und der Genauigkeit und Geschwindigkeit, in der die Daten zum Schutz der Stadt Piura notwendig sind, wurde ein rein automatisches System am gleichnamigen Fluss installiert. Hierbei muss der erhöhte Kostenaufwand für die Wartung des Systems berücksichtigt werden, der aber für Perus drittgrößte Stadt tragbar ist.

20.2.2 Privatwirtschaft und Medien

Die Privatwirtschaft kann ein hohes **Eigeninteresse** an aktiver Mitarbeit an der Katastrophenvorsorge haben, wenn sie sich der Risiken durch Naturgefahren für das eigene Unternehmen bewusst ist. Deshalb beteiligen sich weltweit ortsansässige Firmen an konkreten Vorsorge- oder Schutzmaßnahmen.

Das Engagement der Privatwirtschaft ist jedoch sehr begrenzt, wenn die Kosten den eigenen konkreten wirtschaftlichen Nutzen übersteigen. Denn die positiven Wirkungen von Katastrophenvorsorge sind – im Gegensatz zu anderen sozialen Aktivitäten z. B. im Gesundheits- oder Bildungswesen – deutlich weniger kalkulierbar und sichtbar. Katastrophenvorsorge lässt sich deshalb nicht gut vermarkten. Anders ist dies im Falle eingetretener Naturkatastrophen, wenn auch die Privatwirtschaft durch Geld- und Sachspenden zur Linderung der Not beiträgt.

Die Medien haben eine doppelte Funktion. Einerseits können über sie Informationen schnell an die breite Öffentlichkeit gebracht werden: allgemeine Sensibilisierung für Naturgefahren und Risiken, Prognosen und Warnungen vor anstehenden Ereignissen (vor allem für klimatische Phänomene wie Wirbelstürme, aber auch bei Vulkanaktivitäten wie jüngst am Merapi in Indonesien). Schließlich können sie bei der Informationsvermittlung im Notfall (Evakuierung, Hilfsangebote etc.) hilfreich sein (Kapitel 17). Zeitungen, Fernsehen und Radio können sich je nach Verbreitung und Zugang ergänzen. In ländlichen Gegenden sind in vielen Entwicklungsländern die lokalen Radiostationen von großer Bedeutung, die Informationen in lokalen Sprachen vermitteln.

Die Medien haben andererseits auch die Funktion, Transparenz über Prozesse und Entscheidungen herzustellen. Sie können in der Öffentlichkeit Bewusstsein für die Entstehung neuer Risiken schaffen, z. B. beim Bebauen natürlicher Überschwemmungsgebiete, und Mängel in der Qualität und Effektivität von Vorsorge- und Nothilfemaßnahmen bekannt machen. Bei den Journalisten und vielen Medien besteht grundsätzlich großes Interesse an beiden Funktionen, die sie rund um Naturkatastrophen wahrnehmen können. Deshalb gibt es mittlerweile eine Reihe von Programmen, Journalisten dahingehend auszubilden. In vielen Ländern wird bereits mit Medien, vor allem Radiosendern, zusammengearbeitet.

20.2.3 Nichtregierungs- organisationen und wissen- schaftliche Einrichtungen

Äußerst wertvoll kann die Einbeziehung von Nichtregierungsorganisationen sein, um das Know-how und die Erfahrungen der staatlichen Strukturen auf lokaler und nationaler Ebene erheblich zu erweitern. Sie verfügen häufig über gute Kontakte sowie einen vertrauensvollen Zugang zur Bevölkerung und können ein breites Wissensspektrum in die politischen und administrativen Prozesse einbringen. Studenten, Forschungs- und Lehrpersonal wiederum können Risikoanalysen erstellen oder durch andere Untersuchungen die Entscheidungsgrundlagen verbessern.

Wenn der Staat diesen Akteuren die Möglichkeit zur Beteiligung eröffnet und ihre Beiträge ernst nimmt, besteht hier in der Regel eine große Bereitschaft zu einer Zusammenarbeit, die für alle hilfreich sein kann. Diese Offenheit seitens der staatlichen Akteure fehlt leider häufig, insbesondere in Ländern, in denen partizipative und demokratische Methoden noch nicht das gesellschaftliche Leben prägen.

20.3 Schlussfolgerungen

Die Bürger haben viele Möglichkeiten, ihr eigenes Risiko und das ihres Umfelds eigenverantwortlich zu reduzieren. Es gibt viele gute Beispiele dafür. Dieses Potenzial enthebt aber den Staat nicht seiner Verantwortung, für den Schutz seiner Bürger zu sorgen und die Entwicklung nachhaltig zu gestalten. Dafür ist Katastrophenvorsorge notwendig. Staatliche Übernahme von Verantwortung ist *conditio sine qua non*, wenn eine effektive und dauerhafte Katastrophenreduzierung erreicht werden soll.

Die Ausgestaltung dieser staatlichen Verantwortung kann erheblich variieren. Entscheidend ist ein gesamtstaatliches Konzept, in dem die vielfältigen Aufgaben für Vorsorge und Katastrophenmanagement auf einem klaren konzeptionellen und institutionellen Gerüst stehen und die Rollen möglichst wirkungsvoll zwischen den Akteuren der verschiedenen Sektoren und Ebenen verteilt sind. Die Beteiligung der Bürger ist notwendiger Bestandteil einer effektiven Katastrophenvorsorge und erlaubt dem Staat, eine Teilverantwortung und einzelne Aufgaben abzugeben. Die Grundlage für eine funktionierende Kooperation ist ein gemeinsames Risikoverständnis und eine transparente Rollenklärung: Wie viel Risiko trägt der Einzelne? Wie weit kann ihn der Staat schützen? Wie viel Vorsorge liegt in staatlicher Verantwortung? Und wie kann der Bürger mitwirken?

Es gibt verschiedene Möglichkeiten, die Bürger in die Risikoreduzierung und ins Katastrophenmanagement einzubeziehen. Dabei muss jedoch zwischen verschiedenen Akteuren mit ihren Stärken und Schwächen unterschieden werden. Die Art und

20

das Ausmaß der Bürgerbeteiligung hängen vom konkreten Risiko ab, aber auch von den gesellschaftlichen Rahmenbedingungen (z. B. allgemeine Partizipation und Eigenverantwortung) und den politischen Grundsatzentscheidungen (z. B. Dezentralisierung). In diesem Rahmen sollte sich die Gestaltung und Förderung von Bürgerbeteiligung an folgenden Kriterien orientieren:

- Ausrichtung der Aufgabenverteilung in der Katastrophenvorsorge an der größtmöglichen Wirksamkeit für die Risikoreduzierung der Bevölkerung.
- Nutzung der vorhandenen Kapazitäten der verschiedenen Akteure, Vermeidung von Überforderungen vor allem auf der lokalen Ebene.
- Förderung und institutionelle Absicherung von Eigenverantwortung und Engagement aller gesellschaftlichen Akteure (regelmäßige Katastrophenschutzübungen und andere Sensibilisierungsmaßnahmen gegen das Vergessen, dauerhafte Anreize und Kontrolle für konsequente Prävention).

Abschließend muss betont werden, dass sich das Katastrophenrisiko einer exakten Prognose entzieht und sich immer wieder verändert. Dies betrifft einerseits die Naturgefahren, die sich z. B. durch den Klimawandel oder geologische Großereignisse modifizieren. Andererseits unterliegen aber auch die gesellschaftlichen, politisch-institutionellen und personellen Gegebenheiten Veränderungen, die Anpassungen in der Katastrophenvorsorge erfordern. Die Wahrnehmung der staatlichen Verantwortung in diesem Bereich und ebenso die Formen der Bürgerbeteiligung müssen deshalb immer wieder überdacht und bei Bedarf umgestaltet werden. Extreme Naturereignisse bieten immer wieder Anlässe für Reformen. Wünschenswert wäre jedoch eine selbstverständliche regelmäßige Überprüfung der Qualität der Katastrophenvorsorge. Diese liegt zuerst in staatlicher Verantwortung.

erkennen Regierungen auch ihre Verantwortung für effektive Katastrophenvorsorge an. Die Umsetzung erfordert das Zusammenwirken vieler staatlicher Stellen verschiedener Sektoren und Ebenen. Entwicklungsländer erhalten Unterstützung der internationalen Gemeinschaft bei der Etablierung einer multisektoralen Zusammenarbeit und beim Aufbau dezentraler Strukturen. Doch effektives Katastrophenmanagement und nachhaltige Vorsorge bedürfen auch der Beteiligung der Bevölkerung. Für die Bürgerbeteiligung sind vier Aspekte entscheidend: Die Selbsthilfe im Notfall, die Übernahme von Eigenverantwortung im Rahmen der Vorsorge, die ehrenamtliche Mitarbeit an der öffentlichen Planung und Umsetzung von Vorsorgemaßnahmen sowie die Herstellung einer kritischen Öffentlichkeit. Die Möglichkeiten der Mitwirkung variieren zwischen den Akteuren. Voraussetzungen für eine breite Beteiligung sind ein in der Bevölkerung verbreitetes Risikobewusstsein, Partizipation fördernde politische und institutionelle Rahmenbedingungen sowie die notwendigen finanziellen und personellen Kapazitäten. Der Staat und die internationale Gemeinschaft können diese Voraussetzungen verbessern und somit zu einer dauerhaften Reduzierung des Katastrophenrisikos beitragen.

> **Schlüsselsätze**
> - Im Interesse effektiver Schadenverminderung sollen Katastrophen nicht nur reaktiv bewältigt werden. Vielmehr bedarf es der pro-aktiven Vorsorge.
> - Die Anfälligkeitsfaktoren gegenüber Naturgefahren sind vielfältig, ebenso aber auch das Spektrum möglicher Maßnahmen zur Verminderung der Katastrophenanfälligkeit.
> - Effektive Katastrophenvorsorge bedarf gleichermaßen staatlicher Strukturen wie der Beteiligung der Bevölkerung.

Zusammenfassung

Nicht nur seitens der Vereinten Nationen ist in den letzten Jahren für eine „Kultur der Vorsorge" gegenüber Naturgefahren plädiert worden, für einen Umgang mit sogenannten Naturkatastrophen, der lange vor dem Eintritt von extremen Naturereignissen und reaktiver Nothilfe ansetzt. Der Schutz seiner Bürger vor Naturkatastrophen ist eine Kernaufgabe des Staates und zunehmend

Literatur

Annan K (1999) Facing the Humanitarian Challenge. Towards a Culture of Prevention. Report on Work of Organization. United Nations, New York

BMZ (2004) Katastrophenvorsorge – Beiträge der deutschen Entwicklungszusammenarbeit. Materialien Nr. 135, Bundesministerium für wirtschaftliche Zusammenarbeit und Entwicklung, Bonn

Dikau R, Weichselgartner J (2005) Der unruhige Planet. Der Mensch und die Naturgewalten. Wissenschaftliche Buchgesellschaft, Darmstadt

DKKV (2003) Hochwasservorsorge in Deutschland. Lernen aus der Katastrophe 2002 im Elbegebiet, Schriftenreihe des DKKV 29, Bonn

GTZ (2005a) Honduras. Gemeindeorientierte Katastrophenvorsorge und interkommunale Zusammenarbeit. Praktische Erfahrungen des Gemeindezweckverbands MAMUCA. Gesellschaft für Technische Zusammenarbeit, Eschborn

GTZ (2005b) Mozambique. Disaster Risk Management along the Rio Búzi. Case Study on the Background, Concept and Implementation of Disater Risk Management in the Context of the GTZ-Programme for Rural Development (PRODER). Gesellschaft für Technische Zusammenarbeit, Eschborn

ISDR (2005) Know Risk. Tudor Rose, Geneva

ISDR (2005a) Guiding Principles: National Platforms for Disaster Reduction. http://www.unisdr.org/eng/country-inform/ci-guiding-princip.htm

UNDP (2004) Reducing Disaster Risk. A challenge for development. A global report. United Nations Development Programme, New York

United Nations (1994) Yokohama Message. In: World Conference on Natural Disaster Reduction, Yokohama Strategy and Plan of Action for a Safer World, UN-IDNDR

20

Internetadressen

www.indeci.gob.pe – *Instituto Nacional de Defensa Civil*, INDECI, Peru

www.sinapred.gob.ni – *Sistema Nacional para la Prevención, Mitigación y Atención a Desastres*, SINAPRED, Nicaragua

www.unisdr.org – *International Strategy for Disaster Reduction* der Vereinten Nationen (ISDR)

21 Vor- oder Nachsorge? Ökonomische Perspektiven

Paul A. Raschky und Hannelore Weck-Hannemann

Äquivalenzprinzip • Effizienz • externe Effekte • Gemeinlastprinzip • integrales Naturgefahren- bzw. Risikomanagement • öffentliche Güter • Risikotransfer • Schutzmaßnahmen • Wirtschaftswachstum

Naturkatastrophen sind auch gleichzeitig Sozialkatastrophen, indem sie die Gesellschaft als Ganzes betreffen. Die Gesellschaft ist in vielfacher Hinsicht durch Elementarereignisse gefährdet: Die Bedrohung reicht von Schäden an materiellen Gütern, wie Häusern, Infrastruktur und Maschinen, hin zu immateriellen Gütern, wie Menschenleben und öffentlicher Ordnung. Ein nachhaltiger Umgang mit Naturgefahren verlangt eine Abkehr von bisher reaktiven Strategien hin zu der Adaption eines integralen Risikomanagements. Angesichts beschränkter öffentlicher Mittel kann der langfristige Schutz vor Naturgefahren nur unter Berücksichtigung ökonomischer Effizienz gewährleistet werden.

Grundsätzlich sollte eine integrale Maßnahmenplanung im Naturgefahrenmanagement umfassend erfolgen, d. h. es sind alle möglichen Maßnahmen in die Betrachtung einzubeziehen. Die alternativen Sicherheitsmaßnahmen sind umfassend zu beurteilen und sollten in ein Gesamtkonzept eingebettet sein, eine nachhaltige Entwicklung ist als übergeordneter Rahmen zu berücksichtigen (PLANAT 2003). Integrales Risikomanagement erfordert insofern, die alternativen Maßnahmen der Vor- und Nachsorge im Naturgefahrenmanagement vergleichend und umfassend zu beurteilen.

Ziel des Beitrags ist es, die ökonomische Perspektive herauszuarbeiten und die Anreizwirkung verschiedener Instrumente im Naturgefahrenmanagement zu betonen. Dabei sollen zunächst einige grundsätzliche Merkmale ökonomischer Perspektiven bezogen auf die Problematik von Vor- und/oder Nachsorge dargelegt werden. Daran anschließend werden verschiedene im Naturgefahrenmanagement anwendbare Instrumente vorgestellt. Die verwendeten Beispiele beziehen sich in erster Linie auf Lawinen, auch wenn die angesprochenen Grundprinzipien auch auf andere Prozesse übertragbar sind.

21.1 Grundzüge der ökonomischen Sichtweise von Vorsorge und Nachsorge

Im Zentrum der ökonomischen Perspektive stehen grundsätzlich der Mensch und sein Handeln. Das Handeln wird einerseits durch seine Präferenzen und andererseits durch den zur Verfügung stehenden Handlungsraum bestimmt (Frey 1990). Diese Restriktionen werden wiederum durch institutionelle Rahmenbedingungen festgelegt und können je nach deren Ausgestaltung variieren. In Ergänzung zur traditionellen, vorwiegend ingenieur- und naturwissenschaftlich ausgeprägten Sichtweise des **integralen Risikomanagements** liegt der Schwerpunkt der ökonomischen Perspektive auf der Analyse der **Anreizeffekte**, die von verschiedenen Maßnahmen auf das individuelle Verhalten aus-

21

gehen. Außerdem steht die **gesellschaftliche Bewertung** unterschiedlicher Schutzmaßnahmen und die Abwägung zwischen den mit ihrer Realisierung verbundenen Kosten und Nutzen aus gesellschaftlicher Sicht im Vordergrund einer ökonomischen Betrachtung (**Effizienz** und **akzeptables Risiko**, Weck-Hannemann 2006).

Maßnahmen der Vor- und Nachsorge lassen sich insofern unterscheiden, als die ersteren vorbeugend zum Schutz vor Naturgefahren beitragen, sei es entweder in der Weise, dass es durch entsprechende technologische oder biologische Maßnahmen erst gar nicht zu einer Gefahrensituation kommt (Lawinenverbauung und Schutzwald), oder dass die mit einem Gefahrenprozess verbundenen Schäden gemildert oder vermieden werden (organisatorische und raumplanerische Maßnahmen). Im Unterschied zur **Vorsorge** wird bei der **Nachsorge** mit im Schadensfall ansetzenden Ausgleichsmechanismen die Last im Nachhinein umverteilt (Versicherungsgemeinschaft) oder mit Steuermitteln (**Gemeinlastprinzip** eines Katastrophenfonds) aufzufangen gesucht. Diese im **Naturgefahrenmanagement** naheliegende Einteilung der Maßnahmen ist in Abbildung 21.1 (links) grafisch veranschaulicht.

Nachsorge im Naturgefahrenmanagement sucht die Lasten *ex post* auszugleichen und hat insofern kaum Anreizwirkungen auf das menschliche Handeln. Institutionelle Vorkehrungen, welche den nachträglichen Ausgleich von Schäden regeln, mögen unter **Gerechtigkeits-** und **Bedürftigkeitsüberlegungen** notwendig sein. Unter **Effizienzgesichtspunkten** sind hingegen vor allem die Anreizeffekte von Interesse, welche *ex ante* von unterschiedlichen Maßnahmen bezüglich der Vorsorge und **Vermeidung** entsprechender Schäden ausgehen. Im Gegensatz zu einem nach dem Gemeinlastprinzip

finanzierten Katastrophenfonds haben Versicherungslösungen sowohl *ex post* Ausgleichswirkungen als auch *ex ante* Anreizwirkungen zur Vermeidung von Risiken. Aus ökonomischer Sicht werden solche Instrumente, welche sich auf eine vorsorgliche Abwägung von Risiken auswirken, als vorteilhafter angesehen, da sie *ex ante* Anreize für einen risikobasierten Umgang mit Naturgefahren setzen und in weiterer Folge die Bereitstellung der gewünschten Menge an „Schutz gegen Naturgefahren" eher garantieren können. Sie tragen damit unmittelbar zu einer effizienten Verteilung der knappen Mittel für Schutzgüter und damit zu einem gesamtgesellschaftlichen Optimum im Naturgefahrenmanagement bei. Diesem Aspekt ist in Abbildung 21.1 (rechts) Rechnung getragen.

Neben der Unterteilung nach Vorsorge- und Nachsorgemaßnahmen und nach Effizienz- und Gerechtigkeitskriterien (Anreizwirkung versus Lastenausgleich) ist aus ökonomischer Sicht außerdem die Beziehung zwischen verschiedenen Maßnahmen von Interesse: Sofern eine Maßnahme eine andere zu ersetzen vermag, liegt eine **substitutive Beziehung** vor. Technische Maßnahmen (z. B. Stahlschneebrücken) können zumindest teilweise als Substitut von planerischen Maßnahmen (z. B. Bauverbot im Einzugsbereich der Lawine) gesehen werden. Umgekehrt liegt eine **komplementäre Beziehung** vor, wenn Maßnahmen andere ergänzen. Eine risikobezogene Prämiengestaltung bei Elementarschadenversicherungen bedarf einer vorherigen Erstellung von Gefahrenkarten. Insofern handelt es sich hierbei um eine Komplementarität. Allerdings sei hierzu angemerkt, dass es sich bei den unterschiedlichen Schutzmaßnahmen selten um perfekte Substitute oder perfekte Komplemente handelt. Inwiefern Risikotransfermaßnahmen und Schutzmaßnahmen, die

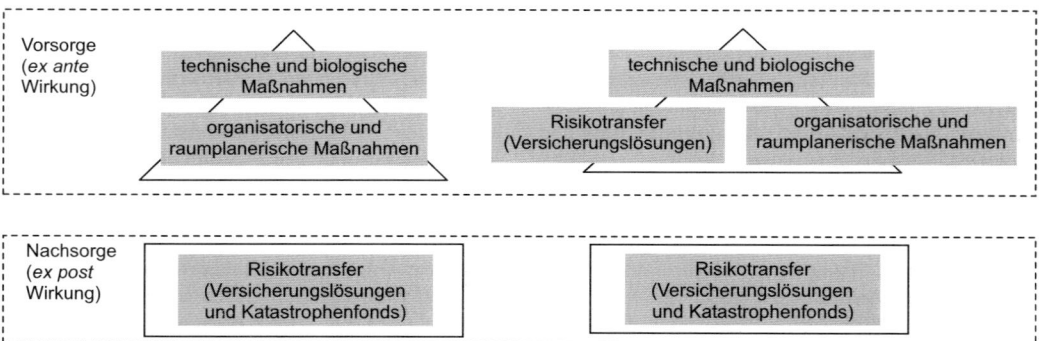

Abb. 21.1 Herkömmliche Einteilung der Schutzmaßnahmen (links) und Einteilung der Schutzmaßnahmen aus ökonomischer Sicht (rechts).

entweder die Eintrittswahrscheinlichkeit oder das Schadensausmaß reduzieren, Komplementär- und Substitutseigenschaften aufweisen, wird von Ehrlich und Becker (1972) in einer formalen Analyse ausführlich diskutiert (Kasten 21.1).

Allgemein lassen sich Schutzmaßnahmen auch nach den Kriterien der **Ausschließbarkeit** und der **Rivalität im Konsum** unterscheiden. Sofern Ausschließbarkeit gegeben ist, können andere Individuen von der Nutzung eines Gutes ausgeschlossen werden. Außerdem „rivalisiert" der Konsum bei all jenen Gütern, bei denen die Nutzung durch ein Individuum die Möglichkeiten des Konsums durch andere einschränkt oder gar verunmöglicht. Einige Schutzmaßnahmen weisen diese Merkmale **privater Güter** auf, wie z. B. spezielle Versiegelungen bei Fenstern von Privathäusern oder Lawinen-Verschütteten-Suchgeräte (LVS). Bei anderen Schutzmaßnahmen, wie z. B. wasserbauliche Maßnahmen für eine gesamte Region oder ein weltweites Tsunami-Vorwarnsystem, können einzelne Individuen nicht oder nur unter sehr hohen Kosten von der Nutzung ausgeschlossen werden. Außerdem besteht keine Rivalität im Konsum, d. h. die Schutzleistung wird nicht gemindert, indem andere auch einen Nutzen daraus ziehen. Diese Charakteristika eines sogenannten **öffentlichen Gutes** (Nicht-Rivalität im Konsum und Nicht-Ausschließbarkeit von der Nutzung) führen jedoch dazu, dass die Schutzleistung auch in Anspruch genommen werden kann, ohne dass ein entsprechender Beitrag zu deren Bereitstellung geleistet wurde. Aufgrund des entsprechenden Anreizes, sich als Trittbrettfahrer zu verhalten, muss damit gerechnet werden, dass die Schutzleistung über das dezentrale Koordinationssystem des Marktes nur in unzureichender Menge oder gar nicht bereitgestellt wird. Im Gegensatz zur Bereitstellung von privaten Gütern ist bei öffentlichen Gütern damit zu rechnen, dass der Markt versagt. Wenn aber dieses dezentrale, auf Freiwilligkeit beruhende System des Marktmechanismus die notwendige Koordination der Interessen nicht gewährleistet, bedarf es einer zentral herbeigeführten Koordination. Aus diesem Grund kann das **Trittbrettfahrerproblem** als normative Grundlage für einen **Staatseingriff** in vielen Bereichen des Naturgefahrenmanagements sowie als Erklärung für staatliches Handeln in diesem Bereich gesehen werden (Kasten 21.2 und Blankart 2006, zur Begründung von **Marktversagen**).

Naturgefahrenmanagement wird gemeinhin als **Staatsaufgabe** angesehen. Beispielsweise fällt die Erstellung von **Gefahrenplänen** im Bereich Hochwasser, Lawinen und Steinschlag in vielen Ländern in den Aufgabenbereich einer staatlichen Behörde.

Kasten 21.1

Substitute und Komplemente

Zwei Güter stellen perfekte Substitute dar, wenn sie ohne Nutzenentgang untereinander in einem konstanten Verhältnis getauscht werden können. Als Beispiel lassen sich grüne und blaue Bleistifte anführen, die perfekte Substitute sind, sofern ein Individuum bezüglich der Farben indifferent ist. Im Gegensatz dazu werden Güter als perfekte Komplemente bezeichnet, wenn sie in einem konstanten Verhältnis gemeinsam konsumiert werden. Ein Paar Schier und Schischuhe sind etwa ein Beispiel für perfekte Komplemente (Varian 2004).

Kasten 21.2

Marktversagen und externe Effekte

Nach einer allgemeinen Definition bestehen externe Effekte, wenn das Handeln eines Akteurs die Nutzen bzw. Kosten eines anderen Akteurs (oder mehrerer Akteure) beeinflusst, ohne dass dies abgegolten wird. Dieser physische Zusammenhang zwischen den Nutzen- und Kostenfunktionen der unterschiedlichen Akteure wird nicht oder nur sehr unvollständig durch Marktbeziehungen (über Preise) reflektiert. Neben den privaten oder internen Kosten der Produktion eines Gutes (z. B. Lohn- und Materialkosten bei der Produktion einer Tonne Stahl) ergeben sich externe Kosten (z. B. Emissionen und Abwasser) oder sogenannte soziale Zusatzkosten. Umgekehrt können bei der Produktion bestimmter Güter (z. B. Land- und Forstwirtschaft) auch externe Nutzen oder positive externe Effekte (z. B. Pflege des Landschaftsbildes oder Schutzwirkung) generiert werden, die über den Markt nicht abgegolten werden. Das Preissystem führt infolgedessen bei Vorliegen externer Kosten zu einer zu hohen und bei Vorliegen externer Nutzen zu einer zu geringen Bereitstellung dieser Güter (Varian 2004). Weitere ökonomische Erklärungen, weshalb der Markt versagt und Staatseingriffe gerechtfertigt sind, werden ausführlich von Fritsch et al. (2005) behandelt.

Außerdem werden **bauliche Schutzmaßnahmen**, der Erhalt von Schutzwäldern, organisatorische Maßnahmen und der **Schadensausgleich** im Rahmen von Katastrophenfonds von staatlicher Seite subventioniert. Aus ökonomischer Sicht sind staatlich unterstützte Vor- und Nachsorgemaßnahmen jeweils mit Marktversagen wie etwa bei Vorliegen externer Effekte und dem Trittbrettfahrerproblem bei öffentlichen Gütern zu begründen. Im Folgenden sollen diese Maßnahmen der Vor- und Nachsorge bei Risiken im Naturgefahrenbereich aus dem Blickwinkel der ökonomischen Theorie näher beleuchtet werden.

21.2 Wirtschaftspolitische Instrumente im Naturgefahrenmanagement

Für das Naturgefahrenmanagement lassen sich die unterschiedlichen **wirtschaftspolitischen Instrumente** in Anlehnung an die Einteilung umweltpolitischer Instrumente (Frey et al. 1993) in folgende Kategorien unterteilen: freiwillige Schutzmaßnahmen, ordnungsrechtliche Instrumente und anreizorientierte Instrumente. Diese Instrumente sind Teil des institutionellen Rahmens, in dem der Mensch handelt und seine Entscheidungen im Umgang mit Naturgefahren trifft. Im Hinblick auf die Effizienz der verschiedenen Maßnahmen sind entsprechend der ökonomischen Theorie vor allem die Anreizwirkungen auf das menschliche Verhalten relevant.

21.2.1 Freiwillige Schutzmaßnahmen

Ziel dieses Instruments ist es, das Verhalten der potenziell Betroffenen zu verändern, um die freiwillige Handlungsbereitschaft hinsichtlich des Umgangs mit Naturgefahren zu erhöhen. Grundsätzlich lassen sich zwei Arten freiwilliger Schutzmaßnahmen unterscheiden: Maßnahmen zur Beeinflussung des Problembewusstseins und Verhandlungslösungen auf freiwilliger Basis.

Erhöhtes Problembewusstsein durch Beeinflussung der individuellen Präferenzen

Hier versuchen der Staat, Verbände, Vereine (z. B. Alpenverein) oder Unternehmen (z. B. Versicherungswirtschaft) durch Information und Aufklä-

rung die Risikowahrnehmung und die Risikoakzeptanz innerhalb der Bevölkerung zu verbessern.

- **Gefahrenkarten**: Eines der Mittel zur Erhöhung der Risikowahrnehmung sind Gefahrenkarten, welche potenziell gefährdete Gebiete kartographisch ausweisen. Hierbei ist jedoch klar zu unterscheiden zwischen einerseits Gefahrenkarten (z. B. Gefahrenzonenpläne), die den reinen Charakter eines Gutachtens haben, und andererseits raumplanerischen Maßnahmen (z. B. Bauverbote oder Baugenehmigung nur unter bestimmten Auflagen in ausgewiesenen Gefahrenzonen), die auf den Gefahrenkarten basieren und zusätzlich rechtliche Verbindlichkeit haben (ordnungsrechtliche Instrumente).
- **Frühwarnsysteme**: Eine weitere Maßnahme zur Erhöhung der Risikowahrnehmung sind Frühwarnsysteme jeglicher Art, wie z. B. Sirenen und Feueralarmanlagen, Lawinenlageberichte und Tsunami-Frühwarnsysteme. Auch hier ist abzugrenzen zwischen Hinweisen und Warnungen, die reinen Informationscharakter besitzen und auf Freiwilligkeit beruhen und jenen Maßnahmen, welche entweder rechtlich verbindlich in ihrer Bereitstellung (z. B. Informationspflicht) oder in den Auswirkungen (verbindliche Einhaltung von Anweisungen) sind.
- **Schulungen und Lehrgänge**: Dieses Instrument dient vornehmlich der Förderung des Risikobewusstseins, also dem richtigen Verarbeiten der Informationen über ein Risiko und der Schaffung von Risikoakzeptanz. Beispiele sind Schulungen für behördliche Einsatzleiter, Katastrophenschutzübungen oder Seminare über das richtige Verhalten im alpinen Gelände für Skitourengeher.

Diese „weichen" Methoden des Naturgefahrenmanagements sind wichtige Komponenten, um insbesondere bei potenziell Betroffenen, aber auch allgemein in der Gesellschaft eine **Risikokultur** zu schaffen. Risikobewusstsein ist notwendig, damit Gefahren erkannt und potenziellen Schäden vorgebeugt werden kann. Es ist jedoch noch keine hinreichende Bedingung, dass die Individuen tatsächlich risikobewusstes Verhalten an den Tag legen. Insbesondere wenn Schutzmaßnahmen den Charakter öffentlicher Güter aufweisen, ist ein freiwilliger Beitrag in ausreichender Höhe nicht unbedingt zu erwarten. Dieser Vorbehalt wird durch Erkenntnisse aus der Sozialpsychologie und der experimentellen Wirtschaftsforschung bestärkt, die nahe legen, dass Menschen bei Risiken mit einer relativ geringen Eintrittswahrscheinlichkeit, aber hohen potenziellen Schäden Anomalien bei ihren Entscheidungen aufweisen (Kahnemann et al. 1982, Kunreuther 2000). Dies beinhaltet, dass es in bestimmten Fällen zu Überreaktionen beim Schutzverhalten kommen kann (z. B. unmittelbar nach Katastrophenereignissen – *availability bias*), oder die Informationen haben trotz richtiger Verarbeitung keinen oder nur einen geringen Einfluss auf das Schutzverhalten (z. B. Selbstüberschätzung – *„it won't happen to me"*).

Verhandlungslösungen

Sofern die Anzahl der Betroffenen gering ist und diese in direkten Verhandlungen eine Lösung angehen können, besteht durchaus die Möglichkeit, dass es bei Schutzmaßnahmen mit den Merkmalen eines öffentlichen Gutes zu einer freiwilligen Einigung zwischen Kostenträgern und Nutznießern kommt, ohne dass sich die Individuen als Trittbrettfahrer verhalten. Zwei Dörfer, eines am Oberlauf, das andere stromabwärts, könnten sich auf die Durchführung von gemeinsamen wasserbaulichen Maßnahmen einigen. Der Besitzer eines Waldes könnte für die Pflege des Waldes, durch welchen ein angrenzendes Dorf vor Lawinen und Muren geschützt wird, durch die Dorfbewohner abgegolten werden. Diese Arten von Verhandlungslösungen beruhen auf dem **Coase-Theorem** (Coase 1960), welches besagt, dass unter bestimmten Annahmen mithilfe von Verhandlungslösungen effiziente Ergebnisse erzielbar sind. Je größer jedoch die Anzahl der Beteiligten, desto höher sind die Verhandlungs- und Einigungskosten und desto geringer ist die Chance, dass das Schutzprojekt zustande kommt. In der Praxis sind freiwillige Einigungen aufgrund von Verhandlungslösungen daher vorwiegend auf Situationen beschränkt, in denen es sich um kleine Gruppen von Betroffenen handelt (z. B. Berg- und Skitouren) oder wenn Reziprozität vorherrscht.

Aus ökonomischer Sicht sind die Möglichkeiten, mithilfe freiwilliger Maßnahmen ein wirkungsvolles Risikomanagement im Naturgefahrenbereich zu erzielen, beschränkt. Information und Aufklärung führen nur eingeschränkt zu **Verhaltensänderungen** im Umgang mit Naturgefahren, und Verhandlungslösungen kommen nur in Situationen zur Anwendung, in denen die Gruppen der betroffenen Nutznießer und Kostenträger vergleichsweise klein sind oder die Transaktionskosten von Verhandlungen über einen hohen Organisationsgrad der Interessen überwunden werden können.

21.2.2 Ordnungsrechtliche Instrumente

Staatliche **Zwangsmaßnahmen** zur Bereitstellung von Schutz vor Naturgefahren sind die am häufigsten verwendeten Instrumente im Naturgefahrenmanagement. Staatliche Ver- und Gebote und Auflagen sowie Zwangselemente bei der Finanzierung von Maßnahmen sollen die Bereitstellung der unterschiedlichen Schutzmaßnahmen – Informationsoffenlegung, technisch-biologische Maßnahmen, organisatorisch-planerische Maßnahmen und Risikotransfer – gewährleisten. Ordnungsrechtliche Instrumente beruhen weitgehend auf der Vorstellung, dass die Kosten für Schutz vor Naturgefahren nach dem Gemeinlastprinzip zu tragen sind. Die Argumentation ist, dass Verursacher von Elementarschäden einzig die „Natur" ist, die für Schäden allerdings nicht belangt werden kann, und deshalb die Bereitstellung von Präventivmaßnahmen Aufgabe der Allgemeinheit ist.

Gesetzliche Maßnahmen zur Offenlegung von Information

Staatliche Eingriffe können durch verpflichtende Maßnahmen, die den individuellen Informationsstand erhöhen, direkt bei der **Risikowahrnehmung** der Marktteilnehmer ansetzen und die Preisverzerrungen durch Marktversagen verringern. Ein Beispiel dafür sind Gesetze, die zur Offenlegung von Informationen über die Schadenswahrscheinlichkeit einer Liegenschaft verpflichten. In empirischen Studien für Kalifornien wurde untersucht, wie sich Gesetze zur Offenlegung des Erdbebenrisikos (Brookshire et al. 1985) und des Überschwemmungsrisikos (Troy und Romm 2004) auf Immobilienpreise auswirken. Beide Studien zeigen, dass sich vor Einführung der Gesetze die Preisdifferenziale zwischen Immobilien innerhalb von Erdbebenzonen oder potenziellen Überflutungsgebieten und jenen außerhalb dieser Gebiete nicht signifikant voneinander unterscheiden. Nach Einführung der entsprechenden Gesetze wurden Liegenschaften in gefährdeten Gebieten signifikant geringer bewertet. Solche Maßnahmen führen dazu, dass der Markt in bestimmten Bereichen verbesserte Preissignale aussendet und dadurch die Risikowahrnehmung erhöht. Diese Erhöhung führt aber nicht notwendigerweise dazu, dass sich Individuen letztendlich risikobewusst verhalten, da die günstigen Immobilienpreise in gefährdeten Gebieten wiederum Anreize bieten, sich dort anzusiedeln.

21

Technisch-biologische Maßnahmen

Die Erstellung technischer Maßnahmen (z. B. wasserbauliche Maßnahmen, Lawinen- und Steinschlagverbauungen) und der Erhalt von biologischen Maßnahmen (z. B. Schutzwald) zielen primär darauf ab, die Eintrittswahrscheinlichkeit (z. B. Verbauungen im Anrissgebiet einer Lawine) von Naturgefahrenereignissen zu reduzieren und damit das Risiko für mögliche Schäden zu verringern. Der Bau und Erhalt technischer Schutzmaßnahmen wird in vielen Ländern aus allgemeinen Steuern finanziert oder zumindest subventioniert. Grundsätzlich ließe sich die **Subventionierung** von Schutzmaßnahmen mit dem ökonomischen Prinzip der Internalisierung positiver externer Effekte rechtfertigen. Die staatlichen Beihilfesätze sind jedoch weitgehend einheitlich gestaltet und entsprechen somit kaum dem tatsächlichen Nutzen, den die Schutzmaßnahme bei den Nutznießern auf lokaler oder nationaler Ebene bewirkt. Außerdem werden die Kosten nach dem **Gemeinlastprinzip** verteilt, sodass die Last nicht allein bei den Nutznießern dieser Maßnahme, sondern bei der Allgemeinheit liegt.

Organisatorisch-planerische Maßnahmen

Während planerische Maßnahmen vor allem dazu dienen, die Akkumulation von immobilen Gütern (z. B. Siedlungen, Produktionsstätten, Infrastruktur) zu verhindern bzw. zu reduzieren, haben organisatorische Maßnahmen primär Schutzwirkung für mobile Güter (z. B. Autos) und Menschenleben. In beiden Fällen kann der Staat durch die Ausübung seiner Hoheitsrechte und des Gewaltmonopols die Bereitstellung von Schutzmaßnahmen und schadenminderndes Verhalten erzwingen. Organisatorische Maßnahmen versuchen vor allem kurzfristig auf **aktuelle Gefahrensituationen** zu reagieren und das Schadenspotenzial zu verringern. Typische Maßnahmen sind temporäre **Straßensperren** oder **Evakuierungen**, die bei Nicht-Einhaltung rechtliche Konsequenzen haben können oder zwangsmäßig durchgeführt werden. Im Gegensatz zu dem kurzfristigen und reaktiven Charakter organisatorischer Maßnahmen haben planerische Maßnahmen einen **präventiven** und mittel- bis langfristigen Charakter. In Österreich werden als Grundlage für raumplanerische Maßnahmen zum Schutz vor alpinen Naturgefahren durch den Forsttechnischen Dienst für Wildbach- und Lawinenverbauung (WLV) **Gefahrenzonenpläne** erstellt. Diese Gefahrenzonenpläne

haben den Charakter von Experten-Gutachten, die in die Raumplanung einfließen, welche ihrerseits unmittelbare Rechtswirkung und somit ordnungsrechtlichen Charakter hat. Anhand der Raumplanung können für gefährdete Gebiete **Bauverbote** erlassen oder bestimmte Auflagen für die Errichtung neuer Gebäude vorgeschrieben werden. Neben der Raumplanung kann als weitere organisatorische Maßnahme die **Absiedlung**, welche mit einem sehr starken Eingriff in die individuellen Freiheiten der Bürger verbunden ist, angeführt werden.

Staatliche Zwangsmaßnahmen im Risikotransfer

Ziel von Risikotransfermaßnahmen ist es, das Risiko des Einzelnen auf eine **Risikogemeinschaft** zu verteilen. Im Gegensatz zu anderen Bereichen der Eigentumsversicherung besteht im Bereich der **Elementarschadenversicherung** eine Tendenz des Marktversagens. Die Gründe für dieses Marktversagen sind vielfältig und sind sowohl auf der Angebots- als auch auf der Nachfrageseite des Marktes zu finden. Eine der grundlegenden Erklärungen für das Versagen von Versicherungsmärkten ist auf die asymmetrische Verteilung von Informationen und auf die damit verbundenen Probleme der **adversen Selektion** und des **moralischen Risikos** zurückzuführen (Kasten 21.3).

Die regulierenden Eingriffe des Staates im Bereich des gesellschaftlichen Risikotransfers zielen vor allem darauf ab, das Problem der adversen Selektion durch Zwangsmaßnahmen zu beheben und die Risikogemeinschaft, aufgrund des Solidaritätsprinzips, zu vergrößern. Eine mögliche Form des Staatseingriffs bildet die obligatorische Versicherung gegen Naturgefahren mit einheitlichen Prämien. Eine zweite Form des Risikotransfers sind **staatliche Katastrophenfonds**, deren Ziel es ist, finanzielle Ressourcen für die Opfer von Naturkatastrophen bereitzustellen. Katastrophenfonds und **Versicherungspflicht** mit einheitlichen Prämien haben gemeinsam, dass die Abgabensätze keinen konkreten Bezug zum spezifischen Risiko aufweisen.

Eine staatliche Mindestsicherung in Form eines teilweisen finanziellen Schadensausgleichs bei Naturkatastrophen wird in vielen Ländern entweder durch einen institutionalisierten Katastrophenfonds (z. B. in Belgien, Österreich) oder als *Ad-hoc*-Hilfe nach größeren Katastrophen (z. B. in Deutschland Hochwasser 2002, USA Hurrikan Katrina 2005) bereitgestellt. Aus verteilungspolitischen Gründen sind solche staatlichen *ex post* Hil-

Kasten 21.3

Adverse Selektion und moralisches Risiko in Versicherungsmärkten

Sind die Informationen zwischen Versicherungsnehmer und Versicherungsgeber ungleich verteilt, kann dies in weiterer Folge zu adverser Selektion *(adverse selection)* führen. Der Versicherungsgeber hat vor Vertragsabschluss oft keine exakten Informationen über das Risiko des Versicherungsnehmers, und die Versicherungsnehmer haben ihrerseits keinen Anreiz, genaue Auskunft über die Exponiertheit ihres Grundstücks oder die potenzielle Schadenshöhe zu geben. Das Phänomen der adversen Selektion führt dazu, dass vor allem „schlechte" Risiken einen Anreiz bieten, sich zu versichern, während sich dies für „gute" Risiken – angesichts der bei unvollkommener Information kalkulierten Durchschnittsprämien – nicht lohnt. Für die Versicherungsfirmen ist es damit nicht mehr rentabel, diese Risiken zu versichern und sie werden entsprechende Verträge nicht mehr anbieten. Als zweites Phänomen kann moralisches Risiko *(moral hazard)* nach Vertragsabschluss bestehen. Mit dem Abschluss einer Versicherung vermindern sich die Anreize für den Versicherungsnehmer, durch eigenes Tun die Eintrittswahrscheinlichkeit und/oder Schadenshöhe zu reduzieren. Im Bereich der Elementarschadenversicherungen ist vor allem das Problem der adversen Selektion wichtig, während das Problem des moralischen Risikos eher vernachlässigbar ist. Eine ausführliche Darstellung der Gründe für imperfekte Märkte bei Elementarschadenversicherungen findet sich bei Jaffee und Russell (2003) und Kunreuther (2000). Eine weiterführende Beschreibung der Probleme der adversen Selektion und des moralischen Risikos geben Richter und Furubotn (2003), einen allgemeinen Überblick über die Versicherungsökonomik bieten Zweifel und Eisen (2003).

feleistungen nachvollziehbar und erforderlich. Eine *ex ante* Perspektive hat jedoch auch die Anreizwirkungen zu berücksichtigen. Demnach könnte die Existenz einer finanziellen staatlichen **Soforthilfe** nach einem Elementarereignis dazu veranlassen, auf einen kostenpflichtigen **Versicherungsschutz** durch den Markt zu verzichten, da die Leistungen des Staates zu Grenzkosten von Null erhältlich sind (Wagner 1998). Eine solche Form der staatlichen Nachsorge trägt damit ebenfalls zum Versagen von Versicherungsmärkten für Elementarschadenrisiken bei.

Vorteile

Ordnungsrechtliche Instrumente, vor allem Auflagen und Verbote, sind eindeutig und treffsicher. Die Vorgaben sind klar kommunizierbar und rechtlich verbindlich. Diese Form der Intervention hat Vorteile in Situationen, die rasches Handeln erfordern, wie z. B. den Einsatz von Evakuierungen oder Straßensperren in akuten Krisensituationen. Subventionen von Schutzmaßnahmen sowie die Kompensation von Katastrophenschäden werden im Allgemeinen als „gerecht" empfunden. Die Finanzierung dieser Maßnahmen über das allgemeine Steueraufkommen wird nach dem Gemeinlastprinzip auf viele verteilt und ist daher nicht so stark fühlbar wie z. B. die Einführung einer Versicherungspflicht.

Nachteile aus ökonomischer Sicht

Ordnungsrechtliche Instrumente sind aus ökonomischer Sicht aus verschiedenen Gründen ineffizient:

* Die Anlastung der Kosten für Schutzmaßnahmen und Elementarschäden erfolgt nach dem Gemeinlastprinzip, d. h. alle kommen für die Kosten der Maßnahme auf. Damit bestehen für den Einzelnen keine Anreize, selbst Vorsorgemaßnahmen zu treffen.
* Die Höhe der staatlichen Nachsorge (Katastrophenfonds) ist anlassbezogen und oft arbiträr. Eine fundierte Planung, durch welche Maßnahmen der Vor- oder Nachsorge der größte Wohlfahrtseffekt unter Berücksichtigung der Kosten erzielt werden kann, ist damit infrage gestellt.
* Eine staatliche Mindestsicherung ohne Bezug auf die individuelle Risikosituation bietet Anreize zur Unterversicherung (adverse Selektion).
* Direkte staatliche Eingriffe bieten keine Anreize, von sich aus verantwortlich mit der Bedrohung durch Naturgefahren umzugehen. Der Anreiz, Schutzgüter privat bereitzustellen, ist gering und lokales Wissen bleibt tendenziell ungenutzt.
* Ordnungsrechtliche Instrumente sind eher unflexibel und reagieren nur langsam auf ökonomische und demographische Entwicklungen (Zunahme des Schadenspotenzials) oder auf Än-

21

derungen der Schadenswahrscheinlichkeit. Eine Anpassung an sich ändernde Rahmenbedingungen muss jeweils explizit über den politischen und/oder bürokratischen Entscheidungsprozess erfolgen.

21.2.3 Anreizorientierte Instrumente

Neben freiwilligen und ordnungsrechtlichen Instrumenten können Anreize zur Umsetzung von Schutzmaßnahmen aus **Eigeninteresse** aufgrund (staatlich) geänderter Rahmenbedingungen geschaffen werden. Dieses anreizorientierte Instrumentarium des Naturgefahrenmanagements versucht den Schutz nicht nur wirksamer, sondern auch ökonomisch effizienter zu gestalten. Risikomanagement soll nicht gegen die Interessen der Betroffenen, sondern in ihrem Interesse und unter Ausnutzung ihrer eigenen Initiative und unter Kosten sparenden Gesichtspunkten gestaltet werden. Ziel ist es, die **Rahmenbedingungen** so zu setzen, dass ein gesellschaftlich optimaler Umgang mit Naturgefahren auch im Eigeninteresse der Individuen liegt und diese sich aus freien Stücken – unter den entsprechend angepassten Rahmenbedingungen – dafür einsetzen. Im Gegensatz zu ordnungsrechtlichen Maßnahmen gehen anreizorientierte Maßnahmen davon aus, dass Elementarschäden nicht nur auf „höhere Gewalt" (Natur als „Verursacher"), sondern auch auf das menschliche Verhalten zurückzuführen sind. Nach dem **Verursacherprinzip** sind daher die Kosten nicht von vornherein und ausschließlich der Allgemeinheit anzulasten, sondern entsprechend dem **Äquivalenzprinzip** haben die Nutznießer von Schutzmaßnahmen auch deren Kosten zu tragen (Kasten 21.4). Indem damit Anreize gegeben sind, Kosten und Nutzen von Schutzmaßnahmen gegeneinander abzuwägen, wird eine nachfragerechte und kosteneffiziente Allokation knapper Ressourcen sichergestellt (**allokative Effizienz**).

Internalisierung externer Effekte – finanzielle Anreize

Eine Möglichkeit, um eine effiziente Allokation von Schutzmaßnahmen zu erreichen, besteht in der Internalisierung der externen Effekte durch **Abgaben** (bei externen Kosten) oder **Subventionen** (bei externen Nutzen) (Hanley et al. 2002, Tietenberg

---

Kasten 21.4

Gemeinlastprinzip – Äquivalenzprinzip

Nach dem Gemeinlastprinzip werden die Kosten für öffentliche Leistungen und Güter von der Allgemeinheit getragen. Im Gegensatz dazu verlangt das Äquivalenzprinzip, dass die Nutznießer einer Leistung oder eines Gutes auch für die entsprechenden Kosten aufkommen (Blankart 2006).

2006). Voraussetzung dafür sind zum einen die genaue Erfassung und monetäre Bewertung aller entstehenden externen Effekte und zum anderen die Anlastung (Internalisierung) dieser externen Kosten und Nutzen bei den Verursachern bzw. den Nutznießern. Wenn ein gesellschaftliches Optimum erreicht werden soll, müssen die Verursacher externer Effekte identifiziert und ihnen diese gesellschaftlich relevanten Kosten und Nutzen in entsprechender Höhe angelastet bzw. gutgeschrieben werden.

Nach dem Äquivalenzprinzip hätten entsprechend die Kosten für den Bau eines Deiches die davon profitierenden Personengruppen zu tragen. Der Bau von Lawinengalerien, die die ganzjährige Zufahrt zu Gemeinden in alpinen Tälern sichern, könnte durch die Erhebung von Mautgebühren finanziert werden, d. h. nur jene, die die Straße und damit die Schutzfunktion in Anspruch nehmen (z. B. Bewohner und Touristen), tragen auch die Kosten. Eine solche Zurechnung von Kosten und Nutzen von Schutzmaßnahmen würde auch dem Anspruch des integralen Risikomanagements gerecht werden. Da die Betroffenen die Kosten selbst zu tragen haben und für etwaige positive externe Effekte abgegolten werden, besteht ein Anreiz, gerade jene Menge und Kombination an Schutzmaßnahmen bereitzustellen, die bei gegebenen Kosten gerade noch nachgefragt werden und kostengünstig bereitgestellt werden können. Neben dem Anreiz, sich risikobewusst zu verhalten, bestehen nun auch Anreize zu (allokativ) effizientem Handeln.

Vorteile

- Durch die implizite Abwägung von Nutzen und Kosten wird erreicht, dass die optimale Menge an Schutzmaßnahmen bereitgestellt wird und ökonomische Effizienz gewahrt ist.

- Das Äquivalenzprinzip wahrt Fairness in dem Sinne, dass die Nutznießer die Kosten tragen und risikovermeidendes Verhalten belohnt wird.
- Neben der ökonomischen Effizienz wird auch dem Postulat des integralen Risikomanagements nachgekommen, da eine implizite Abwägung zwischen allen alternativen Schutzmaßnahmen stattfindet.

Nachteile

- Die Internalisierung der externen Effekte ist mit einem großen Informationsaufwand verbunden. Die externen Nutzen und Kosten können zwar mit verschiedenen Methoden zu erfassen gesucht werden (Pommerehne 1987, Hanley et al. 2002), jedoch ist die Monetarisierung aller externen Effekte aufwändig und mit Einschränkungen behaftet.
- Der Schwerpunkt dieses Instruments liegt auf ökonomischer Effizienz und lässt andere Zielsetzungen, wie z. B. verteilungspolitische Aspekte, außer Acht.
- Die gesellschaftliche Akzeptanz anreizorientierter Instrumente ist im Allgemeinen gering (Weck-Hannemann 1994 zur Anwendung im Umweltbereich). Die Wirkung dieser Instrumente ist oft schwer zu kommunizieren, und es besteht wenig Anreiz für Politiker oder Behörden, anreizorientierte Maßnahmen umzusetzen.

Risikobasierte Versicherungslösungen

Eines der wichtigsten anreizorientierten Instrumente im Naturgefahrenmanagement sind Versicherungslösungen. Unter bestimmten Annahmen – u. a. Möglichkeit der Rückversicherung, vollständige Information, keine asymmetrische Verteilung von Informationen – kann davon ausgegangen werden, dass Individuen sich gegen Elementarrisiken entweder durch **Risikotransfer** oder in Kombination mit anderen Schutzmaßnahmen vollständig absichern und im Schadensfall keine externen Kosten für die Allgemeinheit entstehen. Die Anreizwirkung dieses Instruments kann entweder durch eine **risikogerechte Prämiengestaltung** (d. h. die Höhe der zu zahlenden Versicherungsprämie entspricht dem Naturgefahrenrisiko) und/oder durch staatlichen Risikoausgleich, der abhängig vom *ex ante* risikogerechten Verhalten des Geschädigten ist, erreicht werden. Indem die Höhe der zu zahlenden Ver-

sicherungsprämie (bzw. des nachträglichen Schadensausgleichs) auf das Risiko Naturgefahr Bezug nimmt, lohnt es sich für den Versicherungsnehmer, zwischen der höheren Prämie und den Kosten für risikoreduzierende Maßnahmen (bzw. zwischen einem verringerten Schadensausgleich und den Aufwendungen für Vorsorgemaßnahmen) abzuwägen und sich für die kostengünstigere Alternative zu entscheiden. In Deutschland wird seit 2001 versucht, mit dem „**Zonierungssystem** für Überschwemmungen, Rückstau und Starkregen – ZÜRS" dem Anspruch einer risikogerechten Prämiengestaltung bei Überschwemmungsrisiken gerecht zu werden (Kron 2004 zu ZÜRS und seinen Problemen). In anderen Staaten Europas (Frankreich, Spanien und in der Schweiz) findet man unterschiedliche Ausprägungen von risikobasierten Versicherungslösungen und Staatseingriffen vor (von Ungern-Sternberg 2004).

Vorteile

- Risikobasierte Prämien schaffen Anreize für *ex ante* risikobewusstes Verhalten und garantieren *ex post* Ausgleich. Es wird sowohl Vor- als auch Nachsorge bereitgestellt.
- Wenn die Prämien das tatsächliche Risiko widerspiegeln, tragen die Nutznießer auch die tatsächlichen Kosten innerhalb der Risikogemeinschaft. Risikoreiches Verhalten wird durch hohe Prämien oder der Verweigerung von Versicherungsschutz bestraft.
- Durch das Abwägen der Kosten und Nutzen von risikoreichem und risikobewusstem Verhalten (z. B. Ansiedlung in einem mehr oder weniger gefährdeten Gebiet und damit höhere bzw. geringere Prämienleistungen) und zusätzlich zwischen alternativen Schutzmaßnahmen (Standortentscheidung, Versicherungsabschluss, sonstige Vorsorgemaßnahmen) werden gesamtgesellschaftlich effizientere Entscheidungen getroffen.

Nachteile

- Ein System der freiwilligen Versicherung kann zu adverser Selektion und in weiterer Folge zu Marktversagen führen.
- Die Einführung einer obligatorischen Versicherung gegen Risiken durch Naturgefahren kann das Problem der adversen Selektion überwinden. Ein verpflichtendes Versicherungssystem ist jedoch mit dem Problem des moralischen Risikos konfrontiert, und die Prämien können von der

21

Bevölkerung als zusätzliche „Steuer" wahrgenommen und daher abgelehnt werden (Schwarze und Wagner 2004).

- Risikobasierte Prämien sind mit einem hohen Informationsaufwand verbunden. Es bedarf einer detaillierten Erfassung der Eintrittswahrscheinlichkeit und des Schadenspotenzials, was oft aufgrund des administrativen Aufwands schwer umzusetzen ist. Durchschnittsberechnungen erleichtern diese Aufgabe, mindern aber auch die Anreizwirkung des Instruments.

Kasten 21.5

Naturkatastrophen und Wirtschaftswachstum

Skidmore und Toya (2002) geben einen Literaturüberblick über bestehende empirische Arbeiten zum Thema Naturgefahren und Wirtschaftswachstum. Grundsätzlich besteht ein positiver Zusammenhang zwischen dem Auftreten von Naturkatastrophen und wirtschaftlichem Wachstum. Dieses Ergebnis ist vor allem darauf zurückzuführen, dass Elementarschäden, die Anlagevermögen und andere Konsumgüter betreffen, nicht in der **Volkswirtschaftlichen Gesamtrechnung** erfasst werden. Im Gegensatz dazu geht der Wiederaufbau zerstörter Gebäude und der Ersatz von Anlagen und Infrastruktur als Wertschöpfung in die Volkswirtschaftliche Gesamtrechnung ein. Die Autoren untersuchen im empirischen Teil der Arbeit die langfristigen Effekte von meteorologisch-hydrologischen und seismisch-gravitativen Naturgefahren auf das durchschnittliche Wirtschaftswachstum, gemessen am Bruttoinlandsprodukt pro Kopf, in 89 Ländern über den Zeitraum von 1960–1990. Die Analyse zeigt, dass seismisch-gravitative Naturkatastrophen wie erwartet einen negativen, hydrologisch-meteorologische hingegen einen positiven Einfluss auf das langfristige Wirtschaftswachstum haben. Dieses eher überraschende Ergebnis lässt sich darauf zurückführen, dass der „Wachstumseffekt einer Naturkatastrophe" eine Folge der Produktivitätserhöhung der einzelnen Produktionsverfahren ist, etwa durch das Ersetzen von alten zerstörten Anlagen durch neue Technologien. Aufgrund eines Elementarschadenereignisses wird altes und „weniger produktives" Kapital durch neueres und „produktiveres Kapital" ersetzt.

Zusammenfassung

Schutzmaßnahmen gegen Naturgefahren weisen zu einem großen Teil Merkmale öffentlicher Güter (positive und negative externe Effekte) auf, eine effiziente Allokation über den Markt kann nicht garantiert werden. Aufgrund dieses Marktversagens im Bereich Naturgefahrenmanagement versucht der Staat auf unterschiedliche Weise Vor- und Nachsorge für seine Bürger bereitzustellen. Die Zunahme des Schadenspotenzials einerseits und eine mögliche Häufung von Naturgefahrenereignissen andererseits bedürfen einer effizienten Allokation der knappen öffentlichen Mittel für eine langfristige und nachhaltige Sicherung von Schutzmaßnahmen. Aus ökonomischer Sicht werden jene wirtschaftspolitischen Instrumente bevorzugt, die *ex ante* Anreize für einen risikobasierten Umgang mit Naturgefahren setzen und nicht nur eine *ex post* Ausgleichswirkung haben. Als wichtigste Instrumente können finanzielle Anreize zur Internalisierung externer Effekte und Versicherungslösungen mit risikobasierten Prämien gesehen werden. Um ein gesellschaftliches Optimum an Schutzmaßnahmen zu erreichen, sollten die Kosten für Naturgefahrenmanagement mehr nach dem Äquivalenz- oder Verursacherprinzip und weniger nach dem Gemeinlastprinzip verteilt werden.

Schlüsselsätze

- Schutzmaßnahmen gegen Naturgefahren weisen zu einem großen Teil Merkmale öffentlicher Güter auf, weshalb eine effiziente Bereitstellung über den Markt nicht gesichert ist.
- Zur Überwindung dieses Marktversagens sind aus ökonomischer Sicht jene Maßnahmen der Vor- und Nachsorge vorzuziehen, die *ex ante* Anreize für einen risikobasierten Umgang mit Naturgefahren setzen und sich nicht nur auf eine *ex post* Ausgleichswirkung beschränken.

Literatur

Blankart CB (2006) Öffentliche Finanzen in der Demokratie. 6. Aufl., Vahlen, München
Brookshire DS, Thayer MA, Tschirhart J, Schulze WD (1985) A Test of the expected Utility Model: Evi-

2 1

dence from Earthquake Risks. *Journal of Political Economy* 93(21): 369–389

Coase RH (1960) The Problem of Social Cost. *The Journal of Law and Economics* 3: 1–44

Ehrlich I, Becker GS (1972) Market Insurance, Self-Insurance, and Self-Protection. *Journal of Political Economy* 80(4): 623–643

Frey BS (1990) Ökonomie ist Sozialwissenschaft: Die Anwendung der Ökonomie auf neue Gebiete. Vahlen, München

Frey RL, Staehlin-Witt E, Blöchliger H (1993) Mit Ökonomie zur Ökologie. Analyse und Lösungen des Umweltproblems aus ökonomischer Sicht. 2. Aufl., Schäffer-Poeschel, Stuttgart

Fritsch M, Wein T, Ewers HJ (2005) Marktversagen und Wirtschaftspolitik. Mikroökonomische Grundlagen staatlichen Handelns. 6. Aufl., Vahlen, München

Hanley N, Shogren JF, White B (2002) Environmental Economics in Theory and Practice. Palgrave Macmillan, New York

Jaffee D, Russell T (2003) Markets under stress: The Case of Extreme Event Insurance. In: Arnott R, Greenwald B, Kanbur R, Nalebuff B (Hrsg) Economics for an Imperfect World, MIT Press, Cambridge. 35–52

Kahneman D, Slovic P, Tversky A (1982) Judgement under Uncertainty: Heuristics and Biases. Cambridge University Press, New York

Kron WW (2004) Hochwasserschäden und Versicherung. In: Kleeberg HB, Meon G (Hrsg) Hochwassermanagement – Gefährdungspotenziale und Risiko der Flächennutzung. Seminarbeiträge Münster, Forum für Hydrologie und Wasserbewirtschaftung, Heft 06.04. 41–66

Kunreuther H (2000) Strategies for Dealing with Large-scale and Environmental Risks. In: Folmer H Gabel L, Gerking S, Rose A (Hrsg) Frontiers in Environmental Economics. Edward Elgar, Cheltenham. 293–318

PLANAT (2003) Strategie Naturgefahren Schweiz. Synthesebericht in Erfüllung des Auftrages des Bundesrates, Biel

Pommerehne WW (1987) Präferenzen für öffentliche Güter. Ansätze zu ihrer Erfassung. Mohr Siebeck, Tübingen

Richter F, Furubotn EG (2003) Neue Institutionenökonomik. 3. Aufl., Mohr Siebeck, Tübingen

Schwarze R, Wagner G (2004) In the Aftermath of Dresden: New Directions in German Flood Insurance. *The Geneva Papers on Risk and Insurance* 29(2): 154–168

Skidmore M, Toya H (2002) Do Natural Disasters promote Long-Run Growth. *Economic Inquiry* 40(4): 664–687

Tietenberg T (2006) Environmental and Natural Resource Economics. 7. Aufl., Addisson Wesley Longman, New York

Troy A, Romm J (2004) Assessing the Price Effects of Flood Hazard Disclosure under the California Natural Hazard Disclosure Law (AB 1195). *Journal of Environmental Planning and Management* 47(1): 137–162

Wagner G (1998) Zentrale Aufgaben beim Um- und Ausbau der Gefahrenvorsorge. In: Hauser R (Hrsg) Reform des Sozialstaates II – Theoretische, institutionelle und empirische Aspekte. Duncker & Humblot, Berlin

Weck-Hannemann H (1994) Die politische Ökonomie der Umweltpolitik. In: Bartel R, Hackl F (Hrsg) Einführung in die Umweltpolitik. Vahlen, München. 101–117

Weck-Hannemann H (2006) Efficiency of Protection Measures. In: Ammann W, Dannenmann S, Vulliet L (Hrsg) Risk 21 – Coping with Risks Due to Natural Hazards in the 21 Century. Taylor & Francis, London. 147–154

Varian HR (2004) Grundzüge der Mikroökonomik, 6. Aufl., Oldenbourg, München

von Ungern-Sternberg T (2004) Efficient Monopolies – The Limits of Competition in the European Property Insurance Market. Oxford University Press, New York

Zweifel F, Eisen R (2003) Versicherungsökonomie. Springer, Berlin

22 Wiederaufbau nach Katastrophen

Carsten Felgentreff

Deutungsmuster • *disaster-damage-repair-disaster cycle* • Entscheidung • Entschädigung • *hydro-illogical cycle* • Katastrophenbewältigung • Katastrophenvorsorge • sozialer Wandel • *status quo ante* • Verwundbarkeit • Wiederaufbau • Wiederaufbauhilfe • Wiederaufbaustrategie • Zielkonflikte

Vordergründig betrachtet ist der Wiederaufbau nach Großschadensereignissen ein rein technischer Akt: Zerstörte und beschädigte Infrastruktureinrichtungen und Gebäude werden wieder errichtet und in einen funktionsfähigen Zustand versetzt, Felder wieder urbar gemacht und die letzten Schäden beseitigt. Im Folgenden soll dargelegt werden, dass jede Form der Katastrophenbewältigung mit einer Vielzahl von Entscheidungen verbunden ist, die so, aber auch anders getroffen werden können. Während bei der Bewältigung der unmittelbaren Notlage Situationslogiken überwiegen, die wenig Entscheidungsspielräume kennen und bei denen übergreifende Zusammenhänge getrost ignoriert werden können, sollten so bald wie möglich auch die mittel- und langfristigen Ziele in den Blick genommen werden. In Hinblick auf die Vermeidung zukünftiger Katastrophen wäre dabei wünschenswert, wenn nicht nur die Wiederherstellung vorkatastrophischer (sozialer, ökonomischer, baulicher etc.) Zustände und Funktionalitäten angestrebt, sondern gleichzeitig die Katastrophenvorsorge verbessert würde.

22.1 Komplexe Problemlagen

Bei vergleichsweise kleinen Schadensereignissen, die vielleicht nur wenige betreffen, stellt sich die Frage nach Alternativen häufig gar nicht: Das durch den Sturm abgedeckte Dach des Einzelgehöfts wird vom Eigentümer wieder erneuert, die vom Hochwasser in Mitleidenschaft gezogenen Räume des Wohnhauses am Bergbach werden wieder saniert. Im Idealfall besteht Versicherungsschutz und damit ein Rechtsanspruch auf finanziellen Ausgleich.

Ungleich komplexer und damit auch mit wesentlich größeren Unsicherheiten behaftet ist die Lage bei einer Katastrophe, bei der die Schäden gravierend sind und eine **Vielzahl von Menschen** betroffen ist. Die Situation ist zunächst in jeder Hinsicht durch **Dringlichkeit** charakterisiert, Entscheidungen werden *ad hoc* getroffen, wobei weiter reichende Problemzusammenhänge außer Acht gelassen werden können: Verletzte müssen geborgen und Tote bestattet werden, die Überlebenden bedürfen der Unterbringung in Notunterkünften und ärztlicher Versorgung, Lebensmittel und Trinkwasser müssen bereitgestellt werden. Gleichzeitig jedoch dringen die Opfer auf Antworten auf die Frage, wie es weitergehen soll. Evakuierte kehren – häufig voreilig – aus Angst vor Plünderungen, Entrechtung und aus Sorge um ihre Angehörigen schnell zurück in ihre Häuser. Spätestens zu diesem Zeitpunkt müssten Grundsatzentscheidungen gefällt werden, die den Einzelnen dann als Orientierung dienen können – denn was nützt der Wiederaufbau des eigenen Wohnhauses, wenn der Arbeitgeber seinen Betrieb nicht wieder errichtet, Ver- und Entsorgung nicht wieder instand gesetzt werden, Schulen und Geschäfte nicht wieder öffnen und der Weg in unzerstörtes Gebiet beschwerlich und zeitaufwändig ist, weil die Erneuerung der Straßen und Brücken erst viel später (oder überhaupt nicht) erfolgt? Hier bedarf es verschiedener Aushandlungsprozesse, an

22

denen mittelbar und unmittelbar viele Akteure beteiligt sind: Politiker auf lokaler, regionaler und nationaler Ebene, Hilfsorganisationen aus dem In- und Ausland, Spender und Unterstützer, Planer und die einzelnen Betroffenen, Gemeinden und nicht zuletzt oft auch die Gesamtgesellschaft sowie die Medien. So wünschenswert es wäre, zunächst eine Bestandsaufnahme vorzunehmen und einen Diskussionsprozess in Gang zu bringen, welche **Wiederaufbaustrategie** für die Region langfristig sozial, volkswirtschaftlich und ökologisch am vorteilhaftesten sei – es fehlt die Zeit, Alternativen zum vorkatastrophischen Zustand zu prüfen oder überhaupt nur zur Kenntnis zu nehmen. Stattdessen werden Fakten geschaffen, wenn nur wenig zerstörte Häuser erst notdürftig, dann dauerhaft wieder hergestellt werden, wenn bisherige Freiflächen für Notunterkünfte und später als Wohngebiete genutzt werden, ein ursprüngliches Notlazarett zu einer dauerhaften Einrichtung wird, obwohl der Standort langfristig kaum geeignet ist, usw. Kurzfristig getroffene (und im Angesicht der akuten Notlage gut begründete) Entscheidungen können Bedingungen schaffen, die langfristigen Zielsetzungen zuwiderlaufen.

Diese Stichworte sollen genügen, die Komplexität der (kurz-, mittel- und langfristigen) Bewältigung von Katastrophen anzudeuten: Bei der **Wiederherstellung** geht es keineswegs allein um **bauliche Strukturen**, sondern ebenso um die Wiederherstellung von **Funktionalitäten** und **Gemeinschaft**. Es gilt, das betroffene Gebiet unter dem Eindruck seiner Katastrophenanfälligkeit in Hinblick auf seine Nutzungsmöglichkeiten und -bedingungen neu zu justieren. Hierzu benötigen die Beteiligten einerseits materielle, insbesondere finanzielle Ressourcen, andererseits verlangt die Neuorientierung zunächst nach einer Deutung des Geschehens: Wie konnte es dazu kommen, und was muss nun getan werden? Es liegt auf der Hand, dass es hierzu unterschiedliche Modelle gibt, je nach Interessenlage. Die Frage, wer letztlich Deutungshoheit erlangt (Döring 2005) und wie es dazu kommt, könnte sicherlich auch ein lohnenswertes Feld sozialgeographischer Forschungen sein.

Wiederaufbauhilfe ist immer auch Regionalpolitik – so können Zentralregierungen Katastrophengebiete durch zielgerichtete und effektive Hilfestellung fördern, weniger loyale Provinzen aber ebenso übergehen. Politische Karrieren können positive Wendungen erfahren, wenn der Betreffende mit der tatkräftigen Abwehr der „schlimmen Natur" oder mit großzügigen Versprechungen assoziiert wird (und nicht mit z. B. raumplanerischen Versäumnissen der Vergangenheit) – so zumindest die Mutmaßungen jener Journalisten und Analysten, die die Wiederwahl des Ex-Bundeskanzlers Schröder mit seinem medienwirksamen Auftreten anlässlich des Sommerhochwassers der Elbe im Jahr 2002 in Verbindung bringen (Stahel 2002, S. 3).

Wenn das nachkatastrophische Geschehen verstanden oder gar konstruktiv begleitet werden soll, dann muss der analytische **Referenzrahmen** mehr berücksichtigen als allein die baulichen Fortschritte im Katastrophengebiet. In Hinblick auf die heutzutage so häufig eingeforderte „nachhaltige Katastrophenvorsorge" wird im Idealfall ein als gerecht empfundener Modus gefunden, der Chancengleichheit auch für die am heftigsten Betroffen beinhaltet und rechtzeitig langfristige Ziele in den Blick nimmt, ohne erneut – wie in der Vergangenheit – den Schutz der Gemeinschaft vor zukünftigen Schäden zu vernachlässigen (Powers 2006).

22.2 Begrifflichkeiten

Es gibt eine Vielzahl von Bemühungen, den Kern dessen, was eine **Katastrophe** ausmacht, definitorisch einzugrenzen (Kapitel 18). Eine sehr weit gefasste Begriffsbestimmung lautet: **Wenn Verluste als gravierend und schwerwiegend empfunden werden, kann eine Situation als Katastrophe bezeichnet werden.**

Nach alltagsweltlichem Verständnis sind die sogenannten Naturkatastrophen charakterisiert durch einen meist plötzlich eintretenden, so nicht gewünschten (und oft auch nicht erwarteten) Prozess in der Natur oder Umwelt mit negativen, so keineswegs gewollten Auswirkungen auf Menschen und ihre Werte. Mit dieser Sichtweise geht häufig die Auffassung einher, dass das Übel von außen über die Gesellschaft kommt, die als passives Opfer erscheint, das allenfalls reagieren kann, um Schlimmeres zu verhindern. Natur/Umwelt wird hierbei, ähnlich dem Schicksal, als entscheidungsunabhängig angesehen.

Inzwischen setzt sich in der Hazard- und Katastrophenforschung die Auffassung durch, dass auch sogenannte **Naturkatastrophen** gesellschaftlich angelegt werden, indem grundsätzlich als gefährdet bekannte Gebiete bewohnt sind, auf bauliche und andere weiter reichende **Vorsorgemaßnahmen** verzichtet wird, **Vorwarnungen** in den Wind geschlagen werden usw. (Kapitel 2). Insofern betrachten manche Autoren Katastrophen als „Real-Falsifikationen", die unsere Hypothesen über die Welt faktisch widerlegen und aufzeigen, was nicht bedacht wurde, ungeplant blieb und falsch angewandt worden ist (Dombrowsky 2002, S. 311; Kasten 22.1). Dabei wird keinesfalls geleugnet, dass ein Zusammenhang bestünde zwischen Prozessen, die der Natur zugerechnet werden, und dem, was als Naturkatastrophe bezeichnet wird (wobei das, was wir als katastrophal einstufen, nicht der Natur, sondern Menschen widerfährt). Die immer wieder zu lesende Feststellung, dass Erdbeben in der menschenleeren Wüste nur ein **Naturereignis**, ein Beben unter einer Megastadt hingegen eine **Katastrophe** sei, weist darauf hin, dass der Unterschied nicht in der Heftigkeit des Prozesses, sondern in dem Ausmaß liegt, in dem Menschen davon betroffen sind. Und diese Betroffenheit hängt wesentlich von menschengemachten Bedingungen ab, z. B. von der Wahl von Wohnstandorten und von der Bauvorsorge, der Vorhaltung von Rettungsgerät und medizinischer Versorgung.

Die Verschiebung der Perspektive geht mit veränderten Zuschreibungen einher: Nicht der Prozess (das Erdbeben, das Hochwasser, der Lawinenabgang u. a.) ist „schuld", sondern die von Menschen hergestellten und einander vorgegebenen Bedingungen werden als ursächlich für Not und Leid angesehen. Ein solches **Deutungsmuster** ist wesentlich unbequemer, mit ihm entfällt die (von vielen Entschuldigungsbedürftigen sicherlich begrüßte) Entlastungsfunktion der Lesart „die Natur ist das Problem". Damit geraten **Vulnerabilitäten** in den Mittelpunkt des Problemverständnisses – etwa entlang der Frage, weshalb an diesem Ort Menschen in derart unangepasster Weise leben, dass nun so viele Tote und Verletzte zu beklagen sind. Wenn die Problemstrukturen im Sozialen („Menschen gemachten") gesucht werden, dann können viele Entwicklungen ins Blickfeld geraten, ohne stets eindeutig identifizierbar zu sein: die lange zuvor eingeleitete Entwicklung, dass an diesem Ort gesiedelt wird, der CO_2-Ausstoß andernorts, Armut (die die Verwendung sichererer Materialien und die Einhaltung besserer Baustandards verhinderte), der Verzicht auf Planung von Rettungswegen, die Versiegelung von Flächen, Eindeichungen flussaufwärts etc. Und selbst dann, wenn nachträglich konstatiert wird, das Leid sei auf fehlende Information oder Schutzmaßnahmen zurückführbar, kann man sich die Frage stellen, wer die Verantwortung dafür trägt, dass diese den Betroffenen nicht zur Verfügung standen. Das Deutungsmuster, demzufolge auch Naturkatastrophen sozial angelegt sind, ist somit nicht als leichtfertige Verhöhnung der Opfer anzusehen, denn es können auch ganz andere Akteure und Entscheidungen als Bestandteil der Problemstruktur identifiziert werden.

Kasten 22.1

Katastrophen als „Marker" für nicht nachhaltige Entwicklung

»In very graphic ways, disasters signal the failure of a society to adapt successfully to certain features of its natural and socially constructed environment in a sustainable fashion« (Oliver-Smith 1996, S. 303).

Die in der Öffentlichkeit wie in manchen Spezialdiskursen identifizierbaren unterschiedlichen Vorstellungen sowohl von der Verursachung von Katastrophen als auch über die Erwartbarkeit des schadenbringenden Ereignisses in der Zukunft sind keineswegs nur von akademischem Interesse, sondern können zu unterschiedlichen Schlüssen in der **Praxis** führen: Wer das traumatische Geschehen als einzigartig, absolut unwahrscheinlich und damit als extrem außergewöhnlich exotisiert, der wird möglicherweise schnell wieder zur gewohnten „Normalität" zurückkehren wollen, zumal ja augenscheinlich auch die Natur/Umwelt wieder „zur Ruhe gekommen" ist. Wer hingegen glaubt, dass es sich bei dem soeben überstandenen Hochwasser oder Erdbeben um eine „normale" Erscheinung seiner Umwelt handelt, könnte möglicherweise eher geneigt sein, **Lehren aus der Katastrophe** zu ziehen – wie auch immer diese jeweils geartet sein mögen.

Es gibt ein weitreichendes Einverständnis sowohl bei Praktikern des Katastrophenmanagements wie bei eher theoretisch interessierten Autoren, dass im vor- und nachkatastrophischen Geschehen verschiedene Aspekte unterscheidbar sind. Allerdings hat sich dafür weder im deutschen noch im angelsächsischen Sprachraum eine einheitliche Nomenklatur durchsetzen können (Kasten 22.2).

Der Begriff **Wiederaufbau** ist zwar weniger (auch ideologisch) umstritten als der der Katastrophe, aber auch hier ist keineswegs eindeutig, was genau in der Praxis und in akademischen Diskursen damit gemeint ist. Eindeutig ist der Begriff nur hinsichtlich der **zeitlichen Einordnung**, indem er auf etwas verweist, das sich nach dem Eintritt der Katastrophe ereignet. Meist wird bei der **Katastrophenbewältigung** unterschieden zwischen Akten der unmittelbaren **Nothilfe** (Rettung der Bedrohten und der Verletzten, Suche nach Verschütteten, Errichtung von Notunterkünften, Versorgung mit Lebensmitteln etc.), der **Wiederherstellung grundlegender Lebensbeziehungen** (die Ersten kehren zurück, provisorische Wiederherstellung von Wohnstätten, Beseitigung von

22

┌─────── **Kasten 22.2** ───────────────────────────────────┐

Aspekte katastrophenbezogenen Handelns

- **Vorsorge** und **Vorbeugung** (die Gesamtheit der meist langfristig vor einer akuten Katastrophe ergriffenen Maßnahmen, die den Eintritt verhindern oder den dann zu gewärtigenden Schaden verringern sollen – *mitigation*). Vorsorge und Vorbeugung werden (wie auch **Prävention** oder **Prophylaxe**) zum Teil synonym verwandt, zum Teil beziehen sich die Begriffe auf einerseits bauliche Maßnahmen (= Vorsorge, z. B. Deiche) und andererseits nicht bauliche Maßnahmen, etwa das Proben von Verhaltensweisen für den Ernstfall, das Freihalten von Überflutungsbereichen durch die Raumordnung oder der Abschluss von Elementarschadenversicherungen (= Vorbeugung).
- **Einsatzbereitschaft** (die geplanten und realisierten Handlungen, die zum Einsatz kommen, sobald ein schadenträchtiges Ereignis an einem Ort wahrscheinlich wird – *preparedness*).
- **Nothilfe** oder **Einsatz** (die unmittelbare Bewältigung der Krise/des schadenträchtigen Ereignisses, die Handlungen zur Abwehr und Minderung von Schäden, also etwa Evakuierung von Menschen und Sachwerten, Notfallmedizin, Bergung von Verschütteten, kurzfristige Erhöhung von Deichen etc. – *response*).
- **Wiederaufbau** oder **Erholung** (jene Aktivitäten, die im Rahmen der Katastrophenbewältigung nach der kritischen Phase ablaufen, so die Wiederherstellung der grundlegenden Versorgung bis hin zur Erneuerung baulicher Strukturen – *recovery* oder *reconstruction*, mitunter auch *restauration, rehabilitation*). (Quarantelli 1999, 2003)

└───┘

Trümmern auf den wichtigsten Verbindungswegen u. a.) und daran anschließend eine oder mehrere Phasen des Wiederaufbaus, wobei häufig vor allem an **bauliche Maßnahmen** gedacht wird: die Beseitigung von Schutt und Unrat, die Wiederherstellung wichtiger Versorgungsleistungen einschließlich Wasser und Energie, von Straßen und Brücken, den Wiederaufbau privater und öffentlicher Gebäude usw. Manche Modelle ergänzen diese erste Wiederaufbauphase um eine zweite, bei der nach der erfolgten Rückkehr zu der Ausstattung und den Lebensbedingungen vor der Katastrophe weitere symbolträchtige Gebäude oder monumentale Denkmäler entstehen und ein weiter reichender Entwicklungsprozess angestoßen wird, der über das vorkatastrophische (bauliche, soziale, ökonomische u. a.) Niveau hinausreicht.

22.3 Lineare und zyklische Modelle von Katastrophen und Wiederaufbau

Zumindest bei Planern und Geographen hat sich zur Darstellung des zeitlichen Ablaufs von Katastrophen und ihrer Bewältigung das sogenannte **Kates/Pijawka-Modell** als überaus einflussreich erwiesen, das Robert Kates und David Pijawka 1977 entwickelt

haben. Hier finden sich die im vorangegangenen Abschnitt angesprochenen vier **Phasen** des Wiederaufbaus entlang einer Zeitachse mit logarithmischem Maßstab grafisch veranschaulicht (Abb. 22.1).

Inwieweit die in Abbildung 22.1 vorgeschlagene logarithmische Beziehung der Zeitdauer der einzelnen Phasen allgemein gültig ist, sei dahingestellt – sie beruht auf Auswertungen von Erdbebenfolgen in San Francisco, Alaska und Managua (Kates und Pijawka 1977), die sich in Italien nach den Erdbeben im Friaul 1976 prinzipiell bestätigten (Geipel et al. 1988). Es lassen sich viele Fallbeispiele anführen, die zumindest den grundsätzlichen Trend bestätigen, dass die Wiederherstellung der Lebensbeziehungen (Phase 2) deutlich länger dauert als die Phase der unmittelbaren Notlage (Phase 1), aber deutlich schneller vonstatten geht als die Vollendung des Wiederaufbaus sämtlicher Gebäude und Infrastrukturausstattungen (Phase 3). Dass sich diese Phasen überschneiden, ist im Modell angedeutet. Tatsächlich kann die Dauer der einzelnen Phasen nicht nur von Ort zu Ort, sondern bereits von Haus zu Haus sehr unterschiedlich sein – während der eine noch Schutt und Trümmer beseitigt, hat der Nachbar schon wieder permanent nutzbare Strukturen geschaffen.

Verschiedene Studien haben gezeigt, dass der Wiederaufbauprozess keineswegs so geordnet und quasi vorhersagbar ablaufen muss (Quarantelli 1989). So können sich spontan lokale Initiativen bilden, die andere Vorhaben und Pläne entwickeln

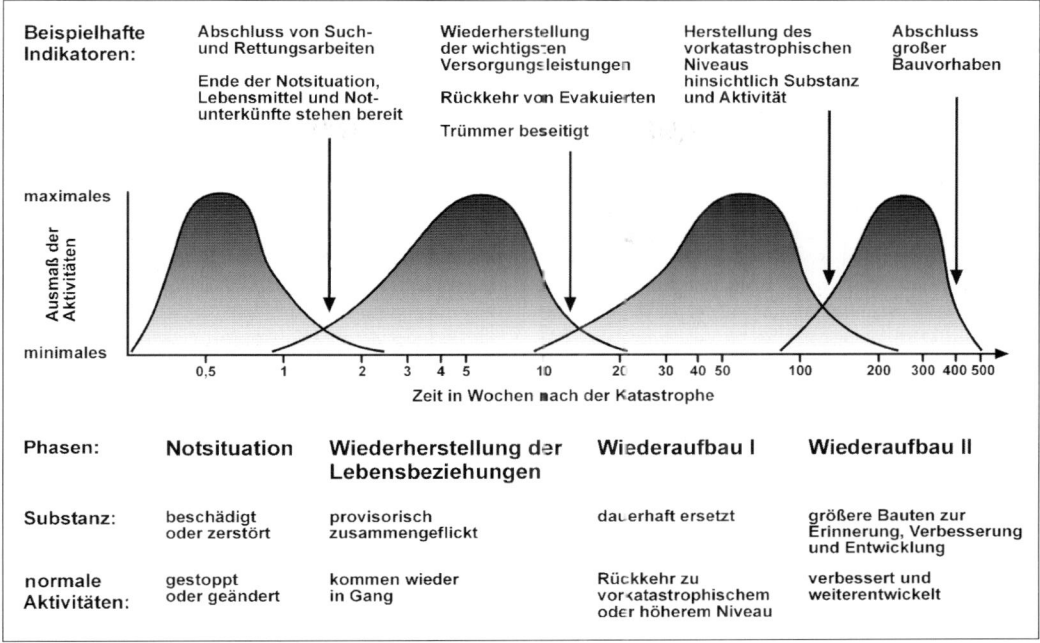

Abb. 22.1   Das Kates/Pijawka-Modell der Wiederaufbauphasen (verändert nach Kates und Pijawka 1977, S. 4 und Geipel 1992, S. 63).

(und letztlich durchsetzen) als von Seiten des staatlich institutionalisierten Wiederaufbaumanagements vorgesehen und vom Modell nahegelegt. Hilfe, die an den Bedürfnissen der Betroffenen vorbeigeht, kann Gruppenzusammenhalt und andere soziale Ressourcen in vorher unbekanntem Ausmaß mobilisieren. Wenn selbstbestimmte **Lernprozesse** in Gang gekommen sind, dann können sehr unterschiedliche Ziele und Prioritäten formuliert werden und den im Modell vorgezeichneten Weg abändern (Berke et al. 1993). Dass es keinen Wiederaufbau-Automatismus mit globaler Gültigkeit gibt, der die Stadienabfolge gemäß der Zeitachse des Kates/Pijawka-Modells einhält, zeigt etwa die Situation in Pakistan ein Jahr nach dem Kaschmir-Beben am 8. Oktober 2005 – viele Überlebende sind immer noch nicht in der Lage, in akzeptable Notunterkünfte einzuziehen. Hier wirkt sich u. a. die unterschiedliche Verfügbarkeit von Ressourcen aus, die nicht zuletzt abhängig ist von politischer und räumlicher Nähe zu Zentren.

Im Mittelpunkt des Kates/Pijawka-Modells stehen die für den Beobachter **sichtbaren Veränderungen der Bausubstanz** im Katastrophengebiet. Darum rankt sich die soziale Dimension, deren Vielschichtigkeit durch eine Bezeichnung wie „Wie-

derherstellung der Lebensbeziehungen" allenfalls angedeutet wird. Der Wiederaufbau einer Siedlung oder einer ganzen Region ist aber keineswegs so voraussetzungslos wie das Modell nahelegt: Es bedarf des Vertrauens in die Zukunft, eines gewissen Maßes an Miteinander und des Konsenses, dass sich die Mühe des Wiederaufbaus lohnt. Der Zugang zu Ressourcen muss erschlossen werden, rechtliche Sachverhalte und Zuständigkeiten bedürfen der Prüfung, Investoren müssen gefunden und Gesetze formuliert, verabschiedet und ihre Einhaltung überwacht werden. Meist liegen keine planerischen Grundlagen vor für die Zeit nach einer Katastrophe, also müssen sie unter Zeitdruck erarbeitet werden, wobei mitunter Dutzende von Behörden und Ministerien beteiligt werden wollen. Auch wenn viele der notwendigen Schritte parallel verlaufen oder in anderer Reihenfolge als normalerweise üblich: Die **bauliche Erneuerung** nach einer Katastrophe bedarf vieler Voraussetzungen und ist, aus sozialwissenschaftlicher Sicht, zwar keine unwichtige Dimension der Katastrophenbewältigung, aber eben nur eine neben anderen Dimensionen.

Viele Autoren legen in jüngerer Zeit **zyklische** statt **lineare Modelle** von Katastrophenabläufen zu-

22

grunde. Zum einen mehren sich Hinweise darauf, dass sich Katastrophen durchaus wiederholen können, auch wenn die Zeitabstände zwischen ihnen das Erinnerungsvermögen einer einzelnen Generation häufig übersteigt. So sprechen Graham A. Tobin und Burrell E. Montz (1997) vom *„disaster-damage-repair-disaster cycle"*. Als bei einem Erdbeben der Stärke 6,8 am 23. November 1980 fast alle alten Gebäude im Dorf Senerchia im südlichen Apennin Italiens zerstört wurden, war es bereits das zehnte schadenbringende Erdbeben seit dem Jahr 1456 (Alexander 2004, S. 1). Und das sogenannte „Jahrhunderthochwasser" am Rhein von 1993 ließ nur 13 Monate Zeit, bis wieder vergleichbare Wasserstände zu bewältigen waren. Zum anderen erkennen immer mehr Autoren an, dass menschliches Tun schon lange vor dem Eintritt einer Katastrophe massiven Einfluss auf die Wahrscheinlichkeit des Schadeneintritts und/oder die Schadenshöhe hat. Aus dieser Einsicht resultiert die Forderung, Vorsorge und Vorbeugung sollten integraler Bestandteil des Wiederaufbauprozesses sein, gemäß der Maxime **„nach der Katastrophe ist vor der Katastrophe"**.

Ein Beispiel für derartige zyklische Modelle des Katastrophengeschehens ist der sogenannte *„hydro-illogical cycle"*, eine sprachliche Verballhornung des natürlichen Wasserkreislaufs von Niederschlag, Abfluss und Verdunstung (*hydrological cycle*). Abbildung 22.2 zeigt schematisch im äußeren Kreis Zustände des hydrologischen Systems, etwa die periodisch schwankenden Wasserstände an einem Oberflächengewässer im Binnenland. Vergleichbare Abfolgen können für den gesellschaftlichen Umgang mit Dürre konstatiert werden. Im mittleren Kreis sind die korrespondierenden kollektiven (Bewusstseins-)Zustände auf Seiten der Gesellschaft festgehalten, im inneren Kreis die jeweils dominierenden hochwasserbezogenen Handlungen. Somit trägt das Ablaufschema dem regelmäßig zu beobachtenden Sachverhalt Rechnung, dass der Ruf nach Vorsorge und Vorbeugung am lautesten unmittelbar nach einer überstandenen Katastrophe zu hören ist, dann aber bald andere Probleme in den Vordergrund treten und die Forderung in Vergessenheit gerät.

22.4 Wertemuster

Entscheidungen, wie während und nach einer überstandenen Katastrophe zu verfahren ist, sind niemals frei von Wertvorstellungen. Diese sind kaum universell, auch wenn der Schutz von Menschenleben

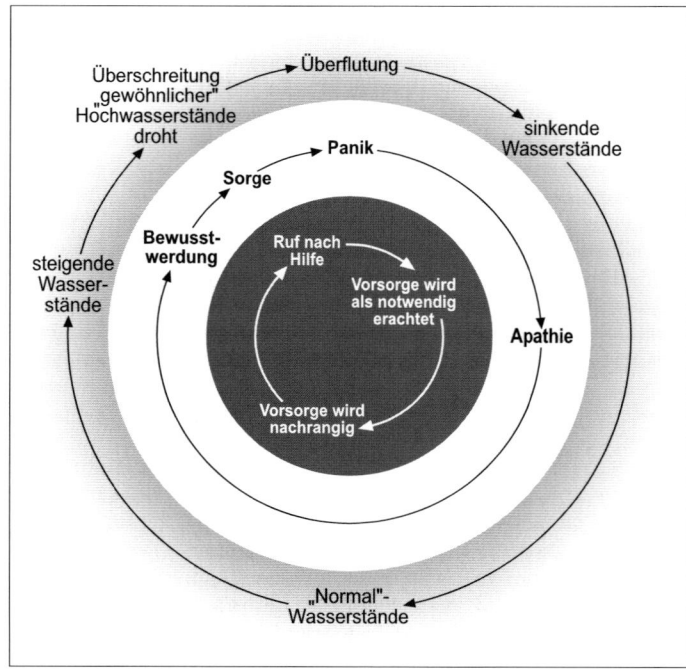

Abb. 22.2 Phasen des Katastrophengeschehens als zyklisches Modell: der *„hydro-illogical cycle"*.

22

(möglicherweise) überall Vorrang vor dem Schutz von Sachgütern hat. Ganz offensichtlich haben Menschenleben aber nicht überall denselben Wert.

Hinsichtlich der Beziehungen zwischen Katastrophengebiet und der übrigen Welt erhebt sich stets die Frage, ob die nicht unmittelbar Betroffenen sich das Leid der Opfer zu eigen machen (sollten oder müssten) – oder ob es sich um deren Problem handelt. Gewiss macht es wohl in sämtlichen Dimensionen der Katastrophenbewältigung einen massiven Unterschied, ob Hilfe (und wenn ja, wann und welche Hilfe) von außen zu den Betroffenen vordringt oder ob diese auf sich allein gestellt sind und bleiben, weil die Angelegenheit keine größere Öffentlichkeit erfährt oder als Regionalproblem eingestuft wird. Sind Ressourcen vorhanden, dann stellt sich die Frage der angemessenen Verteilung, wobei in der einschlägigen Literatur zwischen drei Grundprinzipien unterschieden wird, zwischen denen sich meist letztlich Kompromisse oder Mischformen durchsetzen (Kasten 22.3).

Zu klären ist ebenso, ob **Kredite** (die bereits Verschuldeten und Erwerbslosen kaum nutzen) oder nicht zurückzuzahlende **Zuschüsse** oder **Steuererleichterungen** (die nur Steuerzahlern zugute kommen) an Privatpersonen vergeben werden sollen, und ob der Zeit- oder der Wiederbeschaffungswert beschädigter Gebäude und Güter bei der Bemessung von Entschädigungszahlungen zugrunde gelegt wird. Sollen jene, die auf eigene Kosten **Versicherungen** abgeschlossen haben oder anderweitig Vorsorge getroffen haben, materiell besser gestellt werden als jene, die diese Kosten gespart hatten? Fragen können sich auch hinsichtlich der Vergabe von öffentlichen Aufträgen stellen – kommt der billigste Anbieter zum Zuge oder soll die lokale Wirtschaft bevorzugt werden, weil diese eher die dringend benötigten Beschäftigungsmöglichkeiten vor Ort schafft?

Wohl in keinem Staat gibt es für sämtliche solcher Verfahrensfragen verbindliche und einklagbare Festlegungen, die schon vor der Katastrophe bestehen und dann ohne Anpassung an die aktuelle Situation zur Anwendung kommen. Selbst auf den ersten Blick einleuchtende Forderungen wie die, die Katastrophenopfer sollten durch die Hilfe zumindest in die Lage versetzt werden, möglichst bald wieder ein Leben auf vorherigem Niveau zu führen, sind längst nicht in jedem Kontext angebracht – man denke an die Elendsbedingungen in südamerikanischen Slums bereits vor der verheerenden Hangrutschung. Nicht immer sind die Ausgangsbedingungen für großzügige Erstattungsregeln so günstig wie im Falle des Oderhochwassers 1997, als die Summe der Spenden privater Geber aus Deutschland die Schäden der Privathaushalte und gewerblichen Wirtschaft in Brandenburg bei weitem überstieg (Felgentreff 2003). Neben internationaler Hilfe bleibt häufig nur der Staatshaushalt, und der ist gerade in den „üblichen" Katastrophengebieten der Welt (wo die alltäglichen Lebensbedingungen für viele schon vor dem Eintritt der „Naturkatastrophe" katastrophal sind, wo die Zahl der Betroffenen um so viel größer ist als in den reichen Nationen) meist sehr knapp bemessen.

Wenn also nach überstandenen Katastrophen von politischen Meinungsführern und Betroffenen regelmäßig die Maxime ausgegeben wird, die soeben zerstörte Stadt (Region etc.) solle besser als je

---

Kasten 22.3

Wie soll mit Entschädigungen verfahren werden?

- Der **soziale *status quo ante*** wird wiederhergestellt, indem sich die Entschädigung an der Höhe des individuellen Verlustes orientiert. Soziale Ungleichheit wird so konsequent beibehalten, Reiche bekommen dann wieder größere Häuser als Arme.
- Wird nach dem **Gleichheitsprinzip** entschädigt, dann erhält jeder Haushalt oder jede Person Entschädigungszahlungen in gleicher Höhe, unabhängig von Bedürftigkeit und Höhe der Verluste. Als fragwürdig kann dieser Modus empfunden werden, wenn etwa offensichtlich Nicht-Bedürftige bedacht werden.

- Nach dem **Bedürftigkeitsprinzip** wird verfahren, wenn vor allem die weniger Vermögenden Unterstützung erhalten, also jene, die sich am wenigsten selbst helfen können (Geipel et al. 1988, S. 31). Hierbei kann es passieren, dass manche einen weit höheren Lebensstandard als vor der Katastrophe erlangen, während andere, die viel besaßen, aber kaum bedürftig waren, ihren vorherigen Lebensstandard nicht wiedererlangen (Quarantelli 1999, S. 4; Geipel 1992; Powers 2006).

22

zuvor wieder aufgebaut werden (Haas et al. 1977, S. XV), dann ist damit noch nicht viel über die genauen Ziele und Wege zu ihrer Erreichung gesagt. Was jeweils gemeint, beabsichtigt oder erhofft wird, das entwickelt sich in jedem Einzelfall aufs Neue. Häufig ist der Weg zu einer konsensfähigen **Wiederaufbaustrategie** („ ... es ist am besten, wenn wir das so regeln ...") nicht unbedingt vorher absehbar und Konsens nicht immer und dauerhaft herstellbar. Dies liegt nicht zuletzt daran, dass die nachkatastrophische Entwicklung mit einer Vielzahl konkurrierender, kurz- und langfristiger Zielvorstellungen verknüpft werden kann.

22.5 Ziele der Katastrophenbewältigung

In der unmittelbaren Abwehr von Notsituationen überwiegt eine Situationslogik, die relativ wenig Freiheiten und Wahlmöglichkeiten beinhaltet und bei der weiter reichende Zusammenhänge aus guten Gründen vernachlässigt werden können (Pohl 2003, S. 206): Menschenleben (und nach Möglichkeit auch Sachwerte) sollen gerettet und geschützt werden, Verletzte müssen geborgen und versorgt, Tote begraben werden. Sodann ist das Leid der Überlebenden zu lindern. Nach dieser Phase der unmittelbaren Nothilfe (Kasten 22.2) müssen aber durchaus übergreifende Zusammenhänge und Folgen der diesbezüglichen Entscheidungen bedacht werden, wenn nun auch absichtsvoll (und nicht nur unbeabsichtigt) langfristige Entwicklungen angestoßen werden. Die dabei adressierten Anliegen können zahlreich sein, in sehr verschiedenen Bereichen liegen und eine Vielzahl von Ressorts betreffen – sie sollten im Idealfall aber alle Akteursgruppen berücksichtigen und gemeinsam ausgehandelt, formuliert und umgesetzt werden (Alexander 2004).

Die in der Öffentlichkeit nach Katastrophen wie in Expertenkreisen derzeit als erstrebenswert diskutierten Ziele der Katastrophenbewältigung sind im Wesentlichen:
(1) Lebensqualität der Betroffenen, deren soziale Sicherheit und materielles Auskommen,
(2) die Fortentwicklung der betroffenen Wirtschaft,
(3) Gerechtigkeit,
(4) Erhalt und Schutz der natürlichen Umwelt sowie
(5) Integration von Katastrophenvorsorge und -vorbeugung in den Entwicklungsprozess, also Abbau von Katastrophenanfälligkeiten (Natural Hazards Center 2005).

Gerade dann, wenn Aspekte der Gerechtigkeit auch im Sinne generationenübergreifender Gerechtigkeit diskutiert werden, wird die Verwandtschaft mit der **Nachhaltigkeitsdiskussion** deutlich erkennbar. Hier wie dort stellt sich die Frage, ob die gewünschten Entwicklungen dauerhaften Bestand haben können, ob sie sozial, ökonomisch und ökologisch verträglich sind – hier allerdings ergänzt um das Entwicklungsziel der verminderten Schaden- bzw. Katastrophenanfälligkeit.

So überzeugend sich die genannten Ziele der nachkatastrophischen Entwicklung lesen, sie sind selten widerspruchsfrei und bedürfen der Auslegung und Gewichtung. Im Gefolge des Tsunami am 26.12.2004 im Indischen Ozean ist von Fällen berichtet worden, in denen lokale Fischer davon abgehalten wurden, sich wieder in Strandnähe niederzulassen, weil der Strandabschnitt für wohlhabende Touristen vorgehalten werden sollte (Smith 2006, S. 2). Wenn den Belangen finanzstarker Investoren Priorität eingeräumt wird gegenüber den Belangen der vormaligen Nutzer und Eigentümer, dann mag das unter Umständen langfristig die lokale Wirtschaft fördern und nicht nur dem Profitinteresse Einzelner, sondern dem Gemeinwohl dienen – doch zumindest dem Außenstehenden mutet diese Entwicklung als Verstoß gegen die Ziele Gerechtigkeit, Verbesserung der Lebensqualität der Betroffenen und deren materiellen Auskommens an (Kasten 22.4).

Bei der Etablierung neuer Zustände und Entwicklungen im Nachgang einer Katastrophe kann grundsätzlich jedes Problem, sei es sozialer, baulicher, raumstruktureller, ökonomischer, ökologischer oder anderer Art in den Blick geraten. Die einen mögen die Gelegenheit begrüßen, die Verkehrsprobleme, unter der die alte Stadt litt, beim Wiederaufbau anzugehen, andere plädieren für andere Raumnutzungen und wieder andere für die Verdrängung marginalisierter Gruppen. Wie vor allem jene Forscher, die sich sozialwissenschaftlichen Vulnerabilitätskonzepten verschrieben haben, immer wieder auch empirisch bestätigt gefunden haben, sind manche Gruppen von Menschen weniger verwundbar (*vulnerable*) als andere, haben höhere Überlebenschancen während der Katastrophe, können Verluste besser kompensieren und finden sich später eher auf Seiten der „Katastrophen-Gewinner". All dies ist nicht ausschließlich eine Frage von Reichtum oder Armut, aber diese Faktoren korrelieren häufig stark mit der relativen Besser- oder Schlechterstellung auch im Zuge der Katastrophenbewältigung (Wisner et al. 2004, S. 12; Kapitel 7).

Kasten 22.4

Langfristig erfolgreiche Katastrophenbewältigung

In den letzten Jahren sind in den USA verschiedene Leitfäden und Handbücher zur Katastrophenbewältigung erschienen. Folgt man dem Handbuch *„Holistic disaster recovery – Ideas for building local sustainability after a natural disaster"* (Natural Hazards Center 2005), dann sollte die betroffene lokale Gemeinschaft die folgenden Gesichtspunkte nach Möglichkeit offensiv, d. h. proaktiv und nicht reaktiv, gestalten:

- Während der Phasen der Erholung und des Wiederaufbaus sind widerstreitende Interessen auszugleichen und dabei alle Akteursgruppen gleich zu behandeln; langfristiger Nutzen für die Gemeinschaft darf nicht zugunsten kurzfristiger Partikularinteressen geopfert werden.
- Hinreichende finanzielle Ressourcen sind hilfreich für die Erlangung breiter Unterstützung der Vorhaben.
- Der Wiederaufbau und die Initiierung neuer Entwicklungen sollen genutzt werden, die Wirtschaft und die Gemeinschaft zu stärken.
- Umwelt und natürliche Ressourcen sollen in ihren natürlichen Funktionen zum Nutzen der Gemeinschaft geschont werden.
- Die Exponiertheit gegenüber Gefahren unter das vorkatastrophische Maß soll reduziert werden.

(Natural Hazards Center 2005, S. 2-2)

22.6 Lehren und Lernen aus Katastrophen?

Trotz der durch die Katastrophe entstandenen Möglichkeit, unerwünschte Entwicklungen zu stoppen oder Planungsfehler zu korrigieren, lässt sich immer wieder beobachten, dass der Wiederaufbauprozess in wesentlichen Zügen in vertraute Richtungen und zu vorkatastrophischen Zuständen führt (Kasten 22.5).

Andererseits sind – zumindest in den zeitgenössischen Gesellschaften mit ausgeprägter Medienpräsenz – in öffentlichen Debatten über Katastrophenverlauf und -ursachen immer wieder Rückkoppelungen auszumachen, wenn Kritik artikuliert und **Lehren** gezogen werden. Dies gilt auch für akademische Spezialdiskurse. In der geographischen Fachliteratur sind dabei vor allem raumstrukturelle Gesichtspunkte thematisiert worden.

Hervorzuheben ist zum einen die Frage, **ob durch Wiederaufbauhilfe nicht längst dysfunktional gewordene Raumstrukturen „quasi betoniert" werden**. Diese Frage wird insbesondere in peripheren Regionen, die bereits vor der Katastrophe durch ökonomischen Niedergang und Abwanderung der Bevölkerung charakterisiert waren, gestellt. Wenn auch die nach den Erdbeben im Friaul (Italien) 1976 in abgelegenen Bergdörfern neu entstandenen Häuser den Willen sowohl der Bewohner als auch der Spender widerspiegeln – ist es wirklich sinnvoll, bisher infrastrukturell kaum erschlossene und nicht zuletzt aufgrund ihrer Lage nur bedingt „zukunfts-fähige" Gebiete auf diese Weise aufzuwerten? Der Münchner Sozialgeograph Robert Geipel hat mit Mitarbeitern und Schülern den Wiederaufbauprozess im Friaul über lange Zeit begleitet, wobei eine Vielzahl von immer noch lesenswerten Studien entstanden ist, die ein breites Spektrum von Aspekten erhellen (Geipel et al. 1988).

Zum anderen ist ein reicher Fundus von nicht nur geographischer Literatur entstanden, in der eingetretenes Unheil als Chance zur frühzeitigen Erkennung von Möglichkeiten der **Vorsorge** und **Vorbeugung** benannt wird (DKKV 2003).

Mit Blick auf die Frage, ob sich die Katastrophe so oder ähnlich wiederholen kann, führt die nachkatastrophische Entwicklung prinzipiell in drei verschiedene Richtungen (Passerini 2000):

- Eine erneute Katastrophe wird noch wahrscheinlicher oder ihre Konsequenzen werden noch gravierender ausfallen.
- Vorsorge und Vorbeugung in baulicher und anderer Hinsicht macht eine Wiederholung unwahrscheinlicher und/oder die Schäden werden geringer ausfallen.
- Wiederherstellung des *status quo ante* inklusive der bekannten Katastrophenanfälligkeit.

Welche dieser drei Richtungen – sei es durch bewusst ausgehandelte Beschlüsse aller Beteiligten, sei es durch ungesteuerte Einzelentscheidungen – eingeschlagen wird, ist auch ein Hinweis auf die jeweils zugrunde liegende Priorität. Während die erstgenannte Richtung die Chance nutzt, mithilfe der im

22

Kasten 22.5

Weshalb setzt sich so häufig eine Wiederaufbaustrategie durch, die die Wiederherstellung vorkatastrophischer Bedingungen zum Kern hat?

Neben anderen Gründen werden in der Literatur immer wieder hervorgehoben:

- Landbesitzverhältnisse ändern sich meist nicht durch Katastrophen – wodurch der Wiederaufbau durch die Eigentümer an derselben Stelle nahezuliegen scheint.
- Die Überlebenden drängen in der Regel auf ein Wiedererstarken ihrer vertrauten Gemeinschaft, inklusive der sozialen Ordnung und vorheriger wirtschaftlicher Tätigkeiten.

- Gegen einen Neuanfang an einem anderen Ort spricht häufig die Ortsverbundenheit der Betroffenen („Heimat").
- Wiederaufbauhilfe ist mitunter nur für den Wiederaufbau im Katastrophengebiet, nicht aber andernorts bestimmt.
- Symbolträchtige alte Bauten sollen nach allgemeinem Wunsch nicht nur möglichst originalgetreu, sondern auch am ehemaligen Standort wieder entstehen.

(Alexander 2004)

Rahmen der Katastrophenhilfe geflossenen Gelder in der betroffenen Region den Wohlstand zu mehren, und dafür das Risiko erneuter höherer Schäden eingeht, ist der Nutzen von Investitionen in bauliche und andere Vorsorgemaßnahmen unsicher, da niemand wissen kann, ob bzw. wann sich ein ähnliches Naturereignis wieder ereignen wird; gewiss ist hingegen, dass die dafür verwendeten Ressourcen an anderer Stelle fehlen werden.

Die zuletzt genannte Möglichkeit erhöht oder verringert das Risiko, bedient aber die bereits angesprochenen konservativen Bedürfnisse der Katastrophenopfer (Kasten 22.5).

Nicht nur weil die Zukunft stets ungewiss ist und mehr Möglichkeiten bereithält, als Systeme aufgreifen können, sind die oben genannten drei Richtungen keineswegs eindeutig identifizierbar (Felgentreff 2006). Selbst wenn man längere Zeithorizonte als die Dauer von Legislaturperioden in den Blick nimmt, ist die bessere Lösung nicht objektiv identifizierbar, zumal die Verteilung von Nutzen und Kosten bei den meisten Maßnahmen nicht deckungsgleich ist und nirgendwo verbindlich geregelt ist, welche Verantwortung der Staat und welche Verantwortung der Einzelne bei der Vermeidung vermeidbarer Schäden zu tragen hat.

Absehbar ist der Trend zu höheren zukünftigen Verlusten vor allem dort, wo nach der Katastrophe massiv in Sachwerte investiert wird, ohne gleichzeitig Vorsorge zu betreiben. Es mag billiger sein und schneller gehen, viele zufrieden stellen oder der Not gehorchen – wenn Gebäude nach einem Erdbeben wieder in einer Bauweise entstehen, die anerkanntermaßen schon bei leichten Beben einstürzt, dann scheint dies aus Sicht der Katastrophenvorsorge leichtfertig. Ähnlich zweifelhaft ist die Wiederbe-

siedlung von Flussniederungen nach Überflutungen, wenn erneut allein auf die Schutzwirkung des Deiches vertraut wird und weder bauliche noch andere weiter reichende Maßnahmen zur Vorsorge und Vorbeugung ergriffen werden – man denke an die Verlagerung von Wohnfunktionen in höhere Stockwerke (Abb. 22.3), die Verwendung wasserfester Materialen im Innenausbau, die Umstellung von Öl- auf Gasheizung, den Abschluss einer Elementarschadenversicherung, die Vorhaltung von Evakuierungsplänen, den Ausbau des Vorhersage- und Warndienstes, die Schaffung neuer Retentionsflächen usw.

Der umgekehrte Trend hin zu geringeren oder gar keinen Schäden im Wiederholungsfall kann mit Sicherheit nur dort konstatiert werden, wo keine Sachwerte mehr vorhanden sind und keine neuen Investitionen getätigt werden. Dort kann die nächste Überschwemmung keine Schäden mehr nach sich ziehen, die Lava fließen und der Hang rutschen – das Naturereignis wird nicht mehr sein als ein Naturereignis. Das Problem wäre derart radikal gelöst, dass sich die Gesellschaft getrost der Lösung anderer Probleme zuwenden kann. So verlockend diese Vision aus Sicht der Schadenminimierung ist, es gibt gute Gründe, weshalb **„permanente Evakuierung"** seltene Ausnahmen sind. Die Umsiedlung von Haushalten oder ganzen Gemeinden eliminiert das **Risiko**, erneut Schäden durch einen bekannten, ortsgebundenen **Hazard** zu erleiden, kreiert dafür andere, offenbar weniger akzeptable Risiken (Kapitel 24). **Abwanderung nach Naturkatastrophen** ist häufig wohl nur ein vorübergehendes Phänomen (Fuhr 2002, S. 17; Passerini 2000, S. 67). Wenn es zu massenhafter Abwanderung kommt, dann ist das nicht allein dem Faktor Natur/Umwelt geschuldet, sondern

Abb. 22.3 Bauvorsorge im Überschwemmungsgebiet. Nachdem die Ziltendorfer Niederung im Juli 1997 nach mehreren Deichbrüchen überflutet worden war, haben einige Hauseigentümer durch bauliche Maßnahmen Vorsorge für den Wiederholungsfall betrieben. Hierzu kann die Verwendung wasserfester Materialien, die Verlegung der Heizung und der Hauselektrik auf den Dachboden gehören wie die Verlagerung von Wohnfunktionen in höhere Geschosse (Foto: Carsten Felgentreff).

geht auf mehrere Faktoren zurück. Die verheerenden Sandstürme im *dust-bowl* der Vereinigten Staaten von Amerika in den 1930er-Jahren haben nur im Zusammenspiel mit gefallenen Erzeugerpreisen, der allgemeinen wirtschaftlichen Lage und weiteren Faktoren dazu führen können, dass mehr als eine Million Menschen, viele von ihnen Farmer, den mittleren Westen wieder verließen (Lookingbill 2001).

Die Zeit direkt nach einer überstandenen Katastrophe ist mehrfach als **window of opportunity** für die Implementierung von Maßnahmen des Katastrophenschutzes und der Vorbeugung charakterisiert worden. Allen guten Vorsätzen, das soeben erkannte Problem (diese Stadt ist erdbebengefährdet, diese Küstenzone liegt in der Zugbahn von Hurrikans) nun aber wirklich und dauerhaft zu lösen, zum Trotz – letzten Endes entpuppt sich der Wiederaufbauprozess recht häufig als Rückkehr zu gewohnten Landnutzungen und Nutzungsansprüchen. Allenfalls kommen zusätzliche technische Schutzmaßnahmen zur Anwendung, deren Finanzierung im Allgemeinen der Allgemeinheit obliegt. Mit Blick auf die Situation in den USA konstatieren Rutherford H. Platt und Claire B. Rubin (1999):

»*Mitigation has had a chequered history over the past three decades. While universally supported in principle, it has often proven to be the unwelcome guest at the post-disaster banquet. Rebuilding more safely may cost more, take longer, and sometimes conflicts with private property interests and public tax base and economic priorities. And despite recent expansion of funding for mitigation, the lion's share of federal disaster assistance is still devoted to rebuilding the status quo ante, as quickly as possible*« (Platt und Rubin 1999, S. 71).

Insofern sehen sich Beobachter häufig der paradoxen Situation gegenüber, dass direkt nach der überstandenen Katastrophe der übereinstimmende Wille aller Akteure darauf abzielt, dass nach der Katastrophe alles sicherer werden soll, sich aber gleichzeitig nichts Vertrautes und Liebgewonnenes ändern soll. Dessen ungeachtet mehren sich die Plädoyers, die das Ziel der verbesserten Katastrophenresistenz im Zusammenhang mit dem Wiederaufbau nach Katastrophen betonen. So ermahnt die Organisation *US Aid from the American People* die Leserschaft im Internet mit den folgenden Worten:

»*After a disaster, it is important for city residents, local government, businesses and non-governmental organizations to resume normal activities and to participate in reconstruction efforts. In the rush to re-build, however, local officials and citizens must understand why the damage occurred and then consider how to reduce the city's vulnerability to the next disaster. Population density, ecological imbalance and inappropriate construction are creating more urban areas that are increasingly vulnerable to disasters. To make improvements in the quality of life of urban dwellers that will not be swept away in a storm, development must be linked to creating a higher level of disaster resistance. This means adapting the built environment such as retrofitting schools, health facilities and critical community systems and infrastructure to withstand the impacts of disasters. However, it also means changes to improve the social, economical and environmental factors that can affect a community's vulnerability to the impact of hazards*« (US Aid from the American People – Making Cities Work o. J., S. 1).

Aussichten auf Erfolg haben Veränderungen, die nicht nur Symptome kurieren oder primär symbolischer Art sind, wohl vor allem dann, wenn ihre Notwendigkeit schon vor dem Katastropheneintritt erkannt und als solche kommuniziert wurde. Die Erstellung von Wiederaufbauplänen bereits vor dem Katastropheneintritt ist allerdings unüblich (würde sie doch voraussetzen, dass sich die Beteiligten darüber im Klaren sind, dass eine Gefährdungslage vorliegt, was aber oft so lange wie möglich ignoriert oder geleugnet wird).

22.7 Ausblick

Niemals werden Menschen in der Lage sein, sämtliche Prozesse in ihrer physischen und sozialen Umwelt dergestalt unter Kontrolle zu halten, dass keine unerwünschten Effekte auftreten. Dass aus mit der Natur assoziierten Prozessen und Gefahren aber Katastrophen werden müssen, ist zweifelhaft. Wenn jedoch die Lehren und Konsequenzen nach sogenannten Naturkatastrophen im Wesentlichen darauf hinauslaufen, Sachwerte und Menschenleben wieder an genau den Lokalitäten zu platzieren, wo sie eben zerstört und in Mitleidenschaft gezogen wurden, dann sind weitere Steigerungen von Qualität und Quantität zukünftiger Katastrophen wohl unausweichlich. Insofern ist das von Frank Uekötter (2004, S. 1) geprägte Bild des „Bienenhaften" der sogenannten Naturkatastrophen zutreffend: Zwar stechen sie, sterben dann aber bald und geraten in Vergessenheit.

Wenn die Zeit nach einer Katastrophe tatsächlich dazu genutzt wird, Veränderungen herbeizuführen und nicht den *status quo ante*, dann müssen die diesbezüglichen Diskussionen wahrscheinlich schon vor der Katastrophe geführt worden sein. Wenn die Einsicht schon vorher ganz allgemein im Bewusstsein verankert war, dass die Regionalstrukturen nicht mehr zeitgemäß und dysfunktional geworden sind, der Wunsch nach Veränderung also schon vor der Katastrophe artikuliert und mehrheitsfähig ist, dann dürfte es leichter fallen, gemeinsam neue, „bessere" Lösungen anzustreben.

Auffallend ist, dass derzeit weder in der Fachwelt noch in der breiteren Öffentlichkeit Diskussionen darüber geführt werden, wie die Gesellschaft der Zukunft katastrophenresistent gestaltet werden soll (Estes 2006). Damit ist das Stichwort **Resilience** angesprochen, also die Fähigkeit einer Gemeinschaft, ihre Entwicklung und ihren Fortbestand auch angesichts internen oder extern auferlegten Wandels zu gewährleisten und sich würdevoll zu wandeln,

wenn dies unausweichlich ist (Allenby und Fink 2005, Kapitel 33).

Ungeachtet der vielen in jüngster Zeit entstandenen Veröffentlichungen zur Wiederaufbauproblematik nach Katastrophen sind zahlreiche, fundamentale Fragen noch kaum behandelt, etwa die des Stellenwerts von kulturellen Wertemustern oder die zur Rolle politischer Erwägungen. Das Verhältnis von staatlicher und privater Verantwortung für Prävention wirft mehr als nur juristische Fragen auf (Kapitel 20). Und obwohl mittlerweile vielen Autoren offensichtlich erscheint, dass Entschädigungsleistungen nach sogenannten Naturkatastrophen häufig zweifelhafte Anreizwirkungen (Kapitel 21) mit sich bringen – wir wissen insgesamt noch recht wenig darüber, welche Faktoren die vielfältigen Entscheidungen der einzelnen Betroffenen, der Gemeinden und Organisationen sowie der Gesamtgesellschaften im nachkatastrophischen Geschehen in welcher Weise beeinflussen (Kapitel 32). Und noch weniger gesicherte Erkenntnisse liegen vor hinsichtlich der Frage, wie Außenstehende (z. B. Wissenschaftler) die Betroffenen darin bestärken können, „gute" Entscheidungen zu treffen – eben jene, die den bestmöglichen Schutz der Gemeinschaft vor zukünftigen Schäden versprechen.

Zusammenfassung

Der Wiederaufbau nach Katastrophen umfasst weit mehr als allein die Wiederherstellung baulicher Strukturen. Je nach Interessenlage können dabei die unterschiedlichsten „Missstände" der Vergangenheit angegangen und abgestellt werden – welche dies sind und wie dies geschehen solle, wird in jedem Einzelfall erneut verhandelt. Aus Sicht der Katastrophenvorsorge wäre wünschenswert, wenn langfristige Katastrophenvorsorge und -vorbeugung in den Wiederaufbauprozess integriert würde, dem Schutz der Gemeinschaft also ein höherer Stellenwert als vor der Katastrophe zukäme. Ob aus reiner Not, aus Unkenntnis von Alternativen oder von einer Position trotzigen Festhaltens an Vertrautem und (vermeintlich?) Bewährtem herab: Häufig umfasst der (bauliche, soziale, ökonomische, politische etc.) Wiederaufbauprozess vor allem eine Ansammlung von Reparaturen, die die Symptome der Problemlagen angehen, ohne die tiefer liegenden Ursachen in den Blick zu nehmen oder gar zu modifizieren.

22

Series 7:1–12 (http://services.bepress.com/eci/geohazards/33)

Fuhr D (2002) Das Kind hat viele Namen und noch mehr Eltern. *Politische Ökologie* 79: 16–19

Geipel R (1992) Naturrisiken. Katastrophenbewältigung im sozialen Umfeld. Wissenschaftliche Buchgesellschaft, Darmstadt

Geipel R, Pohl J, Stagl R unter Mitarbeit von Bardola A, Chiavola E, Hochgürtel H (1988) Chancen, Probleme und Konsequenzen des Wiederaufbaus nach einer Katastrophe. Eine Langzeituntersuchung des Erdbebens im Friaul von 1976 bis 1988. *Münchner Geographische Hefte* 59. Lassleben, Kallmünz/Regensburg

Haas JE, Kates RW, Bowden MJ (Hrsg) (1977) Reconstruction following disaster. MIT-Press, Cambridge, London

Kates R, Pijawka D (1977) From rubble to monument: The pace of reconstruction. In: Haas JE, Kates RW, Bowden MJ (Hrsg) Reconstruction following disaster. MIT-Press, Cambridge, London. 1–23

Lookingbill BD (2001) Dust Bowl, USA. Depression America and the ecological Imagination, 1929–1941. Ohio University Press, Athens

Natural Hazards Center (2005) Holistic Disaster Recovery – Ideas for Building Local Sustainability After a Natural Disaster. Revised edition. Boulder, Natural Hazards Center (with funding from the Public Entity Risk Institute) – http//:www.riskinstitute.org/NR/rdonlyres/

Oliver-Smith A (1996) Anthropological research on Hazards and Disasters. *Annual Review of Anthropology* 25: 303–328

Passerini E (2000) Disasters as agents of social change in recovery and reconstruction. *Natural Hazards Review* 1(2): 67–72

Platt RH, Rubin CB (1999) Stemming the Losses: The quest for hazard mitigation. In: Platt R (Hrsg) Disaster and Democracy: The Politics of Extreme Natural Events. Island Press, Washington D.C. 11–46

Pohl J (2003) Risikomanagement in Stromtälern. In: Karl H, Pohl J (Hrsg) Raumorientiertes Risikomanagement in Technik und Umwelt. Katastrophenvorsorge durch Raumplanung. Forschungs- und Sitzungsberichte der Akademie für Raumforschung und Landesplanung 220. Verlag der ARL, Hannover. 196–218

Powers MP (2006) A matter of choice. Historical lessons for disaster recovery. In: Hartman C, Squires GD (Hrsg) There is no such thing as a natural disaster. Race, class, and hurrican Katrina. Routledge, New York. 13–35

Quarantelli EL (1989) A Review of Literature in Diaster Recovery Research. Disaster Research Center, University of Delaware, Newark

Quarantelli EL (1999) The Disaster Recovery Process: What we know and do not know from research. *Preliminary Paper* 286, Disaster Research Center, Newark, University of Delaware. http://www.udel.edu/DRC/preliminary/286.pdf

Schlüsselsätze

- Langfristige Katastrophenbewältigung erschöpft sich nicht in der Wiederherstellung baulicher Strukturen, sondern beinhaltet auch die Wiederherstellung sozialer Beziehungen u. a.
- Kurzfristige Notwendigkeiten in der Bewältigung von Notsituationen folgen anderen Handlungslogiken als langfristige Planungen; letztere können durch wohlmeinende Sofortmaßnahmen konterkariert werden.
- Nimmt man die Vermeidung zukünftiger Schäden zum Maßstab, dann zielen Wiederaufbaustrategien idealerweise nicht vorrangig auf die Wiederherstellung vorkatastrophischer Zustände, sondern auf deren Verbesserung – etwa hinsichtlich gesellschaftlicher Katastrophenanfälligkeit und der Lösung sozialer, ökologischer, raumstruktureller und anderer Probleme. Es sollte darum gehen, möglichst zukunftsfähige Strukturen zu schaffen.

Literatur

Allenby B, Fink J (2005) Toward inherently secure and resilient societies. *Science* 309: 1034–1036

Alexander D (2004) Planning for post-disaster reconstruction – http//:www.coventry.ac.uk/corporate/cms/jsp/polopoly.jsp?d=1176&a=10290

Berke PR, Kartez J, Wenger D (1993) Recovery after Disaster: Achieving sustainable development, mitigation and equity. *Disasters* 17(2): 93–109

DKKV (Hrsg) (2003) Hochwasservorsorge in Deutschland. Lernen aus der Katastrophe 2002 im Elbegebiet. Lessons Learned. Schriftenreihe des DKKV Nr. 29. Bonn

Dombrowsky WR (2002) Flußhochwasser: ein Störfall der Vernunft? *Gaia* 11(4): 310–311

Döring M (2005) "Wir sind der Deich". Zur metaphorisch-diskursiven Konstruktion von Natur und Nation. Kovac, Hamburg

Estes RJ (Hrsg) (2006) Advancing Quality of Life in a turbulent World. Social Indicators Research Series 29. Springer, Heidelberg

Felgentreff C (2003) Post-Disaster Situations as „Windows of Opportunity"? Post-Flood Perceptions and Changes in the German Odra River Region after the 1997 Flood. *Die Erde* 134(2):163–180

Felgentreff C (2006) Disasters and Decision Processes. In: Nadim F, Pöttler R, Einsein H, Klapperich H, Kramer S (Hrsg) Geohazards. ECI Symposium

22

Quarantelli EL (2003) Auf Desaster bezogenes soziales Verhalten. Resümee der Forschungsergebnisse von fünfzig Jahren. In: Clausen L, Geenen EM, Macamo E (Hrsg) Entsetzliche soziale Prozesse. Theorie und Empirie der Katastrophe. Lit, Münster. 25–33

Smith N (2006) There's No Such Thing as a Natural Disaster. http://understandingkatrina.ssrc.org/Smith/

Stahel WR (2002) Uncertainty and loss of confidence: from risk management to panic management? Lessons from the accident iceberg. A call for research on the hidden part of the disaster iceberg. *Risk Management* 32: 1–5

Tobin GA, Montz BE (1997) Natural Hazards. Explanation and Integration. The Guilford Press, New York, London

Uekötter F (2004) [Rezension] über Groh D, Kempe M, Mauelshagen F (Hrsg): Naturkatastrophen. Beiträge zu ihrer Deutung, Wahrnehmung und Darstellung in Text und Bild von der Antike bis ins 20. Jahrhundert. Konstanz 2003. In: H-Soz-u-Kult 14.01.2004. http://hsozkult.geschichte.hu-berlin.de/rezensionen/2004-1-021

US Aid from the American People – Making Cities Work (o. J.) Reconstruction and Post-Disaster Mitigation. http://www.makingcitieswork.org/urbanThemes/Disaster/Reconstruction

Wisner B, Blaikie P, Cannon T, Davis I (2004) At Risk – Natural hazards, people's vulnerability, and disasters. 2. Aufl., Routledge, London

Teil IV

Fallbeispiele

23 Alpines Risikomanagement – theoretische Ansätze, erste Umsetzungen

Johann Stötter und Andreas Zischg

Gefahrenpotenzial • Gefahrenzonenplanung • Risikomanagement • Schadenspotenzial • Umgang mit alpinen Naturgefahren

Im Gegensatz zur langen und erfolgreichen auf den Prozess konzentrierten Tradition des Umgangs mit alpinen Naturgefahrenprozessen und ihren Folgeerscheinungen sind risikobasierte Ansätze in diesem Zusammenhang relativ neu. Nach knappen einführenden Bemerkungen zum Risikobegriff im alpinen Kontext wird ein kurzer Abriss der Geschichte des Umgangs mit Naturgefahren im Alpenraum durch offizielle staatliche Stellen geboten. Der Schwerpunkt liegt dann auf der grundsätzlichen Darstellung der allgemeinen Entwicklung des Gedankens des Risikomanagements seit den 1990er-Jahren. Abschließend werden diese Ideen anhand des Beispiels der aktuellen Entwicklung eines Konzepts für die Abgrenzung von Gefahren- und Risikozonen der Autonomen Provinz Bozen detailliert konkretisiert.

23.1 Einführung

Risiko ist im Umgang mit Naturgefahren ein zentraler Begriff. In Abhängigkeit der disziplinären Zugangsweise lassen sich dabei verschiedene Definitionen für Risiko formulieren (Fuchs 2004), wobei Risiko eindeutig als ein menschliches Konstrukt zu verstehen ist, das auf das Individuum bzw. die Gesellschaft fokussiert ist.

Im Zuge von Überlegungen zum Umgang mit alpinen Naturgefahren findet der Begriff Risiko seit mehr als zwei Jahrzehnten Verwendung, wobei eine deutliche Weiterentwicklung und Schärfung der ursprünglich sehr unterschiedlichen Verständnisweisen zu beobachten ist (Grunder 1984, Salm 1993, Hollenstein 1995). Eine breite Zustimmung findet heute ein Konzept, das auf Kienholz (1993) zurückgeht, demzufolge nicht nur das Gefahrenpotenzial, sondern auch das Schadenspotenzial mit einzubeziehen ist

Risiko ist in diesem Zusammenhang aber auch immer noch ein Begriff, der sich zunehmender Beliebtheit erfreut; es ist sozusagen in Mode von Risiko zu sprechen, auch wenn man durchaus etwas anderes meint. Am Beispiel alpiner Naturgefahren und des damit verbundenen Umgangs durch öffentliche Dienststellen lässt sich gut zeigen, wie der Risikogedanke in der jüngeren Vergangenheit Einzug in den konzeptionellen Bereich gehalten hat, ohne dass jedoch die entsprechende Umsetzung als logische Konsequenz nachfolgt.

Zeitgemäßes Naturgefahrenmanagement basiert auf der Erfassung und Bewertung des Risikos, es beinhaltet folglich fakultativ Elemente des Naturraums und des Kulturraums/der Gesellschaft. Im Sinne dieses holistischen Ansatzes dürfen potenziell gefährliche Prozesse nicht länger isoliert betrachtet werden, es bedarf vielmehr der expliziten Einbeziehung des exponierten Schadenspotenzials. Diese Erweiterung des Ansatzes zum Umgang mit Naturgefahren führt direkt zum Risikokonzept.

23

23.2 Der traditionelle Umgang mit alpinen Naturgefahren – von der Verhinderung von Prozessen zum planerischen Umgang mit Naturgefahren

Viele Jahrhunderte war die **Wahrnehmung** von Naturgefahrenereignissen und der Umgang mit den Prozessen durch eine stark fatalistische Grundhaltung geprägt, wobei oftmals ein höherer, göttlicher Wille als Erklärung herangezogen wurde. Auf den Beginn der Neuzeit lassen sich erste Maßnahmen zum Schutz von gefährdeten Objekten datieren, die meist in Form von einfach konstruierten Ablenk- oder Bremsbauwerken ausgeführt wurden. Erst mit dem Einzug neuer, durch Rationalität geprägter Geistesströmungen im 19. Jahrhundert beginnt eine naturwissenschaftlich und technisch ausgerichtete Auseinandersetzung mit alpinen Naturgefahren (Aretin 1808, Duile 1826, in Österreich).

Den Übergang aber zu einem stark durch das Individuum oder die kleine dörfliche Gemeinschaft initiierten **Umgang** mit den Gefährdungen lösten in der zweiten Hälfte des 19. Jahrhunderts katastrophale Einzelereignisse aus (Stötter et al. 2004). In Österreich waren es mit großen Schäden verbundene Murereignisse, von denen in den Jahren 1882 und 1884 Tirol und Kärnten heimgesucht wurden, die die Gründung einer staatlichen Dienststelle zum Schutz vor alpinen Naturgefahren auslösten. So wurde 1884 das königliche und kaiserliche Wildbachverbauungsgesetz erlassen, wodurch die Dienststellen des Forsttechnischen Dienstes für Wildbach- und Lawinenverbauung in Österreich ins Leben gerufen wurden (Aulitzky 1998).

Vergleichbares gibt es auch aus anderen Staaten in den Alpen zu berichten: So wurden nach großen Schadensereignissen in Frankreich in den 1860er-Jahren (Weinmeister 1997), in der Schweiz in den späten 1870er-Jahren (Frutiger 1980) entsprechende gesetzliche Grundlagen erlassen und somit der Umgang mit bzw. der Schutz vor Naturgefahren zur staatlichen Aufgabe.

Fast 100 Jahre zielte der staatliche Umgang mit Naturgefahren auf die Verhinderung der Prozesse bzw. eine Verbesserung der Objektschutzmaßnahmen ab. Im Vordergrund standen dabei ingenieurtechnische **Maßnahmen** zum Verbau der als gefährdet einge-

stuften Wildbäche unter Verwendung der Naturbaustoffe Stein und Holz sowie forstwirtschaftliche Maßnahmen zur Verbesserung der Schutzfunktion alpiner Wälder. Durch Innovationen im Technik- und Materialbereich (z. B. Stahlbeton) konnte infolge der katastrophalen Lawinenwinter von 1950/51 sowie 1952/53 mit dem Permanentverbau der oberhalb der Waldgrenze gelegenen Anrissgebiete von Großlawinen begonnen werden. In den späten 1950er-Jahren kamen zunehmend auch ingenieurbiologische Ansätze zum Einsatz (Schiechtl 1958).

Es waren aber auch speziell die wirtschaftlichen Folgen dieser Lawinen in den 1950er-Jahren sowie alpenweite Mur- und Lawinenereignisse in den 1960er-Jahren, die ein Umdenken weg vom bis dahin praktizierten ingenieurtechnischen Umgang mit Naturgefahren, hin zu ersten planerischen Überlegungen induzierte (Bergthaler 1975). So wurde als eine Folge dieser Ereignisse in der Schweiz für die Gemeinde Gadmen im Berner Oberland der erste Lawinenzonenplan erlassen (Frutiger 1980). Dieser erfuhr durch die Vollziehungsverordnung zum Forstpolizeigesetz im Jahr 1965, der zufolge die Kantone dafür zu sorgen hatten, eine offizielle Verankerung (Baumann und Buri 1994). Während es in der Schweiz aber noch bis in die 1990er-Jahre dauerte, um durch die Bundesgesetze über den Wasserbau (WBG) und den Wald (WaG) eine umfangreiche und alle Kantone gesetzlich verpflichtende Grundlage für die **Gefahrenzonenplanung** zu erhalten, wurden in Österreich durch das Forstgesetz vom 3. Juli 1975 („Bundesgesetz, mit dem das Forstwesen geregelt wird") sowie die Gefahrenzonenplanverordnung 1976 („Verordnung über Gefahrenzonenpläne vom 30. Juli 1976") deutlich früher schon die weltweit ersten gesetzlichen Grundlagen für die landesweite Gefahrenzonenplanung geschaffen (BMLF 1989, Länger 2005). Ähnliches gilt auch für Frankreich, wo inzwischen vier Generationen von unterschiedlichen Gefahrenzonenplänen/-karten ausgearbeitet wurden (Antoine 1991, Choquets 1995, Flageollet 1989, Pietri 1993).

23.3 Wo aber bleibt das Risiko?

Den im historisch angelegten Überblick bisher geschilderten Umgangsweisen mit alpinen Naturgefahren ist eines gemeinsam: Im Sinne einer Emissionsbetrachtung konzentrieren sie sich alle auf einen Prozess, von dem potenziell schadenbringende Auswirkungen ausgehen können oder, genauer ausgedrückt, auf das **Gefahrenpotenzial**. Diese Prozessbetrachtung galt generell in der Zeit vor der *International Decade for Natural Disaster Reduction* (IDNDR), durch die in den 1990er-Jahren weltweit Augenmerk auf den Umgang mit Naturgefahren gelenkt wurde, als allgemeine Praxis (Stötter und Fuchs 2006). Speziell wurde gemäß den Vorgaben der Gesetze oder Verordnungen der Zusammenhang zwischen Frequenz und Magnitude bzw., anders ausgedrückt, die Eintretenswahrscheinlichkeit von potenziell gefährlichen Naturprozessen untersucht. So stellen beispielsweise in Österreich Bemessungsereignisse, die einer 150-jährlichen Wiederkehrwahrscheinlichkeit entsprechen, die Grundlage für die Ausweisung von Gefahrenzonen und die Dimensionierung von technischen Lösungen dar.

Konsequenterweise konzentrierten sich auch die wissenschaftlichen Untersuchungen auf Fragen im Kontext der Prozesse, sodass es eine große Zahl von Publikationen zum Gefahrenpotenzial gibt. Das Risiko im Sinne einer Integration wird dabei zwar häufig angesprochen, aber meist nicht vertiefend bearbeitet.

23.4 Neue Wege zum alpinen Risikomanagement

Erst Mitte der 1990er-Jahre begann in der Schweiz ein Umdenk- oder Erneuerungsprozess, als Autoren wie Hollenstein (1995, 1997), Egli (1996), Heinimann et al. (1998) oder Borter (1999) grundlegende Überlegungen zu einer **risikobasierten Auseinan-**dersetzung mit alpinen Naturgefahren in der Raumplanung formulierten. Fast zeitgleich entstanden ökonomische Ansätze zur Beurteilung bzw. Quantifizierung möglicher Schäden (Altwegg 1989, Wilhelm 1997, 1999). In diese Überlegungen hinsichtlich eines integralen, d. h. auch fachübergreifenden neuen Umgangs mit alpinen Naturgefahren flossen grundlegende Gedanken ein, die ursprünglich im Zusammenhang mit der systematischen Sicherheitsplanung für die Nuklear-, später auch chemische und technische Industrie entwickelt wurden.

In einer ersten Form kann diese neue Art der Risikobetrachtung in drei zusammenwirkende Teilschritte gegliedert werden (Heinimann et al. 1998). Dabei werden Antworten auf drei Fragen gesucht (Tab. 23.1).

In Weiterentwicklung dieser Ideen kann im Sinne eines **Risikokreislaufs** das alpine Risikomanagement auf den Umgang mit dem Ereignis selbst sowie mit den daraus resultierenden Folgeerscheinungen ausgedehnt werden. Von Kienholz und Krummenacher (2005) wurde dieser erweiterte Ansatz in Form eines sogenannten *risk management circle* dargestellt (Abb. 23.1), der neben den bereits bekannten Schritten der Analyse und Bewertung, die hier als Beurteilung zusammengefasst werden, zusätzliche Aspekte der Vorbeugung (das entspricht den Aktivitäten auf die Frage, was zu tun ist, im Konzept nach Heinimann et al. 1998) sowie, nach dem Ereignisfall, die Bewältigung und Regeneration enthält. Dieses Konzept darf nicht als ein starres, einmal zu praktizierendes Instrument verstanden werden, es ist vielmehr als ein Prozess zu verstehen, bei dem verschiedene Raum- und Zeitskalen systematisch ineinander greifen.

Tab. 23.1 Teilschritte der Risikobetrachtung (ergänzt nach Heinimann et al. 1998).

Baustein	Frage	konkrete Schritte
Risikoanalyse	Was kann passieren?	Gefahren identifizieren Prozesse/Ereignisse abschätzen Schadenspotenzial ermitteln Auswirkungen abschätzen
Risikobewertung	Was darf passieren?	mit anderen Risiken vergleichen mit dem Nutzen vergleichen an Wertesystem messen über Akzeptierbarkeit entscheiden
Risikomanagement	Was ist zu tun?	Zielsetzungen festlegen Lösungskonzepte entwickeln Maßnahmen planen Lösungen umsetzen

23

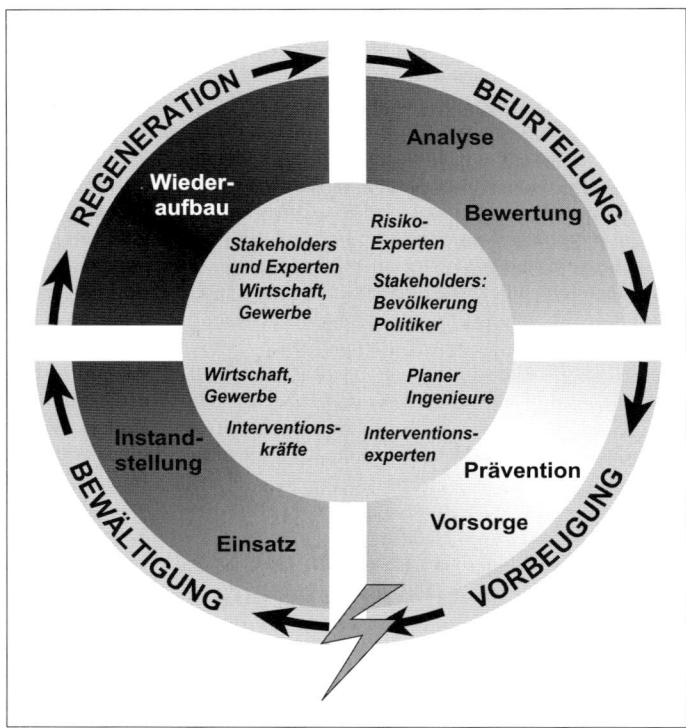

Abb. 23.1 Risikozyklus (nach Kienholz und Krummenacher 2005).

Im Sinne einer proaktiven Vorgangsweise beginnt der Einstieg in den Zyklus idealerweise mit der **Risikobeurteilung**, die Alltagspraxis zeigt jedoch, dass meist reaktiv nach dem Ereignis eingesetzt wird. Unter dem Aspekt, dass „nach dem Ereignis" aber auch „vor dem Ereignis ist", ist die Entscheidung, in einen risikobasierten Umgang mit alpinen Naturgefahren einzusteigen als wesentlich wichtiger anzusehen, als die Frage nach dem Wann.

Im Zuge einer Anwendung für raumplanerische Aspekte kann die Analyse und Bewertung der Risiken einmalig erfolgen und muss in einer definierten Periodizität oder nach einem Ereignis aktualisiert werden, wogegen z. B. Lawinen- oder Gefahrenkommissionen die Risikobeurteilung mit hoher Frequenz, im Krisenfall in der Dimension Stunden, wiederholen müssen. Ähnliches gilt auch für die Maßnahmen, müssen doch temporäre Sperrungen oder Evakuierungen ganz kurzfristig greifen, um erfolgreich zu sein.

Grundlage für die Analyse bilden auf der Prozessseite Erkenntnisse über erwiesene vergangene Ereignisse aus schriftlichen und bildlichen Quellen oder geomorphologischen Befunden („stumme Zeugen" im Sinne von Aulitzky 1992) sowie in die Zukunft gerichtet Modellberechnungen bzw. Szenarienbildungen. Durch die Verknüpfung mit dem Schadenspotenzial kann das Risiko analysiert werden und im Bewertungsschritt durch unterschiedliche *Stakeholder* evaluiert werden. Aufgrund der sich ständig verändernden Wertesysteme kann die Frage nach dem akzeptierten und akzeptablen Risiko nicht wirklich eindeutig und längerfristig geklärt werden. Trotzdem muss die Beurteilung im Sinne der Vorgabe von Schutzzielen als steuernder Parameter für die Schritte der **Vorbeugung** herangezogen werden. Als Prävention werden dabei die „klassischen" Instrumente im Umgang mit alpinen Naturgefahren, technische, ingenieur-biologische sowie raumplanerische Maßnahmen, bezeichnet. Dem gegenüber stehen alle Aktivitäten, die zur Begrenzung der Schäden im Ereignisfall beitragen, wie Information und Bildung der Bevölkerung, Ausbildung und Weiterbildung sowie Koordination aller Einsatzkräfte und – in vielen Alpenstaaten bisher nicht wirklich zufrieden stellend gelöst – Versicherungslösungen.

Je nach Dauer des schadenbringenden Prozesses beginnt unmittelbar während des Ereignisses oder nach dem Ereignis die Phase der **Bewältigung**, die oft auch als Katastrophenmanagement bezeichnet wird. Erste Aufgabe ist die Optimierung des Einsatzes aller Hilfskräfte zur spontanen Minimierung der Schadenswirkungen. Diesem Schritt folgen vielfältige Aktivitäten zu Instandstellung von Infrastruktur und sonstigen lebenswichtigen Einrichtungen.

Der letzte Sektor befasst sich mit der **Regeneration**, wobei basierend auf den umfangreichen Auswertungen der Ereignisse der Wiederaufbau koordiniert und gezielt ablaufen soll, sodass eine bessere Vorbeugung vor dem nächsten Ereignis gewährt ist.

23.5 Die Umsetzung der Ansätze – das Beispiel Südtirol

23.5.1 Gesetzliche Vorgaben

Italien hat bereits 1998 die Berücksichtigung risikobasierter Ansätze in gesetzliche Vorgaben für den Umgang mit Naturgefahren eingeführt. Die nationalen Gesetze bilden den Rahmen für die Umsetzung der Ansätze auf regionaler und lokaler Ebene. In einem Schnellverfahren wurde in Italien mit dem *D.L. 11 giugno 1998, n. 180* („Notwendige und eilige Maßnahmen für die präventive Abwehr des hydrogeologischen Risikos und zugunsten der von Muren betroffenen Zonen in der Region Kampanien") eine erste rechtliche Grundlage erlassen, in der ausdrücklich von Risiko gesprochen wird. Darin wird die Erstellung von Einzugsgebietsplänen als Grundlage zur Erfassung des hydrogeologischen Risikos, die Ausweisung von Risikozonen als Entscheidungshilfe für Nutzungsverbote sowie präventive Maßnahmen für diese Risikozonen eingefordert. Durch das *Legge 3 agosto 1998, n. 267* wurde dieser Erlass in geltendes Gesetz umgewandelt; durch das *Decreto del Presidente del Consiglio dei Ministri 29 settembre 1998* wurden die zugehörigen Durchführungsbestimmungen definiert.

In Südtirol sind nach Gius (2005) diese gesetzlichen Regeln sowie die Landesraumordnungsgesetz (Landesgesetz, Autonome Provinz Bozen – Südtirol vom 11. August 1997, Nr. 13 und nachfolgende Abänderungen) und die zugehörige Durchführungsverordnung zum Landesraumordnungsgesetz (Dekret des Landeshauptmanns, Autonome Provinz Bozen – Südtirol vom 23. Februar 1998, Nr. 5) die ausschlaggebenden Vorgaben für die Erstellung der Gefahrenzonenpläne (GZP) und zur Klassifizierung des spezifischen Risikos (KSR).

Die staatlichen Durchführungsbestimmungen (D.P.C.M. vom 29. September 1998) sehen die Erstellung von Risikozonenplänen (RZP) vor, die aufgrund eines dreistufigen Verfahrens erstellt werden.

23.5.2 Phase 1: Erkennung und Bestimmung von Naturgefahren

Im ersten Schritt der Phase 1 werden die Flächen hinsichtlich ihrer Nutzung in drei Kategorien differenziert und die zugehörige Bearbeitungstiefe festgelegt (Tab. 23.2).

Im zweiten Schritt der Phase 1 werden die Naturgefahrenprozesse erfasst und abgegrenzt, wobei folgende in Südtirol relevanten Prozesse Berücksichtigung finden:

- **Massenbewegungen**: Hierunter fallen Sturz- und Rutschungsprozesse, Einbrüche sowie Hangmuren.
- **Wassergefahren**: Dazu gehören die Prozesse Überschwemmung, Übersarung, Vermurung und fluviale Erosion.
- **Lawinen**: Dabei werden sowohl Fließ- als auch Staublawinen berücksichtigt.

Die Darstellung erfolgt gemäß den Vorgaben des nationalen Katasters der Massenbewegungen (IFFI, *Inventario dei Fenomeni Franosi in Italia*) und der Legende der Ereignis-Dokumentation (Tab. 23.3).

Zusätzlich erfolgt eine verpflichtende Datenerhebung mit historischen und bibliographischen Recherchen (z. B. in Dokumenten der Landesämter, wie Rutschungskataster, geologische und geotechnische Gutachten, Bohrungen, Ereignisdokumentation, hydrologische und hydraulische Gutachten und Grundlagendaten, Lawinenkataster), eine Kartierung der Phänomene aus Luftbildern bzw. Orthofotos, die Analyse thematischer Karten sowie eine Kartierung im Gelände.

Als Endprodukte der ersten Phase liegen eine Karte der Bearbeitungstiefe im Maßstab 1:25 000 sowie je nach Bearbeitungstiefe die Karte der Phänomene im Maßstab 1:5 000 in Gebieten der Kategorie 3 und im Maßstab 1:10 000 in Gebieten der Kategorie 2 vor. Sie bilden die Grundlage für die Phase 2.

23

23.5.3 Phase 2: Abgrenzung und Beurteilung der Gefahrenstufen

In der Phase 2 wird die Gefahr, die von einem hydrogeologischen Phänomen ausgeht, in Bezug auf Intensität (Tab. 23.4) und Eintrittswahrscheinlichkeit (Tab. 23.5) unter Berücksichtigung eventuell bestehender Schutzbauten ermittelt. Der Wert für die Intensität errechnet sich aus der Multiplikation der beiden Faktoren Geschwindigkeit (VEL) sowie der geometrischen Intensität (Volumen, Durchmesser/Masse, Mächtigkeit des transportierten Materials), denen jeweils Werte von 1 (niedrig) bis 3 (hoch) zugeordnet werden. Besondere Bedeutung kommt der Geschwindigkeit von 3 m/min zu, da ab diesem Wert eine Warnung oder gar Evakuierung

Tab. 23.2 Differenzierung der Bearbeitungstiefe und Konsequenzen für den Maßstab.

Kategorien	Beschreibung	Konsequenzen
Kategorie 3	Flächen innerhalb der Abgrenzung der verbauten Ortskerne sowie Flächen mit aktueller und potenzieller Bebauung, touristische und öffentliche Einrichtungen und Anlagen, für die der Aufenthalt von Personen vorgesehen ist	alle Phänomene, welche diese Flächen betreffen, werden mit großer Bearbeitungstiefe detailliert untersucht, wobei Modellierungen/Simulationen zur Gefahrenbeurteilung (in geeigneten Maßstäben) zwingend vorgeschrieben sind, im Maßstab 1:5 000 dargestellt
Kategorie 2	nicht bebaute Flächen, die jedoch Infrastruktur von öffentlichem Interesse beinhalten, wozu die Verkehrsflächen außerhalb der Siedlungsgebiete sowie Erholungseinrichtungen, wie z. B. Golf- und Reitplätze, Skipisten mit Aufstiegsanlagen, Langlaufloipen und Rodelbahnen zählen	die Untersuchungen dieser Flächen werden in geringerer Bearbeitungstiefe durchgeführt, die Ergebnisse im Maßstab 1:10 000 dargestellt
Kategorie 1	Flächen und Einrichtungen, die hinsichtlich der Gefahrenzonenplanung nicht von urbanistischem Interesse sind, wie unbebaute Naturlandschaft sowie Flächen für Infrastrukturen von untergeordneter Bedeutung	diese Flächen müssen nicht untersucht werden

Tab. 23.3 Basislegende der Phänomene (Prozesse).

Prozessbereich	Prozess	Kartendarstellung	Legendenkürzel
Massenbewegungen	Sturz	rosa	**LF**...*landslide + fall*
	Rutschung	hellbraun	**LG**...*landslide + gravity*
	Einbruch	hellbraun	**LC**...*landslide + collapse*
	Hangmure	hellbraun	**LD**...*landslide + debris*
Wassergefahren	Überschwemmung	dunkelblau	**IN**... *inundation*
	Übersarung	orange	**FS**... *flood + solid*
	Vermurung	orange	**DF**...*debris flow*
	Erosion	hellrot	**E** ...(L, D, A)
Lawinen	Lawine	hellblau	**AV**...*avalanche*
Permafrost	verschiedene Ereignisse möglich	hellbraun (schräg schraffiert)	**PF**... Permafrost

von Personen nicht mehr möglich ist und diese folglich Lebensgefahr ausgesetzt sind (Cruden und Varnes 1996, BUWAL 1999). Der resultierende Wert für die Intensität wird folgendermaßen klassifiziert: Werte 1–2 (niedrig), 3–4 (mittel) und 6–9 (hoch) (Tab. 23.4).

Die Wiederkehrzeiten (Eintrittswahrscheinlichkeit) sind für alle Phänomene in vier Kategorien unterteilt (Tab. 23.5).

Dabei wird die Gefahrenstufe durch eine Kombinationsmatrix aus Intensität und Eintrittswahrscheinlichkeit eines Prozesses zum Ausdruck gebracht (Abb. 23.2).

Aufgrund der Matrix lassen sich prozessspezifisch Gefahrenzonen ausweisen, wobei vier Zonen berücksichtigt werden (Tab. 23.6, Abb. 23.3 und 23.4).

Darüber hinaus werden in der Gefahrenzonenkarte untersuchte Gebiete, die zum Zeitpunkt der

Tab. 23.4 Tabelle der Grenzwerte und der Intensitäten für Massenbewegungen (modifiziert nach Cruden und Varnes 1996 und Heinimann et al. 1998).

Phänomen	Zone	Geometrie (SG) (charakterist. Grenzwerte)	Geschwindigkeit (VEL) (charakterist. Grenzwerte)	Gesamt-intensität (I) SG x VEL
Bergsturz, Felssturz, Blockschlag	Zone mit möglicher Ablösung von großen Blöcken			
	Zone mit möglichem Einschlag von großen Blöcken	Ø Großblöcke: > 2 m (SG3)	> 3 m/min (VEL3)	hoch
Blockschlag	Zone mit möglicher Ablösung von Blöcken			
	Zone mit möglichem Einschlag von Blöcken	Ø Blöcke: 0,5–2 m (SG2)	> 3 m/min (VEL3)	hoch
Steinschlag	Zone mit möglicher Ablösung von Steinen			
	Zone mit möglichem Einschlag von Steinen	Ø Steine: < 0,5 m (SG1) (Gebäude)	> 3 m/min (VEL3)	mittel
	Zone mit möglichem Einschlag von Steinen	„Personen im Freien – (SG3)" (siehe Text)	> 3 m/min (VEL3)	hoch

Tab. 23.5 Eintrittswahrscheinlichkeit, ausgedrückt als Wiederkehrzeit (modifiziert nach BUWAL 1998).

Eintrittswahrscheinlichkeit	Wiederkehrzeit		
	bezogen auf 50 Jahre	in Jahren	in Worten
hoch	100 % bis 82 %	$T_R \leq 30$	sehr häufig
mittel	82 % bis 40 %	$30 < T_R \leq 100$	häufig
niedrig	40 % bis 15 %	$100 < T_R \leq 300$	selten
sehr niedrig	< 15 %	$T_R > 300$	sehr selten

23

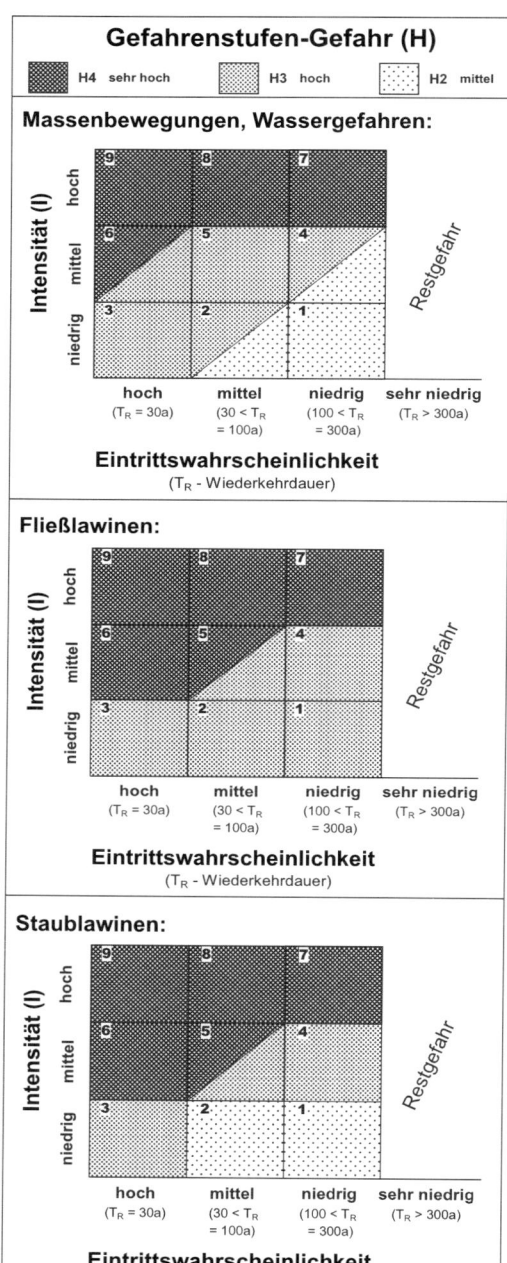

Abb. 23.2 Kombinationsmatrix der Gefahrenstufen für Massenbewegungen, Wassergefahren und Lawinen (Autonome Provinz Bozen 2007, S. 12, modifiziert nach Heinimann et al. 1998). Anmerkung: Dunkelgrau entspricht im Original Rot, Grau der Farbe Blau und Hellgrau der Farbe Gelb.

Untersuchungen keine Gefahren aufweisen, hellgrau ausgewiesen, um sie eindeutig von nicht untersuchten Gebieten (farblos) zu unterscheiden.

Zum Abschluss der Phase 2 liegt die Gefahrenzonenkarte für Flächen der Kategorie 3 im Maßstab 1:5 000 bzw. für Flächen der Kategorie 2 im Maßstab 1:10 000 sowie ein ausführlicher Bericht mit Literaturverzeichnis und Bildmaterial vor, der die verwendeten Methoden, Modellierungen/Simulationen und Definitionen, Computerprogramme, historischen Grundlagen Datenkataloge und Daten-/Kartengrundlagen aus den Archiven aufzeigt. Zwischenprodukte wie z. B. die Karte der Geschwindigkeiten, der Intensität usw. sind ebenfalls Teil des ausführlichen Berichts.

23.5.4 Phase 3: Bewertung des spezifischen Risikos und Maßnahmenplanung

Gemäß den Durchführungsbestimmungen werden alle im Bauleitplan enthaltenen Elemente hinsichtlich ihrer Schadensanfälligkeit in vier Stufen klassifiziert (Tab. 23.7). Unter diese zu untersuchenden Risikoelemente fallen Siedlungs- und Gewerbegebiete, Infrastrukturen, Leitungen, strategische Verbindungswege, Umwelt- und Kulturgüter, Sport- und Erholungseinrichtungen sowie Beherbergungsbetriebe.

Die Ergebnisse werden in einer Karte der Schadensanfälligkeit dargestellt, die für Flächen der Kategorie 3 den Maßstab 1:5 000 und für Flächen der Kategorie 2 den Maßstab 1:10 000 aufweist.

Durch die Kombination von Gefahr (H) und Schadensanfälligkeit (V) wird in einem abschließenden Schritt das spezifische Risiko ermittelt, das definiert ist als »*zu erwartender Schaden, abhängig von der Gefahr (H) und der Schadensanfälligkeit (V), den das betreffende Risikoelement erleiden kann*« (Autonome Provinz Bozen 2007, S. 3). Die per Gesetzesdekret vorgesehenen vier Risikoklassen sind über eine definierte Matrix charakterisiert (Abb. 23.5).

Dabei sind die Risikoklassen wie in Tabelle 23.8 angegeben definiert.

Da sie von der bestehenden Raumausstattung ausgeht, dient die Risikokarte im Sinne einer rückwärts gerichteten Indikation primär der Bestandssicherung (Beispiele in Abb. 23.6 und Abb. 23.7). Sie wird aber in einem in die Zukunft gerichteten zweiten Schritt als Indikator für die Maßnahmenplanung herangezogen. Wenn man die Minimierung/Verringerung von Risiken als eine zentrale Forderung

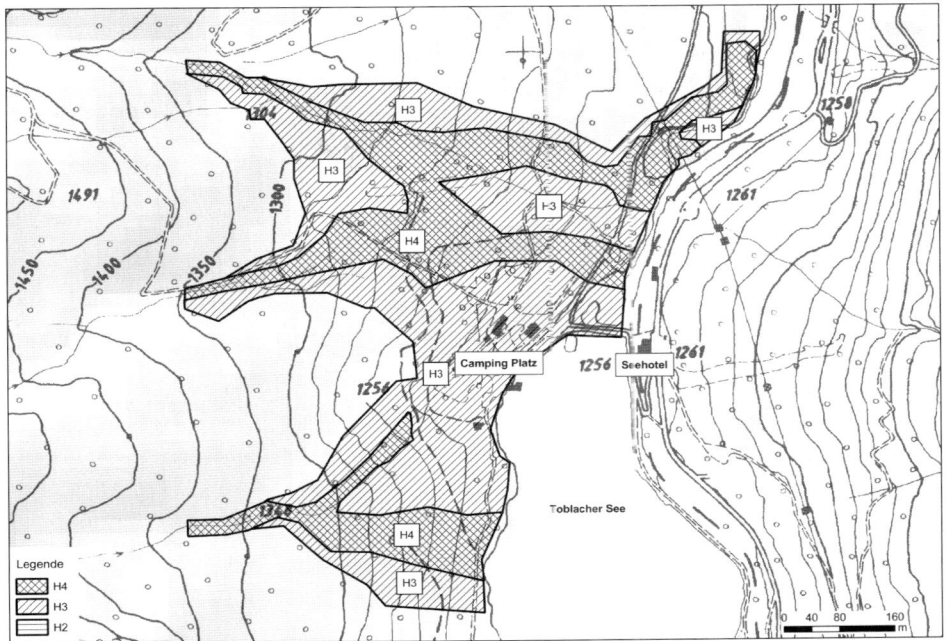

Abb. 23.3 Beispiel für eine Gefahrenzonenkarte Wassergefahren. Ausschnitt Toblacher See, Südtirol (Platzer 2007, Kartengrundlagen: Autonome Provinz Bozen, Südtirol).

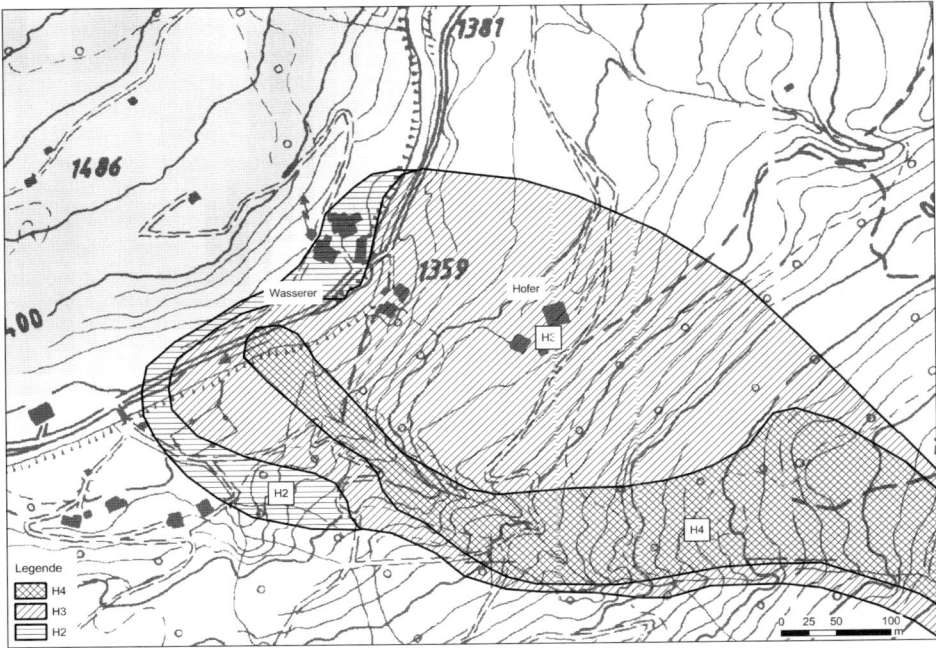

Abb. 23.4 Beispiel für eine Gefahrenzonenkarte Lawinengefahren. Ausschnitt Gemeinde Prettau, Südtirol (Platzer 2000, Kartengrundlagen: Autonome Provinz Bozen, Südtirol).

Tab. 23.6 Gefahrenzonen, farbliche Darstellung und ihre Charakterisierung.

Gefahrenzone	Farbe	Beschreibung
Zone H4	rot	In der roten Zone H4 ist mit der spontanen Zerstörung von oder funktionellen Schäden an Gebäuden und Infrastruktur sowie mit dem Verlust von Menschenleben bzw. mit sehr schweren Verletzungen von Menschen in und außerhalb von Gebäuden zu rechnen. Aufgrund der als sehr groß eingestuften Gefahr ist die rote Zone mit Bauverbot belegt.
Zone H3	blau	In der blauen Zone H3 sind Verletzungen von Personen außerhalb von Gebäuden möglich, mit funktionellen Schäden an Gebäuden und Infrastrukturen ist zu rechnen, wobei Gebäudezerstörungen in diesem Gebiet bei entsprechender Bauweise nicht zu erwarten sind. Die als hoch eingestufte Gefahr zieht einen Gebotsbereich nach sich.
Zone H2	gelb	In der gelben Zone H2 wird nur mit geringen Schäden an Gebäuden und Infrastrukturen sowie einer sehr unwahrscheinlichen Gefährdung von Personen gerechnet. Aufgrund des als mittel eingeschätzten Gefährdungsgrades hat das Gebiet den Charakter eines Hinweisbereiches.
Zone H1	keine	Grundsätzlich umfasst das Konzept des Gefahrenzonenplans (GZP) die Beurteilung von Gefahren für einen Zeitrahmen von 300 Jahren. Sehr seltene Ereignisse und Prozesse extrem hoher Intensität, wie z. B. tiefgründige Massenbewegungen, Dammbruchwellen, werden der Restgefährdung H1 zugeordnet. Sie werden auf der Karte der Phänomene dargestellt und im Begleitbericht ausführlich beschrieben und dokumentiert, finden aber in der Gefahrenzonenkarte (GZK) keine Berücksichtigung.

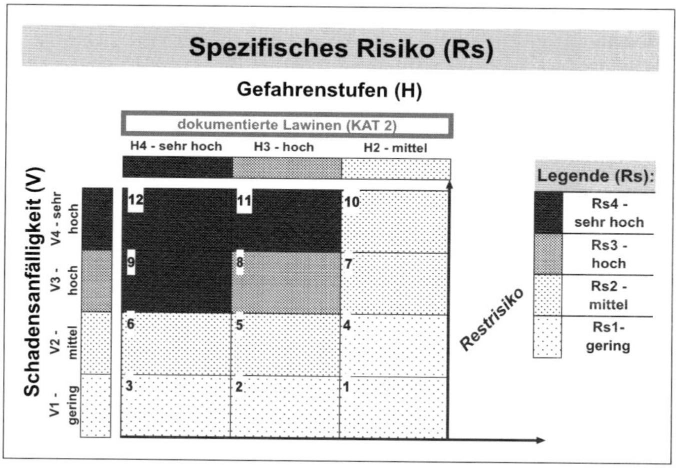

Abb. 23.5 Matrix zur Ermittlung der spezifischen Risikoklassen für die Risikozonenkarte (Autonome Provinz Bozen 2007, S. 24; Gius 2004, S. 58). Anmerkung: Dunkelgrau entspricht im Original Rot, Grau der Farbe Blau, Hellgrau der Farbe Gelb und Weiß der Farbe Grün.

an alle raumplanerischen Maßnahmen versteht, um die Ziele des Nachhaltigkeitsgedankens erfüllen zu können, dann kommt dem Instrument Risikozonenkarte eine außergewöhnliche Bedeutung zu.

Hinsichtlich der Umsetzung ist die klare und verpflichtende Beschränkung von Planungsvorhaben der Schlüssel für den Erfolg des gesamten Verfahrens. Demzufolge dürfen in Bereichen mit sehr hoher und hoher Gefährdung nur Planungsvorhaben mit einem geringen und mittleren Risiko realisiert werden (Tab. 23.9).

In Abweichung von den staatlichen Bestimmungen, die als Endprodukt nur die Risikozonen (R1–R4) vorsehen, sind in Südtirol die Gefahrenzo-

Tab. 23.7 Klassifizierung der Schadensanfälligkeit und ihre Darstellung.

Vulnerabilitätsklasse	Beschreibung	Kartendarstellung
V4	sehr hoch	rot und schwarz gepunktet
V3	hoch	blau und schwarz gepunktet
V2	mittel	gelb und schwarz gepunktet
V1	gering	grün und schwarz gepunktet

Tab. 23.8 Risikoklassen, Farbgebung und Charakteristik.

Risikoklasse	Farbgebung in der Risikozonenkarte	Charakteristik des Risikos
sehr hoch	rot	Bereiche, in denen mit Verlust von Menschenleben bzw. schweren Verletzungen, mit schweren Schäden an Gebäuden, an Infrastrukturen und an Umweltgütern sowie mit der Zerstörung von sozialen und wirtschaftlichen Aktivitäten zu rechnen ist.
hoch	blau	Bereiche, in denen schwere Verletzungen von Personen, funktionelle Schäden an Gebäuden und Infrastrukturen mit daraus folgender Unzugänglichkeit, Unterbrechung von sozialen und wirtschaftlichen Aktivitäten und beträchtliche Schäden an Umweltgütern möglich sind.
mittel	gelb	Bereiche, in denen geringe Schäden an Gebäuden, Infrastrukturen und der Umwelt entstehen, welche jedoch nicht die Gesundheit von Personen, die Zugänglichkeit von Gebäuden und das Funktionieren der sozialen und wirtschaftlichen Aktivitäten beeinträchtigen.
gering	grün	Bereiche mit geringfügigen sozialen, wirtschaftlichen Beeinträchtigungen und geringen Schäden an den Umweltgütern.

Tab. 23.9 Höchstzulässige Risikoklasse (Rs) für geplante Vorhaben in Abhängigkeit von der Gefahrenzone.

Gefahrenstufe	höchstzulässige Risikoklasse (Rs)
H4	Rs2
H3	Rs2
H2	„alles zulässig" mit entsprechenden Fachgutachten

nen (H1–H4) Grundlage für die Raumplanung. Die Praxis in Italien zeigte deutlich, dass die Ausweisung von Risikozonen ein wertvolles Instrument für die Prioritätensetzung in der Maßnahmenplanung ist. Es zeigte sich ebenso, dass die ausgewiesenen und rechtlich verbindlichen Risikozonen für die Planung der zukünftigen Raumnutzung nicht verwendbar sind, da gefährdete, aber bisher unverbaute Grundstücke kein Risiko und daher keine rechtsverbindliche Nutzungsbeschränkungen beinhalten. Aus diesem Grund wird in Italien diskutiert, ähnlich wie in Südtirol zusätzlich zu den Risikozonen die Gefahrenkarten für die Raumplanung zu verwenden. Aktuellste Diskussionen fordern zusätzlich zu der Risikozonierung die Gefahrenkarten, um auch bisher unbebaute, aber potenziell gefährdete Gebiete eindeutig auszuweisen.

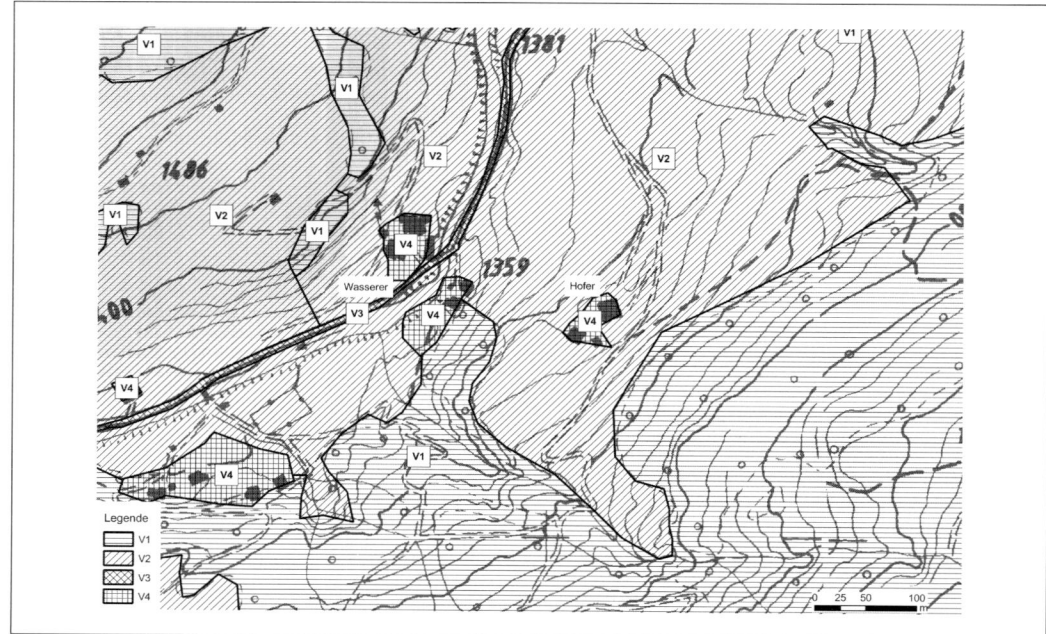

Abb. 23.6 Beispiel für eine Karte der Schadensanfälligkeit. Ausschnitt Gemeinde Prettau, Südtirol (Platzer 2000, Kartengrundlagen: Autonome Provinz Bozen, Südtirol).

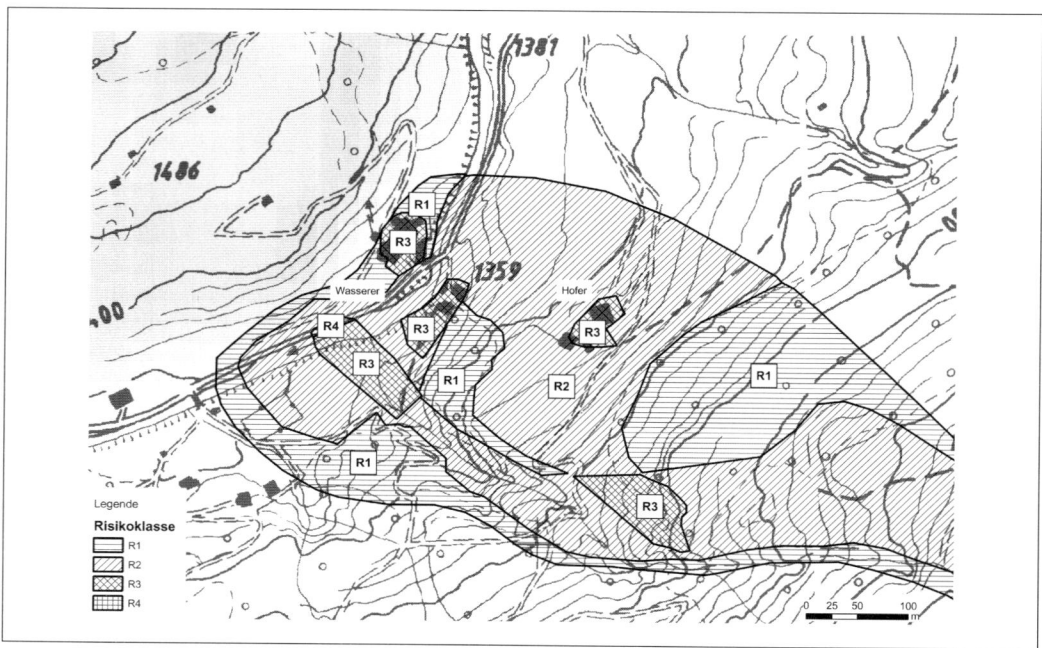

Abb. 23.7 Beispiel für eine Karte der Risikozonen Lawinengefahren. Ausschnitt Gemeinde Prettau, Südtirol (Platzer 2000, Kartengrundlagen: Autonome Provinz Bozen, Südtirol).

23

Zusammenfassung

Der risikobasierte Umgang mit alpinen Naturge-fahrenprozessen hat keine lange Tradition. Vor dem Hintergrund der vielfältigen Prozesse des Globalen Wandels sowohl im Natur- als auch im Kulturraum ist ein integratives, alle relevanten Disziplinen und beteiligten Gruppen einbeziehen-des Risikomanagement das richtige Instrument, um längerfristig das Gebirge als Lebensraum zu sichern.

Schlüsselsätze

- Seit der zweiten Hälfte des 19. Jahrhun-derts gibt es in den Alpenländern staatliche Organisationen zum Schutz vor Naturge-fahren. Ihre Tätigkeit war über lange Zeit durch ingenieurtechnische und forstbiologi-sche Maßnahmen zur Verhinderung von po-tenziell gefährlichen Prozessen sowie dem Schutz von gefährdeten Objekten geprägt.
- Durch die Einführung der Gefahrenzonenpla-nung auf der Planungsebene der Gemeinde gewann dieser offizielle Umgang mit alpi-nen Naturgefahren eine neue in die Zukunft gerichtete Dimension, die aber weiterhin stark auf die Erfassung und Bewertung des natürlichen Prozesses bezogen ist.
- Im Gegensatz dazu ist der risikobasierte Umgang mit alpinen Naturgefahrenprozes-sen, der explizit das Schadenspotenzial mit einbezieht, eine sehr junge Entwicklung.
- Vor dem Hintergrund der vielfältigen Pro-zesse des Globalen Wandels sowohl im Natur- als auch im Kulturraum ist ein in-tegratives, alle relevanten Disziplinen und beteiligten Gruppen einbeziehendes Risiko-management das richtige Instrument, um längerfristig das Gebirge als Lebensraum im Sinne des Nachhaltigkeitsgedankens zu sichern.

Literatur

Altwegg D (1989) Die Folgekosten von Waldschäden. Bewertungsansätze für die volkswirtschaftlichen Auswirkungen bei einer Beeinträchtigung der Schutz-waldfunktion von Gebirgswäldern. Forstwirtschaftli-che Beiträge des Fachbereichs Forstökonomie und Forstpolitik der ETH-Zürich 8, Zürich

Antoine P (1991) Cartographie du risque mouvement de versant l'expérience française. Unveröffentlich-tes Manuskript

Aretin JG v (1808) Über Bergfälle, und die Mittel den-selben vorzubeugen, oder ihre Schädlichkeit zu vermndern: mit vorzüglicher Rücksicht auf Tirol. Innsbruck

Aulitzky H (1992) Die Sprache der „stummen Zeugen". Internationales Symposion Interpraevent, Klagen-furt, Band 6: 139–163

Aulitzky H (1998) Die Wildbach- und Lawinenverbauung Österreichs – Vorstellungen, Wünsche und Visionen an der Schwelle zum nächsten Jahrtausend. *Lawi-nen- und Wildbachverbau* 62(137): 7–24

Baumann R, Buri H (1994) Erfahrungen mit den Richtli-nien zur Berücksichtigung der Lawinengefahr. *Infor-mationshefte Raumplanung* 1: 29–30. Bern

Bergthaler J (1975) Grundsätze bei der Erarbeitung von Gefahrenzonenplänen in Wildbächen der Nördlichen Kalkalpen und der Grauwackenzonen. *Österreichi-sche Wasserwirtschaft* 27 (7/8): 160–168

Borter P (1999) Risikoanalyse bei gravitativen Naturge-fahren – Methode. BUWAL (Hrsg) Umwelt-Materia-lien, 107/I, Bern

Bundesamt für Umwelt, Wald und Landschaft – BUWAL (1999) Leben mit dem Lawinenrisiko. Die Lehren aus dem Lawinenwinter 1999. Bern

Bundesministerium für Land- und Forstwirtschaft – BMLF (1989) Richtlinien für die Gefahrenzonenpla-nung. Wien

Choquets A (1995) Recherche d'une Méthodologie adap-tée à l'Elaboration de Cartes Multirisques. Unveröf-fentlichte Diplomarbeit, CEMAGREF, Division Nivo-logie. Grenoble

Cruden DM, Varnes DJ (1996) Landslide types and processes. In: Turner AK, Schuster RL (Hrsg) Lands-lides: investigation and mitigation. Transportation Res. Board, Special Report 247, National Academy Press, Waschington D.C. 36–75

Duile J (1826) Über die Verbauung der Wildbäche in Gebirgsländern, vorzüglich in der Provinz Tirol und Vorarlberg. Innsbruck

Egli T (1996) Naturgefahren in der Raumplanung. *Zeit-schrift für Vermessung, Photogrammetrie, Kultur-technik* 8: 427–432

Flageollet JC (1989) Landslides in France: A risk redu-ced by recent legal provisions. In: Brabb EE, Harold BL (Hrsg) Lanslides: Extend and Economic Significa-nace. Balkema, Rotterdam. 157–167

Frutiger H (1980) Schweizerische Lawinengefahrenkar-ten. nternationales Symposion Interpraevent 1980, Klagenfurt, Band 3: 135–143

Fuchs S (2004) Development of avalanche risk in sett-lements. Comparative studies in Davos, Grisons. Disseratation, Innsbruck

Gius S (2005) Die Gefahrenzonenplanung in Südtirol. *Wildbach- und Lawinenverbau* 152(13): 49–61

Grunder M (1984) Ein Beitrag zur Beurteilung von Naturgefahren im Hinblick auf die Erstellung von mittelmaßstäbigen Gefahrenhinweiskarten. Geographica Bernensia G23, Bern

Heinimann R, Hollenstein K, Kienholz H, Krummenacher B, Mani P (1998) Methoden zur Analyse und Bewertung von Naturgefahren. BUWAL (Hrsg) Umwelt-Materialien. 85, Bern

Hollenstein K (1995) Analyse und Bewertung von Risiko und Sicherheit bei Naturgefahren. *Schweizerische Zeitung für das Forstwesen* 9: 691–700

Hollenstein K (1997) Analyse, Bewertung und Management von Naturrisiken. Zürich

Kienholz (1993) Naturgefahren – Naturrisiken im Gebirge. *Schweizerische Zeitschrift für Forstwesen* 1: 1–25

Kienholz H, Krummenacher B (1995) Symbolbaukasten zur Kartierung der Phänomene. Bundesamt für Wasserwirtschaft, Bundesamt für Umwelt, Wald und Landschaft, Bern

Kienholz H, Zeilstra P, Hollenstein K (1998) Begriffsdefinition zu den Themen: Geomorphologie, Naturgefahren, Forstwesen, Sicherheit, Risiko. BUWAL, Bern

Länger E (2005) Geschichtliche Entwicklung der Gefahrenzonenplanung in Österreich. *Wildbach- und Lawinenverbau* 152: 13–24

Pietri C (1993) Rénovation de la carte de localisation probable des avalanches. *Révue de Géographie Alpine* 81(1): 85–98. Grenoble

Platzer M (2000) Gefahrenzonenplan Hofer-Hof, Gemeinde Prettau. Technischer Bericht. Bozen

Platzer M (2007) Gefahrenzonenplan Toblacher See. Technischer Bericht. Bozen

Salm B (1993) Lawinen – Gefahr und Risiko langfristig betrachtet. WSL. Forum für Wissen 1993: Naturgefahren. 55–60

Schiechtl (1958) Grundlagen der Grünverbauung. Mitteilungen der Forstlichen Bundesversuchsanstalt 55. Wien

Stötter J, Fuchs S (2006) Umgang mit Naturgefahren – Status Quo und zukünftige Anforderungen. In: Weber K, Khakzadeh L, Fuchs S (Hrsg) Recht im Naturgefahrenmanagement. 19–34

Stötter J, Keiler M, Meißl G (2004) Naturgefahren- und Risikomanagement in Österreich. *Praxis Kultur- und Sozialgeographie* 32: 88–108

Weinmeister R (1997) Auf den Spuren Falkenhayns und Seckendorffs. *Österreichische Forstzeitung* 108: 10–27

Wilhelm C (1997) Wirtschaftlichkeit im Lawinenschutz Methodik und Erhebung zur Beurteilung von Schutzmaßnahmen mittels quantitativer Risikoanalyse ökonomischer Bewertung. Mitteilungen des Eidgenössischen Instituts für Schnee- und Lawinenforschung 54. Birmensdorf

Wilhelm C (1999) Kosten-Wirksamkeit von Lawinenschutzmaßnahmen an Verkehrsachsen – Vorgehen,

Beispiele und Grundlagen der Projektevaluation. BUWAL (Hrsg) Vollzug Umwelt, Praxishilfe. Bern

Gesetzliche Grundlagen

Autonome Provinz Bozen (2007) Richtlinien zur Erstellung der Gefahrenzonenpläne (GZP) und zur Klassifizierung des spezifischen Risikos (KSR), Stand: März 2007. Bozen (Gesetzentwurf)

Bundesgesetze über den Wasserbau (WBG) und den Wald (WaG)

Bundesgesetz, mit dem das Forstwesen geregelt wird (ForstG), BGBl 1975/440

Verordnung des Bundesministers für Land- und Forstwirtschaft vom 30. Juli 1976 über die Gefahrenzonenpläne, BGBl 1976/436

Legge 18 maggio 1989, n. 183: Norme per il riassetto organizzativo e funzionale della difesa del suolo

Decreto del Presidente dei Consiglio dei Ministri 23 Marzo 1990: Atto di indirizzo e coordinamento ai fini della elaborazione e della adozione degli schemi previsionali e programmatici di cui all'art. 31 della legge 18 maggio 1989, n. 183, recante norme per il riassetto organizzativo e funzionale della difesa del suolo

D.L. 11 giugno 1998, n. 180: Misure urgenti per la prevenzione del rischio idrogeologico ed a favore delle zone colpite da disastri franosi nella regione Campania

Decreto del Presidente del Consiglio dei Ministri 29 settembre 1998: Atto di indirizzo e coordinamento per l'individuazione dei criteri relativi agli adempimenti di cui all'art. 1, commi 1 e 2, del D.L. 11 giugno 1998, n. 180

Legge 3 agosto 1998, n. 267: Conversione in legge, con modificazioni, del D.L. 11 giugno 1998, n. 180, recante misure urgenti per la prevenzione del rischio idrogeologico ed a favore delle zone colpite da disastri franosi nella regione Campania (pubblicata nella GU n. 183 del 7 agosto 1998)

Legge 11 dicembre 2000, n. 365: Conversione in legge, con modificazioni, del D.L. 12 ottobre 2000, n. 279, recante interventi urgenti per le aree e rischio idrogeologico molto elevato ed in materia di protezione civile, nonché a favore delle zone della Regione Calabria danneggiate dalle calamità idrogeologiche di settembre ed ottobre 2000

Landesgesetz, Autonome Provinz Bozen – Südtirol, vom 11. August 1997, Nr. 13, und nachfolgende Abänderungen: Landesraumordnungsgesetz

Dekret des Landeshauptmanns, Autonome Provinz Bozen – Südtirol, vom 23. Februar 1998, Nr. 5: Durchführungsverordnung zum Landesraumordnungsgesetz

24 Naturrisiken und Umsiedlungen – die Umsiedlung Valmeyers (USA) nach dem Mississippi-Hochwasser von 1993

Christian Kuhlicke

Deutungsmuster • Entsiedlung • *Grounded Theory* • Hochwasser • Katastrophenprävention • Kontext • narrative Interviews • permanente Evakuierung • staatliche Versicherung • Umsiedlung

In den letzten Jahren wird die Leersiedlung von gefährdeten Räumen immer häufiger als eine Möglichkeit diskutiert, Schadenspotenziale nachhaltig zu minimieren. Die Vorteile sind offensichtlich: In unbesiedelten Flussauen kann Hochwasser fließen wie es will, ein Schadensfall ist kaum zu erwarten. Hochwasser sind damit allenfalls Naturereignisse, aber kaum Naturrisiken. Damit ist die „permanente Evakuierung" von gefährdeten Personen letztlich eine sehr konsequente Maßnahme zur Minimierung des Naturrisikos in gefährdeten Räumen. Die Nebenfolgen dieser Vorsorgestrategie sind jedoch unbedingt zu berücksichtigen: Der kollektive Umzug ist ein radikaler Einschnitt in die Lebenswelt der Betroffenen. Mit den erzwungenen Umzügen sind oft verheerende Konsequenzen verbunden; sie werden für die Betroffenen oft genug zur Katastrophe. Dieser Beitrag setzt sich daher kritisch mit der These von Umsiedlungen als Vorsorgestrategie auseinander. Fallbeispiel ist dabei die nach dem Mississippi-Hochwasser von 1993 umgesiedelte US-amerikanische Gemeinde Valmeyer (Illinois).

24.1 Die Umsiedlung von Kommunen

Häuser, Straßenzüge, Stadtteile oder ganze Kommunen wurden schon immer aus den verschiedensten Gründen umgesiedelt. In Deutschland müssen Gemeinden beispielsweise meist wegen des Abbaus von Braunkohle umziehen. Besonders im rheinischen Braunkohlerevier sowie im Südraum von Leipzig sind eine Vielzahl von Kommunen infolge des Tagebergbaus abgetragen und an anderer Stelle wieder aufgebaut worden (Kabisch 1997). In den Vereinigten Staaten wiederum war gerade zwischen den späten 1940er- bis 1960er-Jahren im Zuge des *Urban Renewal*, also der Erneuerung von Städten, die **Umsiedlung** von Haushalten und ganzen Gemeinden ein wichtiges Instrument der **Raumplanung**. Im Weg stehende Bauten wurden abgerissen, um neue Verkehrswege und moderne Siedlungen erbauen zu können. Dabei waren es meist die von ärmeren und weniger einflussreichen Bürgern bewohnten Stadtteile, die weichen mussten. Am weitaus häufigsten wurden und werden Menschen jedoch wegen sogenannter Megaprojekte, wie z. B. dem Bau von Staudämmen, zum

24

Umzug gezwungen. Jährlich werden hier Millionen von Menschen umgesiedelt, Siedlungen, die seit mehreren Jahrhunderten bestehen, aufgelöst oder an anderen Orten wieder aufgebaut, und ganze Landschaften werden unter Wasser gesetzt. Dabei wird meist keine Rücksicht auf die dort wohnende und wirtschaftende Bevölkerung genommen, geschweige denn **demokratische Beteiligungsformen** bei der Planung und Durchführung solcher Vorhaben beachtet.

Gerechtfertigt wird der Eingriff in die Lebenswelt der Betroffenen immer ähnlich: Es wird ein Mehrwert für die gesamte Gesellschaft konstatiert. Eine Vielzahl von Untersuchungen zeigt jedoch, dass selbst dort, wo ein Anrecht auf finanzielle **Kompensation** zugestanden wird, diese die ökonomischen und vor allem sozialen sowie psychologischen Folgen des kollektiven Umzugs nicht annähernd ausgleichen kann (Kasten 24.1).

Umsiedlungen sind damit im globalen Diskurs zu einem stark negativ konnotierten Symbol für eine **nicht nachhaltige Entwicklung** geworden. Hier werden tiefe Eingriffe in das ökologische Gleichgewicht hingenommen, hier wird sich über den Verlust von langfristig gewachsenen sozialen Ortsbezügen und -bindungen billigend hinweggesetzt

und Menschen verschoben, als seien sie Spielfiguren auf einem Schachbrett.

Vor diesem Hintergrund ist die Bedeutung, die Umsiedlungen im Zusammenhang von Naturrisiken zugewiesen wird, zumindest als verwunderlich zu bezeichnen. Seit Anfang der 1990er-Jahre wird in der wissenschaftlichen Literatur verstärkt die Leersiedlung von gefährdeten Räumen als eine wichtige Möglichkeit der Prävention von Naturgefahren diskutiert: *»Permanent relocation of communities away from hazards-prone areas is becoming an important mitigation option for emergency management authorities throughout the world«* (Perry und Lindell 1997, S. 49).

Begründet wird diese **Vorsorgestrategie** damit, dass gerade stark exponierten Siedlungen allein durch technische Schutzvorrichtungen im Rahmen eines vertretbaren Kosten-Nutzen-Verhältnisses kein angemessener Schutz geboten werden kann. Umsiedlungen werden daher als „goldene Möglichkeit" zur Verringerung der Verwundbarkeit dargestellt und als wichtiger Bestandteil für eine nachhaltige und an die Gefahren der natürlichen Umwelt angepasste gesellschaftliche Entwicklung gesehen. Obwohl auch hier Menschen lokal entbettet werden, wird der durch den Umzug erzeugte Mehrwert positiv gesehen, denn der Umzug diene nicht nur

---

Kasten 24.1

Die Weltbank und Umsiedlungen

Eine der bedeutendsten Akteure beim Bau von Megaprojekten ist die Weltbank. Sie war allein bis Mitte der 1990er-Jahre an der Durchführung von 200 Großprojekten, die mit der Umsiedlung von fast 300 Millionen Menschen verbunden waren, beteiligt. Die Bank beschäftigt seit den 1970er-Jahren auch Soziologen und Ethnologen, die anfangs vor allem zur Steigerung der Effektivität von Entwicklungsvorhaben beitragen sollten. Seit Mitte der 1980er-Jahre befassen sie sich jedoch auch mit der Frage, wie es kommt, dass sich in den wenigsten Fällen die Existenzgrundlage von umgesiedelten Menschen verbessert; im Gegenteil, sie sich meist frappierend verschlechtert. Ihre Erklärung dafür ist denkbar einfach: Herkömmliche Kosten-Nutzen-Rechnungen tendieren dazu, lediglich die Kosten, die für den Bau der Superprojekte entstehen, zu berücksichtigen; darüber hinausgehende Kosten werden nur unzureichend mit berücksichtigt, was dazu führt, dass die gesamten Kosten für solche Megaprojekte

chronisch unterschätzt werden. Daher gelte es nach Ansicht der Sozialwissenschaftler alle Folgen, wie z. B. den Verlust von Grund und Boden, von Haus und Hof sowie des Arbeitsplatzes, aber auch soziale Marginalisierung und soziale Disartikulation, zu quantifizieren. Nur wenn dies gelinge, könnten die gesamten Kosten Berücksichtigung finden und damit Umsiedlungen besser finanziert und durchgeführt werden (Cernea 1999, 2003).

Kritiker machen dieser Sichtweise zum Vorwurf, dass sie davon ausgeht, es gelte lediglich die *Performance* von Umsiedlungen zu verbessern. Diese Annahme greife zu kurz, denn Umsiedlungen seien weitaus komplexere Vorgänge als gemeinhin suggeriert werde und deren Erfolg kaum planbar. Solche Vorhaben gingen von „epistemischen Gemeinschaften" aus (Gellert und Lynch 2003), die Vorstellungen wie Kolonialismus, industrielle Entwicklung und Globalisierung propagieren würden, um Umsiedlungen zu rechtfertigen (McDowell 1996, De Wet 2001).

der Allgemeinheit, es profitiere vielmehr auch der Einzelne, da dieser nicht länger der Naturgefahr ausgesetzt sei. Damit stellt sich hier die ideologisch aufgeladene Frage nach den individuellen Kosten und dem kollektiven Nutzen nicht so vordringlich, denn ein Mehrwert wird für alle Beteiligten konstatiert (Abb. 24.1).

Vor dem Hintergrund der einführenden Worte möchte der Beitrag Folgendes leisten: Er wird die geradezu euphorisch vertretene These von der goldenen Möglichkeit „Umsiedlung" am Beispiel der Dorfumsiedlung Valmeyers nach dem Mississippi-Hochwasser 1993 problematisieren. Dazu wird der außer- sowie innergemeindliche Kontext näher beleuchtet. Es wird erstens gezeigt, dass die Umsiedlung der Gemeinde wegen bestimmter **politischrechtlicher Rahmenbedingungen** erst möglich wurde. In Deutschland beispielsweise wäre die Umsiedlung einer gesamten Gemeinde allein wegen des existierenden institutionell-organisatorischen Kontextes nach einem Hochwasser kaum durchführbar (Kuhlicke und Drünkler 2004, 2005). Zweitens skizziert dieser Beitrag den **innergemeindlichen Kontext** und zeigt, welch ein komplexer Vorgang die Umsiedlung einer Gemeinde ist. Selbst beim kollektiven Umzug der Gemeinde Valmeyer, der in vielerlei Hinsicht als durchaus erfolgreich zu bezeichnen ist, sind die vielschichtigen Umbrüche, die die Gemeinde im Zuge des Umzugs erfahren hat, ausgeprägt und folgenreich. Abschließend wird die Verschränkung beider Dimensionen nochmals präzisiert, bevor der Beitrag die These von Umsiedlungen als **wichtige Möglichkeit der Vermeidung von Naturrisiken** diskutiert.

24.2 Der politischrechtliche Katastrophenkontext in den USA

Das **Mississippi-Hochwasser** von 1993 ist als eines der teuersten und zerstörerischsten Hochwasser in die US-amerikanischen Geschichtsbücher eingegangen. Der Gesamtschaden belief sich auf rund 18 Milliarden Dollar, betroffen waren neun Bundesstaaten und 525 Counties. Das Hochwasser brachte allerdings nicht nur Zerstörung mit sich: Nach der Flut wurden 8 000 zerstörte Häuser durch die Bundesregierung aufgekauft und die Grundstücke zu offenen Flächen umgewandelt (Platt 1999); vier Gemeinden wurden dabei umgesiedelt.

Der politisch-rechtliche Kontext ist in zweierlei Hinsicht bedeutsam. Einerseits ereignete sich das Hochwasser in einem bereits bestehenden politischrechtlichen Rahmen. Dieser muss berücksichtigt werden, um erklären zu können, aus welchen Gründen Umsiedlungen in einem zuvor unbekannten Ausmaß in den USA als eine praktikable Option angesehen wurden. Andererseits ist das Hochwasser als ein den Kontext veränderndes Ereignis zu betrachten; die Flut stellt zu gewissen Teilen einen **Wendepunkt der US-amerikanischen Katastrophenpolitik** dar.

Seit der Verabschiedung des *Federal Disaster Relief Acts* im Jahr 1950 übernimmt die föderale Regierung nach dem Ausrufen einer Katastrophe durch den Präsidenten – der *Presidential Declaration* – für anfallende Schäden eine gewisse finanzielle

Abb. 24.1 Die Hauptstraße im alten Valmeyer (2001) (Foto: Kuhlicke).

24

Verantwortung. Privatpersonen, Firmen und Unternehmen sowie Kommunen können **finanzielle Unterstützung** beantragen, um beispielsweise die Folgen eines Hochwassers zu lindern. Die nicht bedachte Folge dieser Fürsorge war jedoch, dass sich zunehmend eine nicht angepasste Siedlungsform in gefährdeten Räumen durchsetzte. Dort wo im Schadensfall mit Kompensationsleistungen zu rechnen ist, ist die Motivation gering, an die Naturgefahren angepasst zu siedeln.

Als eine Gegenmaßnahme wurde 1968 durch den Kongress das *National Flood Insurance Program* (NFIP) verabschiedet. Das **staatliche Versicherungsprogramm** hat nicht allein die Streuung des Risikos zum Gedanken, es ist vielmehr als ein räumliches Steuerungsinstrument angelegt, dem die Intention zugrunde liegt, von Naturgefahren bedrohte Siedlungsräume adäquat im Sinne einer Schadenslinderung bzw. -vermeidung zu nutzen. Es können nur Grundstückseigentümer teilnehmen, die in Gemeinden siedeln, die eine hochwassergerechte Siedlungsform fördern.

Obschon die Intention viel versprechend ist, kann das Programm als gescheitert gelten. Erstens war und ist die Beteiligung gering – 1993 waren weniger als 10 % der Grundstückseigentümer in ländlichen Kommunen entlang des Mississippi durch das NFIP abgesichert, wobei viele Eigentümer noch kurz vor dem Hochwasser ihr Eigentum versicherten, als klar wurde, dass ein katastrophales Hochwasser drohte. Zweitens wird ein großer Teil des Geldes immer an die gleichen Personen ausgeschüttet. Allein an den Küsten überweist die Regierung 40 % ihrer Zahlungen an 2 % der Grundstückseigentümer, deren Besitz wiederholte Zerstörung erfuhr. Dies wird auch als *Moral Hazard* bezeichnet (Brinegar 1997).

Dieser zunehmend teurer werdenden Entwicklung versuchte man Ende der 1980er-Jahre mit der Verabschiedung des *Stafford Acts* entgegenzuwirken. Er schreibt fest, dass der Empfänger staatlicher Katastrophenunterstützung beim **Wiederaufbau** angemessen im Sinne der Vorsorge handelt, d. h. angepasste Landnutzung und Bauweise berücksichtigt. „Substanziell geschädigte" Gebäude, deren Wiederherstellung mehr als 50 % des Marktwerts kosten würde, dürfen demnach nur über der gedachten Linie eines 100-jährlichen Bemessungshochwassers wieder aufgebaut werden. Auch dieses Gesetz hat zum Ziel, mithilfe von nicht strukturellen Maßnahmen das **Schadenspotenzial** in gefährdeten Räumen zu reduzieren. Das Mississippi-Hochwasser von 1993 führte allerdings nochmals vor Augen, wie wenig erfolgreich die bisherigen diesbezüglichen Ansätze waren.

Daher wurde noch während des Hochwassers darüber nachgedacht, wie man weitere Schritte in Richtung einer Reduktion des Schadenspotenzials gehen könnte. Man verabschiedete daher zwei Gesetze, den *Emergency Supplemental Appropriate for Relief From the Major Widespread Flooding of the Midwest Act*, der die Opfer mit 6,3 Milliarden Dollar unterstützte, sowie den *Hazard Mitigation and Relocation Assistance Act*, der nochmals 100 Millionen Dollar für die Umsiedlung von Kommunen bereitstellte (Brinegar 1997). Allein in dem am stärksten betroffenen Bundesstaat Illinois wurden 1 314 Gebäude nach der Flut nicht wieder aufgebaut. Zusätzlich wurden vier Gemeinden umgesiedelt. Das sind die Gemeinden Keithsburg, Hardin, Grafton und Valmeyer. Diese **Entsiedlung** von Flächen war damit einer der am weitesten gehenden raumstrukturellen Veränderungen nach einer Hochwasserkatastrophe in den USA.

24.3 Der regionale Kontext – Monroe County und die Umsiedlung Valmeyers

Der politisch-rechtliche Kontext beeinflusste auch die Entwicklung der 1909 durch deutschsprachige Einwanderer anlässlich des Baus der *Missouri Pacific Railroad* gegründeten Gemeinde Valmeyer. Nahm die Gemeinde seit ihrer Gründung einen konstanten Aufschwung, der durch die Eisenbahn, später die Nähe eines Kalksteinbruchs und schließlich durch die Ansiedlung des Unternehmens *MAR Graphics* Mitte der 1960er-Jahre zu erklären ist, so stagnierte die Entwicklung seit Mitte der 1980er-Jahre. Der Grund für die **Stagnation** ist, dass die Kommune am NFIP teilnahm. Das Gemeindegebiet, welches vollständig unterhalb eines 100-jährlichen Bemessungshochwassers liegt, konnte damit nicht weiterentwickelt werden und neue Gebäude durften nicht mehr gebaut werden.

Hinzu kam eine Entwicklung, die nicht nur Valmeyer betraf, sondern große Teile des Mittleren Westens: In den 1980er-Jahren wirkte sich der ökonomische Niedergang der Landwirtschaft in einem starken Bevölkerungsrückgang aus. Heute jedoch profitiert Valmeyer sowie das gesamte Monroe County von der ländlichen Prägung des Raums. Das County, das zu 99 % von Menschen kaukasischer Herkunft bewohnt wird, ist einer der am **stärksten wachsenden Distrikte im gesamten Bundesstaat**

Illinois. Zwischen 1990 und 2000 betrug der Nettozuwanderungsgewinn 5 197 Personen, was einem Zuwachs von 23 % entspricht. Damit lebten im Jahr 2000 rund 27 500 Personen in Monroe. Zu erklären ist dieser Zuwachs durch die Nähe der Millionenstadt St. Louis. Sowohl Monroe als auch Valmeyer profitieren von den Suburbanisierungsprozessen im Umland von St. Louis, dem kulturellen und wirtschaftlichen Zentrum der Region. Das Wachstum des Counties ist von Bedeutung, wenn man die erfolgreiche Umsiedlung der Gemeinde Valmeyer verstehen möchte. Darauf wird weiter unten nochmals ausführlicher eingegangen.

Die Überschwemmung Valmeyers kündigte sich über einen relativ langen Zeitraum an. Zwar ließ das *Army Corps of Engineers* noch am 21. Juli 1993, also zwölf Tage vor dem Brechen der Deiche, zum wiederholten Male verlautbaren, dass die Deiche keinesfalls brechen werden und dem Dorf keine Gefahr drohe. Am 25. Juli wurde Valmeyer jedoch trotzdem evakuiert und am 02. August begann der Fluss, allen Anstrengungen zum Trotz, nördlich von Valmeyer die Deiche zu überfließen. In den folgenden Stunden wurden 665 Häuser im County unter Wasser gesetzt und 80 % von Valmeyers Bausubstanz substanziell geschädigt.

Eine Woche nach dem Brechen der Deiche fand ein erstes emotionales *Town-Meeting* statt. Das Wort von einer möglichen Umsiedlung machte zum ersten Mal die Runde. Eine Umsiedlung werde allerdings, so die Offiziellen der für Hochwasserkatastrophen zuständigen Behörde, der *Federal Emergency Management Agency* (FEMA), nicht per Dekret angeordnet, sondern könnte nur auf Anregung des Dorfs veranlasst werden. Eine Umfrage ergab jedoch, dass 62 % der Befragten es vorzogen, im alten Valmeyer zu bleiben. Auch die Offiziellen der Gemeinde favorisierten einen Aufbau an Ort und Stelle. Zu dieser Zeit verbreitete sich aber auch die Nachricht, das substanziell geschädigte Gebäude an einem *Buy-Out Program* teilnehmen können. Dies würde bedeuten, dass der Staat, wie weiter oben ausgeführt, die betreffenden Häuser aufkaufen und die jeweiligen Grundstücke in offene Flächen umwandeln würde.

Ende August, also noch vor Verstreichen des ersten Monats seit dem Brechen der Deiche, hatte die *Monroe Regional Planning Commission* einen Plan aufgestellt, der eine Umsiedlung des gesamten Dorfs skizzierte. Die Kosten für die Errichtung der Infrastruktur des neuen Valmeyers – Valleyview ist dessen vorläufiger Name – wurden zu diesem Zeitpunkt auf rund 16 Millionen Dollar geschätzt. Die Finanzierung dieses Vorhabens war allerdings noch vollständig ungeklärt und die Entscheidung für oder gegen eine gemeinsame Umsiedlung lag weiterhin allein in Valmeyer. Die Bewohner Valmeyers entschieden sich dann mit einer **Mehrheit** von 141 Haushalten, bei 239 anwesenden Haushalten, für eine Umsiedlung. In drei Kilometern Entfernung wurde auch schnell ein Ort außerhalb der Flussniederung für das neue Dorf gefunden (Abb. 24.2).

Dieser Punkt ist für das Gelingen von Dorfumsiedlungen keinesfalls zu unterschätzen. Andere Gemeinden, die nach dem Hochwasser ebenfalls mit dem Gedanken spielten, umzusiedeln, sind an der Findung eines neuen Ortes gescheitert. Im nördlich von St. Louis gelegenen St. Charles County, Missouri beispielsweise haben sich alteingesessene Bewohner gegen die Umsiedlung einer *Lower-class-Community* in ihre unmittelbare Nachbarschaft vehement gewehrt. Auch setzte sich der Bundesstaat Missouri nicht entsprechend für die benachteiligte Gruppe ein, was als Hauptgrund für das Scheitern des Umzugs gesehen wird (Anderson und Platt 1999).

Die Unterstützung für die Umsiedlung Valmeyers war hingegen in jeder Hinsicht immens. Allein die Summe für die Fertigstellung der öffentlichen Gebäude und der Infrastruktur in Valmeyer wurden auf 35 Millionen US-Dollar geschätzt, wobei die Summe, die aufgewendet werden musste, um die zerstörten Gebäude im alten Valmeyer aufzukaufen, nicht enthalten ist. Damit ist die Umsiedlung der Gemeinde die teuerste in der Geschichte der USA. Auch das **öffentliche Interesse** war enorm: Zwei Wochen nach dem Brechen der Deiche wurde der erste Zeitungsartikel, der explizit auf die Zerstörungen in Valmeyer und die ungewisse Zukunft des Dorfs hinwies, in der *St. Louis Post-Dispatch* veröffentlicht. Im Verlauf der nächsten Jahre wiesen immer wieder verschiedene Medien auf Schwierigkeiten oder finanzielle Unsicherheiten während der Umsiedlung hin und erhöhten so den Druck auf die verantwortlichen staatlichen Organisationen.

Auch politische Vertreter des Bundesstaates Illinois sowie Kongressabgeordnete und Senatoren besuchten Valmeyer wiederholt und zeigten reges Interesse an der „Erfolgsgeschichte" Valmeyers. Nach der Umsiedlung zitierte der damalige Präsident der Vereinigten Staaten, Bill Clinton, in einer Rede zum *Earth Day* Valmeyer als ein Beispiel für die **nachhaltige Entwicklung** der US-amerikanischen Gesellschaft.

Die Bekanntheit Valmeyers ist dabei auch durch den Einsatz von Einzelpersonen zu erklären. Gerade nach außen bündelten offizielle Führungspersönlichkeiten der Gemeinde die Interessen Valmeyers und vertraten sie gegenüber den staatlichen Behör-

24

den, den Planungsstellen und bundesstaatlichen sowie föderalen Politikern nachdrücklich. Allen Grosboll, der wichtigste Hochwasserberater des Gouverneurs von Illinois, meinte beispielsweise, dass jeder föderale Bürokrat, mit dem er gesprochen habe, die Geschichte Valmeyers kennen würde, was er durch den intensiven und umfassenden Einsatz des damaligen Bürgermeisters und jetzigen *County-Clerk* erklärt: »*He found out who's important, and then he worked them*« (Gauen 1994).

Während der **Planung** und des **Baus** des neuen Valmeyers saßen die Bewohner nicht nur in ihren Wohnwagen und Übergangswohnungen herum, sie nahmen aktiv an der Planung des neuen Dorfs teil. In sieben Komitees konnten sie auf die zukünftige Gestaltung ihrer Gemeinde Einfluss nehmen. Bei der Planung des neuen Valmeyers wurde da-

bei nicht allein die Wiederherstellung des *Status quo ante* bezüglich der Einwohnerzahlen anvisiert; die Verantwortlichen sahen vor dem Hintergrund der positiven Entwicklung des gesamten Counties einen Anstieg der Einwohnerzahlen als durchaus wahrscheinlich und wiesen genügend Fläche für ein Wachsen der Gemeinde auf über 1 500 Einwohner aus. Im Zuge der Umsiedlung hat die Gemeinde jedoch große Teile ihrer Bevölkerung verloren: Hatte Valmeyer kurz vor dem Umzug 900 Einwohner gezählt, sind Mitte des Jahres 1996, also rund drei Jahre nach dem Hochwasser, nur etwa die Hälfte der Bewohner in die neue Gemeinde gezogen. Im Jahr 2000 wohnten wieder 608 Bürger in Valmeyer und 2002 waren es schon 750 Einwohner. Solch ein schnelles **Wachstum** wäre im *American Bottom*, wie die Flussniederung des Mississippi im südwestlichen

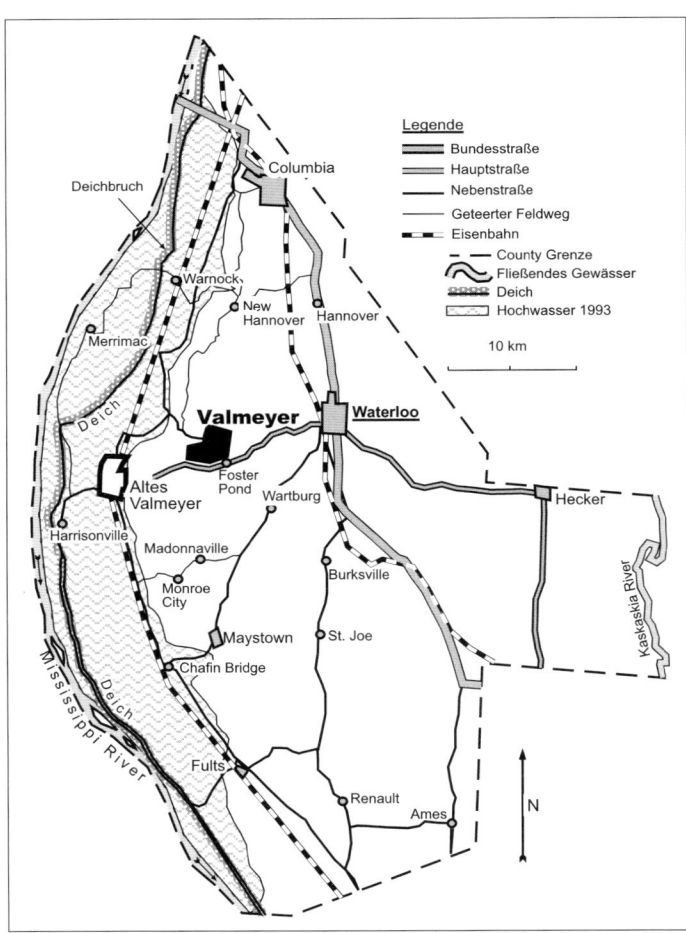

Abb. 24.2 Das alte und neue Valmeyer im Monroe County, Illinois (USA).

Illinois genannt wird, wegen der Auflagen des NFIP unmöglich gewesen. Der Kommune hätte ein schleichendes Ende gedroht.

Im nachfolgenden Kapitel wird gezeigt, welche innergemeinschaftlichen Veränderungen und Konstanten mit der Umsiedlung verbunden sind. Dabei steht die Perspektive der Umsiedler im Vordergrund. Dennoch soll ausdrücklich darauf hingewiesen werden, dass diese Studie nicht das Ziel verfolgt, eine wie auch immer definierte Repräsentativität zu erreichen; sie ist vielmehr als eine explorative Rekonstruktion von subjektiven Sinnzuweisungen bezüglich der Veränderung der Gemeinschaft infolge der Umsiedlung zu verstehen.

24.4 Methodologische Anmerkungen

„Gemeinschaft" wird als **symbolisches Konstrukt** verstanden (Cohen 1992), welches erst in Abgrenzung von anderen Kategorien hergestellt wird. Sie ist damit kein absolutes Gebilde, sondern ein relationales, das durch ein bestimmtes Bewusstsein zustande kommt, welches eine Gruppe (beispielsweise eine „Wir-Gruppe") in Relation zu einer oder mehreren anderen Gruppen („Sie-Gruppen") entwickelt. Zentral sind dabei Grenzziehungen, denn erst durch Grenzen werden Unterscheidungen und damit die Entwicklung von gruppenspezifischen Charakteristika möglich. Dabei kann eine Gruppe durchaus homogen im strukturellen Sinne sein (z. B. Einkommen, Alter usw.) aber sehr heterogen in ihren Identifikationsbezügen und Abgrenzungen. Allerdings, und das gilt es besonders bei Umsiedlungen zu berücksichtigen, verfestigt sich das symbolische Konstrukt „Gemeinschaft" durch Selbstaffirmation

und kollektive Selbstvergewisserung, wenn eine Gemeinschaft unter Druck gerät. Gerade die Auflösung einer seit Jahrzehnten existierenden Gemeinschaft und deren Rekonfiguration nach dem Umzug macht es notwendig, sich mit den Eigenheiten der eigenen und den Unterschieden zu anderen Gemeinschaften zu befassen. Damit ist „Gemeinschaft" kein starres Gebilde, es ist vielmehr ein Konstrukt, das ständigen Veränderungen, einem konstanten Wandel unterworfen ist.

Dabei stellt sich eine analytische Schwierigkeit, die kaum zu umgehen ist, derer sich bewusst zu sein, jedoch notwendig ist: Erzählungen, in denen eben dieser Wandel thematisiert wird, sind keinesfalls als objektive Darstellungen des Wandels zu verstehen, denn sie unterliegen einer **nachträglichen Rationalisierung**. Die Umsiedlung der Gemeinde Valmeyer mag im Sommer 1993 nach dem Brechen der Deiche nicht nur eine vollständige Überforderung der Vorstellungskraft bedeutet haben, sondern auch als unmögliches Vorhaben gesehen worden sein. Zehn Jahre später jedoch, nachdem die Umsiedlung zumindest in materieller Hinsicht erfolgreich durchgeführt wurde, kann sie dann aber in einem völlig anderen Licht – als Abenteuer, als Wagnis, als kollektives Erweckungserlebnis oder als großes Unglück – erscheinen. Kurz: Erzählungen über die Vergangenheit sind keinesfalls realistische Repräsentationen, sie sind vielmehr vor dem Hintergrund der Gegenwart zu verstehen und Erzählungen über die Gegenwart vor dem Hintergrund der Vergangenheit. Daher geht es nachfolgend darum, die **subjektiven Logiken** und **Deutungen** ausgewählter Akteure zu rekonstruieren.

Die empirische Studie orientiert sich an den Überlegungen, die Glaser und Strauss im Rahmen der *Grounded Theory* darlegen (Kasten 24.2) und basiert auf drei empirischen Quellen: Erstens Artikel aus regionalen und überregionalen **Zeitungen**, zwei-

---

Kasten 24.1

Qualitative Sozialforschung nach der *Grounded Theory*

Die *Grounded Theory* beschreibt einen qualitativen Forschungsansatz, der dazu dient, empirisches Material, das z. B. durch Interviews gewonnen wurde, auszuwerten. Das Adjektiv *grounded* weist dabei auf eine der zentralen Besonderheiten des Ansatzes hin: Die Verankerung der Theoriebildung in der Empirie. Es ist der Versuch, Theorien in einem Prozess des ständigen Abgleichens und

Rückbindens an das empirische Ausgangsmaterial zu entwickeln. Dieser Forschungsansatz geht auf die zwei in Chicago seit Anfang der 1960er-Jahre lehrenden Sozialwissenschaftler Anselm Strauss und Barney Glaser zurück und ist heute einer der am weitesten verbreiteten Forschungsansätze innerhalb der qualitativen Sozialforschung (Strauss und Glaser 1967, Strübing 2004).

24

tens auf offiziellen Dokumenten zur Umsiedlung und zur Entwicklung der Gemeinde sowie drittens auf zwölf **narrativen Interviews** mit Bewohnern und Entscheidungsträgern.

Die **Interviews** wurden im Rahmen einer Diplomarbeit über die Umsiedlung Valmeyers im Jahr 2001 und 2002 geführt (Kuhlicke 2003) und wurden, nachdem sie transkribiert worden sind, **sequenzanalytisch** interpretiert. Ziel dieses Schritts war es, Konzepte über das Zusammenleben im alten und neuen Valmeyer zu entwickeln. Die einzelnen Konzepte wurden schließlich miteinander in Verbindung gebracht, um die zentralen Kategorien, die für eine Charakterisierung der verschiedenen Gemeinschaften Valmeyers von Bedeutung sind, auszumachen. Als vorteilhaft erwies sich dabei der wiederholte Besuch Valmeyers, da nach dem zweiten Interviewzyklus die Kategorien nochmals verfeinert werden konnten. Abschließend wurden die Kategorien der dörflichen Gemeinschaft zu **Kernkategorien** verdichtet, die hier als Typen dargestellt werden.

24.5 Der Wandel Valmeyers im Zuge der Umsiedlung

Das alte Valmeyer existiert seit dem Hochwasser von 1993 physisch nicht mehr. Dort wo einst Häuser standen und Straßen verliefen, zeugen heute lediglich graue, aufgerissene Teerstraßen, einige alte Gebäudegerippe sowie ein roter Tennisplatz von der alten

Kommune. Untergegangen ist das alte Valmeyer jedoch nicht, es überlebt in den kollektiven Erzählungen und Bildern der Bewohner Valmeyers und stellt bei der Deutung des Zusammenlebens im neuen Valmeyer den definierenden Bezugsrahmen dar. Es ist eine der zentralen Interpretationsfolien, vor der die kollektive Veränderung interpretiert wird.

Im Folgenden werden verschiedene **Typen des Zusammenlebens in Valmeyer** dargestellt.

24.5.1 Typisierung 1: Das idyllische Valmeyer – früher war alles vertrauter!

Der Umzug ins neue Valmeyer wurde von jedem Interviewpartner als eine Veränderung des Zusammenlebens thematisiert. Die Interpretation dieser Veränderung geschah dabei verschiedenartig. Meist wurde der Umzug ins neue Valmeyer als ein Verlust empfunden; auf einer ersten Ebene vor allem als ein Verlust von **Einkaufsmöglichkeiten** und anderen **Serviceeinrichtungen**. Dieses Deutungsmuster verweist dabei vor allem auf eine physische Leerstelle im neuen Valmeyer: Wo Städteplaner das vitale wirtschaftliche und gesellschaftliche Herz des neuen Valmeyers vorsahen, im *Central Business District*, klafft heute eine große Lücke. Anstelle von Geschäften, Bars und Friseuren wächst hier die grüne Wiese. Lediglich ein Schild lässt erahnen, was der eigentliche Sinn des Leerraums ist (Abb. 24.3).

Auf einer tiefer gehenden Ebene verweist die Thematisierung der nicht länger existierenden Einkaufsläden im neuen Valmeyer auf den dortigen

Abb. 24.3 Das geplante Zentrum Valmeyers (2001) (Foto: Kuhlicke).

Rückgang der **Interaktion**. Es haben sich noch keine Räume entwickelt, in denen ein gemeinschaftsstiftendes Miteinander stattfinden könnte. Dazu laden die großen Straßenzüge, die eigentlich nur mit dem Automobil befahren werden, kaum ein, und die semiöffentlichen Räume der Einkaufsläden und Tavernen existieren noch nicht. Gerade die vertraute, dichte Interaktion war jedoch eine der zentralen Charakteristika des alten Valmeyers: Hier kannte und vertraute man sich, Türen standen offen, Kraftfahrzeuge wurden nicht abgeschlossen und Verbrechen waren gänzlich unbekannt. Geradezu idealtypisch habe Valmeyer die kleine US-amerikanische Dorfgemeinschaft repräsentiert, meinten die meisten der Interviewten.

Damit wird dieser Typus der Gemeinschaft nicht nur mit der noch nicht so vertrauten Interaktion im neuen Valmeyer unterschieden, sie wird vielmehr als dörflicher Gegenentwurf zum eher anonymen und weniger vertrauensvollen Zusammenleben in den urbaneren Zentren gedeutet.

24.5.2 Typisierung 2: Das enge Valmeyer – wir wollen keine Fremden!

Die Kehrseite der engen, vertrauten Interaktion stellt dieser Typus dar: Die starke Identifizierung mit der Gemeinschaft ging auch mit einer ebenso stark ausgeprägten **Abgrenzung gegenüber allem Fremden** einher. Alles Unbekannte und Neue wurde durch klare Grenzziehung als fremdartig definiert und abgelehnt. Insbesondere zugezogene Personen waren von der Exklusion betroffen. Einer der Pastoren der drei Kirchengemeinden sagte beispielsweise, dass er die Gemeinde schon längst verlassen hätte. Wegen der ausgeprägten gedanklichen Starre und wegen mangelnder Kooperationsbereitschaft wäre die Gemeindearbeit für ihn als Zugereisten manchmal fast unerträglich gewesen. Geblieben ist der Pastor jedoch wegen des Hochwassers und der anschließenden Umsiedlung, denn einerseits wurde Valmeyer vor eine Herausforderung gestellt, die es den Bewohnern nicht länger erlaubte, allein auf Vertrautes und Bekanntes zu bauen – ein Vorhaben dieser Dimension bedeutet zwangsläufig, sich auf Unbekanntes einlassen zu müssen – andererseits kam und kommt es innerhalb der Gemeinde zu einem erheblichen Austausch der Bevölkerung. Damit lösen sich alte Grenzziehungen auf; sie werden durch neue Verhandlungen abgelöst und durch sich wieder etablierende Grenzen ersetzt. Damit unter-

liegt Valmeyer einem erheblichen Wandel, der durch die nächsten Typen repräsentiert wird.

24.5.3 Typisierung 3: Das neue offene Valmeyer – wir brauchen Bevölkerungswachstum, um wieder wie das alte Valmeyer zu werden!

Wie oben dargestellt unterliegt Valmeyer einer erheblichen Veränderung seiner Einwohnerzahlen: Nach dem Rückgang der Einwohner infolge der Umsiedlung wächst die Gemeinde wieder sehr schnell seit den letzten Jahren durch Zuzug von neuen Bewohnern. Bewegt man sich in Valmeyer, wird die **Bevölkerungszunahme** der letzten Jahre offensichtlich. In fast jeder Straße des Dorfs wird gebaut oder werden Grundstücke zum Kauf angeboten. Die Neugestaltung des Dorfs wird gerade von offizieller Seite als Vorteil gedeutet, da in den nächsten Jahren weder Erneuerungen der Straßen noch des Abwassersystems erwartet werden und damit die öffentlichen Ausgaben für die Infrastruktur relativ gering ausfallen werden.

Die Veränderung der Gemeinschaft bringt jedoch durchaus Widersprüchliches zutage. Dabei nimmt wiederum das alte vertraute Valmeyer eine wichtige Rolle ein, denn dieser Typus wird gerade von den „alten" Bewohnern Valmeyers als anstrebenswerter Idealzustand gesehen. Daher wird die Notwendigkeit betont, als Dorf wachsen zu müssen, um eine vergleichbare Ausstattung an Versorgungseinrichtungen zu erlangen, wie sie im alten Valmeyer vorhanden waren. Die neu zugezogenen Bewohner, die eigentlich Fremden, werden in dieser Typisierung daher nicht länger als unwillkommen gedeutet, sondern als eine Möglichkeit verstanden als Gemeinde expandieren zu können und damit wieder attraktiv für Lebensmittelläden, Friseure, Tankstellen und andere Dienstleister zu werden. Die **neue Offenheit** ist durchaus Mittel zum Zweck, denn nur durch den Zuzug von neuen Bewohnern kann Valmeyer in die wirtschaftliche Position kommen, Geschäften ein Auskommen zu ermöglichen. Grund für diesen Wunsch ist wiederum der Wunsch nach Interaktion. Einer der interviewten Bewohner meinte beispielsweise *»it would be really nice to maybe see more businesses in the down town area, nothing big we don't wanna have a big Wal Mart or anything like that but more gathering areas for people to get together, you know«.*

24

Die Offenheit wird jedoch nicht nur gegenüber den Zugezogenen thematisiert, sondern auch als eine Offenheit gegenüber den alten Bewohnern, die Valmeyer nach der Flut verlassen haben. Gerade während und nach der Umsiedlung ist deren Wegzug als ein Verlassen, als ein Verrat an der dörflichen Gemeinschaft gedeutet worden. Die Ausgrenzung der ehemaligen Bewohner wird nun, nachdem die Flut knapp zehn Jahre zurückliegt, teilweise wieder aufgegeben. So wurde z. B. von zwei Kirchen ein Barbecue veranstaltet, das von vielen alten Bewohnern der Gemeinde besucht wurde. Das Fest, so einige der Bewohner, habe den inoffiziellen Charakter eines *Homecoming* bzw. einer *Community-Reunion* gehabt.

Die neue Offenheit gilt jedoch nicht uneingeschränkt. Die Grenzziehung zwischen den alten, ins neue Valmeyer umgesiedelten Bewohnern und den Zugezogenen wird immer noch aufrechterhalten; sie wird jedoch unter gewissen Umständen aufgeweicht: Die Neuen sind noch immer **Fremde**, die aber, so sie sich in die Gemeinschaft integrieren, willkommen geheißen werden. In den Interviews wird immer wieder ein Zwiespalt aller Erzähler deutlich: einerseits eine gewisse Einsicht, Ungewohntes und Neues akzeptieren zu müssen, anderseits das Festhalten an alten, vertrauten Mustern der dörflichen Gemeinschaft.

24.5.4 Typisierung 4: Das „Allerwelts-Valmeyer" – Valmeyer zwischen wiedergewonnener Vertrautheit und neuer Anonymität

Mit der Offenheit und dem Wunsch nach Wachstum, ist allerdings auch ein unauflösliches Paradoxon verbunden: Mögen die neuen Bewohner durch ihre schiere Anzahl dazu führen, dass sich Valmeyer wieder belebt, so tragen sie auch zu einer **Anonymisierung** bei. Die Schule und die Kirchen als bekannte und vertraute **Institutionen** des dörflichen Zusammenlebens, die im Gegensatz zu den anderen öffentlichen Einrichtungen die Umsiedlung überdauert haben, nehmen bei der Auflösung dieses Zwiespalts eine wichtige Funktion ein. Die **Schule**, die Anfang des Jahres 2001 von 457 Kindern aus der näheren Umgebung und Valmeyer selbst besucht wurde und in der alle Altersklassen vom Vorkindergarten bis zur zwölften Klasse der *Highschool* vertreten sind, hat auch während der Flut und in den Jahren danach, als Valmeyer nicht sichtbar war, eine entscheidende Rolle gespielt. Sie wird als bedeutend

für das Gelingen der Umsiedlung verstanden. Nach der Flut und der damit verbundenen Zerstörung, war die Wiedereröffnung der Schule ein erstes und entscheidendes Signal für das Fortbestehen der Gemeinde. Bis zu diesem Zeitpunkt war es sehr unsicher, ob das Dorf weiterexistieren würde.

Neben der Schule werden auch die drei **Kirchen** des Dorfs als vertrauter Identifikationsbezug gedeutet. Sie bieten eine institutionalisierte Verbindung zwischen alter Vertrautheit und neuer Offenheit und machen somit eine Annäherung zwischen Neuem und Altem möglich. Gerade die Schule und die Kirchen nehmen wichtige Funktionen bei der Stiftung neuer integrierender Gemeinschaftsmomente ein, da die anderen physischen Räume, die für die alte verlorene Gemeinschaft so bedeutsam waren, nicht länger in Valmeyer existieren. Deshalb sind gerade diese institutionalisierten Gemeinschaftsräume wichtig, um das „Gefühl" des Dorfs weiter am Leben zu erhalten.

Nichtsdestoweniger wird in der zunehmenden **Expansion der Gemeinde** eine Gefahr gesehen: Größere Städte der Umgebung werden als mahnendes Beispiel kommuniziert und als **Gegenidentität** zur heilen Welt des alten Valmeyers konstruiert – dort werden Drogen konsumiert und man habe Probleme mit Verbrechern und einer relativ hohen Arbeitslosigkeit. Hier, im neuen Valmeyer, seien diese Probleme zwar noch nicht bekannt – dies könnte sich jedoch ändern. Waterloo, die größte Stadt des County, wird als warnendes Beispiel verstanden. Die Stadt hatte in den letzten Jahrzehnten einen enormen Bevölkerungszuwachs zu verkraften. Die dort beobachtete zunehmende Anonymisierung wird ebenfalls auf Valmeyer projiziert. So wird diese Gefahr z. B. durch das Kollegium der Schule wie folgt interpretiert. Die statistischen Zahlen der Schule zeigen, dass 28 % der Schüler dem Risiko ausgesetzt sind, nicht versetzt zu werden, was eine deutliche Verschlechterung der Versetzungsquoten gegenüber den Vorjahren bedeutet. Seitdem die Gemeinde rapide wachse seien außerdem zunehmend Probleme wie Alkoholmissbrauch, Drogenkonsum und *inapropriate behaviour* – also unangemessenes Verhalten – unter den Jugendlichen auszumachen. Dabei wird diese Veränderung der statistischen Zahlen nicht direkt als Folge der Umsiedlung gesehen; sie wird vielmehr mit den neuen Bewohnern verbunden, denn diese brächten Probleme mit, die man vorher nicht kannte. Auch von offizieller Seite wird ein ungebremstes Wachstum als Risiko gesehen: Ziel soll es daher sein, das dörfliche Wachstum, entgegen den anfänglichen Wachstumsvorhaben, zu beschränken, um nicht eine ähnliche Entwicklung wie die umgebenden größeren Städte zu nehmen (Abb. 24.4).

Abb. 24.4 Straßenzug im neuen Valmeyer (2001) (Foto: Kuhlicke).

Diese Typisierung Valmeyers zeigt, dass sich die interviewten Akteure nicht sicher sind über die weitere Entwicklung der Gemeinde: Definierte sich der Mythos vom alten Valmeyer durch eine starke Identifikation mit dem Dorf und einer klaren Abgrenzung gegenüber anderen Gemeinden (und zwar gerade gegenüber größeren Gemeinden), löst sich diese klare **Grenzziehung** im Bezug auf das neue Valmeyer zunehmend auf. Es sind erste Anzeichen der Überwindung alter Stereotype zu erkennen. Gleichzeitig wird das schnelle Wachsen Valmeyers als **Risiko** gedeutet, da die „Neuen" auch Probleme mit sich bringen, die bis dato in Valmeyer als unbekannt galten, was also letztlich wiederum zu einer Reifikation alter Grenzziehungen und Stereotype führen könnte.

24.6 Diskussion und Schlussfolgerungen

24.6.1 Der politisch-rechtliche Katastrophenkontext in den USA

Seit 1950 erhalten in den USA von Katastrophen betroffene Personen zu gewissen Teilen **finanzielle Unterstützung**, um mit den Folgen von Erdbeben oder Hochwassern besser umgehen zu können. Zusätzlich wird seit der Verabschiedung des NFIP 1968 versucht, das finanzielle Risiko des Einzelnen auf alle Bewohner der Flussniederungen zu verteilen und die **Nutzung von Risikoräumen** mithilfe von reglementierenden Vorgaben zu steuern. Das Programm entwickelte jedoch wegen geringer Beteiligung und des *Moral Hazards* nicht die erhoffte Gestaltungskraft. Daher wurde in den 1980er-Jahren der *Stafford Act* verabschiedet. Seitdem ist der Erhalt von Kompensationszahlungen an Bedingungen geknüpft, und substanziell geschädigte Gebäude dürfen nur über der gedachten Linie des 100-jährlichen Bemessungshochwassers wieder aufgebaut werden. Das waren die grundlegenden Voraussetzungen, um überhaupt über Umsiedlungen nach dem Mississippi-Hochwasser nachzudenken: Der einfache **Wiederaufbau** einer Vielzahl von Kommunen war damit nicht ohne weiteres möglich. Daher kaufte die Regierung rund 8 000 substanziell zerstörte Gebäude auf, und vier Gemeinden siedelten um. Notwendig war dabei auch die schnelle Verabschiedung von **Gesetzen**, die die Umsiedlung von Gemeinden finanziell unterstützen.

24.6.2 Der regionale Kontext – Monroe County und die Umsiedlung Valmeyers

Valmeyer ist die größte der umgesiedelten Gemeinden nach dem Hochwasser von 1993. Die Umsiedlung wurde durch vielfältige Unterstützung und durch ein enormes mediales und politisches Interesse ermöglicht. Eine der wichtigsten **Voraussetzungen** für den kollektiven Umzug war schnell erfüllt: Ein neuer Ort war nach sechs Wochen gefunden, sowie eine Planung des Umzugs nach rund zwei Monaten skizziert. Auch wurde in verschiedenen regional

24

und national erscheinenden Medien immer wieder über den Umzug Valmeyers berichtet, und Politiker besuchten die Gemeinde wiederholt, um sich über Fortschritte persönlich zu informieren. Dadurch wurde ein finanzieller Aufwand ermöglicht, den es so in der Geschichte der USA für den Umzug einer Gemeinde noch nicht gegeben hatte. Andere Gemeinden haben eine solch kompetente **Unterstützung** sowie ein solch großes öffentliches Interesse nicht erfahren. Selbst wenn sie vorhatten gemeinsam umzusiedeln, lösten sie sich meist in den Jahren nach dem Hochwasser auf, da entweder der Umzug am Widerstand schon etablierter Gemeinden scheiterte oder die Finanzierung nicht gesichert war.

Nicht zu unterschätzen für den Erfolg des Umzugs Valmeyers ist auch die Lage der Gemeinde in der unmittelbaren Nähe zu St. Louis. Monroe County wächst seit 1990 bezüglich der Einwohnerzahlen stetig. Dies wurde bei der Planung des neuen Valmeyer berücksichtigt. Gleichzeitig war eine Zukunft des alten Valmeyers in der Flussniederung durch die Vorgaben des NFIP nicht gegeben; im Gegenteil, das alte Valmeyer hätte sich früher oder später zu einer Geisterstadt entwickelt. So aber fand der Neuanfang Valmeyers in einem regionalen Kontext statt, der durch deutliches Wachstum charakterisiert ist und somit den finanziellen Aufwand auch rechtfertigte.

24.6.3 Der innergemeinschaftliche Kontext – die Veränderung Valmeyers

In den Interviews wurde immer wieder auf das „vertraute Valmeyer" hingewiesen. Auch wenn der Verlust eben dieser Vertrautheit beklagt wird, war die gemeinschaftliche Vertrautheit dennoch eine zentrale Voraussetzung für einen gemeinsamen Umzug des Dorfs: Es galt genau diesen Typus zu konservieren. Dieser Typus ließ sich auch gut nach außen kommunizieren. Der ehemalige Bürgermeister Valmeyers wird beispielsweise 14 Tage nach dem Brechen der Deiche mit den Worten zitiert: »*This was small-town America. We want to keep it*« (Bertelson 1993). Im nachfolgenden Absatz wird Valmeyer als „unschuldig" beschrieben, als ein Dorf ohne Kriminalität und Gefängnisse, ein Dorf, in dem Drogen so gut wie gar nicht bekannt gewesen seien. Gerade die Instrumentalisierung dieses Typus zeigt dabei, dass **verschiedene Identitäten** der dörflichen Gemeinschaft zirkulieren mögen – z. B. das eher geschlossene Valmeyer – aber nur ein bestimmter bei

der Vertretung der dörflichen Interessen mobilisiert wurde, nämlich der Typus, der die Notwendigkeit des Zusammenbleibens und damit die Dringlichkeit einer Umsiedlung verdeutlicht.

Vertreten und gewinnbringend kommuniziert wurden die Interessen der Gemeinde durch einige Persönlichkeiten, die der Kommune vorstanden. Sie bündelten die Bedürfnisse sowie die Interessen der Gemeinde und vertraten sie gegenüber den zuständigen Behörden und Politikern mit großem Nachdruck. Anderen Gemeinden standen und stehen diese Mobilisierungsmöglichkeiten nicht zur Verfügung. Gleichzeitig nimmt dieser Typus auch eine bedeutende Rolle bei der Findung und Etablierung neuer Gemeinschaftsbezüge ein, denn ihn wiederherzustellen erleichtert die Integration neuer Mitbewohner. Eine tragende Funktion nehmen dabei auch die Schule und die drei Kirchen ein. Sie waren die Konstanten, die gerade während der physischen Nichtexistenz der Gemeinde ein Erleben der Gemeinschaft ermöglichten.

Nimmt man alle Dimensionen zusammen, die zum **Gelingen** der Umsiedlung beigetragen haben, dann scheint zu große Euphorie bezüglich der Erfolgsaussichten von Umsiedlungen im Zusammenhang mit Naturrisiken kaum angebracht. Valmeyer erfuhr umfangreiche finanzielle, planerische und organisatorische Unterstützung, hatte klare und starke Gemeinschaftsdefinitionen, die sich auch nach außen gut und gewinnbringend darstellen ließen und die auch nach innen integrierend wirkten und noch immer wirken. Darüber hinaus überdauerten zwei zentrale Institutionen, die **Kirchen** und die **Schule**, die Umsiedlung. Trotz dieser Vielzahl von Faktoren, die zum Gelingen des Umzugs beitrugen und immer noch beitragen, sind die Veränderungen und negativen **Umbrüche** erheblich: Noch immer lebt man in einer künstlichen, als konstruiert empfundenen Gemeinde, die ihrer Vergangenheit nachtrauert.

Vor diesem Hintergrund Umsiedlungen als eine „goldene Möglichkeit" zu kommunizieren, scheint irreführend zu sein, denn die Erfolge einiger weniger Gemeinden, die nach dem Hochwasser von 1993 umzogen, sollten nicht über die Gemeinschaften und Gemeinden hinwegtäuschen, die nicht umziehen konnten oder sich auflösten. Es ist vielmehr zu befürchten, dass es lediglich für diejenigen Gemeinschaften eine praktikable Option ist, die den notwendigen politischen Druck entwickeln, finanzielle und planerische Ressourcen mobilisieren können und nicht zuletzt über gut vermarktbare Gemeinschaftstypen verfügen. Diese Mittel und Voraussetzungen stehen aber nur den wenigsten Gemeinden zur Verfügung.

24

Zusammenfassung

Seit den 1990er-Jahren werden Umsiedlungen als eine geeignete Vorsorgestrategie in planerischen und auch wissenschaftlichen Diskursen diskutiert. Zentrales Argument ist dabei: Wenn in gefährdeten Gebieten kein Schadenspotenzial anzutreffen ist, können auch keine Schäden entstehen. Dieser Beitrag setzt sich am Beispiel einer Dorfumsiedlung kritisch mit dieser These auseinander und zeigt, dass eine Vielzahl von Faktoren gegeben sein sollte, damit eine Umsiedlung tatsächlich stattfinden kann. So bedarf es gewisser politisch-rechtlicher Rahmenbedingungen, damit die Entsiedlung von sogenannten Risikoräumen nach einem katastrophalen Hochwasser überhaupt eine Option werden kann. Des Weiteren werden kollektive Umsiedlungen erst durch einen erheblichen finanziellen und organisatorischen Aufwand möglich, der nur durch externe, also außergemeindliche Unterstützung, geleistet werden kann. Auf diese Hilfe können allerdings nur die wenigsten Gemeinden zurückgreifen. Diese Analyse zeigt dabei auch, dass selbst dann, wenn alle diese Faktoren gegeben sind, wie z. B. bei der Umsiedlung der Kommune Valmeyer nach dem Mississippi-Hochwasser von 1993, die innergemeinschaftlichen Umbrüche und Veränderungen noch immer erheblich sind. Daher schlussfolgert dieser Beitrag, dass allzu viel Euphorie bezüglich der Erfolgsaussichten von „permanenten Evakuierungen" keinesfalls angebracht ist.

Schlüsselsätze
- Kollektive Umsiedlungen werden zunehmend als eine effektive Möglichkeit diskutiert, die Verwundbarkeit in gefährdeten Räumen zu reduzieren. Unberücksichtigt bleibt dabei allerdings meist, dass es bestimmter politisch-rechtlicher Kontextbedingungen bedarf, um sie zu ermöglichen, dass die Kosten enorm und trotz allem die Folgen für die Umgesiedelten nur allzu oft katastrophal sind.

Literatur

Anderson MG, Platt R (1999) St. Charles County, Missouri: Federal Dollars and the 1993 Flood. In: Platt R (Hrsg) Disaster and Democracy – The Politics of Extreme Natural Events. Island Press, Washington D.C. 215–240

Bertelson C (1993) Town is wondering if Flood means End. St. Louis Post Dispatch 16.08. A1/A10

Brinegar SJ (1997) Response to Flood Hazard: Community Relocation in Illinois. Bulletin of the Illinois Geographical Society 39(2): 2–25

Cernea MM (1999) Why Economic Analysis is Essential to Resettlement. A Sociologist's View. Economic and Political Weekly 34(31): 2149–2158

Cernea MM (2003) For a new Economics of Resettlement: A Sociological Critique of the Compensation Principle. International Social Science Journal 55(1): 37–45

Cohen A (1992) The Symbolic Construction of Community. Routledge, London

De Wet C (2001) Economic Development and Population Displacement: Can Everybody Win? Economic and Political Weekly 36(50): 4637–4646

Gauen PE (1994) Valiant in Valmeyer: Mayor Leads Town Beyond Flood. St. Louis Post-Dispatch 17.04. B1/B8

Gellert PK, Lynch BD (2003) Mega-Projects as displacements. International Social Science Journal 55(1): 15–25

Kabisch S (1997) Siedungsstrukturelle Einschnitte in Folge des Braunkohlenbergbaus. In: Ring I (Hrsg) Nachhaltige Entwicklung in Industrie- und Bergbauregionen: Eine Chance für den Südraum Leipzig? Teubner Verlagsgesellschaft, Leipzig. 113–137

Kuhlicke C (2003) Hochwasser als Chance: Die Umsiedlung Valmeyers nach dem Mississippi-Hochwasser von 1993. Diplomarbeit vorgelegt am Geographischen Institut der Universität Potsdam

Kuhlicke C, Drünkler D (2004) Vorsorge durch Raumplanung. Raumforschung und Raumordnung 62(3): 169–173

Kuhlicke C, Drünkler D (2005) Wenn Deiche weichen – umsiedeln? Warum Umsiedlungen in Deutschland kaum möglich sind GAIA 14(4): 307–313

McDowell C (Hrsg) (1996) Understanding Impoverishment: The Consequences of Development-Induced Displacement. Berghahn Books, Providence

Perry R, Lindell MK (1997) Principles for Managing Community Relocation as a Hazard Mitigation Measure. Journal of Contingencies and Crisis Management 5(1): 49–59.

Platt R (Hrsg) (1999) Disaster and Democracy: The Politics of Extreme Natural Events. Island Press, Washington D.C.

Strauss A, Glaser B (1967) The Discovery of Grounded Theory: Strategies for Qualitative Research. Aldine Transactions, New Brunswick

Strübing J (2004) Grounded Theory: Zur sozialtheoretischen und epistemologischen Fundierung des Verfahrens der empirisch gegründeten Theoriebildung. VS Verlag für Sozialwissenschaften, Wiesbaden

25 Hochwasserverwundbarkeit in Kantabrien, Spanien

Juergen Weichselgartner

Bereitschaft • Bewältigungskapazitäten • Exponiertheit • Hochwasser • Indikatoren • Katastrophenvorsorge • Naturgefahrenmanagement • Prävention • Resilienz • Spanien • Verwundbarkeitsbewertung

Warum verursachen Hochwasserereignisse mit nahezu gleichen Pegelständen – wie etwa am Rhein im Dezember 1993 und Januar 1995 – unterschiedlich hohe Schäden? Und warum variieren die Verluste entlang eines Flusses? Offensichtlich sind es nicht nur meteorologische und hydrologische Faktoren, die über das Schadensausmaß von Überschwemmungen entscheiden. Beispielsweise beeinflussen die räumliche Nähe zur Naturgefahr und das Vorhandensein von Schutzmaßnahmen den Schadensverlauf beträchtlich. Eine weitere Einflussgröße ist das sozioökonomische Profil der betroffenen Bevölkerung. Geschlecht, Alter, Gesundheitszustand, Erfahrung und Vermögen bestimmen mit darüber, inwieweit ein Hochwasser die Menschen schädigt. Auch die Verfügbarkeit von Wissen, Kapital und Humanressourcen sowie der Zugang zu Hilfsmitteln und relevanter Information können sich schadensreduzierend auswirken. Die Faktoren, die den Grad der Schadensempfindlichkeit determinieren, werden allgemein unter dem Begriff der Verwundbarkeit (Vulnerabilität) zusammengefasst.

Die Bewertung der Verwundbarkeit kann wichtige Aufschlüsse über die Hochwasseranfälligkeit eines Raums liefern und den Einsatz wirksamer Schutzmaßnahmen verbessern. Allerdings sind die menschliche Gesellschaft wie auch die natürliche Umwelt hochgradig komplexe Systeme, die auf vielfältige Art und Weise miteinander in Verbindung stehen. Dabei laufen die bei einem Hochwasser beteiligten natürlichen und sozialen Prozesse auf unterschiedlichen Ebenen und Skalen ab. Deshalb ist die genaue Erfassung der Vulnerabilität und die Bestimmung der sie beeinflussenden Faktoren keine leichte Aufgabe. Anhand von 13 kantabrischen Gemeinden hat man in Spanien erstmalig versucht, die Verwundbarkeit gegenüber Hochwasser mithilfe von Indikatoren zu messen.

25.1 Schwierigkeiten bei der Bewertung der Verwundbarkeit

Will man die **Verwundbarkeit** gegenüber Naturgefahren messen, empfiehlt es sich vorab zu klären,
- auf welches System die Bewertung abzielt;
- was die spezifischen Eigenschaften, Prozesse, Funktionen und Zustände des Systems sind;
- welche Faktoren die Funktionsfähigkeit des Systems fördern bzw. hemmen;
- welcher Systemzustand erstrebenswert ist.

Die Klärung dieser Fragen ist mit allerlei Problemen behaftet und bereits die Systembestimmung offenbart Schwierigkeiten. Denn was ein System und seine Umwelt auf einer bestimmten Maßstabsebene ist, erweist sich auf einem anderen Maßstab betrachtet nur als ein Einzelsystem innerhalb einer weiteren Umwelt. Bei der Bewertung der Verwundbarkeit spielt dieses Skalenproblem eine wichtige Rolle. So kann ein Familienhaushalt gegenüber Hochwasser stark verwundbar sein, ohne dass die Gemeinde oder das Land als Ganzes für Überschwemmungen anfällig sind. Wichtige Größen der **Vulnerabilität** eines Individuums oder einer Familie sind vorhandene materielle Kapazitäten und der Zugang zu politischen und ökonomischen Ressourcen. Gründe für die hohe Verwundbarkeit der Familie können auch darin liegen, dass ihr – etwa aufgrund ihrer ethnischen Zugehörigkeit – Unterstützung vorenthalten wird oder sie nicht ausreichend in soziale Netzwerke eingebunden ist. Die Messung dieser Einflussgrößen ist nicht einfach und viele Variablen können großräumig nur ungenau erfasst werden. Demgegenüber wird die soziale, politische und ökonomische Dimension der Vulnerabilität eines Flächenraums oder ganzen Landes durch das Zusammenwirken anderer Faktoren determiniert (Kasten 25.1). Insofern dür-

fen die auf der Mikroebene gemachten Ergebnisse nicht ohne weiteres auf kleinere Maßstabsebenen übertragen werden. Entsprechendes gilt für Faktoren, die auf Länderebene eine Aussagekraft haben, sich aber kleinräumig nicht operativ umsetzen lassen. Oftmals stehen Daten für einen bestimmten Maßstab überhaupt nicht zur Verfügung und man muss auf Proxydaten ausweichen, die nur indirekt Aufschluss geben.

Auch die zur Verfügung stehenden Kapazitäten und Ressourcen, die verwundbarkeitsmindernd vor bzw. schadensreduzierend nach einem Hochwasser abgerufen werden können, hängen vom Betrachtungsmaßstab ab. Entsprechendes gilt für die skalenabhängigen Eigenschaften, Prozesse und Funktionen von Systemen wie auch – auf anwendungspraktischer Ebene – für die Verantwortungszuständigkeit von Entscheidungsträgern und die Quantität und

---

Kasten 25.1

Neuere großräumige Verwundbarkeitsbewertungen

Das Geographische Institut der Universität von South Carolina hat unlängst mittels eines faktoranalytischen Ansatzes einen *Social Vulnerability Index* (SoVI) für die 393 Counties der USA erstellt (Cutter et al. 2003). Aus verschiedenen sozioökonomischen und demographischen Daten wurden 42 Variablen auf elf unabhängige Faktoren reduziert, mithilfe derer die soziale Verwundbarkeit auf County-Ebene dargestellt wurde. Der Berechnung zufolge besitzen die urbanen Regionen der Ostküste sowie die Counties im Mississippi-Delta und des südlichen Texas die höchste Vulnerabilität. Eine geringe soziale Verwundbarkeit weisen lokale Verwaltungseinheiten in den Neuenglandstaaten und – was kaum verwundert – der Yellowstone National Park auf. Die Tatsache, dass die für die Verwundbarkeit verantwortlichen Faktoren von County zu County jeweils andere sind, unterstreicht den vielschichtigen Charakter der sozialen Verwundbarkeit.

Die Südpazifische Kommission für Angewandte Geowissenschaft (SOPAC) entwickelt seit einigen Jahren einen *Environmental Vulnerability Index* (EVI) zur Messung der Verwundbarkeit der Umwelt, der drei zentrale Aspekte von Verwundbarkeit zusammenfasst: Die Risiken von Seiten der Natur und des Menschen, die Fähigkeit, mit diesen Risiken umzugehen sowie spezifische Ökosystemeigenschaften. Aus fünf Kategorien fließen insgesamt 54 meteo-

rologische, geologische, biologische, anthropogene und länderspezifische Indikatoren in die Erstellung dreier Subindizes ein, aus denen der Umweltverwundbarkeitsindex für insgesamt 235 Länder berechnet wird. Die Umweltverwundbarkeit eines Landes kann dann an einer Skala von eins (niedrig) bis sieben (hoch) abgelesen werden. Der Index soll es ermöglichen, die Verwundbarkeit von natürlichen Systemen schnell und kostengünstig zu messen und nationale Entwicklungsplanungen besser an die natürliche Umwelt anzupassen (Kaly et al. 2005).

Zur Erfassung der gesellschaftlichen Anfälligkeit gegenüber Naturkatastrophen erarbeitete das Entwicklungsprogramm der Vereinten Nationen (UNDP) zusammen mit seinem in Genf sitzenden Daten- und Informationszentrum (GRID) einen *Disaster Risk Index* (DRI). Methodisch und datentechnisch orientierte man sich am Index der menschlichen Entwicklung (HDI) und konzentrierte sich auf die zwei Schlüsselvariablen „Verstädterung" und „ländliche Lebensverhältnisse". Untersucht wurden Erdbeben, tropische Wirbelstürme, Überschwemmungen und Dürren für den Zeitraum 1980 bis 2000; die Daten lieferte der EM-DAT-Datenpool des Forschungszentrums für Katastrophenepidemiologie (CRED) der Universität Louvain in Belgien. Insgesamt wurde die relative Katastrophenanfälligkeit für 210 Länder berechnet (UNDP 2004).

Qualität von Daten. Folglich erfordert die Erfassung von Systemzuständen bzw. der Faktoren, die sich auf die Funktionsfähigkeit von Systemen positiv oder negativ auswirken, eine gleichermaßen detaillierte wie ganzheitliche Betrachtung. Und das ist nicht einfach. Beispielsweise wirkt sich die oft empfohlene Aufforstung von Waldbeständen hochwasserreduzierend auf den Niederschlagsabfluss und die Scheitelwasserstände aus. Unter Gesichtspunkten der Verwundbarkeit muss hingegen mitbetrachtet werden, dass Aufforstungsmaßnahmen den Abfluss auch in Trockenzeiten ändern und somit auch nachteilige Auswirkungen haben können – etwa die Verfügbarkeit von Wasser oder die Schädigung von Flussökosystemen betreffend. Und letztlich ist der erstrebenswerte Systemzustand nicht objektiv gegeben, sondern muss mittels subjektiven Wahrnehmungen und Bewertungen von unterschiedlichen Akteuren erst sozial ausgehandelt werden.

Insbesondere fünf Vulnerabilitätseigenschaften erschweren eine exakte **Bewertung**:

(1) Multidimensionalität. Verwundbarkeit besitzt u. a. eine politische, ökonomische, soziale, kulturelle, naturräumliche und historische Dimension.

(2) Sozialdivergenz. Verwundbarkeit ist individuell wie auch zwischen und innerhalb sozialer Gruppen unterschiedlich ausgeprägt.

(3) Skalenabhängigkeit. Anfälligkeiten variieren in Bezug auf Zeit, Raum und Untersuchungsmaßstäbe.

(4) Dynamik. Einflussgrößen und Eigenschaften ändern sich mit der Zeit.

(5) Interaktivität. Einflussgrößen und Parameter beeinflussen sich wechselseitig.

Die damit verbundenen Schwierigkeiten behindern maßgeblich die Entwicklung von systematischen, transparenten und vor allem verständlichen Verfahren zur Bewertung von Vulnerabilität.

25.2 Ansätze zur Erfassung von Verwundbarkeit

In Anbetracht dieser Problematik verwundert es kaum, dass Verwundbarkeitsbewertungen hauptsächlich kontextspezifisch Bedeutung erlangt haben. Zu verschieden sind die Betrachtungsmaßstäbe (individuell bis global) und die Gefahren, auf die man die Verwundbarkeit bezieht (natürliche, chemische, technologische, biologische oder instrumentelle),

als dass sich ein universell einsetzbares Konzept hätte entwickeln können (Dikau und Weichselgartner 2005). Zumeist wird **Verwundbarkeit** implizit und explizit als verknüpfendes Element verwendet: Man bezieht etwas oder jemanden, das bzw. der verwundbar ist, auf etwas, das potenziell gefährlich ist, aufgrund irgendwelcher Eigenschaften des Subjekts oder Objekts. Häufig spricht man von Vulnerabilität und meint damit die Exponiertheit zu einem Risiko bzw. einer Gefahr. Bisweilen interpretiert man Verwundbarkeit als soziales Charakteristikum im Sinne eines Anfälligkeitsfaktors sozialer Gruppen oder gar ganzer Gesellschaften für potenzielle Schäden. Weit verbreitet ist auch die ingenieur-technische Verwendung des Begriffs zur Bezeichnung des Anfälligkeitsgrades von Gebäuden und anderer Infrastruktur gegenüber Naturkräften (zur Begriffsabgrenzung Gallopin 2006). Die Unzulänglichkeiten in derzeitigen Erkenntnismodellen bei gleichzeitiger Notwendigkeit von integrativen Ansätzen zum besseren Verständnis von Umweltrisiken bezeichnete die Naturgefahrenexpertin Susan Cutter recht treffend als »*the vulnerability of science and the science of vulnerability*« (Cutter 2003).

In jüngster Vergangenheit arbeitet man verstärkt an einem theoretischen Gerüst für eine umfangreiche Analyse von Verwundbarkeiten (Turner et al. 2003). Vor allem die Prozesse des globalen Wandels zwingen die Wissenschaftler zur Erarbeitung von Konzepten und Strategien, da diese die vorhandenen **Katastrophenanfälligkeiten** modifizieren und zu neuen, ungewohnten Risiken führen. Die Auswirkungen sind dabei immer seltener lokal begrenzt und können sich durch die enge Vernetzung der beteiligten Prozesse schnell zu einer globalen Bedrohung entwickeln. Um sie adäquat beurteilen und entsprechende Maßnahmen konzipieren zu können, müssen die Zustände und Veränderungen in natürlichen und sozialen Systemen erfasst werden (Schellnhuber et al. 2004). Insofern argumentiert man derzeit für umfassendere systemische Betrachtungsweisen, die auch **Bewältigungskapazitäten** und Sicherheitsaspekte (Allenby und Fink 2005) sowie die sozial-ökologische Widerstandsfähigkeit mitberücksichtigen (Adger et al. 2005). Mittlerweile wurden auch wissenschaftliche Verstehenszugänge entwickelt, mithilfe derer die Verwundbarkeit gegenüber Umweltveränderungen untersucht (Luers 2005), das Vorsorge- und Adaptionspotenzial analysiert (Wilbanks 2005) und die Hochwasseranfälligkeit selbst großmaßstäbig bewertet werden kann (Green 2004).

Als mit der Bewertung der **Hochwasserverwundbarkeit** von 13 kantabrischen Gemeinden begonnen wurde, konnte weder auf die neueren wissen-

25

schaftstheoretischen Erkenntnisse und die daraus entstandenen Ansätze aufgebaut werden, noch gab es ausreichend praktische Beispiele, die als Vorlage hätten dienen können (Weichselgartner 2001). Aber auch gegenwärtig existiert noch **kein einheitliches Vulnerabilitätskonzept**. Wie eine aktuelle Studie zur gesellschaftlichen Verwundbarkeit gegenüber Naturgefahren belegt, divergieren Definitionen, Ansätze, Skalen und Methodik beträchtlich (Birkmann 2006). Der Autor ist deshalb noch heute der Ansicht, dass sich die unterschiedlichen Vulnerabilitätsansätze einerseits kaum einheitlich und allgemeinverbindlich konzeptualisieren und operationalisieren lassen, und anderseits diese Vielfalt auch notwendig ist, um den multidimensionalen, sozialdivergenten, skalenabhängigen und dynamischen Charakter von Verwundbarkeit ausreichend zu erfassen.

25.3 Verwundbarkeit als Raumeigenschaft

Das Ausmaß von Naturkatastrophen wird von geophysischen Faktoren die Naturgefahr betreffend und von sozioökonomischen Faktoren der betroffenen Bevölkerung und Infrastruktur bestimmt. Daher ist es sinnvoll, beide Seiten in eine Bewertung mit einzubeziehen: Die externe, welche die Gefahr kennzeichnet, denen ein System ausgesetzt ist, und die interne, welche die Möglichkeiten des Systems umschreibt, diese Bedrohung möglichst unbeschadet zu überstehen. Sogenannte *Hazard-of-place*-Ansätze verfolgen dieses Ziel. Vulnerabilität wird hier raumkategorisch betrachtet, als variables Produkt aus naturräumlichen Größen und sozioökonomischen Bewältigungscharakteristiken (Cutter 1996, Weichselgartner 2002). Eine derartige Sichtweise bietet sich auch für Überschwemmungen an. Sie sind für die an Flüssen gelegenen Siedlungen ein naturräumlicher Ressourcen- und Risikofaktor und die Gesamtkonstellation vieler Parameter bestimmt über das Ausmaß der Folgen. Dabei müssen die Eintrittshäufigkeit und Eintrittsstärke nicht unbedingt die entscheidenden sein. Je nach Zustand anderer Faktoren können auch relativ niedrige Abflüsse einen Raum schwer schädigen bzw. höhere Abflüsse problemlos bewältigt werden (Weichselgartner 2000). Will man den Grad der Hochwasserverwundbarkeit einer Raumeinheit genau erfassen, müssen möglichst alle Faktoren des Produkts bewertet werden.

In der nordspanischen Provinz Kantabrien hat man dies in einem 13 Gemeinden umfassenden Küstenstreifen versucht (Abb. 25.2a). Der Untersuchungsraum schloss neben der Provinzhauptstadt Santander die angrenzenden *Municipios* Camargo, El Astillero, Marina de Cudeyo, Ribamontán al Mar, Bareyo, Arnuero, Noja, Argoños, Santoña, Laredo, Liendo und Castro-Urdiales mit ein. Die zwischen 42°42' und 43°31' nördlicher Breite und 3°10' und 4°31' östlicher Länge gelegene Provinz grenzt im Norden an das Kantabrische Meer und im Süden an die Provinzen Burgos und Palencia. Westlich wird sie von Asturien und León, im Osten vom Baskenland umgeben. Über 40 % der Oberfläche Kantabriens liegen über 700 m über dem Meer, rund ein Drittel erreicht weniger als 300 m Höhe, das restliche Viertel liegt zwischen 300 und 700 m. Mit einer Fläche von rund 5 300 km^2 beträgt der Anteil der Provinz nur knapp 1 % der Gesamtfläche Spaniens. Von Süden nach Norden setzen sich Gebirgsausläufer in Richtung Küste fort und grenzen die ins Kantabrische Meer entwässernden Flüsse ab. Zu den größten zählen der Saja (62,8 km) und sein Nebenfluss Besaya (47,1 km), der Pas (62,5 km), Deva (60,8 km), Asón (46 km), Nansa (43 km), Miera (39 km) und der Agüera (15,1 km).

In Kantabrien werden Überschwemmungen meist durch sommerliche, lokale Starkregen verursacht, die in enger Verbindung zur Physiognomie des Untersuchungsgebiets stehen. Die teils über 2 500 m hohe küstenparallele Kantabrische Gebirgskette (*Cordillera Cantábrica*) stellt ein natürliches Hindernis dar, an dem es verstärkt zu Konvektionsprozessen kommt. So weisen die Sommermonate Juli und August zwar die geringsten Niederschlagswerte des Jahres auf, aber auch die schwersten Hochwasserereignisse. Die schwach hierarchisch gegliederten Flusssysteme und zumeist kurz und mit großer Steigung verlaufende Flussläufe prägen nicht nur das Landschaftsbild, sie erschweren auch eine Hochwasserfrühwarnung und das Schaffen von Retentionsflächen. Mit den Geländecharakteristika verbunden sind auch Hangrutschungen, die oftmals die Überschwemmungen begleiten. Eine hohe Einwohnerdichte (die während der Sommermonate durch Feriengäste noch um ein Vielfaches ansteigt) und zunehmende touristische Infrastruktur im begrenzten Flächenangebot zwischen Gebirge und Meer erhöhen das Schadenspotenzial zusätzlich. Der küstennahe Forschungsraum wies zur Zeit der Untersuchungen eine Bevölkerungsdichte von 850 Einwohnern/km^2 auf. Zum Vergleich: Derzeit liegt der Provinzdurchschnitt bei 101 Einwohner/km^2, der Landesdurchschnitt bei 86. Treffen die aus den Höhenzügen kommenden Wassermassen ungünstig mit der Flutphase der kantabrischen Gezeiten zusammen, steigen in den dicht besiedelten

Abb. 25.1 Die Hochwasserverwundbarkeit als Raumeigenschaft der kantabrischen Küste: Naturräumliche und gesellschaftliche Faktoren bestimmen über das Schadensausmaß von Überschwemmungen.

Küstenstädten die Wasserstände – und zumeist auch die Schäden.

Das Untersuchungsgebiet wurde 1999 während eines zweijährigen Forschungsaufenthalts aufgrund schon vorhandener Vorarbeiten ausgewählt. Ferner bestanden Kontakte und Informationskanäle zwischen den lokalen Verwaltungen und der Universität, die für die Umsetzung des Vorhabens hilfreich erschienen. Ziel der Bewertung war es, ein Abbild der räumlichen Verteilung der Faktoren anzufertigen, die den Grad der Hochwarvulnerabilität bestimmen. Die Verwundbarkeit wurde als Resultat naturräumlicher (geophysische Verwundbarkeit) und gesellschaftlicher Faktoren (soziale Verwundbarkeit) interpretiert (Abb. 25.1). Ihre Erfassung sollten räumliche (wo sind verwundbare Gebiete?) und soziale (wer/was ist verwundbar in einem bestimmten Gebiet?) Aufschlüsse liefern, anhand derer eine gezielte Verbesserung dieser Faktoren und damit die Beschränkung der Wirksamkeit von Schadensereignissen möglich ist.

25.4 Operationalisierung der Hochwasserverwundbarkeitsbewertung

Kernziel der Untersuchung war die Erstellung eines Hochwasserverwundbarkeitsprofils, das vor allem für lokale Entscheidungsträger praktikabel ist. Dabei stand weniger die Bestimmung des Hochwasserrisikos auf Grundlage von Wahrscheinlichkeitsberech-

nungen im Vordergrund, sondern anwendungsbezogene Funktionen wie **Dringlichkeit** (*Priority Setting*), **Entscheidungsfindung** (*Knowledge for Action*) und **Bewusstsein** (*Awareness Raising*). Durch die Abbildung der Vulnerabilität von Gebietseinheiten sollte den Verantwortlichen in den Katastrophenschutzbehörden eine weitere Entscheidungsgrundlage bereitgestellt werden, auf deren Basis effektive Vorsorge- und Bewältigungsmaßnahmen geplant und durchgeführt werden können. Gemeinden als Untersuchungseinheit zu wählen, erschien aus zwei Gründen sinnvoll: Zum einen sind auf lokaler Ebene die Auswirkungen von Überschwemmungen am stärksten. Zum anderen ist dort eine Integration von Natur und Gesellschaft am ehesten zu erreichen (Kates et al. 2001).

Neben dem Aspekt der Maßstabsebene galt es ferner, methodologische Fragen bezüglich der Identifikation und Visualisierung von verschiedenen Vulnerabilitätsfaktoren sowie der praktischen Umsetzbarkeit zu klären. Diesbezüglich entschied man sich, das Verwundbarkeitsprofil anhand von vier Kernfaktoren zu erstellen, die als vulnerabilitätsbestimmend angesehen wurden: Die **Naturgefahr**, die **Exponiertheit**, die **Prävention** und die **Bereitschaft**. Jeder dieser Faktoren setzt sich aus unterschiedlichen Parametern zusammen, die in ihrer Gesamtkonstellation die Verwundbarkeit eines Raums entscheidend verändern können (Weichselgartner und Deutsch 2002). Ein Hochwasser beispielsweise ist primär durch Frequenz, Magnitude, Dauer, Eintrittsgeschwindigkeit, Verteilung und Vorhersagbarkeit determiniert. Die Exponiertheit (auch Exposition) beschreibt die Objekte, die einer Naturgefahr ausgesetzt sind. Bestimmte Infrastruktureinrichtungen wie Kraftwerke, Schulen und Krankenhäuser werden durch die räumliche Nähe zur Gefahrenquelle zu besonderen Risikoelementen. Aufgrund ihrer Funktion sind sie für die Gesellschaft wichtig und eine Beeinträchtigung kann zu erheblichen Folgeschäden führen. Aber auch soziale Werte und Verantwortlichkeiten charakterisieren die Exponiertheit. So sind Frauen in ländlich geprägten Gesellschaften oftmals exponierter, da sie durch die Betreuung von Kindern und älteren Familienmitgliedern an den Haushalt gebunden sind.

Die Prävention umfasst Aktivitäten und Maßnahmen mit dem Ziel, einer Katastrophe vorzubeugen und einen permanenten Schutz vor ihren Auswirkungen bereitzustellen. Man unterscheidet dabei Hochwasserschutzmaßnahmen die baulich-technischer (z. B. Deiche, Gewässerbettverbreiterungen) und normativ-immaterieller (z. B. **Landnutzungsbeschränkungen**, Zonierungen) Natur sind. Vor allem erstere können den Grad der Verwundbarkeit erheblich reduzieren, aber auch zu einer weiteren Bebauung in den geschützten Gebieten beitragen und sie dadurch erhöhen. Unter vorbereitende bzw. bereitschaftserhöhende Maßnahmen fallen alle Aktivitäten, die es erlauben, schnell und effektiv auf eine drohende Katastrophe zu reagieren. Wichtige Parameter der Bereitschaft sind Hochwasserpläne, Frühwarnsysteme, Mittel der Katastrophenkommunikation sowie die medizinische Notfallversorgung.

Ein weiterer wichtiger Aspekt war die Auswahl geeigneter Indikatoren zur Erfassung der vier Faktoren. Da der Nutzen von Indikatoren prinzipiell ziel- und funktionsabhängig ist, orientierte man die Indikatorenauswahl an limitierenden Faktoren wie Datenverfügbarkeit, Zeitrahmen und Budget. Aus Gründen der einfacheren Erfassung und Handhabung sollten Indikatoren zum Einsatz kommen, die sich in binärer Form ausdrücken lassen, d. h. der Vulnerabilitätsgrad wird durch die Präsenz bzw. das Nichtvorhandensein eines Indikators reduziert oder erhöht. Damit sollte dem Anspruch Rechnung getragen werden, die Erstellung der **Verwundbarkeitskarte** auch für Nichtwissenschaftler nachvollziehbar und verständlich zu gestalten. Die Endselektion erfolgte anhand der Kriterien Verfügbarkeit, Deckungsgrad, Messbarkeit und Genauigkeit. Insgesamt wurden 16 Indikatoren ausgewählt (Tab. 25.1). Als empirisch messbare Hilfsgrößen beschreiben sie die vier Faktoren, die wiederum die Vulnerabilität eines Raums determinieren.

Die verwendeten Indikatoren stellen letztlich einen Kompromiss zwischen Datenverfügbarkeit und Genauigkeit bzw. Signifikanz dar. Während etwa der Indikator „Einwohner/km²" für die Bevölke-

rungsdichte den Ist-Zustand sehr präzise beschreibt, konnte aufgrund mangelnder Daten der Gebäudewert nur indirekt über die Hilfsgröße „Einkommen pro Einwohner/Jahr" erfasst werden. Es wurde angenommen, dass es eine signifikante Verbindung zwischen dem Einkommen und dem Wert des Gebäudes bzw. der Wohnungseinrichtung gibt. Ein höheres Jahreseinkommen steigert demnach das Schadenspotenzial. In ähnlicher Weise wurde unterstellt, dass die Exponiertheit umso geringer ist, je mehr landwirtschaftlich und weniger industriell produziert wird. Der Indikator „Viehbestand/km²" erschien hier als geeignete Variable, da der Anteil der Milchwirtschaft über 80 % des gesamten landwirtschaftlichen Aktivitäten der Region ausmacht. Und nicht zuletzt wurde davon ausgegangen, dass die vier Faktoren – Naturgefahr, Exponiertheit, Prävention und Bereitschaft – die Vulnerabilität ähnlich stark beeinflussen. Sie wurden deshalb gleich stark gewichtet.

Tab. 25.1 Indikatoren zur Bewertung der Hochwasserverwundbarkeit

Faktor	Indikatoren
Naturgefahr	historische Wasserstandsmarken
	Überschwemmungsbereich
	Hangstabilität
Exponiertheit	Einwohner/km²
	Unternehmensbetriebe/km²
	Viehbestand/km²
	Jahreseinkommen/Einwohner
	Schlüsselinfrastruktur
Prävention	gesetzliche Hochwasservorschriften
	Hochwasserschutzmaßnahmen
Bereitschaft	Erfahrung mit schadenverursachendem Hochwasser
	Katastropheninformationsmaterial
	Frühwarnsystem
	Notfallpläne
	Feuerwehrstation
	Krankenhaus im Umkreis von 30 km

25.5 Bewertung der Hochwasserverwundbarkeit von 13 kantabrischen Gemeinden

Nach Abschluss der Operationalisierung wurde anhand der ausgewählten Indikatoren die räumliche Ausprägung der Naturgefahr, Exponiertheit, Prävention und der Bereitschaft quantitativ ermittelt. Aufgrund der UN-Dekade zur Reduzierung von Naturkatastrophen (IDNDR 1990–1999), die als ein wichtiges Ziel die kartographische Erfassung von Naturgefahren an ihre nationalen Komitees weitergab, stand für das Untersuchungsgebiet eine **Naturgefahrenkarte** bereits zur Verfügung. Neben natürlichen Überschwemmungsbereichen und historischen Wasserstandsmarken wurde die Naturgefahr durch geomorphologische Größen wie Niederterrassen, Hangneigungsgradient, Festgestein/Oberflächenablagerungen und ältere Rutschungsaktivitäten erfasst. Dieser kombinierte Indikator „Hangstabilität" ist sinnvoll, weil die hochwasserverursachenden Starkregen häufig auch Hangrutschungen auslösen, die ihrerseits zu Überschwemmungen führen können. Je mehr Größen durch Indikatoren erfasst werden, desto exakter ist das räumliche Abbild der Naturgefahr. Beispielsweise kann mittels der Abflussmenge, Abflussgeschwindigkeit, Wasserstand, Dauer des Hochwassers, Sedimentkonzentration sowie Wellen- und Windgeschwindigkeit ein Hochwasser recht gut beschrieben werden. Allerdings stehen für viele dieser Einflussgrößen keine Daten in aufbereiteter Form zur Verfügung oder sind nicht für alle Gebietseinheiten erfasst.

Die durchgeführte Naturgefahrenbewertung bildete die Grundlage für den nächsten Bewertungsschritt: die Identifikation und Bewertung von potenziell gefährdeter Sozial- und Infrastruktur. Auch hier sollten binäre Indikatoren die Exponiertheit messbar machen und ein grafisches Bild des Wirkungskreises eines Hochwassers vermitteln. Variablen, die Auskunft über den Grad der Exponiertheit geben, sind etwa die Robustheit von Gebäuden, die Schadensanfälligkeit von Gebäudeeinhalten, die Landnutzung, Schlüsselanlagen, Transportsysteme, öffentliche Versorgungseinrichtungen sowie die Bevölkerungsverteilung und -dichte. In einem weiter gespannten Betrachtungsrahmen beinhaltet Exponiertheit auch soziale und institutionelle Verwundbarkeitsaspekte wie etwa der Ausschluss aus sozialen Netzwerken oder der Zugang zu Verfügungsrechten.

Leider standen für die meisten dieser Größen Daten nur unzureichend zur Verfügung, weshalb mit Proxydaten für die Bevölkerungsdichte, Industrie, Infrastruktur und Landnutzung gearbeitet wurde. Der Grad der Bevölkerungs- bzw. Gebäudedichte wurde mit dem Indikator „mehr als 300 Einwohner/km²" erfasst, der Industrialisierungsgrad mit der Hilfsgröße „mehr als 200 Unternehmensbetriebe/km²". Ein positiver Wert erhöhte die Exponiertheit entsprechend. Wie einleitend erwähnt, wurde davon ausgegangen, dass die Exponiertheit stärker ist, wenn wenig Landwirtschaft betrieben und hohe Einkommen erzielt werden. Die Indikatoren „Viehbestand größer als 100" und „Jahreseinkommen höher als € 18 000 pro Einwohner" erschienen deshalb als geeignet. Das Vorhandensein von Schlüsselinfrastruktur wie Flughafen oder Kraftwerk erhöhte den Expositionswert zusätzlich.

Das Ziel der anschließenden **Präventionsanalyse** war die Identifikation und Bewertung aller Aktivitäten und Maßnahmen, die einem Hochwasser und seinen Folgen vorbeugen oder einen permanenten Schutz vor dessen Wirkungen bereitstellen. Hierzu mussten zweierlei Arten von Daten erhoben werden: zu baulich-technischen und zu normativ-immateriellen Maßnahmen. Wie in vielen anderen Ländern, so war auch in Spanien lange Zeit die ingenieur-technische Betrachtungsweise von Naturgefahren vorherrschend, was zu einem Ungleichgewicht zugunsten der strukturellen Maßnahmen geführt hat. Erst in jüngster Vergangenheit bedient man sich verstärkt nicht technischer Hochwasserschutzmaßnahmen wie Landnutzungswechsel und -beschränkungen. Die Datenlage erlaubte den Einsatz zweier Indikatoren: die Präsenz von Hochwasserschutzmaßnahmen und von Hochwasservorschriften für die Regionalplanung. Das Nichtvorhandensein eines Indikators reduzierte hier den Präventionswert. Zur besseren Erfassung des Präventionsgrades sollten noch weitere Größen erfasst werden. Beispielsweise können – entsprechende Datensituation vorausgesetzt – die Anzahl abgeschlossener Hochwasserversicherungspolicen und die Ausgaben für Präventionsmaßnahmen (gemessen an den Gesamtaufwendungen einer Gemeinde) wertvolle Indikatoren sein.

Die anschließende Bewertung der Bereitschaft zielte darauf ab, die im Forschungsgebiet vorbeugend durchgeführten Maßnahmen und Aktivitäten zu erfassen, die es erlauben, schnell und effektiv auf eine eintretende Hochwassersituation zu reagieren. Wichtige Größen, die über den Zustand der Katastrophenvorbereitung Auskunft geben, sind beispielsweise das Gefahrenbewusstsein und die

Präsenz von katastrophenrelevantem Informationsmaterial. Darüber hinaus kann das Vorhandensein von Frühwarnsystemen sowie von technischem und medizinischem Notfallpersonal und -zubehör die Bereitschaft erhöhen und damit die Verwundbarkeit senken. Entsprechendes gilt für legislative Bestimmungen, wie den Erlass von Sicherheitsstandards für Gebäude, Transportinfrastruktur und Landnutzung. Die kartographische Abbildung dieser Parameter ist nicht nur im Zusammenhang mit der Vulnerabilität von Bedeutung, sondern kann sich auch im Ernstfall als wertvolle Entscheidungshilfe für die lokalen Katastrophenbewältigungsbehörden erweisen. Für die Ermittlung des Bereitschaftsgrades wurden folgende Indikatoren in binärer Form eingesetzt: Hatte die Gemeinde während der letzten 20 Jahre ein schadenverursachendes Hochwasserereignis? Existieren Aufklärungs- und Informationsmaterial für die Bevölkerung? Verfügt die Gemeinde über ein operatives Frühwarnsystem? Bestehen Evakuierungspläne? Hat die Gemeinde eine eigene Feuerwehrstation? Ist ein Krankenhaus im Umkreis von 30 km vorhanden? Das Vorhandensein eines Indikators erhöht den Wert der Bereitschaft entsprechend. Den ersten Indikator betreffend wurde unterstellt, dass ein erst unlängst stattgefundenes Hochwasserereignis das Gefahrenbewusstsein verstärkt und sich bereitschaftserhöhend auswirkt.

Nach Erfassung der einzelnen Faktoren wurden die vier Datensätze unter Verwendung eines geographischen Informationssystems überlagert und der Verwundbarkeitsgrad der einzelnen Gebietseinheiten bemessen (Abb. 25.2b). Die **Vulnerabilitätskarte** zeigt die Hochwasserverwundbarkeit räumlicher Einheiten als arithmetisches Mittel der Werte, die für jeden einzelnen Faktor ermittelt wurden. Da die Werte für die Naturgefahr, Exponiertheit, Prävention und Bereitschaft Subindizes des Verwundbarkeitsgrades darstellen, kann leicht nachgeprüft werden, warum eine bestimmte Raumeinheit einen bestimmten Verwundbarkeitswert erhalten hat (Abb. 25.2c). Darüber hinaus ist der Wert interpretierbar und weist auf potenzielle Verbesserungsmöglichkeiten hin. Ist beispielsweise die hohe Verwundbarkeit eines Gebiets auf einen sehr niedrigen Präventionswert zurückzuführen, können gezielte Schutzmaßnahmen die Vulnerabilität effektiver reduzieren als etwa bewusstseinserhöhende Informationskampagnen.

25.6 Bewertung und Perspektiven

Mit der beschriebenen Hochwasserverwundbarkeitsbewertung wurde in Spanien erstmalig der Versuch unternommen, die Vulnerabilität gegenüber einer Naturgefahr zu messen. Bis dahin beschränkte man sich auf die räumliche Erfassung von physischen Einflussgrößen und deren kartographische Abbildung. Auf die vorhandenen Daten und Naturgefahrenkarten aufbauend wurde am Beispiel eines 13 Gemeinden umfassenden Küstenabschnitts in

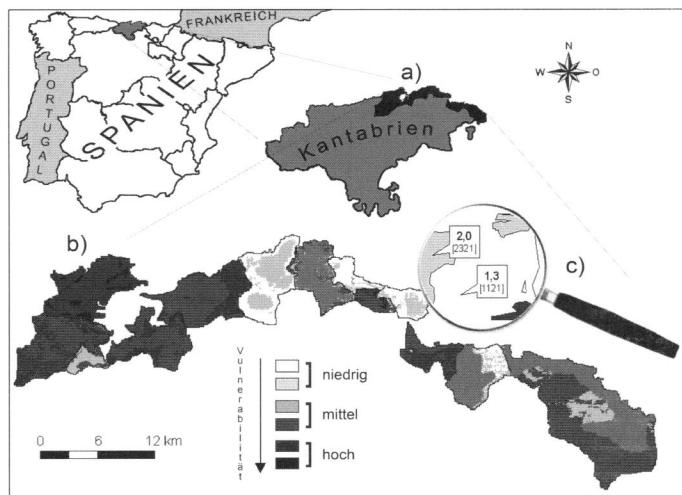

Abb. 25.2 Hochwasserverwundbarkeit von 13 kantabrischen Gemeinden: Die Erfassung und kartographische Abbildung der Naturgefahr, Exponiertheit, Prävention und Bereitschaft soll dem lokalen Katastrophenschutz einen gezielten und effektiven Einsatz von Schutzmaßnahmen ermöglichen.

Kantabrien zusätzlich die Exponiertheit, Prävention und Bereitschaft anhand verschiedener sozialräumlicher Indikatoren quantitativ ermittelt. Dadurch sollte eine differenziertere und vor allem detailliertere Darstellung der Schadensanfälligkeit für Hochwasser erreicht werden. Kernziel der Bewertung war es, mittels eines unkomplizierten Verfahrens die Hochwasserverwundbarkeit räumlicher Einheiten zu bestimmen und damit den verantwortlichen Entscheidungsträgern in den lokalen Planungsbehörden ein weiteres Hilfsmittel bereitzustellen. Die Bemessung selbst erfolgte anhand von vier vulnerabilitätsdeterminierenden Faktoren und 16 binären Indikatoren, die mithilfe eines geographischen Informationssystems verarbeitet wurden.

Die Bewertung zeigte eine hohe Hochwasserverwundbarkeit in der Provinzhauptstadt Santander und den angrenzenden Kommunen. Die Exponiertheit erreicht in den dicht besiedelten und durch Hafengewerbe und industrielle Zentren (*polígonos industriales*) geprägten Zonen besonders hohe Werte. Nach Osten hin sinkt die Vulnerabilität, da dort Überschwemmungen seltener auftreten und das Schadenspotenzial niedriger ist. Ausnahmen sind die stark touristisch geprägte Gemeinde Laredo und das verschiedene Industrien beheimatende Argoños. Eine hohe Exponiertheit und niedrige Bereitschaftswerte führen dort zu einer hohen Schadensempfindlichkeit. In den Gemeinden Bareyo, Noja, Santoña sowie in Teilen Liendos ist die Hochwasserverwundbarkeit am geringsten. Verantwortlich hierfür sind insbesondere höhere Einkommen, geringere Einwohnerzahlen und weniger Industrieanlagen. Bevölkerung und Infrastruktur sind dort schwach exponiert.

Das Ergebnis der **Vulnerabilitätsbewertung** wurde Mitarbeitern der kommunalen Katastrophenschutzbehörden zur Beurteilung vorgelegt. Die Überprüfung bestätigte die ermittelten Verwundbarkeitsklassen insofern, als dass sich die als hochwasserverwundbar ausgewiesenen Gebiete mit denen deckten, die von den Experten als problematisch eingestuft wurden. Die Vulnerabilitätsklassen sind normal häufigkeitsverteilt, mit den höchsten Pixelwerten in der mittleren Verwundbarkeitsklasse. In Bezug auf die Bevölkerungsdichte ist dies kohärent. Einen weiteren Tauglichkeitstest stellte der Vergleich mit alten Schadensdaten dar. Hier gab es ebenfalls eine signifikante Relation zwischen den in der Vergangenheit betroffenen Gebieten und den als verwundbar ermittelten Raumeinheiten. Nicht unerwähnt bleiben soll der Umstand, dass sich die Zusammenarbeit mit Kommunen und Privatunternehmen positiv auf die Umsetzung von theoretischem Wissen in konkrete Maßnahmen auswirkt. Überdies können bestehende Kontakte zwischen den Institutionen und vor allem der Bevölkerung im Katastrophenfall zu einer besseren Bewältigung beitragen und zumeist auftretende Schuldzuweisungen verringern.

Die Wahl der Faktoren und der verwendeten Indikatoren bestimmen maßgeblich das grafische Bild der Hochwasserverwundbarkeit. Insofern leidet die Methodik an den gleichen Schwächen, die auch andere Bewertungen mit empirisch messbaren Hilfsgrößen aufweisen: Signifikanz, Repräsentanz und Übertragbarkeit. Ferner ist das Arbeiten mit Indikatoren ein Erfahrungs- und Lernprozess. So kann sich etwa herausstellen, dass eine Hilfsgröße weniger signifikant ist als zunächst angenommen und ersetzt werden muss. Gleiches gilt für die Gewichtung der einzelner Faktoren. Da es keine Erfahrungswerte gab, ist man davon ausgegangen, dass alle vier Faktoren die Vulnerabilität gleichermaßen beeinflussen. Sie wurden deshalb gleich stark gewichtet. Natürlich kann man auch hier zu der Einsicht gelangen, dass beispielsweise die Prävention einen stärkeren Einfluss auf die Verwundbarkeit hat als die Bereitschaft. Man muss dann die Gewichtung der Faktoren entsprechend korrigieren.

Inwieweit methodische Schwächen akzeptabel sind, hängt auch von der Zielsetzung ab. Leitgedanke der Vulnerabilitätsbewertung war nicht die Prognose extremer Hochwasserereignisse oder die exakte Berechnung von Schadenswahrscheinlichkeiten. Im Vordergrund standen die grafische Erfassung der Hochwasseranfälligkeit und die Bereitstellung eines verwendbaren Hilfsmittels für die lokalen Entscheidungsträger. Damit sollte einerseits der rein naturwissenschaftliche Betrachtungsrahmen von Hochwasser um weitere wichtige Einflussgrößen ergänzt, und andererseits die theoretische Verhandlung von Vulnerabilität durch eine praktische Anwendung erweitert werden. Was seinerzeit gängige Praxis im Naturgefahrenmanagement war, ist heute wissenschaftlich unumstritten: Zur Minderung von Katastrophenschäden reicht es nicht aus, nur die schadenauslösenden Naturprozesse zu bemessen, sondern es müssen auch katastrophenverursachende Sozialstrukturen miterfasst und die zeitliche Variabilität und Dynamik der verwundbarkeitsbeeinflussenden Faktoren berücksichtigt werden (Weichselgartner und Obersteiner 2002). Woran es noch immer mangelt, sind Konzepte, die Eignung und Nutzen durch ihren Gang von der wissenschaftlichen Grundlagenforschung zur angewandten Praxis (und wieder zurück) nachgewiesen haben.

25

Vorteile des angewandten Verfahrens liegen in dessen Einfachheit und Anschaulichkeit. Indikatoren werden in binärer Form eingesetzt und durch klar definierte Schritte gehandhabt. Falls geeignetere Datensätze zugänglich werden oder Indikatoren sich als zu wenig signifikant erweisen, erlaubt die Methodik eine schnelle Angleichung an den neuen Wissensstand. Dies ist insbesondere in Bezug auf den sozioökonomischen Datenbestand bedeutend. Im Vergleich zu den physischen Einflussgrößen kann hier oftmals nicht auf benötigte Daten in aggregierter Form zurückgegriffen werden. In Kantabrien waren viele Variablen nur für größere Gebietseinheiten erfasst und eine Übertragung auf kleinere ist nicht ohne weiteres möglich. Die für die kleinste Einheit verfügbaren Daten bestimmen wiederum den Maßstab und die Genauigkeit der Bewertung.

Ein weiterer Vorzug ist die Transparenz der Methodik. Für das Verständnis und die Ergebnisinterpretation werden weder spezielle Naturgefahrenkenntnisse noch methodenspezifisches Fachwissen benötigt. Dies ist im Hinblick auf die Eignung und den Nutzen der Vulnerabilitätskarte relevant. Ihr praktischer Einsatz wurde für Regionalplaner und Verwaltungspersonal konzipiert. Bei detaillierterem Informationsbedarf informieren die Subindizes über den Grad der einzelnen Verwundbarkeitsfaktoren und erleichtern dadurch die Identifikation von zweckmäßigen Maßnahmen. Durch die Bewertung der Verwundbarkeit können die Schutzmaßnahmen in einen größeren Bezugsrahmen gesetzt (Flusseinzugsgebiet) und gegeneinander abgewogen werden (Kanalisierung eines Gewässerabschnitts oder punktuelle Verbesserung der Exponiertheit). Auf Grundlage von Verwundbarkeitsgraden können ferner Hochwasserversicherungspolicen adäquater berechnet, die Effizienz von dann gezielt einsetzbaren Kosten-Nutzen-Analysen gesteigert und die Entscheidungsfindung für das bestmögliche Maßnahmenbündel optimiert werden.

Neuere Studien zum Wissenstransfer zwischen Wissenschaft und Praxis deuten darauf hin, dass wissenschaftlich generiertes Wissen verstärkt Wirkung erzielt, wenn es von potenziellen Nutzern als relevant, legitim und glaubwürdig erachtet wird (Mitchell et al. 2006). Gerade für die Resilienz sozial-ökologischer Systeme ist die Wissenschaft-Praxis-Schnittstelle von besonderer Bedeutung, da effektive Vorsorgemaßnahmen nur im Zusammenspiel unterschiedlicher Akteure konzipiert und umgesetzt werden können. Deshalb sollten zukünftige Bewertungen die wichtigsten Entscheidungsträger von Beginn an in den Wissensproduktionsprozess mit einbeziehen.

Sicherlich wird die Verwundbarkeitsbewertung eines Raums allein nicht zu einer Reduzierung von Schäden führen. Im Gegensatz zu herkömmlichen Naturgefahrenanalysen erfasst der beschriebene Ansatz indes auch die Ressourcen und Bewältigungskapazitäten eines Gebiets und berücksichtigt die bislang vernachlässigte Doppelbindung zwischen Naturkatastrophen und nachhaltiger Entwicklung. Nicht nachhaltige Praktiken fördern die Übernutzung vorhandener Ressourcen, degradieren die natürliche Umwelt und erhöhen die Verwundbarkeit gegenüber Naturkatastrophen. Diese hemmen wiederum eine nachhaltige Entwicklung, wodurch sich die Vulnerabilität gegenüber neuen Störungen weiter erhöht. Insbesondere wenig entwickelte Länder können ohne fremde Hilfe nicht aus diesem Teufelskreis ausbrechen. Deshalb ist die Reduzierung von Armut ein wichtiges Element der Katastrophenvorsorge (Schmidt et al. 2005). Da bei der beschriebenen Bewertung der praktische Anwendungsbezug der Vulnerabilität und weniger ihre wissenschaftlich exakte Erfassung im Vordergrund stand, kann sie nur zu weiteren Untersuchungen anregen. Unter wissenschaftstheoretischen Gesichtspunkten warf sie Fragen auf, für die bis heute Erklärungsbedarf besteht: Sind Bewältigungskapazitäten Teil der Verwundbarkeit oder sollten sie separat betrachtet werden? Ist die Exponiertheit eine räumliche Variable der Naturgefahr oder Teil der gesellschaftlichen Verwundbarkeit? Welche Verwundbarkeitsfaktoren sind vom Naturgefahrentyp abhängig und welche nicht? Zukünftige Forschungen zur Vulnerabilität werden sich neben diesen Fragestellungen auch verstärkt Aspekten des Globalen Wandels und damit multiplen, skalenüberschreitenden und interaktiven Stressoren widmen müssen.

Zusammenfassung

Da das Ausmaß von Überschwemmungen von natürlichen und gesellschaftlichen Faktoren gleichermaßen bestimmt wird, ist es sinnvoll, Hochwasserverwundbarkeit raumkategorisch als Produkt aus geophysischen und sozioökonomischen Größen zu betrachten. Der Beitrag beschreibt die Erstellung eines Hochwasserverwundbarkeitsprofils für einen 13 Gemeinden umfassenden Küstenstreifen in der nordspanischen Provinz Kantabrien. Kernziel der Untersuchung war es, mittels eines unkomplizierten Verfahrens die Hochwasserverwundbarkeit räumlicher Einheiten grafisch zu erfassen und damit den verantwortlichen Entscheidungsträgern in den lokalen Planungsbehörden ein praktikables Hilfsmittel bereitzustellen. Damit sollte einerseits der rein naturwissenschaftliche Betrachtungsrahmen von Hochwasser um wichtige soziale Einflussgrößen ergänzt, und andererseits die theoretische Verhandlung von Vulnerabilität durch eine praktische Anwendung erweitert werden. Die Bewertung selbst erfolgte anhand von 16 binären Indikatoren, mit denen die Naturgefahr, Exponiertheit, Prävention und Bereitschaft quantitativ ermittelt wurden. Durch den sogenannten *Hazard-of-place*-Ansatz wird deutlich, dass Hochwasserkatastrophen effizienter gemindert werden können, wenn nicht nur die schadenauslösenden Naturprozesse, sondern auch die katastrophenverursachende Sozialstruktur sowie die zeitliche Variabilität und Skalendynamik der verwundbarkeitsbeeinflussenden Faktoren bemessen werden. Dabei erschweren fünf Eigenschaften der Verwundbarkeit eine genaue Erfassung: (1) Multidimensionalität, (2) Sozialdivergenz, (3) Skalenabhängigkeit, (4) Dynamik und (5) Interaktivität.

Schlüsselsätze

- **Vulnerabilität** ist durch Eigenschaften gekennzeichnet, die eine Entwicklung von systematischen, transparenten und verständlichen Verfahren für eine exakte Bewertung erschweren. Verwundbarkeit ist:
  (1) multidimensional. Sie besitzt u. a. ökonomische, soziale, politische, kulturelle, naturräumliche und historische Dimensionen.
  (2) sozialdivergent. Sie ist individuell sowie zwischen und innerhalb sozialer Gruppen unterschiedlich ausgeprägt.
  (3) skalenabhängig. Sie variiert in Bezug auf Zeit, Raum und Untersuchungsmaßstäbe.
  (4) dynamisch. Einflussgrößen und Eigenschaften ändern sich mit der Zeit.
  (5) interaktiv. Einflussgrößen und Parameter beeinflussen sich wechselseitig.
- Bislang gibt es weder einen einheitlichen Verwundbarkeitsbegriff, noch ein universell einsetzbares Vulnerabilitätskonzept. Wissenschaftliche Ansätze divergieren hinsichtlich der Betrachtungsmaßstäbe, Gefahrenquellen, Definitionen und Methodik. In jüngster Zeit haben Verwundbarkeitsbewertungen durch ihre kontextspezifische Betrachtung an Einfluss gewonnen.

Literatur

Adger WN, Hughes TP, Folke C, Carpenter SR, Rockström J (2005) Social-ecological resilience to coastal disasters. *Science* 309: 1036–1039

Allenby B, Fink J (2005) Toward inherently secure and resilient societies. *Science* 309: 1034–1036

Birkmann J (2006) Measuring vulnerability to natural hazards: towards disaster resilient societies. UNU, Tokyo

Cutter S (1996) Vulnerability to environmental hazards. *Progress in Human Geography* 4: 529–53

Cutter S (2003) The vulnerability of science and the science of vulnerability. *Annals of the Association of American Geographers* 1: 1–12

Cutter S, Boruff BJ, Shirley WL (2003) Social vulnerability to environmental hazards. *Social Science Quarterly* 2: 242–261

Dikau R, Weichselgartner J (2005) Der unruhige Planet: Der Mensch und die Naturgewalten. Wissenschaftliche Buchgesellschaft, Darmstadt

Gallopin GC (2006) Linkages between vulnerability, resilience, and adaptive capacity. *Global Environmental Change* 3: 293–303

Green C (2004) The evaluation of vulnerability to flooding. *Disaster Prevention and Management* 4: 323–329

Kaly UL, Pratt C, Mitchell J (2005) Building resilience in SIDS: the environmental vulnerability index. Final Report. SOPAC, UNEP

Kates RW, Clark WC, Corell R, Hall JM, Jaeger CC, Lowe I, McCarthy JJ, Schellnhuber HJ, Bolin B, Dickson NM, Faucheux S, Gallopin GC, Grubler A, Huntley B, Jäger J, Jodha NS, Kasperson RE, Mabogunje A, Matson P, Mooney H, More III B, O'Riordan T, Svedin U (2001) Sustainability science. *Science* 292: 641–642

Luers AL (2005) The surface of vulnerability: an analytical framework for examining environmental change. *Global Environmental Change* 15: 214–223

Mitchell RB, Clark WC, Cash DW, Dickson NM (2006) Global environmental assessments: information and influence. MIT Press, Cambridge

Schellnhuber HJ, Crutzen PJ, Clark WC, Claussen M, Held H (2004) Earth system analysis for sustainability. MIT Press, Cambridge

Schmidt A, Bloemertz L, Macamo E (2005) Linking poverty reduction and disaster risk management. GTZ, Eschborn

Turner B_ II, Kasperson RE, Matson PA, McCarthy JJ, Corell RW, Christensen L, Eckley N, Kasperson JX, Luers A, Martello ML, Polsky C, Pulsipher A, Schiller A (2003) A framework for vulnerability analysis in sustainability science. *Proceedings of the National Academy of Science of the United States of America* 14: 8074–8079

UNDP (2004) Reducing disaster risk: a challenge for development. United Nations Development Pro-

25

gramme, Bureau for Crisis Prevention and Recovery, New York

Weichselgartner J (2000) Hochwasser als soziales Ereignis: Gesellschaftliche Faktoren einer Naturgefahr. *Hydrologie und Wasserbewirtschaftung* 3: 122–131

Weichselgartner, J (2001) Disaster mitigation: the concept of vulnerability revisited. *Disaster Prevention and Management* 2: 85–94

Weichselgartner J (2002) Naturgefahren als soziale Konstruktion: Eine geographische Beobachtung der gesellschaftlichen Auseinandersetzung mit Naturrisiken. Shaker, Aachen

Weichselgartner J, Deutsch M (2002) Die Bewertung der Verwundbarkeit als Hochwasserschutzkonzept: Aktuelle und historische Betrachtungen. *Hydrologie und Wasserbewirtschaftung* 3: 102–110

Weichselgartner J, Obersteiner M (2002) Knowing sufficient and applying more: challenges in hazards management. *Global Environmental Change Part B: Environmental Hazards* 2-3: 73–77

Wilbanks TJ (2005) Issues in developing a capacity for integrated analysis of mitigation and adaptation. *Environmental Science & Policy* 8: 541–547

26 Risikomanagement im Küstenschutz in Norddeutschland

Horst Sterr, Hans-Jörg Markau, Achim Daschkeit,
Stefan Reese und Gunilla Kaiser

Deichrückverlegung • integriertes Küstenzonenmanagement • integratives Risikomanagement • Klimawandel • Küstenschutz • Risikoanalyse • Risikoermittlung • Risikokarten • Sicherheitsphilosophie • Sturmflut • Überflutungssimulation • Vulnerabilität

Auf 3 700 km Länge grenzt Norddeutschland an die Nord- und Ostsee. Entlang der Küstenlinie gelten ca. 13 900 km^2 im Höhenbereich bis 5 m über NN als sturmflutgefährdet. Hier leben und wirtschaften ca. 3,12 Millionen Menschen. Das Schadenspotenzial in diesem Raum beträgt nach Schätzungen mehr als 400 Milliarden Euro.

Die Gefährdung dieses Raums nimmt vor dem Hintergrund eines möglichen Klimawandels und einem hieraus resultierenden beschleunigten Meeresspiegelanstieg mit hoher Wahrscheinlichkeit zu. Da gleichzeitig auch die Nutzungsansprüche und Interessen entlang der Küste zunehmen, ist zukünftig ein integrativer Ansatz des Risikomanagements zur Minderung bzw. Lösung gegenwärtiger und künftiger Nutzungskonflikte essenziell. Küstenschutz und Katastrophenschutz als elementare Komponenten des Managements müssen von einem eher sektoralen Handeln hin zu einem integrativen Management entwickelt werden. Im Folgenden werden Sturmfluten als Naturgefahr sowie Möglichkeiten, Perspektiven und exemplarische Instrumente eines innovativen Küstenschutzmanagements im norddeutschen Küstenraum diskutiert.

26.1 Sturmfluten als reale Naturgefahren für den Küstenraum

Sturmfluten sind extreme Erhöhungen des Wasserstands entlang von Küsten, bedingt durch starke Windeinwirkung. Dabei schiebt der Wind, durch Übertragung seiner Scherkräfte auf die Wasseroberfläche, eine große Menge Wasser vom offenen Ozean in Richtung flache Küstengewässer und Festland. Dies kann sowohl an Gezeitenküsten als auch an gezeitenfreien Küsten geschehen, d. h. dass es nicht nur im Nordseeraum, sondern auch entlang der Ostseeküste zu Sturmfluten kommt. Entscheidende Faktoren für die Entstehung von Sturmfluten sind:
- Richtung, Stärke und Dauer des Windes,
- Größe des Meeresbeckens und damit des maximal möglichen *Fetch* (= Windwirklänge über Wasser),
- Küstenumriss und Orientierung zur Starkwindrichtung, insbesondere von Buchten und Ästuaren,
- Auftreten von Fernwellen oder Seiche-Effekten („Badewanneneffekt") und
- Überlagerung mit astronomischen Tiden.

Üblicherweise ist die Entstehung von Sturmfluten auch mit der Entwicklung eines starken Seegangs und zerstörerischen Welleneinwirkungen an der Küste verbunden. Hierauf wird hier aber nicht separat eingegangen. Stattdessen wird im Folgenden die Sturmflutgefahr für die deutschen Küsten als Ganzes betrachtet. Sturmfluten sind durch extreme Scheitelwasserstände definiert; nach BSH (Bundesamt für Seeschifffahrt und Hydrographie) gelten für die Deutsche Bucht folgende Grenzwerte: (leichte) Sturmfluten = 1,5–2,5 m über MThw (Mittleres Tidehochwasser); schwere Sturmfluten = 2,5–3,5 m über MThw; sehr schwere Sturmfluten > 3,5 m über MThw. Die Tabelle 26.1 zeigt exemplarisch für fünf Nordseepegel die höchsten Sturmflut-Scheitelwasserstände im 20. Jahrhundert. Es wird deutlich, dass in der Deutschen Bucht sehr starke Sturmfluten zwischen 3,2 m und 4,4 m über MThw auflaufen.

Um die Bedeutung eines Sturmflutverlaufs abzuschätzen, muss die maßgebliche **Sturmflutkurve** bestimmt werden. Mit der Analyse der wichtigsten Parameter und deren Interaktionen im Gezeitenmilieu der Deutschen Bucht haben sich in jüngerer Zeit vor allem Siefert (1998) und Gönnert (o. J.) beschäftigt. Die maßgebliche Sturmflutkurve (Abb. 26.1) setzt sich zusammen aus:

- den aktuellen Tideverhältnissen, beschrieben durch die mittlere Tidekurve,
- den Säkularveränderungen des langfristigen Meeresspiegelanstiegs,
- den meteorologischen Einflüssen, im Wesentlichen der sogenannte Windstau,
- den Einflüssen der Schwingungen in der Nordsee, also vor allem den Fernwellen,
- ergänzt durch zusätzliche astronomische Einflüsse.

Die letzten drei Punkte werden in der **Windstaukurve** zusammengefasst. Sie ist die Differenzkurve zwischen dem eingetretenen Wasserstand und der vorausberechneten astronomischen Tide (Abb. 26.1) und zeigt somit direkt den Wind und dessen hydrographische Effekte – auch über mehrere Tidephasen. Für die innere Deutsche Bucht ergab sich, dass für eine kritische Sturmflut ein Windstauwert max Δh von mindestens 2 m erreicht werden muss (Gönnert o. J.). Sinkt der Windstau unter 0,5 m, gilt die Sturmflut als beendet. Das Windstauverfahren ermöglicht es auch, den Durchzug von mehr als einem Tiefdruckgebiet über der Nordsee zu erfassen, d. h. dass die Häufigkeit der Zyklonentätigkeit über die Häufigkeit der Windstauereignisse bestimmt werden kann. Interessanterweise zeigen die Analysen der Sturmflutkurven im 20. Jahrhundert, dass astronomische Einflüsse wie Spring- und Nipptiden bei Sturmflutentstehung und -verlauf kaum eine Rolle spielen. Dagegen ist bei jeder vierten bis fünften Sturmflut der Einfluss einer Fernwelle aus dem Atlantik zu beobachten; in Cuxhaven schlagen Fernwellen mit 25–100 cm zusätzlicher Wasserstandserhöhung durch (Gönnert o. J.).

Bei der Untersuchung der Nordsee-Sturmfluten wird der Elbmündung besondere Beachtung geschenkt, nicht zuletzt wegen der Extremfluten von 1962 und 1976 (Tab. 26.1), die im Elberaum und in Hamburg katastrophale Ausmaße hatten. Im Februar 1962 verloren in Hamburg infolge von ca. 40 Deichbrüchen mehr als 300 Menschen ihr Leben, und auch 1976 kam es zu großflächigen Überflutungen, allerdings ohne Todesopfer. Welcher Ort an der Küste durch den Windstau einer Sturmflut be-

Tab. 26.1 Höchste Sturmflutwasserstände an Pegeln der Deutschen Bucht im 20. Jahrhundert. Hervorgehoben sind die höchsten an einem Pegel gemessenen Werte (nach MLR 2001).

Pegel NN + cm	MThw 1991– 2000	18.10. 1936	16./17. 02.1962	23.02. 1967	03.01. 1976	21.01. 1976	24.11. 1981	26.01. 1990	27.02. 1990	28.01. 1994	03.12. 1999
List/Sylt	82	342	365	320	384	347	**405**	358	349	325	361
Husum	167	475	521	439	**561**	496	515	499	487	473	537
Hamburg St. Pauli	208*	464	570	496	**645**	558	581	515	553	602	595
Helgoland	86	301	**360**	281	327	334	320	225	324	314	281
Cuxhaven	150	422	495		**510**	470	451		444	449	462

*Zeitreihe von 1986–1995

sonders betroffen ist, hängt entscheidend von der Windrichtung über der Nordsee ab. Für den Pegel Cuxhaven (= Elbmündung) wurden die kritischen Windrichtungen für Sturmfluten seit 1825 bestimmt. Die Abbildung 26.2 korreliert Windrichtungen mit Scheitelwasserständen und zeigt, dass nahezu alle relevanten Sturmfluten im Sektor zwischen 220° (SW) und 350° (N) generiert wurden. Für schwere und sehr schwere Sturmfluten engt sich der Bereich der kriti-

schen Windrichtung deutlich ein. Bei Einbeziehung des Jahres 1825 ergibt sich, dass der Richtungsbereich für sehr schwere Sturmfluten in Cuxhaven (und Hamburg) zwischen 280° und 310° liegt (Gönnert o. J.). Seit 1950 ist nach dieser Studie ein Anstieg der Häufigkeit von Sturmfluten in der Deutschen Bucht zu verzeichnen; Gönnert sieht hier einen Zusammenhang zur beginnenden globalen Erwärmung. Außerdem konstatiert sie eine längere Dauer der Windstau-

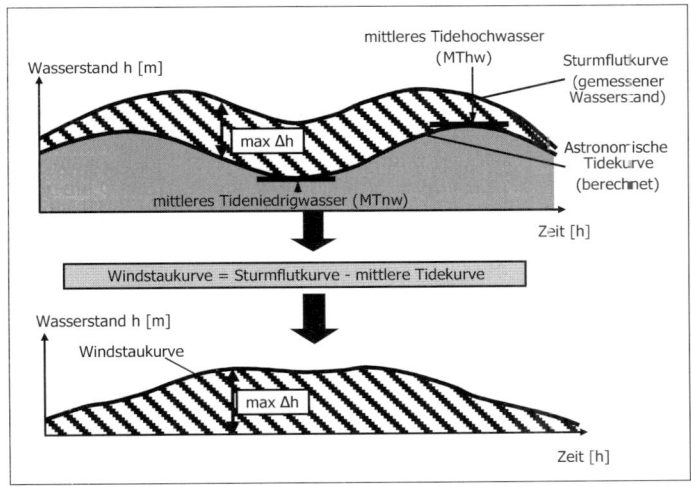

Abb. 26.1 Entwicklung einer Sturmflutkurve in Abhängigkeit von Windstau und Tide (Gönnert o. J.).

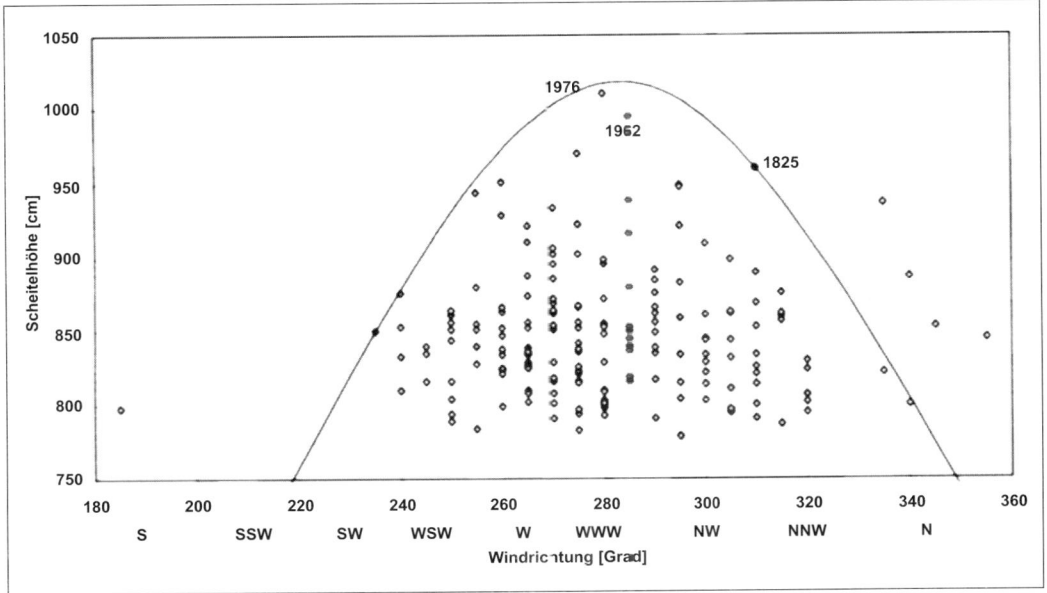

Abb. 26.2 Kritische Windrichtung bei Sturmfluten am Pegel Cuxhaven seit 1900 (Gönnert o. J.).

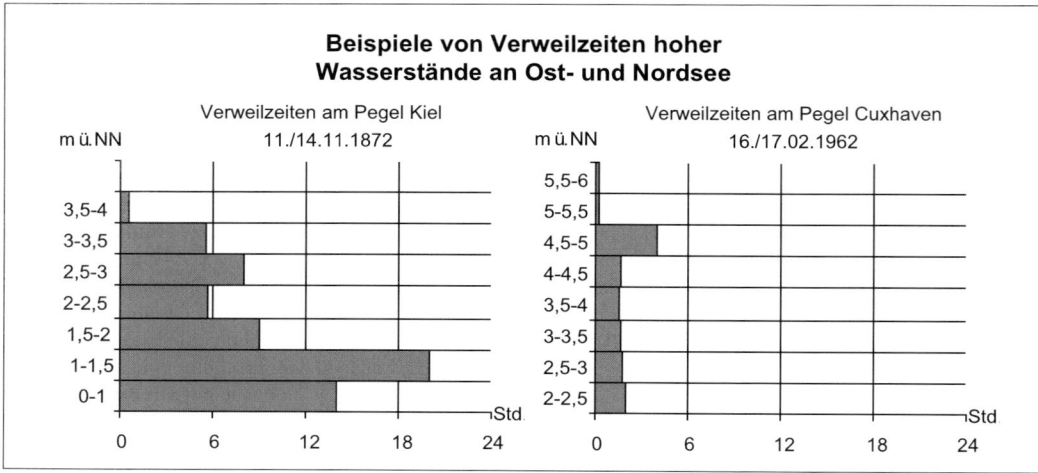

Abb. 26.3 Verweilzeiten hoher Wasserstände an Ost- und Nordseeküste (Markau 2003).

kurven, was auf eine Zunahme von Einzelereignissen mit besonders großer Dauer hindeutet.

Der Parameter „Sturmflutdauer" spielt für die Gefährlichkeit einer Sturmflut, d. h. ihre potenziellen Folgen, eine nicht unerhebliche Rolle. Neben dem Scheitelwasserstand, von dem abhängt, ob Schutzbauwerke wie z. B. Deiche oder Ufermauern überspült werden, kommt den sogenannten Verweilzeiten kritischer Wasserstände eine große Bedeutung zu. Denn die Dauer einer Sturmflut wirkt sich maßgeblich auf deren Zerstörungskraft aus. Erstaunlicherweise liegen im Vergleich zweier sogenannter Jahrhundertfluten die Verweilzeiten an der Ostsee deutlich über denen an der Nordsee (Abb. 26.3).

Die Sturmflut vom November 1872 war an der Ostseeküste von ähnlich verheerender Wirkung wie die Katastrophenfluten von 1953 (Holland) und 1962 (Hamburg) in der Nordsee. Obgleich der Tidenhub in der südwestlichen Ostsee nur ca. 15 cm beträgt, können durch Windstau und zusätzliche Beckeneffekte (Seiches) Wasserstandsänderungen von bis zu 5 m erzeugt werden, maximal 3,5 m über NN und −1,5 m unter NN. Hier liegen die Sturmflut erzeugenden Windrichtungen im NE-Sektor (350°–80°). Die „Jahrtausendflut" vom 13.11.1872 erreichte zwischen Flensburg und Greifswald Pegelstände von durchgehend mehr als 3 m über NN. Verantwortlich hierfür war eine signifikante Drehung der Sturmwindrichtung mit ursprünglicher Westkomponente (drückte Nordseewasser in das Ostseebecken hinein) um ca. 150°

auf NE (Windstau plus Rückschwappeffekt). Dieses Sturmhochwasser überflutete zahllose Städte und Dörfer in diesem Raum und forderte ca. 250 Menschenleben sowie immense Sachschäden. Maßgeblich verantwortlich für diese große Zerstörungskraft war die extrem lange Verweildauer von Hochwasserständen oberhalb +1 m NN, insgesamt mehr als 48 Stunden (Abb. 26.3). Hinzu kommt, dass außerhalb von geschützten Buchten der Seegang der Ostsee wegen der größeren Wassertiefen im Küstenvorfeld mit großer Energie auf die Uferzone einwirken kann.

Den Sturmfluten auf der Meeresseite steht auf der Landseite ein wachsendes Gefahren- und Schadenspotenzial gegenüber. Diese schon in der Vergangenheit brisante Risikosituation wird sich zukünftig noch gravierend verschärfen. Einerseits zeichnen sich die ersten Auswirkungen des globalen Klimawandels ab in Form eines beschleunigten Meeresspiegelanstiegs und der zunehmenden Häufigkeit von Stürmen und Sturmfluten. Andererseits hat der Küstenraum eine ungebremste Anziehungskraft als Lebens- und Erholungsraum sowie Wirtschaftsstandort. Dies führt dazu, dass sich immer mehr Menschen, Arbeitsplätze und Sachwerte in einem Küstenstreifen ballen, der aufgrund der topographischen Gegebenheiten als Überflutungsgebiet gelten muss. Das Bewusstsein für die hier lange bekannte Gefahr scheint aber trotz wachsender Bedrohung bei vielen Küstenbewohnern eher zu schwinden – eine Herausforderung für Risikoforscher und Risikomanager in der Region.

26.2 Risiko- und Küstenschutzmanagement in Norddeutschland

Vor dem Hintergrund der Ausführungen zu den Gefährdungen durch Sturmfluten im norddeutschen Küstenraum muss gefragt werden, wie sich die Bevölkerung hierauf einstellt – insbesondere aufgrund möglicher Gefährdungen durch die Folgen eines Klimawandels. Grundsätzlich gilt für Gefährdungen im Küstenraum, dass gemäß der Yokohama-Strategie von 1994 jedes Land die Pflicht hat, soziale, ökologische und ökonomische Werte (also: Bevölkerung, Infrastruktur, Sachwerte, die natürliche Umwelt etc.) vor Naturgefahren zu schützen. Diese Verpflichtung meint gleichermaßen **Vorsorge** (*mitigation*) und **Anpassung** (*adaptation*). Eine räumlich differenzierte Betrachtungsweise steht vor der Schwierigkeit, dass die unterschiedlichen Wertekategorien bzw. Schutzgüter sowie die verschiedenen Nutzungsansprüche im Zusammenhang analysiert und bewertet werden müssen – es sind somit integrative Ansätze nötig, die zudem auf die Verschiedenartigkeit von Gefährdungen Bezug nehmen (Multi-Hazard-Ansatz). Es ist wenig zweckmäßig, mögliche Gefährdungen im Küstenraum aus rein **sektoralen Perspektiven** – beispielsweise „nur" aus Sicht des Naturschutzes oder „nur" aus Sicht des Küstenschutzes oder „nur" aus Sicht der touristischen Nutzung – zu betrachten.

Hieraus lässt sich ableiten, dass der umfassende Ansatz eines Risikomanagements von der Risikoanalyse über die Risikobewertung bis hin zur Planung konkreter Maßnahmen reicht bzw. reichen sollte. Diese integrative Perspektive beinhaltet, dass die Definition einer Gefährdung bzw. eines akzeptierten Gefährdungsgrades ein gesellschaftlicher – also normativer – Prozess ist. Risikomanagement muss sich im Küstenraum mit den folgenden Fragen auseinandersetzen:

- Welche Gefahren sind im Küstenraum zu konstatieren?
- Welche Folgen für natürliche und soziale Systeme im Küstenraum sind möglich?
- Wie werden diese (möglichen) Folgen bewertet (= akzeptiertes/akzeptables Schutzniveau)?
- Was ist folglich zu tun?

In der küstenbezogenen Naturgefahrenforschung werden diese Fragen in unterschiedlicher Form behandelt: Die naturwissenschaftlich-technische **Risikoanalyse** beispielsweise untersucht u. a. die substratabhängige Erosion an Locker- und Festge-

steinsküsten vor dem Hintergrund unterschiedlicher hydrographischer Bedingungen und ermittelt (auf verschiedenen Maßstabsebenen) Erosionsraten. Als Teilaspekt der Gefährdungsanalyse wird hierbei die – vergangene, gegenwärtige und künftige – Häufigkeit und Intensität extremer Sturmereignisse untersucht bzw. projiziert. Die hierauf basierende Abschätzung der **Vulnerabilität** (Verletzlichkeit, hier im Sinne von Schadenserwartung) ermittelt die möglichen negativen Folgen für natürliche und soziale Systeme – z. B. die flächenhafte Ausdehnung überflutungsgefährdeter Niederungsgebiete oder den möglichen Verlust an Sachwerten in einem bestimmten Küstenraum. Versteht man Vulnerabilität in diesem Sinne, so geht es in erster Linie um deskriptiv-analytische Sachverhalte; gleichzeitig ist hier der Übergang zur bewertenden (normativen) Ebene zu sehen, denn die zuvor ermittelten Sachverhalte müssen vor dem Hintergrund der Schutzgüter und des zu erreichenden Schutzniveaus bewertet werden, damit es zur Planung und Umsetzung von Maßnahmen kommen kann. In der Küstenschutzpraxis ist diese idealtypische Abfolge (erst Analyse, dann Bewertung) faktisch vermischt. Es versteht sich zudem von selbst, dass individuelle bzw. kollektive Wertvorstellungen die Risikobewertung in starkem Maße beeinflussen. Schauen wir im Folgenden etwas genauer, ob und wie dieser Ansatz eines Risikomanagements im Küstenschutz in Norddeutschland realisiert ist.

Für die – heutigen – deutschen Küstenbundesländer Schleswig-Holstein, Niedersachsen und Mecklenburg-Vorpommern bzw. die Stadtstaaten Hamburg und Bremen/Bremerhaven ist in Bezug auf die Grundlagen und die Organisation des Küstenschutzes das **Wasserhaushaltsgesetz** (WHG) von 1957 maßgeblich, in dem der Bund das Recht für die Setzung von Rahmenvorschriften erhält und in dem gleichzeitig festgehalten wird, dass diese Rahmenvorschriften durch die Landesgesetzgeber ergänzt und ausgefüllt werden sollen (siehe unten). Nicht zuletzt unter dem Eindruck der Sturmflut 1953 in den Niederlanden ist nach §91a GG **Küstenschutz als nationale Aufgabe** festgeschrieben. Dies hat zur Einführung der sogenannten Gemeinschaftsaufgabe (GA) „Verbesserung der Agrarstruktur und des Küstenschutzes" geführt; hier wiederum wurde festgelegt, dass sich der Bund mit einem Anteil von 70 % der öffentlichen Fördermittel am Küstenschutz beteiligt, die Länder übernehmen die restlichen 30 %. Diese für uns mittlerweile selbstverständlich erscheinende Aufteilung bzw. die Tatsache, dass überhaupt in diesem Umfang Küstenschutz als öffentliche Aufgabe angesehen wird, ist stets vor dem Hintergrund zu sehen, dass diejenigen für Küstenschutz zu sorgen haben – und damit auch finanziell aufkommen müssten –, die davon den größten Vorteil haben. An der Ostseeküste ist das zum großen Teil Praxis – außer z. B. bei Landesschutzdeichen. In stark differenzierten und vernetzten Gesellschaften wie der bundesdeutschen, die zudem traditionell stark exportabhängig ist, ist allerdings schnell einzusehen, dass auch Bundesländer ohne direkten „Küstenkontakt" ein fundamentales Interesse an der Sicherung z. B. von Hafenanlagen haben.

Bereits zwei Jahre vor Verabschiedung des WHG auf Bundesebene wurde am 01.04.1955 der **Deutsche Küstenplan** beschlossen, an dem sich die genannten Bundesländer – ausgenommen natürlich Mecklenburg-Vorpommern – beteiligten und in dem erste abgestimmte Küstenschutzmaßnahmen beschlossen wurden. Neben dem erwähnten Sturmereignis 1953 hat darüber hinaus auch die Sturmflut im Februar 1962 dazu beigetragen, dass in allen Küstenländern (vor allem an der Nordsee) die seinerzeit gültige Bemessung von Küstenschutzanlagen auf den Prüfstand gestellt wurde.

Diese bundesstaatlichen Randbedingungen legen nahe, dass die **Organisation des Küstenschutzes in den Bundesländern** eigentlich auf ähnliche Art und Weise geregelt ist. Aber sowohl die föderalistische Struktur der Bundesrepublik, in der Absprachen zwischen Bundesländern ganz offensichtlich generell problematisch sind, als auch kleinräumig variierende Küstensysteme mit ganz unterschiedlichen geomorphodynamischen Verhältnissen (Topographie, Substrat, Strömungsbedingungen etc.) sowie verschiedene Nutzungsmuster und -intensitäten (Hafenwirtschaft, angrenzender ländlicher Raum usw.) haben letztlich dazu geführt, dass Küstenschutz in den Ländern differenziert zu betrachten ist. Nachfolgend wird auf die Situation in Schleswig-Holstein, Niedersachsen sowie Hamburg eingegangen; die Gegebenheiten in Mecklenburg-Vorpommern und Bremen/Bremerhaven sind ähnlich und im Folgenden nicht dargestellt (ausführlicher: Haake 2004, Gönnert und Triebner 2004, Krause 2004, Probst 2004, Wohlleben 2004, Zarncke 2004).

In **Niedersachsen** beruht der Küstenschutz auf dem Niedersächsischen **Deichgesetz** – dies ist schon eine erste Besonderheit, weil in den anderen Bundesländern das Deichrecht ein besonderes Kapitel des Landeswasserrechts ist. Dieses Gesetz regelt u. a. die Funktionen von Küstenschutzanlagen, also welche Aufgaben Haupt- oder Hochwasserdeichen sowie Dämmen, Deckerwerken, Schutzwerken etc. zugewiesen werden – und damit den Grad des jeweils gewährten Schutzniveaus. Seit 1991 besteht zudem ein Gesetz bezüglich der Wasser- und Bodenverbände,

die – ähnlich wie in den anderen Bundesländern auch – bestimmte Aufgaben im Hinblick auf die Unterhaltung von Küstenschutzanlagen in bestimmten Zuständigkeitsbereichen haben. In diesem Gesetz ist u. a. geregelt, wie die landesseitigen staatlichen Zuschüsse aussehen; gleichzeitig soll der Einfluss des Staates auf die **Wasser- und Bodenverbände** so gering wie möglich gehalten werden. Als landesseitiges „Kontrollinstrument" fungieren hier wie auch in anderen Bundesländern sogenannte Deichschauen, bei denen der Zustand von Küstenschutzanlagen geprüft wird. In Niedersachsen sind die Aufsichtsbehörden dreistufig aufgebaut: Das niedersächsische Umweltministerium als oberste, Bezirksregierungen als obere und Landkreise und kreisfreie Städte als untere Wasser- und Deichbehörden (am Rande: nicht ganz untypisch für deutsche Verhältnisse ist, dass es hiervon abweichend noch unterschiedliche Zuständigkeiten für Deiche, für Sperrwerke sowie für die Ostfriesischen Inseln gibt). Konkreter wird der Küstenschutz im **Generalplan Küstenschutz** von 1973 (Fortschreibung 1990) beschrieben. Hierin finden sich entsprechende Definitionen beispielsweise zum Küstengebiet, das mit dem sturmflutgefährdeten Gebiet gleichgesetzt wird; die südliche Grenze des Küstengebiets ergibt sich durch die Tidegrenze in den Tideströmen. Für die Ausgestaltung und Bemessung von Küstenschutzanlagen wird ein regional unterschiedlicher sogenannter „maßgebender Sturmflutwasserstand" festgelegt; diese Festlegung beruht auf dem Einzelwertverfahren, wobei in die Kalkulation des Bemessungswasserstands auch Sackungsphänomene sowie der säkulare Meeresspiegelanstieg einbezogen werden. Eine Kontrolle ist nach jeweils 20 Jahren vorgesehen. Für Niedersachsen ist festzuhalten, dass ein wesentliches Element des Küstenschutzes die Sturmflutsperrwerke an den Nebenflüssen im Tidebereich von Ems, Weser und Elbe sind. Neben Sicherheitsaspekten sind aber auch erhebliche Veränderungen der hydrologischen und ökologischen Verhältnisse zu bedenken. Unter anderem der veränderte Stellenwert von Natur- und Umweltschutz im Küstenbereich wie auch das Ziel einer Effektivierung des Küstenschutzes haben dazu geführt, dass heutzutage keine Vordeichungen mehr durchgeführt werden, was aus Naturschutzsicht zu begrüßen ist. In jüngster Zeit ist zu beobachten, dass Küstenschutz in Niedersachsen in engem Zusammenhang mit anderweitigen Nutzungsansprüchen gesehen wird (siehe hierzu das Raumordnungskonzept für das niedersächsische Küstenmeer, Niedersächsisches Ministerium für den ländlichen Raum, Ernährung, Landwirtschaft und Verbraucherschutz 2005).

Die spezifische Situation **Hamburgs** ist durch die Sturmflut 1962 geprägt. Interessanterweise weist

Haake (2004) darauf hin, dass die letzte große Sturmflut zu dem Zeitpunkt mehr als 100 Jahre zurücklag, sodass Hochwasser bzw. Sturmfluten eine vergessene Gefahr waren. Als Reaktion auf die 1962er-Sturmflut geht mit dem Deichordnungsgesetz von 1964 die Verantwortung für den Küstenschutz von den Deichverbänden auf die Freie und Hansestadt Hamburg über, wobei die „alten" lokalen Deichverbände weiter bestehen. Als Konkretisierung des Deichordnungsgesetzes ist eine **Deichordnung** (letzte Fassung vom Mai 2003) erlassen worden, in der neben detaillierten Regelungen zu Küstenschutzanlagen auch Nutzungsbeschränkungen ausgewiesen sind. Insgesamt kann für die Zeit nach 1962 (insbesondere 1976 mit dem bis dahin höchsten Wasserstand an der deutschen Nordseeküste) festgehalten werden, dass die Küstenschutzmaßnahmen ihre Belastungsproben bestanden haben, zumal im Zusammenhang hiermit auch eine leistungsfähige Organisation der Deichverteidigung aufgebaut wurde (inklusive Warndienst, Sturmflutrichtlinie, Deichverteidigungsplan; Gönnert und Triebner 2004). Generelle Grundlage für Hochwasser-/Küstenschutz in Hamburg ist das **Hamburgische Wassergesetz**, durch das für Hochwasserschutzanlagen eine Planfeststellung inklusive **Umweltverträglichkeitsprüfung** (UVP) vorgesehen ist. Seit nunmehr 30 Jahren wird Hochwasserschutz in Hamburg differenziert zum einen für das Hafengebiet, zum anderen für andere gefährdete Außendeichgebiete. Damit einhergehend sieht die Öffentliche Hand zwar die private Verantwortung für private Anlagen und Grundstücke, ist aber gleichzeitig bereit, zwischen 50 und 75 % der anfallenden Kosten zu übernehmen. Unterschieden wird weiterhin zwischen der Maßnahmengruppe Flächenschutz durch Geländeaufhöhung (Warften) bzw. Anlage von Poldern und der Gruppe Objektschutz bezogen auf einzelne Bauwerke oder Anlagen. Erwähnenswert ist in diesem Zusammenhang, dass die „**Schutzphilosophie**" nicht mehr dem Prinzip der „gleichen Höhen" (bei Deichen), sondern dem Prinzip der „gleichen Sicherheit" gehorcht. Das heißt, dass die Küstenschutzmaßnahmen lokal sehr unterschiedlich sein können und dennoch das gleiche Schutzniveau erbringen. Dieses Prinzip erleichtert außerdem eine Differenzierung der zu ergreifenden Küstenschutzmaßnahmen in verschiedene Dringlichkeitsstufen (Prioritätensetzung). Selbst im Stadtgebiet Hamburgs wird neben den erwähnten konstruktiven (im Sinne von baulichen) Küstenschutzmaßnahmen auch diskutiert, ob nicht an der einen oder anderen Stelle **Deichrückverlegungen** sinnvoll sein könnten – dieser Küstenschutzansatz wird in anderen Staaten durchaus intensiver als hierzulande diskutiert. Letztlich ist in Hamburg – wie auch in den anderen

Küstenländern – immer die Sicherheit für Leib und Leben ausschlaggebend und wird immer Vorrang haben vor anderen Belangen, z. B. ökologischen. In Deutschland scheinen in dieser Frage auch traditionelle Verhaltensmuster und Einstellungen handlungsleitend zu sein – als Generalmotto des deutschen Küstenschutzes könnte man unbeschadet den Leitsatz „Wer nicht will dieken, mutt wieken!" („Wer nicht will deichen, muss weichen") formulieren, der allerdings auch manche Alternative im Küstenschutz vorschnell als unrealistisch und unmöglich zurückweist.

In **Schleswig-Holstein** ist der Küstenschutz rechtlich im **Landeswassergesetz** geregelt. Grundsätzlich galt auch im nördlichsten Bundesland, dass Küstenschutz Aufgabe für diejenigen ist, die Vorteile von der Sicherung der Küste haben. Dieser Grundsatz wurde 1971 geändert, als das Land die Instandhaltung und Wiederherstellung von Landesschutzdeichen von den Wasser- und Bodenverbänden übernommen hat; 1991 wurden darüber hinaus noch weitere Aufgabenbereiche übernommen. Die Finanzierung des Küstenschutzes ist wie in den anderen Bundesländern aus den genannten GA-Mitteln gesichert. Derzeit ist das schleswig-holsteinische Umweltministerium oberste Küstenschutzbehörde. Zuständig für das „operative Geschäft" sind die Ämter für ländliche Räume als untere Küstenschutzbehörden. Details des Küstenschutzes, der in Hochwasser- und in Erosionsschutz unterteilt wird, sind im „Generalplan Deichverstärkung, Deichverkürzung und Küstenschutz des Landes Schleswig-Holstein" aus dem Jahr 1963 (Fortschreibungen 1977 und 1986) geregelt. Der Generalplan hat den Status eines Sonderplans im Sinne von programmatischen Aussagen mit Selbstbindungswirkung und benötigt von daher keine Verträglichkeitsprüfung. Die Neufassung des Generalplans aus dem Jahr 2001 ist in sehr umfassender und systematischer Weise erfolgt – bis hin zu Reflexionen über die zugrunde liegende **Risikophilosophie**. Zunächst werden Grundsätze für den Küstenschutz formuliert – hier kommt klar zum Ausdruck, dass Küstenschutz Vorrang vor anderen Interessen hat, auch gegenüber dem Naturschutz. Die sich hier anschließende Formulierung „darüber besteht Konsens" (Probst 2004, S. 31) ist zumindest diskussionswürdig. Es geht – aus Sicht des Küstenschutzes – gar nicht (nur) darum, beim Küstenschutz andere Belange zu berücksichtigen, sondern umgekehrt genauso darum, dass Küstenschutzbelange bei anderen Politikfeldern mitbedacht werden sollten. Denkt man diese Position zu Ende, so schiebt ein jeder die Berücksichtigung von Belangen Dritter immer auf das Argument, dass die eigenen Belange (bitte) erst einmal von den anderen berücksichtigt werden sol-

26

len … usw. Widersprüchlich wird die Situation, wenn beispielsweise beim schleswig-holsteinischen Küstenschutz grundsätzlich Schutzgebiete (nach LNatSchG, Nationalpark Schleswig-Holsteinisches Wattenmeer, Natura 2000-Gebiete) berücksichtigt werden sollen, also prinzipiell abgewogen werden können, gleichzeitig aber die Priorität der Belange beim Küstenschutz liegt. Der soeben geschilderte Umstand ist dabei nicht spezifisch für Schleswig-Holstein, sondern gilt durchaus in allen Küstenländern. Im Gegensatz aber zu den anderen Ländern hat Schleswig-Holstein ein ziemlich konsistentes **Zielsystem** erarbeitet, das hierarchisch in Leitbilder, Entwicklungsziele, Handlungsziele und Maßnahmen differenziert ist, wobei die langfristigen Entwicklungsziele eine zentrale Stellung haben (Probst 2004, S. 32):

> *1. Der Schutz von Menschen und ihren Wohnungen durch Deiche und Sicherungswerke hat oberste Priorität. (…)*
>
> *3. Rückverlegungen oder Aufgabe von Deichen sind nur in Ausnahmefällen möglich. (…)*
>
> *8. Im Sinne einer Zukunftsvorsorge werden hydromorphologische Entwicklungen sowie Klimaänderungen und ihre möglichen Folgen sorgfältig beobachtet und bewertet. Durch frühzeitige Planungen von Szenarien wird ein schnelles Reagieren ermöglicht.*
>
> *9. Natur und Landschaft sollen bei der Ausführung von Küstenschutzmaßnahmen soweit wie möglich geschont werden.*

Deutlich wird hierbei nicht nur die klare Prioritätensetzung, sondern explizit angesprochen auch das „Tabu" der Deichrückverlegungen.

Es ist ersichtlich, dass der schleswig-holsteinische Küstenschutz sehr fortschrittlich mit möglichen Klimaänderungen und daraus resultierenden Folgen, also einer potenziellen Erhöhung von Gefährdungen im Küstenraum, umgeht. Kern des Küstenschutzes ist das sogenannte **dynamische Deichsicherheitssystem**, bei dem im Zuge der Neufassung des Generalplans neben einer periodischen Sicherheitsprüfung zusätzlich eine Neubemessung von Deichhöhen erfolgt; hierbei wird nicht nur ein üblicher Sicherheitszuschlag kalkuliert, sondern ein weiterer Aufschlag, um die Folgen möglicher Klimaänderungen abpuffern zu können. Die Ermittlung konkreter Referenzwasserstände erfolgt unter Berücksichtigung lokaler Bedingungen – also abschnittsweise. Zusätzlich zur ersten Deichlinie spielt in Schleswig-Holstein auch die zweite Deichlinie als weiteres Sicherheitsmoment eine Rolle – ganz konkret werden diese Mitteldeiche als Mittel zur Risikominimierung im Kontext von Risikomanagement eingeplant. Als weitere zentrale Elemente neben diesem **linienhaften Küstenschutz**

wird auch **flächenhafter Küstenschutz** praktiziert, indem Vorländer, Wattgebiete, Inseln und Halligen in die Konzeption von Küstenschutz einbezogen werden. Trotz dieses recht ausgefeilten Systems von Küstenschutzmaßnahmen wird im Generalplan festgehalten, dass es eine absolute Sicherheit gegen Sturmfluten nicht geben kann, sondern dass es „nur" um die Umsetzung eines gesellschaftlich festgelegten **Sicherheitsstandards** gehen kann, der somit nicht „objektiv" ist. Zu Recht wird somit konstatiert, dass das »*Gefühl der Sicherheit eine Frage der Wahrnehmung, also subjektiv*« ist (Probst 2004, S. 35). Insgesamt betrachtet, entwickelt sich das in Schleswig-Holstein bezeichnete **„Integrierte Küstenschutzmanagement"** durchaus in Richtung einer modernen Raumplanung, indem auch Belange Dritter prinzipiell berücksichtigt werden (Abb. 26.4). Es gilt allerdings nach wie vor: Im Zweifelsfall hat Küstenschutz immer oberste Priorität. Im schleswig-holsteinischen Küstenschutz werden außerdem in ersten Ansätzen Verfahren der **Bürgerbeteiligung** erprobt sowie der Informationsvermittlung größere Aufmerksamkeit geschenkt. In diesem Kontext nimmt der sogenannte „Beirat Integriertes Küstenschutzmanagement" eine besondere Rolle ein, da er als Forum für Interessenvertreter (Küstenschutzbehörden, Verbände etc.) dient und mit seiner Arbeit Entscheidungen vorbereitet und auf diese Weise mitunter Konflikte entschärfen bzw. gar nicht erst entstehen lassen kann. Neben den genannten Elementen wird den Grundlagen für Küstenschutz sowie der Forschung ein hoher Stellenwert beigemessen, indem z. B. Vulnerabilitätsbetrachtungen neben den bislang ingenieurwissenschaftlich-technisch orientierten Küstenschutz treten und im Rahmen des KFKI (Kuratorium für Forschung im Küsteningenieurwesen) moderne Ansätze wie probabilistische Risikoanalysen entwickelt und erprobt werden.

Inwieweit können wir denn nun den Küstenschutz in Norddeutschland als umfassendes bzw. **integratives Risikomanagement** bezeichnen? Auf alle Fälle kann festgehalten werden, dass alle Bundesländer auf dem Weg sind, den klassischen, stark sektoral und rein ingenieurwissenschaftlich dominierten Küstenschutz in eine moderne Form des Risikomanagements zu überführen; im Küstenraum hat sich hierfür in den letzten Jahren das sogenannte **„Integrierte Küstenzonenmanagement" (IKZM)** in zunehmendem Maße etabliert. Die Abkehr von einer rein sektoralen Perspektive äußert sich u. a. darin, dass in zunehmendem Umfang auch Belange/Nutzungsansprüche Dritter entweder informell oder formal berücksichtigt werden. Ein gewisser Widerspruch besteht allerdings darin, dass im Zweifelsfall

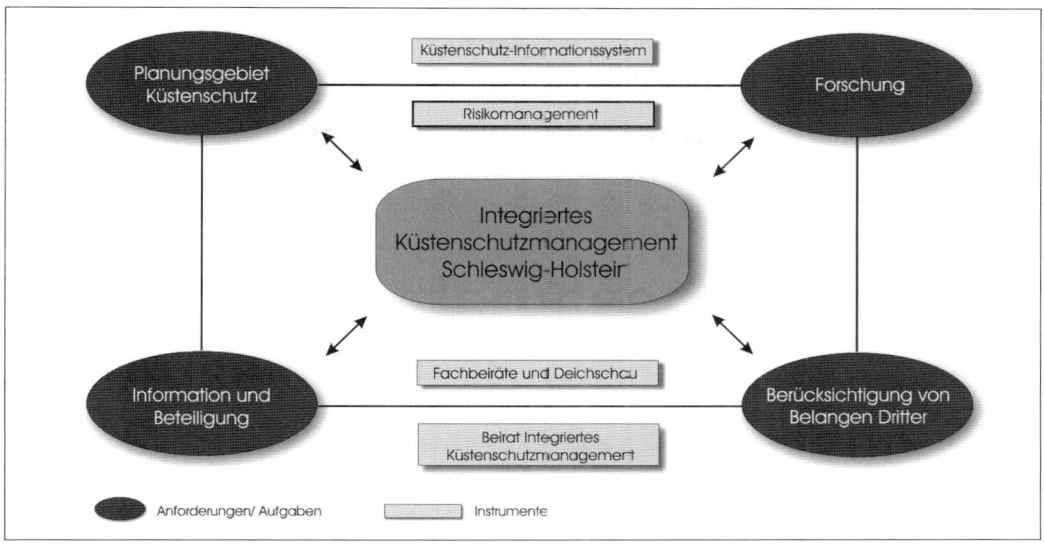

Abb. 26.4 Integriertes Küstenschutzmanagement in Schleswig-Holstein (verändert nach Probst 2004).

doch wieder die sektorale Perspektive dominiert, also Belange Dritter zugunsten des Küstenschutzes zurückgestellt werden. Dieser Umstand lässt sich anhand von zwei Sachverhalten verdeutlichen:

Erstens ist es in den deutschen Küstenbundesländern nach wie vor – um es freundlich auszudrücken – „unschicklich", über Deichrückverlegungen bzw. Rückdeichungen zu sprechen. Diese Form des Küstenschutzes wird nur an ganz wenigen Stellen in den Küstenregionen gedacht bzw. umgesetzt. Zweitens ist es symptomatisch für die nach wie vor dominierende Stellung des Küstenschutzes, dass Pläne und Programme des Küstenschutzes von der Strategischen Umweltverträglichkeitsprüfung (SUP) prinzipiell ausgenommen sind. Im Sinne der Elemente eines **integrativen Risikomanagements (Risikoanalyse – Risikobewertung – Risikomanagement)** ist festzustellen, dass naturwissenschaftlich-technische Risikoanalysen unverzichtbar sind und auch in allen Bundesländern „schon immer" gängige Praxis waren und bleiben werden. Die langsam sichtbare Umorientierung der Sicherheitsphilosophie im Küstenschutz, wie sie sich insbesondere im Generalplan Küstenschutz in Schleswig-Holstein (von 2001) zeigt, benötigt aber darüber hinaus Vulnerabilitätsabschätzungen sowie sozialwissenschaftliche Untersuchungen zur Risikowahrnehmung und zum Risikoverhalten, um jeweils adäquate und angepasste Formen des Küstenschutzes auf lokaler und regionaler Ebene zu finden; und diese bestehen gewiss nicht zwingend

immer darin, neue, höhere, bessere Küstenschutzanlagen zu bauen. Im Folgenden werden einige methodische Grundlagen und empirische Untersuchungsergebnisse der naturwissenschaftlich-technischen Analyse und der gesellschaftlichen Bewertung des Sturmflutrisikos an den Küsten Schleswig-Holsteins erläutert, die als Bausteine eines integrativen Risikomanagements angesehen werden können.

26.3 Risikobewertung im norddeutschen Küstenraum

Vor dem Hintergrund, dass die gesellschaftliche **Risikobewertung** zum einen die Akzeptanz der Küstenschutzpolitik beeinflusst und zum anderen die Bereitschaft der Bevölkerung zur Eigeninitiative und zum Selbstschutz determiniert, ist die Kenntnis der **Risikowahrnehmung** ein wichtiger Bestandteil von Konzepten zum integrierten Risikomanagement. Vergleicht man die Ergebnisse empirischer Untersuchungen, so wird deutlich, dass die gesellschaftliche Risikobewertung durch eine Vielzahl von Faktoren bedingt ist und allgemeingültige und übertragbare Aussagen z. B. aus dem Binnenland kaum möglich sind. Somit erfordert die Entwicklung eines integrativen Risikomanagements im Küstenraum auch eigenständige empirische Untersuchungen zur Bewertung des Sturmflutrisikos aus Sicht der Küstenbevölkerung. Hierzu wurde im Rahmen eines EU-Projekts (COMRISK) u. a. in Dänemark (Ribe) und Deutschland (St. Peter-Ording) eine Bevölkerungsbefragung durchgeführt, bei der folgende Fragen im Mittelpunkt standen (Kaiser et al. 2004):

- Sieht die Bevölkerung in Sturmfluten eine Gefahr bzw. Bedrohung?
- Bis zu welchem Grad werden Risiken akzeptiert?
- Zeigt die Risikoperzeption regionale bzw. internationale Unterschiede?
- Lässt sich die Risikoperzeption optimieren?

Die Befragungsergebnisse zeigen, dass persönliche Erfahrungen mit extremen Sturmfluten sowie die seit dem letzten Extremereignis vergangene Zeit die **Risikoperzeption** signifikant beeinflussen. Über Erfahrungen mit Deichbrüchen respektive Überflutungen im Küstenraum verfügt ein Drittel der Befragten.

Dieses Wissen korreliert aber nicht mit der Bereitschaft zu persönlichen Vorsorgemaßnahmen. Darüber hinaus bewerten wiederum ein Drittel der befragten Küstenbewohner das Überflutungsrisiko als hoch bzw. sehr hoch, was aber wiederum nicht zu einer verbesserten individuellen Vorsorge führt (Abb. 26.5). So haben lediglich 9 % der Befragten Maßnahmen zum persönlichen Schutz vor Überflutungen getroffen (Abb. 26.6).

Außerdem wurde festgestellt, dass das Wissen um ein Risiko nicht unbedingt zu einer realistischen Abschätzung der persönlichen Betroffenheit und der möglichen Konsequenzen führt und dass die Informationen hinsichtlich der Risiken im Küstenraum nicht ausreichen, um die betroffene Bevölkerung für eine mögliche Überflutung vorzubereiten (Abb. 26.7).

Ein Großteil der Befragten fordert daher explizit von den verantwortlichen Behörden, dem vorhandenen Informationsdefizit in der Bevölkerung mit adäquater und verständlicher Aufklärung und Information zu begegnen.

Diese Informationen sollten sich sowohl auf die aktuelle Gefährdung als auch auf die Möglichkeiten zur Eigenvorsorge und dem Verhalten während einer möglichen Katastrophe beziehen. Zudem sollten diese objektiv und möglichst allgemein verständlich sein.

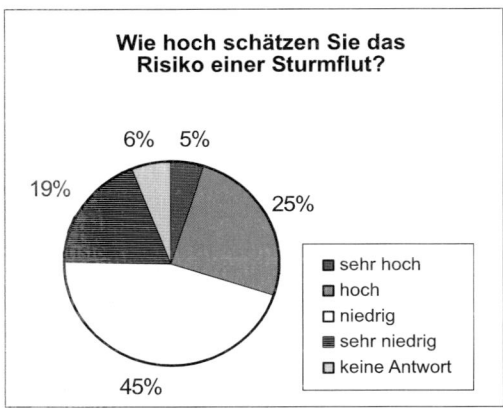

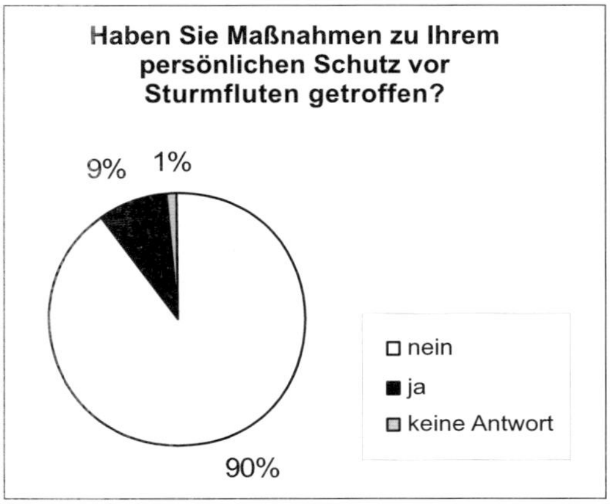

Abb. 26.5 Gesellschaftliche Risikoabschätzung in St. Peter-Ording (verändert nach Kaiser et al. 2004).

Abb. 26.6 Vorsorgemaßnahmen der Bevölkerung in St. Peter-Ording (verändert nach Kaiser et al. 2004).

Abb. 26.7 Information durch die Behörden in St. Peter-Ording (verändert nach Kaiser et al. 2004).

26.4 Vulnerabilitäts-analyse im norddeutschen Küstenraum

26

Neben der Kenntnis der gesellschaftlichen Risikobewertung und der Katastrophenbereitschaft der potenziell betroffenen Bevölkerung ist das Wissen um die möglichen Schäden durch ein Überflutungsereignis im Küstenraum für das Risikomanagement unerlässlich. Im Folgenden wird die Analyse der Vulnerabilität des Küstenraums durch Sturmfluten exemplarisch für die Gemeinde St. Peter-Ording erläutert (Markau 2003, Reese 2003).

Zu Beginn der Vulnerabilitätsanalyse wird das Untersuchungssystem festgelegt und erläutert. Die Tabelle 26.2 zeigt exemplarisch die Ergebnisse der Systemabgrenzung und -beschreibung für St. Peter-Ording.

Zur Beschreibung des natürlichen Prozessbereiches ist die Analyse verschiedener meteorologischer, hydrologischer und geomorphologischer Parameter im Untersuchungsraum notwendig (Abb. 26.8). Durch dieses Parameterset lässt sich die charakteristische Sturmflutdynamik im Küstenvorland ermitteln, sodass die Abschätzung der Wahrscheinlichkeit des Versagens des Schutzsystems erfolgen kann. Im betrachteten Untersuchungsraum St. Peter-Ording ergibt die Analyse

Tab. 26.2 Systemabgrenzung und -beschreibung für Vulnerabilitätsanalysen am Beispiel St. Peter-Ording.

Arbeitsschritt	Festlegung bzw. Output
thematische Abgrenzung	Prozesse: • im Zusammenhang mit der Entstehung von Sturmfluten (z. B. Windrichtung), • im Zusammenhang mit dem Versagen der Schutzmaßnahmen (z. B. Deichbruch), • die unmittelbar schädigend wirken (z. B. Wellenschlag). Risikoelemente: Menschen, Sachgüter, ökonomische Stromgrößen (z. B. Bruttowertschöpfung) und Funktionen (z. B. Interventionspotenzial?).
kausale Abgrenzung	verschiedene tangible und intangible, direkte und indirekte sowie primäre und sekundäre Schäden; Schadensindikatoren sind: • Anzahl getöteter Menschen, • Anzahl evakuierter Menschen, • Anzahl gefährdeter Gästebetten, • Anzahl gefährdeter Arbeitsplätze, • monetäre Schäden an Sachwerten und Stromgrößen in €.
konditionelle Abgrenzung?	Systembetrachtung unter Berücksichtigung der aktuellen internen und externen Zustände und Wirkungsweisen (Momentaufnahme)?
räumliche Abgrenzung	St. Peter-Ording auf der Halbinsel Eiderstedt an der Westküste Schleswig-Holsteins; Planungsraum Küstenschutz entspricht Höhenbereich bis 5 m über NN und dem potenziellen Prozessraum bzw. Überflutungsgebiet.
räumliche Systembeschreibung	Untersuchungsraum, geprägt durch niedrig gelegene Marschen, zahlreiche höhere Geestkerne und parallel zur Küste verlaufende Außensände und Dünen. Unmittelbar an die Deichlinie grenzt der parallel zur Küste verlaufende Siedlungsgürtel; Hinterland ist stark landwirtschaftlich geprägt; Tourismus neben der Landwirtschaft der dominierende Wirtschaftsfaktor; Dienstleistungsbetriebe des Fremdenverkehrs sowie kleine und mittelständische Unternehmen des Handels, des Handwerks und der Gastronomie bestimmen den Wirtschaftscharakter des Ortes.
prozessorientierte Systembeschreibung	Darstellung der wesentlichen Parameter des natürlichen Prozessbereiches und der Prozessbereiche Schutzsystem und Schaden.

26

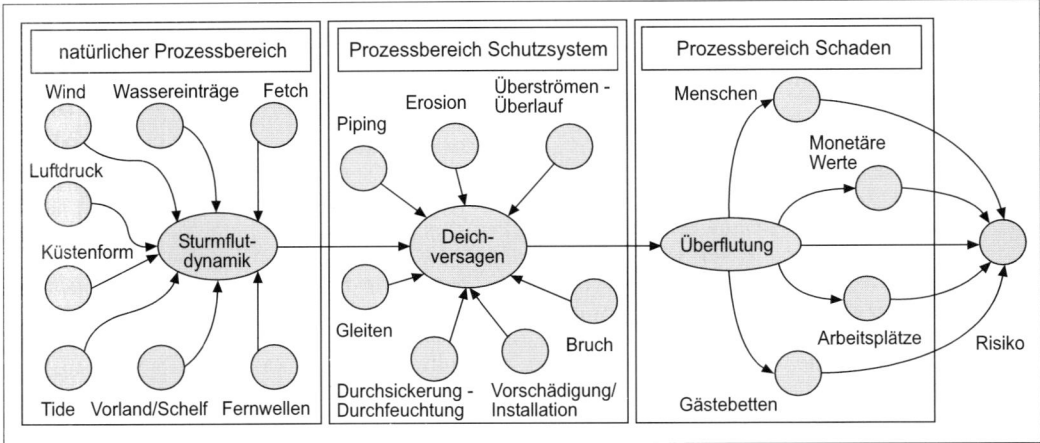

Abb. 26.8 Analyse des Schutzsystems in verschiedenen Prozessbereichen (Markau 2003).

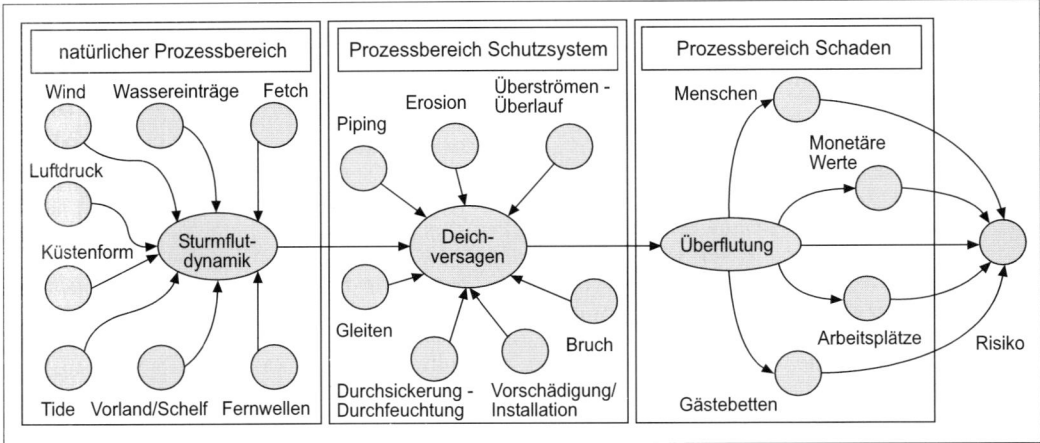

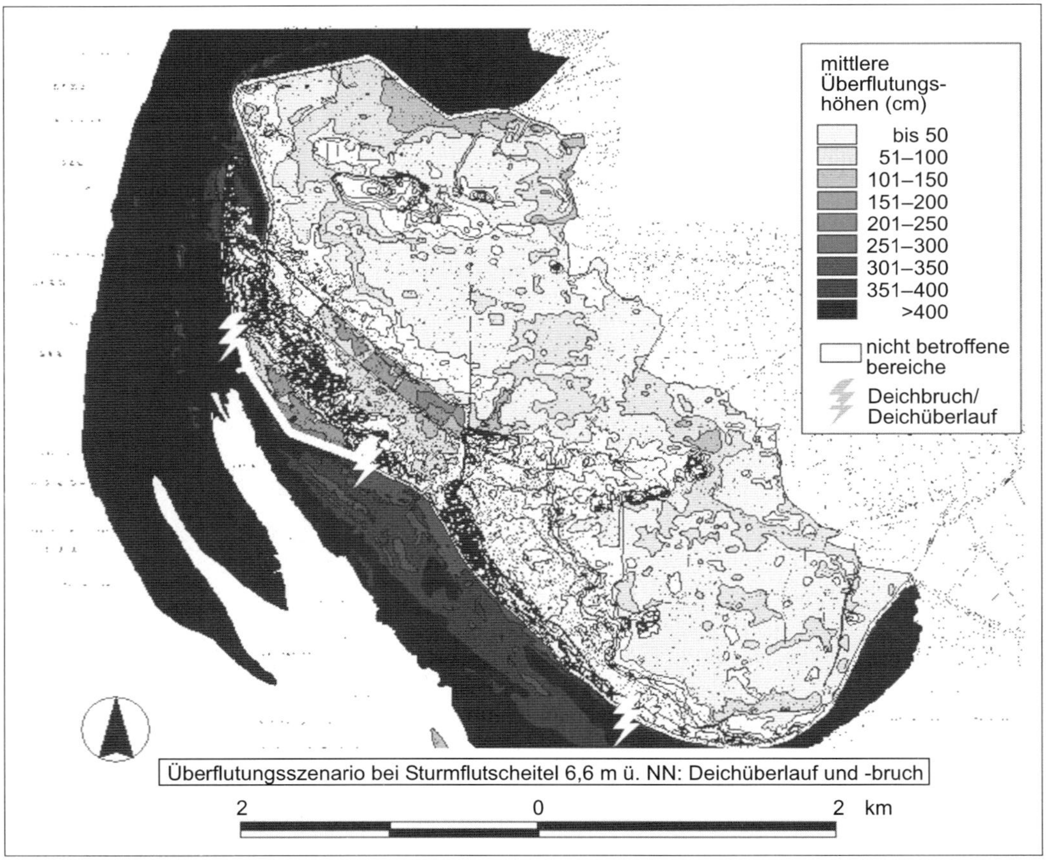

Abb. 26.9 Überflutungsszenario in St. Peter-Ording (nach Markau 2003).

des Schutzsystems, dass die Prozesse des Deichüberlaufs und des Deichversagens die höchste Wahrscheinlichkeit aufweisen. Daher werden diese bei der Szenarienmodellierung als Versagensmechanismen untersucht.

Das **Versagen des Schutzsystems** führt schließlich zur Überflutung des Hinterlandes und erlaubt es, im Prozessbereich Schaden die Schadenserwartung entsprechend der Überflutungssimulation zu ermitteln. Die exemplarisch dargestellte **Überflutungssimulation** orientiert sich hierbei an einem Sturmflutscheitelwasserstand von 6,6 m über NN sowie einem Deichbruch und einem Deichüberlauf. Mit einem Geographischen Informationssystem (GIS) lassen sich die Wassermengen berechnen, die durch die potenzielle Deichbruchstelle und über den Überlaufdeich in das Hinterland einfließen. Unter Berücksichtigung der Höhenverhältnisse im Hinterland werden dann die Überflutungshöhen im Gelände abgeschätzt (Abb. 26.9).

Sind die Überflutungshöhen an den Risikoelementen bekannt, so lassen sich die potenziellen Schäden für den Großteil der **Schadenskategorien** (z. B. Gebäude) mit sogenannten **Wasserstand-Schaden-Funktionen** (Reese 2003) ermitteln. Bestimmte Risikoelemente erfordern die Berücksichtigung anderer Parameter wie die Überflutungsdauer (z. B. Ernteausfälle) oder die Kosten durch Reinigungsmaßnahmen (z. B. Verkehrsflächen). Zudem ist die Evakuierung von potenziell betroffenen Einwohnern als schadensmindernde Maßnahme, aber auch als zusätzlicher Kostenfaktor zu berücksichtigen.

Die Abbildung 26.10 zeigt exemplarisch die kartographischen Ergebnisse der monetären Schadensschätzung für die Gemeinde St. Peter-Ording.

Anhand solcher **Risikokarten** lassen sich die Bereiche identifizieren, die ein hohes Risiko aufweisen. Somit ist es zukünftig möglich, sowohl die Maßnahmenplanung (z. B. Objektschutz) als auch die Notfallvorsorge (z. B. Katastrophenschutzpläne) zu op-

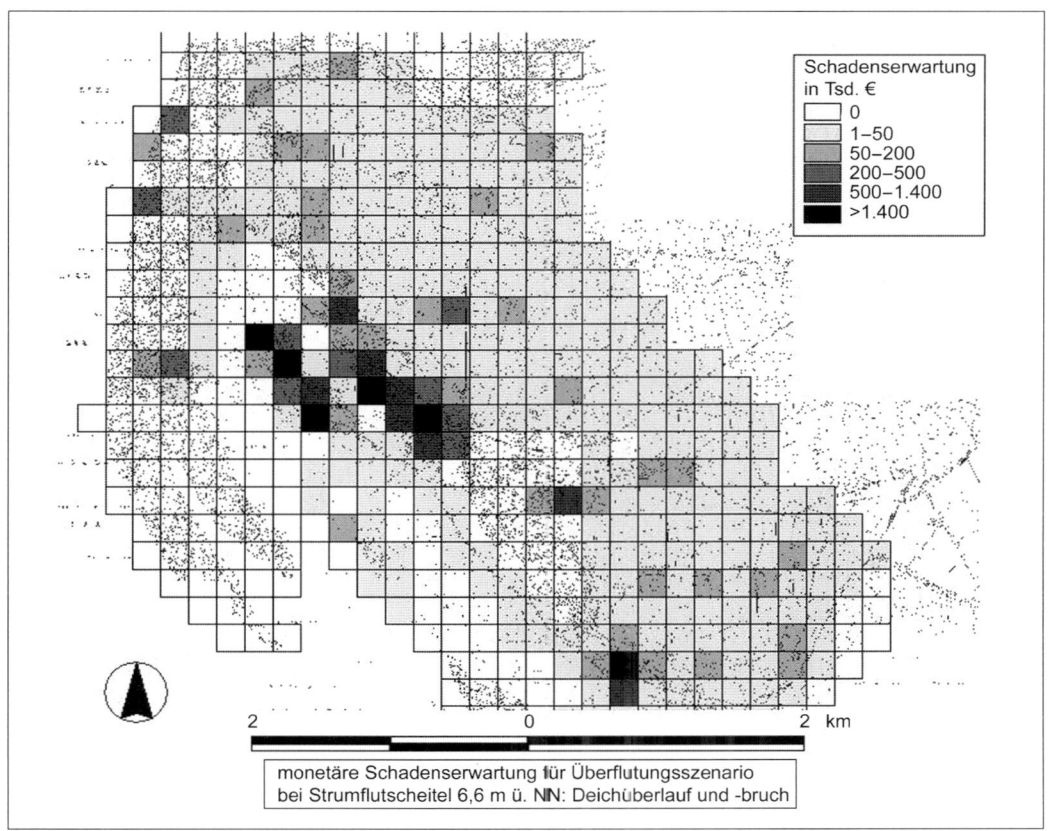

Abb. 26.10 Monetäre Schadenserwartung in St. Peter-Ording (nach Markau 2003).

26

timieren. Die Erstellung solcher Risikokarten sowie deren Verwendung können somit als zentrales Werkzeug von Vulnerabilitätsanalysen angesehen werden, denn: Sie stellen die grundlegende Informationsbasis für die Einstufung eines Risikos als „bedeutsam" bzw. „nicht bedeutsam" dar. Je nachdem, wie auf dieser Basis ein Risiko individuell bzw. gesellschaftlich (beispielsweise von bestimmten Akteursgruppen) eingestuft wird, können gänzlich unterschiedliche Strategien oder Maßnahmen folgen: Neben der Option „**Anpassung**" z. B. durch Verstärkung des technischen Küstenschutzes (Deicherhöhungen, Bau von Sperrwerken etc.) ist es ebenso möglich, einen sogenannten „geordneten **Rückzug**" zu erwägen. Hierbei würden potenziell gefährdete Küstenräume sukzessive der menschlichen Nutzung entzogen. Es ist aber genauso denkbar, mittel- bzw. langfristig neue Nutzungsformen zu erproben. Um ein fiktives Beispiel anzuführen: Man könnte überlegen, ob nicht bestimmte Köge, die künftig landwirtschaftlich eventuell kaum oder gar nicht mehr nutzbar, aber durch einen aufwändig zu unterhaltenden Deich gesichert sind, komplett für die Nutzung von Windenergieanlagen zu reservieren. Das würde gleichzeitig bedeuten, dass eine entsprechende Sicherung erst weiter landeinwärts notwendig wird. Eine weitere Option liegt darin, die Sicherung der Küste gewissermaßen zu privatisieren – also in die individuelle Verantwortung zu legen. Es ist dann allerdings fraglich, ob das Vorhandensein und die Zugänglichkeit von Küstenräumen – im Sinne eines Kollektivgutes – noch gewährleistet werden könnte. Ohne hier eine der skizzierten Optionen zu bevorzugen, ist es Aufgabe eines integrativen Risikomanagements, zunächst wertneutral die entsprechend benötigten Informationen als Grundlage einer individuellen bzw. gesellschaftlichen Risikobewertung zu erarbeiten. Um eine gewisse Vergleichbarkeit zwischen Küstenregionen zu gewährleisten, sollte künftig verstärkt an der Entwicklung von standardisierten Verfahren zur Risikoermittlung gearbeitet werden.

26.5 Küstenschutz und Risikomanagement – ein Ausblick

Küstenregionen und deren menschliche Nutzung sind durch eine Vielzahl von (Extrem-)Ereignissen gefährdet – für den Raum Norddeutschland wurde beispielhaft aufgezeigt, dass Sturmfluten und deren Folgen eine stets präsente Gefahr darstellen. Die Zunahme von extremen hydrologischen und meteorologischen Ereignissen vor dem Hintergrund eines möglichen Klimawandels erfordert derzeit und zukünftig eine integrative Analyse und Bewertung sowie Maßnahmenplanung und -umsetzung. Diese umfassende Herangehensweise wird als integratives Risikomanagement im Küstenraum bezeichnet.

Als wesentliche Elemente dieses Ansatzes bedarf es sowohl der Analyse und Bewertung von natürlichen Prozessen (u. a. Entwicklung des Sturmregimes) als auch von sozialen Systemen im Küstenraum. Als hierfür zentral wurde der **Vulnerabilitätsansatz** diskutiert, der nicht nur die hydrologisch-meteorologischen, sondern auch die im weitesten Sinne sozialen Faktoren der Schadensanfälligkeit von Küstenregionen empirisch darstellt und somit die Grundlage für eine sachgerechte Analyse und Bewertung.

Die gegenwärtige Praxis des Küstenschutzes als zentrales Element der Vorsorge gegenüber bzw. der Anpassung an Naturgefahren entwickelt sich in den vergangenen Jahren zunehmend von einer mehr sektoralen zu einer mehr integrativen Herangehensweise. Insofern sind Küstenschutz- und Küstenzonenmanagement in weiten Teilen ähnlich. In jüngster Zeit hat sich vor allem in Schleswig-Holstein eine sehr moderne Praxis des Küstenschutzes etabliert, die sich verstärkt als räumliche Planung versteht und deshalb auch Nutzungsansprüche Dritter einzubeziehen versucht. Besonders deutlich wird das daran, dass die gesellschaftliche Perzeption von Risiken im Küstenraum als auch die Information der Bevölkerung sowie deren Partizipation bei der Planung von Küstenschutzmaßnahmen eine zunehmende Bedeutung erfahren. Erste Pilotprojekte im Küstenraum Schleswig-Holsteins zeigen, dass eine Vulnerabilitätsanalyse als Kern eines integrativen Risikomanagements von großem Nutzen für die Entscheidungsfindung und für die Konfliktminimierung ist. Darüber hinaus konnte im europäischen Vergleich ermittelt werden, dass gerade die empirische Betrachtung der Risikoperzeption bzw. der Informationspolitik von Küstenschutzbehörden eine wesentliche Determinante für die konkrete Ausgestaltung von Küstenschutzmaßnahmen ist.

Insgesamt ist daraus die Schlussfolgerung zu ziehen, dass der raumplanerische Ansatz im Küstenschutz in starkem Maße vom Gedankengut eines integrierten Küstenzonenmanagements geprägt ist und dass künftig der sozialen Dimension von Naturgefahren im Küstenraum in empirischer Hinsicht mehr Rechnung getragen werden sollte – im Sinne einer gleichwertigen Betrachtung von hydrologisch-meteorologischen und sozialen Faktoren.

26

Zusammenfassung

Die Küsten Norddeutschlands sind seit jeher besonders attraktive Lebensräume – und gleichzeitig besonders gefährdete Übergangsräume zwischen Land und Meer. Die jüngsten Erkenntnisse des *Intergovernmental Panel on Climate Change* (IPCC) vom Februar 2007 haben aufgezeigt, dass bis zum Ende des 21. Jahrhunderts mit einem beschleunigten Anstieg des Meeresspiegels sowie mit einer Zunahme von Häufigkeit und Intensität von Sturmereignissen zu rechnen ist. Vor diesem Hintergrund wird danach gefragt, wie der Umgang mit Risiken (Risikomanagement) im Küstenschutz aufgebaut und ob diese Form des Risikomanagements auch für veränderte Risiken angemessen ist. Zunächst wird dargestellt, wie sich Sturmfluten in der Vergangenheit entwickelt haben, bevor auf Risiko- bzw. Küstenschutzmanagement eingegangen wird. Hierbei wird aufgezeigt, wie sich Küstenschutz historisch institutionell (rechtlich, organisatorisch) in den norddeutschen Küstenbundesländern entwickelt hat – besonderes Augenmerk wird auf die Situation in Schleswig-Holstein gelegt, weil dort sowohl Aspekte eines möglichen Klimawandels bereits berücksichtigt sind als auch ein konzeptioneller Wechsel vom linienhaften zum flächenhaften Küstenschutz im Ansatz zu beobachten ist. In diesem Verständnis von Küstenschutz wird nicht mehr nur sektoral, sondern in einem umfassenderen Sinn argumentiert: Küstenschutz ist zunächst einmal ein Nutzungsanspruch neben vielen anderen (Tourismus, Fischerei, Naturschutz etc.), der dennoch anerkanntermaßen eine hohe Priorität genießt (Schutz von Leib und Leben). Somit liegt es nahe, auch die individuelle Risikowahrnehmung von Sturmfluten zu berücksichtigen, wie anhand der Ergebnisse des EU-Projekts COMRISK exemplarisch aufgezeigt wird: Je nach individueller Risikoeinschätzung ist auch die Bereitschaft für persönliche Schutzmaßnahmen und für die Akzeptanz staatlicher Küstenschutzmaßnahmen unterschiedlich. Zentraler Arbeitsschritt eines umfassenden Risikomanagements ist dabei eine sogenannte Vulnerabilitätsanalyse, die am Beispiel St. Peter-Ording ausgeführt wird. Hier wiederum zeigt sich deutlich, dass ein mikroskaliger Ansatz zur Ermittlung von Schadenspotenzialen und Schadenserwartungen zwar aufwändig, aber sachlich angemessen ist – jedenfalls dann, wenn ein wissenschaftlich fundiertes Risikomanagement praktische Relevanz in der Küstenschutzplanung haben soll.

Schlüsselsätze

- Die Risiken für Küstenräume durch Meeresspiegelanstieg werden aller Wahrscheinlichkeit nach künftig zunehmen.
- Der Küstenschutz in Norddeutschland ist nicht durchgängig auf künftige Risiken eingestellt.
- Ein modernes Küstenschutzmanagement ist flächenhaft im Sinne einer abwägenden Raumplanung angelegt.
- Zentrale Elemente eines Risikomanagements in Küstenräumen sind umfassende und kleinräumige Abschätzungen zur Vulnerabilität und die Ermittlung der individuellen Risikobewertung.

Literatur

Ausschuss für Küstenschutzwerke (1993) Empfehlungen für die Ausführung von Küstenschutzwerken. Die Küste 55, Westholsteinische Verlagsanstalt Boyers & Co, Heide

Gönnert G (o. J.) Windstauanalysen in der Nordsee. KFKI-Forschungsprojekt, unveröffentlichter Abschlussbericht, Hamburg

Gönnert G, Triebner J (2004) Hochwasserschutz in Hamburg. EUCC Coastline Reports 1: 119–126

Haake P (2004) Küstenschutz in Hamburg. In: Jahrbuch der Hafenbautechnischen Gesellschaft 54, Schiffahrts-Verlag Hansa, Hamburg. 24–31

Kaiser G, Reese S, Sterr H, Markau H (2004) COMRISK - Common strategies to reduce the risk of storm floods in coastal lowlands. Subproject 3: Public perception of coastal flood defence and participation in coastal flood defence planning. Unveröffentlichter Abschlussbericht, Kiel

Krause G (2004) Küstenschutz in Niedersachsen. Jahrbuch der Hafenbautechnischen Gesellschaft 54, Schiffahrts-Verlag Hansa, Hamburg. 14–18

Markau H (2003) Risikobetrachtung von Naturgefahren. Analyse, Bewertung und Management des Risikos von Naturgefahren am Beispiel der sturmflutgefährdeten Küstenniederungen Schleswig-Holsteins. Berichte des Forschungs- und Technologiezentrums Westküste 31, Büsum

MLR (Ministerium für ländliche Räume, Landwirtschaft, Ernährung und Tourismus des Landes Schleswig-Holstein) (2001) Generalplan Küstenschutz – Integriertes Küstenschutzmanagement in Schleswig-Holstein 2001, Kiel

Niedersächsisches Ministerium für den ländlichen Raum, Ernährung, Landwirtschaft und Verbraucherschutz – Regierungsvertretung Oldenburg (2005) Raumordnungskonzept für das niedersächsische Küsten-

26

meer. http://www.ml.niedersachsen.de/master/
C15296866_N15296965_L20_D0_I655.html

Probst B (2004) Küstenschutz in Schleswig-Holstein.
Jahrbuch der Hafenbautechnischen Gesellschaft 54,
Schiffahrts-Verlag Hansa, Hamburg. 31–38

Reese S (2003) Die Vulnerabilität des schleswig-holsteinischen Küstenraumes durch Sturmfluten – Fallstudien von der Nord- und Ostseeküste. Berichte
des Forschungs- und Technologiezentrums Westküste 30, Büsum

Siefert G (1998) Bemessungswasserstände entlang der
Elbe. Die Küste 60, Westholsteinische Verlagsanstalt Boyens & Co, Heide. 228–255

Wohlleben H (2004) Küstenschutz im Land Bremen.
Jahrbuch der Hafenbautechnischen Gesellschaft 54,
Schiffahrts-Verlag Hansa, Hamburg. 19–23

Zarncke Th (2004) Küstenschutz in Mecklenburg-Vorpommern. Jahrbuch der Hafenbautechnischen Gesellschaft 54, Schiffahrts-Verlag Hansa, Hamburg.
38–40

27 Hurrikan Katrina – gescheiterte Planung oder geplantes Scheitern?

Susan L. Cutter und Melanie Gall*

Evakuierung • Exposition • *Federal Emergency Management Agency* (FEMA) • Golfküste (USA) • Hazard • Hurrikan • Katastrophenmanagement • *mitigation* • New Orleans • Nothilfe • Phasenmodell von Katastrophen • soziale Verwundbarkeit • Wiederaufbau

Die Hurrikansaison des Jahres 2005 am Atlantik schrieb Geschichte und war die aktivste Zeitspanne seit Beginn der Aufzeichnungen im Jahr 1851. Mit 27 benannten tropischen Wirbelstürmen übertraf die Saison des Jahres 2005 das bisherige Rekordjahr 1931 (21 Wirbelstürme) deutlich. Einen Rekord stellt sowohl die Zahl von insgesamt 14 Hurrikans mit Windgeschwindigkeiten von mindestens 118 km/h als auch die bisher nicht registrierte Zahl von drei Hurrikans der Stufe 5 (Katrina, Rita und Wilma) dar (NCDC 2006b).

Die beiden Hurrikans Katrina und Wilma waren in mehrfacher Hinsicht beispiellos: **Wilma** hatte dauerhafte Windgeschwindigkeiten von etwa 275 km/h und in seinem Zentrum sank der Luftdruck auf 882 hPa, womit er der stärkste jemals registrierte Sturm in den USA war (NCDC 2006b). **Katrina** sollte sich als der **kostspieligste Hurrikan in der US-amerikanischen Geschichte** herausstellen, der eine Landfäche von der Größe Großbritanniens (ca. 230 000 km²) betraf. Auch das Ausmaß menschlicher Verluste ist erschreckend hoch, mehr als 1 300 Menschen haben ihr Leben verloren, und im Februar 2006 wurden noch über 3 000 Menschen vermisst. Mindestens eine Million Menschen wurden zu Flüchtlingen. Stromausfälle betrafen in der Region der Golfküste 1,7 Millionen Menschen und weitere 1,3 Millionen Menschen im südöstlichen Florida (Daley 2006, FEMA 2005, Knabb et al. 2005, NCDC 2005, Select Bipartisan Committee 2006). In der ersten Schadensbilanz summieren sich die finanziellen Verluste des Sturms auf mehr als 100 Milliarden US-Dollar, wovon 34 Milliarden versichert sind, doch werden diese Zahlen zweifellos noch ansteigen (NCDC 2006b, Tab. 27.1).

Am 23. August 2005 entwickelte sich Hurrikan Katrina aus einem tropischen Tiefdruckgebiet über den südöstlichen Bahamas. Als er dann in Südflorida nahe der Stadt Hollywood (Florida) erstmals Land erreichte, war er bereits ein Hurrikan der (gemäßigten) Stufe 1. Begünstigende Wetterverhältnisse sowie warme Oberflächentemperaturen im Golf von Mexiko ermöglichten, dass sich Hurrikan Katrina am 26. August zu einem noch stärkeren Hurrikan entwickelte. Als Katrina am 29. August in der Nähe der Grenze zwischen Mississippi und Louisiana erneut das Land erreichte (Abb. 27.1),

* Die diesem Originalbeitrag zugrunde liegenden Forschungen wurden unterstützt durch die Universität von South Carolina (*Office of Research and Health Sciences under the Coastal Resilience Information Systems Initiative for the Southeast* (CRISIS), *Call for Rapid Response Research on the Social and Environmental Dimensions of Hurricane Katrina*) sowie das *Department of Homeland Security* (*National Consortium for the Study of Terrorism and Responses to Terrorism* (START), Förderung Nr. N00140510629). Die hier formulierten Aussagen, Ergebnisse und Empfehlungen sind unabhängig von der Sichtweise des *U.S. Department of Homeland Security* und liegen in der Verantwortung der Autorinnen. Für die Übersetzung aus dem Amerikanischen zeichnet Carsten Felgentreff verantwortlich.

27

war er von einem Hurrikan der höchsten Stufe 5 auf Stufe 3 abgeklungen – mit anhaltender Windgeschwindigkeit von immer noch ungefähr 200 km/h und einem Luftdruck von 920 hPa im Zentrum (NCDC 2005).

Der zerstörerische Sturm wurde von einer 9 m hohen **Flutwelle** begleitet, sodass ganze Wohngebiete entlang der Golfküste Mississippis völlig zerstört und urbane Gebiete wie z. B. Biloxi und Gulfport stark verwüstet wurden (National Weather Service 2005). In Waveland, Bay St. Louis und Pass Christian ebnete die Flutwelle Wohnblock um Wohnblock ein. Das Hochwasser reichte mehr als 15 km ins Inland (Select Bipartisan Committee 2006) und hinterließ vielerorts nicht viel mehr als Betonplatten und Pfeiler (Abb. 27.2).

Die drei Counties Hancock, Harrison und Jackson (Abb. 27.1) waren im Staat Mississippi am härtesten durch die direkten und unmittelbaren Effekte des Hurrikans betroffen. Dies steht im starken Kontrast zu den Darstellungen in den Massenmedien, die vor allem über New Orleans im Nachbarstaat Louisiana berichteten. In New Orleans nahm die Katastrophe ihren Lauf, nachdem der Sturm die Stadt bereits überquert hatte. Am 30. August führte die Kombination aus heftigem Wind, der Sturmflut, schweren Regenfällen und menschlichem Versagen zu **Deichbrüchen**. Wasser aus den Seen und Kanälen um New Orleans drang in das Stadtgebiet, wo mindestens 80 % der Fläche überschwemmt wurden, teilweise bis zu 3 m hoch (Abb. 27.3).

Entlang einer breiten Schneise hatte es katastrophale Schäden gegeben, die Küstenbevölkerung war nun ohne Trinkwasser, Nahrungsmittel, Strom und unmittelbare Nothilfe. Das Versagen baulicher wie institutioneller Strukturen verzögerte Such- und Rettungsdienste, sodass die Betroffenen nur unzureichende Unterstützung erhielten. Die Fernsehbilder aus der Stadt New Orleans zeigten nicht mehr als einen kleinen Bruchteil des Leids entlang der gesamten Golfküste.

Angesichts des unvorstellbaren Ausmaßes der Katastrophe und des offensichtlichen **Versagens des Katastrophenmanagements** auf allen administrativen Ebenen interessieren sich sowohl die Öffentlichkeit als auch der US-Kongress vor allem für die folgende Frage: Was lief falsch? Um dieser Frage detaillierter nachzugehen, soll zunächst das System des Katastrophenmanagements in den Vereinigten Staaten im Allgemeinen beschrieben werden. Anschließend folgt eine Darstellung der Reaktionen auf Hurrikan Katrina. Das Augenmerk wird dabei auf den Zusammenhang von der **Exposition gegenüber Hazards** und **sozialer Verwundbarkeit** in der Golfküstenregion gelegt.

Abb. 27.1 Die Zugbahn des Hurrikans Katrina. Nachdem Katrina in Plaquemines County (Louisiana) über Land gezogen ist, erreichte der Hurrikan die Golfküste nahe der Grenze zwischen Louisiana und Mississippi. An der Golfküste Mississippis hatte die damit verbundene Flutwelle eine Höhe von neun und mehr Metern (Datengrundlage: Mississippi *Automated Resource Information System*; Hurricane Research Division of National Oceanic and Atmospheric Administration's (NOAA) *Atlantic Oceanographic and Meteorological Laboratories* – http://www.aoml.noaa.gov/hrd/data2.html).

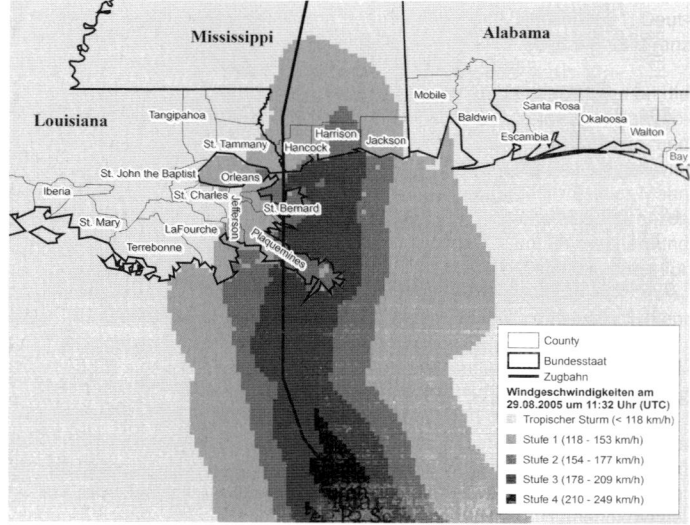

Abb. 27.2 Sämtliche Gebäude am Beach Boulevard von Biloxi (Mississippi) wurden schwer beschädigt. Auf dem linken Foto sind im ersten Stockwerk Fensterläden erkennbar, die speziell zum Schutz vor dem Hurrikan angebracht worden sind. Rechts erkennt man ein ehemals am Pier befestigtes Casino-Schiff, das nun auf der anderen Seite der vierspurigen Küstenstraße liegt (Fotos: Hazards Research Lab, Columbia).

Abb. 27.3 Der Bruch des London Avenue Kanals in New Orleans ließ die Häuser in dessen Nähe in Wasser und Sedimenten versinken. Ein ganzes Wohngebiet ist dabei komplett zerstört worden (Fotos: Susan L. Cutter).

27.1 Das US-amerikanische Katastrophenmanagement – Strukturen und Prozesse

In den Vereinigten Staaten werden im Katastrophenschutz vier **Phasen** unterschieden: *preparedness, response, recovery* und *mitigation* (häufig übersetzt als Vorbereitung, Reaktion, Erholung und Vorbeugung, Vorsorge oder Schadenminderung, Kasten 18.3, Kasten 22.2). Die Übergänge zwischen diesen Phasen sind fließend und werden häufig wie in Abbildung 27.4 zyklisch dargestellt. Alle Katastrophen haben einen konkreten räumlichen, lokalen Bezug, deshalb sollten **preparedness** und **response** auf der **lokalen Ebene** ansetzen. Wenn jedoch die Gemeinde von dem Ausmaß der Geschehnisse überrollt zu werden droht, dann ist der Einsatz staatlicher und föderaler Ressourcen notwendig.

Auf föderaler Ebene ist die Regierung der Vereinigten Staaten erst in den 1930er-Jahren auf dem Gebiet des Katastrophenmanagements aktiv geworden, zumeist auf einer *ad-hoc*-Basis – etwa bei der Reparatur von Brücken oder der finanziellen Unterstützung für den Bau neuer Autobahnen – und dann stets als Reaktion auf spezifische Katastrophen. So geht der *Flood Control Act* von 1965 zurück auf den Hurrikan Betsy, dessen Hochwasser die Deiche von New Orleans überströmt hatte und großflächige Überschwemmungen der Stadt mit sich brachte.

In den 1960er- und 1970er-Jahren verteilte sich das Notfallmanagement auf viele verschiedene Behörden. Gemäß der Verfügung Nr. 12127 des

27

Abb. 27.4 Die Phasen des Katastrophenmanagements.

Präsidenten wurde am 31. März 1977 die *Federal Emergency Management Agency* (FEMA) gegründet. Diese neue Behörde sollte die Bemühungen um Bereitschaft für den Notfall, für Vorsorge und für die unmittelbare Nothilfe auf Bundesebene zusammenführen und gleichzeitig die Koordination zwischen der föderalen Ebene, den Regierungen der Bundesstaaten sowie der lokalen Ebene leisten.

Aktuell stützt sich die Notfallbereitschaft und unmittelbare Nothilfe in den USA auf den *Robert T. Stafford Disaster Relief and Emergency Assistance Act* (PL 100-707, 42 U.S.C. 5121ff.) von 1988 und die Vorschriften zu dessen Durchführung (44 C.F.R. §§ 206.31–206.48). Der *Stafford Act* regelt die Zuteilung von Bundeshilfen an lokale und Staatsregierungen im Katastrophenfall, legt die Prozeduren der präsidialen Feststellung des Katastrophenfalls fest und überträgt die Verantwortung für die Umsetzung von Vorsorge an die FEMA. Zusätzlich zum *Stafford Act* entwickelte die FEMA 1992 den ersten *Federal Response Plan* (FRP). Diesem Plan zufolge fungiert die FEMA im Krisenfall als führende Bundesagentur und ist dann verantwortlich für die Koordinierung der insgesamt 27 zuständigen Behörden und Abteilungen der Bundesebene sowie des amerikanischen Roten Kreuzes. Der *Federal Response Plan* kommt immer dann zum Tragen, wenn die Kräfte vor Ort bzw. der jeweilige Bundesstaat die Kontrolle über die Lage verlieren und der Einsatz zusätzlicher föderaler Kräfte geboten erscheint (FEMA 2004b). 2004 löste dann der neue *Na-*

tional Response Plan den FRP ab und damit auch die Rolle der FEMA als hauptverantwortliche Behörde.

Im Jahr 2000 wurde der *Stafford Act* durch den **Disaster Mitigation Act** novelliert. Dabei gewann ein grundlegender Wandel im Umgang mit der Katastrophenproblematik Gestalt, der bis dahin verfolgte reaktive, auf Nothilfe und Unterstützung beim Wiederaufbau ausgerichtete Ansatz sollte einer Strategie vorausschauender **Vorsorge** weichen. Ziel dieses Strategiewechsels war und ist die Reduzierung der immer größer werdenden Verluste (Tab. 27.1) sowie die Hoffnung, die Folgen von Katastrophen insgesamt minimieren zu können (U.S. Congress 2000, Kasten 27.1).

Verglichen mit der bis dahin praktizierten nachträglichen Beseitigung und Regulierung bereits entstandener Katastrophenschäden ist die nun mit dem *Disaster Mitigation Act* in den Vordergrund gestellte Vorsorge eine auffällige Veränderung. Programmatisch richtet sich von nun an das Augenmerk schon lange vor Eintritt kritischer Situationen oder Katastrophen auf Hazards und die Minderung bestehender Schadensanfälligkeiten (Godschalk et al. 1999).

Während der letzten Dekade hat die FEMA große Erfolge erzielen können, etwa die methodischen Fortschritte bei der Risikobewertung (z. B. die Veröffentlichung der Software HAZUS MH-MR1) und die verbesserte Nutzung von Forschungsergebnissen in ihrem Aufgabenbereich (Burby 1998, Cutter 2002, Mileti 1999, Tierney et al. 2001).

Der Wandel in Strategie und Ausrichtung der FEMA wird James Lee Witt zugeschrieben, der unter der Clinton-Administration Direktor der FEMA war (1993–2001). Witt war der erste Direktor der FEMA, der Erfahrungen aus dem Bereich des Krisenmanagements mitbrachte. War die FEMA bis dahin eine Dienststelle, in der politische Weggefährten aus Dank für die Unterstützung im Wahlkampf untergebracht und mit honorigen Stellen versehen werden konnten, wandelte sich die FEMA nun zu einer professionellen, funktionalen und glaubwürdigen Behörde für Notsituationen (Gertz 1992). Als die Administration im Jahr 2001 wechselte, verwandelte sich auch die FEMA wieder in eine Behörde mit politischen Beamten ohne Erfahrungen oder formellen Hintergrund im Notfallmanagement als Leitung.

Die **terroristischen Attacken** am 11. September 2001 veränderten sowohl die Verantwortlichkeiten als auch den Status der FEMA grundlegend. Fragen nationaler *preparedness* und *homeland security* rückten in den Vordergrund (FEMA 2004a). Im Ergebnis verlor die FEMA ihren unabhängigen Status am 1. März 2003 und wurde Teil des neu entstandenen **U.S. Department of Homeland Security** (DHS).

27

Tab. 27.1 Die zehn kostspieligsten Naturkatastrophen in den USA (Schadenshöhen in Preisen von 2002 in Milliarden US-Dollar).

Jahr	Ereignis	betroffene Staaten	Sachschäden	Todesopfer
2005	Hurrikan Katrina	AL, LA, MS	$ 100,0	1 300
1988	Dürre/Hitzewelle	Zentral- und Ost-USA	$ 61,6	7 500
1980	Dürre/Hitzewelle	Zentral- und Ost-USA	$ 48,4	10 000
1992	Hurrikan Andrew	FL, LA	$ 35,6	61
1993	Überschwemmung im mittleren Westen	IL, IA, KS, MN, MO, NE, ND, SD, WI	$ 26,7	48
1994	Northridge-Erdbeben*	CA	$ 24,2	57
2004	Hurrikan Charley	FL, SC	$ 15,0	34
2004	Hurrikan Ivan	AL, FL, GA, LA, MS, NC, NJ, NY, PA, TN, WV	$ 14,0	57
1989	Hurrikan Hugo	NC, SC, PR, VI	$ 13,9	86
2005	Hurrikan Wilma	FL	$ 10,0	35
2002	30-Staaten-Dürre	Great Plains, Osten und Westen der USA	$ 10,0	keine Toten

*Cutter 2002, NCDC 2006a

Kasten 27.1

Das Konzept des *Disaster Mitigation Act* aus dem Jahr 2000

Grundpfeiler der „neuen" föderalen Strategie sind:
(1) die Identifikation von Hazards und die Bewertung von Risiken,
(2) angewandte Forschung und Technologietransfer,
(3) Sensibilisierung, Schulung und Aufklärung der Bevölkerung,
(4) Anreize und Ressourcen und
(5) Führung und Koordination.
(FEMA 1997)

Dass die Agentur im Umgang mit Hurrikan Katrina so viel falsch gemacht hat, sei aus Sicht vieler Beobachter eine Folge der Restrukturierung der FEMA, dem seither zu beobachtenden *brain drain*, also dem Abzug von kompetenten Mitarbeitern aus der FEMA, der Unerfahrenheit des DHS und letztlich auch der fehlenden Vertrautheit mit dem überarbeiteten *National Response Plan*.

27.2 Hurrikan Katrina und seine Folgen

Noch für lange Zeit wird Hurrikan Katrina als Symbol für das organisatorische Scheitern und für das Versagen der Regierung im Umgang mit Katastrophen gelten. Tatsächlich jedoch ermöglichte das Zusammenwirken eines natürlichen Vorgangs mit einer hochgradig (sowohl physisch als auch sozial) vulnerablen Region den Eintritt dieser Katastrophe.

27.2.1 Die Golfküste und seine verwundbare Bevölkerung

Wie an anderen Küsten der USA stieg die Bevölkerungszahl an der Golfküste in den vergangenen Jahren ununterbrochen. Im Jahr 2003 lebten in den insgesamt 144 Counties entlang der Golfküste mehr als 19 Millionen Amerikaner (6 % der Gesamtbevölkerung), seit 1980 bedeutet dies einen Zuwachs von 45 %. Die Golfküste stellt die viertbevölkerungsreichste Küstenregion des Landes dar, nach dem Nordosten, der Pazifikküste und der Region um die

27

Großen Seen (Crossett et al. 2004). Auf der Grundlage des gegenwärtigen Trends sagte das U.S. Census Bureau ein weiteres **Anwachsen der Bevölkerung** der Golfküste um mehr als 1,2 Millionen Personen (7 %) in den Jahren von 2003 bis 2008 voraus.

In den vergangen Jahren haben sich soziale Struktur und räumliche Verteilung der Bevölkerung entlang der Golfküste verändert. Ein Gradient des Wohlstands ist entstanden, er verläuft von der Küstenlinie mit den Anwesen und Villen wohlhabender Eigentümer hin zu den Häusern und Mietwohnungen der unteren Einkommensgruppen, die weiter im Inland leben (Cutter und Emrich 2006). Millionen Dollar teure Herrenhäuser sind in Alabama, Louisiana und Mississippi allerdings eher selten. Die sozioökonomische Kluft trennt vielmehr die Südstaaten vom Rest der USA.

Mississippi und Louisiana sind die ärmsten Staaten der USA. Im Jahr 2000 betrug z. B. die Armutsrate in Louisiana 17 %, deutlich mehr als der nationale Durchschnitt von 12,7 %; in Mississippi lag sie bei 17,7 % (DeNavas-Walt et al. 2005). Diese Zahlen sind Durchschnittswerte, hinter ihnen verbergen sich sehr unterschiedliche Armutsraten der verschiedenen ethnischen Gruppen. In New Orleans, wo vor dem Hurrikan Katrina 67 % der Bevölkerung afrikanisch-amerikanischen Ursprungs waren, lebten geschätzte 25,5 % der Bevölkerung unterhalb der Armutsgrenze (U.S. Census Bureau 2005).

Der Index sozialer Verwundbarkeit, den Cutter et al. (2003) entwickelt haben, weist nach, dass New Orleans (genauer: Orleans Parish) im 97. Perzentil der am stärksten sozial verwundbaren Counties in den USA rangiert, und das seit beinahe vier Dekaden (Cutter et al. 2006). Dieses hohe Maß an Verwundbarkeit geht zurück auf den sozioökonomischen Status, Bebauungsdichte, Alter der Bevölkerung, Ethnizität und *gender* (Cutter und Emrich 2006). Obwohl auf gesamtstaatlicher Ebene Verbesserungen bei den sozioökonomischen Indikatoren eingetreten sind, zeigt der Orleans Parish seit 1960 keinerlei Veränderungen hinsichtlich seiner sozialen Verwundbarkeit. Selbst wenn man den Orleans Parish mit den übrigen Counties vergleicht, die durch Katrina betroffen waren, er ragt heraus als der mit der sozial am stärksten verwundbaren Bevölkerung.

In mehrfacher Hinsicht spiegeln sich in den Schadensmustern des Hurrikans Katrina vorher bestehende Verhältnisse. Millionen Dollar teure Häuser von zumeist einflussreichen, weißen Hausbesitzern wurden entlang der ganzen Golfküste Mississippis durch die Wucht der Flutwelle eingeebnet. Die von Mietern bewohnten Häuser in ärmlichen schwarzen

Wohnbezirken in New Orleans wurden hingegen durch einfließendes Wasser zerstört. In New Orleans wurden etwa 75 % der ansässigen Afroamerikaner durch den Hurrikan geschädigt, während in der Region Biloxie-Gulfport (ca. 75 Meilen nordöstlich von New Orleans) nur 15 % der Afroamerikaner waren (Logan 2006).

New Orleans war auch durch andere Alltagsprobleme gekennzeichnet als die überwiegend vorstädtischen Gebiete in Mississippi und Alabama. **Segregation**, der Niedergang ganzer Wohngebiete, sozioökonomische **Verarmung**, gesundheitliche Ungleichheit und **Marginalisierung** seiner armen Bevölkerung brachten Herausforderungen für das Notfallmanagement mit sich, auf die die entsprechenden professionellen Kreise nicht adäquat vorbereitet waren (Cutter und Emrich 2006). So besaßen mehr als 51 000 erwachsene Einwohner von New Orleans kein Auto, das sind etwa 27 % dieser Altersgruppe (U.S. Census Bureau 2006). Zwar ging der Evakuierungsplan für New Orleans von einer großen Zahl von Bürgern ohne eigene Transportmittel aus, doch enthielt der Plan keine Hinweise auf den Bedarf an Fahrern. So standen zwar rechtzeitig viele Busse zur Verfügung, mangels Fahrern mussten jedoch die verbliebenen 100 000 bis 120 000 Bewohner Zuflucht im Stadtgebiet, im Superdome oder anderswo, suchen.

Der Hurrikan betraf alle Menschen in der Region, aber die Todesfälle konzentrierten sich auf Louisiana, wo etwa 1 000 von den insgesamt 1 300 Todesopfern zu beklagen waren (Daley 2006). **Durch Verbesserungen in der Katastrophenvorsorge und bei der Einsatzbereitschaft sind solch hohe Zahlen von Todesopfern vermeidbar.** Verbesserte Strategien und Praktiken des Umgangs mit Katastrophen können aber nur dann wirksam implementiert werden, wenn sie den Lebensumständen der betroffenen Bürger Rechnung tragen (Heinz Center for Science 2002).

Hurrikan Katrina zeigt anschaulich, wie wichtig das Verständnis der räumlichen Verteilung von sozialer Verwundbarkeit und den dafür verantwortlichen Faktoren ist. Armut, Arbeitslosigkeit, niedriger Bildungsstandard und problematische Haushaltsstrukturen (z. B. alleinerziehende Eltern) – dies sind typische Bedingungen, unter denen die Fähigkeit, mit außergewöhnlichen Situationen fertig zu werden, eingeschränkt sind (Cutter 1996, Cutter et al. 2003). Die bestehende soziale Vulnerabilität, gepaart mit den Amtsvergehen der Regierung und Verwaltung machten möglich, dass aus einem extremen Naturereignis eine soziale Katastrophe wurde. Dem Sturm kam dabei allenfalls die Rolle als Katalysator zu.

27.2.2 Reaktionen auf den Sturm

Die Bewohner der Golfküstenregion haben seit langer Zeit Erfahrungen mit Hurrikans (Tab. 27.2). Jarrell et al. (2001) zufolge treffen in drei Jahren durchschnittlich zwei große Hurrikans auf die Atlantik- oder Golfküste. Lokale Dienststellen mindern die drohenden Auswirkungen der Stürme, indem sie (u. a.) Warnungen verbreiten und für die rechtzeitige Evakuierung der betroffenen Bevölkerung sorgen.

Im Falle des Hurrikans Katrina erfolgte die Verbreitung der Warnungen umfassend und rechtzeitig, die Hinweise des nationalen *Hurricane Centers* waren ausreichend genau und rechtzeitig vorher verfügbar. Sie beinhalteten exakte Informationen über die angenommene Zugbahn, die wahrscheinlich betroffene Region, die Flutwelle und die möglichen Konsequenzen. Sie wiesen außerdem darauf hin, dass man sich auf die Überflutung der Deiche in New Orleans einstellen solle und dass damit die großräumige Überflutung des Stadtgebiets einhergehen könnte (National Hurricane Center 2005).

Warnungen als solche können weder die bebaute Umwelt schützen noch Störungen der Gemeinschaft und der Wirtschaft verhindern. Entscheidungsfindung und Handlungen von Individuen bis zu Akteuren auf der lokalen, bundesstaatlichen und föderalen Ebene sind gleichermaßen bedeutsam. Das katastrophenbezogene Verhalten von Individuen ist

in hohem Maße abhängig von Vorerfahrungen, Geschlecht, Bildungsstand, ethnischen Faktoren, der lokalen Risikokultur sowie der Glaubwürdigkeit des Warnenden (Burton et al. 1993, Tierney et al. 2001). Es ist ebenso beeinflusst von den Charakteristiken des Ereignisses selbst, also dem Typ des Hazards, seiner Stärke und Häufigkeit sowie der Plötzlichkeit des Auftritts (Burton et al. 1993).

Geschätzte 1,2 Millionen Menschen suchten Schutz vor Hurrikan Katrina (Nigg et al. 2006). Viele flohen Richtung Westen und ins Inland, bezogen Motels oder wohnten bei Familien oder Freunden – ein aus der Literatur zur Evakuierung bei Hurrikans bekanntes Handlungsmuster (Dow und Cutter 2001, Kasten 27.2).

Betroffene Bewohner waren aber nicht die einzigen, die die Wirkungen des Hurrikans unterschätzten. Der Schritt von freiwilliger zu Zwangsevakuierung erfolgte in New Orleans zu spät. Im Ergebnis konnte eine viel zu große Zahl von Personen nur noch in Richtung solcher (allerletzten) Zufluchtsorte wie dem Superdome fliehen. Zwangsevakuierungen hat es in New Orleans nie zuvor gegeben, selbst nicht anlässlich des Hurrikans Betsy und der damit verbundenen Überflutungen im Jahr 1965. Als der Bürgermeister von New Orleans, Ray Nagin, am frühen Sonntagmorgen endlich den Aufruf zur uneingeschränkten Evakuierung erließ, waren es nur noch 24 Stunden, bevor Katrina das Land erreichen würde (Nolan 2005). Damit liegt ein Verstoß gegen den staatlichen Evakuierungsplan vor, der eine Evakuierungsperiode von mindestens 30 Stunden

Kasten 27.2

Widerstand gegen Evakuierungen

Viele Menschen, die weltweit im Zusammenhang mit extremen Naturereignissen ihr Leben verloren, waren nicht nur gewarnt, sondern gezielt aufgefordert gewesen, ihren Aufenthaltsort zu verlassen. Gleichgültig wo, ob in Deutschland, in Indonesien oder in den USA, die Beweggründe, weshalb viele sich diesen Aufforderungen widersetzen, ähneln sich. Wie auch im Falle des Hurrikans Katrina werden immer wieder folgende Gründe genannt:

- Das Risikopotenzial wird unterschätzt.
- Die Schutzwirkung des Gebäudes, in dem man verharrt, wird überschätzt.
- Haustiere müssten zurückgelassen werden, was viele ablehnen.
- Man tut es Nachbarn, Freunden und/oder Familienangehörigen gleich, die ebenfalls verharren.

Prekär wird dieses Verweilen dann, wenn es keine kurzfristig erreichbaren sicheren Orte gibt, diese unbekannt sind oder für sicher gehaltene Fluchtwege unpassierbar werden.

Anders als in der Literatur zur Evakuierung bei Hurrikans so oft geschildert, war im Falle des Hurrikans Katrina aber das Problem, dass viele Menschen nicht vor ihm fliehen konnten, obwohl sie es wollten. Lokale Evakuierungspläne unterschätzen die Zahl der Zurückbleibenden, die aufgrund ihres Alters, Krankheit, oder ihrer Mittellosigkeit Evakuierungsaufrufen nicht folgen, dramatisch. Somit waren keine Vorbereitungen getroffen, um einen Anteil der Bevölkerung vor Ort unterzubringen und zu versorgen.

27

Tab. 27.2 Die tödlichsten und kostspieligsten Stürme für die Staaten Louisiana, Alabama und Mississippi. Anmerkung: Die meisten Hurrikans betreffen mehrere Staaten gleichzeitig. Die Angaben dieser Tabelle beziehen sich nur auf Verluste in den drei genannten Staaten und geben nicht die vollständigen Verluste wieder. Die Stufen 1 bis 5 beziehen sich auf die Windgeschwindigkeiten (TS: Tropischer Sturm). Die Angaben zur Höhe der Sachschäden wurden in unterschiedlicher Weise preisbereinigt: Blake et al. (2005) in Preisen von 2004 (anhand *U.S. DOC Implicit Price Deflators*); Angaben von NCDC (2006a) beziehen sich auf Preise von 2002 und basieren auf einem Index, der Inflation sowie Wachstum des BIP berücksichtigt. Materielle Verluste nach Anonymous (1964) und Lawrence (2003) sind inflationsbereinigte Äquivalente in Preisen von 2004.

Jahr	Stufe	Alabama	Mississippi	Louisiana	Summe der Sachschäden (in Mrd. US$)	Zahl der Todesopfer
2005	3	Rita			10,0[e]	119[e]
2005	3	Katrina			100,0[e]	1 300[e]
2004	3	Ivan			14,2	57[e]
2002	1			Lili	0,4[d]	1[d]
1998	2	Georges			3,4[b]	1[b]
1995	3	Opal			4,3	27[e]
1994	TS	Alberto			1,2[e]	30
1992	5			Andrew	43,7	61[e]
1985	3	Elena			2,6	4[e]
1985	1			Juan	3,1	63[e]
1979	3	Frederic			6,3	2[c]
1969	5		Camille		8,9	256
1965	3			Betsy	10,8	75
1964	3			Hilda	0,6[a]	38
1957	4		Audrey		k. A.	390
1947	4	unbenannt			k. A.	51
1926	3			unbenannt	k. A.	25
1926	4	unbenannt			2,1	372
1918	3			unbenannt	k. A.	34
1915	4			unbenannt	k. A.	275
1909	3			unbenannt	k. A.	350
1906	2	unbenannt			k. A.	134
1893	4			unbenannt	k. A.	1 100–1 400
1860	2			unbenannt	k. A.	47
1856	4			unbenannt	k. A.	400
Summe (1851–2005)[f]		23, 7 stärkere	16, 9 stärkere	51, 20 stärkere		

[a]Anonymous 1964; Blake et al. 2005; [b]Guiney 1999; [c]Hebert 1979; [d]Lawrence 2003; [e]NCDC 2006a; [f]fortgeschrieben nach Blake et al. 2005

27

vorschreibt (Louisiana Office of Homeland Security and Emergency Preparedness 2005).

Derartig **verzögerte Entscheidungen** auf Seiten der Administration sind weit verbreitete Behinderungen bei der Bewältigung von Katastrophenlagen (Tierney et al. 2001) und bezeichnend für das umfassende Versagen im Zusammenhang mit dem Hurrikan Katrina. Eine detaillierte Bewertung des administrativen Versagens auf lokaler, bundesstaatlicher und föderaler Ebene findet sich in dem ausführlichen Report des *Select Bipartisan Committee to Investigate the Preparation for and Response to Hurricane Katrina* (2006) unter der Leitung von Tom Davis.

27.2.3 Die Bürde der Verluste

Auch wenn zum Zeitpunkt der Abfassung dieses Beitrags noch keine amtliche, endgültige Aufstellung der Schäden im Zusammenhang mit dem Hurrikan Katrina vorlag – dieser Hurrikan gilt bereits jetzt als die kostspieligste wetterbedingte Katastrophe in der Geschichte der USA. Zwar ist die Zahl der Todesopfer hoch, doch liegt sie weit unterhalb der mehr als 8 000 Toten des Hurrikans 1900 in Galveston, Texas (Jarrell et al. 2001).

Der US-Kongress bewilligte 62 Milliarden US-Dollar an Hilfe (U.S. Congress 2005a, b), und die FEMA unterstützte mehr als 1,7 Millionen Haushalte mit über 5 Milliarden US-Dollar (FEMA 2006b). Mehr als sechs Monate nach dem Hurrikan leben dennoch immer noch mehr als 130 000 Menschen in Mississippi und Louisiana in behelfsmäßigen Behausungen wie z. B. Wohnwagen (FEMA 2006a, c). Mitte Februar 2006 berichtete CNN, dass noch ca. 330 000 Einwohner – also etwa zwei Drittel der Bevölkerung von New Orleans – vertrieben waren. 3 000 Ärzte waren noch nicht wieder an ihren Arbeitsplatz zurückgekehrt und nur zwei von ehemals sieben Krankenhäusern waren funktionsfähig (Cooper 2006).

27.2.4 Wiederaufbau und Vorsorge

Maßnahmen zur Vorsorge reichen von baulichen, legislativen, ökonomischen (z. B. Versicherungen, finanzielle Anreize) bis zu Bildungsmaßnahmen (z. B. Bewusstseinsbildung, Notfallübungen). Die in den USA gebräuchlichsten Vorsorgemaßnahmen sind

die Identifizierung von Hazards, die Erstellung von Hazardkarten, die Erzwingung von Bauvorschriften, die Zonierung der Landnutzung, das Vorhalten eines Systems von Versicherungen sowie bauliche Maßnahmen (Haddow und Bullock 2003).

Mit dem Hurrikan Katrina setzte eine nationale Debatte über die Notwendigkeit dieser Maßnahmen ein, insbesondere zu Sinn und Zweck von Bauvorschriften, Raumplanung und Versicherungen. Burby (2006) stellte fest, dass die Durchsetzung von Bauvorschriften in den einzelnen Staaten der USA auf lokaler Ebene ebenso unterschiedlich gehandhabt wird wie die strategische Stadtplanung, speziell entlang der Hurrikan-Küsten. Während beispielsweise der Staat Florida örtliche Bauvorschriften und überörtliche Raumplanungen zwingend voraussetzt, verlangen die Staaten Alabama, Louisiana und Mississippi keinerlei solche Pläne von den örtlichen Behörden. Insofern überrascht das Ergebnis von Burbys Studien wenig: Im Vergleich zu den anderen Küstenstaaten fallen vor allem in diesen drei genannten Staaten außergewöhnlich hohe Überflutungsschäden an.

Durch ihre Teilhabe am *National Flood Insurance Program* (NFIP) kommen die Steuerzahler für die versicherten Verluste auf. Das NFIP wurde 1968 gegründet und ist ein föderal finanziertes **Versicherungsprogramm** für Eigentümer von Wohn- und Geschäftsbauten. Um Überflutungsschäden zu begrenzen, erlässt das NFIP Bauvorschriften für Neubauten in Überschwemmungsgebieten. Allerdings hat diese Versicherung keinerlei Einfluss auf die Durchsetzung dieser Bauvorschriften. Zudem fehlen die Anreize, Überflutungsschäden zumindest im Wiederholungsfall zu reduzieren (Burby 2006). Die Festlegung von Bauvorschriften und die Überwachung ihrer Einhaltung obliegen den lokalen Behörden, und dies nicht nur in den vom Hurrikan Katrina heimgesuchten Staaten. Vorsorgebemühungen stehen so in direkter Konkurrenz zu Entwicklungsvorhaben, die das örtliche Steueraufkommen erhöhen, sodass die erhofften Fortschritte bei der Reduktion der Vulnerabilität häufig ins Hintertreffen geraten. Anstatt Sümpfe und Feuchtgebiete als natürliche Pufferzonen zu erhalten, „entwickeln" lokale Behörden diese zu Wohn- oder Gewerbegebieten und stellen deren Nutzbarkeit durch Teilnahme am NFIP sicher. Das Vorhandensein des föderal abgesicherten Hochwasserversicherungsschutzes verlagert das finanzielle Risiko weg vom Hausbesitzer und seiner bedenklichen Standortwahl. Auf diese Weise wird die Bebauung auch offensichtlich gefährdeter Areale stimuliert. Die Stadt New Orleans, die unterhalb des Meeresspiegels liegt, ist ein Paradebeispiel.

27

Die verhängnisvolle Kombination von Versicherungsschutz und zunehmend intensivierter Nutzung dürfte für einen Großteil der Schäden durch den Hurrikan Katrina verantwortlich sein, insbesondere in der Stadt New Orleans. Aber auch Bauvorschriften und Bauten auf höherem Terrain konnten Gemeinschaften nicht mit absoluter Sicherheit vor den Auswirkungen der mit Katrina einhergehenden Hochwasserwelle schützen. Die Abbildung 27.5 zeigt beispielhaft, wie auch ausgesprochen stabile Gebäude an erhöhten Standorten (allerdings dicht am Strand in Diamondhead, Mississippi) bis auf die Fundamente komplett zerstört worden sind. Von vielen dieser Häuser blieb nichts als das Fundament. Das heißt, nicht nur die **Bauvorschriften** bezüglich Hurrikans und Überflutungen müssen kritisch überdacht und gegebenenfalls neu formuliert werden. Ebenso sind die bestehenden Überflutungszonen, Versicherungsprämien, Verantwortlichkeiten auf der lokalen Ebene sowie die Regelungen im Katastrophenfall zu überprüfen und zu überarbeiten.

Angesichts der immer weiter angehäuften hohen Verluste des NFIP gehen die Meinungen über den Erfolg dieses Versicherungsprogramms auseinander. So werden allein die Ansprüche auf Entschädigung für die Jahre 2004 (als vier Hurrikans, die über Florida hinwegzogen, Zerstörungen anrichteten) und 2005 (mit Katrina, Rita und Wilma) die Bereitstellung zusätzlicher Mittel für das NFIP notwendig machen, denn aus den laufenden Prämieneinnahmen sind diese Ausgaben nicht finanzierbar. Für jeden einzelnen in die Vorsorge investierten Dollar veranschlagen Studien wie die des *Multihazard Miti-*

gation Council die langfristig eingesparte Schadenssumme auf vier Dollar (Ganderton et al. 2006). Und so bleibt die Frage unbeantwortet, weshalb Vorsorgebemühungen, die vor dem Schadenseintritt ansetzen, ein in Politik und Gesellschaft so geringer Stellenwert zukommt im Vergleich zur Mittelverwendung nach Katastrophen.

27.2.5 Was wurde falsch gemacht?

Die unangemessene Reaktion seitens der Behörden und Politik auf den Hurrikan Katrina ist sicherlich zu einem Teil den noch nicht etablierten Strukturen des neu entstandenen *Department of Homeland Security* (DHS) geschuldet, zumal man sich dort vor allem mit der Gefahr terroristischer Angriffe befasst hatte. Die noch unerprobte Organisationsstruktur bildete viele bürokratische Hindernisse in der Befehlskette. Die für alle Beteiligten neuen **organisatorischen Abläufe**, gepaart mit der offensichtlichen Unerfahrenheit im Notfallmanagement (nicht nur einiger Abteilungsleiter, sondern auch des Direktors des DHS), führten zu einer Reihe von aneinander anknüpfenden, nicht korrigierten Fehlentscheidungen. Adäquate Maßnahmen der unmittelbaren Krisenbewältigung erfolgten so nur verzögert oder unterblieben gänzlich.

In einer Bewertung der behördlichen Aktivitäten im Kontext des Hurrikans Andrew (1993) erarbeitete das *U.S. Government Accountability Office*

Abb. 27.5 Häuser mit Blick auf das Meer direkt an der Küste in Diamondhead (Mississippi) wurden durch die Flutwelle von ihren Pfeilern gerissen. Große Teile der Bausubstanz wurden weit ins bewaldete Hinterland geschwemmt. Im linken Bild zeigen Spuren in der Baumrinde, in welcher Höhe das Material transportiert wurde. Einzelne Gebäude waren im Februar 2006 (rechtes Foto) bereits wieder neu errichtet (Fotos: Hazards Research Lab, Columbia).

(GAO) die Empfehlung, dass die FEMA in den Rang eines Ministeriums erhoben werden solle. Ihr Direktor wäre so verantwortlich für die föderale Reaktion auf Bedrohungslagen, er solle gar an Stelle des Präsidenten Entscheidungen treffen können (Walker 2006). Zwar wurden diese Empfehlungen umgesetzt, doch infolge des Anschlags auf das *World Trade Center* am 11. September 2001 wurde die FEMA an das DHS angeschlossen und in seinen Funktionen und Befugnissen eingeschränkt.

Zugleich ist aber auch ein Versagen auf lokaler Ebene sowie auf Ebene der Bundesstaaten zu konstatieren, vor allem in New Orleans und in Louisiana, wo Einsatzkräfte und -mittel der Stadt und des Staates schlichtweg überfordert waren. Die ineffektive Umgehensweise mit der Notlage steht aber auch in Zusammenhang mit der sozialen und politischen Vergangenheit der Stadt und des Staates. In vielerlei Hinsicht ist **Versagen** zu diagnostizieren, und es war dieses geballte und umfassende Versagen auf lokaler, bundesstaatlicher und föderaler Ebene, das aus einem extremen Naturereignis eine Katastrophe machte.

27.3 Zukünftige Trends

Der Hurrikan Katrina könnte langfristige Auswirkungen auf die Politik haben, aber auch in sozioökonomischer und demographischer Hinsicht. Wohl nie zuvor sind so viele Einwohner innerhalb der USA vertrieben worden. Die Zerstörungen sind so gravierend, dass „Normalität" – oder auch nur ein „normaler" **Wiederaufbau** – Jahre, vielleicht Dekaden entfernt ist. Bisher hat kein Naturereignis die Bevölkerungsentwicklung derart massiv beeinflusst, das soziale Gefüge der USA so tiefgründig verändert wie der Hurrikan Katrina – und dies sowohl kurz- als auch langfristig.

Vielleicht wird der Trend, dass die Bevölkerung entlang der Küsten überproportional zunimmt, etwas gebremst, wahrscheinlich aber nicht für lange Zeit. Die Wiederherstellung von überschwemmungs- und/oder hurrikansicheren Gemeinwesen wird wohlhabende Bewohner anziehen, die sich das Risiko finanziell leisten können. Sie werden höher, größer und besser bauen und nicht an der Versicherung sparen. Allerdings ist keine Bauweise wirklich absolut überflutungs- oder hurrikansicher, zumindest nicht die bisher realisierten Standards, wie die Zerstörungen in Diamondhead und Bay St. Louis eindrücklich veranschaulichen (Abb. 27.5).

Es gibt mehrere markante Unterschiede zwischen Hurrikan Katrina und anderen, großen Katastrophen in den USA, etwa dem Loma Prieta-Beben 1989 oder dem Northridge-Beben 1994 – unvergleichlich sind die Größe der betroffenen Fläche, die Zahl der Geflohenen und das breite Spektrum der betroffenen Bevölkerungsgruppen. In keinem anderen Fall sind Evakuierte in so vielen anderen Staaten untergekommen, und dies für eine derart lange Zeit. Einen Monat nach dem Hurrikan wurden in jedem Bundesstaat Evakuierte registriert (Nigg et al. 2006). Angesichts des zögerlichen Wiederaufbaus besteht die Möglichkeit, dass viele von ihnen einfach an ihrem jetzigen Aufenthaltsort bleiben.

Hieraus könnten drastische Veränderungen der **Zusammensetzung der Bevölkerung** entlang der Küsten resultieren. Die Rückkehr der Evakuierten ist in hohem Maße abhängig von der Wohnungs- und Arbeitsmarktlage. In New Orleans ist mit dem Lower 9th Ward ein großes Wohngebiet (neben anderen) für unbewohnbar erklärt worden, Mieter und Eigentümer müssen sich andernorts nach einer Bleibe umsehen. Die Stadt riskiert auf diese Weise, große Teile ihrer (afroamerikanischen) Bürger zu verlieren.

Und selbst wenn die Bewohner wieder zurückkehren, könnte ihr Aufenthalt nur ein vorübergehender sein, weil sie keine Arbeit oder keine Wohnung finden. Die Produktion von Garnelen und Austern ist z. B. zum Erliegen gekommen, der Wiederaufbau wird Jahre in Anspruch nehmen, da die Gewässer auf absehbare Zeit vergiftet sind, viele Muschelbänke verschwunden, die Boote und Kühlhäuser zerstört. So haben die betroffenen Fischer kaum Hoffnung auf eine rasche Besserung ihrer Situation angesichts des Verlustes der Wohnung, des Boots und damit auch der Einkommensquelle.

Aus den Geschehnissen im Zusammenhang mit Hurrikan Katrina können vielfältige Lehren gezogen werden. Es eröffnen sich viele Möglichkeiten der Verbesserung der Hazardforschung und der Katastrophenpolitik. Der Bedarf an Forschung wird fortbestehen, ebenso an der Überarbeitung der Praxis des Katastrophenmanagements. Bedarf besteht eindeutig auch auf der lokalen Ebene, wo die **Entwicklung katastrophenresistenter Gemeinden** auf der Grundlage „weiser" Entscheidungen noch aussteht. Der Erfolg all solcher Bemühungen wird jedoch von den zur Verfügung stehenden finanziellen Mitteln abhängen, dem politischen Willen, von sozialer Gerechtigkeit, lokaler Initiative und der Übernahme von Verantwortung durch jeden Einzelnen. Es ist ungewiss, ob die betroffene Region bzw. die Nation bereit ist, sich den gewaltigen Herausforderungen der Zukunft zu stellen.

27

Zusammenfassung

Zahlreiche Anhaltspunkte deuten auf ein umfassendes Versagen von Politik und Verwaltung beim Umgang mit dem Hurrikan Katrina hin – und dies, obwohl die Warnungen des *National Hurricane Center* rechtzeitig ergingen und ausreichend deutlich und konkret waren. Die Ereignisse trafen die Bevölkerung und Entscheidungsträger auf lokaler, staatlicher und föderaler Ebene offensichtlich unerwartet und unvorbereitet. Im Ergebnis starben mehr als 1 300 Menschen, die Sachschäden belaufen sich vorläufigen Zusammenstellungen zufolge auf 100 Milliarden US-Dollar. Es waren keineswegs allein die Wucht des Sturms und das damit verbundene Hochwasser, die für diese Verluste verantwortlich gemacht werden müssen. Nicht nur in der Bewältigung der akuten Notlage sind Defizite erkennbar, sondern auch im Vorfeld. Hier sollte das Katastrophenmanagement anknüpfen und Vorsorgebemühungen mit dem Ziel der Schadensverhütung in den Vordergrund stellen (statt reaktivem Katastrophenmanagement, das erst zum Zuge kommt, wenn die Schäden schon kaum noch verhinderbar sind). Auf den Prüfstand gehören das staatliche Versicherungsprogramm NFIP, die bisherige Raumplanung (die die Erschließung offensichtlich gefährdeter Flächen nicht zu verhindern vermochte), die Festlegung von Bauvorschriften sowie die Überwachung ihrer Einhaltung und vieles mehr.

Schlüsselsätze

- Es war keineswegs allein die Wucht des Hurrikans Katrina, die den Tod von mehr als 1 300 Menschen und Sachschäden in atemberaubender Höhe verursachte.
- Die Schadensmuster zeigen eindrücklich die Notwendigkeit, sich mit sozialer Verwundbarkeit und den hierfür verantwortlichen Faktoren in räumlich differenzierter Weise auseinanderzusetzen.
- Nicht nur im Vorfeld, sondern auch in der Abwehr der akuten Notlage ist vielfältiges Versagen von Behörden und Entscheidungsträgern nachweisbar.
- Um Wiederholungen ähnlichen Ausmaßes zu verhindern, ist die Vorsorge in jeder sinnvollen Art und Weise zu stärken.

Literatur

Anonymous (1964) Preliminary Report: Hurricane Hilda. National Hurricane Center. http://www.nhc.noaa.gov/pastall.shtml

Blake ES, Rappaport EN, Jarrell JD, Landsea CW (2005) The deadliest, costliest, and most intense United States Hurricanes from 1851 to 2004. Technical Memorandum, NWS TPC-4, August 2005. Miami, FL: National Oceanic and Atmospheric Administration (NOAA). http://www.nhc.noaa.gov/Deadliest_Costliest.shtml

Burby RJ (1998) Cooperating with nature: confronting natural hazards with land-use planning for sustainable communities. Joseph Henry Press, Washington DC

Burby RJ (2006) Hurricane Katrina and the paradoxes of government disaster policy: bringing about wise governmental decisions for hazardous areas. In: Waugh WL (Hrsg) Shelter from the storm: repairing the national emergency management system after Hurricane Katrina. Annals of the American Academy of Political and Social Science, Philadelphia PA. 171–191

Burton I, Kates RK, White GF (1993) The environment as hazard. 2. Aufl. Guildford Press, New York

Cooper A (2006) Anderson Cooper 360 Degrees (gesendet am 10.02.2006, 23:00 ET) [Rush Transcript]. CNN. http://transcripts.cnn.com/TRANSCRIPTS/0602/10/acd.02.html

Crossett KM, Culliton TJ, Wiley PC, Goodspeed TR (2004) Population trends along the coastal United States: 1980–2008. Coastal Trends Report Series, September 2004: U.S. Department of Commerce, National Oceanic and Atmospheric Administration, National Ocean Service. http://www.lgean.org/documents/completecoastal.pdf

Cutter SL (1996) Vulnerability to environmental hazards. *Progress in Human Geography* 20(4): 529–539

Cutter SL (Hrsg) (2002) American Hazardscapes: the Regionalization of Hazards and Disasters. Joseph Henry Press, Washington DC

Cutter SL, Boruff BJ, Shirley WL (2003) Social vulnerability to environmental hazards. *Social Science Quarterly* 84(1): 242–261

Cutter SL, Emrich CT (2006) Moral hazard, social catastrophe: the changing face of vulnerability along the Hurricane coasts. In: Waugh L (Hrsg) Shelter from the storm: repairing the national emergency management system after Hurricane Katrina. Annals of the American Academy of Political and Social Science, Philadelphia PA

Cutter SL, Emrich CT, Mitchell JT, Boruff BJ, Gall M, Schmidtlein M, Burton C, Melton G (2006) The long road home: race, class, and recovery from Hurricane Katrina. *Environment* 48(2): 8–20

Daley WR (2006) Public health response to Hurricanes Katrina and Rita – Louisiana 2005. *Morbidity and Mortality Weekly Report* 55(2): 29–30

DeNavas-Walt C, Proctor BD, Lee CH (2005) Income, poverty, and health insurance coverage in the United States: 2004. Current Population Reports, U.S. Census Bureau, Washington DC. 60–229

Dow K, Cutter SL (2001) Public orders and personal opinions: household strategies for hurricane risk assessment. *Environmental Hazards* 2(4): 143–155

FEMA (1997) Multihazard identification and risk assessment: a cornerstone of the national mitigation strategy. Federal Emergency Management Agency (FEMA), Washington DC

FEMA (2004a) FEMA History. Federal Emergency Management Agency (FEMA). http://www.fema.gov/about/history.shtm

FEMA (2004b) FEMA's involvement in exercises: a historical perspective. Federal Emergency Management Agency (FEMA). http://www.fema.gov/rrr/section1.shtm#1989_1994

FEMA (2005) By the numbers: first 100 days – FEMA recovery update for Hurricane Katrina. Federal Emergency Management Agency (FEMA). http://www.fema.gov/media/archives/index120705.shtm

FEMA (2006a) By the numbers: FEMA recovery update in Louisiana. Federal Emergency Management Agency (FEMA). http://www.fema.gov/news/newsrelease.fema?id=23418

FEMA (2006b) Hurricane Katrina information: Individual and household program statistics. Federal Emergency Management Agency (FEMA). http://www.fema.gov/press/2005/resources_katrina.shtm

FEMA (2006c) Weekly Katrina Response Update for Mississippi. Federal Emergency Management Agency (FEMA). http://www.fema.gov/news/newsrelease.fema?id=23243

Ganderton PT, Bourque LB, Dash N, Eguchi R, Godschalk DR, Heider C, Mittler E, Porter K, Rose A, Tobin LT, Taylor C (2006) Mitigation generates savings of four to one and enhances community resilience: MMC releases study on savings from mitigation. *Natural Hazards Observer* 30(4): 1–3

Gertz B (1992) Mikulski faults FEMA officials, calls for probe. *Washington Times*, 4 September 1992

Godschalk DR, Beatley T, Berke P, Brower DJ, Kaiser EJ (1999) Natural Hazard Mitigation: Recasting Disaster Policy and Planning. Island Press, Washington DC

Guiney JL (1999) Preliminary Report: Hurricane Georges. National Hurricane Center. http://www.nhc.noaa.gov/1998georges.html

Haddow GD, JA Bullock (2003) Introduction to emergency management. Butterworth-Heinemann, New York

Hebert P (1979) Preliminary Report: Hurricane Frederic. National Hurricane Center. http://www.nhc.noaa.gov/pastall.shtml

Heinz Center for Science, Economics, and the Environment (2002) Human links to coastal disasters. The Heinz Center, Washington DC

Jarrell JD, Mayfield M, Rappaport EN, Landsea CW (2001) The deadliest, costliest, and most intense United States Hurricanes from 1900 to 2000 [Technical Memorandum NWS TPC-1]. National Oceanic and Atmospheric Administration (NOAA). http://www.aoml.noaa.gov/hrd/Landsea/deadly/index.html

Knabb RD, Rhome JR, Brown DP (2005) Tropical Cyclone Report: Hurricane Katrina, 23–30 August 2005. 20 December 2005. Miami, FL: National Hurricane Center. http://www.nhc.noaa.gov/2005atlan.shtml

Lawrence MB (2003) Tropical Cyclone Report: Hurricane Lili. National Hurricane Center. http://www.nhc.noaa.gov/2002lili.shtml

Logan JR (2006) The impact of Katrina: race and class in storm-damaged neighborhoods. Initial Project Report. Providence, RI: Spatial Structures in the Social Sciences (Brown University)

Louisiana Office of Homeland Security and Emergency Preparedness (2005) State Emergency Operations Plan. April 2005. State of Louisiana, Baton Rouge, LA

Mileti DS (1999) Disasters by Design: a reassessment of natural hazards in the United States. Joseph Henry Press, Washington DC

National Hurricane Center (2005) Hurricane Katrina Public Advisory Nr. 25. National Oceanic and Atmospheric Administration (NOAA). http://www.nhc.noaa.gov/archive/2005/pub/al122005.public.025.shtml?

National Weather Service (2005) Post-Tropical Cyclone Report for Hurricane Katrina. National Weather Service, New Orleans/Baton Rouge Weather Forecast Office. http://www.srh.noaa.gov/lix/html/psh_katrina.htm

NCDC (2005) Climate of 2005: Summary of Hurricane Katrina. National Climatic Data Center (NCDC). http://www.ncdc.noaa.gov/oa/climate/research/2005/katrina.html

NCDC (2006a) Billion Dollar U.S. Weather Disasters. National Climatic Data Center (NCDC). http://lwf.ncdc.noaa.gov/oa/reports/billionz.html

NCDC (2006b) Climate of 2005 Atlantic Hurricane Season. National Climatic Data Center (NCDC). http://www.ncdc.noaa.gov/oa/climate/research/2005/hurricanes05.html

Nigg JM, Barnshaw J, Torres MR (2006) Hurricane Katrina and the flooding of New Orleans: emergent issues in sheltering and temporary housing. In: Waugh L (Hrsg) Shelter from the storm: repairing the national emergency management system after Hurricane Katrina. Annals of the American Academy of Political and Social Science, Philadelphia, PA. 113–128

Nolan B (2005) Katrina takes aim. *The Times-Picayune*, 28 August 2005

Select Bipartisan Committee to investigate the preparation for and response to Hurricane Katrina (2006) A failure of initiative. Final Report, 15 February 2006. Washington DC, U.S. House of Representatives. http://www.gpoaccess.gov/congress/index.html

27

Tierney KJ, Lindell MK, Perry RW (Hrsg) (2001) Facing the unexpected: disaster preparedness and response in the United States. Joseph Henry Press, Washington DC

U.S. Census Bureau (2005) Small area income and poverty estimates. U.S. Census Bureau. http://www.census.gov/cgi-bin/saipe/saipe.cgi

U.S. Census Bureau (2006) Quick Tables: Profile of selected housing characteristics – 2000. U.S. Census Bureau. http://factfinder.census.gov/home/saff/main.html?_lang=en

U.S. Congress (2000) Disaster Mitigation Act. 114 Stat. 1552: 106–390

U.S. Congress (2005a) Making emergency supplemental appropriations to meet immediate needs arising from the consequences of Hurricane Katrina. 109th Congress, 2nd session, H.R. 3645: Public Law 109–61

U.S. Congress (2005b) Second emergency supplemental Appropriations Act to meet immediate needs arising from the consequences of Hurricane Katrina. 109th Congress, 2nd session, H.R. 3676: Public Law 109–162

Walker DM (2006) Statement by the Comtroller General David M. Walker on GAO's preliminary observations regarding preparedness and response to Hurricanes Katrina and Rita. Preliminary Report, GAO-06-365R, 1 February 2006. U.S. Government Accounting Office (GAO), Washington DC

Internetadressen

http://www.dhs.gov/index.shtm – die Präsentation des *Department of Homeland Security* (DHS)

http://www.fema.gov/ – Seite der FEMA, der *Federal Emergency Management Agency* der USA. Obwohl diese Behörde an Einfluss und Bedeutung verloren hat, finden sich aufschlussreiche Inhalte auf ihren Webseiten, z. B. zum Analysetool HAZUS zur Bestimmung von Schadenspotenzialen

http://www.nhc.noaa.gov/ – das *National Hurricane Center* in Miami, Florida. Hier finden sich auch spektakuläre Dokumentationen, etwa http://www.nhc.noaa.gov/outreach/presentations/Mayfield_2005_Season_NHC_Conf.pdf

http://www.weather.gov/ – mehr als nur ein Wetterbericht, die Seiten des *National Oceanic and Atmospheric Administration's* (NOAA) *National Weather Service*

28 *Community Based Disaster Risk Management –* Erfahrungen mit lokaler Katastrophenvorsorge in Indonesien

Ria Hidajat

bottom-up • *capacity building* • Dezentralisierung • Fatalismus • Hochwasser • Indikatoren • Katastrophenvorsorge • kulturelle Prägung • letzte Meile • lokale Ebene • lokales Wissen • Partizipation • Prävention • Risikowahrnehmung • Tsunami • Vulkanismus • Warnung

Am 26. Dezember 2004 ist der ganzen Welt verdeutlicht worden, welche (Natur-)Gefahr die besonderen tektonischen Verhältnisse in Indonesien darstellen. Innerhalb weniger Sekunden schob sich in einem gigantischen Ruck an der Subduktionszone vor Nordsumatra die Indisch-Australische unter die Eurasische Platte. Das Erdbeben der Stärke 9 löste einen Tsunami aus, der große Teile der Küstenregionen um den Indischen Ozean zerstörte. Weit über 300 000 Opfer waren zu beklagen, davon die meisten in der Provinz Aceh, im Norden Sumatras.

Allerdings deutet vieles darauf hin, dass nicht unbedingt solche gigantischen (aber seltenen) Katastrophen wie der Tsunami 2004 die furchtbarste Bedrohung für Indonesien sind, sondern die vielen fast alltäglich zu beklagenden Katastrophen: Etwa die Überschwemmungen und Hangrutschungen zu beinahe jeder Regenzeit, die mindestens 77 hochaktiven Vulkane sowie die Erdbeben, häufig begleitet von Tsunamis mit zumindest

regionalen Auswirkungen, sind im gesamten Inselstaat gegenwärtig (Abb. 28.1).

Wie der indonesische Staat und die Gesellschaft mit diesen Gefahren umgehen, soll im Folgenden anhand verschiedener Projektbeispiele der internationalen Zusammenarbeit erläutert werden. Dabei stehen hier besonders Vorhaben der lokalen Katastrophenvorsorge im Mittelpunkt. Gerade in einem so großen und aus so vielen Inseln bestehenden Staat wie Indonesien (Kasten 28.1) sind die Akteure auf der lokalen oder Gemeindeebene für die Katastrophenvorsorge und -bewältigung von besonderer Bedeutung. Denn die meisten Katastrophen betreffen nur Teile des Staatsgebiets – mit regionalen und lokalen Auswirkungen. Nicht nur bei der Bewältigung, sondern auch bei der Vorsorge sind ortsbezogene Kenntnisse von Bedeutung. Im Weiteren sollen einige Vorteile, aber auch die Grenzen einer gemeindeorientierten Katastrophenvorsorge aufgezeigt werden. Abschließend werden daraus Herausforderungen für die Zukunft abgeleitet.

28

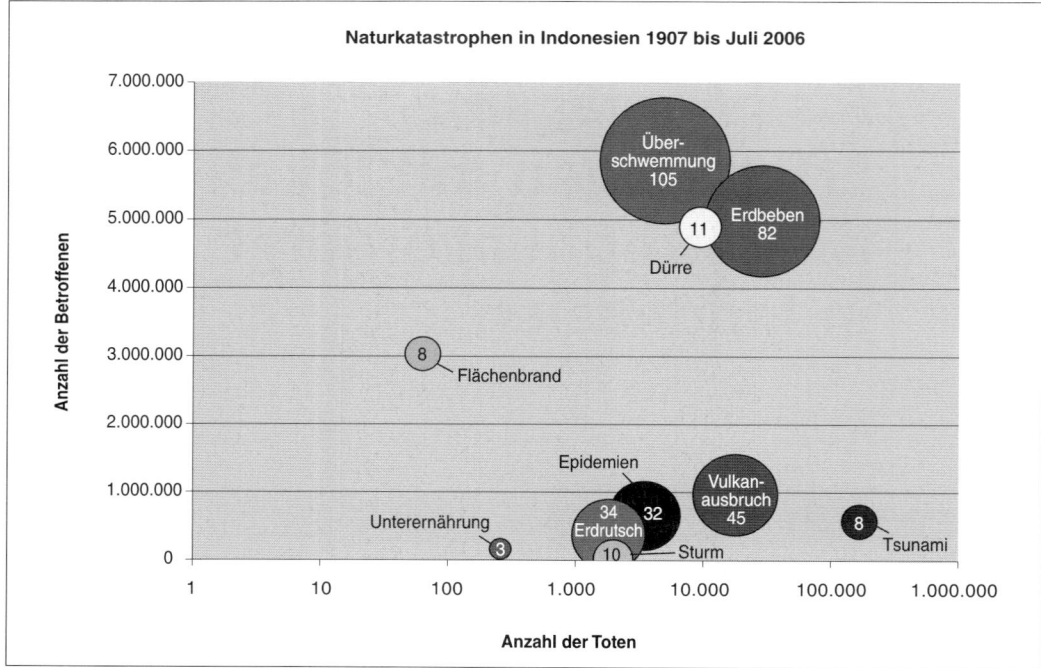

Abb. 28.1 Naturkatastrophen in Indonesien 1907–Juli 2006. Die zugrunde gelegten Daten entstammen der EM-DAT *Emergency Disasters Data Base* (*Centre for Research on the Epidemiology of Disasters, Université Catholique de Louvain*, Stand: 7/2006. Der Java-Tsunami vom Juli 2006 ist noch nicht erfasst). Ein Ereignis wurde aufgenommen, wenn die Zahl der Toten mindestens zehn oder die der Betroffenen mindestens 100 betrug. Das Zentrum für die Erforschung von Epidemien aufgrund von Katastrophen der Katholischen Universität Louvain in Brüssel führt eine Länderdatenbank über Natur- und Technische Katastrophen, die Vorkommnisse seit dem Jahr 1907 berücksichtigt (Szymkowiak und Hidajat 2006).
Anmerkung: Das Blasendiagramm zeigt die aufgezeichneten Naturkatastrophen in Indonesien der letzten 100 Jahre. Wenig überraschend ist die hohe Anzahl der Ereignisse. Besonders interessant ist der Zusammenhang von Häufigkeit, Anzahl der Betroffenen und der Toten. Das Diagramm stellt drei Werte dar: Die Größe des Kreises verdeutlicht die Anzahl der Ereignisse. Der Mittelpunkt der Kreise beschreibt einen x,y-Wert, der die Anzahl der Betroffenen und Toten aufweist. Die x-Achse hat einen logarithmischen Maßstab.

28.1 Die Demokratisierung und Dezentralisierung Indonesiens und ihre Auswirkungen auf die Katastrophenvorsorge

Indonesien befindet sich seit dem Sturz des Präsidenten Suharto im Jahr 1998 in einer der wichtigsten Umbruchphasen seiner Geschichte. Der Übergang von einer autoritären zu einer demokratischen, offenen Gesellschaftsordnung stellt eine umfassende Herausforderung für Gesellschaft und Staat dar. Die sogenannte „Neue Ordnung" unter Suharto war durch ein zentralistisches Regime geprägt, sämtliche relevanten Entscheidungen wurden in der Hauptstadt getroffen. Für die Regionen blieb zumeist nur das Ausführen von Anordnungen, staatlichen Programmen und Projekten. Eine eigenständige Konzeption und Umsetzung strategischer Planungen in der Region war unter dieser strikten *top-down*-Politik nicht möglich.

Der begonnene **Demokratisierungsprozess** in Indonesien ist untrennbar mit der **Dezentralisierung** verbunden. Mit der Implementierung der neuen Dezentralisierungsgesetze (Gesetze 22/1999

Kasten 28.1

Indonesien – der größte Inselstaat der Welt

Nach jahrhundertelanger Kolonialherrschaft durch die Niederländer wurde die Republik Indonesien am 17. August 1945 durch die Proklamation des ersten Präsidenten Sukarno für unabhängig erklärt. Das Wort Indonesien (lat./altgriech.: indische Inseln) lässt bereits auf die Topographie schließen: Der äquatorial gelegene Archipel hat eine Landfläche von ca. 1,9 Millionen km^2, die sich auf etwa 14 000 Inseln verteilt. Von diesen Inseln sollen hier einige genannt werden, die wegen ihrer Größe oder aus politischen Gründen von Bedeutung sind:

- Sumatra, deren nördlichste Provinz Aceh durch den Tsunami im Dezember 2004 traurige Berühmtheit erlangt hat;
- Borneo, dessen indonesischer Teil Kalimantan heißt, und das mit Malaysia und dem Sultanat Brunei geteilt wird;

- Java, die bevölkerungsreiche „Hauptinsel" mit der Hauptstadt Jakarta, ist trotz Dezentralisierungsbemühungen immer noch uneingeschränktes politisches und gesellschaftliches Zentrum des Staates;
- Bali ist ein touristischer Ballungsraum mit hinduistisch geprägter Kultur;
- West Papua, schon zum australischen Kontinent gehörend, ist ein stetiger Unruheherd, da die dortige indigene Bevölkerung für ihre Autonomie streitet;
- Timor, dessen östlicher Teil nach langem Kampf als Staat Osttimor 1999 in die Unabhängigkeit entlassen wurde.

Java, Bali und einige Regionen Sumatras sind mittlerweile sehr gut erschlossen. Die anderen Inseln sind größtenteils nur schwer zugänglich (Szymkowiak und Hidajat 2006).

---

und 25/1999) im Jahr 2001 ist ein neuer rechtlicher Rahmen für die administrative, politische und fiskalische Umgestaltung in Indonesien entstanden. Das Gesetz überträgt weitreichende Verantwortlichkeiten von der Zentralregierung auf die Städte (*Kota*) und die Landkreise (*Kabupaten*). Dies bringt radikale Veränderungen in der Aufgaben- und Finanzverteilung zwischen Zentralregierung, Provinzen und Distrikten mit sich und stellt besonders die Kommunen vor völlig neue Aufgaben.

Laut Gesetz besitzen die Kommunalorgane nun das volle Selbstverwaltungsrecht, d. h. die Verantwortlichkeit in Bereichen wie regionaler Entwicklung, Haushalt, Landwirtschaft, Arbeit, Tourismus, Bergbau und Energie, Transport, Telekommunikation, Bildung, Kultur, Gesundheit und Soziales. Explizit ausgenommen und weiterhin der Zentralregierung vorbehalten sind Außenpolitik, Verteidigung, Justiz, Monetär- und Fiskalpolitik sowie religiöse Angelegenheiten. Als wichtigste Neuerung wird das Budgetrecht angesehen: Die Regionen können seither eigenständig entscheiden, welche Prioritäten gesetzt und wie viel Mittel für welche Zwecke ausgegeben werden. Auch viele administrative Aufgaben sind nun an die kommunale Ebene übertragen worden, damit den Bürgern behördliche Dienstleistungen effizient und transparent angeboten werden können.

Der voranschreitende Trend zur Subsidiarität, die Verlagerung von Entscheidungs- und Handlungskompetenzen auf die regionale und lokale Ebene, wirkt sich positiv auf die administrative **Katastrophenvorsorge** aus. Dem sogenannten Autonomiegesetz (*Otonomi Daerah*) zufolge nimmt der Landrat (*Bupati*) die zentrale Funktion in seinem Verantwortungsbereich ein. Er hat im Katastrophenfall die letzte Entscheidungsbefugnis, etwa hinsichtlich der Frage, ob aufgrund einer Warnmeldung evakuiert wird oder nicht. Auch die langfristige Ressourcenverteilung und die Gewährleistung der Sicherheit der Bürger gehören zu den Hauptaufgaben der lokalen Verwaltung. Die resolute Dezentralisierung ist somit einem lokal angepassten Katastrophenmanagement förderlich, wenn auf diese Weise schnelle(re) und jeweils angemessene(re) Reaktionen auf Frühwarnungen möglich werden.

Allerdings sind oftmals die lokalen Strukturen und Kapazitäten für ein effektives und organisationsübergreifendes Katastrophenmanagement noch nicht vorhanden. Die zuständigen Behörden sind überfordert und verfügen bisher nicht über ausreichende Handlungssicherheit. Aus Erfüllungsgehilfen der Zentralgewalt sind über Nacht **Entscheidungsträger** geworden. Zudem können sich arme Kommunen die Ausgaben für Planungen und aufwändige **Vorsorgemaßnahmen** nicht leisten. Zusätzlich fehlen in manchen Aufgabenbereichen immer noch die politischen und rechtlichen Rahmenbedingungen.

Dennoch zeichnet sich bereits jetzt ab, dass sich die gemeindeorientierte Katastrophenvorsorge dort bewährt, wo dieser entsprechende Aufmerksamkeit zuteil wird. Die Vorteile dieses praxisnahen Konzepts für Entwicklungsländer und ihre Grenzen werden im nächsten Kapitel exemplarisch dargestellt.

28.2 Gemeindeorientierte Katastrophenvorsorge – Prävention „von unten"

Staatliche Maßnahmen der Katastrophenvorsorge finden in Entwicklungsländern wie Indonesien im Allgemeinen wenig Akzeptanz. Behörden wird generell misstraut, da Amtsträger oft ihre eigenen Interessen über die der Bevölkerung stellen. Katastrophenschutzbehörden sind bisher noch meist zentral organisiert und dabei kaum in der Lage, vor Ort tatsächlich effektiv und schnell zu helfen. Auch **Frühwarnungen** erreichen die ländliche Bevölkerung erst spät oder gar nicht, weshalb die Gemeinden selbst für den Schutz und die Vorbereitung sorgen sollten.

Als Ansatz für die Katastrophenvorsorge hat sich in solchen Gesellschaften die sogenannte „lokale oder gemeindeorientierte Katastrophenvorsorge" bewährt. Das Prinzip hierbei ist, alle relevanten Akteure auf Gemeinde- und Haushaltsebene in den Entscheidungsprozess mit einzubeziehen (*bottom-up*-Ansatz).

Die Ziele des gemeindeorientierten Ansatzes beinhalten sowohl individuelle wie gesellschaftliche Veränderungen. So sollen die Angehörigen der betroffenen Gemeinden lernen, Gefahren selbst frühzeitig zu erkennen, Risiken einzuschätzen und sich selbst zu schützen. Die Bevölkerung selbst soll auf diese Weise Bewältigungskapazitäten entwickeln, die dem jeweiligen ökonomischen, kulturellen und politischen Kontext bestmöglich angepasst sind. Im Falle einer Katastrophe sollen die Gemeinden ihre eigenen Möglichkeiten zur Sicherung des Lebensunterhalts schaffen und dadurch unabhängiger von externen Nothilfemaßnahmen sein. Langfristig soll sich die unmittelbare Bürgerbeteiligung positiv auf das sozioökonomische Gefüge der Gemeinde und darüber hinaus auswirken (Kapitel 20).

Das übergeordnete Ziel ist eine positive Regionalentwicklung durch gestärktes Selbstbewusstsein. Indem die Betroffenen Handlungskompetenzen erlernen und ihr Wissen erweitern, sind sie dem Naturrisiko und der Willkür der Behörden nicht mehr

ohnmächtig ausgeliefert (Deutsche Gesellschaft für Technische Zusammenarbeit 2003, 2004).

Die Vorteile des gemeindeorientierten Ansatzes sind zusammengefasst:

- Die betroffenen Gemeinden kennen ihre konkrete Umwelt und haben Erfahrung im Umgang mit ihr.
- Die lokalen Bewältigungskapazitäten, die sich über einen langen Zeitraum entwickelt haben, sind am besten an den ökonomischen, kulturellen und politischen Hintergrund der Region angepasst.
- Die Gemeinden schaffen ihre eigenen Möglichkeiten zur Abdeckung des Lebensunterhalts und werden dadurch unabhängiger von externen Nothilfemaßnahmen.
- Die Bürgerbeteiligung wirkt sich positiv auf das sozioökonomische Gefüge der Gemeinde aus. Die Gemeindemitglieder erweitern ihr Wissen und erlangen Handlungskompetenzen, die sich positiv auf die Entwicklung der Region auswirken.

Diese bedeutsamen Vorteile des gemeindeorientierten Konzepts wurden auf der Weltkonferenz zur Katastrophenvorsorge in Kobe 2005 gestützt und in dem *Hyogy Framework for Action* (HFA) als ein Haupthandlungsfeld festgelegt. Im HFA ist die Katastrophenvorsorgestrategie für die nächsten zehn Jahre festgeschrieben. Viele Staaten haben sich zu dieser Strategie bekannt, darunter auch die Bundesrepublik Deutschland. Immer mehr staatliche und nicht staatliche Organisationen der internationalen Zusammenarbeit nehmen das Prinzip der gemeindeorientierten Katastrophenvorsorge mit in ihr Programmkonzept auf.

Die gemeindeorientierte Vorsorge kann und darf allerdings nicht isoliert für sich gesehen werden, sie ist immer nur ein Ausschnitt aus der Gesamtheit von sinnvollen Maßnahmen der Katastrophenvorsorge. Staatliche Institutionen sind nicht aus der Verantwortung entlassen. Sie müssen die rechtlichen und institutionellen Rahmenbedingungen schaffen, die gemeindeorientierte Katastrophenvorsorge integriert.

Der Dezentralisierungs- und Demokratisierungsprozess in Indonesien ist ein Fortschritt und bietet Chancen, Elemente der gemeindeorientierten Katastrophenvorsorge in die Entwicklungsplanung mit aufzunehmen. Kommunale wie nationale Regierungen sind gefordert, die administrativen und rechtlichen Grundlagen zu schaffen, um gemeindeorientierte Ansätze in der Katastrophenvorsorge zu stärken. Folgende Beispiele veranschaulichen, wie Vorsorgemaßnahmen in Indonesien lokal umgesetzt werden.

28.2.1 Leben mit dem Risiko am Vulkan Merapi in Yogyakarta

Als die Vereinten Nationen 1990 die Internationale Dekade zur Reduzierung von Naturkatastrophen (IDNDR) ausriefen, wurden weltweit 16 Vulkane als Hochrisikovulkane eingestuft. Einer von ihnen ist der Merapi in Zentraljava, Indonesien. Der 2 960 m hohe „Feuerberg", so die wörtliche Übersetzung des Namens, brach in den letzten 450 Jahren durchschnittlich alle sieben Jahre aus. Durch stetig zutage gefördertes Material entsteht am Krater ein Dom, der mit der Zeit instabil wird und den Hang hinunterrutscht. Kollabiert der Dom des Merapi, rutschen lawinenartig pyroklastische Ströme, ein mehrere hundert Grad heißes Gas-Feststoff-Gemisch, den Hang hinunter. Mit einer Geschwindigkeit von über 100 km/h kann das heiße Material selbst in mehreren Kilometern Entfernung noch großen Schaden anrichten. Das lockere Ausbruchsmaterial an den Flanken des Vulkans stellt im tropischen Klima besonders zur Regenzeit eine weitere große Gefahr für die Bevölkerung dar. Es können daraus Lahare (Schlammlawinen) entstehen. Solche Lahare haben eine gewaltige Zerstörungskraft und führen in dicht besiedelten Tälern zu hohen Opferzahlen und großen materiellen Verlusten.

Die Bevölkerung an den Flanken des Merapi hat ungeachtet der hohen Gefährdung eine besondere spirituelle Beziehung zu diesem Vulkan entwickelt. Jedem Mensch ist ein bestimmtes Schicksal vorbestimmt, niemand kann von seiner Lebenslinie abweichen. Veränderungen vornehmen zu wollen, ist deshalb für einen Javaner keine sinnvolle Einstellung zur Welt und zum Leben. Dieser **Fatalismus** ist eng mit dem Glauben an den „rechten Ort" verknüpft, der durch die Geburt vorherbestimmt sei. **Umsiedlungsmaßnahmen** stoßen daher grundsätzlich auf Ablehnung (Kasten 28.2).

Allerdings legen nicht nur solche immateriellen Gründe das Verbleiben in diesem Risikoraum nahe: Der fruchtbare Boden ermöglicht vielen ein (vergleichsweise) sicheres Einkommen, andere leben vom Abbau des vulkanischen Sediments, von dem man sich Haus und Vieh leisten kann. In den für Umsiedler neu entstandenen Dörfern hingegen sind

---

Kasten 28.2

Mythen – ein Teil der javanischen Kultur

Um die Verhaltensweisen und Ansichten der Bewohner am Merapi zu verstehen, muss man die Mythen und Traditionen der Gesellschaft kennen. Am Vulkan Merapi gibt es einen lebendigen Mythos, der in den Ritualen der Anwohner zum Ausdruck kommt:

Der Sultan und die Königin der Südsee
Die Legende berichtet, dass der erste Sultan vor einer entscheidenden Schlacht am Meer meditierte und ihm dort die Königin der Südsee *Ratu Kidul* begegnete. Die beiden verliebten sich ineinander und schlossen ein Bündnis. Die Königin der Südsee würde ihm Macht verleihen und auf immer und ewig sein Königreich schützen, dafür müsse er ihr jedes Jahr seine Kleider, Haare und Fingernägel schenken. Als Beweis ihrer Liebe gab sie ihm ein magisches Ei mit. Der Sultan gab das Ei seinem treuesten Diener zur Aufbewahrung. Als dieser es aber verzehrte, verwandelte er sich in einen Geist und wurde an den Merapi verbannt. So wurde er zum Wächter des Vulkans. Er sorgt dafür, dass der Merapi nie in die südliche Richtung ausbricht und den Palast des Sultans (*Kraton*) in Yogyakarta be-

droht. Alle Sultane pflegten bisher diese spirituelle Beziehung zu Meer und Vulkan. Einmal im Jahr wird das *Labuhan* zu Ehren der Königin der Südsee und dem Wächter des Vulkans abgehalten. Die Zeremonie beginnt an der Südküste, wo der Sultan seine gesamte Kleidung und sogar Haare und Fingernägel als Opfergabe ins Meer wirft und damit seinen Pakt erneuert. Von dort pilgert die Gesellschaft über den *Kraton* in Yogyakarta bis zum höchstgelegenen Haus an der südlichen Flanke des Merapi, dem Haus des *Juru Kunci* (Schlüsselträger). Der *juru kunci* übernimmt die spirituelle Leitung der Zeremonie und hält im Auftrag des Sultans die Verbindung zwischen der Geisterwelt des Merapi, dem weltlichen *Kraton* und der Unterwelt des Meeres. Seit jeher liegt die Verantwortung für die Zeremonie bei seiner Familie und wird traditionell weitergegeben. Er ist formal gesehen ein Beamter des Sultans, der auch Gouverneur von Yogyakarta ist, und bezieht für seine spirituelle Funktion ein bescheidenes Gehalt. In Zeiten erhöhter vulkanischer Aktivität steht der *Juru Kunci* neben dem staatlichen Expertenteam der Vulkanologie dem Sultan als Berater zur Seite (Szymkowiak und Hidajat 2006).

die neuen Häuser Eigentum der Regierung, und die ehemaligen Bauern haben kein Land zur eigenen Bewirtschaftung erhalten. Selbst im unmittelbaren Bedrohungsfall lehnen viele eine Evakuierung häufig ab, da sie Angst vor Plünderungen haben. Fehlwarnungen und damit verbundene lang anhaltende Aufenthalte in Evakuierungslagern verringern das **Vertrauen** in die Maßnahmen der staatlichen Katastrophenschutzbehörde. Eher verlässt man sich auf die Aussagen des *Juru Kuncis*, einem spirituellen Führer (Hidajat 2000).

Nachdem der katastrophale Ausbruch des Merapi 1994 vielen verdeutlichte, dass die Maßnahmen der Regierung nicht greifen, engagieren sich zunehmend lokale und internationale Nichtregierungsorganisationen (NROs) im Bereich Katastrophenvorsorge und -management. Diese verfolgen den Ansatz **Leben mit dem Risiko**, wobei Dorfgemeinschaften gestärkt und unterstützt, statt aufgelöst und umgesiedelt werden sollen (Kapitel 24). Damit geht das Ziel der gemeindeorientierten Katastrophenvorsorge einher, den Dialog der Bevölkerung mit den verantwortlichen Amtsträgern zu fördern und damit Maßnahmen der Vorsorge und der Bewältigung besser auf die Bedürfnisse der Bevölkerung abzustimmen. Wichtig ist der vertrauensvolle Dialog, denn dann haben die Methoden der NROs auch auf die regionale Entwicklung eine katalysierende Wirkung (Hidajat 2002).

Zum Training für die Vorbereitung auf den Katastrophenfall gehört u. a. das sogenannte *Community Mapping*. Dabei fertigen die Bewohner eigene Karten an, in denen sie die Risikozonen, Evakuierungswege und Schutzbunker nach ihrem eigenen Kenntnisstand einzeichnen (Abb. 28.2). Dadurch setzen

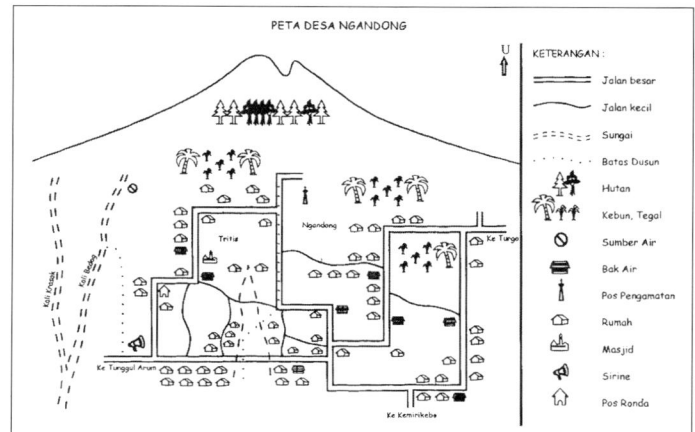

Abb. 28.2 *Community Mapping.* Eine Karte, gemalt von den Bewohnern aus dem Dorf Ngandong während eines Trainings zu Katastrophenvorsorge und Risikowahrnehmung mit einer lokalen Nichtregierungsorganisation (Foto: R. Hidajat).

Abb. 28.3 Ein Beobachtungsturm, erbaut von der lokalen Bevölkerung (Foto: R. Hidajat).

28

sie sich bewusst mit ihrer Umwelt und dem Risiko auseinander und diskutieren gemeinsam Vorsorgemaßnahmen. Als Ergebnis eines solchen Prozesses haben einige der hochgelegenen Dörfer mit Unterstützung einer britischen NRO ihren eigenen Beobachtungsturm gebaut, von dem die Bewohner den Merapi observieren und dann auf traditionelle Art durch Schlagen auf einen hohen Holzstamm Warnsignale erzeugen (Abb. 28.3). Zusätzlich beraten die NROs die Bewohner, wie sie mit dem Risiko leben können (Hidajat und Szymkowiak 2007).

28.2.2 Gemeindeorientiertes Hochwasservorsorgeprogramm in Jakarta

Eine französische Nichtregierungsorganisation hat mit Unterstützung der Europäischen Union ein Projekt zur Vorbereitung auf das Hochwasser in einem Slumgebiet in Jakarta durchgeführt. Dieser Stadtteil, Kampung Melayu, liegt am Fluss Ciliwung, einer der größten Flüsse, der mitten durch die Megacity fließt (Abb. 28.4). Von der Quelle am Vulkan Pangrango südlich von Jakarta fließt er nach Norden und mündet in die Java-See. Dabei kreuzt er zwei Provinzgrenzen. Dieser Umstand erschwert die Koordination des Wassereinzugsgebietsmanagements und die Klärung von Zuständigkeiten.

Kampung Melayu wird jedes Jahr zur Regenzeit im Januar/Februar überflutet. Besonders große Überschwemmungen ereignen sich durchschnittlich alle sechs Jahre, zuletzt 1996 und 2002, als 75 % der Siedlungen am Ciliwung evakuiert werden mussten.

Obwohl der Stadtteil regelmäßig überflutet wird, ist er aufgrund der zentralen Lage und der damit verbundenen Nähe zu verschieden Einkommensquellen des informellen Sektors ein attraktiver Wohnort. Dies schlägt sich in einer hohen Bevölkerungsdichte nieder. Direkt am Flussufer haben sich mit über 10 000 Einwohnern/km² extrem dicht bevölkerte **Marginalsiedlungen** gebildet, in denen die Behausungen direkt am Wasser stehen. Das Hochwasserproblem in Jakarta ist nicht neu, es hat sich jedoch in den letzten Jahren durch einen stetig höher werdenden **Bevölkerungsdruck**, die zunehmende Urbanisierung und die **ungeplante Bebauung** dramatisch verschärft. Zusätzlich tragen die zunehme Abholzung und Bodenerosion im Einzugsgebiet des Flusses, die Landabsenkung Jakartas durch extensive Grundwasserentnahme und die Verschmutzung mit Müll zu einer Verschärfung des Problems bei und sollen bei einem Hochwasserschutzprogramm ebenfalls berücksichtigt werden.

Ziele des **Hochwasserschutzprogramms** sind:

- die Anfälligkeit der vom Hochwasser betroffenen Bevölkerung zu reduzieren,
- die Kapazitäten der Gemeinschaft und der lokalen Behörden zu verbessern,
- die Ursachen für die Überschwemmungen zu erkennen und
- das Hochwasser zu überwachen, um im Notfall effektiv reagieren zu können.

Um diese Ziele zu erreichen, wurde in einem ersten Schritt das Risikobewusstsein geschärft, die Koordination zwischen den im Schutzprogramm beteiligten Entscheidungsträgern verbessert und ein Notfallplan sowie eine Hochwasserrisikokarte erstellt (Abb. 28.5).

Abb. 28.4 Das Slumgebiet Kampung Melayu in Jakarta (Foto: R. Hiadajat).

28

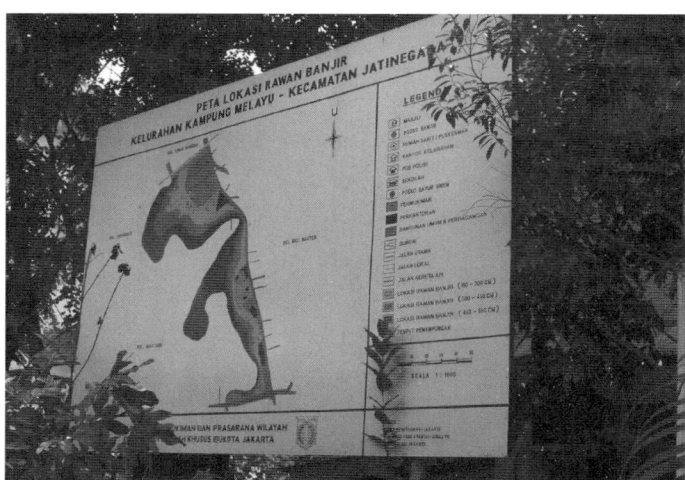

Abb. 28.5 Eine Hochwasserrisikokarte, erstellt im Rahmen des Hochwasserschutzprogramms für den
Fluss Ciliwung (Foto: R. Hidajat).

Die Beteiligung der Bevölkerung wird dadurch gewährleistet, dass sie Erhebungen wie das *Damage,
Needs and Capacity Assessment* (DNCA) und das *Hazard, Vulnerability and Capacity Assessment* (HVCA)
selbst durchführen. Durch die eigenständige Durchführung der HVCA durch die Betroffenen soll ein
Diskussions- und Bewusstseinsveränderungsprozess
initiiert werden. Anfangs galt es Hemmnisse und
Misstrauen abzubauen, denn die Bewohner erwarteten, wie sonst üblich, nur materielle oder finanzielle
Unterstützung. Ein Vorsorgebewusstsein ist bisher
ebenso wenig vorhanden wie Kommunikationsver-
bindungen zu den Behörden. Besonders die Ergebnisse des DNCA sind gleichermaßen für die Gemeinschaft wie für die lokalen Behörden von Interesse, da
es sich in erster Linie um praktische Informationen
handelt – wie die Lage von Evakuierungsplätzen,
Nahrungsmittelversorgung, öffentliche Infrastruktur
und Schäden. Insgesamt sind gute Erfahrungen mit
den vom *Asian Disaster Preparedness Center* entwickelten Instrumenten gemacht worden. Allerdings
zeigt sich, dass die Anwendung der HVCA-Methode
für Personen ohne Vorbildung zu kompliziert ist.

28.2.3 Das deutsch-indonesi-sche Frühwarnsystem und das Erreichen der „letzten Meile"

Das von der deutschen Bundesregierung unterstützte
Vorhaben zum Aufbau eines **Tsunami-Frühwarn-
systems** (*German Indonesian Tsunami Early Warning
System*, GI-TEWS, www.gitews.de) im Indischen

Ozean sieht neben der Entwicklung der notwendigen
technischen Instrumente und Modelle die Stärkung
der personellen und institutionellen Kapazitäten der
beteiligten Institutionen in Indonesien vor.

Diese unter dem Begriff *capacity building* sub-
summierten Maßnahmen sollen langfristig die individuellen und institutionellen Kapazitäten fördern.
Nur so kann die Umsetzung, der Unterhalt und der
Ausbau des Frühwarnsystems gewährleistet werden.

Am Tsunami-Frühwarnsystem beteiligt sind Personen und Organisationen von der lokalen bis zur
internationalen Ebene. Das heißt, die Bevölkerung,
lokale Entscheidungsträger, kommunale Katastrophenschutzorganisationen, operative Institutionen
und wissenschaftliche Einrichtungen müssen bei
der Warnkette berücksichtigt werden. Die *capacity
building*-Maßnahmen müssen diesen komplexen
Herausforderungen gerecht werden. Dabei sind drei
Schwerpunkte vorgesehen:

- Der erste Schwerpunkt zielt auf die Aus- und
Fortbildung der technischen und akademischen
Fähigkeiten der unmittelbar beteiligten Personen.
- Der zweite Schwerpunkt betrifft die Organisati-
onsberatung der operativen Institutionen auf der
nationalen Ebene.
- Der dritte Schwerpunkt besteht in der Stärkung
der lokalen Organisationen im Bereich Frühwarnung und Katastrophenschutz. Damit soll sichergestellt werden, dass die Warnung bei der betroffenen Bevölkerung ankommt, verstanden wird
und eine angemessene Reaktion erfolgen kann.

Diese sogenannte **letzte Meile** dient der Sicherstellung der Warnkette durch verantwortliche lokale

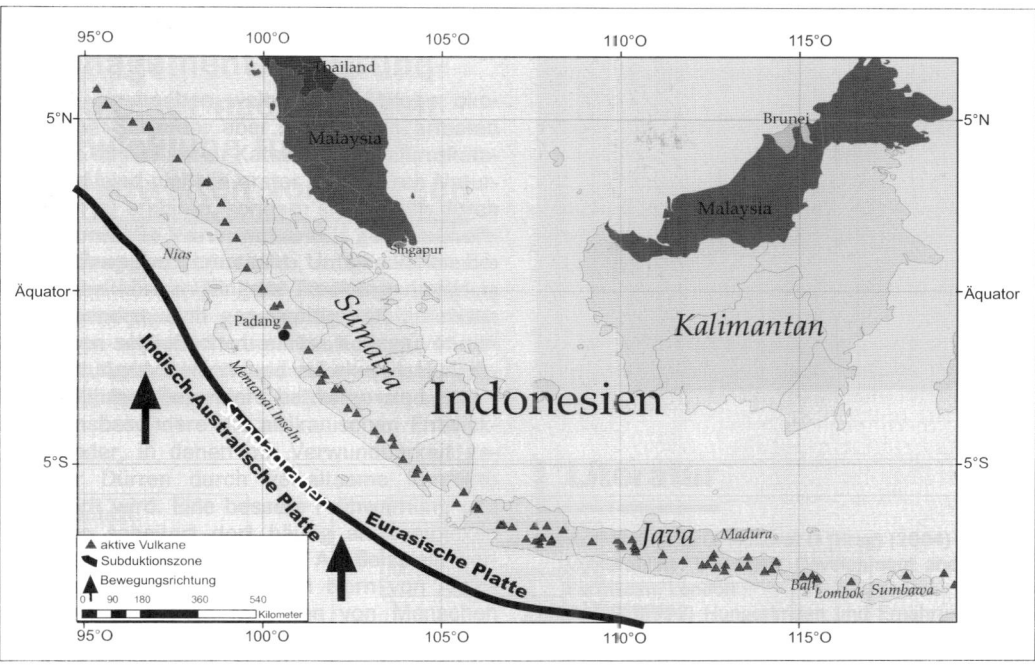

Abb. 28.6 Subduktionszone vor Indonesien (Szymkowiak und Hidajat 2006).

Institutionen von der technischen Frühwarnung bis zur betroffenen Bevölkerung. Sie ist in vielen Ländern der fehlende *crucial link* zwischen der modernen Kommunikationstechnologie und der gefährdeten Bevölkerung als Empfänger. Ein Frühwarnsystem bleibt ohne die Berücksichtigung der lokalen Strukturen und Akteure wirkungslos. Die Behörden und die betroffene Bevölkerung müssen auf den Katastrophenfall vorbereitet sein und die Warnmeldung verstehen, um angemessen reagieren zu können (Kapitel 17).

Das nächste starke Erdbeben in Südostasien wird vor dem zentralen Westsumatra prognostiziert. Nach den beiden Erdbeben im Norden der Insel im Dezember 2004 (Provinz Aceh) und März 2005 (Insel Nias) befürchtet man einen weiteren Spannungsabbau innerhalb der geologischen Verwerfung weiter im Süden. Aus diesem Grund wird die im Küstentiefland liegende Provinzhauptstadt Padang (ca. eine Million Einwohner) als hochgefährdet eingestuft (Abb. 28.6).

Aus der eigenen Betroffenheit heraus entwickelt die Bevölkerung eine starke Eigeninitiative. Eine NRO engagiert sich ehrenamtlich im Katastrophenschutz und führt mit der Bevölkerung Notfallübungen durch. Diese Maßnahmen sind spontan und unzureichend mit den zuständigen staatlichen Katastrophenschutzeinrichtungen abgestimmt. Ein solches bürgerliches Engagement im hoheitlichen Aufgabenfeld ist allerdings nur selten ohne die Verzahnung mit der administrativen Operationsplanung und -durchführung effektiv und nachhaltig. Dennoch zeigen die Aktivitäten in Padang, wie sensibilisiert und motiviert die Bevölkerung ist.

Die vor der Küste Sumatras liegenden Mentawai-Inseln sind von besonderer anthropologischer Bedeutung, da dort eine indigene Bevölkerung lebt, die sich ihre traditionelle Lebensweise bewahrt hat. In diesem Lebensraum wird deutlich, wie die Kombination technischer Frühwarnsysteme mit altbewährten Kommunikationskanälen sowohl der Verbreitung wie auch der Akzeptanz von Warnmeldungen zuträglich sein kann.

Die latente Gefährdung durch Erdbeben und Tsunamis wurde in dem ebenfalls an der Westküste Sumatras befindlichen Distrikt Pariaman deutlich. Ein Erdbeben am 10. April 2005, dessen Epizentrum sich nahe den Mentawai-Inseln befand, hat 39 Wohnhäuser und neun Schulen zerstört. Zusätzlich ist die Region Hochwassern, Hangrutschungen und Küstenerosion ausgesetzt. Pariaman hat ca. 75 000

28

Einwohner und ist mit ca. 1 000 Personen/km² dicht besiedelt. Die meisten der Küstenbewohner leben direkt am Meer und beziehen ihr Einkommen durch den Fischfang.

Die lokale Regierung in Pariaman hat sich der Bedrohung durch die verschiedenen Naturgefahren zugewandt und folgende Initiativen ergriffen:

- Vermessung der Topographie zur Bestimmung von sicheren Evakuierungsplätzen und Notunterkünften;
- Ausarbeitung von Evakuierungsrouten, Erstellen von Evakuierungskarten;
- Einrichten von Wachstationen mit der Möglichkeit der Warnmeldung über Moscheelautsprecher und Sirenen;
- Erstellen von Gefahrenkarten;
- Entwurf eines lokalen Notfallplans;
- Anpflanzen von Mangroven für den Küstenschutz;
- Abhaltung von dreitägigen Katastrophenschutzübungen und Simulationen in Kooperation mit der Provinzregierung.

28.2.4 Der *Community Based Disaster Risk Index* – eine Pilotimplementierung

Im Auftrag der Interamerikanischen Entwicklungsbank hat die Deutsche Gesellschaft für Technische Zusammenarbeit (GTZ) ein gemeindeorientiertes **Indikatorensystem** als Instrument zur Risikobewertung für lokale Verwaltungen entwickelt (Bollin et al. 2003). Die Bestimmung von Indikatoren auf lokaler Ebene ist ein neuer und noch wenig erprobter Ansatz. Der konzeptionelle Rahmen des Indikatorensystems definiert als Hauptkomponenten des **Risikomanagements** die vier Faktoren Bedrohung (*hazard*), Exposition (*exposure*), Anfälligkeit (*vulnerability*) und Kapazitäten/Maßnahmen (*capacity*). Das heißt, bei diesem Index ist das Risiko eine Funktion der Bedrohung und der Exposition von Menschen und materiellen Werten sowie Anfälligkeit, abzüglich der Kapazitäten und Maßnahmen, die ergriffen werden, um sich vor der Gefahr zu schützen. Der Ansatz hilft die Haupteinflussfaktoren des Risikos zu identifizieren, um angepasste Indikatoren zu entwickeln.

Bezug nehmend auf 47 einzelne Indikatoren wurde ein Fragebogen entwickelt, der alle notwendigen Informationen von sachkundigen Personen abfragt. Die Indikatorenauswahl muss immer die Anwendbarkeit auch bei schwieriger Datenlage und

eine gefahrenspezifische Gewichtung der Indikatoren berücksichtigen.

Die Informationen, die durch das Indikatorensystem gewonnen werden, unterstützen Entscheidungsträger auf lokaler und nationaler Ebene, das Katastrophenrisiko einer Gemeinde zu analysieren und abzuschätzen. Die aufgezeigten Anfälligkeiten und Defizite in der Leistungsfähigkeit der Vorsorgemaßnahmen geben Hinweise auf mögliche Interventionsfelder der Katastrophenvorsorge. Eine regelmäßige Überprüfung des Indikatorensystems erlaubt es, die Maßnahmen und Veränderungen im zeitlichen Verlauf zu beobachten und ihren Fortschritt zu überwachen.

Als Vorteile dieses praxisorientierten Konzepts können folgende Aspekte angeführt werden:

- die Verbesserung der Fähigkeit von Entscheidungsträgern auf lokaler und nationaler Ebene zur Abschätzung von Risiken und Anfälligkeiten;
- die Darstellung von vergleichbaren Einflussgrößen, mit denen Veränderungen des Katastrophenrisikos überwacht werden können;
- das Aufzeigen von Defiziten und Optionen der Katastrophenvorsorge und der Fähigkeiten der Katastrophenbewältigung;
- man erhält ein Evaluierungsinstrument zur Bewertung der Effizienz der eingesetzten Maßnahmen und Strategien;
- risikobezogene Informationen auf Gemeindeebene erlauben systematisierte und standardisierte Vergleiche.

Ein für das Indikatorensystem entworfener Fragebogen wurde im Rahmen eines Projekts der deutschen Entwicklungszusammenarbeit den lokalen Gegebenheiten in Indonesien angepasst. Der Fragebogen wurde mit Spezialisten verschiedener Universitäten diskutiert und die Verfügbarkeit der Daten in Workshops in Pilotgebieten (Yogyakarta, Java und Maumere, Flores) getestet (Abb. 28.7). Zu den Workshops wurden maßgebliche Interessensvertreter und Entscheidungsträger eingeladen, denn je vielfältiger die Gruppe, umso aussagekräftiger ist das Ergebnis. Vertreten waren wichtige Abteilungen der kommunalen Regierung (u. a. Katastrophenschutz, Regionalentwicklung, Infrastruktur, Gesundheit und Soziales, Finanzen), NROs, religiöse Vertreter, Bürgermeister, Dorfälteste und Katastrophenschutzorganisationen. So wurde direkt mit der Zielgruppe die Anwendbarkeit des Indikatorensystems diskutiert und getestet (Abb. 28.8).

Es zeigte sich, dass das Indikatorensystem ein sehr gutes Instrument zur Sensibilisierung verschiedener Entscheidungsträger ist. Es schärft das Bewusstsein für die vielfältigen Einflussfaktoren des Risikos. In der Praxis und in der Diskussion mit der betroffenen Gemeinde hat sich gezeigt, dass es sinnvoll ist, die **Anfälligkeit** und die **Kapazitäten** getrennt zu diskutieren. Die Anfälligkeit zeigt die Defizite auf, und die Kapazitäten zeigen Wege und Möglichkeiten, diese Schwächen zu überwinden. So kann es für eine Gemeinde eine Entscheidungshilfe sein, Prioritäten für die Verwendung ihrer begrenzten Mittel zu überdenken. Wenn sich z. B. herausstellt, dass die ökologische Anfälligkeit in einer von

Hangrutschungen bedrohten Region sehr hoch ist, kann Aufforstung oder anderwärtig angepasste Bodennutzung das Risiko herabsetzen.

Das Interesse und die Nachfrage nach standardisierten und vergleichbaren Risikoindikatoren sind sehr groß, deren Anwendbarkeit aber noch nicht ausgereift. Die Indikatorenentwicklung ist weiterhin eine Herausforderung und ein Forschungsfeld, das in Zusammenarbeit mit den Anwendern und Nutzern weiter entwickelt werden muss (Bollin und Hidajat 2006).

Abb. 28.7 Workshop in Maumere zur Prüfung des *Disaster Risk Index* auf seine Anwendbarkeit (Foto: R. Hidajat).

Abb. 28.8 Die Anfälligkeit gegenüber Tsunamis und Seebeben in dem Distrikt Maumere wird an dem von der Fischerei lebenden Dorf der Bugis besonders deutlich. Nach einem Tsunami 1994 war das komplette Dorf zerstört (Foto: R. Hidajat).

28

28.3 Perspektiven und Herausforderungen der gemeindeorientierten Katastrophenvorsorge

Im Rahmen der Vereinten Nationen und auf der Basis multilateraler Konventionen gewinnt die Reduzierung von Naturgefahren immer mehr an Bedeutung. In zahlreichen Vereinbarungen wie der Abschlusserklärung des Weltgipfels für Nachhaltige Entwicklung (WSSD – *World Summit on Sustainable Development*) und den Millenniums-Entwicklungszielen (MDGs) der Vereinten Nationen wird davon ausgegangen, dass Naturkatastrophen in Zukunft häufiger und mit größeren Schäden eintreten werden. Zwangsläufig muss die Katastrophenvorsorge und die Reduzierung von Anfälligkeiten zukünftig eine immer größere Rolle spielen. Den Zusammenhang zwischen Katastrophenanfälligkeit und nachhaltiger Entwicklung hat die Weltkonferenz zur Katastrophenvorsorge (*World Conference on Disaster Reduction*) im Januar 2005 in Kobe, Japan, verstärkt thematisiert und in die weltweite Strategie zur Reduzierung von Katastrophen (ISDR) mit eingebracht. Die wichtigsten Handlungsfelder für die nächsten zehn Jahre wurden in dem *Hyogo Framework of Action* (2005) festgehalten und die notwendigen Beiträge der verschiedenen Akteure benannt. Um zur Erreichung der MDGs beizutragen, wurden drei strategische Herausforderungen identifiziert. Eine davon betont explizit die lokale Ebene. Die Forderung zielt auf Aufbau und Stärkung der institutionellen und lokalen Vorsorgekapazitäten.

Neben dem politischen Willen gibt es seit den 1980er-Jahren auch zahlreiche wissenschaftliche Ansätze, die den handelnden Menschen und die Anfälligkeiten der Gesellschaft mehr und mehr in den Vordergrund der Katastrophenvorsorge stellen. Die bis dahin eher naturwissenschaftlich auf die Naturgefahr ausgerichtete Betrachtung wurde um die gesellschaftliche Dimension mit dem **Vulnerabilitätskonzept** erweitert.

Als Überbau für den gemeindeorientierten Ansatz eignen sich insbesondere zwei theoretische Modelle – das *Pressure-and-Release*-Modell und der *Livelihood*-Ansatz. Blaikie et al. (1994) führten mit dem *Pressure-and-Release*-Modell einen sehr umfassenden Ansatz ein. Das Modell geht davon aus, dass das Risiko ein Ergebnis aus Bedrohung und Anfälligkeit sei. Es existiert also kein Risiko, wo zwar eine Naturgefahr besteht, aber die Anfällig-

keit in Form von betroffener Bevölkerung nicht vorhanden ist. Eine **Katastrophe** entsteht demnach an der Schnittstelle zwischen dem natürlichen System und der sozioökonomischen Verwundbarkeit der betroffenen Bevölkerung. Dieses Modell bietet für die gemeindeorientierte Katastrophenvorsorge einen guten Bezugsrahmen, da es zeigt, dass die Anfälligkeit (*pressure*) durch sozioökonomische und politische Prozesse bedingt ist, die bei der Katastrophenvorsorge (*release*) mit berücksichtigt werden müssen. Das *Release*-Modell zeigt Strategien zur Reduzierung der Anfälligkeiten auf und unterstützt den pragmatischen Ansatz, mit dem Risiko zu leben (*Living with risk*).

Ein weiterer Ansatz, der die Katastrophenvorsorge auf lokaler- und Haushaltsebene unterstützt, ist der *Livelihood*-Ansatz (Ashley und Carney 1999). Er bietet eine Hilfestellung bei der Analyse von Maßnahmen der Katastrophenvorsorge im Rahmen der Armutsbekämpfung. Er ermöglicht eine systematische Vorgehensweise sowohl bei der Vorsorge vor Katastrophen als auch bei der Armutsbekämpfung. Durch die Behebung gemeinsamer Problemursachen können Synergien erzielt werden. Der Ansatz geht davon aus, dass zur Sicherung der Lebensgrundlage fünf Kapitalbündel (*livelihood assets*) notwendig sind: Human-, Natur-, Sozial-, Sach- und Finanzkapital. Die Mobilisierung der jeweiligen Kapitalressourcen (z. B. Kenntnisse, fruchtbares Land, gesellschaftliche Netzwerke, Infrastrukturausstattung, Kreditzugang) gilt als **Existenzsicherungsstrategie**. Fehlen diese Ressourcen oder können sie nicht zur Prävention oder zum Schutz eingesetzt werden, ist das System anfällig gegenüber extremen Naturereignissen. Anwendung findet der *Livelihood*-Ansatz bereits bei der Planung von lokal basierten Vorsorgemaßnahmen, die der Sicherung der Lebensgrundlage dienen (Schmidt et al. 2005). Eine weitere internationale Diskussion beschäftigt sich mit der Festlegung von Risikoindikatoren auf lokaler Ebene, wie in Kapitel 28.2.4 am Beispiel des *Risk Index* erläutert. Die Weiterentwicklung der verschiedenen Ansätze bleibt eine Herausforderung für die Wissenschaft und Praxis.

Obwohl breites konzeptionelles Wissen und vielfältige praktische Erfahrungen weltweit vorhanden sind, fehlt es häufig der Bevölkerung und nationalen Institutionen in gefährdeten Ländern und Regionen an grundlegenden Informationen. Dabei ist nicht zu wenig Wissen das Problem, sondern ein strukturiertes und effektives Wissensmanagement, das vorhandene Erfahrungen handlungsorientiert aufbereitet. Beim Wissensmanagement steht die Frage im Vordergrund, welche Inhalte von welchen Infor-

28

mationsträgern an welche Zielgruppe weitergegeben werden sollen. Dies gilt sowohl für theoretisches Wissen, das in der Praxis angewandt wird, als auch für Praxiserfahrungen, die wieder in übergeordnete Konzepte einfließen müssen. Ergänzt wird diese zentrale Fragestellung um die Identifizierung geeigneter Instrumente und Methoden.

Auch wenn die Notwendigkeit von Katastrophenvorsorge und Anfälligkeitsreduzierung allgemein anerkannt wird und deren Verknüpfung in zahlreichen politischen und wissenschaftlichen Papieren enthalten ist, fehlt es an der konkreten Umsetzung von Maßnahmen in Aktionsprogrammen und Projektplanungen. Dabei genügt es nicht, **Katastrophenvorsorge** nur als thematische Erweiterung zu sehen, sondern sie muss vielmehr als **Querschnittsthema** in relevanten Sektoren wie z. B. der Raumplanung, der Umweltplanung und auch der Bildung berücksichtigt werden (Donga und Hidajat 2005).

Für die Zukunft lassen sich daher drei Hauptforderungen ableiten:

- (Weiter-)Entwicklung von konzeptionellen Ansätzen für gemeindeorientierte Katastrophenvorsorge inklusive lokaler Risikoindikatoren;
- Verbesserung des internationalen Wissensmanagements unter Berücksichtigung des lokalen Wissens;
- Umsetzung von Strategien und Konzepten der Katastrophenvorsorge als Querschnittsthema in konkreten Maßnahmen.

Naturkatastrophen werden nie mit Sicherheit und gänzlich verhindert werden können. Doch um Opferzahlen und das Leid betroffener Menschen zu senken, bedarf es vorbeugender Maßnahmen. Die Methoden und Instrumente der gemeindeorientierten Katastrophenvorsorge sind bekannt und bereits erfolgreich erprobt. Es mangelt allerdings an deren breiter und gezielter Umsetzung. Das Bewusstsein dafür zu schaffen, liegt im Interesse aller Beteiligten.

Zusammenfassung

Multihazard-Kontexte, wie sie in Indonesien zu finden sind, zeigen nachdrücklich, wie sehr das Zustandekommen sogenannter Naturkatastrophen von politischen Rahmenbedingungen, wirtschaftlichen Faktoren, Bildung und ideeller Einstellung abhängt. Dezentralisierung, die umfassende Stärkung der lokalen Ebene und deren Befähigung zur wirksamen Selbsthilfe erscheinen deshalb als geeignete Maßnahmen, die Vorsorge

vor und die Bewältigung von Katastrophen zu optimieren. Sinnvolle Beiträge sind dabei eine transparente Vorgehensweise, die Partizipation der Bevölkerung, aber auch die Entwicklung von Indikatorensystemen, die das Risiko auf Gemeindeebene in standardisierter und somit vergleichbarer Weise erfassen.

Schlüsselsätze

- Bei aller Betroffenheit, die der Tsunami mit mehreren hunderttausend Toten auslöste, dürfen die häufigen, regelmäßigen Naturereignisse nicht vergessen werden, die in vielen Regionen Indonesiens auftreten. Vielerorts sind Tote bei den alljährlichen Überschwemmungen und Hangrutschen zur Regenzeit traurige Normalität geworden.
- Technische Lösungen wie das Tsunami-Frühwarnsystem werfen neue Probleme auf, etwa hinsichtlich der Frage, wie die Warnungen rechtzeitig und adäquat ihre Adressaten erreichen. Notwendig ist eine Abstimmung zwischen den staatlichen Institutionen, den Nichtregierungsorganisationen und der betroffenen Bevölkerung, um Reibungsverluste zu vermeiden und Synergieeffekte zu nutzen.

Literatur

Ashley C, Carney D (1999) Sustainable Livelihoods: Lessons from Early Experience. Department for International Development (DFID), London

Blaikie P, Cannon T, Davis I, Wisner B (1994) At risk. Natural hazards, people's vulnerability, and disasters. Routledge, New York

Bollin C, Cardenas C, Hahn H, Vatsa KS (2003) Natural Disasters Network: Comprehensive Risk Management by Communities and Local Governments. Inter-American Development Bank, Washington DC

Bollin C, Hidajat R (2006) Community based disaster risk index: Pilot implementation in Indonesia. In: Birkmann J (Hrsg) Measuring vulnerability to natural hazards: towards disaster resilient societies. United Nations University Press, Tokyo, New York, Paris. 271–289

Deutsche Gesellschaft für Technische Zusammenarbeit (GTZ) (2003) Gemeindeorientierte Katastrophenvorsorge. GTZ, Eschborn

Deutsche Gesellschaft für Technische Zusammenarbeit (GTZ) (2004) Handreichung Risikoanalyse – eine Grundlage der Katastrophenvorsorge. GTZ, Eschborn

28

Donga M, Hidajat R (2005) Armutsbekämpfung und Katastrophenvorsorge. Prävention als Herausforderung für die Entwicklungszusammenarbeit. *Zeitschrift Entwicklungspolitik* 5: 36–39

Hidajat R (2000) Risikowahrnehmung und Katastrophenvorbeugung am Vulkan Merapi in Indonesien. Schriftenreihe des Deutschen Komitee Katastrophenvorsorge, Bonn

Hidajat R (2002) Merapi/Java: Fluch und Segen eines Vulkans. *Geographische Rundschau* 1: 24–29

Hidajat R, Szymkowiak A (2007): Lebensraum Vulkan: Umgang mit dem Risiko am Merapi in Indonesien. In: Glaser R, Kremb K (Hrsg) Planet Erde: Asien. Wissenschaftliche Buchgesellschaft, Darmstadt. 227–238.

Schmidt A, Bloemertz L, Macamo E (2005) Linking Poverty Reduction and Disaster Risk Management. Deutsche Gesellschaft für Technische Zusammenarbeit (Hrsg). Eschborn

Szymkowiak A, Hidajat R (2006): Unterrichtsreihe „Leben am Vulkan". CD-Rom-Beilage zur *Praxis Geographie* 2

Internetadressen

www.em-dat.net – Datenbank zur Erfassung von Naturkatastrophen weltweit, unterhalten von der *Université catholique de Louvain* in Brüssel

www.gitews.de – Projektseite zur deutsch-indonesischen Tsunami-Frühwarnung

www. livelihoods.org – eine Informationsseite des *Institute of Development Studies*, Brighton (GB), die sich vor allem mit Aspekten des *livelihood*-Konzepts befasst

29 Naturrisiken und Sozialkatastrophen in Bangladesch – Wirbelstürme und Überschwemmungen

Boris Braun und A. Z. M. Shoeb

Armut • Arsen • Bangladesch • Bevölkerungswachstum • Frühwarnung • Hochwasser • Katastrophenvorsorge • Kommunikationsprobleme • Monsun • *Pressure-and-Release-Modell* • soziale Verursachung von Katastrophen • Tornados • Überschwemmungen • Wirbelstürme • Zyklone

Bangladesch gilt weltweit als Inbegriff eines armen, von Naturkatastrophen existenziell bedrohten Landes. Eine besondere Exposition für extreme Naturereignisse trifft hier auf eine verwundbare Bevölkerung mit sehr begrenzter Fähigkeit zur Selbsthilfe. Tropische Wirbelstürme, Tornados, Dürren und vor allem flächenhafte Überschwemmungen stellen Naturgefahren dar, denen sich das Land immer wieder ausgesetzt sieht. Wie werden aus extremen Naturereignissen soziale Katastrophen? Und welche Vorkehrungen sind notwendig, um die schlimmsten Auswirkungen zu vermindern?

29.1 Naturrisiken in Bangladesch

Die Bevölkerung Bangladeschs sieht sich ganz unterschiedlichen Naturrisiken ausgesetzt. Neben Überschwemmungen und Wirbelstürmen kommen Dürren, im hügeligen Südosten des Landes Erdrutsche und vor allem in der Nordwesthälfte des Landes auch Erdbeben vor. In der Vergangenheit hat Bengalen immer wieder starke **Erdbeben** erlebt (vor allem 1897, 1918, 1934, 1950 und 1997). Dennoch sind die endogen, also im Erdinneren ausgelösten Naturereignisse im Vergleich zu den exogen bedingten, in der Atmosphäre und Hydrosphäre entstehenden Naturgefahren von geringerer Bedeutung. Eine Sonderstellung nimmt die Vergiftung von Grund- und Trinkwasser mit Arsen ein, die erst in den 1990er-Jahren bekannt wurde und mittlerweile in den südwestlichen Landesteilen dramatische Ausmaße erreicht hat. Etwa 35 Millionen Menschen sind dieser **Kontaminierung des Trinkwassers** ausgesetzt und durch den Genuss von Brunnenwasser von schleichender Vergiftung bedroht. Die gesundheitlichen Auswirkungen reichen von Hautkrankheiten und der Schädigung innerer Organe bis hin zu Diabetes und einem erhöhten Krebsrisiko. Derzeit beträgt die Zahl der bekannten Arsen-Patienten etwa 13 000. Die tatsächliche Zahl bereits erkrankter Menschen dürfte aber wesentlich höher liegen (Alam 2003). Inwieweit die Arsenproblematik eine tickende Zeitbombe darstellt, lässt sich noch nicht zuverlässig beurteilen. Möglichkeiten zur Verminderung des Risikos sind zwar bekannt, die entsprechenden Praktiken, wie die Nutzung von arsenfreien Grundwasserleitern (tiefer als 200 m), das Sammeln von Regenwasser oder die Nutzung gefilterten Oberflächenwassers,

29

treffen bei der betroffenen Bevölkerung aber nur auf geringe Akzeptanz.

Nicht wenige Experten bewerten die Arsenproblematik mittlerweile als eine der bedeutendsten Naturgefahren in Bangladesch. Die größten finanziellen Schäden und die meisten Todesopfer werden aber bislang durch Zyklone und Tornados sowie durch Überschwemmungen und die Erosion von Flussufern verursacht. Deshalb sollen diese Naturgefahren im Folgenden genauer betrachtet werden.

29.1.1 Zyklone

Die hohen Temperaturen über dem Golf von Bengalen sowie die trichterförmige Küstenlinie bewirken, dass in Bangladesch besonders viele **tropische Wirbelstürme** auf Land treffen. Zyklone entwickeln sich über dem Golf von Bengalen insbesondere zwischen

Ende April und Anfang Juni, wenn die Temperaturen vor dem einsetzenden Monsunregen die höchsten Werte erreichen. Eine zweite Phase erhöhter Aktivität existiert im Oktober und November, wenn die Temperaturen nach dem Monsun noch einmal ansteigen. Die Zugbahnen der Zyklone verlaufen zunächst überwiegend in nördlicher Richtung, schwenken dann nach Nordosten ab und treffen so auf die Küste von Bangladesch, insbesondere auf den Küstenabschnitt zwischen Chittagong und Cox's Bazar. Die enorme Zerstörungswirkung resultiert weniger direkt aus den hohen Windgeschwindigkeiten als aus den damit verbundenen, bis zu 10 m hohen **Flutwellen**. Aufgrund der überwiegend flachen Küste können die Flutwellen weit ins Land eindringen und dort schwerste Zerstörungen anrichten. Mehr als fünf Millionen Menschen leben heute in den entsprechenden Hochrisikogebieten (Abb. 29.1).

Kleinere und größere Wirbelstürme treffen nahezu jedes Jahr auf Bangladeschs Küste. So wurden

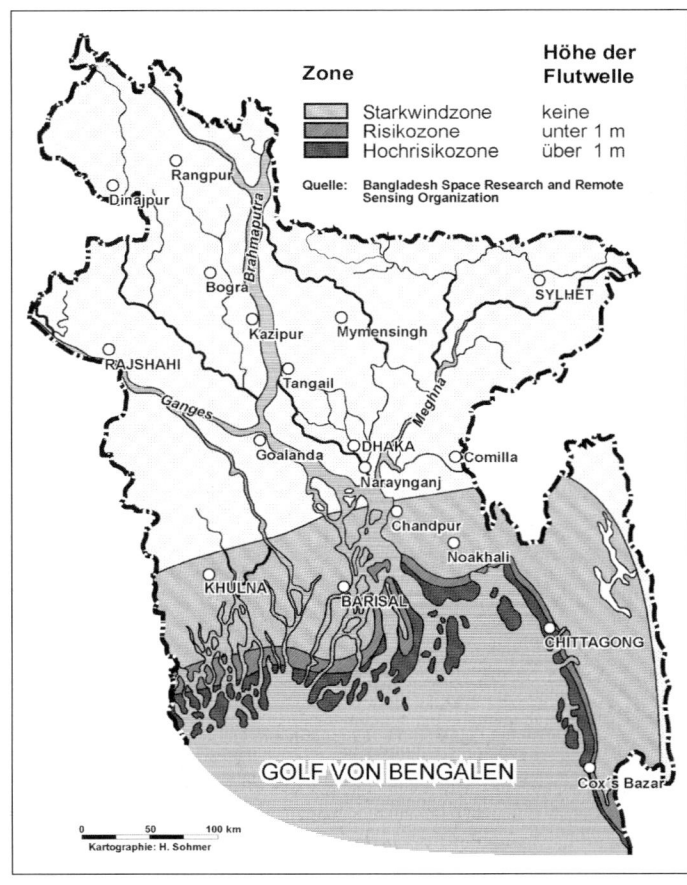

Abb. 29.1 Durch Zyklone gefährdete Gebiete in Bangladesch.

in den Jahren zwischen 1960 und 2000 rund 40 Zyklone registriert. Gut die Hälfte davon war mit Todesopfern verbunden. Der Wirbelsturm, der das Land am 12. November 1970 heimsuchte, kostete nach offiziellen Schätzungen bis zu einer halben Million Menschen das Leben. Kaum geringere Auswirkungen hatte der Zyklon, der am 29. April 1991 den Küstenabschnitt um die Großstadt Chittagong verwüstete. In dessen Folge starben rund 140 000 Menschen, von denen 90 % Frauen und Kinder waren. Demgegenüber waren die Sachschäden zumindest in absoluten Zahlen mit geschätzten 1,4 Milliarden US-Dollar im Vergleich zu anderen großen Naturkatastrophen eher gering. So kostete das Erdbeben von Kobe/Japan im Jahr 1995 insgesamt rund 100 Milliarden US-Dollar. Die Küstenebene zwischen Chittagong und Cox's Bazar ist zwar sehr dicht besiedelt, die dort konzentrierten ökonomischen Werte sind aber aufgrund des geringen Wohlstandsniveaus im Vergleich zu höher entwickelten Volkswirtschaften begrenzt. Setzt man das Schadensausmaß jedoch in Beziehung zur Wirtschaftskraft, zeigt sich, dass die Zerstörungen von 1991 für Bangladesch dennoch erhebliche volkswirtschaftliche Auswirkungen hatten. Während die Schäden durch das Erdbeben von Kobe etwa 2 % des japanischen Bruttoinlandsprodukts im betreffenden Jahr ausmachten, lag der vergleichbare Wert in Bangladesch bei über 6 % (Braun 2005).

Erfreulicherweise wurden aus den traumatischen Ereignissen von 1970 und 1991 **Lehren** gezogen und wesentliche Verbesserungen zum Schutz vor Wirbelstürmen umgesetzt. Bislang wurden über 2 500 **Schutzunterkünfte** (*cyclone shelters*) gebaut, **Auf-**

forstungsprogramme entlang der Küstenlinie gestartet sowie die wissenschaftlichen und technischen Voraussetzungen für ein besseres **Frühwarnsystem** geschaffen (Abb. 29.2). Allerdings zeigte sich 1991, dass viele Probleme rein technisch und baulich kaum in den Griff zu bekommen sind. So ergingen damals zahlreiche Warnungen, viele Menschen schenkten diesen aber keinen Glauben oder bewerteten sie falsch. Zum einen waren die existierenden Frühwarnsysteme aufgrund ihrer viel zu technischen Sprache und Inhalte offenbar nicht dazu geeignet, die entscheidenden Informationen an die Betroffenen tatsächlich in verständlicher Weise weiterzugeben. Zum anderen hatten viele Menschen aufgrund fehlender Radiogeräte gar keine Möglichkeit, die Warnungen überhaupt zu empfangen. Probleme ergeben sich aber auch aus individuell durchaus verständlichen Verhaltensweisen der Betroffenen. Haus und Hof werden sowohl von Männern als auch von Frauen nur ungern verlassen. Da der Besitz von Vieh für diese Menschen eine ganz wesentliche Voraussetzung zur Wiederherstellung ihrer Existenz nach der Katastrophe darstellt, werden oft zuerst Rinder, Ziegen oder Hühner in Sicherheit gebracht, bevor sich die Menschen um sich selbst kümmern und Schutzunterkünfte aufsuchen. Die Errichtung von erhöhten Erdplattformen (*killas*) für das Vieh im Umfeld der *cyclone shelters* soll hier Abhilfe schaffen. Allerdings erweist sich deren Unterhalt in der Praxis häufig als schwierig. Um **Kommunikationsprobleme** zu verringern und vor Ort angemessene Hilfestellungen leisten zu können, wurde im Rahmen des gemeinsam von der Regierung und dem Roten Halbmond

Abb. 29.2 *Cyclone shelter* am Golf von Bengalen (Foto: B. Braun).

29

von Bangladesch getragenen *Cyclone Preparedness Programme* ein System von rund 32 000 speziell ausgebildeten **freiwilligen Helfern** etabliert. Diese sollen die Verbreitung von Vorwarnungen sicherstellen sowie für das konkrete Katastrophenmanagement vor Ort Sorge tragen (Choudhury 2001). Zudem wurden mit finanzieller und organisatorischer Unterstützung internationaler Organisationen verschiedene **partizipativ ausgerichtete Programme zur Katastrophenvorsorge** initiiert.

Sicher ist zum Schutz vor den verheerenden Wirbelstürmen im Küstenbereich von Bangladesch noch viel zu tun. So stehen auch heute im Katastrophenfall nur für etwa ein Zehntel der Bevölkerung in den gefährdeten Gebieten tatsächlich Schutzunterkünfte bereit. Auch im Bereich der nicht baulichen Vorsorgemaßnahmen existieren noch erhebliche Defizite (z. B. mangelnde Kenntnisse der Bevölkerung über geeignete Schutzmaßnahmen, geringes Vertrauen in Frühwarnungen, weitere Zerstörung von Mangrovenwäldern). Dennoch wurde nach 1970 und 1991 viel erreicht. Die positiven Effekte der Anstrengungen wurden deutlich, als am 19. Mai 1997 ein Zyklon mit einer Windgeschwindigkeit von 225 km/h bei Chittagong auf die Küste traf. Obwohl dieser in Bezug auf die Windgeschwindigkeiten ähnliche Kräfte entwickelte wie die Zyklone von 1970 und 1991, war die Zahl der Todesopfer mit 126 ungleich geringer. Auch wenn berücksichtigt werden muss, dass die mit dem Sturm verbundene Flutwelle niedriger war als diejenigen von 1970 und 1991, sind die zwischenzeitlich erzielten Fortschritte zum Schutz von Menschenleben doch unübersehbar. Ermutigende Erfahrungen wurden auch mit dem lokalen Katastrophenmanagement in Cox's Bazar bei einem schwächeren Zyklon im November 2002 gemacht (Schmuck 2003). Selbstverständlich lassen sich auch in Zukunft Katastrophen durch tropische Wirbelstürme nicht vollständig verhindern. Die Bemühungen zur Katastrophenvorsorge seitens der Regierung sowie von nationalen und internationalen *Non-Governmental Organizations* (NGOs) können aber dazu beitragen, dass die Zahl der Todesopfer deutlich geringer ist als bei vergleichbaren Ereignissen in der Vergangenheit.

29.1.2 Tornados

Bangladesch wird nicht nur von tropischen Wirbelstürmen, sondern im Landesinneren auch immer wieder von starken Tornados heimgesucht. Diese entwickeln sich in Bangladesch insbesondere in den heißen Monaten von März bis Mai in den zentra-

len und nördlichen Landesteilen. Im Durchschnitt entwickeln sich pro Jahr in Bangladesch sechs bis sieben Tornados. Auch wenn die reine Zahl der Tornados etwa im Vergleich zu den USA nicht sonderlich hoch ist, sind die Zahl der Todesopfer und die ökonomischen Schäden doch enorm. So kosten Tornados in Bangladesch pro Jahr durchschnittlich 180 Menschen das Leben – mehr als in jedem anderen Land der Erde.

Ein besonders folgenschwerer Tornado ereignete sich am 26. Mai 1989 in Saturia (40 km nordwestlich von Dhaka) mit Hunderten von Todesopfern. Kaum weniger dramatisch in seinen Auswirkungen war das Ereignis am 13. Mai 2004, das in Zentralbangladesch mehr als 600 Menschen das Leben kostete und 33 000 Verletzte zurückließ. Der schwerste Tornado der letzten Jahre ereignete sich am 14. April 2004 im Norden des Landes. Mit einer Windgeschwindigkeit von 150 km/h und einem Durchmesser von etwa 700 m verwüstete dieser entlang seiner 37 km langen Zugbahn 38 Dörfer im Raum Mymensingh. Er hinterließ mindestens 110 Tote, mehr als 1 500 teilweise Schwerverletzte sowie 3 400 zerstörte Wohngebäude (Paul und Bhuiyan 2004). Die Gründe für die große Zahl an Todesopfern bei Tornados liegen insbesondere in der hohen **Besiedlungsdichte** der betroffenen Gebiete, in den verwendeten **Baumaterialien** (umherfliegende Wellblechteile und kollabierende Gebäude sind mit Abstand die häufigsten Todesursachen), im schlechten Standard der **medizinischen Versorgung**, in den ungenügenden **Transportkapazitäten** sowie nicht selten auch in einer **fatalistischen Grundeinstellung der Bevölkerung** gegenüber Naturgefahren. Im Gegensatz zu den tropischen Wirbelstürmen existieren für Tornados bislang aber kaum taugliche Frühwarnsysteme oder präventive Schutzvorkehrungen. Auch in der Forschung werden Tornados als zwar häufige, aber in ihren Auswirkungen eher kleinräumige Ereignisse in Bangladesch nur selten thematisiert.

29.1.3 Überschwemmungen

Noch mehr als Zyklone und Tornados tragen regelmäßig wiederkehrende Überschwemmungen zum Ruf Bangladeschs bei, ein in besonderem Maße von Naturkatastrophen geplagtes Land zu sein. Aber warum ist gerade Bangladesch Überschwemmungskatastrophen in einem so extremen Maße ausgeliefert?

Eine wesentliche Ursache liegt ohne Zweifel in der besonderen **naturräumlichen Situation** des Landes. Das Staatsgebiet Bangladeschs ist zu gro-

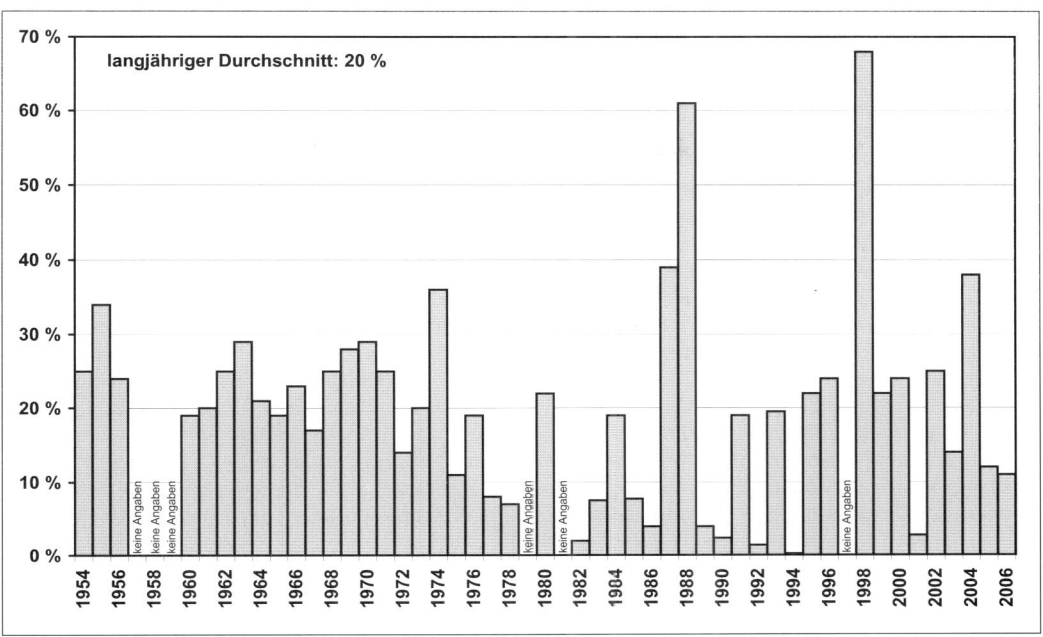

Abb. 29.3 Maximal überschwemmte Landesfläche in Bangladesch von 1954 bis 2006 in % (Bangladesh Water Development Board 2006).

ßen Teilen eine ausgedehnte Schwemmlandebene, welche die Sedimente der drei Hauptflüsse Ganges (in Bangladesch: Padma), Brahmaputra (in Bangladesch: Jamuna) und Meghna gebildet haben. Etwa die Hälfte der Landesfläche von Bangladesch liegt weniger als 12,5 m über dem Meeresspiegel. Bangladesch hat im Unterlauf seiner mächtigen Flüsse mit Wassermassen zu tun, die aus einem 12-mal größeren Einzugsgebiet stammen – und große Teile dieses Einzugsgebiets erhalten durch den Monsun zwischen Juni und September extrem hohe Niederschläge. Im Einzugsgebiet des Meghna in den zu Indien gehörenden Meghalaya Hills werden die höchsten Niederschlagsmengen der Erde gemessen. Hinzu kommt im Sommer, also genau zur Zeit des Monsunregens, das Wasser der Schneeschmelze im Himalaya.

Einerseits sind die Folgen dieser besonderen naturräumlichen Situation positiv: Bangladesch besitzt dadurch ausgesprochen fruchtbare Alluvialböden, die in dem warmen und ausreichend feuchten Klima bis zu drei Reisernten pro Jahr ermöglichen. Ohne diese Gunstfaktoren wäre die extrem hohe ländliche Besiedlungsdichte gar nicht möglich. „Kleinere" Überschwemmungen bis zu etwa 20 % der Landesfläche sind nichts Ungewöhnliches (Abb. 29.3). Die Menschen haben sich auf diese fast jährlich vorkom-

menden Überschwemmungen (*barsha*) eingestellt. Für die Bevölkerung stellen sie sogar eine wichtige Ressource dar. Sie sind eine Voraussetzung für gute Ernten, weil sie bis in die winterliche Trockenzeit hinein die Bodenfeuchte erhöhen und durch den Schlammauftrag auf den Feldern die Bodenfruchtbarkeit steigern. Wird der Wasserstand jedoch zu hoch, die überschwemmte Fläche zu ausgedehnt und bleibt das Wasser zu lange stehen, ergeben sich Probleme, die dann rasch zu Katastrophen führen können. Diese katastrophalen Überschwemmungen werden in Bangladesch *bonna* genannt. Sie führen zu Schäden an Ernten und Gebäuden, töten Nutztiere und Menschen. Besonders verheerende Wirkungen hatten in den letzten Dekaden die Überschwemmungen der Jahre 1974, 1987, 1988, 1998 und 2004.

Im Einzelnen kommen in Bangladesh abgesehen von Sturmfluten drei verschiedene Typen von Überschwemmungen vor:

(1) plötzliche **Sturzfluten** durch starke Wolkenbrüche (*flash floods*),

(2) **Regenwasserfluten** durch heftige und länger anhaltende Niederschläge innerhalb Bangladeschs (*rain floods*) sowie

(3) **monsunale** bzw. Fluss-**Überschwemmungen** (*river floods*).

29

Letztere entstehen, wenn die Abflusskapazitäten des Ganges, des Brahmaputra und des Meghna durch weiträumige Monsunniederschläge und die Schneeschmelze im Himalaya überschritten werden. Die Wassermassen lassen dann die Flüsse rasch ansteigen und über die Ufer treten. Die Folgen sind in den Flussniederungen des bengalischen Tieflandes vor allem im Juli und August als großflächige Überschwemmungen zu spüren (Shoeb 2004). In der Regel sind bei den besonders ausgedehnten Überschwemmungen alle oben genannten Typen gleichzeitig beteiligt, so auch bei dem Jahrhunderthochwasser 1998, bei dem bis zu 68 % der gesamten Landesfläche unter Wasser standen, und der letzten großen Überschwemmung im Sommer 2004, die 38 % der Landesfläche betraf (Abb. 29.4).

Politisch und wissenschaftlich heftig diskutiert wird die Frage, inwieweit der Mensch zur Verschlimmerung der Überschwemmungen beiträgt. Politiker und viele Wissenschaftler in Bangladesch werden nicht müde, den **Staudammbau** in Indien sowie vor allem die **Waldabholzung** im Himalaya (Indien, Nepal, Bhutan) als Ursache für die Überschwemmungsprobleme zu geißeln. Allerdings konnten jüngere Studien von Hofer und Messerli (2003) keinen statistischen Zusammenhang zwischen der seit 1960 in der Tat zunehmenden Waldabholzung im Hochland und den Überschwemmungen in Bangladesch nachweisen. So gibt es keine wirklich belastbaren Belege dafür, dass die Häufigkeit der Überschwemmungen in den letzten Jahrzehnten signifikant zugenommen hat (Abb. 29.3). Aufgrund des hohen Niederschlags und ihrer Nähe zu Bangladesch scheinen die indischen Meghalaya Hills ohnehin stärker zu den Überschwemmungen beizutragen als der Himalaya. Andererseits gibt es deutliche Hinweise darauf, dass einige Flusseindeichungsprojekte in Bangladesch selbst die Situation verschlimmert

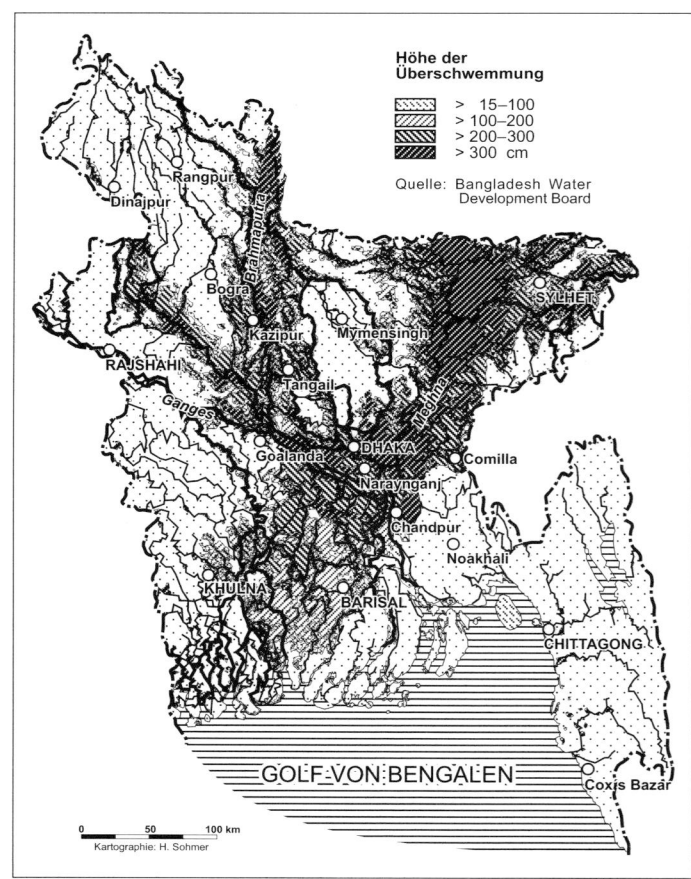

Abb. 29.4 Maximale Ausdehnung der Überschwemmung von 2004 (Stand: 24.07.2004, Bangladesh Water Development Board 2004).

29

haben, weil sie zwar die Flüsse im Zaum halten, die ebenfalls überschwemmungsauslösenden lokalen Niederschläge aber nicht mehr ungestört abfließen können. Dieser Effekt ist unter der Bezeichnung *water logging* in Bangladesch wohl bekannt.

Überschwemmungen führen keineswegs zwangsläufig zu Katastrophen. Diese entstehen erst, wenn Extremereignisse auf **verwundbare Menschen** bzw. auf ein **verwundbares politisches, soziales und ökonomisches System** stoßen. Ganz wesentliche Faktoren der besonderen Verwundbarkeit Bangladeschs gegenüber Überschwemmungen sind zweifellos die hohe Bevölkerungsdichte, das geringe Wohlstandsniveau sowie die weitgehend traditionellen Strukturen in der Wirtschaft und beim Grundbesitz. Während Bangladesch mit derzeit fast 1 000 Menschen/km² eine der höchsten Bevölkerungsdichten der Welt aufweist, liegt es bei den Pro-Kopf-Einkommen ziemlich am Ende der Skala. In Bangladesch leben auf einer Fläche, die etwas mehr als doppelt so groß ist wie diejenige Bayerns rund 147 Millionen Menschen (Bayern: 12,5 Millionen). Dabei ist der Anteil der Stadtbewohner in Bangladesch trotz der Bevölkerungskonzentration von über 12 Millionen Menschen im Großraum Dhaka vergleichsweise gering. Die überwiegende Zahl der Menschen lebt immer noch auf dem Land und von der Landwirtschaft. Die Zuwachsraten der Bevölkerung sind in den letzten Jahren zwar etwas zurückgegangen, internationale

Prognosen gehen aber dennoch davon aus, dass die Einwohnerzahl bis 2025 auf 208 Millionen und bis 2050 auf 255 Millionen Menschen ansteigen wird. Auch wenn die Zahl von rund drei Kindern pro Frau heute nur noch halb so hoch ist wie vor 20 oder 30 Jahren, wird die Bevölkerung weiterwachsen, weil in den nächsten Jahren viele junge Frauen ins gebärfähige Alter kommen.

Während durch das Hochwasser von 1998 vor allem Zentralbangladesch in Mitleidenschaft gezogen wurde, konzentrierten sich die besonders schwerwiegenden Überschwemmungsfolgen im Jahr 2004 auf das Einzugsgebiet des Meghna. Die Tabelle 29.1 vermittelt einen Eindruck von den dramatischen Ausmaßen der beiden überschwemmungsindizierten Katastrophen. Dabei fällt auf, dass die Überschwemmung von 2004 trotz der geringeren Ausdehnung und der wesentlich kürzeren Dauer ähnlich hohe Schäden verursacht hat wie das Jahrhunderthochwasser von 1998. Innerhalb von sechs Jahren hat die Verwundbarkeit des sozioökonomischen Systems weiter zugenommen. Durch die starke Bevölkerungszunahme und die fehlenden außerlandwirtschaftlichen Erwerbsmöglichkeiten sahen sich immer mehr Menschen dazu gezwungen, in Risikogebieten wie etwa Flussinseln (*chars*) zu siedeln. Aber auch in der Hauptstadt Dhaka und einigen anderen großen Städten des Landes waren die Schäden durch die Überschwemmung 2004

Tab. 29.1 Schäden der Überschwemmungen von 1998 und 2004 (Regierungsdokumente und Daten der Münchner Rück, zitiert nach Chowdhury 2000, Islam 2005).

Schadensmerkmal	Überschwemmung 2004	Überschwemmung 1998
überschwemmte Fläche (km²)	55 000	102 250
Anteil Überschwemmungsfläche an Landesfläche (%)	38	68
Dauer (Tage)	21	72
direkt betroffene Personen (in Millionen)	30,3	31,9
Todesfälle	750	900–1 600
zerstörte Gebäude	894 954	980 571
zerstörte Straßen (km)	14 271	15 927
geschädigte Ackerflächen (km²)	6 500	5 760
finanzielle Schäden (in Milliarden US-Dollar)	2,2–3,0	2,8–4,3
finanzielle Schäden (in % des BIP)	4–6 %	6–10 %

29

enorm. Das Stadtgebiet von Dhaka stand zu 45 %, das von Sylhet sogar zu noch größeren Teilen unter Wasser. Durch die Überschwemmungen im Raum Dhaka wurden auch die exportorientierten Industrien stark beeinträchtigt (Islam 2005). So mussten 1 061 Fabriken für Oberbekleidung (von rund 1 500) und 850 Strickwarenfabriken (von etwa 1 000) vorübergehend ihre Produktion einstellen.

Einen vielfach unterschätzten Prozess fluvialer Dynamik stellt die **Erosion von Flussufern** dar (*riverbank erosion*). Die häufig mit größeren und kleineren Überschwemmungen verbundene *riverbank erosion* zerstört nicht nur wertvolle Anbauflächen und Feldfrüchte, sondern auch knappes Siedlungsland. Jedes Jahr sind insbesondere im ländlichen Bangladesch hiervon Millionen von Menschen betroffen. Schätzungen zufolge sind etwa 5 % der gesamten Anbaufläche durch die *riverbank erosion* unmittelbar gefährdet, insbesondere entlang des Brahmaputra und am Unterlauf des Meghna. Der Brahmaputra gilt dabei als besonders unberechenbar, weil er als typischer *braided river* seinen Lauf ständig verändert. So hat sich das Flussbett in den letzten 30 Jahren von durchschnittlich 9,7 km auf 11,2 km verbreitert. Dabei gingen etwa 70 000 ha landwirtschaftlicher Nutzfläche verloren. Am unteren Meghna südlich von Chandpur war die Erosionsrate sogar noch höher. Der westliche Uferbereich hat sich hier teilweise um 800 m pro Jahr verschoben. Die durch den Verlust des Landes verursachte **Abwanderung der Bevölkerung** aus dem ländlichen Raum leistet mittlerweile einen erheblichen Beitrag zur raschen Bevölkerungszunahme in den großen Städten. In der Regel landen diese Menschen in Slums und *Squatter*-Siedlungen (*busties*). Bei Haushaltsbefragungen in *Squatter*-Siedlungen von Dhaka gaben 44 % aller Befragten die *riverbank erosion* in ihren Herkunftsgebieten als Hauptzuwanderungsgrund an (Islam 2005).

29.2 Folgen der Überschwemmung von 1998 im ländlichen Raum

Die Überschwemmung von 1998 war in ihren Auswirkungen nicht nur deshalb so verheerend, weil zeitweise zwei Drittel der gesamten Landesfläche bis zu mehrere Meter unter Wasser standen. Fast noch schlimmer für die Bevölkerung war die Dauer der Überschwemmung von fast 2,5 Monaten. Dies

war insbesondere auf die enormen Wassermassen des Brahmaputra zurückzuführen, dessen Pegelstand von Anfang Juli bis Mitte September fast durchweg über dem lebensbedrohlichen Niveau lag. Um eine genauere Vorstellung von den Folgen der Katastrophe von 1998 auf lokaler Ebene zu bekommen, wurde im Anschluss an die Überschwemmung eine Primärdatenerhebung durchgeführt (Shoeb 2002). Dabei wurden in zwei ländlich geprägten Untersuchungsgebieten – Kazipur am Westufer des Brahmaputra sowie Goalanda am Zusammenfluss von Brahmaputra und Ganges – insgesamt 1 000 betroffene Haushalte repräsentativ befragt (zur Lage der Untersuchungsräume, Abb. 29.4). Auf beide Untersuchungsräume entfielen je 500 Interviews. Dies entsprach in Kazipur (277 000 Einwohner) einer 1 %igen und in Goalanda (108 000 Einwohner) einer 3 %igen Zufallsstichprobe. Beide Untersuchungsräume gehörten zu den am stärksten von der Überschwemmung 1998 betroffenen ländlichen Regionen in Bangladesch.

29.2.1 Überschwemmungsfolgen in Kazipur und Goalanda

Der Verlauf der Katastrophe war im Raum Kazipur noch dramatischer als in Goalanda. Zum einen lebten in Kazipur deutlich mehr Menschen als *squatter* auf besonders gefährdeten Flussinseln oder in stark erosionsgefährdeten Uferbereichen. Zum anderen brach die Katastrophe für die Menschen in Kazipur durch einen Deichbruch sehr plötzlich und heftig herein. Dies machte es für die Menschen schwieriger, sich in Sicherheit zu bringen. Außerdem richtete die starke Strömung zusätzliche Zerstörungen an (Abb. 29.5). Die Bevölkerung Goalandas hatte mit derartigen Problemen nicht zu kämpfen. Allerdings hatten auch hier die durchgeführten Eindeichungen nicht nur positive Effekte. So hielt der Deich zwar die Wassermassen des Ganges zurück. Er führte aber auch dazu, dass das Wasser, das sich durch die starken Niederschläge auf der anderen Seite des Deiches sammelte, nicht mehr abfließen konnte. Erhebliche Teile von Goalanda wurden gerade hierdurch stark in Mitleidenschaft gezogen.

Einige Zahlen mögen einen Eindruck von der **Vulnerabilität der Bevölkerung** vermitteln. Die Bevölkerungsdichte betrug zum Zeitpunkt der Befragung in beiden rein ländlich geprägten Räumen um 750 Einwohner/km^2. Die ganz überwiegend einstöckigen Wohngebäude bestanden in beiden Fällen zu 82 % vorwiegend aus Lehm, Bambus und Stroh.

Abb. 29.5 Durch die Überschwemmung 1998 geschaffene Erosionsrinnen in Kazipur (Foto: B. Braun).

Erwerbsmöglichkeiten gab es in beiden Untersuchungsräumen fast ausschließlich in der Landwirtschaft und im Fischfang. In Goalanda lag der Anteil der Haushalte, die ihren Unterhalt hauptsächlich oder vollständig aus der Landwirtschaft erzielten, bei knapp 60 %, in Kazipur sogar bei 76 %. Die durchschnittliche Größe der landwirtschaftlichen Betriebe, die in der Regel einen 5- bis 10-köpfigen Haushalt ernähren mussten, lag bei 0,4 ha. Ein großer Teil der befragten Haushalte – 32 % in Kazipur und 50 % in Goalanda – besaß kein eigenes Land. Entsprechend verfügten die meisten Haushalte nur über geringe materielle und finanzielle Ressourcen. Rund drei Viertel der befragten Haushaltsvorstände waren Analphabeten. Dies macht nicht nur einen sozialen Aufstieg fast unmöglich, sondern erschwert auch die Informationsvermittlung im Falle von Katastrophen ganz erheblich. Insgesamt wurden vier Fünftel aller Wohngebäude in den Untersuchungsgebieten überflutet oder schwer beschädigt. Die empirischen Analysen zeigen deutlich, welche Faktoren für die Vulnerabilität der Menschen von besonderer Bedeutung sind. Unabhängig davon, mit welchem Indikator die individuelle Betroffenheit durch die Überschwemmungskatastrophe gemessen wird (Verlust an Menschenleben, Auftreten von Krankheiten, wirtschaftliche Schäden, Verschuldung, Nichtempfang von Frühwarnungen usw.), fast immer sind dieselben **Faktoren für eine hohe individuelle Verwundbarkeit** und geringe *coping capacities* entscheidend. Hierzu gehören neben dem **Alter** der Betroffenen (besonders benachteiligt sind Kinder und Alte) und ihrem **Geschlecht** (Frauen sind verwundbarer als Männer) insbesondere folgende eng miteinander verbundene sozioökonomische Variablen: geringe **Einkommenshöhe** und geringe finanzielle Rücklagen, **Landlosigkeit**, **Leben in Marginalräumen** (vor allem Flussinseln und erosionsgefährdete Uferbereiche), **Analphabetismus** und **geringes Bildungsniveau**. Haushalte und Individuen, für die diese Merkmale zutreffen, hatten unter der Überschwemmung in besonderem Maße zu leiden. Ihre Verwundbarkeit wurde auf der Makroebene noch dadurch verstärkt, dass der Staat kaum in der Lage war, adäquate Schutzmaßnahmen für die Bevölkerung bereitzustellen. So wurde etwa von den Betroffenen die Katastrophenhilfe der internationalen NGOs viel besser bewertet als die der Regierung. Aber obwohl die NGOs in vielen Fällen mit Nahrungsmitteln und Medikamenten eine rasche und effiziente Hilfe geleistet haben, agierten sie räumlich viel begrenzter als staatliche Organisationen. In den besonders entlegenen Gebieten mit fehlender Infrastruktur waren staatliche Stellen oft die alleinigen Anbieter von Nothilfe.

Mögliche **vorbeugende Schutzmaßnahmen** umfassen sowohl Einrichtungen baulicher (z. B. Deiche, Schutzräume) als auch organisatorischer Art (z. B. Frühwarnsysteme). In beiden Bereichen gab es 1998 erhebliche Probleme. Das **Frühwarnsystem** lieferte zwar ausreichend detaillierte Informationen, bei der ländlichen Bevölkerung kamen diese aber aufgrund von **Kommunikationsproblemen** (wenig Radios, Analphabetismus) oft nicht an. Nur ein Drittel der befragten Haushalte hatte von den Warnungen überhaupt etwas mitbekommen. Auch das System der *flood shelters* – in der Regel erhöht oder auf Stelzen gebaute Schutzräume in öffentlichen Gebäuden – erwies sich während der Katastrophe als wenig funktionsfähig. Die Zahl der Schutzräume war viel zu gering. Deiche und Straßendämme haben sehr viel mehr Menschen wenigstens den notwendigsten

29

Schutz geboten. Bei fast der Hälfte aller Haushalte blieb aber zumindest der Haushaltsvorstand aus Mangel an Alternativen oder zum Schutz des Eigentums bei den überschwemmten Wohngebäuden, häufig über mehrere Wochen auf notdürftig erstellten Gerüsten und Bäumen.

29.2.2 Sozial-ökonomische Polarisierung durch die Katastrophe

Die Analysen in Kazipur und Goalanda zeigen, dass die Verwundbarkeit der Bevölkerung mit jeder Überschwemmungskatastrophe tendenziell zunimmt und sich die **Polarisierung** zwischen relativ begünstigten (z. B. Landeigentümer, Personen mit festem Einkommen) und benachteiligten Gruppen (z. B. Bewohner von Marginalräumen, Landlose, Tagelöhner) weiter vertieft – insbesondere dann, wenn der Zeitraum zwischen zwei Katastrophen kurz ist. Diese sozial-ökonomischen Polarisierungstendenzen lassen sich anhand von zwei Beispielen veranschaulichen: zum einen durch die Auswirkungen der Überschwemmung auf die **Bodenfruchtbarkeit** und zum anderen durch die sozialen Probleme, die sich aus der für viele Haushalte überlebensnotwendigen **Kreditaufnahme** nach der Katastrophe ergeben.

Generell wird davon ausgegangen, dass Überschwemmungen in Bangladesch notwendig sind, um die Bodenfruchtbarkeit langfristig zu erhalten. Eine genauere Analyse der Situation nach der Überschwemmung von 1998 zeigt aber, dass dies zwar für

„normale" Überschwemmungen zutrifft, das Muster bei katastrophalen Überschwemmungsereignissen aber viel komplexer ist. Nach der Überschwemmung von 1998 hat sich für knapp die Hälfte der befragten landwirtschaftlichen Betriebe die Bodenfruchtbarkeit entweder durch Erosion oder durch eine viele Zentimeter mächtige Sandauflage auf den Feldern eindeutig verschlechtert. Nur bei rund einem Viertel hat sich die Bodenqualität durch den Auftrag von Feinsedimenten verbessert. Wie die Abbildung 29.6 zeigt, treten negative und positive Sedimentationseffekte räumlich differenziert auf. Ob sich die Bodenqualität durch die Überschwemmung verschlechtert oder verbessert, hängt vor allem von der Distanz der Anbauflächen zum „Normal-Flussufer" ab. Die Benachteiligten dieses Differenzierungsprozesses sind eindeutig identifizierbar. Es sind vor allem diejenigen Bevölkerungsgruppen, die schon vorher sozial und räumlich marginalisiert waren und in besonders problematischen Gebieten siedeln mussten, namentlich auf jungen Flussinseln und im direkten Uferbereich des Brahmaputra. Das ohnehin schon geringe Produktivvermögen dieser benachteiligten Bevölkerungsgruppen wurde durch die Überschwemmung weiter vermindert.

Mit geringen Vermögenswerten und Rücklagen hat auch das zweite Beispiel für sozial-ökonomische Polarisierungsprozesse zu tun. Nur knapp ein Viertel der befragten Haushalte in Kazipur und Goalanda verfügte über ausreichende **finanzielle Rücklagen**, um die Folgen der Katastrophe aus eigener Kraft zu meistern. Etwa 60 % aller Haushalte mussten Geld leihen und 30 % mussten dafür ihr Produktivvermögen verpfänden oder sogar verkaufen. Da das verpfändete

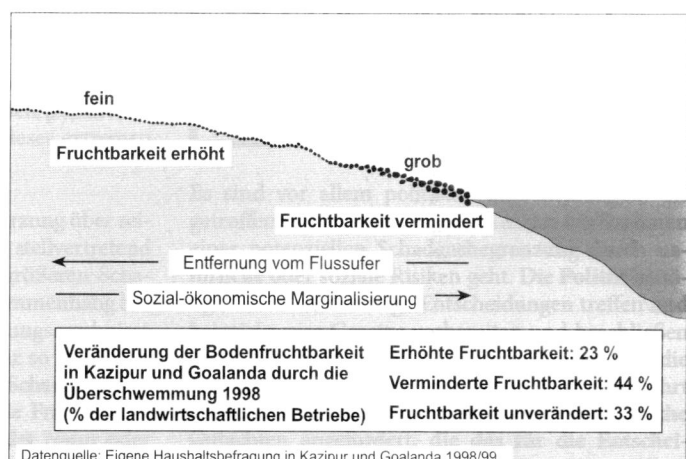

Abb. 29.6 Sedimentablagerung und Bodenfruchtbarkeit nach der Überschwemmung von 1998 (eigene Befragungen in Kazipur und Goalanda 1998/1999).

fein

Fruchtbarkeit erhöht

grob

Fruchtbarkeit vermindert

Entfernung vom Flussufer

Sozial-ökonomische Marginalisierung

Veränderung der Bodenfruchtbarkeit in Kazipur und Goalanda durch die Überschwemmung 1998 (% der landwirtschaftlichen Betriebe)	
Erhöhte Fruchtbarkeit: 23 %	
Verminderte Fruchtbarkeit: 44 %	
Fruchtbarkeit unverändert: 33 %	

Datenquelle: Eigene Haushaltsbefragung in Kazipur und Goalanda 1998/99

Sachvermögen in vielen Fällen nach einiger Zeit an den Gläubiger fällt, werden damit gerade der ärmeren Landbevölkerung zukünftige Möglichkeiten der Einkommenserzielung langfristig entzogen. Aber wer waren die Kreditgeber? Der relativ hohe Anteil der Verwandten und Freunde (30 %) zeigt die starke **Rolle sozialer und familiärer Netzwerke**, die selbst unter Katastrophenbedingungen ganz erheblich zur Stabilisierung des sozialen Systems beitragen. Dennoch ist die Zahl potenzieller Kreditgeber aus dem Verwandten- oder Freundeskreis in einem Katastrophengebiet naturgemäß begrenzt. Was für viele der Bedürftigen blieb, waren institutionelle Kreditgeber (15 %) wie die weltweit bekannte Grameen-Bank, die sich auf Mikrokredite für benachteiligte Bevölkerungsgruppen spezialisiert hat. Allerdings sind mit Bankkrediten immer Formalitäten verbunden, die gerade die ärmsten Haushalte nicht leisten können oder wollen. Die Mehrheit der Bedürftigen war deshalb auf (informelle) lokale **Geldverleiher** angewiesen (55 %). Diese verliehen zwar selbst an landlose Gelegenheitsarbeiter ohne Sicherheiten in Form von Sachvermögen oder einem festen Einkommen, verlangten dafür aber exorbitante Zinsen (häufig über 100 % pro Jahr). Durch diese hohen Zinssätze wurden die lokalen Geldverleiher zu **Profiteuren der Krise**, während die marginalisierten Haushalte weiter verarmten. Das Resultat dieser Entwicklung ist ganz ähnlich wie bei der Veränderung der Bodenfruchtbarkeit: Die Kluft zwischen (relativ) Reich und Arm vertieft sich weiter – ein Teufelskreis, der durch jedes Katastrophenereignis eine weitere Beschleunigung erfährt und **die Verwundbarkeit breiter Bevölkerungsteile stetig erhöht**.

29.3 Perspektiven des Risiko- und Katastrophenmanagements

Wie das Beispiel Bangladesch eindrucksvoll zeigt, haben Naturkatastrophen zwar immer auch natürliche, vor allem aber **soziale, ökonomische** und **politische Ursachen**. Die Befürchtungen, das Deltagebiet Bengalens könnte von den Folgen des Klimawandels und insbesondere eines Meeresspiegelanstiegs besonders betroffen sein, sind sicher nicht unberechtigt. Bislang gibt es aber wenig Belege für die These einer generellen Zunahme extremer Naturereignisse. Vielmehr hat vor allem die Verwundbarkeit von ökonomisch, sozial und räumlich

marginalisierten Bevölkerungsteilen gegenüber den Naturereignissen in den letzten Jahrzehnten immer weiter zugenommen. Natürliche Extremereignisse sind häufig nur der letzte Auslöser einer im Wesentlichen von Menschen verschuldeten, schon latent vorhandenen sozialen Katastrophe. Modellvorstellungen wie das *Pressure-and-Release*-Modell nach Wisner et al. (2004) oder das *Chamber-Lighter*-Modell von Shoeb (2002) verdeutlichen diese Zusammenhänge. Die Naturkatastrophe ist danach die Entladung eines Drucks, der von zwei Seiten aufgebaut wird. Auf der sozialen Seite liegen die Wurzeln der Probleme oft tief in polit-ökonomischen und gesellschaftlichen Strukturen. Hieraus ergibt sich ein Problemdruck, der im Laufe der Entwicklung immer weiter zunimmt und zur erhöhten Verwundbarkeit der Bevölkerung gegenüber immer wieder stattfindenden natürlichen Extremereignissen führt. Letztlich machen die Naturereignisse dann die ohnehin schwelenden sozialen (und zum Teil auch ökologischen) Konflikte nur besonders sichtbar. Dies gilt in besonderem Maße für Entwicklungsländer mit ihrem hohen Anteil sozial, ökonomisch und politisch marginalisierter und deshalb so verwundbarer Bevölkerung. Wenn aber Naturkatastrophen im Wesentlichen ein sozial bedingtes Phänomen sind, muss dies auch Konsequenzen für das Management von Naturgefahren und Naturkatastrophen haben.

Bangladesch wird auch in Zukunft mit vielfältigen Risiken leben müssen. Während aber Zyklone oder Tornados für die betroffenen Menschen fast ausschließlich negative Auswirkungen haben, werden die großflächigen Überschwemmungen während des Monsuns von den Menschen in Bangladesch keinesfalls nur negativ bewertet. Regelmäßige Überschwemmungen eines beträchtlichen Teils des Landes sind für die Aufrechterhaltung der natürlichen Fruchtbarkeit des in großen Teilen noch landwirtschaftlich geprägten Landes sogar zwingend notwendig. Die Menschen in Bangladesch haben sich darauf weitestgehend eingestellt. Es kann also nicht darum gehen, Überschwemmungen grundsätzlich zu verhindern. Das Ziel muss vielmehr sein, in den Extremjahren **soziale Katastrophen** abzuwenden oder zumindest in ihren Auswirkungen zu minimieren. Sicher kann und muss dies auch durch bauliche Einrichtungen wie Deiche und Schutzräume sowie durch eine Verbesserung der wissenschaftlich-technischen Grundlagen für Frühwarnsysteme geschehen. Es gilt dabei aber zu berücksichtigen, dass etwa die mit viel Aufwand und internationaler Hilfe durchgeführten Eindeichungen nicht selten eine trügerische Sicherheit vermittelt haben und die Probleme in der Praxis durch Deichbrüche oder *water*

29

Abb. 29.7 Nutzung eines Deiches am Brahmaputra für Siedlungszwecke (Foto: B. Braun).

logging oft eher verstärkt als verringert haben. Auch der Unterhalt von baulichen Sicherungsmaßnahmen gestaltet sich in der Praxis häufig als schwierig. Nicht selten unterliegen neue Deiche einer raschen Erosion, weil sie von den Menschen in kürzester Zeit zur Anlage von (relativ hochwassersicheren) Siedlungen genutzt werden (Abb. 29.7).

Stärker als in der Vergangenheit, in der dem Rat internationaler Experten folgend überwiegend auf strukturelle Maßnahmen gesetzt wurde, müssen deshalb in Zukunft **ganzheitliche und partizipative Ansätze des Risiko- und Katastrophenmanagements** zur Anwendung kommen. Die langfristige soziale, ökonomische und politische Entwicklung des Landes und insbesondere die Verbesserung der Bildungschancen müssen hierbei im Mittelpunkt stehen. Eine nachhaltige **Stabilisierung der sozialen Verhältnisse** wäre die beste Voraussetzung zur langfristigen Verminderung der Verwundbarkeit breiter Bevölkerungsschichten und damit letztlich die wirksamste Katastrophenvorsorge. Auch durch die stärkere Einbindung der Menschen vor Ort konnten bei der Katastrophenvorsorge schon spürbare Erfolge erzielt werden. Partizipative Verfahren können Kommunikationsbarrieren durchbrechen und den in der Bevölkerung noch vielfach ausgeprägten Fatalismus gegenüber den Gefahren überwinden helfen.

Die Menschen in Bangladesch haben über die Jahrhunderte in bewundernswerter Weise gelernt, mit Naturrisiken zu leben und den Problemen flexibel zu begegnen. Diese Fähigkeiten gilt es zu nutzen und in ein effektives Risiko- und Katastrophenmanagement einzubinden.

Zusammenfassung

Bangladesch wird durch Katastrophen immer wieder erheblich in seiner Entwicklung zurückgeworfen. Erdbeben, eine schleichende Kontaminierung des Trinkwassers mit Arsen sowie vor allem Wirbelstürme und großflächige Überschwemmungen sind Gefahren, mit denen die Menschen nahezu ständig konfrontiert sind. Insbesondere Zyklone und über die Ufer tretende Flüsse verwüsten immer wieder große Teile des Landes und fordern viele Todesopfer. Der Beitrag stellt die wesentlichen Naturgefahren in Bangladesch dar und untersucht am Beispiel der Jahrhundertüberschwemmung von 1998, welche sozialen und ökonomischen Folgen ein solches Ereignis für die betroffene Bevölkerung im ländlichen Raum hat. Überschwemmungen zur Monsunzeit prägen das Leben der Menschen in Bengalen schon seit Jahrhunderten. Sie sind aber, solange sie weniger als ein Fünftel der Landesfläche betreffen, eine Voraussetzung für gute Reisernten und führen keinesfalls zwangsläufig zu Katastrophen. Diese entstehen erst, wenn natürliche Extremereignisse auf Armut, Landlosigkeit, Analphabetismus, infrastrukturelle Mängel und ein verwundbares politisches, soziales und ökonomisches System stoßen. Häufig werden durch extreme Überschwemmungen neue sozialökonomische Polarisierungsprozesse ausgelöst, welche die Situation für große Teile der Bevölkerung weiter verschärfen. Auf der Basis von empirischen Analysen in zwei ländlichen Regionen an Brahmaputra und Ganges werden Schlüsse für das Risiko- und Katastrophenmanagement gezogen. Hierbei sollten lokales Wissen und traditionelle Anpassungsstrategien in Zukunft konsequenter berücksichtigt werden. Auch sollten die Strategien stärker als in der Vergangenheit an den grundlegenden sozialen, ökonomischen und politischen Verwerfungen ansetzen, die nicht nur für Bangladesch, sondern auch für viele andere Entwicklungsländer kennzeichnend sind.

Schlüsselsätze

- Wie das Beispiel Bangladesh zeigt, sind sogenannte Naturkatastrophen vor allem durch soziale, politische und ökonomische Umstände verursacht, auch wenn immer wieder einseitig auf natürliche Ursachen verwiesen wird.
- Die nachhaltige Verminderung der Verwundbarkeit marginalisierter Bevölkerungsgruppen stellt deshalb gerade in Entwicklungsländern eine zentrale Aufgabe des Risiko- und Katastrophenmanagments dar.

Literatur

Ahmad E, Chowdhury JU, Hassan KM, Haque MA, Khan TA, Rahman SMM, Salehin M. (2001) Floods in Bangladesh and their Processes. In: Nizamuddin K (Hrsg) Disaster in Bangladesh: Selected Readings. Disaster Research Training and Management Centre, University of Dhaka, Dhaka. 9–28

Alam K (2003) Kontaminiertes Grundwasser in Bangladesh – die Arsenproblematik. Geographische Rundschau 55(11): 40–42

Bandladesh Water Development Board (2004) Annual Flood Report 2004. BWDB, Dhaka

Bangladesh Water Development Board (2006) Annual Flood Report 2006. BWDB, Dhaka

Braun B (2005) Sozialökonomische Ursachen und Folgen von Naturkatastrophen. Das Beispiel Bangladesch. In: Höhl G (Hrsg) Jahresbericht des Vereins für Naturkunde Mannheim 2002–2004. Verein für Naturkunde, Mannheim. 97–113

Choudhury AM (2001) Cyclones in Bangadesh. In: Nizamuddin K (Hrsg) Disaster in Bangladesh: Selected Readngs. Disaster Research Training and Management Centre, University of Dhaka, Dhaka. 61–72

Chowdhury R (2000) An Assessment of Flood Forecasting in Bangladesh. The Experience of the 1998 Flood. Natural Hazards 22: 139–163

Hofer T und Messerli B (2003) Überschwemmungen in Bangladesh: naturbedingt oder vom Menschen verursacht? Geographische Rundschau 55(11): 28–33

Islam N (2005) Natural Hazards in Bangladesh. Studies in Perception, Impact and Coping Strategies. Disaster Research Training and Management Centre, University of Dhaka, Dhaka

Paul BK, Bhuiyan RH (2004) The April 2004 Tornado in North-Central Bangladesh: A Case for Introducing Tornado Forecasting and Warning Systems. Quick Response Research Report 169. Natural Hazards Center of the University of Colorado, Boulder

Schmuck H (2003) Leben mit Zyklonen. Partizipative Strategien zur Vorbereitung auf Naturrisiken in Cox's Bazar, Bangladesh. Geographische Rundschau 55(11): 34–39

Schmuck-Widmann H (1996) Leben mit der Flut. Überlebensstrategien von Char-Bewohnern in Bangladesh. FDCL, Berlin

Shoeb AZM (2002) Flood in Bangladesh. Disaster Management and Reduction of Vulnerability – A Geographical Approach. Unpublished Dissertation submitted to the Institute of Bangladesh Studies, Rajshahi University, Rajshahi

Shoeb AZM (2004) Hochwasserkatastrophe in Bangladesch Hintergründe zu den Überschwemmungen vom Sommer 2004. Südasien 24(2/3): 8–12

Wisner B, Blaikie P, Cannon, T, Davis I (2004) At Risk. Natural Hazards, Peoples's Vulnerability and Disasters. 2. Aufl. Routledge, London, New York

30 Schleichende Katastrophen – Dürren und Hungerkrisen in Afrika

Detlef Müller-Mahn

Dürre • Dürreversicherung • Frühwarnung • Hunger • Indikatoren • Migration • Nomadismus • Verwundbarkeit

Als Dürren bezeichnet man längere Perioden mit unterdurchschnittlichen Niederschlagsmengen, die mit einem Rückgang der Biomasseproduktion einhergehen und dadurch Ökosysteme und menschliche Lebenshaltungssysteme unter Stress setzen. Solche unregelmäßig auftretenden Trockenphasen sind in ariden bis semiariden Klimaten mit hoher Niederschlagsvariabilität durchaus normal. Genau genommen kann also nicht die Dürre selbst als Katastrophe bezeichnet werden, sondern nur ihre Folgen für die Menschen: Dürren können Hungerkrisen mit katastrophalen Auswirkungen auslösen, wenn sie „verwundbare Gruppen" treffen. Verwundbarkeit gegenüber Dürre bedeutet, dass die Fähigkeiten der betroffenen Menschen zur Bewältigung der unmittelbaren Folgen der Trockenheit (z. B. Trinkwassermangel, Produktionsausfälle) und zur anschließenden Erholung (z. B. Wiederherstellung der Vorratshaltung, Aufbau von Herden) aus strukturellen Gründen eingeschränkt sind (Bohle 2001).

Besonders häufig treten Dürren in Wüstenrandgebieten auf. Diese sind fragile Ökosysteme, in denen Menschen nur dann dauerhaft leben können, wenn sie sich in ihrer Lebens- und Wirtschaftsweise an die Variabilität und Fragilität ihrer natürlichen Umgebung anpassen, beispielsweise durch die mobile Tierhaltung im Nomadismus. Zugleich reagieren diese Ökosysteme aber auch besonders empfindlich auf menschliche Eingriffe und globalen Klimawandel, insbesondere dann, wenn sich Dürren, Bodendegradation, Hungerkrisen und Konflikte in ihren Auswirkungen auf die lokalen Lebenshaltungssysteme gegenseitig verstärken und zu „schleichenden Katastrophen" (Geipel 1992) werden.

30.1 Dürren in Afrika – vergessene Katastrophen

Die durch Dürre ausgelösten Hungerkrisen verlaufen als langsame Prozesse (*slow onset disasters*) und stoßen deshalb in der Weltöffentlichkeit wie auch in der Wissenschaft auf weit weniger Interesse als spektakuläre Extremereignisse, die innerhalb kürzester Zeit ganze Landstriche in Trümmer legen. Doch die Faszination gegenüber den Naturgewalten verstellt den Blick auf die enorme Bedeutung von schleichenden Katastrophen: Wenn man den Statistiken folgt, haben Dürren und damit einhergehende Hungerkrisen in den vergangenen Jahrzehnten mehr Todesopfer gefordert als Erdbeben, Stürme und Überschwemmungen zusammen. Bei aller Skepsis gegenüber der Aussagekraft absoluter Zahlen für diese Extremsituationen belegen sie zumindest die relative Bedeutung des Problems: So waren nach Angaben der UN-Organisation *International Strategy for Disaster Reduction* im Zeitraum von 1980 bis 2001 weltweit

30

insgesamt 163 471 Todesopfer auf Überschwemmungen zurückzuführen, während Dürren 560 300 Tote forderten (UN/ISDR 2003). Nach einer Studie des *Office of Foreign Disaster Assistance* der USA waren im Zeitraum von 1900 bis 1990 sogar drei Viertel aller Katastrophentoten auf „schleichende Katastrophen" im Zusammenhang mit Dürre zurückzuführen. Allein in Bangladesh z. B. starben 1974 etwa 1,5 Millionen Menschen in einer Hungerkrise (Drèze und Sen 1990) und in Äthiopien 1984–1985 etwa eine Million. Die Sahelzone erlebte im 20. Jahrhundert insgesamt vier Dürreperioden in den Jahren 1911–1914, 1941–1944, 1969–1974 und 1981–1985, die jeweils Millionen von Todesopfern forderten (Krings 2006, Spittler 1994).

Die widersprüchlichen bzw. ungenauen Angaben zu den Opferzahlen zeigen, dass es gerade im Falle der mit Dürren einhergehenden katastrophalen Auswirkungen auf die betroffenen Gesellschaften schwer ist, genaue Quantifizierungen vorzunehmen. Solche Unklarheiten in Bezug auf den Disaster-Typ Dürre sind insofern symptomatisch, als es sich hier um eine überaus komplexe Problematik handelt, die durch monokausale Erklärungsansätze nur unzureichend erfasst werden kann. Im vorliegenden Artikel soll diese Problematik anhand regionaler Beispiele aus dem östlichen Afrika erläutert werden. Dabei sind die folgenden Fragen zu diskutieren:

* Wo treten Dürre- und Hungerkatastrophen auf?
* Welche Faktoren sind verantwortlich dafür, dass Dürren zu Katastrophen führen?
* In welchem Verhältnis stehen dabei Natur und Gesellschaft, handelt es sich also um Natur- oder Sozialkatastrophen?
* Wie lassen sich durch Vorhersage und Vorsorge die katastrophalen Auswirkungen von Dürren reduzieren?

30.2 Globale Verteilung von Dürrerisiken

Die **Verwundbarkeit** gegenüber Dürre und Hunger ist global höchst ungleich verteilt. Eine von der Weltbank durchgeführte vergleichende Untersuchung über „*Natural Disaster Hotspots*" gibt hierzu interessante Hinweise (World Bank 2005). In dieser Studie wurden Gebiete mit hohen, mittleren und geringen Risikopotenzialen identifiziert, wobei zwei unterschiedliche Indikatoren für die Schadenspotenziale unterschieden wurden: materielle Schäden (**wirtschaftliche Verluste**) und **Todesopfer** (Mortalität).

Aufschlussreich ist der Vergleich der beiden Karten, die die regionale Differenzierung von Dürrerisiken aufgrund der beiden Indikatoren zeigen und hierbei deutliche Unterschiede aufweisen (Abb. 30.1 und 30.2). Demnach sind die wirtschaftlichen Verluste von Dürren in weiten Teilen der Welt zu spüren, und zwar nicht nur in Wüstenrandzonen, sondern insbesondere in den intensiv landwirtschaftlich genutzten Gebieten, u. a. auch in Norddeutschland, dem Mittelmeerraum, in den USA und Mexiko. Bei dem Indikator der Mortalität zeigt sich jedoch ein völlig anderes Bild: Dürre als tödliches Risiko ist heute scharf konzentriert auf die **ärmsten Länder der Erde**, und zwar fast ausschließlich auf das subsaharische Afrika.

In den vergangenen drei Jahrzehnten hat sich weltweit einiges getan im Kampf gegen Dürre und Hunger. In den Trockengebieten Asiens und Lateinamerikas ist es gelungen, durch eine Steigerung der Nahrungsmittelproduktion im Rahmen der Grünen Revolution das Auftreten flächenhafter extremer Hungerkatastrophen weitgehend zu unterbinden. Beachtliche Erfolge wurden insbesondere in Indien erzielt, das noch im 19. und frühen 20. Jahrhundert unter den Augen der britischen Kolonialmacht mehrfach von Hungerkatastrophen heimgesucht wurde (Sen 1981). Auch in China konnte die Nahrungsmittelproduktion nach der Kulturrevolution erheblich gesteigert werden, obwohl es auch heute noch im Schatten des Wirtschaftswachstums Armut und Hunger im Land gibt. Völlig anders dagegen sieht die Situation in Afrika aus. In weiten Teilen des Kontinents sind die Defizite der **Nahrungsversorgung** inzwischen zu einer chronischen Gefährdung für große Bevölkerungsgruppen geworden (Bohle 1992). In Dürreperioden nehmen diese Defizite immer häufiger katastrophale Ausmaße an, internationale Nothilfe wurde in vielen Ländern zur Dauereinrichtung, und die Verschärfung von Krieg und Hunger bringt die Hilfsorganisationen in manchen Regionen bereits an den Rand ihrer Leistungsfähigkeit. Aktuelle Beispiele für den **fatalen Zusammenhang von gewaltsamen Konflikten, Politikversagen und Hunger** sind ausgesprochene Wüstenländer wie der Sudan und Somalia, aber auch das ehemalige Agrarexportland Zimbabwe (Braun et al. 1999). Dürre- und Hungerkatastrophen werden zunehmend – so lässt sich ohne Übertreibung feststellen – zu einem afrikanischen Problem, dessen Ursachen und Folgen jedoch nicht auf den Kontinent beschränkt bleiben (Abb. 30.3). *Complex Emergencies* (komplexe Notlagen) fordern die internationale Gemeinschaft zum Handeln heraus, wie die Lage im östlichen Afrika beispielhaft zeigt.

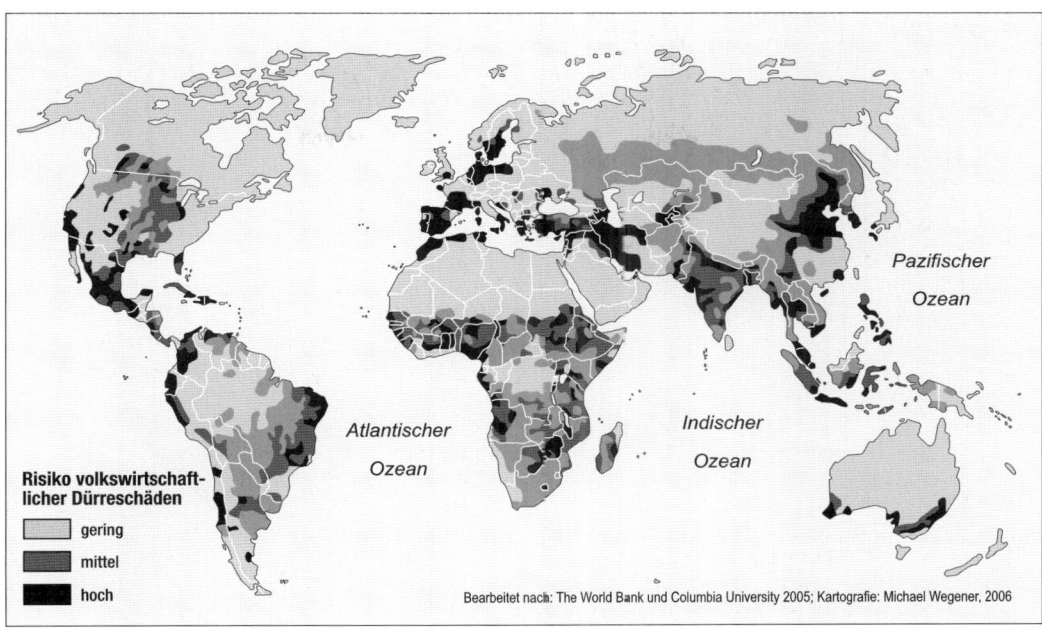

Abb. 30.1 Globale Verteilung des ökonomischen Schadensrisikos durch Dürre (verändert nach World Bank 2005).

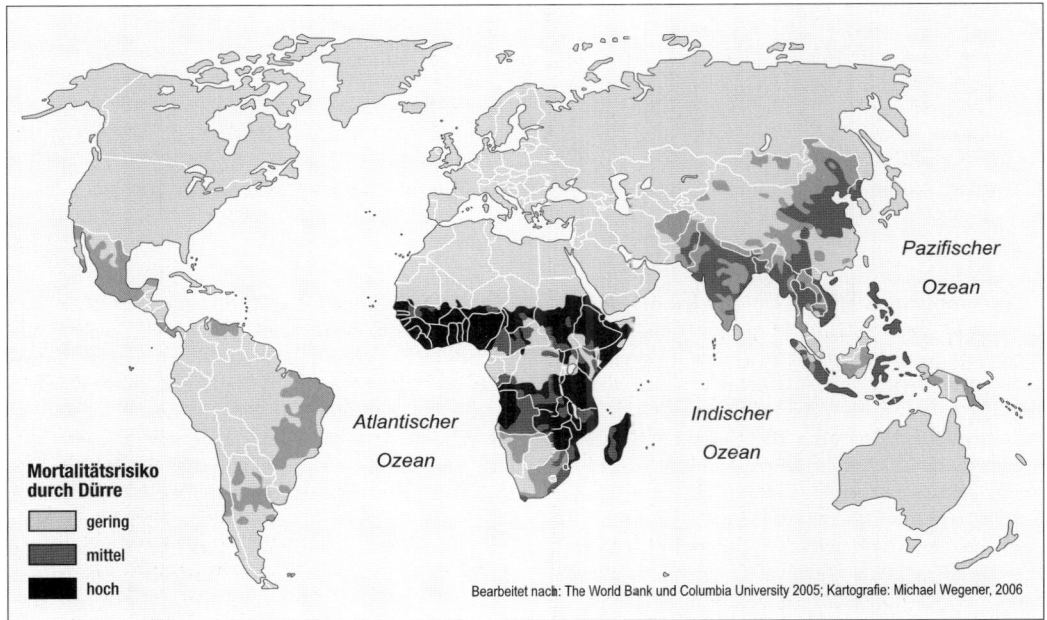

Abb. 30.2 Globale Verteilung des Mortalitätsrisikos durch Dürre (verändert nach World Bank 2005).

30

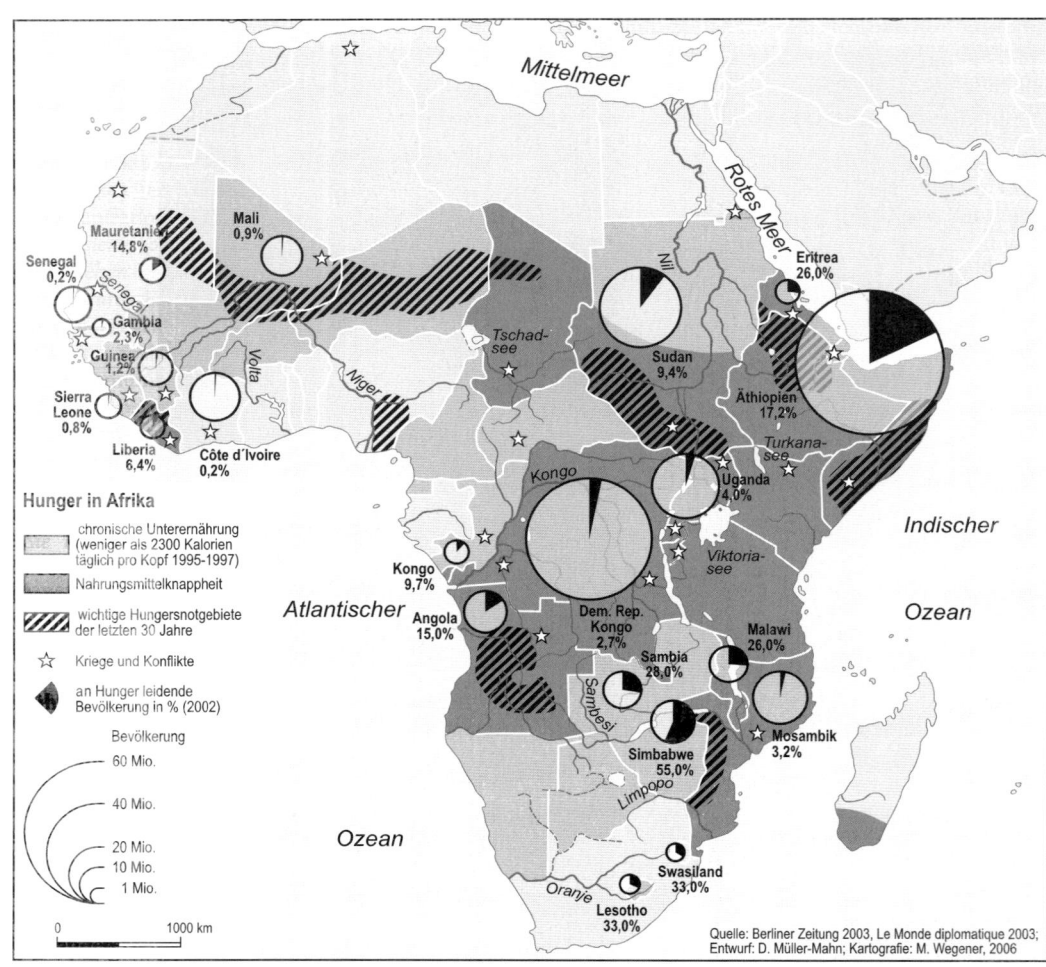

Abb. 30.3 Dürrezonen, Hunger und Konflikte in Afrika (verändert nach Le Monde diplomatique 2003).

Gegenwärtig (2006) leiden alle Länder der Region im Osten Afrikas unter einer bereits seit mehreren Jahren anhaltenden extremen Dürreperiode mit schwerwiegenden Auswirkungen auf die besonders verwundbaren Armutsgruppen (Abb. 30.3). Besonders betroffen sind die Nomaden, die nicht nur unter der aktuellen Dürre leiden, sondern die schon seit Jahren einer Erosion ihrer Lebenshaltungssysteme ausgesetzt sind. In der gesamten Region am Horn von Afrika rechnen internationale Hilfsorganisationen gegenwärtig mit mehr als acht Millionen in ihrer Existenz gefährdeten Menschen (*USAID Fact Sheet*, 26.04.2006): darunter in Äthiopien 2,6 Millionen, in Somalia 2,1 Millionen und in

Kenia 3,5 Millionen. Zugleich werden durch die Verknappung von Ressourcen bereits länger bestehende Konflikte zwischen verschiedenen ethnischen Gruppen und Clans verschärft. Im Grenzgebiet zwischen Äthiopien, Somalia und Eritrea wurden zahlreiche bewaffnete Überfälle zum Zweck des Viehraubs, zur Aneignung von Weideland und zur Erzwingung des Zugangs zu Wasserstellen gemeldet (UN/OCHA 2003). In Nordkenia versorgt die Nahrungsmittelhilfe des *World Food Programme* (WFP) etwa eine halbe Million Menschen in Hungerlagern. In Somalia dürfte die Zahl der chronisch Unterernährten noch höher liegen, aber aufgrund der unsicheren politischen Lage und des Fehlens staatlicher Struk-

Tab. 30.1 Dürren und Hungerkrisen in Äthiopien und Eritrea (Auswahl, nach Braun et al. 1999).

Jahr	Region	Ursachen und Ausmaß
1888–1892	Äthiopien	Dürre und Rinderpest verursachen den Verlust von 90 % des Viehs und 30 % der Bevölkerung
1895–1896	Äthiopien	leichte Dürre mit Todesopfern
1913–1914	Nordäthiopien	niedrigste Nilflut seit 1695, Getreidepreise → 30-fach
1920–1922	Äthiopien	leichte Dürre wie 1895
1932–1934	Äthiopien	?
1953	Tigray, Wollo	Ausmaß unbekannt
1957–1958	Tigray, Wollo	Dürre 1957, Heuschrecken und Epidemien 1958
1962–1963	Westäthiopien	sehr schwer
1964–1966	Tigray, Wollo	nicht dokumentiert, eventuell schwerer als 1973–1974
1969	Eritrea	Nahrungsdefizite bei 1,7 Millionen Menschen
1971–1975	Äthiopien	schwere Dürre, ca. 250 000 Todesopfer
1978–1979	Südäthiopien	Ausfall einer Regenzeit
1982	Nordäthiopien	verspätete Regenzeit
1984–1985	Äthiopien	schwere Dürre, Hungerkrise erfasst 8 Millionen Menschen, 1 Million Tote, schwere Verluste bei Vieh
1987–1988	Äthiopien	Dürre in peripheren Regionen, nicht dokumentiert
1990–1992	Nord-, Ost- und Südwestäthiopien	Dürre und regionale Konflikte, ca. 4 Millionen Menschen in Hungerkrise
1994	Nord-, Ost- und Südäthiopien	regionale Dürren, 0,7 Millionen Menschen abhängig von Nahrungsmittelhilfe
2002–2006	Äthiopien	wiederholte regionale Dürren, zunehmende Abhängigkeit von Hilfsprogrammen im ganzen Land

turen ist hier Hilfe von außen kaum möglich. Eine Voraussetzung für eine wirkungsvolle humanitäre Hilfe wäre die Stabilisierung der politischen Lage und die Wiederherstellung einer zumindest minimalen Staatlichkeit.

In Äthiopien sind nach Erhebungen des *UN-Office for the Coordination of Humanitarian Affairs* (UN/OCHA 2003) insgesamt über elf der 67 Millionen Einwohner des Landes unmittelbar von der Dürre und von Produktionsausfällen in der Landwirtschaft betroffen (Tab. 30.1). Eine ausgedehnte Hungerkrise konnte bisher nur durch massive Nahrungsmittelhilfe aus dem Ausland abgewendet werden. Inzwischen ergeben sich aber Probleme,

die „Getreide-Pipeline" über einen längeren Zeitraum für die Versorgung einer so großen Zahl von Menschen aufrechtzuerhalten. Als Folge mussten zwischenzeitlich bereits die vom *World Food Programme* bereitgestellten monatlichen Getreiderationen pro Person von 15 auf 12,5 kg gekürzt werden. Bisher war die Bereitschaft internationaler Geber zur Unterstützung Äthiopiens in der Hungerkrise recht hoch, doch seit einem Rückfall in totalitäre Strukturen im Jahr 2005 gehen viele westliche Länder auf Distanz zur jetzigen Regierung und reduzieren ihre Hilfsleistungen.

Im Sudan ist die Versorgungslage der Bevölkerung mit Nahrungsmitteln schon seit Jahren ausge-

30

sprochen prekär (Bohle 1992). Die beiden weitgehend unbeachtet von der Weltöffentlichkeit abgelaufenen Hungerkrisen im Sudan zwischen 1984 und 1986 und noch einmal zum Ende der 1990er-Jahre forderten allein in der Provinz Darfur im Westen des Landes über 100 000 Todesopfer, wobei auch der andauernde Bürgerkrieg im Süden und die schwere wirtschaftliche Krise des Landes das Ausmaß der Katastrophe verschärften. Die Gründe für die fortgesetzten Hungerkrisen im Land sind vielfältig. Unmittelbarer **Auslöser** für akute Einbrüche der Agrarproduktion sind die wiederholten Trockenjahre, die sich aber nur deshalb so fatal auswirken können, weil die lokalen Lebenshaltungssysteme in großen Teilen des Landes eine hohe **Verwundbarkeit** aufweisen. Verantwortlich dafür sind im Wesentlichen zwei Faktoren, nämlich erstens die Prozesse der Desertifikation und Ressourcendegradation und zweitens der Bürgerkrieg und die Konflikte um die Ölquellen. Dürre, Desertifikation und gewaltsame Konflikte verstärken sich gegenseitig in ihren Auswirkungen auf die betroffene Bevölkerung und sind verantwortlich dafür, dass es heute innerhalb des Sudan etwa fünf Millionen Binnenflüchtlinge gibt (UN/OCHA 2003).

30.3 Erklärungsansätze für dürreinduzierte Hungerkrisen

In der Katastrophenforschung nehmen Dürre- und Hungerkrisen in mehrfacher Hinsicht eine gewisse Sonderstellung ein im Vergleich zu den anderen Typen von Naturkatastrophen. Auf der einen Seite werden sie bei der jeweils desasterspezifisch ausgerichteten naturwissenschaftlichen Katastrophenforschung wenig beachtet und in den von der Versicherungswirtschaft durchgeführten, an messbaren volkswirtschaftlichen bzw. versicherten Schadensfällen orientierten Bilanzierungen sogar oft völlig ausgeklammert. Auf der anderen Seite handelt es sich hier um den Katastrophentyp mit den höchsten Opferzahlen, aber den zumindest theoretisch besten Möglichkeiten einer **Frühwarnung** und **Prävention**. Man mag sich fragen, warum ausgerechnet dieser Katastrophentyp in der Forschung bisher wesentlich weniger Aufmerksamkeit erfahren hat als die spektakulären, plötzlich auftretenden Schockereignisse. Vielleicht liegt es daran, dass Dürrekatastrophen doch erheblich komplexer sind, als auf den ersten

Blick erscheint. Katastrophen im Zusammenhang mit Dürren sind „schleichende" Phänomene, die in hochkomplexen **Verursachungszusammenhängen** an der Schnittstelle zwischen fragilen Ökosystemen und verwundbaren Gesellschaftssystemen ablaufen, und die deshalb auch besondere Anforderungen an eine interdisziplinär organisierte Forschung stellen (Bohle 2001).

In der wissenschaftlichen Diskussion hat sich inzwischen die Erkenntnis durchgesetzt, dass monokausale Erklärungs- und Lösungsversuche immer nur einen Teil der Problematik erfassen können, sodass nun eine interdisziplinäre Herangehensweise gefordert wird. Doch auch in der aktuellen Forschung gibt es verschiedene Ansätze, die sich vor allem in ihrer Perspektive auf den Untersuchungsgegenstand unterscheiden. Exemplarisch soll dies nachfolgend an zwei Ansätzen verdeutlicht werden, die sich in ihren Perspektiven diametral gegenüberstehen, der erste nimmt eher die **Makroperspektive** ein und der andere die **Mikroperspektive**.

30.3.1 Der Sahel-Syndromansatz

Der Sahel-Syndromansatz ging aus Arbeiten des Wissenschaftlichen Beirats der Bundesregierung Globale Umweltveränderungen (WBGU) und des Potsdamer Instituts für Klimafolgenforschung (PIK) zu Fragen der Mensch-Umwelt-Beziehungen und des globalen Wandels hervor (Reusswig 1999). Darin werden spezifische Problemkonstellationen bzw. **Syndrome** beschrieben, die aus nicht nachhaltiger Interaktion zwischen natürlichen und sozialen Systemen entstehen und in zirkulärer Verursachung („Teufelskreise") zu einer Gefährdung der menschlichen Existenzsicherung und negativen Rückkopplungen auf die globalen Umweltveränderungen führen. Das Prinzip der Modellbildung besteht darin, komplexe Sachverhalte und Verursachungszusammenhänge auf einige wenige zentrale Faktoren zu reduzieren und deren Auswirkungen in Szenarien darzustellen (Abb. 30.4). Die Kernaussage des Sahel-Syndromansatzes lautet, dass in Trockengebieten ein Teufelskreis aus anhaltender **Verarmung** und krisenhafter Mensch-Umwelt-Beziehungen die Menschen zu einer „Übernutzung marginaler landwirtschaftlicher Produktionsstandorte" (Reusswig 1999, S. 191) zwinge, was zu einem schleichenden Verlust an Produktionspotenzialen, Desertifikation, Abwanderung und Hunger führe.

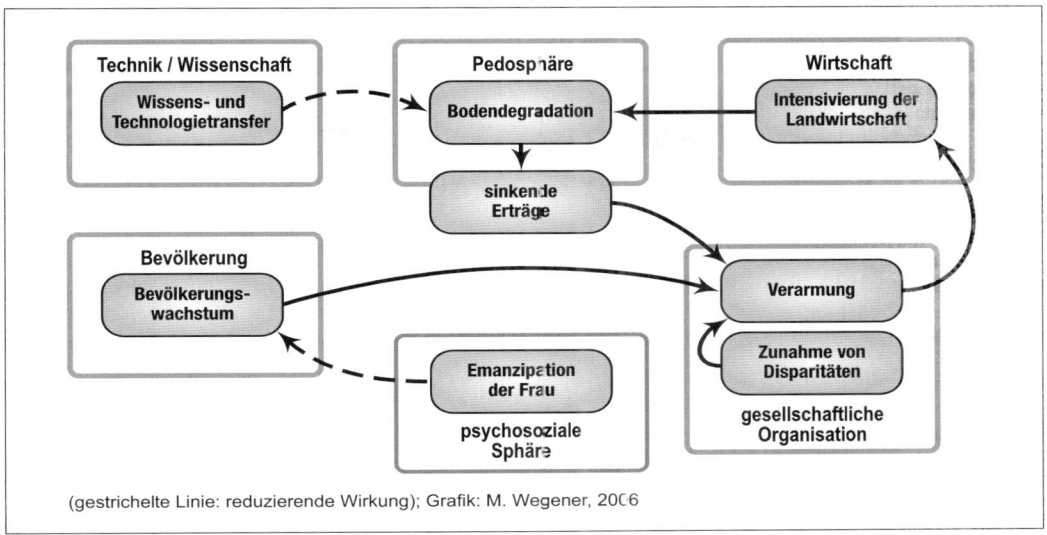

(gestrichelte Linie: reduzierende Wirkung); Grafik: M. Wegener, 2006

Abb. 30.4 Postulierte Wirkungszusammenhänge im Sahel-Syndrom (verändert nach Krings 2002).

Indem die in die Modellbildung eingehenden Faktoren und Zusammenhänge als **„Syndrom"** und damit – in Analogie zum medizinischen Syndrombegriff – als Krankheitsbild beschrieben werden, wird auch versucht, konkrete Handlungsempfehlungen zur Korrektur der konstatierten Fehlentwicklungen abzuleiten. Für die **globale Entwicklungspolitik** wäre es in der Tat eine viel versprechende Aussicht, wenn es möglich würde, wie in der Schulmedizin die Diagnose von globalen „Krankheitssymptomen" auf der Basis einfacher, messbarer Indikatoren vorzunehmen und daraus sogar „Rezepte" für betroffene Regionen abzuleiten. Doch der im Syndromansatz gezeigte Mut zur Vereinfachung und Generalisierung wirkt nur dann bestechend, wenn es bei der globalen Perspektive bleibt. Regionalkenner mit empirischer Erfahrung warnen dagegen vor einer Trivialisierung komplexer Zusammenhänge durch den Sahel-Syndromansatz (Krings 2002, S. 131ff.; Hammer 2005, S. 191ff.). Die zentrale Kritik richtet sich darauf, dass in diesem weitgehend deskriptiven Ansatz die Akteure, ihre **Machtausstattung** und **strukturellen Rahmenbedingungen** nicht berücksichtigt werden.

Ein wesentlicher Problemzusammenhang wird im Sahel-Syndromansatz mit dem Bevölkerungswachstum in Verbindung gebracht. Es wird argumentiert, das Bevölkerungswachstum stehe erstens direkt in einer sich wechselseitig verstärkenden Beziehung zur Verarmung, und zweitens trage es indirekt über

den Zwang zur Intensivierung der Landwirtschaft und durch die Expansion der landwirtschaftlichen Nutzfläche zur Bodenerosion und damit zur weiteren Verarmung bei. Hier setzt die Kritik an, die auf Untersuchungen aus der Mikroperspektive beruht (Krings 2002): Probleme des Bodeneigentums und des **Zugangs zu Ressourcen** werden in dem Modell des Sahel-Syndroms nicht berücksichtigt. Die Behauptung, die Intensivierung der Landwirtschaft sei eine Reaktion auf Bevölkerungswachstum und zunehmende Armut verkennt die Tatsache, dass Intensivierungsmaßnahmen vielfach auf exportorientierte Großprojekte und externe Investoren zurückzuführen sind. Auch der Zusammenhang zwischen Bevölkerungswachstum, Migration und Verarmung wird im Sahel-Syndromansatz nicht adäquat erfasst und beruht auf einem eindimensionalen Verständnis von **Migration** im Sinne von Abwanderung. Gerade im Sahel wird Migration jedoch vielfach von zirkulären Mustern bestimmt. So ist die temporäre Arbeitsmigration eine Voraussetzung dafür, dass Menschen in dürre- und erosionsgefährdeten Gebieten überhaupt trotz ausfallender Ernten überleben können, weil die Arbeitsmigranten zur Sicherung des Lebensunterhalts der Zurückgebliebenen beitragen (Krings 1994, 2006, Klute 1994, Grawert 1994, Hugo 1991).

Die Relevanz des Sahel-Syndromansatzes liegt in dem Bemühen, gesellschaftliche Aspekte stärker in eine noch weitgehend naturwissenschaftlich bestimmte Modellbildung einzubauen und dadurch zu Aussagen zu kommen, durch die sich Problemkonstellationen und ihre Veränderungen großräumig abbilden lassen. Aus Sicht der empirisch arbeitenden Sozial- und Kulturwissenschaften wird diese Herangehensweise jedoch abgelehnt, weil sie Menschen nur aus der Distanz als Modellfaktoren betrachtet. Zusammenfassend verweist Krings (2002) darauf, dass die Grundgedanken des Sahel-Syndromansatzes letztlich nichts anderes besagen als das „alte" Konzept der **Desertifikation** aus den 1970er- und 1980er-Jahren.

30.3.2 Akteurszentrierte Ansätze

Eine völlig andere Perspektive verfolgen Forschungsansätze, die sich unmittelbar mit den von Dürre betroffenen Menschen und ihrem Handeln befassen. Hier geht es um die Frage, wie sich **Individuen** oder **soziale Gruppen** in einer Hungerkrise verhalten, oder genauer: wie sie Katastrophen **wahrnehmen** und bewerten, wie sie darüber reden und was sie tun, um sich davor zu schützen. Aus dieser Perspektive sind die Menschen nicht ohnmächtige Opfer einer Katastrophe, sondern sie werden als aktiv Handelnde begriffen.

In einer Untersuchung über die Kel Ewey-Tuareg im Norden von Niger zeigt Spittler (1989, 1994), wie die Menschen die schwere Dürre 1984 erlebten und in dieser Extremsituation große Anstrengungen unternahmen, bestimmte Regeln, Werte und Grundsätze beizubehalten. Eine wichtige Beobachtung bestand darin, dass die Tuareg in ihrem alltäglichen Handeln während der Hungerkrise keineswegs in einen individuellen Überlebenskampf „jeder gegen jeden" verfielen, sondern dass das gemeinschaftliche Bemühen im Vordergrund stand, weiterhin ein „Leben in Würde" führen zu können. Dazu gehörte z. B., dass auch mitten in der Hungerkrise religiöse Feste wie in normalen Jahren gefeiert wurden. Obwohl die Menschen hungerten, gaben sie noch Geld für Kleidung aus, um nicht zerlumpt zum Fest zu erscheinen. Dieses Handeln mag zunächst schwer nachvollziehbar erscheinen, denn immerhin bestand doch eine akute Bedrohung für das Leben. Doch auch wenn die Hungernden in dieser Extremsituation immer wieder über den Tod sprachen und Angst vor der Zukunft äußerten, blieb das wichtigste Motiv ihres Handelns nicht das kurzfristige Überleben, sondern der **Erhalt der sozialen Ordnung und die Bewahrung von Menschenwürde**. Als hilfreich

bei der Bewältigung der Krise erwiesen sich die Erinnerungen der Alten an frühere Krisenzeiten und ihre Erfahrungen, weil sie im historischen Vergleich einen gewissen Trost für die Gegenwart boten, und weil das Erfahrungswissen der Alten unmittelbar in konkretes Handeln umgesetzt werden konnte. **Bewältigung** beruhte also ganz wesentlich auf Kommunikation zwischen den Menschen.

Auch das wirtschaftliche Handeln der Kel Ewey zielte nicht allein auf die kurzfristige Existenzsicherung, sondern schloss auch Überlegungen für die Zeit nach der Dürre ein: Mitten in der schlimmsten Trockenzeit versuchten sie mit enormem Aufwand, wenigstens einen Teil ihrer Ziegenherden zu retten, obwohl deren Überleben in der Dürre völlig ungewiss erscheinen musste und der Verkauf von Tieren doch zumindest kurzfristig eine Verbesserung der Nahrungsmittelversorgung erlaubt hätte. Die Erklärung für dieses Verhalten liegt darin, dass der verbleibende Bestand an Tieren die Grundlage für einen raschen Neuaufbau einer Herde nach Dürre und Hungerkrise bildet. Die Tuareg gingen also bewusst das **Risiko** ein, in der aktuellen Dürre besonders hohe Verluste zu erleiden, auf die vage Möglichkeit hin, die Krise nach Ende der Dürre rascher überwinden zu können.

Einschränkend muss man zu der Fallstudie von Spittler bemerken, dass die von ihm hervorgehobene Autonomie der Handelnden, ihr Bemühen um ein Leben in Würde auch in Notzeiten, nicht für alle Hungerkrisen in Afrika zutrifft. Millionen von Menschen haben sich in den relativen Schutz und die damit verbundene Abhängigkeit von Lagern geflüchtet, in denen sie auf Unterstützung von außen warten.

Akteurszentrierte Ansätze setzen sich direkt mit den Sicht- und Handlungsweisen der Menschen auseinander und versuchen zu verstehen, wie die Betroffenen selbst der Katastrophe begegnen und was sie als **Vorsorge** und **Selbsthilfe** unternehmen – eine Voraussetzung also zur Identifikation sinnvoller Unterstützung im Rahmen der Entwicklungszusammenarbeit.

Wie wichtig das Verstehen von lokaler Wahrnehmung und Bewertung ist, zeigen die Untersuchungen von Macamo (2003) über die Flut- und Dürrekatastrophe des Jahres 2000 in Mosambik. Damals waren durch eine Überschwemmung im Limpopo-Tal 700 Menschen ums Leben gekommen und eine halbe Million war obdachlos geworden. Die Bilder von Flutopfern, die mit Hubschraubern aus Baumwipfeln gerettet wurden, hatten eine breite internationale Hilfsaktion ausgelöst. Ziel der Untersuchung von Macamo war es, in den beiden

30.4 Was tun? Frühwarnsysteme, Drought Cycle Management und Dürreversicherung   **403**

30

folgenden Jahren, nachdem die internationalen Experten und Katastrophenhelfer längst wieder abgezogen waren, anhand narrativer Interviews und Leitfadengespräche herauszuarbeiten, was die Betroffenen selbst unter „Katastrophe" verstehen. Das zunächst überraschende Ergebnis bestand darin, dass die lokale Bevölkerung ein völlig anderes Bild von der Katastrophe hatte als die internationalen Experten und Helfer. Die Überschwemmung wurde von den Menschen als „ein Gast, der uns Sorge macht" (Macamo 2003, S. 174) bezeichnet, als ein belastendes Ereignis, das kommt, aber auch wieder geht. Als die eigentliche große Katastrophe wurde aber die auf die Flut folgende Dürre gesehen, die dazu führte, dass der Boden so trocken und hart wurde, dass er nicht mehr mit der Hacke bebaut werden konnte. Der Hintergrund ist der, dass die Menschen im Limpopo-Tal über lange Erfahrungen mit Überschwemmungen verfügen, selbst wenn diese so stark ausfallen wie im Jahr 2000. Nach dem Extremereignis, wenn das Wasser abgelaufen ist, versuchen sie, so rasch wie möglich wieder zur Normalität zurückzukehren, indem sie die Bestellung der Felder wieder aufnehmen und die bewährten **Bewältigungsstrategien** verfolgen. Nach der Überschwemmung des Jahres 2000 war das aber nicht möglich, weil die nachfolgende Trockenheit den Boden so hart werden ließ, dass sich die vorhandenen Werkzeuge als untauglich erwiesen. Der Schluss, der aus dieser Fallstudie gezogen werden kann, ist der, dass ein Ereignis für die lokale Bevölkerung erst dann zur **Katastrophe** wird, wenn es ihre Erfahrungshorizonte und Bewältigungsstrategien übersteigt, und wenn dadurch die Existenzfähigkeit der Gemeinschaft gefährdet wird.

30.4 Was tun? Frühwarnsysteme, *Drought Cycle Management* und Dürreversicherung

Die Möglichkeiten der **Frühwarnung** sind bei Dürre zumindest theoretisch wesentlich besser als bei anderen extremen Naturereignissen, weil katastrophale Auswirkungen nicht sofort eintreten. Hungerkrisen nach dürrebedingten Ernteausfällen bauen sich über mehrere Monate auf und lassen Zeit für Hilfsmaßnahmen. In dürrebedrohten Gebieten kann darüber hinaus durch gezielte Vorsorgemaßnahmen im Rahmen der Entwicklungszusammenarbeit versucht

werden, die Verwundbarkeit der lokalen Bevölkerung abzubauen. In der Praxis jedoch wird die Umsetzung dieser Maßnahmen häufig durch die politischen Rahmenbedingungen erheblich erschwert, wie die oben bereits geschilderte aktuelle Lage im östlichen Afrika zeigt.

Die Dürre selbst kann zwar nicht verhindert werden, aber durch rechtzeitige Warnung können Nothilfeprogramme in Gang gesetzt werden, um entstehende Nahrungsmitteldefizite auszugleichen. Auf internationaler Ebene haben vor allem zwei UN-Organisationen diese Aufgabe übernommen, nämlich das Welternährungsprogramm (*World Food Programme*, WFP) und die *Food and Agriculture Organisation* (FAO). Sie beobachten weltweit die Entwicklung der Ernten, Getreidepreise und Vorräte und verfügen über ein differenziertes Instrumentarium zur Mobilisierung und Koordination eigener und fremder Interventionen. In Afrika unterhält darüber hinaus die *US Agency for International Development* (USAID) ein eigenes *Famine Early Warning*-System (FEWS), und die Nichtregierungsorganisation *Save the Children* betreibt ein Projekt zur Risikokartierung (Bohle 1994).

Frühwarnsysteme gegen Hunger beruhen generell auf standardisierten Beobachtungen, für die definierte Indikatoren herangezogen werden. Dazu gehören zunächst direkte **Indikatoren** wie die Niederschlagsdaten, Vegetationsentwicklung und Abschätzung der Ernteerträge, u. a. durch Einsatz von Fernerkundung. Ökonomische Indikatoren werden durch Markterhebungen ermittelt, die Preisentwicklungen im Umfeld von Dürren erfassen. Defizite der Getreideproduktion schlagen sich unmittelbar in Preissteigerungen nieder, während die Preise für Vieh in Trockenjahren tendenziell sinken, weil die Eigentümer in Dürrezeiten in der Regel die Kopfzahlen ihrer Herden verkleinern. Schließlich werden auch soziale Indikatoren durch regionalspezifische Beobachtungen berücksichtigt, beispielsweise Wanderungsbewegungen oder Konflikte, die im Zusammenhang mit der Dürre stehen.

Eine wichtige Grundlage für Frühwarnsysteme und Hilfsmaßnahmen sind Karten, in denen die regionale Differenzierung der Verwundbarkeit und die Risikoträchtigkeit von Dürren erfasst werden (Bohle 1994, S. 404ff.; Bankoff et al. 2004). Dabei werden zum einen Gebiete mit chronischer Verwundbarkeit ausgewiesen, in denen die Nahrungsmittelproduktion dauerhaft unter den Erfordernissen der Subsistenzsicherung liegt, und zum anderen Gebiete mit akuter Verwundbarkeit, in denen besonders verwundbare Gruppen kurzfristig in eine Hungerkrise geraten können.

30

In den vergangenen Jahren sind Instrumentarium und Beobachtungsnetz zur Frühwarnung gegen Hungerkrisen in Afrika erheblich verbessert worden, aber trotzdem konnte dadurch nicht verhindert werden, dass sich immer wieder Katastrophen ereignen. Auf *„early warning"* folgt leider oft *„late reaction"*. Der von UN-Generalsekretär Kofi Annan zum Ende der „Internationalen Dekade zur Vorbeugung vor Naturkatastrophen" (IDNDR) geforderte Übergang von einer Kultur der Reaktion zu einer **Kultur der Vorsorge** ist also in vielen afrikanischen Ländern noch nicht vollzogen. Das liegt nicht nur an der geringen Leistungsfähigkeit und Schwerfälligkeit der Staatsapparate, sondern hat tiefer reichende Ursachen (Braun et al. 1999, S. 128ff.): Erstens sind die schwersten Hungerkrisen der letzten Jahre nicht primär auf extreme Naturereignisse zurückzuführen gewesen, sondern auf **bewaffnete Konflikte**. Die Übersichtskarte (Abb. 30.3) zeigt deutlich den engen räumlichen Zusammenhang zwischen Hungergebieten und kriegerischen Auseinandersetzungen in Afrika in jüngster Vergangenheit. Die existierenden Frühwarnsysteme sind sehr wohl in der Lage, vor Dürren und anderen kritischen Veränderungen der natürlichen Umwelt zu warnen, aber politische Krisen und Konfliktrisiken können bisher noch nicht systematisch berücksichtigt werden. Die zweite Ursache dafür, dass die Warnungen der existierenden Frühwarnsysteme in Afrika häufig ohne angemessene Reaktion bleiben, liegt darin, dass vielfach politische Entscheidungsträger und Verantwortliche in der staatlichen Verwaltung gar kein Interesse daran haben, dass Hilfsmaßnahmen die Betroffenen erreichen. Wenn in schwer überschaubaren Notlagen plötzlich Massen von Hilfsgütern in Länder mit korrupten staatlichen Institutionen strömen, ist kaum zu verhindern, dass entlang des Verteilungswegs erhebliche Verluste entstehen.

Für die Entwicklungspolitik stellt sich angesichts der beschriebenen Problematik die Aufgabe, kurzfristige Not- und Katastrophenhilfe mit langfristiger Entwicklungszusammenarbeit zu verknüpfen. Ein Schlüssel wird dabei in der Reduzierung von Verwundbarkeit und Armut gesehen und einer stärkeren Berücksichtigung von Vorsorgemaßnahmen im Rahmen von Entwicklungsprojekten. Eine Vielzahl von Organisationen bemüht sich um Nothilfe und Entwicklung in Afrika – das regelmäßige Auftreten von Notlagen ist ja in gewisser Weise ihre Existenzberechtigung. Auffällig ist aber, dass die Aktivitäten der Helfer angesichts der Katastrophe oftmals recht hilflos erscheinen, weil sie schlecht koordiniert verlaufen. Im Bereich von Kommunikation und Koordination ist sicherlich noch vieles zu verbessern.

Drei Ansätze zur **Reduzierung der Verwundbarkeit** in dürregefährdeten Gebieten seien hier abschließend noch kurz vorgestellt:

(1) Der Ansatz des *Drought Cycle Management* nimmt die oben schon im Fallbeispiel über die Kel Ewey-Tuareg angesprochenen Erfahrungen von nomadischen Tierhaltern auf und betrachtet die Dürre nicht als singuläres Ereignis, sondern als Abschnitt in einer mehr oder weniger zyklisch verlaufenden Abfolge verschiedener Witterungsphasen. Dementsprechend wird versucht, die Menschen bei der optimalen Ausnutzung der Potenziale der jeweiligen Phasen so zu unterstützen, dass **Dürrezyklen** möglichst unbeschadet überstanden werden können. Entscheidend sind dabei in der Phase vor einer Dürre der Aufbau von Vorräten und Futterreserven, während der Dürre Maßnahmen zur kurzfristigen Anpassung (z. B. Wanderung, Herdenteilung, Viehverkauf, Zufütterung) und gegebenenfalls externe Unterstützung (z. B. Nahrungsmittelhilfe) und nach der Dürre eine möglichst rasche Erholung (Wiederaufbau von Herden).

(2) Der Ansatz der gemeinschaftsbasierten Vorsorge versucht, die Fähigkeit von Lokalgruppen zur Bewältigung von Dürren zu stärken, indem Kenntnisse, Selbstorganisation, Handlungsautonomie und politisch-rechtliche Rahmenbedingungen für lokale Gruppen verbessert werden.

(3) Die Einführung einer **Dürre-** bzw. **Wetterversicherung** wird gegenwärtig in mehreren Pilotprojekten der Weltbank und des UNO-Welternährungsprogramms (WFP) erprobt. Das Prinzip besteht jeweils darin, das Risiko eines Totalausfalls in extremen Trockenjahren durch eine Umlage zu versichern, die aus Überschüssen in den anderen Jahren finanziert wird. In Malawi wird die Versicherung im Erdnuss-Anbau eingesetzt. Sie basiert auf einem Indikatorensystem zur Erfassung der Niederschlags- und Anbaubedingungen, das einerseits mit konkreten Hinweisen und Regeln für die Bodenbewirtschaftung verknüpft wird und andererseits bei Unterschreiten eines Schwellenwerts Kompensationszahlungen zusichert. In Äthiopien wird in einem Pilotprojekt des WFP untersucht, inwieweit das vorhandene Dürrerisiko von Versicherungskonzernen abgesichert werden kann, wenn die zu leistenden Zahlungen von internationalen Entwicklungsagenturen übernommen werden. Dabei handelt es sich um die weltweit erste Versicherung für humanitäre Hilfe (Kasten 30.1).

30.4 Was tun? Frühwarnsysteme, Drought Cycle Management und Dürreversicherung **405**

30

Kasten 30.1

Fallbeispiel Äthiopien – Dürre, Ressourcenkonflikte und zunehmende Vulnerabilität bei den Afar-Nomaden

Der Zusammenhang zwischen verschiedenen Faktoren aus Umweltveränderungen, sozioökonomischer Entwicklung, politischer Destabilisierung und schließlich der Auslösung von Hungerkrisen durch Dürren soll nachfolgend am Beispiel eines Nomadenvolks in Äthiopien erläutert werden. Die Angaben stammen aus einem laufenden Forschungsprojekt des Autors. Äthiopien ist insofern ein geeignetes Beispiel, weil es hier bis heute immer wieder zu teils gravierenden Engpässen der Ernährungssicherung im Zusammenhang mit Dürreperioden kommt.

Zu den Afar gehören etwa 1,5 Millionen Menschen, die überwiegend im äthiopischen Tiefland, aber auch im benachbarten Eritrea und Djibouti leben. Bis heute basiert ihre Wirtschaftsweise primär auf der mobilen Tierhaltung, die in einigen Regionen auch durch Anbau, Handel, und Lohnarbeit ergänzt wird. Der Lebensraum der Afar wird durch semiaride bis aride Klimabedingungen geprägt. Zusätzlich bietet der ganzjährig aus dem äthiopischen Hochland gespeiste Awash-Fluss eine wichtige Grundlage für die regionalen Nutzungssysteme. Die traditionelle Weidewirtschaft der Afar war früher hervorragend an diese ökologischen Bedingungen angepasst. In Trockenjahren konnten sie in Feuchtgebiete am Awash-Fluss oder auf höhergelegene Weiden im westlich benachbarten Hochland ausweichen.

Im Verlauf der vergangenen etwa 70 Jahre wurden die verschiedenen Strategien der angepassten Ressourcennutzung, der Existenzsicherung und der Lebenshaltung der Afar immer weiter eingeschränkt. Dafür waren und sind verschiedene Faktoren verantwortlich. Die nachfolgenden Beispiele können die Vielschichtigkeit der jüngsten Veränderungen nur ansatzweise skizzieren:

(1) Ein entscheidender Faktor ist der schleichende Machtverlust der Afar im Konflikt mit den Issa, die sich von Somalia aus immer weiter in das Territorium der Afar ausgebreitet haben und inzwischen sogar einige strategisch wichtige Orte an der Verbindungsstraße zwischen Addis Ababa und Djibouti besetzen (Abb. 30.5). Nicht zuletzt wegen des anhaltenden Bürgerkriegs in Somalia sind die Issa besser bewaffnet und konnten die Afar in zahlreichen gewaltsamen Zusammenstößen mit vielen Toten immer weiter zurückdrängen. Gleichzeitig hat sich die kleinbäuerliche Landwirtschaft aus dem Hochland langsam in die tiefer gelegenen Randbereiche ausgedehnt, die bisher von den Afar genutzt wurden. Für die nomadische Weidewirtschaft der Afar haben diese von zwei Seiten ausgehenden Verdrängungsprozesse schwerwiegende Folgen, denn sie bedeuten den Verlust der in Trockenjahren so wichtigen Ausweichflächen und Rückzugsgebiete.

(2) In den 1970er-Jahren wurden entlang des Awash-Flusses ausgedehnte Staatsfarmen für den bewässerten Baumwollanbau angelegt und zu ihrer Bewirtschaftung Arbeiter aus dem äthiopischen Hochland angesiedelt. Dadurch verloren die Afar einen weiteren Teil ihres Landes. Inzwischen wurden die Staatsfarmen privatisiert und überwiegend an externe Investoren vergeben, während bei den Afar zumeist nur einige Clanführer an den Gewinnen partizipierten. Nach der Dezimierung ihrer Herden waren viele ehemalige Nomaden gezwungen, auf kleinen Feldern einen subsistenzorientierten Anbau zu beginnen. Die Sesshaftwerdung einzelner Familien und die Bereicherung der Clanführer trugen dazu bei, dass der interne Zusammenhalt der Clans langsam schwächer wurde und diese inzwischen nicht mehr so stark wie früher in Notzeiten als Solidargemeinschaften wirken.

(3) Als Windschutz wurden in den 1970er-Jahren rings um die Baumwollplantagen dichte Hecker aus *Prosopis juliflora* gepflanzt, einer aus Südamerika stammenden Gehölzpflanze. Wegen langer Stacheln ist *Prosopis* gegen Viehverbiss geschützt und konnte sich deshalb in den vergangenen Jahren so stark ausbreiten, dass große Teile der ehemals besten Weidegebiete am Fluss inzwischen völlig überwuchert sind.

(4) An der Straße von Addis Ababa nach Djibout entstand in den vergangenen Jahren eine ganze Reihe von neuen Siedlungen, in denen Afar und Menschen aus dem Hochland leben. Die wirtschaftliche Grundlage dieser Etappenorte ist vor allem die Versorgung des Durchgangsverkehrs. Diese Orte sind damit aber zugleich Schauplätze eines intensiven Kontakts zwischen den Afar und Auswärtigen, und von hier aus breitet sich HIV/Aids aus.

(5) Die Etappenorte entlang der Hauptstraße dienen in Trockenjahren als Verteilungszentren für Nahrungsmittelhilfe. Das hat zur Folge, dass sich die Menschen noch stärker als bisher auf diese Zentren konzentrieren und damit immer mehr in Abhängigkeit von externer Hilfe geraten.

(Eigene Untersuchungen im DFG-Projekt „Afar/Äthiopien")

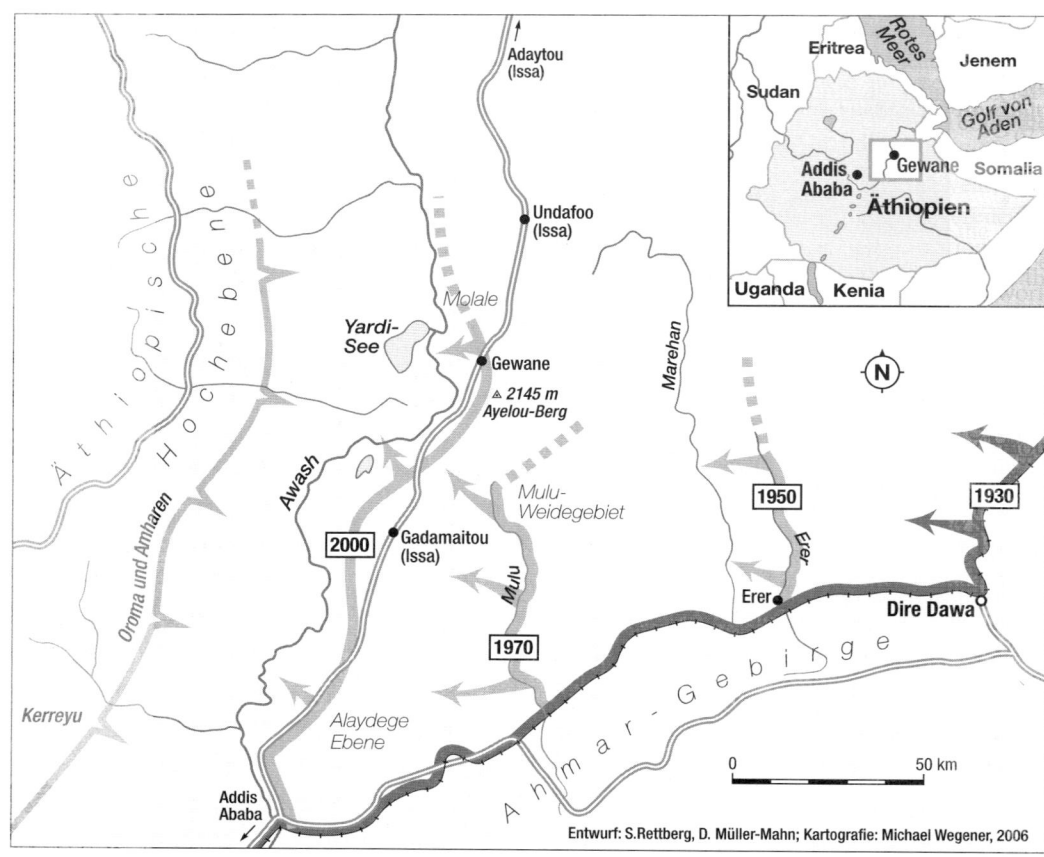

Abb. 30.5 Weidegebiete und Landkonflikte der Afar in Äthiopien (Kartierung: Simone Rettberg).

30.5 Sind Dürre-katastrophen „natürlich"?

Der globale **Klimawandel** führt in Afrika zu einer Zunahme der Aridität in den Randbereichen der Wüsten. Es ist daher wahrscheinlich, dass die Häufigkeit und die Intensität bzw. die Dauer von Trockenphasen in diesen Gebieten zunehmen werden. Trotzdem sind Dürrekatastrophen nicht natürlich. Die vorausgehenden Ausführungen haben gezeigt, dass der Problemkreis von Verarmung, Wirtschaftskrisen und politischer Destabilisierung entscheidend für die Verursachung von Katastrophen verantwortlich ist. Dürren und Hungerkrisen sind Sozialkatastrophen, in denen extreme Naturereignisse (Trockenheit) lediglich als Auslöser wirken (Brüne 1985).

Zum Verständnis der Wechselbeziehungen zwischen Natur und Gesellschaft bei der Verursachung von Dürrekatastrophen sind integrative Forschungsansätze erforderlich. Eine wichtige Aufgabe von anwendungsorientierter Forschung an der Schnittstelle von Natur- und Sozialwissenschaften besteht in der Erarbeitung von **angepassten Frühwarnsystemen,** die auf die spezifischen Bedingungen von Entwicklungsländern ausgerichtet sein müssen. Man kann nicht einfach die technisch anspruchsvollen und entsprechend teuren Messnetze übernehmen, die in wohlhabenderen Ländern zum Einsatz kommen. Angepasste Frühwarnsysteme gegen dürrebedingte Hungerkatastrophen müssen die Wahrnehmung und die Kenntnisse der betroffenen Bevölkerung berücksichtigen und stärker als bisher die systematische Beobachtung sozioökonomischer Indikatoren einbeziehen.

Zusammenfassung

Dürren verursachen weltweit erhebliche ökonomische Schäden, aber nur in den ärmsten Ländern führen sie zu Katastrophen. Dürrekatastrophen sind nicht in erster Linie durch Naturfaktoren zu erklären, sondern sie werden durch die **chronische Verwundbarkeit gesellschaftlicher Gruppen** verursacht. Unter solchen Bedingungen können längere Trockenperioden in schleichenden, sich gegenseitig verstärkenden Prozessen schließlich zu einem Kollaps von Lebenshaltungssystemen und zu akuten Hungerkrisen führen. Besonders betroffen sind davon heute insbesondere die afrikanischen Entwicklungsländer, in denen die Verwundbarkeit gegenüber Dürren durch gewaltsame Konflikte verschärft wird. Eine bessere Frühwarnung und Vorsorge scheitert dort häufig an komplexen gesellschaftlichen Problemen. Als Beispiele werden verschiedene Länder am Horn von Afrika angeführt, in denen Millionen von Menschen von Dürren, Krieg und Hunger betroffen sind. Die Vielschichtigkeit der Prozessgefüge findet Ausdruck in dem Begriff *complex emergency* (komplexe Notlage), mit dem die internationalen Hilfsorganisationen Situationen beschreiben, die eine umfassende Intervention von außen zur Rettung von Menschenleben erforderlich machen. Dadurch werden jedoch nicht die Ursachen des Problems erfasst.

Es werden zwei Ansätze zur Erklärung von Dürrekatastrophen kontrastiv einander gegenübergestellt. Der sogenannte Syndromansatz reduziert die komplexen Wirkungsgefüge auf wenige Variablen und versucht, daraus Aussagen über Prozesse auf der Makroebene abzuleiten. Akteurszentrierte Ansätze setzen sich dagegen mit Wahrnehmung, Wissen und Handeln konkreter Akteure auf der Mikroebene auseinander und untersuchen, wie Menschen mit Hungerkrisen und Dürrekatastrophen umgehen. Dies bildet letztlich die Grundlage für Erfolg versprechende Unterstützungsmaßnahmen. Denn nur, wenn es gelingt, die Fähigkeiten lokaler Gruppen zur Bewältigung von Trockenperioden und zur anschließenden raschen Wiederherstellung ihrer Lebenshaltung zu stärken, lassen sich Katastrophen vermeiden. Beispielhaft werden dafür das *Drought Cycle Management*, die gemeinschaftsbasierte Vorsorge und eine bereits in einigen afrikanischen Ländern erprobte Dürreversicherung angeführt.

Schlüsselsätze
- Dürrekatastrophen werden durch klimatische Faktoren (Trockenperioden) ausgelöst, haben ihre eigentlichen Ursachen aber im Kontext von Verarmung, Marginalisierung und Verwundbarkeit. Sie sind also genau genommen keine Naturkatastrophen, sondern Entwicklungskatastrophen. Betroffen sind davon heute fast ausschließlich die ärmsten Länder Afrikas.
- Sinnvolle Vorsorgemaßnahmen müssen die gesellschaftliche Bedingtheit dieses Problemkreises berücksichtigen.

Literatur

Bankoff G, Frerks G, Hilhorst D (Hrsg) (2004) Mapping Vulnerability. Disasters, Development and People. Earthscan, London

Bohle HG (1992) Hungerkrisen und Ernährungssicherung. Beiträge geographischer Entwicklungsforschung zur Welternährungsproblematik. *Geographische Rundschau* 44(2): 78–87

Bohle HG (1994) Dürrekatastrophen und Hungerkrisen. Sozialwissenschaftliche Perspektiven geographischer Risikoforschung. *Geographische Rundschau* 46(7/8): 400–407

Bohle HG (2001) Dürren. In: Plate EJ, Merz B (Hrsg) Naturkatastrophen: Ursachen, Auswirkungen, Vorsorge. Schweizerbart'sche Verlagsbuchhandlung, Stuttgart. 190–207

Braun J v, Teklu T, Webb P (1999): Famine in Africa. Causes, Responses, and Prevention. The Johns Hopkins University Press, Baltimore, London

Brüne S (1985) Hungerkrise im Sahel: Natur- oder Sozialkatastrophe? *Die Erde* 116(2/3): 185–195

Drèze J, Sen A (Hrsg) (1990) The Political Economy of Hunger, Vol 2: Famine Prevention. Clarendon, Oxford

Geipel R (1992) Naturrisiken: Katastrophenbewältigung im sozialen Umfeld. Wissenschaftliche Buchgesellschaft, Darmstadt

Grawert E (Hrsg) (1994) Wandern oder bleiben? Veränderungen der Lebenssituation von Frauen im Sahel durch die Arbeitsmigration der Männer (Bremer Afrika-Studien 8). LIT, Münster

Hammer T (2005) Sahel (Perthes Regionalprofile). Perthes, Gotha

Hugo G (1991) Changing Famine Coping Strategies under the Impact of Population Pressure and Urbanization: The Case of Population Mobility. In: Bohle HG, Cannon T, Hugo G, Ibrahim FN (Hrsg) Famine and Food Security in Africa and Asia. Indigenous Response and External Intervention to Avoid

Hunger (Bayreuther Geowissenschaftliche Arbeiten 15). Naturwissenschaftliche Gesellschaft, Bayreuth. 127–148

Klute G (1994) Flucht, Karawane, Razzia. Formen der Arbeitsmigration bei den Tuareg. In: Laubscher M, Turner B (Hrsg) Systematische Ethnologie. Völkerkundetagung 1991, München. Akademischer Verlag, München. 197–216

Krings T (1994) Theoretische Ansätze zur Erklärung der ökologischen Krise in der Sahelzone Afrikas. *Zeitschrift für Wirtschaftsgeographie* 38(1/2): 1–10

Krings T (2002) Zur Kritik des Sahel-Syndromansatzes aus der Sicht der politischen Ökologie. *Geographische Zeitschrift* 90(3/4): 129–141

Krings T (2006) Sahelländer. Wissenschaftliche Länderkunden. Wissenschaftliche Buchgesellschaft, Darmstadt

Le Monde diplomatique (2003) Atlas der Globalisierung. taz Verlags- und Vertriebs GmbH, Berlin

Macamo E (2003) Nach der Katastrophe ist die Katastrophe. Die 2000er Überschwemmung in der dörflichen Wahrnehmung in Mosambik. In: Clausen L, Geenen EM, Macamo E (Hrsg) Entsetzliche soziale Prozesse. Theorie und Empirie der Katastrophen (Konflikte, Krisen und Katastrophen – in sozialer und kultureller Sicht 1). LIT, Münster. 167–184

Reusswig F (1999) Syndrome des globalen Wandels als transdisziplinäres Konzept. *Zeitschrift für Wirtschaftsgeographie* 43(3/4): 184–201

Sen A (1981) Poverty and Famines. Clarendon, Oxford

Scholz F (1995) Nomadismus. Theorie und Wandel einer sozio-ökologischen Kulturweise (Erdkundliches Wissen 118). Steiner, Stuttgart

Spittler G (1989) Handeln in einer Hungerkrise. Tuaregnomaden und die große Dürre von 1984. Westdeutscher Verlag, Wiesbaden

Spittler G (1994) Hungerkrisen im Sahel. *Geographische Rundschau* 46(7/8): 408–413

UN/ISDR (2003) Disaster Reduction in Africa. ISDR informs, issue 1, 2003

UN/OCHA Office for the Coordination of Humanitarian Affairs (2003) Affected Populations in the Horn of Africa Region. UN, Nairobi

World Bank (2005) Natural Disaster Hotspots. A Global Risk Analysis (Disaster Risk Management Series No. 5). World Bank, Washington DC

Teil V

Herausforderungen –
Aussichten auf die
Risikowelt(en) von morgen

31 Relationalität und räumliche Dynamik von Risiken – ein bioterroristisches Szenario aus Perspektive der *Actor Network Theory*

Julia Maintz

actor-network • *Actor Network Theory* • Biohazard • biologischer Kampfstoff • Biologische Waffe • Feuerraum • fluider Raum • hybride Geographien • *immutable mobile* • Katastrophe • *mutable mobile* • Netzwerkraum • Risiko

Die *Actor Network Theory* versteht Phänomene als durch heterogene Elemente prozesshaft hergestellte Zusammenhänge. Konstitutive Elemente prägen einen Zusammenhang qualitativ durch Eigenschaften, die sie in situativen Elementkonstellationen einbringen. Verbindungen zwischen den zusammentreffenden Elementen stabilisieren sich temporär, oder sie verändern sich mit dem Eingehen neuer Konstellationen. Das Konzept **Element** ist offen definiert, d. h. in Bezug auf qualitative Eigenschaften nicht festgelegt. Neben menschlichen Akteuren können z. B. physisch-materielle Objekte oder situative Einflüsse Elemente darstellen, die ein Phänomen im Zusammenspiel mit anderen Elementen formen und dynamisch verändern.

Im Folgenden wird der analytische Rahmen der *Actor Network Theory* zur Beschreibung der **Topologie und räumlichen Dynamiken einer Risikosituation** angewendet. Betrachtet wird eine biologische Gefährdung (**Biohazard**; zur Diskussion des Hazardbegriffs Pohl und Geipel 2002, S. 5). Eine biologische Gefährdung wird als im Zusammenhang mit einem Ereignis stehend verstanden, das

biologische Reaktionen auslösen kann. Der Argumentation werden weiterhin die Begriffe Risiko und Katastrophe zugrunde gelegt (Pohl 1998, S. 156–163; Pohl und Geipel 2002, S. 5). Die Begriffe Risiko, Gefährdung und Katastrophe werden in diesem Kapitel in Hinblick auf menschliche (individuelle und kollektive) Wahrnehmung, Handeln und den *status quo* individueller oder sozialer Lebensbedingungen definiert. Der Begriff **Risiko** bezieht sich im vorliegenden Text auf eine potenzielle Folge menschlichen Handelns oder unterlassenen Handelns, welches einem Entscheidungsprozess nachfolgt (Luhmann 1990, S. 136; Luhmann 1997, S. 327; Pohl 1998, S. 156-163; Weichselgartner 2001, S. 44; Pohl und Geipel 2002, S. 5). Diesbezügliche Entscheidungen werden rational und/oder emotional im vollen oder Teilbewusstsein möglicher Konsequenzen getroffen. Gefährdungen durch Ereignisse jeglicher Art können in eine Risikoentscheidung einfließen. **Katastrophen**, definiert in Hinsicht auf menschliche Lebenssituationen, geschehen entweder als Folge menschlicher Entscheidungen oder unbeeinflusst von menschlichen Entscheidungen.

31.1 Mobile Element-konstellationen und Räumlichkeiten der *Actor Network*-Debatte

Die *Actor Network*-Debatte versteht Qualitäten von Elementen, die ein Phänomen konstituieren, nicht als essentialistische Eigenschaften, sondern als Qualitäten, die in der Relation zu anderen Elementen herausgebildet werden.

»*I simply want to note that actor-network theory may be understood as a semiotics of materiality. It takes the semiotic insight, that of the relationality of entities, the notion that they are produced in relations, and applies this ruthlessly to all materials*« (Law 1999, S. 4).

Die Veränderlichkeit (*performativity*) von Phänomenen folgt aus dem Konzept der **relationalen Materialität** (*relational materiality*) der sie ausbildenden Elemente. Da Charakteristika von Elementen in ihrer Verbindung zu anderen Elementen hervortreten – dies geht mit dem Einnehmen von (strategischen) Positionen in einem Beziehungsgefüge einher – verändern sich eingebrachte Qualitäten mit einer sich wandelnden Elementkomposition. Der Gesamtzusammenhang wandelt sich entsprechend. Auch ist es denkbar, dass Elementkonstellationen für einen Zeitabschnitt konstant gehalten werden, wenn das Beziehungsgefüge zwischen Elementen reproduziert wird.

Menschliche und nicht menschliche Elemente nehmen eine konzeptionell gleichberechtigte Stellung in Bezug auf die Beeinflussung des sich herausbildenden Gesamtzusammenhangs ein (Callon 1986, S. 200). Das Konzept der **Handlung von Elementen** definiert sich als die Fähigkeit, Effekte hervorzurufen (Latour 1999, S. 183). So können sich menschliche und nicht menschliche Elemente in Elementkonstellationen gegenseitig definieren und beeinflussen, u. a. auch durch die Förderung oder Hinderung daran, Positionen im Beziehungsgefüge einzunehmen. Als nicht menschliche **Aktanten** werden nicht menschliche Organismen, nicht organische Körper und Substanzen, soziomaterielle Artefakte (z. B. das Internet) oder Konzepte (z. B. Gesellschaft) verstanden. Wie Jöns (2003, S. 96) anmerkt, können Menschen maximal als erste Verursacher von Ereignissen gelten, jedoch wird ihnen die alleinige Verantwortung für die Herausbildung von Elementkonstellationen, die Ereignisse anstoßen, abgesprochen (Latour 1999, S. 180–182, 281). Vielmehr werden situationsspezifische Elementkonstellationen auch durch nicht menschliche Elemente sowie zeitliche (einschließlich vergangener Ereignisse) und räumliche Kriterien geprägt.

Elementkonstellationen werden in der Terminologie der *Actor Network*-Debatte als *actor-networks* bezeichnet. Einzelne Elemente eines solchen *actor-network* wiederum werden als eigenständige *actor-networks* verstanden, welche ebenso aus Elementen zusammengesetzt sind. Da *actor-networks* sich aus heterogenen Elementen zusammensetzen können, ist es möglich, dass sie **hybride Strukturen** aus sozialen, physisch-materiellen und technologischen Elementen ausbilden. Die ontologische Unterscheidung zwischen Subjekt und Objekt bzw. Gesellschaft und Natur wird in diesem argumentativen Zusammenhang relativiert.

Das Konzept des „Netzwerkraums" (*network space*) beschreibt die topologische Stuktur, die durch die Elemente eines *actor-network* gebildet

---

Kasten 31.1

Räumliche Aspekte von *actor-networks*

Elementkonstellationen bilden erstens topologische Räume aus und können sich zweitens durch Räume bewegen. Die *Actor Network*-Debatte thematisiert verschiedenartige Räumlichkeiten: physischen Raum, **Netzwerkraum**, **fluiden Raum** und **Feuerraum** (*network space, fluid space, fire space*; Law 2000, Law und Mol 2001). Diese topologischen Ausformungen sind an Formen von *actor-networks* gebunden: *mutable mobiles* und *immutable mobiles*. Ein **veränderliches mobiles *actor-network*** (*mutable mobile*) bezeichnet eine topologische Struktur, die durch sich wandelnde Elementkonstellationen geprägt ist. Ein **unveränderliches mobiles *actor-network*** hält seine Form – d. h. Elementkonstellation –, wenn es sich durch Räume bewegt bzw. räumliche Formen ausbildet. Die (Un-)Veränderlichkeit und Mobilität ((*im-)mutability, mobility*) von *actor-networks* veranschaulicht die Bedeutung von zeitlichen und räumlichen Faktoren für die Ausbildung von Elementkonstellationen.

wird (Kasten 31.1). Ein diesbezügliches klassisches Beispiel der *Actor Network Theory* ist ein Schiff. Es stellt eine topologische Struktur dar, die sich durch den physischen Raum bewegt:

»*The immutability belongs to network space: to a first approximation the vessel doesn't move within this. If it did, it would stop being a vessel. But it is that immutability in network space which affords both the immutability and the mobility in Euclidean space. To put it more strongly, it is the interference between the spatial systems that affords the vessel its special properties. We are in the presence of two topological systems, two ways of performing space. And the two are being linked together*« (Law and Mol 2001, S. 612).

Das Schiff stellt ein *immutable mobile* dar. Es ist unveränderlich (*immutable*) in dem Sinn, dass es die Elementrelationen stabil hält, die es zu einem Schiff werden lassen. Das heißt, es ist unveränderlich in seiner Netzwerkräumlichkeit. Es ist beweglich (*mutable*), da es sich durch den physischen Raum bewegt. Ein Element in der Komposition, die das Schiff ausmacht, ist die Eigenschaft, sich durch den physischen Raum zu bewegen.

Ein *mutable mobile* dagegen hält seine Form dadurch, dass es eine variable Elementstruktur aufweist. »*It is part of – it helps to enact – a fluid topology*« (Law 2000, S. 8). Somit stellt auch ein *mutable mobile* Netzwerkräumlichkeit her und zwar in der Qualität eines fluiden Raums (*fluid space*). Ein Beispiel ist eine Technologie, die an verschiedenen Orten eine unterschiedliche Zusammensetzung aufweist, etwa die Buschpumpe. Die lokalen Bedingungen definieren ihre Komponenten, Nutzungsart und -häufigkeit und ihren gesellschaftlichen Stellenwert. Auch wenn die Buschpumpe an verschiedenen Orten eine unterschiedliche elementare Zusammensetzung zeigt, bleibt sie als Buschpumpe erkennbar. Die Buschpumpe ist ein *mutable mobile*, da sie durch ihren Wandlungscharakter weder als Netzwerkraum noch im physischen Raum, durch den sie sich bewegt, ihre Form hält.

»*The bush pump certainly exists in and enacts Euclidean space, and I've just suggested that it may also in some measure exist in and perform network spatiality. Perhaps, then, we need to say that it shuttles between these different topoi, performing relations between them*« (Law 2000, S. 9).

Law und Mol stützen sich in ihrer Konzeption des **Feuerraums** (*fire space*) auf Bachelards Feuermetapher (Bachelard 1964, S. 13–14). Die Form des Feuerraums wird durch unterbrochene Elementkonstellationen herausgebildet. Eine als feuerräumlich definierte topologische Struktur ist durch den Wechsel zwischen Einfluss und fehlendem Einfluss von sie

herstellenden Elementen gekennzeichnet. Diese "flackernde" Relation von anwesenden und abwesenden Elementen beschreiben Mol und Law als Qualität feuerräumlicher topologischer Konstellationen.

»*As with fluid constancy, movement rather than stasis is crucial. Without movement there is not consistency. The difference is that, whereas in fluidity constancy depends on gradual change, in a topology of fire constancy is produced in abrupt and discontinuous movements ... [F]ire is a metaphor for thinking about the dependence of that which cannot be made present – that which is absent – on that which is indeed present. Or, as the poststructuralist literatures sometimes put it, the way in which the authority of presence depends on the alterity of Otherness.*

Topologically, then, our argument is that in fire space a shape achieves constancy in a relation between presence and absence: the constancy of object presence depends on simultaneous absence or alterity« (Law and Mol 2001, S. 615–616).

Das Feuerraumkonzept antwortet auf Kritik an der *Actor Network Theory*, ihr zentrales Konzept des *actor-network*, d. h. eine Netzwerkstruktur, ermögliche keine konzeptuelle Integration von Andersartigkeit (*otherness*). Es ermöglicht das Einschließen von Elementen, die nur zeitweiligen Einfluss auf eine Netzwerkstruktur nehmen.

31.2 Das Gefährdungspotenzial biologischer Kampfstoffe

Im Folgenden werden die vorgestellten Konzepte der *Actor Network*-Debatte zur Analyse eines Risikozusammenhangs angewendet. Es wird das **Szenario eines bioterroristischen Anschlags** gewählt, das die Verknüpfung zwischen physisch-materiellen, sozialen und technologischen Elementen in der Erschaffung von Gefährdungen verdeutlicht. Die dynamischen Elementkonstellationen, die diesen Anwendungsfall herausbilden, werden über die Konzepte des physischen Raums, Netzwerkraums, Feuerraums und fluiden Raums sowie der Überschneidung dieser Räumlichkeiten analysiert.

Biologische Waffen definieren sich durch ihre biologischen Wirkmechanismen:

»*Eine biologische Waffe ist eine Waffe, die derart in die Funktionsweise eines Organismus eingreift, dass sie eine – u. U. tödliche – Krankheit hervorruft. Hieraus ergibt sich sogleich eine Besonderheit der Bio-*

waffen, die sie von anderen Waffen unterscheidet: Sie richtet sich ausschließlich gegen Lebewesen ... Eine biologische Waffe ist eine Waffe, deren Waffenwirkung auf der Freisetzung eines biologischen Kampfstoffes beruht. Ein biologischer Kampfstoff ist ein Bakterium, Virus oder Toxin, dessen Waffentauglichkeit auf seiner biologischen, nämlich krankmachenden, Wirkung beruht« (Schäfer 2002, S. 5–7).

Neben Bakterien, Viren oder Toxinen könnten auch andere Krankheitserreger wie Pilze oder Protozoen als Biokampfstoffe verwendet werden, faktisch wurde ein solcher Einsatz aufgrund schwieriger Handhabbarkeit bislang nicht beobachtet. Bakterien, Viren und Toxine werden zu Biokampfstoffen, indem sie in wirksamen Mengen zur Verbreitung aufbereitet werden. Zu ihrer Verbreitung werden Einsatzsysteme benötigt, die erlauben, Kampfstoffe an definierten Orten zur gewählten Zeit freizusetzen. Mögliche Einsatzgeräte sind gefüllte Explosivkörper (Bombe, Granate) oder Sprühgeräte. Um einen biologischen Angriff effektiv vorzunehmen, müssen der einsetzenden Person oder Gruppe insofern sowohl eine wirksame Menge eines biologischen Kampfstoffs als auch Einsatzsysteme zugänglich sein. Biowaffen können gezielt, z. B. gegen Einzelpersonen oder Gruppen eingesetzt werden, oder ungezielten Einsatz finden. Im letzteren Fall werden sie als Massenvernichtungswaffen bezeichnet. Die Wirkung einer Biowaffe ist abhängig von der Art und Menge des verwendeten Agens, den mit der Waffe in Kontakt gekommenen Lebewesen und der Empfindlichkeit dieser (Ziel-)Organismen (Abb. 31.1). Physisch-materielle Bedingungen, wie Witterungsverhältnisse, und infrastrukturelle Vorkehrungen, wie Schutz- und Abwehrmaßnahmen, können die Wirkung der eingesetzten Waffe entscheidend beeinflussen (Schäfer 2002, S. 6–7).

Schäfer (2002, S. 8–11) argumentiert für die folgenden Anforderungen an einen Biokampfstoff: relevante Wirkung, hinreichende Umweltstabilität, schneller Wirkungseintritt, Verbreitbarkeit, einfache Herstellungsmöglichkeit, Lagerfähigkeit, Bekämpfbarkeit. Relevant ist die Wirkung eines Biokampfstoffs nicht zwangsläufig durch die Tödlichkeit des Agens (Tab. 31.1). Vielmehr kann es die angestrebte Wirkung sein, die Handlungsfähigkeit der Zielperson/-gruppe zu stören und keine dauerhafte Schädigung dieser Person/Gruppe hervorzurufen. Strategische „Anwendungsvorteile" können insofern in der Nichttödlichkeit eines Biokampfstoffs liegen, als ihr Einsatz zu einer gesteigerten Nutzung der infrastrukturellen Einrichtungen des betroffenen Umfelds führen kann, der personelle und finanzielle Kräfte bindet. Dies wäre potenziell

Abb. 31.1 Internationales Warnzeichen für biologische Gefahren (Schäfer 2002, S. 136).

mit einer eingeschränkten Handlungsfähigkeit des Gegners verbunden. Biokampfstoffe können auch auf Nahrungspflanzen (z. B. Reis, Weizen, Roggen) ausgerichtet sein. In diesem Fall wirken sie indirekt auf menschliche Organismen.

Weiterhin sollten als biologische Kampfstoffe einsetzbare Erreger oder Wirkstoffe hinreichende Umweltstabilität aufweisen, etwa bei Kontakt mit Luft nicht direkt unwirksam werden (wie im Fall des HI-Virus). Allerdings scheint es weniger das Ziel eines biologischen Waffeneinsatzes zu sein, einen hochgradig umweltstabilen Wirkstoff zu verwenden, der zur Verseuchung eines Gebiets oder Gebäudes über einen langen Zeitraum hinweg führen würde. Erreger oder Wirkstoffe verlieren ihre Bedeutung als Waffen, wenn ihre Wirkung zu zeitversetzt einsetzt. Ein Biokampfstoff muss verbreitbar sein. Die nächstliegende Möglichkeit ist die Aufbereitung als Sprühnebel (Aerosol: feinste Verteilung von Flüssigkeitströpfchen oder Staub in der Luft; Schäfer 2002, S. 143) zur Verbreitung über die Luft. Weiterhin ist die Verwendung derjenigen Stoffe und Erreger am wahrscheinlichsten, deren Herstellung/Vermehrung sich möglichst wenig aufwändig und kostenintensiv darstellt, und welche lagerbar sind. Es ist allerdings davon auszugehen, dass in jedem Fall ohne Zugang zu Fachkenntnis, infrastruktureller (Labore, Raum

Tab. 31.1 Theoretische Schadenswirkungen ausgewählter Biowaffen (Schäfer 2002, S. 42; mit freundlicher Genehmigung des Dr. Köster-Verlags).

Krankheit	Reichweite (km)	Getötete	Erkrankte
VEE (Venezolanische Pferdeenzephalitis)	1	400	35 000
Zeckenenzephalitis	1	9 500	35 000
Grippe	1	100	35 000
Fleckfieber	5	19 000	85 000
RMSF (*Rocky Mountains Spottet Fever*)	5	11 500	85 000
Brucellose	10	500	100 000
Pest	10	55 000	100 000
Q-Fieber	> 20	150	125 000
Tularämie	> 20	30 000	125 000
Milzbrand	> 20	95 000	125 000

Angenommen wird ein Angriff, bei dem unter stabilen Wetterbedingungen in einer Stadt mit 500 000 Einwohnern 50 kg Pulver oder 6×10^{15} Erreger aerosolisiert werden.

und Behälter zur Lagerung von Biokampfstoffen, Verbreitungsgeräte) und letztlich finanzieller Unterstützung Biokampfstoffe nicht herstellbar und nur in Kleinstmengen einsetzbar sind. Letztendlich müssen Biokampfstoffe bekämpft werden können. Dies ist wichtig, um den Befall von eigenen Kräften bzw. befreundeten oder neutralen Nachbarn zu vermeiden.

Die zeitversetzte Wirkung von Biokampfstoffen auf den menschlichen Organismus, die Gefahr unerwünschter Beeinträchtigung der den Kampfstoff einsetzenden Seite und die Auffälligkeit von groß angelegter Produktion und Lagerung von biologischen Kampfstoffen sind Faktoren, die den Einsatz von Biowaffen wenig geeignet und unwahrscheinlich zur Unterstützung staatlicher Kampfführung erscheinen lassen. Der Einsatz von Biowaffen ist historisch-faktisch und perspektivisch eher eine **terroristische Bedrohung**, die allerdings von staatlicher Seite informativ, personell, infrastrukturell und vor allem auch finanziell unterstützt werden kann. Bioterroristische Anschläge der Vergangenheit zeichneten sich durch den Einsatz geringer Mengen biologischer Kampfstoffe aus, die zum Teil eine dramatische (medial verbreitete) diskursive Rezeption nach sich zogen. Die Rhetorik potenzieller sozialer Katastrophen durch den Einsatz von Biowaffen verschleierte faktisch gering dimensionierte Anwendungsrealitäten und konzentrierte sich auf das Schadenspotenzial zukünftiger bioterroristischer Aktivitäten. Eine derartige Rhetorik unterstützt terroristische Ziele

des Auslösens einer Welle der Furcht und der Bindung personeller und infrastruktureller Ressourcen, d. h. die Schwächung eines fokussierten Systems. So binden etwa vorsorgliche Massenimpfungen Personal und Raum in Krankenhäusern, die in der Folge für reguläre Aktivitäten nur noch vermindert zur Verfügung stehen. Ein solches Szenario ist mit ökonomischen und sicherheitspolitischen Effekten, z. B. der Entwicklung und Anlage eines Vorrats an Impfstoffen, Schutzmasken und anderweitigen Sicherheitsvorkehrungen verbunden.

Nachfolgend wird am Beispiel der Versendung von Milzbranderregern 2001 in den USA die Komplexität eines bioterroristischen Übergriffs illustriert. Dieses Szenario wird in Anwendung der *Actor Network Theory* in Hinblick auf seine konstitutiven Elemente zerlegt.

31.3 Biohazard Milzbrand?

Ein Anwendungsfall bioterroristischer Aktivitäten wurde im September und Oktober 2001 in den USA durch mit Milzbranderregern verseuchte Briefsendungen ausgelöst. 23 Menschen erkrankten durch direkten und indirekten Kontakt mit diesen Sendungen. Indirekter Kontakt erfolgte über den Austritt von Erregern in Postsortierungsmaschinen. Fünf der Er-

31

krankungen mit Lungenmilzbrand endeten tödlich. Den vier mit Milzbrandsporen versehenen Briefsendungen Ende 2001 standen eine Vielzahl angeblicher Milzbrand-Briefsendungen gegenüber: 1999 wurden in den USA mehr als 300 derartiger Attrappen versandt. Weltweit wurden nach den Briefanschlägen in den USA Ende 2001 Schein-Briefbomben in wenigstens 50 Staaten beobachtet. In Deutschland waren es allein Ende 2001 4 000 Stück (Council on Foreign Relations 2006; Geißler 2003, S. 281–282, 290).

In der Begrifflichkeit der *Actor Network Theory* stellten diese Briefsendungen veränderliche mobile *actor-networks* dar. Die Briefe zeigten sich als mobile Elementkonstellationen unterschiedlicher Zusammensetzung. Die vier kontaminierten Sendungen enthielten Milzbrandsporen, d. h. biologische Elemente. Weiterhin bestanden die Sendungen aus physisch-materiellen Bestandteilen unbelebter Form, etwa Briefpapier und -umschlägen und sozialen Elementen, Information in Form der Ausweisung der Briefe als Milzbrandträger mit der Androhung tödlicher Wirkung. Die Briefattrappen setzten sich aus den gleichen Elementen ausschließlich ihrer biologischen Komponenten, den Milzbranderregern, zusammen. Die in der Zusammensetzung der Briefe hergestellte Netzwerkräumlichkeit war eine fluide, d. h. ein wandelbarer Netzwerkcharakter. Die mobilen Erreger- bzw. reinen Informationsträger fanden eine weltweite Ausbreitung in physischen Umgebungen.

Der Kontakt mit Milzbrandbriefen löste in 23 Fällen biologische Reaktionen in menschlichen Zielorganismen aus und zog Milzbranderkrankungen nach sich. Fünf erkrankte Menschen starben. In diesen Fällen wurden die Erreger über die Luft, ein physisch-materielles Medium, verbreitet und wurden eingeatmet. Durch den Kontakt mit Postsortierungsgeräten, d. h. technologischen Elementen, fand eine Verbreitung der Erreger zusätzlich zu ihren ursprünglichen Trägermedien, den verseuchten Briefen, statt. Die Postsortierungsgeräte verteilten Milzbrandsporen in ihrer Umgebung und infizierten u. a. zunächst nicht kontaminierte weitere Briefsendungen. Damit traten belebte (Milzbrandbakterien, menschliche Organismen als soziophysiologische Hybride) und unbelebte physisch-materielle Elemente (Briefe, Geräte) über das physisch-materielle Transportmedium der Luft in Verbindung.

Neben stofflichen Austauschprozessen, die technologisch unterstützt wurden, waren die Geschehnisse in entscheidendem Ausmaß von symbolischen Faktoren beeinflusst: Der Großteil der versandten Briefe, die keine Erreger enthielten, schürte die Furcht vor Krankheit. Das terroristische Moment, die Verbreitung von Angst und Schrecken zum Erreichen

von (politischen) Zielen, wurde – unterstützt durch Trittbrettfahrer – realisiert. Die über die soziale Information der Drohbriefe hinausgehende (medienvermittelte) Rhetorik einer bevorstehenden sozialen Katastrophe, einer Milzbrandepidemie, zog – ungeachtet der wenigen tatsächlich mit Milzbrandsporen versehenen Sendungen – umfangreiche medizinische und infrastrukturelle Aktivitäten nach sich. Finanziell intensive Sicherheitsmaßnahmen zur Handhabung der vorliegenden Situation und Vorkehrungen für den Ernstfall potenziell groß angelegter terroristischer Aktivitäten wurden vorgenommen. Soziale Information, physisch-materielle Artefakte in Form der Briefsendungen und technologische Medien stießen menschliche Aktivitäten an, die Produktion und Nutzung physisch-materieller Artefakte in Form von infrastrukturellen Einrichtungen, die Einnahme biologisch wirksamer Impfstoffe, die Umverteilung sozioökonomisch wirksamer Ressourcen.

»*Wegen einer mutmaßlichen Exposition mit Anthrax-Sporen wurden mehr als 30 000 Personen jeweils 60 Tage lang mit Ciprofloxacin und anderen Antibiotika behandelt, vor allem Mitarbeiter und Besucher von Postämtern in New Jersey, New York City und im Großraum Washington, dem District of Columbia, sowie Personen, die sich am 15. Oktober [2001; J.M.] im 5. und 6. Stock des Südost-Flügels des „Hart"-Hauses aufgehalten hatten. Parallel dazu erfolgte die Dekontaminierung des neun Stockwerke hohen Gebäudes sowie anderer betroffener Teile des Capitols mit Chlordioxid, was drei Monate dauerte und mehr als 23 Millionen Dollar kostete. Aufwändiger und langwieriger erwies sich die Dekontaminierung des Postamtes in der Brentwood Street. Sie war erst Ende Dezember 2002 abgeschlossen und kostete 100 Millionen Dollar*« (Geißler 2003, S. 282).

Der Fall der Milzbrand-Postsendungen illustriert die mediale Inszenierung eines terroristischen Anschlagsszenarios als soziale Katastrophe mit einem selbstverstärkenden Effekt durch weltweit aktive Trittbrettfahrer. Wird der Gesamtzusammenhang des beschriebenen Szenarios der Milzbrand-Briefsendungen als Netzwerkstruktur, als *actor-network* beschrieben, ist dieses Netzwerk von den beschriebenen Wechselbeziehungen zwischen physisch-materiellen, technologischen und insbesondere sozialen Elementen gekennzeichnet.

Wird der dargestellte Zusammenhang als feuerräumliche topologische Struktur begriffen, so handelt es sich um eine Netzwerkstruktur, die durch das temporäre Einwirken zum Teil anwesender und zum Teil abwesender Elemente gekennzeichnet ist. Die mediale Inszenierung des bioterroristischen Anschlagsszenarios scheint feuerräumlich einwirkende

Elemente in Form sozialer Informationen bezüglich der Milzbrandbriefsendungen eingebracht zu haben. Diese Informationen lieferten entscheidende Impulse zur Stilisierung der Geschehnisse als eine terroristische Bedrohung, die eine soziale Katastrophe hätte nach sich ziehen können bzw. bereits eine soziale Katastrophe darstellte. Die Abwesenheit informativer feuerräumlicher Impulse hätte eventuell die Multiplikation vorgeblich verseuchter Briefsendungen und der mit ihnen assoziierten Erzeugung von Panik weltweit verhindert. Ebenso wären umfangreiche medizinische und infrastrukturelle Maßnahmen und die hiermit verbundenen ökonomischen Belastungen möglicherweise in deutlich geringerer Dimensionierung vorgenommen worden. In Anbetracht der in Kapitel 31.2 geschilderten geringen Wahrscheinlichkeit, dass terroristisch motivierte Akteure über große Mengen von Biokampfstoffen verfügen können, müssen die stattgefundene Rhetorik der bioterroristischen Bedrohung sowie die getroffenen Schutzmaßnahmen als erstaunlich und als gelungener terroristischer Übergriff betrachtet werden.

»*Die Verschickung von Milzbrandbriefen im Oktober 2001 in den USA ist vermutlich darauf zurückzuführen, dass den Tätern ... nur kleine Mengen von Bazillen bzw. Sporen zur Verfügung standen ... Hiermit lassen sich Anschläge gegen Einzelpersonen durchführen, nicht jedoch ein Angriff gegen größere Bevölkerungsgruppen*« (Schäfer 2002, S. 33).

31.4 Hybride Geographien als Instrument der Risikoanalyse

In diesem Beitrag wurde eine Zerlegung einer biologischen Gefährdung (**Biohazard**) in einen Zusammenhang vorgenommen, der durch biologische Reaktionen gekennzeichnet war, jedoch darüber hinaus durch vielfältige weitere physisch-materielle und soziale Elemente und Mechanismen hergestellt wurde. Diese Elementkonstellationen fanden **raumwirksam** statt. Eine Darstellung der Interrelation von physisch-materiellen belebten und unbelebten, technologischen und sozialen Elementen, wie sie in diesem Beitrag in der Terminologie der *Actor Network Theory* stattgefunden hat, kann dazu dienen, die **Teilkomponenten eines Risikozusammenhangs** zu analysieren. Ein so vertiefbares Verständnis von Risiken bzw. der sozialen Produktion von Gefahren oder ihrer Interpretation als Katastrophen kann entscheidende Hinweise zur angemessenen Einstufung von Risikosituationen und zur Notwendigkeit und Bewertung von Schutzmaßnahmen liefern.

Mit dieser Darstellung wird dafür plädiert, vermehrt biologische Gefährdungsszenarien als Bestandteil geographischer Hazardforschung ins Auge zu fassen (Kapitel 4). Dies geschieht auf der Grundlage des Entwurfs von Geographie als Analysesystem räumlich wirksamer somatischer und symbolischer Wechselwirkungen (entsprechend dem humanökologischen Ansatzes nach Weichhart 2003, S. 19–22).

Die Betrachtung physisch-materieller und sozialer Wechselwirkungen unter Einschluss technologischer Komponenten, wie sie in dieser Analyse eines bioterroristischen Szenarios in der Terminologie der *Actor Network Theory* vorgestellt wurde, kann als eine Anwendung von Whatmores Konzept „**hybrider Geographien**" angesehen werden (*Hybrid Geographies*, Whatmore 1999, 2002; Whatmore 1997, Whatmore und Thorne 2000; Kasten 31.2).

Kasten 31.2

Hybride Geographien

Whatmore (1999, 2002) beschreibt hybride Geographien als Wechselbeziehungen zwischen physisch-materiellen, sozialen und technologischen Elementen. Ihr Konzept basiert neben der feministischen Variante der poststrukturalistischen *Science and Technology Studies* (ausgehend von Haraways zentraler Interpretation des Cyborg; Haraway 2000, S. 50) auf der *Actor Network Theory*, die moderne essentialistische Kategorien durch Übergangsrelationen zwischen physisch-materiellen und sozialen Elementen zu umgehen versucht (Latour 1991). Die *Actor Network Theory* thematisiert damit die Schwierigkeit einer eindeutigen Trennung der Gegenstandsbereiche von Natur-, Sozial- und Geisteswissenschaften, d. h. den diskursiven Kategorienfeldern „Natur" versus „Gesellschaft" bzw. „Kultur". Die Analyse hybrider Geographien verbindet Whatmore mit einem politisch-praktischen Handlungsanspruch. Eine **handlungsorientierte Hazardforschung**, die sich des Analysesystems hybrider Geographien bedient, erlaubt eine prozesshafte Beleuchtung von Risikoszenarien in Form ihrer relationalen und räumlichen Ausgestaltungen. Sie bietet die Möglichkeit einer konzeptionellen Verbindung human- und physisch-geographischer Untersuchungsgegenstände (Pohl 1998, S. 154–155; Pohl 2005; Müller-Mahn und Wardenga 2005).

31

Zusammenfassung

Der relationale Ansatz der *Actor Network Theory* ermöglicht eine Gleichbehandlung von physisch-materiellen, sozialen und technologischen Elementen in der Analyse eines Risikozusammenhangs. Im vorliegenden Kapitel werden konzeptionelle Annahmen der *Actor Network Theory* vorgestellt und zur Untersuchung der Relationalität und räumlichen Dynamik eines bioterroristischen Szenarios angewendet. Die am Beispiel einer biologischen Gefährdung (Biohazard*)* im Sinn der *Actor Network Theory* vorgenommene topologische Betrachtung von Elementen, die Risikosituationen prozesshaft herstellen, realisiert einen integrativen analytischen Zugang zu human- und physisch-geographischen Untersuchungsgegenständen.

Schlüsselsätze
- Die *Actor Network Theory* versteht Phänomene als durch heterogene Elemente prozesshaft hergestellte Zusammenhänge.
- Qualitäten von Elementen, die ein Phänomen konstituieren, werden nicht als essentialistische Eigenschaften verstanden, sondern als Qualitäten, die in der Relation zu anderen Elementen herausgebildet werden.
- In der Perspektive der *Actor Network Theory* fungieren auch nicht menschliche Elemente als handelnde Aktanten, indem sie Effekte hervorzurufen vermögen.

Literatur

Bachelard G (1964) The psychoanalysis of fire. 1. Aufl. 1938, Beacon, Boston, MA

Callon M (1986) Some elements of a sociology of translation: domestication of the scallops and the fishermen of St Brieuc Bay. In: Law J (Hrsg) Power, action and belief: a new sociology of knowledge? Routledge und Kegan Paul, London. 196–233

Council on Foreign Relations (Hrsg) (2006) The Anthrax Letters. http://www.cfr.org/publication/9555/anthrax_letters.html

Geißler E (2003) Anthrax und das Versagen der Geheimdienste. Kai Homilius Verlag, Berlin

Haraway D (2000) A manifesto for cyborgs. Science, technology, and socialist feminism in the 1980s. In: Kirkup G, Janes L, Woodward K, Hovenden F (Hrsg) The gendered cyborg. A reader. 1. Aufl. 1985, Routledge, London. 50–57

Jöns HB (2003) Grenzüberschreitende Mobilität und Kooperation in den Wissenschaften: Deutschlandaufenthalte US-amerikanischer Humboldt-Forschungspreisträger aus einer erweiterten Akteursnetzwerkperspektive. Heidelberger Geographische Arbeiten 116. Selbstverlag des Geographischen Instituts der Universität Heidelberg, Heidelberg

Latour B (1991) Nous n'avons jamais été modernes. Essai d'anthropologie symétrique. La Découverte, Paris

Latour B (1999) Pandora's hope: essays on the reality of science studies. Harvard University Press, Cambridge, MA

Law J (1999) After ANT: Complexity, naming and topology. In: Law J, Hassard J (Hrsg) Actor Network Theory and after. Blackwell, Oxford. 1–14

Law J (2000) Objects, spaces and others. http://tina.lancs.ac.uk/sociology/soc027jl.html

Law J, Mol A (2001) Situating technoscience: an inquiry into spatialities. *Environment and Planning D: Society and Space* 19(5): 609–621

Luhmann N (1990) Risiko und Gefahr. In: Luhmann N (Hrsg) Soziologische Aufklärung 5: Konstruktivistische Perspektiven. Westdeutscher Verlag, Opladen. 131–169

Luhmann N (1997) Die Moral des Risikos und das Risiko der Moral. In: Bechtemann G (Hrsg) Risiko und Gesellschaft. 2. Aufl. Westdeutscher Verlag, Opladen. 327–338

Müller-Mahn D, Wardenga U (Hrsg) (2005) Möglichkeiten und Grenzen integrativer Forschungsansätze in Physischer und Humangeographie. IFL-Forum 2. Leibniz-Institut für Länderkunde, Leipzig

Pohl J (1998) Die Wahrnehmung von Naturrisiken in der „Risikogesellschaft". In: Heinritz G, Wiessner R, Winiger M (Hrsg) Nachhaltigkeit als Leitbild der Umwelt- und Raumentwicklung in Europa. 51. Deutscher Geographentag Bonn 1997. Band 2. Franz Steiner Verlag, Stuttgart. 153–163

Pohl J (2005) „Erfahrungen mit und Erwartungen an die Physiogeographie aus der Sicht eines Humangeographen" oder: Zur Frage der Einheit von Physio- und Humangeographie vor dem Hintergrund einiger wissenschaftstheoretischer Aspekte. In: Müller-Mahn D, Wardenga U (Hrsg) Möglichkeiten und Grenzen integrativer Forschungsansätze in Physischer und Humangeographie. IFL-Forum 2. Leibniz-Institut für Länderkunde, Leipzig. 37–53

Pohl J, Geipel R (2002) Naturgefahren und Naturrisiken. *Geographische Rundschau* 54(1): 4–8

Schäfer AT (2002) Bioterrorismus und Biologische Waffen. Gefahrenpotential – Gefahrenabwehr. Verlag Dr. Köster, Berlin

Weichhart P (2003) Gesellschaftlicher Metabolismus und Action Settings. Die Verknüpfung von Sach- und Sozialstrukturen im alltagsweltlichen Handeln. In: Meusburger P, Schwan T (Hrsg) Humanökologie.

Ansätze zur Überwindung der Natur-Kultur-Dichotomie. Erkundliches Wissen 35. Franz Steiner Verlag, Wiesbaden. 15–44

Weichselgartner J (2001) Naturgefahren als soziale Konstruktion. Eine geographische Beobachtung der gesellschaftlichen Auseinandersetzung mit Naturrisiken. Bonn

Whatmore S (1997) Dissecting the autonomous self: hybrid cartographies for a relational ethics. *Environment and Planning D: Society and Space* 15(1): 37–53

Whatmore S (1999) Hybrid geographies: rethinking the 'human' in human geography. In: Massey D, Allen J, Sarre P (Hrsg) Human geography today. Blackwell, Cambridge. 22–39

Whatmore S (2002) Hybrid geographies: natures, cultures, spaces. Sage, London

Whatmore S, Thorne L (2000) Elephants on the move: spatial formations of wildlife exchange. *Environment and Planning D: Society and Space* 18(2): 185–203

31

32 Warum konnte das nicht verhindert werden? Über den (Nicht-)Zusammenhang von wissenschaftlicher Erkenntnis und politischen Entscheidungen

Heike Egner

Autopoiesis • Beobachtung (1. und 2. Ordnung) • funktionale Differenzierung • Luhmann, Niklas • politisches System • Selbstreferenz • soziales System • Systemtheorie • Umwelt • Unterscheidung • Wissenschaft

Im Nachgang von Katastrophen wird oft gefragt, ob das nicht hätte verhindert werden können, bei all der (Er-)Kenntnis, die uns zahllose Experten und wissenschaftliche Arbeiten zur Verfügung stellen. Hinter dieser Frage steht die (an sich berechtigte) Vermutung, dass fortschreitende Erkenntnis in politisches Handeln einfließt und z. B. Maßnahmen zum Schutz der Bevölkerung getroffen werden. Die Erfahrung zeigt, dass es ein seltener Fall ist, wenn wissenschaftliche Ergebnisse zu „klugen" politischen Entscheidungen führen. Warum dies so ist, ist Gegenstand dieses Kapitels. Unter einem systemtheoretischen Blick wird deutlich, dass Wissenschaft und Politik Systeme sind, die sich aufgrund ihrer Autopoiesis und Selbstreferenz an unterschiedlichen Leitdifferenzen orientieren und so autonome Entscheidungen treffen. Derartige Systeme lassen sich sehr ungern durch ihre jeweilige „Außenwelt" irritieren, so dass eine gegenseitige Einflussnahme nur unter sehr eingeschränkten Bedingungen wahrscheinlich wird.

32.1 Erstaunte Fragen

Katastrophen erscheinen als Einzelereignisse, die über eine Gesellschaft hereinbrechen – als Hurrikan, als GAU eines Kernkraftwerks, als Tsunami, als Pandemie und so weiter. Naturkatastrophen wird dabei zunächst eine andere „Qualität der Unvermeidbarkeit" zugeschrieben als solchen Katastrophen, die durch menschliches Handeln verursacht wurden (z. B. als Technikfolge) – jene passieren eben, während die anderen bei entsprechendem Verhalten vermeidbar gewesen wären. Allerdings entstehen auch **Naturkatastrophen** nicht plötzlich, sondern sind bei genauerer Betrachtung vielmehr Kulminationspunkte einer langfristigen Entwicklung, die sich nach dem Ereignis durch Verarbeitungs- und Wiederherstellungsprozesse fortsetzten (Plate und Merz 2001, Alexander 2002). Wie Mike Davis gezeigt hat, ist beispielsweise die Entwicklung von Grippeviren in Wildvögeln als Wirt ein natürlicher Prozess – ob sich die Vogelgrippe als Pandemie für den Menschen entwickeln kann, ist dagegen allein eine Folge von politischen Entscheidungen und gesellschaftlichen Praktiken (Davis 2005).

Daher ist auch Schadensereignissen „natürlicher Herkunft" – egal, ob es sich um große Ereignisse wie Tsunami oder Wirbelsturm handelt, oder um

32

eher kleinräumige wie Lawinen, Hangrutschungen oder eine Sturzflut im Wildbach – eines gemeinsam: Immer stellt sich die Frage, ob das Schadensereignis hätte vermieden oder zumindest die Schadenswirkung hätte begrenzt werden können. Denn oftmals liegen ausreichend Forschungsergebnisse über die Zusammenhänge in einem bestimmten Gebiet vor, ebenso das Wissen um die Möglichkeit oder Eintrittswahrscheinlichkeit eines Ereignisses, und dennoch sind Überraschung und Bestürzung allenthalben groß, tritt das Schadensereignis tatsächlich ein. Sehr deutlich zeigte sich diese traurige Bilanz bisher an den fatalen Auswirkungen von Hurrikan Katrina im August 2005 (Kapitel 27). Der Hurrikan war keineswegs eine Überraschung (Pitzke 2005):

- Die Wahrscheinlichkeit, dass ein Wirbelsturm dieser Stärke eines Tages kommen würde, wurde gemeinhin als sehr hoch eingeschätzt, die Projektionen standen von wissenschaftlicher Seite seit einigen Jahren zur Verfügung.
- Die Folgen eines derartigen Sturms für New Orleans und die umliegenden Regionen waren alle bekannt – in einem Bericht der Heimatschutzbehörde der USA aus dem Jahr 2001 über die größten Bedrohungen für die USA wurde ein Hurrikan an der Küste von New Orleans neben einem terroristischen Angriff in New York und einem schweren Erdbeben in Kalifornien als eine der drei größten Bedrohungen genannt.
- Ein Planspiel der *Federal Emergency Management Agency* (FEMA) mit einem virtuellen Hurrikan namens „Pam" im Jahr 2004 zeigte im Ergebnis bereits alle Schäden, die dann tatsächlich eingetreten sind – bis auf die Zahl der Todesopfer, die im Planspiel „Null" betrug (FEMA 2004).
- Es war seit Jahren bekannt, dass die Deichanlagen veraltet und zu gering dimensioniert für ein derartiges Ereignis waren. Das Wissen war vorhanden, die Vorhersagen auf der Grundlage wissenschaftlicher Methoden fundiert und dennoch fehlten die entsprechenden politischen Entscheidungen, um die Folgen dieses extremen Naturereignisses zu mildern.

Hurrikan Katrina und die große Bestürzung über seine fatalen Auswirkungen stehen hier stellvertretend für die Vielzahl von kleineren und größeren Schadensereignissen, in denen dieser Zusammenhang beobachtet werden kann. Wenn Forschungsergebnisse und Expertenwissen offensichtlich nur so wenig zur **Prävention** oder Begrenzung von Schadensereignissen beitragen, stellen sich folgende Fragen: Was weiß eigentlich die Gesellschaft von der Natur oder der Umwelt? Wie gelangt sie zu diesem Wissen?

Und warum ist wissenschaftliche Erkenntnis nicht gleichzusetzen mit gesellschaftlicher Erkenntnis, die zu klugen (im Sinne der Schadensbegrenzung oder -prävention) politischen Entscheidungen führt?

Bei dem Wunsch nach „klugen" politischen Entscheidungen aufgrund wissenschaftlicher Erkenntnis schwingt im Hintergrund eine Vorstellung über die Vernunft des Menschen mit, die ihre Basis in der Aufklärung hat. Diese Vorstellung geht davon aus, dass das Denken mit den Mitteln der Vernunft zu einem durch fortschreitende Erkenntnis geprägten Emanzipationsprozess führen wird, der sowohl Individuen als auch die Gesellschaft umfasst und schließlich aus Unvernunft, verführenden Ideologien oder unguten Herrschaftsverhältnissen hinausführt. Diese Idee ist es, die uns zu der Annahme verführt, dass wir nur ausreichend Wissen über die Zusammenhänge in der Natur, die Wechselwirkungen in den Stoffkreisläufen und die Wirkungen einzelner Elemente im Gesamthaushalt der Umwelt ansammeln und dieses Wissen dann verbreiten müssen, um uns vernünftig, ökologisch sinnvoll, schadenminimierend und nicht-intendierte Folgen vermeidend verhalten zu können. Dass dem nicht so ist, wurde schon öfter festgestellt (Felgentreff 2006). Mehr von dem Genannten scheint also nicht weiterzuhelfen, weder die Anhäufung von mehr Wissen über die Zusammenhänge und Wechselwirkungen in der Umwelt noch ein Mehr an Appellen an die Vernunft der handelnden Individuen. Dieser Beitrag versucht, über einen veränderten theoretischen Zugang auf der Grundlage moderner (soziologischer) Systemtheorie (Kasten 32.1) diesen Zusammenhang zu verstehen und alternative Deutungen aufzuzeigen.

32.2 Wissenschaft und Politik in einer funktional differenzierten Gesellschaft

Es sind vor allem politische Entscheidungen, die getroffen werden müssen, wenn es um Maßnahmen einer potenziellen Schadensbegrenzung durch natürliche oder soziale Risiken geht. Die **Politik** benötigt, bevor sie derartige Entscheidungen treffen und beispielsweise Gesetze vorbereiten und beschließen kann, Erkenntnisse über die Zusammenhänge, die von einer Verordnung oder einem Gesetz berührt werden. Dazu werden in der Regel wissenschaftliche Gutachten angefordert, die das für die Entscheidung notwendige Wissen zusammentragen sollen.

— Kasten 32.1 —

Systemtheorien

Auch wenn das Denken in Systemen nichts Neues ist, so ist das mittlerweile sehr weit verbreitete systemtheoretische Vokabular relativ jungen Datums. Es geht zurück auf disziplinübergreifende wissenschaftliche Diskussionen in den 1940er-Jahren mit den damals neuen Themen **Informationstheorie**, **Kybernetik**, Spieltheorie, Entscheidungstheorie sowie Theorien von Organisationen und Operationen. Anfänglich wurde systemtheoretisches Denken als ein revolutionäres Programm empfunden, da es der traditionellen Trennung zwischen Beobachter und Beobachtetem widersprach. Mittlerweile haben sich systemtheoretische Begriffe und Perspektiven so in das öffentliche wie wissenschaftliche Gedächtnis eingeprägt, dass wir wie selbstverständlich von Systemen in unserer Welt ausgehen. Begriffe wie Ökosystem, Wirtschaftssystem, soziales System usw. sind heute nicht mehr hinterfragbar – jedem scheint bei ihrer Verwendung klar zu sein, dass es sich dabei um **voneinander abgrenzbare Einheiten** handelt. Dabei ist die Frage gar nicht so banal, was ein System eigentlich zu einem System macht und nicht zu etwas anderem. Was gehört zu einem System und was zu seiner Umwelt? Wer zieht diese Grenzen – ein Beobachter oder das System selbst? Mittlerweile fasst der Begriff Systemtheorie ein ganzes Bündel von unterschiedlichen Ansätzen, Perspektiven und Denkrichtungen zusammen.

Einige wenige seien hier kurz vorgestellt:

Allgemeine Systemtheorie und Kybernetik: Die Allgemeine Systemtheorie (*General System Theory*) ist keine Theorie im eigentlichen Sinne, sondern eher eine allgemeine Denkweise oder eine Reihe von Konzepten, die von dem österreichischen Biologen Ludwig von Bertalanffy (1901–1972) als Metatheorie für die Wissenschaften vorgeschlagen wurde (Bertalanffy 1968). In seiner Theorie organischer Systeme, die Bertalanffy in den 1930er-Jahren entwickelte, verstand er die Ursache des Lebens als einen dynamischen Prozess einer spontanen Gruppierung von internen Systemkräften. Systeme sind „offene Systeme", weil sie sich für ihren Stoffwechsel Materie aus der Umwelt einverleiben, um somit ein **„Fließgleichgewicht"** zu erreichen suchen – ein Begriff, der ebenfalls von Ludwig von Bertalanffy eingeführt wurde und der bis heute in der Allgemeinen Systemtheorie als spezifische Eigenschaft von Organismen gilt. Die Allgemeine Systemtheorie wird heute kaum ohne die Kybernetik genannt, gegen die sich Bertalanffy stark verwehrt hatte, da es ihm um lebende Systeme und nicht um Maschinen ging. Aus der Kybernetik stammen einige wichtige Grundbegriffe, die mit der Allgemeinen Systemtheorie verbunden werden, z. B. Regelkreis, Prozess, Rückkopplung, Transformation, Steuerung, Regelung, Stabilität, Gleichgewichtszustand, Ist-Zustand/Soll-Zustand, schwarzer Kasten (*black box*) (immer noch grundlegend Ashby 1961). Die Kybernetik ist aus den Systemtheorien nicht mehr wegzudenken. Sie hat das Denken in den meisten Wissenschaftszweigen und auch das Alltagsverständnis massiv beeinflusst. Das größte Verdienst der Kybernetik liegt in der Bereitstellung eines einheitlichen Vokabulars und eines festen Stamms von Begriffen, mit denen sich ganz unterschiedliche Typen von Systemen beschreiben lassen.

Kybernetik 2. Ordnung: Einen paradigmatischen Wechsel in den Systemtheorien stellt die Idee der **Selbstorganisation** von Systemen dar, die die frühere Erkenntnis der Selbststeuerung und Regelung von Systemen aus der Allgemeinen Systemtheorie konsequent weitergedacht hat und damit Systemen eine gewisse Autonomie zuschreibt, die der Erhaltung des Systems dient. Einen wirklichen Bruch mit den Denkgepflogenheiten des Abendlandes bildete jedoch der etwas spätere Gedanke der Selbstreferenz von Systemen, der einen großen Schritt über die Selbstorganisation von Systemen hinausgeht. Selbstorganisation meint allein die Struktur von Systemen, während Selbstreferenz die Einheit des Systems bezeichnet.

Moderne (soziologische) Systemtheorie: Seit kurzer Zeit hält die moderne Systemtheorie in Form der „Theorie sozialer Systeme" nach Niklas Luhmann Einzug in die Geographie. Das wirklich Neue an seiner Art von Systemtheorie ist die konsequente Umstellung des Betrachtungsgegenstands einer Sozialtheorie von Handlung auf Kommunikation (Luhmann 1987a). Das Letztelement sozialer Systeme ist somit nicht das Individuum mit seinen Handlungen, wie klassischerweise in der Soziologie gedacht, sondern Kommunikation. Unter dieser systemtheoretischen Ausgangslage verändert sich der Zugang zu dem Thema Mensch und Gesellschaft radikal, da aus dieser Perspektive der individuelle Mensch immer Teil der Umwelt des sozialen Systems ist. Gesellschaft ist aus dieser Sicht ein autopoietisches System, ebenso wie lebende Systeme (Organismen) und psychische Systeme (Bewusstsein). Wie alle autopoietischen und selbstreferentiellen Systeme steuert und erhält sich die Gesellschaft selbst, indem sie Kommunikationen durch Kommunikationen erzeugt. Niklas Luhmann hat sich für seine Theorie sozialer Systeme in vielfältigster Weise durch Überlegungen und Entwicklungen in den verschieden Strängen der (naturwissenschaftlichen) Systemtheorien inspirieren lassen und diese für das Soziale gewendet. Damit ist seine Theorie für das naturwissenschaftliche Denken in hohem Maße anschlussfähig und eignet sich insbesondere für eine Forschung an der „Schnittstelle" von Gesellschaft, Mensch und Umwelt.

Kasten 32.2

Funktionale Differenzierung von Gesellschaft

Man kann die Entwicklung von Gesellschaften als einen evolutionären Prozess verstehen, in dessen Verlauf die Gesellschaft und ihre Selbstbeschreibung (Semantik) immer komplexer wurde. Nach dem Verständnis der Theorie sozialer Systeme ist eine Möglichkeit zur **Reduktion von Komplexität** die Ausdifferenzierung von Systemen: Indem ein System der Komplexität gewisse Strukturen unterlegt, sie ordnet und aufeinander bezieht, zieht es Grenzen zur Umwelt und macht die Komplexität so für sich selbst handhabbar. Je nachdem wie die Grenzen zwischen den gesellschaftlichen Teilsystemen gezogen werden, lassen sich unterschiedliche gesellschaftliche Differenzierungsformen ausmachen. Niklas Luhmann identifiziert im Laufe der historischen Entwicklung vier verschiedene Differenzierungsformen:

(1) gleiche Teilsysteme (segmentäre Differenzierung);

(2) Differenzierung nach Zentrum und Peripherie;

(3) hierarchische Differenzierung in Schichten (stratifikatorische Differenzierung) und

(4) funktionale Differenzierung, die in fortgeschrittenen Gesellschaften (wie der unseren) vorkommt (Luhmann 1998, S. 609ff.).

Jedes Teilsystem differenziert sich nach seiner spezifischen **Funktion** in der Gesellschaft aus, um die komplexer werdenden Aufgaben der Gesamtgesellschaft zu bewältigen. Es entstehen als wichtigste Teilsysteme der Gesellschaft das politische System, das Rechtssystem, das Wirtschaftssystem, das Wissenschaftssystem, das Erziehungssystem, die Familien, die Religion, das Medizinsystem, das Kunstsystem und das Sportsystem. Alle diese Teilsysteme sind aufgrund ihrer unterschiedlichen spezifischen Funktion ungleich, **stehen jedoch in ihrer Ungleichheit gleichberechtigt nebeneinander.**

Eigentlich ein klarer und einfacher Zusammenhang: Politik und Wissenschaft haben zwei unterschiedliche **Funktionen** innerhalb der Gesellschaft inne – Politik soll regieren und das gesellschaftliche Miteinander organisieren, während **Wissenschaft** eine spezifische Form des Wissens für die Gesellschaft bereitstellt (Kasten 32.2). Verbunden sind die beiden Bereiche über gegenseitige Abhängigkeiten und Hilfestellungen: Die Politik setzt die Rahmenbedingungen für die wissenschaftliche Forschung, während die Wissenschaft ihre Erkenntnis der Politik zur Lösung der Regierungsaufgaben zur Verfügung stellt. So weit, so gut. Oder: Doch nicht so gut? Wie die Beispiele aus der Einleitung zeigen, funktioniert das Zusammenspiel von Erkenntnislieferung als Grundlage politischer Entscheidungen nicht wirklich so einfach.

32.3 Gesellschaft und Umwelt systemtheoretisch gedacht

Die Frage nach einer möglichen Schadensreduktion von Extremereignissen ist gleichzeitig die Frage nach der Beziehung zwischen Gesellschaft und Umwelt. Betrachtet man diese Beziehung aus einer systemtheoretischen Perspektive, dann ist die Gesellschaft ein soziales System, das auf **Kommunikation** basiert und sich damit von anderen Systemarten wie psychischen Systemen (mit der Operationsweise Bewusstsein) oder biologischen Systemen (mit der Operationsweise Leben oder Reproduktion von Zellen) unterscheidet. Diese Differenzierung ist grundlegend und heißt in der Konsequenz, dass bewusste Systeme (psychische Systeme) keine lebenden Systeme und Systeme auf der Basis sinnhafter Kommunikation (soziale Systeme) keine bewussten Systeme sind. Kommunikation, Bewusstsein und Leben sind jeweils unterschiedliche Operationsweisen, die nicht aufeinander beziehbar sind und dadurch für eine Unterscheidung von Systemen herangezogen werden können. Die Kommunikationen (ebenso wie Gedanken oder Zellen) produzieren und reproduzieren sich aufgrund anderer Kommunikationen (oder Gedanken oder Zellen) und stellen damit die Einheit des Systems her. Ein Wort gibt das andere, ein Gedanke folgt dem nächsten und eine Zelloperation führt zu weiteren Operationen. Weder gibt es außerhalb von sozialen Systemen Kommunikation, noch gibt es außerhalb von Bewusstseinssystemen Gedanken, noch gibt es außerhalb von biologischen Systemen Leben (Luhmann 1995).

32.3.1 Gesellschaft

Die Gesellschaft als soziales System ist aufgrund ihrer autopoietischen (Kasten 32.3) und selbstrefe- rentiellen (Kasten 32.4) Arbeitsweise operativ ge- schlossen. Operative Geschlossenheit heißt zweier- lei: (1) Kein System kann außerhalb seiner Grenzen operieren oder mit der Operationsweise eines an- deres Systems arbeiten. Nur ein Bewusstsein kann

---

Kasten 32.3

Autopoiesis

Der Begriff wurde Ende der 1960er-Jahre durch die chilenischen Biologen Humerto R. Maturana und Fransisco J. Varela in einer Definition für die Organisation von Lebewesen eingeführt (Maturana 1970, Maturana und Varela 1973). Ein lebendes System charakterisiert sich als solches durch die Fähigkeit, die Elemente, aus denen es besteht, selbst zu produzieren und zu reproduzieren. Ge- nau diese Autopoiesis (altgr.: αυτός = selbst und ποιειν = machen) definiert die Einheit des leben- den Systems. Somit ist jede Zelle das Ergebnis ei- nes Netzwerks interner Operationen des Systems, dessen Element sie ist, und kein Ergebnis eines externen Eingriffs. Diese Überlegungen stellen einen radikalen Bruch innerhalb der Systemthe- orien dar: Seither werden in fast allen Ansätzen Systeme nicht mehr als Input-/Output-Modelle verstanden, die aufgrund mehr oder weniger ein- facher Kausalitäten funktionieren. Die Grenzen zu ihrer Umwelt ziehen Systeme über eine ihnen spe- zifische **Operationsweise** selbst. Systeme sind damit nicht mehr über ihre Funktion innerhalb eines Wirkungsgefüges zu verstehen, sondern vor allem über die Analyse ihrer Selbstorganisation und Eigendynamik sowie ihrer Grenzziehung zur Umwelt. Niklas Luhmann hat diese Überlegungen zur Autopoiesis für seine Theorie sozialer Systeme erweitert, indem er vorschlug, sich nicht allein auf die Autopoiesis des Lebens zu beschränken, denn dadurch entstünde die Frage nach der Ableitung des Lebens aus dem Leben. Oder anders gesagt: nach der Autopoiesis anderer autopoietischer Sys- teme innerhalb von autopoietischen Systemen. Luhmann schlug daher vor, drei verschiedene Ar- ten von Autopoiesis zu unterscheiden und damit unterschiedliche **Systemarten** voneinander abzu- grenzen: Leben, Bewusstsein und Kommunikation (Luhmann 1988b). So operieren soziale Systeme mit Kommunikation, psychische Systeme mit Be- wusstsein und biologische Systeme mit Leben (Re- produktion von Zellen). Konsequenterweise heißt das: Es kann nur dann von einem autopoietischen System gesprochen werden, wenn in einem Sys- tem eine spezifische Operationsweise festzustel- len ist, die nur in diesem System vorkommt und nirgends sonst (Luhmann 1988a).

Kasten 32.4

Selbstreferenz

Selbstreferenz ist eine „Idee" aus der Kyber- netik 2. Ordnung und führt den Gedanken der Selbstorganisation von Systemen weiter. Selbst- referentielle Systeme beziehen sich in all ihren Operationen ausschließlich auf sich selbst und nicht etwa auf ein anderes System und dessen Operationen. Selbstreferenz bedeutet daher eine „operative Geschlossenheit" von Systemen (im Gegensatz zu dem Verständnis von „offenen Systemen" in der Allgemeinen Systemtheorie). **Operative Geschlossenheit** meint nicht, dass die Umwelt keinerlei Zugang zu dem System hat, sondern nur, dass die Umwelt allein über die spezifische Operationsweise des jeweiligen Systems mit einbezogen werden kann (Luhmann 1986). Was aus der Umwelt des Systems be- rücksichtigt wird und in welcher Form es in das System einbezogen wird, entscheidet das System autonom.

Die Vorstellung, dass alle autopoietischen Sys- teme selbstreferentiell operieren, ist ein Bruch mit den Denkgepflogenheiten des Abendlandes, denn bislang galt die Referenz auf das Selbst als ein Privileg, das nur dem Menschen vorbehalten war. Selbstreferenz war nach dieser Vorstellung an das menschliche Bewusstsein gekoppelt, und nur der Mensch galt als zu dieser Form der Selbst- rückbezüglichkeit fähig. Selbstreferenz allen au- topoietischen Systemen zuzuschreiben, kommt einer wissenschaftlichen Revolution gleich.

32

denken. Es kann seine Gedanken aber nicht in anderes Bewusstsein übertragen, dazu muss es sich auf Kommunikation einlassen, und es entsteht ein kleines soziales System (Interaktion). Die Einheit eines sozialen Systems basiert auf vergangenen und gegenwärtigen Kommunikationen und nicht auf den Gedanken der beteiligten psychischen Systeme oder gar den Prozessen der biologischen Systeme (Körper). (2) Der einfache Import und Export von Elementen von außen nach innen oder von innen nach außen (entsprechend der Vorstellung bei „offenen" Systemen in der frühen Allgemeinen Systemtheorie) ist ausgeschlossen. Das bedeutet nicht, dass die Umwelt keinerlei Zugang zu dem System hat, sondern nur, dass die Umwelt allenfalls das System irritieren kann. Was aus der Umwelt mit einbezogen wird, entscheidet das System autonom, ebenso wie die Art und Weise des Einbeziehens der Umwelt immer in Bezug auf die internen Strukturen des Systems erfolgt. Es ist gerade diese Selbstbezüglichkeit des Systems, dieses Auf-sich-selbst-Reagieren, die das System „umweltoffen" sein lässt (Luhmann 1995).

Ein soziales System kann sich somit auf Umweltgegebenheiten nur indirekt – über seine Kommunikationen – beziehen, und das auch nur dann, wenn über diese Umweltgegebenheiten kommuniziert wird. Die an der Kommunikation beteiligten Bewusstseinssysteme haben nur über das jeweilige Thema der Kommunikation eine Chance, an der Kommunikation teilzunehmen. Bewusstseinssysteme haben daher keinen direkten Einfluss auf das soziale System, obwohl es ohne die Beteiligung der psychischen Systeme gar nicht existieren würde. So kann ein Politiker wie der US-Amerikaner Al Gore sein Ziel, die gesellschaftlichen, politischen und wirtschaftlichen Rahmenbedingungen so zu verändern, dass der CO_2-Ausstoß drastisch verringert wird, nicht direkt erreichen, egal wie motiviert er ist und wie überzeugend seine Argumentation auch sein mag. Er kann seine Belange nur als Teil der Kommunikation thematisieren und das auch nur dann, wenn dieses Thema im betreffenden sozialen System, in dem er seine Kommunikation anbringt, gerade aktuell ist und daher eine Chance hat, aufgegriffen zu werden.

Klar wird durch diese Perspektive auch: Die **Gesellschaft als soziales System kann nicht wahrnehmen und agiert ohne Bewusstsein**. Die Gesellschaft verfügt über keinen unmittelbaren Zugang zu ihrer Umwelt, zu der auch die Natur, natürliche Extremereignisse und soziale (!) **Katastrophen** zu zählen sind. Die Gesellschaft kann nur in den sehr eingeschränkten Möglichkeiten ihrer eigenen Operationsweise, der Kommunikation, auf diese „Irritationen" reagieren.

32.3.2 Umwelt

Jedes System zieht seine Grenzen zwischen sich selbst und seiner Umwelt. Der systemtheoretische Begriff der „**Umwelt**" ist damit von dem Begriff der „Umwelt" im geographischen (oder alltagsweltlichen) Verständnis zu unterscheiden: Aus systemtheoretischer Sicht ist die Umwelt all das, was nicht System ist, sozusagen das „Negativkorrelat" (Luhmann 1987a, S. 249) des Systems. Die Umwelt ist so gesehen kein eigenes System, ja noch nicht einmal eine Wirkungseinheit oder ein Wirkungs- und Beziehungsgefüge im Sinne der Geographie oder der Ökosystemforschung. Umwelt existiert nicht an und für sich, sondern immer nur als Umwelt eines Systems. Für das System ist seine Umwelt sozusagen „alles Übrige", was nicht System ist und das dem System allenfalls gewisse Beschränkungen auferlegt (Luhmann 2004, S. 23f.). Allerdings kann kein System ohne seine Umwelt existieren, denn das System selbst entsteht erst dadurch, dass es mithilfe seiner internen Operationen eine Grenze zieht und damit festlegt, was System ist und was Umwelt. Aus dieser Selbstreferenz bei der Grenzziehung folgt, dass die Umwelt für jedes System eine andere ist. Auch andere Systeme gehören zur Umwelt eines spezifischen Systems. So sind psychische Systeme (Bewusstsein von Individuen) füreinander Umwelt, gehören aber auch in die Umwelt des sozialen Systems, auch wenn ihr Vorhandensein eine Notwendigkeit für die Operationsweise (Kommunikation) des sozialen Systems darstellt. Die Umwelt verfügt weder über eine eigene Operationsweise noch ist sie handlungsfähig. Die Umwelt kann daher das System weder wahrnehmen noch behandeln oder beeinflussen, sie hat allein die Möglichkeit zur Irritation und Störung. Was in der Umwelt eines Systems passiert, wird im System selbst als „Rauschen" erfasst (Luhmann 1987a, S. 242f.; Luhmann 1988b, S. 48; Foerster 1960). Prinzipiell hat sich das System gegen das Rauschen in der Umwelt durch interne zirkuläre Strukturen abgeschottet. Zu einer Resonanz des Systems kommt es, wenn das Rauschen als Information durch die eigenen Strukturen des Systems behandelt wird, z. B. im psychischen System als bewusster Gedanke aufgegriffen oder im sozialen System zum Thema der Kommunikation wird. Das System selbst entscheidet autonom, was es aus dem Rauschen als Information begreift und was nicht. **Resonanz** bezeichnet damit den Zustand, wenn Systeme aufgrund von Informationen aus ihrer Umwelt in „Schwingung versetzt werden" (Luhmann 2004, S. 40), die Informationen aus der Umwelt kommunikativ „Resonanz finden". Informationen und Störungen aus der Umwelt sind also nicht *per se* vorhanden, darauf wartend, behandelt zu werden. Vielmehr ist das Aufgreifen einer Information durch ein System immer eine **Selektion**, eine systeminterne Leistung, die dann auch nur mit der spezifischen systeminternen Operationsweise behandelt werden kann.

Die **Grenze zwischen System und Umwelt** kann nur auf der Ebene der Beobachtung überwunden werden (Kasten 32.5). Trotz der Grenzziehung werden dann verschiedenste Interdependenzen zwischen System und Umwelt sichtbar. Kein System kann ohne Umwelt existieren, denn es entsteht erst durch die Grenzziehung zu seiner Umwelt. Zudem benötigt jedes System eine ganze Reihe von Umweltvoraussetzungen für die eigene Existenz. So braucht das soziale System, wie schon erwähnt, notwendigerweise die Verfügbarkeit von psychischen Systemen (Individuen, in der Sprache der Systemtheorie genauer: Personen), ohne die keine Kommunikation zustande käme. Die psychischen Systeme wiederum sind an biologische Systeme gekoppelt – ohne Hirn kein Bewusstsein. Der Körper braucht bestimmte physikalische Voraussetzungen, wie ausreichend Sauerstoff, Temperatur innerhalb einer gewissen Spanne, eine angemessene Schwerkraft, ausreichend Nahrung usw., um funktionieren zu können.

Umwelt, wie sie im Sinne der Ökologie oder des allgemeinen geographischen Verständnisses gebraucht wird, nämlich als physikalische, messbare und fühlbare Umgebung, spielt in der modernen (soziologischen) Systemtheorie nach Niklas Luhmann keine bedeutende Rolle, auch wenn Luhmann die „dichte kausale Vernetzung mit außerkörperlichen Realitäten" (Luhmann 1994, S. 26) für unbestritten und unbestreitbar hält.

32.4 Zur Lösungsfindung bei komplexen Fragen

Was eben für die Gesellschaft als Ganzes gesagt wurde, gilt in gleicher Weise für die einzelnen gesellschaftlichen **Teilsysteme**. In der funktional differenzierten Gesellschaft wird jede gesellschaftliche Funktion (z. B. Politik, Wissenschaft, Wirtschaft, Recht, Religion, Kunst, Erziehung, Sport, Familie usw.) von einem Teilsystem autonom erfüllt. Jedes Teilsystem ist wiederum als ein eigenständiges autopoietisches und selbstreferentiell arbeitendes System zu verstehen, das sich in all seinen Operationen allein an seiner Funktion orientiert. Das heißt, dass jedes Teilsystem die Gesellschaft aus der Perspektive der eige-

nen Funktion heraus beobachtet (Kasten 32.5 und Abb. 32.1). Die Beobachtung orientiert sich an einer jeweils spezifischen Leitdifferenz, einem binären Code, der nur dieses Teilsystem betrifft und kein anderes. So „arbeitet" das politische System unter dem Code Regierung/Opposition, das Wissenschaftssystem unter dem Code wahr/unwahr (aufgrund der Aufladung des Begriffs „Wahrheit" wäre vielleicht eher der Code valide/nicht valide vorzuschlagen), das Rechtssystem unter dem Code Recht/Unrecht und das Wirtschaftssystem unter dem Code Haben/Nicht-Haben (Luhmann 1987b). Binäre Codierungen sind sehr rigide Unterscheidungen, die ein Drittes ausschließen: Ein Politiker ist an der Macht oder in der Opposition, eine wissenschaftliche Aussage ist wahr oder unwahr, ein Kläger bekommt Recht oder nicht – eine jeweils andere Möglichkeit gibt es nicht. Weder gibt es ein bisschen Regierung, noch ein bisschen wahr oder wahr sein oder ein bisschen Recht haben.

Die Orientierung an einer binären Leitdifferenz innerhalb der Funktionssysteme ist bei der Bewältigung gesellschaftlicher Aufgaben sehr hilfreich. Der Fokus auf nur eine für das jeweilige System bedeutsame Unterscheidung bedeutet eine starke Einschränkung der Möglichkeiten der Beobachtung der Welt und damit eine drastische Reduktion der Komplexität. Der binäre **Code** ist die Unterscheidung, mit der ein System seine eigenen Operationen beobachtet und anhand derer es erkennt, welche Operationen zur eigenen Reproduktion beitragen und welche nicht. Denn genau darum geht es: über die Reproduktion systemrelevanter Operationen das eigene System zu erhalten. Eine binäre Codierung bietet große Vorteile im Umgang mit **Unterscheidungen**, denn der Code ist bereits vollständig eingesetzt, wenn zwischen den beiden Werten unterschieden wird. Weiteres muss nicht in Betracht gezogen werden. Der Code erleichtert auch den Übergang von einem Wert der Unterscheidung zu ihrem Gegenwert: Etwas ist wahr, weil es nicht falsch ist oder ein Politiker ist in der Opposition, weil er nicht in der Regierung ist. Die Negation einer Aussage reicht aus, um den Code zu vervollständigen und damit eine Kommunikation eindeutig zu bezeichnen.

Unter der Anwendung seines Codes behandelt ein gesellschaftliches Funktionssystem alle möglichen Objekte und damit auch die Kommunikationen anderer Funktionssysteme. Eine am Code wahr/unwahr orientierte wissenschaftliche Aussage wird im Funktionsbereich Wirtschaft unter dem Code Haben/Nicht-Haben und in Bereich Politik unter dem Code Regierung/Opposition behandelt. Die Anwendung von unterschiedlichen Codes führt zu einer unterschiedlichen „Qualifizierung von Infor-

32

Kasten 32.5

Beobachtung 1. und 2. Ordnung

Beobachten heißt, eine Unterscheidung anzuwenden, um etwas innerhalb dieser Unterscheidung bezeichnen zu können, dass dann wiederum als Ausgangspunkt für weitere Operationen dient. Wird Beobachtung so verstanden, dann können alle Systeme beobachten, egal ob soziale, psychische oder biologische Systeme. Wird eine einfache Unterscheidung angewendet, spricht man von **Beobachtung 1. Ordnung**. Es wird etwas unterschieden, und eine der beiden Seiten einer Form (nach George Spencer-Brown 1969/1997) wird bezeichnet. Eine Kommunikation beispielsweise bezeichnet eine Sache und lässt alles Unbezeichnete unerwähnt. In Anlehnung an Heinz von Foerster spricht man von **Beobachtung 2. Ordnung**, wenn eine Beobachtung die getroffene Unterscheidung der Beobachtung 1. Ordnung mit einbezieht, also

deren Unterscheidung bezeichnet. Beobachtungen 2. Ordnung erzeugen viel Kontingenz (Vieldeutigkeit), da sie die Unterscheidung, die in der Beobachtung 1. Ordnung getroffen wurde, in Beziehung setzt zu allen anderen möglichen Entscheidungen. In der Konsequenz heißt das, dass es immer auch andere Möglichkeiten gegeben hätte (Luhmann 1986, 1988b).

Beobachtung ist eine wesentliche Eigenschaft selbstreferentieller Systeme. Selbstreferenz heißt nichts anderes als die Beobachtung der Unterscheidung von System und Umwelt. Jede Beobachtung ist eine selbstreferentielle Aktivität, egal ob sich die Beobachtung unter der Unterscheidung System/Umwelt auf das System selbst bezieht und damit Selbstreferenz ist oder ob sie sich als Fremdreferenz auf die Umwelt bezieht (Luhmann 1986, S. 77f.).

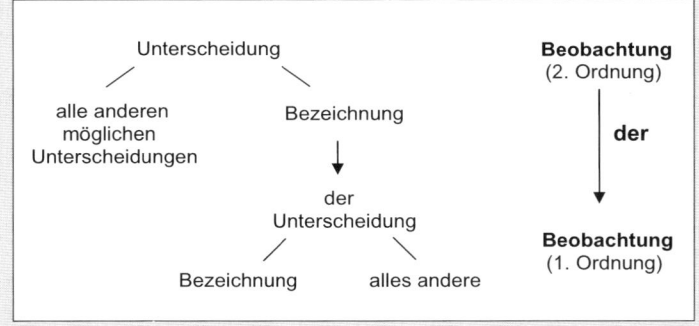

Abb. 32.1
Beobachtung 1. Ordnung und Beobachtung 2. Ordnung.

---

mationen, weil sie den Informationswert der Information auf unterschiedliche Selektionshorizonte bezieht" (Luhmann 1987b, S. 21). Kommunikationen aus einem gesellschaftlichen Teilsystem unterliegen daher hinsichtlich ihrer Wirkungsmächtigkeit der gleichen Dynamik wie jede andere Kommunikation: Sie müssen einerseits die Schwelle der Selbstreferenz des adressierten sozialen Systems überwinden, um wahrgenommen werden zu können, und andererseits unterliegen sie den Dynamiken des dort gültigen Kommunikationszusammenhangs.

Für die Bearbeitbarkeit komplexer gesellschaftlicher Fragen und Probleme, wie z. B. Bedrohungen durch natürliche oder soziale **Katastrophen**, Nutzung und Schutz natürlicher **Ressourcen** oder aber die Sicherung der Rente, hat die Ausdifferen-

zierung der Gesellschaft in funktionale Teilsysteme dramatische Konsequenzen. Die Beobachtung der Welt unter der jeweils spezifischen binären Leitdifferenz eines Funktionssystems führt zu ganz **unterschiedlichen Rationalitäten** bei der Betrachtung ein und desselben Problems. Darüber hinaus hat die Orientierung am eigenen Code die Verwerfung der Unterscheidungen der anderen Teilsysteme, die das gleiche Problem unter ihrem Code beobachten und eine Lösung bereitstellen, zur Folge. Nicht dass damit die Relevanz der anderen Teilsysteme für die Gesellschaft grundsätzlich infrage gestellt wird, allein die Unterscheidung bei der Beobachtung eines zu lösenden Problems wird verworfen und nicht in das eigene Kalkül mit einbezogen. Die funktional differenzierte Gesellschaft erzeugt so eine Vielfalt an

möglichen Orientierungen: Es gelten mehrere Codierungen und damit mehrere Rationalitäten gleichzeitig, die sich zugleich gegenseitig verwerfen.

Da in der funktional differenzierten Gesellschaft
die Beziehungen zwischen den Funktionen keiner
Hierarchie unterliegen und es daher in dieser Form
der gesellschaftlichen Ausdifferenzierung keinerlei
Leitung oder Zentrum gibt, das über ein „Richtig"
oder „Falsch" entscheiden könnte, werden Fragen,
die die Gesamtgesellschaft betreffen, nahezu unlösbar. Denn jedes der beteiligten Teilsysteme entwickelt für ein zu lösendes Problem einen eigenen
Lösungsvorschlag, der unter der sinnhaften Anwendung der spezifischen Leitdifferenzen entsteht. Dass
diese Lösungsvorschläge untereinander kompatibel
sind, ist recht unwahrscheinlich, da die jeweilige
binäre Codierung zu einer jeweils spezifischen
Perspektive führt. **Die Abwesenheit einer übergeordneten Leitung verunmöglicht die Vermittlung
zwischen den erarbeiteten Lösungen**.

Nun mag man auf die Idee kommen, die Politik
hätte doch die Funktion dieser Leitung, da sie die Regeln des gesellschaftlichen Miteinanders erstellt und
die Rahmenbedingungen für Wirtschaft und Alltag
organisiert und ihr daher eine Entscheidungsfunktion
zufällt. Der Haken daran ist: Auch die Politik orientiert sich in all ihrem Operationen ganz selbstreferentiell an ihrem binären Code Regierung/Opposition.
Sie hat damit den **eigenen Systemerhalt** im Blick und
nicht die Gesamtgesellschaft. Um Entscheidungen
in schwierigen Fragen treffen zu können, beauftragt
sie zwar immer wieder das Wissenschaftssystem mit
Gutachten und Expertisen, die ihre Erkenntnisse der
Politik zur Entscheidungsfindung zur Verfügung zu
stellen hat. Dabei gilt: Je schwieriger und komplizierter der Sachverhalt, umso mehr Gutachten und
Expertisen werden erstellt. Dass trotz des hohen wissenschaftlichen Erkenntnisstands so erschreckend
wenige politische Maßnahmen ergriffen werden, ist
aus systemtheoretischer Sicht kein „Fehler im System", sondern liegt mindestens an zweierlei: (1) Zum
einen führt die oben geschilderte Orientierung an
dem jeweils eigenen binären Code zu dem Verwerfen
der Lösungsvorschläge aus einem anderen Funktionssystem. Zum anderen stellen die aus der Wissenschaft angeforderten Gutachten und Expertisen Informationen bereit, die zunächst einmal zur Umwelt
des politischen Systems gehören und damit Rauschen
erzeugen. Detaillierte Informationen über immer tiefere wissenschaftliche Erkenntnisse erhöhen letztlich
nur das Rauschen und führen daher nicht zwangsläufig zu einer Entscheidung, sondern im schlechtesten
Fall dazu, ein weiteres Gutachten in Auftrag zu geben.
(2) Es existieren nur sehr geringe Möglichkeiten zur
Steuerung von Systemen. Um diese Einschränkungen
geht es im folgenden Abschnitt.

32.5 Zur Steuerbarkeit von Systemen

Die oft nach Katastrophen gestellte Frage „hätte das
nicht verhindert werden können?" ist eigentlich eine
Frage nach dem **Management von Risiken**. Vertreter
eines „Risikomanagements" gehen von der grundsätzlichen Planbarkeit von Risiken aus. Der dahinter
verborgene Grundgedanke besagt, dass Organisationen, Institutionen und auch das Handeln von Individuen gesteuert werden können. Vor dem Hintergrund der hier vorgestellten systemtheoretischen
Perspektive ist der **Gedanke der Steuerbarkeit von
Systemen grundsätzlich infrage zu stellen**, insbesondere wenn man die Überlegungen zu Autopoiesis
und Selbstreferenz als konstituierende Elemente von
Systemen ernst nimmt. Denn die Systemtheorie liefert ein Denkgebäude, »*in dem die Bedingungen und
Möglichkeiten erfolgreicher Steuerung gar nicht mehr
formuliert werden können*« (Scharpf 1989, S. 19).

Tritt der Katastrophenfall ein, ist in erster Linie
gar nicht die Politik gefragt, sondern die Vielzahl an
Organisationen und Institutionen, die mit Katastrophenschutz und Katastrophenbewältigung beschäftigt sind und die letztlich die durch die Politik ver-
anlassten Regelungen und Verordnungen umsetzen.
Risikomanagementsysteme sind daher auch in der
Regel an diese Organisationen gebunden, z. B. an
Organisationen, die Vorgaben für technische Vorsorgemaßnahmen erstellen (Deichbau gegen Hochwasser, Verbauungen gegen Lawinen, Armierung
von Gebäuden gegen Erdbebenerschütterung,
computergestützte Warnsysteme usw.), mit der Rettung und Bergung von Opfern sowie der Milderung
von Schäden beschäftigt sind (Hilfsorganisationen,
Rettungsdienste usw.) oder Schäden im Vorhinein
absichern (Versicherungen). Organisationen wiederum werden oftmals als durch und durch „in-
tentional strukturierte" (Schimank 1987, S. 47) und
planbare Sozialsysteme verstanden, die dadurch von
den als unüberschaubar geltenden und einer eigenen
Dynamik folgenden Gesellschaft oder Interaktionen
zu unterscheiden sind. Aus dieser Sicht erscheint es
durchaus verständlich, dass Organisationen eine wesentliche Rolle in einem Risikomanagement spielen,
das auf Planung abzielt. Allerdings hat die Organisa-
tionstheorie hinreichend Belege gesammelt, die den
Schluss zulassen, dass die Strukturierung formaler

32

Organisationen »*nicht durch bewusste Planung, sondern durch Evolution erfolgt*« (Schimank 1987, S. 47). Versteht man **Organisationen als ungeplante, evoluierende soziale Systeme**, dann unterscheiden sie sich in dieser Hinsicht keineswegs von Gesellschaft oder Interaktionssystemen und das bislang Gesagte trifft in gleicher Weise auf Organisationen zu.

Organisationen sind aus systemtheoretischer Sicht »*organisierte soziale Systeme, ... die aus Entscheidungen bestehen und die Entscheidungen, aus denen sie bestehen, durch Entscheidungen, aus denen sie bestehen, selbst anfertigen*« (Luhmann 1988c, S. 166). Wie im Falle aller sozialen Systeme bedeutet Entscheidung hier Kommunikation und nicht etwa einen Vorgang, der durch psychische Systeme unternommen wird. In der Konsequenz heißt das, dass Organisationen, die ja ebenfalls operativ geschlossene soziale Systeme sind, ihre eigenen Strukturen nur durch eigene Entscheidungen spezifizieren und verändern können: »*Sie können nur selbst lernen*« (Luhmann 1988c, S. 166). Hierin liegt das **Grundproblem jeglicher Steuerungsbemühungen**: Ein steuernder Eingriff verändert »*nicht alles und oft mehr oder weniger als beabsichtigt*« (Luhmann 1989, S. 12). Und dies liegt an der **Autonomie der Systeme**: Jede Steuerungsbemühung von außen stellt eine Information aus der Umwelt des Systems dar, die das adressierte System aufnehmen kann oder auch nicht. Die Entscheidung, was aus dem Rauschen in der Umwelt des Systems als Information behandelt wird, ist eine autonome Entscheidung des adressierten Systems. Diese wiederum ist von zwei Aspekten abhängig: Einerseits von Zufallskonstellationen (was wird wahrgenommen, was überschreitet quasi die „Aufmerksamkeitsschwelle"?) und andererseits von dem bisherigen Redundanzniveau des Systems. Unter „Redundanz" versteht Niklas Luhmann eine »*strukturelle Einschränkung der Entscheidungszusammenhänge*« (Luhmann 1988c, S. 174). Ob eine Information aus der Umwelt des Systems aufgegriffen wird oder nicht, hängt also u. a. auch davon ab, ob schon etwas Thema war oder noch nicht. Grundsätzlich kann ein System auf Turbulenzen und Veränderungen in seiner Umwelt mit zwei möglichen Strategien reagieren:

- mit weiterer **Redundanz**, also weiterer struktureller Einschränkung der Entscheidungszusammenhänge, die zu einer »*Kondensierung der Strukturen*« (Luhmann 1988c, S. 174) führt, oder
- mit **Varietät**, also dem Zulassen von verschiedenartigen Entscheidungen.

Beide Strategien können zur **Stärkung oder Schwächung der Stabilität des Systems** führen. Und beide Strategien führen zu unterschiedlichen Operationen

und damit zu einem unterschiedlichen Ergebnis. Darüber hinaus nimmt jedes System seine Operationen auf der Grundlage des für ihn geltenden binären Codes vor. Die Reaktion eines spezifischen Systems auf die als Steuerung intendierte Information kann daher ganz anders ausfallen als die Reaktion eines anderen Systems, das unter einem anderen Code arbeitet. Jeglicher Steuerungsversuch ist mit diesen grundsätzlichen Schwierigkeiten behaftet.

Damit soll nicht gesagt sein, dass ein Risikomanagement zwangsläufig zum Scheitern verurteilt sein muss oder gar überflüssig sei. Vielmehr sollte deutlich werden, dass für eine beabsichtigte Steuerung von Systemen **gezielte Maßnahmen** erforderlich sind. Gezielte Maßnahmen heißt u. a.: Verzicht auf die Produktion und breite Streuung von immer mehr und immer komplizierteren Informationen. Vielmehr braucht es **angemessene Informationen**, die sich für die jeweils adressierten Systeme hinsichtlich ihrer Zielrichtung und Aufbereitung unterscheiden, um so möglichst die interne Struktur der adressierten Systeme zu treffen und damit die Wahrscheinlichkeit zu erhöhen, dass in dem System Resonanz erzeugt wird (dazu, wenn auch in einem anderen Argumentationskontext Felgentreff 2006, S. 7). Wie diese Resonanz letztlich aussehen wird, muss nach wie vor offen bleiben, denn die Selbstreferenz der Systeme bleibt unhintergehbar.

Will man auf ein Risikomanagement – trotz aller theoretischer Bedenken – nicht verzichten, **müssen zahlreiche Fragen geklärt werden**, bevor eine Steuerungsmaßnahme ergriffen wird (Luhmann 2006):

- An welcher systemspezifischen Codierung orientiert sich das adressierte System bei seinen Operationen?
- Welche Strategien der Entscheidungsfindung werden üblicherweise und mit welchen bisherigen Folgen gewählt?
- Wie stark sind Entscheidungen in der betreffenden Organisation vorstrukturiert und damit vorhersagbar?
- In welchem Ausmaß und in welcher Form lässt das System über seine „Programme" Selbst- und Fremdreferentialität zu?
- Reagierte das adressierte System bislang eher mit erhöhter Redundanz oder mit erhöhter Varietät auf Irritationen aus seiner Umwelt? Welche Strategie ist bei dem Versuch der Steuerung zu erwarten?
- Welche Entscheidungsprämissen verfolgt das System üblicherweise? Erfolgen Entscheidungen über Entscheidungsprogramme oder personale Prämissen, welche Kommunikationswege werden gegangen?

Diese Art der Vorbereitung von Steuerungsbemühungen setzt an einem systemtheoretisch basierten **Verstehen** an. Zwar können alle autopoietischen und selbstreferentiellen Systeme beobachten, also alle lebenden, psychischen und sozialen Systeme. Aber nicht alle Systeme können auch verstehen, denn Verstehen setzt im Gegensatz zum Beobachten beim Beobachter **Sinn als Medium** voraus (Luhmann 1986). Nur über Sinn lassen sich Beobachtungen verknüpfen und zu einem Verstehen zusammenführen. Darüber hinaus ist Verstehen in einer systemtheoretischen Perspektive die »*Beobachtung der Handhabung der Selbstreferenz*« (Luhmann 1986, S. 79). Verstehen ist damit die doppelte Einführung der Differenz von System und Umwelt, zum einen bei dem beobachtenden System selbst, damit es sich nicht mit dem beobachteten System verwechselt. Zum anderen muss das beobachtende System gleichzeitig in seiner Umwelt die System-/Umwelt-Differenz für das beobachtete System einführen, um so sich selbst als ein System unter anderen in der Umwelt des anderen Systems zu sehen. Das beobachtende System versteht so in seiner Umwelt ein anderes System aus dessen Systembezügen heraus und kann dabei gleichzeitig sich selbst in Konkurrenz mit anderen Eindrücken aus der Umwelt des beobachteten Systems sehen. Verstehen ist die Voraussetzung für beabsichtigte Steuerungsmaßnahmen. Dies in der Praxis eines Risikomanagements umzusetzen, ist sicherlich so kompliziert, wie es theoretisch klingt. Aber die zahllosen gescheiterten Steuerungsversuche lassen eigentlich nur einen Schluss zu: Wir müssen etwas anderes versuchen.

32.6 Fazit: Adieu Vernunft?

Unter einer systemtheoretischen Perspektive muss man sich von der Vorstellung der Aufklärung verabschieden, dass das Denken mit den Mitteln der Vernunft zu einer fortschreitenden Erkenntnis führt, die für alle an der Vernunft orientierten Menschen verbindlich ist. Vernunft, oder vielleicht besser **Rationalität** ist aus dieser Sicht **immer die Rationalität eines Systems**. Alles ist vernünftig (sinnvoll!), was das eigene System erhält. Das heißt in der Konsequenz, dass Informationen nicht *per se* durch Systeme wahrgenommen werden, sondern nur jene Informationen, Strukturen oder Entscheidungen, die ein System für sich selbst als relevant und rational erachtet. Die Entscheidung, was relevant für ein System ist und was nicht, fällt aufgrund von systeminternen Operationen und Notwendigkeiten. Das gilt für soziale Systeme wie die Gesellschaft oder ihre funktionalen Teilsysteme, wie für das einzelne Bewusstsein als psychisches System, dem ja ebenfalls Rationalität als wesentliches Unterscheidungskriterium unterstellt wird. Als relevant und rational gelten nur jene Informationen, Strukturen und Entscheidungen, die dem eigenen **Systemerhalt** dienen.

Die oben geschilderte Vorstellung einer für alle tragfähigen Rationalität setzt die Annahme einer ontologisch beschreibbaren Welt voraus. Nur dann kann es einen **unbestrittenen Standpunkt** von außen (einen sogenannten archimedischen Punkt) oder eine Spitze, ein Zentrum der Gesellschaft geben, von dem aus Entscheidungen verbindlich getroffen werden können. Eine derartige Gesellschaft bedingt, dass die verschiedenen Welt- und Gesellschaftsbeschreibungen nicht allzu weit auseinander liegen, ansonsten könnten die Entscheidungen nicht auf Konsens stoßen. In einer Gesellschaft jedoch, die sich aufgrund ihrer Funktionen in Teilsysteme ausdifferenziert hat, liegen weder die Welt- und Gesellschaftsbeschreibungen so nahe beieinander, noch sind Entscheidungen klar und verbindlich zu treffen. Allein die Ausdifferenzierung in unterschiedliche Funktionssysteme mit einer jeweils spezifischen Leitunterscheidung erzeugt unterschiedliche gesellschaftliche Rationalitäten, die nur noch Teilphänomene abdecken und in der Summe nicht miteinander in Übereinstimmung zu bringen sind.

Akzeptiert man die Differenz zwischen System und Umwelt als wesentliche Ausgangsunterscheidung, dann wird jede Differenz zu einem eigenen „Weltzentrum“, von dem aus alles weitere beobachtet und unterschieden wird. In diesem Sinne wird die Welt **multizentrisch**, aber in einer Art, dass jede Differenz die anderen Differenzierungen dem eigenen System oder dessen Umwelt zuordnen kann. Auf dieser Grundlage kann es weder eine übergeordnete Rationalität des Handelns geben, noch eine gemeinsame Welt, in der wir leben.

Was heißt das nun für die Hazardforschung oder ein beabsichtigtes Risikomanagement? Soll man es gleich sein lassen, da ein Erfolg sehr unwahrscheinlich ist? Oder einen Versuch wagen, die Kommunikationen zielgerichteter und systemadäquater zu adressieren? Ich votiere für letzteres. Wenn wir nichts anderes haben als Kommunikation, um Probleme zu lösen, dann sollten wir alle Energie darauf verwenden, diese Kommunikationen „sinnvoll“ einzusetzen. Für eine gesellschaftlich engagierte Wissenschaft mit ihrer Funktion der Erarbeitung von spezifischem Wissen heißt das, dass sie ihre Erkenntnisse der Gesellschaft möglichst in einer

32

Form bereitstellt, die sich an den internen Rationalitäten der adressierten Systeme – sei es das politische System, seien es Organisationen, Institutionen oder Individuen – orientiert. Nur dann kann die Wahrscheinlichkeit sich erhöhen, dass sich die so angesprochenen Systeme in Schwingung versetzen lassen und auf die Kommunikation reagieren. Allerdings: Die Wirkungen einer solchen Kommunikation bleiben weiterhin ungewiss, denn die Verarbeitung der Informationen erfolgt im Rahmen der systeminternen Sinnstrukturen und unterliegt einer eigenen Dynamik. Die Probleme werden dadurch sicherlich nicht kleiner und die Entscheidungen über einen „richtigen" oder „falschen" Weg nicht einfacher. Aus systemtheoretischer Sicht haben wir aber keine andere Wahl.

Zusammenfassung

Gerade im Bereich des vorsorgenden Katastrophenschutzes zeigt sich deutlich, dass trotz der immer detaillierter werdenden wissenschaftlichen Erkenntnisse über die Zusammenhänge in Umwelt und Gesellschaft die Schäden und Verluste nicht abnehmen, die durch „natürliche" und „soziale" Katastrophen entstehen. Mit einem veränderten theoretischen Zugang auf der Grundlage moderner (soziologischer) Systemtheorie lässt sich dieser Zusammenhang verstehen.

In einer funktional differenzierten Gesellschaft werden gesellschaftliche Aufgaben durch Teilsysteme bearbeitet, die hinsichtlich ihrer unterschiedlichen spezifischen Funktion ungleich sind, jedoch in ihrer Ungleichheit gleichberechtigt nebeneinander stehen. Akzeptiert man die Annahme von Autopoiesis und Selbstreferenz als Grundlage von sozialen, psychischen und lebenden Systemen, dann sind diese Systeme „operativ geschlossen", d. h. die Umwelt (oder andere Systeme) haben keinen unmittelbaren Zugang zu dem System. Zwar dienen die Teilsysteme der Stabilität und Sicherung der Gesamtgesellschaft, jedoch orientiert sich jedes der Teilsysteme bei der Bearbeitung seiner Aufgaben an einer eigenen Leitunterscheidung, einem binären Code, der nur für dieses Teilsystem gilt und für kein anderes. Eine am Code wahr/unwahr orientierte wissenschaftliche Aussage wird im Funktionsbereich Wirtschaft unter dem Code Haben/Nicht-Haben und im Funktionsbereich Politik unter dem Code Regierung/Opposition behandelt. Da es in der funktional differenzierten Gesellschaft

kein Zentrum gibt, das die Leitung übernimmt oder übernehmen könnte, werden Fragen, die die Gesamtgesellschaft betreffen, nahezu unlösbar, denn die Abwesenheit einer übergeordneten Leitung verunmöglicht die Vermittlung zwischen den in den Teilsystemen erarbeiteten Lösungen.

Auch der Gedanke der Steuerbarkeit von Systemen ist aus einer systemtheoretischen Perspektive grundsätzlich infrage zu stellen. Denn autopoietisch und selbstreferentiell operierende Systeme, zu denen auch gesellschaftliche Teilsysteme, Institutionen und Organisationen sowie Indivduen zu zählen sind, entscheiden autonom darüber, welche Informationen oder Ereignisse in ihrer Umwelt sie als für sich relevant wahrnehmen. Eine gezielte Einflussnahme ist unter diesen Voraussetzungen kaum möglich.

Schlüsselsätze
- Im Gegensatz zur Allgemeinen Systemtheorie mit ihren Vorstellungen von In- und Output geht die Theorie sozialer Systeme im Sinne Luhmanns von der operativen Geschlossenheit von Systemen aus.
- Möglichkeiten zur Steuerung sozialer Systeme sind äußerst gering, da Systeme nur selbst lernen können, d. h. ihre eigenen Strukturen nur durch eigene Operationen verändern können.
- Lösungen für gesamtgesellschaftliche Fragen wie Umwelt, Katastrophen, Gesundheit, Rente usw. sind sehr schwierig zu finden, da die funktionalen Teilsysteme sich bei der Lösungsfindung an ihrem spezifischen Code orientieren und so ihren Selbsterhalt im Blick haben, nicht den Erhalt der Gesamtgesellschaft.
- Rationalität (Vernunft) heißt immer Systemrationalität (Systemvernunft). Von der Vorstellung einer allgemeinen, für alle zugänglichen Vernunft muss man sich unter systemtheoretischer Perspektive verabschieden.

Literatur

Alexander D (2002) Principles of emergency planning and management. Terra Publ., Harpenden, Hertfordshire
Ashby WR (1961) An introduction to cybernetics. 4. Aufl. Chapman & Hall, London

Bertalanffy L v (1968) General system theory. Foundations, developments, applications. Braziller, New York

Davis M (2005) Vogelgrippe. Zur gesellschaftlichen Produktion von Epidemien. Assoziation A, Berlin, Hamburg, Göttingen

Felgentreff C (2006) Disasters and Decision Processes. In: Nadim F, Pöttler R, Einstein H, Klapperich H, Kramer S (Hrsg) Geohazards. ECI Symposium Series, Vol. 7: 1–12. http://services.bepress.com/eci/geohazards/33

FEMA (Federal Emergency Management Agency) (2004) Hurricane Pam Exercise Concludes. www.fema.gov/news/newsrelease.fema?id=1305

Foerster H v (1960) On Self-Organizing Systems and Their Environments. In: Yovits MC, Cameron S (Hrsg) Self-organzing systems. Proceedings of an interdisciplinary conference 5 and 6 May, 1959. Pergamon Press, New York. 31–50

Luhmann N (1986) Systeme verstehen Systeme. In: Luhmann N, Schorr KE (Hrsg) Zwischen Intransparenz und Verstehen. Fragen an die Pädagogik. Suhrkamp, Frankfurt aM. 72–117

Luhmann N (1987a) Soziale Systeme: Grundriß einer allgemeinen Theorie. Suhrkamp, Frankfurt aM

Luhmann N (1987b) "Distinctions directrices". Über Codierung von Semantiken und Systemen. In: Luhmann N (Hrsg) Beiträge zur funktionalen Differenzierung der Gesellschaft (Soziologische Aufklärung 4). Westdeutscher Verlag, Opladen. 13–31

Luhmann N (1988a) Neuere Entwicklungen in der Systemtheorie. Merkur. Deutsche Zeitschrift für europäisches Denken 42: 292–300

Luhmann N (1988b) Selbstreferentielle Systeme. In: Simon FB (Hrsg) Lebende Systeme. Wirklichkeitskonstruktionen in der systemischen Therapie. Springer, Berlin. 47–53

Luhmann N (1988c) Organisation. In: Küpper W, Ortmann G (Hrsg) Mikropolitik: Rationalität, Macht und Spiele in Organisationen. Westdeutscher Verlag, Opladen. 165–188

Luhmann N (1989) Politische Steuerung: Ein Diskussionsbeitrag. In: Hartwich HH (Hrsg) Macht und Ohnmacht politischer Institutionen. Westdeutscher Verlag, Opladen. 12–16

Luhmann N (1992) Beobachtungen der Moderne. Westdeutscher Verlag, Opladen

Luhmann N (1994) Wessen Umwelt? In: Nantke HJ (Hrsg) Wissenschaft im ökologischen Wandel. Dokumentation des Colloquiums anläßlich des 20jährigen Bestehen des Umweltbundesamtes, 3. Juni 1994, Haus am Köllnischen Park, Berlin-Mitte. Umweltbundesamt, Berlin. 25–33

Luhmann N (1995) Die operative Geschlossenheit psychischer und sozialer Systeme. In: Luhmann N (Hrsg) Die Soziologie und der Mensch (Soziologische Aufklärung 6). Westdeutscher Verlag, Opladen. 25–36

Luhmann N (1998) Die Gesellschaft der Gesellschaft, 2 Bände. Suhrkamp, Frankfurt aM

Luhmann N (2004) Ökologische Kommunikation. 4. Aufl. Leske + Budrich, Opladen

Luhmann N (2006) Organisation und Entscheidung. 2. Aufl. VS Verlag, Wiesbaden

Maturana HR (1970) Biology of Cognition. Report 9.0, Biological Computer Laboratory. Department of Electrical Engineering, University of Illinois, Urbana-Champaign/Illinois, USA. 58

Maturana HR, Varela FJ (1973) Autopoiesis. The Organization of the Living. Report 9.4, Biological Computer Laboratory. Department of Electrical Engineering, University of Illinois, Urbana-Champaign/Illinois, USA

Pitzke M (2005) Pannen in New Orleans: Todesstoß aus Washington. Spiegel online. 8. Sept. 2006. www.spiegel.de/panorama/0,1518,373653,00.htm

Plate EJ, Merz B (Hrsg) (2001) Naturkatastrophen – Ursachen, Auswirkungen, Vorsorge. Schweizerbart, Stuttgart

Scharpf FW (1989) Politische Steuerung und Politische Institutionen. In: Hartwich HH (Hrsg) Macht und Ohnmacht politischer Institutionen. Westdeutscher Verlag, Opladen. 17–29

Schimank U (1987) Evolution, Selbstreferenz und Steuerung komplexer Organisationssysteme. In: Glagow M, Willke H (Hrsg) Dezentrale Gesellschaftssteuerung. Probleme der Integration polyzentraler Gesellschaften. Centaurus, Pfaffenweiler. 45–64

Spencer-Brown G (1969/1997) Laws of Form. Gesetze der Form. Bohmeier, Lübeck

32

33 Leben mit Risiko – *Resilience* als neues Paradigma für die Risikowelten von morgen

Hans-Georg Bohle

Gesellschaftliche Verwundbarkeit • Leben mit dem Risiko • Nachhaltigkeit • neue Risiken • *Resilience* • Risikogesellschaft • Vorsorge

»While we cannot do away with natural hazards, we can eliminate those we cause, minimize those we exacerbate, and reduce our vulnerability to most. Doing this requires healthy and resilient communities and ecosystems. Viewed in this light, disaster mitigation is clearly part of a broader strategy of sustainable development - making communities and nations socially, economically and ecologically sustainable« (Abramowitz 2001, S. 123). „Leben mit Risiko" - so der Titel einer weitbeachteten Publikation der *International Strategy for Disaster Reduction* (ISDR 2002) - ist demzufolge der Versuch, mit unvermeidlichen Bedrohungen aktiv umzugehen und vermeidbare Risiken aktiv zu reduzieren oder zu eliminieren. **Leben mit Risiko** heißt aber auch, dass wir uns den Herausforderungen einer neu entstehenden Risikogesellschaft stellen müssen. Die globalisierte Welt befindet sich, so Ulrich Beck (1986; 2007) in seiner These von der globalen Risikogesellschaft, unaufhaltsam auf dem Weg weg von einer Industriegesellschaft hin zu einer **Risikogesellschaft**. Wohlstand und übermäßiger Konsum in den reichen Ländern, hoch riskante Technologien sowie ein technokratischer Umgang mit wachsenden Umweltrisiken (Beck 1988: „organisierte Unverantwortlichkeit") lassen in der Risikogesellschaft ganz neue Formen **gesellschaftlicher Verwundbarkeit** entstehen, von denen wachsende Risiken gegenüber Naturkatastrophen nur ein kleiner, wenn auch bedeutsamer Teil sein werden (Kapitel 5).

In der globalen Risikogesellschaft verändern sich aber auch die „Gesichter" (IFRC 2004, S. 8) von Katastrophen. Rasant wachsende städtische Bevölkerungen, Umweltdegradation, Armut und Krankheit bei sich gleichzeitig verschärfenden klimatischen Extremen schaffen für die besonders verwundbaren Gruppen in den kritischsten Regionen der Erde (z. B. in den Megastädten: Adger et al. 2005, Allenby und Fink 2005; in den Küstenräumen: Hanson und Roberts 2005) Situationen von chronischen Bedrohungen und hohem Katastrophenrisiko. Oft übersteigen die **neuen Risiken** die altbewährten Strategien der Betroffenen im Umgang mit Risiko. Für sie besteht die Herausforderung dann darin, neue Wege zur Bewältigung von Risiken zu finden. Leben mit Risiko heißt also in allererster Linie, aktiv mit gesellschaftlichem Wandel und sozioökologischen Transformationen umgehen zu lernen, um auf die Unsicherheiten, Störungen und Überraschungen in den Risikowelten von morgen eingestellt zu sein.

Die Herausforderung, Menschen und Gesellschaften auf ein Leben mit neuen Risiken und Unsicherheiten vorzubereiten, ist unter dem Stichwort *„Building Resilience"* eines der zentralen Themen von Entwicklungsforschung (Berkes et al. 2003) und Entwicklungspraxis (IFRC 2004) geworden. Im Folgenden soll das Konzept von *Resilience* als ein neues Paradigma für das Leben in den Risikowelten von morgen vorgestellt werden.

33

33.1 Förderung von *Resilience* als Herausforderung für die Risikowelten von morgen

Der Begriff **Resilienz** hat sich im deutschen Sprachgebrauch in der Entwicklungspsychologie durchgesetzt und richtet sich speziell auf die Frage, wie es manche Menschen (speziell Kinder) schaffen, auch angesichts vielfältiger Risikofaktoren und widrigster Umstände nicht nur ihre Gesundheit und Integrität zu bewahren, sondern sich sogar gut zu entwickeln und ganz eigene Stärken hervorzubringen. Die Resilienz-Forschung (Kersting 2005) fragt deshalb nach den Kräften und Eigenschaften, die ein Mensch mobilisieren kann, um gegen miserable Lebenschancen oder bedrückende Lebensumstände anzukommen (Themenheft von *Psychologie heute*: „Trotz alledem! Was uns in schwierigen Zeiten Schutz gibt", September 2005; DIE ZEIT – Wissen 2005).

Im englischsprachigen Raum ist das Konzept von „Resilience" eindeutig auf Forschungen über die **Widerstandsfähigkeit von gekoppelten Mensch-Umwelt-Systemen** fokussiert (Turner et al. 2003). Hier liegt auch die besondere Relevanz für die geographische Gefahren- und Risikoforschung im Katastrophenkontext, und daher soll im Folgenden der englische Terminus *Resilience* beibehalten werden. Wegweisend für die gefahren- und risikobezogene *Resilience*-Forschung waren die frühen Arbeiten von C. S. Holling, dem späteren Begründer des einflussreichen *Resilience-Network*. Bereits seit Anfang der 1970er-Jahre hat Holling über *Resilience*, Stabilität und Adaptivität von Ökosystemen gearbeitet (Holling 1973, 1978), um sich dann auf *Resilience* und Nachhaltigkeit gekoppelter ökologischer, ökonomischer und sozialer Systeme zu konzentrieren (Holling 2001). In seinem Vorwort zu dem Sammelband von Berkes et al. (2003) über „*Navigating social ecological systems. Building resilience for complexity and change*" stellt Holling die besondere Bedeutung von Krisen- und Katastrophenereignissen heraus, von Zeiten, »*when deep uncertainty explodes, when several alternative futures become suddenly perceived and unpredictability explodes. It is a time of crisis, but also of opportunity*« (Holling 2003, S. XVI). Dies sind die Wendepunkte, an denen sich zeigt, ob soziale oder ökologische Systeme resilient oder doch verwundbar sind (Vogel und O'Brien

2004). Auf sie richtet sich der Fokus der *Resilience*-Forschung.

Resilience von integrierten Mensch-Umwelt-Systemen wird von der *Resilience Alliance* (www.resalliance.org) definiert als

»*a) the amount of disturbance a system can absorb and still remain within the same domains of attraction,*

b) the degree to which the system is capable of self-organization … and

c) the degree to which a system can build and increase the capacity for learning and adaptation«.

Die zentrale Frage der *Resilience*-Forschung ist die nach den Mechanismen, die *Resilience* für Mensch-Umwelt-Systeme ausmachen und nach den Strategien, wie *Resilience* unterstützt und gefördert werden kann. Eine Schlüsselstrategie zur Förderung von *Resilience* besteht darin, die **Adaptivität** von Mensch-Umwelt-Systemen gegenüber **Stress**, **Schocks** und **Krisen** zu erhöhen. *Adaptive capacity* – so Quinlan (2003) in einem Themenheft des *International Human Dimensions Programme on Global Environmental Change* (IHDP, Bonn) über „*Building resilience to promote sustainability*" (IHDP 02/2003), »*relates to increased options for reorganization following change*«. Die Überschrift „*Navigating Social-Ecological Systems*" im Werk von Berkes et al. (2003) weist bereits auf diese zentrale Herausforderung für *Resilience* hin: »*The term navigating in the title of the book is meant to capture the dynamic process of building adaptive capacity toward sustainability*« (Berkes et al. 2003, S. 21).

Um solche dynamischen Prozesse zu erfassen, haben die Autoren in diesem Buch und in einem vorhergehenden Werk (Berkes et al. 1998) zahlreiche empirische Fallstudien über die Bedingungen und Bestimmungsfaktoren von *Resilience* gesammelt. Die zusammenfassende Auswertung hat gezeigt, dass es in der Regel Krisen und Störungen sind, die Mensch-Umwelt-Systemen entscheidende **Impulse für den Aufbau von Problemlösungsstrategien** geben und dass diese, wenn sie auf Dauer erfolgreich sein sollen, in tiefere Schichten von Werten, Normen und „kulturellem Gedächtnis" eingebettet sein müssen (Berkes et al. 2003, S. 21). Wissenssysteme, die historisch akkumuliert und kulturell übermittelt werden, scheinen die Grundvoraussetzung für *Resilience* zu sein. Solche **Wissenssysteme** werden im langfristigen Prozess von gesellschaftlichen Experimenten mit *trial and error* erworben. Sie stellen dann Kapazitäten bereit, die es sozioökologischen Systemen ermöglichen, aktiv an die Herausforderungen von Wandel und Transformation heranzugehen. Damit erwerben sie die Fähigkeit, die Unsicherheiten und Überraschungen der Transformationsprozesse aktiv zu gestalten und aus Krisen und Katastrophen **Innovationen, Entwicklung** und **neue Anpassungskapazitäten** hervorzubringen.

Aus den Erfahrungen der Fallstudien haben Berkes et al. (2003, S. 355) einen Katalog über die Mechanismen und Grundvoraussetzungen von *Resilience* erstellt, der die besondere Bedeutung von Wissenssystemen und (sozialen wie ökologischen) Lernfähigkeiten herausstellt (Tab. 33.1). Resiliente Systeme haben es demzufolge verstanden, mit Wandel und **Unsicherheit** aktiv umzugehen, indem sie aus Krisen gelernt haben, auf das Unerwartete vorbereitet waren und ihr soziales wie ökologisches Gedächtnis gepflegt haben. Außerdem haben sie verschiedene Arten von Wissen kombiniert und institutionalisiert, und sie haben die Fähigkeit zur Selbstorganisation bzw. Neuorganisation durch komplexe Formen von Diversität gefördert. So erworbene *Resilience* macht es dann möglich, dass in kritischen Situationen effektive Antworten auf **neue Risiken** bereitstehen, und zwar solche Antworten, die sich systematisch auf vorherige Erfahrungen stützen können (Abb. 33.1).

Diese allgemeinen Erkenntnisse über *Resilience* lassen sich auch auf den **Katastrophenkontext** übertragen. In einem Themenheft von *Science* (Vol. 309, 12.08.2005) ist das Konzept von *Resilience* speziell auf Naturkatastrophen bezogen worden (Hanson und Roberts 2005, S. 1029). Komplexe und oft unvorhersehbare Bedrohungen – die Tsunami-Katastrophe vom Dezember 2004 dient als prominentes Beispiel – haben immer wieder und speziell in der globalen Risikogesellschaft die Frage aufgeworfen, wie Gesellschaften gegenüber Naturgefahren resilienter werden können. Wie lassen sich die Fähigkeiten von Menschen unterstützen, mit **Naturgefahren** umzugehen, sich den Bedrohungen anzupassen und auf **Unvorhergesehenes** angemessen zu reagieren? Wie lassen sich kreative Lösungen finden, um auch im Katastrophenfall schnell wieder auf die Beine zu kommen? Das Stärken von *Resilience*, so z. B. die *International Federation of Red Cross and Red Crescent Societies* (IFRC 2004, S. 9), bedeutet mehr als lediglich technische Beobachtungs- und Warnsysteme oder Nothilfe. Der Fokus ist vielmehr auf die Prioritäten und Kapazitäten derjenigen zu richten, die mit Risiken leben müssen. Für die humangeographische Gefahren- und Risikoforschung bedeutet dies, dass wir besser verstehen lernen, wie Menschen im alltäglichen Umgang mit Risiken diese zu bewältigen suchen,

Tab. 33.1 Aufbau von Resilienz und Anpassungskapazitäten in sozial-ökologischen Systemen (Berkes et al. 2003, S. 359).

Lernen, mit Wandel und Unsicherheit umzugehen
- Störungen hervorrufen
- vor Krisen lernen
- das Unerwartete erwarten

Diversität für Reorganisation und Erneuerung fördern
- ökologisches Gedächtnis fördern
- soziales Gedächtnis erhalten
- sozial-ökologisches Gedächtnis erhöhen

Verschiedene Wissensformen des Lernens kombinieren
- empirisches und experimentelles Wissen kombinieren
- Strukturwissen auf Funktionswissen ausdehnen
- Prozesswissen in Institutionen einbauen
- Komplementarität von Wissenssystemen fördern

Möglichkeiten für Selbstorganisation eröffnen
- die Interaktion zwischen Diversität und Störung anerkennen
- mit vielskaligen Dynamiken umgehen
- Ebenen von Ökosystemen und politischen Strukturen zusammenbringen
- externe Kräfte einbeziehen

auf welche Weise und mit welchen Strategien sie sich anpassen und wie sie sich von Rückschlägen erholen. Die **sozialwissenschaftlichen Ansätze zur Unterstützung von** *Resilience* müssen daher auf den eigenen Prioritäten, Ressourcen und Wissensvorräten der risikobetroffenen Gemeinschaften in besonders kritischen Regionen aufbauen (Wisner et al. 2004).

Für die **Entwicklungspraxis** bedeutet dies auch, dass die *Resilience* von lokalen Gesellschaften auf höhere Ebenen gehoben werden muss, indem neue Koalitionen mit Entscheidungsträgern geschaffen werden und auf allen Ebenen eine Politik zum Tragen kommt, die den aktiven und konstruktiven Umfang mit Risiken auf lokaler Ebene unterstützt. Letztlich ist dies gerade für die ärmeren Gesellschaften in katastrophenträchtigen Gebieten eine der tragenden Säulen für nachhaltige Entwicklung.

33

Resilience gegenüber Naturbedrohungen ist dabei als ein **partizipatorischer Prozess** aufzufassen, der den Grundprinzipien von lokaler Nachhaltigkeit entspricht und Ziele wie die Sicherung von Lebensqualität, wirtschaftlicher Vitalität, sozialer Gerechtigkeit und Umweltqualität umfasst (Abb. 33.2). Wie diese Ziele im Kontext von nachhaltiger Entwicklung in ein aktives Risikomanagement umgesetzt werden können, wird in einem abschließenden Abschnitt kurz umrissen.

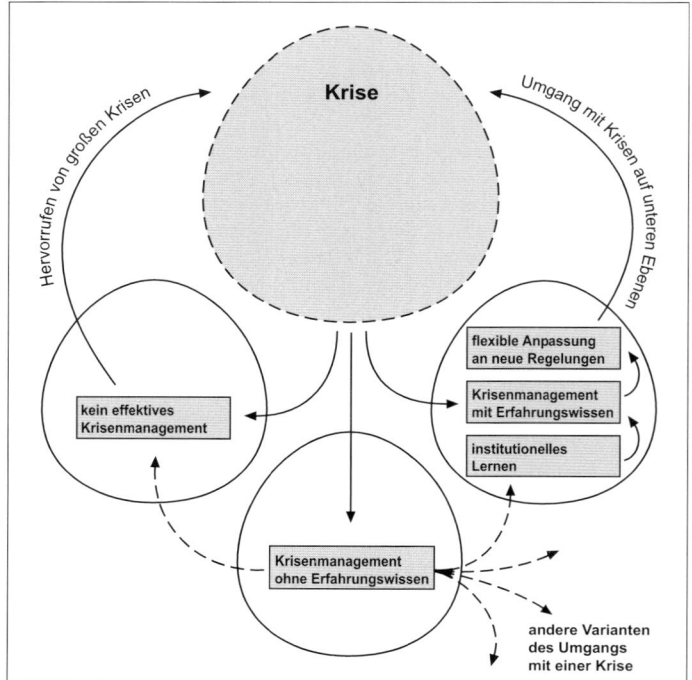

Abb. 33.1 Schaffung von Resilienz und adaptiven Kapazitäten in sozial-ökologischen Systemen (Berkes et al. 2003, S. 355).

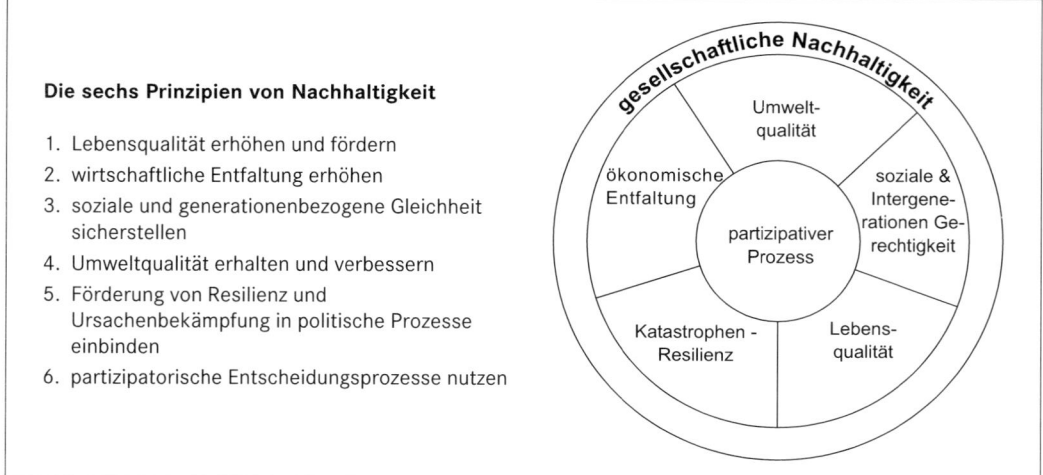

Die sechs Prinzipien von Nachhaltigkeit

1. Lebensqualität erhöhen und fördern
2. wirtschaftliche Entfaltung erhöhen
3. soziale und generationenbezogene Gleichheit sicherstellen
4. Umweltqualität erhalten und verbessern
5. Förderung von Resilienz und Ursachenbekämpfung in politische Prozesse einbinden
6. partizipatorische Entscheidungsprozesse nutzen

Abb. 33.2 Die sechs Prinzipien der Nachhaltigkeit (ISDR 2002, S. 26).

33.2 Aktives Risiko-management als Grundlage einer nachhaltigen Entwicklung für die Risikowelten von morgen

Die Förderung von *Resilience*, so das Fazit eines Themenheftes vom IHDP (02/2003) über „*Building resilience to promote sustainability*" (Adger 2003, S. 1), kann als eine zentrale Strategie zur Förderung von Nachhaltigkeit verstanden werden. **Nachhaltigkeit**, *Resilience* und der **Abbau von sozialer** **Verwundbarkeit** sind dabei auf das Engste mit den Zielen von **Gleichheit**, **Autonomie** und **Freiheit** verknüpft. Diese sind ihrerseits Voraussetzungen für einen sicheren und freien Zugang zu Ressourcen und Verfügungsrechten für die Verwundbarsten. Für die geographische Gefahren- und Risikoforschung im Katastrophenkontext bedeutet dies, dass die Rahmenbedingungen für Katastrophenvorbeugung auszuloten sind, die dazu beitragen können, die kognitiven, sozialen, politischen, methodischen und praktischen Voraussetzungen für **aktives Risikomanagement** bereitzustellen. Hierfür hat die *International Strategy for Disaster Reduction* (ISDR 2002, S. 15) einen analytischen Rahmen vorgeschlagen (Abb. 33.3).

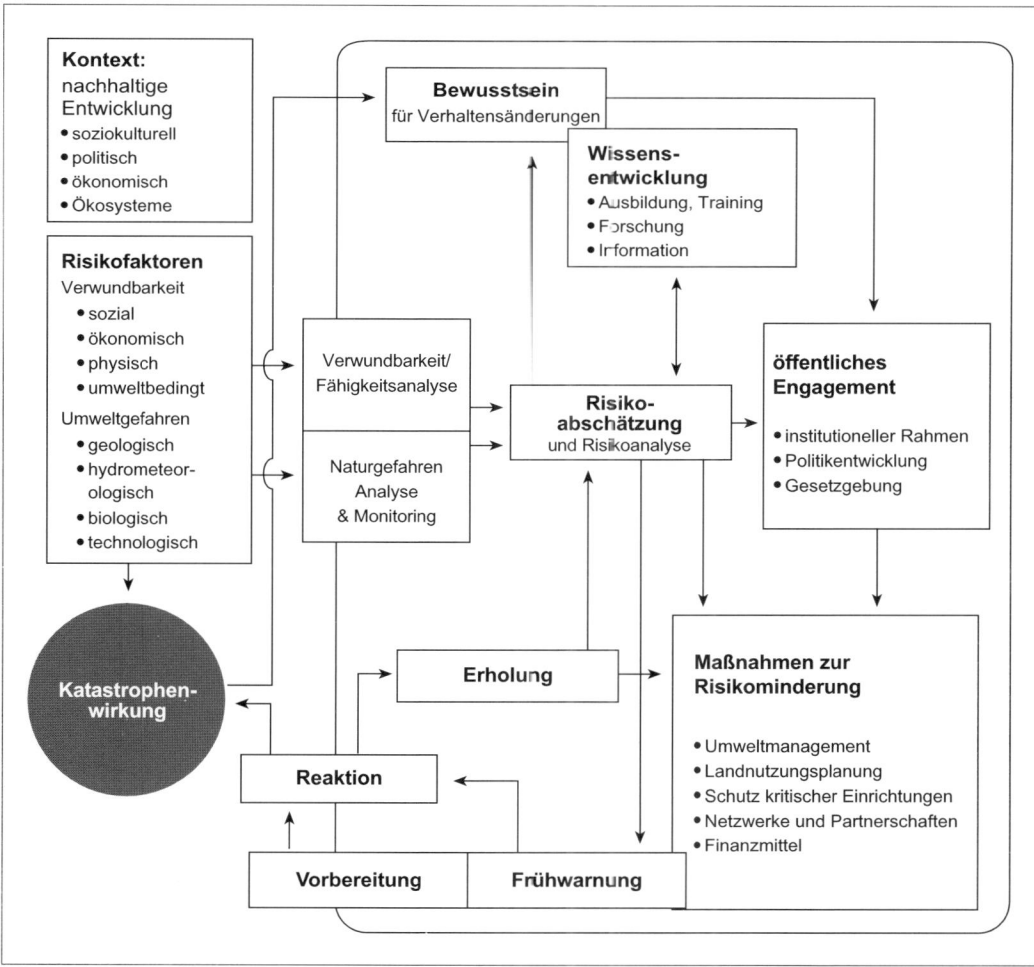

Abb. 33.3 Analytischer Rahmen zur Minderung von Katastrophenrisiken (ISDR 2002, S. 23).

33

Jede nachhaltigkeitsorientierte Umwelt- und Entwicklungspolitik sollte daran gemessen werden, inwieweit sie *Resilience* fördert, die es Individuen und Gesellschaften erlaubt, aktiv mit Risiken umzugehen und sich an **wechselnde Risikoexpositionen** anzupassen (Adger 2003, S. 3). Dies war auch eine der zentralen Forderungen einer internationalen Wissenschaftlergruppe an den Weltgipfel für Nachhaltigkeit und Entwicklung (WSSD) in Johannesburg (Folke et al. 2002). Das Konzept von *Resilience* als Grundlage für einen aktiven Umgang mit Gefahren und Risiken ist damit eine der Säulen der neuen *„sustainability science"* (Kates et al. 2001; Berkes et al. 2003, S. 3), die im Umgang mit den Risikowelten von morgen eine Abkehr von herkömmlichen Ansätzen einer Stabilisierung, Optimierung und Kontrolle sozioökologischer Systeme postuliert und dafür soziale Kapazitäten im Umgang mit Transformationen, adaptives Risikomanagement und soziales Lernen für die **Begegnung mit dem Unvorhergesehenen** in den Vordergrund stellt. Dies sind allesamt die wohl wichtigsten Grundlagen für ein „Leben mit Risiko" in der globalen Risikogesellschaft von morgen.

Zusammenfassung

Mittlerweile wird auch in deutschsprachigen Debatten der „klassische" Gegenbegriff zu *vulnerability* (im Sinne gesellschaftlicher Verwundbarkeit) aus der angelsächsischen Literatur – *resilience* – aufgegriffen. Der Begriff *Resilience* meint hier die Widerstandsfähigkeit gekoppelter Mensch-Umwelt-Systeme gegenüber kritischen Bedrohungen, und deren Vermögen, auch Krisensituationen weitgehend unbeschadet zu überstehen. Es geht also nicht mehr allein darum, möglichst gut gegen einzelne (bekannte) Risiken gewappnet zu sein, sondern in einem umfassenden Sinne auch gegenüber derzeit noch unbekannten Gefährdungen.

Schlüsselsätze
- Der Prozess der fortschreitenden gesellschaftlichen Entwicklung lässt neue gesellschaftliche Verwundbarkeiten und damit Risiken entstehen – der Einsatz riskanter Technologien, verschwenderische Konsummuster vor allem in den reichen Nationen, wachsende soziale Ungleichheit, Umweltdegradation, schnell wachsende Bevölkerungs-

konzentrationen in Megacities und entlang der Küsten sind die Kennzeichen einer sich neu formierenden „Risikogesellschaft".
- Zu den zentralen Anliegen der Erforschung von Resilienz gehört die Analyse der Faktoren, die Mensch-Umwelt-Systeme resilient machen, sowie die Suche nach Strategien, mit denen diese Resilienz gefördert und unterstützt werden kann.

Literatur

Abramowitz J (2001) Averting Unnatural Disasters. In: Brown LR, Flavin C, French, H (Hrsg) State of the World. New York, Norton. 123–142
Adger WN (2003) Building *Resilience* to Promote Sustainability. *IHDP-Update* 02/2003: 1–3
Adger WN, Hughes TP, Folke C, Carpenter SR, Rockström J (2005) Social-Ecological Resilience to Coastal Disasters. *Science* 309: 1036–1039
Allenby B, Fink J (2005) Toward Inherently Secure and Resilient Societies. *Science* 309: 1034–1036
Beck U (1986) Risikogesellschaft. Auf dem Weg in eine andere Moderne. Suhrkamp, Frankfurt
Beck U (1988) Gegengifte: die organisierte Unverantwortlichkeit. Suhrkamp, Frankfurt
Beck U (2007) Weltrisikogesellschaft. Auf der Suche nach verlorenen Sicherheit. Suhrkamp, Frankfurt
Berkes F, Colding J, Folke C (Hrsg) (2003) Navigating Social-Ecological Systems. Building Resilience for Complexity and Change. Cambridge University Press, Cambridge
Berkes F, Folke C (Hrsg) (1998) Linking Social and Ecological Systems. Management Practices and Social Mechanisms for Building *Resilience*. Cambridge University Press, Cambridge
DIE ZEIT – Wissen (2005) Homo sapiens, das Stehaufmännchen, 33/2005
Folke C, Carpenter S, Elmqvist T, Gunderson L, Holling CS, Walker B, Bengtsson J, Berkes F, Colding J, Danell K, Falkenmark M, Gordon L, Kasperson R, Kautsky N, Kinzig A, Levin S, Mäler KG, Moberg, F, Ohlsson L, Olsson P, Ostrom E, Reid W, Rockström J, Savenije H, Svedin U (2002) Resilience and Sustainable Development: Building Adaptive Capacity in a World of Transformations. Scientific Background Paper on Resilience for the process of The World Summit on Sustainable Development on behalf of the Environmental Advisory Council to the Swedish Government, 16.04.2002
Hanson B, Roberts L (2005) Resiliency in the Face of Disaster. *Science* 309: 1029
Holling CS (1973) Resilience and stability of ecological systems. *Annual Review in Ecology and Systematics* 4: 1–23

Holling CS (1978) Adaptive Environmental Assessment and Management. Wiley, London

Holling CS (2001) Understanding complexity of economic, ecological and social systems. *Ecosystems* 4: 390–405

Holling CS (2003) The backloop to sustainability. In: Berkes F, Colding J, Folke C (Hrsg) Navigating Social-Ecological Systems. Cambridge University Press, Cambridge. XV–XXI

IFRC (2004) World Disasters Report. Focus on Community Resilience. International Federation of Red Cross and Red Crescent Societies. Eurospan, London

ISDR (2002) Living with Risk: a global review of disaster reduction initiatives. United Nations/International Strategy for Disaster Reduction, Genf

Kates RW, Clark WC, Corell R, Hall JM, Jaeger CC, Lowe I, McCarthy JJ, Schellnhuber HJ, Bolin B, Dickson NM, Faucheux S, Gallopin GC, Grübler A, Huntley B, Jäger J, Jodha NS, Kasperson RE, Mabogunje A, Matson P, Mooney H, Moore III B, O'Riordan T, Svedlin U (2001) Environment and Development: Sustainability Science. *Science* 292: 641–642

Kersting K (2005) Resilience: the mental muscle everyone has. *Monitor on Psychology* 36(4): 42

Psychologie heute (2005) Trotz alledem! Was uns in schwierigen Zeiten Schutz gibt. September 2005

Quinlan A (2003) Resilience and Adaptive Capacity. *IHDP-Update* 02/2003: 4–5

Turner BL, Kasperson RE, Matson PA, McCarthy JJ, Corell RW, Christensen L, Eckley N, Kasperson JX, Luers A, Martello ML, Polsky C, Pulsipher A, Schiller A (2003) A framework for vulnerability analysis in sustainability science. *Proceedings of the National Academy of Sciences USA* 100(14): 8074–8079

Vogel CH, O'Brien K (2004) Vulnerability and global environmental change: rhetoric and reality. In: AVISO, Bulletin on Global Environmental Change and Human Security 13: 1–7

Wisner B, Blaikie P, Cannon T, Davis I (2004) At Risk. Natural hazards, people's vulnerability and disasters. 2. Aufl. Routledge, London, New York

Internetadressen

http://www.ihdp.uni-bonn.de/ – Seite des *International Human Dimensions Programme on Global Environmental Change* (Bonn), ein gemeinsames Programm des *International Council for Science* (ICSU), des *International Social Science Council* (ISSC) und der *United Nations University* (UNU)

http://www.resalliance.org – Seite der *Resilience Alliance*, einer multidisziplinären Forschergruppe, die sich seit 1999 mit Fragen der Nachhaltigkeit sozial-ökologischer Systeme befasst

33

34 Naturereignisse sind unausweichlich, Katastrophen nicht!?

Thomas Glade und Carsten Felgentreff

Begrifflichkeiten • Lernen aus Katastrophen • Naturereignis • Naturkatastrophe • Naturrisiko • Sozialkatastrophe • Veränderungen • Vergessen

Natürliche Prozesse wie Schneelawinen, Erdbeben, Hangrutschungen, Stürme oder Bodenabtrag formten und verändern die Landoberfläche der Erde und sind somit Teil einer ganz normalen Reliefentwicklung. Gesellschaften operieren in diesem Relief mehr oder weniger angepasst an die natürlichen Gegebenheiten bzw. agieren auch vollkommen unabhängig von den externen Faktoren. Problematisch wird es für soziale Systeme besonders dann, wenn die Interaktion Mensch und Natur weiter reichende Konsequenzen hat und in Katastrophen mündet. Die Grundfrage ist die Beziehung zwischen den unterschiedlichen Faktoren – seien es die Abhängigkeiten der natürlichen Systeme oder die Wirkungen der gesellschaftlichen Systeme.

In diesem Beitrag werden die Abhängigkeiten kurz charakterisiert und in einen Zusammenhang mit Entwicklungen, d. h. auch Veränderungen, gesetzt. Es werden Überlegungen zur Vulnerabilitätsentwicklung und den Einflüssen auf die Risikoanalyse sowie auf generelle Unsicherheiten erläutert. Die Vergesslichkeit, der Lerneffekt sowie Aspekte der Verantwortung von Gesellschaften werden hinsichtlich der Katastrophenfrage thematisiert. Wenn aber der Umgang mit bereits bekannten Gefahren und Risiken so häufig überaus kritikwürdig (weil absehbar schadenträchtig) ist, wie werden wir dann erst die bisher unbekannten Gefahren und Risiken bewältigen?

34.1 Grundüberlegungen

Naturereignisse als natürlich auftretende Prozesse, Naturgefahren als potenziell schadenbringende Naturereignisse, Naturrisiken als quantifizierte Funktion aus Naturgefahren und möglichen Konsequenzen – diese Terminologie ist zentral für die natur- und ingenieurwissenschaftlichen Zugänge zur Problematik der Naturrisiken und möglicher Katastrophen. Auch der Begriff der **Katastrophe** muss differenziert betrachtet werden. Weiterhin heiß umstritten sind die Ausgangsfragen, etwa: Was verursacht tatsächlich die Katastrophe? Ist es wirklich der eintretende natürliche Prozess? Oder ist es nicht eher die nicht angepasste Gesellschaft? Ist es eine Naturkatastrophe? Ist es die Natur, die die Menschheit bedroht, wie dies in Abbildung 34.1 suggeriert wird? Oder sind die katastrophalen Konsequenzen mit – oder sogar ausschließlich – sozialen Ursprungs? Sollten wir also eher von Sozialkatastrophen statt von Naturkatastrophen sprechen? Die Antwort der Autoren auf diese Frage ist aus dem Titel des Buches ersichtlich.

Im vorliegenden Beitrag sollen die bisher angesprochenen Ansätze nicht nochmals wiederholt werden Es sollen eher synoptisch einige grundlegende Überlegungen angestellt werden.

Grundsätzlich ist aufgrund der vergangenen Erfahrungen zu konstatieren, dass Naturrisiken mit katastrophalen Konsequenzen trotz des großen, im Moment des Eintretens extremen Einflusses, relativ schnell in Vergessenheit geraten. Die Ursachen für ein solches „**Vergessen**" sind vielschichtig. Es kann

34

Abb. 34.1 Ein Felsblock in Bíldudalur, Nordwestisland. Das Bild legt eine Bedrohung des Hauses durch den Felsen nahe (Foto: Rainer Bell).

eine Strategie der bewussten Verdrängung vorliegen, um beispielsweise eine weiterhin existierende Gefährdung zu ignorieren, da ein Eingeständnis der Gefährdung ungeahnte Folgen haben könnte – seien sie ökonomischer (z. B. Ausbleiben der Touristen) oder sozialer Art (z. B. Wegzug ganzer Bevölkerungsteile). Das „Vergessen" kann aber auch ganz unbewusst stattfinden, z. B. nur weil das Vergangene verdrängt wird, kann eine Familie überhaupt noch am gleichen Ort weiterleben.

Falls jedoch das nächste extreme Naturereignis eintritt, bevor das vorherige vergessen wurde, manifestiert sich unter Umständen ein „**Lerneffekt**". Basierend auf den noch abrufbaren Erinnerungen stehen dann Handlungsroutinen zur Verfügung, die die Höhe der Schäden und das Ausmaß der Katastrophe mindern können. Ein berühmtes Beispiel sind die zwei großen Rhein-Überschwemmungen 1993 und 1995. Trotz fast identischer Pegelstände bzw. Wassermassen waren die Sachschäden 1995 nur etwa halb so hoch wie 1993.

Ein weiterer wichtiger Punkt ist die **Verantwortung**. Zwar gibt es wohl nirgendwo auf der Welt ein Gesetz, in dem steht, dass die Allgemeinheit (oder: der Staat) die Kosten zu tragen hat, wenn Bürger durch Hochwasser und ähnliche Elementarereignisse geschädigt werden. Dennoch läuft es zumindest in den reichen Staaten faktisch genau auf einen solchen Schadensausgleichmechanismus hinaus. Wie in verschiedenen Beiträgen in diesem Band anklingt, scheint die Zeit nun reif für eine breitere Debatte der derzeitigen Anreizstruktur, die rechtzeitige und effektive Prävention nicht belohnt, ihre Unterlassung nicht sanktioniert und auch die Eigenverantwortlichkeit des einzelnen Bürgers nicht unbedingt stärkt.

Zwar gleicht bei hinreichend genauer Betrachtung kein natürliches Extremereignis dem anderen, und jede Katastrophe ist einzigartig weil sie anders verläuft als alle anderen, doch finden sich immer wieder Parallelen. Die hier genannten Aspekte gehören zu den Gemeinsamkeiten. Im Folgenden werden die natürlichen Ereignissysteme mit einigen ihrer Charakteristika (z. B. Wiederkehrintervall, Stärke und Ausprägung des Auftretens) im Kontext der naturwissenschaftlichen Risikoforschung kurz dargestellt.

34.2 Naturereignisse im Risikokontext

Eine zentrale Aufgabe bei Untersuchungen von Naturereignissen im Risikokontext ist die Untersuchung der räumlichen und zeitlichen Auftretenswahrscheinlichkeit von potenziell schadenbringenden natürlichen Ereignissystemen (neben der Analyse des sogenannten „Umgangs" von Kollektiven mit solchen Ereignissen oder auch nur der Möglichkeit des Eintritts solcher Ereignisse). Erhebungsmethoden beinhalten hierbei die direkten Messungen ausgewählter prozessrelevanter Parameter (z. B. Oberflächenbewegungen bei gravitativen Massenbewegungen, Wasserstand bei Überschwemmungen, Windstärke bei Stürmen). Viele Untersuchungen zeigen jedoch die Begrenztheit solcher Ansätze, da ja nur das gemessen werden kann, was der Beobachter als relevant eingestuft hat und, noch weiter erschwerend, auch in der Messperiode in entsprechender Stärke auftritt. Deshalb ist der Einbezug früherer Informationen

34

immer notwendiger geworden, seien die Informationen entweder durch historische Quellen (z. B. Kirchenarchive, alte Fotografien, Gebäudemarken etc.) oder durch Geoarchive (z. B. Bohrung in Sedimentkörpern) generiert. Die früheren und die rezenten Informationen können dann zur Entwicklung eines Modells beitragen, das nach einer Validierung für Szenarien eingesetzt werden kann.

Der Risikokontext wird durch den Einbezug der Risikoelemente und deren Vulnerabilität (oder Verwundbarkeit) gegenüber eines potenziell schadenbringenden Prozesses analysiert (Benson und Clay 2004). Es muss dabei auch an dieser Stelle nochmals betont werden, dass Vulnerabilität vielfältig bearbeitet werden kann (Weichselgartner 2006) und an dieser Stelle nur aus naturwissenschaftlicher Perspektive argumentiert wird. Grundsätzliches Ziel dieser Art von Vulnerabilitätsanalysen ist die Evaluation der Schadenserwartung. Diese Schadenserwartung wird dann in Kosten-Nutzen-Analysen eingebunden, wie dies beispielhaft Fuchs et al. (2007) für Lawinen in Davos (Schweiz) durchführten. Unterschiedliche Schadenstypen ergeben hierbei die Schadenserwartung, die Markau und Reese (2003) wie folgt unterscheiden:

* direkte Schäden: resultierend aus unmittelbarem physischen Kontakt;
* indirekte Schäden: Folgeschäden, resultierend aus den Störungen;
* primäre Schäden: resultierend aus dem Ereignis selbst;
* sekundäre Schäden: resultierend aus sekundären Prozessen, die durch das Ereignis ausgelöst werden;
* tangible Schäden: monetär erfassbar;
* intangible Schäden: monetär nicht erfassbar.

Diese Unterscheidung ist nicht beschränkt auf einzelne Prozessbereiche (z. B. nur für Sturmfluten), sondern anwendbar auf verschiedenste natürliche Prozesse. Es ist evident, dass bei dieser Betrachtung nur von quantifizierbaren, monetären Schäden ausgegangen wird. Obwohl diese Unterteilung konzeptionell einsichtig und „objektiv" nachvollziehbar ist, gestaltet sich die eigentliche Durchführung als extrem erschwert. Dies betrifft besonders die aktuellen Modellierungsansätze der Vulnerabilität – einer der wesentlichen Variablen in der Risikogleichung. In Abbildung 34.2 ist die zeitliche Komplexität der (naturwissenschaftlichen) Vulnerabilitätsanalyse schematisch dargestellt. Hauptproblem ist, dass die in Abbildung 34.2 dargestellte zeitliche Entwicklung der Vulnerabilität nur extrem schwer angebbar ist. Es lässt sich nur eingeschränkt bestimmen, wie die momentane Entwicklung statt-

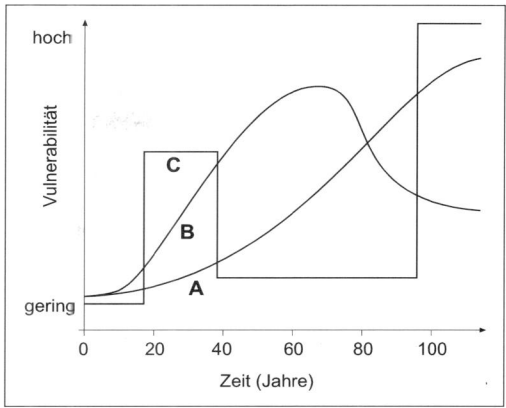

Abb. 34.2 Schematische Veränderungen der Vulnerabilität in der Zeit. Die in A und B dargestellten Veränderungen sind zwar unterschiedlich im Verlauf, erfolgen aber langsam und stetig, während die Systemänderungen in C sprunghaft auf interne oder externe Einflüsse reagieren.

findet oder die früheren Entwicklungen abliefen, sei es langsam und stetig wie in den Verläufen A und B, oder sei es plötzlich und sprunghaft wie schematisch im Verlauf C dargestellt.

Der in Abbildung 34.2 dargestellte zeitliche Verlauf lässt sich natürlich auch auf räumliche Veränderungen übertragen (Alexander 2000, S. 55). Hierbei sind die zeitlichen mit den räumlichen Veränderungen stark verwoben und schwer trennbar, sollten jedoch bei Modellierungen – wenn möglich – getrennt berücksichtigt werden. Die Gründe, die eine Modellierung der Vulnerabilität bei Erdbeben erschweren, werden von Douglas (2007) wie folgt zusammengefasst:

* Möglichkeiten der Änderungen des Gefahren- und/oder des Expositionslevels;
* Variabilität der Zeit und des geographischen Raums;
* verschiedene Gründe der persönlichen Betroffenheit;
* unterschiedliche Gründe für Schadenswirkungen (z. B. können Erdbeben Folgewirkungen wie Bodenverflüssigung oder gravitative Massenbewegungen auslösen);
* Komplexität der Prozesse und Auswirkungen der betroffenen Risikoelemente (z. B. werden nur einzelne, stark vereinfachende Parameter in den Prozessstudien und in der Modellierung der Konsequenzen angewandt);
* keine Informationen zu strukturellen Daten von Risikoelementen verfügbar.

34

Diese Gründe gelten nicht nur für den natürlichen Prozess von Erdbeben, sondern können auch auf andere Prozessbereiche übertragen werden. In allen Prozessen gilt, dass diese Schwierigkeiten latent sind und die naturwissenschaftliche Risikoanalyse nachhaltig beeinflussen können.

Ein zentraler Einfluss auf die Risikoanalyse ist die Veränderung der Unsicherheit, die meist aufgrund der Unkenntnis (oder der Nicht-Messbarkeit) einzelner Faktoren, oder deren Kombinationen, nicht exakt berechnet werden kann. Gleichzeitig wächst der ökonomische Druck auf die Aussagekraft der Analyseergebnisse. Es zeigt sich, dass eine eindimensionale Bearbeitung dieser Problemfelder nicht mehr ausreichend ist. Wechselwirkungen in Raum und Zeit, innerhalb eines Systems und zwischen Systemen müssen verstärkt beachtet werden, um langfristige Aussagen in Risikoanalysen treffen zu können (Mock 2001). Es wird immer offensichtlicher, dass man sich auch in der Naturrisikoanalyse und in der Katastrophenvorsorge mit komplexen Systemen beschäftigen muss. Kennzeichen der komplexen Systeme wie Nichtlinearität und Emergenz (Dikau 2006) erschweren die naturwissenschaftliche Naturrisikoanalyse erheblich und werden in gängigen Ansätzen nur marginal bearbeitet.

34.3 Perspektiven

Es wird sich wahrscheinlich nicht grundlegend ändern, dass für die einen der als potenziell schadenbringend eingestufte Prozess selbst im Vordergrund der Analyse und des Problemverständnisses steht, für die anderen hingegen die Frage zentral ist, wie mit der Möglichkeit des Eintritts eines solchen unerwünschten (weil tödlichen, teuren oder zumindest schädlichen) Prozesses verfahren wird. Es liegt auf der Hand, dass die Thematik im umfassenden Sinne nicht von einer einzigen Disziplin bearbeitet werden kann. Dessen ungeachtet ist sektorales Denken entlang vermeintlich fester Grenzen zwischen akademischen Disziplinen immer noch weit verbreitet. Solch sektorales Denken ist nicht nur im Bereich der Wissenschaften, der Politik und der Verwaltung gängig, selbst Hilfsorganisationen und Nichtregierungsorganisationen stehen oft in Konkurrenz zueinander, auch bei ihren Hilfsleistungen in Katastrophengebieten (King 2007).

Veränderungen beeinflussen den Umgang mit Risiken und somit die Katastrophenvorsorge nachhaltig. Veränderungen beschränken sich hierbei im Umweltsystem nicht nur auf die momentan medial groß thematisierten Klimaveränderungen. Änderungen im Landschaftshaushalt wie Zusammensetzung der Flora und Fauna und der Nutzungen der Ressourcen, aber auch direkte Eingriffe, beispielsweise Flussregulierungen oder Abholzung von küstennahen Mangrovenwäldern, sind für die Ausprägung natürlicher Ereignissysteme von zentraler Bedeutung. Genauso sind Änderungen im Gesellschaftssystem bedeutend. Hierzu gehören beispielsweise die Veränderungen von Siedlungsräumen, von sozial-politischen Gegebenheiten (z. B. Beginn oder Ende der EU-Förderung bestimmter Anbaufrüchte) oder von der Ressourcenverfügbarkeit bestimmter Bevölkerungsgruppen (z. B. Armut und Arbeitslosigkeit). Es finden folglich zeitgleich im Umweltsystem und im Gesellschaftssystem Veränderungen statt, die eine zukunftsfähige Prävention und Risikovorsorge bedeutend erschweren. Diese in sich bereits gekoppelten Wirkungsgefüge werden noch komplexer, betrachtet man die unterschiedlichen Raten der Änderungen. Beispielsweise dauert Bodenerosion Jahrzehnte an, Erdbeben treten dafür plötzlich und schnell auf. Bevölkerungszusammensetzungen und unterschiedliche *coping strategies* ändern sich üblicherweise allmählich, die politische Entscheidung zur großflächigen Ausweisung von Baugebieten wird dagegen schnell umgesetzt. Somit finden sich vollkommen unterschiedliche Raten und Intensitäten der Veränderungen in den Umweltsystemen, in den Gesellschaftssystemen und in den gegenseitigen Beeinflussungen. Zudem können einzelne Änderungen unterschiedlich stark gepuffert werden, und zwar in beiden Systemen. Daraus folgt, dass möglicherweise gleiche Änderungen zum Zeitpunkt A im Raum XY keine Wirkungen haben, im Raum YX jedoch signifikante Änderungen bewirken, zum Zeitpunkt B hingegen auch im Raum XY wirken. Die Ursache-Auslöser-Wirkungskette ist folglich höchst komplex – ein Umstand, dem die meisten Maßnahmen, egal ob technische Bauwerke oder Raumplanung, in der Katastrophenvorsorge nur ungenügend Rechnung tragen.

Trotz aller Schwierigkeiten, und gerade auch wegen der vorher kurz skizzierten Komplexität, bleibt die Katastrophenvorsorge eine Querschnittsaufgabe. Es lässt sich jedoch mit Blick auf die immer weiter steigenden Verluste konstatieren, dass sich der Beobachter häufiger Handlungs- und Umsetzungsdefiziten als Erkenntnisdefiziten gegenübersieht. Haque und Burton (2005) stellen zusammenfassend fest: »*geophysical and engineering approaches failed to shift disaster loss downward*« (Haque und Burton 2005, S. 352). Dies schließt jedoch nicht aus, dass weiterhin besonders an detaillierter Prozesskenntnis, u. a. auch über verbesserte Modellierungstechniken und Szenarienbildungen, und an verbesserten Schutzeinrichtungen gearbeitet werden soll und muss. Mit mindestens genau dem gleichen Engagement müssen aber auch Verbesserungen an den Kommunikationsstrukturen, an vorsorgenden Planungsmaßnahmen und Fortbildungsmaßnahmen ergriffen werden, um die *Resilience* der Gesellschaft(en) zu stärken (Berkes 2007). Erstrebenswert ist hierbei die Berücksichtigung der Komplexität aller Systeme, nicht nur der Umwelt-, sondern eben auch gerade der Gesellschaftssysteme sowie deren Wechselwirkungen untereinander (Haque und Etkin 2007).

Es ist festzustellen, dass die Herausforderungen an die Gesellschaften bezüglich der Auseinandersetzung mit Naturgefahren, Naturrisiken und den damit assoziierten Katastrophen enorm sind. Sie sollte aus durchaus eigennützigen Interessen intensiviert werden. Es ist weiterhin deutlich, dass besondere Herausforderungen im intradisziplinären (z. B. innerhalb der Disziplin Geographie) sowie dem inter- und transdisziplinären Diskurs liegen. Das ist zwar von vielen erkannt und mehrfach thematisiert worden (Haque et al. 2006), wird jedoch bisher nur in seltenen Ausnahmefällen praktisch und gewinnbringend umgesetzt.

Abschließend sei noch auf einen weiteren Aspekt hingewiesen. Bereits heute sind viele Probleme mit den hinlänglich bekannten Gefahren, damit verbundenen Risiken und den jeweiligen gesellschaftlichen Umgangsstrategien augenscheinlich. Wenn Menschen mit den bekannten Gefahren so umgehen, wie bisher dargelegt, wie sollen dann die bisher noch unbekannten Gefahren und Risiken bewältigt werden? „Denke das Undenkbare" – diese Maxime sollte stärker in die wissenschaftliche und operationelle Katastrophenvorsorge integriert werden, auch wenn Katastrophen im konkreten Auftreten und in den lokalen, regionalen oder auch globalen Auswirkungen weder exakt vorhersagbar noch planbar sind. Auch wenn sich wissenschaftliche und operative Einrichtungen nur schwer mit dieser Tatsache abfinden – vergeblich: Diese Unsicherheiten sind immer vorhanden, auch wenn wir sie bewusst oder unbewusst ignorieren oder negieren. Die „gute" (oder ist sie doch eher „schlecht"?) Nachricht hierbei: Viele Katastrophen sind antizipierbar, auch wenn wir den Zeitpunkt ihres Eintritts nicht kennen, etwa ein Erdbeben in der Nähe der Megastadt Teheran oder einer anderen Millionenstadt in tektonisch hochgradig aktiven Zonen. Angesichts von Armut, Investitionsbedarf und

Prioritätensetzung wäre illusorisch zu hoffen, dass rechtzeitig sämtliche einsturzgefährdete Gebäude in all diesen Städten durch erdbebensichere Gebäude ersetzt würden. Aus dem Blickwinkel der Vermeidung vermeidbarer Todesfälle ist kaum wegzudiskutieren, was hier zu tun wäre – zumindest die in den nächsten Jahren für die zu erwartenden Zuzügler erst noch zu bauenden Gebäude sollten in erdbebensicherer Bauweise errichtet werden (Jackson 2006). Die Unterlassung ist wohl nur als soziales Fehlverhalten interpretierbar, sanktioniert wird es erst später, und jene, die die Sanktionen dann zu erleiden haben, sind nicht unbedingt die, welche die diesbezüglichen Entscheidungen getroffen haben. Selbst die Größenordnung der zu erwartenden Verluste sind berechenbar: Für die Metropolregion Teheran erwartet der iranische Seismologe Nategi-F. Fariborz im Falle eines (statistisch längst überfälligen) Bebens der Stärke 7 etwa 1,45 Millionen Tote und 4,34 Millionen Verletzte (Fariborz 2001, S. 95–97). Dieses Einzelbeispiel zeigt die Notwendigkeit – „Denke das Undenkbare".

▎ **Zusammenfassung**

Mit dem Titel dieses Beitrags „Naturereignisse sind unausweichlich – Katastrophen nicht!?" soll nicht behauptet werden, aus unserer Sicht seien alle Katastrophen vermeidbar. Aller Technikgläubigkeit zum Trotz werden Menschen niemals in der Lage sein, sämtliche Bedingungen innerhalb und außerhalb ihrer Gesellschaft so unter Kontrolle zu halten, dass der Eintritt unerwünschter Situationen mit Gewissheit ausgeschlossen werden könnte. Dass aber aus solchen Situationen dann Katastrophen erwachsen, ist mitnichten so „natürlich", wie viele glauben und glauben machen wollen. Katastrophen gelten in unserer Gesellschaft dann als vermeidbar, wenn die Bedingungen ihres Eintritts erstens bekannt sind und zweitens als durch rechtzeitiges Gegensteuern veränderbar angesehen werden. In beiderlei Hinsicht besteht weiterer Klärungs- und Handlungsbedarf, bei der Einsicht in Entstehungsbedingungen, wie bei dem rechtzeitigen Ergreifen von hilfreicher Gegenmaßnahmen. Durch das Anhäufen von diesbezüglichen Erkenntnissen verringern wir (wie die Erfahrung lehrt) zwar nicht unbedingt die Höhe von Schäden und Verlusten, verlieren aber zunehmend unsere „Unschuld" angesichts billigend in Kauf genommener Katastrophen, die dann eben nicht natürlich sind. Dieser Verantwortung müssen wir uns verstärkt stellen.

34

Schlüsselsätze

- Die Forschungen zu Hazards, Naturgefahren, Naturrisiken und Katastrophen sind ausgesprochen vielfältig und vielschichtig, das vorliegende Buch soll einen Überblick über die Breite der Ansätze und Verschiedenheit der Herangehensweisen in Geographie und Nachbarwissenschaften aufzeigen.
- Katastrophen sind eine zutiefst menschliche Kategorie, gleichgültig welche Kausalketten als Ursache angesehen werden.
- Eine ganzheitliche Bearbeitung des Themenkomplexes Naturrisiken und Sozialkatastrophen ist eine Querschnittaufgabe und legt die intensive Zusammenarbeit von mindestens den Natur- und Sozialwissenschaften nahe.
- „Denke das Undenkbare" – Katastrophen sind im konkreten Verlauf weder vorhersagbar noch planbar.

Literatur

Alexander DE (2000) Confronting catastrophe. Oxford University Press, New York. 282 S.

Benson C, Clay EJ (2004) Understanding the Economic and Financial Impacts of Natural Disasters. The World Bank, Washington DC

Berkes F (2007) Understanding uncertainty and reducing vulnerability: lessons from resilience thinking. *Natural Hazards* 41: 283–295

Carreño M, Cardona O, Barbat A (2007) A disaster risk management performance index. *Natural Hazards* 41: 1–20

Dikau R (2006) Komplexe Systeme in der Geomorphologie. *Mitteilungen der Österreichischen Geographischen Gesellschaft* 148: 125–150

Douglas J (2007) Physical vulnerability modelling in natural hazard risk assessment. *Natural Hazard and Earth System Science* 7: 283–288

Fariborz N-A (2001) Earthquake scenario for the megacity of Tehran. *Disaster Prevention and Management* 10(2): 95–100

Fuchs S, Thöni M, McAlpin M, Gruber U, Bründl M (2007) Avalanche Hazard Mitigation Strategies Assessed by Cost Effectiveness Analyses and Cost Benefit Analyses – evidence from Davos, Switzerland. *Natural Hazards* 41: 113–129

Haque CE, Burton I (2005) Adaption otpions strategies for hazards and vulnerability mitigation: An international perspective. *Journal of Mitigation and Adaptation Strategies for Global Change* 10: 335–353

Haque C, Dominey-Howes D, Karanci N, Papadopoulos G, Yalciner A (2006) The need for an integrative scientific and societal approach to natural hazards. *Natural Hazards* 39: 155–176

Haque CE, Etkin D (2007) People and community as constituent parts of hazards: the significance of societal dimensions in hazards analysis. *Natural Hazards* 41: 271–282

Jackson J (2006) „Oases with a loud tick, tick ringing through the air". *Times Higher Education Supplement* 17.02.2006

King D (2007) Organisations in Disaster. *Natural Hazards* 40 (3): 657–655

Lindsay JR (2003) The determinants of disaster vulnerability: Achieving sustainable mitigation through population health. *Natural Hazards* 28: 291–304

Ling D (2007) Organisations in disaster. *Natural hazards* 40(4): 657–665

Markau H-J, Reese S (2003) Vulnerabilitätsanalysen in sturmflutgefährdeten Küstenniederungen. Aktuelle Ergebnisse der Küstenforschung. 20. AMK-Tagung 30.05.–01.06.2002, Kiel, Berichte Forschungs- und Technologiezentrum Westküste der Universität Kiel, 28: 65–74

Mock R (2001) Moderne Methoden der Risikobewertung komplexer Systeme. *DISP* 144(1): 39–44

Weichselgartner J (2006) Gesellschaftliche Verwundbarkeit und Wissen. *Geographische Zeitschrift* 94(1): 15–26

Index

Begriffe, die leicht über das Inhaltsverzeichnis zu erschließen sind, werden in diesem Register nur vereinzelt berücksichtigt. Andere Begriffe wie ‚Hazard', ‚Raum', ‚Risiko', ‚Schaden', ‚System', ‚Umwelt' und ‚Verwundbarkeit', die auf nahezu jeder Seite vorkommen, sind ebenfalls nur mit ausgewählten Verweisen vermerkt. **Fett** markierte Zahlen beziehen sich auf Abbildungen, *kursiv* markierte Zahlen auf Tabellen. Der Verweis „s. a." ist als Hinweis auf verwandte Begriffe aufzufassen, während die Seitenzahlen zu den Begriffen gefolgt mit dem Verweis „s." nur unter den nachstehenden Begriffen zu finden sind.